2014 新版

五金手册

XINBAN WUJIN SHOUCE

主　编　王　克　张军民

副主编　郭玉林　随红军　刘天舒

　　　　王文芳　张　勇

河南科学技术出版社

·郑州·

内 容 提 要

  该手册是介绍五金材料和商品的工具书，内容有：基础资料，金属材料，通用零件及配件，焊接材料与设备，润滑器、密封件、起重器材附件及机床附件，工具和量具，泵、阀、管及管路附件，消防器材，建筑五金。本书以最新版国家标准为依据，针对五金工程所包括的各种材料、配件、设备，就其型号、规格、型式、各项技术指标以及适用范围做了全面系统的介绍，数据齐全，资料性强，以表格为主，辅以图示，可供各个行业的业务技术人员选择使用。

图书在版编目（CIP）数据

新版五金手册/王克，张军民主编 . —郑州：河南科学技术出版社，2014. 3
（2017. 6 重印）
 ISBN 978-7-5349-5004-9

Ⅰ.①新… Ⅱ.①王… ②张… Ⅲ.①五金制品-技术手册 Ⅳ.①TS91-62

中国版本图书馆 CIP 数据核字（2014）第 032046 号

出版发行：河南科学技术出版社
   地址：郑州市经五路 66 号 邮编：450002
   电话：(0371) 65737028
   网址：www. hnstp. cn
责任编辑：冯 英
责任校对：张 敏 杨宛平
封面设计：霍胤良
印 刷：洛阳和众印刷有限公司
经 销：全国新华书店
幅面尺寸：140mm×202mm 印张：55 字数：2150 千字
版 次：2014 年 3 月第 1 版 2017 年 6 月第 2 次印刷
定 价：98.00 元

如发现印、装质量问题，影响阅读，请与出版社联系。

本书编委会

前　言

　　《五金手册》2006年再版以来，满足了广大读者的迫切需要。

　　随着科技的进步、经济建设的迅猛发展，建筑装修、机械电器等行业对五金产品有着更多的需求，新材料、新工艺促使五金新产品层出不穷，市场经营品种日趋多样化，更加先进、新颖、实用。

　　原版《五金手册》所介绍的内容以及所引用的标准已落后于形势，为此，在原版《五金手册》的基础上，遵循新颖、全面、适用的原则，对内容进行了搜集整理、充实，特别注重补充五金领域的新材料、新产品，并对原书所采用的标准进行了更新，尽量采用最新的各级各类标准。

　　在河南省工业情报标准信息中心的大力支持下，通过参加编写人员的努力，《新版五金手册》不仅具有新、准、全的特点，并且通俗易懂、应用性强、易于查找。

　　由于编写经验有限，书中不足之处，敬请读者批评指正。

编　者

目　　录

第一章　基础资料

1.1　常用字母及符号

1.1.1　英文字母

正体

大写：A B C D E F G H I J K L M N O P Q R S T U V W X Y Z

小写：a b c d e f g h i j k l m n o p q r s t u v w x y z

斜体：

大写：A B C D E F G H I J K L M N O P Q R S T U V W X Y Z

小写：a b c d e f g h i j k l m n o p q r s t u v w x y z

1.1.2　希腊字母

斜体

大写：A B Γ Δ E Z H Θ I K Λ M N Ξ O Π P Σ T Y Φ X Ψ Ω

小写：α β γ δ ε ζ η θ ι κ λ μ ν ξ o π ρ σ τ υ φ χ ψ ω

1.1.3　化学元素符号

有关元素的化学符号、原子序数、原子量和相对密度列于表 1-1。

表 1-1　有关元素的化学符号、原子序数、原子量和相对密度表

元素名称	化学符号	原子序数	原子量	相对密度
银	Ag	47	107.88	10.5
铝	Al	13	26.97	2.7
砷	As	33	74.91	5.73
金	Au	79	197.2	19.3
硼	B	5	10.82	2.3
钡	Ba	56	137.36	3.5
铍	Be	4	9.02	1.9
铋	Bi	83	209.00	9.8
溴	Br	35	79.916	3.12
碳	C	6	12.01	1.9~2.3
钙	Ca	20	40.08	1.55
铜	Cu	29	63.54	8.93
镉	Cd	48	112.41	8.65
钴	Co	27	58.94	8.8
铬	Cr	24	52.01	7.19
氟	F	9	19.00	1.11-
铁	Fe	26	55.85	7.87
锗	Ge	32	72.60	5.36
汞	Hg	80	200.61	13.6
碘	I	53	126.92	4.93
铱	Ir	77	193.1	22.4
钾	K	19	39.096	0.86
镁	Mg	12	24.32	1.74
锰	Mn	25	54.92	7.3
钼	Mo	42	95.95	10.2
钠	Na	11	22.997	0.97
铌	Nb	41	92.91	8.6
镍	Ni	28	58.69	8.9
磷	P	15	30.98	1.82
铅	Pb	82	207.21	11.34
铂	Pt	78	195.23	21.45
镭	Ra	88	226.05	5
铷	Rb	37	85.48	1.53
钌	Ru	44	101.7	12.2
硫	S	16	32.06	2.07
锑	Sb	51	121.76	6.67
硒	Se	34	78.96	4.81
硅	Si	14	28.06	2.35
锡	Sn	50	118.70	7.3
锶	Sr	38	87.63	2.6
钽	Ta	73	180.88	16.6
钍	Th	90	232.12	11.5
钛	Ti	22	47.90	4.54
碲	Te	52	127.6	—
铀	U	92	238.07	18.7
钒	V	23	50.95	5.6
钨	W	74	183.92	19.15
锌	Zn	30	65.38	7.17
锆	Zr	40	91.22	6.49

1.2 国内外标准的代号

1.2.1 国内标准代号

根据《标准化法》的规定，我国标准分为国家标准、行业标准、地方标准、企业标准四级，按标准的性质分为强制性标准和推荐性标准。

国内标准的编号由标准代号、标准顺序号及年号组成。

标准的顺序号由标准的发布机构，按照标准发布的时间顺序依次分配。

1. 国家标准代号

国家标准代号见表1-2。

表1-2 国家标准代号

标准代号	含 义
GB	强制性国家标准
GB/T	推荐性国家标准
GBn	国家内部标准
GBJ	国家工程建设标准
GJB	国家军用标准
GBZ	国家职业安全卫生标准
JJF	国家计量检定规范
JJG	国家计量检定规程

2. 行业标准代号

行业标准代号见表1-3。

表1-3 行业标准代号

标准代号	含 义	标准代号	含 义
AQ	安全生产行业标准	CJ	城镇建设行业标准
BB	包装行业标准	CY	新闻出版行业标准
CB	船舶行业标准	DA	档案行业标准
CH	测绘行业标准	DB	地震行业标准

标准代号	含　义	标准代号	含　义
DL	电力行业标准	QC	汽车行业标准
DZ	地质矿产行业标准	QJ	航天行业标准
EJ	核工业行业标准	QX	气象行业标准
FZ	纺织行业标准	SB	商业行业标准
GA	公共安全行业标准	SC	水产行业标准
GH	供销行业标准	SH	石油化工行业标准
GY	广播电影电视	SJ	电子行业标准
HB	航空行业标准	SL	水利行业标准
HG	化工行业标准	SN	出入境检验检疫行业标准
HJ	环境保护行业标准	SY	石油天然气行业标准
HS	海关行业标准	SY	海洋石油天然气行业标准（10000 以后）
HY	海洋行业标准	TB	铁路运输行业标准
JB	机械行业标准	TD	土地管理行业标准
JC	建材行业标准	TY	体育行业标准
JG	建筑行业标准	WB	物资管理行业标准
JR	金融行业标准	WH	文化行业标准
JT	交通行业标准	WJ	兵工民品行业标准
JY	教育行业标准	WM	外经贸行业标准
LB	旅游行业标准	WS	卫生行业标准
LD	劳动和劳动安全行业标准	WW	文物行业标准
LS	粮食行业标准	XB	稀土行业标准
LY	林业行业标准	YB	黑色冶金行业标准
MH	民用航空行业标准	YC	烟草行业标准
MT	煤炭行业标准	YD	通信行业标准
MZ	民政行业标准	YS	有色冶金行业标准
NB	能源行业标准	YY	医药行业标准
NY	农业行业标准	YZ	邮政行业标准
QB	轻工业行业标准	ZY	中医药行业标准

注：表中给出的是强制性行业标准代号，推荐性行业标准的代号是在强制性行业标准代号后面加："/T"。

3. 地方标准代号

地方标准的代号由汉语拼音字母"DB"加上省、自治区、直辖市行政区划代码前两位数再加斜线，组成强制性地方标准代号。再加上"T"组成推荐性地方标准代号。省、自治区、直辖市行政区划代码见表1-4。

表1-4 省、自治区、直辖市行政区划代码

名称	代码	名称	代码
北京市	110000	湖南省	430000
天津市	120000	广东省	440000
河北省	130000	广西壮族自治区	450000
山西省	140000	海南省	460000
内蒙古自治区	150000	重庆市	500000
辽宁省	210000	四川省	510000
吉林省	220000	贵州省	520000
黑龙江省	230000	云南省	530000
上海市	310000	西藏自治区	540000
江苏省	320000	陕西省	610000
浙江省	330000	甘肃省	620000
安徽省	340000	青海省	630000
福建省	350000	宁夏回族自治区	640000
江西省	360000	新疆维吾尔自治区	650000
山东省	370000	台湾省	710000
河南省	410000	香港特别行政区	810000
湖北省	420000	澳门特别行政区	820000

4. 企业标准代号

企业标准代号由汉语拼音字母"Q"加斜线加企业名称简称汉语拼音第一个大写字母组成。

1.2.2 国际、国外标准代号

1. 国际标准代号

ISO、IEC、ITU 国际标准代号及国际标准化组织认可作为国际标准的国际行业组织制定的标准代号，见表1-5。

表1-5 国际标准代号

标准代号	含义	标准代号	含义
BISFA	国际人造纤维标准化局标准	IIR	国际制冷学会标准
CAC	食品法典委员会标准	ILO	国际劳工组织标准
CCC	关税合作理事会标准	IMO	国际海事组织标准
CIE	国际照明委员会标准	IOOC	国际橄榄油理事会标准
CISPR	国际无线电干扰特别委员会标准	ISO	国际标准化组织标准
IAEA	国际原子能机构标准	ITU	国际电信联盟标准
ATA	国际航空运输协会标准	OIE	国际兽疫局标准
ICAO	国际民航组织标准	OIML	国际法制计量组织标准
ICRP	国际辐射防护委员会标准	OIV	国际葡萄与葡萄酒局标准
ICRU	国际辐射单位和测量委员会标准	UIC	国际铁路联盟标准
IDF	国际乳制品联合会标准	UNESCO	联合国教科文组织标准
IEC	国际电工委员会标准	WHO	世界卫生组织标准
IFLA	国际图书馆协会和学会联合会标准	WIPO	世界知识产权组织标准

2. 区域标准代号

区域标准代号见表1-6。

表1-6 区域标准代号

标准代号	含义	标准代号	含义
ARS	非洲地区标准	ETS	欧洲电信标准
ASMO	阿拉伯标准	PAS	泛美标准
CENELEC	欧洲电工标准化委员会标准	COPANT	泛美技术标准委员会标准
EN	欧洲标准	ASAC	亚洲标准咨询委员会标准

3. 国外标准代号

国外标准代号见表1-7。

表1-7　国外标准代号

标准代号	含义	标准代号	含义
ANSI	美国国家标准	BS. B	英国航空材料专业标准(铜合金)
API	美国石油学会标准	BS. HC	英国航空材料专业标准(铸钢件)
ASME	美国机械工程师协会标准	BS. HR	英国航空材料专业标准(耐热合金)
ASTM	美国试验与材料协会标准		
BS	英国国家标准	BS. L	英国航空材料专业标准(轻金属)
DIN	德国国家标准	BS. SP	英国航空材料专业标准(标准件)
FDA	美国食品与药物管理局标准	BS. S	英国航空材料专业标准(钢材)
JIS	日本工业标准	BS. T	英国航空材料专业标准(管材)
NF	法国国家标准	BSI	英国标准化学会标准
SAE	美国机动车工程师协会标准	BS	英国标准
TIA	美国电信工业协会标准	BV	法国航级社标准
VDE	德国电气工程师协会标准	CAN	加拿大国家标准
AA	美国铝业协会标准	CA	加拿大陆军规格与标准化
ABNT	巴西技术标准	CDA	美国铜业发展协会
ACI	美国合金铸造学会标准	CES	日本电子机械协会标准
ADCI	美国压力铸造学会标准	CSA	加拿大标准协会标准
AECMA	欧洲航天设备制造商协会标准	DEF	英国国防标准
AFNOR	法国标准学会标准	JSSA/SC	德国标准
AFS	美国铸造协会标准	DIN	
AIA	美国飞机工业协会标准	AISE	美国钢铁工程师协会标准
AIR	法国航空航天标准局标准	AISI	美国钢铁学会标准
AS	美国航空标准	AMS	美国宇宙航空材料规范
AWS	美国焊接协会标准	ANSI	美国国家标准
AS	澳大利亚标准	API	美国石油学会标准
BAS	日本轴承协会标准	ASME	美国机械工程师协会标准
BCSA	英国钢结构协会标准	ASM	美国金属协会标准
BNA	法国汽车标准局标准	ASTM	美国材料与试验学会标准
BN	波兰专业标准	FPM	德国粉末冶金协会标准
BOS	保加利亚国家标准委员会标准	GL	德国劳氏船级社标准

标准代号	含义	标准代号	含义
GS	加纳国家标准	NORM	奥地利标准委员会标准
IEEE	美国电气工程师学会标准	QQ	美国联邦政府标准
IEE	英国电气工程师学会标准	RINA	意大利船级社标准
IFI	美国紧固件学会标准	SNV	瑞士标准协会标准
IHA	西班牙国家标准	SAE	美国机动车工程师协会标准
INTA	西班牙航空标准	SEB	德国钢铁协会标准
IS	印度标准	SEV	瑞士电工协会标准
JEC	日本电气学会标准	SEW	德国钢铁工程师学会钢铁材料标准
JEM	日本电机工业协会标准		
JIS	日本工业标准	SFS	芬兰标准
JSSA/SC	日本不锈钢协会标准	SIS	瑞典标准
KR	韩国船级社标准	SI	以色列标准
KS	韩国标准	SMA	日本造船业协会标准
LIS	日本轻金属协会标准	SME	美国制造工程师学会标准
LR	英国劳氏船级社标准	SOI	伊朗标准
MIL	美国军用标准	STAS	罗马列亚标准
MNC	瑞典金属标准中心标准	TCVH	越南国家标准
MS	美国宇航材料标准	TNA	西班牙冶金学会标准
NBN	比利时标准	TSES	泰国标准
NBS	美国标准局	TS	土耳其标准
DOD	美国国防部标准	UIC	国际铁路联合会标准
DS	丹麦标准	UNE	西班牙标准
DTD	英国飞机材料与加工标准	UNI	意大利标准
EURO – HORM	欧洲煤铁联盟标准	VDA	德国汽车工业协会标准
FMSI	美国摩擦材料学会标准	VDEH	德国钢铁工程师协会标准
NB	巴西标准	VDE	德国电工标准
NEN	荷兰标准	VDI	德国工程师学会标准
NF	法国标准	WL	德国航空材料手册
NIHS	瑞士钟表工业标准	YCT	蒙古国家标准
NV	挪威船级社标准	ZS	赞比亚标准
NZS	新西兰标准	rOCT	独联体(前苏联)国家标准

1.3 常用计量单位及其换算

1.3.1 国际单位制(SI)基本单位及 SI 词头

SI 单位是国际单位制中由基本单位和导出单位构成一贯单位制的那些单位。国际单位制的单位包括 SI 单位以及 SI 单位的倍数单位。SI 单位的倍数单位包括 SI 单位的十进倍数和分数单位,详见表 1-8 ~ 表 1-10。

表 1-8 SI 基本单位

量名称	SI 单位		量名称	SI 单位	
	名称	符号		名称	符号
长度	米	m	热力学温度	开[尔文]	K
质量(重量)	千克	kg	物质的量	摩[尔]	mol
时间	秒	s	发光强度	坎[德拉]	cd
电流	安[培]	A			

SI 词头:SI 词头用于表示各种不同大小的因数。SI 词头是一个系列,由 20 个词头组成,每个词头都代表一个因数,具有特定的名称和符号,详见表 1-9。20 个词头中因数从 10^3 到 10^{-3} 是十进位的,即 $10^2(h)$,$10^1(da)$,$10^{-1}(d)$,$10^{-2}(c)$,其他是千进位。

表 1-9 SI 词头

名称	符号	代表的因数	名称	符号	代表的因数	名称	符号	代表的因数
尧[它]	Y	10^{24}	千	k	10^3	纳[诺]	n	10^{-9}
泽[它]	Z	10^{21}	百	h	10^2	皮[可]	p	10^{-12}
艾[可萨]	E	10^{18}	十	da	10^1	飞[母托]	f	10^{-15}
拍[它]	P	10^{15}	分	d	10^{-1}	阿[托]	a	10^{-18}
太[拉]	T	10^{12}	厘	c	10^{-2}	仄[普托]	z	10^{-21}
吉[咖]	G	10^9	毫	m	10^{-3}	幺[科托]	y	10^{-24}
兆	M	10^6	微	μ	10^{-6}			

表 1 - 10　与国际单位制并用的单位

单位名称	单位符号	用 SI 单位表示的值
分	min	$1\text{min} = 60\text{s}$
[小]时	h	$1\text{h} = 60\text{min} = 3\,600\text{s}$
日（天）	d	$1\text{d} = 24\text{h} = 86\,400\text{s}$
度	°	$1° = (\pi/180)\,\text{rad}$
[角]分	′	$1′ = (1/60)° = (\pi/10\,800)\,\text{rad}$
[角]秒	″	$1″ = (1/60)′ = (\pi/648\,000)\,\text{rad}$
升	L(1)	$1\text{L} = 1\text{dm}^3 = 10^{-3}\text{m}^3$
吨	t	$1\text{t} = 10^3\text{kg}$
电子伏	eV	$1\text{eV} \approx 1.602\,177 \times 10^{-19}\text{J}$
原子质量单位	u	$1\text{u} \approx 1.660\,540 \times 10^{-27}\text{kg}$

1.3.2　国家选定的作为法定计量单位的非 SI 的单位

国家选定的作为法定计量单位的非 SI 的单位见表 1 - 11。

表 1 - 11　国家选定的作为法定计量单位的非 SI 的单位

量的名称	单位名称	单位符号	换算关系和说明
时间	分	min	$1\text{min} = 60\text{s}$
	[小]时	h	$1\text{h} = 60\text{min} = 3\,600\text{s}$
	日（天）	d	$1\text{d} = 24\text{h} = 86\,400\text{s}$
[平面]角	[角]秒	″	$1″ = (\pi/648\,000)\,\text{rad}$
	[角]分	′	$1′ = 60″ = (\pi/10\,800)\,\text{rad}$
	度	°	$1° = 60′ = (\pi/180)\,\text{rad}$
旋转速度	转每分	r/min	$1\text{r/min} = (1/60)\,\text{s}^{-1}$
长度	海里	n mile	$1\text{n mile} = 1\,852\text{m}$（只用于航程）
质量	吨	t	$1\text{t} = 10^3\text{kg}$
	原子质量单位	u	$1\text{u} \approx 1.660\,540 \times 10^{-27}\text{kg}$
体积	升	L(1)	$1\text{L} = 1\text{dm}^3 = 10^{-3}\text{m}^3$
能	电子伏	eV	$1\text{eV} \approx 1.602\,177 \times 10^{-19}\text{J}$
级差	分贝	dB	
线密度	特[克斯]	tex	$1\text{tex} = 10^{-6}\text{kg/m} = 1\text{g/km}$
面积	公顷	hm^2	$1\text{hm}^2 = 10\,000\text{m}^2$
速度	节	kn	$1\text{kn} = 1\text{n mile/h} = (1\,852/3\,600)\,\text{m/s}$（只用于航行）

1.3.3 国际单位制单位（力学）与其他单位的换算因数

国际单位制单位长度、面积、体积、平面角等19种力学单位与其他单位的换算因数见表1-12～表1-30。

表1-12 长度

单位	m（米）	km（千米）	cm（厘米）	mm（毫米）	mile（英里）	yd（码）	ft（英尺）	in（英寸）	n mile（海里）
m	1	1×10^{-3}	1×10^{2}	1×10^{3}	$6.213\,71\times10^{-4}$	1.093 61	3.280 84	39.370 1	$5.399\,57\times10^{-4}$
km	1×10^{3}	1	1×10^{5}	1×10^{6}	0.621 371	$1.093\,61\times10^{3}$	$3.280\,84\times10^{3}$	$3.937\,01\times10^{4}$	0.539 957
cm	1×10^{-2}	1×10^{-5}	1	10	$6.213\,71\times10^{-6}$	$1.093\,61\times10^{-2}$	$3.280\,84\times10^{-2}$	0.393 701	$5.399\,57\times10^{-6}$
mm	1×10^{-3}	1×10^{-6}	0.1	1	$6.213\,71\times10^{-7}$	$1.093\,61\times10^{-3}$	$3.280\,84\times10^{-3}$	$3.937\,01\times10^{-2}$	$5.399\,57\times10^{-7}$
mile	1 609.344	1.609 344	$1.609\,344\times10^{5}$	$1.609\,344\times10^{6}$	1	1 760	5 280	63 360	0.868 976
yd	0.914 4	9.144×10^{-4}	91.44	914.4	$5.681\,82\times10^{-4}$	1	3	36	$4.937\,36\times10^{-4}$
ft	0.304 8	3.048×10^{-4}	30.48	304.8	$1.893\,94\times10^{-4}$	0.333 333	1	12	$1.645\,79\times10^{-4}$
in	2.54×10^{-2}	2.54×10^{-5}	2.54	25.4	$1.578\,28\times10^{-5}$	$2.777\,78\times10^{-2}$	$8.333\,33\times10^{-2}$	1	$1.371\,49\times10^{-5}$
n mile	1 852	1.852	1.852×10^{5}	1.852×10^{6}	1.150 78	2 025.37	6 076.12	72 913.4	1

表 1-13　面积

单位	m² （平方米）	cm² （平方厘米）	yd² （平方码）	ft² （平方英尺）
m²	1	1×10^{4}	1.195 99	10.763 9
cm²	1×10^{-4}	1	$1.195\ 99\times10^{-4}$	$1.076\ 39\times10^{-3}$
yd²	0.836 127	8 361.27	1	9
ft²	0.092 903 04	929.030 4	0.111 111	1
in²	$6.451\ 6\times10^{-4}$	6.451 6	$7.716\ 05\times10^{-4}$	$6.944\ 44\times10^{-3}$
a	100	1×10^{6}	119.599	$1.076\ 39\times10^{3}$
acre	4 046.86	$4.046\ 86\times10^{7}$	4 840	43 560
市亩	666.667	$6.666\ 67\times10^{6}$	797.327	7 175.93

单位	in² （平方英寸）	a （公亩）	acre （英亩）	市亩
m²	1 550.00	1×10^{-2}	$2.471\ 05\times10^{-4}$	0.001 5
cm²	0.155 000	1×10^{-6}	$2.471\ 05\times10^{-8}$	1.5×10^{-7}
yd²	1 296	$8.361\ 27\times10^{-3}$	$2.066\ 12\times10^{-4}$	$1.254\ 19\times10^{-3}$
ft²	144	$9.290\ 304\times10^{-4}$	$2.295\ 68\times10^{-5}$	$1.393\ 55\times10^{-4}$
in²	1	$6.451\ 6\times10^{-6}$	$1.594\ 23\times10^{-7}$	$9.677\ 42\times10^{-7}$
a	$1.550\ 00\times10^{5}$	1	$2.471\ 05\times10^{-2}$	0.15
acre	6 272 640	40.468 6	1	0.164 666
市亩	$1.033\ 33\times10^{6}$	6.666 67	0.164 666	1

表 1-14 体积

单位	m³ （立方米）	cm³ （立方厘米）	L （升）	yd³ （立方码）
m³	1	1×10^{6}	1×10^{3}	1.307 95
cm³	1×10^{-6}	1	1×10^{-3}	$1.307\ 95\times10^{-6}$
L	1×10^{-3}	1×10^{3}	1	$1.307\ 95\times10^{-3}$
yd³	0.764 555	$7.645\ 55\times10^{5}$	764.555	1
ft³	$2.831\ 68\times10^{-2}$	$2.831\ 68\times10^{4}$	28.316 8	$3.703\ 70\times10^{-2}$
in³	$1.638\ 71\times10^{-5}$	16.387 1	$1.638\ 71\times10^{-2}$	$2.143\ 35\times10^{-5}$
UK gal	$4.546\ 09\times10^{-3}$	4 546.09	4.546 09	$5.946\ 07\times10^{-3}$
US gal	$3.785\ 41\times10^{-3}$	3 785.41	3.785 41	$4.951\ 15\times10^{-3}$

单位	ft³ （立方英尺）	in³ （立方英寸）	UK gal （英加仑）	US gal （美加仑）
m³	35.314 7	61 023.7	219.969	264.172
cm³	$3.531\ 47\times10^{-5}$	$6.102\ 37\times10^{-2}$	$2.199\ 69\times10^{-4}$	$2.641\ 72\times10^{-4}$
L	$3.531\ 47\times10^{-2}$	61.023 7	0.219 969	0.264 172
yd³	27	46 656	168.178	201.974
ft³	1	1 728	6.228 83	7.480 52
in³	$5.787\ 04\times10^{-4}$	1	$3.604\ 65\times10^{-3}$	$4.329\ 00\times10^{-3}$
UK gal	0.160 544	277.420	1	1.200 95
US gal	0.133 681	231	0.832 674	1

表 1－15　平面角

单位	rad （弧度）	° （度）	′ （分）	″ （秒）	周（转）
rad	1	57.295 8	3 437.75	206 265	0.159 155
°	$1.745\ 33 \times 10^{-2}$	1	60	3 600	$2.777\ 78 \times 10^{-3}$
′	$2.908\ 88 \times 10^{-4}$	$1.666\ 67 \times 10^{-2}$	1	60	$4.629\ 63 \times 10^{-5}$
″	$4.848\ 14 \times 10^{-6}$	$2.777\ 78 \times 10^{-4}$	$1.666\ 67 \times 10^{-2}$	1	$7.716\ 05 \times 10^{-7}$
周（转）	6.283 19	360	21 600	1.296×10^{6}	1

表 1－16　角速度、转速

单位	rad/s （弧度每秒）	rad/min （弧度每分）	(°)/s （度每秒）	(°)/min （度每分）	r/s （转每秒）	r/min （转每分）
rad/s	1	60	57.295 8	3 437.75	0.159 155	9.549 30
rad/min	$1.666\ 67 \times 10^{-2}$	1	0.954 931	57.295 8	$2.652\ 58 \times 10^{-3}$	0.159 155
(°)/s	$1.745\ 33 \times 10^{-2}$	1.047 20	1	60	$2.777\ 78 \times 10^{-3}$	0.166 667
(°)/min	$2.908\ 88 \times 10^{-4}$	$1.745\ 33 \times 10^{-2}$	$1.666\ 67 \times 10^{-2}$	1	$4.629\ 63 \times 10^{-5}$	$2.777\ 78 \times 10^{-3}$
r/s	6.283 19	376.991	360	21 600	1	60
r/min	0.104 720	6.283 19	6	360	$1.666\ 67 \times 10^{-2}$	1

表 1-17 速度

单位	m/s （米每秒）	km/h （千米每小时）	ft/s （英尺每秒）	mile/h （英里每小时）	yd/s （码每秒）	n mile/h （海里每小时）
m/s	1	3.6	3.280 84	2.236 94	1.093 61	1.943 84
km/h	0.277 778	1	0.911 344	0.621 371	0.303 781	0.539 957
ft/s	0.304 8	1.097 28	1	0.681 818	0.333 333	0.592 484
mile/h	0.447 04	1.609 344	1.466 67	1	0.438 888	0.868 976
yd/s	0.914 4	3.291 84	3	2.045 46	1	1.777 45
n mile/h	0.514 444	1.852	1.687 81	1.150 78	0.562 602	1

表 1-18 加速度

单位	m/s^2 （米每二次方秒）	cm/s^2 （厘米每二次方秒）	in/s^2 （英寸每二次方秒）	ft/s^2 （英尺每二次方秒）	yd/s^2 （码每二次方秒）
m/s^2	1	100	39.370 1	3.280 84	1.093 61
cm/s^2	0.01	1	0.393 701	$3.280\,84 \times 10^{-2}$	$1.093\,61 \times 10^{-2}$
in/s^2	2.54×10^{-2}	2.54	1	$8.333\,33 \times 10^{-2}$	$2.777\,78 \times 10^{-2}$
ft/s^2	0.304 8	30.48	12	1	0.333 333
yd/s^2	0.914 4	91.44	36	3	1

表 1 – 19 质量

单位	kg（千克）	g（克）	t（吨）	UK ton（英吨）	US ton（美吨）
kg	1	1×10^3	1×10^{-3}	$9.842\ 07 \times 10^{-4}$	$1.102\ 31 \times 10^{-3}$
g	1×10^{-3}	1	1×10^{-6}	$9.842\ 07 \times 10^{-7}$	$1.102\ 31 \times 10^{-6}$
t	1×10^3	1×10^6	1	$0.984\ 207$	$1.102\ 31$
UK ton	$1.016\ 05 \times 10^3$	$1.016\ 05 \times 10^6$	$1.016\ 05$	1	1.12
US ton	$9.071\ 85 \times 10^2$	$9.071\ 85 \times 10^5$	$0.907\ 185$	$0.892\ 857$	1
cwt	$50.802\ 3$	$5.080\ 23 \times 10^4$	$5.080\ 23 \times 10^{-2}$	0.05	0.056
lb	$0.453\ 592\ 37$	$453.592\ 37$	$4.535\ 923\ 7 \times 10^{-4}$	$4.464\ 29 \times 10^{-4}$	5×10^{-4}
oz	$2.834\ 95 \times 10^{-2}$	$28.349\ 5$	$2.834\ 95 \times 10^{-5}$	$2.790\ 18 \times 10^{-5}$	3.125×10^{-5}
gr	$6.479\ 89 \times 10^{-5}$	$6.479\ 89 \times 10^{-2}$	$6.479\ 89 \times 10^{-8}$	$6.377\ 55 \times 10^{-8}$	$7.142\ 86 \times 10^{-8}$

单位	cwt（英担）	lb（磅）	oz（盎司）	gr（格令）
kg	$1.968\ 41 \times 10^{-2}$	$2.204\ 62$	$35.274\ 0$	$1.543\ 24 \times 10^4$
g	$1.968\ 41 \times 10^{-5}$	$2.204\ 62 \times 10^{-3}$	$3.527\ 40 \times 10^{-2}$	$15.432\ 4$
t	$19.684\ 1$	$2\ 204.62$	$35\ 274.0$	$1.543\ 24 \times 10^7$
UK ton	20	$2\ 240$	$35\ 840$	1.568×10^7
US ton	$17.857\ 1$	$2\ 000$	$32\ 000$	1.4×10^7
cwt	1	112	$1\ 792$	$780\ 000$
lb	$8.928\ 57 \times 10^{-3}$	1	$1\ 600$	$7\ 000$
oz	$5.580\ 37 \times 10^{-4}$	6.25×10^{-2}	1	437.5
gr	$1.275\ 51 \times 10^{-6}$	$1.428\ 57 \times 10^{-4}$	$2.285\ 71 \times 10^{-3}$	1

表 1-20 密度

单位	kg/m³ (千克每立方米)	kg/L (千克每升)	lb/ft³ (磅每立方英尺)	lb/in³ (磅每立方英寸)
kg/m³	1	1×10^{-3}	$6.242\ 80 \times 10^{-2}$	$3.612\ 73 \times 10^{-5}$
kg/L	1×10^{3}	1	62.428 0	$3.612\ 73 \times 10^{-2}$
lb/ft³	16.018 5	$1.601\ 85 \times 10^{-2}$	1	$5.787\ 04 \times 10^{-4}$
lb/in³	27 679.9	27.679 9	1 728	1
UK ton/ft³	35 881.4	35.881 4	2 240	1.296 30
UK ton/yd³	1 328.94	1.328 94	82.963 0	$4.801\ 10 \times 10^{-2}$
lb/UK gal	99.776 3	$9.977\ 63 \times 10^{-2}$	6.228 83	$3.604\ 65 \times 10^{-3}$
lb/US gal	119.826	0.119 826	7.480 50	$4.329\ 00 \times 10^{-3}$

单位	UK ton/ft³ (英吨每立方英尺)	UK ton/yd³ (英吨每立方码)	lb/UK gal (磅每英加仑)	lb/US gal (磅每美加仑)
kg/m³	$2.786\ 96 \times 10^{-5}$	$7.524\ 80 \times 10^{-4}$	$1.002\ 24 \times 10^{-2}$	$8.345\ 40 \times 10^{-3}$
kg/L	$2.786\ 96 \times 10^{-2}$	0.752 480	10.022 4	8.345 40
lb/ft³	$4.464\ 29 \times 10^{-4}$	$1.205\ 36 \times 10^{-2}$	0.160 544	0.133 681
lb/in³	0.771 428	20.828 6	277.420	231
UK ton/ft³	1	27	359.619	299.446
UK ton/yd³	$3.703\ 70 \times 10^{-2}$	1	13.319 2	11.090 5
lb/UK gal	$2.780\ 72 \times 10^{-3}$	$7.507\ 97 \times 10^{-2}$	1	0.832 674
lb/US gal	$3.339\ 50 \times 10^{-3}$	$9.016\ 73 \times 10^{-2}$	1.200 95	1

表 1-21 面密度

单位	kg/m² （千克每平方米）	lb/1 000 ft² （磅每1 000平方英尺）	oz/yd² （盎司每平方码）	oz/ft² （盎司每平方英尺）
kg/m²	1	204.816	29.493 5	3.277 06
lb/1 000 ft²	$4.882\ 43 \times 10^{-3}$	1	0.144	0.016
oz/yd²	$3.390\ 57 \times 10^{-2}$	6.944 44	1	0.111 111
oz/ft²	0.305 152	62.5	9	1

表 1-22 线密度

单位	kg/m （千克每米）	lb/yd （磅每码）	lb/ft （磅每英尺）	lb/in （磅每英寸）
kg/m	1	2.015 91	0.671 969	$5.599\ 74 \times 10^{-2}$
lb/yd	0.496 055	1	0.333 333	$2.777\ 78 \times 10^{-2}$
lb/ft	1.488 16	3	1	8.333 33
lb/in	17.858 0	36	12	1

表 1-23 质量流量

单位	kg/s （千克每秒）	kg/h （千克每小时）	t/h （吨每小时）	lb/s （磅每秒）	lb/h （磅每小时）	UK ton/h （英吨每小时）
kg/s	1	3 600	3.6	2.204 62	7 936.63	3.543 14
kg/h	$2.777\ 78 \times 10^{-4}$	1	1×10^{-3}	$6.123\ 94 \times 10^{-4}$	2.204 62	$9.842\ 06 \times 10^{-4}$
t/h	0.277 778	1×10^{3}	1	0.612 394	2 204.62	0.984 206
lb/s	0.453 592	1 632.93	1.632 93	1	3 600	1.607 14
lb/h	$1.259\ 98 \times 10^{-4}$	0.453 592	$4.535\ 92 \times 10^{-2}$	$2.777\ 78 \times 10^{-4}$	1	$4.464\ 29 \times 10^{-4}$
UK ton/h	0.282 236	1 016.05	1.016 05	0.622 222	2 240	1

表1-24 体积流量

单位	m³/s (立方米每秒)	m³/h (立方米每小时)	L/s (升每秒)	ft³/s (立方英尺每秒)
m³/s	1	3 600	1×10^3	35.314 7
m³/h	$2.777\ 78 \times 10^{-4}$	1	0.277 778	$9.809\ 63 \times 10^{-3}$
L/s	1×10^{-3}	3.6	1	$3.531\ 47 \times 10^{-2}$
ft³/s	$2.831\ 68 \times 10^{-2}$	101.941	28.316 8	1
ft³/h	$7.865\ 79 \times 10^{-6}$	$2.831\ 68 \times 10^{-2}$	$7.865\ 79 \times 10^{-3}$	$2.777\ 78 \times 10^{-4}$
UK gal/s	$4.546\ 09 \times 10^{-3}$	16.365 9	4.546 09	0.160 544
UK gal/h	$1.262\ 80 \times 10^{-6}$	$4.546\ 09 \times 10^{-3}$	$1.262\ 80 \times 10^{-3}$	$4.459\ 55 \times 10^{-5}$
US gal/min	$6.309\ 03 \times 10^{-5}$	0.227 125	$6.309\ 03 \times 10^{-2}$	$2.228\ 01 \times 10^{-3}$

单位	ft³/h (立方英尺每小时)	UK gal/s (英加仑每秒)	UK gal/h (英加仑每小时)	US gal/min (美加仑每分)
m³/s	$1.271\ 33 \times 10^5$	219.969	$7.918\ 89 \times 10^5$	$1.588\ 03 \times 10^4$
m³/h	35.314 7	$6.110\ 25 \times 10^{-2}$	219.969	4.402 87
L/s	127.133	0.219 969	791.889	15.850 3
ft³/s	3 600	6.228 83	$2.242\ 38 \times 10^4$	448.831
ft³/h	1	$1.730\ 23 \times 10^{-3}$	6.228 83	0.124 675
UK gal/s	577.959	1	3 600	72.057 0
UK gal/h	0.160 544	$2.777\ 78 \times 10^{-4}$	1	$2.001\ 58 \times 10^{-2}$
US gal/min	8.020 85	$1.387\ 79 \times 10^{-2}$	49.960 5	1

表 1-25　力

单位	N （牛顿）	kgf （千克力）	dyn （达因）	lbf （磅力）	UK tonf （英吨力）	pdl （磅达）
N	1	0.101 972	1×10^5	0.224 809	$1.003\ 61 \times 10^{-4}$	7.233 01
kgf	9.806 65	1	980 665	2.204 62	$9.842\ 07 \times 10^{-4}$	70.931 5
dyn	1×10^{-5}	$1.019\ 72 \times 10^{-6}$	1	$2.248\ 09 \times 10^{-6}$	$1.003\ 61 \times 10^{-9}$	$7.233\ 01 \times 10^{-5}$
lbf	4.448 22	0.453 592	$4.448\ 22 \times 10^5$	1	$4.464\ 29 \times 10^{-4}$	32.174 0
UK tonf	9 964.02	1 016.05	$9.964\ 02 \times 10^8$	2 240	1	$7.206\ 99 \times 10^4$
pdl	0.138 255	$1.409\ 81 \times 10^{-2}$	$1.382\ 55 \times 10^4$	$3.108\ 10 \times 10^{-2}$	$1.387\ 54 \times 10^{-5}$	1

表 1-26　压力、压强、应力

单位	Pa （帕斯卡）	kgf/cm² （千克力每平方厘米）	atm （标准大气压）	bar （巴）
Pa	1	$1.019\ 72 \times 10^{-5}$	$9.869\ 23 \times 10^{-6}$	1×10^{-5}
kgf/cm²	98 066.5	1	0.967 841	0.980 665
atm	101 325	1.033 23	1	1.013 25
bar	1×10^5	1.019 72	0.986 923	1
mmHg	133.322	$1.359\ 51 \times 10^{-3}$	$1.315\ 79 \times 10^{-3}$	$1.333\ 22 \times 10^{-3}$
pdl/ft²	1.488 16	$1.517\ 50 \times 10^{-5}$	$1.468\ 70 \times 10^{-5}$	$1.488\ 16 \times 10^{-5}$
lbf/in²	6 894.76	$7.030\ 70 \times 10^{-2}$	$6.804\ 62 \times 10^{-2}$	$6.894\ 76 \times 10^{-2}$

单位	Pa（帕斯卡）	kgf/cm²（千克力每平方厘米）	atm（标准大气压）	bar（巴）
lbf/ft²	47.880 3	4.882 43×10⁻⁴	4.725 41×10⁻⁴	4.788 03×10⁻⁴

单位	mmHg（毫米汞柱）	pdl/ft²（磅达每平方英尺）	lbf/in²（磅力每平方英寸）	lbf/ft²（磅力每平方英尺）
Pa	7.500 64×10⁻³	0.671 971	1.450 38×10⁻⁴	2.088 54×10⁻²
kgf/cm²	735.559	6.589 76×10⁴	14.223 3	2 048.16
atm	760	6.808 74×10⁴	14.695 9	2 116.22
bar	750.064	6.719 71×10⁴	14.503 8	2 088.54
mmHg	1	89.588 7	1.933 66×10⁻²	2.784 50
pdl/ft²	1.116 21×10⁻²	1	2.158 40×10⁻⁴	3.108 10×10⁻²
lbf/in²	51.715 4	4 633.06	1	144
lbf/ft²	0.359 131	32.174 0	6.944 44×10⁻³	1

表 1-27 动力黏度

单位	Pa·s （帕斯卡秒）	Pa·h （帕斯卡小时）	P （泊）	cP （厘泊）	kgf·s/m² （千克力秒每平方米）	lbf·s/ft² （磅力秒每平方英尺）
Pa·s	1	$2.777\,78 \times 10^{-4}$	10	1×10^{3}	0.101 972	$2.088\,54 \times 10^{-2}$
Pa·h	3 600	1	3.6×10^{4}	3.6×10^{6}	367.099	75.187 4
P	0.1	$2.777\,78 \times 10^{-5}$	1	100	$1.019\,72 \times 10^{-2}$	$2.088\,54 \times 10^{-3}$
cP	1×10^{-3}	$2.777\,78 \times 10^{-7}$	1×10^{-2}	1	$1.019\,72 \times 10^{-4}$	$2.088\,54 \times 10^{-5}$
kgf·s/m²	9.806 65	$2.724\,06 \times 10^{-3}$	98.066 5	9 806.65	1	0.204 816
lbf·s/ft²	47.880 3	$1.330\,01 \times 10^{-2}$	478.803	47 880.3	4.882 43	1

表 1-28 运动黏度

单位	m²/s （平方米每秒）	St （斯托克斯）	m²/h （平方米每小时）	in²/s （平方英寸每秒）
m²/s	1	1×10^{4}	3 600	$1.550\,00 \times 10^{3}$
St	1×10^{-4}	1	0.36	0.155 000
m²/h	$2.777\,78 \times 10^{-4}$	2.777 78	1	0.430 556
in²/s	$6.451\,6 \times 10^{-4}$	6.451 6	2.322 58	1
ft²/s	$9.290\,30 \times 10^{-2}$	$9.200\,30 \times 10^{2}$	334.451	144
ft²/h	$2.580\,64 \times 10^{-5}$	0.258 064	$9.290\,30 \times 10^{-2}$	0.04
yd²/s	0.836 127	$8.361\,27 \times 10^{3}$	$3.010\,06 \times 10^{3}$	1 296

单位	ft²/s（平方英尺每秒）	ft²/h（平方英尺每小时）	yd²/s（平方码每秒）	
m²/s	10.763 9	$3.875\ 01\times10^{4}$	1.195 99	
St	$1.076\ 39\times10^{-3}$	3.875 01	$1.195\ 99\times10^{-4}$	
m²/h	$2.989\ 98\times10^{-3}$	10.763 9	$3.322\ 19\times10^{-4}$	
in²/s	$6.944\ 44\times10^{-3}$	25	$7.716\ 05\times10^{-4}$	
ft²/s	1	3 600	0.111 111	
ft²/h	$2.777\ 78\times10^{-4}$	1	$3.086\ 42\times10^{-5}$	
yd²/s	9	32 400	1	

表1-29　功、能

单位	J（焦耳）	kgf·m（千克力米）	kW·h（千瓦小时）	ft·pdl（英尺磅达）
J	1	0.101 972	$2.777\ 78\times10^{-7}$	23.730 4
kgf·m	9.806 65	1	$2.724\ 07\times10^{-6}$	232.715
kW·h	3.6×10^{6}	$3.670\ 98\times10^{5}$	1	$8.542\ 93\times10^{7}$
ft·pdl	$4.214\ 01\times10^{-2}$	$4.297\ 10\times10^{-3}$	$1.170\ 56\times10^{-8}$	1
ft·lbf	1.355 82	0.138 255	$3.766\ 16\times10^{-7}$	32.174 0
eV	$1.602\ 19\times10^{-19}$	$1.633\ 78\times10^{-20}$	$4.450\ 52\times10^{-26}$	$3.802\ 06\times10^{-18}$
erg	1×10^{-7}	$1.019\ 72\times10^{-8}$	$2.777\ 78\times10^{-14}$	$2.373\ 04\times10^{-6}$
米制马力小时	$2.647\ 80\times10^{6}$	2.7×10^{5}	0.735 501	$6.283\ 34\times10^{7}$

单位	ft·lbf (英尺磅力)	eV (电子伏特)	erg (尔格)	米制马力小时
J	0.737 562	6.241 46×10^{18}	1×10^{7}	3.776 72×10^{-7}
kgf·m	7.233 01	6.120 78×10^{19}	9.806 65×10^{7}	3.703 70×10^{-6}
kW·h	2.655 22×10^{6}	2.246 93×10^{25}	3.6×10^{13}	1.359 62
ft·pdl	3.108 10×10^{-2}	2.630 16×10^{17}	4.214 01×10^{5}	1.591 51×10^{-8}
ft·lbf	1	8.462 30×10^{18}	1.355 82×10^{7}	5.120 55×10^{-7}
eV	1.181 71×10^{-19}	1	1.602 19×10^{-12}	6.051 02×10^{-26}
erg	7.375 62×10^{-8}	6.241 46×10^{11}	1	3.776 72×10^{-14}
米制马力小时	1.952 91×10^{6}	1.652 61×10^{25}	2.647 80×10^{13}	1

表1-30 功率

单位	W (瓦特)	erg/s (尔格每秒)	kgf·m/s (千克力米每秒)	ft·lbf/s (英尺磅力每秒)	hp (英制马力)	米制马力
W	1	1×10^{7}	0.101 972	0.737 562	1.341 02×10^{-3}	1.359 62×10^{-3}
erg/s	1×10^{-7}	1	1.019 72×10^{-8}	7.375 62×10^{-8}	1.341 02×10^{-10}	1.359 62×10^{-10}
kgf·m/s	9.806 65	9.806 65×10^{7}	1	7.233 01	1.315 09×10^{-2}	1.333 33×10^{-2}
ft·lbf/s	1.355 82	1.355 82×10^{7}	0.138 255	1	1.818 18×10^{-3}	1.843 40×10^{-3}
hp	745.700	7.457 00×10^{9}	76.040 2	550	1	1.013 87
米制马力	735.499	7.354 99×10^{9}	75	542.476	0.986 320	1

1.3.4　能量单位换算

为了使大家了解各种能量单位的换算关系，并有利于向国际标准或国家标准过渡，表1-31给出了能量单位换算单位的换算表，以供参考。

表1-31　能量单位换算表

单位	焦耳 (J)	千克力·米 (kgf·m)	尔格 (erg)	千瓦·时 (kW·h)	米制马力·时 (Ps·h)	英制马力·时 (hp·h)
焦耳 (J)	1	0.101 971 6	1×10^7	$2.777\ 778 \times 10^{-7}$	$3.776\ 727 \times 10^{-7}$	$3.725\ 062 \times 10^{-7}$
千克力·米 (kgf·m)	9.806 65	1	$9.806\ 65 \times 10^7$	$2.724\ 069 \times 10^{-6}$	$3.703\ 704 \times 10^{-6}$	$3.653\ 039 \times 10^{-6}$
尔格 (erg)	1×10^{-7}	$1.019\ 716 \times 10^{-8}$	1	$2.777\ 778 \times 10^{-14}$	$3.776\ 727 \times 10^{-14}$	$3.725\ 062 \times 10^{-14}$
千瓦·时 (kW·h)	3.6×10^6	$3.670\ 978 \times 10^5$	3.6×10^{13}	1	1.359 622	1.341 022
米制马力·时 (Ps·h)	$2.647\ 796 \times 10^6$	2.7×10^5	$2.647\ 796 \times 10^{13}$	0.735 498 8	1	0.986 321
英制马力·时 (hp·h)	$2.684\ 519 \times 10^6$	$2.737\ 447 \times 10^5$	$2.684\ 519 \times 10^{13}$	0.745 70	1.013 869	1
国际蒸汽表 千卡($kcal_{IT}$)	$4.186\ 8 \times 10^3$	$4.269\ 348 \times 10^2$	$4.186\ 8 \times 10^{10}$	1.163×10^{-3}	$1.581\ 240 \times 10^{-3}$	$1.559\ 610 \times 10^{-3}$
热化学千卡($kcal_{th}$)	4.184×10^3	$4.266\ 493 \times 10^2$	4.184×10^{10}	$1.162\ 222 \times 10^{-3}$	$1.580\ 182 \times 10^{-3}$	$1.558\ 567 \times 10^{-3}$
20℃千卡 ($kcal_{20}$)	$4.181\ 6 \times 10^3$	$4.264\ 0 \times 10^2$	$4.181\ 6 \times 10^{10}$	$1.161\ 6 \times 10^{-3}$	$1.579\ 3 \times 10^{-3}$	$1.557\ 676 \times 10^{-3}$
15℃千卡 ($kcal_{15}$)	$4.185\ 5 \times 10^3$	$4.268\ 0 \times 10^2$	$4.185\ 6 \times 10^{10}$	$1.162\ 6 \times 10^{-3}$	$1.580\ 7 \times 10^{-3}$	$1.559\ 13 \times 10^{-3}$
英制热单位 (Btu)	1 055.06	107.586	$1.055\ 06 \times 10^{10}$	$2.930\ 72 \times 10^{-4}$	$3.984\ 67 \times 10^{-4}$	$3.930\ 16 \times 10^{-3}$

单位	国际蒸汽表千卡（kcal$_{IT}$）	热化学千卡（kcal$_{th}$）	20℃千卡（kcal$_{20}$）	15℃千卡※（kcal$_{15}$）	英制热单位（Btu）
焦 耳（J）	$2.388\ 459 \times 10^{-4}$	$2.390\ 057 \times 10^{-4}$	$2.391\ 4 \times 10^{-4}$	$2.380\ 2 \times 10^{-4}$	$9.478\ 14 \times 10^{-4}$
千克力·米（kgf·m）	$2.342\ 278 \times 10^{-3}$	$2.343\ 846 \times 10^{-3}$	$2.345\ 2 \times 10^{-3}$	$2.343\ 0 \times 10^{-3}$	$9.294\ 89 \times 10^{-3}$
尔 格（erg）	$2.388\ 459 \times 10^{-11}$	$2.390\ 057 \times 10^{-11}$	$2.391\ 4 \times 10^{-11}$	$2.389\ 2 \times 10^{-11}$	$9.478\ 14 \times 10^{-11}$
千瓦·时（kW·h）	$8.598\ 452 \times 10^{2}$	$8.604\ 206 \times 10^{2}$	$8.609\ 1 \times 10^{2}$	$8.601\ 1 \times 10^{2}$	$3.412\ 13 \times 10^{3}$
米制马力·时（Ps·h）	$6.324\ 151 \times 10^{2}$	$6.328\ 382 \times 10^{2}$	$6.332\ 0 \times 10^{2}$	$6.326\ 1 \times 10^{2}$	$2.509\ 2 \times 10^{3}$
英制马力·时（hp·h）	$6.411\ 861 \times 10^{2}$	$6.416\ 150 \times 10^{2}$	$6.419\ 819 \times 10^{2}$	$6.413\ 837 \times 10^{2}$	$2.544\ 426 \times 10^{3}$
国际蒸汽表千卡（kcal$_{IT}$）	1	$1.000\ 669$	$1.001\ 2$	$1.000\ 3$	$3.968\ 30$
热化学千卡（kcal$_{th}$）	$0.999\ 331\ 2$	1	$1.000\ 6$	$0.999\ 64$	$3.965\ 66$
20℃千卡（kcal$_{20}$）	$0.998\ 76$	$0.999\ 43$	1	$0.999\ 61$	$3.963\ 43$
15℃千卡（kcal$_{15}$）	$0.999\ 69$	$1.000\ 4$	$1.000\ 9$	1	$3.967\ 07$
英制热单位（Btu）	$2.519\ 97 \times 10^{-1}$	$2.521\ 65 \times 10^{-1}$	$2.523\ 07 \times 10^{-1}$	$2.520\ 75 \times 10^{-1}$	1

注：※15℃千卡，即1kg纯水，在101.325kPa下，温度从14.5℃升高到15.5℃所需要的热量。

1.3.5　英寸与毫米对照便查表

1. 英寸的分数、小数、习惯称呼与毫米对照表

英寸的分数、小数、习惯称呼与毫米对照表见表1-32。

表1-32　英寸的分数、小数、习惯称呼与毫米对照表

英寸(in)的分数	英寸(in)的小数	习惯称呼	毫米(mm)
1/64	0.015 625	一厘二毫半	0.396 875
1/32	0.031 250	二厘半	0.793 750
3/64	0.046 875	三厘七毫半	1.190 625
1/16	0.062 500	半分	1.587 500
5/64	0.078 125	六厘二毫半	1.984 375
3/32	0.093 750	七厘半	2.381 250
7/34	0.109 375	八厘七毫半	2.778 125
1/8	0.125 000	一分	3.175 000
9/64	0.140 625	一分一厘二毫半	3.571 875
5/32	0.156 250	一分二厘半	3.968 750
11/64	0.171 875	一分三厘七毫半	4.365 625
3/16	0.187 500	一分半	4.762 500
13/64	0.203 125	一分六厘二毫半	5.159 375
7/32	0.218 750	一分七厘半	5.556 250
15/64	0.234 375	一分八厘七毫半	5.953 125
1/4	0.250 000	二分	6.350 000
17/64	0.265 625	二分一厘二毫半	6.746 875
9/32	0.281 250	二分二厘半	7.143 750
19/64	0.296 875	二分三厘七毫半	7.540 625
5/16	0.312 500	二分半	7.937 500
21/64	0.328 125	二分六厘二毫半	8.334 375
11/32	0.343 750	二分七厘半	8.731 250
23/64	0.359 375	二分八厘七毫半	9.128 125
3/8	0.375 000	三分	9.525 000
25/64	0.390 625	三分一厘二毫半	9.921 875
13/32	0.406 250	三分二厘半	10.318 750
27/64	0.421 875	三分三厘七毫半	10.715 625
7/16	0.437 500	三分半	11.112 500
29/64	0.453 125	三分六厘二毫半	11.509 375
15/32	0.468 750	三分七厘半	11.906 250
31/64	0.484 375	三分八厘七毫半	12.303 125

英寸（in）的分数	英寸（in）的小数	习惯称呼	毫米（mm）
1/2	0.500 000	四分	12.700 000
33/64	0.515 625	四分一厘二毫半	13.096 875
17/32	0.531 250	四分二厘半	13.493 750
35/64	0.546 875	四分三厘七毫半	13.890 625
9/16	0.562 500	四分半	14.287 500
37/64	0.578 125	四分六厘二毫半	14.684 375
19/32	0.593 750	四分七厘半	15.081 250
39/64	0.609 375	四分八厘七毫半	15.478 125
5/8	0.625 000	五分	15.875 000
41/64	0.640 625	五分一厘二毫半	16.271 875
21/32	0.656 250	五分二厘半	16.668 750
43/64	0.671 875	五分三厘七毫半	17.065 625
11/16	0.687 500	五分半	17.462 500
45/64	0.703 125	五分六厘二毫半	17.859 375
23/32	0.718 750	五分七厘半	18.256 250
47/64	0.734 375	五分八厘七毫半	18.653 125
3/4	0.750 000	六分	19.050 000
49/64	0.765 625	六分一厘二毫半	19.446 875
25/32	0.781 250	六分二厘半	19.843 750
51/64	0.796 875	六分三厘七毫半	20.240 625
13/16	0.812 500	六分半	20.637 500
53/64	0.828 125	六分六厘二毫半	21.034 375
27/32	0.843 750	六分七厘半	21.431 250
55/64	0.859 375	六分八厘七毫半	21.828 125
7/8	0.875 000	七分	22.225 000
57/64	0.890 625	七分一厘二毫半	22.621 875
29/32	0.906 250	七分二厘半	23.018 750
59/64	0.921 875	七分三厘七毫半	23.415 625
15/16	0.937 500	七分半	23.812 500
61/64	0.953 125	七分六厘二毫半	24.209 375
31/32	0.968 750	七分七厘半	24.606 250
63/64	0.984 375	七分八厘七毫半	25.003 125
1	1.000 000	一英寸	25.400 000

2. 英寸与毫米对照表

英寸与毫米对照表见表1-33。

表1-33　英寸与毫米对照表

英寸(in)	0	1/16	1/8	3/16	1/4	5/16	3/8	7/16	1/2	9/16	5/8	11/16	3/4	13/16	7/8	15/16
0	毫米	1.588	3.175	4.763	6.350	7.938	9.525	11.113	12.700	14.288	15.875	17.463	19.050	20.638	22.225	23.813
1	25.400	26.988	28.575	30.163	31.750	33.338	34.925	36.513	38.100	39.688	41.275	42.863	44.450	46.038	47.625	49.213
2	50.800	52.388	53.975	55.563	57.150	58.738	60.325	61.913	63.500	65.088	66.675	68.263	69.850	71.438	73.025	74.613
3	76.200	77.788	79.375	80.963	82.550	84.138	85.725	87.313	88.900	90.488	92.075	93.663	95.250	96.838	98.425	100.01
4	101.60	103.19	104.78	106.36	107.95	109.54	111.13	112.71	114.30	115.89	117.48	119.06	120.65	122.24	123.83	125.41
5	127.00	128.59	130.18	131.76	133.35	134.94	136.53	138.11	139.70	141.29	142.88	144.46	146.05	147.64	149.23	150.81
6	152.40	153.99	155.58	157.16	158.75	160.34	161.93	163.51	165.10	166.69	168.28	169.86	171.45	173.04	174.63	176.21
7	177.80	179.39	180.98	182.56	184.15	185.74	187.33	188.91	190.50	192.09	193.68	195.26	196.85	198.44	200.03	201.61
8	203.20	204.79	206.38	207.96	209.55	211.14	212.73	214.31	215.90	217.49	219.08	220.66	222.25	223.84	225.43	227.01
9	228.60	230.19	231.78	233.36	234.95	236.54	238.13	239.71	241.30	242.89	244.48	246.06	247.65	249.24	250.83	252.41
10	254.00	255.59	257.18	258.76	260.35	261.94	263.53	265.11	266.70	268.29	269.88	271.46	273.05	274.64	276.23	277.81
11	279.40	280.99	282.58	284.16	285.75	287.34	288.93	290.51	292.10	293.69	295.28	296.86	298.45	300.04	301.63	303.21
12	304.80	306.39	307.98	309.56	311.15	312.74	314.33	315.91	317.50	319.09	320.68	322.26	323.85	325.44	327.03	328.61
13	330.20	331.79	333.38	334.96	336.55	338.14	339.73	341.31	342.90	344.49	346.08	347.66	349.25	350.84	352.43	354.01
14	355.60	357.19	358.78	360.36	361.95	363.54	365.13	366.71	368.30	369.89	371.48	373.06	374.65	376.24	377.83	379.41
15	381.00	382.59	384.18	385.76	387.35	388.94	390.53	392.11	393.70	395.29	396.88	398.46	400.05	401.64	403.23	404.81
16	406.40	407.99	409.58	411.16	412.75	414.34	415.93	417.51	419.10	420.69	422.28	423.86	425.45	427.0	428.63	430.21
17	431.80	433.39	434.98	436.56	438.15	439.74	441.33	442.91	444.50	446.09	447.68	449.26	450.85	452.44	454.03	455.61
18	457.20	458.79	460.38	461.96	463.55	465.14	466.73	468.31	469.90	471.49	473.08	474.66	476.25	477.84	479.43	481.01
19	482.60	484.19	485.78	487.36	488.95	490.54	492.13	493.71	495.30	496.89	498.48	500.06	501.65	503.24	504.83	506.41
20	508.00	509.59	511.18	512.76	514.35	515.94	517.53	519.11	520.70	522.29	523.88	525.46	527.05	528.64	530.23	531.81
21	533.40	534.99	536.58	538.16	539.75	541.34	542.93	544.51	546.10	547.69	549.28	550.86	552.45	554.04	555.63	557.21
22	558.80	560.39	561.98	563.56	565.15	566.74	568.33	569.91	571.50	573.09	574.68	576.26	577.85	579.44	581.03	582.61
23	584.20	585.79	587.38	588.96	590.55	592.14	593.73	595.31	596.90	598.49	600.08	601.66	603.25	604.84	606.43	608.01

英寸(in)	0	1/16	1/8	3/16	1/4	5/16	3/8	7/16	1/2	9/16	5/8	11/16	3/4	13/16	7/8	15/16
24	609.60	611.19	612.78	614.36	615.95	617.54	619.13	620.71	622.30	623.89	625.48	627.06	628.65	630.24	631.83	633.41
25	635.00	636.59	638.18	639.76	641.35	642.94	644.53	646.11	647.70	649.29	650.88	652.46	654.05	655.64	657.23	658.81
26	660.40	661.99	663.58	665.16	666.75	668.34	669.93	671.51	673.10	674.69	676.28	677.86	679.45	681.04	682.63	684.21
27	685.80	687.39	688.98	690.56	692.15	693.74	695.33	696.91	698.50	700.09	701.68	703.26	704.85	706.44	708.03	709.61
28	711.20	712.79	714.38	715.96	717.55	719.14	720.73	722.31	723.90	725.49	727.08	728.66	730.25	731.84	733.43	735.01
29	736.60	738.19	739.78	741.36	742.95	744.54	746.13	747.71	749.30	750.89	752.48	754.06	755.65	757.24	758.83	760.41
30	762.00	763.59	765.18	766.76	768.35	769.94	771.53	773.11	774.70	776.29	777.88	779.46	781.05	782.64	784.23	785.81
31	787.40	788.99	790.58	792.16	793.75	795.34	796.93	798.51	800.10	801.69	803.28	804.86	806.45	808.04	809.63	811.21
32	812.80	814.39	815.98	817.56	819.15	820.74	822.33	823.91	825.50	827.09	828.68	830.26	831.85	833.44	835.03	836.61
33	838.20	839.79	841.38	842.96	844.55	846.14	847.73	849.31	850.90	852.49	854.08	855.66	857.25	858.84	860.43	862.01
34	863.60	865.19	866.78	868.36	869.95	871.54	873.13	874.71	876.30	877.89	879.48	881.06	882.65	884.24	885.83	887.41
35	889.00	890.59	892.18	893.76	895.35	896.94	898.53	900.11	901.70	903.29	904.88	906.46	908.05	909.64	911.23	912.81
36	914.40	915.99	917.58	919.16	920.75	922.34	923.93	925.51	927.10	928.69	930.28	931.86	933.45	935.04	936.63	938.21
37	939.80	941.39	942.98	944.56	946.15	947.74	949.33	950.91	952.50	954.09	955.68	957.26	958.85	960.44	962.03	963.61
38	965.20	966.79	968.38	969.96	971.55	973.14	974.73	976.31	977.90	979.49	981.08	982.66	984.25	985.84	987.43	989.01
39	990.60	992.19	993.78	995.36	996.95	998.54	1 000.1	1 001.7	1 003.3	1 004.9	1 006.5	1 008.1	1 009.7	1 011.2	1 012.8	1 014.4
40	1 016.0	1 017.6	1 019.2	1 020.8	1 022.4	1 023.9	1 025.5	1 027.1	1 028.7	1 030.3	1 031.9	1 033.5	1 035.1	1 036.6	1 038.2	1 039.8
41	1 041.4	1 043.0	1 044.6	1 046.2	1 047.8	1 049.4	1 050.9	1 052.5	1 054.1	1 055.7	1 057.3	1 058.9	1 060.5	1 062.0	1 063.6	1 065.2
42	1 066.8	1 068.4	1 070.0	1 071.6	1 073.2	1 074.7	1 076.3	1 077.9	1 079.5	1 081.1	1 082.0	1 084.3	1 085.9	1 087.4	1 089.0	1 090.6
43	1 092.2	1 093.8	1 095.4	1 097.0	1 098.6	1 100.1	1 101.7	1 103.3	1 104.9	1 106.5	1 108.1	1 109.7	1 111.3	1 112.8	1 114.4	1 116.0
44	1 117.6	1 119.2	1 120.8	1 122.4	1 124.0	1 125.5	1 127.1	1 128.7	1 130.3	1 131.9	1 133.5	1 135.1	1 136.7	1 138.2	1 139.8	1 141.4
45	1 143.0	1 144.6	1 146.2	1 147.8	1 149.4	1 150.9	1 152.5	1 154.1	1 155.7	1 157.3	1 158.9	1 160.5	1 162.1	1 163.6	1 165.2	1 166.8
46	1 168.4	1 170.0	1 171.6	1 173.2	1 174.8	1 176.3	1 177.9	1 179.5	1 181.1	1 182.7	1 184.3	1 185.9	1 187.5	1 189.0	1 190.6	1 192.2
47	1 193.8	1 195.4	1 197.0	1 198.6	1 200.2	1 201.7	1 203.3	1 204.9	1 206.5	1 208.1	1 209.7	1 211.3	1 212.9	1 214.4	1 216.0	1 217.6
48	1 219.2	1 220.8	1 222.4	1 224.0	1 225.6	1 227.1	1 228.7	1 230.3	1 231.9	1 233.5	1 235.1	1 236.7	1 238.3	1 239.8	1 241.4	1 243.0
49	1 244.6	1 246.2	1 247.8	1 249.4	1 251.0	1 252.5	1 254.1	1 255.7	1 257.3	1 258.9	1 260.5	1 262.1	1 263.7	1 265.2	1 266.8	1 268.4
50	1 270.0	1 271.6	1 273.2	1 274.8	1 276.4	1 277.9	1 279.5	1 281.1	1 282.7	1 284.3	1 285.9	1 287.5	1 289.1	1 290.6	1 292.2	1 293.8

3. 毫米与英寸对照表

毫米与英寸对照表见表1-34。

表1-34 毫米与英寸对照表

毫米 (mm)	英寸 (in)	毫米 (mm)	英寸 (in)	毫米 (mm)	英寸 (in)	毫米 (mm)	英寸 (in)
1	0.039 4	26	1.023 6	51	2.007 9	76	2.992 1
2	0.078 7	27	1.063 0	52	2.047 2	77	3.031 5
3	0.118 1	28	1.102 4	53	2.086 6	78	3.070 9
4	0.157 5	29	1.141 7	54	2.126 0	79	3.110 2
5	0.196 9	30	1.181 1	55	2.165 4	80	3.149 6
6	0.236 2	31	1.220 5	56	2.204 7	81	3.189 0
7	0.275 6	32	1.259 8	57	2.244 1	82	3.228 3
8	0.315 0	33	1.299 2	58	2.283 5	83	3.267 7
9	0.354 3	34	1.338 6	59	2.322 8	84	3.307 1
10	0.393 7	35	1.378 0	60	2.362 2	85	3.346 5
11	0.433 1	36	1.417 3	61	2.401 6	86	3.385 8
12	0.472 4	37	1.456 7	62	2.440 9	87	3.425 2
13	0.511 8	38	1.496 1	63	2.480 3	88	3.464 6
14	0.551 2	39	1.535 4	64	2.519 7	89	3.503 9
15	0.590 6	40	1.574 8	65	2.559 1	90	3.543 3
16	0.629 9	41	1.614 2	66	2.598 4	91	3.582 7
17	0.669 3	42	1.653 5	67	2.637 8	92	3.622 0
18	0.708 7	43	1.692 9	68	2.677 2	93	3.661 4
19	0.748 0	44	1.732 3	69	2.716 5	94	3.700 8
20	0.787 4	45	1.771 7	70	2.755 9	95	3.740 2
21	0.826 8	46	1.811 0	71	2.795 3	96	3.779 5
22	0.866 1	47	1.850 4	72	2.834 6	97	3.818 9
23	0.905 5	48	1.889 8	73	2.874 0	98	3.858 3
24	0.944 9	49	1.929 1	74	2.913 4	99	3.897 6
25	0.984 3	50	1.968 5	75	2.952 8	100	3.937 0

1.3.6 磅与千克对照便查表

1. 磅与千克对照表

磅与千克对照表见表1-35。

表1-35 磅与千克对照表

磅 (lb)	千克 (kg)	磅 (lb)	千克 (kg)	磅 (lb)	千克 (kg)	磅 (lb)	千克 (kg)
1	0.453 6	26	11.793	51	23.133	76	34.473
2	0.907 2	27	12.247	52	23.587	77	34.927
3	1.360 8	28	12.701	53	24.040	78	35.380
4	1.814 4	29	13.154	54	24.494	79	35.834
5	2.268 0	30	13.608	55	24.948	80	36.287
6	2.721 6	31	14.061	56	25.401	81	36.741
7	3.175 1	32	14.515	57	25.855	82	37.195
8	3.628 7	33	14.969	58	26.308	83	37.648
9	4.082 3	34	15.422	59	26.762	84	38.102
10	4.535 9	35	15.876	60	27.216	85	38.555
11	4.989 5	36	16.329	61	27.669	86	39.009
12	5.443 1	37	16.783	62	28.123	87	39.463
13	5.896 7	38	17.237	63	28.576	88	39.916
14	6.350 3	39	17.690	64	29.030	89	40.370
15	6.803 9	40	18.144	65	29.484	90	40.823
16	7.257 5	41	18.597	66	29.937	91	41.277
17	7.711 1	42	19.051	67	30.391	92	41.731
18	8.164 7	43	19.504	68	30.844	93	42.184
19	8.618 3	44	19.958	69	31.298	94	42.638
20	9.071 8	45	20.412	70	31.751	95	43.091
21	9.525 4	46	20.865	71	32.205	96	43.545
22	9.979 0	47	21.319	72	32.659	97	43.999
23	10.433	48	21.772	73	33.112	98	44.452
24	10.886	49	22.226	74	33.566	99	44.906
25	11.340	50	22.680	75	34.019	100	45.359

2. 千克与磅对照表

千克与磅对照表见表1-36。

表1-36　千克与磅对照表

千克 (kg)	磅 (lb)	千克 (kg)	磅 (lb)	千克 (kg)	磅 (lb)	千克 (kg)	磅 (lb)
1	2. 204 6	26	57. 320	51	112. 436	76	167. 551
2	4. 409 2	27	59. 525	52	114. 640	77	169. 756
3	6. 613 9	28	61. 729	53	116. 845	78	171. 960
4	8. 818 5	29	63. 934	54	119. 050	79	174. 165
5	11. 023	30	66. 139	55	121. 254	80	176. 370
6	13. 228	31	68. 343	56	123. 459	81	178. 574
7	15. 432	32	70. 548	57	125. 663	82	180. 779
8	17. 637	33	72. 752	58	127. 868	83	182. 983
9	19. 842	34	74. 957	59	130. 073	84	185. 188
10	22. 046	35	77. 162	60	132. 277	85	187. 393
11	24. 251	36	79. 366	61	134. 482	86	189. 597
12	26. 455	37	81. 571	62	136. 686	87	191. 802
13	28. 660	38	83. 776	63	138. 891	88	194. 007
14	30. 865	39	85. 980	64	141. 096	89	196. 211
15	33. 069	40	88. 185	65	143. 300	90	198. 416
16	35. 274	41	90. 389	66	145. 505	91	200. 620
17	37. 479	42	92. 594	67	147. 710	92	202. 825
18	39. 683	43	94. 799	68	149. 914	93	205. 030
19	41. 888	44	97. 003	69	152. 119	94	207. 234
20	44. 092	45	99. 208	70	154. 324	95	209. 439
21	46. 297	46	101. 413	71	156. 528	96	211. 644
22	48. 502	47	103. 617	72	158. 733	97	213. 848
23	50. 706	48	105. 822	73	160. 937	98	216. 053
24	52. 911	49	108. 026	74	163. 142	99	218. 257
25	55. 116	50	110. 231	75	165. 347	100	220. 462

1.3.7 华氏温度、摄氏温度对照便查表

1. 华氏温度与摄氏温度对照表

华氏温度与摄氏温度对照表见表1-37。

表1-37 华氏温度与摄氏温度对照表

华氏 (℉)	摄氏 (℃)	华氏 (℉)	摄氏 (℃)	华氏 (℉)	摄氏 (℃)	华氏 (℉)	摄氏 (℃)
-40	-40.00	38	3.33	4	28.89	170	76.67
-30	-34.44	40	4.44	86	30.00	180	82.22
-20	-28.89	42	5.56	88	31.11	190	87.78
-10	-23.33	44	6.67	90	32.22	200	93.33
0	-17.78	46	7.78	92	33.33	210	98.89
2	-16.67	48	8.89	94	34.44	220	104.44
4	-15.56	50	10.00	96	35.56	230	110.00
6	-14.44	52	11.11	98	36.67	240	115.56
8	-13.33	54	12.22	100	37.78	250	121.11
10	-12.22	56	13.33	102	38.89	260	126.67
12	-11.11	58	14.44	104	40.00	270	132.22
14	-10.00	60	15.56	106	41.11	280	137.78
16	-8.89	62	16.67	108	42.22	290	143.33
18	-7.78	64	17.78	110	43.33	300	148.89
20	-6.67	66	18.89	112	44.44	310	154.44
22	-5.56	68	20.00	114	45.56	320	160.00
24	-4.44	70	21.11	116	46.67	330	165.56
26	-3.33	72	22.22	118	47.78	340	171.11
28	-2.22	74	23.33	120	48.89	350	176.67
30	-1.11	76	24.44	130	54.44	360	182.22
32	0	78	25.56	140	60.00	370	187.78
34	1.11	80	26.67	150	65.56	380	193.33
36	2.22	82	27.78	160	71.11	390	198.89

注:从华氏温度(℉)求摄氏温度(℃)的公式:

$$摄氏温度 = (华氏温度 - 32) \times \frac{5}{9}$$

2. 摄氏温度与华氏温度对照表

摄氏温度与华氏温度对照表见表1-38。

表1-38　摄氏温度与华氏温度对照表

摄氏 （℃）	华氏 （℉）	摄氏 （℃）	华氏 （℉）	摄氏 （℃）	华氏 （℉）	摄氏 （℃）	华氏 （℉）
−40	−40.0	15	59.0	38	100.4	105	221.0
−35	−31.0	16	60.8	39	102.2	110	230.0
−30	−22.0	17	62.6	40	104.0	115	239.0
−25	−13.0	18	64.4	41	105.8	120	248.0
−20	−4.0	19	66.2	42	107.6	125	257.0
−15	5.0	20	68.0	43	109.4	130	266.0
−10	14.0	21	69.8	44	111.2	135	275.0
−5	23.0	22	71.6	45	113.0	140	284.0
0	32.0	23	73.4	46	114.8	145	293.0
1	33.8	24	75.2	47	116.6	150	302.0
2	35.6	25	77.0	48	118.4	155	311.0
3	37.4	26	78.8	49	120.2	160	320.0
4	39.2	27	80.6	50	122.0	165	329.0
5	41.0	28	82.4	55	131.0	170	338.0
6	42.8	29	84.2	60	140.0	175	347.0
7	44.6	30	86.0	65	149.0	180	356.0
8	46.4	31	87.8	70	158.0	185	365.0
9	48.2	32	89.6	75	167.0	190	374.0
10	50.0	33	91.4	80	176.0	195	383.0
11	51.8	34	93.2	85	185.0	200	392.0
12	53.6	35	95.0	90	194.0	205	401.0
13	55.4	36	96.8	95	203.0	210	410.0
14	57.2	37	98.6	100	212.0	215	419.0

注：从摄氏温度（℃）求华氏温度（℉）的公式：

$$华氏温度 = 摄氏温度 \times \frac{9}{5} + 32$$

1.3.8 公制马力与千瓦对照便查表

1. 公制马力与千瓦对照表

公制马力与千瓦对照表见表1–39。

表1–39 公制马力与千瓦对照表

公制马力(Ps)	千瓦(kW)	公制马力(Ps)	千瓦(kW)	公制马力(Ps)	千瓦(kW)	公制马力(Ps)	千瓦(kW)
1	0.74	10	7.36	19	13.97	60	44.13
2	1.47	11	8.09	20	14.71	65	47.80
3	2.21	12	8.83	25	18.39	70	51.48
4	2.94	13	9.56	30	22.07	75	55.16
5	3.68	14	10.30	35	25.74	80	58.84
6	4.41	15	11.03	40	29.42	85	62.52
7	5.15	16	11.77	45	33.10	90	66.19
8	5.88	17	12.50	50	36.78	95	69.87
9	6.62	18	13.24	55	40.45	100	73.55

注：1英制马力(HP)=0.746千瓦(kW)。

2. 千瓦与公制马力对照表

千瓦与公制马力对照表见表1–40。

表1–40 千瓦与公制马力对照表

千瓦(kW)	公制马力(Ps)	千瓦(kW)	公制马力(Ps)	千瓦(kW)	公制马力(Ps)	千瓦(kW)	公制马力(Ps)
1	1.36	10	13.60	19	25.83	60	81.58
2	2.72	11	14.96	20	27.19	65	88.38
3	4.08	12	16.32	25	33.99	70	95.17
4	5.44	13	17.68	30	40.79	75	101.97
5	6.80	14	19.03	35	47.58	80	108.16
6	8.16	15	20.39	40	54.38	85	115.57
7	9.52	16	21.75	45	61.18	90	122.37
8	10.88	17	23.11	50	67.98	95	129.16
9	12.24	18	24.47	55	74.78	100	135.96

注：1千瓦(kW)=1.341英制马力(HP)。

1.4 钢铁强度及硬度换算

1.4.1 碳钢、合金钢硬度与强度换算值

碳钢、合金钢硬度与强度换算值见表 1-41。

表 1-41 碳钢、合金钢硬度与强度换算值

洛氏	表面洛氏			维氏	布氏(F/D²=30)		抗拉强度 σ_b/MPa								
HRC	HRA	HR15N	HR30N	HR45N	HV	HBS	HBW	碳钢	铬钢	铬钒钢	铬镍钢	铬钼钢	铬镍钼钢	铬锰硅钢	超高强度钢	不锈钢
20.0	60.2	68.8	40.7	19.2	226	225		774	742	736	782	747		781		740
20.5	60.4	69.0	41.2	19.8	228	227		784	751	744	787	753		788		749
21.0	60.7	69.3	41.7	20.4	230	229		793	760	753	792	760		794		758
21.5	61.0	69.5	42.2	21.0	233	232		803	769	761	797	767		801		767
22.0	61.2	69.8	42.6	21.5	235	234		813	779	770	803	774		809		777
22.5	61.5	70.0	43.1	22.1	238	237		823	788	779	809	781		816		786
23.0	61.7	70.3	43.6	22.7	241	240		833	798	788	815	789		824		796
23.5	62.0	70.6	44.0	23.3	244	242		843	808	797	822	797		832		806
24.0	62.2	70.8	44.5	23.9	247	245		854	818	807	829	805		840		816
24.5	62.5	71.1	45.0	24.5	250	248		864	828	816	836	813		848		826
25.0	62.8	71.4	45.5	25.1	253	251		875	838	826	843	822		856		837
25.5	63.0	71.6	45.9	25.7	256	254		886	848	837	851	831	850	865		847
26.0	63.3	71.9	46.4	26.3	259	257		897	859	847	859	840	859	874		858
26.5	63.5	72.2	46.9	26.9	262	260		908	870	858	867	850	869	883		868
27.0	63.8	72.4	47.3	27.5	266	263		919	880	869	876	860	879	893		879

| 硬度 | | | | | | | | 抗拉强度 σ_b/MPa | | | | | | | | |
| 洛氏 | | 表面洛氏 | | | 维氏 | 布氏($F/D^2=30$) | | | | | | | | | | |
HRC	HRA	HR15N	HR30N	HR45N	HV	HBS	HBW	碳钢	铬钢	铬钒钢	铬镍钢	铬钼钢	铬镍钼钢	铬锰硅钢	超高强度钢	不锈钢
27.5	64.0	72.7	47.8	28.1	269	266		930	891	880	885	870	890	902		890
28.0	64.3	73.0	48.3	28.7	273	269		942	902	892	894	880	901	912		901
28.5	64.6	73.3	48.7	29.3	276	273		954	914	903	904	891	912	922		913
29.0	64.8	73.5	49.2	29.9	280	276		965	925	915	914	902	923	933		924
29.5	65.1	73.8	49.7	30.5	284	280		977	937	928	924	913	935	943		936
30.0	65.3	74.1	50.2	31.1	288	283		989	948	940	935	924	947	954		947
30.5	65.6	74.4	50.6	31.7	292	287		1 002	960	953	946	936	959	965		959
31.0	65.8	74.7	51.1	32.3	296	291		1 014	972	966	957	948	972	977		971
31.5	66.1	74.9	51.6	32.9	300	294		1 027	984	980	969	961	985	989		983
32.0	66.4	75.2	52.0	33.5	304	298		1 039	996	993	981	974	999	1 001		996
32.5	66.6	75.5	52.5	34.1	308	302		1 052	1 009	1 007	994	987	1 012	1 103		1 008
33.0	66.9	75.8	53.0	34.7	313	306		1 065	1 022	1 022	1 007	1 001	1 027	1 026		1 021
33.5	67.1	76.1	53.4	35.3	317	310		1 078	1 034	1 036	1 020	1 015	1 041	1 039		1 034
34.0	67.4	76.4	53.9	35.9	321	314		1 092	1 048	1 051	1 034	1 029	1 056	1 052		1 047
34.5	67.7	76.7	54.4	36.5	326	318		1 105	1 061	1 067	1 048	1 043	1 071	1 066		1 060
35.0	67.9	77.0	54.8	37.0	331	323		1 119	1 074	1 082	1 063	1 058	1 087	1 079		1 074
35.5	68.2	77.2	55.3	37.6	335	327		1 133	1 088	1 098	1 078	1 074	1 103	1 094		1 087
36.0	68.4	77.5	55.8	38.2	340	332		1 147	1 102	1 114	1 093	1 090	1 119	1 108		1 101
36.5	68.7	77.8	56.2	38.8	345	336		1 162	1 116	1 131	1 109	1 106	1 136	1 123		1 116
37.0	69.0	78.1	56.7	39.4	350	341		1 177	1 131	1 148	1 125	1 122	1 153	1 139		1 130

硬度								抗拉强度 σ_b/MPa								
洛氏		表面洛氏			维氏	布氏($F/D^2=30$)		碳钢	铬钢	铬钒钢	铬镍钢	铬钼钢	铬镍钼钢	铬锰硅钢	超高强度钢	不锈钢
HRC	HRA	HR15N	HR30N	HR45N	HV	HBS	HBW									
37.5	69.2	78.4	57.2	40.0	355	345		1 192	1 146	1 165	1 142	1 139	1 171	1 155		1 145
38.0	69.5	78.7	57.6	40.6	360	350		1 207	1 161	1 183	1 159	1 157	1 189	1 171		1 161
38.5	69.7	79.0	58.1	41.2	365	355		1 222	1 176	1 201	1 177	1 174	1 207	1 187	1 170	1 176
39.0	70.0	79.3	58.6	41.8	371	360		1 238	1 192	1 219	1 195	1 192	1 226	1 204	1 195	1 193
39.5	70.3	79.6	59.0	42.4	376	365		1 254	1 208	1 238	1 214	1 211	1 245	1 222	1 219	1 209
40.0	70.5	79.9	59.5	43.0	381	370	370	1 271	1 225	1 257	1 233	1 230	1 265	1 240	1 243	1 226
40.5	70.8	80.2	60.0	43.6	387	375	375	1 288	1 242	1 276	1 252	1 249	1 285	1 258	1 267	1 244
41.0	71.1	80.5	60.4	44.2	393	380	381	1 305	1 260	1 296	1 273	1 269	1 306	1 277	1 290	1 262
41.5	71.3	80.8	60.9	44.8	398	385	386	1 322	1 278	1 317	1 293	1 289	1 327	1 296	1 313	1 280
42.0	71.6	81.1	61.3	45.4	404	391	392	1 340	1 296	1 337	1 314	1 310	1 348	1 316	1 336	1 299
42.5	71.8	81.4	61.8	45.9	410	396	397	1 359	1 315	1 358	1 336	1 331	1 370	1 336	1 359	1 319
43.0	72.1	81.7	62.3	46.5	416	401	403	1 378	1 335	1 380	1 358	1 353	1 392	1 357	1 381	1 339
43.5	72.4	82.0	62.7	47.1	422	407	409	1 397	1 355	1 401	1 380	1 375	1 415	1 378	1 404	1 361
44.0	72.6	82.3	63.2	47.7	428	413	415	1 417	1 376	1 424	1 404	1 397	1 439	1 400	1 427	1 383
44.5	72.9	82.6	63.6	48.3	435	418	422	1 438	1 398	1 446	1 427	1 420	1 462	1 422	1 450	1 405
45.0	73.2	82.9	64.1	48.9	441	424	428	1 459	1 420	1 469	1 451	1 444	1 487	1 445	1 473	1 429
45.5	73.4	83.2	64.6	49.5	448	430	435	1 481	1 444	1 493	1 476	1 468	1 512	1 469	1 496	1 453
46.0	73.7	83.5	65.0	50.1	454	436	441	1 503	1 468	1 517	1 502	1 492	1 537	1 493	1 520	1 479
46.5	73.9	83.7	65.5	50.7	461	442	448	1 526	1 493	1 541	1 527	1 517	1 563	1 517	1 544	1 505
47.0	74.2	84.0	65.9	51.2	468	449	455	1 550	1 519	1 566	1 554	1 542	1 589	1 543	1 569	1 533

| 硬度 | | | | | | | | 抗拉强度 σ_b/MPa | | | | | | | | |
| 洛氏 | | 表面洛氏 | | | 维氏 | 布氏($F/D^2=30$) | | 碳钢 | 铬钢 | 铬钒钢 | 铬镍钢 | 铬钼钢 | 铬镍钼钢 | 铬锰硅钢 | 超高强度钢 | 不锈钢 |
HRC	HRA	HR15N	HR30N	HR45N	HV	HBS	HBW									
47.5	74.5	84.3	66.4	51.8	475		463	1 575	1 546	1 591	1 581	1 568	1 616	1 569	1 594	1 562
48.0	74.7	84.6	66.8	52.4	482		470	1 600	1 574	1 617	1 608	1 595	1 643	1 595	1 620	1 592
48.5	75.0	84.9	67.3	53.0	489		478	1 626	1 603	1 643	1 636	1 622	1 671	1 623	1 646	1 623
49.0	75.3	85.2	67.7	53.6	497		486	1 653	1 633	1 670	1 665	1 649	1 699	1 651	1 674	1 655
49.5	75.5	85.5	68.2	54.2	504		494	1 681	1 665	1 697	1 695	1 677	1 728	1 679	1 702	1 689
50.0	75.8	85.7	68.6	54.7	512		502	1 710	1 698	1724	1 724	1 706	1 758	1 709	1 731	1 725
50.5	76.1	86.0	69.1	55.3	520		510		1 732	1 752	1 755	1 735	1 788	1 739	1 761	
51.0	76.3	86.3	69.5	55.9	527		518		1 768	1 780	1 786	1 764	1 819	1 770	1 792	
51.5	76.6	86.6	70.0	56.5	535		527		1 806	1 809	1 818	1 794	1 850	1 801	1 824	
52.0	76.9	86.8	70.4	57.1	544		535		1 845	1 839	1 850	1 825	1 881	1 834	1 857	
52.5	77.1	87.1	70.9	57.6	552		544			1 869	1 883	1 856	1 914	1 867	1 892	
53.0	77.4	87.4	71.3	58.2	561		552			1 899	1 917	1 888	1 947	1 901	1 929	
53.5	77.7	87.6	71.8	58.8	569		561			1 930	1 951			1 936	1 966	
54.0	77.9	87.9	72.2	59.4	578		569			1 961	1 986			1 971	2 006	
54.5	78.2	88.1	72.6	59.9	587		577			1 993	2 022			2 008	2 047	
55.0	78.5	88.4	73.1	60.5	596		585			2 026	2 058			2 045	2 090	
55.5	78.7	88.6	73.5	61.1	606		593								2 135	
56.0	79.0	88.9	73.9	61.7	615		601								2 181	
56.5	79.3	89.1	74.4	62.2	625		608								2 230	
57.0	79.5	89.4	74.8	62.8	635		616								2 281	

硬度								抗拉强度 σ_b/MPa								
洛氏		表面洛氏			维氏	布氏($F/D^2=30$)		碳钢	铬钢	铬钒钢	铬镍钢	铬钼钢	铬镍钼钢	铬锰硅钢	超高强度钢	不锈钢
HRC	HRA	HR15N	HR30N	HR45N	HV	HBS	HBW									
57.5	79.8	89.6	75.2	63.4	645		622								2 334	
58.0	80.1	89.8	75.6	63.9	655		628								2 390	
58.5	80.3	90.0	76.1	64.5	666		634								2 448	
59.0	80.6	90.2	76.5	65.1	676		639								2 509	
59.5	80.9	90.4	76.9	65.6	687		643								2 572	
60.0	81.2	90.6	77.3	66.2	698		647								2 639	
60.5	81.4	90.8	77.7	66.8	710		650									
61.0	81.7	91.0	78.1	67.3	721											
61.5	82.0	91.2	78.6	67.9	733											
62.0	82.2	91.4	79.0	68.4	745											
62.5	82.5	91.5	79.4	69.0	757											
63.0	82.8	91.7	79.8	69.5	770											
63.5	83.1	91.8	80.2	70.1	782											
64.0	83.3	91.9	80.6	70.6	795											
64.5	83.6	92.1	81.0	71.2	809											
65.0	83.9	92.2	81.3	71.7	822											
65.5	84.1				836											
66.0	84.4				850											
66.5	84.7				865											
67.0	85.0				879											
67.5	85.2				894											
68.0	85.5				909											

1.4.2 碳钢硬度与强度换算值

碳钢硬度与强度换算值见表 1 – 42。

表 1 – 42 碳钢硬度与强度换算值

硬 度							抗拉强度 σ_b /MPa
洛 氏	表面洛氏			维 氏	布 氏		
					HBS		
HRB	HR15T	HR30T	HR45T	HV	$F/D^2 = 10$	$F/D^2 = 30$	
60.0	80.4	56.1	30.4	105	102		375
60.5	80.5	56.4	30.9	105	102		377
61.0	80.7	56.7	31.4	106	103		379
61.5	80.8	57.1	31.9	107	103		381
62.0	80.9	57.4	32.4	108	104		382
62.5	81.1	57.7	32.9	108	104		384
63.0	81.2	58.0	33.5	109	105		386
63.5	81.4	58.3	34.0	110	105		388
64.0	81.5	58.7	34.5	110	106		390
64.5	81.6	59.0	35.0	111	106		393
65.0	81.8	59.3	35.5	112	107		395
65.5	81.9	59.6	36.1	113	107		397
66.0	82.1	59.9	36.6	114	108		399
66.5	82.2	60.3	37.1	115	108		402
67.0	82.3	60.6	37.6	115	109		404
67.5	82.5	60.9	38.1	116	110		407
68.0	82.6	61.2	38.6	117	110		409
68.5	82.7	61.5	39.2	118	111		412
69.0	82.9	61.9	39.7	119	112		415
69.5	83.0	62.2	40.2	120	112		418
70.0	83.2	62.5	40.7	121	113		421
70.5	83.3	62.8	41.2	122	114		424
71.0	83.4	63.1	41.7	123	115		427
71.5	83.6	63.5	42.3	124	115		430
72.0	83.7	63.8	42.8	125	116		433
72.5	83.9	64.1	43.3	126	117		437
73.0	84.0	64.4	43.8	128	118		440
73.5	84.1	64.7	44.3	129	119		444
74.0	84.3	65.1	44.8	130	120		447
74.5	84.4	65.4	45.4	131	121		451

硬　　度							抗拉强度 σ_b /MPa
洛　氏	表 面 洛 氏			维　氏	布　氏		
					HBS		
HRB	HR15T	HR30T	HR45T	HV	$F/D^2 = 10$	$F/D^2 = 30$	
75.0	84.5	65.7	45.9	132	122		455
75.5	84.7	66.0	46.4	134	123		459
76.0	84.8	66.3	46.9	135	124		463
76.5	85.0	66.6	47.4	136	125		467
77.0	85.1	67.0	47.9	138	126		471
77.5	85.2	67.3	48.5	139	127		475
78.0	85.4	67.6	49.0	140	128		480
78.5	85.5	67.9	49.5	142	129		484
79.0	85.7	68.2	50.0	143	130		489
79.5	85.8	68.6	50.5	145	132		493
80.0	85.9	68.9	51.0	146	133		498
80.5	86.1	69.2	51.6	148	134		503
81.0	86.2	69.5	52.1	149	136		508
81.5	86.3	69.8	52.6	151	137		513
82.0	86.5	70.2	53.1	152	138		518
82.5	86.6	70.5	53.6	154	140		523
83.0	86.8	70.8	54.1	156		152	529
83.5	86.9	71.1	54.7	157		154	534
84.0	87.0	71.4	55.2	159		155	540
84.5	87.2	71.8	55.7	161		156	546
85.0	87.3	72.1	56.2	163		158	551
85.5	87.5	72.4	56.7	165		159	557
86.0	87.6	72.7	57.2	166		161	563
86.5	87.7	73.0	57.8	168		163	570
87.0	87.9	73.4	58.3	170		164	576
87.5	88.0	73.7	58.8	172		166	582
88.0	88.1	74.0	59.3	174		168	589
88.5	88.3	74.3	59.8	176		170	596
89.0	88.4	74.6	60.3	178		172	603
89.5	88.6	75.0	60.9	180		174	609

硬 度							抗拉强度 σ_b /MPa
洛 氏	表 面 洛 氏			维 氏	布 氏		
					HBS		
HRB	HR15T	HR30T	HR45T	HV	$F/D^2 = 10$	$F/D^2 = 30$	
90.0	88.7	75.3	61.4	183		176	617
90.5	88.8	75.6	61.9	185		178	624
91.0	89.0	75.9	62.4	187		180	631
91.5	89.1	76.2	62.9	189		182	639
92.0	89.3	76.6	63.4	191		184	646
92.5	89.4	76.9	64.0	194		187	654
93.0	89.5	77.2	64.5	196		189	662
93.5	89.7	77.5	65.0	199		192	670
94.0	89.8	77.8	65.5	201		195	678
94.5	89.9	78.2	66.0	203		197	686
95.0	90.1	78.5	66.5	206		200	695
95.5	90.2	78.8	67.1	208		203	703
96.0	90.4	79.1	67.6	211		206	712
96.5	90.5	79.4	68.1	214		209	721
97.0	90.6	79.8	68.6	216		212	730
97.5	90.8	80.1	69.1	219		215	739
98.0	90.9	80.4	69.6	222		218	749
98.5	91.1	80.7	70.2	225		222	758
99.0	91.2	81.0	70.7	227		226	768
99.5	91.3	81.4	71.2	230		229	778
100.0	91.5	81.7	71.7	233		232	788

第二章 金属材料

2.1 金属材料的基本知识

2.1.1 有关材料力学性能名词解释

表2-1 材料力学性能名词解释

序号	性能指标 名称	符号	单位	解　释
1	极限强度	—	N/mm^2 MPa	材料抵抗外力破坏作用的最大能力，叫做极限强度
	(1)抗拉强度	σ_b、R_m R_1		外力是拉力时的极限强度叫做抗拉强度
	(2)抗压强度	σ_{bc}、R_D		外力是压力时的极限强度叫做抗压强度
	(3)抗弯强度	σ_{bb}、σ_w		外力与材料轴线垂直，并在作用后使材料呈弯曲，这时的极限强度叫做抗弯强度
	(4)抗剪强度	τ、σ_r		外力与材料轴线垂直，并对材料呈剪切作用，这时的极限强度叫做抗剪强度
2	(1)屈服点	σ_s	N/mm^2 MPa	材料受拉力至某一程度时，其变形突然增加很大，这时材料抵抗外力的能力叫做屈服点
	(2)规定残余伸长应力	σ_r $\sigma_{r0.2}$		材料在卸除拉力后，标距部分残余伸长率达到规定数值（常为0.2%）的应力，其角注数值表示残余伸长率，例：$\sigma_{r0.2}$
	(3)规定非比例伸长应力	σ_p $\sigma_{p0.01}$		材料在受拉力过程中，标距部分非比例伸长率达到规定数值（例：0.01%）时的应力，其角注数值表示非比例伸长率，例：$\sigma_{p0.01}$
3	弹性极限	σ_e	N/mm^2 MPa	材料在受外力（拉力）到某一限度时，若除去外力，其变形（伸长）即消失，恢复原状，材料抵抗这一限度的外力的能力叫做弹性极限

序号	性能指标		单位	解　释
	名称	符号		
4	伸长率	δ	%	材料受拉力作用断裂时，伸长的长度与原有长度的百分比，叫做伸长率
	（1）短试棒求得的伸长率	δ_5、A_5	%	试棒标距＝5 倍直径
	（2）长试棒求得的伸长率	δ_{10}		试棒标距＝10 倍直径
5	断面收缩率	ψ	%	材料受拉力作用断裂时，断面缩小的面积与原有断面百分比，叫做断面收缩率
6	硬度 （1）布氏硬度	HBW	MPa	材料抵抗硬的物体压入自己表面的能力，叫做硬度。它是以一定的负荷把一定直径的淬硬钢球或硬质合金球压在材料表面，保持规定时间后卸除负荷，测量材料表面的压痕，按公式用压痕面积来除负荷所得的商 HBW（≤650）为以硬质合金球测得的硬度值
	（2）洛氏硬度	HR		以一定的负荷把淬硬钢球或顶角为 120°圆锥形金刚石压入器压入材料表面，然后以材料表面上凹坑的深度来计算硬度大小
	①标尺 C	HRC		采用 1 471.1N 总负荷和金刚石压入器求得的硬度
	②标尺 A	HRA		采用 588.4N 总负荷和金刚石压入器求得的硬度
	③标尺 B	HRB		采用 980.7N 总负荷和压入直径 1.59mm 淬硬钢球求得的硬度
	④标尺 F	HRF		采用 588.4N 总负荷和压入直径为 1.588mm 的淬硬钢球求得的硬度，它适用于薄软钢板、退火铜合金等试件的硬度测定
	（3）表面洛氏硬度			试验原理与洛氏硬度一样，它适用于钢材表面经渗碳、氮化等处理的表面层硬度以及薄、小试件硬度的测定
	①标尺 15N	HR15N		采用 147.1N 总负荷和金刚石压入器求得的硬度
	②标尺 30N	HR30N		采用 294.2N 总负荷和金刚石压入器求得的硬度
	③标尺 45N	HR45N		采用 441.3N 总负荷和金刚石压入器求得的硬度

序号	性能指标		单位	解　释
	名称	符号		
6	④标尺15T	HR15T	MPa	采用147.1N总负荷和压入直径1.59mm淬硬钢球求得的硬度
	⑤标尺30T	HR30T		采用294.2N总负荷和压入直径1.59mm淬硬钢球求得的硬度
	⑥标尺45T	HR45T		采用441.3N总负荷和压入直径1.59mm淬硬钢球求得的硬度
	(4)维氏硬度	HV		以一定负荷把136°方锥形金刚石压头压在材料表面,保持规定时间后卸除负荷,测量材料表面的压痕对角线平均长度,按公式用压痕面积来除负荷所得的商
7	(1)冲击吸收功(冲击功)	A_{KU} A_{KV}	J	一定形状和尺寸的材料试样在冲击负荷作用下折断时所吸收的功
	(2)冲击韧性(冲击值)	a_{KU} a_{KV}	J/cm²	将冲击吸收功除以试样缺口底部处横截面积所得的商 冲击试验采用的试样分夏比法U形缺口试样和V形缺口试样

2.1.2 金属材料分类

表2-2　金属材料分类

按组成成分分

(1)纯金属——由一种金属元素组成的物质。目前已知纯金属约有80多种,但工业上采用的为数甚少

(2)合金——由一种金属元素(为主的)与另外一种(或几种)金属元素(或非金属元素)组成的物质。它的种类甚多,如工业上常用的生铁和钢,就是铁碳合金;黄铜就是铜锌合金等。由于合金的各项性能一般较优于纯金属,因此在工业上合金的应用比纯金属广泛

按实用分

(1)黑色金属——铁和铁的合金,如生铁、铁合金、铸铁和钢等

(2)有色金属——除黑色金属外的金属和合金,如铜、锡、铅、锌、铝以及黄铜、青铜、铝合金和轴承合金等。另外在工业上还采用铬、镍、锰、钼、钴、钒、钨、钛等,这些金属主要用作合金添加物,以改善金属的性能,其中钨、钛、钴多用以生产刀具用的硬质合金。所有上述有色金属,都称为工业用金属,以区别于贵重金属(铂、金、银)与稀有金属(包括放射性的铀、镭等)

2.1.3 生铁、铁合金及铸铁

表 2 - 3　生铁、铁合金、铸铁

生铁

（1）来源——把铁矿石放到高炉中冶炼，产品即为液态生铁。把液态生铁铸于砂模或钢模中，即成块状生铁

（2）组成成分——含碳量在 2% 以上的一种铁碳合金，此外尚含有硅、锰、磷、硫等元素

（3）品种：

①按用途分——有炼钢用生铁、铸造用生铁等

②按化学成分分——有普通生铁、特种生铁等

铁合金

（1）定义——铁与硅、锰、铬、钛等元素组成的合金的总称。铁与硅组成的合金，叫做硅铁；铁与锰组成的合金，叫做锰铁等

（2）用途——供铸造或炼钢作还原剂或合金元素的添加剂

铸铁

（1）来源——把铸造生铁放到熔铁炉中熔炼，产品即为铸铁（液态）。再把液态铸铁浇铸成铸件，这种铸件叫做铸铁件

（2）品种：

①按断口颜色分——有灰铸铁、白口铸铁、麻口铸铁

②按化学成分分——有普通铸铁、合金铸铁

③按生产方法和组织性能分——有普通灰铸铁、孕育铸铁、可锻铸铁、球墨铸铁和特殊性能铸铁等

2.1.4 钢的分类

钢是以铁为主要元素、含碳量一般在 2% 以下，并含有其他元素的材料。根据 GB/T 13304.1 ~ 13304.2—2008 对钢进行以下分类。

钢按化学成分分类见表 2 - 4；非合金钢、低合金钢和合金钢元素规定限值见表 2 - 5；非合金钢的主要分类见表 2 - 6；低合金钢的主要分类见表 2 - 7；合金钢的分类见表 2 - 8；表 2 - 6 中的非合金钢、表 2 - 7 中的低合金钢、表 2 - 8 中的合金钢按主要性能或使用特性分类见表 2 - 9。

表 2 - 4　钢按化学成分分类

钢种	规定与要求
非合金钢 低合金钢 合金钢	（1）非合金钢、低合金钢和合金钢按照化学成分分类，合金元素含量的确定应符合下列规定： ①当标准、技术条件或订货单对钢的熔炼分析化学成分规定最低值或范围时，应以最低值作为规定含量进行分类 ②当标准、技术条件或订货单对钢的熔炼分析化学成分规定最高值时，应以最高值的 0.7 倍作为规定含量进行分类 ③在没有标准、技术条件或订货单规定钢的化学成分时，应按生产厂报出的熔炼分析值作为规定含量进行分类；在特殊情况下，只有钢的成品分析值时，可按成品分析值作为规定含量进行分类，但当处在两类临界情况下，要考虑化学成分允许偏差的影响，对钢的原来预定的类别应准确地予以证明 ④标准、技术条件或订货单中规定的或在钢中实际存在的不作为合金化元素有意加入钢中的残余元素含量，不应作为规定含量对钢进行分类 （2）表 2-5 中所列的任一元素，按上述（1）条确定的每个元素规定含量的百分数，处在表 2-5 中所列非合金钢、低合金钢或合金钢相应元素的界限值范围内时，这些钢分别为非合金钢、低合金钢或合金钢 ①当 Cr、Cu、Mo、Ni 四种元素，有其中两种、三种或四种元素同时规定在钢中时，对于低合金钢，应同时考虑，这些元素中每种元素的规定含量，所有这些元素的规定含量总和，应不大于规定的两种、三种或四种元素中每种元素最高界限值总和的 70%。如果这些元素的规定含量总和大于规定的元素中每种元素最高界限值总和的 70%，即使这些元素每种元素的规定含量低于规定的最高界限值，也应划入合金钢 ②上述①条的原则也适用于 Nb、Ti、V、Zr 四种元素

表 2 - 5　非合金钢、低合金钢和合金钢合金元素规定含量界限值

合金元素	合金元素规定含量界限值（质量分数）/%		
	非合金钢	低合金钢	合金钢
Al	<0.10	—	≥0.10

合金元素	合金元素规定含量界限值（质量分数）/%		
	非合金钢	低合金钢	合金钢
B	<0.000 5	—	≥0.000 5
Bi	<0.10	—	≥0.10
Cr	<0.30	0.30 ~ <0.50	≥0.50
Co	<0.10	—	≥0.10
Cu	<0.10	0.10 ~ <0.50	≥0.50
Mn	<1.00	1.00 ~ <1.40	≥1.40
Mo	<0.05	0.05 ~ <0.10	≥0.10
Ni	<0.30	0.30 ~ <0.50	≥0.50
Nb	<0.02	0.02 ~ <0.06	≥0.06
Pb	<0.40	—	≥0.40
Se	<0.10	—	≥0.10
Si	<0.50	0.50 ~ <0.90	≥0.90
Te	<0.10	—	≥0.10
Ti	<0.05	0.05 ~ <0.13	≥0.13
W	<0.10	—	≥0.10
V	<0.04	0.04 ~ <0.12	≥0.12
Zr	<0.05	0.05 ~ <0.12	≥0.12
La 系（每一种元素）	<0.02	0.02 ~ <0.05	≥0.05
其他规定元素（S、P、C、N 除外）	<0.05	—	≥0.50

注：La 系元素含量也可为混合稀土含量总量。

表 2-6　非合金钢主要分类

按主要特性分类	按主要质量等级分类		
	1	2	3
	普通质量非合金钢	优质非合金钢	特殊质量非合金钢
以规定最高强度为主要特性的非合金钢	普通质量低碳结构钢板和钢带 　GB 912 中的 Q195 牌号	a)冲压薄板压碳钢 GB/T 5213 中的 DC01 b)供镀锡、镀锌、镀铅板带和原板用碳素钢 GB/T 2518 GB/T 2520 } 全部碳素钢牌号 YB/T 5364 c)不经热处理的冷顶锻和冷挤压用钢 GB/T 6478 中表 1 的牌号	
以规定最低强度为主要特性的非合金钢	a)碳素结构钢 GB/T 700 中的 Q215 中 A、B 级、Q235 的 A、B 级、Q 275 的 A、B 级 b)碳素钢筋钢 GB 1499.1 中的 HPB235、HPB300 c)铁道用钢 GB/T 11264 中的 50Q、55Q GB/T 11265 中的 Q235 -A d)一般工程用不进行热处理的普通质量碳素钢 GB/T 14292 中的所有普通质量碳素钢 e)锚链用钢 GB/T 18669 中的 CM 370	a)碳素结构钢 GB/T 700 中除普通质量 A、B 级钢以外的所有牌号及 A、B 级规定冷成型性及模锻性特殊要求者 b)优质碳素结构钢 GB/T 699 中除 65Mn、70Mn、70、75、80、85 以外的所有牌号 c)锅炉和压力容器用钢 GB 713 中的 Q245R GB 3087 中的 10、20 GB 6479 中的 10、20 GB 6653 中的 HP235、HP265 d)造船用钢 GB 712 中的 A、B、D、E GB/T 5312 中的所有牌号 GB/T 9945 中的 A、B、D、E e)铁道用钢 GB 2585 中的 U74 GB 8601 中的 CL60B 级 GB 8602 中的 LG 60B 级、LG 65B 级	a)优质碳素结构钢 GB/T 699 中的 65Mn、70Mn、70、75、80、85 钢 b)保证淬透性钢 GB/T 5216 中的 45H c)保证厚度方向性能钢 GB/T 5313 中的所有非合金钢 GB/T 19879 中的 Q235GJ d)汽车用钢 GB/T 20564.1 中的 CR180BH、CR220BH、CR260BH GB/T 20564.2 中的 CR260/450DP e)铁道用钢 GB 5068 中的所有牌号

按主要特性分类	按主要质量等级分类		
	1	2	3
	普通质量非合金铜	优质非合金钢	特殊质量非合金钢
以规定最低强度为主要特性的非合金钢		f)桥梁用钢 GB/T 714 中的 Q235qC、Q235qD g)汽车用钢 YB/T 4151 中 330CL、380CL YB/T 5227 中的 12LW YB/T 5035 中的 45 YB/T5209 中的 08Z、20Z h)输送管线用钢 GB/T 3091 中的 Q195、Q215A、Q215B、Q235A、Q235B GB/T 8163 中的 10、20 i)工程结构用铸造碳素钢 GB 11352 中的 ZG200 - 400、ZG230 - 450、ZG270 - 500、ZG310 - 570、ZG340 - 640 GB 7659 中的 ZG200 - 400H、ZG230 - 450H、ZG275 - 485H j)预应力及混凝土钢筋用优质非合金钢	GB 8601 中的 CL60A 级 GB 8602 中的 LG60A、LG65A 级 f)航空用钢 包括所有航空专用非合金结构钢牌号 g)兵器用钢 包括各种兵器用非合金结构钢牌号 h)核压力容器用非合金钢 i)输送管线用钢 GB/T 21237 中的 L245、L290、L320、L360 j)锅炉和压力容器用钢 GB 5310 中的所有非合金钢
以碳含量为主要特性的非合金钢	a)普通碳素钢盘条 GB/T 701 中的所有牌号（C 级钢除外） YB/T 170.2 中的所有牌号（C4D、C7D 除外） b)一般用途低碳钢丝 YB/T 5294 中的所有碳钢牌号 c)热轧花纹钢板及钢带 YB/T 4159 中的普通质量碳素结构钢	a)焊条用钢（不包括成品分析 S、P 不大于 0.025 的钢） GB/T 14957 中的 H08A、H08MnA、H15A、H15Mn GB/T 3429 中的 H08A、H08MnA、H15A、H15Mn b)冷镦用钢 YB/T 4155 中的 BL1、BL2、BL3 GB/T 5953 中的 ML10 ～ ML45 YB/T 5144 中的 ML15、ML20	a)焊条用钢（成品分析 S、P 不大于 0.025 的钢） GB/T14957 中的 H08E、H08C GB/T 3429 中的 H04E、H08E、H08C b)碳素弹簧钢 GB/T 1222 中的 65 ～ 85、65Mn GB/T 4357 中的所有非合金钢

按主要特性分类	按主要质量等级分类		
	1	2	3
	普通质量非合金钢	优质非合金钢	特殊质量非合金钢
以碳含量为主要特性的非合金钢		GB/T 6478 中的 ML08Mn、ML22Mn、ML25～ML45、ML15 Mn～ML35Mn c)花纹钢板 YB/T 4159 优质非合金钢 d)盘条钢 GB/T 4354 中的 25～65、40Mn～60Mn e)非合金调质钢 （特殊质量钢除外） f)非合金表面硬化钢 （特殊质量钢除外） g)非合金弹簧钢 （特殊质量钢除外）	c)特殊盘条钢 YB/T5100 中的 60、60Mn、65、65Mn、70、70Mn、75、80、T8MnA、T9A(所有牌号) YB/T 146 中所有非合金钢 d)非合金调质钢 （符合 GB/T 1330 4.1～13304.2—2008 中的 4.1.3.2 规定） e)非合金表面硬化钢 （符合 GB/T 13304.1～13304.2—2008 中的 4.1.3.2 规定） f)火焰及感应淬火硬化钢 （符合 GB/T 13304.1～13304.2—2008 中的 4.1.3.2 规定） g)冷顶锻和冷挤压钢 （符合 GB/T 13304.1～13304.2—2008 中的 4.1.3.2 规定）
非合金易切削钢		a)易切削结构钢 GB/T 8731 中的牌号 Y08～Y45、Y08Pb、Y12Pb、Y15Pb、Y45Ca	a)特殊易切削钢 要求测定热处理后冲击韧性等 GJB 1494 中的 Y75
非合金工具钢			a)碳素工具钢 GB/T 1298 中的全部牌号

按主要特性分类	按主要质量等级分类		
	1	2	3
	普通质量非合金铜	优质非合金钢	特殊质量非合金钢
规定磁性能和电性能的非合金钢		a)非合金电工钢板、带 GB/T 2521 电工钢板、带 b)具有规定导电性能(< 9 S/m)的非合金电工钢	a)具有规定导电性能(≥9S/m)的非合金电工钢 b)具有规定磁性能的非合金软磁材料 GB/T 6983 规定的非合金钢
其他非合金钢	a)栅栏用钢丝 YB/T 4026 中普通质量非合金钢牌号		a)原料纯铁 GB/T 9971 中的 YT1 、YT2 、YT3

表 2 – 7　低合金钢的主要分类

按主要特性分类	按主要质量等级分类		
	1	2	3
	普通质量低合金铜	优质低合金钢	特殊质量低合金钢
可焊接合金高强度结构钢	a)一般用途低合金结构钢 GB/T 1591 中的 Q295、Q345 牌号的 A 级钢	a)一般用途低合金结构钢 GB/T 1591 中的 Q295B 、Q345 (A 级钢以外)和 Q390 (E 级钢以外) b)锅炉和压力容器用低合金钢 GB 713 除 Q245 以外的所有牌号 GB 6653 中除 HP235 、HP265 以外的所有牌号 GB 6479 中的 16Mn 、15MnV c)造船用低合金钢 GB 712 中的 A32、D32、E32、	a)一般用途低合金结构钢 GB/T1591 中的 Q390E、Q345E、Q420 和 Q460 b)压力容器用低合金钢 GB/T19189 中的 12Mn NiVR GB 3531 中的所有牌号 c)保证厚度方向性能低合金钢

按主要特性分类	按主要质量等级分类		
	1	2	3
	普通质量低合金铜	优质低合金钢	特殊质量低合金钢
可焊接合金高强度结构钢		A36、D36、E36、A40、D40、E40 GB/T 9945 中的高强度钢 d) 汽车用低合金钢 GB/T 3273 中所有牌号 YB/T 5209 中的 08Z、20Z YB/T 4151 中的 440CL、490CL、540CL e) 桥梁用低合金钢 GB/T 714 中除 Q235q 以外的钢 f) 输送管线用低合金 GB/T 3091 中的 Q295A、Q295B、Q345A、Q345B GB/T 8163 中的 Q295、Q345 g) 锚链用低合金钢 GB/T 18669 中的 CM490、CM690 h) 钢板桩 GB/T 20933 中的 Q295bz、Q390bz	GB/T 19879 中除 Q235GJ 以外的所有牌号 GB/T 5313 中所有低合金牌号 d) 造船用低合金钢 GB 712 中的 F32、F36、F40 e) 汽车用低合金钢 GB/T 20564.2 中的 CR300/500DP YB/T 4151 中的 590CL f) 低焊接裂纹敏感性钢 YB/T 4137 中所有牌号 g) 输送管线用低合金钢 GB/T 21237 中的 L390、L415、L450、L485 h) 舰船兵器用低合金钢 i) 核能用低合金钢
低合金耐候钢		a) 低合金耐候性钢 GB/T 4171 中所有牌号	
低合金混凝土用钢	a) 一般低合金钢筋钢 GB 1499.2 中的所有牌号		a) 预应力混凝土用钢 YB/T 4160 中的 30MnSi

按主要特性分类	按主要质量等级分类		
	1	2	3
	普通质量低合金钢	优质低合金钢	特殊质量低合金钢
铁道用低合金钢	a)低合金轻轨钢 GB/T 11264 中的 45SiMnP、50SiMnP	a)低合金重轨钢 GB 2585 中的除 U74 以外的牌号 b)起重机用低合金钢轨钢 YB/T 5055 中的 U71 Mn c)铁路用异型钢 YB/T 5181 中的09CuPRE YB/T 5182 中的09V	a)铁路用低合金车轮钢 GB 8601 中的 CL 45 MnSiV
矿用低合金钢	a)矿用低合金钢 GB/T 3414 中的 M510、M540、M565 热轧钢 GB/T 4697 中的所有牌号	a)矿用低合金结构钢 GB/T 3414 中的 M540、M565 热处理钢	a)矿用低合金结构钢 GB/T 10560 中的 20Mn2A、20MnV、25MnV
其他低合金钢		a)易切削结构钢 GB/T 8731 中的 Y08MnS、Y15Mn、Y40Mn、Y45Mn、Y45MnS、Y45MnSPb b)焊条用钢 GB/T 3429 中的 H08MnSi、H10MnSi	a)焊条用钢 GB/T 3429 中的 H05 MnSiTiZrA1A、Hl1 MnSi、Hl1MnSiA

表 2-8 钢按主要性能或使用特性分类

	按主要性能或使用特性分类
非合金钢	(1) 以规定最高强度（或硬度）为主要特性的，例如冷成型用薄钢板 (2) 以规定最低强度为主要特性的，例如造船、压力容器、管道等用的结构钢带 (3) 以限制碳含量为主要特性的（但下述两项包括的钢除外），例如线材、调质用钢等 (4) 非合金易切削钢，钢中硫含量最低、熔炼分析值不小于0.070%并（或）加入 Pb、Bi、Te、Se、Sn、Ca 或 P 等元素 (5) 非合金工具钢 (6) 具有专门规定电性能的非合金钢，例如电磁纯铁 (7) 其他非合金钢，例如原料纯铁
低合金钢	(1) 可焊接的低合金高强度结构钢 (2) 低合金耐候钢 (3) 低合金混凝土用钢及预应力用钢 (4) 铁道用低合金钢 (5) 矿用低合金钢 (6) 其他低合金钢，例如焊接用钢
合金钢	(1) 工程结构用合金钢，包括一般工程结构用合金钢、供冷成型用热轧或冷轧扁平产品用合金钢（压力容器用钢、汽车用钢和输送管线用钢），预应力用合金钢、矿用合金钢、高锰耐磨钢等 (2) 机械结构用合金钢，包括调质处理合金结构钢、表面硬化合金结构钢、冷塑性成型钢（冷顶锻、冷挤压）合金结构钢、合金弹簧钢等，但不锈、耐蚀和耐热钢、轴承钢除外 (3) 不锈、耐蚀和耐热钢，包括不锈钢、耐酸钢、抗氧化钢和热强钢等，按其金相组织可分为马氏体型钢、铁素体型钢、奥氏体型钢、奥氏体-铁素体型钢、沉淀硬化型钢等 (4) 工具钢，包括合金工具钢、高速工具钢。合金工具钢分为量具刃具用钢、耐冲击工具钢、冷作模具钢、热作模具钢、无磁模具钢、塑料模具钢等；高速工具钢分为钨钼系高速工具钢、钨系高速工具钢和钴系高速工具钢等 (5) 轴承钢，包括高碳铬轴承钢、渗碳轴承钢、不锈轴承钢、高温轴承钢等 (6) 特殊物理性能钢，包括软磁钢、永磁钢、无磁钢及高电阻负荷合金等 (7) 其他，如焊接用合金钢等

表 2-9 合金

按主要质量分类	优质合金钢			特殊质量合
	1		2	3
按主要使用特性分类	工程结构用钢	其他	工程结构用钢	机械结构用钢[a]（第4、6除外）
按其他特性（除上述特性以外）对钢进一步分类举例	11 一般工程结构用合金钢 GB/T 20933 中的 Q420b[z]	16 电工用硅（铝）钢（无磁导率要求）GB/T 6983 中的合金钢	21 锅炉和压力容器用合金钢（4类除外）GB/T 19189 中的 07MnCrMoVR、07MnNiMoVDR GB 713 中的合金钢 GB 5310 中的合金钢	31 V、MnV、Mn（x）系钢
				32 SiMn（x）系钢
	12 合金钢筋钢 GB/T 20065 中的合金钢	17 铁道用合金钢 GB/T 11264 中的 30CuCr	22 热处理合金钢筋钢	33 Cr（x）系钢
			23 汽车用钢 GB/T 20564.2 中的 CR 340/590DP、CR 420/780 DP、CR550/980DP	
	13 凿岩钎杆用钢 GB/T 1301 中的合金钢	18 易切削钢 GB/T 8731 中的含锡钢	24 预应力用钢 YB/T 4160 中的合金钢	34 CrMo（x）系钢
				35 CrNiMo（x）系钢
			25 矿用合金钢 GB/T 10560 中的合金钢	36 Ni（x）系钢
	14 耐磨钢 GB/T 5680 中的合金钢	19 其他	26 输送管线用钢 GB/T 21237 中的 L555、L690	37 B（x）系钢
			27 高锰钢	38 其他

注：（x）表示该合金系列中还包括有其他合金元素，如 Cr（x）系，除 Cr 钢外，还包括 CrMn

  [a] GB/T 3007 中所有牌号，GB/T 1222 和 GB/T 6478 中的合金钢等。

  [b] GB/T 1220、GB/T 1221、GB/T 2100、GB/T 6892 和 GB/T 12230 中的所有牌号。

钢的分类

金钢

4		5		6	7	8
不锈、耐蚀和耐热钢[b]		**工具钢**		**轴承钢**	**特殊物理性能钢**	**其他**
41 马氏体型 或 42 铁素体型	411/421 Cr(x)系钢	51 合金工具钢（GB/T 1299 中所有牌号）	511 Cr(x)	61 高碳铬轴承钢 GB/T 18254 中所有牌号	71 软磁钢（除16外）GB/T 14986 中所有牌号	焊接用钢 GB/T 3429 中的合金钢
	412/422 CrNi(x)系钢		512 Ni(x)、CrNi(x)			
	413/423 CrMo(x) CrCo(x)系钢		513 Mo(x)、CrMo(x)	62 渗碳轴承钢 GB/T 3203 中所有牌号	72 永磁钢 GB/T 14991 中所有牌号	
	414/424 CrAl(x) CrSi(x)系钢		514 V(x)、CrV(x)			
	415/425 其他		515 W(x)、CrW(x)系钢	63 不锈轴承钢 GB/T 3086 中所有牌号		
43 奥氏体型 或 44 奥氏体-铁素体型 或 45 沉淀硬化型	431/441/451 CrNi系钢					
	432/442/452 CrNiMo(x)系钢		516 其他	64 高温轴承钢	73 无磁钢	
	433/443/453 CrNi+Ti 或 Nb 钢					
	434/444/454 CrNiMo+Ti 或 Nb 钢	52 高速钢（GB/T 9943 中所有牌号）	521 WMo 系钢			
	435/445/455 CrNi+V、W、Co 钢		522 W 系钢	65 无磁轴承钢	74 高电阻钢和合金 GB/T 1234 中所有牌号	
	436/446 CrNiSi(x)系钢					
	437 CrMnSi(x)系钢		523 Co 系钢			
	438 其他					

钢等。

2.1.5 钢产品标记代号

在 GB/T 15575—2008 中规定了钢产品标记代号表示方法及常用标记代号。它适用于条钢、扁平钢、钢管、盘条等产品的标记代号。

钢产品标记代号的分类如下：

a. 加工状态；

b. 截面形状代号；

c. 尺寸（外形）精度；

d. 边缘状态；

e. 表面质量；

f. 表面种类；

g. 表面处理；

h. 软化程度；

i. 硬化程度；

j. 热处理类型；

k. 冲压性能；

l. 使用加工方法。

钢产品标记代号采用与类别名称相应的英文名称首位字母（大写）和（或）阿拉伯数字组合表示。

钢铁产品的标记代号由表示类别和特征两部分的标记代号组成。

例如：切边钢带的标记代号 EC，其中：

E——代表类别为边缘状态；

C——代表特征为切边。

可以采用阿拉伯数字作为表示产品特征的标记代号。

例如：低冷硬的钢带标记代号 H1/4，其中：

H——代表类别为硬化程度；

1/4——代表特征为低冷硬。

根据习惯和通用性，可以采用国际通用标记代号。例如，冲压性能为超深冲的钢板标记代号为 DQ。

钢产品常用标记代号列于表 2-10，钢铁产品代号中英文名称对照列于表 2-11。

表2-10 钢产品常用标记代号

类别名称		标记代号	类别名称		标记代号
加工方法		W	镀层方式	热镀	H
热加工	热轧	WHR（或AR）		电镀	E
	热扩	WHE	镀层种类	镀锌	E
	热挤	WHEX		镀锌铁合金	ZF
	热锻	WHF		镀锡	S
冷加工		WC		铝锌合金	AZ
	冷轧	WCR	表面处理		ST
	冷挤压	WCE		钝化（铬酸）	STC
	冷拉（拔）	WCD		磷化	STP
焊接		WW		涂油	STO
			耐指纹纹理处理		STS
截面形状用表示产品截面形状特征的大写英文字母作为标记代号	圆钢	R	软化程度		S
	方钢	S		1/4软	S1/4
	扁钢	F		半软	S1/2
	六角型钢	HE		软	S
	八角型钢	O		特软	S2
	角钢	A	硬化程度		H
	H型钢	H		低冷硬	H1/4
	U型钢	U		半冷硬	H1/2
	方型空心钢	QHS		冷硬	H
	C型钢	C		特硬	H2
尺寸（外形）精度		P			

类别名称		标记代号		标记代号
尺寸(外形)	长度		L	
	宽度		W	
	厚度		T	
	不平度		F	
精度等级	普通精度		A	
	较高精度		B	
	高级精度		C	
边缘状态		E		
	切边		EC	
	不切边		EM	
	磨边		ER	
表面质量		F		
	普通级		FA	
	较高级		FB	
	高级		FC	
表面种类		S		
	压力加工表面		SPP	
	酸洗		SA	
	喷丸(砂)		SS	
	剥皮		SF	
	磨光		SP	
	抛光		SB	
	发蓝		SBL	
	镀层		S	
	涂层		SC	

类别名称		标记代号		标记代号
热处理类型	退火		A	
	软化退火		SA	
	球化退火		G	
	光亮退火		L	
	正火		N	
	回火		T	
	淬火+回火(调质)		QT	
	正火+回火		NT	
	固溶		S	
	时效		AG	
冲压性能	普通级		CQ	
	冲压级		DQ	
	深冲级		DDQ	
	特深冲级		EDDQ	
	超深冲级		SDDQ	
	特超深冲		ESDDQ	
使用加工方法		U		
	压力加工用		UP	
	热加工用		UHP	
	冷加工用		UCP	
	顶锻用		UF	
	热顶锻用		UHF	
	冷顶锻用		UCF	
	切削加工用		UC	

表 2-11　钢产品标记代号中英文名称对照表

	代　号	中文名称	英文名称
W		加工状态（方法）	working condition
	WH	热加工	hot working
	WHR	热轧	hot rolling
	WHE	热扩	hot expansion
	WHEX	热挤	hot extrusion
	WHF	热锻	hot forging
	WC	冷加工	cold working
	WC	冷轧	cold rolling
	WCE	冷挤压	cold extrusion
	WCD	冷拉（拔）	cold draw
	WW	焊接	weld
P		尺寸精度	precision of dimensions
E		边缘状态	edge condition
	EC	切边	cut edge
	EM	不切边	mill edge
	ER	磨边	rub edge
F		表面质量	workmanship finish and appearance
	FA	普通级	A class
	FB	较高级	B class
	FC	高级	C class
S		表面种类	surface kind
	SPP	压力加工表面	pressure process
	SA	酸洗	acid
	SS	喷丸（砂）	shot blast
	SF	剥皮	flake
	SP	磨光	polish
	SB	抛光	buff
	SBL	发蓝	blue
	S_	镀层	metallic coating

代　号	中文名称	英文名称
SC_	涂层	organic coating
ST	表面处理	surface treatment
STC	钝化（铬酸）	passivation
STP	磷化	phosphatization
STO	涂油	oiled
STS	耐指纹处理	sealed
S	软化程度	soft grade
S1/4	1/4 软	soft quarter
S1/2	半软	soft half
S	软	soft
S2	特软	soft special
H	硬化程度	hard grade
H1/4	低冷硬	hard low
H1/2	半冷硬	hard half
H	冷硬	hard
H2	特硬	hard special
热处理类型		
A	退火	annealing
SA	软化退火	soft annealing
G	球化退火	globurizing
L	光亮退火	light annealing
N	正火	normalizing
T	回火	tempering
QT	淬火＋回火	quenching and tempering
NT	正火＋回火	normalizing and tempering
S	固溶	solution treatment
AG	时效	aging
冲压性能		
CQ	普通级	commercial quality

代　号	中文名称	英文名称
DQ	冲压级	drawing quality
DDQ	深冲级	deep drawing quality
EDDQ	特深冲级	extra deep drawing quality
SDDQ	超深冲级	super deep drawing quality
ESDDQ	特超深冲级	extra super deep drawing quality
U	使用加工方法	use
UP	压力加工用	use for pressure process
UHP	热加工用	use for hot process
UCP	冷加工用	use for cold process
UF	顶锻用	use for forge process
UHF	热顶锻用	use for hot forge process
UCF	冷顶锻用	use ofr cold forge process
UC	切削加工用	use for cutting process

2.1.6 钢产品分类

根据国家标准（GB/T 15574—1995）钢产品分类中规定了按照生产工序、外形、尺寸和表面对钢产品进行分类的基本原则，并规定了钢的工业产品、钢的其他产品的分类基本内容。它适用于按生产工序、外形、尺寸和表面对钢产品进行分类；一般不按钢产品的最终用途和生产工艺进行分类，有时只作为分类的参考。

（1）钢的工业产品分类

a. 初产品；

b. 半成品；

c. 轧制成品和最终产品；

d. 锻制条钢。

（2）钢的其他产品分类

a. 粉末冶金产品；

b. 铸件；

c. 锻压产品；

d. 光亮产品；

e. 冷成型产品；

f. 焊接型钢；

g. 钢丝；

h. 钢丝绳。

按生产工序，将钢产品分细如表 2 – 12。

表 2 – 12　钢产品分细表（按生产工序分）

名称	分类	分细品种		
钢产品	初产品	液态钢		
		钢锭		
	半成品	方形横截面半成品		
		矩形横截面半成品		
		扁平半成品		
		异型半成品（异型坯）		
		供无缝钢管用半成品（管坯）		
	轧制成品和最终产品	按外形尺寸分	条钢	
			盘条	
			扁平产品	
			钢管	
		按生产阶段分	热轧成品和最终产品	
			冷轧（拔）产品	
	锻制条钢			

2.1.7　钢铁产品牌号表示方法

钢铁产品牌号的表示（GB/T 221—2008），一般采用大写汉语拼音字母，化学元素符号和阿拉伯数字相结合的方法表示。也可采用大写英文字母或国际惯例表示。

采用汉语拼音字母表示产品名称、用途、特性和工艺方法时，一般从产品名称中选取代表性的汉字的汉语拼音首位字母或英文单词的首位字母。当和另一个产品所取字母重复时，改取第二个字母或第三个字母，或同时选取两个（或多个）汉字或英文单词的首位字母。

采用汉语拼音字母或英文字母，原则上只取一个，一般不超过三个。

常用钢铁产品牌号构成及牌号示例见表2-13。

表2-13 常用钢铁产品牌号构成及牌号示例

产品名称	第一部分			第二部分	第三部分	第四部分	牌号示例
	汉字	汉语拼音	采用字母				
车辆车轴用钢	辆轴	LiANG ZHOU	LZ	碳含量:0.40%~0.48%	—	—	LZ45
机车车辆用钢	机轴	JI ZHOU	JZ	碳含量:0.40%~0.48%	—	—	JZ45
非调质机械结构钢	非	FEI	F	碳含量:0.32%~0.39%	钒含量:0.06%~0.13%	硫含量:0.035%~0.075%	F35VS
碳素工具钢	碳	TAN	T	碳含量:0.80%~0.90%	锰含量:0.40%~0.60%	高级优质钢	T8MnA
合金工具钢	碳含量:0.85%~0.95%			硅含量:1.20%~1.60% 铬含量:0.95%~1.25%	—	—	9SiCr
高速工具钢	碳含量:0.80%~0.90%			钨含量:5.50%~6.75% 钼含量:4.50%~5.50% 铬含量:3.80%~4.40% 钒含量:1.75%~2.20%	—	—	W6Mo5Cr4V2

产品名称	第一部分			第二部分	第三部分	第四部分	牌号示例
	汉字	汉语拼音	采用字母				
高速工具钢			碳含量:0.86%~0.94%	钨含量:5.90%~6.70% 钼含量:4.70%~5.20% 铬含量:3.80%~4.50% 钒含量:1.75%~2.10%	—	—	CW6Mo5Cr4V2
高碳铬轴承钢	滚	GUN	G	铬含量:1.40%~1.65%	硅含量:0.45%~0.75% 锰含量:0.95%~1.25%	—	GCr15SiMn
钢轨钢	轨	GUI	U	碳含量:0.66%~0.74%	硅含量:0.85%~1.15% 锰含量:0.85%~1.15%	—	U70MnSi
冷镦钢	铆螺	MAO LUO	ML	碳含量:0.26%~0.34%	铬含量:0.80%~1.10% 钼含量:0.15%~0.25%	—	ML30CrMo
焊接用钢	焊	HAN	H	碳含量:≤0.10%的高级优质碳素结构钢		—	H08A
焊接用钢	焊	HAN	H	碳含量:≤0.10% 铬含量:0.80%~1.10% 钼含量:0.40%~0.60%的高级优质合金结构钢		—	H08CrMoA
电磁纯铁	电铁	DIAN TIE	DT	按 GB/T 221—2008 规定	磁性能 A 级	—	DT4A
原料纯铁	原铁	YUAN TIE	YT	按 GB/T 221—2008 规定	—	—	YT1

注:各元素含量均指质量分数。

2. 生铁牌号表示方法

（1）牌号构成　生铁牌号由两部分构成，见表 2 – 14。

表 2 – 14　生铁牌号构成

构成	含义
第一部分	表示产品用途、特性及工艺方法的大写汉语拼音字母
第二部分	表示主要元素平均含量（质量分数）以千分之几计的阿拉伯数字。炼钢用生铁、铸造用生铁、球墨铸铁用生铁、耐磨生铁为硅元素平均含量（质量分数）。脱碳低磷粒铁为碳元素平均含量（质量分数），含钒生铁为钒元素平均含量（质量分数）

（2）牌号表示示例　生铁牌号的表示示例见表 2 – 15。

表 2 – 15　生铁牌号的表示示例

序号	产品名称	第一部分			第二部分	牌号示例
		采用汉字	汉语拼音	采用字母		
1	炼钢用生铁	炼	LIAN	L	含硅量为 0.85%～1.25% 的炼钢用生铁，阿拉伯数字为 10	L10
2	铸造用生铁	铸	ZHU	Z	含硅量为 2.80%～3.20% 的铸造用生铁，阿拉伯数字为 30	Z30
3	球墨铸铁用生铁	球	QIU	Q	含硅量为 1.00%～1.40% 的球墨铸铁用生铁，阿拉伯数字为 12	Q12
4	耐磨生铁	耐磨	NAI MO	NM	含硅量为 1.60%～2.00% 的耐磨生铁，阿拉伯数字为 18	NM18
5	脱碳低磷粒铁	脱粒	TUO LI	TL	含碳量为 1.20%～1.60% 的炼钢用脱碳低磷粒铁，阿拉伯数字为 14	TL14
6	含钒生铁	钒	FAN	F	含钒量不小于 0.40% 的含钒生铁，阿拉伯数字为 04	F04

注：各元素含量均指质量分数。

3. 碳素结构钢和低合金高强度钢牌号表示方法

（1）牌号表示　碳素结构钢和低合金高强度牌号通常由四部分构成，见表 2 – 16。

表 2-16 碳素结构钢和低合金高强度钢牌号构成

构成	含义
第一部分	前缀符号 + 强度值（以 N/mm^2 或 MPa 为单位），其中通用结构钢前缀符号为代表屈服强度的拼音的字母"Q"，专用结构钢的前缀符号见表 2-17
第二部分 （必要时）	钢的质量等级，用英文字 A、B、C、D、E、F……等示
第三部分 （必要时）	脱氧方式表示符号，即沸腾钢、半镇静钢、镇静钢、特殊镇静钢分别以"F""b""Z""TZ"表示。镇静钢、特殊镇静钢表示符号通常可以省略
第四部分 （必要时）	产品用途、特性和工艺方法表示符号见表 2-18

注：根据需要，低合金高强度结构钢的牌号也可以采用两位阿拉伯数字（表示平均含碳量，以万分之几计）加"常用化学元素符号"表规定的元素符号及必要时加代表产品用途、特性和工艺方法的表示符号，按顺序排列。

（2）专用结构钢的前缀符号　专用结构钢的前缀符号见表 2-17。

表 2-17 专用结构钢的前缀符号

产品名称	采用的汉字及汉语拼音或英文单词			采用字母	位置
	汉字	汉语拼音	英文单词		
热轧光圆钢筋	热轧光圆钢筋	—	Hot Rolled Plain Bars	HPB	牌号头
热轧带肋钢筋	热轧带肋钢筋	—	Hot Rolled Ribbed Bars	HRB	牌号头
结晶粒热轧带肋钢筋	热轧带肋钢筋 + 细	—	Hot Rolled Ribbed Bars + Fine	HRBF	牌号头
冷轧带肋钢筋	冷轧带肋钢筋	—	Cold Rolled Ribbed Bars	CRB	牌号头
预应力混凝土用螺纹钢筋	预应力、螺纹、钢筋	—	Prestressing、Screw、Bars	PSB	牌号头
焊接气瓶用钢	焊瓶	HAN PING	—	HP	牌号头
管线用钢	管线	—	Line	L	牌号头
船用锚链钢	船锚	CHUAN MAO	—	CM	牌号头
煤机用钢	煤	MEI	—	M	牌号头

（3）牌号表示中用途、特性和工艺方法表示符号　牌号中表示用途、特性和工艺方法的符号见表 2-18。

表 2－18　表示用途、特性和工艺方法的符号

产品名称	采用的汉字及汉语拼音或英文单词			采用字母	位置
	汉字	汉语拼音	英文单词		
锅炉和压力容器用钢	容	RONG	—	R	牌号尾
锅炉用钢（管）	锅	GUO	—	G	牌号尾
低温压力容器用钢	低容	DI RONG	—	DR	牌号尾
桥梁用钢	桥	QIAO	—	Q	牌号尾
耐候钢	耐候	NAI HOU	—	NH	牌号尾
高耐候钢	高耐候	GAO NAI HOU	—	GNH	牌号尾
汽车大梁用钢	梁	LIANG	—	L	牌号尾
高性能建筑结构用钢	高建	GAO JIAN	—	GJ	牌号尾
低焊接裂纹敏感性钢	低焊接裂纹敏感性	—	Crack Free	CF	牌号尾
保证淬透性钢	淬透性	—	Hardenability	H	牌号尾
矿用钢	矿	KUANG	—	K	牌号尾
船用钢	采用国际符号				

（4）牌号表示示例　结构钢牌号示例见表 2－19。

表 2－19　结构钢牌号示例

序号	产品名称	第一部分	第二部分	第三部分	第四部分	牌号示例
1	碳素结构钢	最小屈服强度 $235N/mm^2$	A 级	沸腾钢	—	Q235AF
2	低合金高强度钢	最小屈服强度 $345N/mm^2$	D 级	特殊镇静钢	—	Q345D
3	热轧光圆钢筋	屈服强度特征值 $235N/mm^2$	—	—	—	HPB235
4	热轧带肋钢筋	屈服强度特征值 $335N/mm^2$	—	—	—	HRB335
5	细晶粒热轧带肋钢筋	屈服强度特征值 $335N/mm^2$	—	—	—	HRBF335
6	冷轧带肋钢筋	最小抗拉强度 $550N/mm^2$	—	—	—	CRB550
7	预应力混凝土用螺纹钢筋	最小屈服强度 $830N/mm^2$	—	—	—	PSB830
8	焊接气瓶用钢	最小屈服强度 $345N/mm^2$	—	—	—	HP345

序号	产品名称	第一部分	第二部分	第三部分	第四部分	牌号示例
9	管线用钢	最小规定总延伸强度 $415N/mm^2$	—	—	—	L415
10	船用锚链钢	最小抗拉强度 $370N/mm^2$	—	—	—	CM370
11	煤机用钢	最小抗拉强度 $510N/mm^2$	—	—	—	M510
12	锅炉和压力容器用钢	最小屈服强度 $345N/mm^2$	—	特殊镇静钢	压力容器"容"的汉语拼音首位字母"R"	Q345R

4. 优质碳素结构钢和优质碳素弹簧钢

（1）牌号构成　优质碳素结构钢的牌号通常由五部分组成，见表2-20。

表2-20　优质碳素结构钢牌号构成

构成	含义
第一部分	以两位阿拉伯数字表示平均碳含量（以万分之几计）
第二部分（必要时）	较高含锰量的优质碳素结构钢，加锰元素符号 Mn
第三部分（必要时）	钢材冶金质量，即高级优质钢、特级优质钢分别以 A、E 表示，优质钢不用字母表示
第四部分（必要时）	脱氧方式表示符号，即沸腾钢、半镇静钢、镇静钢分别以"F""b""Z""TZ"表示，但镇静钢、特殊镇静钢表示符号可以省略
第五部分（必要时）	产品用途、特性或工艺方法表示符号见碳素结构钢表2-21

注：①优质碳素弹簧钢的牌号表示方法与优质碳素结构钢相同。

②各元素含量均指质量分数。

（2）牌号表示示例　优质碳素结构钢、优质碳素弹簧钢的牌号示例见表2-21。

表2-21　优质碳素结构钢、优质碳素弹簧钢牌号示例

序号	产品名称	第一部分	第二部分	第三部分	第四部分	第五部分	牌号示例
1	优质碳素结构钢	碳含量：0.05% ~0.11%	锰含量：0.25% ~0.50%	优质钢	沸腾钢	—	08F

序号	产品名称	第一部分	第二部分	第三部分	第四部分	第五部分	牌号示例
2	优质碳素结构钢	碳含量：0.47%~0.55%	锰含量：0.50%~0.80%	高级优质钢	镇静钢	—	50A
3	优质碳素结构钢	碳含量：0.48%~0.56%	锰含量：0.70%~1.00%	特级优质钢	镇静钢	—	50MnE
4	保证淬透性用钢	碳含量：0.42%~0.50%	锰含量：0.50%~0.85%	高级优质钢	镇静钢	保证淬透性钢表示符号"H"	45AH
5	优质碳素弹簧钢	碳含量：0.62%~0.70%	锰含量：0.90%~1.20%	优质钢	镇静钢	—	65Mn

注：表中各元素含量均指质量分数

5. 易切削钢

（1）牌号构成　易切削钢牌号通常由三部分构成，见表2-22。

表2-22　易切削钢牌号构成

构成	含义
第一部分	易切削钢表示符号"Y"
第二部分	以两位阿拉伯数字表示平均碳含量（以万分之几计）
第三部分	易切削元素符号，如含钙、铅、锡等易削元素的易切削钢分别以 Ca、Pb、Sn 表示。加硫和加硫、磷易切削钢，通常不加易切削元素符号 S、P。较高锰含量的加硫或加硫、磷易切削钢，本部分为锰元素符号 Mn。为区分牌号，对较高硫含量的易切削钢，在牌号尾部加硫元素符号 S

注：表中各元素含量指质量分数。

（2）牌号示例　易切削钢牌号示例见表2-23。

表2-23　易切削钢牌号示例

元素及含量	牌号
碳含量为 0.42%~0.50%、钙含量为 0.002%~0.006% 的易切削钢	Y45Ca
碳含量为 0.40%~0.48%、锰含量为 1.35%~1.65%、硫含量为 0.16%~0.24% 的易切削钢	Y45Mn
碳含量为 0.40%~0.48%、锰含量为 1.35%~1.65%、硫含量为 0.24%~0.32% 的易切削钢	Y45MnS

注：表中各元素含量指质量分数。

6. 车辆车轴及机车车辆用钢

（1）牌号构成 车辆车轴及机车车辆用钢的牌号通常由两部分构成，见表2-24。

表 2-24 车辆车轴及机车车辆用钢的牌号构成

构成	含义
第一部分	车辆车轴用钢表示符号"LZ"或机车车辆用钢表示符号"JZ"
第二部分	以两位阿拉伯数字表示平均碳含量（质量分数，以万分之几计）

（2）示例 车辆车轴及机车车辆用钢牌号示例见表2-13。

7. 合金结构钢和合金弹簧钢

（1）牌号构成 合金结构钢牌号通常由四部分组成，见表2-25。

表 2-25 合金结构钢牌号构成

构成	含义
第一部分	以两位阿拉伯数字表示平均碳含量（以万分之几计）
第二部分	合金元素含量，以化学元素符号及阿拉伯数字表示。具体表示方法为：平均含量小于1.50%时，牌号中仅标明元素，一般不标明含量；平均含量为1.50%~2.49%、2.50%~3.49%、3.50%~4.49%、4.50%~5.49%……时，在合金元素后相应写成2、3、4、5……[a]
第三部分	钢材冶金质量，即高级优质钢、特级优质钢分别以A、E表示，优质钢不用字母表示
第四部分（必要时）	产品用途、特性或工艺方法表示符号，见表2-18

注：①合金弹簧钢的表示方法与合金结构钢相同。

②各元素含量均指质量分数。

[a] 化学元素符号的排列顺序推荐按含量值递减排列。如果两个或多个元素的含量相等时，相应符号位置按英文字母的顺序排列。

（2）示例 合金结构钢和合金弹簧钢牌号示例见表2-26。

表 2-26 合金结构钢和合金弹簧钢牌号示例

序号	产品名称	第一部分	第二部分	第三部分	第四部分	牌号示例
1	合金结构钢	碳含量：0.22%~0.29%	铬含量1.50%~1.80% 钼含量0.25%~0.35% 钒含量0.15%~0.30%	高级优质钢	—	25Cr2MoVA

序号	产品名称	第一部分	第二部分	第三部分	第四部分	牌号示例
2	锅炉和压力容器用钢	碳含量≤0.22%	锰含量1.20%~1.60% 钼含量0.45%~0.05% 铌含量0.025%~0.050%	特级优质钢	锅炉和压力容器用钢	18MnMoNbER
3	优质弹簧钢	碳含量:0.56%~0.64%	硅含量1.60%~2.00% 锰含量0.70%~1.00%	优质钢	—	60Si2Mn

注：表中各元素含量均指质量分数。

8. 非调质机械结构钢

（1）牌号构成　非调质机械结构钢牌号通常由四部分组成，见表2-27。

表2-27　非调质机械结构钢牌号构成

构成	含义
第一部分	非调质机械结构钢表示符号"F"
第二部分	以两位阿拉伯数字表示平均碳含量（质量分数，以万分之几计）
第三部分	合金元素含量，以化学元素符号及阿拉伯数字表示，表示方法同合金结构钢第二部分
第四部分（必要时）	改善切削性能的非调质机械结构钢加硫元素符号S

（2）示例　非调质机械结构钢牌号示例见表2-13。

9. 工具钢

（1）分类　工具钢分类见表2-28。

表2-28　工具钢分类

序号	1	2	3
名称	碳素工具钢	合金工具钢	高速工具钢

（2）碳素工具钢　碳素工具钢牌号构成见表2-29。

表2-29　碳素工具钢牌号构成

构成	含义
第一部分	碳素工具钢表示符号"T"
第二部分	阿拉伯数字表示平均碳含量（质量分数，以千分之几计）

构成	含义
第三部分 （必要时）	较高含锰量碳素工具钢，加锰元素符号 Mn
第四部分 （必要时）	钢材冶金质量，即高级优质碳素工具钢以 A 表示，优质钢不用字母表示

（3）合金工具钢

1）合金工具钢牌号构成见表 2-30。

表 2-30　合金工具钢牌号构成

构成	含义
第一部分	平均碳含量小于 1.00% 时，采用一位数字表示碳含量（以千分之几计）。平均碳含量不小于 1.00% 时，不标明含碳量数字
第二部分	合金元素含量，以化学元素符号及阿拉伯数字表示，表示方法同合金结构钢第二部分 低铬（平均铬含量小于 1%）合金工具钢，在铬含量（以千分之几计）前加数字"0"

注：各元素含量均指质量分数。

2）合金工具钢牌号示例见表 2-13。

（4）高速工具钢

1）牌号构成。高速工具钢牌号表示方法与合金结构钢相同，但在牌号头部一般不标明表示碳含量的阿拉伯数字。为了区别牌号，在牌号头部可以加"C"表示高碳高速工具钢。

2）高速工具钢牌号示例见表 2-13。

10. 轴承钢

（1）分类　轴承钢的分类见表 2-31。

表 2-31　轴承钢的分类

序号	1	2	3	4
名称	高碳铬轴承钢	渗碳轴承钢	高碳铬不锈轴承钢	高温轴承钢

（2）高碳铬轴承钢　高碳铬轴承钢牌号构成见表 2-32。

表 2-32　高碳铬轴承钢牌号构成

构成	含义
第一部分	（滚珠）轴承钢表示符号"G"，但不标明碳含量

构成	含义
第二部分	合金元素"Cr"符号及其含量（以千分之几计）。其他合金元素含量，以化学元素符号及阿拉伯数字表示，表示方法同合金结构钢第二部分

注：示例见表 2 – 13。合金元素含量指质量分数。

（3）渗碳轴承钢　在牌号头部加符号"G"，采用合金结构钢的牌号表示方法。高级优质渗碳轴承钢，在牌号尾部加"A"。

例如：w（C）为 0.17% ~ 0.23%，w（Cr）为 0.35% ~ 0.65%，w（Ni）为 0.40% ~ 0.70%，w（Mo）为 0.15% ~ 0.30%的高级优质渗碳轴承钢，其牌号表示为"G20CrNiMoA"。

（4）高碳铬不锈轴承钢和高温轴承钢　在牌号头部加符号"G"，采用不锈钢和耐热钢的牌号表示方法。

例如：w（C）为 0.90% ~ 1.00%，w（Cr）为 17.0% ~ 19.0%的高碳铬不锈轴承钢，其牌号表示为 G95Cr18；w（C）量为 0.75% ~ 0.85%，w（Cr）为 3.75% ~ 4.25%，w（Mo）为 4.00% ~ 4.50%的高温轴承钢，其牌号表示为 G80Cr4Mo4V。

11. 钢轨钢、冷镦钢

钢轨钢、冷镦钢牌号通常由三部分构成，见表 2 – 33。

表 2 – 33　钢轨钢、冷镦钢牌号构成

构成	含义
第一部分	钢轨钢表示符号"U"、冷镦钢（铆螺钢）表示符号"ML"
第二部分	以阿拉伯数字表示平均碳含量，优质碳素结构钢同优质碳素结构钢第一部分；合金结构钢同合金结构钢第一部分
第三部分	合金元素含量，以化学元素符号及阿拉伯数字表示，表示方法同合金结构钢第二部分

注：钢轨钢、冷镦钢牌号示例见表 2 – 13。

12. 不锈钢和耐热钢

不锈钢和耐热钢牌号构成见表 2 – 34。

表 2 – 34　不锈钢和耐热不锈钢牌号构成

构成	含义
元素符号与含量的表示	牌号采用表 GB/T 221—2008 中表 1 规定的化学元素符号和表示各元素的阿拉伯数字表示

构成	含义
碳含量	用两位或三位阿拉伯数字表示碳含量最佳控制值（以万分之几或十万分之几计） 对碳含量上下限表示规定如下： 1）只规定碳含量上限者，当碳含量上限不大于 0.10% 时，以其上限的 3/4 表示碳含量；当碳含量上限大于 0.10% 时，以其上限的 4/5 表示碳含量 例如：碳含量上限为 0.08%，碳含量以 06 表示；碳含量上限为 0.20%，碳含量以 16 表示；碳含量上限为 0.15%，碳含量以 12 表示 对超低碳不锈钢（即碳含量不大于 0.030%），用三位阿拉伯数字表示碳含量最佳控制值（以十万分之几计） 例如：碳含量上限为 0.030% 时，其牌号中的碳含量以 022 表示；碳含量上限为 0.020% 时，其牌号中的碳含量以 015 表示 2）规定上、下限者，以平均碳含量×100 表示 例如：碳含量为 0.16% ~ 0.25% 时，其牌号中的碳含量以 20 表示
合金元素含量	合金元素含量以化学元素符号及阿拉伯数字表示，表示方法同合金结构钢第二部分。钢中有意加入的铌、钛、锆、氮等合金元素，虽然含量很低，也应在牌号中标出 例如：碳含量不大于 0.08%，铬含量为 18.00% ~ 20.00%，镍含量为 8.00% ~ 11.00% 的不锈钢，牌号为 06Cr19Ni10 碳含量不大于 0.030%，铬含量为 16.00% ~ 19.00%，钛含量为 0.10% ~ 1.00% 的不锈钢，牌号为 022Cr18Ti 碳含量为 0.15% ~ 0.25%，铬含量为 14.00% ~ 16.00%，锰含量为 14.00% ~ 16.00%，镍含量为 1.50% ~ 3.00%，氮含量为 0.15% ~ 0.30% 的不锈钢，牌号为 20Cr15Mn15Ni2N 碳含量为不大于 0.25%，铬含量为 24.00% ~ 26.00%，镍含量为 19.00% ~ 22.00% 的耐热钢，牌号为 20Cr25Ni20

注：表中各元素含量均指质量分数。

13. 焊接用钢

（1）分类　焊接用钢包括焊接用碳素钢、焊接用合金钢和焊接用不锈钢等。

（2）牌号构成　焊接用钢牌号通常由两部分构成，见表 2 - 35。

表 2 - 35　焊接用钢牌号

构成	含义
第一部分	焊接用钢表示符号"H"
第二部分	各类焊接用钢牌号表示方法。其中优质碳素结构钢、合金结构钢和不锈钢应分别符合相应牌号构成方法规定

注：焊接用钢牌号示例见表 2 - 13。

14. 冷轧电工钢

冷轧电工钢分为取向电工钢和无取向电工钢。

冷轧电工钢牌号通常由三部分构成,见表2-36。

表2-36　冷轧电工钢牌号构成

构成	含义
第一部分	材料公称厚度(单位:mm)100倍的数字
第二部分	普通级取向电工钢表示符号"Q"、高磁导率级取向电工钢表示符号"QG"或无取向电工钢表示符号"W"
第三部分	取向电工钢,磁极化强度在1.7T和频率在50Hz,以W/kg为单位及相应厚度产品的最大比总损耗值的100倍;无取向电工钢,磁极化强度在1.5T和频率在50Hz,以W/kg为单位及相应厚度产品的最大比总损耗值的100倍 例如:公称厚度为0.30mm、比总损耗P1.7/50为1.30W/kg的普通级取向电工钢,牌号30Q130 公称厚度为0.30mm、比总损耗P1.70/50为1.10W/kg的高磁导率级取向电工钢,牌号为30QG110 公称厚度为0.50mm、比总损耗P1.5/50为4.0W/kg的无取向电工钢,牌号为50W400

15. 电磁纯铁

电磁纯铁牌号通常由三部分构成,见表2-37。

表2-37　电磁纯铁牌号构成

构成	含义
第一部分	电磁纯铁表示符号"DT"
第二部分	以阿拉伯数字表示不同牌号的顺序号
第三部分	根据电磁性能不同,分别采用加质量等级表示符号"A""C""E"

注:电磁纯铁牌号示例见表2-13。

16. 原料纯铁

原料纯铁牌号通常由两部分构成,见表2-38。

表2-38　原料纯铁牌号构成

构成	含义
第一部分	原料纯铁表示符号"YT"
第二部分	以阿拉伯数字表示不同牌号的顺序号

注:原料纯铁牌号示例见表2-13。

17. 高电阻电热合金

高电阻电热合金牌号采用化学元素符号和阿拉伯数字表示。牌号表示方法与不锈钢和耐热钢的牌号表示方法相同（镍铬基合金不标出含碳量）。

例如：w（Cr）为 18.00% ~ 21.00%，w（Ni）为 34.00% ~ 37.00%，w（C）不大于 0.08% 的合金（其余为铁），其牌号表示为"06Cr20Ni35"。

2.1.8 常用的有色金属及其合金

常用的有色金属及其合金见表 2 - 39。

表 2 - 39 工业上常用的有色金属

分 类 及 用 途		
铜合金	黄铜	普通黄铜（铜锌合金）——压力加工用
		特殊黄铜（含有其他合金元素的黄铜，如铝黄铜、硅黄铜、锰黄铜、铅黄铜、锡黄铜等）——铸造用
	青铜	锡青铜（铜锡合金，也含有磷或锌铅等合金元素）——压力加工用
		特殊青铜（无锡青铜，如铝青铜、铍青铜、硅青铜等）——铸造用
	白铜	普通白铜（铜镍合金）
		特殊白铜（含有其他合金元素的白铜，如锰白铜、铁白铜、锌白铜等）——压力加工用
铝合金	变形铝合金	防锈铝（铝锰或铝镁合金）——压力加工用
		硬铝（铝铜镁或铝铜锰合金）——压力加工用
		超硬铝（铝铜镁锌合金）——压力加工用
		锻铝（铝铜镁硅合金）——压力加工用
	铸造铝合金	铝硅合金、铝铜合金、铝镁合金、铝锌合金、铝稀土合金等——铸造用
镍合金	镍硅合金、镍锰合金、镍铬合金、镍铜合金等——压力加工用		
锌合金	锌铜合金、锌铝合金——压力加工用		
	锌铝合金——铸造用		
铅合金	铅锑合金		
镁合金——压力加工用、铸造用			
轴承合金	铅基轴承合金——铅锡轴承合金、铅锑轴承合金		
	锡基轴承合金——锡锑轴承合金		
硬质合金	钨钴硬质合金、钨钛钴硬质合金		
	铸造碳化钨		
印刷合金——铅基印刷合金——铅锑印刷合金			

2.1.9　有色金属及其合金牌号的表示方法

有色金属及其牌号的表示方法如下：

（1）产品牌号的命名　以代号字头或元素符号后的成分数字或顺序号结合产品类别或组别名称表示。

（2）产品代号　采用规定的汉语拼音字母、化学元素符号及阿拉伯数字相结合的方法表示。

常用有色金属及合金名称代号列于表 2－40；有色金属及合金产品状态名称、特性代号列于表 2－41；有色金属及合金产品代号表示方法列于表 2－42。

表 2－40　常用有色金属及合金名称代号

名称	代号	名称	代号	名称	代号
铜	T	白铜	B	特殊铝	LT
镍	N	无氧铜	TU	硬钎焊铝	LQ
铝	L	防锈铝	LF	镁合金 （变形加工用）	MB
镁	M	锻铝	LD	阳极镍	NY
黄铜	H	硬铝	LY	钛及钛合金	T*
青铜	Q	超硬铝	LC	电池锌板	XD
印刷合金	I	铸造碳化钨	YZ	细铝粉	FLX
印刷锌板	XI	碳化钛（铁） 镍钼硬质合金	YN	特细铝粉	FLT
焊料合金	HI	多用途（万能） 硬质合金	YW	炼铜，化工用铝粉	FLG
轴承合金	Ch	钢结硬质合金	YE	镁粉	FM
稀土	RE	金属粉末	F	铝镁粉	FLM
钨钴硬质合金	YG	喷铝粉	FLP		
钨钛钴硬质合金	YT	涂料铝粉	FLU		

注：①＊钛及钛合金符号，除字母 T 外，还要加上表示金属或合金组织类型的字母 A、B、C（分别表示 α 型、β 型、α＋β 型钛合金）。

②单一稀土金属用化学元素符号表示。

表2-41 有色金属及合金产品状态、特性代号表

状态特性含义	代号	状态特性含义	代号
热加工	R	优质表面	O
退火（焖火）	M	不包铝（热轧）	BR
淬火	C	不包铝（退火）	BM
淬火后冷轧（冷作硬化）	CY	不包铝（淬火、冷作硬化）	BCY
淬火（自然时效）	CZ	不包铝（淬火、优质表面）	BCO
淬火（人工时效）	CS	不包铝（淬火、冷作硬化、优质表面）	BCYO
硬	Y	优质表面（退火）	MO
3/4硬	Y_1	优质表面淬火自然时效	CZO
1/2硬	Y_2	优质表面淬火人工时效	CSO
1/3硬	Y_3	淬火后冷轧、人工时效	CYS
1/4硬	Y_4	热加工、人工时效	RS
特硬	T	淬火、自然时效、冷作硬化、优质表面	CZYO
涂漆蒙皮板	Q	添加碳化铌硬质合金	N
加厚包铝的	J	细颗粒硬质合金	X
不包铝的	B	粗颗粒硬质合金	C
表面涂层硬质合金	U	超细颗粒硬质合金	H
添加碳化钽硬质合金	A		

表2-42 有色金属及合金产品代号表示方法

产品类别	产品代号表示方法	举　例
纯金属产品	（1）冶炼产品 纯金属的冶炼产品，均用化学元素符号结合顺序号或表示主成分的数字表示。元素符号和顺序号（或数字）中间划一短横"–" 工业纯度金属，用顺序号表示，其纯度随顺序号增加而降低 高纯度金属，用表示主成分的数字表示。短横之后加一个"0"以示高纯。"0"后第一个数字表示主成分"9"的个数 （2）纯金属加工产品 铜、镍、铝的纯金属加工产品分别用汉语拼音字母（T、N、L）加顺序号表示 其余产品，均用化学元素符号加顺序号表示	例如：一号铜用Cu–1表示；二号铜用Cu–2表示 例如：主成分为99.999%的高纯铟，表示为In–05 例如：一号纯铝加工产品表示为L1 例如：一号纯银加工产品表示为Ag1

产品类别	产品代号表示方法	举　例
合金加工产品	合金加工产品的代号，用汉语拼音字母、元素符号或汉语拼音字母及元素符号结合表示成分的数字组或顺序号表示 （1）铜合金 　普通黄铜用"H"加基元素铜的含量表示。三元以上黄铜用"H"加第二个主添加元素符号及除锌以外的成分数字组表示 　青铜用"Q"加第一个主添加元素符号及除基元素铜外的成分数字组表示 　白铜用"B"加镍含量表示，三元以上的白铜用"B"加第二个主添加元素符号及除基元素铜外的成分数字组表示 （2）镍合金 　镍合金用"N"加第一个主添加元素符号及除基元素镍外的成分数字组表示 （3）铝合金 　铝合金的牌号用 2×××~8××× 系列表示。具体可查 GB/T 16474~16475—1996 标准 （4）镁合金 　镁合金用"M"加表示变形加工的汉语拼音字母"B"及顺序号表示 （5）钛及钛合金 　钛及钛合金用"T"加表示金属或合金组织类型的字母及顺序号表示。字母 A、B、C 分别表示 α 型、β 型和 α+β 型钛合金 （6）其他合金 　除上述合金外的其他合金，用基元素的化学元素符号加第一个主添加元素符号及除基元素外的成分数字组表示	例如：68 黄铜表示为 H68；90－1 锡黄铜表示为 HSn90－1 例如：6.5－0.1 锡青铜表示为 QSn 6.5－0.1 例如：30 白铜表示为 B30；3－12 锰白铜表示为 BMn3－12 例如：9 镍铬合金表示为 NCr9 例如：二号变形镁合金表示为 MB2 例如：一号 α 型钛表示为 TA1；四号 α+β 型钛合金表示为 TC4 例如：1.5 锌铜合金表示为 ZnCu1.5；13.5－2.5 锡铅合金表示为 SnPb13.5－2.5；20 金镍合金表示为 AuNi20；4 铜铍中间合金表示为 CuBe4

1. 变形铝及铝合金牌号表示方法

变形铝及铝合金牌号表示方法（GB/T 16474—2011）列于表 2-43；铝及铝合金组别列于表 2-44；合金元素极限含量算术平均值的变化量列于表

2 – 45；国际四位数字体系牌号列于表 2 – 46；对四位字符体系牌号的变形铝及铝合金化学成分注册要求也将做出相应的介绍。

表 2 – 43　变形铝及铝合金牌号表示方法

类别	定义及规定
术语	（1）合金元素：为使金属具有某些特性，在基体金属中有意加入或保留的金属或非金属元素 （2）杂质：存在于金属中的，但并非有意加入或保留的金属或非金属元素 （3）组合元素：在规定化学成分时，对某两种或两种以上的元素总含量规定极限值时，这两种或两种以上的元素统称为一组组合元素 （4）极限含量算术平均值：合金元素允许的最大与最小百分含量的算术平均值
牌号命名的基本原则	（1）国际四位数字体系牌号可直接引用，见表 2 – 46 （2）未命名为国际四位数字体系牌号的变形铝及铝合金，应采用四位字符牌号（但试验铝及铝合金采用前缀 X 加四位字符牌号）命名，并按表 2 – 47 的要求注册化学成分。四位字符牌号命名方法应符合《四位字符体系牌号命名方法》的规定
四位字符体系牌号命名方法	四位字符体系牌号的第一、三、四位为阿拉伯数字，第二位为英文大写字母（C、I、L、N、O、P、Q、Z 字母除外）。牌号的第一位数字表示铝及铝合金的组别，如表 2 – 44 所示。除改型合金外，铝合金组别按主要合金元素（6×××系按 Mg_2Si）来确定。主要合金元素指极限含量算术平均值为最大的合金元素。当有一个以上的合金元素极限含量算术平均值同为最大时，应按 Cu、Mn、Si、Mg、Mg_2Si、Zn、其他元素的顺序来确定合金组别。牌号的第二位字母表示原始纯铝或铝合金的改型情况，最后两位数字用以标识同一组中不同的铝合金或表示铝的纯度 （1）纯铝的牌号命名法：铝含量不低于 99.00% 时为纯铝，其牌号用 1×××系列表示。牌号的最后两位数字表示最低铝百分含量。当最低铝百分含量精确到 0.01% 时，牌号的最后两位数字就是最低铝百分含量中小数点后面的两位。牌号第二位的字母表示原始纯铝的改型情况。如果第二位的字母为 A，则表示为原始纯铝；如果是 B ~ Y 的其他字母（按国际规定用字母表的次序选用），则表示为原始纯铝的改型，与原始钝铝相比，其元素含量略有改变

类别	定义及规定
四位字符体系牌号命名方法	（2）铝合金的牌号命名法：铝合金的牌号用 2×××~8××× 系列表示。牌号的最后两位数字没有特殊意义，仅用来区分同一组中不同的铝合金。牌号第二位的字母表示原始合金的改型情况。如果牌号第二位的字母是 A，则表示为原始合金；如果是 B~Y 的其他字母（按国际规定用字母表的次序选用），则表示为原始合金的改型合金。改型合金与原始合金相比，化学成分的变化，仅限于下列任何一种或几种情况： ①一个合金元素或一组组合元素形式的合金元素，极限含量算术平均值的变化量符合表 2-45 的规定 ②增加或删除了极限含量算术平均值不超过 0.30% 的一个合金元素；增加或删除了极限含量算术平均值不超过 0.40% 的一组组合元素形式的合金元素 ③为了同一目的，用一个合金元素代替了另一个合金元素 ④改变了杂质的极限含量 ⑤细化晶粒的元素含量有变化

表 2-44　铝及铝合金组别

组　　别	牌号系列
纯铝（铝含量不小于 99.00%）	1×××
以铜为主要合金元素的铝合金	2×××
以锰为主要合金元素的铝合金	3×××
以硅为主要合金元素的铝合金	4×××
以镁为主要合金元素的铝合金	5×××
以镁和硅为主要合金元素并以 Mg_2Si 相为强化相的铝合金	6×××
以锌为主要合金元素的铝合金	7×××
以其他合金元素为主要合金元素的铝合金	8×××
备用合金组	9×××

表 2 - 45　合金元素极限含量算术平均值的变化量

原始合金中的极限含量算术平均值范围	极限含量算术平均值的变化量
≤1.0%	0.15%
>1.0% ~2.0%	0.20%
>2.0% ~3.0%	0.25%
>3.0% ~4.0%	0.30%
>4.0% ~5.0%	0.35%
>5.0% ~6.0%	0.40%
>6.0%	0.50%

注：改型合金中的组合元素极限含量的算术平均值，应与原始合金中相同组合元素的算术平均值或各相同元素（构成该组合元素的各单个元素）的算术平均值之和相比较。

表 2 - 46　国际四位数字体系牌号

分类	规　　　定
国际四位数字体系牌号组别的划分	国际四位数字体系牌号的第 1 位表示组别，如下所示： （1）纯铝（铝含量不小于 99.00%）　1 × × × （2）合金组别按下列主要合金元素划分 1）Cu　2 × × × 2）Mn　3 × × × 3）Si　4 × × × 4）Mg　5 × × × 5）Mg + Si　6 × × × 6）Zn　7 × × × 7）其他元素　8 × × × 8）备用组　9 × × ×
国际四位数字体系 1 × × × 牌号系列	在 1 × × × 中，最后两位数字表示最低铝含量，与最低铝含量中小数点右边的两位数字相同。如 1020 表示最低铝含量为 99.6% 的工业纯铝。第一位数字表示对杂质范围的修改，若是零，则表示该工业纯铝的杂质在生产中的正常范围；如果为 1 ~9 中的自然数，则表示生产中应对某一种或几种杂质或合金元素加以专门控制。例如，1350 工业纯铝是一种含量应≥99.50% 的电工铝，其中有 3 种杂质应受到控制，即 ω（V + Ti）≤0.02%，ω（B）≤0.05%，ω（Ca）≤0.03%

分类	规定
在国际四位数字体系2×××~8×××牌号系列	在2×××~8×××系列中,牌号最后两位数字无特殊意义,仅表示同一系列中的不同合金,但有些是表示美国铝业公司过去用的旧牌号中数字部分,如2024合金,即过去的245合金。不过,这样的合金为数甚少。第二位数字表示对合金的修改,如为零,则表示原始合金,如为1~9中的任一整数,则表示对合金的修改次数。对原始合金的修改仅限于下列情况之一或同时几种: (1)对主要合金元素含量范围进行变更,但最大变更量与原始合金中合金元素的含量关系如下: 原始合金中合金元素含量的算术平均值范围/% 允许最大变化量/% ≤1.0 0.15 >1.0~2.0 0.20 >2.0~3.0 0.25 >3.0>4.0 0.30 >4.0~5.0 0.35 >5.0~6.0 0.40 >6.0 0.50 (2)增加或删除了极限含量算术平均值不超过0.30%的一个合金元素,或增加删除了极限含量算术平均值不超过0.40%的一组组合元素形式的合金元素 (3)用一种作用相同合金元素代替另一种合金元素 (4)改变杂质含量范围 (5)改变晶粒细化剂含量范围 (6)使用高纯金属,将铁、硅含量最大极限值分别降至0.12%、0.10%或更小
试验合金的牌号	按以上规定编制,但在数字前面加大写字母"X"。试验合金的注册期不得超过5年。对试验合金的成分,申请注册的单位有权改变。当合金通过试验合格后,去掉"X",成为正式合金。

2. 变形铝及铝合金状态代号

变形铝及铝合金代号（GB/T 16475—2008）状态代号分为基础状态代号和细分状态代号。基础状态代号用一个英文大写字母表示,列于表2-47;细分状态代号用基础状态代号后缀一位或多位阿拉伯数字或英文大写字母来表示，这些阿拉伯数字或英文大写字母表示影响产品特性的基本处理或特殊处理。细分状态代号列于表2－48。新旧状态代号对照列于表2－49。

状态代号中的"X"表示未指定的任意一位阿拉伯数字；"_"表示未指定的任意一位或多位阿拉伯数字。

表2－47　基础状态代号

代号	名称	说明与应用
F	自由加工状态	适用于在成型过程中，对于加工硬化和热处理条件无特殊要求的产品，该状态产品的力学性能不做规定
O	退火状态	适用于经完全退火获得最低强度的产品状态
H	加工硬化状态	适用于通过加工硬化提高强度的产品
W	固溶热处理状态	仅适用于经固溶热处理后，室温下自然时效的一种不稳定状态的合金，该状态不作为产品交货状态，仅表示产品处于自然时效阶段
T	热处理状态（不同于F、O、H状态）	适用于固溶热处理后，经过（或不经过）加工硬化达到稳定状态的产品

表2－48　细分状态代号

状态代号		代号意义
O	O1	高温退火后慢冷却状态。适用于超声波检验或尺寸稳定化前，将产品或试样加热至近似固溶热处理规定的温度并进行保温（保温时间与固溶热处理规定的保温时间相近），然后出炉置于空气中冷却的状态。该状态产品对力学性能不做规定，一般不作产品的最终交货状态
	O2	热机械处理状态。适用于使用方法在产品进行热机械处理前，将产品进行高温（可至固溶热处理规定的温度）退火，以获得良好成型性的状态
	O3	均匀化状态。适用于连续铸造的拉线坯或铸带，为消除或减少偏析和利于后继加工变形，而进行的高温退火状态

状态代号		代号意义
H	H 后面的第 1 位数字表示获得该状态的基本工艺，用数字 1~4 表示	
	H1X	单纯加工硬化的状态。适用于未经附加热处理，只经加工硬化即可获得所需要强度的状态
	H2X	加工硬化后不完全退火的状态。适用于加工硬化程度超过成品规定要求后，经不完全退火，使强度降低到规定指标的产品。对于室温下自然时效软化的合金，H2X 状态与对应的 H3X 状态具有相同的最小极限抗拉强度值；对于其他合金，H2X 状态与对应的 H1X 状态具有相同的最小抗拉强度值，但伸长率比 H1X 稍高
	H3X	加工硬化后稳定化处理的状态。适用于加工硬化后经低温热处理或由于加工过程中的受热作用致使其力学性能达到稳定的产品。H3X 状态仅适用于在室温下时效（除非经稳定化处理）的合金
	H4X	加工硬化后涂漆（层）处理的状态。适用于加工硬化后，经涂漆（层）处理导致了不完全退火的产品
	H 后面第 2 位数字表示产品的最终加工硬化程度，用数字 1~9 表示	
	HX1	最终抗拉强度极限值，为 O 状态与 HX2 状态的中间值
	HX2	最终抗拉强度极限值，为 O 状态与 HX4 状态的中间值
	HX3	最终抗拉强度极限值，为 HX2 状态与 HX4 状态的中间值
	HX4	最终抗拉强度极限值，为 O 状态与 HX8 状态的中间值
	HX5	最终抗拉强度极限值，为 HX4 状态与 HX6 状态的中间值
	HX6	最终抗拉强度极限值，为 HX4 状态与 HX8 状态的中间值
	HX7	最终抗拉强度极限值，为 HX6 状态与 HX8 状态的中间值
	HX8	采用 O 状态的最小抗拉强度与 GB/T 16475—2008 中表 1 规定的强度差值之和，来确定最小抗拉强度值
	HX9	超硬状态。最小抗拉强度极限值，超过 HX8 状态至少 10MPa 及以上
	H 后面第 3 位数字或字母，表示影响产品特性，但产品特性仍接近其两位数字状态（H112、H116、H321 状态除外）的特殊处理	
	HX11	适用于最终退火后以进行了适量的加工硬化，但加工硬化程度又不及 H11 状态的产品

状态代号		代号意义
H	H112	适用于经热加工成型但不经冷加工而获得一些加工硬化的产品。该状态产品对力学性能有要求
	H116	适用镁含量≥3.0%的5XXX系合金制成的产品。这些产品最终经加工硬化后，具有稳定的拉伸性能和在快速腐蚀试验中具有合适的抗腐蚀能力。腐蚀试验包括晶间腐蚀试验和剥落腐蚀试验。这种状态的产品适用温度不大于65℃的环境
	H321	适用镁含量≥3.0%的5XXX系合金制成的产品。这些产品最终经热稳定化处理后，具有稳定的拉伸性能和在快速腐蚀试验中具有合适的抗腐蚀能力。腐蚀试验包括晶间腐蚀试验和剥落腐蚀试验。这种状态的产品适用温度不大于65℃的环境
	HXX4	适用于HXX状态坯料制作花纹板或花纹带材的状态。这些花纹板或花纹带材的力学性能与坯料不同。如H22状态的坯料经制作成花纹板后的状态为H224
	HXX5	适用于HXX状态带坯制作的焊接管。管材的几何尺寸和合金与带坯相一致，但力学性能可能与带坯不同
	H32A	是对H32状态进行强度和弯曲性能改良的工艺改进状态
T		T后面的数字1~10表示基本处理状态。
	T1	高温成型+自然时效。适用于高温成型后冷却、自然时效，不再进行冷加工（或影响力学性能极限的矫平、矫直）的产品
	T2	高温成型+冷加工+自然时效。适用于高温成型后冷却，进行冷加工（或影响力学性能极限的矫平、矫直）以提高强度，然后自然时效的产品
	T3	固溶热处理+冷加工+自然时效。适用于固溶热处理后，进行冷加工（或影响力学性能极限的矫平、矫直）以提高强度，然后自然时效的产品
	T4[a]	固溶热处理+自然时效。适用于固溶热处理后，不再进行冷加工（或影响力学性能极限的矫平、矫直），然后自然时效的产品

状态代号	代号意义
T5	高温成型＋人工时效。适用于高温成型后冷却，不经冷加工（或影响力学性能极限的矫平、矫直），然后进行人工时效的产品
T6[a]	固溶热处理＋自然时效。适用于固溶热处理后，不再进行冷加工（或影响力学性能极限的矫平、矫直），然后自然时效的产品
T7[a]	固溶热处理＋过时效。适用于固溶热处理后，进行过时效至稳定状态。为获取除力学性能外的其他某些重要特性，在人工时效时，强度在时效曲线上越过了最高峰点的产品
T8[a]	固溶热处理＋冷加工＋人工时效。适用于固溶热处理后，经冷加工（或影响力学性能极限的矫平、矫直）以提高强度，然后人工时效的产品
T9[a]	固溶热处理＋人工时效＋冷加工。适用于固溶热处理后，人工时效，然后进行冷加工（或影响力学性能极限的矫平、矫直）以提高强度的产品
T10	高温成型＋冷加工＋人工时效。适用于高温成型后冷却，经冷加工（或影响力学性能极限的矫平、矫直）以提高强度，然后人工时效的产品

其中 T 贯穿各行。

[a] 某些6XXX或7XXX系的合金，无论是在炉内固溶热处理，还是高温成型后急冷以保留可溶性组分在固溶体中，均能达到相同的固溶热处理效果，这些合金的 T3、T4、T6、T7 和 T9 状态可采用上述两种处理方法的任一种，但应保证产品的力学性能和其他性能（如抗腐蚀性能）

T1～T10 后面的附加数字表示影响产品特性的特殊处理

T_ 51	拉伸消除应力状态。适用于固熔处理或高温成型后冷却，按规定量进行拉伸的厚板、薄板、轧制棒、冷精整棒、自由锻件、环形锻件或轧制环，这些产品拉伸后不在进行矫直，其规定的永久拉伸变形量如下： ——厚板：1.5%～3%； ——薄板：0.5%～3%； ——轧制棒或冷精整棒：1%～5%； ——自由锻件、环形锻件或轧制环：1%～5%
T_ 510	——挤压棒材、型材和管材：1%～3%； ——拉伸（或拉拔）管材：0.5%～3%

状态代号		代号意义
T	T_511	拉伸消除应力状态。适用于固热处理或高温成型后冷却，按规定量进行拉伸的挤压棒材、冷精整棒、型材和管材，这些产品拉伸后可轻微矫直以符合标准公差，其规定的永久拉伸变形量如下： ——挤制棒材、型材和管材：1%～3%； ——拉伸（或拉拔）管材：0.5%～3%
		T1、T4、T5、T6 状态的材料不进行冷加工或影响力学性能极限的矫直、矫平，因此拉伸消除应力状态中应无 T151、T150、T1511、T451、T4510、T4511、T551、T5510、T5511、T651、T6510、T6511 状态
	T_512	压缩消除应力状态。适用于固溶热处理或高温成型后冷却，通过压缩来消除应力，以产生 1%～5% 的永久变形量的产品
	T_54	拉伸与压缩相结合消除应力状态。适用于在终锻模内通过冷整形来消除应力的模锻件
	T79	初级过时效状态
	T76	中级过时效状态。具有较高强度、好的抗应力腐蚀和剥落腐蚀性能
	T74	中级过时效状态。其强度、抗应力腐蚀和抗剥落腐蚀性能介于 T73 与 T76 之间
	T73	完全过时效状态。具有最好的抗应力腐蚀和抗剥落腐蚀性能
	T81	适用于固溶热处理后，经1%左右的冷加工变形提高强度，然后进行人工时效的产品
	T87	适用于固溶热处理后，经7%左右的冷加工变形提高强度，然后进行人工时效的产品
W	W_h	室温下具体自然时效时间的不稳定状态。如 W2h，表示产品淬火后，在室温下自然时效 2h
	W_h/_51 W_h/_52 W_h/_54	室温下具体自然时效时间的不稳定消除应力状态。如 W2h/351，表示产品淬火后，在室温下自然时效 2h 便开始拉伸的消除应力状态

表 2 - 49　新旧状态代号对照

旧代号	新代号	旧代号	新代号
M	O	CYS	T_ 51、T_ 52 等
R	热处理不可强化合金：H112 或 F	CZY	T2
R	热处理可强化合金：T1 或 F	CSY	T9
Y	HX8	MCS	T62[a]
Y_1	HX6	MCZ	T42[a]
Y_2	HX4	CGS1	T73
Y_4	HX2	CGS2	T76
T	HX9	CGS3	T74
CZ	T4	RCS	T5
CS	T6		

[a]　原以 R 状态交货的，提供 CZ、CS 试样性能的产品，其状态可分别对应新代号 T42、T62。

3. 贵金属及其合金牌号表示方法

贵金属及其合金牌号表示方法（GB/T 18035—2000）列于表 2 - 50。

贵金属的牌号分类：按照生产过程，并兼顾到某种产品的特定用途，贵金属及其合金牌号分为冶炼产品、加工产品、复合材料、粉末产品和钎焊料五类。

表 2 - 50　贵金属及其合金牌号表示方法

分类	表示方法	示例
冶炼产品	冶炼产品牌号： □-□□ ├──产品纯度 ├──产品名称 └──产品形状 （1）产品的形状：分别用英文的第一个字母大写或其字母组合形式表示，其中 IC 表示铸锭状金属，SM 表示海绵状金属 （2）产品名称：用化学元素符号表示 （3）产品纯度：用百分含量的阿拉伯数字表示，不含百分号	（1）IC - Au99.99 表示纯度为 99.99% 的金锭 （2）SM - Pt99.999 表示纯度为 99.999% 的海绵铂

分类	表示方法	示例
加工产品	(1) 加工产品牌号： □-□□□ 添加元素 基体元素含量 产品名称或基体元素名称 产品形状 (2) 产品形状：分别用英文的第一个字母大写形式或英文第一个字母大写和第二个字母小写形式表示，其中：Pl 表示板材，Sh 表示片材，St 表示带材，F 表示箔材，T 表示管材，R 表示棒材，W 表示线材，Th 表示丝材 (3) 产品名称：若产品为纯金属，则用其化学元素符号表示名称；若为合金，则用该合金的基体的化学元素符号表示名称 (4) 产品含量：若产品为纯金属，则用百分含量表示其含量；若为合金，则用该合金基体元素的百分含量表示其含量，均不含百分号 (5) 添加元素：用化学元素符号表示添加元素。若产品为三元或三元以上的合金，则依据添加元素在合金中含量的多少，依次用化学元素符号表示。若产品为纯金属加工材，则无此项 若产品的基体元素为贱金属，添加元素为贵金属，则仍将贵金属作为基体元素放在第二项；第三项表示该贵金属元素的含量，贱金属元素放在第四项	(1) Pl – Au99.999 表示纯度为 99.999% 的纯金板材 (2) W – Pt90Rh 表示含 90% 铂，添加元素为铑的铂铑合金线材 (3) W – Au93NiFeZr 表示含 93% 金，添加元素为镍、铁和锆的金镍铁锆合金线材 (4) St – Au75Pd 表示含 75% 金，添加元素为钯的金钯合金带材 (5) St – Ag30Cu 表示含 30% 银，添加元素为铜的银铜合金带材

分类	表示方法	示例
复合材料	(1) 复合材料牌号： □-□/□□ ┃ ┃ ┃ ┗━产品状态 ┃ ┃ ┗━贱金属牌号 ┃ ┗━贵金属牌号相关部分 ┗━产品形状 (2) 产品的形状的表示方法同"加工产品"构成复合材料的贱金属牌号，其表示方法参见现行相关国家标准 (3) 产品状态分为软态（M）、半硬态（Y_2）和硬态（Y）。此项可根据需要选定或省略 三层及三层以上复合材料，在第三项后面依次插入表示后面层的相关牌号，并以"/"相隔开	（1）St - Ag99.95/QSn6.5 - 0.1 表示由含银99.95%银带材和含锡6.5%、含磷0.1%的锡磷青铜带复合成的复合带材 （2）St - Ag 90Ni/H62Y_2表示由含银90%的银镍合金和含铜62%的黄铜复合成的半硬态的复合带材 （3）St - Ag99.95/T2/Tg99.95 表示第一层为含银99.95%银带、第二层为2号紫铜带、第三层为含银99.95%银带复合成的三层复合带材
粉末产品	(1) 粉末产品牌号 □□-□□ ┃ ┃ ┃ ┗━粉末平均粒径 ┃ ┃ ┗━粉末形状 ┃ ┗━粉末名称 ┗━粉末产品代号 (2) 代号：用英文大写字母P表示 (3) 名称：若粉末是纯金属，则用其化学元素符号表示；若是金属氧化物，则用其分子式表示；若是合金，则用其基体元素符号、基体元素含量、添加元素符号依次表示 粉末形状：用英文大写字母表示，其中：S表示片状粉末，G表示球状粉末。若不强调粉末的形状，其形状可不表示 (4) 粉末平均粒径：用阿拉伯数字表示，单位为μm。若平均粒径是一个范围，则取其上限值	（1）PAg - S6.0 表示平均粒径小于6.0μm的片状银粉 （2）PPd - G0.15 表示平均粒径小于0.15μm的球状钯粉

分类	表示方法	示例

钎焊料	(1) 钎焊料牌号：
	
	□（□）□-□
	     钎焊料熔化温度
	    钎焊料的基体元素及其含量、添加元素
	  钎焊料用途
	 钎焊料代号
	
	(2) 钎焊料代号：用英文大写字母 B 表示
	(3) 钎焊料用途：用英文大写字母表示，其中：V 表示电真空焊料。若不强调钎焊料的用途，此项可不用字母表示
	(4) 钎焊料合金的基体元素及其含量以及添加元素，其表示方法同"加工产品"的相关部分
	(5) 钎焊料熔化温度：共晶合金为共晶点温度，其余合金为固相线温度/液相线温度
		(1) BVAg 72Cu - 780 表示含 72% 的银，熔化温度为 780℃，用于电真空器件的银铜合金钎焊料
		
		(2) BAg70CuZn - 690/740 表示含 70% 的银，固相线温度为 690℃，液相线温度为 740℃ 的银铜锌合金钎焊料

2.1.10　铸造有色金属及其合金牌号表示方法

1. 铸造有色金属牌号

铸造有色金属牌号由"Z"和相应纯金属的化学元素符号及表明产品纯度百分含量的数字或用一字线加顺序号组成。

牌号表示示例：

(1) 铸造纯铝

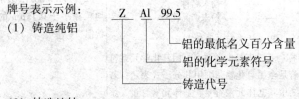

  铝的最低名义百分含量

  铝的化学元素符号

  铸造代号

(2) 铸造纯钛

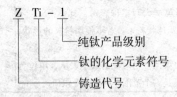

  纯钛产品级别

  钛的化学元素符号

  铸造代号

2. 铸造有色合金牌号

铸造有色合金牌号由基体金属的化学元素符号、主要合金化学元素符号（其中混合稀土元素符号统一用 RE 表示）以及表明合金元素名义百分含量的数字组成。对杂质限量要求严、性能高的优质合金，在牌号后面标注大写字母"A"表示优质。

牌号表示示例：

（1）铸造优质铝合金

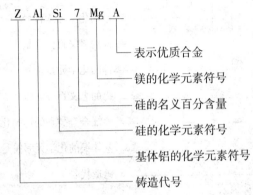

Z Al Si 7 Mg A

表示优质合金

镁的化学元素符号

硅的名义百分含量

硅的化学元素符号

基体铝的化学元素符号

铸造代号

（2）铸造镁合金

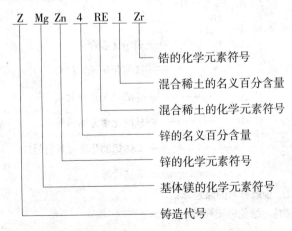

Z Mg Zn 4 RE 1 Zr

锆的化学元素符号

混合稀土的名义百分含量

混合稀土的化学元素符号

锌的名义百分含量

锌的化学元素符号

基体镁的化学元素符号

铸造代号

（3）铸造锡青铜

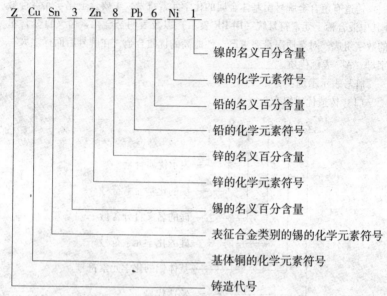

Z　Cu　Sn　3　Zn　8　Pb　6　Ni　1

镍的名义百分含量

镍的化学元素符号

铅的名义百分含量

铅的化学元素符号

锌的名义百分含量

锌的化学元素符号

锡的名义百分含量

表征合金类别的锡的化学元素符号

基体铜的化学元素符号

铸造代号

（4）铸造钛合金

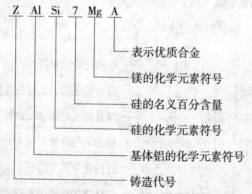

Z　Al　Si　7　Mg　A

表示优质合金

镁的化学元素符号

硅的名义百分含量

硅的化学元素符号

基体铝的化学元素符号

铸造代号

2.1.11　金属材料的涂色标记

金属材料的涂色标记列于表 2–51。

表 2-51　金属材料的涂色标记

材料牌号		涂色标记	材料牌号		涂色标记	
普通碳素钢	1 号钢	白色 + 黑色 ⎫ 黄色 ⎪ 红色 ⎪ 黑色 ⎬ 特类钢还应加涂铝白色一条 绿色 ⎪ 蓝色 ⎪ 红色 + 棕色 ⎭	热轧钢筋	28～50 千克级	绿色	
	2 号钢			50～75 千克级	蓝色	
	3 号钢		铬轴承钢	GCr6	绿色一条 + 白色一条	
	4 号钢			GCr9	白色一条 + 黄色一条	
	5 号钢			GCr9SiMn	绿色二条	
	6 号钢			GCr15	蓝色一条	
	7 号钢			GCr15SiMn	绿色一条 + 蓝色一条	
优质碳素结构钢	05～15	白色	高速工具钢	W12Cr4V4Mo	棕色一条 + 黄色一条	
	20～25	棕色 + 绿色		W18Cr4V	棕色一条 + 蓝色一条	
	30～40	白色 + 蓝色		W9Cr4V₂	棕色二条	
	45～85	白色 + 棕色		W9Cr4V	棕色一条	
	15Mn～40Mn	白色二条	不锈耐酸钢	铬钢	铝色 + 黑色 ⎫ 铝色 + 黄色 ⎪ 铝色 + 绿色 ⎬ 前为宽色条，后为窄色条 铝色 + 白色 ⎪ 铝色 + 红色 ⎪ 铝色 + 棕色 ⎭	
	45Mn～70Mn	绿色三条		铬钛钢		
合金结构钢	锰钢	黄色 + 蓝色		铬锰钢		
	硅锰钢	红色 + 黑色		铬钢		
	锰钒钢	蓝色 + 绿色		铬镍钢		
	铬钢	绿色 + 黄色		铬锰镍钢		
	铬硅钢	蓝色 + 红色		铬镍钛钢 ⎫ 铬镍铌钢 ⎬	铝色 + 白色 + 黄色	
	铬锰钢	蓝色 + 黑色				
	铬锰硅钢	红色 + 紫色		铬钼钛钢	铝色 + 红色 + 黄色	
	铬钒钢	绿色 + 黑色		铬镍钛钢 ⎫ 铬镍钒钴钢 ⎬	铝色 + 紫色	
	铬锰钛钢	黄色 + 黑色				
	铬钨钒钢	棕色 + 黑色		铬镍铜钛钢	铝色 + 蓝色 + 白色	
	钼钢	紫色		铬镍钼铜钛钢 ⎫ 铬镍钼铜铌钢 ⎬	铝色 + 黄色 + 绿色	
	铬钼钢	绿色 + 紫色				
	铬锰钼钢	紫色 + 白色	耐热不起皮钢及电热合金	铬硅钢	红色 + 白色 ⎫ 红色 + 绿色 ⎪ 红色 + 蓝色 ⎬ 前为宽色条，后为窄色条 红色 + 黑色 ⎪ 红色 + 紫色 ⎪ 红色 + 蓝色 ⎭	
	铬钼钒钢	紫色 + 棕色		铬钼钢		
	铬硅钼钒钢	紫色 + 棕色		铬硅钼钢		
	铬铝钢	铝白色		铬钢		
	铬钨钒铝钢	黄色 + 紫色		铬钼钒钢		
	铬钨钒铝钢	黄色 + 红色		铬镍钛钢		
	硼钢	紫色 + 蓝色		铬铝硅钢	红色 + 黄色	
	铬钼钨钒钢	紫色 + 黑色		铬硅钛钢	红色 + 紫色	
热轧钢筋	Ⅰ级	红色		铬硅钒钛钢	红色 + 紫色	
	Ⅱ级	—		铬铝钢	红色 + 铝色	
	Ⅲ级	白色		铬镍钼钛钢	红色 + 棕色	
	Ⅳ级	黄色		铬镍钼钢	铝色 + 白色	
				铬镍钨钛钢	铝色 + 白色 + 红色	

材料牌号		涂色标记	材料牌号		涂色标记
精铝锭	特级	一个蓝色T字	锌锭	Zn－0	红色二条
	一级	一个蓝色纵线		Zn－1	红色一条
	二级	二条蓝色纵线		Zn－2	黑色二条
				Zn－3	黑色一条
铝锭	特一级铝	白色一条		Zn－4	绿色二条
	特二级铝	白色二条		Zn－5	绿色一条
	一级铝	红色一条	铅锭	Pb－1	不加颜色标志
	二级铝	红色二条		Pb－2	黄色竖划二条
	三级铝	红色三条		Pb－3	黄色竖划三条

注：本表所列的涂色标记引自有关资料，若有新标准颁布，则应以新标准为准。

2.2 金属材料的化学成分及力学性能

2.2.1 生铁

1. 炼钢用生铁

炼钢用生铁（YB/T 5296—2011）的化学成分列于表2－52。

表 2－52 炼钢用生铁的化学成分

牌号		L03	L07	L10
化学成分/%（质量分数）	C	≥3.5		
	Si	≤0.35	>0.35～0.75	>0.75～1.25
	Mn	一组≤0.40；二组>0.40～1.00；三组>1.00～2.00		
	P	特级≤0.100；一级>0.100～0.150；二级>0.150～0.250；三级>0.250～0.400		
	S	一类≤0.030；二类>0.03～0.05；三类>0.05～0.07		

注：①各牌号生铁的含碳量，均不作报废依据。

②需方对含硅量有特殊要求时，由供需双方协议规定。

③需方对含砷量有特殊要求时，由供需双方协议规定。

④硫、磷含量的界限数值按 YB/T 081 规定全数值比较法进行判定。

⑤采用高磷矿石冶炼的单位，生铁含磷量允许不大于0.85%。

⑥采用含铜矿石冶炼时，生铁含铜量允许不大于0.30%。

⑦各牌号生铁应以铁块或铁水形态供应。

⑧各牌号生铁铸成块状时，可以生产两种块度的铁块：a. 小块生铁：每块生铁的质量为2～7kg。每批中大于7kg及小于2kg两者之和所占质量比，由

供需双方协议规定；b. 大块生铁：每块生铁的质量不得大于 40kg，并有两个凹口，凹口处厚度不大于 45mm。每批中小于 4kg 的碎铁块所占质量比，由供需双方协议规定。

2. 铸造用生铁

铸造用生铁（GB/T 718—2005）的化学成分列于表 2-53。

表 2-53　铸造用生铁的化学成分

<table>
<tr><td colspan="3" align="center">牌号</td><td>Z14</td><td>Z18</td><td>Z22</td><td>Z26</td><td>Z30</td><td>Z34</td></tr>
<tr><td rowspan="18">化学成分（质量分数）/%</td><td colspan="2" align="center">C</td><td colspan="6" align="center">≥3.30</td></tr>
<tr><td colspan="2" align="center">Si</td><td>≥1.25
~1.60</td><td>>1.60
~2.00</td><td>>2.00
~2.40</td><td>>2.40
~2.80</td><td>>2.80
~3.20</td><td>>3.20
~3.60</td></tr>
<tr><td rowspan="3">Mn</td><td>1 组</td><td colspan="6" align="center">≤0.50</td></tr>
<tr><td>2 组</td><td colspan="6" align="center">>0.50~0.90</td></tr>
<tr><td>3 组</td><td colspan="6" align="center">>0.90~1.30</td></tr>
<tr><td rowspan="5">P</td><td>1 级</td><td colspan="6" align="center">≤0.060</td></tr>
<tr><td>2 级</td><td colspan="6" align="center">>0.060~0.100</td></tr>
<tr><td>3 级</td><td colspan="6" align="center">>0.100~0.200</td></tr>
<tr><td>4 级</td><td colspan="6" align="center">>0.200~0.400</td></tr>
<tr><td>5 级</td><td colspan="6" align="center">>0.400~0.900</td></tr>
<tr><td rowspan="3">S</td><td>1 类</td><td colspan="6" align="center">≤0.030</td></tr>
<tr><td>2 类</td><td colspan="6" align="center">≤0.040</td></tr>
<tr><td>3 类</td><td colspan="6" align="center">≤0.050</td></tr>
</table>

注：①经供需双方协议，可供应对化学成分或其他合金元素有特殊要求的铸造生铁。
②硫、磷含量的界限数值按 YB/T 081 规定全数值比较法进行判定。
③用含铜矿石冶炼的生铁应分析铜含量，但各牌号生铁的铜含量均不做判定依据。
④生铁订货时必须在合同中注明牌号和组、级、类等具体要求。
⑤当生铁铸成块状时，各牌号生铁应铸成单重 2~7kg 小块，而大于 7kg 与小于 2kg 的铁块之和，每批中应不超过总重量的 10%。
⑥根据需方要求，可供应单重不大于 40kg 的铁块。同时铁块上应有 1~2 道深度不小于铁块厚度三分之二的凹槽。

2.2.2　铁合金

1. 硅铁

硅铁（GB/T 2272—2009）合金的化学成分列于表 2-54。

表 2 -54 硅铁合金的化学成分

牌号	Si	Al	Ca	Mn	Cr	P	S	C	Ti	Mg	Cu	V	Ni
						化学成分(质量分数)/% ≤							
FeSi90Al1.5	87.0~95.0	1.5	1.5	0.4	0.2	0.040	0.020	0.20	—	—	—	—	—
FeSi90Al3.0	87.0~95.0	3.0	1.5	0.4	0.2	0.040	0.020	0.20	—	—	—	—	—
FeSi75Al0.5 – A	74.0~80.0	0.5	1.0	0.4	0.3	0.035	0.020	0.10	—	—	—	—	—
FeSi75Al0.5 – B	72.0~80.0	0.5	1.0	0.5	0.5	0.040	0.020	0.20	—	—	—	—	—
FeSi75Al1.0 – A	74.0~80.0	1.0	1.0	0.4	0.3	0.035	0.020	0.10	—	—	—	—	—
FeSi75Al1.0 – B	72.0~80.0	1.0	1.0	0.5	0.5	0.040	0.020	0.20	—	—	—	—	—
FeSi75Al1.5 – A	74.0~80.0	1.5	1.0	0.4	0.3	0.035	0.020	0.10	—	—	—	—	—
FeSi75Al1.5 – B	72.0~80.0	1.5	1.0	0.5	0.5	0.040	0.020	0.20	—	—	—	—	—
FeSi75Al2.0 – A	74.0~80.0	2.0	1.0	0.4	0.3	0.035	0.020	0.10	—	—	—	—	—
FeSi75Al2.0 – B	72.0~80.0	2.0	—	0.5	0.5	0.040	0.020	0.20	—	—	—	—	—
FeSi75 – A	74.0~80.0	—	—	0.4	0.3	0.035	0.020	0.10	—	—	—	—	—
FeSi75 – B	72.0~80.0	—	—	0.5	0.5	0.040	0.020	0.20	—	—	—	—	—
FeSi65	65.0~72.0	—		0.6	0.5	0.040	0.020	—	—	—	—	—	—
FeSi45	40.0~47.0	—		0.7	0.5	0.040	0.020	—	—	—	—	—	—
TFeSi75 – A	74.0~80.0	0.03	0.03	0.10	0.10	0.020	0.004	0.020	0.015	—	—	—	—
TFeSi75 – B	74.0~80.0	0.10	0.05	0.10	0.05	0.030	0.004	0.020	0.04	—	—	—	—
TFeSi75 – C	74.0~80.0	0.10	0.10	0.10	0.10	0.040	0.005	0.030	0.05	0.10	0.10	0.05	0.40
TFeSi75 – D	74.0~80.0	0.20	0.05	0.20	0.10	0.040	0.010	0.020	0.04	0.02	0.10	0.01	0.04
TFeSi75 – E	74.0~80.0	0.50	0.50	0.40	0.10	0.040	0.020	0.050	0.06	—	—	—	—
TFeSi75 – F	74.0~80.0	0.50	0.50	0.40	0.10	0.030	0.005	0.010	0.02	—	0.10	—	0.10
TFeSi75 – G	74.0~80.0	1.00	0.05	0.15	0.10	0.040	0.003	0.040	0.04	—	—	—	—

注:需方对表中化学成分或对砷、铋、锡、铅等元素有特殊要求时,可由供需双方另行商定。

2. 钛铁

钛铁（GB/T 3282—2006）合金的化学成分列于表 2 - 55。

表 2 - 55　钛铁合金化学成分

牌　号	化学成分（质量分数）/%							
	Ti	C	Si	P	S	Al	Mn	Cu
		≤						
FeTi30 - A	25. 0 ~ 35. 0	0. 10	4. 5	0. 05	0. 03	8. 0	2. 5	0. 20
FeTi30 - B	25. 0 ~ 35. 0	0. 15	5. 0	0. 06	0. 04	8. 5	2. 5	0. 20
FeTi40 - A	35. 0 ~ 45. 0	0. 10	3. 5	0. 05	0. 03	9. 0	2. 5	0. 20
FeTi40 - B	35. 0 ~ 45. 0	0. 15	4. 0	0. 07	0. 04	9. 5	2. 5	0. 20
TeTi70 - A	65. 0 ~ 75. 0	0. 10	0. 50	0. 04	0. 03	3. 0	1. 0	0. 20
FeTi70 - B	65. 0 ~ 75. 0	0. 20	4. 0	0. 06	0. 03	5. 0	1. 0	0. 20
FeTi70 - C	65. 0 ~ 75. 0	0. 30	5. 0	0. 08	0. 04	7. 0	1. 0	0. 20

注：经供需双方协商并在合同中注明，可供应其他化学成分要求的钛铁。

3. 锰铁

锰铁（GB/T 3795—2006）根据其含碳量的不同分为三类：

（1）低碳类　碳不大于 0.7%。

（2）中碳类　碳大于 0.7% ~ 2.0%。

（3）高碳类　碳大于 2.0% ~ 8.0%。

锰铁的化学成分列于表 2 - 56 和表 2 - 57；锰铁的物理状态列于表 2 - 58。

表 2 - 56　电炉锰铁化学成分

类别	牌　号	化学成分（质量分数）/%						
		Mn	C	Si		P		S
				I	II	I	II	
				≤				
低碳锰铁	FeMn88C0. 2	85. 0 ~ 92. 0	0. 2	1. 0	2. 0	0. 10	0. 30	0. 02
	FeMn84C0. 4	80. 0 ~ 87. 0	0. 4	1. 0	2. 0	0. 15	0. 30	0. 02
	FeMn84C0. 7	80. 0 ~ 87. 0	0. 7	1. 0	2. 0	0. 20	0. 30	0. 02
中碳锰铁	FeMn82C1. 0	78. 0 ~ 85. 0	1. 0	1. 5	2. 0	0. 20	0. 35	0. 03
	FeMn82C1. 5	78. 0 ~ 85. 0	1. 5	1. 5	2. 0	0. 20	0. 35	0. 03
	FeMn78C2. 0	75. 0 ~ 82. 0	2. 0	1. 5	2. 5	0. 20	0. 40	0. 03

类别	牌　号	化学成分（质量分数）/%						
		Mn	C	Si		P		S
				I	II	I	II	
				≤				
高碳锰铁	FeMn78C8.0	75.0~82.0	8.0	1.5	2.5	0.20	0.33	0.03
	FeMn74C7.5	70.0~77.0	7.5	2.0	3.0	0.25	0.38	0.03
	FeMn68C7.0	65.0~72.0	7.0	2.5	4.5	0.25	0.40	0.03

注：需方对化学成分有特殊要求时，可由供需双方另行商定。

表 2-57　高炉锰铁化学成分

类别	牌　号	化学成分（质量分数）/%						
		Mn	C	Si		P		S
				I	II	I	II	
				≤				
高碳锰铁	FeMn78	75.0~82.0	7.5	1.0	2.0	0.25	0.35	0.03
	FeMn73	70.0~75.0	7.5	1.0	2.0	0.25	0.35	0.03
	FeMn68	65.0~70.0	7.0	1.0	2.0	0.30	0.40	0.03
	FeMn63	60.0~65.0	7.0	1.0	2.0	0.30	0.40	0.03

注：需方对化学成分有特殊要求时，可由供需双方另行商定。

表 2-58　锰铁的物理状态（粒度范围）

等级	粒度/mm	偏差/%		
		筛上物	筛下物	
		≤		
1	20~250	—	中低碳类	10
			高碳类	8
2	50~150	5	5	
3	10~50	5	5	
4①	0.097~0.45	5	30	

注：①为中碳锰铁粉剂。

4. 锰硅合金

锰硅合金按锰、硅及其杂质含量的不同，分为 8 个牌号，根据（GB/

T 4008—2008）其化学成分列于表 2 – 59；锰硅合金以块状或粒状供货，其粒度范围及允许偏差列于表 2 – 60。

表 2 – 59　锰硅合金的化学成分

牌　号	化学成分（质量分数）/%						
	Mn	Si	C	P			S
				I	II	III	
			≤				
FeMn64Si27	60.0 ~ 67.0	25.0 ~ 28.0	0.5	0.10	0.15	0.25	0.04
FeMn67Si23	63.0 ~ 70.0	22.0 ~ 25.0	0.7	0.10	0.15	0.25	0.04
FeMn68Si22	65.0 ~ 72.0	20.0 ~ 23.0	1.2	0.10	0.15	0.25	0.04
FeMn62Si23（FeMn64Si23）	60.0 ~ <65.0	20.0 ~ 25.0	1.2	0.10	0.15	0.25	0.04
FeMn68Si18	65.0 ~ 72.0	17.0 ~ 20.0	1.8	0.10	0.15	0.25	0.04
FeMn62Si18（FeMn64Si18）	60.0 ~ <65.0	17.0 ~ 20.0	1.8	0.10	0.15	0.25	0.04
FeMn68Si16	65.0 ~ 72.0	14.0 ~ 17.0	2.5	0.10	0.15	0.25	0.04
FeMn62Si17（FeMn64Si16）	60.0 ~ <65.0	14.0 ~ 20.0	2.5	0.20	0.25	0.30	0.05

注：括号中的牌号为旧牌号。硫为保证元素，其余均为必测元素。需方对化学成分有特殊要求时，可由供需双方另行商定。

表 2 – 60　锰硅合金粒度范围和允许偏差

等级	粒度范围/mm	偏差（质量分数）/%	
		筛上物	筛下物
		≤	
1	20 ~ 300	5	5
2	10 ~ 150	5	5
3	10 ~ 100	5	5
4	10 ~ 50	5	5

注：需方对物理状态如有特殊要求，可由供需双方另行商定。

5. 铬铁

根据 GB/T 5683—2008，铬铁合金的化学成分列于表 2 – 61。

表2-61 铬铁合金的化学成分

类别	牌号	Cr 范围	Cr I ≥	Cr II ≥	C ≤	Si I ≤	Si II ≤	P I ≤	P II ≤	S I ≤	S II ≤
微碳	FeCr65C0.03	60.0~70.0			0.03	1.0		0.03		0.025	
	FeCr55C0.03		60.0	52.0	0.03	1.5	2.0	0.03	0.04	0.03	
	FeCr65C0.06	60.0~70.0			0.06	1.0		0.03		0.025	
	FeCr55C0.06		60.0	52.0	0.06	1.5	2.0	0.04	0.06	0.03	
	FeCr65C0.10	60.0~70.0			0.10	1.0		0.03		0.025	
	FeCr55C0.10		60.0	52.0	0.10	1.5	2.0	0.04	0.06	0.03	
	FeCr65C0.15	60.0~70.0			0.15	1.0		0.03		0.025	
	FeCr55C0.15		60.0	52.0	0.15	1.5	2.0	0.04	0.06	0.03	
低碳	FeCr65C0.25	60.0~70.0			0.25	1.5		0.03		0.025	
	FeCr55C0.25		60.0	52.0	0.25	2.0	3.0	0.04	0.06	0.03	0.05
	FeCr65C0.50	60.0~70.0			0.50	1.5		0.03		0.025	
	FeCr55C0.50		60.0	52.0	0.50	2.0	3.0	0.04	0.04	0.03	0.05
中碳	FeCr65C1.0	60.0~70.0			1.0	1.5		0.03		0.025	
	FeCr55C1.0		60.0	52.0	1.0	2.5	3.0	0.04	0.06	0.03	0.05
	FeCr65C2.0	60.0~70.0			2.0	1.5		0.03		0.025	
	FeCr55C2.0		60.0	52.0	2.0	2.5	3.0	0.04	0.06	0.03	0.05
	FeCr65C4.0	60.0~70.0			4.0	1.5		0.03		0.025	
	FeCr55C4.0		60.0	52.0	4.0	2.5	3.0	0.04	0.06	0.03	0.05
高碳	FeCr67C6.0	60.0~70.0			6.0	3.0		0.03		0.04	0.06
	FeCr55C6.0		60.0	52.0	6.0	3.0	5.0	0.04	0.06	0.04	0.06
	FeCr67C9.5	60.0~72.0			9.5	3.0		0.03		0.04	0.06
	FeCr55C10.0		60.0	52.0	10.0	3.0	5.0	0.04	0.06	0.04	0.06
真空法微碳铬铁	ZKFeCr65C0.010		65.0		0.010	1.0	2.0	0.025	0.030	0.03	
	ZKFeCr65C0.020		65.0		0.020	1.0	2.0	0.025	0.030	0.03	
	ZKFeCr65C0.010		65.0		0.010	1.0	2.0	0.025	0.035	0.04	
	ZKFeCr65C0.030		65.0		0.030	1.0	2.0	0.025	0.035	0.04	
	ZKFeCr65C0.050		65.0		0.050	1.0	2.0	0.025	0.035	0.04	
	ZKFeCr65C0.100		65.0		0.100	1.0	2.0	0.025	0.035	0.04	

6. 钨铁

钨铁（GB/T 3648—1996）按钨及杂质含量的不同分为四个牌号，其化学成分列于表2-62。

表2-62　钨铁化学成分

牌　号	化　学　成　分（质量分数）/%											
	W	C	P	S	Si	Mn	Cu	As	Bi	Pb	Sb	Sn
		≤										
FeW80-A	75.0~85.0	0.10	0.03	0.06	0.5	0.25	0.10	0.06	0.05	0.05	0.05	0.06
FeW80-B	75.0~85.0	0.30	0.04	0.07	0.7	0.35	0.12	0.08	—	—	0.05	0.08
FeW80-C	75.0~85.0	0.40	0.05	0.08	0.7	0.50	0.15	0.10	—	—	0.05	0.08
FeW70	≥70.0	0.80	0.06	0.10	1.0	0.60	0.18	0.10	—	—	0.05	0.10

注：①钨铁必测元素为 W、C、P、S、Si、Mn 的含量，其余为保证元素。

②钨铁以70%含钨量作为基准量。

③需方对表列元素如有特殊要求，可由供需双方另行协商。

④需方要求时，可协商提供表列以外其他元素的实测数据。

⑤钨铁以块状交货，粒度范围为 10~130mm，小于 10mm×10mm 粒度的量不应超过该批总质量的5%，其粒度检测按 GB/T 13247 进行。

⑥钨铁按炉批或分级批交货。按炉批交货时，每批产品中的最高或最低含钨量与平均试样含钨量之差不得超过3%。按分级批交货时，各炉之间钨含量之差不大于3%。

7. 钼铁

钼铁（GB/T 3649—2008）合金的化学成分列于表2-63。

表2-63　钼铁合金的化学成分

牌　号	化学成分（质量分数）/%							
	Mo	Si	S	P	C	Cu	Sb	Sn
		≤						
FeMo70	65.0~75.0	2.0	0.08	0.05	0.10	0.5	—	—
FeMo60-A	60.0~65.0	1.0	0.08	0.04	0.10	0.5	0.04	0.04
FeMo60-B	60.0~65.0	1.5	0.10	0.05	0.10	0.5	0.05	0.06
FeMo60-C	60.0~65.0	2.0	0.15	0.05	0.15	1.0	0.08	0.08
FeMo55-A	55.0~60.0	1.0	0.10	0.05	0.15	0.5	0.06	0.06
FeMo55-B	55.0~60.0	1.5	0.15	0.10	0.20	0.5	0.08	0.08

注：需方对表中化学成分或砷、锑、铋、锡、铅等元素有特殊要求时，由供需双方另行协商。

8. 钒铁

钒铁（GB/T4139—2012）合金的化学成分列于表2-64。

表2-64　钒铁合金的化学成分

牌　号	化学成分（质量分数）/%，≤						
	V	C	Si	P	S	Al	Mn
FeV40-A	40.0	0.75	2.0	0.10	0.06	1.0	—
FeV40-B	40.0	1.00	2.0	0.20	0.10	1.5	—
FeV50-A	50.0	0.40	2.0	0.06	0.04	0.5	0.50
FeV50-B	50.0	0.75	2.5	0.10	0.05	0.8	0.50

2.2.3　铸铁

1. 灰铸铁件

灰铸铁件（GB/T 9439—2010）的牌号和力学性能列于表2-65。

表2-65　灰铸铁件牌号和力学性能

牌号	铸件壁厚/mm		最小抗拉强度 R_m（强制性值）(min)		铸件本体预期抗拉强度 R_m(min)/MPa
	>	≤	单铸试棒/MPa	附铸试棒或试块/MPa	
HT100	5	40	100	—	—
HT150	5	10	150	—	155
	10	20		—	130
	20	40		120	110
	40	80		110	95
	80	150		100	80
	150	300		90	—

牌号	铸件壁厚 /mm		最小抗拉强度 R_m（强制性值）（min）		铸件本体预期抗拉强度 R_m（min）/MPa
	>	≤	单铸试棒 /MPa	附铸试棒或试块 /MPa	
HT200	5	10	200	—	205
	10	20		—	180
	20	40		170	155
	40	80		150	130
	80	150		140	115
	150	300		130	—
HT225	5	10	225	—	230
	10	20		—	200
	20	40		190	170
	40	80		170	150
	80	150		155	135
	150	300		145	—
HT250	5	10	250	—	250
	10	20		—	225
	20	40		210	195
	40	80		190	170
	80	150		170	155
	150	300		160	—
HT275	10	20	275	—	250
	20	40		230	220
	40	80		205	190
	80	150		190	175
	150	300		175	—

| 牌号 | 铸件壁厚 /mm | | 最小抗拉强度 R_m（强制性值）（min） | | 铸件本体预期抗拉强度 R_m（min） /MPa |
	>	≤	单铸试棒 /MPa	附铸试棒或试块 /MPa	
HT300	10	20	300	—	270
	20	40		250	240
	40	80		220	210
	80	150		210	195
	150	300		190	—
HT350	10	20	350	—	315
	20	40		290	280
	40	80		260	250
	80	150		230	225
	150	300		210	—

注：①当铸件壁厚超过 300 mm 时，其力学性能由供需双方商定。

②当某牌号的铁液浇注壁厚均匀、形状简单的铸件时，壁厚变化引起抗拉强度的变化，可从本表查出参考数据，当铸件壁厚不均匀，或有型芯时，此表只能给出不同壁厚处大致的抗拉强度值，铸件的设计应根据关键部位的实测值进行。

③表中斜体字数值表示指导值，其余抗拉强度值均为强制性值，铸件本体预期抗拉强度值不作为强制性值。

2. 球墨铸铁件

球墨铸铁件（GB/T 1348—2009）的力学性能和牌号列于表 2-66 ~ 表 2-70，按"硬度"分类列于表 2-71。

表 2-66 单铸试样的力学性能

材料牌号	抗拉强度 $R_m/\text{MPa}(\min)$	屈服强度 $R_{\text{P0.2}}/\text{MPa}(\min)$	伸长率 $A/\%(\min)$	布氏硬度 HBW	主要基体组织
QT350-22L	350	220	22	≤160	铁素体
QT350-22R	350	220	22	≤160	铁素体
QT350-22	350	220	22	≤160	铁素体
QT400-18L	400	240	18	120~175	铁素体
QT400-18R	400	250	18	120~175	铁素体
QT400-18	400	250	18	120~175	铁素体
QT400-15	400	250	15	120~180	铁素体
QT450-10	450	310	10	160~210	铁素体
QT500-7	500	320	7	170~230	铁素体+珠光体
QT550-5	550	350	5	180~250	铁素体+珠光体
QT600-3	600	370	3	190~270	珠光体+铁素体
QT700-2	700	420	2	225~305	珠光体
QT800-2	800	480	2	245~335	珠光体或索氏体
QT900-2	900	600	2	280~360	回火马氏体或屈氏体+索氏体

注：①如需求球铁 QT500-10 时，其性能要求见 GB/T 1348—2009 中附录 A。
②字母 "L" 表示该牌号有低温（-20℃ 或 -40℃）下的冲击性能要求；字母 "R" 表示该牌号有室温（23℃）下冲击性能要求。
③伸长率是从原始标距 $L_0 = 5d$ 上测得的，d 是试样上原始标距处的直径。其他规格的标距见 GB/T 1348—2009 中 9.1 及附录 B。

表 2 - 67 V 形缺口单铸试样的冲击功

牌号	最小冲击功/J					
	室温(23±5)℃		低温(-20±2)℃		低温(-40±2)℃	
	三个试样平均值	个别值	三个试样平均值	个别值	三个试样平均值	个别值
QT350-22L	—	—	—	—	12	9
QT350-22R	17	14	—	—	—	—
QT400-18L	—	—	12	9	—	—
QT400-18R	14	11	—	—	—	—

注：①冲击功是从砂型铸造的铸件或者导热性与砂型相当的铸型中铸造的铸块上测得的。用其他方法生产的铸件的冲击功应满足双方协商的修正值。
②这些材料牌号也可用于压力容器，其断裂韧性见 GB/T 1348—2009 中附录 D。

表 2 - 68 附铸试样力学性能

材料牌号	铸件壁厚/ mm	抗拉强度 R_m/ MPa(min)	屈服强度 $R_{p0.2}$/ MPa(min)	伸长率 A/% (min)	布氏硬度 HBW	主要基体组织
QT350-22AL	≤30	350	220	22	≤160	铁素体
	>30～60	330	210	18		
	>60～200	320	200	15		

· 112 ·

材料牌号	铸件壁厚/mm	抗拉强度 R_m/MPa(min)	屈服强度 $R_{p0.2}$/MPa(min)	伸长率 A/% (min)	布氏硬度 HBW	主要基体组织
QT350-22AR	≤30	350	220	22	≤160	铁素体
	>30~60	330	220	18		
	>60~200	320	210	15		
QT350-22A	≤30	350	220	22	≤160	铁素体
	>30~60	330	210	18		
	>60~200	320	200	15		
QT400-18AL	≤30	380	240	18	120~175	铁素体
	>30~60	370	230	15		
	>60~200	360	220	12		
QT400-18AR	≤30	400	250	18	120~175	铁素体
	>30~60	390	250	15		
	>60~200	370	240	12		
QT400-18A	≤30	400	250	18	120~175	铁素体
	>30~60	390	250	15		
	>60~200	370	240	12		

材料牌号	铸件壁厚/mm	抗拉强度 R_m/MPa(min)	屈服强度 $R_{p0.2}$/MPa(min)	伸长率 A/%(min)	布氏硬度 HBW	主要基体组织
QT400-15A	≤30	400	250	15	120~180	铁素体
	>30~60	390	250	14		
	>60~200	370	240	11		
QT450-10A	≤30	450	310	10	160~210	铁素体
	>30~60	420	280	9		
	>60~200	390	260	8		
QT500-7A	≤30	500	320	7	170~230	铁素体+珠光体
	>30~60	450	300	7		
	>60~200	420	290	5		
QT550-5A	≤30	550	350	5	180~250	铁素体+珠光体
	>30~60	520	330	4		
	>60~200	500	320	3		
QT600-3A	≤30	600	370	3	190~270	珠光体+铁素体
	>30~60	600	360	2		
	>60~200	550	340	1		

材料牌号	铸件壁厚/mm	抗拉强度 R_m/MPa(min)	屈服强度 $R_{p0.2}$/MPa(min)	伸长率 A/% (min)	布氏硬度 HBW	主要基体组织
QT700-2A	≤30	700	420	2	225~305	珠光体
	>30~60	700	400	2		
	>60~200	650	380	1		
QT800-2A	≤30	800	480	2	245~335	珠光体或索氏体
	>30~60	由供需双方商定				
	>60~200					
QT900-2A	≤30	900	600	2	280~360	回火马氏体或索氏体+屈氏体
	>30~60	由供需双方商定				
	>60~200					

注：①从附铸试样测得的力学性能并不能准确地反映铸件本体的力学性能，但与单铸试棒上测得的值相比更接近于铸件的实际性能值。

②伸长率在原始标距 $L_0 = 5d$ 上测得，d 是试样上原始标距处的直径，其他规格的标距，见 GB/T 1348—2009 中 9.1 及附录 B。

③如需球铁 QT500-10，其性能要求见 GB/T 1348—2009 中附录 A。

表 2 - 69　V 形缺口附铸试样的冲击功

牌　　号	铸件壁厚/mm	最小冲击功/J					
		室温 (23±5)℃		低温 (-20±2)℃		低温 (-40±2)℃	
		三个试样平均值	个别值	三个试样平均值	个别值	三个试样平均值	个别值
QT350 - 22AR	≤60	17	14	—	—	—	—
	>60~200	15	12	—	—	—	—
QT350 - 22AL	≤60	—	—	—	—	12	9
	>60~200	—	—	—	—	10	7
QT400 - 18AR	≤60	14	11	—	—	—	—
	>60~200	12	9	—	—	—	—
QT400 - 18AL	≤60	—	—	12	9	—	—
	>60~200	—	—	10	7	—	—

注：从附铸试样测得的力学性能并不能准确地反映铸件本体的力学性能，但与单铸试棒上测得的值相比更接近于铸件的实际性能值。

表 2 - 70　从铸件本体上切取试样的屈服强度指导值

材料牌号	不同壁厚 t 下的 0.2% 时的屈服强度 $R_{p0.2}$/MPa（min）			
	t≤50 mm	50 mm<t≤80 mm	80 mm<t≤120 mm	120 mm<t≤200 mm
QT400 - 15	250	240	230	230
QT500 - 7	290	280	270	260
QT550 - 5	320	310	300	290
QT600 - 3	360	360	330	320
QT700 - 2	400	380	370	360

表 2 - 71 按硬度分类

材料牌号	布氏硬度范围 HBW	其他性能[a]	
		抗拉强度 R_m/MPa（min）	屈服强度 $R_{p0.2}$/MPa（min）
QT - 130HBW	< 160	350	220
QT - 150HBW	130 ~ 175	400	250
QT - 155HBW	135 ~ 180	400	250
QT - 185HBW	160 ~ 210	450	310
QT - 200HBW	170 ~ 230	500	320
QT - 215HBW	180 ~ 250	550	350
QT - 230HBW	190 ~ 270	600	370
QT - 265HBW	225 ~ 305	700	420
QT - 300HBW	245 ~ 335	800	480
QT - 330HBW	270 ~ 360	900	600

注：300HBW 和 330HBW 不适用于厚壁铸件。

[a] 当硬度作为检验项目时，这些性能值供参考。

经供需双方同意，可采用较低的硬度范围，硬度范围在 30 ~ 40 可以接受，但对铁素体加珠光体基体的球墨铸铁，其硬度差应小于 30 ~ 40。

3. 可锻铸铁件

可锻铸铁件（GB/T 9440 - 2010）分两大类：一类是黑心可锻铸铁和珠光体可锻铸铁，一类是白心可锻铸铁。力学性能和牌号见表 2 - 72、表 2 - 73。

表 2 - 72 黑心可锻铸铁和珠光体可锻铸铁的力学性能

牌号	试样直径 $d^{a,b}$/mm	抗拉强度 R_m/MPa(min)	0.2% 屈服强度 $R_{p0.2}$/MPa(min)	伸长率 A/% (min)（$L_0 = 3d$)	布氏硬度 HBW
KTH 275 - 05[c]	12 或 15	275	—	5	
KTH 300 - 06[c]	12 或 15	300	—	6	
KTH330 - 08	12 或 15	330	—	8	≤150
KTH350 - 10	12 或 15	350	200	10	
KTH370 - 12	12 或 15	370	—	12	

牌号	试样直径 $d^{a,b}$/mm	抗拉强度 R_m/MPa(min)	0.2%屈服强度 $R_{p0.2}$/MPa(min)	伸长率 A/% (min)($L_0=3d$)	布氏硬度 HBW
KTZ450 - 06	12 或 15	450	270	6	150~200
KTZ500 - 05	12 或 15	500	300	5	165~215
KTZ550 - 04	12 或 15	550	340	4	180~230
KTZ600 - 03	12 或 15	600	390	3	195~245
KTZ 650 - 02^{d,e}	12 或 15	650	430	2	210~260
KTZ 700 - 02	12 或 15	700	530	2	240~290
KTZ 800 - 01^d	12 或 15	800	600	1	270~320

a   如果需方没有明确需求，供方可以任意选取两种试样直径中的一种。

b   试样直径代表同样壁厚的铸件，如果铸件为薄壁件时，供需双方可以协商选取
    直径 6 mm 或 9 mm 的试样。

c   KTH 275 - 05 和 KTH 300 - 06 为专门用于保证压力密封性能，而不要求高强度或
    者高延展性的工作条件的。

d   油淬加回火。

e   空冷加回火。

表 2 - 73   白心可锻铸铁的力学性能

牌 号	试样直径 d/mm	抗拉强度 R_m/MPa(min)	0.2%屈服强度 $R_{p0.2}$/MPa(min)	伸长率 A/% (min)($L_0=3d$)	布氏硬度 HBW max
KTB 350 - 04	6	270	—	10	230
	9	310	—	5	
	12	350	—	4	
	15	360	—	3	

牌 号	试样直径 d/mm	抗拉强度 R_m/MPa(min)	0.2%屈服强度 $R_{p0.2}$/MPa(min)	伸长率 A/% (min)($L_0 = 3d$)	布氏硬度 HBW max
KTB 360 – 12	6	280	—	16	200
	9	320	170	15	
	12	360	190	12	
	15	370	200	7	
KTB 400 – 05	6	300	—	12	220
	9	360	200	8	
	12	400	220	5	
	15	420	230	4	
KTB 450 – 07	6	330	—	12	220
	9	400	230	10	
	12	450	260	7	
	15	480	280	4	
KTB 550 – 04	6	—	—	—	250
	9	490	310	5	
	12	550	340	4	
	15	570	350	3	

注：①所有级别的白心可锻铸铁均可以焊接。

②对于小尺寸的试样，很难判断其屈服强度，屈服强度的检测方法和数值由供需双方在签订订单时商定。

③试样直径同表 2 – 72 中。

4. 耐热铸铁

耐热铸铁（GB/T 9437 – 2009）的牌号和化学成分、室温下的力学性能和高温短时抗拉强度分别列于表2 – 74、表 2 – 75、表 2 – 76。

表 2 - 74 耐热铸铁牌号和化学成分

铸铁牌号	化学成分（质量分数）/%						
	C	Si	Mn	P	S	Cr	Al
			≤				
HTRCr	3.0 ~ 3.8	1.5 ~ 2.5	1.0	0.10	0.08	0.50 ~ 1.00	—
HTRCr2	3.0 ~ 3.8	2.0 ~ 3.0	1.0	0.10	0.08	1.00 ~ 2.00	—
HTRCr16	1.6 ~ 2.4	1.5 ~ 2.2	1.0	0.10	0.05	15.00 ~ 18.00	—
HTRSi5	2.4 ~ 3.2	4.5 ~ 5.5	0.8	0.10	0.08	0.5 ~ 1.00	—
QTRSi4	2.4 ~ 3.2	3.5 ~ 4.5	0.7	0.07	0.015	—	—
QTRSi4Mo	2.7 ~ 3.5	3.5 ~ 4.5	0.5	0.07	0.015	Mo0.5 ~ 0.9	—
QTRSi4Mol	2.7 ~ 3.5	4.0 ~ 4.5	0.3	0.05	0.015	Mo1.0 ~ 1.5	Mg0.01 ~ 0.05
QTRSi5	2.4 ~ 3.2	4.5 ~ 5.5	0.7	0.07	0.015	—	—
QTRA14Si4	2.5 ~ 3.0	3.5 ~ 4.5	0.5	0.07	0.015	—	4.0 ~ 5.0
QTRA15Si5	2.3 ~ 2.8	4.5 ~ 5.2	0.5	0.07	0.015	—	5.0 ~ 5.8
QTRA122	1.6 ~ 2.2	1.0 ~ 2.0	0.7	0.07	0.015	—	20.0 ~ 24.0

表 2 - 75 耐热铸铁的室温力学性能

铸铁牌号	最小抗拉强度 R_m/MPa	硬度 HBW
HTRCr	200	189 ~ 288
HTRCr2	150	207 ~ 288
HTRCr16	340	400 ~ 450
HTRSi5	140	160 ~ 270
QTRSi4	420	143 ~ 187
QTRSi4Mo	520	188 ~ 241
QTRSi4Mol	550	200 ~ 240
QTRSi5	370	228 ~ 302
QTRA14Si4	250	285 ~ 341
QTRA15Si5	200	302 ~ 363
QTRA122	300	241 ~ 364

注：允许用热处理方法达到上述性能。

表 2 - 76 耐热铸铁的高温短时抗拉强度

铸铁牌号	在下列温度时的最小抗拉强度 R_{m}/MPa				
	500℃	600℃	700℃	800℃	900℃
HTRCr	225	144	—	—	—
HTRCr2	243	166	—	—	—
HTRCr16	—	—	—	144	88
HTRSi5	—	—	41	27	—
QTRSi4	—	—	75	35	—
QTRSi4Mo	—	—	101	46	—
QTRSi4Mol	—	—	101	46	—
QTRSi5	—	—	67	30	—
QTRAl4Si4	—	—	—	82	32
QTRAl5Si5	—	—	—	167	75
QTRA122	—	—	—	130	77

2.2.4 铸钢

1. 一般工程用铸造碳钢件

一般工程用铸造碳钢件（GB/T 11352—2009）的化学成分及力学性能列于表 2 - 77、表 2 - 78。

2. 一般用途耐热钢和合金钢铸件

一般用途耐热钢和合金钢铸件（GB/T 8492—2002）适用于一般工程用耐热钢和合金钢铸件，其包括的牌号代表了适合在一般工程中不同耐热条件下广泛应用的铸造耐热钢和耐热合金铸件的种类。

一般用途耐热钢和合金钢铸件牌号及化学成分列于表 2 - 79。

表 2-77　一般工程用铸造碳钢件的化学成分

（质量分数，≤,%）

牌号	C	Si	Mn	S	P	残余元素					残余元素总量
						Ni	Cr	Cu	Mo	V	
ZG 200-400	0.20		0.80								
ZG 230-450	0.30										
ZG 270-500	0.40	0.60	0.90	0.035	0.035	0.40	0.35	0.40	0.20	0.05	1.00
ZG 310-570	0.50										
ZG 340-640	0.60										

注：①对上限减少0.01%的碳，允许增加0.04%的锰，对 ZG 200-400 的锰最高至1.00%，其余四个牌号锰最高至1.20%。
　　②除另有规定外，残余元素不作为验收依据。

表 2-78　一般工程用铸造碳钢件的力学性能 （≥）

牌号	屈服强度 $R_{eH}(R_{p0.2})/MPa$	抗拉强度 R_m/MPa	伸长率 $A_5/\%$	根据合同选择		
				断面收缩率 $Z/\%$	冲击吸收功 A_{KV}/J	冲击吸收功 A_{kU}/J
ZG 200-400	200	400	25	40	30	47
ZG 230-450	230	450	22	32	25	35
ZG 270-500	270	500	18	25	22	27
ZG 310-570	310	570	15	21	15	24
ZG 340-640	340	640	10	18	10	16

注：①表中所列的各牌号性能，适应于厚度为100 mm 以下的铸件。当铸件厚度超过100 mm 时，表中规定的 R_{eH} （$R_{p0.2}$）屈服强度仅供设计使用。
　　②表中冲击吸收功 A_{KU} 的试样缺口为2 mm。

表2-79 一般用途耐热钢和合金钢铸件牌号和化学成分

牌号	化学成分（质量分数）/%								
	C	Si	Mn	P≤	S≤	Cr	Mo	Ni	其他
ZG30Cr7Si2	0.20~0.35	1.0~2.5	0.5~1.0	0.04	0.04	6~8	0.5	0.5	
ZG40Cr13Si2	0.3~0.5	1.0~2.5	0.5~1.0	0.04	0.03	12~14	0.5	1	
ZG40Cr17Si2	0.3~0.5	1.0~2.5	0.5~1.0	0.04	0.03	16~19	0.5	1	
ZG40Cr24Si2	0.3~0.5	1.0~2.5	0.5~1.0	0.04	0.03	23~26	0.5	1	
ZG40Cr28Si2	0.3~0.5	1.0~2.5	0.5~1.0	0.04	0.03	27~30	0.5	1	
ZGCr29Si2	1.2~1.4	1.0~2.5	0.5~1.0	0.04	0.03	27~30	0.5	1	
ZG25Cr18Ni9Si2	0.15~0.35	1.0~2.5	2	0.04	0.03	17~19	0.5	8~10	
ZG25Cr20Ni14Si2	0.15~0.35	1.0~2.5	2	0.04	0.03	19~21	0.5	13~15	
ZG40Cr22Ni10Si2	0.3~0.5	1.0~2.5	2	0.04	0.03	21~23	0.5	9~11	
ZG40Cr24Ni24Si2Nb	0.25~0.50	1.0~2.5	2	0.04	0.03	23~25	0.5	23~25	Nb 1.2~1.8
ZG40Cr25Ni12Si2	0.3~0.5	1.0~2.5	2	0.04	0.03	24~27	0.5	11~14	
ZG40Cr25Ni20Si2	0.3~0.5	1.0~2.5	2	0.04	0.03	24~27	0.5	19~22	
ZG40Cr27Ni4Si2	0.3~0.5	1.0~2.5	1.5	0.04	0.03	25~28	0.5	3~6	
ZG45Cr20Co20Ni20Mo3W3	0.35~0.60	1.0	2	0.04	0.03	19~22	2.5~3.0	18~22	Co18~22 W2~3
ZG10Ni31Cr20Nb1	0.05~0.12	1.2	1.2	0.04	0.03	19~23	0.5	30~34	Nb 0.8~1.5

牌号	化学成分（质量分数）/%								
	C	Si	Mn	P ≤	S ≤	Cr	Mo	Ni	其他
ZG40Ni35Cr17Si2	0.3~0.5	1.0~2.5	2	0.04	0.03	16~18	0.5	34~36	
ZG40Ni35Cr26Si2	0.3~0.5	1.0~2.5	2	0.04	0.03	24~27	0.5	33~36	
ZG40Ni35Cr26Si2Nb1	0.3~0.5	1.0~2.5	2	0.04	0.03	24~27	0.5	33~36	Nb 0.8~1.8
ZG40Ni38Cr19Si2	0.3~0.5	1.0~2.5	2	0.04	0.03	18~21	0.5	36~39	
ZG40Ni38Cr19Si2Nb1	0.3~0.5	1.0~2.5	2	0.04	0.03	18~21	0.5	36~39	Nb 1.2~1.8
ZNiCr28Fe17W5Si2C0.4	0.35~0.55	1.0~2.5	1.5	0.04	0.03	27~30		47~50	W4~6
ZNiCr50Nb1C0.1	0.1	0.5	0.5	0.02	0.02	47~52	0.5	a	N0.16 N+C0.2 Nb1.4~1.7
ZNiCr19Fe18Si1C0.5	0.4~0.6	0.5~2.0	1.5	0.04	0.03	16~21	0.5	50~55	
ZNiFe18Cr15Si1C0.5	0.35~0.65	2	1.3	0.04	0.03	13~19	0.5	64~69	
ZNiCr25Fe20Co15W5Si1C0.46	0.44~0.48	1~2	2	0.04	0.03	24~26		33~37	W4~6 Co14~16
ZCoCr28Fe18C0.3	0.5	1	1	0.04	0.03	25~30	0.5	1	Co48~52 Fe20 最大值

注：① 表中的单个值表示最大值。
② a 为余量。

3. 工程结构用中、高强度不锈钢铸件

工程结构用中、高强度不锈钢铸件的化学成分和力学性能（根据 GB/T 6967—2009）分别列于表 2-80 和2-81。

表 2-80　工程结构用中、高强度不锈钢铸件的化学成分

（质量分数，%）

铸钢牌号	C	Si (≤)	Mn (≤)	P (≤)	S (≤)	Cr	Ni	Mo	残余元素（≤）			
									Cu	V	W	总量
ZG20Cr13	0.16~0.24	0.80	0.80	0.035	0.025	11.5~13.5	—	—	0.50	0.05	0.10	0.50
ZG15Cr13	≤0.15	0.80	0.80	0.035	0.025	11.5~13.5	—	—	0.50	0.05	0.10	0.50
ZG15Cr13Ni1	≤0.15	0.80	0.80	0.035	0.025	11.5~13.5	≤1.00	≤0.50	0.50	0.05	0.10	0.50
ZG10Cr13Ni1Mo	≤0.10	0.80	0.80	0.035	0.025	11.5~13.5	0.8~1.80	0.20~0.50	0.50	0.05	0.10	0.50
ZG06Cr13Ni4Mo	≤0.06	0.80	1.00	0.035	0.025	11.5~13.5	3.5~5.0	0.40~1.00	0.50	0.05	0.10	0.50
ZG06Cr13Ni5Mo	≤0.06	0.80	1.00	0.035	0.025	11.5~13.5	4.5~6.0	0.40~1.00	0.50	0.05	0.10	0.50
ZG06Cr16Ni5Mo	≤0.06	0.80	1.00	0.035	0.025	15.5~17.0	4.5~6.0	0.40~1.00	0.50	0.05	0.10	0.50
ZG04Cr13Ni4Mo	≤0.04	0.80	1.50	0.030	0.010	11.5~13.5	3.5~5.0	0.40~1.00	0.50	0.05	0.10	0.50
ZG04Cr13Ni5Mo	≤0.04	0.80	1.50	0.030	0.010	11.5~13.5	4.5~6.0	0.40~1.00	0.50	0.05	0.10	0.50

表 2 - 81　工程结构用中、高强度不锈钢件的力学性能

铸钢牌号		屈服强度 $R_{p0.2}$/ MPa（≥）	抗拉强度 R_m/ MPa（≥）	伸长率 A_s/% （≥）	断面收缩率 Z/ % （≥）	冲击吸收功 A_{KV}/ J（≥）	布氏硬度 HBW
ZG15Cr13		345	540	18	40	—	163 ~229
ZG20Cr13		390	590	16	35	—	170 ~235
ZG15Cr13Ni1		450	590	16	35	20	170 ~241
ZG10Cr13Ni1Mo		450	620	16	35	27	170 ~241
ZG06Cr13Ni4Mo		550	750	15	35	50	221 ~294
ZG06Cr13Ni5Mo		550	750	15	35	50	221 ~294
ZG06Cr16Ni5Mo		550	750	15	35	50	221 ~294
ZG04Cr13Ni4Mo	HT1[a]	580	780	18	50	80	221 ~294
	HT2[b]	830	900	12	35	35	294 ~350
ZG04Cr13Ni5Mo	HT1[a]	580	780	18	50	80	221 ~294
	HT2[b]	830	900	12	35	35	294 ~350

[a]　回火温度应在 600 ~650℃。

[b]　回火温度应在 500 ~550℃。

4. 焊接结构用碳素铸件

焊接结构用碳素钢铸件（GB/T 7659—2010）的化学成分和力学性能列于表 2-82 和表 2-83。

表 2-82　焊接结构用碳素钢铸件的化学成分　　质量分数，%

牌号	主要元素					残余元素					总和
	C	Si	Mn	P	S	Ni	Cr	Cu	Mo	V	
ZG200-400H	≤0.20	≤0.60	≤0.80	≤0.025	≤0.025	≤0.40	≤0.35	≤0.40	≤0.15	≤0.05	≤1.0
ZG230-450H	≤0.20	≤0.60	≤1.20	≤0.025	≤0.025						
ZG270-480H	0.17~0.25	≤0.60	0.80~1.20	≤0.025	≤0.025						
ZG300-500H	0.17~0.25	≤0.60	1.00~1.60	≤0.025	≤0.025						
ZG340-550H	0.17~0.25	≤0.80	1.00~1.60	≤0.025	≤0.025						

注：①实际碳含量比表中碳上限每减少 0.01%，允许实际锰含量超出表中锰含量上限 0.04%，但总超出量不得大于 0.2%。
②残余元素一般不做分析，如需方有要求时，可做残余元素的分析。

表 2-83　焊接结构用碳素钢铸件的力学性能

牌号	拉伸性能			根据合同选择	
	上屈服强度 R_{eH}/MPa（min）	抗拉强度 R_m/MPa（min）	断后伸长率 A/%（min）	断面收缩率 Z/%≥（min）	冲击吸收功 A_{KV2}/J（min）
ZG200-400H	200	400	25	40	45
ZG230-450H	230	450	22	35	45
ZG270-480H	270	480	20	35	40
ZG300-500H	300	500	20	21	40
ZG340-550H	340	550	15	21	35

注：当无明显屈服时，测定规定非比例延伸强度 $R_{p0.2}$。

2.2.5 碳素结构钢

普通碳素结构钢（GB/T 700—2006）的牌号和化学成分、力学性能、冷弯性能见表 2-84、表 2-85、表 2-86。

表 2-84 普通碳素结构钢的牌号和化学成分

牌号	统一数字代号[a]	等级	厚度（或直径）/mm	脱氧方法	化学成分（质量分数）/%，≤				
					C	Si	Mn	P	S
Q195	U11952	—	—	F、Z	0.12	0.30	0.50	0.035	0.040
Q215	U12152	A	—	F、Z	0.15	0.35	1.20	0.045	0.050
	U12155	B							0.045
Q235	U12352	A	—	F、Z	0.22	0.35	1.40	0.045	0.050
	U12355	B			0.20[b]				0.045
	U12358	C		Z	0.17			0.040	0.040
	U12359	D		TZ				0.035	0.035
Q275	U12752	A	—	F、Z	0.24	0.35	1.50	0.045	0.050
	U12755	B	≤40	Z	0.21			0.045	0.045
			>40		0.22				
	U12758	C	—	Z	0.20			0.040	0.040
	U12759	D		TZ				0.035	0.035

[a] 表中为镇静钢、特殊镇静钢牌号的统一数字，沸腾钢牌号的统一数字号如下：

Q195F——U11950；

Q215AF——U12150，Q215BF——U12153；

Q235AF——U12350，Q235BF——U12353；

Q275AF——U12750。

[b] 经需方同意，Q235B 的碳含量可不大于 0.22%。

表 2-85 普通碳素结构钢的力学性能

牌号	等级	屈服强度[a] R_{eH}/(N/mm²), ≥ 厚度（或直径）/mm						抗拉强度[b] R_m/(N/mm²)	断后伸长率 A/%, ≥ 厚度（或直径）/mm					冲击试验（V形缺口） 温度/℃	冲击吸收功（纵向）/J ≥
		≤16	>16~40	>40~60	>60~100	>100~150	>150~200		≤40	>40~60	>60~100	>100~150	>150		
Q195	—	195	185	—	—	—	—	315~430	33	—	—	—	—	—	—
Q215	A	215	205	185	175	165	—	335~450	31	30	29	27	26	—	—
	B													+20	27
Q235	A	235	225	215	215	195	185	370~500	26	25	24	22	21	—	—
	B													+20	27
	C													0	
	D													−20	
Q275	A	275	265	255	245	225	215	410~540	22	21	20	18	17	—	—
	B													+20	27
	C													0	
	D													−20	

a Q195 的屈服强度值仅供参考，不作交货条件。

b 厚度大于 100 mm 的钢材，抗拉强度下限允许降低 20 N/mm²。宽带钢（包括剪切钢板）抗拉强度上限不作交货条件。

c 厚度小于 25 mm 的 Q235B 级钢材，如供方能保证冲击吸收功值合格，经需方同意，可不做检验。

表 2-86 普通碳素钢的冷弯性能

牌号	试样方向	冷弯试验 180° $B = 2a$[a]	
		钢材厚度（或直径）[b]/mm	
		≤60	>60~100
		弯心直径 d	
Q195	纵	0	—
	横	0.5a	
Q215	纵	0.5a	1.5a
	横	a	2a
Q235	纵	a	2a
	横	1.5a	2.5a
Q275	纵	1.5a	2.5a
	横	2a	3a

[a] B 为试样宽度，a 为试样厚度（或直径）

[b] 钢材厚度（或直径）大于 100 mm 时，弯曲试验由双方协商确定。

2.2.6 优质碳素结构钢

根据国标（GB/T 699—1999）规定，优质碳素结构钢钢材按冶金质量等级分为：

优质钢

高级优质钢 A

特级优质钢 E

优质碳素结构钢钢材按使用加工方法分为两类：

（1）压力加工用钢　　　UP

　　热压力加工用钢　　UHP

　　顶锻用钢　　　　　UF

　　冷拔坯料用钢　　　UCD

（2）切削加工用钢　　　UC

优质碳素结构钢的牌号、统一数字代号及化学成分（熔炼分析）见表 2-87；优质碳素结构钢的硫、磷含量见表 2-88；优质碳素结构钢的力学性能见表2-89。

表2-87 优质碳素结构钢的牌号、统一数字代号及化学成分（熔炼分析）

序号	统一数字代号	牌号	化学成分（质量分数）/%					
			C	Si	Mn	Cr	Ni	Cu
						≤		
1	U20080	08F	0.05~0.11	≤0.03	0.25~0.50	0.10	0.30	0.25
2	U20100	10F	0.07~0.13	≤0.07	0.25~0.50	0.15	0.30	0.25
3	U20150	15F	0.12~0.18	≤0.07	0.25~0.50	0.25	0.30	0.25
4	U20082	08	0.05~0.11	0.17~0.37	0.35~0.65	0.10	0.30	0.25
5	U20102	10	0.07~0.13	0.17~0.37	0.35~0.65	0.15	0.30	0.25
6	U20152	15	0.12~0.18	0.17~0.37	0.35~0.65	0.25	0.30	0.25
7	U20202	20	0.17~0.23	0.17~0.37	0.35~0.65	0.25	0.30	0.25
8	U20252	25	0.22~0.29	0.17~0.37	0.50~0.80	0.25	0.30	0.25
9	U20302	30	0.27~0.34	0.17~0.37	0.50~0.80	0.25	0.30	0.25
10	U20352	35	0.32~0.39	0.17~0.37	0.50~0.80	0.25	0.30	0.25
11	U20402	40	0.37~0.44	0.17~0.37	0.50~0.80	0.25	0.30	0.25
12	U20452	45	0.42~0.50	0.17~0.37	0.50~0.80	0.25	0.30	0.25
13	U20502	50	0.47~0.55	0.17~0.37	0.50~0.80	0.25	0.30	0.25
14	U20552	55	0.52~0.60	0.17~0.37	0.50~0.80	0.25	0.30	0.25
15	U20602	60	0.57~0.65	0.17~0.37	0.50~0.80	0.25	0.30	0.25
16	U20652	65	0.62~0.70	0.17~0.37	0.50~0.80	0.25	0.30	0.25
17	U20702	70	0.67~0.75	0.17~0.37	0.50~0.80	0.25	0.30	0.25
18	U20752	75	0.72~0.80	0.17~0.37	0.50~0.80	0.25	0.30	0.25
19	U20802	80	0.77~0.85	0.17~0.37	0.50~0.80	0.25	0.30	0.25
20	U20852	85	0.82~0.90	0.17~0.37	0.50~0.80	0.25	0.30	0.25
21	U21152	15Mn	0.12~0.18	0.17~0.37	0.70~1.00	0.25	0.30	0.25
22	U21202	20Mn	0.17~0.23	0.17~0.37	0.70~1.00	0.25	0.30	0.25

序号	统一数字代号	牌号	化学成分（质量分数）/%					
			C	Si	Mn	Cr	Ni	Cu
						≤		
23	U21252	25Mn	0.22~0.29	0.17~0.37	0.70~1.00	0.25	0.30	0.25
24	U21302	30Mn	0.27~0.34	0.17~0.37	0.70~1.00	0.25	0.30	0.25
25	U21352	35Mn	0.32~0.39	0.17~0.37	0.70~1.00	0.25	0.30	0.25
26	U21402	40Mn	0.37~0.44	0.17~0.37	0.70~1.00	0.25	0.30	0.25
27	U21452	45Mn	0.42~0.50	0.17~0.37	0.70~1.00	0.25	0.30	0.25
28	U21502	50Mn	0.48~0.56	0.17~0.37	0.70~1.00	0.25	0.30	0.25
29	U21602	60Mn	0.57~0.65	0.17~0.37	0.70~1.00	0.25	0.30	0.25
30	U21652	65Mn	0.62~0.70	0.17~0.37	0.90~1.20	0.25	0.30	0.25
31	U21702	70Mn	0.67~0.75	0.17~0.37	0.90~1.20	0.25	0.30	0.25

注：①表中所列牌号为优质钢。如果是高级优质钢，在牌号后面加"A"（统一数字代号最后一位数字改为"3"）；如果是特级优质钢，在牌号后面加"E"（统一数字代号最后一位数字改为"6"）；对于沸腾钢，牌号后面为"F"（统一数字代号最后一位数字为"0"）；对于半镇静钢，牌号后面为"b"（统一数字代号最后一位数字为"1"）。

②使用废钢冶炼的钢允许含铜量不大于0.30%。

③热压力加工用钢的铜含量应不大于0.20%。

④铅浴淬火（派登脱）钢丝用的35~85钢的锰含量为0.30%~0.60%；铬含量不大于0.10%，镍含量不大于0.15%，铜含量不大于0.20%；硫、磷含量应符合钢丝标准要求。

⑤08钢用铝脱氧冶炼镇静钢，锰含量下限为0.25%，硅含量不大于0.03%，铝含量为0.02%~0.07%。此时钢的牌号为08Al。

⑥冷冲压用沸腾钢含硅量不大于0.03%。

⑦氧气转炉冶炼的钢其含氮量应不大于0.008%。供方能保证合格时，可不做分析。

⑧经供需双方协议，08~25钢可供应硅含量不大于0.17%的半镇静钢，其牌号为08b~25b。

表 2-88　优质碳素结构钢的硫、磷含量表

组　　别	P	S
	≤/%	
优质钢	0.035	0.035
高级优质钢	0.030	0.030
特级优质钢	0.025	0.020

表 2-89　优质碳素结构钢的力学性能

序号	牌号	试样毛坯尺寸/mm	推荐热处理/℃			力学性能					钢材交货状态硬度 HBS 10/3000 ≤	
			正火	淬火	回火	σ_b/MPa	σ_s/MPa	δ_5/%	ψ/%	A_{KU2}/J	未热处理钢	退火钢
						≥						
1	08F	25	930			295	175	35	60		131	
2	10F	25	930			315	185	33	55		137	
3	15F	25	920			355	205	29	55		143	
4	08	25	930			325	195	33	60		131	
5	10	25	930			335	205	31	55		137	
6	15	25	920			375	225	27	55		143	
7	20	25	910			410	245	25	55		156	
8	25	25	900	870	600	450	275	23	50	71	170	
9	30	25	880	860	600	490	295	21	50	63	179	
10	35	25	870	850	600	530	315	20	45	55	197	
11	40	25	860	840	600	570	335	19	45	47	217	187
12	45	25	850	840	600	600	335	16	40	39	229	197
13	50	25	830	830	600	630	375	14	40	31	241	207
14	55	25	820	820	600	645	380	13	35		255	217
15	60	25	810			675	400	12	35		255	229
16	65	25	810			695	410	10	30		255	229
17	70	25	790			715	420	9	30		269	229

序号	牌号	试样毛坯尺寸/mm	推荐热处理/℃			力学性能					钢材交货状态硬度 HBS 10/3000 ≤	
			正火	淬火	回火	σ_b /MPa	σ_s /MPa	δ_5 /%	ψ /%	A_{KU2} /J	未热处理钢	退火钢
						≥						
18	75	试样		820	480	1 080	880	7	30		285	241
19	80	试样		820	480	1 080	930	6	30		285	241
20	85	试样		820	480	1 130	980	6	30		302	255
21	15Mn	25	920			410	245	26	55		163	
22	20Mn	25	910			450	275	24	50		197	
23	25Mn	25	900	870	600	490	295	22	50	71	207	
24	30Mn	25	880	860	600	540	315	20	45	63	217	187
25	35Mn	25	870	850	600	560	335	18	45	55	229	197
26	40Mn	25	860	840	600	590	355	17	45	47	229	207
27	45Mn	25	850	840	600	620	375	15	40	39	241	217
28	50Mn	25	830	830	600	645	390	13	40	31	255	217
29	60Mn	25	810			695	410	11	35		269	229
30	65Mn	25	830			735	430	9	30		285	229
31	70Mn	25	790			785	450	8	30		285	229

注：①对于直径或厚度小于 25mm 的钢材，热处理是在与成品截面尺寸相同的试样毛坯上进行。

②表中所列正火推荐保温时间不少于 30min，空冷；淬火推荐保温时间不少于 30min，75、80 和 85 钢油冷，其余钢水冷；回火推荐保温时间不少于 1h。

③表中所列的力学性能仅适用于截面尺寸不大于 80mm 的钢材。对大于 80mm 的钢材，允许其断后伸长率、断面收缩率比表中的规定分别降低 2%（绝对值）及 5%（绝对值）。

④用尺寸大于 80～120mm 的钢材改锻（轧）成 70～80mm 的试料取样检验时，其试验结果应符合表中规定。

⑤用尺寸大于 120～250mm 的钢材改锻（轧）成 90～100mm 的试料取样检验时，其试验结果应符合表中规定。

2.2.7 低合金高强度结构钢

低合金高强度结构钢（GB/T 1591—2008）的化学成分和力学性能列于表 2-90～表 2-93。

表2-90 低合金高强度结构钢的化学成分

牌号	质量等级	化学成分[a,b]（质量分数）/%														
		C	Si	Mn	P	S	Nb	V	Ti	Cr	Ni	Cu	N	Mo	B	Als
		≤								≤						≥
Q345	A	≤0.20	≤0.50	≤1.70	0.035	0.035	0.07	0.15	0.20	0.30	0.50	0.30	0.012	0.10	—	—
	B				0.035	0.035										—
	C				0.030	0.030										—
	D	≤0.18			0.030	0.025										0.015
	E				0.025	0.020										0.015
Q390	A	≤0.20	≤0.50	≤1.70	0.035	0.035	0.07	0.20	0.20	0.30	0.50	0.30	0.015	0.10	—	—
	B				0.035	0.035										—
	C				0.030	0.030										—
	D				0.030	0.025										0.015
	E				0.025	0.020										0.015
Q420	A	≤0.20	≤0.50	≤1.70	0.035	0.035	0.07	0.20	0.20	0.30	0.80	0.30	0.015	0.20	—	—
	B				0.035	0.035										—
	C				0.030	0.030										—
	D				0.030	0.025										0.015
	E				0.025	0.020										0.015
Q460	C	≤0.20	≤0.60	≤1.80	0.030	0.030	0.11	0.20	0.20	0.30	0.80	0.55	0.015	0.20	0.004	0.015
	D				0.030	0.025										0.015
	E				0.025	0.020										0.015

牌号	质量等级	化学成分[a,b]（质量分数）/%														
		C	Si	Mn	P	S	Nb	V	Ti	Cr	Ni	Cu	N	Mo	B	Als
						≤				≤						≥
Q500	C				0.030	0.030										
	D	≤0.18	≤0.60	≤1.80	0.030	0.025	0.11	0.12	0.20	0.60	0.80	0.55	0.015	0.20	0.004	0.015
	E				0.025	0.020										
Q550	C				0.030	0.030										
	D	≤0.18	≤0.60	≤2.00	0.030	0.025	0.11	0.12	0.20	0.80	0.80	0.80	0.015	0.30	0.004	0.015
	E				0.025	0.020										
Q620	C				0.030	0.030										
	D	≤0.18	≤0.60	≤2.00	0.030	0.025	0.11	0.12	0.20	1.00	0.80	0.80	0.015	0.30	0.004	0.015
	E				0.025	0.020										
Q690	C				0.030	0.030										
	D	≤0.18	≤0.60	≤2.00	0.030	0.025	0.11	0.12	0.20	1.00	0.80	0.80	0.015	0.30	0.004	0.015
	E				0.025	0.020										

[a] 型材及棒材P、S含量可提高0.005%，其中A级钢上限可为0.045%。

[b] 当细化晶粒元素组合加入时，（Nb+V+Ti）≤0.22%，（Mo+Cr）≤0.30%。

注：低合金高强度结构钢的化学成分的其他要求见GB/T 1591—2008。

表 2 – 91　钢材的拉伸性能

拉伸试验 a,b,e

牌号	质量等级	下屈服强度（R_{eL}）以下公称厚度（直径、边长，单位为 mm）/MPa									抗拉强度（R_m）以下公称厚度（直径、边长，单位为 mm）/MPa							断后伸长率（A）/% 公称厚度（直径、边长，单位为 mm）					
		≤16	>16~40	>40~63	>63~80	>80~100	>100~150	>150~200	>200~250	>250~400	≤40	>40~63	>63~80	>80~100	>100~150	>150~250	>250~400	≤40	>40~63	>63~100	>100~150	>150~250	>250~400
Q345	A	≥345	≥335	≥325	≥315	≥305	≥285	≥275	≥265	—	470~630	470~630	470~630	470~630	450~600	450~600	—	≥20	≥19	≥19	≥18	≥17	—
	B	≥345	≥335	≥325	≥315	≥305	≥285	≥275	≥265	—	470~630	470~630	470~630	470~630	450~600	450~600	—	≥20	≥19	≥19	≥18	≥17	—
	C	≥345	≥335	≥325	≥315	≥305	≥285	≥275	≥265	—	470~630	470~630	470~630	470~630	450~600	450~600	—	≥21	≥20	≥20	≥19	≥18	—
	D	≥345	≥335	≥325	≥315	≥305	≥285	≥275	≥265	≥265	470~630	470~630	470~630	470~630	450~600	450~600	450~600	≥21	≥20	≥20	≥19	≥18	≥17
	E	≥345	≥335	≥325	≥315	≥305	≥285	≥275	≥265	≥265	470~630	470~630	470~630	470~630	450~600	450~600	450~600	≥21	≥20	≥20	≥19	≥18	≥17
Q390	A	≥390	≥370	≥350	≥330	≥330	≥310	—	—	—	490~650	490~650	490~650	490~650	470~620	—	—	≥20	≥19	≥19	≥18	—	—
	B	≥390	≥370	≥350	≥330	≥330	≥310	—	—	—	490~650	490~650	490~650	490~650	470~620	—	—	≥20	≥19	≥19	≥18	—	—
	C	≥390	≥370	≥350	≥330	≥330	≥310	—	—	—	490~650	490~650	490~650	490~650	470~620	—	—	≥20	≥19	≥19	≥18	—	—
	D	≥390	≥370	≥350	≥330	≥330	≥310	—	—	—	490~650	490~650	490~650	490~650	470~620	—	—	≥20	≥19	≥19	≥18	—	—
	E	≥390	≥370	≥350	≥330	≥330	≥310	—	—	—	490~650	490~650	490~650	490~650	470~620	—	—	≥20	≥19	≥19	≥18	—	—
Q420	A	≥420	≥400	≥380	≥360	≥360	≥340	—	—	—	520~680	520~680	520~680	520~680	500~650	—	—	≥19	≥18	≥18	≥18	—	—
	B	≥420	≥400	≥380	≥360	≥360	≥340	—	—	—	520~680	520~680	520~680	520~680	500~650	—	—	≥19	≥18	≥18	≥18	—	—
	C	≥420	≥400	≥380	≥360	≥360	≥340	—	—	—	520~680	520~680	520~680	520~680	500~650	—	—	≥19	≥18	≥18	≥18	—	—
	D	≥420	≥400	≥380	≥360	≥360	≥340	—	—	—	520~680	520~680	520~680	520~680	500~650	—	—	≥19	≥18	≥18	≥18	—	—
	E	≥420	≥400	≥380	≥360	≥360	≥340	—	—	—	520~680	520~680	520~680	520~680	500~650	—	—	≥19	≥18	≥18	≥18	—	—

续表

拉伸试验 a,b,c

牌号	质量等级	以下公称厚度（直径、边长）下的屈服强度 (R_eL) /MPa									以下公称厚度（直径、边长）抗拉强度 (R_m) /MPa							断后伸长率 (A) /% 公称厚度（直径、边长，单位为mm）					
		≤16	>16~40	>40~63	>63~80	>80~100	>100~150	>150~200	>200~250	>250~400	≤40	>40~63	>63~80	>80~100	>100~150	>150~250	>250~400	≤40	>40~63	>63~100	>100~150	>150~250	>250~400
Q460	C	≥460	≥440	≥420	≥400	≥400	≥380	—	—	—	550~720	550~720	550~720	550~720	530~700	—	—	≥17	≥16	≥16	≥16	—	—
	D																						
	E																						
Q500	C	≥500	≥480	≥470	≥450	≥440	—	—	—	—	610~770	600~760	590~750	540~730	—	—	—	≥17	≥17	≥17	—	—	—
	D																						
	E																						
Q550	C	≥550	≥530	≥520	≥500	≥490	—	—	—	—	670~830	620~810	600~790	590~780	—	—	—	≥16	≥16	≥16	—	—	—
	D																						
	E																						
Q620	C	≥620	≥600	≥590	≥570	—	—	—	—	—	710~880	690~880	670~860	—	—	—	—	≥15	≥15	≥15	—	—	—
	D																						
	E																						
Q690	C	≥690	≥670	≥660	≥640	—	—	—	—	—	770~940	750~920	730~900	—	—	—	—	≥14	≥14	≥14	—	—	—
	D																						
	E																						

a 当屈服不明显时，可测量 $R_{p0.2}$ 代替下屈服强度。

b 宽度不小于600mm扁平材，拉伸试验取横向试样；宽度小于600mm的扁平材、型材及棒材取纵向试样，断后伸长率最小值相应提高1%（绝对值）。

c 厚度>250~400mm的数值适用于扁平材。

表 2 - 92　夏比（V 型）冲击试验的试验温度和冲击吸收能量

牌号	质量等级	试验温度/℃	冲击吸收能量（KV_2）[a]/J		
			公称厚度（直径、边长，单位为 mm）		
			12 ~ 150	> 150 ~ 250	> 250 ~ 400
Q345	B	20	≥34	≥27	—
	C	0			
	D	- 20			27
	E	- 40			
Q390	B	20	≥34	—	—
	C	0			
	D	- 20			
	E	- 40			
Q420	B	20	≥34	—	—
	C	0			
	D	- 20			
	E	- 40			
Q460	C	0	≥34	—	—
	D	- 20			
	E	- 40			
Q500、Q550 Q620、Q690	C	0	≥55	—	—
	D	- 20	≥47	—	—
	E	- 40	≥31	—	—

　　[a]　冲击试验取纵向试样。

表 2 - 93　弯曲试验

牌号	试样方向	180°弯曲试验 [d=弯心直径，a=试样厚度（直径）]	
		钢材厚度（直径，边长）	
		≤16mm	>16~100mm
Q345 Q390 Q420 Q460	宽度不小于 600mm 扁平材，拉伸试验取横向试样。宽度小于 600mm 的扁平材、型材及棒材取纵向试样	2a	3a

2.2.8　易切削结构钢

易切削结构钢（GB/T 8731—2008）的化学成分及力学性能列于表 2 - 94、表 2 - 95。

2.2.9　合金结构钢

根据国标（GB/T 3077—1999）合金结构钢按冶金质量等级分为：

优质钢

高级优质钢（牌号后加 A）

特级优质钢（牌号后加 E）

按使用加工用途不同分为：

（1）压力加工用钢　UP

热压力加工　UHP

顶锻用钢　UF

冷拔坯料　UCD

（2）切削加工用钢　UC

合金结构钢的牌号和化学成分列于表 2 - 96；钢中磷、硫、铜、铬、镍和钼的残余含量应符合表 2 - 97 中规定；钢的力学性能列于表 2 - 98。

表2-94 易切削结构钢的牌号及化学成分（熔炼分析）

分类	牌号	C	Si	Mn	P	S	Pb	Sn	Ca
					化学成分（质量分数）/%				
硫系易切削钢	Y08	≤0.09	≤0.15	0.75~1.05	0.04~0.09	0.26~0.35	—	—	—
	Y12	0.08~0.16	0.15~0.35	0.70~1.00	0.08~0.15	0.10~0.20	—	—	—
	Y15	0.10~0.18	≤0.15	0.80~1.20	0.05~0.10	0.23~0.33	—	—	—
	Y20	0.17~0.25	0.15~0.35	0.70~1.00	≤0.06	0.08~0.15	—	—	—
	Y30	0.27~0.35	0.15~0.35	0.70~1.00	≤0.06	0.08~0.15	—	—	—
	Y35	0.32~0.40	0.15~0.35	0.70~1.00	≤0.06	0.08~0.15	—	—	—
	Y45	0.42~0.50	0.40	0.70~1.00	≤0.06	0.08~0.15	—	—	—
	Y08MnS	≤0.09	0.07	1.00~1.50	0.04~0.09	0.32~0.48	—	—	—
	Y15Mn	0.14~0.20	0.15	1.00~1.50	0.04~0.09	0.08~0.13	—	—	—
	Y35Mn	0.32~0.40	0.10	0.90~1.35	0.04	0.18~0.30	—	—	—
	Y40Mn	0.37~0.45	0.15~0.35	1.20~1.55	0.05	0.20~0.30	—	—	—
	Y45Mn	0.40~0.48	0.40	1.35~1.65	0.04	0.16~0.24	—	—	—
	Y45Mns	0.40~0.48	0.40	1.35~1.65	0.04	0.24~0.33	—	—	—
铅系易切削钢	Y08Pb	≤0.09	0.15	0.75~1.05	0.04~0.09	0.26~0.35	0.12~0.35	—	—
	Y12Pb	≤0.15	0.15	0.85~1.15	0.04~0.09	0.26~0.35	0.15~0.35	—	—
	Y15Pb	0.10~0.18	0.15	0.80~1.20	0.05~0.10	0.23~0.33	0.15~0.35	—	—
	Y45MnPb	0.40~0.48	0.40	1.35~1.65	0.04	0.24~0.33	0.15~0.35	—	—
锡系易切削钢	Y08Sn	≤0.09	0.15	0.75~1.20	0.04~0.09	0.25~0.40		0.09~0.25	—
	Y15Sn	0.13~0.18	0.15	0.40~0.70	0.03~0.07	≤0.05		0.09~0.25	—
	Y45Sn	0.40~0.48	0.40	0.50~1.00	0.03~0.07	≤0.05		0.09~0.25	—
	Y45MnSn	0.40~0.48	0.40	1.20~1.70	≤0.05	0.20~0.35		0.09~0.25	—
钙系易切削钢	Y45Ca	0.42~0.50	0.20~0.40	0.60~0.90	0.04	0.04~0.08	—	—	0.002~0.006

注：①锡系易切削钢所列牌号为专利牌号专利所有，见国家发明专利"含锡易切削结构钢"，专利号：ZL03 1 22758.6，国际专利分类号：C22C 38/04。

②Y45Ca钢中残余元素镍、铬、铜含量各不大于0.25%，铜含量不大于0.20%。供压力加工用时，铜含量不大于0.20%。供保证合格时可不做分析。

表 2-95　易切削结构钢条钢和盘条力学性能

分类	牌号	热轧状态的交货的力学性能				冷拉状态交货的易切削钢条钢和盘条力学性能				
		抗拉强度 R_m/(N/mm²)	断后伸长率 A/% ≥	断面收缩率 Z/% ≥	布氏硬度 HBW ≤	抗拉强度 R_m/(N/mm²) 钢材公称尺寸/mm			断后伸长率 A/% ≥	布氏硬度 HBW
						8~20	>20~30	>30		
硫系易切削钢	Y08	360~570	25	40	163	480~810	460~710	360~710	7.0	140~217
	Y12	390~540	22	36	170	530~755	510~735	490~685	7.0	152~217
	Y15	390~540	22	36	170	530~755	510~735	490~685	7.0	152~217
	Y20	450~600	20	30	175	570~785	530~745	510~705	7.0	167~223
	Y30	510~655	15	25	187	600~825	560~765	540~735	6.0	174~223
	Y35	510~655	14	22	187	625~845	590~785	570~765	6.0	176~229
	Y45	560~800	12	20	229	695~980	655~880	580~880	6.0	196~255
	Y08MnS	350~500	25	40	165	480~810	460~710	360~710	7.0	140~217
	Y15Mn	390~540	22	36	170	530~755	510~735	490~685	7.0	152~217
	Y35Mn	530~790	16	22	229	—	—	—	—	—
	Y40Mn[a]	590~850	14	20	229	—	—	—	—	196~255
	Y45Mn	610~900	12	20	241	695~980	655~880	580~880	6.0	196~255
	Y45MnS	610~900	12	20	241	695~980	655~880	580~880	6.0	196~255
铅系易切削钢	Y08Pb	360~570	25	40	165	480~810	460~710	360~710	7.0	140~217
	Y12Pb	360~570	22	36	170	480~810	460~710	360~710	7.0	140~217
	Y15Pb	390~540	22	36	170	530~755	510~735	490~685	7.0	152~217
	Y45MnSPb	610~900	12	20	241	695~980	655~880	580~880	6.0	196~255
锡系易切削钢	Y08Sn	350~500	25	40	165	480~705	460~685	440~635	7.0	140~200
	Y15Sn	390~540	22	36	165	530~755	510~725	490~685	7.0	152~217
	Y45Sn	600~745	12	36	241	695~920	655~855	635~835	6.0	196~255
	Y45MnSn	610~800	12	22	241	695~920	655~855	635~835	6.0	196~255
钙系易切削钢	Y45Ca[b]	600~745	12	26	241	695~920	655~855	635~835	6.0	195~255

a　Y40Mn 冷拉条钢高温回火的力学性能：抗拉强度 R_m 为 (590~785) N/mm²，断后伸长率 A≥17%，布氏硬度 HBW 为 (179~229)。

b　对于 Y45Ca，直径大于 16mm 的条钢，用热处理毛坯制成的试样测定钢的力学性能下屈服强度 R_{eL}≥355 N/mm²，抗拉强度 R_m≥600N/mm²，断后伸长率 A≥17%，断面收缩率 Z≥40%，冲击吸收能量 KV_2≥39J。[热处理毛坯：拉伸试样毛坯（直径为 25mm）正火处理，加热温度为 830~850℃，保温时间不小于 30min，冲击试样毛坯（直径为 15mm）调质处理，淬火温度 840℃±20℃，回火温度 600℃±20℃]。

表2-96 合金结构钢的化学成分

钢组	序号	统一数字代号	牌号	化学成分(质量分数)/%										
				C	Si	Mn	Cr	Mo	Ni	W	B	Al	Ti	V
Mn	1	A00202	20Mn2	0.17~0.24	0.17~0.37	1.40~1.80								
	2	A00302	30Mn2	0.27~0.34	0.17~0.37	1.40~1.80								
	3	A00352	35Mn2	0.32~0.39	0.17~0.37	1.40~1.80								
	4	A00402	40Mn2	0.37~0.44	0.17~0.37	1.40~1.80								
	5	A00452	45Mn2	0.42~0.49	0.17~0.37	1.40~1.80								
	6	A00502	50Mn2	0.47~0.55	0.17~0.37	1.40~1.80								
MnV	7	A01202	20MnV	0.17~0.24	0.17~0.37	1.30~1.60								0.07~0.12
SiMn	8	A10272	27SiMn	0.24~0.32	1.10~1.40	1.10~1.40								
	9	A10352	35SiMn	0.32~0.40	1.10~1.40	1.10~1.40								
	10	A10422	42SiMn	0.39~0.45	1.10~1.40	1.10~1.40								
SiMnMoV	11	A14202	20SiMn2MoV	0.17~0.23	0.90~1.20	2.20~2.60		0.30~0.40						0.05~0.12
	12	A14262	25SiMn2MoV	0.22~0.28	0.90~1.20	2.20~2.60		0.30~0.40						0.05~0.12
	13	A14372	37SiMn2MoV	0.33~0.39	0.60~0.90	1.60~1.90		0.40~0.50						0.05~0.12
B	14	A70402	40B	0.37~0.44	0.17~0.37	0.60~0.90					0.0005~0.0035			
	15	A70452	45B	0.42~0.49	0.17~0.37	0.60~0.90					0.0005~0.0035			
	16	A70502	50B	0.47~0.55	0.17~0.37	0.60~0.90					0.0005~0.0035			
MnB	17	A71402	40MnB	0.37~0.44	0.17~0.37	1.10~1.40					0.0005~0.0035			
	18	A71452	45MnB	0.42~0.49	0.17~0.37	1.10~1.40					0.0005~0.0035			
MnMoB	19	A72202	20MnMoB	0.16~0.22	0.17~0.37	0.90~1.20		0.20~0.30			0.0005~0.0035			
MnVB	20	A73152	15MnVB	0.12~0.18	0.17~0.37	1.20~1.60					0.0005~0.0035			0.07~0.12
	21	A73202	20MnVB	0.17~0.23	0.17~0.37	1.20~1.60					0.0005~0.0035			0.07~0.12
	22	A73402	40MnVB	0.37~0.44	0.17~0.37	1.10~1.40					0.0005~0.0035			0.05~0.10
MnTiB	23	A74202	20MnTiB	0.17~0.24	0.17~0.37	1.30~1.60					0.0005~0.0035		0.04~0.10	
	24	A74252	25MnTiBRE	0.22~0.28	0.20~0.45	1.30~1.60					0.0005~0.0035		0.04~0.10	

钢组	序号	统一数字代号	牌号	化学成分(质量分数)/%										
				C	Si	Mn	Cr	Mo	Ni	W	B	Al	Ti	V
Cr	25	A20152	15Cr	0.12~0.18	0.17~0.37	0.40~0.70	0.70~1.00							
	26	A20153	15CrA	0.12~0.17	0.17~0.37	0.40~0.70	0.70~1.00							
	27	A20202	20Cr	0.18~0.24	0.17~0.37	0.50~0.80	0.70~1.00							
	28	A20302	30Cr	0.27~0.34	0.17~0.37	0.50~0.80	0.80~1.10							
	29	A20352	35Cr	0.32~0.39	0.17~0.37	0.50~0.80	0.80~1.10							
	30	A20402	40Cr	0.37~0.44	0.17~0.37	0.50~0.80	0.80~1.10							
	31	A20452	45Cr	0.42~0.49	0.17~0.37	0.50~0.80	0.80~1.10							
	32	A20502	50Cr	0.47~0.54	0.17~0.37	0.50~0.80	0.80~1.10							
CrSi	33	A21382	38CrSi	0.35~0.43	1.00~1.30	0.30~0.60	1.30~1.60							
CrMo	34	A30122	12CrMo	0.08~0.15	0.17~0.37	0.40~0.70	0.40~0.70	0.40~0.55						
	35	A30152	15CrMo	0.12~0.18	0.17~0.37	0.40~0.70	0.80~1.10	0.40~0.55						
	36	A30202	20CrMo	0.17~0.24	0.17~0.37	0.40~0.70	0.80~1.10	0.15~0.25						
	37	A30302	30CrMo	0.26~0.34	0.17~0.37	0.40~0.70	0.80~1.10	0.15~0.25						
	38	A30303	30CrMoA	0.26~0.33	0.17~0.37	0.40~0.70	0.80~1.10	0.15~0.25						
	39	A30352	35CrMo	0.32~0.40	0.17~0.37	0.40~0.70	0.80~1.10	0.15~0.25						
	40	A30422	42CrMo	0.38~0.45	0.17~0.37	0.50~0.80	0.90~1.20	0.15~0.25						
CrMoV	41	A31122	12CrMoV	0.08~0.15	0.17~0.37	0.40~0.70	0.30~0.60	0.25~0.35						0.15~0.30
	42	A31352	35CrMoV	0.30~0.38	0.17~0.37	0.40~0.70	1.00~1.30	0.20~0.30						0.10~0.20
	43	A31132	12Cr1MoV	0.08~0.15	0.17~0.37	0.40~0.70	0.90~1.20	0.25~0.35						0.15~0.30
	44	A31253	25Cr2MoVA	0.22~0.29	0.17~0.37	0.40~0.70	1.50~1.80	0.25~0.35						0.15~0.30
	45	A31263	25Cr2Mo1VA	0.22~0.29	0.17~0.37	0.50~0.80	2.10~2.50	0.90~1.10						0.30~0.50
CrMoAl	46	A33382	38CrMoAl	0.35~0.42	0.20~0.45	0.30~0.60	1.35~1.65	0.15~0.25				0.70~1.10		
CrV	47	A23402	40CrV	0.37~0.44	0.17~0.37	0.50~0.80	0.80~1.10							0.10~0.20
	48	A23503	50CrVA	0.47~0.54	0.17~0.37	0.50~0.80	0.80~1.10							0.10~0.20

钢组	序号	统一数字代号	牌号	化学成分（质量分数）/%										
---	---	---	---	C	Si	Mn	Cr	Mo	Ni	W	B	Al	Ti	V
CrMn	49	A22152	15CrMn	0.12~0.18	0.17~0.37	1.10~1.40	0.40~0.70							
	50	A22202	20CrMn	0.17~0.23	0.17~0.37	0.90~1.20	0.90~1.20							
	51	A22402	40CrMn	0.37~0.45	0.17~0.37	0.90~1.20	0.90~1.20							
CrMnSi	52	A24202	20CrMnSi	0.17~0.23	0.90~1.20	0.80~1.10	0.80~1.10							
	53	A24252	25CrMnSi	0.22~0.28	0.90~1.20	0.80~1.10	0.80~1.10							
	54	A24302	30CrMnSi	0.27~0.34	0.90~1.20	0.80~1.10	0.80~1.10							
	55	A24303	30CrMnSiA	0.28~0.34	0.90~1.20	0.80~1.10	0.80~1.10							
	56	A24353	35CrMnSiA	0.32~0.39	1.10~1.40	0.80~1.10	1.10~1.40							
CrMnMo	57	A34202	20CrMnMo	0.17~0.23	0.17~0.37	0.90~1.20	1.10~1.40	0.20~0.30						
	58	A34402	40CrMnMo	0.37~0.45	0.17~0.37	0.90~1.20	0.90~1.20	0.20~0.30						
CrMnTi	59	A26202	20CrMnTi	0.17~0.23	0.17~0.37	0.80~1.10	1.00~1.30						0.04~0.10	
	60	A26302	30CrMnTi	0.24~0.32	0.17~0.37	0.80~1.10	1.00~1.30						0.04~0.10	
CrNi	61	A40202	20CrNi	0.17~0.23	0.17~0.37	0.40~0.70	0.45~0.75		1.00~1.40					
	62	A40402	40CrNi	0.37~0.44	0.17~0.37	0.50~0.80	0.45~0.75		1.00~1.40					
	63	A40452	45CrNi	0.42~0.49	0.17~0.37	0.50~0.80	0.45~0.75		1.00~1.40					
	64	A40502	50CrNi	0.47~0.54	0.17~0.37	0.50~0.80	0.45~0.75		1.00~1.40					
	65	A41122	12CrNi2	0.10~0.17	0.17~0.37	0.30~0.60	0.60~0.90		1.50~1.90					
	66	A42122	12CrNi3	0.10~0.17	0.17~0.37	0.30~0.60	0.60~0.90		2.75~3.15					
	67	A42202	20CrNi3	0.17~0.24	0.17~0.37	0.30~0.60	0.60~0.90		2.75~3.15					
	68	A42302	30CrNi3	0.27~0.33	0.17~0.37	0.30~0.60	0.60~0.90		2.75~3.15					
	69	A42372	37CrNi3	0.34~0.41	0.17~0.37	0.30~0.60	1.20~1.60		3.00~3.50					
	70	A43122	12Cr2Ni4	0.10~0.16	0.17~0.37	0.30~0.60	1.25~1.65		3.25~3.65					
	71	A43202	20Cr2Ni4	0.17~0.23	0.17~0.37	0.30~0.60	1.25~1.65		3.25~3.65					
CrNiMo	72	A50202	20CrNiMo	0.17~0.23	0.17~0.37	0.60~0.95	0.40~0.70	0.20~0.30	0.35~0.75					
	73	A50403	40CrNiMoA	0.37~0.44	0.17~0.37	0.50~0.80	0.60~0.90	0.15~0.25	1.25~1.65					

钢组	序号	统一数字代号	牌号	化学成分（质量分数）/%										
				C	Si	Mn	Cr	Mo	Ni	W	B	Al	Ti	V
CrMnNiMo	74	A50183	18CrNiMnMoA	0.15~0.21	0.17~0.37	1.10~1.40	1.00~1.30	0.20~0.30	1.00~1.30					
CrNiMoV	75	A51453	45CrNiMoVA	0.42~0.49	0.17~0.37	0.50~0.80	0.80~1.10	0.20~0.30	1.30~1.80					0.10~0.20
CrNiW	76	A52183	18Cr2Ni4WA	0.13~0.19	0.17~0.37	0.30~0.60	1.35~1.65		4.00~4.50	0.80~1.20				
	77	A52253	25Cr2Ni4WA	0.21~0.28	0.17~0.37	0.30~0.60	1.35~1.65		4.00~4.50	0.80~1.20				

注：①本标准中规定带"A"字标志的牌号仅能作为高级优质钢订货。

②根据需方要求，可对表中各牌号按高级优质钢（带不带"A"）或特级优质钢（全部牌号）订货，只需在所订牌号后加"A"或"B"字标志（对有"A"字牌号应先去掉"A"）。需方对表中牌号化学成分提出其他特殊要求可按特殊要求订货。

③统一数字代号系根据GB/T 17616规定列入。优质钢尾部数字为"2"，高级优质钢（带"A"钢）尾部数字为"3"，特级优质钢（带"E"钢）尾部数字为"6"。

④稀土成分按0.05%计算量加入，成品分析结果供参考。

表2-97 钢中磷、硫、铜、铬、镍及铝的残余含量

钢类	化学成分（质量分数）/% ≤					
	P	S	Cu	Cr	Ni	Mo
优 质 钢	0.035	0.035	0.30	0.30	0.30	0.15
高级优质钢	0.025	0.025	0.25	0.30	0.30	0.10
特级优质钢	0.025	0.015	0.25	0.30	0.30	0.10

表2-98 合金结构钢的力学性能

钢组	序号	牌号	试样毛坯尺寸/mm	热处理					力学性能					钢材退火或高温回火供应状态布氏硬度 HB 100/3 000 ≤
				淬火			回火		抗拉强度 σ_b /MPa	屈服点 σ_s /MPa	断后伸长率 δ_5 /%	断面收缩率 ψ /%	冲击吸收功 A_{KU2} /J	
				加热温度/°C 第一次淬火	第二次淬火	冷却剂	加热温度/°C	冷却剂	≥		≥			
Mn	1	20Mn2	15	850 880	— —	水、油 水、油	200 440	水、空 水、空	785	590	10	40	47	187
	2	30Mn2	25	840	—	水	500	水	785	635	12	45	63	207
	3	35Mn2	25	840	—	水	500	水	835	685	12	45	55	207
	4	40Mn2	25	840	—	水、油	540	水	885	735	12	45	55	217
	5	45Mn2	25	840	—	油	550	水、油	885	735	10	45	47	217
	6	50Mn2	25	820	—	油	550	水、油	930	785	9	40	39	229
MnV	7	20MnV	15	880	—	水、油	200	水、空	785	590	10	40	55	187
SiMn	8	27SiMn	25	920	—	水	450	水、油	980	835	12	40	39	217
	9	35SiMn	25	900	—	水	570	水、油	885	735	15	45	47	229
	10	42SiMn	25	880	—	水	590	水	885	735	15	40	47	229
SiMnMoV	11	20SiMn2MoV	试样	900	—	油	200	水、空	1 380	—	10	45	55	269
	12	25SiMn2MoV	试样	900	—	油	200	水、空	1 470	—	10	40	47	269
	13	37SiMn2MoV	25	870	—	水、油	650	水、空	980	835	12	50	63	269

钢组	序号	牌号	试样毛坯尺寸/mm	热处理					力学性能					钢材退火或高温回火供应状态布氏硬度 HB 100/3 000 ≤
				淬火			回火		抗拉强度 σ_b /MPa	屈服点 σ_s /MPa	断后伸长率 δ_5 /%	断面收缩率 ψ /%	冲击吸收功 A_{KU2} /J	
				第一次淬火加热温度/℃	第二次淬火	冷却剂	加热温度/℃	冷却剂			≥			≤
B	14	40B	25	840	—	水	550	水	785	635	12	45	55	207
	15	45B	25	840	—	水	550	水	835	685	12	45	47	217
	16	50B	20	840	—	油	600	空	785	540	10	45	39	207
MnB	17	40MnB	25	850	—	油	500	水、油	980	785	10	45	47	207
	18	45MnB	25	850	—	油	500	油	1 030	835	9	40	39	217
MnMoB	19	20MnMoB	15	880	—	油	2 000	油、空	1 080	885	10	50	55	207
MnVB	20	15MnVB	15	860	—	油	200	水、空	885	635	10	45	55	207
	21	20MnVB	15	860	—	油	200	水、空	1 080	885	10	45	55	207
	22	40MnVB	25	850	—	油	520	水、油	980	785	10	45	47	207
MnTiB	23	20MnTiB	15	860	—	油	200	水、空	1 130	930	10	45	55	187
	24	25MnTiBRE	试样	860	—	油	200	水、空	1 380	—	10	40	47	229
Cr	25	15Cr	15	880	780~820	水、油	200	水、空	735	490	11	45	55	179
	26	15CrA	15	880	770~820	水、油	180	油、空	685	490	12	45	55	179
	27	20Cr	15	880	780~220	水、油	200	水、空	835	540	10	40	47	179
	28	30Cr	25	860	—	油	500	水、油	885	685	11	45	47	187
	29	35Cr	25	860	—	油	500	油	930	735	11	45	47	207
	30	40Cr	25	850	—	油	520	水、油	980	785	9	45	47	207
	31	45Cr	25	840	—	油	520	水、油	1 030	835	9	40	39	217
	32	50Cr	25	830	—	油	520	水、油	1 080	930	9	40	39	229

续表

钢组	序号	牌号	试样毛坯尺寸/mm	热处理 淬火 加热温度/℃ 第一次淬火	第二次淬火	回火 加热温度/℃	回火 冷却剂	力学性能 抗拉强度 σ_b/MPa	屈服点 σ_s/MPa	断后伸长率 δ_5/%	断面收缩率 ψ/%	冲击吸收功 A_{KU2}/J	钢材退火或高温回火供应状态布氏硬度 HB 100/3 000 ≤
CrSi	33	38CrSi	25	900	—	600	水、油	980	835	12	50	55	255
CrMo	34	12CrMo	30	900	—	650	空	410	265	24	60	110	179
	35	15CrMo	30	900	—	650	空	440	295	22	60	94	179
	36	20CrMo	15	880	—	500	水、油	885	685	12	50	78	197
	37	30CrMo	25	880	—	540	水、油	930	785	12	50	63	229
	38	30CrMoA	15	880	—	540	水、油	930	735	12	50	71	229
	39	35CrMo	25	850	—	550	水、油	980	835	12	45	63	229
	40	42CrMo	25	850	—	560	水、油	1 080	930	12	45	63	217
CrMoV	41	12CrMoV	30	970	—	750	空	440	225	22	50	78	241
	42	35CrMoV	25	900	—	630	水、油	1 080	930	10	50	71	241
	43	12Cr1MoV	30	970	—	750	空	490	245	22	50	71	179
	44	25Cr2MoVA	25	900	—	640	空	930	785	14	55	63	241
	45	25Cr2Mo1VA	25	1 040	—	700	空	735	590	16	50	47	241

钢组	序号	牌号	试样毛坯尺寸/mm	热处理					力学性能					钢材退火或高温回火供应状态布氏硬度 HB 100/3 000 ≤
				淬火			回火		抗拉强度 σ_b /MPa	屈服点 σ_s /MPa	断后伸长率 δ_5 /%	断面收缩率 ψ /%	冲击吸收功 A_{KU2} /J	
				加热温度/℃		冷却剂	加热温度/℃	冷却剂						
				第一次淬火	第二次淬火				≥					
CrMoAl	46	38CrMoAl	30	940	—	水、油	640	水、油	980	835	14	50	71	229
CrV	47	40CrV	25	880	—	油	650	水、油	885	735	10	50	71	241
	48	50CrVA	25	860	—	油	500	水、油	1 280	1 130	10	40	—	255
CrMn	49	15CrMn	15	880	—	油	200	水、空	785	590	12	50	47	179
	50	20CrMn	15	850	—	油	200	水、空	930	735	10	45	47	187
	51	40CrMn	25	840	—	油	550	水、油	980	835	9	45	47	229
CrMnSi	52	20CrMnSi	25	880	—	油	480	水、油	785	635	12	45	55	207
	53	25CrMnSi	25	880	—	油	480	水、油	1 080	885	10	40	39	217
	54	30CrMnSi	25	880	—	油	520	水、油	1 080	885	10	45	39	229
	55	30CrMnSiA	25	880	—	油	540	水、油	1 080	835	10	45	39	229
	56	35CrMnSiA	试样	加热到880℃，于280~310℃等温淬火			230	油	1 620	1 280	9	40	31	241
CrMnMo	57	20CrMnMo	试样	950	890	油	200	水、空	1 180	885	10	45	55	217
	58	40CrMnMo	25	850	—	油	600	水、油	980	785	10	45	63	217
CrMnTi	59	20CrMnTi	15	880	870	油	200	水、空	1 080	850	10	45	55	217
	60	30CrMnTi	试样	880	850	油	200	水、空	1 470	—	9	40	47	229

钢组	序号	牌号	试样毛坯尺寸/mm	热处理					力学性能					钢材退火或高温回火供应状态布氏硬度 HB 100/3 000 ≤
				淬火			回火		抗拉强度 σ_b /MPa	屈服点 σ_s /MPa	断后伸长率 δ_5 /%	断面收缩率 ψ /%	冲击吸收功 A_{KU2} /J	
				加热温度/℃		冷却剂	加热温度/℃	冷却剂			≥			
				第一次淬火	第二次淬火				≥	≥				
CrNi	61	20CrNi	25	850	—	水、油	460	水、油	785	590	10	50	63	197
	62	40CrNi	25	820	—	油	500	油	980	785	10	45	55	241
	63	45CrNi	25	820	—	油	530	油	980	785	10	45	55	255
	64	50CrNi	25	820	—	油	500	油	1 080	835	8	40	39	255
	65	12CrNi2	15	860	780	水、油	200	水、空	785	590	12	50	63	207
	66	12CrNi3	15	860	780	油	200	水、空	930	685	11	55	71	217
	67	20CrNi3	25	830	—	水、油	480	水、油	930	735	11	55	78	241
	68	30CrNi3	25	820	—	油	500	水、油	980	785	9	45	63	241
	69	37CrNi3	25	820	—	油	500	水、油	980	980	10	50	47	269
	70	12Cr2Ni4	15	860	780	油	200	水、空	1 080	835	10	50	71	269
	71	20Cr2Ni4	15	880	780	油	200	水、空	1 180	1 080	10	45	63	269
CrNiMo	72	20CrNiMo	15	850	—	油	200	空	980	785	9	40	47	197
	73	40CrNiMoA	25	850	—	油	600	水、油	980	835	12	55	78	269
CrMnNiMo	74	18CrMnNiMoA	15	830	—	油	200	空	1 180	885	10	45	71	269
CrNiMoV	75	45CrNiMoVA	试样	860	—	油	460	油	1 470	1 330	7	35	31	269
CrNiW	76	18Cr2Ni4WA	15	950	850	油	200	空	1 180	835	10	45	78	269
	77	25Cr2Ni4WA	25	850	—	油	550	水、油	1 080	930	11	45	71	269

注：①表中所列热处理温度允许调整范围：淬火±15℃，低温回火±20℃，高温回火±50℃。正火在淬火前可先经正火，正火温度应不高于其淬火温度，铬锰钛钢第一次淬火可用正火代替。

②硼钢在淬火前可先经正火，正火温度应不高于其淬火温度，铬锰钛钢第一次淬火可用正火代替。

③拉伸试验时试样钢上不能发现屈服，无法测定屈服点 σ_s 情况下，可以测定规定残余伸长应力 $\sigma_{r0.2}$。

2.2.10 碳素工具钢

碳素工具钢（GB/T 1298—2008）按使用加工方法分为压力加工用钢（热压力加工和冷压力加工）和切削加工用钢。其化学成分和硬度值列于表2-99、表2-100。碳素工具钢中的硫、磷等元素含量列于表2-101。

表2-99 碳素工具钢牌号及化学成分

牌号	化学成分（质量分数）/%		
	C	Mn	Si
T7	0.65~0.74	≤0.40	
T8	0.75~0.84	≤0.40	
T8Mn	0.80~0.90	0.40~0.60	
T9	0.85~0.94	≤0.40	≤0.35
T10	0.95~1.04	≤0.40	
T11	1.05~1.14	≤0.40	
T12	1.15~1.24	≤0.40	
T13	1.25~1.35	≤0.40	

注：①高级优质钢在（牌号后加A）。
②钢中允许残余元素含量：铬≤0.25%；镍≤0.20%；铜≤0.30%。供制造铅浴淬火钢丝时，钢中残余元素含量：铬≤0.10%；镍≤0.12%；铜≤0.20%；三者之和≤0.40%。

表2-100 碳素工具钢硬度值

牌号	退火状态		试样淬火	
	退火后HBW ≤	退火后冷拉 HBW≤	淬火温度/℃ 及冷却剂	淬火后 HRC≥
T7			800~820，水	
T8	187			
T8Mn			780~820，水	
T9	192	241		62
T10	197			
T11	207		760~780，水	
T12	207			
T13	217			

表2-101 钢中硫、磷及残余铜、铬、镍含量

钢类	P	S	Cu	Cr	Ni	W	Mo	V
	质量分数/%，≤							
优 质 钢	0.035	0.030	0.25	0.25	0.20	0.30	0.20	0.02
高级优质钢	0.030	0.020	0.25	0.25	0.20	0.30	0.20	0.02

注：供制造铅浴淬火钢丝时，钢中残余铬含量不大于0.10%，镍含量不大于0.12%，铜含量不大于0.20%，三者之和不大于0.40%。

2.2.11　合金工具钢

合金工具钢（GB/T 1299—2000）牌号、化学成分列于表 2 - 102；合金工具钢交货状态的钢材硬度值和试样淬火硬度值列于表 2 - 103。

表 2 - 102　合金工具钢的牌号和化学成分

统一数字代号	序号	钢组	牌号	化学成分（质量分数）/%									
				C	Si	Mn	P ≤	S ≤	Cr	W	Mo	V	其他
T30100	1 - 1	量具刃具用钢	9SiCr	0.85 ~ 0.95	1.20 ~ 1.60	0.30 ~ 0.60	0.030	0.030	0.95 ~ 1.25				
T30000	1 - 2		8MnSi	0.75 ~ 0.85	0.30 ~ 1.60	0.80 ~ 1.10	0.030	0.030					
T30060	1 - 3		Cr06	1.30 ~ 1.45	≤0.40	≤0.40	0.030	0.030	0.50 ~ 0.70				
T30201	1 - 4		Cr2	0.95 ~ 1.10	≤0.40	≤0.40	0.030	0.030	1.30 ~ 1.65				
T30200	1 - 5		9Cr2	0.80 ~ 0.95	≤0.40	≤0.40	0.030	0.030	1.30 ~ 1.70				
T30001	1 - 6		W	1.05 ~ 1.25	≤0.40	≤0.40	0.030	0.030	0.10 ~ 0.30	0.80 ~ 1.20			
T40124	2 - 1	耐冲击工具用钢	4CrW2Si	0.35 ~ 0.45	0.80 ~ 1.10	≤0.40	0.030	0.030	1.00 ~ 1.30	2.00 ~ 2.50			
T40125	2 - 2		5CrW2Si	0.45 ~ 0.55	0.50 ~ 0.80	≤0.40	0.030	0.030	1.00 ~ 1.30	2.00 ~ 2.50			
T40126	2 - 3		6CrW2Si	0.55 ~ 0.65	0.50 ~ 0.80	≤0.40	0.030	0.030	1.10 ~ 1.30	2.20 ~ 2.70			
T40100	2 - 4		6CrMnSi2Mo1	0.50 ~ 0.65	1.75 ~ 2.25	0.60 ~ 1.00	0.030	0.030	0.10 ~ 0.50		0.20 ~ 1.35	0.15 ~ 0.35	
T40300	2 - 5		5Cr3Mn1SiMo1V	0.45 ~ 0.55	0.20 ~ 1.00	0.20 ~ 0.90	0.030	0.030	3.00 ~ 3.50		1.30 ~ 1.80	≤0.35	

统一数字代号	序号	钢组	牌号	化学成分（质量分数）/%									
				C	Si	Mn	P ≤	S ≤	Cr	W	Mo	V	其他
T21200	3-1	冷作模具钢	Cr12	2.00~2.30	≤0.40	≤0.40	0.030	0.030	11.50~13.00				
T21202	3-2		Cr12Mo1V1	1.40~1.60	≤0.60	≤0.60	0.030	0.030	11.00~13.00		0.70~1.20	0.5~1.10	Co:≤1.00
T21201	3-3		Cr12MoV	1.45~1.70	≤0.40	≤0.40	0.030	0.030	11.00~12.50		0.40~0.60	0.15~0.30	
T20503	3-4		Cr5Mo1V	0.95~1.05	≤0.50	≤1.00	0.030	0.030	4.75~5.50		0.90~1.40	0.15~0.50	
T20000	3-5		9Mn2V	0.85~0.95	≤0.40	1.70~2.00	0.030	0.030				0.10~0.25	
T20111	3-6		CrWMn	0.90~1.05	≤0.40	0.80~1.10	0.030	0.030	0.90~1.20	1.20~1.60			
T20110	3-7		9CrWMn	0.85~0.95	≤0.40	0.90~1.20	0.030	0.030	0.50~0.80	0.50~0.80			
T20421	3-8	冷作模具钢	Cr4W2MoV	1.12~1.25	0.40~0.70	≤0.40	0.030	0.030	3.50~4.00	1.90~2.60	0.80~1.20	0.80~1.10	
T20432	3-9		6Cr4W3Mo2VNb	0.60~0.70	≤0.40	≤0.40	0.030	0.030	3.80~4.40	2.50~3.50	1.80~2.50	0.80~1.20	Nb:0.2~0.35
T20465	3-10		6W6Mo5Cr4V	0.55~0.65	≤0.40	≤0.60	0.030	0.030	3.70~4.30	6.00~7.00	4.50~5.50	0.70~1.10	
T20104	3-11		7CrSiMnMoV	0.65~0.75	0.85~1.15	0.65~1.05	0.030	0.030	0.90~1.20		0.20~0.50	0.15~0.30	

统一数字代号	序号	钢组	牌号	化学成分（质量分数）/%										
				C	Si	Mn	P ≤	S ≤	Cr	W	Mo	V	Al	其他
T20102	4-1		5CrMnMo	0.50~0.60	0.25~0.60	1.20~1.60	0.030	0.030	0.60~0.90		0.15~0.30			
T20103	4-2		5CrNiMo	0.50~0.60	≤0.40	0.50~0.80	0.030	0.030	0.50~0.80		0.15~0.30			Ni: 1.40~1.80
T20280	4-3		3Cr2W8V	0.30~0.40	≤0.40	≤0.40	0.030	0.030	2.20~2.70	7.50~9.00		0.20~0.50		
T20403	4-4		5Cr4Mo3SiMnVAl	0.47~0.57	0.80~1.10	0.80~1.10	0.030	0.030	3.80~4.30		2.80~3.40	0.80~1.20	0.30~0.70	
T20323	4-5	热作模具钢	3Cr3Mo3W2V	0.32~0.42	0.60~0.90	≤0.65	0.030	0.030	2.80~3.30	1.20~1.80	2.50~3.00	0.80~1.20		
T20452	4-6		5Cr4W5Mo2V	0.40~0.50	≤0.40	≤0.40	0.030	0.030	3.40~4.40	4.50~5.30	1.50~2.10	0.70~1.10		
T20300	4-7		8Cr3	0.75~0.85	≤0.40	≤0.40	0.030	0.030	3.20~3.80					
T20101	4-8		4CrMnSiMoV	0.35~0.45	0.80~1.10	0.80~1.10	0.030	0.030	1.30~1.50		0.40~0.60	0.20~0.40		
T20303	4-9		4Cr3Mo3SiV	0.35~0.45	0.80~1.20	0.25~0.70	0.030	0.030	3.00~3.75		2.00~3.00	0.25~0.75		
T20501	4-10		4Cr5MoSiV	0.33~0.43	0.80~1.20	0.20~0.50	0.030	0.030	4.75~5.50		1.10~1.60	0.30~0.60		
T20502	4-11		4Cr5MoSiV1	0.32~0.45	0.80~1.20	0.20~0.50	0.030	0.030	4.75~5.50		1.10~1.75	0.80~1.20		
T20520	4-12		4Cr5W2VSi	0.32~0.42	0.80~1.20	≤0.40	0.030	0.030	4.50~5.50	1.60~2.40		0.60~1.00		

统一数字代号	序号	钢组	牌号	化学成分（质量分数）/%										
				C	Si	Mn	P	S	Cr	W	Mo	V	Al	其他
							≤							
T23152	5-1	无磁模具钢	7Mn15Cr2Al3V2WMo	0.65~0.75	≤0.80	14.50~16.50	0.030	0.030	2.00~2.50	0.50~0.80	0.50~0.80	1.50~2.00	2.30~3.30	
T22020	6-1	塑料模具钢	3Cr2Mo	0.28~0.40	0.20~0.80	0.60~1.00	0.030	0.030	1.40~2.00		0.30~0.55			
T22024	6-2	塑料模具钢	3Cr2MnNiMo	0.32~0.40	0.20~0.40	1.10~1.50	0.030	0.030	1.70~2.00		0.25~0.40			Ni: 0.85~1.15

注：①5CrNiMo 钢经供需双方同意允许钒含量小于 0.20%。

②钢中残余铜含量应不大于 0.30%，"铜+镍"含量应不大于 0.55%。

③钢材或钢坯的化学成分允许偏差应符合 GB/T 222—1984 表 2 的规定。

表 2-103 合金工具钢交货状态和试样淬火硬度值

序号	钢组	牌号	交货状态 布氏硬度 HBW10/3 000	试样淬火 淬火温度/℃	冷却剂	洛氏硬度 HRC≥
1-1	量具刃具用钢	9SiCr	241~197	820~860	油	62
1-2		8MnSi	≤229	800~820	油	60
1-3		Cr06	241~187	780~810	水	64
1-4		Cr2	229~179	830~860	油	62
1-5		9Cr2	217~179	820~850	油	62
1-6		W	229~187	800~830	水	62
2-1	耐冲击工具用钢	4CrW2Si	217~179	860~900	油	53
2-2		5CrW2Si	255~207	860~900	油	55
2-3		6CrW2Si	285~229	860~900	油	57
2-4		6CrMnSi2Mo1V	≤229	677℃±15℃预热,885℃(盐浴)或900℃(炉控气氛)±6℃加热,保温5~15 min 油冷,58~204℃回火		58
2-5		5Cr3Mn1SiMo1V		677℃±15℃预热,941℃(盐浴)或955℃(炉控气氛)±6℃加热,保温5~15 min 空冷,56~204℃回火		56
3-1	冷作模具钢	Cr12	269~217	950~1 000	油	60
3-2		Cr12Mo1V1	≤255	820℃±15℃预热,1 000℃(盐浴)或1 010℃(炉控气氛)±6℃加热,保温10~20 min 空冷,200℃±6℃回火		59
3-3		Cr12MoV	255~207	950~1 000	油	58
3-4		Cr5Mo1V	≤255	790℃±15℃预热,940℃(盐浴)或950℃(炉控气氛)±6℃加热,保温5~15 min 空冷,200℃±6℃回火		60
3-5		9Mn2V	≤229	780~810	油	62
3-6		CrWMn	255~207	800~830	油	62
3-7		9CrWMn	241~197	800~830	油	62
3-8		Cr4W2MoV	≤269	960~980、1 020~1 040	油	60
3-9		6Cr4W3Mo2VNb	≤255	1 100~1 160	油	60
3-10		6W6Mo5Cr4V	≤269	1 180~1 200	油	60

序号	钢组	牌号	交货状态 布氏硬度 HBW10/3 000	试 样 淬 火 淬火温度/℃	冷却剂	洛氏硬度 HRC≥
3－11	冷模具作钢	7CrSiMnMoV	≤235	淬火:870~900 回火:150±10	油冷或空冷 空冷	60
4－1	热作模具钢	5CrMnMo	241~197	820~850	油	
4－2		5CrNiMo	241~197	830~860	油	
4－3		3Cr2W8V	≤255	1 075~1 125	油	
4－4		5Cr4Mo3SiMnVAl	≤255	1 090~1 120	油	
4－5		3Cr3Mo3W2V	≤255	1 060~1 130	油	
4－6		5Cr4W5Mo2V	≤269	1 100~1 150	油	
4－7		8Cr3	255~207	850~880	油	
4－8		4CrMnSiMoV	241~197	870~930	油	
4－9		4Cr3Mo3SiV	≤229	790℃±15℃预热,1 010℃(盐浴)或1 020℃(炉控气氛)±6℃加热,保温5~15 min 空冷,550℃±6℃回火		
4－10		4Cr5MoSiV	≤235	790℃±15℃预热,1 000℃(盐浴)或1 010℃(炉控气氛)±6℃加热,保温5~15 min 空冷,550℃±6℃回火		
4－11		4Cr5MoSiV1	≤235	790℃±15℃预热,1 000℃(盐浴)或1 010℃(炉控气氛)±6℃加热,保温5~15 min 空冷,550℃±6℃回火		
4－12		4Cr5W2VSi	≤229	1 030~1 050	油或空	
5－1	无模具磁钢	7Mn15Cr2Al3V2WMo	—	1 170~1 190固溶 650~700时效	水 空	45
6－1	塑料模具钢	3Cr2Mo	—			
6－2		3Cr2MnNiMo	—			

注:①保温时间是指试样达到加热温度后保持的时间。

  a. 试样在盐浴中进行,在该温度保持时间为5 min,对 Cr12Mo1V1 钢是 10 min。

  b. 试样在炉控气氛中进行,在该温度保持时间为:5~15 min,对 Cr12Mo1V1 钢是 10~20 min。

②回火温度200℃时应一次回火2 h,550℃时应二次回火,每次2 h。

③ 7Mn15Cr2Al3V2WMo 钢可以热轧状态供应,不作交货硬度。

2.2.12 高速工具钢

高速工具钢（GB/T 9943—2008）的化学成分和硬度列于表2-104、表2-105、表2-106。

表2-104 高速工具钢化学成分

序号	统一数字代号	牌号ª	化学成分（质量分数）/%									
			C	Mn	Siᵇ	Sᶜ	P	Cr	V	W	Mo	Co
1	T63342	W3Mo3Cr4V2	0.95~1.03	≤0.40	≤0.45	≤0.030	≤0.030	3.80~4.50	2.20~2.50	2.70~3.00	2.50~2.90	—
2	T64340	W4Mo3Cr4VSi	0.83~0.93	0.20~0.40	0.70~1.00	≤0.030	≤0.030	3.80~4.40	1.20~1.80	3.50~4.50	2.50~3.50	—
3	T51841	W18Cr4V	0.73~0.83	0.10~0.40	0.20~0.40	≤0.030	≤0.030	3.80~4.50	1.00~1.20	17.20~18.70	—	—
4	T62841	W2Mo8Cr4V	0.77~0.87	≤0.40	≤0.70	≤0.030	≤0.030	3.50~4.50	1.00~1.40	1.40~2.00	8.00~9.00	—
5	T62942	W2Mo9Cr4V2	0.95~1.05	0.15~0.40	≤0.70	≤0.030	≤0.030	3.50~4.50	1.75~2.20	1.5~2.10	8.20~9.20	—
6	T66541	W6Mo5Cr4V2	0.80~0.90	0.15~0.40	0.20~0.45	≤0.030	≤0.030	3.80~4.40	1.75~2.20	5.50~6.75	4.50~5.50	—
7	T66542	CW6Mo5Cr4V2	0.86~0.94	0.15~0.40	0.20~0.45	≤0.030	≤0.030	3.80~4.50	1.75~2.10	5.90~6.70	4.70~5.20	—
8	T66642	W6Mo6Cr4V2	1.00~1.10	≤0.40	≤0.45	≤0.030	≤0.030	3.80~4.50	2.30~2.60	5.90~6.70	5.50~6.50	—
9	T69341	W9Mo3Cr4V	0.77~0.87	0.20~0.40	0.20~0.40	≤0.030	≤0.030	3.80~4.40	1.30~1.70	8.50~9.50	2.70~3.30	—
10	T66543	W6Mo5Cr4V3	1.15~1.25	0.15~0.40	0.20~0.45	≤0.030	≤0.030	3.80~4.50	2.70~3.20	5.90~6.70	4.70~5.20	—

序号	统一数字代号	牌号a	化学成分(质量分数)/%									
			C	Mn	Sib	Sc	P	Cr	V	W	Mo	Co
11	T66545	CW6Mo5Cr4V3	1.25~1.32	0.15~0.40	≤0.70	≤0.030	≤0.030	3.75~4.50	2.70~3.20	5.90~6.70	4.70~5.20	—
12	T66544	W6Mo5Cr4V4	1.25~1.40	≤0.40	≤0.45	≤0.030	≤0.030	3.80~4.50	3.70~4.20	5.20~6.00	4.20~5.00	—
13	T66546	W6Mo5Cr4V2Al	1.05~1.15	0.15~0.40	0.20~0.60	≤0.030	≤0.030	3.80~4.40	1.75~2.20	5.50~6.75	4.50~5.50	Al:0.80~1.20
14	T71245	W12Cr4V5Co5	1.50~1.60	0.15~0.40	0.15~0.40	≤0.030	≤0.030	3.75~5.00	4.50~5.25	11.75~13.00	—	4.75~5.25
15	T76545	W6Mo5Cr4V2Co5	0.87~0.95	0.15~0.40	0.20~0.45	≤0.030	≤0.030	3.80~4.50	1.70~2.10	5.90~6.70	4.70~5.20	4.50~5.00
16	T76438	W6Mo5Cr4V3Co8	1.23~1.33	≤0.40	≤0.70	≤0.030	≤0.030	3.80~4.50	2.70~3.20	5.90~6.70	4.70~5.30	8.00~8.80
17	T77445	W7Mo4Cr4V2Co5	1.05~1.15	0.20~0.60	0.15~0.50	≤0.030	≤0.030	3.75~4.50	1.75~2.25	6.25~7.00	3.25~4.25	4.75~5.75
18	T2948	W2Mo9Cr4VCo8	1.05~1.15	0.15~0.40	0.15~0.65	≤0.030	≤0.030	3.50~4.25	0.95~1.35	1.15~1.85	9.00~10.00	7.75~8.75
19	T71010	W10Mo4Cr4V3Co10	1.20~1.35	≤0.40	≤0.45	≤0.030	≤0.030	3.80~4.50	3.00~3.50	9.00~10.00	3.20~3.90	9.50~10.50

a 表中牌号 W18Cr4V、W12Cr4V5Co5 为钨系高速工具钢,其他牌号为钨钼系高速工具钢。

b 电渣钢的硅含量下限不限。

c 根据需方要求,为改善钢的切削加工性能,其硫含量可规定为0.06%~0.15%。

表 2-105 高速工具钢化学成分允许偏差 质量分数,%

元素	规定化学成分上限值	允许偏差
C	—	±0.01
Cr	—	±0.05
W	≤10	±0.10
	>10	±0.20
V	≤2.5	±0.05
	>2.5	±0.10
Mo	≤6	±0.05
	>6	±0.10
Co	—	±0.15
Si	—	±0.05
Mn	—	+0.04

表 2-106 高速工具钢的硬度

序号	牌号	交货硬度[a]（退火态）/HBW ≤	试样热处理制度及淬回火硬度					
			预热温度/℃	淬火温度/℃		淬火介质	回火温度[b]/℃	硬度[c] HRC ≥
				盐浴炉	箱式炉			
1	W3Mo3Cr4V2	255	800~900	1180~1120	1180~1120	油或盐浴	540~560	63
2	W4Mo3Cr4VSi	255		1170~1190	1170~1190		540~560	63
3	W18Cr4V	255		1250~1270	1260~1280		550~570	63
4	W2Mo8Cr4V	255		1180~1120	1180~1120		550~570	63
5	W2Mo9Cr4V2	255		1190~1210	1200~1220		540~560	64
6	W6Mo5Cr4V2	255		1200~1220	1210~1230		540~560	64
7	CW6Mo5Cr4V2	255		1190~1210	1200~1220		540~560	64
8	W6Mo6Cr4V2	262		1190~1210	1190~1210		550~570	64
9	W9Mo3Cr4V	255		1200~1220	1220~1240		540~560	64
10	W6Mo5Cr4V3	262		1190~1210	1200~1220		540~560	64
11	CW6Mo5Cr4V3	262		1180~1200	1190~1210		540~560	64
12	W6Mo5Cr4V4	269		1200~1220	1200~1220		550~570	64
13	W6Mo5Cr4V2Al	269		1200~1220	1230~1240		550~570	65
14	W12Cr4V5Co5	277		1220~1240	1230~1250		540~560	65
15	W6Mo5Cr4V2Co5	269		1190~1210	1200~1220		540~560	64
16	W6Mo5Cr4V3Co8	285		1170~1190	1170~1190		550~570	65

序号	牌　　号	交货硬度[a]（退火态）/HBW ≤	试样热处理制度及淬回火硬度					
			预热温度/℃	淬火温度/℃		淬火介质	回火温度[b]/℃	硬度[c]HRC ≥
				盐浴炉	箱式炉			
17	W7Mo4Cr4V2Co5	269	800~900	1 180~1 200	1 190~1 210	油或盐浴	540~560	66
18	W2Mo9Cr4VCo8	269		1 170~1 190	1 180~1 200		540~560	66
19	W10Mo4Cr4V3Co10	285		1 220~1 240	1 220~1 240		550~570	66

[a] 退火＋冷拉态的硬度，允许比退火态指标增加 50 HBW。
[b] 回火温度为 550~570℃时，回火 2 次，每次 1h；回火温度为 540~560℃时，回火 2 次，每次 2h。
[c] 试样淬回火硬度供方若能保证可不检验。

2.2.13　渗碳轴承钢

渗碳轴承钢（GB/T 3203—1982）适用于制作轴承套圈及滚动件用的渗碳轴承钢钢坯、热轧和锻制圆钢及冷拉圆钢。其热轧圆钢的直径及允许偏差列于表 2-107；渗碳轴承钢的牌号和化学成分（熔炼分析）列于表 2-108；成品钢材和钢坯化学成分比较的偏差值列于表 2-109；渗碳轴承钢用经热处理毛坯制造的试样测定钢材的纵向机械性能列于表 2-110；末端淬透性能列于表 2-111。

表 2-107　渗碳轴承钢热轧圆钢的直径及允许偏差

直径	允许偏差	直径	允许偏差	直径	允许偏差	直径	允许偏差
8		23		38		75	+1.2
10		24		40		80	
11		25		42		85	
12		26		43		90	
13		27	+0.7	44	+0.9	95	
14	+0.6	28		45		100	+1.8
15		29		46		105	
16		30		48		110	
17		32		50		115	
18		33		52		120	
19		34		55		125	
20		35	+0.9	60	+1.2	130	+2.5
21	+0.7	36		65		140	
22		37		70		150	

注：①热轧圆钢椭圆度不得超过该尺寸公差的 70%。

②表中单位为 mm。

表 2-108 渗碳轴承钢牌号和化学成分

序号	牌号	化学成分(质量分数)/%								
		C	Si	Mn	Cr	Ni	Mo	Cu	P	S
									≤	
1	G20CrMo	0.17~0.23	0.20~0.35	0.65~0.95	0.35~0.65	—	0.08~0.15	0.25	0.030	0.030
2	G20CrNiMo	0.17~0.23	0.15~0.40	0.60~0.90	0.35~0.65	0.40~0.70	0.15~0.30	0.25	0.030	0.030
3	G20CrNi2Mo	0.17~0.23	0.15~0.40	0.40~0.70	0.35~0.65	1.60~2.00	0.20~0.30	0.25	0.030	0.030
4	G20Cr2Ni4	0.17~0.23	0.15~0.40	0.30~0.60	1.25~1.75	3.25~3.75	—	0.25	0.030	0.030
5	G10CrNi3Mo	0.08~0.13	0.15~0.40	0.40~0.70	1.00~1.40	3.00~3.50	0.08~0.15	0.25	0.030	0.030
6	G20Cr2Mn2Mo	0.17~0.23	0.15~0.40	1.30~1.60	1.70~2.00	≤0.30	0.20~0.30	0.25	0.030	0.030

注:①当按高级优质钢供货时,其硫、磷含量应不大于 0.020%,并在牌号后面标以字母"A"。
②钢材按熔炼成分交货。
③钢材通常交货长度为 3~5 m(对多工位压力机使用的钢材,其长度可为 3~6 m),允许交付长度不小于 2 m 的钢材,但其质量不得超过该批总质量的 10%。
④成品钢材和钢坯的化学成分允许与表 2-109 规定的偏差。

表 2-109 成品钢材和钢坯化学成分比较的偏差值

化学元素(质量分数)/%	C	Si	Mn	Cr	Ni	Mo	Cu	P	S
允许偏差	±0.02	±0.03	±0.04	±0.05	±0.05	±0.02	+0.05	+0.005	+0.005

表 2－110 渗碳轴承钢用经热处理毛坯制造的试样测定钢材的纵向机械性能

序号	牌号	试样毛坯直径/mm	淬火 温度/℃		冷却剂	回火 温度/℃	冷却剂	机械性能			
			第一次淬火	第二次淬火				抗拉强度 σ_b /MPa	伸长率 δ_5 /%	收缩率 ψ /%	冲击值 A_k (kJ/m²)
									≥		
1	G20CrNiMo	15	880±20	790±20	油	150~200	空	1 175	9	45	800
2	G20CrNi2Mo	25	880±20	790±20	油	150~200	空	980	13	45	800
3	G20Cr2Ni4	15	870±20	790±20	油	150~200	空	1 175	10	45	800
4	G10CrNi3Mo	15	880±20	790±20	油	180~200	空	1 080	9	45	800
5	G20Cr2Mn2Mo	15	880±20	810±20	油	180~200	空	1 275	9	40	700

注：①G20CrMo 的机械性能积累数据供参考。
②表中所列的机械性能适用于截面尺寸小于等于80 mm 的钢材。尺寸81～100 mm 的钢材，允许其伸长率、收缩率及冲击值较表中的规定分别降低1个单位，5个单位及5%；尺寸101～150 mm 的钢材，允许其伸长率、收缩率及冲击值较表中的规定分别降低2个单位，10个单位及10%；尺寸151～250 mm 的钢材，允许其伸长率、收缩率及冲击值较表中的规定分别降低3个单位，15个单位及15%。
③用尺寸大于80 mm 的钢材改轧或改锻成70～80 mm 的试料取样检验时，其结果应符合表中的规定。
④以退火状态交货的钢材，其硬度：G20Cr2Ni4(A)不大于241，其余钢号不大于229。冷拉钢材应以退火(或回火)状态交货。
⑤热轧或锻制钢材以热轧(锻)状态交货或以退火状态交货。

表 2－111 末端淬透性能表

牌 号	试样热处理制度		硬 度 HRC	
			距末端距离/mm	
			1.5	9.0
G20CrNiMo	920~950℃,60 min,正火	900℃±20℃,15~30 min,水	40~48	23~38
G20CrNi2Mo	920℃±20℃,30 min,正火	920℃±20℃,15~30 min,水	41~48	≥30

注：表中未列的钢号，根据需方要求也可进行末端淬透性检验，其硬度值供参考。

2.2.14 高碳铬轴承钢

高碳铬轴承钢（GB/T 18254—2002）热轧圆钢尺寸应符合 GB/T 702—1986 的规定；锻制圆钢尺寸应符合 GB/T 908—1987 中规定；盘条尺寸应符合 GB/T 14981—1994 中 B 级精度规定，经需方同意，在合同中注明，也可按 C 级精度交货；冷拉圆钢（直条或盘状）尺寸及其允许偏差应符合 GB/T 905—1994 中 h11 级规定，经需方同意，在合同中注明，也可按其他级别规定交货。

钢材的长度：

热轧圆钢的交货长度为 3 000 ~ 7 000mm。

锻制圆钢的交货长度为 2 000 ~ 4 000mm。

冷拉（轧）圆钢的交货长度为 3 000 ~ 6 000mm。

钢管的交货长度为 3 000 ~ 5 000mm。

经双方协商并在合同中注明，钢材交货长度范围允许变动。

钢材应在规定长度范围内以齐尺长度交货，每捆中最长与最短钢材的长度差应不大于 1 000mm。

按定尺或倍尺交货的钢材，其长度允许偏差应不超过 + 50mm。

盘条的盘重应不小于 500kg。

钢材按以下几种交货状态提供：

①热轧和热锻不退火圆钢（简称：热轧、热锻）。

②热轧和热锻软化退火圆钢（简称：热轧软退、热锻软退）。

③热轧球化退火圆钢（简称：热轧球退）。

④热轧球化退火剥皮圆钢〔简称：热轧（锻）软剥〕。

⑤冷拉（轧）圆钢。

⑥冷拉（轧）磨光圆钢。

⑦热轧钢管。

⑧热轧退火剥皮钢管。

⑨冷拉（轧）钢管。

具体的交货状态应在合同中注明，也可以供应其他状态的冷拉钢材，如："退火 + 磷化 + 微拔"、"退火 + 微拔"等。

高碳铬轴承钢钢管外径、壁厚及其允许偏差列于表 2 - 112；钢材弯曲度列于表 2 - 113；钢材牌号和化学成分列于表 2 - 114；球化或软化退火钢材硬度列于表 2 – 115。

表 2 – 112　高碳铬轴承钢钢管外径、壁厚及其允许偏差

钢管种类及生产方法		钢管尺寸/mm		尺寸范围/mm	允许偏差/mm
热轧钢管	阿塞尔法轧制+剥皮	外径		55 ~ 148	±0.15
				>148 ~ 170	±0.20
		壁厚		4 ~ 8	+20%
				>8 ~ 34	+15%
	阿塞尔法热轧管	外径		60 ~ 75	±0.35
				>75 ~ 100	±0.50
				>100 ~ 170	±0.50
		壁厚	外径<80	<8	+12%
			外径≥80	≥8	+10%
冷拉(轧)钢管		外径		≤65	+0.20
					-0.10
				>65	±0.20
		壁厚		3 ~ 4	+12%
				>4 ~ 12	+10%
用其他方法生产的钢管		供需双方协议,并在合同中注明			

表 2 – 113　高碳铬轴承钢钢材弯曲度

钢材种类		弯曲度/(mm/m)≤	总弯曲度/mm≤
热轧圆钢		4	0.4% × 钢材长度
热轧退火圆钢		3	0.3% × 钢材长度
热锻圆钢		5	0.5% × 钢材长度
冷拉圆钢	直径≤25mm	2	0.2% × 钢材长度
	直径>25mm	1.5	0.15% × 钢材长度
钢管	壁厚≤15mm	1	4
	壁厚>15mm	1.5	

注:经供需双方协商,并在合同中注明,可提供弯曲度要求更严的钢材。

表 2 – 114　高碳铬轴承钢牌号和化学成分

统一数字代号	牌号	化学成分(质量分数)/%									O	
		C	Si	Mn	Cr	Mo	P	S	Ni	Cu	Ni+Cu	模注钢	连铸钢
											≤		
B00040	GCr4	0.95 ~ 1.05	0.15 ~ 0.30	0.15 ~ 0.30	0.35 ~ 0.50	≤0.08	0.025	0.020	0.25	0.20		15×10⁻⁶	12×10⁻⁶

统一数字代号	牌号	化学成分(质量分数)/%										O	
		C	Si	Mn	Cr	Mo	P	S	Ni	Cu	Ni+Cu	模注钢	连铸钢
							≤						
B00150	GCr15	0.95 ~ 1.05	0.15 ~ 0.35	0.25 ~ 0.45	1.40 ~ 1.65	≤ 0.10	0.025	0.025	0.30	0.25	0.50	15×10^{-6}	12×10^{-6}
B01150	GCr15 SiMn	0.95 ~ 1.05	0.45 ~ 0.75	0.95 ~ 1.25	1.40 ~ 1.65	≤ 0.10	0.025	0.025	0.30	0.25	0.50	15×10^{-6}	12×10^{-6}
B03150	GCr15 SiMo	0.95 ~ 1.05	0.65 ~ 0.85	0.20 ~ 0.40	1.40 ~ 1.70	0.30 ~ 0.40	0.027	0.020	0.30	0.25		15×10^{-6}	12×10^{-6}
B02180	GCr18 Mo	0.95 ~ 1.05	0.20 ~ 0.40	0.25 ~ 0.40	1.65 ~ 1.95	0.15 ~ 0.25	0.025	0.020	0.25	0.25		15×10^{-6}	12×10^{-6}

注：①根据需方要求，并在合同中注明，供方应分析 Sn、As、Ti、Sb、Pb、Al 等
残余元素，具体指标由供需双方协商确定。

②轴承钢管用钢的残余铜质量分数（熔炼分析）应不大于 0.20%。

③盘条用钢的硫质量分数（熔炼分析）应不大于 0.020%。

④钢坯或钢材的化学成分允许偏差应符合下表的规定。仅当需方有要求时，
生产厂才做成品钢材分析。需方可按炉批对钢坯或钢材进行成品分析。

| 元素 | C | Si | Mn | Cr | P | S | Ni | Cu | Mo |
| 允许偏差 /% | ± 0.03 | ± 0.02 | ± 0.03 | ± 0.05 | + 0.005 | + 0.005 | ± 0.03 | + 0.02 | ≤ 0.10 时，+ 0.10 > 0.10 时，± 0.02 |

表2－115　高碳铬轴承钢球化或软化退火钢材硬度

牌　号	布氏硬度　HBW
GCr4	179 ~ 207
GCr15	179 ~ 207
GCr15SiMn	179 ~ 217
GCr15SiMo	179 ~ 217
GCr18Mo	179 ~ 207

注：①供热压力加工用热轧不退火材，需方有硬度要求时，其布氏硬度值不小于
302HBW。

②经需方要求以"退火 + 磷化 + 微拔"或"退火 + 微拔"交货的冷拉钢
（直条或盘状），其布氏硬度值应不大于 229HBW。

③经供需双方协商，并在合同中注明，钢材的硬度不另行规定。

2.2.15 弹簧钢

弹簧钢（GB/1222—2007）的化学成分及力学性能列于表2－116、表2－117。

表2－116 弹簧钢的化学成分

序号	统一数字代号	牌号b	化学成分（质量分数）/%										
			C	Si	Mn	Cr	V	W	B	N_1	Cu^a	P	S
												≤	
1	U20652	65	0.62~0.70	0.17~0.37	0.50~0.80	≤0.25				0.25	0.25	0.035	0.035
2	U20702	70	0.62~0.75	0.17~0.37	0.50~0.80	≤0.25				0.25	0.25	0.035	0.035
3	U20852	85	0.82~0.90	0.17~0.37	0.50~0.80	≤0.25				0.25	0.25	0.035	0.035
4	U21653	65Mn	0.62~0.70	0.17~0.37	0.90~1.20	≤0.25				0.25	0.25	0.035	0.035
5	A77552	55SiMnVB	0.52~0.60	0.70~1.00	1.00~1.30	≤0.35	0.08~0.16		0.0005~0.0035	0.35	0.25	0.035	0.035
6	A11602	60Si2Mn	0.56~0.64	1.50~2.00	0.70~1.00	≤0.35				0.35	0.25	0.035	0.035
7	A11603	60Si2MnA	0.56~0.64	1.60~2.00	0.70~1.00	≤0.35				0.35	0.25	0.025	0.025
8	A21603	60Si2CrA	0.56~0.64	1.40~1.80	0.40~0.70	0.70~1.00				0.35	0.25	0.025	0.025
9	A28603	60Si2CrVA	0.56~0.64	1.40~1.80	0.40~0.70	0.90~1.20	0.10~0.20			0.35	0.25	0.025	0.025
10	A21553	55SiCrA	0.51~0.59	1.20~1.60	0.50~0.80	0.50~0.80				0.35	0.25	0.025	0.025
11	A22553	55CrMnA	0.52~0.60	0.17~0.37	0.65~0.95	0.65~0.95				0.35	0.25	0.025	0.025
12	A22603	60CrMnA	0.56~0.64	0.17~0.37	0.70~1.00	0.70~1.00				0.35	0.25	0.025	0.025
13	A23503	50CrVA	0.46~0.54	0.17~0.37	0.50~0.80	0.80~1.10	0.10~0.20			0.35	0.25	0.025	0.025
14	A22613	60CrMnBA	0.56~0.64	0.17~0.37	0.70~1.00	0.70~1.00			0.0005~0.0040	0.35	0.25	0.025	0.025
15	A27303	30W4Cr2VA	0.26~0.34	0.17~0.37	≤0.40	2.00~2.50	0.50~0.80	4.00~4.50		0.35	0.25	0.025	0.025

a 根据需方要求，并在合同中注明，钢中残余铜含量应不大于0.20%。

b 28MnSiB的化学成分见表2－122。

表 2 - 117　弹簧钢的力学性能[a]

序号	牌号[b]	热处理制度[a]			力学性能，≥				
		淬火温度/℃	淬火介质	回火温度/℃	抗拉强度 R_m/(N/mm²)	屈服强度 R_{eL}/(N/mm²)	断后伸长率		断面收缩率 Z/%
							A/%	$A_{11.3}$/%	
1	65	840	油	500	980	785		9	35
2	70	830	油	480	1 030	835		8	30
3	85	820	油	480	1 130	980		6	30
4	65Mn	830	油	540	980	785		8	30
5	55SiMnVB	860	油	460	1 375	1 225		5	30
6	60Si2Mn	870	油	480	1 275	1 180		5	25
7	60Si2MnA	870	油	440	1 570	1 375		5	20
8	60Si2CrA	870	油	420	1 765	1 570	6		20
9	60Si2CrVA	850	油	410	1 860	1 665	6		20
10	55SiCrA	860	油	450	1 450~1 750	1 300 ($R_{p0.2}$)	6		25
11	55CrMnA	830~860	油	460~510	1 225	1 080 ($R_{p0.2}$)		9[c]	20
12	60CrMnA	830~860	油	460~520	1 225	1 080 ($R_{p0.2}$)		9[c]	20
13	50CrVA	850	油	500	1 275	1 130	10		40
14	60CrMnBA	830~860	油	460~520	1 225	1 080 ($R_{p0.2}$)		9[c]	20
15	30W4Cr2VA[d]	1 050~1 100	油	600	1 470	1 325	7		40

[a] 除规定热处理温度上下限外，表中热处理温度允许偏差为淬火±20℃，回火±50℃。根据需方特殊要求，回火可按±30℃进行。

[b] 28MnSiB 的力学性能见表 2 - 123。

[c] 其试样可采用下列两种中的一种。若按 GB/T 228 规定做拉伸试验时，所测断后伸长率值供参考。
试样一 标距为 50 mm，平行长度 60 mm，直径 14 mm，肩部半径大于 15 mm。
试样二 标距为 4 $\sqrt{S_0}$（S_0 表示平行长度的原始横截面积，mm²），平行长度 12 倍标距，肩部半径大于 15 mm。

[d] 30W4Cr2VA 除抗拉强度外，其他力学性能检验结果供参考，不作为交货依据。

交货状态硬度列于表 2 – 118、热轧扁钢尺寸规格列于表 2 – 119、尺寸允许偏差列于表 2 – 120 和表 2 – 121。

表 2 – 118　交货硬度

组号	牌号	交货状态	布氏硬度 HBW ≤
1	65　70	热轧	285
2	85　65Mn		302
3	60Si2Mn　60Si2MnA　50CrVA 55SiMnVB　55CrMnA　60CrMnA		321
4	60Si2CrA　60Si2CrVA　60CrMnBA 55SiCrA　30W4Cr2VA	热轧	供需双方协商
		热轧 + 热处理	321
5	所有牌号	冷拉 + 热处理	321
6		冷拉	供需双方协商

表 2 – 119　平面扁钢公称尺寸规格　　　单位：mm

宽度	厚度																
	5	6	7	8	9	10	11	12	13	14	16	18	20	25	30	35	40
45	×	×	×	×	×	×											
50	×	×	×	×	×	×	×	×									
55	×	×	×	×	×	×	×										
60	×	×	×	×	×	×	×										
70		×	×	×	×	×	×	×		×	×	×	×				
75		×	×	×	×	×	×	×		×	×	×					
80			×	×	×	×	×	×	×	×	×	×					
90		×	×	×	×	×	×							×	×	×	×
100		×	×	×	×	×	×							×	×	×	×
110		×	×	×	×	×	×							×	×	×	×
120				×	×	×	×	×	×	×	×	×		×	×	×	×
140					×	×	×	×	×	×	×	×	×	×	×	×	×
160				×	×	×	×	×	×	×	×	×	×	×	×	×	×

注：①单面双槽扁钢的尺寸规格宽度为 75 的厚度为 8、9、10、11、13，宽度为 90 的厚度为 11、13。

②表中 "×" 表示为推荐规格。

表 2 - 120　平面扁钢公称尺寸允许偏差　　单位：mm

类别	截面公称尺寸	允许偏差		
		宽度≤50	宽度>50~100	宽度>100~160
厚度	<7	±0.15	±0.18	±0.30
	7~12	±0.20	±0.25	±0.35
	>12~20	±0.25	+0.25 −0.30	±0.40
	>20~30	—	±0.35	±0.40
	>30~40		±0.40	±0.45
宽度	≤50	±0.55		
	>50~100	±0.80		
	>100~160	±1.00		

表 2 - 121　单面双槽扁钢公称尺寸允许偏差　　单位：mm

尺寸	厚度 H	宽度 B	槽深 h	槽间距 b	槽宽 b_1	侧面斜角 a
8×75	8±0.25	75±0.70	$H/2$	25_{-10}^{0}	13_{0}^{+10}	30°
9×75	9±0.25	75±0.70	$H/2$	25_{-10}^{0}	13_{0}^{+10}	30°
10×75	10±0.25	75±0.70	$H/2$	25_{-10}^{0}	13_{0}^{+10}	30°
11×75	11±0.25	75±0.70	$H/2$	25_{-10}^{0}	13_{0}^{+10}	30°
13×75	13±0.30	75±0.70	$H/2$	25_{-10}^{0}	13_{0}^{+10}	30°
11×90	11±0.25	90±0.80	$H/2$	30_{-10}^{0}	15_{0}^{+10}	30°
13×90	13±0.30	90±0.80	$H/2$	30_{-10}^{0}	15_{0}^{+10}	30°

表 2 - 122　28MnSiB 的化学成分

统一数字代号	牌号	化学成分（质量分数）/%								
		C	Si	Mn	Cr	B	Ni	Cu[a]	P	S
							≤			
A76282	28MnSiB	0.24~0.32	0.60~1.00	1.20~1.60	≤0.25	0.000 5~0.003 5	0.35	0.25	0.035	0.035

a 根据需方要求，并在合同中注明，钢中残余铜含量不大于 0.20%。

表 2 - 123　28MnSiB 的力学性能

牌号	热处理制度[a]			力学性能，≥			
	淬火温度/℃	淬火介质	回火温度/℃	下屈服强度 R_{eL} /（N/mm²）	抗拉强度 R_m /（N/mm²）	断后伸长率 $A_{11.3}$/%	断面收缩率 Z/%
28MnSiB	900	水或油	320	1 180	1 275	5	25

a 表中热处理温度允许偏差为淬火±20℃，回火±30℃。

2.2.16 加工铜及铜合金

加工铜及铜合金（GB/T 5231—2001）的化学成分和产品形状列于表2－124～表2－127。

表2－124 加工铜化学成分和产品形状

组别	序号	名称	代号	Cu+Ag	化学成分（质量分数）/%												产品形状
					P	Ag	Bi[b]	Sb[b]	As[b]	Fe	Ni	Pb	Sn	S	Zn	O	
纯铜	1	一号铜	T1	99.95	0.001	—	0.001	0.002	0.002	0.005	0.002	0.003	0.002	0.005	0.005	0.02	板、带、箔、管
	2	二号铜	T2[c]	99.90	—	—	0.001	0.002	0.002	0.005	—	0.005	—	0.005	—	—	板、带、箔、管、棒、线、型
	3	三号铜	T3	99.70	—	—	0.002	—	—	—	0.01	0.01	—	—	—	—	板、带、箔、管、棒、线
无氧铜	4	零号无氧铜	TU0[d] [C10100]	Cu 99.99	0.0003	0.0025	0.0001 Se:0.0003	0.0004 Te:0.0002	0.0005	0.0010	0.0010 Mn:0.00005	0.0005 Cd:0.0001	0.0002	0.0015	0.0001	0.0005	板、带、箔、管、棒、线
	5	一号无氧铜	TU1	99.97	0.02	—	0.001	0.002	0.002	0.004	0.002	0.003	0.002	0.004	0.003	0.002	板、带、箔、管、棒、线
	6	二号无氧铜	TU2	99.95	0.02	—	0.001	0.002	0.002	0.004	0.002	0.004	0.002	0.004	0.003	0.003	板、带、管、棒、线
磷脱氧铜	7	一号脱氧铜	TP1 [C12000]	99.90	0.004~0.012	—	—	—	—	—	—	—	—	—	—	—	板、带、管
	8	二号脱氧铜	TP2 [C12200]	Cu 99.9	0.015~0.040	—	—	—	—	—	—	—	—	—	—	—	板、带、管
银铜	9	0.1银铜	TAg0.1	Cu 99.5	0.05	0.06~0.12	0.002	0.005	0.01	0.05	0.2	0.01	0.05	0.01	—	0.1	板、管、线

a　经双方协商，可限制表中未规定的元素或要求加严限制的元素。

b　砷、铋、锑可不分析，但供方必须保证不大于界限值。

c　经双方协商，可供应P小于或等于0.001%的导电用T2铜。

d　TU0 [C10100] 铜量为差减法所得。

表 2-125　加工黄铜化学成分和产品形状

| 组别 | 序号 | 牌号 | | 化学成分(质量分数)/% | | | | | | | | 杂质总和 | 产品形状 |
		名称	代号	Cu	Fe[a]	Pb	Al	Mn	Sn	Ni[d]	Zn		
普通黄铜	1	96黄铜	H96	95.0~97.0	0.10	0.03	—	—	—	0.5	余量	0.2	板、带、管、棒、线
	2	90黄铜	H90	88.0~91.0	0.10	0.03	—	—	—	0.5	余量	0.2	板、带、棒、线、管、箔
	3	85黄铜	H85	84.0~86.0	0.10	0.03	—	—	—	0.5	余量	0.3	管
	4	80黄铜	H80[b]	79.0~81.0	0.10	0.03	—	—	—	0.5	余量	0.3	板、带、管、棒、线
	5	70黄铜	H70[b]	68.5~71.5	0.10	0.03	—	—	—	0.5	余量	0.3	板、带、管、棒、线
	6	68黄铜	H68	67.0~70.0	0.10	0.03	—	—	—	0.5	余量	0.3	板、带、箔、管、棒、线
	7	65黄铜	H65	63.5~68.0	0.10	0.03	—	—	—	0.5	余量	0.3	板、带、线、管、箔
	8	63黄铜	H63	62.0~65.0	0.15	0.08	—	—	—	0.5	余量	0.5	板、带、管、棒、线
	9	62黄铜	H62	60.5~63.5	0.15	0.08	—	—	—	0.5	余量	0.5	板、带、管、棒、线、型、箔
	10	59黄铜	H59	57.0~60.0	0.3	0.5	—	—	—	0.5	余量	1.0	板、带、管、线、棒
镍黄铜	11	65-5镍黄铜	HNi65-5	64.0~67.0	0.15	0.03	—	—	—	5.0~6.5	余量	0.3	板、棒
	12	56-3镍黄铜	HNi65-3	54.0~58.0	0.15~0.5	0.2	0.3~0.5	—	—	2.0~3.0	余量	0.6	棒
铁黄铜	13	59-1-1铁黄铜	HFe59-1-1	57.0~60.0	0.6~1.2	0.20	0.1~0.5	0.5~0.8	0.3~0.7	0.5	余量	0.3	板、带、管、棒
	14	58-1-1铁黄铜	HFe58-1-1	56.0~58.0	0.7~1.3	0.7~1.3	—	—	—	0.5	余量	0.5	棒

组别	序号	牌号		化学成分(质量分数)/%										产品形状
		名称	代号	Cu	Fe^a	Pb	Al	Mn	Ni^d	Si	Co	As	Zn	杂质总和	
铅黄铜	15	89-2铅黄铜	HPb89-2 [C31400]	87.5~90.5^e	0.10	1.3~2.5	—	—	0.7	—	—	—	余量	—	棒
	16	66-0.5铅黄铜	HPb66-0.5 [C33000]	65.0~68.0^e	0.07	0.25~0.7	—	—	—	—	—	—	余量	—	管
	17	63-3铅黄铜	HPb63-3	62.0~65.0	0.10	2.4~3.0	—	—	0.5	—	—	—	余量	0.75	板、带、棒、线
	18	63-0.1铅黄铜	HPb63-0.1	61.5~63.5	0.15	0.05~0.3	—	—	0.5	—	—	—	余量	0.5	管、棒
	19	62-0.8铅黄铜	HPb62-0.8	60.0~63.0	0.2	0.5~1.2	—	—	0.5	—	—	—	余量	0.75	线
	20	62-3铅黄铜	HPb62-3 [C36000]	60.0~63.0^f	0.35	2.5~3.7	—	—	—	—	—	—	余量	—	棒
	21	62-2铅黄铜	HPb62-2 [C35300]	60.0~63.0^f	0.15	1.5~2.5	—	—	—	—	—	—	余量	—	板、带、棒
	22	61-1铅黄铜	HPb61-1 [C37100]	58.0~62.0^e	0.15	0.6~1.2	—	—	—	—	—	—	余量	—	板、带、棒、线
	23	60-2铅黄铜	HPb60-2 [C37700]	58.0~61.0^f	0.30	1.5~2.5	—	—	—	—	—	—	余量	—	板、带
	24	59-3铅黄铜	HPb59-3	57.5~59.5	0.50	2.0~3.0	—	—	0.5	—	—	—	余量	1.2	板、带、管、棒、线
	25	59-1铅黄铜	HPb59-1	57.0~60.0	0.5	0.8~1.9	—	—	1.0	—	—	—	余量	1.0	板、带、管、棒、线

组别	序号	牌号 名称	牌号 代号	化学成分(质量分数)/% Cu	Fe[a]	Pb	Al	Mn	Ni[d]	Si	Co	As	Zn	杂质总和	产品形状
铝黄铜	26	77-2 铝黄铜	HAl77-2 [C68700]	76.0~79.0[f]	0.06	0.07	1.8~2.5	—	—	—	—	0.02~0.06	余量	—	管
	27	67-2.5 铝黄铜	HAl67-2.5	66.0~68.0	0.6	0.5	2.0~3.0	—	0.5	—	—	—	余量	1.5	板,棒
	28	66-6-3-2 铝黄铜	HAl66-6-3-2	64.0~68.0	2.0~4.0	0.5	6.0~7.0	1.5~2.5	0.5	—	—	—	余量	1.5	板,棒
	29	61-4-3-1 铝黄铜	HAl61-4-3-1	59.0~62.0	0.3~1.3	—	3.5~4.5	—	2.5~4.0	0.5~1.5	0.5~1.0	—	余量	0.7	管
	30	60-1-1 铝黄铜	HAl60-1-1	58.0~61.0	0.70~1.50	0.40	0.70~1.50	0.1~0.6	0.5	—	—	—	余量	0.7	板,棒
	31	59-3-2 铝黄铜	HAl59-3-2	57.0~60.0	0.50	0.10	2.5~3.5	2.0~3.0	—	—	—	—	余量	0.9	板,管,棒

组别	序号	牌号 名称	牌号 代号	化学成分(质量分数)/% Cu	Fe[a]	Pb	Al	Mn	Sn	As	Si	Ni[d]	Zn	杂质总和	产品形状
锰黄铜	32	62-3-3-0.7 锰黄铜	HMn62-3-3-0.7	60.0~63.0	0.1	0.05	2.4~3.4	2.7~3.7	0.1	—	0.5~1.5	0.5	余量	1.2	管
	33	58-2 锰黄铜	HMn58-2[c]	57.0~60.0	1.0	0.1	—	1.0~2.0	—	—	—	0.5	余量	1.2	板,带,棒,线,管
	34	57-3-1 锰黄铜	HMn57-3-1[c]	55.0~58.5	1.0	0.2	0.5~1.5	2.5~3.5	—	—	—	0.5	余量	1.3	板,棒
	35	55-3-1 锰黄铜	HMn55-3-1[c]	53.0~58.0	0.5~1.5	0.5	—	3.0~4.0	—	—	—	0.5	余量	1.5	板,棒

续表

组别	序号	牌号 名称	牌号 代号	化学成分(质量分数)/% Cu	Fe[a]	Pb	Al	Mn	Sn	As	Si	Ni[d]	Zn	杂质总和	产品形状
锡黄铜	36	90-1锡黄铜	HSn90-1	88.0~91.0	0.10	0.03	—	—	0.25~0.75	—	—	0.5	余量	0.2	板、带
锡黄铜	37	70-1锡黄铜	HSn70-1	69.0~71.0	0.10	0.05	—	—	0.8~1.3	0.03~0.06	—	0.5	余量	0.3	管
锡黄铜	38	62-1锡黄铜	HSn62-1	61.0~63.0	0.10	0.10	—	—	0.7~1.1	—	—	0.5	余量	0.3	板、带、棒、线、管
锡黄铜	39	60-1锡黄铜	HSn60-1	59.0~61.0	0.10	0.30	—	—	1.0~1.5	—	—	0.5	余量	1.0	线、管
加砷黄铜	40	85A加砷黄铜	H85A	84.0~86.0	0.10	0.03	—	—	—	0.02~0.08	—	0.5	余量	0.3	管
加砷黄铜	41	70A加砷黄铜	H70A [C26130]	68.5~71.5[g]	0.05	0.05	—	—	—	0.02~0.08	—	—	余量	—	管
加砷黄铜	42	68A加砷黄铜	H68A	67.0~70.0	0.10	0.03	—	—	—	0.03~0.06	—	0.5	余量	0.3	管
硅黄铜	43	80-3硅黄铜	HSi80-3	79.0~81.0	0.6	0.1	—	—	—	—	2.5~4.0	0.5	余量	1.5	棒

a 抗磁用黄铜的铁的质量分数大于0.030%。

b 特殊用途的H70、H80的杂质质量最大值为：Fe0.07%、Si0.002%、P0.005%、As0.005%、S0.002%，杂质总和为0.20%。

c 供异型铸造和热锻镀用的HMn57-3-1和HMn58-2的磷的质量分数不大于0.03%。供特殊使用的HMn55-3-1的铝的质量分数不大于0.1%。

d 无对应外国牌号的黄铜（镍为主成分者除外）的镍含量计入铜中。

e Cu+所列出元素总和≥99.6%。

f Cu+所列出元素总和≥99.5%。

g Cu+所列出元素总和≥99.7%。

表2-126 加工青铜化学成分和产品形状

组别	序号	名称	牌号代号	化学成分（质量分数）/%												杂质总和	产品形状
				Sn	Al	Si	Mn	Zn	Ni	Fe	Pb	P	As[a]	Cu			
锡青铜[be]	1	1.5-0.2 锡青铜	QSn1.5-0.2 [C50500]	1.0~1.7	—	—	—	0.30	0.2	0.10	0.05	0.03~0.35	—	余量[f]	—	管
	2	4-0.3 锡青铜	QSn4-0.3 [C51100]	3.5~4.9	—	—	—	0.30	0.2	0.10	0.05	0.03~0.35	—	余量[f]	—	管
	3	4-3 锡青铜	QSn4-3	3.5~4.5	0.002	—	—	2.7~3.3	0.2	0.05	0.02	0.03	—	余量	0.2	板、带、棒、线
	4	4-4-2.5 锡青铜	QSn4-4-2.5	3.0~5.0	0.02	—	—	3.0~5.0	0.2	0.05	1.5~3.5	0.03	—	余量	0.2	板、带
	5	4-4-4 锡青铜	QSn4-4-4	3.0~5.0	0.02	—	—	3.0~5.0	0.2	0.05	3.5~4.5	0.03	—	余量	0.2	板、带
	6	6.5-0.1 锡青铜	QSn6.5-0.1	6.0~7.0	0.02	—	—	0.3	0.2	0.05	0.02	0.10~0.25	—	余量	0.1	板、带、箔、棒、线、管
	7	6.5-0.4 锡青铜	QSn6.5-0.4	6.0~7.0	0.02	—	—	0.3	0.2	0.02	0.02	0.26~0.40	—	余量	0.1	板、带、箔、棒、线、管
	8	7-0.2 锡青铜	QSn7-0.2	6.0~8.0	0.01	—	—	0.3	0.2	0.05	0.02	0.10~0.25	—	余量	0.15	板、带、箔、棒、线
	9	8-0.3 锡青铜	QSn8-0.3 [C52100]	7.0~9.0	—	—	—	0.20	0.2	0.10	0.05	0.03~0.35	—	余量[f]	—	板、带
铝青铜[e]	10	5 铝青铜	QAl5	0.1	4.0~6.0	0.1	0.5	0.5	0.5	0.5	0.03	0.01	—	余量[f]	1.6	板、带
	11	7 铝青铜	QAl7 [C61000]	—	6.0~8.5	0.10	—	0.20	0.5	0.5	0.02	—	—	余量[f]	1.7	板、带
	12	9-2 铝青铜	QAl9-2	0.1	8.0~10.0	0.1	1.5~2.5	1.0	0.5	0.5	0.03	0.01	—	余量	1.7	板、带、箔、棒、线
	13	9-4 铝青铜	QAl9-4	0.1	8.0~10.0	0.1	0.5	1.0	0.5	2.0~4.0	0.01	0.01	—	余量	1.7	管、棒
	14	9-5-1-1 铝青铜	QAl9-5-1-1	0.1	8.0~10.0	0.1	0.5~1.5	0.3	4.0~6.0	0.5~1.5	0.01	0.01	0.01	余量	0.6	棒
	15	10-3-1.5 铝青铜	QAl10-3-1.5[c]	0.1	8.5~10.0	0.1	1.0~2.0	0.5	0.5	2.0~4.0	0.03	0.01	0.01	余量	0.75	管、棒

· 177 ·

续表

组别	序号	名称	代号	Sn	Al	Be	Si	Mn	Zn	Ni	Fe	Pb	P	Ti	Mg	As[a]	Sb[a]	Co	Ag	Cu	杂质总和	产品形状
																					化学成分(质量分数)/%	
铝青铜	16	10-4-4铝青铜	QAl10-4-4[d]	0.1	9.5~11.0	—	0.1	0.3	0.5	3.5~5.5	3.5~5.5	0.02	0.01	—	—	—	—	—	—	余量	1.0	管、棒
	17	10-5-5铝青铜	QAl10-5-5	0.20	8.0~11.0	—	0.25	0.5~2.5	0.5	4.0~6.0	4.0~6.0	0.05	—	—	0.10	—	—	—	—	余量	1.2	棒
	18	11-6-6铝青铜	QAl11-6-6	0.2	10.0~11.5	—	0.2	0.5	0.6	5.0~6.5	5.0~6.5	0.05	0.1	—	—	—	—	—	—	余量	1.5	棒
铍青铜	19	2铍青铜	QBe2	—	0.15	1.80~2.1	0.15	0.5	—	0.2~0.5	0.15	0.005	—	—	—	—	—	—	—	余量	0.5	板、带、棒
	20	1.9铍青铜	QBe1.9	—	0.15	1.85~2.1	0.15	0.5	—	0.2~0.4	0.15	0.005	—	0.10~0.25	—	—	—	—	—	余量	0.5	板、带
	21	1.9-0.1铍青铜	QBe1.9-0.1	—	0.15	1.85~2.1	0.15	—	—	0.2~0.4	0.15	0.005	—	0.10~0.25	0.07~0.13	—	—	—	—	余量	0.5	带
	22	1.7铍青铜	QBe1.7	—	0.15	1.6~1.85	0.15	—	—	0.2~0.4	0.15	0.005	—	0.10~0.25	—	—	—	—	—	余量	0.5	板、带
	23	0.6-2.5铍青铜	QBe0.6-2.5 [C17500]	—	0.20	0.40~0.7	0.20	—	—	—	0.10	—	—	—	—	—	—	2.4~2.7	—	余量	—	板、带
	24	0.4-1.8铍青铜	QBe0.4-1.8 [C17510]	—	0.20	0.20~0.6	0.20	—	—	1.4~2.2	0.10	—	—	—	—	—	—	0.30	—	余量	—	带
	25	0.3-1.5铍青铜	QBe0.3-1.5	—	0.20	0.25~0.50	0.20	—	—	—	0.10	—	—	—	—	—	—	1.40~1.70	0.90~1.10	余量	—	板、带
硅青铜	26	3-1硅青铜	QSi3-1[b]	0.25	—	—	2.7~3.5	1.0~1.5	0.5	0.2	0.3	0.03	—	—	—	—	—	—	—	余量	1.1	板、带、箔、棒、线、管
	27	1-3硅青铜	QSi1-3	0.1	0.02	—	0.6~1.1	0.1~0.4	0.2	2.4~3.4	0.1	0.15	—	—	—	—	—	—	—	余量	0.5	棒
	28	3.5-3-1.5硅青铜	QSi3.5-3-1.5	0.25	—	—	3.0~4.0	0.5~0.9	2.5~3.5	0.2	1.2~1.8	0.03	0.03	—	—	0.002	0.002	—	—	余量	1.1	管

组别	序号	名称	代号	Mn	Zr	Cr	Cd	Mg	Al	Si	Fe	Pb	P	Zn	Sn	Sb[a]	Ni	Bi[a]	As[a]	S	Cu	杂质总和	产品形状
锰青铜	29	1.5锰青铜	QMn1.5	1.20~1.80	—	0.1	—	—	0.07	0.1	0.1	0.01	—	—	0.05	0.005	0.1	0.002	—	0.01	余量	0.3	板、带
	30	2锰青铜	QMn2	1.5~2.5	—	—	—	—	0.07	0.1	0.1	0.01	—	—	0.05	0.05	—	0.002	0.01	—	余量	0.5	板、带
	31	5锰青铜	QMn5	4.5~5.5	—	—	—	—	—	0.1	0.35	0.03	0.01	0.4	0.1	0.002	—	—	—	—	余量	0.9	板、带
锆青铜	32	0.2锆青铜	QZr0.2	—	0.15~0.30	—	—	—	—	—	0.05	0.01	—	—	0.05	0.005	0.2	0.002	—	0.01	余量	0.5	棒
	33	0.4锆青铜	QZr0.4	—	0.30~0.50	—	—	—	—	—	0.05	0.01	—	—	0.05	0.005	0.2	0.002	—	0.01	余量	0.5	棒
铬青铜	34	0.5铬青铜	QCr0.5	—	—	0.4~1.1	—	—	—	—	0.1	—	—	—	—	—	0.05	—	—	—	余量	0.5	板、棒、线、管
	35	0.5-0.2-0.1铬青铜	QCr0.5-0.2-0.1	—	—	0.4~1.0	—	0.1~0.25	0.1~0.25	—	—	—	—	—	—	—	—	—	—	—	余量	0.5	板、棒、线
	36	0.6-0.4-0.05铬青铜	QCr0.6-0.4-0.05	—	0.3~0.6	0.4~0.8	—	0.04~0.08	—	0.05	0.05	—	0.01	—	—	—	—	—	—	—	余量	0.5	棒
	37	1铬青铜	QCr1 [C18200]	—	—	0.6~1.2	—	—	—	0.10	0.10	0.05	—	—	—	—	—	—	—	—	余量[f]	—	棒、线
镉青铜	38	1镉青铜	QCd1 [C16200]	—	—	—	0.7~1.2	—	—	—	0.02	—	—	—	—	—	—	—	—	—	余量[f]	—	板、带、棒、线

化学成分(质量分数)/%

组别	序号	牌号		化学成分（质量分数）/%													产品形状
		名称	代号	Mg	Fe	Pb	P	Zn	Sn	Sb[a]	Ni	Bi[a]	Te	S	Cu	杂质总和	
镁青铜	39	0.8 镁青铜	QMg0.8	0.70~0.85	0.005	0.005	—	0.005	0.002	0.005	0.006	0.002	—	0.005	余量	0.3	线
铁青铜	40	2.5 铁青铜	QFe2.5 [C19400]	—	2.1~2.6	0.03	0.015~0.15	0.05~0.20	—	—	—	—	—	—	97.0	—	带
碲青铜	41	0.5 碲青铜	QTe0.5 [C14500]	—	—	—	0.004~0.012	—	—	—	—	—	0.40~0.7	—	99.90[g]	—	棒

a 砷、铋和锑可不分析，但供方必须保证不大于界限值。

b 抗磁用锡青铜的铁的质量分数不大于0.020%，QSi3-1的铁的质量分数不大于0.030%。

c 非耐磨材料用QAl10-3-1.5，其铁的质量分数可达1%，但杂质质量总和应不大于1.25%。

d 经双方协商，焊接或特殊要求的QAl10-4-4，其锌的质量杂质计入铜含量中。

e 铝青铜和锡青铜的杂质质量总和≥99.5%。

f Cu+所列出元素总和≥99.5%。

g 包括Te+Sn。

表 2 – 127 加工白铜化学成分及产品形状

组别	序号	名称	代号	Ni+Co	Fe	Mn	Zn	Pb	Al	Si	P	S	C	Mg	Sn	Cu	杂质总和	产品形状
										化学成分(质量分数)/%								
普通白铜	1	0.6白铜	B0.6	0.57~0.63	0.005	—	—	0.005	—	0.002	0.002	0.005	0.002	—	—	余量	0.1	线
	2	5白铜	B5	4.4~5.0	0.20	—	—	0.01	—	—	0.01	0.01	0.03	—	—	余量	0.5	管,棒
	3	19白铜	B19[b]	18.0~20.0	0.5	0.5	0.3	0.005	—	0.15	0.01	0.01	0.05	0.05	—	余量	1.8	板,带
	4	25白铜	B25	24.0~26.0	0.5	0.5	0.3	0.005	—	0.15	0.01	0.01	0.05	0.05	0.03	余量	1.8	板
	5	30白铜	B30	29.0~33.0	0.9	1.2	—	0.05	—	0.15	0.006	0.01	0.05	—	—	余量	—	板,管,线
铁白铜	5-1.5-0.5	5-1.5-0.5铁白铜	BFe5-1.5-0.5 [C70400]	4.8~6.2	1.3~1.7	0.30~0.8	1.0	0.05	—	—	—	—	—	—	—	余量[d]	—	管
	7	10-1-1铁白铜	BFe10-1-1	9.0~11.0	1.0~1.5	0.5~1.0	0.3	0.02	—	0.15	0.006	0.01	0.05	—	0.03	余量	0.7	板,管
	8	30-1-1铁白铜	BFe30-1-1	29.0~32.0	0.5~1.0	0.5~1.2	0.3	0.02	—	0.15	0.006	0.01	0.05	—	0.03	余量	0.7	板,管
锰白铜	9	3-12锰白铜	BMn3-12[c]	2.0~3.5	0.20~0.50	11.5~13.5	—	0.02	0.2	0.1~0.3	0.005	0.02	0.05	0.03	—	余量	0.5	板,带,线
	10	40-1.5锰白铜	BMn40-1.5[c]	39.0~41.0	0.50	1.0~2.0	—	0.005	—	0.10	0.005	0.02	0.10	0.05	—	余量	0.9	板,带,箔,棒,线,管
	11	43-0.5锰白铜	BMn43-0.5[c]	42.0~44.0	0.15	0.1~1.0	—	0.002	—	0.10	0.002	0.01	0.10	0.05	—	余量	0.6	线

组别	序号	牌号 名称	代号	化学成分(质量分数)/% Ni+Co	Fe	Mn	Zn	Pb	Al	Si	P	S	C	Mg	Bi^a	As^a	Sb^a	Cu	杂质总和	产品形状
锌白铜	12	18-18锌白铜	BZn18-18 [C75200]	16.5~19.5	0.25	0.50	余量	0.05	—	—	—	—	—	—	—	—	—	63.5~66.5^d	—	板、带
	13	18-26锌白铜	BZn18-26 [C77000]	16.5~19.5	0.25	0.50	余量	0.05	—	—	—	—	—	—	—	—	—	53.5~56.5^d	—	板、带
	14	15-20锌白铜	BZn15-20	13.5~16.5	0.5	0.3	余量	0.02	—	0.15	0.005	0.01	0.03	0.05	0.002	0.01	0.002	62.0~65.0	0.9	板、带、箔、管、棒、线
	15	15-21-1.8加铅锌白铜	BZn15-21-1.8	14.0~16.0	0.3	0.5	余量	1.5~2.0	—	0.15	—	—	—	—	—	—	—	60.0~63.0	0.9	棒
	16	15-24-1.5加铅锌白铜	BZn15-24-1.5	12.5~15.5	0.25	0.05~0.5	余量	1.4~1.7	—	—	0.02	0.005	—	—	—	—	—	58.0~60.0	0.75	棒
铝白铜	17	13-3铝白铜	BAl13-3	12.0~15.0	1.0	0.50	—	0.003	2.3~3.0	—	0.01	—	—	—	—	—	—	余量	1.9	棒
	18	6-1.5铝白铜	BAl6-1.5	5.5~6.5	0.50	0.20	—	0.003	1.2~1.8	—	—	—	—	—	—	—	—	余量	1.1	板

a 铋、锑和砷可不分析，但供方必须保证不大于界限值。

b 特殊用途的B19白铜带，可供应硅的质量分数不大于0.05%的材料。

c BMn3-12合金、作热电偶用的BMn40-1.5和BMn43-0.5合金，为保证电气性能，对规定有最大值和最小值的成分，允许略微超出本表的规定。

d Cu+所列出元素总和≥99.5%。

2.2.17 铸造铜合金

铸造铜合金的牌号按 GB/T 8063—1994《铸造有色金属及其合金牌号的表示方法》的规定执行。

铸造方法代号有以下几种：

S——砂型铸造；

J——金属型铸造；

La——连续铸造；

Li——离心铸造。

部分铸造铜合金的主要特性：

①ZCuSn3Zn8Pb6Ni1，其耐磨性较好，易加工，铸造性能好，气密性较好，耐腐蚀，可在流动海水下工作。

②ZCuPb10Sn10，其润滑性能、耐磨性能和耐蚀性能好，适合用作双金属铸造材料。

③ZCuAl8Mn13Fe3，具有很高的强度和硬度，良好的耐磨性能和铸造性能，合金致密性高，耐蚀性好，作为耐磨件工作温度不大于400℃，可以焊接，不易钎焊。

④ZCuZn38，具有优良的铸造性能和较高的力学性能，切削加工性能好，可以焊接，耐蚀性较好，有应力腐蚀开裂倾向。

⑤ZCuZn25Al6Fe3Mn3，有很高的力学性能，铸造性能良好，耐蚀性较好，有应力腐蚀开裂倾向，可以焊接。

⑥ZCuZn38Mn2Pb2，有较高的力学性能和耐蚀性，耐磨性较好，切削性能良好。

⑦ZCuZn33Pb2，结构材料，给水温度为90℃时抗氧化性能好，电导率约为 10～14MS/m。

⑧ZCuZn16Si4，具有较高的力学性能和良好的耐蚀性，铸造性能好，流动性高，铸件组织致密，气密性好。

1. 铸造铜合金

铸造铜合金（GB/T 1176—1987）的化学成分和杂质含量分别列于表2-128、表2-129；其力学性能列于表2-130。

表 2-128 铸造铜合金的化学成分

序号	合金牌号	合金名称	化学成分（质量分数）/%									
			Sn	Zn	Pb	P	Ni	Al	Fe	Mn	Si	Cu
1	ZCuSn3Zn8Pb6Ni1	3-8-6-1锡青铜	2.0~4.0	6.0~9.0	4.0~7.0		0.5~1.5					其余
2	ZCuSn3Zn11Pb4	3-11-4锡青铜	2.0~4.0	9.0~13.0	3.0~6.0							其余
3	ZCuSn5Pb5Zn5	5-5-5锡青铜	4.0~6.0	4.0~6.0	4.0~6.0							其余
4	ZCuSn10Pb1	10-1锡青铜	9.0~11.5			0.5~1.0						其余
5	ZCuSn10Pb5	10-5锡青铜	9.0~11.0		4.0~6.0							其余
6	ZCuSn10Zn2	10-2锡青铜	9.0~11.0	1.0~3.0								其余
7	ZCuPb10Sn10	10-10铅青铜	9.0~11.0		8.0~11.0							其余
8	ZCuPb15Sn8	15-8铅青铜	7.0~9.0		13.0~17.0							其余
9	ZCuPb17Sn4Zn4	17-4-4铅青铜	3.5~5.0	2.0~6.0	14.0~20.0							其余
10	ZCuPb20Sn5	20-5铅青铜	4.0~6.0		18.0~23.0							其余

序号	合金牌号	合金名称	Sn	Zn	Pb	P	Ni	Al	Fe	Mn	Si	Cu
11	ZCuPb30	30铅青铜			27.0~33.0							其余
12	ZCuAl8Mn13Fe3	8-13-3铝青铜						7.0~9.0	2.0~4.0	12.0~14.5		其余
13	ZCuAl8Mn13Fe3Ni2	8-13-3-2铝青铜					1.8~2.5	7.0~8.5	2.5~4.0	11.5~14.0		其余
14	ZCuAl9Mn2	9-2铝青铜						8.0~10.0		1.5~2.5		其余
15	ZCuAl9Fe4Ni4Mn2	9-4-4-2铝青铜					4.0~5.0	8.5~10.0	4.0~5.0	0.8~2.5		其余
16	ZCuAl10Fe3	10-3铝青铜						8.5~11.0	2.0~4.0			其余
17	ZCuAl10Fe3Mn2	10-3-2铝青铜						9.0~11.0	2.0~4.0	1.0~2.0		其余
18	ZCuZn38	38黄铜		其余								60.0~63.0
19	ZCuZn25Al6Fe3Mn3	25-6-3-3铝黄铜		其余				4.5~7.0	2.0~4.0	1.5~4.0		60.0~66.0
20	ZCuZn26Al4Fe3Mn3	26-4-3-3铝黄铜		其余				2.5~5.0	1.5~4.0	1.5~4.0		60.0~66.0
21	ZCuZn31Al2	31-2铝黄铜		其余				2.0~3.0				66.0~68.0

化学成分(质量分数)/%

续表

序号	合金牌号	合金名称	化学成分(质量分数)/%									
			Sn	Zn	Pb	P	Ni	Al	Fe	Mn	Si	Cu
22	ZCuZn35Al2Mn2Fe1	35-2-2-1铝黄铜		其余				0.5~2.5	0.5~2.0	0.1~3.0		57.0~65.0
23	ZCuZn38Mn2Pb2	38-2-2锰黄铜		其余	1.5~2.5					1.5~2.5		57.0~60.0
24	ZCuZn40Mn2	40-2锰黄铜		其余						1.0~2.0		57.0~60.0
25	ZCuZn40Mn3Fe1	40-3-1锰黄铜		其余					0.5~1.5	3.0~4.0		53.0~58.0
26	ZCuZn33Pb2	33-2铅黄铜		其余	1.0~3.0							63.0~67.0
27	ZCuZn40Pb2	40-2铅黄铜		其余	0.5~2.5			0.2~0.8				58.0~63.0
28	ZCuZn16Si4	16-4硅黄铜		其余							2.5~4.5	79.0~81.0

注：①ZCuAl10Fe3合金用于金属型铸造，铁含量允许为0.1%~4.0%。该合金用于焊接件，铅含量不得超过0.02%。

②ZCuZn40Mn3Fe1合金用于船舶螺旋桨，铜含量为55.0%~59.0%。

③经需方认可，ZCuSn5Pb5Zn5、ZCuSn10Zn2、ZCuPb10Sn10、ZCuPb15Sn8和ZCuPb20Sn5合金用于离心铸造和连续铸造，磷含量允许增加到1.5%，并不计入杂质总和。

表 2 - 129　铸造铜合金的杂质含量

杂质限量(质量分数)/% ≤

序号	合金牌号	Fe	Al	Sb	Si	P	S	As	C	Bi	Ni	Sn	Zn	Pb	Mn	总和
1	ZCuSn3Zn8Pb6Ni1	0.4	0.02	0.3	0.02	0.05										1.0
2	ZCuSn3Zn11Pb4	0.5	0.02	0.3	0.02	0.05										1.0
3	ZCuSn5Pb5Zn5	0.3	0.01	0.25	0.01	0.05	0.10				2.5*					1.0
4	ZCuSn10Pb1	0.1	0.01	0.05	0.02		0.05				0.10		0.05	0.25	0.05	0.75
5	ZCuSn10Pb5	0.3	0.02	0.3	0.02	0.05							1.0*			1.0
6	ZCuSn10Zn2	0.25	0.01	0.3	0.01	0.05	0.10				2.0*			1.5*	0.2	1.5
7	ZCuPb10Sn10	0.25	0.01	0.5	0.01	0.05	0.10				2.0*		2.0*		0.2	1.0
8	ZCuPb15Sn8	0.25	0.01	0.5	0.01	0.10	0.10				2.0*		2.0*		0.2	1.0
9	ZCuPb17Sn4Zn4	0.4	0.05	0.3	0.02	0.05										0.75
10	ZCuPb20Sn5	0.25	0.01	0.75	0.01	0.10	0.10				2.5*		2.0*		0.2	1.0
11	ZCuPb30	0.5	0.01	0.2	0.02	0.08		0.10		0.005		1.0*			0.3	1.0
12	ZCuAl8Mn13Fe3				0.15				0.10				0.3*	0.02		1.0
13	ZCuAl8Mn13Fe3Ni2				0.15				0.10				0.3*	0.02		1.0
14	ZCuAl9Mn2			0.05	0.20	0.10		0.05				0.2	1.5*	0.1		1.0
15	ZCuAl9Fe4Ni4Mn2				0.15				0.10					0.02		1.0

序号	合金牌号	Fe	Al	Sb	Si	P	S	As	C	Bi	Ni	Sn	Zn	Pb	Mn	总和
																杂质限量（质量分数）/% ≤
16	ZCuAl10Fe3				0.20						3.0*	0.3	0.4	0.2	1.0*	1.0
17	ZCuAl10Fe3Mn2			0.05	0.10	0.01		0.01				0.1	0.5*	0.3		0.75
18	ZCuZn38	0.8	0.5	0.1	0.10	0.01				0.002		1.0*				1.5
19	ZCuZn25Al6Fe3Mn3				0.10						3.0*	0.2	0.2	0.2		2.0
20	ZCuZn26Al4Fe3Mn3				0.10						3.0*	0.2	0.2	0.2		2.0
21	ZCuZn31Al2	0.8										1.0*		1.0*	0.5	1.5
22	ZCuZn35Al2Mn2Fe1				0.10						3.0*	1.0*	Sb+P+As 0.40	0.5		2.0
23	ZCuZn38Mn2Pb2	0.8	1.0*	0.1								2.0*				2.0
24	ZCuZn40Mn2	0.8	1.0*	0.1								1.0				2.0
25	ZCuZn40Mn3Fe1		1.0*	0.1								0.5		0.5		1.5
26	ZCuZn33Pb2	0.8	0.1		0.05	0.05					1.0*	1.5*			0.2	1.5
27	ZCuZn40Pb2	0.8	0.1		0.05						1.0*	1.0*			0.5	1.5
28	ZCuZn16Si4	0.6	0.1	0.1								0.3		0.5	0.5	2.0

注：①有"*"符号的元素不计入杂质总和。
②未列出的杂质元素，计入杂质总和。

表 2 – 130 铸造铜合金的力学性能

序号	合金牌号	铸造方法	力学性能 ≥			
			抗拉强度 /MPa	屈服强度 /MPa	伸长率/%	布氏硬度 HBS
1	ZCuSn3Zn8Pb6Ni1	S	175		8	590
		J	215		10	685
2	ZCuSn3Zn11Pb4	S	175		8	590
		J	215		10	590
3	ZCuSn5Pb5Zn5	S、J	200	90	13	(590)
		Li、La	250	(100)	13	(635)
4	ZCuSn10Pb1	S	220	130	3	(785)
		J	310	170	2	(885)
		Li	330	(170)	4	(885)
		La	360	(170)	6	(885)
5	ZCuSn10Pb5	S	195		10	685
		J	245		10	685
6	ZCuSn10Zn2	S	240	120	12	(685)
		J	245	(140)	6	(785)
		Li、La	270	(140)	7	(785)
7	ZCuPb10Sn10	S	180	80	7	(635)
		J	220	140	5	(685)
		Li、La	220	(110)	6	(685)
8	ZCuPb15Sn8	S	170	80	5	(590)
		J	200	(100)	6	(635)
		Li、La	220	(100)	8	(635)
9	ZCuPb17Sn4Zn4	S	150		5	540
		J	175		7	590
10	ZCuPb20Sn5	S	150	60	5	(440)
		J	150	(70)	6	(540)
		La	180	(80)	7	(540)
11	ZCuPb30	J	—	—	—	245
12	ZCuAl8Mn13Fe3	S	600	(270)	15	1 570
		J	650	(280)	10	1 665
13	ZCuAl8Mn13Fe3Ni2	S	645	280	20	1 570
		J	670	(310)	18	1 665
14	ZCuAl9Mn2	S	390		20	835
		J	440		20	930

序号	合金牌号	铸造方法	力学性能≥			
			抗拉强度/MPa	屈服强度/MPa	伸长率/%	布氏硬度HBS
15	ZCuAl9Fe4Ni4Mn2	S	630	250	16	1 570
16	ZCuAl10Fe3	S	490	180	13	(980)
		J	540	200	15	(1 080)
		Li、La	540	200	15	(1 080)
17	ZCuAl10Fe3Mn2	S	490		15	1 080
		J	540		20	1 175
18	ZCuZn38	S	295		30	590
		J	295		30	685
19	ZCuZn25Al6Fe3Mn3	S	725	380	10	(1 570)
		J	740	400	7	(1 665)
		Li、La	740	400	7	(1 665)
20	ZCuZn26Al4Fe3Mn3	S	600	300	18	(1 175)
		J	600	300	18	(1 275)
		Li、La	600	300	18	(1 275)
21	ZCuZn31Al2	S	295		12	785
		J	390		15	885
22	ZCuZn35Al2Mn2Fe2	S	450	170	20	980
		J	475	200	18	(1 080)
		Li、La	475	200	18	(1 080)
23	ZCuZn38Mn2Pb2	S	245		10	685
		J	345		18	785
24	ZCuZn40Mn2	S	345		20	785
		J	390		25	885
25	ZCuZn40Mn3Fe1	S	440		18	980
		J	490		15	1 080
26	ZCuZn33Pb2	S	180	(70)	12	(490)
27	ZCuZn40Pb2	S	220		15	(785)
		J	280	(120)	20	(885)
28	ZCuZn16Si4	S	345		15	885
		J	390		20	980

注：①表中带括号的数据为参考值。

②布氏硬度试验，力的单位为 N。

2. 铸造铜合金锭

铸造铜合金锭（YS/T 544—2009）的牌号和化学成分列于表2-131、表2-132。

表2-131 黄铜锭牌号及其化学成分

化学成分（质量分数）/%

序号	牌号	主要成分								杂质含量，≤									主要用途
		Cu	Al	Fe	Mn	Si	Pb	As	Bi	Zn	Fe	Pb	Sb	Mn	Sn	Al	P	Si	
1	ZH68	67.0~70.0	—	—	—	—	—	—	—	余量	0.10	0.03	0.01	—	1.0	0.1	0.01	—	制造冷冲、深拉制件和各种板、棒、管材等
2	ZH62	60.0~63.0	—	—	—	—	—	—	—	余量	0.2	0.08	0.01	—	1.0	0.3	0.01	—	冷态下有较高的塑性，广泛用于所有的工业部门
3	ZHAl67-5-2-2	67.0~70.0	5.0~6.0	2.0~3.0	2.0~3.0	—	—	—	—	余量	—	0.5	0.01	—	0.5	—	0.01	—	重载荷耐磨零件
4	ZHAl63-6-3-3	60.0~66.0	4.5~7.0	2.0~4.0	1.5~4.0	—	—	—	—	余量	—	0.20	—	—	0.2	—	—	0.10	高强度耐磨零件
5	ZHAl62-4-3-3	60.0~66.0	2.5~5.0	1.5~4.0	1.5~4.0	—	—	—	—	余量	—	0.20	—	—	0.2	—	—	0.10	高强度耐蚀零件
6	ZHAl67-2.5	60.0~68.0	2.0~3.0	—	—	—	—	—	—	余量	0.6	0.5	0.05	0.5	0.5	—	—	—	管配件和要求不高的耐磨件

序号	牌号	主要成分								杂质含量，≤									主要用途
		Cu	Al	Fe	Mn	Si	Pb	As	Bi	Zn	Fe	Pb	Sb	Mn	Sn	Al	P	Si	
7	ZHAl61-2-2-1	57.0~65.0	0.5~2.5	0.5~2.0	0.1~3.0	—	—	—		余量	—	0.5	(Sb+P+As)≤0.4	—	1.0	—	—	0.10	轴瓦、衬筒及其他减磨零件
8	ZHMn58-2-2	57.0~60.0	—	—	1.5~2.5	—	1.5~2.5	—		余量	0.6	—	0.05	—	0.5	1.0	0.01	—	轴瓦、衬筒及其他减磨零件
9	ZHMn58-2	57.0~60.0	—	—	1.0~2.0	—	—	—		余量	0.6	0.1	0.05	—	0.5	0.5	0.01	—	在空气、淡水、海水蒸气和各种液体燃料中工作的零件
10	ZHMn57-3-1	53.0~58.0	—	0.5~1.5	3.0~4.0	—	—	—		余量	—	0.3	0.05	—	0.5	0.5	0.01	—	大型铸件、耐海水腐蚀的零件及300℃以下工作的管配件
11	ZHPb65-2	63.0~66.0	—	—	—	—	1.0~2.8	—		余量	0.7	—	—	0.2	1.5	0.1	0.02	0.03	煤气给水设备的壳体及机械电子等行业的部分构件和配件

序号	牌号	化学成分（质量分数）/%																	主要用途
		主要成分								杂质含量，≤									
		Cu	Al	Fe	Mn	Si	Pb	As	Bi	Zn	Fe	Pb	Sb	Mn	Sn	Al	P	Si	
12	ZHPb59-1	57.0~61.0	—	—	—	—	0.8~1.9	—	—	余量	0.6	—	0.05	—	—	0.2	0.01	—	滚珠轴承及一般用途的耐磨耐蚀零件
13	ZHPb60-2	58.0~62.0	—	—	—	—	0.5~2.5	—	—	余量	0.7	—	—	0.5	1.0	—	—	0.05	耐磨耐蚀零件。如轴套、双金属件等
14	ZHPb60-1A	59.0~61.0	—	—	—	—	1.0~2.0	—	—	余量	0.1	—	—	—	0.1	—	0.005	—	大型水暖铸件，镜面抛光面积大的产品，如大型卫浴龙头本体等
15	ZHPb60-1B	59.0~61.0	—	—	—	—	1.0~2.0	—	—	余量	0.2	—	—	—	0.2	—	0.01	—	中型水暖铸件，镜面抛光面积较大的产品，如中型卫浴龙头本体等
16	ZHPb59-2C	58.0~60.0	—	—	—	—	2.0~3.0	—	—	余量	0.8	—	—	—	0.8	—	—	—	小型水暖铸件，镜面抛光面积较小的产品，如卫浴龙头\连接阀等

续表

序号	牌号	化学成分（质量分数）/%																	主要用途
		主要成分									杂质含量，≤								
		Cu	Al	Fe	Mn	Si	Pb	As	Bi	Zn	Fe	Pb	Sb	Mn	Sn	Al	P	Si	
17	ZHPb62-2-0.1	61.0~63.0	0.5~0.7	—	—	—	1.5~3.0	0.08~0.15		余量	0.1	—	—	0.1	0.1	—	0.005	—	大型水暖铸件，同时耐海水腐蚀强，镜面抛光面积大的产品，如卫浴龙头本体等
18	ZHBi60-0.8	59.0~61.0	—	—	—	—	—		0.5~1.0	余量	0.5	0.1	—	—	0.5	—	—	—	环保型大型水暖铸件，镜面抛光面积大的产品，对铅渗出有特殊要求，如卫浴龙头本体等
19	ZHSi80-3	79.0~81.0	—	—	—	2.5~4.5	—			余量	0.4	0.1	0.05	0.5	0.2	0.1	0.02	—	摩擦条件下工作的零件
20	ZHSi80-3-3	79.0~81.0	—	—	—	2.5~4.5	2.0~4.0			余量	0.4	—	0.05	0.5	0.2	0.2	0.02	—	铸造轴承、衬套

注：①抗磁用的黄铜锭，铁含量不超过0.05%。

②需方对化学成分有特殊要求时，可由供需双方协商确定。

表 2-132 青铜锭牌号及其化学成分

序号	牌号	化学成分(质量分数)/%																			主要用途
		主要成分									杂质含量,≤										
		Sn	Zn	Pb	P	Ni	Al	Fe	Mn	Cu	Sn	Zn	Pb	P	Ni	Al	Fe	Mn	Sb	Si	S	
1	ZQSn3-8-6-1	2.0~4.0	6.3~9.3	4.0~6.7	—	0.5~1.5	—	—	—	余量	—	—	—	0.05	—	0.02	0.3	—	0.3	0.02	—	海水工作条件下的配件,压力不大于2.5MPa的阀门
2	ZQSn3-11-4	2.0~4.0	9.5~13.5	3.0~5.8	—	—	—	—	—	余量	—	—	—	0.05	—	0.02	0.4	—	0.3	0.02	—	海水、淡水、蒸汽中,压力不大于2.5MPa的管配件
3	ZQSn5-5-5	4.0~6.0	4.5~6.0	4.0~5.7	—	—	—	—	—	余量	—	—	—	0.03	—	0.01	0.25	—	0.25	0.01	0.10	在较高负荷和中等滑动速度下工作的耐磨、耐蚀零件
4	ZQSn6-3	5.0~7.0	5.3~7.3	2.0~3.8	—	—	—	—	—	余量	—	—	—	—	—	0.05	0.3	—	0.2	0.05	—	摩擦条件下工作的零件,如衬套、轴瓦等
5	ZQSn10-1	9.2~11.5	—	—	0.60~1.0	—	—	—	—	余量	—	—	0.25	—	0.10	0.01	0.08	—	0.05	0.02	0.05	高负荷和高滑动速度下工作的耐磨零件

序号	牌号	主要成分 Sn	Zn	Pb	P	Ni	Al	Fe	Mn	Cu	杂质含量,≤ Zn	Pb	P	Ni	Al	Fe	Mn	Sb	Si	S	主要用途
6	ZQSn10-2	9.2~11.2	1.0~3.0	—	—	—	—	—	—	余量	—	1.3	0.03	—	0.01	0.20	0.2	0.3	0.01	0.10	复杂成型铸件,管配件及阀体,齿轮,蜗轮等
7	ZQSn10-5	9.2~11.0	—	4.0~5.8	—	—	—	—	—	余量	1.0	—	0.05	—	0.01	0.2	—	0.2	0.01	—	结构材料,耐蚀,耐酸的配件及破碎机衬套,轴瓦
8	ZQPb10-10	9.2~11.0	—	8.5~10.5	—	—	—	—	—	余量	2.0	—	0.05	—	0.01	0.15	0.2	0.50	0.01	0.10	汽车及其他重载荷的零件,表面压力高,又存在侧压力的滑动轴承
9	ZQPb15-8	7.2~9.0	—	13.5~16.5	—	—	—	—	—	余量	2.0	—	0.05	—	0.01	0.15	0.2	0.5	0.01	0.1	耐酸配件,高压工作的零件
10	ZQPb17-4-4	3.5~5.0	2.0~6.0	14.5~19.5	—	—	—	—	—	余量	—	—	0.05	—	0.02	0.3	—	0.3	0.02	0.05	高滑动速度的轴承和一般耐磨零件等

序号	牌号	主要成分									杂质含量,≤											主要用途
		Sn	Zn	Pb	P	Ni	Al	Fe	Mn	Cu	Sn	Zn	Pb	P	Ni	Al	Fe	Mn	Sb	Si	S	
11	ZQPb20-5	4.0~6.0	—	19.0~23.0	—	—	—	—	—	余量	—	2.0	—	0.05	—	0.01	0.15	0.2	0.75	0.01	0.1	高滑动速度的轴承,抗蚀零件,负荷达40MPa的零件,负荷达70MPa的活塞销套
12	ZQPb30	—	—	28.0~33.0	—	—	—	—	—	余量	—	0.1	—	0.08	—	0.01	0.2	—	0.2	0.01	0.05	高滑动速度的双金属轴瓦及减磨件
13	ZQPb85-5-5	4.0~6.0	4.0~6.0	4.0~6.0	—	—	—	—	—	84.0~86.0	—	—	—	—	—	—	0.3	—	—	—	—	耐海水腐蚀的水暖铸件,如卫浴龙头\本体\连接阀等
14	ZQPb80-7-3	2.3~3.5	7.0~10.0	6.0~8.0	—	—	—	—	—	78.0~82.0	—	—	—	—	—	—	0.4	—	—	—	—	耐海水腐蚀的水暖铸件,如卫浴龙头\本体\连接阀等

化学成分(质量分数)/%

续表

序号	牌号	主要成分									杂质含量,≤											主要用途
		Sn	Zn	Pb	P	Ni	Al	Fe	Mn	Cu	Sn	Zn	Pb	P	Ni	Al	Fe	Mn	Sb	Si	S	
15	ZQAl9-2	—	—	—	—	—	8.2~10.0	—	1.5~2.5	余量	0.2	0.5	0.1	0.10	—	—	0.5	—	—	0.05	0.20	耐蚀、耐磨零件,形状简单的大型铸件及在250℃以下工作的管配件和要求气密性高的铸件的零件
16	ZQAl9-4-4-2	—	—	—	—	4.0~5.0	8.7~10.0	4.0~5.0	0.8~2.5	余量	—	—	0.02	—	—	—	—	—	—	0.15	—	耐蚀、高强度铸件、耐磨和400℃以下工作的零件
17	ZQAl10-2	—	—	—	—	—	9.2~11.0	—	1.5~2.5	余量	0.2	1.0	0.1	0.1	—	—	0.5	—	—	0.2	—	轮缘、轴套、齿轮、阀座、压下螺母等
18	ZQAl9-4	—	—	—	—	—	8.7~10.7	2.0~4.0	—	余量	0.20	0.40	0.10	—	—	—	—	1.0	—	0.10	—	高强度、耐磨、耐蚀零件及250℃以下工作的管配件

续表

序号	牌号	化学成分(质量分数)/%																				主要用途
		主要成分									杂质含量，≤											
		Sn	Zn	Pb	P	Ni	Al	Fe	Mn	Cu	Sn	Zn	Pb	P	Ni	Al	Fe	Mn	Sb	Si	S	
19	ZQAl10-3-2	—	—	—	—	—	9.2~11.0	2.0~4.0	1.0~2.0	余量	0.1	0.5	0.1	0.01	0.5	—	—	—	0.05	0.10	—	高强度、耐磨、耐蚀的零件及耐热管配件等
20	ZQMn12-8-3	—	—	—	—	—	7.2~9.0	2.0~4.0	12.0~14.5	余量	—	0.3	0.02	—	—	—	—	—	—	0.15	—	重型机械用的轴套及高强度的耐磨、耐压零件
21	ZQMn12-8-3-2	—	—	—	—	1.8~2.5	7.2~8.5	2.5~4.0	11.5~14.0	余量	0.1	0.1	0.02	0.01	—	—	—	—	—	0.15	—	高强度耐蚀铸件及耐压耐磨零件

注：①抗磁用的青铜锭，铁含量不超过0.05%。
②需方对化学成分有特殊要求时，可由供需双方协商确定。

· 199 ·

2.2.18 铝及铝合金

1. 变形铝及铝合金

变形铝及铝合金（GB/T 3190—2008）的化学成分列于表 2-133，表 2-134。

表 2-133　国际牌号变形铝及铝合金化学成分

化学成分(质量分数)/%

序号	牌号	Si	Fe	Cu	Mn	Mg	Cr	Ni	Zn		Ti	Zr	其他		Al
													单个	合计	
1	1035	0.35	0.6	0.10	0.05	0.05	—	—	0.10	0.05V	0.03	—	0.03	—	99.35
2	1040	0.30	0.50	0.10	0.05	0.05	—	—	0.10	0.05V	0.03	—	0.03	—	99.40
3	1045	0.30	0.45	0.10	0.05	0.05	—	—	0.05	0.05V	0.03	—	0.03	—	99.45
4	1050	0.25	0.40	0.05	0.05	0.05	—	—	0.05	0.05V	0.03	—	0.03	—	99.50
5	1050A	0.25	0.40	0.05	0.05	0.05	—	—	0.07	—	0.05	—	0.03	—	99.50
6	1060	0.25	0.35	0.05	0.03	0.03	—	—	0.05	0.05V	0.03	—	0.03	—	99.60
7	1065	0.25	0.30	0.05	0.03	0.03	—	—	0.05	0.05V	0.03	—	0.03	—	99.65
8	1070	0.20	0.25	0.04	0.03	0.03	—	—	0.04	0.05V	0.03	—	0.03	—	99.70
9	1070A	0.20	0.25	0.03	0.03	0.03	—	—	0.07	—	0.03	—	0.03	—	99.70
10	1080	0.15	0.15	0.03	0.02	0.02	—	—	0.03	0.03Ga, 0.05V	0.03	—	0.02	—	99.80
11	1080A	0.15	0.15	0.03	0.02	0.02	—	—	0.06	0.03Ga[a]	0.02	—	0.02	—	99.80
12	1085	0.10	0.12	0.03	0.02	0.02	—	—	0.03	0.03Ga, 0.05V	0.02	—	0.01	—	99.85
13	1100	0.95Si+Fe		0.05~0.20	0.05	—	—	—	0.10	[a]	—	—	0.05	0.15	99.00

序号	牌号	化学成分（质量分数）/%											其他		Al
		Si	Fe	Cu	Mn	Mg	Cr	Ni	Zn		Ti	Zr	单个	合计	
14	1200	1.00Si+Fe		0.05	0.05	—	—	—	0.10	—	0.05	—	0.05	0.15	99.00
15	1200A	1.00Si+Fe		0.10	0.30	0.30	0.10	—	0.10	—	—	—	0.05	0.15	99.00
16	1120	0.10	0.40	0.05 ~ 0.35	0.01	0.20	0.01	—	0.05	0.03Ga,0.05B, 0.02V+Ti	—	—	0.03	0.10	99.20
17	1230[b]	0.70Si+Fe		0.10	0.05	0.05	—	—	0.10	0.05V	0.03	—	0.03	—	99.30
18	1235	0.65Si+Fe		0.05	0.05	0.05	—	—	0.10	0.05V	0.06	—	0.03	—	99.35
19	1435	0.15	0.30 ~ 0.50	0.02	0.05	0.05	—	—	0.10	0.05V	0.03	—	0.03	—	99.35
20	1145	0.55Si+Fe		0.05	0.05	0.05	—	—	0.05	0.05V	0.03	—	0.03	—	99.45
21	1345	0.30	0.40	0.10	0.05	0.05	—	—	0.05	0.05V	0.03	—	0.03	—	99.45
22	1350	0.10	0.40	0.05	0.01	—	0.01	—	0.05	0.03Ga,0.05B, 0.02V+Ti	—	—	0.03	0.10	99.50
23	1450	0.25	0.40	0.05	0.05	0.05	—	—	0.07	a	0.10 ~ 0.20	—	0.03	—	99.50
24	1260	0.40Si+Fe		0.04	0.01	0.03	—	—	0.05	0.05V[a]	0.03	—	0.03	—	99.60
25	1370	0.10	0.25	0.02	0.01	0.02	0.01	—	0.04	0.03Ga,0.02B, 0.02V+Ti	—	—	0.02	0.10	99.70
26	1275	0.08	0.12	0.05 ~ 0.10	0.02	0.02	—	—	0.03	0.03Ga,0.03V	0.02	—	0.01	—	99.75

序号	牌号	化学成分(质量分数)/%											其他		Al
		Si	Fe	Cu	Mn	Mg	Cr	Ni	Zn		Ti	Zr	单个	合计	
27	1185	0.15Si+Fe		0.01	0.02	0.02	—	—	0.03	0.03Ga, 0.05V	0.02	—	0.01	—	99.85
28	1285	0.08[c]	0.08[c]	0.02	0.01	0.01	—	—	0.03	0.03Ga, 0.05V	0.02	—	0.01	—	99.85
29	1385	0.05	0.12	0.02	0.01	0.02	0.01	—	0.03	0.03Ga, 0.03V + Ti[d]	—	—	0.01	—	99.85
30	2004	0.20	0.20	5.5~6.5	0.10	0.50	—	—	0.10	—	0.05	0.30~0.50	0.05	0.15	余量
31	2011	0.40	0.7	5.0~6.0	—	—	—	—	0.30	[e]	—	—	0.05	0.15	余量
32	2014	0.50~1.2	0.7	3.9~5.0	0.40~1.2	0.20~0.8	0.10	—	0.25	[f]	0.15	—	0.05	0.15	余量
33	2014A	0.50~0.9	0.50	3.9~5.0	0.40~1.2	0.20~0.8	0.10	0.10	0.25	—	0.15	0.20Zr + Ti	0.05	0.15	余量
34	2214	0.50~1.2	0.30	3.9~5.0	0.40~1.2	0.20~0.8	0.10	—	0.25	[f]	0.15	—	0.05	0.15	余量
35	2017	0.20~0.8	0.70	3.5~4.5	0.40~1.0	0.40~0.8	0.10	—	0.25	[f]	0.15	—	0.05	0.15	余量
36	2017A	0.20~0.8	0.7	3.5~4.5	0.40~1.0	0.40~1.0	0.10	—	0.25	—	—	0.25Zr + Ti	0.05	0.15	余量
37	2117	0.8	0.7	2.2~3.0	0.20	0.20~0.50	0.10	—	0.25	—	—	—	0.05	0.15	余量

序号	牌号	化学成分（质量分数）/%											其他		Al
		Si	Fe	Cu	Mn	Mg	Cr	Ni	Zn		Ti	Zr	单个	合计	
38	2218	0.9	1.0	3.5~4.5	0.20	1.2~1.8	0.10	1.7~2.3	0.25	—	—	—	0.05	0.15	余量
39	2618	0.10~0.25	0.9~1.3	1.9~2.7	—	1.3~1.8	—	0.9~1.2	0.10	—	0.04~0.10	—	0.05	0.15	余量
40	2618A	0.15~0.25	0.9~1.4	1.8~2.7	0.25	1.2~1.8	—	0.8~1.4	0.15	—	0.20	0.25Zr+Ti	0.05	0.15	余量
41	2219	0.20	0.30	5.8~6.8	0.20~0.40	0.02	—	—	0.10	0.05~0.15V	0.02~0.10	0.10~0.25	0.05	0.15	余量
42	2519	0.25^g	0.30^g	5.3~6.4	0.10~0.50	0.05~0.40	—	—	0.10	0.05~0.15V	0.02~0.10	0.10~0.25	0.05	0.15	余量
43	2024	0.50	0.50	3.8~4.9	0.30~0.9	1.2~1.8	0.10	—	0.25	f	0.15	—	0.05	0.15	余量
44	2024A	0.15	0.20	3.7~4.5	0.15~0.8	1.2~1.5	0.10	—	0.25	f	0.15	—	0.05	0.15	余量
45	2124	0.20	0.30	3.8~4.9	0.30~0.9	1.2~1.8	0.10	—	0.25	f	0.15	—	0.05	0.15	余量
46	2324	0.10	0.12	3.8~4.4	0.30~0.9	1.2~1.8	0.10	—	0.25	—	0.15	—	0.05	0.15	余量
47	2524	0.06	0.12	4.0~4.5	0.45~0.7	1.2~1.6	0.05	—	0.15	—	0.10	—	0.05	0.15	余量

序号	牌号	化学成分（质量分数）/%											其他		Al
		Si	Fe	Cu	Mn	Mg	Cr	Ni	Zn		Ti	Zr	单个	合计	
48	3002	0.08	0.10	0.15	0.05~0.25	0.05~0.20	—	—	0.05	0.05V	0.03	—	0.03	0.10	余量
49	3102	0.40	0.7	0.10	0.05~0.40	—	—	—	0.30	—	0.10	—	0.05	0.15	余量
50	3003	0.6	0.7	0.05~0.20	1.0~1.5	—	—	—	0.10	—	—	—	0.05	0.15	余量
51	3103	0.50	0.7	0.10	0.9~1.5	0.30	0.10	—	0.20	a	—	0.10Zr+Ti	0.05	0.15	余量
52	3103A	0.50	0.7	0.10	0.7~1.4	0.30	0.10	—	0.20	—	0.10	0.10Zr+Ti	0.05	0.15	余量
53	3203	0.6	0.7	0.05	1.0~1.5	—	—	—	0.10	a	—	—	0.05	0.15	余量
54	3004	0.30	0.7	0.25	1.0~1.5	0.8~1.3	—	—	0.25	—	—	—	0.05	0.15	余量
55	3004A	0.40	0.7	0.25	0.8~1.5	0.8~1.5	0.10	—	0.25	0.03Pb	0.05	—	0.05	0.15	余量
56	3104	0.6	0.8	0.05~0.25	0.8~1.4	0.8~1.3	—	—	0.25	0.05Ga,0.05V	0.10	—	0.05	0.15	余量
57	3204	0.30	0.7	0.10~0.25	0.8~1.5	0.8~1.5	—	—	0.25	—	—	—	0.05	0.15	余量

序号	牌号	化学成分(质量分数)/%											其他		Al
		Si	Fe	Cu	Mn	Mg	Cr	Ni	Zn		Ti	Zr	单个	合计	
58	3005	0.6	0.7	0.30	1.0~1.5	0.20~0.6	0.10	—	0.25	—	0.10	—	0.05	0.15	余量
59	3105	0.6	0.7	0.30	0.30~0.8	0.20~0.8	0.20	—	0.40	—	0.10	—	0.05	0.15	余量
60	3105A	0.6	0.7	0.30	0.30~0.8	0.20~0.8	0.20	—	0.25	—	0.10	—	0.05	0.15	余量
61	3006	0.50	0.7	0.10~0.30	0.50~0.8	0.30~0.6	0.20	—	0.15~0.40	—	0.10	—	0.05	0.15	余量
62	3007	0.50	0.7	0.05~0.30	0.30~0.8	0.6	0.20	—	0.40	—	0.10	—	0.05	0.15	余量
63	3107	0.6	0.7	0.05~0.15	0.40~0.9	—	—	—	0.20	—	0.10	—	0.05	0.15	余量
64	3207	0.30	0.45	0.10	0.40~0.8	0.10	—	—	0.10	—	—	—	0.05	0.15	余量
65	3207A	0.35	0.6	0.25	0.30~0.8	0.40	0.20	—	0.25	—	—	—	0.05	0.15	余量
66	3307	0.6	0.8	0.30	0.50~0.9	0.30	0.20	—	0.40	—	0.10	—	0.05	0.15	余量
67	4004[b]	9.0~10.5	0.8	0.25	0.10	1.0~2.0	—	—	0.20	—	—	—	0.05	0.15	余量

序号	牌号	化学成分(质量分数)/%											其他		Al
		Si	Fe	Cu	Mn	Mg	Cr	Ni	Zn		Ti	Zr	单个	合计	
68	4032	11.0~13.5	1.0	0.50~1.3	—	0.80~1.3	0.10	0.50~1.3	0.25	—	—	—	0.05	0.15	余量
69	4043	4.5~6.0	0.8	0.30	0.05	0.05	—	—	0.10	a	0.20	—	0.05	0.15	余量
70	4043A	4.5~6.0	0.6	0.30	0.15	0.20	—	—	0.10	a	0.15	—	0.05	0.15	余量
71	4343	6.8~8.2	0.8	0.25	0.10	—	—	—	0.20	—	—	—	0.05	0.15	余量
72	4045	9.0~11.0	0.8	0.30	0.05	0.05	—	—	0.10	—	0.20	—	0.05	0.15	余量
73	4047	11.0~13.0	0.8	0.30	0.15	0.10	—	—	0.20	a	—	—	0.05	0.15	余量
74	4047A	11.0~13.0	0.6	0.30	0.15	0.10	—	—	0.20	a	0.15	—	0.05	0.15	余量
75	5005	0.30	0.7	0.20	0.20	0.50~1.1	0.10	—	0.25	—	—	—	0.05	0.15	余量
76	5005A	0.30	0.45	0.05	0.15	0.70~1.1	0.10	—	0.20	—	—	—	0.05	0.15	余量
77	5205	0.15	0.7	0.03~0.10	0.10	0.6~1.0	0.10	—	0.05	—	—	—	0.05	0.15	余量

续表

序号	牌号	化学成分(质量分数)/%											其他		Al
		Si	Fe	Cu	Mn	Mg	Cr	Ni	Zn		Ti	Zr	单个	合计	
78	5006	0.40	0.8	0.10	0.40~0.8	0.8~1.3	0.10	—	0.25	—	0.10	—	0.05	0.15	余量
79	5010	0.40	0.7	0.25	0.10~0.30	0.20~0.6	0.15	—	0.30	—	0.10	—	0.05	0.15	余量
80	5019	0.40	0.50	0.10	0.10~0.6	4.5~5.6	0.20	—	0.20	0.10~0.6Mn+Cr	0.20	—	0.05	0.15	余量
81	5049	0.40	0.50	0.10	0.50~1.1	1.6~2.5	0.30	—	0.20	—	0.10	—	0.05	0.15	余量
82	5050	0.40	0.7	0.20	0.10	1.1~1.8	0.10	—	0.25	—	—	—	0.05	0.15	余量
83	5050A	0.40	0.7	0.20	0.30	1.1~1.8	0.10	—	0.25	—	—	—	0.05	0.15	余量
84	5150	0.08	0.10	0.10	0.03	1.3~1.7	—	—	0.10	—	0.06	—	0.03	0.10	余量
85	5250	0.08	0.10	0.10	0.04~0.15	1.3~1.8	—	—	0.05	0.03Ca,0.05V	—	—	0.03	0.10	余量
86	5051	0.40	0.7	0.25	0.20	1.7~2.2	0.10	—	0.25	—	0.10	—	0.05	0.15	余量
87	5251	0.40	0.50	0.15	0.10~0.50	1.7~2.4	0.15	—	0.15	—	0.15	—	0.05	0.15	余量

序号	牌号	化学成分（质量分数）/%											其他		Al
		Si	Fe	Cu	Mn	Mg	Cr	Ni	Zn		Ti	Zr	单个	合计	
88	5052	0.25	0.40	0.10	0.10	2.2~2.8	0.15~0.35	—	0.10	—	—	—	0.05	0.15	余量
89	5154	0.25	0.40	0.10	0.10	3.1~3.9	0.15~0.35	—	0.20	a	0.20	—	0.05	0.15	余量
90	5154A	0.50	0.50	0.10	0.50	3.1~3.9	0.25	—	0.20	0.10~0.50Mn+Cr[a]	0.20	—	0.05	0.15	余量
91	5454	0.25	0.40	0.10	0.50~1.0	2.4~3.0	0.05~0.20	—	0.25	—	0.20	—	0.05	0.15	余量
92	5554	0.25	0.40	0.10	0.50~1.0	2.4~3.0	0.05~0.20	—	0.25	a	0.05~0.20	—	0.05	0.15	余量
93	5754	0.40	0.40	0.10	0.50	2.6~3.6	0.30	—	0.20	0.10~0.6Mn+Cr	0.15	—	0.05	0.15	余量
94	5056	0.30	0.40	0.10	0.05~0.20	4.5~5.6	0.05~0.20	—	0.10	a	—	—	0.05	0.15	余量
95	5356	0.25	0.40	0.10	0.05~0.20	4.5~5.5	0.05~0.20	—	0.10	—	0.06~0.20	—	0.05	0.15	余量
96	5456	0.25	0.40	0.10	0.50~1.0	4.7~5.5	0.05~0.20	—	0.25	—	0.20	—	0.05	0.15	余量
97	5059	0.45	0.50	0.25	0.6~1.2	5.0~6.0	0.25	—	0.40~0.9	—	0.20	0.05~0.25	0.05	0.15	余量

序号	牌号	化学成分（质量分数）/%											其他		Al
		Si	Fe	Cu	Mn	Mg	Cr	Ni	Zn		Ti	Zr	单个	合计	
98	5082	0.20	0.35	0.15	0.15	4.0~5.0	0.15	—	0.25	—	0.10	—	0.05	0.15	余量
99	5182	0.20	0.35	0.15	0.20~0.50	4.0~5.0	0.10	—	0.25	—	0.10	—	0.05	0.15	余量
100	5083	0.40	0.40	0.10	0.40~1.0	4.0~4.9	0.05~0.25	—	0.25	—	0.15	—	0.05	0.15	余量
101	5183	0.40	0.40	0.10	0.50~1.0	4.3~5.2	0.05~0.25	—	0.25	a	0.15	—	0.05	0.15	余量
102	5383	0.25	0.25	0.20	0.7~1.0	4.0~5.2	0.25	—	0.40	—	0.15	0.20	0.05	0.15	余量
103	5086	0.40	0.50	0.10	0.20~0.7	3.5~4.5	0.05~0.25	—	0.25	—	0.15	—	0.05	0.15	余量
104	6101	0.30~0.7	0.50	0.10	0.03	0.35~0.8	0.03	—	0.10	0.06B	—	—	0.03	0.10	余量
105	6101A	0.30~0.7	0.40	0.05	—	0.40~0.9	—	—	—	—	—	—	0.03	0.10	余量
106	6101B	0.30~0.6	0.10~0.30	0.05	0.05	0.35~0.6	—	—	0.10	0.06B	—	—	0.03	0.10	余量
107	6201	0.50~0.9	0.50	0.10	0.03	0.6~0.9	0.03	—	0.10	—	—	—	0.03	0.10	余量

序号	牌号	化学成分（质量分数）/%											其他		Al
		Si	Fe	Cu	Mn	Mg	Cr	Ni	Zn		Ti	Zr	单个	合计	
108	6005	0.6~0.9	0.35	0.10	0.10	0.40~0.6	0.10	—	0.10	—	0.10	—	0.05	0.15	余量
109	6005A	0.50~0.9	0.35	0.30	0.50	0.40~0.7	0.30	—	0.20	0.12~0.50Mn+Cr	0.10	—	0.05	0.15	余量
110	6105	0.6~1.0	0.35	0.10	0.15	0.45~0.8	0.10	—	0.10	—	0.10	—	0.05	0.15	余量
111	6106	0.3~0.6	0.35	0.25	0.05~0.20	0.40~0.8	0.20	—	0.10	—	—	—	0.05	0.10	余量
112	6009	0.6~1.0	0.50	0.15~0.6	0.20~0.8	0.40~0.8	0.10	—	0.25	—	0.10	—	0.05	0.15	余量
113	6010	0.8~1.2	0.50	0.15~0.6	0.20~0.8	0.6~1.0	0.10	—	0.25	—	0.10	—	0.05	0.15	余量
114	6111	0.6~1.1	0.40	0.50~0.9	0.10~0.45	0.50~1.0	0.10	—	0.15	—	0.10	—	0.05	0.15	余量
115	6016	1.0~1.5	0.50	0.20	0.20	0.25~0.6	0.10	—	0.20	—	0.15	—	0.05	0.15	余量
116	6043	0.40~0.9	0.50	0.30~0.9	0.35	0.6~1.2	0.15	—	0.20	0.40~0.7Bi 0.20~0.40Sn	0.15	—	0.05	0.15	余量
117	6351	0.7~1.3	0.50	0.10	0.40~0.8	0.40~0.8	—	—	0.20	—	0.20	—	0.05	0.15	余量

序号	牌号	化学成分(质量分数)/%											其他		Al
		Si	Fe	Cu	Mn	Mg	Cr	Ni	Zn		Ti	Zr	单个	合计	
118	6060	0.30~0.6	0.10~0.30	0.10	0.10	0.35~0.6	0.05	—	0.15		0.10	—	0.05	0.15	余量
119	6061	0.40~0.8	0.7	0.15~0.40	0.15	0.8~1.2	0.04~0.35	—	0.25	—	0.15	—	0.05	0.15	余量
120	6061A	0.40~0.8	0.7	0.15~0.40	0.15	0.8~1.2	0.04~0.35	—	0.25	h	0.15	—	0.05	0.15	余量
121	6262	0.40~0.8	0.7	0.15~0.40	0.15	0.8~1.2	0.04~0.14	—	0.25	i	0.15	—	0.05	0.15	余量
122	6063	0.20~0.6	0.35	0.10	0.10	0.45~0.9	0.10	—	0.10	—	0.10	—	0.05	0.15	余量
123	6063A	0.30~0.6	0.15~0.35	0.10	0.15	0.6~0.9	0.05	—	0.15	—	0.10	—	0.05	0.15	余量
124	6463	0.20~0.6	0.15	0.20	0.05	0.45~0.9	—	—	0.05	—	—	—	0.05	0.15	余量
125	6463A	0.20~0.6	0.15	0.25	0.05	0.30~0.9	—	—	0.05	—	—	—	0.05	0.15	余量
126	6070	1.0~1.7	0.50	0.15~0.40	0.40~1.0	0.50~1.2	0.10	—	0.25	—	0.15	—	0.05	0.15	余量
127	6181	0.8~1.2	0.45	0.10	0.15	0.6~1.0	0.10	—	0.20	—	0.10	—	0.05	0.15	余量

续表

序号	牌号	化学成分(质量分数)/%											其他		Al
		Si	Fe	Cu	Mn	Mg	Cr	Ni	Zn		Ti	Zr	单个	合计	
128	6181A	0.7~1.1	0.15~0.50	0.25	0.40	0.6~1.0	0.15	—	0.30	0.10V	0.25	—	0.05	0.15	余量
129	6082	0.7~1.3	0.50	0.10	0.40~1.0	0.6~1.2	0.25	—	0.20	—	0.10	—	0.05	0.15	余量
130	6082A	0.7~1.3	0.50	0.10	0.40~1.0	0.6~1.2	0.25	—	0.20	h	0.10	—	0.05	0.15	余量
131	7001	0.35	0.40	1.6~2.6	0.20	2.6~3.4	0.18~0.35	—	6.8~8.0	—	0.20	—	0.05	0.15	余量
132	7003	0.30	0.35	0.20	0.30	0.50~1.0	0.20	—	5.0~6.5	—	0.20	0.05~0.25	0.05	0.15	余量
133	7004	0.25	0.35	0.05	0.20~0.7	1.0~2.0	0.05	—	3.8~4.6	—	0.05	0.10~0.20	0.05	0.15	余量
134	7005	0.35	0.40	0.10	0.20~0.7	1.0~1.8	0.06~0.20	—	4.0~5.0	—	0.01~0.06	0.08~0.20	0.05	0.15	余量
135	7020	0.35	0.40	0.20	0.05~0.50	1.0~1.4	0.10~0.35	—	4.0~5.0	j	—	—	0.05	0.15	余量
136	7021	0.25	0.40	0.25	0.10	1.2~1.8	0.05	—	5.0~6.0	—	0.10	0.08~0.18	0.05	0.15	余量
137	7022	0.50	0.50	0.50~1.0	0.10~0.40	2.6~3.7	0.10~0.30	—	4.3~5.2	—	—	0.20Ti+Zr	0.05	0.15	余量

序号	牌号	化学成分(质量分数)/%											其他		Al
		Si	Fe	Cu	Mn	Mg	Cr	Ni	Zn		Ti	Zr	单个	合计	
138	7039	0.30	0.40	0.10	0.10~0.40	2.3~3.3	0.15~0.25	—	3.5~4.5	—	0.10	—	0.05	0.15	余量
139	7049	0.25	0.35	1.2~1.9	0.20	2.0~2.9	0.10~0.22	—	7.2~8.2	—	0.10	—	0.05	0.15	余量
140	7049A	0.40	0.50	1.2~1.9	0.50	2.1~3.1	0.05~0.25	—	7.2~8.4	—	—	0.25Zr+Ti	0.05	0.15	余量
141	7050	0.12	0.15	2.0~2.6	0.10	1.9~2.6	0.04	—	5.7~6.7	—	0.06	0.08~0.15	0.05	0.15	余量
142	7150	0.12	0.15	1.9~2.5	0.10	2.0~2.7	0.04	—	5.9~6.9	—	0.06	0.08~0.15	0.05	0.15	余量
143	7055	0.10	0.15	2.0~2.6	0.05	1.8~2.3	0.04	—	7.6~8.4	—	0.06	0.08~0.25	0.05	0.15	余量
144	7072[b]	0.7Si+Fe		0.10	0.10	0.10	—	—	0.8~1.3	—	—	—	0.05	0.15	余量
145	7075	0.40	0.50	1.2~2.0	0.30	2.1~2.9	0.18~0.28	—	5.1~6.1	k	0.20	—	0.05	0.15	余量
146	7175	0.15	0.20	1.2~2.0	0.10	2.1~2.9	0.18~0.28	—	5.1~6.1	—	0.10	—	0.05	0.15	余量
147	7475	0.10	0.12	1.2~1.9	0.60	1.9~2.6	0.18~0.25	—	5.2~6.2	—	0.06	—	0.05	0.15	余量

序号	牌号	化学成分(质量分数)/%										其他		Al
		Si	Fe	Cu	Mn	Mg	Cr	Ni	Zn	Ti	Zr	单个	合计	
148	7085	0.06	0.08	1.3~2.0	0.04	1.2~1.8	0.04	—	7.0~8.0	0.06	0.08~0.15	0.05	0.15	余量
149	8001	0.17	0.45~0.7	0.15	—	—	—	0.9~1.3	0.05	—	—	0.05	0.15	余量
150	8006	0.40	1.2~2.0	0.30	0.30~1.0	0.10	—	—	0.10	—	—	0.05	0.15	余量
151	8011	0.50~0.9	0.6~1.0	0.10	0.20	0.05	0.05	—	0.10	0.08	—	0.05	0.15	余量
152	8011A	0.40~0.8	0.50~1.0	0.10	0.10	0.10	0.10	—	0.10	0.05	—	0.05	0.15	余量
153	8014	0.30	1.2~1.6	0.20	0.20~0.6	0.10	—	—	0.10	0.10	—	0.05	0.15	余量
154	8021	0.15	1.2~1.7	0.05	—	—	—	—	—	—	—	0.05	0.15	余量
155	8021B	0.40	1.1~1.7	0.05	0.03	0.01	0.03	—	0.05	0.05	—	0.03	0.10	余量
156	8050	0.15~0.30	1.1~1.2	0.05	0.45~0.55	0.05	0.05	—	0.10	—	—	0.05	0.15	余量
157	8150	0.30	0.9~1.3	—	0.20~0.7	—	—	—	—	0.05	—	0.05	0.15	余量

序号	牌号	化学成分（质量分数）/%										其他		Al
		Si	Fe	Cu	Mn	Mg	Cr	Ni	Zn	Ti	Zr	单个	合计	
158	8079	0.05~0.30	0.7~1.3	0.05	—	—	—	—	0.10	—	—	0.05	0.15	余量
159	8090	0.20	0.30	1.0~1.6	0.10	0.60~1.3	0.10	— m	0.25	0.10	0.04~0.16	0.05	0.15	余量

a 焊接电极及填料焊丝的 ω(Be)≤0.000 3%。

b 主要用作包覆材料。

c ω(Si+Fe)≤0.14%。

d ω(B)≤0.02%。

e ω(Bi):0.20%~0.6%,ω(Pb):0.20%~0.6%。

f 经供需双方协商并同意,挤压产品与锻件的 ω(Zr+Ti)最大可达 0.20%。

g ω(Si+Fe)≤0.40%。

h ω(Pb)≤0.003%。

i ω(Bi):0.40%~0.7%,ω(Pb):0.40%~0.7%。

j ω(Bi):0.08%~0.20%,ω(Zr+Ti):0.08%~0.25%。

k 经供需双方协商并同意,挤压产品与锻件的 ω(Zr+Ti)最大可达 0.25%。

l ω(B)≤0.001%,ω(Cd)≤0.003%,ω(Co)≤0.001%,ω(Li)≤0.008%。

m ω(Li):2.2%~2.7%。

表 2 – 134　四位字符牌号的变形铝及铝合金的化学成分

序号	牌号	化学成分(质量分数)/%											其他		Al	备注
		Si	Fe	Cu	Mn	Mg	Cr	Ni	Zn		Ti	Zr	单个	合计		
1	1A99	0.003	0.003	0.005	—	—	—	—	0.001	—	0.002	—	0.002	—	99.99	LG5
2	1B99	0.0013	0.0015	0.0030	—	—	—	—	0.001	—	0.001	—	0.001	—	99.993	—
3	1C99	0.0010	0.0010	0.0015	—	—	—	—	0.001	—	0.001	—	0.001	—	99.995	—
4	1A97	0.015	0.015	0.005	—	—	—	—	0.001	—	0.002	—	0.005	—	99.97	LG4
5	1B97	0.015	0.030	0.005	—	—	—	—	0.001	—	0.005	—	0.005	—	99.97	—
6	1A95	0.030	0.030	0.010	—	—	—	—	0.003	—	0.008	—	0.005	—	99.95	—
7	1B95	0.030	0.040	0.010	—	—	—	—	0.003	—	0.008	—	0.005	—	99.95	—
8	1A93	0.040	0.040	0.010	—	—	—	—	0.005	—	0.010	—	0.007	—	99.93	LG3
9	1B93	0.040	0.050	0.010	—	—	—	—	0.005	—	0.010	—	0.007	—	99.93	—
10	1A90	0.060	0.060	0.010	—	—	—	—	0.008	—	0.015	—	0.01	—	99.90	LG2
11	1B90	0.060	0.060	0.010	—	—	—	—	0.008	—	0.010	—	0.01	—	99.90	—
12	1A85	0.08	0.10	0.01	—	—	—	—	0.01	—	0.01	—	0.01	—	99.85	LG1
13	1A80	0.15	0.15	0.03	0.02	0.02	—	—	0.03	0.03Ca,0.05V	0.03	—	0.02	—	99.80	—
14	1A80A	0.15	0.15	0.03	0.02	0.02	—	—	0.06	0.03Ca	0.02	—	0.02	—	99.80	—

续表

序号	牌号	化学成分（质量分数）/%											其他		Al	备注
		Si	Fe	Cu	Mn	Mg	Cr	Ni	Zn		Ti	Zr	单个	合计		
15	1A60	0.11	0.25	0.01	—	—	—	—	—	—	0.02V+Ti +Mn+Cr	—	0.03	—	99.60	—
16	1A50	0.30	0.30	0.01	0.05	0.05	—	—	0.03	0.45Fe+Si	—	—	0.03	—	99.50	LB2
17	1R50	0.11	0.25	0.01	—	—	—	—	—	0.03 ~ 0.30RE	0.02V+Ti +Mn+Cr	—	0.03	—	99.50	—
18	1R35	0.25	0.35	0.05	0.03	0.03	—	—	0.05	0.10~0.25RE 0.05V	0.03	—	0.03	—	99.35	—
19	1A30	0.10 ~ 0.20	0.15 ~ 0.30	0.05	0.01	0.01	—	0.01	0.02	—	0.02	—	0.03	—	99.30	L4－1
20	1B30	0.05 ~ 0.15	0.20 ~ 0.30	0.03	0.12 ~ 0.18	0.03	—	—	0.03	—	0.02 ~ 0.05	—	0.03	—	99.30	—
21	2A01	0.50	0.50	2.2 ~ 3.0	0.20	0.20 ~ 0.50	—	—	0.10	—	0.15	—	0.05	0.10	余量	LY1
22	2A02	0.30	0.30	2.6 ~ 3.2	0.45 ~ 0.7	2.0 ~ 2.4	—	—	0.01	—	0.15	—	0.05	0.10	余量	LY2
23	2A04	0.30	0.30	3.2 ~ 3.7	0.50 ~ 0.8	2.1 ~ 2.6	—	—	0.01	0.001 ~0.01Be[a]	0.05 ~ 0.40	—	0.05	0.10	余量	LY4
24	2A06	0.50	0.50	3.8 ~ 4.3	0.50 ~ 1.0	1.7 ~ 2.3	—	—	0.01	0.001 ~0.005Be[a]	0.03 ~ 0.15	—	0.05	0.10	余量	LY6

续表

序号	牌号	化学成分（质量分数）/%											其他		Al	备注
		Si	Fe	Cu	Mn	Mg	Cr	Ni	Zn		Ti	Zr	单个	合计		
25	2B06	0.20	0.30	3.8~4.3	0.40~0.9	1.7~2.3	—	—	0.10	0.0002~0.005Be	0.10	—	—	0.10	余量	—
26	2A10	0.25	0.20	3.9~4.5	0.30~0.50	0.15~0.30	—	—	0.10	—	0.15	—	0.05	0.10	余量	LY10
27	2A11	0.7	0.7	3.8~4.8	0.40~0.8	0.40~0.8	—	0.10	0.30	0.7Fe+Ni	0.15	—	0.05	0.10	余量	LY11
28	2B11	0.50	0.50	3.8~4.5	0.40~0.8	0.40~0.8	—	—	0.10	—	0.15	—	0.05	0.10	余量	LY8
29	2A12	0.50	0.50	3.8~4.9	0.30~0.9	1.2~1.8	—	—	0.30	0.50Fe+Ni	0.15	—	0.05	0.10	余量	LY12
30	2B12	0.50	0.50	3.8~4.5	0.30~0.7	1.2~1.6	—	—	0.10	—	0.15	—	0.05	0.10	余量	LY9
31	2D12	0.20	0.30	3.8~4.9	0.30~0.9	1.2~1.8	—	0.05	0.10	—	0.10	—	0.05	0.10	余量	—
32	2E12	0.06	0.12	4.0~4.6	0.40~0.7	1.2~1.8	—	—	0.15	0.0002~0.005Be	0.10	—	0.10	0.15	余量	—
33	2A13	0.7	0.6	4.0~5.0	—	0.30~0.50	—	—	0.6	—	0.15	—	0.05	0.10	余量	LY13
34	2A14	0.6~1.2	0.7	3.9~4.8	0.40~1.0	0.40~0.8	—	0.10	0.30	—	0.15	—	0.05	0.10	余量	LD10

序号	牌号	化学成分（质量分数）/%											其他		Al	备注
		Si	Fe	Cu	Mn	Mg	Cr	Ni	Zn		Ti	Zr	单个	合计		
35	2A16	0.30	0.30	6.0~7.0	0.40~0.8	0.05	—	—	0.10	—	0.110~0.20	0.20	0.05	0.10	余量	LY16
36	2B16	0.25	0.30	5.8~6.8	0.20~0.40	0.05	—	—	—	0.05~0.15V	0.08~0.20	0.10~0.25	0.05	0.10	余量	LY16-1
37	2A17	0.30	0.30	6.0~7.0	0.40~0.8	0.25~0.45	—	—	0.10	—	0.10~0.20	—	0.05	0.10	余量	LY17
38	2A20	0.20	0.30	5.8~6.8	—	0.02	—	—	0.10	0.05~0.15V 0.001~0.01B	0.07~0.16	0.10~0.25	0.05	0.15	余量	LY20
39	2A21	0.20	0.20~0.6	3.0~4.0	0.05	0.8~1.2	—	1.8~2.3	0.20	—	0.05	—	0.05	0.15	余量	—
40	2A23	0.05	0.06	1.8~2.8	0.20~0.6	0.6~1.2	—	—	0.15	0.30~0.9Li	0.15	0.06~0.16	0.10	0.15	余量	—
41	2A24	0.20	0.30	3.8~4.8	0.6~0.9	1.2~1.8	—	—	0.25	—	0.20Ti+Zr	0.08~0.12	0.05	0.15	余量	—
42	2A25	0.06	0.06	3.6~4.2	0.50~0.7	1.0~1.5	0.10	0.06	—	—	—	—	0.05	0.10	余量	—
43	2B25	0.05	0.15	3.1~4.0	0.20~0.8	1.2~1.8	—	0.15	0.10	0.0003~0.0008Be	0.03~0.07	0.08~0.25	0.05	0.10	余量	—
44	2A39	0.05	0.06	3.4~5.0	0.30~0.8	0.30~0.8	—	—	0.30	0.30~0.6Ag	0.15	0.10~0.25	0.10	0.15	余量	—

续表

序号	牌号	化学成分(质量分数)/%											其他		Al	备注
		Si	Fe	Cu	Mn	Mg	Cr	Ni	Zn		Ti	Zr	单个	合计		
45	2A40	0.25	0.35	4.5~5.2	0.40~0.6	0.5~1.0	0.10~0.20	—	—	—	0.04~0.12	0.10~0.25	0.05	0.15	余量	—
46	2A49	0.25	0.8~1.2	3.2~3.8	0.30~0.6	1.8~2.2	—	0.8~1.2	—	—	0.08~0.12	—	0.05	0.15	余量	—
47	2A50	0.7~1.2	0.7	1.8~2.6	0.40~0.8	0.4~0.8	—	0.10	0.30	0.7Fe+Ni	0.15	—	0.05	0.10	余量	LD5
48	2B50	0.7~1.2	0.7	1.8~2.6	0.40~0.8	0.4~0.8	0.01~0.20	0.10	0.30	0.7Fe+Ni	0.02~0.10	—	0.05	0.10	余量	LD6
49	2A70	0.35	0.9~1.5	1.9~2.5	0.20	1.4~1.8	—	0.9~1.5	0.30	—	0.02~0.10	—	0.05	0.10	余量	LD7
50	2B70	0.25	0.9~1.4	1.8~2.7	0.20	1.2~1.8	—	0.8~1.4	0.15	0.05Pb,0.05Sn	0.10	0.20Ti+Zr	0.05	0.15	余量	—
51	2D70	0.10~0.25	0.9~1.4	2.0~2.6	0.10	1.2~1.8	0.10	0.9~1.4	0.10	—	0.05~0.10	—	0.05	0.10	余量	—
52	2A80	0.50~1.2	1.0~1.6	1.9~2.5	0.20	1.4~1.8	—	0.9~1.5	0.30	—	0.15	—	0.05	0.10	余量	LD8
53	2A90	0.50~1.0	0.50~1.0	3.5~4.5	0.20	0.40~0.8	—	1.8~2.3	0.30	—	0.15	—	0.05	0.10	余量	LD9
54	2A97	0.15	0.15	2.0~3.2	0.20~0.6	0.25~0.50	—	—	0.17~1.0	0.001~0.10Be 0.8~2.3Li	0.001~0.10	0.08~0.20	0.05	0.15	余量	—

续表

序号	牌号	化学成分(质量分数)/%											其他		Al	备注
		Si	Fe	Cu	Mn	Mg	Cr	Ni	Zn		Ti	Zr	单个	合计		
55	3A21	0.6	0.7	0.20	1.0~1.6	0.05	—	—	0.10b	—	0.15	—	0.05	0.10	余量	LF21
56	4A01	4.5~6.0	0.6	0.20	—	—	—	—	0.10Zn+Sn	—	0.15	—	0.05	0.15	余量	LT1
57	4A11	11.5~13.5	1.0	0.50~1.3	0.20	0.8~1.3	0.10	0.50~1.3	0.25	—	0.15	—	0.05	0.15	余量	LD11
58	4A13	6.8~8.2	0.50	0.15Cu+Zn	0.50	0.05	—	—	—	0.10Ca	0.15	—	0.05	0.15	余量	LT13
59	4A17	11.0~12.5	0.50	0.15Cu+Zn	0.50	0.05	—	—	—	0.10Ca	0.15	—	0.05	0.15	余量	LT17
60	4A91	1.0~4.0	0.7	0.7	1.2	1.0	0.20	0.20	1.2	—	0.20	—	0.05	0.15	余量	—
61	5A01	0.40Si+Fe		0.10	0.30~0.7	6.0~7.0	0.10~0.20	—	0.25	—	0.15	0.10~0.20	0.05	0.15	余量	LF15
62	5A02	0.40	0.40	0.10	或Cr 0.15~0.40	2.0~2.8	—	—	—	0.6Si+Fe	0.15	—	0.05	0.15	余量	LF2
63	5B02	0.40	0.40	0.10	0.20~0.6	1.8~2.6	0.05	—	0.20		0.10	—	0.05	0.10	余量	—

续表

序号	牌号	化学成分(质量分数)/%											其他		Al	备注
		Si	Fe	Cu	Mn	Mg	Cr	Ni	Zn		Ti	Zr	单个	合计		
64	5A03	0.50~0.8	0.50	0.10	0.30~0.6	3.2~3.8	—	—	0.20	—	0.15	—	0.05	0.10	余量	LF3
65	5A05	0.50	0.50	0.10	0.30~0.6	4.8~5.5	—	—	0.20	—	—	—	0.05	0.10	余量	LF5
66	5B05	0.40	0.40	0.20	0.20~0.6	4.7~5.7	—	—	—	0.6Si+Fe	0.15	—	0.05	0.10	余量	LF10
67	5A06	0.40	0.40	0.10	0.50~0.8	5.8~6.8	—	—	0.20	0.0001~0.005 Be[a]	0.02~0.10	—	0.05	0.10	余量	LF6
68	5B06	0.40	0.40	0.10	0.50~0.8	5.8~6.8	—	—	0.20	0.0001~0.005Be[a]	0.10~0.30	—	0.05	0.10	余量	LF14
69	5A12	0.30	0.30	0.05	0.40~0.8	8.3~9.6	—	0.10	0.20	0.005Be 0.004~0.05Sb	0.05~0.15	—	0.05	0.10	余量	LF12
70	5A13	0.30	0.30	0.05	0.40~0.8	9.2~10.5	—	0.10	0.20	0.005Be 0.004~0.05Sb	0.05~0.15	—	0.05	0.10	余量	LF13
71	5A25	0.20	0.30	—	0.05~0.50	5.0~6.3	—	—	—	0.0002~0.002Be 0.10~0.40Sc	0.10	0.06~0.20	0.10	0.15	余量	—
72	5A30	0.40Si+Fe		0.10	0.50~1.0	4.7~5.5	—	—	0.25	0.05~0.20Cr	0.03~0.15	—	0.05	0.10	余量	LF16
73	5A33	0.35	0.35	0.10	0.10	6.0~7.5	—	—	0.50~1.5	0.0005~0.005Be[a]	0.05~0.15	0.10~0.30	0.05	0.10	余量	LF33

序号	牌号	化学成分(质量分数)/%												其他		Al	备注
		Si	Fe	Cu	Mn	Mg	Cr	Ni	Zn		Ti	Zr		单个	合计		
74	5A41	0.40	0.40	0.10	0.30~0.6	6.0~7.0	—	—	0.20	—	0.02~0.10	—		0.05	0.10	余量	LT41
75	5A43	0.40	0.40	0.10	0.15~0.40	0.6~1.4	—	—	0.20	—	0.15	—		0.05	0.15	余量	LF43
76	5A56	0.15	0.20	0.10	0.30~0.40	5.5~6.5	0.10~0.20	—	0.50~1.0	—	0.10~0.18	—		0.05	0.15	余量	—
77	5A66	0.005	0.01	0.005	—	1.5~2.0	—	—	—	—	—	—		0.005	0.01	余量	LT66
78	5A70	0.15	0.25	0.05	0.30~0.7	5.5~6.3	—	—	0.05	0.15~0.30Sc 0.0005~0.005Be	0.02~0.05	0.05~0.15		0.05	0.15	余量	—
79	5B70	0.10	0.20	0.05	0.15~0.40	5.5~6.5	—	—	0.05	0.20~0.40Sc 0.0005~0.005Be	0.02~0.05	0.10~0.20		0.05	0.15	余量	—
80	5A71	0.20	0.30	0.05	0.30~0.7	5.8~6.8	0.10~0.20	—	0.05	0.20~0.35Sc 0.0005~0.005Be	0.05~0.15	0.05~0.15		0.05	0.15	余量	—
81	5B71	0.20	0.30	0.10	0.30	5.8~6.8	0.30	—	0.30	0.30~0.50Sc 0.0005~0.005Be 0.003B	0.02~0.05	0.08~0.15		0.05	0.15	余量	—
82	5A90	0.15	0.20	0.05	—	4.5~6.0	—	—	—	0.005Na 1.9~2.3Li	0.10	0.08~0.15		0.05	0.15	余量	—
83	6A01	0.40~0.9	0.35	0.35	0.50	0.40~0.8	0.30	—	0.25	0.50Mn+Cr	—	—		0.05	0.10	余量	6N01

续表

序号	牌号	化学成分(质量分数)/%											其他		Al	备注
		Si	Fe	Cu	Mn	Mg	Cr	Ni	Zn		Ti	Zr	单个	合计		
84	6A02	0.50~1.2	0.50	0.20~0.6	或Cr0.15~0.35	0.45~0.9	—	—	0.20		0.15	—	0.05	0.10	余量	LD2
85	6B02	0.7~1.1	0.40	0.10~0.40	0.10~0.30	0.40~0.8	—	—	0.15		0.01~0.04	—	0.05	0.10	余量	LD2-1
86	6R05	0.40~0.9	0.30~0.50	0.15~0.25	0.10	0.20~0.6	0.10	—	—	0.10~0.20RE	0.10	—	0.05	0.15	余量	—
87	6A10	0.70~1.1	0.50	0.30~0.8	0.30~0.9	0.7~1.1	0.05~0.25	—	0.20		0.02~0.10	0.04~0.20	0.05	0.15	余量	—
88	6A51	0.50~0.7	0.50	0.15~0.35	—	0.45~0.6	—	—	0.25	0.15~0.35Sn	0.01~0.04	—	0.05	0.15	余量	—
89	6A60	0.7~1.1	0.30	0.6~0.8	0.50~0.7	0.7~1.0	—	—	0.20~0.40	0.30~0.50Ag	0.04~0.12	0.10~0.20	0.05	0.15	余量	—
90	7A01	0.30	0.30	0.01	—	—	—	—	0.9~1.3	0.45Si+Fe	—	—	0.03	—	余量	LB1
91	7A03	0.20	0.20	1.8~2.4	0.10	1.2~1.6	0.05	—	6.0~6.7		0.02~0.08	—	0.05	0.10	余量	LC3
92	7A04	0.50	0.50	1.4~2.0	0.20~0.6	1.8~2.8	0.10~0.25	—	5.0~7.0		0.10	—	0.05	0.10	余量	LC4
93	7B04	0.10	0.05~0.25	1.4~2.0	0.20~0.6	1.8~2.8	0.10~0.25	0.10	5.0~6.5		0.05	—	0.05	0.10	余量	—

序号	牌号	化学成分(质量分数)/%												其他		Al	备注
		Si	Fe	Cu	Mn	Mg	Cr	Ni	Zn		Ti	Zr		单个	合计		
94	7C04	0.30	0.30	1.4~2.0	0.30~0.50	2.0~2.6	0.10~0.25	—	5.5~6.5		—	—		0.05	0.10	余量	—
95	7D04	0.10	0.15	1.4~2.2	0.10	2.0~2.6	0.05	—	5.5~6.7	0.02~0.07Be	0.10	0.08~0.16		0.05	0.10	余量	—
96	7A05	0.25	0.25	0.20	0.15~0.40	1.1~1.7	0.05~0.15	—	4.4~5.0	—	0.02~0.06	0.10~0.25		0.05	0.15	余量	—
97	7B05	0.30	0.35	0.20	0.20~0.70	1.0~2.0	0.30	—	4.0~5.0	0.10V	0.20	0.25		0.05	0.10	余量	7N01
98	7A09	0.50	0.50	1.2~2.0	0.15	2.0~3.0	0.16~0.30	—	5.1~6.1		0.10	—		0.05	0.10	余量	LC9
99	7A10	0.30	0.30	0.50~1.0	0.20~0.35	3.0~4.0	0.10~0.20	—	3.2~4.2		0.10	—		0.05	0.10	余量	LC10
100	7A12	0.10	0.06~0.15	0.8~1.2	0.10	1.6~2.2	0.05	—	6.3~7.2	0.0001~0.02Be	0.03~0.06	0.10~0.18		0.05	0.10	余量	—
101	7A15	0.50	0.50	0.50~1.0	0.10~0.40	2.4~3.0	0.10~0.30	—	4.4~5.4	0.005~0.01Be	0.05~0.15	—		0.05	0.15	余量	LC15
102	7A19	0.30	0.40	0.08~0.30	0.30~0.50	1.3~1.9	0.10~0.20	—	4.5~5.3	0.0001~0.004Be[a]	—	0.08~0.20		0.05	0.15	余量	LC19
103	7A31	0.30	0.6	0.10~0.40	0.20~0.40	2.5~3.3	0.10~0.20	—	3.6~4.5	0.0001~0.001Be[a]	0.02~0.10	0.08~0.25		0.05	0.15	余量	—

序号	牌号	化学成分（质量分数）/%														备注
		Si	Fe	Cu	Mn	Mg	Cr	Ni	Zn		Ti	Zr	其他 单个	其他 合计	Al	
104	7A33	0.25	0.30	0.25~0.55	0.05	2.2~2.7	0.10~0.20	—	4.6~5.4	—	0.05	—	0.05	0.10	余量	—
105	7B50	0.12	0.15	1.8~2.6	0.10	2.0~2.8	0.04	—	6.0~7.0	0.0002~0.002Be	0.10	0.08~0.16	0.10	0.15	余量	—
106	7A52	0.25	0.30	0.05~0.20	0.20~0.50	2.0~2.8	0.15~0.25	—	4.0~4.8	—	0.05~0.18	0.05~0.15	0.05	0.15	余量	LC52
107	7A55	0.10	0.10	1.8~2.5	0.05	1.8~2.8	0.04	—	7.5~8.5	—	0.01~0.05	0.08~0.20	0.10	0.15	余量	—
108	7A68	0.15	0.35	2.0~2.6	0.15~0.40	1.6~2.5	0.10~0.20	—	6.5~7.2	0.005Be	0.05~0.20	0.05~0.20	0.05	0.15	余量	—
109	7B68	0.05	0.05	2.0~2.6	0.05	1.8~2.8	0.04	—	7.8~9.0	—	0.01~0.05	0.08~0.25	0.05	0.15	余量	—
110	7D68	0.12	0.25	2.0~2.6	0.10	2.3~3.0	0.05	—	8.0~9.0	0.0002~0.002Be	0.03	0.10~0.20	0.05	0.10	余量	7A60
111	7A85	0.05	0.08	1.2~2.0	0.10	1.2~2.0	0.05	—	7.0~8.2	—	0.05	0.08~0.16	0.05	0.15	余量	—
112	7A88	0.50	0.75	1.0~2.0	0.20~0.50	1.5~2.8	0.05~0.20	0.20	4.5~6.0	—	0.10	—	0.10	0.20	余量	—
113	8A01	0.05~0.30	0.18~0.40	0.15~0.35	0.08~0.35	—	—	—	—	—	0.01~0.03	—	0.05	0.15	余量	—

序号	牌号	化学成分（质量分数）/%													备注
		Si	Fe	Cu	Mn	Mg	Cr	Ni	Zn	Ti	Zr	其他		Al	
												单个	合计		
114	8A06	0.55	0.50	0.10	0.10	0.10	—	—	0.10	1.0Si + Fe	—	0.05	0.10	余量	L6

a 铍含量均按规定加入，可不做分析。

b 做铆钉线材的 3A21 合金，锌含量不大于 0.03%。

注：① 变形铝及铝合金的化学成分应符合表 2-213、表 2-214 的规定。表中"其他"一栏是指表中未列出的金属元素。表中含量为单个数值者，铝为最低限，其他元素为最高限，极限数值和的极限值 …… 0.XX 或 1.XX；

1XXX 牌号的铁、硅的极限值 …… 0.XX 或 1.XX；

其他极限值：

<0.001% …… 0.000X；

0.001% ～ <0.01% …… 0.00X；

0.01% ～ <0.10% …… 0.0X；

0.10% ～ 0.55% …… 0.XX；

>0.55% …… 0.X、X.X、XX.X 等。

② 食品行业用铝及铝合金材料应控制 ω(Cd+Hg+Pb+Cr^{6+}) ≤0.01%，ω(As) ≤0.01%；电器、电子设备行业用铝及铝合金材料应控制 ω(Pb) ≤0.1%、ω(Hg) ≤0.1%、ω(Cd) ≤0.01%、ω(Cr^{6+}) ≤0.1%。

2. 铸造铝合金

铸造铝合金（GB/T 1173—1995）的化学成分列于表 2 – 135；铸造铝合金杂质允许含量列于表 2 – 136；铸造铝合金的力学性能列于表 2 – 137。

表 2 – 135　铸造铝合金化学成分

序号	合金牌号	合金代号	主要元素（质量分数）/%							
			Si	Cu	Mg	Zn	Mn	Ti	其他	Al
1	ZAlSi7Mg	ZL101	6.5~7.5		0.25~0.45					余量
2	ZAlSi7MgA	ZL101A	6.5~7.5		0.25~0.45			0.08~0.20		余量
3	ZAlSi12	ZL102	10.0~13.0							余量
4	ZAlSi9Mg	ZL104	8.0~10.5		0.17~0.35		0.2~0.5			余量
5	ZAlSi5Cu1Mg	ZL105	4.5~5.5	1.0~1.5	0.4~0.6					余量
6	ZAlSi5Cu1MgA	ZL105A	4.5~5.5	1.0~1.5	0.4~0.55					余量
7	ZAlSi8Cu1Mg	ZL106	7.5~8.5	1.0~1.5	0.3~0.5		0.3~0.5	0.10~0.25		余量
8	ZAlSi7Cu4	ZL107	6.5~7.5	3.5~4.5						余量
9	ZAlSi12Cu2Mg1	ZL108	11.0~13.0	1.0~2.0	0.4~1.0		0.3~0.9			余量
10	ZAlSi12Cu1Mg1Ni1	ZL109	11.0~13.0	0.5~1.5	0.8~1.3				Ni0.8~1.5	余量
11	ZAlSi5Cu6Mg	ZL110	4.0~6.0	5.0~8.0	0.2~0.5					余量
12	ZAlSi9Cu2Mg	ZL111	8.0~10.10	1.3~1.8	0.4~0.6		0.10~0.35	0.10~0.35		余量
13	ZAlSi7Mg1A	ZL114A	6.5~7.5		0.45~0.6			0.10~0.20	Be0.04~0.07[a]	余量
14	ZAlSi5Zn1Mg	ZL115	4.8~6.2		0.4~0.65	1.2~1.8			Sb0.1~0.25	余量
15	ZAlSi8MgBe	ZL116	6.5~8.5		0.35~0.55			0.10~0.30	Be0.15~0.40	余量
16	ZAlCu5Mn	ZL201		4.5~5.3			0.6~1.0	0.15~0.35		余量
17	ZAlCu5MnA	ZL201A		4.8~5.3			0.6~1.0	0.15~0.35		余量
18	ZAlCu4	ZL203		4.0~5.0						余量
19	ZAlCu5MnCdA	ZL204A		4.6~5.3			0.6~0.9	0.15~0.35	Cd0.15~0.25	余量

| 序号 | 合金牌号 | 合金代号 | 主要元素（质量分数）/% | | | | | | | Al |
			Si	Cu	Mg	Zn	Mn	Ti	其他	
20	ZAlCu5MnCdVA	ZL205A		4.6~5.3			0.3~0.5	0.15~0.35	Cd0.15~0.25 V0.05~0.3 Zr0.05~0.2 B0.005~0.06	余量
21	ZAlRE5Cu3Si2	ZL207	1.6~2.0	3.0~3.4	0.15~0.25		0.9~1.2		Ni0.2~0.3 Zr0.15~0.25 RE4.4~5.0[b]	余量
22	ZAlMg10	ZL301			9.5~11.0					余量
23	ZAlMg5Si1	ZL303	0.8~1.3		4.5~5.5		0.1~0.4			余量
24	ZAlMg8Zn1	ZL305			7.5~9.0	1.0~1.5		0.1~0.2	Be0.03~0.1	余量
25	ZAlZn11Si7	ZL401	6.0~8.0		0.1~0.3	9.0~13.0				余量
26	ZAlZn6Mg	ZL402			0.5~0.65	5.0~6.5		0.15~0.25	Cr0.4~0.6	余量

a 在保证合金力学性能前提下，可以不加铍（Be）。

b 混合稀土中各种稀土总量不小于98%，其中含铈（Ce）约45%。

表2－136　铸造铝合金杂质允许含量

| 序号 | 合金牌号 | 合金代号 | 杂质含量（质量分数）/%，≤ | | | | | | | | | | | | | | 杂质总和 | |
| | | | Fe | | Si | Cu | Mg | Zn | Mn | Ti | Zr | Ti+Zr | Be | Ni | Sn | Pb | S | J |
			S	J														
1	ZAlSi7Mg	ZL101	0.5	0.9		0.2		0.3	0.35						0.01	0.05	1.1	1.5
2	ZAlSi7MgA	ZL101A	0.2	0.2		0.1		0.1	0.10			0.25	0.1		0.01	0.03	0.7	0.7
3	ZAlSi12	ZL102	0.7	1.0		0.30	0.10	0.1	0.5		0.20						2.0	2.2
4	ZAlSi9Mg	ZL104	0.6	0.9		0.1		0.25		0.20					0.01	0.05	1.1	1.4
5	ZAlSi5Cu1Mg	ZL105	0.6	1.0				0.3	0.5		0.15				0.01	0.05	1.1	1.4
6	ZAlSi5Cu1MgA	ZL105A	0.2	0.2		0.1		0.1	0.1			0.15	0.1		0.01	0.05	0.5	0.5

序号	合金牌号	合金代号	杂质含量(质量分数)/% ≤															
			Fe S	Fe J	Si	Cu	Mg	Zn	Mn	Ti	Zr	Ti+Zr	Be	Ni	Sn	Pb	杂质总和 S	杂质总和 J
7	ZAlSi8Cu1Mg	ZL106	0.6	0.8				0.2							0.01	0.05	0.9	1.0
8	ZAlSi7Cu4	ZL107	0.5	0.6			0.1	0.3	0.5						0.01	0.05	1.0	1.2
9	ZAlSi12Cu2Mg1	ZL108		0.7				0.2	0.2	0.20				0.3	0.01	0.05		1.2
10	ZAlSi12Cu1Mg1Ni1	ZL109		0.7				0.2	0.2	0.20					0.01	0.05		1.2
11	ZAlSi5Cu6Mg	ZL110		0.8				0.6	0.5						0.01	0.05		2.7
12	ZAlSi9Cu2Mg	ZL111	0.4	0.4				0.1							0.01	0.05	1.0	1.0
13	ZAlSi7Mg1A	ZL114A	0.2	0.2			0.1		0.1	0.1		0.20			0.01	0.03	0.75	0.75
14	ZAlSi5Zn1Mg	ZL115	0.3	0.3		0.1		0.3	0.1							0.05	0.8	1.0
15	ZAlSi8MgBe	ZL116	0.60	0.60	0.3	0.3					0.20	B0.10				0.05	1.0	1.0
16	ZAlCu5Mn	ZL201	0.25	0.3	0.3		0.05	0.2	0.1		0.2			0.1	0.01		1.0	1.0
17	ZAlCu5MnA	ZL201A	0.15		0.1		0.05	0.1			0.15			0.05			0.4	
18	ZAlCu4	ZL203	0.8	0.8	1.2		0.05	0.25	0.1	0.20	0.1				0.01	0.05	2.1	2.1
19	ZAlCu5MnCdA	ZL204A	0.15	0.15	0.06		0.05	0.1									0.4	
20	ZAlCu5MnCdVA	ZL205A	0.15	0.15	0.06		0.05				0.15			0.05	0.01		0.3	0.3
21	ZAlRE5Cu3Si2	ZL207	0.6	0.6				0.2									0.8	0.8
22	ZAlMg10	ZL301	0.3	0.3	0.30	0.10		0.15	0.15	0.15	0.20		0.07	0.05	0.01	0.05	1.0	1.0
23	ZAlMg5Si1	ZL303	0.5	0.5		0.1		0.2		0.2							0.7	0.7
24	ZAlMg8Zn1	ZL305	0.3		0.2	0.1			0.1								0.9	
25	ZAlZn11Si7	ZL401	0.7	1.2	0.3	0.6			0.5								1.8	2.0
26	ZAlZn6Mg	ZL402	0.5	0.8	0.3	0.25			0.1						0.01		1.35	1.65

注: 熔模、壳型铸造的主要元素及杂质含量按表2-135、表2-136中砂型指标检验。

表 2 –137　铸造铝合金力学性能

| 序号 | 合金牌号 | 合金代号 | 铸造方法 | 合金状态 | 力学性能 ≥ | | 布氏硬度 HBS |
					抗拉强度 σ_b /MPa	伸长率 δ_5 /%	
1	ZAlSi7Mg	ZL101	S、R、J、K	F	155	2	50
			S、R、J、K	T2	135	2	45
			JB	T4	185	4	50
			S、R、K	T4	175	4	50
			J、JB	T5	205	2	60
			S、R、K	T5	195	2	60
			SB、RB、KB	T5	195	2	60
			SB、RB、KB	T6	225	1	70
			SB、RB、KB	T7	195	2	60
			SB、RB、KB	T8	155	3	55
2	ZAlSi7MgA	ZL101A	S、R、K	T4	195	5	60
			J、JB	T4	225	5	60
			S、R、K	T5	235	4	70
			SB、RB、KB	T5	235	4	70
			JB、J	T5	265	4	70
			SB、RB、KB	T6	275	2	80
			JB、J	T6	295	3	80
3	ZAlSi12	ZL102	SB、JB、RB、KB	F	145	4	50
			J	F	155	2	50
			SB、JB、RB、KB	T2	135	4	50
			J	T2	145	3	50
4	ZAlSi9Mg	ZL104	S、J、R、K	F	145	2	50
			J	T1	195	1.5	65
			SB、RB、KB	T6	225	2	70
			J、JB	T6	235	2	70
5	ZAlSi5Cu1Mg	ZL105	S、J、R、K	T1	155	0.5	65
			S、R、K	T5	195	1	70
			J	T5	235	0.5	70
			S、R、K	T6	225	0.5	70
			S、J、R、K	T7	175	1	65
6	ZAlSi5Cu1MgA	ZL105A	SB、R、K	T5	275	1	80
			J、JB	T5	295	2	80

序号	合金牌号	合金代号	铸造方法	合金状态	力学性能≥		
					抗拉强度 σ_b /MPa	伸长率 δ_5 /%	布氏硬度 HBS
7	ZAlSi8Cu1Mg	ZL106	SB	F	175	1	70
			JB	T1	195	1.5	70
			SB	T5	235	2	60
			JB	T5	255	2	70
			SB	T6	245	1	80
			JB	T6	265	2	70
			SB	T7	225	2	60
			J	T7	245	2	60
8	ZAlSi7Cu4	ZL107	SB	F	165	2	65
			SB	T6	245	2	90
			J	F	195	2	70
			J	T6	275	2.5	100
9	ZAlSi12Cu2Mg1	ZL108	J	T1	195	—	85
			J	T6	255	—	90
10	ZAlSi12Cu1Mg1Ni1	ZL109	J	T1	195	0.5	90
			J	T6	245	—	100
11	ZAlSi5Cu6Mg	ZL110	S	F	125	—	80
			J	F	155	—	80
			S	T1	145	—	80
			J	T1	165	—	90
12	ZAlSi9Cu2Mg	ZL111	J	F	205	1.5	80
			SB	T6	255	1.5	90
			J、JB	T6	315	2	100
13	ZAlSi7Mg1A	ZL114A	SB	T5	290	2	85
			J、JB	T5	310	3	90
14	ZAlSi5Zn1Mg	ZL115	S	T4	225	4	70
			J	T4	275	6	80
			S	T5	275	3.5	90
			J	T5	315	5	100
15	ZAlSi8MgBe	ZL116	S	T4	255	4	70
			J	T4	275	6	80
			S	T5	295	2	85
			J	T5	335	4	90

序号	合金牌号	合金代号	铸造方法	合金状态	力学性能≥		
					抗拉强度 σ_b /MPa	伸长率 δ_5 /%	布氏硬度 HBS
16	ZAlCu5Mn	ZL201	S、J、R、K S、J、R、K S	T4 T5 T7	295 335 315	8 4 2	70 90 80
17	ZAlCu5MnA	ZL201A	S、J、R、K	T5	390	8	100
18	ZAlCu4	ZL203	S、R、K J S、R、K J	T4 T4 T5 T5	195 205 215 225	6 6 3 3	60 60 70 70
19	ZAlCu5MnCdA	ZL204A	S	T5	440	4	100
20	ZAlCu5MnCdVA	ZL205A	S S S	T5 T6 T7	440 470 460	7 3 2	100 120 110
21	ZAlRE5Cu3Si2	ZL207	S J	T1 T1	165 175	— —	75 75
22	ZAlMg10	ZL301	S、J、R	T4	280	10	60
23	ZAlMg5Si1	ZL303	S、J、R、K	F	145	1	55
24	ZAlMg8Zn1	ZL305	S	T4	290	8	90
25	ZAlZn11Si7	ZL401	S、R、K J	T1 T1	195 245	2 1.5	80 90
26	ZAlZn6Mg	ZL402	J S	T1 T1	235 215	4 4	70 65

3. 压铸铝合金

压铸铝合金（GB/T 15115—2009）的化学成分和性能及其他特性分别列于表 2 – 138 和表 2 – 139。

表 2 - 138　压铸铝合金的化学成分

序号	合金牌号	合金代号	化学成分（质量分数）/%										
			Si	Cu	Mn	Mg	Fe	Ni	Ti	Zn	Pb	Sn	Al
1	YZAlSi10Mg	YL101	9.0～10.0	≤0.6	≤0.35	0.45～0.65	≤1.0	≤0.50	—	≤0.40	≤0.10	≤0.15	余量
2	YZAlSi12	YL102	10.0～13.0	≤1.0	≤0.35	≤0.10	≤1.0	≤0.50	—	≤0.40	≤0.10	≤0.15	余量
3	YZAlSi10	YL104	8.0～10.5	≤0.3	0.2～0.5	0.30～0.50	0.5～0.8	≤0.10	—	≤0.30	≤0.05	≤0.01	余量
4	YZAlSi9Cu4	YL112	7.5～9.5	3.0～4.0	≤0.50	≤0.10	≤1.0	≤0.50	—	≤2.90	≤0.10	≤0.15	余量
5	YZAlSi11Cu3	YL113	9.5～11.5	2.0～3.0	≤0.50	≤0.10	≤1.0	≤0.30	—	≤2.90	≤0.10	—	余量
6	YZAlSi17Cu5Mg	YL117	16.0～18.0	4.0～5.0	≤0.50	0.50～0.70	≤1.0	≤0.10	≤0.20	≤1.40	≤0.10	—	余量
7	YZAlMg5Si	YL302	≤0.35	≤0.25	≤0.35	7.60～8.60	≤1.1	≤0.15	—	≤0.15	≤0.10	≤0.15	余量

注：除有范围的元素和铁为必检元素外，其余元素在有要求时的抽检。

表 2 - 139　压铸铝合金性能及其他特性表

合金牌号	YZAlSi10Mg	YZAlSi12	YZAlSi10	YZAlSi9Cu4	YZAlSi11Cu3	YZAlSi17Cu5Mg	YZAlMg5Si
合金代号	YL101	YL102	YL104	YL112	YL113	YL117	YL302
抗热裂性	1	1	1	2	1	4	5
致密性	2	1	2	2	2	4	5
充型能力	3	1	3	1	1	1	5
不粘型性	2	2	1	4	2	2	1
耐蚀性	2	2	1	3	3	3	1
加工性	3	4	3	3	2	5	1
抛光性	3	5	3	3	3	5	1
电镀性	2	3	2	1	3	5	3
阳极处理	3	5	3	3	3	3	5
氧化保护层	3	3	3	4	4	5	1
高温强度	1	3	1	3	2	3	4

注：1 表示最佳，5 表示最差。

2.2.19 锌及锌合金

1. 锌粉

锌粉（GB/T 6890—2000）的化学成分和粒度及筛余物见表 2 – 140、表 2 – 141。

表 2 – 140 化学成分

等级	化学成分（质量分数）/%					
	主品位，≥		杂质，≤			
	全锌	金属锌	Pb	Fe	Cd	酸不溶物
一级	98	96	0.1	0.05	0.1	0.2
二级	98	94	0.2	0.2	0.2	0.2
三级	96	92	0.3	—	—	0.2
四级	92	88	—	—	—	0.2

注：以含锌物料为原料生产的四级锌粉，其含硫量应不大于 0.5%。

表 2 – 141 锌粉粒度及筛余物

规 格	筛余物，≤		粒度分布/%，≥	
	最大粒径/μm	含量/%	30μm 以下	10μm 以下
FZn30	45	—	99.5	80
FZn45	90	0.3	—	—
FZn90	125	0.1	—	—
FZn125	200	1.0	—	—

2. 锌锭

锌锭（GB/T 470—2008）的化学成分列于表 2 – 142。

表 2 – 142 锌锭的化学成分

牌号	化学成分(质量分数)/%							
	Zn≥	杂质，≤						
		Pb	Cd	Fe	Cu	Sn	Al	总和
Zn99.995	99.995	0.003	0.002	0.001	0.001	0.001	0.001	0.005
Zn99.99	99.99	0.005	0.003	0.003	0.002	0.001	0.002	0.01
Zn99.95	99.95	0.030	0.01	0.02	0.002	0.001	0.01	0.05
Zn99.5	99.5	0.45	0.01	0.05	—	—	—	0.5
Zn98.5	98.5	1.4	0.01	0.05	—	—	—	1.5

注：当用于热浸镀行业时，Zn99.995 牌号锌锭中的铅不参与杂质减量。

3. 热镀用锌合金锭

热镀用锌合金锭（YS/T 310—2008）的化学成分列于表 2 – 143 ~ 表 2 – 146。

表 2 – 143　锌铝合金类热镀用锌合金锭化学成分

合金种类	牌号	主要成分（质量分数）/%		杂质含量（质量分数）/%，≤				
		Zn	Al	Fe	Cd	Sn	Pb	Cu
锌铝 合金类	RZnAl0. 4	余量	0. 25 ~ 0. 55	0. 004	0. 003	0. 001	0. 004	0. 002
	RZnAl0. 6	余量	0. 55 ~ 0. 70	0. 005	0. 003	0. 001	0. 005	0. 002
	RZnAl0. 8	余量	0. 70 ~ 0. 85	0. 006	0. 003	0. 001	0. 005	0. 002
	RZnAl5	余量	4. 8 ~ 5. 2	0. 01	0. 003	0. 005	0. 008	0. 003
	RZnAl10	余量	9. 5 ~ 10. 5	0. 03	0. 003	0. 005	0. 01	0. 005
	RZnAl15	余量	13. 0 ~ 17. 0					

注：热镀用锌合金锭中杂质 Cu、Cd、Sb 可根据需方要求取舍。

表 2 – 144　锌铝锑合金类热镀用锌合金锭化学成分

合金种类	牌号	主要成分（质量分数）/%			杂质含量（质量分数）/%，≤				
		Zn	Al	Sb	Fe	Cd	Sn	Pb	Cu
锌铝锑 合金类	RZnAl0. 4Sb	余量	0. 30 ~ 0. 60	0. 05 ~ 0. 30	0. 006	0. 003	0. 002	0. 005	0. 003
	RZnAl0. 7Sb	余量	0. 60 ~ 0. 90						

注：热镀用锌合金锭中杂质 Cu、Cd、Sb 可根据需方要求取舍。

表 2 – 145　锌铝硅合金类热镀用锌合金锭化学成分

合金种类	牌号	主要成分（质量分数）/%			杂质含量（质量分数）/%，≤				
		Zn	Al	Si	Pb	Fe	Cu	Cd	Mn
锌铝硅 合金类	RAl56ZnSi1. 5	余量	52. 0 ~ 60. 0	1. 2 ~ 1. 8	0. 02	0. 15	0. 03	0. 01	0. 03
	RAl65. 0ZnSi1. 7	余量	60. 0 ~ 70. 0	1. 4 ~ 2. 0	0. 015	—	—	—	—

注：热镀用锌合金锭中杂质 Cu、Cd、Sb 可根据需方要求取舍。

表 2 - 146 锌铝稀土合金类热镀用锌合金锭化学成分

合金种类	牌号	主要成分（质量分数）/%			杂质含量（质量分数）/%，≤						
		Zn	Al	La+Ce	Fe	Cd	Sn	Pb	Si	其他杂质元素单个	其他杂质元素总和
锌铝稀土合金类	RZnAl5RE	余量	4.2~6.2	0.03~0.10	0.075	0.005	0.002	0.005	0.015	0.02	0.04

注：①Sb、Cu、Mg 允许含量分别可以达到 0.002%、0.1%、0.05%，因为它们的存在对合金没有影响，所以不要求分析。
②Mg 根据需方要求最高可以达 0.1%。
③Zr、Ti 根据需方要求最高可以达 0.02%。
④Al 根据需方要求最高可以达 8.2%。
⑤其他杂质元素是指除 Sb、Cu、Mg、Zr、Ti 以外的元素。

4. 铸造锌合金

铸造锌合金（GB/T 1175—1997）的化学成分列于表 2 - 147；其力学性能列于表 2 - 148。

表 2 - 147 铸造锌合金化学成分

序号	合金牌号	合金代号	合金元素（质量分数）/%				杂质含量（质量分数）/%，≤					杂质总和
			Al	Cu	Mg	Zn	Fe	Pb	Cd	Sn	其他	
1	ZZnAl4Cu1Mg	ZA4 - 1	3.5~4.5	0.75~1.25	0.03~0.08	其余	0.1	0.015	0.005	0.003	—	0.2
2	ZZnAl4Cu3Mg	ZA4 - 3	3.5~4.3	2.5~3.2	0.03~0.06	其余	0.075	Pb+Cd 0.009		0.002	Mg0.005	—
3	ZZnAl6Cu1	ZA6 - 1	5.6~6.0	1.2~1.6	—	其余	0.075	Pb+Cd 0.009		0.002	Mg0.005	—
4	ZZnAl8Cu1Mg	ZA8 - 1	8.0~8.8	0.8~1.3	0.015~0.030	其余	0.075	0.006	0.006	0.003	Mn0.01 Cr0.01 Ni0.01	—
5	ZZnAl9Cu2Mg	ZA9 - 2	8.0~10.0	1.0~2.0	0.03~0.06	其余	0.2	0.03	0.02	0.01	Si0.1	0.35
6	ZZnAl11Cu1Mg	ZA11 - 1	10.5~11.5	0.5~1.2	0.015~0.030	其余	0.075	0.006	0.006	0.003	Mn0.01 Cr0.01 Ni0.01	—
7	ZZnAl11Cu5Mg	ZA11 - 5	10.0~12.0	4.0~5.5	0.03~0.06	其余	0.2	0.03	0.02	0.01	Si0.05	0.35
8	ZZnAl27Cu2Mg	ZA27 - 2	25.0~28.0	2.0~2.5	0.010~0.020	其余	0.075	0.006	0.006	0.003	Mn0.01 Cr0.01 Ni0.01	—

表 2 - 148　铸造锌合金的力学性能

序号	合金牌号	合金代号	铸造方法及状 态	抗拉强度 σ_b /MPa	伸长率 δ_5 /%	布氏硬度 HBS
1	ZZnAl4Cu1Mg	ZA4 - 1	JF	175	0.5	80
2	ZZnAl4Cu3Mg	ZA4 - 3	SF	220	0.5	90
			JF	240	1	100
3	ZZnAl6Cu1	ZA6 - 1	SF	180	1	80
			JF	220	1.5	80
4	ZZnAl8Cu1Mg	ZA8 - 1	SF	250	1	80
			JF	225	1	85
5	ZZnAl9Cu2Mg	ZA9 - 2	SF	275	0.7	90
			JF	315	1.5	105
6	ZZnAl11Cu1Mg	ZA11 - 1	SF	280	1	90
			JF	310	1	90
7	ZZnAl11Cu5Mg	ZA11 - 5	SF	275	0.5	80
			JF	295	1.0	100
8	ZZnAl27Cu2Mg	ZA27 - 2	SF	400	3	110
			ST3	310	8	90
			JF	420	1	110

注:表中铸造方法及状态框中的 S、J、F 和 T3 为工艺代号,其含义是:

S—砂型铸造;

J—金属型铸造;

F—铸态;

T3—均匀化处理,其工艺为 320℃ 、3h、炉冷。

5. 压铸锌合金

压铸锌合金(GB/T 13818—2009)的化学成分列于表 2 - 149。

表 2-149　压铸锌合金的化学成分

序号	合金牌号	合金代号	主要成分（质量分数）/%					杂质含量（质量分数）/%，≤				
			Al	Cu	Mg	Zn	Fe	Pb	Sn	Cd
1	YZZnAl4A	YX040A	3.9~4.3	≤0.1	0.030~0.060	余量	0.035	0.004	0.0015	0.003
2	YZZnAl4B	YX040B	3.9~4.3	≤0.1	0.010~0.020	余量	0.075	0.003	0.0010	0.002
3	YZZnAl4Cu1	YX041	3.9~4.3	0.7~1.1	0.030~0.060	余量	0.035	0.004	0.0015	0.003
4	YZZnAl4Cu3	YX043	3.9~4.3	2.7~3.3	0.025~0.050	余量	0.035	0.004	0.0015	0.003
5	YZZnAl8Cu1	YX081	8.2~8.8	0.9~1.3	0.020~0.030	余量	0.035	0.005	0.0050	0.002
6	YZZnAl11Cu1	YX111	10.8~11.5	0.5~1.2	0.020~0.030	余量	0.050	0.005	0.0050	0.002
7	YZZnAl27Cu2	YX272	25.5~28.0	2.0~2.5	0.012~0.020	余量	0.070	0.005	0.0050	0.002

注：YZZnAl4B Ni 含量为 0.005~0.020。

6. 铸造用锌合金锭

铸造用锌合金锭（GB/T 8738—2006）化学成分见表 2-150，铸造锌合金铸件主要力学性能参考见表 2-

151。

表 2-150 铸造用锌合金锭化学成分

牌号	代号	化学成分(质量分数)/%												
		主成分					杂质含量,≤							
		Al	Cu	Mg	Ni	Zn	Fe	Pb	Cd	Sn	Si	Cu	Mg	Ni
ZnAl4	ZX01	3.9~4.3	—	0.03~0.06	—	余量	0.035	0.004	0.003	0.0015	—	0.1	—	—
ZnAl4Ni	ZX02	3.9~4.3	—	0.01~0.02	0.005~0.020	余量	0.075	0.002	0.002	0.0010	—	0.1	—	—
ZnAl4Cu1	ZX03	3.9~4.3	0.7~1.1	0.03~0.06	—	余量	0.035	0.004	0.003	0.0015	—	—	—	—
ZnAl4Cu3	ZX04	3.9~4.3	2.6~3.1	0.03~0.06	—	余量	0.035	0.004	0.003	0.0015	—	—	—	—
ZnAl6Cu1	ZX05	5.6~6.0	1.2~1.6	—	—	余量	0.020	0.003	0.003	0.001	0.02	—	0.005	0.001
ZnAl8Cu1	ZX06	8.2~8.8	0.9~1.3	0.02~0.03	—	余量	0.035	0.005	0.005	0.002	—	—	—	—
ZnAl9Cu2	ZX07	8.0~10.0	1.0~2.0	0.03~0.06	—	余量	0.05	0.005	0.005	0.002	0.05	—	—	—
ZnAl11Cu1	ZX08	10.8~11.5	0.5~1.2	0.02~0.03	—	余量	0.05	0.005	0.005	0.002	—	—	—	—
ZnAl11Cu5	ZX09	10.0~12.0	4.0~5.5	0.03~0.06	—	余量	0.05	0.005	0.005	0.002	0.05	—	—	—
ZnAl27Cu2	ZX10	25.5~28.0	2.0~2.5	0.012~0.02	—	余量	0.07	0.005	0.005	0.002	—	—	—	—

注:代号表示方法:"Z"为"铸"字汉语拼音首音字母,代表"铸造用";"X"为"锌"字汉语拼音首音字母,表示"锌合金"。

表 2 – 151　铸造锌合金铸件主要力学性能参考表

牌　号	代　号	抗拉强度 (σ_b)/MPa	伸长率 (δ_5)/%	布氏硬度 HBS	力学性能对应的 铸造工艺和铸态
ZnA14	ZX01	250	1	80	Y
ZnA14Ni	ZX02	250	1	80	Y
ZnA14Cul	ZX03	270	2	90	Y
		175	0.5	80	JF
ZnA14Cu3	ZX04	320	2	95	Y
		220	0.5	90	SF
		240	1	100	JF
ZnAl6Cu1	ZX05	180	1	80	SF
		220	1.5	80	JF
ZnAl8Cu1	ZX06	220	2	80	Y
		250	1	80	SF
		225	1	85	JF
ZnAl9Cu2	ZX07	275	0.7	90	SF
		315	1.5	105	JF
ZnAl11Cu1	ZX08	300	1.5	85	Y
		280	1	90	SF
		310	1	90	JF
ZnAl11Cu5	ZX09	275	0.5	80	SF
		295	1.0	100	JF
ZnAl27Cu2	ZX10	350	1	90	Y
		400	3	110	SF
		420	1	110	JF

注：①本表数据引自 GB/T 1175—1997 表 2 及 GB/T 13818—1992 表 1。

②本表中 Y 代表压铸，S 代表砂型铸，J 代表金属型铸，F 代表铸态。

③本表数据仅供用户选择牌号时参考，不作验收依据。

2.2.20 铅锡锭、轴承合金

1. 铅锭

铅锭（GB/T 469—2005）的化学成分列于表 2 – 152。

表 2 – 152　铅锭的化学成分

化学成分（质量分数）/%

牌号	Pb ≥	杂质，≤										
		Ag	Cu	Bi	As	Sb	Sn	Zn	Fe	Cd	Ni	总和
Pb99.994	99.994	0.000 8	0.001	0.004	0.000 5	0.000 8	0.000 5	0.000 4	0.000 5	—	—	0.006
Pb99.990	99.990	0.001 5	0.001	0.010	0.000 5	0.000 8	0.000 5	0.000 4	0.001 0	0.000 2	0.000 2	0.015
Pb99.985	99.985	0.002 5	0.001	0.015	0.000 5	0.000 8	0.000 5	0.000 4	0.001 0	0.000 2	0.000 5	0.015
Pb99.970	99.970	0.005 0	0.003	0.030	0.001 0	0.001 0	0.001 0	0.000 5	0.002 0	0.001 0	0.001 0	0.030
Pb99.940	99.940	0.008 0	0.005	0.060	0.001 0	0.001 0	0.001 0	0.000 5	0.002 0	0.002 0	0.002 0	0.060

注：①当铅用于生产以表中所列某元素为添加元素的合金时，需方可以要求某一杂质低于表一杂质中规定的最大值，也可以就表中未列出的元素做出规定，由供需双方商定。

②对于特殊用途的铅锭，（Pb）的含量为 100% 减去实测杂质总和的余量。

③铅（Pb）的含量为 100% 减去实测杂质总和的余量。

④杂质含量的修约规则，按 GB/T8170 中的有关规定进行；修约后的数值的判定，按 GB/T 1250 中的有关规定进行。

· 242 ·

2. 锡锭

锡锭（GB/T 728—2010）的化学成分列于表 2 - 153。

表 2 - 153　锡锭的化学成分

牌号			Sn99. 90		Sn99. 95		Sn99. 99
级别			A	AA	A	AA	A
Sn，≥			99. 90	99. 90	99. 95	99. 95	99. 99
化学成分（质量分数）/%	杂质 ≤	As	0. 008 0	0. 008 0	0. 003 0	0. 003 0	0. 000 5
		Fe	0. 007 0	0. 007 0	0. 004 0	0. 004 0	0. 002 0
		Cu	0. 008 0	0. 008 0	0. 004 0	0. 004 0	0. 000 5
		Pb	0. 032 0	0. 010 0	0. 020 0	0. 010 0	0. 003 5
		Bi	0. 015 0	0. 015 0	0. 006 0	0. 006 0	0. 002 5
		Sb	0. 020 0	0. 020 0	0. 014 0	0. 014 0	0. 001 5
		Cd	0. 000 8	0. 000 8	0. 000 5	0. 000 5	0. 000 3
		Zn	0. 001 0	0. 001 0	0. 000 8	0. 000 8	0. 000 3
		Al	0. 001 0	0. 001 0	0. 000 8	0. 000 8	0. 000 5
		S	0. 000 5	0. 000 5	0. 000 5	0. 000 5	0. 000 3
		Ag	0. 005 0	0. 005 0	0. 000 1	0. 000 1	0. 000 1
		Ni + Co	0. 005 0	0. 005 0	0. 005 0	0. 005 0	0. 000 6
		杂质总和	0. 10	0. 10	0. 05	0. 05	0. 01

注：①表中杂质总和指表中所列杂质元素实测值之和。

②锡含量为 100% 减去所测表中杂质含量之和的余量。

③锡锭表面应洁净，无明显毛刺和外来夹杂物。

④锡锭单重为 25kg ± 1. 5kg，如有特殊要求，由供需双方协商解决。

3. 铸造轴承合金

铸造轴承合金（GB/T 1174—1992）的化学成分及力学性能列于表 2 - 154、表 2 - 155。

表 2-154　铸造轴承合金的化学成分

种类	合金牌号	化学成分（质量分数）/%													
		Sn	Pb	Cu	Zn	Al	Sb	Ni	Mn	Si	Fe	Bi	As		其他元素总和
锡基	ZSnSb12Pb10Cu4	其余	9.0~11.0	2.5~5.0	0.01	0.01	11.0~13.0	—	—	—	0.1	0.08	0.1		0.55
	ZSnSb12Cu6Cd1		0.15	4.5~6.8	0.05	0.05	10.0~13.0	0.3~0.6	—	—	0.1		0.4~0.7	Cd1.1~1.6　Fe+Al+Zn ≤0.15	—
	ZSnSb11Cu6		0.35	5.5~6.5	0.01	0.01	10.0~12.0	—	—	—	0.1	0.03	0.1		0.55
	ZSnSb8Cu4		0.35	3.0~4.0	0.005	0.005	7.0~8.0	—	—	—	0.1	0.03	0.1		0.55
	ZSnSb4Cu4		0.35	4.0~5.0	0.01	0.01	4.0~5.0	—	—	—	—	0.08	0.1		0.50
铅基	ZPbSb16Sn16Cu2	15.0~17.0	其余	1.5~2.0	0.15	0.005	15.0~17.0				0.1	0.1	0.3		0.6
	ZPbSb15Sn5Cu3-Cd2	5.0~6.0		2.5~3.0	0.15	0.005	14.0~16.0				0.1	0.1	0.6~1.0	Cd1.75~2.25	0.4
	ZPbSb15Sn10	9.0~11.0		0.7*	0.005	0.005	14.0~16.0				0.1	0.1	0.6	Cd0.05	0.45
	ZPbSb15Sn5	4.0~5.5		0.5~1.0	0.15	0.01	14.0~15.5				0.1	0.1	0.2		0.75
	ZPbSb10Sn6	5.0~7.0		0.7*	0.005	0.005	9.0~11.0				0.1	0.1	0.25	Cd0.05	0.7

续表

种类	合金牌号	化学成分（质量分数）/%													其他元素总和
		Sn	Pb	Cu	Zn	Al	Sb	Ni	Mn	Si	Fe	Bi	As		
铜基	ZCuSn5Pb5Zn5	4.0~6.0	4.0~6.0	其余	4.0~6.0	0.01	0.25	2.5*	—	0.01	0.30	—	—	P0.05 S0.10	0.7
	ZCuSn10P1	9.0~11.5	0.25		0.05	0.01	0.05	0.10	0.05	0.02	0.10	0.005	—	P0.5~1.0 S0.05	0.7
	ZCuPb10Sn10	9.0~11.0	8.0~11.0	其余	2.0*	0.01	0.5	2.0*	0.2	0.01	0.25	0.005	—	P0.05 S0.10	1.0
	ZCuPb15Sn8	7.0~9.0	13.0~17.0		2.0*	0.01	0.5	2.0*	0.2	0.01	0.25	—	—	P0.10 S0.10	1.0
	ZCuPb20Sn5	4.0~6.0	18.0~23.0		2.0*	0.01	0.75	2.5*	0.2	0.01	0.25	—	—	P0.10 S0.10	1.0
	ZCuPb30	1.0	27.0~33.0			0.01	0.2		0.3	0.02	0.5	0.005	0.10	P0.08	1.0
	ZCuAl10Fe3	0.3	0.2		0.4	8.5~11.0	—	3.0	1.0*	0.20*	2.0~4.0	—	—		1.0
铝基	ZAlSn6Cu1Ni1	5.5~7.0		0.7~1.3		其余	—	0.7~1.3	0.1	0.7	0.7	—	—	Ti0.2 Fe+Si+Mn ≤1.0	1.5

注：①凡表格中所列两个数值，系指该合金主要元素含量范围，表格中所列单一数值，系指允许的其他元素最高含量。

②表中有"*"号的数值，不计入其他元素总和。

表 2 - 155　铸造轴承合金力学性能

种类	合金牌号	铸造方法	力学性能，≥		
			抗拉强度 σ_b /MPa	伸长率 δ_5 /%	布氏硬度 HBS
锡基	ZSnSb12Pb10Cu4	J	—	—	29
	ZSnSb12Cu6Cd1	J	—	—	34
	ZSnSb11Cu6	J	—	—	27
	ZSnSb8Cu4	J	—	—	24
	ZSnSb4Cu4	J	—	—	20
铅基	ZPbSb16Sn16Cu2	J	—	—	30
	ZPbSb15Sn5Cu3Cd2	J	—	—	32
	ZPbSb15Sn10	J	—	—	24
	ZPbSb15Sn5	J	—	—	20
	ZPbSb10Sn6	J	—	—	18
铜基	ZCuSn5Pb5Zn5	S、J	200	13	(60)
		Li	250	13	(65)
	ZCuSn10P1	S	200	3	(80)
		J	310	2	(90)
		Li	330	4	(90)
	ZCuPb10Sn10	S	180	7	65
		J	220	5	70
		Li	220	6	70
	ZCuPb15Sn8	S	170	5	(60)
		J	200	6	(65)
		Li	220	8	(65)
	ZCuPb20Sn5	S	150	5	(45)
		J	150	6	(55)
	ZCuPb30	J	—	—	(25)
	ZCuAl10Fe3	S	490	13	(100)
		J、Li	540	15	(110)
铝基	ZAlSn6Cu1Ni1	S	110	10	(35)
		J	130	15	(40)

注：硬度值中加括号者为参考数值。

2.3　金属材料的尺寸及质量

2.3.1　型钢

1. 热轧钢棒

　　热轧钢棒（GB/T 702—2008）包括热轧圆钢和方钢、热轧扁钢、热轧六角钢和八角钢、热轧工具扁钢，其尺寸及理论线质量见表 2 - 156 ~ 表 2 - 159。

表 2-156　热轧圆钢和方钢的尺寸及理论线质量

圆钢公称直径 d 方钢公称边长 a/mm	理论线质量/(kg/m)		圆钢公称直径 d 方钢公称边长 a/mm	理论线质量/(kg/m)	
	d	a		d	a
5.5	0.186	0.237	56	19.3	24.6
6	0.222	0.283	58	20.7	26.4
6.5	0.260	0.332	60	22.2	28.3
7	0.302	0.385	63	24.5	31.2
8	0.395	0.502	65	26.0	33.2
9	0.499	0.636	68	28.5	36.3
10	0.617	0.785	70	30.2	38.5
11	0.746	0.950	75	34.7	44.2
12	0.888	1.13	80	39.5	50.2
13	1.04	1.33	85	44.5	56.7
14	1.21	1.54	90	49.9	63.6
15	1.39	1.77	95	55.6	70.8
16	1.58	2.01	100	61.7	78.5
17	1.78	2.27	105	68.0	86.5
18	2.00	2.54	110	74.6	95.0
19	2.23	2.83	115	81.5	104
20	2.47	3.14	120	88.8	113
21	2.72	3.46	125	96.3	123
22	2.98	3.80	130	104	133
23	3.26	4.15	135	112	143
24	3.55	4.52	140	121	154
25	3.85	4.91	145	130	165
26	4.17	5.31	150	139	177
27	4.49	5.72	155	148	189
28	4.83	6.15	160	158	201
29	5.18	6.60	165	168	214
30	5.55	7.06	170	178	227
31	5.92	7.54	180	200	254
32	6.31	8.04	190	223	283
33	6.71	8.55	200	247	314
34	7.13	9.07	210	272	
35	7.55	9.62	220	298	
36	7.99	10.2	230	326	
38	8.90	11.3	240	355	
40	9.86	12.6	250	385	
42	10.9	13.8	260	417	
45	12.5	15.9	270	449	
48	14.2	18.1	280	483	
50	15.4	19.6	290	518	
53	17.3	22.0	300	555	
55	18.6	23.7	310	592	

注：表中钢的理论线质量是按密度为 7.85 g/cm^3 计算。

表 2－157　热轧扁钢的

t— 扁钢厚度
b— 扁钢宽度

公称宽度/mm	厚度 3	4	5	6	7	8	9	10	11	12	14	16
								理论线质量				
10	0.24	0.31	0.39	0.47	0.55	0.63						
12	0.28	0.38	0.47	0.57	0.66	0.75						
14	0.33	0.44	0.55	0.66	0.77	0.88						
16	0.38	0.50	0.63	0.75	0.88	1.00	1.15	1.26				
18	0.42	0.57	0.71	0.85	0.99	1.13	1.27	1.41				
20	0.47	0.63	0.78	0.94	1.10	1.26	1.41	1.57	1.73	1.88		
22	0.52	0.69	0.86	1.04	1.21	1.38	1.55	1.73	1.90	2.07		
25	0.59	0.78	0.98	1.18	1.37	1.57	1.77	1.96	2.16	2.36	2.75	3.14
28	0.66	0.88	1.10	1.32	1.54	1.76	1.98	2.20	2.42	2.64	3.08	3.53
30	0.71	0.94	1.18	1.41	1.65	1.88	2.12	2.36	2.59	2.83	3.30	3.77
32	0.75	1.00	1.26	1.51	1.76	2.01	2.26	2.55	2.76	3.01	3.52	4.02
35	0.82	1.10	1.37	1.65	1.92	2.20	2.47	2.75	3.02	3.30	3.85	4.40
40	0.94	1.26	1.57	1.88	2.20	2.51	2.83	3.14	3.45	3.77	4.40	5.02
45	1.06	1.41	1.77	2.12	2.47	2.83	3.18	3.53	3.89	4.24	4.95	5.65
50	1.18	1.57	1.96	2.36	2.75	3.14	3.53	3.93	4.32	4.71	5.50	6.28
55		1.73	2.16	2.59	3.02	3.45	3.89	4.32	4.75	5.18	6.04	6.91
60		1.88	2.36	2.83	3.30	3.77	4.24	4.71	5.18	5.65	6.59	7.54
65		2.04	2.55	3.06	3.57	4.08	4.59	5.10	5.61	6.12	7.14	8.16
70		2.20	2.75	3.30	3.85	4.40	4.95	5.50	6.04	6.59	7.69	8.79
75		2.36	2.94	3.53	4.12	4.71	5.30	5.89	6.48	7.07	8.24	9.42
80		2.51	3.14	3.77	4.40	5.02	5.65	6.28	6.91	7.54	8.79	10.05
85			3.34	4.00	4.67	5.34	6.01	6.67	7.34	8.01	9.34	10.68
90			3.53	4.24	4.95	5.65	6.36	7.07	7.77	8.48	9.89	11.30
95			3.73	4.47	5.22	5.97	6.71	7.46	8.20	8.95	10.44	11.93
100			3.92	4.71	5.50	6.28	7.06	7.85	8.64	9.42	10.99	12.56
105			4.12	4.95	5.77	6.59	7.42	8.24	9.07	9.89	11.54	13.19
110			4.32	5.18	6.04	6.91	7.77	8.64	9.50	10.36	12.09	13.82
120			4.71	5.65	6.59	7.54	8.48	9.42	10.36	11.30	13.19	15.07
125				5.89	6.87	7.85	8.83	9.81	10.79	11.78	13.74	15.70
130				6.12	7.14	8.16	9.18	10.20	11.23	12.25	14.29	16.33
140					7.69	8.79	9.89	10.99	12.09	13.19	15.39	17.58
150					8.24	9.42	10.60	11.78	12.95	14.13	16.48	18.84
160					8.79	10.05	11.30	12.56	13.82	15.07	17.58	20.10
180					9.89	11.30	12.72	14.13	15.54	16.96	19.78	22.61
200					10.99	12.56	14.13	15.70	17.27	18.84	21.98	25.12

注：①表中的粗线用以划分扁钢的组别

　　1 组——理论线质量≤19 kg/m；2 组——理论线质量＞19 kg/m。

　　②表中的理论线质量按密度 7.85 g/cm^3 计算。

尺寸及理论线质量

/mm 18	20	22	25	28	30	32	36	40	45	50	56	60
/(kg/m)												
4.24	4.71											
4.52	5.02											
4.95	5.50	6.04	6.87	7.69								
5.65	6.28	6.91	7.85	8.79								
6.36	7.07	7.77	8.83	9.89	10.60	11.30	12.72					
7.06	7.85	8.64	9.81	10.99	11.78	12.56	14.13					
7.77	8.64	9.50	10.79	12.09	12.95	13.82	15.54					
8.48	9.42	10.36	11.78	13.19	14.13	15.07	16.96	18.84	21.20			
9.18	10.20	11.23	12.76	14.29	15.31	16.33	18.37	20.41	22.96			
9.89	10.99	12.09	13.74	15.39	16.49	17.58	19.78	21.98	24.73			
10.60	11.78	12.95	14.72	16.48	17.66	18.84	21.20	23.55	26.49			
11.30	12.56	13.82	15.70	17.58	18.84	20.10	22.61	25.12	28.26	31.40	35.17	
12.01	13.34	14.68	16.68	18.68	20.02	21.35	24.02	26.69	30.03	33.36	37.37	40.04
12.72	14.13	15.54	17.66	19.78	21.20	22.61	25.43	28.26	31.79	35.32	39.56	42.39
13.42	14.92	16.41	18.64	20.88	22.37	23.86	26.85	29.83	33.56	37.29	41.76	44.74
14.13	15.70	17.27	19.62	21.98	23.55	25.12	28.26	31.40	35.32	39.25	43.96	47.10
14.84	16.48	18.13	20.61	23.08	24.73	26.38	29.67	32.97	37.09	41.21	46.16	49.46
15.54	17.27	19.00	21.59	24.18	25.90	27.63	31.09	34.54	38.86	43.18	48.36	51.81
16.96	18.84	20.72	23.55	26.38	28.26	30.14	33.91	37.68	42.39	47.10	52.75	56.52
17.66	19.62	21.58	24.53	27.48	29.44	31.40	35.32	39.25	44.16	49.06	54.95	58.88
18.37	20.41	22.45	25.51	28.57	30.62	32.66	36.74	40.82	45.92	51.02	57.15	61.23
19.78	21.98	24.18	27.48	30.77	32.97	35.17	39.56	43.96	49.46	54.95	61.54	65.94
21.20	23.55	25.90	29.44	32.97	35.32	37.68	42.39	47.10	52.99	58.88	65.94	70.65
22.61	25.12	27.63	31.40	35.17	37.68	40.19	45.22	50.24	56.52	62.80	70.34	75.36
25.43	28.26	31.09	35.32	39.56	42.39	45.22	50.87	56.52	63.58	70.65	79.13	84.78
28.26	31.40	34.54	39.25	43.96	47.10	50.24	56.52	62.80	70.65	78.50	87.92	94.20

表 2－158　热轧六角钢和热轧八角钢的尺寸及理论线质量

对边距离 s/mm	截面面积 A/cm²		理论线质量/(kg/m)	
8	0.554 3	—	0.435	
9	0.701 5	—	0.551	
10	0.866	—	0.680	
11	1.048	—	0.823	
12	1.247	—	0.979	
13	1.464	—	1.05	
14	1.697	—	1.33	—
15	1.949	—	1.53	—
16	2.217	2.120	1.74	1.66
17	2.503	—	1.96	—
18	2.806	2.683	2.20	2.16
19	3.126	—	2.45	—
20	3.464	3.312	2.72	2.60
21	3.819	—	3.00	—
22	4.192	4.008	3.29	3.15
23	4.581	—	3.60	—
24	4.988	—	3.92	—
25	5.413	5.175	4.25	4.06
26	5.854	—	4.60	—
27	6.314	—	4.96	—
28	6.790	6.492	5.33	5.10
30	7.794	7.452	6.12	5.85

对边距离 s/mm	截面面积 A/cm²		理论线质量/(kg/m)	
32	8.868	8.479	6.96	6.66
34	10.011	9.572	7.86	7.51
36	11.223	10.731	8.81	8.42
38	12.505	11.956	9.82	9.39
40	13.86	13.250	10.88	10.40
42	15.28	—	11.99	—
45	17.54	—	13.77	—
48	19.95	—	15.66	—
50	21.65	—	17.00	—
53	24.33	—	19.10	—
56	27.16	—	21.32	—
58	29.13	—	22.83	—
60	31.18	—	24.50	—
63	34.37	—	26.98	—
65	36.59	—	28.72	—
68	40.04	—	31.43	—
70	42.43	—	33.30	—

注：表中的理论质量按密度 7.85 g/cm³ 计算。

表中截面积（A）计算公式：$A = \dfrac{1}{4} n s^2 \mathrm{tg} \dfrac{\varphi}{2} \times \dfrac{1}{100}$

六角形：$A = \dfrac{3}{2} s^2 \mathrm{tg} 30° \times \dfrac{1}{100} \approx 0.866 s^2 \times \dfrac{1}{100}$

八角形：$A = 2 s^2 \mathrm{tg} 22°30' \times \dfrac{1}{100} \approx 0.828 s^2 \times \dfrac{1}{100}$

式中：n——正 n 边形边数；

φ——正 n 边形圆内角；$\varphi = 360/n$。

表 2–159　热轧工具钢扁钢的

$t-$ 扁钢厚度
$b-$ 扁钢宽度

公称宽度 /mm	扁钢公称										
	4	6	8	10	13	16	18	20	23	25	28
	理论线质量										
10	0.31	0.47	0.63								
13	0.40	0.57	0.75	0.94							
16	0.50	0.75	1.00	1.26	1.51						
20	0.63	0.94	1.26	1.57	1.88	2.51	2.83				
25	0.78	1.18	1.57	1.96	2.36	3.14	3.53	3.93	4.32		
32	1.00	1.51	2.01	2.55	3.01	4.02	4.52	5.02	5.53	6.28	7.03
40	1.26	1.88	2.51	3.14	3.77	5.02	5.65	6.28	6.91	7.85	8.79
50	1.57	2.36	3.14	3.93	4.71	6.28	7.06	7.85	8.64	9.81	10.99
63	1.98	2.91	3.96	4.95	5.93	7.91	8.90	9.89	10.88	12.36	13.85
71	2.23	3.34	4.46	5.57	6.69	8.92	10.03	11.15	12.26	13.93	15.61
80	2.51	3.77	5.02	6.28	7.54	10.05	11.30	12.56	13.82	15.70	17.58
90	2.83	4.24	5.65	7.07	8.48	11.30	12.72	14.13	15.54	17.66	19.78
100	3.14	4.71	6.28	7.85	9.42	12.56	14.13	15.70	17.27	19.62	21.98
112	3.52	5.28	7.03	8.79	10.55	14.07	15.83	17.58	19.34	21.98	24.62
125	3.93	5.89	7.85	9.81	11.78	15.70	17.66	19.62	21.58	24.53	27.48
140	4.40	6.59	8.79	12.69	13.19	17.58	19.78	21.98	24.18	27.48	30.77
160	5.02	7.54	10.05	12.56	15.07	20.10	22.61	25.12	27.63	31.40	35.17
180	5.65	8.48	11.30	14.13	16.96	22.61	25.43	28.26	31.09	35.33	39.56
200	6.28	9.42	12.56	15.70	18.84	25.12	28.26	31.40	34.54	39.25	43.96
224	7.03	10.55	14.07	17.58	21.10	28.13	31.65	35.17	38.68	43.96	49.24
250	7.85	11.78	15.70	19.63	23.55	31.40	35.33	39.25	43.18	49.06	54.95
280	8.79	13.19	17.58	21.98	26.38	35.17	39.56	43.96	48.36	54.95	61.54
310	9.73	14.60	19.47	24.34	29.20	38.94	43.80	48.67	53.54	60.84	68.14

注：表中的理论线质量按密度 7.85 g/cm^3 计算，对于高合金钢计算理论线质量

尺寸及理论线质量

<table>
<tr><td colspan="11">厚度/mm</td></tr>
<tr><td>32</td><td>36</td><td>40</td><td>45</td><td>50</td><td>56</td><td>63</td><td>71</td><td>80</td><td>90</td><td>100</td></tr>
<tr><td colspan="11">/(kg/m)</td></tr>
<tr><td></td><td></td><td></td><td></td><td></td><td></td><td></td><td></td><td></td><td></td><td></td></tr>
<tr><td></td><td></td><td></td><td></td><td></td><td></td><td></td><td></td><td></td><td></td><td></td></tr>
<tr><td></td><td></td><td></td><td></td><td></td><td></td><td></td><td></td><td></td><td></td><td></td></tr>
<tr><td></td><td></td><td></td><td></td><td></td><td></td><td></td><td></td><td></td><td></td><td></td></tr>
<tr><td>10. 05</td><td>11. 30</td><td></td><td></td><td></td><td></td><td></td><td></td><td></td><td></td><td></td></tr>
<tr><td>12. 56</td><td>14. 13</td><td>15. 70</td><td>17. 66</td><td></td><td></td><td></td><td></td><td></td><td></td><td></td></tr>
<tr><td>15. 83</td><td>17. 80</td><td>19. 78</td><td>22. 25</td><td>24. 73</td><td>27. 69</td><td></td><td></td><td></td><td></td><td></td></tr>
<tr><td>17. 84</td><td>20. 06</td><td>22. 29</td><td>25. 08</td><td>27. 87</td><td>31. 21</td><td>35. 11</td><td></td><td></td><td></td><td></td></tr>
<tr><td>20. 10</td><td>22. 61</td><td>25. 12</td><td>28. 26</td><td>31. 40</td><td>35. 17</td><td>39. 56</td><td>44. 59</td><td></td><td></td><td></td></tr>
<tr><td>22. 61</td><td>25. 43</td><td>28. 26</td><td>31. 79</td><td>35. 32</td><td>39. 56</td><td>44. 51</td><td>50. 16</td><td>56. 52</td><td></td><td></td></tr>
<tr><td>25. 12</td><td>28. 26</td><td>31. 40</td><td>35. 32</td><td>39. 25</td><td>43. 96</td><td>49. 46</td><td>55. 74</td><td>62. 80</td><td>70. 65</td><td></td></tr>
<tr><td>28. 13</td><td>31. 65</td><td>35. 17</td><td>39. 56</td><td>43. 96</td><td>49. 24</td><td>55. 39</td><td>62. 42</td><td>70. 34</td><td>79. 13</td><td>87. 92</td></tr>
<tr><td>31. 40</td><td>35. 32</td><td>39. 25</td><td>44. 16</td><td>49. 06</td><td>54. 95</td><td>61. 82</td><td>69. 67</td><td>78. 50</td><td>88. 31</td><td>98. 13</td></tr>
<tr><td>35. 17</td><td>39. 56</td><td>43. 96</td><td>49. 46</td><td>54. 95</td><td>61. 54</td><td>69. 24</td><td>78. 03</td><td>87. 92</td><td>98. 81</td><td>109. 90</td></tr>
<tr><td>40. 19</td><td>45. 22</td><td>50. 24</td><td>56. 52</td><td>62. 80</td><td>70. 34</td><td>79. 13</td><td>89. 18</td><td>100. 48</td><td>113. 04</td><td>125. 60</td></tr>
<tr><td>45. 22</td><td>50. 87</td><td>56. 52</td><td>63. 59</td><td>70. 65</td><td>79. 13</td><td>89. 02</td><td>100. 32</td><td>113. 04</td><td>127. 17</td><td>141. 30</td></tr>
<tr><td>50. 24</td><td>56. 52</td><td>62. 80</td><td>70. 65</td><td>78. 50</td><td>87. 92</td><td>98. 91</td><td>111. 47</td><td>125. 60</td><td>141. 30</td><td>157. 00</td></tr>
<tr><td>56. 27</td><td>63. 30</td><td>70. 34</td><td>79. 12</td><td>87. 92</td><td>98. 47</td><td>110. 78</td><td>124. 85</td><td>140. 67</td><td>158. 26</td><td>175. 84</td></tr>
<tr><td>62. 80</td><td>70. 65</td><td>78. 50</td><td>88. 31</td><td>98. 13</td><td>109. 90</td><td>123. 64</td><td>139. 34</td><td>157. 00</td><td>176. 63</td><td>196. 25</td></tr>
<tr><td>70. 34</td><td>79. 13</td><td>87. 92</td><td>98. 91</td><td>109. 90</td><td>123. 09</td><td>138. 47</td><td>156. 06</td><td>175. 84</td><td>197. 82</td><td>219. 80</td></tr>
<tr><td>77. 87</td><td>87. 61</td><td>97. 34</td><td>109. 51</td><td>121. 68</td><td>136. 28</td><td>153. 31</td><td>172. 78</td><td>194. 68</td><td>219. 02</td><td>243. 35</td></tr>
</table>

时，应采用相应牌号的密度进行计算。

2. 热轧型钢

热轧型钢（GB/T 706—2008）包括工字钢、槽钢、等边角钢、不等边角钢和 L 型钢，其截面尺寸、截面面积、理论线质量及截面特性见表 2－160～表 2－164。

截面图图见图 2－1～图 2－5。工字钢、槽钢尺寸、外形允许偏差见表 2－165。

表 2－160　工字钢截面尺寸、截面面积、理论线质量及截面特性

型号	截面尺寸/mm						截面面积 /cm²	理论线质量 /(kg/m)	惯性矩/cm⁴		惯性半径/cm		截面积数/cm³	
	h	b	d	t	r	r_1			I_x	I_y	i_x	i_y	W_x	W_y
10	100	68	4.5	7.6	6.5	3.3	14.345	11.261	245	33.0	4.14	1.52	49.0	9.72
12	120	74	5.0	8.4	7.0	3.5	17.818	13.987	436	46.9	4.95	1.62	72.7	12.7
12.6	126	74	5.0	8.4	7.0	3.5	18.118	14.223	488	46.9	5.20	1.61	77.5	12.7
14	140	80	5.5	9.1	7.5	3.8	21.516	16.890	712	64.4	5.76	1.73	102	16.1
16	160	88	6.0	9.9	8.0	4.0	26.131	20.513	1 130	93.1	6.58	1.89	141	21.2
18	180	94	6.5	10.7	8.5	4.3	30.756	24.143	1 660	122	7.36	2.00	185	26.0
20a	200	100	7.0	11.4	9.0	4.5	35.578	27.929	2 370	158	8.15	2.12	237	31.5
20b	200	102	9.0	11.4	9.0	4.5	39.578	31.069	2 500	169	7.96	2.06	250	33.1
22a	220	110	7.5	12.3	9.5	4.8	42.128	33.070	3 400	225	8.99	2.31	309	40.9
22b	220	112	9.5	12.3	9.5	4.8	46.528	36.524	3 570	239	8.78	2.27	325	42.7
24a	240	116	8.0	13.0	10.0	5.0	47.141	37.477	4 570	280	9.77	2.42	381	48.4
24b	240	118	10.0	13.0	10.0	5.0	52.541	41.245	4 800	297	9.57	2.38	400	50.4
25a	250	116	8.0	13.0	10.0	5.0	48.541	38.105	5 020	280	10.2	2.40	402	48.3
25b	250	118	10.0	13.0	10.0	5.0	53.541	42.030	5 280	309	9.94	2.40	423	52.4

型号	截面尺寸/mm						截面面积 /cm²	理论线质量 /(kg/m)	惯性矩/cm⁴		惯性半径/cm		截面模数/cm³	
	h	b	d	t	r	r_1			I_x	I_y	i_x	i_y	W_x	W_y
27a	270	122	8.5	13.7	10.5	5.3	54.554	42.825	6 550	345	10.9	2.51	485	56.6
27b		124	10.5				59.954	47.064	6 870	366	10.7	2.47	509	58.9
28a	280	122	8.5				55.404	43.492	7 110	345	11.3	2.50	508	56.6
28b		124	10.5				61.004	47.888	7 480	379	11.1	2.49	534	61.2
30a	300	126	9.0	14.4	11.0	5.5	61.254	48.084	8 950	400	12.1	2.55	597	63.5
30b		128	11.0				67.254	52.794	9 400	422	11.8	2.50	627	65.9
30c		130	13.0				73.254	57.504	9 850	445	11.6	2.46	657	68.5
32a	320	130	9.5	15.0	11.5	5.8	67.156	52.717	11 100	460	12.8	2.62	692	70.8
32b		132	11.5				73.556	57.741	11 600	502	12.6	2.61	726	76.0
32c		134	13.5				79.956	62.765	12 200	544	12.3	2.61	760	81.2
36a	360	136	10.0	15.8	12.0	6.0	76.480	60.037	15 800	552	14.4	2.69	875	81.2
36b		138	12.0				83.680	65.689	16 500	582	14.1	2.64	919	84.3
36c		140	14.0				90.880	71.341	17 300	612	13.8	2.60	962	87.4
40a	400	142	10.5	16.5	12.5	6.3	86.112	67.598	21 700	660	15.9	2.77	1 090	93.2
40b		144	12.5				94.112	73.878	22 800	692	15.6	2.71	1 140	96.2
40c		146	14.5				102.112	80.158	23 900	727	15.2	2.65	1 190	99.6

型号	截面尺寸/mm						截面面积/cm²	理论线质量/(kg/m)	惯性矩/cm⁴		惯性半径/cm		截面积数/cm³	
	h	b	d	t	r	r_1			I_x	I_y	i_x	i_y	W_x	W_y
45a	450	150	11.5	18.0	13.5	6.8	102.446	80.420	32 200	855	17.7	2.89	1 430	114
45b		152	13.5				111.446	87.485	33 800	894	17.4	2.84	1 500	118
45c		154	15.5				120.446	94.550	35 300	938	17.1	2.79	1 570	122
50a	500	158	12.0	20.0	14.0	7.0	119.304	93.654	46 500	1 120	19.7	3.07	1 860	142
50b		160	14.0				129.304	101.504	48 600	1 170	19.4	3.01	1 940	146
50c		162	16.0				139.304	109.354	50 600	1 220	19.0	2.96	2 080	151
55a	550	166	12.5	21.0	14.5	7.3	134.185	105.335	62 900	1 370	21.6	3.19	2 290	164
55b		168	14.5				145.185	113.970	65 600	1 420	21.2	3.14	2 390	170
55c		170	16.5				156.185	122.605	68 400	1 480	20.9	3.08	2 490	175
56a	560	166	12.5	21.0	14.5	7.3	135.435	106.316	65 600	1 370	22.0	3.18	2 340	165
56b		168	14.5				146.635	115.108	68 500	1 490	21.6	3.16	2 450	174
56c		170	16.5				157.835	123.900	71 400	1 560	21.3	3.16	2 550	183
63a	630	176	13.0	22.0	15.0	7.5	154.658	121.407	93 900	1 700	24.5	3.31	2 980	193
63b		178	15.0				167.258	131.298	98 100	1 810	24.2	3.29	3 160	204
63c		180	17.0				179.858	141.189	102 000	1 920	23.8	3.27	3 300	214

注：表中 r、r_1 的数据用于孔型设计，不做交货条件。

表 2-161 槽钢截面尺寸、截面面积、理论线质量及截面特性

| 型号 | 截面尺寸/mm | | | | | | 截面面积/cm² | 理论线质量/(kg/m) | 惯性矩/cm⁴ | | | 惯性半径/cm | | 截面模数/cm³ | | 重心距离/cm |
	h	b	d	t	r	r_1			I_x	I_y	I_{y1}	i_x	i_y	W_x	W_y	Z_0
5	50	37	4.5	7.0	7.0	3.5	6.928	5.438	26.0	8.30	20.9	1.94	1.10	10.4	3.55	1.35
6.3	63	40	4.8	7.5	7.5	3.8	8.451	6.634	50.8	11.9	28.4	2.45	1.19	16.1	4.50	1.36
6.5	65	40	4.3	7.5	7.5	3.8	8.547	6.709	55.2	12.0	28.3	2.54	1.19	17.0	4.59	1.38
8	80	43	5.0	8.0	8.0	4.0	10.248	8.045	101	16.6	37.4	3.15	1.27	25.3	5.79	1.43
10	100	48	5.3	8.5	8.5	4.2	12.748	10.007	198	25.6	54.9	3.95	1.41	39.7	7.80	1.52
12	120	53	5.5	9.0	9.0	4.5	15.362	12.059	346	37.4	77.7	4.75	1.56	57.7	10.2	1.62
12.6	126	53	5.5	9.0	9.0	4.5	15.692	12.318	391	38.0	77.1	4.95	1.57	62.1	10.2	1.59
14a	140	58	6.0	9.5	9.5	4.8	18.516	14.535	564	53.2	107	5.52	1.70	80.5	13.0	1.71
14b	140	60	8.0				21.316	16.733	609	61.1	121	5.35	1.69	87.1	14.1	1.67
16a	160	63	6.5	10.0	10.0	5.0	21.962	17.24	866	73.3	144	6.28	1.83	108	16.3	1.80
16b	160	65	8.5				25.162	19.752	935	83.4	161	6.10	1.82	117	17.6	1.75
18a	180	68	7.0	10.5	10.5	5.2	25.699	20.174	1 270	98.6	190	7.04	1.96	141	20.0	1.88
18b	180	70	9.0				29.299	23.000	1 370	111	210	6.84	1.95	152	21.5	1.84

| 型号 | 截面尺寸/mm | | | | | | 截面面积/cm² | 理论线质量/(kg/m) | 惯性矩/cm⁴ | | | 惯性半径/cm | | 截面模数/cm³ | | 重心距离/cm |
	h	b	d	t	r	r_1			I_x	I_y	I_{y1}	i_x	i_y	W_x	W_y	Z_0
20a	200	73	7.0	11.0	11.0	5.5	28.837	22.637	1 780	128	244	7.86	2.11	178	24.2	2.01
20b		75	9.0	11.0	11.0	5.5	32.837	25.777	1 910	144	268	7.64	2.09	191	25.9	1.95
22a	220	77	7.0	11.5	11.5	5.8	31.846	24.999	2 390	158	298	8.67	2.23	218	28.2	2.10
22b		79	9.0	11.5	11.5	5.8	36.246	28.453	2 570	176	326	8.42	2.21	234	30.1	2.03
24a	240	78	7.0	12.0	12.0	6.0	34.217	26.860	3 050	174	325	9.45	2.25	254	30.5	2.10
24b		80	9.0	12.0	12.0	6.0	39.017	30.628	3 280	194	355	9.17	2.23	274	32.5	2.03
24c		82	11.0	12.0	12.0	6.0	43.817	34.396	3 510	213	388	8.96	2.21	293	34.4	2.00
25a	250	78	7.0	12.0	12.0	6.0	34.917	27.410	3 370	176	322	9.82	2.24	270	30.6	2.07
25b		80	9.0	12.0	12.0	6.0	39.917	31.335	3 530	196	353	9.41	2.22	282	32.7	1.98
25c		82	11.0	12.0	12.0	6.0	44.917	35.260	3 690	218	384	9.07	2.21	295	35.9	1.92
27a	270	82	7.5	12.5	12.5	6.2	39.284	30.838	4 360	216	393	10.5	2.34	323	35.5	2.13
27b		84	9.5	12.5	12.5	6.2	44.684	35.077	4 690	239	428	10.3	2.31	347	37.7	2.06
27c		86	11.5	12.5	12.5	6.2	50.084	39.316	5 020	261	467	10.1	2.28	372	39.8	2.03

型号	截面尺寸/mm						截面面积/cm²	理论线质量/(kg/m)	惯性矩/cm⁴			惯性半径/cm		截面模数/cm³		重心距离/cm
	h	b	d	t	r	r_1			I_x	I_y	I_{y1}	i_x	i_y	W_x	W_y	Z_0
28a	280	82	7.5	12.5	12.5	6.2	40.034	31.427	4 760	218	388	10.9	2.33	340	35.7	2.10
28b		84	9.5	12.5	12.5	6.2	45.634	35.823	5 130	242	428	10.6	2.30	366	37.9	2.02
28c		86	11.5				51.234	40.219	5 500	268	463	10.4	2.29	393	40.3	1.95
30a	300	85	7.5	13.5	13.5	6.8	43.902	34.463	6 050	260	467	11.7	2.43	403	41.1	2.17
30b		87	9.5	13.5	13.5		49.902	39.173	6 500	289	515	11.4	2.41	433	44.0	2.13
30c		89	11.5				55.902	43.883	6 950	316	560	11.2	2.38	463	46.4	2.09
32a	320	88	8.0	14.0	14.0	7.0	48.513	38.083	7 600	305	552	12.5	2.50	475	46.5	2.24
32b		90	10.0	14.0	14.0		54.913	43.107	8 140	336	593	12.2	2.47	509	49.2	2.16
32c		92	12.0				61.313	48.131	8 690	374	643	11.9	2.47	543	52.6	2.09
36a	360	96	9.0	16.0	16.0	8.0	60.910	47.814	11 900	455	818	14.0	2.73	660	63.5	2.44
36b		98	11.0	16.0	16.0		68.110	53.466	12 700	497	880	13.6	2.70	703	66.9	2.37
36c		100	13.0				75.310	59.118	13 400	536	948	13.4	2.67	746	70.0	2.34
40a	400	100	10.5	18.0	18.0	9.0	75.068	58.928	17 600	592	1 070	15.3	2.81	879	78.8	2.49
40b		102	12.5	18.0	18.0		83.068	65.208	18 600	640	114	15.0	2.78	932	82.5	2.44
40c		104	14.5				91.068	71.488	19 700	688	1 220	14.7	2.75	986	86.2	2.42

注：表中 r、r_1 的数据用于孔型设计，不做交货条件。

表 2-162　等边角钢截面尺寸、截面面积、理论线质量及截面特性

型号	截面尺寸/mm			截面面积 /cm²	理论线质量/(kg/m)	外表面积/(m²/m)	惯性矩 /cm⁴				惯性半径 /cm			截面模数 /cm³			重心距离/cm
	b	d	r				I_x	I_{x1}	I_{x0}	I_{y0}	i_x	i_{x0}	i_{y0}	W_x	W_{x0}	W_{y0}	Z_0
2	20	3	3.5	1.132	0.889	0.078	0.40	0.81	0.63	0.17	0.59	0.75	0.39	0.29	0.45	0.20	0.60
		4		1.459	1.145	0.077	0.50	1.09	0.78	0.22	0.58	0.73	0.38	0.36	0.55	0.24	0.64
2.5	25	3		1.431	1.124	0.098	0.82	1.57	1.29	0.34	0.76	0.95	0.49	0.46	0.73	0.33	0.73
		4		1.859	1.459	0.097	1.03	2.11	1.62	0.43	0.74	0.93	0.48	0.59	0.92	0.40	0.76
3.0	30	3	4.5	1.749	1.373	0.117	1.46	2.71	2.31	0.61	0.91	1.15	0.59	0.68	1.09	0.51	0.85
		4		2.276	1.786	0.117	1.84	3.63	2.92	0.77	0.90	1.13	0.58	0.87	1.37	0.62	0.89
3.6	36	3		2.109	1.656	0.141	2.58	4.68	4.09	1.07	1.11	1.39	0.71	0.99	1.61	0.76	1.00
		4		2.756	2.163	0.141	3.29	6.25	5.22	1.37	1.09	1.38	0.70	1.28	2.05	0.93	1.04
		5		3.382	2.654	0.141	3.95	7.84	6.24	1.65	1.08	1.36	0.70	1.56	2.45	1.00	1.07
4	40	3	5	2.359	1.852	0.157	3.59	6.41	5.69	1.49	1.23	1.55	0.79	1.23	2.01	0.96	1.09
		4		3.086	2.422	0.157	4.60	8.56	7.29	1.91	1.22	1.54	0.79	1.60	2.58	1.19	1.13
		5		3.791	2.976	0.156	5.53	10.74	8.76	2.30	1.21	1.52	0.78	1.96	3.10	1.39	1.17
4.5	45	3		2.659	2.088	0.177	5.17	9.12	8.20	2.14	1.40	1.76	0.89	1.58	2.58	1.24	1.22
		4		3.486	2.736	0.177	6.65	12.18	10.56	2.75	1.38	1.74	0.89	2.05	3.32	1.54	1.26
		5		4.292	3.369	0.176	8.04	15.2	12.74	3.33	1.37	1.72	0.88	2.51	4.00	1.81	1.30
		6		5.076	3.985	0.176	9.33	18.36	14.76	3.89	1.36	1.70	0.8	2.95	4.64	2.06	1.33

| 型号 | 截面尺寸/mm | | | 截面面积/cm² | 理论线质量/(kg/m) | 外表面积/(m²/m) | 惯性矩/cm⁴ | | | | 惯性半径/cm | | | 截面模数/cm³ | | | 重心距离/cm |
	b	d	r				I_x	I_{x1}	I_{x0}	I_{y0}	i_x	i_{x0}	i_{y0}	W_x	W_{x0}	W_{y0}	Z_0
5	50	3	5.5	2.971	2.332	0.197	7.18	12.5	11.37	2.98	1.55	1.96	1.00	1.96	3.22	1.57	1.34
	50	4		3.897	3.059	0.197	9.26	16.69	14.70	3.82	1.54	1.94	0.99	2.56	4.16	1.96	1.38
	50	5		4.803	3.770	0.196	11.21	20.90	17.79	4.64	1.53	1.92	0.98	3.13	5.03	2.31	1.42
	50	6		5.688	4.465	0.196	13.05	25.14	20.68	5.42	1.52	1.91	0.98	3.68	5.85	2.63	1.46
5.6	56	3	6	3.343	2.624	0.221	10.19	17.56	16.14	4.24	1.75	2.20	1.13	2.48	4.08	2.02	1.48
	56	4		4.390	3.446	0.220	13.18	23.43	20.92	5.46	1.73	2.18	1.11	3.24	5.28	2.52	1.53
	56	5		5.415	4.251	0.220	16.02	29.33	25.42	6.61	1.72	2.17	1.10	3.97	6.42	2.98	1.57
	56	6		6.420	5.040	0.220	18.69	35.26	29.66	7.73	1.71	2.15	1.10	4.68	7.49	3.40	1.61
	56	7		7.404	5.812	0.219	21.23	41.23	33.63	8.82	1.69	2.13	1.09	5.36	8.49	3.80	1.64
	56	8		8.367	6.568	0.219	23.63	47.24	37.37	9.89	1.68	2.11	1.09	6.03	9.44	4.16	1.68
6	60	5	6.5	5.829	4.576	0.236	19.89	36.05	31.57	8.21	1.85	2.33	1.19	4.59	7.44	3.48	1.67
	60	6		6.914	5.427	0.235	23.25	43.33	36.89	9.60	1.83	2.31	1.18	5.41	8.70	3.98	1.70
	60	7		7.977	6.262	0.235	26.44	50.65	41.92	10.96	1.82	2.29	1.17	6.21	9.88	4.45	1.74
	60	8		9.020	7.081	0.235	29.47	58.02	46.66	12.28	1.81	2.27	1.17	6.98	11.00	4.88	1.78
6.3	63	4	7	4.978	3.907	0.248	19.03	33.35	30.17	7.89	1.96	2.46	1.26	4.13	6.78	3.29	1.70
	63	5		6.143	4.822	0.248	23.17	41.73	36.77	9.57	1.94	2.45	1.25	5.08	8.25	3.90	1.74
	63	6		7.288	5.721	0.247	27.12	50.14	43.03	11.20	1.93	2.43	1.24	6.00	9.66	4.46	1.78

型号	截面尺寸/mm			截面面积/cm²	理论线质量/(kg/m)	外表面积/(m²/m)	惯性矩/cm⁴				惯性半径/cm			截面模数/cm³			重心距离/cm
	b	d	r				I_x	I_{x1}	I_{x0}	I_{y0}	i_x	i_{x0}	i_{y0}	W_x	W_{x0}	W_{y0}	Z_0
6.3	63	7	7	8.412	6.603	0.247	30.87	58.60	48.96	12.79	1.92	2.41	1.23	6.88	10.99	4.98	1.82
		8		9.515	7.469	0.247	34.46	67.11	54.56	14.33	1.90	2.40	1.23	7.75	12.25	5.47	1.85
		10		11.657	9.151	0.246	41.09	84.31	64.85	17.33	1.88	2.36	1.22	9.39	14.56	6.36	1.93
7	70	4	8	5.570	4.372	0.275	26.39	45.74	41.80	10.99	2.18	2.74	1.40	5.14	8.44	4.17	1.86
		5		6.875	5.397	0.275	32.21	57.21	51.08	13.31	2.16	2.73	1.39	6.32	10.32	4.95	1.91
		6		8.160	6.406	0.275	37.77	68.73	59.93	15.61	2.15	2.71	1.38	7.48	12.11	5.67	1.95
		7		9.424	7.398	0.275	43.09	80.29	68.35	17.82	2.14	2.69	1.38	8.59	13.81	6.34	1.99
		8		10.667	8.373	0.274	48.17	91.92	76.37	19.98	2.12	2.68	1.37	9.68	15.43	6.98	2.03
7.5	75	5	9	7.412	5.818	0.295	39.97	70.56	63.30	16.63	2.33	2.92	1.50	7.32	11.94	5.77	2.04
		6		8.797	6.905	0.294	46.95	84.55	74.38	19.51	2.31	2.90	1.49	8.64	14.02	6.67	2.07
		7		10.160	7.976	0.294	53.57	98.71	84.96	22.18	2.30	2.89	1.48	9.93	16.02	7.44	2.11
		8		11.503	9.030	0.294	59.96	112.97	95.07	24.86	2.28	2.88	1.47	11.20	17.93	8.19	2.15
		9		12.825	10.068	0.294	66.10	127.30	104.71	27.48	2.27	2.86	1.46	12.43	19.75	8.89	2.18
		10		14.126	11.089	0.293	71.98	141.71	113.92	30.05	2.26	2.84	1.46	13.64	21.48	9.56	2.22
8	80	5	9	7.912	6.211	0.315	48.79	85.36	77.33	20.25	2.48	3.13	1.60	8.34	13.67	6.66	2.15
		6		9.397	7.376	0.314	57.35	102.50	90.98	23.72	2.47	3.11	1.59	9.87	16.08	7.65	2.19
		7		10.860	8.525	0.314	65.58	119.70	104.07	27.09	2.46	3.10	1.58	11.37	18.40	8.58	2.23

型号	截面尺寸/mm			截面面积/cm²	理论线质量/(kg/m)	外表面积/(m²/m)	惯性矩/cm⁴				惯性半径/cm			截面模数/cm³			重心距离/cm
	b	d	r				I_x	I_{x1}	I_{x0}	I_{y0}	i_x	i_{x0}	i_{y0}	W_x	W_{x0}	W_{y0}	Z_0
8	80	8	9	12.303	9.658	0.314	73.49	136.97	116.60	30.39	2.44	3.08	1.57	12.83	20.61	9.46	2.27
		9		13.725	10.774	0.314	81.11	154.31	128.60	33.61	2.43	3.06	1.56	14.25	22.73	10.29	2.31
		10		15.126	11.874	0.313	88.43	171.74	140.09	36.77	2.42	3.04	1.56	15.64	24.76	11.08	2.35
9	90	6	10	10.637	8.350	0.354	82.77	145.87	131.26	34.28	2.79	3.51	1.80	12.61	20.63	9.95	2.44
		7		12.301	9.656	0.354	94.83	170.30	150.47	39.18	2.78	3.50	1.78	14.54	23.64	11.19	2.48
		8		13.944	10.946	0.353	106.47	194.80	168.97	43.97	2.27	3.48	1.78	16.42	26.55	12.35	2.52
		9		15.566	12.219	0.353	117.72	219.39	186.77	48.66	2.75	3.46	1.77	18.27	29.35	13.46	2.56
		10		17.167	13.476	0.353	128.58	244.07	203.90	53.26	2.74	3.45	1.76	20.07	32.04	14.52	2.59
		12		20.306	15.940	0.352	149.22	293.76	236.21	62.22	2.71	3.41	1.75	23.57	37.12	16.49	2.67
10	100	6	12	11.932	9.366	0.393	114.95	200.07	181.98	47.92	3.10	3.90	2.00	15.68	25.74	12.69	2.67
		7		13.796	10.830	0.393	131.86	233.54	208.97	54.74	3.09	3.89	1.99	18.10	29.55	14.26	2.71
		8		15.638	12.276	0.393	148.24	267.09	235.07	61.41	3.08	3.88	1.98	20.47	33.24	15.75	2.76
		9		17.462	13.708	0.392	164.12	300.73	260.30	67.95	3.07	3.86	1.97	22.79	36.81	17.18	2.80
		10		19.261	15.120	0.392	179.51	334.48	284.68	74.35	3.05	3.84	1.96	25.06	40.26	18.54	2.84
		12		22.800	17.898	0.391	208.90	402.34	330.95	86.84	3.03	3.81	1.95	29.48	46.80	21.08	2.91
		14		26.256	20.611	0.391	236.53	470.75	374.06	99.00	3.00	3.77	1.94	33.73	52.90	23.44	2.99
		16		29.627	23.257	0.390	262.53	539.80	414.16	110.89	2.98	3.74	1.94	37.82	58.57	25.63	3.06

型号	截面尺寸/mm			截面面积/cm²	理论质量/(kg/m)	外表面积/(m²/m)	惯性矩/cm⁴				惯性半径/cm			截面模数/cm³			重心距离/cm
	b	d	r				I_x	I_{x1}	I_{x0}	I_{y0}	i_x	i_{x0}	i_{y0}	W_x	W_{x0}	W_{y0}	Z_0
11	110	7	12	15.196	11.928	0.433	177.16	310.64	280.94	73.38	3.41	4.30	2.20	22.05	36.12	17.51	2.96
		8		17.238	13.535	0.433	199.46	355.20	316.49	82.42	3.40	4.28	2.19	24.95	40.69	19.39	3.01
		10		21.261	16.690	0.432	242.19	444.65	384.39	99.98	3.38	4.25	2.17	30.60	49.42	22.91	3.09
		12		25.200	19.782	0.431	282.55	534.60	448.17	116.93	3.35	4.22	2.15	36.05	57.62	26.15	3.16
		14		29.056	22.809	0.431	320.71	625.16	508.01	133.40	3.32	4.18	2.14	41.31	65.31	29.14	3.24
12.5	125	8	14	19.750	15.504	0.492	297.03	521.01	470.89	123.16	3.88	4.88	2.50	32.52	53.28	25.86	3.37
		10		24.373	19.133	0.491	361.67	651.93	573.89	149.46	3.85	4.85	2.48	39.97	64.93	30.62	3.45
		12		28.912	22.696	0.491	423.16	783.42	671.44	174.88	3.83	4.82	2.46	41.17	75.96	35.03	3.53
		14		33.367	26.193	0.490	481.65	915.61	763.73	199.57	3.80	4.78	2.45	54.16	86.41	39.13	3.16
		16		37.739	29.625	0.489	537.31	1 048.62	850.98	223.65	3.77	4.75	2.43	60.93	96.28	42.96	3.68
14	140	10	14	27.373	21.488	0.551	514.65	915.11	817.27	212.04	4.34	5.46	2.78	50.58	82.56	39.20	3.82
		12		32.512	25.522	0.551	603.68	1 099.28	958.79	248.57	4.31	5.43	2.76	59.80	96.85	45.02	3.90
		14		37.567	29.490	0.550	688.81	1 284.22	1 093.56	284.06	4.28	5.40	2.75	68.75	110.47	50.45	3.98
		16		42.539	33.393	0.549	770.24	1 470.07	1 221.81	318.67	4.26	5.36	2.74	77.46	123.42	55.55	4.06
15	150	8	14	23.750	18.644	0.592	521.37	899.55	827.49	215.25	4.69	5.90	3.01	47.36	78.02	38.14	3.99
		10		29.373	23.058	0.591	637.50	1 125.09	1 012.79	262.21	4.66	5.87	2.99	58.35	95.49	45.51	4.08
		12		34.912	27.406	0.591	748.85	1 351.26	1 189.97	307.73	4.63	5.84	2.97	69.04	112.19	52.38	4.15

型号	截面尺寸/mm			截面面积/cm²	理论线质量/(kg/m)	外表面积/(m²/m)	惯性矩/cm⁴				惯性半径/cm			截面模数/cm³			重心距离/cm
	b	d	r				I_x	I_{x1}	I_{x0}	I_{y0}	i_x	i_{x0}	i_{y0}	W_x	W_{x0}	W_{y0}	Z_0
15	150	14	14	40.367	31.688	0.590	855.64	1 578.25	1 359.30	351.98	4.60	5.80	2.95	79.45	128.16	58.83	4.23
		15		43.063	33.804	0.590	907.39	1 692.10	1 441.09	373.69	4.59	5.78	2.95	84.56	135.87	61.90	4.27
		16		45.739	35.905	0.589	958.08	1 806.21	1 521.02	395.14	4.58	5.77	2.94	89.59	143.40	64.89	4.31
16	160	10	16	31.502	24.729	0.630	779.53	1 365.33	1 237.30	321.76	4.98	6.27	3.20	66.70	109.36	52.76	4.31
		12		37.441	29.391	0.630	916.58	1 639.57	1 455.68	377.49	4.95	6.24	3.18	78.98	128.67	60.74	4.39
		14		43.296	33.987	0.629	1 048.36	1 914.68	1 665.02	431.70	4.92	6.20	3.16	90.95	147.17	68.24	4.47
		16		49.067	38.518	0.629	1 175.08	2 190.82	1 865.57	484.59	4.89	6.17	3.14	102.63	164.89	75.31	4.55
18	180	12	16	42.241	33.159	0.710	1 321.35	2 332.80	2 100.10	542.61	5.59	7.05	3.58	100.82	165.00	78.41	4.89
		14		48.896	38.383	0.709	1 514.48	2 723.48	2 407.42	621.53	5.56	7.02	3.56	116.25	189.14	88.38	4.97
		16		55.467	43.542	0.709	1 700.99	3 115.29	2 703.37	698.60	5.54	6.98	3.55	131.13	212.40	97.83	5.05
		18		61.055	48.634	0.708	1 875.12	3 502.43	2 988.24	762.01	5.50	6.94	3.51	145.64	234.78	105.14	5.13
20	200	14	18	54.642	42.894	0.788	2 103.55	3 734.10	3 343.26	863.83	6.20	7.82	3.98	144.70	236.40	111.82	5.46
		16		62.013	48.680	0.788	2 366.15	4 270.39	3 760.89	971.41	6.18	7.79	3.96	163.65	265.93	123.96	5.54
		18		69.301	54.401	0.787	2 620.64	4 808.13	4 164.54	1 076.74	6.15	7.75	3.94	182.22	294.48	135.52	5.62
		20		76.505	60.056	0.787	2 867.30	5 347.51	4 554.55	1 180.04	6.12	7.72	3.93	200.42	322.06	146.55	5.69
		24		90.661	71.168	0.785	3 338.25	6 457.16	5 294.97	1 381.53	6.07	7.64	3.90	236.17	374.41	166.65	5.87

续表

型号	截面尺寸/mm			截面面积/cm²	理论线质量/(kg/m)	外表面积/(m²/m)	惯性矩/cm⁴				惯性半径/cm			截面模数/cm³			重心距离/cm
	b	d	r				I_x	I_{x1}	I_{x0}	I_{y0}	i_x	i_{x0}	i_{y0}	W_x	W_{x0}	W_{y0}	Z_0
22	220	16	21	68.664	53.901	0.866	3 187.36	5 681.62	5 063.73	1 310.99	6.81	8.59	4.37	199.55	325.51	153.81	6.03
		18		76.752	60.250	0.866	3 534.30	6 395.93	5 615.32	1 453.27	6.79	8.55	4.35	222.37	360.97	168.29	6.11
		20		84.756	66.533	0.865	3 871.49	7 112.04	6 150.08	1 592.90	6.76	8.52	4.34	244.77	395.34	182.16	6.18
		22		92.676	72.751	0.865	4 199.23	7 830.19	6 668.37	1 730.10	6.73	8.48	4.32	266.78	428.66	195.45	6.26
		24		100.512	78.902	0.864	4 517.83	8 550.57	7 170.55	1 865.11	6.70	8.45	4.31	288.39	460.94	208.21	6.33
		26		108.264	84.987	0.864	4 827.58	9 273.39	7 656.98	1 998.17	6.68	8.41	4.30	309.62	492.21	220.49	6.41
25	250	18	24	87.842	68.956	0.985	5 268.22	9 379.11	8 369.04	2 167.41	7.74	9.76	4.97	290.12	473.42	224.03	6.84
		20		97.045	76.180	0.984	5 779.34	10 426.97	9 181.94	2 376.74	7.72	9.73	4.95	319.66	519.41	242.85	6.92
		24		115.201	90.433	0.983	6 763.93	12 529.74	10 742.67	2 785.19	7.66	9.66	4.92	377.34	607.70	278.38	7.07
		26		124.154	97.461	0.982	7 238.08	13 585.18	11 491.33	2 984.84	7.63	9.62	4.90	405.50	650.05	295.19	7.15
		28		133.022	104.422	0.982	7 700.60	14 643.62	12 219.39	3 181.81	7.61	9.58	4.89	433.22	691.23	311.42	7.22
		30		141.807	111.318	0.981	8 151.80	15 706.30	12 927.26	3 376.34	7.58	9.55	4.88	460.51	731.28	327.12	7.30
		32		150.508	118.149	0.981	8 592.01	16 770.41	13 615.32	3 568.71	7.56	9.51	4.87	487.39	770.20	342.33	7.37
		35		163.402	128.271	0.980	9 232.44	18 374.95	14 611.16	3 853.72	7.52	9.46	4.86	526.97	826.53	364.30	7.48

注：截面积中的 $r_1 = 1/3d$ 及表中 r 的数据用于孔型设计，不做交货条件。

表 2 – 163　不等边角钢截面尺寸、截面面积、理论线质量及截面特性

型号	截面尺寸/mm				截面面积/cm²	理论线质量/(kg/m)	外表面积/(m²/m)	惯性矩/cm⁴					惯性半径/cm			截面模数/cm³			tga	重心距离/cm	
	B	b	d	r				I_x	I_{x1}	I_y	I_{y1}	I_u	i_x	i_y	i_u	W_x	W_y	W_u		X_0	Y_0
2.5/1.6	25	16	3	3.5	1.162	0.912	0.080	0.70	1.56	0.22	0.43	0.14	0.78	0.44	0.34	0.43	0.19	0.16	0.392	0.42	0.86
			4		1.499	1.176	0.079	0.88	2.09	0.27	0.59	0.17	0.77	0.43	0.34	0.55	0.24	0.20	0.381	0.46	1.86
3.2/2	32	20	3		1.492	1.171	0.102	1.53	3.27	0.46	0.82	0.28	1.01	0.55	0.43	0.72	0.30	0.25	0.382	0.49	0.90
			4		1.939	1.522	0.101	1.93	4.37	0.57	1.12	0.35	1.00	0.54	0.42	0.93	0.39	0.32	0.374	0.53	1.08
4/2.5	40	25	3	4	1.890	1.484	0.127	3.08	5.39	0.93	1.59	0.56	1.28	0.70	0.54	1.15	0.49	0.40	0.385	0.59	1.12
			4		2.467	1.936	0.127	3.93	8.53	1.18	2.14	0.71	1.36	0.69	0.54	1.49	0.63	0.52	0.381	0.63	1.32
4.5/2.8	45	28	3	5	2.149	1.687	0.143	445	9.10	1.34	2.23	0.80	1.44	0.79	0.61	1.47	0.62	0.51	0.383	0.64	1.37
			4		2.806	2.203	0.143	5.69	12.13	1.70	3.00	1.02	1.42	0.78	0.60	1.91	0.80	0.66	0.380	0.68	1.47
5/3.2	50	32	3	5.5	2.431	1.908	0.161	6.24	12.49	2.02	3.31	1.20	1.60	0.91	0.70	1.84	0.82	0.68	0.404	0.73	1.51
			4		3.177	2.494	0.160	8.02	16.65	2.58	4.45	1.53	1.59	0.90	0.69	2.39	1.06	0.87	0.402	0.77	1.60
5.6/3.6	56	36	3	6	2.743	2.153	0.181	8.88	17.54	2.92	4.70	1.73	1.80	1.03	0.79	2.32	1.05	0.87	0.408	0.80	1.65
			4		3.590	2.818	0.180	11.45	23.39	3.76	6.33	2.23	1.79	1.02	0.79	3.03	1.37	1.13	0.408	0.85	1.78
			5		4.415	3.466	0.180	13.86	29.25	4.49	7.94	2.67	1.77	1.01	0.78	3.71	1.65	1.36	0.404	0.88	1.82
6.3/4	63	40	4	7	4.058	3.185	0.202	16.49	33.30	5.23	8.63	3.12	2.02	1.14	0.88	3.87	1.70	1.40	0.398	0.92	1.87
			5		4.993	3.920	0.202	20.02	41.63	6.31	10.86	3.76	2.00	1.12	0.87	4.74	2.07	1.71	0.396	0.95	2.04
			6		5.908	4.638	0.201	23.36	49.98	7.29	13.12	4.34	1.96	1.11	0.86	5.59	2.43	1.99	0.393	0.99	2.08
			7		6.802	5.339	0.201	26.53	58.07	8.24	15.47	4.97	1.98	1.10	0.86	6.40	2.78	2.29	0.389	1.03	2.12
7/4.5	70	45	4	7.5	4.547	3.570	0.226	23.17	45.92	7.55	12.26	4.40	2.26	1.29	0.98	4.86	2.17	1.77	0.410	1.02	2.15
			5		5.609	4.403	0.225	27.95	57.10	9.13	15.39	5.40	2.23	1.28	0.98	5.92	2.65	2.19	0.407	1.06	2.24
			6		6.647	5.218	0.225	32.54	68.35	10.62	18.58	6.35	2.21	1.26	0.98	6.95	3.12	2.59	0.404	1.09	2.28
			7		7.657	6.011	0.225	37.22	79.99	12.01	21.84	7.16	2.20	1.25	0.97	8.03	3.57	2.94	0.402	1.13	2.32

型号	截面尺寸/mm				截面面积/cm²	理论质量/(kg/m)	外表面积/(m²/m)	惯性矩/cm⁴					惯性半径/cm			截面模数/cm³			tga	重心距离/cm	
	B	b	d	r				I_x	I_{x1}	I_y	I_{y1}	I_u	i_x	i_y	i_u	W_x	W_y	W_u		X_0	Y_0
7.5/5	75	50	5	8	6.125	4.808	0.245	34.86	70.00	12.61	21.04	7.41	2.39	1.44	1.10	6.83	3.30	2.74	0.435	1.17	2.36
			6		7.260	5.699	0.245	41.12	84.30	14.70	25.37	8.54	2.38	1.42	1.08	8.12	3.88	3.19	0.435	1.21	2.40
			8		9.467	7.431	0.244	52.39	112.50	18.53	34.23	10.87	2.35	1.40	1.07	10.52	4.99	4.10	0.429	1.29	2.44
			10		11.590	9.098	0.244	62.71	140.80	21.96	43.43	13.10	2.33	1.38	1.06	12.79	6.04	4.99	0.423	1.36	2.52
8/5	80	50	5	8	6.375	5.005	0.255	41.96	85.21	12.82	21.06	7.66	2.56	1.42	1.10	7.78	3.32	2.74	0.388	1.14	2.60
			6		7.560	5.935	0.255	49.49	102.53	14.95	25.41	8.85	2.56	1.41	1.08	9.25	3.91	3.20	0.387	1.18	2.65
			7		8.724	6.848	0.255	56.16	119.33	16.96	29.82	10.18	2.54	1.39	1.08	10.58	4.48	3.70	0.384	1.21	2.69
			8		9.867	7.745	0.254	62.83	136.41	18.85	34.32	11.38	2.52	1.38	1.07	11.92	5.03	4.16	0.381	1.25	2.73
9.5/6	90	56	5	9	7.212	5.661	0.287	60.45	121.32	18.32	29.53	10.98	2.90	1.59	1.23	9.92	4.21	3.49	0.385	1.25	2.91
			6		8.557	6.717	0.286	71.03	145.59	21.42	35.58	12.90	2.88	1.58	1.23	11.74	4.96	4.13	0.384	1.29	2.95
			7		9.880	7.756	0.286	81.01	169.60	24.36	41.71	14.67	2.86	1.57	1.22	13.49	5.70	4.72	0.382	1.33	3.00
			8		11.183	8.779	0.286	91.03	194.17	27.15	47.93	16.34	2.85	1.56	1.21	15.27	6.41	5.29	0.380	1.36	3.04
10/6.3	100	63	6	10	9.617	7.550	0.320	99.06	199.71	30.94	50.50	18.42	3.21	1.79	1.38	14.64	6.35	5.25	0.394	1.43	3.24
			7		11.111	8.722	0.320	113.45	233.00	35.26	59.14	21.00	3.20	1.78	1.38	16.88	7.29	6.02	0.394	1.47	3.28
			8		12.534	9.878	0.319	127.37	266.32	39.39	67.88	23.50	3.18	1.77	1.37	19.08	8.21	6.78	0.391	1.50	3.32
			10		15.467	12.142	0.319	153.81	333.06	47.12	85.73	28.33	3.15	1.74	1.35	23.32	9.98	8.24	0.387	1.58	3.40
10/8	100	80	6	10	10.637	8.350	0.354	107.04	199.83	61.24	102.68	31.65	3.17	2.40	1.72	15.19	10.16	8.37	0.627	1.97	2.95
			7		12.301	9.656	0.354	122.73	233.20	70.08	119.98	36.17	3.16	2.39	1.72	17.52	11.71	9.60	0.626	2.01	3.0
			8		13.944	10.946	0.353	137.92	266.61	78.58	137.37	40.58	3.14	2.37	1.71	19.81	13.21	10.80	0.625	2.05	3.04
			10		17.167	13.476	0.353	166.87	333.63	94.65	172.48	49.10	3.12	2.35	1.69	24.24	16.12	13.12	0.622	2.13	3.12

型号	截面尺寸/mm				截面面积/cm²	理论质量/(kg/m)	外表面积/(m²/m)	惯性矩/cm⁴					惯性半径/cm			截面模数/cm³			tga	重心距离/cm	
	B	b	d	r				I_x	I_{x1}	I_y	I_{y1}	I_u	i_x	i_y	i_u	W_x	W_y	W_u		X_0	Y_0
11/7	110	70	6	10	10.637	8.350	0.354	133.37	265.78	42.92	69.08	25.36	3.54	2.01	1.54	17.85	7.90	6.53	0.403	1.57	3.53
			7		12.301	9.656	0.354	153.00	310.07	49.01	80.82	28.95	3.53	2.00	1.53	20.60	9.09	7.50	0.402	1.61	3.57
			8		13.944	10.946	0.353	172.04	354.39	54.87	92.70	32.45	3.51	1.98	1.53	23.30	10.25	8.45	0.401	1.65	3.62
			10		17.167	13.476	0.353	208.39	443.13	65.88	116.83	39.20	3.48	1.96	1.51	28.54	12.48	10.29	0.397	1.72	3.70
12.5/8	125	80	7	11	14.096	11.066	0.403	227.98	454.99	74.42	120.32	43.81	4.02	2.30	1.76	26.86	12.01	9.92	0.408	1.80	4.01
			8		15.989	12.551	0.403	256.77	519.99	83.49	137.85	49.15	4.01	2.28	1.75	30.41	13.56	11.18	0.407	1.84	4.06
			10		19.712	15.474	0.402	312.04	650.09	100.67	173.40	59.45	3.98	2.26	1.74	37.33	16.56	13.64	0.404	1.92	4.14
			12		23.351	18.330	0.402	364.41	780.39	116.67	209.67	69.35	3.95	2.24	1.72	44.01	19.43	16.01	0.400	2.00	4.22
14/9	140	90	8	12	18.038	14.160	0.453	365.64	730.53	120.69	195.79	70.83	4.50	2.59	1.98	38.48	17.34	14.31	0.411	2.04	4.50
			10		22.261	17.475	0.452	445.50	913.20	140.03	245.92	85.82	4.47	2.56	1.96	47.31	21.22	17.48	0.409	2.12	4.58
			12		26.400	20.724	0.451	521.59	1 096.09	169.79	296.89	100.21	4.44	2.54	1.95	55.87	24.95	20.54	0.406	2.19	4.66
			14		30.456	23.908	0.451	594.10	1 279.26	192.10	348.82	114.13	4.42	2.51	1.94	64.18	28.54	23.52	0.403	2.27	4.74
15/9	150	90	8	12	18.839	14.788	0.473	442.05	898.35	122.80	195.96	74.14	4.84	2.55	1.98	43.86	17.47	14.48	0.364	1.97	4.92
			10		23.261	18.260	0.472	539.24	1 122.85	148.62	246.26	89.86	4.81	2.53	1.97	53.97	21.38	17.69	0.362	2.05	5.01
			12		27.600	21.666	0.471	632.08	1 347.50	172.85	297.46	104.95	4.79	2.50	1.95	63.79	25.14	20.80	0.359	2.12	5.09
			14		31.856	25.007	0.471	720.77	1 572.38	195.62	349.74	119.53	4.76	2.48	1.94	73.33	28.77	23.84	0.356	2.20	5.17
			15		33.952	26.652	0.471	763.62	1 684.93	206.50	376.33	126.67	4.74	2.47	1.93	77.99	30.53	25.33	0.354	2.24	5.21
			16		36.027	28.281	0.470	805.51	1 797.55	217.07	403.24	133.72	4.73	2.45	1.93	82.60	32.27	26.82	0.352	2.27	5.25

续表

型号	截面尺寸/mm				截面面积 /cm²	理论线质量 /(kg/m)	外表面积 /(m²/m)	惯性矩 /cm⁴					惯性半径 /cm			截面模数 /cm³			tga	重心距离 /cm	
	B	b	d	r				I_x	I_{x1}	I_y	I_{y1}	I_u	i_x	i_y	i_u	W_x	W_y	W_u		X_0	Y_0
16/10	160	100	10	13	25.315	19.872	0.512	668.69	1 362.89	205.03	336.59	121.74	5.14	2.85	2.19	61.13	26.56	21.92	0.390	2.28	5.24
			12		30.054	23.592	0.511	784.91	1 635.56	239.06	405.94	142.33	5.11	2.82	2.17	73.49	31.28	25.79	0.388	2.36	5.32
			14		34.709	27.247	0.510	896.30	1 908.50	271.20	476.42	162.23	5.08	2.80	2.16	84.56	35.83	29.56	0.385	2.43	5.40
			16		39.281	30.835	0.510	1 003.04	2 181.79	301.60	548.22	182.57	5.05	2.77	2.16	95.33	40.24	33.44	0.382	2.51	5.48
18/11	180	110	10	14	28.373	22.273	0.571	956.25	1 940.40	278.11	447.22	166.50	5.80	3.13	2.42	78.96	32.49	26.88	0.376	2.44	5.89
			12		33.712	26.440	0.571	1 124.72	2 328.38	325.03	538.94	194.87	5.78	3.10	2.40	93.53	38.32	31.66	0.374	2.52	5.98
			14		38.967	30.589	0.570	1 286.91	2 716.60	369.55	631.95	222.30	5.75	3.08	2.39	107.76	43.97	36.32	0.372	2.59	6.06
			16		44.139	34.649	0.569	1 443.06	3 105.15	411.85	726.46	248.94	5.72	3.06	2.38	121.64	49.44	40.87	0.369	2.67	6.14
20/12.5	200	125	12	14	37.912	29.761	0.641	1 570.90	3 193.85	483.16	787.74	285.79	6.44	3.57	2.74	116.73	49.99	41.23	0.392	2.83	6.54
			14		43.687	34.436	0.640	1 800.97	3 726.17	550.83	922.47	326.58	6.41	3.54	2.73	134.65	57.44	47.34	0.390	2.91	6.62
			16		49.739	39.045	0.639	2 023.35	4 258.86	615.44	1 058.86	366.21	6.38	3.52	2.71	152.18	64.89	53.32	0.388	2.99	6.70
			18		55.526	43.588	0.639	2 238.30	4 792.00	677.19	1 197.13	404.83	6.35	3.49	2.70	169.33	71.74	59.18	0.385	3.06	6.78

注:截面图中的 $r_1=1/3d$ 及表中 r 的数据用于孔型设计,不做交货条件。

表2-164 L型钢截面尺寸、截面面积、理论线质量及截面特性

型号	截面尺寸/mm						截面面积/cm²	理论线质量/(kg/m)	惯性矩 I_x/cm⁴	重心距离 Y_0/cm
	B	b	D	d	r	r_1				
L250×90×9×13	250	90	9	13	15	7.5	33.4	26.2	2 190	8.64
L250×90×10.5×15	250	90	10.5	15	15	7.5	38.5	30.3	2 510	8.76
L250×90×11.5×16	250	90	11.5	15	15	7.5	41.7	32.7	2 710	8.90
L300×100×10.5×15	300	100	10.5	15	15	7.5	45.3	35.6	4 290	10.6
L300×100×11.5×16	300	100	11.5	16	15	7.5	49.0	38.5	4 630	10.7
L350×120×10.5×16	350	120	10.5	16	20	10	54.9	43.1	7 110	12.0
L350×120×11.5×18	350	120	11.5	18	20	10	60.4	47.4	7 780	12.0
L400×120×11.5×23	400	120	11.5	23	20	10	71.6	56.2	11 900	13.3
L450×120×11.5×25	450	120	11.5	25	20	10	79.5	62.4	16 800	15.1
L500×120×12.5×33	500	120	12.5	33	20	10	98.6	77.4	25 500	16.5
L500×120×13.5×35	500	120	13.5	35	20	10	105.0	82.8	27 100	16.6

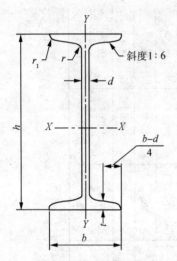

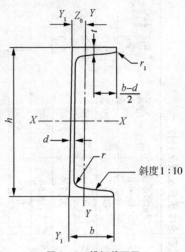

图 2-1 工字钢截面图

h—高度；b—腿宽度；d—腰厚度；t—平均腿厚度；r—内圆弧半径；r_1—腿端圆弧半径

图 2-2 槽钢截面图

h—高度；b—腿宽度；d—腰厚度；t—平均腿厚度；r—内圆弧半径；r_1—腿端圆弧半径；Z_0—YY轴与Y_1Y_1轴间距

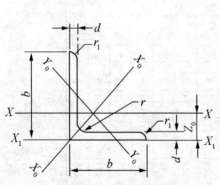

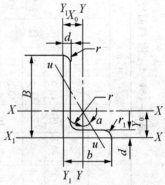

图 2-3 等边角钢截面图

b—边宽度；d—边厚度；r—内圆弧半径；r_1—边端圆弧半径；Z_0—重心距离

图 2-4 不等边角钢截面图

B—长边宽度；b—短边宽度；d—边厚度；r—内圆弧半径；r_1—边端圆弧半径；X_0—重心距离；Y_0—重心距离

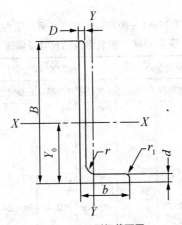

图 2−5 L型钢截面图

B—长边宽度；b—短边宽度；D—长边厚度；d—短边厚度；
r—内圆弧半径；r_1—边端圆弧半径；Y_0—重心距离

表 2−165 工字钢、槽钢尺寸、外形允许偏差 单位：mm

	高度	允许偏差
高度 (h)	<100	±1.5
	100~<200	±2.0
	200~<400	±3.0
	≥400	±4.0
腿宽度 (b)	<100	±1.5
	100~<150	±2.0
	150~<200	±2.5
	200~<300	±3.0
	300~<400	±3.5
	≥400	±4.0
腰厚度 (d)	<100	±0.4
	100~<200	±0.5
	200~<300	±0.7
	300~<400	±0.8
	≥400	±0.9

3. 热轧盘条

热轧盘条（GB/T 14981—2009）的尺寸及偏差见表 2 - 166。

表 2 - 166　热轧盘条的尺寸及偏差

公称直径/ mm	允许偏差/mm			不圆度/mm			横截面积/ mm²	理论线 质量/ （kg/m）
	A 级精度	B 级精度	C 级精度	A 级精度	B 级精度	C 级精度		
5	±0.30	±0.25	±0.15	≤0.48	≤0.40	≤0.24	19.63	0.154
5.5							23.76	0.187
6							28.27	0.222
6.5							33.18	0.260
7							38.48	0.302
7.5							44.18	0.347
8							50.26	0.395
8.5							56.74	0.445
9							63.62	0.499
9.5							70.88	0.556
10							78.54	0.617
10.5	±0.40	±0.30	±0.20	≤0.64	≤0.48	≤0.32	86.59	0.680
11							95.03	0.746
11.5							103.9	0.816
12							113.1	0.888
12.5							122.7	0.963
13							132.7	1.04
13.5							143.1	1.12
14							153.9	1.21
14.5							165.1	1.30
15							176.7	1.39
15.5	±0.50	±0.35	±0.25	≤0.80	≤0.56	≤0.40	188.7	1.48
16							201.1	1.58
17							227.0	1.78

公称直径/	允许偏差/mm			不圆度/mm			横截面积/	理论线质量/
mm	A 级精度	B 级精度	C 级精度	A 级精度	B 级精度	C 级精度	mm²	（kg/m）
18							254.5	2.00
19							283.5	2.23
20							314.2	2.47
21	±0.50	±0.35	±0.25	≤0.80	≤0.56	≤0.40	346.3	2.72
22							380.1	2.98
23							415.5	3.26
24							452.4	3.55
25							490.9	3.85
26							530.9	4.17
27							572.6	4.49
28							615.7	4.83
29							660.5	5.18
30							706.9	5.55
31							754.8	5.92
32							804.2	6.31
33	±0.60	±0.40	±0.30	≤0.96	≤0.64	≤0.48	855.3	6.71
34							907.9	7.13
35							962.1	7.55
36							1 018	7.99
37							1 075	8.44
38							1 134	8.90
39							1 195	9.38
40							1 257	9.87
41							1 320	10.36
42	±0.80	±0.50	—	≤1.28	≤0.80	—	1 385	10.88
43							1 452	11.40
44							1 521	11.94

公称直径/ mm	允许偏差/mm			不圆度/mm			横截面积/ mm²	理论线 质量/ （kg/m）
	A 级精度	B 级精度	C 级精度	A 级精度	B 级精度	C 级精度		
45							1 590	12. 48
46							1 662	13. 05
47	±0. 80	±0. 50	—	≤1. 28	≤0. 80	—	1 735	13. 62
48							1 810	14. 21
49							1 886	14. 80
50							1 964	15. 41
51							2 042	16. 03
52							2 123	16. 66
53							2 205	17. 31
54							2 289	17. 97
55	±1. 00	±0. 60	—	≤1. 60	≤0. 96	—	2 375	18. 64
56							2 462	19. 32
57							2 550	20. 02
58							2 641	20. 73
59							2 733	21. 45
60							2 826	22. 18

注：钢的密度按 7. 85 g/cm³ 计算。

4. 标准件用碳素钢热轧圆钢及盘条

标准件用碳素钢热轧圆钢及盘条（YB/T 4155—2006）的化学成分、力学性能、公称直径、公称截面积及理论线质量见表 2 - 167、表 2 - 168、表 2 - 169。

表 2 –167　标准件用碳素钢热轧圆钢及盘条化学成分

牌号	化学成分（质量分数）/%				
	C	Si	Mn	P	S
BL1	0. 06 ~ 0. 12	≤0. 10	0. 25 ~ 0. 50	≤0. 030	≤0. 030
BL2	0. 09 ~ 0. 15	≤0. 10	0. 25 ~ 0. 55	≤0. 030	≤0. 030
BL3	0. 14 ~ 0. 22	≤0. 10	0. 30 ~ 0. 60	≤0. 030	≤0. 030

表 2 -168　标准件用碳素钢及盘条的力学性能

牌号	下屈服强度 R_{eL} /MPa	抗拉强度 R_{tn} /MPa	伸长率/%		冷顶锻试验 $x = h_1/h$	热顶锻试验	热状态或冷状态下铆钉头锻平试验
			A	$A_{11.3}$			
BL1	≥195	315～400	≥35	≥27	$x = 0.4$	达 1/3 高度	顶头直径为公称直径的 2.5 倍
BL2	≥215	335～410	≥33	≥25	$x = 0.4$	达 1/3 高度	顶头直径为公称直径的 2.5 倍
BL3	≥235	370～460	≥28	≥21	$x = 0.5$	达 1/3 高度	顶头直径为公称直径的 2.5 倍

注：h 为顶锻前试样高度（公称直径的两倍），h_1 为顶锻后试样高度。

表 2 -169　公称直径、公称截面积及理论线质量

公称直径 /mm	公称横截面积 /mm^2	理论线质量 /（kg/m）	公称直径 /mm	公称横截面积 /mm^2	理论线质量 /（kg/m）
5.5	23.76	0.186	22	380.10	2.980
6	28.27	0.222	23	415.50	3.260
6.5	33.18	0.260	24	452.40	3.550
7	38.48	0.302	25	490.90	3.850
8	50.27	0.395	26	530.90	4.170
9	63.62	0.499	27	572.60	4.490
10	78.54	0.617	28	615.80	4.830
11	95.03	0.746	29	660.50	5.180
12	113.10	0.888	30	706.90	5.550
13	132.70	1.040	31	754.80	5.920
14	153.90	1.210	32	804.20	6.310
15	176.70	1.390	33	855.30	6.710
16	201.10	1.580	34	907.90	7.130
17	227.00	1.780	35	962.10	7.550
18	254.50	2.000	36	1018.00	7.990
19	283.50	2.230	38	1134.00	8.900
20	314.20	2.470	40	1257.00	9.860
21	346.40	2.720			

注：钢的理论线质量是按密度为 7.85g/cm^3 计算的。

5. 锻制钢棒

锻制钢棒（GB/T 908—2008）的尺寸及理论线质量见表2-170、表2-171。

表2-170　圆钢、方钢尺寸及理论线质量

圆钢公称直径 d 或 方钢公称边长 a/ mm	理论线质量/（kg/m）		圆钢公称直径 d 或 方钢公称边长 a/ mm	理论线质量/（kg/m）	
	圆钢（直径d）	方钢（边长a）		圆钢（直径d）	方钢（边长a）
50	15.4	19.6	70	30.2	38.5
55	18.6	23.7	75	34.7	44.2
60	22.2	28.3	80	39.5	50.2
65	26.0	33.2	85	44.5	56.7
90	49.9	63.6	220	298	380
95	55.6	70.8	230	326	415
100	61.7	78.5	240	355	452
105	68.0	86.5	250	385	491
110	74.6	95.0	260	417	531
115	81.5	104	270	449	572
120	88.8	113	280	483	615
125	96.3	123	290	518	660
130	104	133	300	555	707
135	112	143	310	592	754
140	121	154	320	631	804
145	130	165	330	671	855
150	139	177	340	712	908
160	158	201	350	755	962
170	178	227	360	799	1 017
180	200	254	370	844	1 075
190	223	283	380	890	1 134
200	247	314	390	937	1 194
210	272	346	400	986	1 256

表2-171 扁钢尺寸及理论线质量

厚度(1)
宽度(b)

公称宽度 b/mm	公称厚度 t/mm																					
	20	25	30	35	40	45	50	55	60	65	70	75	80	85	90	100	110	120	130	140	150	160
	理论线质量/(kg/m)																					
40	6.28	7.85	9.42																			
45	7.06	8.83	10.6																			
50	7.85	9.81	11.8	13.7	15.7																	
55	8.64	10.8	13.0	15.1	17.3																	
60	9.42	11.8	14.1	16.5	18.8	21.1	23.6															
65	10.2	12.8	15.3	17.8	20.4	23.0	25.5															
70	11.0	13.7	16.5	19.2	22.0	24.7	27.5	30.2	33.0													
75	11.8	14.7	17.7	20.6	23.6	26.5	29.4	32.4	35.3													
80	12.6	15.7	18.8	22.0	25.1	28.3	31.4	34.5	37.7	40.8	44.0											
90	14.1	17.7	21.2	24.7	28.3	31.8	35.3	38.8	42.4	45.9	49.4											
100	15.7	19.6	23.6	27.5	31.4	35.3	39.2	43.2	47.1	51.0	55.0	58.9	62.8	66.7								
110	17.3	21.6	25.9	30.2	34.5	38.8	43.2	47.5	51.8	56.1	60.4	64.8	69.1	73.4								

公称厚度 t/mm

理论线质量/(kg/m)

公称宽度 b/mm	20	25	30	35	40	45	50	55	60	65	70	75	80	85	90	100	110	120	130	140	150	160
120	18.8	23.6	28.3	33.0	37.7	42.4	47.1	51.8	56.5	61.2	65.9	70.6	75.4	80.1								
130	20.4	25.5	30.6	35.7	40.8	45.9	51.0	56.1	61.2	66.3	71.4	76.5	81.6	86.7								
140	22.0	27.5	33.0	38.5	44.0	49.5	55.0	60.4	65.9	71.4	76.9	82.4	87.9	93.4	98.9	110						
150	23.6	29.4	35.3	41.2	47.1	53.0	58.9	64.8	70.6	76.5	82.4	88.3	94.2	100	106	118						
160	25.1	31.4	37.7	44.0	50.2	56.5	62.8	69.1	75.4	81.6	87.9	94.2	100	107	113	126	138	151				
170	26.7	33.4	40.0	46.7	53.4	60.1	66.7	73.4	80.1	86.7	93.4	100	107	113	120	133	147	160				
180	28.3	35.3	42.4	49.5	56.5	63.6	70.7	77.7	84.8	91.8	98.9	106	113	120	127	141	155	170	184	198		
190						67.1	74.6	82.0	89.5	96.9	104	112	119	127	134	149	164	179	194	209		
200						70.6	78.5	86.4	94.2	102	110	118	126	133	141	157	173	188	204	220		
210						74.2	82.4	90.7	98.9	107	115	124	132	140	148	165	181	198	214	231	247	264
220						77.7	86.4	95.0	104	112	121	130	138	147	155	173	190	207	225	242	259	276
230												135	144	153	162	181	199	217	235	253	271	289
240												141	151	160	170	188	207	226	245	264	283	301
250												147	157	167	177	196	216	236	255	275	294	314
260												153	163	173	184	204	225	245	265	286	306	327
280												165	176	187	198	220	242	264	286	308	330	352
300												177	188	200	212	236	259	283	306	330	353	377

注：表2-170、表2-171中的理论线质量按密度7.85 g/cm³ 计算。高合金钢计算理论线质量时，应采用相应牌号的密度。

6. 热轧 H 型钢和部分 T 型钢

热轧 H 型钢、部分 T 型钢和超厚超重 H 型钢（GB/T 11263—2010）截面尺寸、截面面积、理论线质量及截面特性见表 2-172、表 2-173、表 2-174 和图 2-6。

表 2-172　H 型钢截面尺寸、截面面积、理论线质量及截面特性

类别	型号 (高度×宽度)/ (mm×mm)	截面尺寸/mm					截面面积/cm²	理论线质量/ (kg/m)	惯性矩/cm⁴		惯性半径/cm		截面模数/cm³	
		H	B	t_1	t_2	r			I_x	I_y	i_x	i_y	W_x	W_y
HW	100×100	100	100	6	8	8	21.58	16.9	378	134	4.18	2.48	75.6	26.7
	125×125	125	125	6.5	9	8	30.00	23.6	839	293	5.28	3.12	134	46.9
	150×150	150	150	7	10	8	39.64	31.1	1 620	563	6.39	3.76	216	75.1
	175×175	175	175	7.5	11	13	51.42	40.4	2 900	984	7.50	4.37	331	112
	200×200	200	200	8	12	13	63.53	49.9	4 720	1 600	8.61	5.02	472	160
		*200	204	12	12	13	71.53	56.2	4 980	1 700	8.34	4.87	498	167
		*244	252	11	11	13	81.31	63.8	8 700	2 940	10.3	6.01	713	233
	250×250	250	250	9	14	13	91.43	71.8	10 700	3 650	10.8	6.31	860	292
		*250	255	14	14	13	103.9	81.6	11 400	3 880	10.5	6.10	912	304
		*294	302	12	12	13	106.3	83.5	16 600	5 510	12.5	7.20	1 130	365
	300×300	300	300	10	15	13	118.5	93.0	20 200	6 750	13.1	7.55	1 350	450
		*300	305	15	15	13	133.5	105	21 300	7 100	12.6	7.29	1 420	466
		*338	351	13	13	13	133.3	105	27 700	9 380	14.4	8.38	1 640	534
	350×350	*344	348	10	16	13	144.0	113	32 800	11 200	15.1	8.83	1 910	646
		*344	354	16	16	13	164.7	129	34 900	11 800	14.6	8.48	2 030	669

类别	型号 (高度×宽度)/ (mm×mm)	截面尺寸/mm					截面面积/cm²	理论线质量/ (kg/m)	惯性矩/cm⁴		惯性半径/cm		截面模数/cm³	
		H	B	t_1	t_2	r			I_x	I_y	i_x	i_y	W_x	W_y
HW	350×350	350	350	12	19	13	171.9	135	39 800	13 600	15.2	8.88	2 280	776
		*350	357	19	19	13	196.4	154	42 300	14 400	14.7	8.57	2 420	808
	400×400	*388	402	15	15	22	178.5	140	49 000	16 300	16.6	9.54	2 520	809
		*394	398	11	18	22	186.8	147	56 100	18 900	17.3	10.1	2 850	951
		*394	405	18	18	22	214.4	168	59 700	20 000	16.7	9.64	3 030	985
		400	400	13	21	22	218.7	172	66 600	22 400	17.5	10.1	3 330	1 120
		*400	408	21	21	22	250.7	197	70 900	23 800	16.8	9.64	3 540	1 170
		414	405	18	28	22	295.4	232	92 800	31 000	17.7	10.2	4 480	1 530
		*428	407	20	35	22	360.7	283	119 000	39 400	18.2	10.4	5 570	1 930
		*458	417	30	50	22	528.6	415	187 000	60 500	18.8	10.7	8 170	2 900
		*498	432	45	70	22	770.1	604	298 000	94 400	19.7	11.1	12 000	4 370
	500×500	492	465	15	20	22	258.0	202	117 000	33 500	21.3	11.4	4 770	1 440
		*502	465	15	25	22	304.5	239	146 000	41 900	21.9	11.7	5 810	1 800
		*502	470	20	25	22	329.6	259	151 000	43 300	21.4	11.5	6 020	1 840
HM	150×100	148	100	6	9	8	26.34	20.7	1 000	150	6.16	2.38	135	30.1
	200×150	194	150	6	9	8	38.10	29.9	2 630	507	8.30	3.64	271	67.5
	250×175	244	175	7	11	13	55.49	43.6	6 040	984	10.4	4.21	495	112

类别	型号（高度×宽度）/（mm×mm）	截面尺寸/mm					截面面积/cm²	理论线质量/（kg/m）	惯性矩/cm⁴		惯性半径/cm		截面模数/cm³	
		H	B	t_1	t_2	r			I_x	I_y	i_x	i_y	W_x	W_y
HM	300×200	294	200	8	12	13	71.05	55.8	11 100	1 600	12.5	4.74	756	160
		*298	201	9	14	13	82.03	64.4	13 100	1 900	12.6	4.80	878	189
	350×250	340	250	9	14	13	99.53	78.1	21 200	3 650	14.6	6.05	1 250	292
	400×400	390	300	10	16	13	133.3	105	37 900	7 200	16.9	7.35	1 940	480
	450×300	440	300	11	18	13	153.9	121	54 700	8 110	18.9	7.25	2 490	540
	500×300	*482	300	11	15	13	141.2	111	58 300	6 760	20.3	6.91	2 420	450
		488	300	11	18	13	159.2	125	68 900	8 110	20.8	7.13	2 820	540
	550×300	*544	300	11	15	13	148.0	116	76 400	6 750	22.7	6.75	2 810	450
		*550	300	11	18	13	166.0	130	89 800	8 110	23.3	6.98	3 270	540
		*582	300	12	17	13	169.2	133	98 900	7 660	24.2	6.72	3 400	511
	600×300	588	300	12	20	13	187.2	147	114 000	9 010	24.7	6.93	3 890	601
		*594	302	14	23	13	217.1	170	134 000	10 600	24.8	6.97	4 500	700
HN	*100×50	100	50	5	7	8	11.84	9.30	187	14.8	3.97	1.11	37.5	5.91
	*125×60	125	60	6	8	8	16.68	13.1	409	29.1	4.95	1.32	65.4	9.71
	150×75	150	75	5	7	8	17.84	14.0	666	49.5	6.10	1.66	88.8	13.2
	175×90	175	90	5	8	8	22.89	18.0	1 210	97.5	7.25	2.06	138	21.7
	200×100	*198	99	4.5	7	8	22.68	17.8	1 540	113	8.24	2.23	156	22.9
		200	100	5.5	8	8	26.66	20.9	1 810	134	8.22	2.23	181	26.7

类别	型号（高度×宽度）/（mm×mm）	截面尺寸/mm					截面面积/cm²	理论线质量/（kg/m）	惯性矩/cm⁴		惯性半径/cm		截面模数/cm³	
		H	B	t_1	t_2	r			I_x	I_y	i_x	i_y	W_x	W_y
HN	250×125	*248	124	5	8	8	31.98	25.1	3 450	255	10.4	2.82	278	41.1
		250	125	6	9	8	86.96	29.0	3 960	294	10.4	2.81	317	47.0
	300×150	*298	149	5.5	8	13	40.80	32.0	6 320	442	12.4	3.29	424	59.3
		300	150	6.5	9	13	46.78	36.7	7 210	508	12.4	3.29	481	67.7
	350×175	*346	174	6	9	13	52.45	41.2	11 000	791	14.5	3.88	638	91.0
		350	175	7	11	13	62.91	49.4	13 500	984	14.6	3.95	771	112
	400×150	400	150	8	13	13	70.37	55.2	18 600	734	16.3	3.22	929	97.8
	400×200	*396	199	7	11	13	71.41	56.1	19 800	1 450	16.6	4.50	999	145
		400	200	8	13	13	83.37	65.4	23 500	1 740	16.8	4.56	1 170	174
	450×150	*446	150	7	12	13	66.99	52.6	22 000	677	18.1	3.17	985	90.3
		450	151	8	14	13	77.49	60.8	25 700	806	18.2	3.22	1 140	107
	450×200	*446	199	8	12	13	82.97	65.1	28 100	1 580	18.4	4.36	1 260	159
		450	200	9	14	13	95.43	74.9	32 900	1 870	18.6	4.42	1 460	187
	475×150	*470	150	7	13	13	71.53	56.2	26 200	733	19.1	3.20	1 110	97.8
		*475	151.5	8.5	15.5	13	86.15	67.6	31 700	901	19.2	3.23	1 330	119
		482	153.5	10.5	19	13	106.4	83.5	39 600	1 150	19.3	3.28	1 640	150
	500×150	*492	150	7	12	13	70.21	55.1	27 500	677	19.8	3.10	1 120	90.3
		*500	152	9	16	13	92.21	72.4	37 000	940	20.0	3.19	1 480	124

续表

类别	型号 (高度×宽度)/ (mm×mm)	截面尺寸/mm					截面面积/cm²	理论线质量/(kg/m)	惯性矩/cm⁴		惯性半径/cm		截面模数/cm³	
		H	B	t_1	t_2	r			I_x	I_y	i_x	i_y	W_x	W_y
HN	500×150	504	153	10	18	13	103.3	81.1	41 900	1 080	20.1	3.23	1 660	141
	500×200	*496	199	9	14	13	99.29	77.9	40 800	1 840	20.3	4.30	1 650	185
		500	200	10	16	13	112.3	88.1	46 800	2 140	20.4	4.36	1 870	214
		*506	201	11	19	13	129.3	102	55 500	2 580	20.7	4.46	2 190	257
	550×200	*546	199	9	14	13	103.8	81.5	50 800	1 840	22.1	4.21	1 860	185
		550	200	10	16	13	117.3	92.0	58 200	2 140	22.3	4.27	2 120	214
	600×200	*596	199	10	15	13	117.8	92.4	66 600	1 980	23.8	4.09	2 240	199
		600	200	11	17	13	131.7	103	75 600	2 270	24.0	4.15	2 520	227
		*606	201	12	20	13	149.8	118	88 300	2 720	24.3	4.25	2 910	270
	625×200	*625	198.5	13.5	17.5	13	150.6	118	88 500	2 300	24.2	3.90	2 830	231
		630	200	15	20	13	170.0	133	101 000	2 690	24.4	3.97	3 220	268
		*638	202	17	24	13	198.7	156	122 000	3 320	24.8	4.09	3 820	329
	650×300	*646	299	10	15	13	152.8	120	110 000	6 690	26.9	6.61	3 410	447
		*650	300	11	17	13	171.2	134	125 000	7 660	27.0	6.68	3 850	511
		656	301	12	20	13	195.8	154	147 000	9 100	27.4	6.81	4 470	605
	700×300	*692	300	13	20	18	207.5	163	168 000	9 020	28.5	6.59	4 870	601
		700	300	13	24	18	231.5	182	197 000	10 800	29.2	6.83	5 640	721
	750×300	*734	299	12	16	18	182.7	143	161 000	7 140	29.7	6.25	4 390	478

类别	型号(高度×宽度)/(mm×mm)	截面尺寸/mm					截面面积/cm²	理论线质量/(kg/m)	惯性矩/cm⁴		惯性半径/cm		截面模数/cm³	
		H	B	t_1	t_2	r			I_x	I_y	i_x	i_y	W_x	W_y
HN	750×300	*742	300	13	20	18	214.0	168	197 000	9 020	30.4	6.49	5 320	601
		*750	300	13	24	18	238.0	187	231 000	10 800	31.1	6.74	6 150	721
		*758	303	16	28	18	284.8	224	276 000	13 000	31.1	6.75	7 270	859
	800×300	*792	300	14	22	18	239.5	188	248 000	9 920	32.2	6.43	6 270	661
		*800	300	14	25	18	263.5	207	286 000	11 700	33.0	6.66	7 160	781
	850×300	*834	298	14	19	18	227.5	179	251 000	8 400	33.2	6.07	6 020	564
		*842	299	15	23	18	259.7	204	298 000	10 300	33.9	6.28	7 080	687
		*850	300	16	27	18	292.1	229	346 000	12 200	34.4	6.45	8 140	812
		*858	301	17	31	18	324.7	255	395 000	14 100	34.9	6.59	9 210	939
	900×300	*890	299	15	23	18	266.9	210	339 000	10 300	35.6	6.20	7 610	687
		*900	300	16	28	18	305.8	240	404 000	12 600	36.4	6.42	8 990	842
		*912	302	18	34	18	360.1	283	491 000	15 700	36.9	6.59	10 800	1 040
	1 000×300	*970	297	16	21	18	276.0	217	393 000	9 210	37.8	5.77	8 110	620
		*980	298	17	26	18	315.5	248	472 000	11 500	38.7	6.04	9 630	772
		*990	298	17	31	18	345.3	271	544 000	13 700	39.7	6.30	11 000	921
		*1000	300	19	36	18	395.1	310	634 000	16 300	40.1	6.41	12 700	1 080
		*1008	302	21	40	18	439.3	345	712 000	18 400	40.3	6.47	14 100	1 220
HT	100×50	95	48	3.2	4.5	8	7.620	5.98	115	8.39	3.88	1.04	24.2	3.49
		97	49	4	5.5	8	9.370	7.36	143	10.9	3.91	1.07	29.6	4.45

类别	型号 (高度×宽度)/(mm×mm)	截面尺寸/mm					截面面积/cm²	理论线质量/(kg/m)	惯性矩/cm⁴		惯性半径/cm		截面模数/cm³	
		H	B	t_1	t_2	r			I_x	I_y	i_x	i_y	W_x	W_y
HT	100×100	96	99	4.5	6	8	16.20	12.7	272	97.2	4.09	2.44	56.7	19.6
	125×60	118	58	3.2	4.5	8	9.250	7.26	218	14.7	4.85	1.26	37.0	5.08
		120	59	4	5.5	8	11.39	8.94	271	19.0	4.87	1.29	45.2	6.43
	125×125	119	123	4.5	6	8	20.12	15.8	532	186	5.14	3.04	89.5	30.3
	150×75	145	73	3.2	4.5	8	11.47	9.00	416	29.3	6.01	1.59	57.3	8.02
		147	74	4	5.5	8	14.12	11.1	516	37.3	6.04	1.62	70.2	10.1
	150×100	139	97	3.2	4.5	8	13.43	10.6	476	68.6	5.94	2.25	68.4	14.1
		142	99	4.5	6	8	18.27	14.3	654	97.2	5.98	2.30	92.1	19.6
	150×150	144	148	5	7	8	27.76	21.8	1090	378	6.25	3.69	151	51.1
		147	149	6	8.5	8	33.67	26.4	1350	469	6.32	3.73	183	63.0
	175×90	168	88	3.2	4.5	8	13.55	10.6	670	51.2	7.02	1.94	79.7	11.6
		171	89	4	6	8	17.58	13.8	894	70.7	7.13	2.00	105	15.9
	175×175	167	173	5	7	13	33.32	26.2	1780	605	7.30	4.26	213	69.9
		172	175	6.5	9.5	13	44.64	35.0	2470	850	7.43	4.36	287	97.1
	200×100	193	98	3.2	4.5	8	15.25	12.0	994	70.7	8.07	2.15	103	14.4
		196	99	4	6	8	19.78	15.5	1320	97.2	8.18	2.21	135	19.6
	200×150	188	149	4.5	6	8	26.34	20.7	1730	331	8.09	3.54	184	44.4
	200×200	192	198	6	8	13	43.69	34.3	3060	1040	8.37	4.86	319	105
	250×125	244	124	4.5	6	8	25.86	20.3	2650	191	10.1	2.71	217	30.8

类别	型号 (高度×宽度)/ (mm×mm)	截面尺寸/mm					截面面积/cm²	理论线质量/ (kg/m)	惯性矩/cm⁴		惯性半径/cm		截面模数/cm³	
		H	B	t_1	t_2	r			I_x	I_y	i_x	i_y	W_x	W_y
HT	250×175	238	173	4.5	8	13	39.12	30.7	4 240	691	10.4	4.20	356	79.9
	300×150	294	148	4.5	6	13	31.90	25.0	4 800	325	12.3	3.19	327	43.9
	300×200	286	198	6	8	13	49.33	38.7	7 360	1 040	12.2	4.58	515	105
	350×175	340	173	4.5	6	13	36.97	29.0	7 490	518	14.2	3.74	441	59.9
	400×150	390	148	6	8	13	47.57	37.3	11 700	434	15.7	3.01	602	58.6
	400×200	390	198	6	8	13	55.57	43.6	14 700	1 040	16.2	4.31	752	105

注：①表中同一型号的产品，其内侧尺寸高度一致。

②表中截面面积计算公式为：$t_1(H-2t_2)+2Bt_2+0.858r^2$。

③表中"*"表示的规格为市场非常用规格。

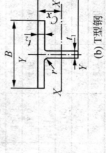

图 2-6 H 型钢和 T 型钢截面图

(a) H 型钢

H—高度；B—宽度；t_1—腹板厚度；t_2—翼缘厚度；r—圆角半径

(b) T 型钢

h—高度；B—宽度；t_1—腹板厚度；t_2—翼缘厚度；r—圆角半径；C_x—重心

表 2 – 173　部分 T 型钢截面尺寸、截面积、理论线质量及截面特性

类别	型号 (高度×宽度)/ (mm×mm)	截面尺寸/mm					截面面积/cm²	理论线质量/ (kg/m)	惯性矩/cm⁴		惯性半径/cm		截面模数/cm³		重心 C_x/cm	对应 H 型钢系列型号
		H	B	t_1	t_2	r			I_x	I_y	i_x	i_y	W_x	W_y		
TW	50×100	50	100	6	8	8	10.79	8.47	16.1	66.8	1.22	2.48	4.02	13.4	1.00	100×100
	62.5×125	62.5	125	6.5	9	8	15.00	11.8	35.0	147	1.52	3.12	6.91	23.5	1.19	125×125
	75×150	75	150	7	10	8	19.82	15.6	66.4	282	1.82	3.76	10.8	37.5	1.37	150×150
	87.5×175	87.5	175	7.5	11	13	25.71	20.2	115	492	2.11	4.37	15.9	56.2	1.55	175×175
	100×200	100	200	8	12	13	31.76	24.9	184	801	2.40	5.02	22.3	80.1	1.73	200×200
		100	204	12	12	13	35.76	28.1	256	851	2.67	4.87	32.4	83.4	2.09	200×200
	125×250	125	250	9	14	13	45.71	35.9	412	1 820	3.00	6.31	39.5	146	2.08	250×250
		125	255	14	14	13	51.96	40.8	589	1 940	3.36	6.10	59.4	152	2.58	250×250
	150×300	147	302	12	12	13	53.16	41.7	857	2 760	4.01	7.20	72.3	183	2.85	300×300
		150	300	10	15	13	59.22	46.5	798	3 380	3.67	7.55	63.7	225	2.47	300×300
		150	305	15	15	13	66.72	52.4	1 110	3 550	4.07	7.29	92.5	233	3.04	300×300
	175×350	172	348	10	16	13	72.00	56.5	1 230	5 620	4.13	8.83	84.7	323	2.67	350×350
		175	350	12	19	13	85.94	67.5	1 520	6 790	4.20	8.88	104	388	2.87	350×350
	200×400	194	402	15	15	22	89.22	70.0	2 480	8 130	5.27	9.54	158	404	3.70	400×400
		197	398	11	18	22	93.40	73.3	2 050	9 460	4.67	10.1	123	475	3.01	400×400
		200	400	13	21	22	109.3	85.8	2 480	11 200	4.75	10.1	147	560	3.21	400×400
		200	408	21	21	22	125.3	98.4	3 650	11 900	5.39	9.74	229	584	4.07	400×400

类别	型号 (高度×宽度)/(mm×mm)	H	B	t₁	t₂	r	截面积/cm²	理论线质量/(kg/m)	I_x	I_y	i_x	i_y	W_x	W_y	重心 C_x/cm	对应H型钢系列型号
TW	200×400	207	405	18	28	22	147.7	116	3 620	15 500	4.95	10.2	213	766	3.68	400×400
	200×400	214	407	20	35	22	180.3	142	4 380	19 700	4.92	10.4	250	967	3.90	
	75×100	74	100	6	9	8	13.17	10.3	51.7	75.2	1.98	2.38	8.84	15.0	1.56	150×100
	100×150	97	150	6	9	8	19.05	15.0	124	253	2.55	3.64	15.8	33.8	1.80	200×150
	125×125	122	175	7	11	13	27.74	21.8	288	492	3.22	4.21	29.1	56.2	2.28	250×175
	150×200	147	200	8	12	13	35.52	27.9	571	801	4.00	4.74	48.2	80.1	2.85	300×200
	150×200	149	201	9	14	13	41.01	32.2	661	949	4.01	4.80	55.2	94.4	2.92	
	175×250	170	250	9	14	13	49.76	39.1	1 020	1 820	4.51	6.05	73.2	146	3.11	350×250
	200×300	195	300	10	16	13	66.62	52.3	1 730	3 600	5.09	7.35	108	240	3.43	400×300
TM	225×300	220	300	11	18	13	76.94	60.4	2 680	4 050	5.89	7.25	150	270	4.09	450×300
	250×300	241	300	11	15	13	70.58	55.4	3 400	3 380	6.93	6.91	178	225	5.00	500×300
	250×300	244	300	11	18	13	79.58	62.5	3 610	4 050	6.73	7.13	184	270	4.72	
	275×300	272	300	11	15	13	73.99	58.1	4 790	3 380	8.04	6.75	225	225	5.96	550×300
	275×300	275	300	11	18	13	82.99	65.2	5 090	4 050	7.82	6.98	232	270	5.59	
	300×300	291	300	12	17	13	84.60	66.4	6 320	3 830	8.64	6.72	280	255	6.51	600×300
	300×300	294	300	12	20	13	93.60	73.5	6 680	4 500	8.44	6.93	288	300	6.17	
	300×300	297	302	14	23	13	108.5	85.2	7 890	5 290	8.52	6.97	339	350	6.41	

续表

类别	型号(高度×宽度)/(mm×mm)	H	B	t_1	t_2	r	截面面积/cm²	理论线质量/(kg/m)	I_x	I_y	i_x	i_y	W_x	W_y	重心 C_x/cm	对应H型钢系列型号
TN	50×50	50	50	5	7	8	5.920	4.65	11.8	7.39	1.41	1.11	3.18	2.95	1.28	100×50
	62.5×60	62.5	60	6	8	8	8.340	6.55	27.5	14.6	1.81	1.32	5.96	4.85	1.64	125×60
	75×75	75	75	5	7	8	8.920	7.00	42.6	24.7	2.18	1.66	7.46	6.59	1.79	150×75
	87.5×90	85.5	89	4	6	8	8.790	6.90	53.7	35.3	2.47	2.00	8.02	7.94	1.86	175×90
	87.5×90	87.5	90	5	8	8	11.44	8.98	70.6	48.7	2.48	2.06	10.4	10.8	1.93	175×90
	100×100	99	99	4.5	7	8	11.34	8.90	93.5	56.7	2.87	2.23	12.1	11.5	2.17	200×100
	100×100	100	100	5.5	8	8	13.33	10.5	114	66.9	2.92	2.23	14.8	13.4	2.31	200×100
	125×125	124	124	5	8	8	15.99	12.6	207	127	3.59	2.82	21.3	20.5	2.66	250×125
	125×125	125	125	6	9	8	18.48	14.5	248	147	3.66	2.81	25.6	23.5	2.81	250×125
	150×150	149	149	5.5	8	13	20.40	16.0	393	221	4.39	3.29	33.8	29.7	3.26	300×150
	150×150	150	150	6.5	9	13	23.39	18.4	464	254	4.45	3.29	40.0	33.8	3.41	300×150
	175×175	173	174	6	9	13	26.22	20.6	679	396	5.08	3.88	50.0	45.5	3.72	350×175
	175×175	175	175	7	11	13	31.45	24.7	814	492	5.08	3.95	59.3	56.2	3.76	350×175
	200×200	198	199	7	11	13	35.70	28.0	1 190	723	5.77	4.50	76.4	72.7	4.20	400×200
	200×200	200	200	8	13	13	41.68	32.7	1 390	868	5.78	4.56	88.6	86.8	4.26	400×200

类别	型号(高度×宽度)/(mm×mm)	截面尺寸/mm					截面面积/cm²	理论线质量/(kg/m)	惯性矩/cm⁴		惯性半径/cm		截面模数/cm³		重心 C_x/cm	对应H型钢系列型号
		H	B	t_1	t_2	r			I_x	I_y	i_x	i_y	W_x	W_y		
TN	225×150	223	150	7	12	13	33.49	26.3	1 570	338	6.84	3.17	93.7	45.1	5.54	450×150
		225	151	8	14	13	38.74	30.4	1 830	403	6.87	3.22	108	53.4	5.62	450×150
	225×200	223	199	8	12	13	41.48	32.6	1 870	789	6.71	4.36	109	79.3	5.15	450×200
		225	200	9	14	13	47.71	37.5	2 150	935	6.71	4.42	124	93.5	5.19	450×200
	237.5×150	235	150	7	13	13	35.76	28.1	1 850	367	7.18	3.20	104	48.9	7.50	475×150
		237.5	151.5	8.5	15.5	13	43.07	33.8	2 270	451	7.25	3.23	128	59.5	7.57	475×150
		241	153.5	10.5	19	13	53.20	41.8	2 860	575	7.33	3.28	160	75.0	7.67	475×150
	250×150	246	150	7	12	13	35.10	27.6	2 060	339	7.66	3.10	113	45.1	6.36	500×150
		250	152	9	16	13	46.10	36.2	2 750	470	7.71	3.19	149	61.9	6.53	500×150
		252	153	10	18	13	51.66	40.6	3 100	540	7.74	3.23	167	70.5	6.62	500×150
	250×200	248	199	9	14	13	49.64	39.0	2 820	921	7.54	4.30	150	92.6	5.97	500×200
		250	200	10	16	13	56.12	44.1	3 200	1 070	7.54	4.36	169	107	6.03	500×200
		253	201	11	19	13	64.65	50.8	3 660	1 290	7.52	4.46	189	128	6.00	500×200
	275×200	273	199	9	14	13	51.89	40.7	3 690	921	8.43	4.21	180	92.6	6.85	550×200
		275	200	10	16	13	58.62	46.0	4 180	1 070	8.44	4.27	203	107	6.89	550×200

类别	型号（高度×宽度）/(mm×mm)	H	B	t₁	t₂	r	截面面积/cm²	理论线质量/(kg/m)	Iₓ/cm⁴	I_y/cm⁴	iₓ/cm	i_y/cm	Wₓ/cm³	W_y/cm³	重心 Cₓ/cm	对应H型钢系列型号
TN	300×200	298	199	10	15	13	58.87	46.2	5 150	988	9.35	4.09	235	99.3	7.92	600×200
		300	200	11	17	13	65.85	51.7	5 770	1 140	9.35	4.14	262	114	7.95	
		303	201	12	20	13	74.88	58.8	6 530	1 360	9.33	4.25	291	135	7.88	
	312.5×200	312.5	198.5	13.5	17.5	13	75.28	59.1	7 460	1 150	9.95	3.90	338	116	9.15	625×200
		315	200	15	20	13	84.97	66.7	8 470	1 340	9.98	3.97	380	134	9.21	625×200
		319	202	17	24	13	99.35	78.0	9 960	1 160	10.0	4.08	440	165	9.26	
	325×300	323	299	11	15	12	76.26	59.9	7 220	3 340	9.73	6.62	289	224	7.28	650×300
		325	300	11	17	13	85.60	67.2	8 090	3 830	9.71	6.68	321	255	7.29	650×300
		328	301	12	20	13	97.88	76.8	9 120	4 550	9.65	6.81	356	302	7.20	
	350×300	346	300	13	20	13	103.1	80.9	1 120	4 510	10.4	6.61	424	300	8.12	700×300
		350	300	13	24	13	115.1	90.4	1 200	5 410	10.2	6.85	438	360	7.65	700×300
	400×300	396	300	14	22	18	119.8	94.0	1 760	4 960	12.1	6.43	592	331	9.77	800×300
		400	300	14	26	18	131.8	103	1 870	5 860	11.9	6.66	610	391	9.27	800×300
	450×300	445	299	15	23	18	133.5	105	2 590	5 140	13.9	6.20	789	344	11.7	900×300
		450	300	16	28	18	152.9	120	2 910	6 320	13.8	6.42	865	421	11.4	900×300
		456	302	18	34	18	180.0	141	3 410	7 830	13.8	6.59	997	518	11.3	

表2-174 超厚超重H型截钢截面尺寸、截面面积、理论线质量及截面特性

类别	型号(高度×宽度)in×in	截面尺寸/mm					截面面积/cm²	理论线质量/(kg/m)	惯性矩/cm⁴		惯性半径/cm		截面模数/cm³	
		H	B	t_1	t_2	r			I_x	I_y	i_x	i_y	W_x	W_y
W14	W14×16	375	394	17.3	27.7	15	275.5	216	71 140	28 250	16.07	10.13	3 794	1 434
		380	395	18.9	30.2	15	300.9	237	78 780	31 040	16.18	10.16	4 146	1 572
		387	398	21.1	33.3	15	334.6	262	89 410	35 020	16.35	10.23	4 620	1 760
		393	399	22.6	36.6	15	366.3	287	99 710	38 780	16.50	10.29	5 074	1 944
		399	401	24.9	39.6	15	399.2	314	110 200	42 600	16.62	10.33	5 525	2 125
		407	404	27.2	43.7	15	442.0	347	124 900	48 090	16.81	10.43	6 140	2 380
		416	406	29.8	48.0	15	487.1	382	141 300	53 620	17.03	10.49	6 794	2 641
		425	409	32.8	52.6	15	537.1	421	159 600	60 080	17.24	10.58	7 510	2 938
		435	412	35.8	57.4	15	589.5	463	180 200	67 040	17.48	10.66	8 283	3 254
		446	416	39.1	62.7	15	649.0	509	204 500	75 400	17.75	10.78	9 172	3 625
		455	418	42.0	67.6	15	701.4	551	226 100	82 490	17.95	10.85	9 939	3 947
		465	421	45.0	72.3	15	754.9	592	250 200	90 170	18.20	10.93	10 760	4 284
		474	424	47.6	77.1	15	808.0	634	274 200	98 250	18.24	11.03	11 570	4 634
		483	428	51.2	81.5	15	863.4	677	299 500	106 900	18.62	11.13	12 400	4 994
		498	432	55.6	88.9	15	948.1	744	342 100	119 900	19.00	11.25	13 740	5 552
		514	437	60.5	97.0	15	1 043	818	392 200	135 500	19.39	11.40	15 260	6 203
		531	442	65.9	106.0	15	1 149	900	450 200	153 300	19.79	11.55	16 960	6 938
		550	448	71.9	115.0	15	1 262	990	518 900	173 400	20.27	11.72	18 870	7 739
		569	454	78.0	125.0	15	1 386	1 086	595 700	196 200	20.73	11.90	20 940	8 645

续表

类别	型号（高度×宽度）in×in	截面尺寸/mm					截面积/cm²	理论线质量/(kg/m)	惯性矩/cm⁴		惯性半径/cm		截面模数/cm³	
		H	B	t_1	t_2	r			I_x	I_y	i_x	i_y	W_x	W_y
W24	W24×12.75	635	329	17.1	31.0	13	303.4	241	214 200	18 430	26.57	7.79	6 746	1 120
		641	327	19.0	34.0	13	332.7	262	235 990	19 850	26.63	7.72	7 363	1 214
		647	329	20.6	37.1	13	363.6	285	260 700	22 060	26.78	7.79	8 059	1 341
		661	333	24.4	43.9	13	433.7	341	318 300	27 090	27.09	7.90	9 630	1 627
		679	338	29.5	53.1	13	529.4	415	399 800	34 300	27.48	8.05	11 780	2 030
		689	340	32.0	57.9	13	578.6	455	444 520	38 090	27.72	8.11	12 903	2 241
		699	343	35.1	63.0	13	634.8	498	494 700	42 580	27.92	8.19	14 150	2 483
		711	347	38.6	69.1	13	702.1	551	557 510	48 400	28.18	8.30	15 682	2 790
W36	W36×12	903	304	15.2	20.1	19	256.5	201	325 200	9 442	35.61	6.07	7 203	621.2
		911	304	15.9	23.9	19	285.7	223	376 800	11 220	36.32	6.27	8 273	738.5
		915	305	16.5	25.9	19	303.5	238	406 400	12 290	36.59	6.36	8 883	805.6
		919	306	17.3	27.9	19	323.2	253	437 500	13 370	36.79	6.43	9 520	873.6
		923	307	18.4	30.0	19	346.1	271	471 600	14 520	36.91	6.48	10 218	945.8
		927	308	19.4	32.0	19	367.6	289	504 500	15 640	37.04	6.52	10 884	1 016
		932	309	21.1	34.5	19	398.4	313	548 200	17 040	37.10	6.54	11 765	1 103

类别	型号(高度×宽度) in×in	截面尺寸/mm					截面面积/cm²	理论线质量/(kg/m)	惯性矩/cm⁴		惯性半径/cm		截面模数/cm³	
		H	B	t_1	t_2	r			I_x	I_y	i_x	i_y	W_x	W_y
W36	W36×16.5	912	418	19.3	32.0	24	436.1	342	624 900	39 010	37.85	9.46	13 700	1 867
		916	419	20.3	34.3	24	464.4	365	670 500	42 120	38.00	9.52	14 640	2 011
		921	420	21.3	36.6	24	493.0	387	718 300	45 280	38.17	9.58	15 600	2 156
		928	422	22.5	39.9	24	532.5	417	787 600	50 070	38.46	9.70	16 970	2 373
		933	423	24.0	42.7	24	569.6	446	846 800	53 980	38.56	9.73	18 150	2 552
		942	422	25.9	47.0	24	621.3	488	935 390	59 010	38.80	9.75	19 860	2 797
		950	425	28.4	51.1	24	680.1	534	1 031 000	65 560	38.94	9.82	21 710	3 085
		960	427	31.0	55.9	24	745.3	585	1 143 090	72 770	39.16	9.88	23 814	3 408
		972	431	34.5	62.0	24	831.9	653	1 292 000	83 050	39.41	9.99	26 590	3 854
		996	437	40.9	73.9	24	997.7	784	1 593 000	103 300	39.95	10.18	31 980	4 728
		1 028	446	50.0	89.9	24	1 231	967	2 033 000	133 900	40.64	10.43	39 540	6 003
W40	W40×12	970	300	16.0	21.1	30	282.8	222	407 700	9 546	37.97	5.81	8 405	636
		980	300	16.5	26.0	30	316.8	249	481 100	11 750	38.97	6.09	9 818	784
		990	300	16.5	31.0	30	346.8	272	553 800	14 000	39.96	6.35	11 190	934
		1 000	300	19.1	35.9	30	400.4	314	644 200	16 230	40.11	6.37	12 880	1 082
		1 008	302	21.1	40.0	30	445.1	350	723 000	18 460	40.30	6.44	14 350	1 223
		1 016	303	24.4	43.9	30	500.2	393	807 700	20 500	40.18	6.40	15 900	1 353
		1 020	304	26.0	46.0	30	528.7	415	853 100	21 710	40.17	6.41	16 728	1 428
		1 036	309	31.0	54.0	30	629.1	494	1 028 000	26 820	40.42	6.53	19 845	1 736
		1 056	314	36.0	64.0	30	743.7	584	1 246 100	33 430	40.93	6.70	23 600	2 130

类别	型号（高度×宽度）in×in	截面尺寸/mm					截面面积/cm²	理论线质量/(kg/m)	惯性矩/cm⁴		惯性半径/cm		截面模数/cm³	
		H	B	t_1	t_2	r			I_x	I_y	i_x	i_y	W_x	W_y
W40	W40×16	982	400	16.5	27.1	30	376.8	296	618 700	28 850	40.52	8.75	12 600	1 443
		990	400	16.5	31.0	30	408.8	321	696 400	33 120	41.27	9.00	14 070	1 656
		1 000	400	19.0	36.1	30	472.0	371	812 100	38 480	41.48	9.03	16 240	1 924
		1 008	402	21.1	40.0	30	524.2	412	909 800	43 410	41.66	9.10	18 050	2 160
		1 012	402	23.6	41.9	30	563.7	443	966 510	45 500	41.41	9.98	19 101	2 264
		1 020	404	25.4	46.0	30	615.1	483	1 067 480	50 710	41.66	9.08	20 931	2 510
		1 030	407	28.4	51.1	30	687.2	539	1 202 540	57 630	41.83	9.16	23 350	2 832
		1 040	409	31.0	55.9	30	752.7	591	1 331 040	64 010	42.05	9.22	25 597	3 130
		1 048	412	34.0	60.0	30	817.6	642	1 450 590	70 280	42.12	9.27	27 683	3 412
		1 068	417	39.0	70.0	30	953.4	748	1 731 940	85 110	42.62	9.45	32 433	4 082
		1 092	424	45.5	82.0	30	1 125.3	883	2 096 420	104 970	43.16	9.66	38 396	4 952
W44	W44×16	1 090	400	18.0	31.0	20	436.5	343	867 400	33 120	44.58	8.71	15 920	1 656
		1 100	400	20.0	36.0	20	497.0	390	1 005 000	38 480	44.98	8.80	18 280	1 924
		1 108	402	22.0	40.0	20	551.2	433	1 126 000	43 410	45.19	8.87	20 320	2 160
		1 118	405	26.0	45.0	20	635.2	499	1 294 000	49 980	45.14	8.87	23 150	2 468

7. 冷拉圆钢、方钢、六角钢

冷拉圆钢、方钢、六角钢（GB/T 905—1994）的尺寸、截面面积及理论线质量见表2-175。

表2-175 钢材的尺寸、截面面积及理论线质量

尺寸 /mm	圆 钢		方 钢		六 角 钢	
	截面面积 /mm²	理论线质量 / (kg/m)	截面面积 /mm²	理论线质量 / (kg/m)	截面面积 /mm²	理论线质量 / (kg/m)
3.0	7.069	0.055 5	9.000	0.070 6	7.794	0.061 2
3.2	8.042	0.063 1	10.24	0.080 4	8.868	0.069 6
3.5	9.621	0.075 5	12.25	0.096 2	10.61	0.083 3
4.0	12.57	0.098 6	16.00	0.126	13.86	0.109
4.5	15.90	0.125	20.25	0.159	17.54	0.138
5.0	19.63	0.154	25.00	0.196	21.65	0.170
5.5	23.76	0.187	30.25	0.237	26.20	0.206
6.0	28.27	0.222	36.00	0.283	31.18	0.245
6.3	31.17	0.245	39.69	0.312	34.37	0.270
7.0	38.48	0.302	49.00	0.385	42.44	0.333
7.5	44.18	0.347	56.25	0.442	—	—
8.0	50.27	0.395	64.00	0.502	55.43	0.435
8.5	56.75	0.445	72.25	0.567	—	—
9.0	63.62	0.499	81.00	0.636	10.15	0.551
9.5	70.88	0.556	90.25	0.708	—	—
10.0	78.54	0.617	100.0	0.785	86.60	0.680
10.5	86.59	0.680	110.2	0.865	—	—
11.0	95.03	0.746	121.0	0.950	104.8	0.823
11.5	103.9	0.815	132.2	1.04	—	—
12.0	113.1	0.888	144.0	1.13	124.7	0.979
13.0	132.7	1.04	169.0	1.33	146.4	1.15
14.0	153.9	1.21	196.0	1.54	169.7	1.33
15.0	176.7	1.39	225.0	1.77	194.9	1.53
16.0	201.1	1.58	256.0	2.01	221.7	1.74
17.0	222.0	1.78	289.0	2.27	250.3	1.96
18.0	254.5	2.00	324.0	2.54	280.6	2.20
19.0	283.5	2.23	361.0	2.83	312.6	2.45
20.0	314.2	2.47	400.0	3.14	346.4	2.72

尺寸	圆 钢		方 钢		六 角 钢	
/mm	截面面积 /mm²	理论线质量 / (kg/m)	截面面积 /mm²	理论线质量 / (kg/m)	截面面积 /mm²	理论线质量 / (kg/m)
21. 0	346. 4	2. 72	441. 0	3. 46	381. 9	3. 00
22. 0	380. 1	2. 98	484. 0	3. 80	419. 2	3. 29
24. 0	452. 4	3. 55	576. 0	4. 52	498. 8	3. 92
25. 0	490. 9	3. 85	625. 0	4. 91	541. 3	4. 25
26. 0	530. 9	4. 17	676. 0	5. 31	585. 4	4. 60
28. 0	615. 8	4. 83	784. 0	6. 15	679. 0	5. 33
30. 0	706. 9	5. 55	900. 0	7. 06	779. 4	6. 12
32. 0	804. 2	6. 31	1 024	8. 04	886. 8	6. 96
34. 0	907. 9	7. 13	1 156	9. 07	1 001	7. 86
35. 0	962. 1	7. 55	1 225	9. 62	—	—
36. 0	—	—	—	—	1 122	8. 81
38. 0	1 134	8. 90	1 444	11. 3	1 251	9. 82
40. 0	1 257	9. 86	1 600	12. 6	1 386	10. 9
42. 0	1 385	10. 9	1 764	13. 8	1 528	12. 0
45. 0	1 590	12. 5	2 025	15. 9	1 754	13. 8
48. 0	1 810	14. 2	2 304	18. 1	1 995	15. 7
50. 0	1 968	15. 4	2 500	19. 6	2 165	17. 0
52. 0	2 206	17. 3	2 809	22. 0	2 433	19. 1
55. 0	—	—	—	—	2 620	20. 5
56. 0	2 463	19. 3	3 136	24. 6	—	—
60. 0	2 827	22. 2	3 600	28. 3	3 118	24. 5
63. 0	3 117	24. 5	3 969	31. 2		
65. 0	—	—			3 654	28. 7
67. 0	3 526	27. 7	4 489	35. 2	—	—
70. 0	3 848	30. 2	4 900	38. 5	4 244	33. 3
75. 0	4 418	34. 7	5 625	44. 2	4 871	38. 2
80. 0	5 027	39. 5	6 400	50. 2	5 543	43. 5

注：①表内尺寸一栏，对圆钢表示直径，对方钢表示边长，对六角钢表示对边距离。

②表中理论线质量按密度为 7.85kg/dm³ 计算。对高合金钢计算理论线质量时应采用相应牌号的密度。

8. 钢筋混凝土用钢

钢筋混凝土用钢分为热轧光圆钢筋（GB/T 1499.1—2008）、热轧带肋钢筋（GB/T 1499.2—2007）、钢筋焊接网（GB/T 1499.3—2010），见表 2 - 176 ~ 表 2 - 181。

表 2 - 176 热轧光圆钢筋

牌号	公称直径 /mm	公称横截面面积 /mm²	理论线质量 /(kg/m)	化学成分（质量分数）/%，≤					力学性能，≤				冷弯试验180° d—弯心直径 a—钢筋公称直径
				C	Si	Mn	P	S	屈服强度 R_{eL} /MPa	抗拉强度 R_m /MPa	断后伸长率 A /%	最大力总伸长率 A_{gt} /%	
HPB300	6(6.5)	28.27 (33.18)	0.222 (0.260)	0.25	0.55	1.50	0.045	0.050	300	420	25.0	10.0	$d = a$
	8	50.27	0.395										
	10	78.54	0.617										
	12	113.1	0.888										
	14	153.9	1.21										
	16	201.1	1.58										
	18	254.5	2.00										
	20	314.2	2.47										
	22	380.1	2.98										

注：表中的理论线质量按密度为 7.85g/cm³ 计算。公称直径 6.5mm 的产品为过渡性产品。

表 2-177 热轧带肋钢筋的公称横截面面积与理论质量

公称直径/mm	公称横截面面积/mm²	理论线质量/(kg/m)	公称直径/mm	公称横截面面积/mm²	理论线质量/(kg/m)
6	28.27	0.222	16	201.1	1.58
8	50.27	0.395	18	254.5	2.00
10	78.54	0.617	20	314.2	2.47
12	113.1	0.888	22	380.1	2.98
14	153.9	1.21	25	490.9	3.85
			28	615.8	4.83
			32	804.2	6.31
			36	1018	7.99
			40	1257	9.87
			50	1964	15.42

表 2-178 热轧带肋钢筋化学成分及力学性能

牌号	化学成分(质量分数)/%,≤						力学性能,≥				公称直径/mm	弯芯直径/mm
	C	Si	Mn	P	S	C_{eq}	屈服强度 R_{eL}/MPa	抗拉强度 R_m/MPa	断后伸长率 A/%	最大力总伸长率 A_{gt}/%		
HRB335 HRBF335	0.25	0.80	1.60	0.045	0.045	0.52	335	455	17	7.5	6~25	3d
											28~40	4d
											>40~50	5d
HRB400 HRBF400						0.54	400	540	16		6~25	4d
											28~40	5d
											>40~50	6d
HRB500 HRBF500						0.55	500	630	15		6~25	6d
											28~40	7d
											>40~50	8d

表 2 – 179　钢筋焊接网型号

钢筋焊接网型号	纵向钢筋			横向钢筋			面质量/（kg/m²）
	公称直径/mm	间距/mm	每延米面积/（mm²/m）	公称直径/mm	间距/mm	每延米面积/（mm²/m）	
A18	18		1 273	12		566	14.43
A16	16		1 006	12		566	12.34
A14	14		770	12		566	10.49
A12	12		566	12		566	8.88
A11	11		475	11		475	7.46
A10	10	200	393	10	200	393	6.16
A9	9		318	9		318	4.99
A8	8		252	8		252	3.95
A7	7		193	7		193	3.02
A6	6		142	6		142	2.22
A5	5		98	5		98	1.54
B18	18		2 545	12		566	24.42
B16	16		2 011	10		393	18.89
B14	14		1 539	10		393	15.19
B12	12		1 131	8		252	10.90
B11	11		950	8		252	9.43
B10	10	100	785	8	200	252	8.14
B9	9		635	8		252	6.97
B8	8		503	8		252	5.93
B7	7		385	7		193	4.53
B6	6		283	7		193	3.73
B5	5		196	7		193	3.05

钢筋焊接网型号	纵向钢筋			横向钢筋			面质量/（kg/m²）
	公称直径/mm	间距/mm	每延米面积/（mm²/m）	公称直径/mm	间距/mm	每延米面积/（mm²/m）	
C18	18		1 697	12		566	17.77
C16	16		1 341	12		566	14.98
C14	14		1 027	12		566	12.51
C12	12		754	12		566	10.36
C11	11		634	11		475	8.70
C10	10	150	523	10	200	393	7.19
C9	9		423	9		318	5.82
C8	8		335	8		252	4.61
C7	7		257	7		193	3.53
C6	6		189	6		142	2.60
C5	5		131	5		98	1.80
D18	18		2 545	12		1 131	28.86
D16	16		2 011	12		1 131	24.68
D14	14		1 539	12		1 131	20.98
D12	12		1 131	12		1 131	17.75
D11	11		950	11		950	14.92
D10	10	100	785	10	100	785	12.33
D9	9		635	9		635	9.98
D8	8		503	8		503	7.90
D7	7		385	7		385	6.04
D6	6		283	6		283	4.44
D5	5		196	5		196	3.08

钢筋焊接网型号	纵向钢筋			横向钢筋			面质量/（kg/m²）
	公称直径/mm	间距/mm	每延米面积/（mm²/m）	公称直径/mm	间距/mm	每延米面积/（mm²/m）	
E18	18		1 697	12		1 131	19.25
E16	16		1 341	12		754	16.46
E14	14		1 027	12		754	13.99
E12	12		754	12		754	11.84
E11	11		634	11		634	9.95
E10	10	150	523	10	150	523	8.22
E9	9		423	9		423	6.66
E8	8		335	8		335	5.26
E7	7		257	7		257	4.03
E6	6		189	6		189	2.96
E5	5		131	5		131	2.05
F18	18		2 545	12		754	25.90
F16	16		2 011	12		754	21.70
F14	14		1 539	12		754	18.00
F12	12		1 131	12		754	14.80
F11	11		950	11		634	12.43
F10	10	100	785	10	150	523	10.28
F9	9		635	9		423	8.32
F8	8		503	8		335	6.58
F7	7		385	7		257	5.03
F6	6		283	6		189	3.70
F5	5		196	5		131	2.57

表 2－180　桥面用标准钢筋焊接网

序号	网片编号	网片型号		网片尺寸		伸出长度				单片钢网		质量
		直径	间距	纵向	横向	纵向钢筋		横向钢筋		纵向钢筋根数	横向钢筋根数	
						u_1	u_2	u_3	u_4			
		mm	mm	mm	mm	mm	mm	mm	mm	根	根	kg
1	QW－1	7	100	10 250	2 250	50	300	50	300	20	100	129.9
2	QW－2	8	100	10 300	2 300	50	350	50	350	20	100	172.2
3	QW－3	9	100	10 350	2 250	50	400	50	400	19	100	210.4
4	QW－4	10	100	10 350	2 250	50	400	50	400	19	100	260.2
5	QW－5	11	100	10 400	2 250	50	450	50	450	19	100	319.0

表 2－181　建筑用标准钢筋焊接网

序号	网片编号	网片型号		网片尺寸		伸出长度				单片钢网		质量
		直径	间距	纵向	横向	纵向钢筋		横向钢筋		纵向钢筋根数	横向钢筋根数	
						u_1	u_2	u_3	u_4			
		mm	mm	mm	mm	mm	mm	mm	mm	根	根	kg
1	JW－1a	6	150	6 000	2 300	75	75	25	25	16	40	41.7
2	JW－1b	6	150	5 950	2 350	25	375	25	375	14	38	38.3
3	JW－2a	7	150	6 000	2 300	75	75	25	25	16	40	56.8
4	JW－2b	7	150	5 950	2 350	25	375	25	375	14	38	52.1
5	JW－3a	8	150	6 000	2 300	75	75	25	25	16	40	74.3
6	JW－3b	8	150	5 950	2 350	25	375	25	375	14	38	68.2
7	JW－4a	9	150	6 000	2 300	75	75	25	25	16	40	93.8
8	JW－4b	9	150	5 950	2 350	25	375	25	375	14	38	86.1
9	JW－5a	10	150	6 000	2 300	75	75	25	25	16	40	116.0
10	JW－5b	10	150	5 950	2 350	25	375	25	375	14	38	106.5
11	JW－6a	12	150	6 000	2 300	75	75	25	25	16	40	166.9
12	JW－6b	12	150	5 950	2 350	25	375	25	375	14	38	153.3

预应力混凝土用钢棒（GB/T 5223.3—2005）的公称直径、横截面积、质量及性能见表2－182。

表2－182　钢棒的公称直径、横截面积、质量及性能

表面形状类型	公称直径 D_n/mm	公称横截面积 S_n/mm²	横截面积 S/mm²		每米参考质量/(g/m)	抗拉强度 R_m ≥/MPa	规定非比例延伸强度 $R_{p0.2}$ ≥/MPa	弯曲性能	
			最小	最大				性能要求	弯曲半径/mm
光圆	6	28.3	26.8	29.0	222	对所有规格钢棒 1 080 1 230 1 420 1 570	对所有规格钢棒 930 1 080 1 280 1 420	反复弯曲不小于4 次/180°	15
	7	38.5	36.3	39.5	302				20
	8	50.3	47.5	51.5	394				20
	10	78.5	74.1	80.4	616				25
	11	95.0	93.1	97.4	746			弯曲160°~180°后弯曲处无裂纹	弯芯直径为钢棒公称直径的10倍
	12	113	106.8	115.8	887				
	13	133	130.3	136.3	1 044				
	14	154	145.6	157.8	1 209				
	16	201	190.2	206.0	1 578				
螺旋槽	7.1	40	39.0	41.7	314			—	
	9	64	62.4	66.5	502				
	10.7	90	87.5	93.6	707				
	12.6	125	121.5	129.9	981				
螺旋肋	6	28.3	26.8	29.0	222			反复弯曲不小于4 次/180°	15
	7	38.5	36.3	39.5	302				20
	8	50.3	47.5	51.5	394				20
	10	78.5	74.1	80.4	616				25
	12	113	106.8	115.8	888			弯曲160°~180°后弯曲处无裂纹	弯芯直径为钢棒公称直径的10倍
	13	133	130.3	136.3	1 044				
	14	154	145.6	157.8	1 209				
带肋	6	28.3	26.8	29.0	222			—	
	8	50.3	47.5	51.5	394				
	10	78.5	74.1	80.4	616				
	12	113	106.8	115.8	887				
	14	154	145.6	157.8	1 209				
	16	201	190.2	206.0	1 578				

2.3.2　钢板和钢带

1. 钢板每平方米理论质量

钢板每平方米理论质量见表2－183。

表2－183　钢板每平方米理论质量

厚度/mm	理论质量/kg	厚度/mm	理论质量/kg	厚度/mm	理论质量/kg	厚度/mm	理论质量/kg
0.2	1.570	1.6	12.56	11	86.35	30	235.5
0.25	1.963	1.8	14.13	12	94.20	32	251.2
0.3	2.355	2.0	15.70	13	102.1	34	266.9
0.35	2.748	2.2	17.27	14	109.9	36	282.6
0.4	3.140	2.5	19.63	15	117.8	38	298.3
0.45	3.533	2.8	21.98	16	125.6	40	314.0
0.5	3.925	3.0	23.55	17	133.5	42	329.7
0.55	4.318	3.2	25.12	18	141.3	44	345.4
0.6	4.710	3.5	27.48	19	149.2	46	361.1
0.7	5.495	3.8	29.83	20	157.0	48	376.8
0.75	5.888	4.0	31.40	21	164.9	50	392.5
0.8	6.280	4.5	35.33	22	172.7	52	408.2
0.9	7.065	5.0	39.25	23	180.6	54	423.9
1.0	7.850	5.5	43.18	24	188.4	56	439.6
1.1	8.635	6.0	47.10	25	196.3	58	455.3
1.2	9.420	7.0	54.95	26	204.1	60	471.0
1.25	9.813	8.0	62.80	27	212.0	—	—
1.4	10.99	9.0	70.65	28	219.8	—	—
1.5	11.78	10	78.50	29	227.7	—	—

2. 冷轧钢板和钢带

冷轧钢板和钢带（GB/T 708—2006）的产品形态、边缘状态所对应的尺寸精度的分类及代号见表2－184，尺寸范围及推荐的公称尺寸见表2－

185、屈服强度小于 280MPa 的钢板和钢带的尺寸允许偏差见表 2 - 186、表 2 - 187、表 2 - 188、表 2 - 189。

表 2 - 184　产品形态、边缘状态所对应的精度分类及代号

产品形态	边缘状态	分类及代号							
		厚度精度		宽度精度		长度精度		不平度精度	
		普通	较高	普通	较高	普通	较高	普通	较高
钢带	不切边 EM	PT. A	PT. A	PW. A	—	—	—	—	—
	切边 EC	PT. A	PT. B	PW. A	PW. B	—	—	—	—
钢板	不切边 EM	PT. A	PT. B	PW. A	—	PL. A	PL. B	PF. A	PF. B
	切边 EC	PT. A	PT. B	PW. A	PW. B	PL. A	PL. B	PF. A	PF. B
纵切钢带	切边 EC	PT. A	PT. B	PW. A	—	—	—	—	—

表 2 - 185　冷轧钢板、钢带尺寸范围及推荐的公称尺寸

项目	尺寸范围	推荐的公称尺寸
钢板和钢带（包括纵切钢带）的公称厚度	0. 3 ~ 4. 00mm	公称厚度小于 1mm 的钢板和钢带按 0. 05mm 倍数的任何尺寸；公称厚度不小于 1mm 的钢板和钢带按 0. 1mm 倍数任何尺寸
钢板和钢带（包括纵切钢带）的公称宽度	600 ~ 2050mm	按 10mm 倍数的任何尺寸
钢板的公称长度	1000 ~ 6000mm	按 50m 倍数的任何尺寸

表 2-186 冷轧钢板、钢带尺寸允许偏差

单位：mm

公称厚度	厚度允许偏差[a]					
	普通精度 PT. A			较高精度 PT. B		
	公称宽度			公称宽度		
	≤1 200	>1 200~1 500	>1 500	≤1 200	>1 200~1 500	>1 500
≤0.40	±0.04	±0.05	±0.06	±0.025	±0.035	±0.045
>0.40~0.60	±0.05	±0.06	±0.07	±0.035	±0.045	±0.050
>0.60~0.80	±0.06	±0.07	±0.08	±0.040	±0.050	±0.050
>0.80~1.00	±0.07	±0.08	±0.09	±0.045	±0.060	±0.060
>1.00~1.20	±0.08	±0.09	±0.10	±0.055	±0.070	±0.070
>1.20~1.60	±0.10	±0.11	±0.11	±0.070	±0.080	±0.080
>1.60~2.00	±0.12	±0.13	±0.13	±0.080	±0.090	±0.090
>2.00~2.50	±0.14	±0.15	±0.15	±0.100	±0.110	±0.110
>2.50~3.00	±0.16	±0.17	±0.17	±0.110	±0.120	±0.120
>3.00~4.00	±0.17	±0.19	±0.19	±0.140	±0.150	±0.150

[a] 距钢带焊缝处 15m 内的厚度允许偏差比表中规定值增加 60%；距钢带两端各 15m 内的厚度允许偏差比表中规定值增加 60%。

注：规定的最小屈服强度为 280MPa~<360MPa 的钢板和钢带的厚度允许偏差比表 2-186 规定值增加 20%；规定的最小屈服强度为不小于 360MPa 的钢板和钢带的厚度允许偏差比表 2-186 规定值增加 40%。

表 2-187 切边钢板、钢带的宽度允许偏差

单位：mm

公称宽度	宽度允许偏差	
	普通精度 PW. A	较高精度 PW. B
≤1 200	+4 0	+2 0
>1 200~1 500	+5 0	+2 0
>1 500	+6 0	+3 0

表 2 – 188　　纵切边钢带的宽度允许偏差　　单位：mm

公称厚度	宽度允许偏差				
	公称宽度				
	≤125	>125~250	>250~400	>400~600	>600
≤0.40	+0.3 0	+0.6 0	+1.0 0	+1.5 0	+2.0 0
>0.40~1.0	+0.5 0	+0.8 0	+1.2 0	+1.5 0	+2.0 0
>1.0~1.8	+0.7 0	+1.0 0	+1.5 0	+2.0 0	+2.5 0
>1.8~4.0	+1.0 0	+1.3 0	+1.7 0	+2.0 0	+2.5 0

表 2 – 189　　长度允许偏差　　单位：mm

公称长度	长度允许偏差	
	普通精度 PL. A	高级精度 PL. B
≤2 000	+6 0	+3 0
>2 000	+0.3% ×公称长度 0	+0.15% ×公称长度 0

3. 热轧钢板和钢带

热轧钢板和钢带（GB/T 709—2006）的分类见表 2 – 190，尺寸范围及推荐公称尺寸范围见表 2 – 191，尺寸允许偏差见表 2 – 192 ~ 表 2 – 202。

表 2 – 190　　热轧钢板和钢带分类

切边状态	厚度偏差种类	厚度精度
切边：EC 不切边：EM	N 类偏差：正偏差和负偏差相等 A 类偏差：按公称厚度规定负偏差 B 类偏差：固定负偏差为 0.3mm C 类偏差：固定负偏差为零，按公称厚度规定正偏差	普通厚度精度：PT. A 较高厚度精度：PT. B

表 2-191 热轧钢板和钢带尺寸范围及推荐公称尺寸

项目	范围	推荐公称尺寸
单轧钢板公称厚度	3~400mm	厚度小于 30mm 的钢板按 0.5mm 倍数的任何尺寸 厚度不小于 30mm 的钢板按 1mm 倍数的任何尺寸
单轧钢板公称宽度	600~4800mm	按 10mm 或 50mm 倍数的任何尺寸
钢板的公称长度	2000~20000mm	按 50mm 或 100mm 倍数的任何尺寸
钢带（包括连轧钢板）公称厚度	0.8~25.4mm	按 0.1mm 倍数的任何尺寸
钢带（包括连轧钢板）公称宽度	600~2200mm	按 10mm 倍数的任何尺寸
纵切钢带公称宽度	120~900mm	—

表 2-192 单轧钢板的厚度允许偏差（N 类） 单位：mm

公称厚度	下列公称宽度的厚度允许偏差			
	≤1 500	>1 500~2 500	>2 500~4 000	>4 000~4 800
3.00~5.00	±0.45	±0.55	±0.65	—
>5.00~8.00	±0.50	±0.60	±0.75	—
>8.00~15.0	±0.55	±0.65	±0.80	±0.90
>15.0~25.0	±0.65	±0.75	±0.90	±1.10
>25.0~40.0	±0.70	±0.80	±1.00	±1.20
>40.0~60.0	±0.80	±0.90	±1.10	±1.30
>60.0~100	±0.90	±1.10	±1.30	±1.50
>100~150	±1.20	±1.40	±1.60	±1.80
>150~200	±1.40	±1.60	±1.80	±1.90
>200~250	±1.60	±1.80	±2.00	±2.20
>250~300	±1.80	±2.00	±2.20	±2.40
>300~400	±2.00	±2.20	±2.40	±2.60

表 2 - 193 单轧钢板的厚度允许偏差（A 类） 单位：mm

公称厚度	下列公称宽度的厚度允许偏差			
	≤1 500	>1 500 ~ 2 500	>2 500 ~ 4 000	>4 000 ~ 4 800
3.00 ~ 5.00	+0.55 -0.35	+0.70 -0.40	+0.85 -0.45	—
>5.00 ~ 8.00	+0.65 -0.35	+0.75 -0.45	+0.95 -0.55	—
>8.00 ~ 15.0	+0.70 -0.40	+0.85 -0.45	+1.05 -0.55	+1.20 -0.60
>15.0 ~ 25.0	+0.85 -0.45	+1.00 -0.50	+1.15 -0.65	+1.50 -0.70
>25.0 ~ 40.0	+0.90 -0.50	+1.05 -0.55	+1.30 -0.70	+1.60 -0.80
>40.0 ~ 60.0	+1.05 -0.55	+1.20 -0.60	+1.45 -0.75	+1.70 -0.90
>60.0 ~ 100	+1.20 -0.60	+1.50 -0.70	+1.75 -0.85	+2.00 -1.00
>100 ~ 150	+1.60 -0.80	+1.90 -0.90	+2.15 -1.05	+2.40 -1.20
>150 ~ 200	+1.90 -0.90	+2.20 -1.00	+2.45 -1.15	+2.50 -1.30
>200 ~ 250	+2.20 -1.00	+2.40 -1.20	+2.70 -1.30	+3.00 -1.40
>250 ~ 300	+2.40 -1.20	+2.70 -1.30	+2.95 -1.45	+3.20 -1.60
>300 ~ 400	+2.70 -1.30	+3.00 -1.40	+3.25 -1.55	+3.50 -1.70

表 2-194 单轧钢板的厚度允许偏差（B 类）　单位：mm

公称厚度	下列公称宽度的厚度允许偏差			
	≤1 500	>1 500~2 500	>2 500~4 000	>4 000~4 800
3.00~5.00	+0.60	+0.80	+1.00	—
>5.00~8.00	+0.70	+0.90	+1.20	—
>8.00~15.0	+0.80	+1.00	+1.30	+1.50
>15.0~25.0	+1.00	+1.20	+1.50	+1.90
>25.0~40.0	+1.10	+1.30	+1.70	+2.10
>40.0~60.0	+1.30	+1.50	+1.90	+2.30
>60.0~100	+1.50 −0.30	+1.80 −0.30	+2.30 −0.30	+2.70 −0.30
>100~150	+2.10	+2.50	+2.90	+3.30
>150~200	+2.50	+2.90	+3.30	+3.50
>200~250	+2.90	+3.30	+3.70	+4.10
>250~300	+3.30	+3.70	+4.10	+4.50
>300~400	+3.70	+4.10	+4.50	+4.90

表 2-195 单轧钢板的厚度允许偏差（C 类）　单位：mm

公称厚度	下列公称宽度的厚度允许偏差			
	≤1 500	>1 500~2 500	>2 500~4 000	>4 000~4 800
3.00~5.00	+0.90	+1.10	+1.30	
>5.00~8.00	+1.00	+1.20	+1.50	—
>8.00~15.0	+1.10	+1.30	+1.60	+1.80
>15.0~25.0	+1.30	+1.50	+1.80	+2.20
>25.0~40.0	+1.40	+1.60	+2.00	+2.40
>40.0~60.0	+1.60	+1.80	+2.20	+2.60
>60.0~100	+1.80 0	+2.20 0	+2.60 0	+3.00 0
>100~150	+2.40	+2.80	+3.20	+3.60
>150~200	+2.80	+3.20	+3.60	+3.80
>200~250	+3.20	+3.60	+4.00	+4.40
>250~300	+3.60	+4.00	+4.40	+4.80
>300~400	+4.00	+4.40	+4.80	+5.20

表 2-196　钢带（包括连轧钢板）的厚度允许偏差　单位：mm

公称厚度	钢带厚度允许偏差[a]							
	普通精度 PT. A				较高精度 PT. B			
	公称宽度				公称宽度			
	600~1200	>1200~1500	>1500~1800	>1800	600~1200	>1200~1500	>1500~1800	>1800
0.8~1.5	±0.15	±0.17	—	—	±0.10	±0.12	—	—
>1.5~2.0	±0.17	±0.19	±0.21	—	±0.13	±0.14	±0.14	—
>2.0~2.5	±0.18	±0.21	±0.23	±0.25	±0.14	±0.15	±0.17	±0.20
>2.5~3.0	±0.20	±0.22	±0.24	±0.26	±0.15	±0.17	±0.19	±0.21
>3.0~4.0	±0.22	±0.24	±0.26	±0.27	±0.17	±0.18	±0.21	±0.22
>4.0~5.0	±0.24	±0.26	±0.28	±0.19	±0.19	±0.21	±0.22	±0.23
>5.0~6.0	±0.26	±0.28	±0.29	±0.31	±0.21	±0.22	±0.23	±0.25
>6.0~8.0	±0.29	±0.30	±0.31	±0.35	±0.23	±0.24	±0.25	±0.28
>8.0~10.0	±0.32	±0.33	±0.34	±0.40	±0.26	±0.26	±0.27	±0.32
>10.0~12.5	±0.35	±0.36	±0.37	±0.43	±0.28	±0.29	±0.30	±0.36
>12.5~15.0	±0.37	±0.38	±0.40	±0.46	±0.30	±0.31	±0.33	±0.39
>15.0~25.4	±0.40	±0.42	±0.45	±0.50	±0.32	±0.34	±0.37	±0.42

　　[a]　规定最小屈服强度 $R_e \geqslant 345\mathrm{MPa}$ 的钢带，厚度偏差应增加 10%。

表 2-197　切边单轧钢板的宽度允许偏差　单位：mm

公称厚度	公称宽度	允许偏差
3~16	≤1500	+10 / 0
	>1500	+15 / 0
>16	≤2000	+20 / 0
	>2000~3000	+25 / 0
	>3000	+30 / 0

表 2-198 不切边钢带（包括连轧钢板）的宽度允许偏差

单位：mm

公称宽度	允许偏差
≤1 500	+20 0
>1 500	+25 0

表 2-199 切边钢带（包括连轧钢板）的宽度允许偏差

单位：mm

公称宽度	允许偏差
≤1 200	+3 0
>1 200 ~ 1 500	+5 0
>1 500	+6 0

表 2-200 纵切钢带的宽度允许偏差 单位：mm

公称宽度	公称厚度		
	≤4.0	>4.0 ~ 8.0	>8.0
120 ~ 160	+1 0	+2 0	+2.5 0
>160 ~ 250	+1 0	+2 0	+2.5 0
>250 ~ 600	+2 0	+2.5 0	+3 0
>600 ~ 900	+2 0	+2.5 0	+3 0

表 2 – 201 单轧钢板的长度允许偏差　　　单位：mm

公称长度	允许偏差
2 000 ~ 4 000	+20 0
>4 000 ~ 6 000	+30 0
>6 000 ~ 8 000	+40 0
>8 000 ~ 10 000	+50 0
>10 000 ~ 15 000	+75 0
>15 000 ~ 20 000	+100 0
>20 000	由供需双方协商

表 2 – 202 连轧钢板的长度允许偏差　　　单位：mm

公称长度	允许偏差
2 000 ~ 8 000	+0.5% ×公称长度
>8 000	+40 0

4. 汽车大梁用热轧钢板和钢带

汽车大梁用热轧钢板和钢带（GB/T 3273—2005）的尺寸范围见表 2 –
203，厚度允许偏差见表 2 – 204，宽度允许偏差见表 2 – 205、表 2 – 206；钢
板的长度允许偏差见表 2 – 207。

表 2－203　　钢板和钢带的尺寸范围　　　　　单位：mm

钢板和钢带的厚度	钢板和钢带的宽度	钢板的长度
1.6~14.0	210~2 200	2 000~12 000

表 2－204　　钢板和钢带的厚度允许偏差　　　　单位：mm

公称厚度	在下列宽度时的厚度允许偏差									
	≤600		>600~1 200		>1 200~1 500		>1 500~1 800		>1 800	
	普通精度（PT.A）	较高精度（PT.B）	普通精度（PT.A）	较高精度（PT.B）	普通精度（PT.A）	较高精度（PT.B）	普通精度（PT.A）	较高精度（PT.B）	普通精度（PT.A）	较高精度（PT.B）
≤2.50	±0.18	—	±0.19	—	±0.20	—	±0.21	—	—	—
>2.50~3.00	±0.19	—	±0.20	—	±0.21	—	±0.22	—	±0.25	—
>3.00~4.00	±0.23	±0.21	±0.24	±0.22	±0.26	±0.24	±0.28	±0.26	±0.31	±0.27
>4.00~5.00	±0.27	±0.23	±0.28	±0.24	±0.31	±0.26	±0.34	±0.28	±0.37	±0.29
>5.00~6.00	±0.31	±0.25	±0.32	±0.26	±0.35	±0.28	±0.38	±0.29	±0.42	±0.31
>6.00~8.00	±0.36	±0.28	±0.38	±0.29	±0.41	±0.30	±0.44	±0.31	±0.48	±0.35
>8.00~10.00	±0.39	±0.31	±0.41	±0.32	±0.44	±0.33	±0.47	±0.34	±0.51	±0.40
>10.00~12.50	±0.42	±0.34	±0.44	±0.35	±0.47	±0.36	±0.50	±0.37	±0.54	±0.43
>12.50~14.00	±0.45	±0.37	±0.47	±0.38	±0.50	±0.39	±0.53	±0.40	±0.57	±0.46

表 2－205　　钢板和钢带的宽度允许偏差　　　　单位：mm

钢板或钢带状态	不切边钢板和钢带		切边钢板			切边钢带	
钢板或钢带宽度	≤1 000	>1 000	210~1 000	>1 000~1 500	>1 500	600~1 000	>1 000
宽度允许偏差	+20 0	+25 0	+5 0	+10 0	+15 0	+5 0	+10 0

表 2 - 206　宽度小于 600mm 的纵剪钢带的宽度允许偏差

单位：mm

公称宽度	厚　　度			
	≤4.0	>4.0~6.0	>6.0~8.0	>8.0
210~250	±0.5	±1.0	±1.2	±1.4
>250~600	±1.0	±1.0	±1.2	±1.4

表 2 - 207　钢板的长度允许偏差　　单位：mm

公称厚度	≤4.0		>4.0~14.0		
钢板长度	≤1 500	>1 500	≤2 000	>2 000~6 000	>6 000
长度允许偏差	+10 0	+15 0	+10 0	+25 0	+30 0

5. 花纹钢板

花纹钢板（GB/T 3277—1991）的规格及理论面质量列于图 2 - 7、表 2 - 208。

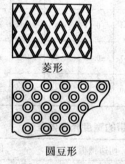

菱形

扁豆形

圆豆形

$a.$基本厚度
$h.$花纹纹高

图 2 - 7　花纹钢板

表 2-208　花纹钢板的规格及理论面质量

基本厚度/mm		2.5	3.0	3.5	4.0	4.5	5.0	5.5	6.0	7.0	8.0
理论面质量 /(kg/m²)	菱形	21.6	25.6	29.5	33.4	37.3	42.3	46.2	50.1	59.0	66.8
	扁豆形	21.3	24.4	28.4	32.4	36.4	40.5	44.3	48.4	52.6	56.4
	圆豆形	21.1	24.3	28.3	32.3	36.2	40.2	44.1	48.1	52.4	56.2
花纹高度		不小于基本厚度的 0.2 倍										
宽度/mm		600 ~ 1 800，按 50mm 进级										
长度/mm		2 000 ~ 12 000，按 100mm 进级										
表面质量		分普通级精度和较高级精度										
钢 号		按 GB 700（碳素结构钢）、GB 712（船体用结构钢）、GB 4171（高耐候性结构钢）中的规定										

标记示例：

用 Q235 - A 钢制成的，尺寸为 4mm × 1 000mm × 4 000mm，圆豆形花纹钢板，其标记为：

圆豆形花纹钢板 Q235 - A - 4 × 1 000 × 4 000 - GB/T 3277—1991

6. 冷轧电镀锡钢板及钢带

冷轧电镀锡钢板及钢带（GB/T 2520—2008）分类及代号见表 2-209，尺寸及允许偏差见表 2-210，镀锡量代号及镀锡量见表 2-211，镀锡量的允许偏差见表 2-212，调质度见表 2-213，调质度代号的屈服强度见表 2-214。

表 2-209　冷轧电镀锡钢板及钢带的分类及代号

分类方式	类别	代号
原板钢种	—	MR，L，D
调质度	一次冷轧钢板及钢带	T - 1，T - 1.5，T - 2，T - 2.5，T - 3，T - 3.5，T - 4，T - 5
	二次冷轧钢板及钢带	DR - 7M，DR - 8，DR - 8M，DR - 9，DR - 9M，DR - 10
退火方式	连续退火	CA
	罩式退火	BA

分类方式	类别	代号
差厚镀锡标识	薄面标识方法	D
	厚面标识方法	A
表面状态	光亮表面	B
	粗糙表面	R
	银色表面	S
	无光表面	M
钝化方式	化学钝化	CP
	电化学钝化	CE
	低铬钝化	LCr
边部形状	直边	SL
	花边	WL

表 2 - 210　冷轧电镀锡钢板及钢带的尺寸及允许偏差

公称厚度	厚度允许偏差	薄边	宽度偏差	钢板长度偏差
公称厚度小于 0.50mm 时，按 0.01mm 的倍数进级。公称厚度大于或等于 0.50mm 时，按 0.05mm 进级	不大于公称厚度的 ±7%	不大于中间位置测得实际厚度的 8.0%	0 ~ +3mm	0 ~ +3mm

表 2 - 211　镀锡量代号及镀锡量

镀锡方式	镀锡量代号	公称镀锡量/ (g/m^2)	最小平均镀锡量/ (g/m^2)
等厚镀锡	1.1/1.1	1.1/1.1	0.90/0.90
	2.2/2.2	2.2/2.2	1.80/1.80
	2.8/2.8	2.8/2.8	2.45/2.45
	5.6/5.6	5.6/5.6	5.05/5.05
	8.4/8.4	8.4/8.4	7.55/7.55
	11.2/11.2	11.2/11.2	10.1/10.1

镀锡方式	镀锡量代号	公称镀锡量/（g/m²）	最小平均镀锡量/（g/m²）
差厚镀锡	1.1/2.8	1.1/2.8	0.90/2.45
	1.1/5.6	1.1/5.6	0.90/5.05
	2.8/5.6	2.8/5.6	2.45/5.05
	2.8/8.4	2.8/8.4	2.45/7.55
	5.6/8.4	5.6/8.4	5.05/7.55
	2.8/11.2	2.8/11.2	2.45/10.1
	5.6/11.2	5.6/11.2	5.05/10.1
	8.4/11.2	8.4/11.2	7.55/10.1
	2.8/15.1	2.8/15.1	2.45/13.6
	5.6/15.1	5.6/15.1	5.05/13.6

表 2-212　镀锡量允许偏差

单面镀锡量（m）的范围/（g/m²）	最小平均镀锡量相对于公称镀锡量的百分比/%
$1.0 \leqslant m < 2.8$	80
$2.8 \leqslant m < 5.6$	87
$5.6 \leqslant m$	90

表 2-213　调质度

冷轧次数	调质度代号	表面硬度 HR30Tm[a]
一次冷轧	T-1	49±4
	T-1.5	51±4
	T-2	53±4
	T-2.5	55±4
	T-3	57±4
	T-3.5	59±4
	T-4	61±4
	T-5	65±4

冷轧次数	调质度代号	表面硬度 HR30Tm[a]
二次冷轧	DR – 7M	71 ± 5
	DR – 8/DR – 8M	73 ± 5
	DR – 9	76 ± 5
	DR – 9M	77 ± 5
	DR – 10	80 ± 5

[a]　硬度为 2 个试样的平均值，允许其中 1 个试验值超出允许范围的 1 个单位。

表 2 – 214　调质度代号的屈服强度

调质度代号	屈服强度目标值[a,b,c]/MPa
DR – 7M	520
DR – 8	550
DR – 8M	580
DR – 9	620
DR – 9M	660
DR – 10	690

[a]　屈服强度是根据需要而测定的参考值。

[b]　屈服强度可采用拉伸试验或回弹试验进行测定。屈服强度为 2 个试样的平均值，试样方向为纵向。通常情况下，屈服强度按 GB/T 2520—2008 附录 B（资料性附录）所规定的回弹试验换算而来。仲裁时采用拉伸试验的方法测定。

[c]　对于拉伸试验，试样的平行部分宽度为（12.5 ± 1）mm，标距 $L_0 = 50mm$。试验前，试样应在 200℃下人工时效 20min。

7. 连续热镀锌钢板和钢带

连续热镀锌钢板和钢带（GB/T 2518—2008）的牌号及钢种特性见表 3 – 215，表面质量分类和代号见表 2 – 216，镀层种类、镀层表面结构、表面处理的分类和代号见表 2 – 217，公称尺寸范围见表 2 – 218，尺寸允许偏差见表 3 – 219 ~ 表 3 – 225，公称镀层质量范围见表 2 – 226，公称镀层质量及相应的镀层代号见表 2 – 227。

表 2 - 215 连续热镀锌钢板和钢带牌号及钢种特性

牌　　号	钢种特性
DX51D + Z，DX51D + ZF	低碳钢
DX52D + Z，DX52D + ZF	
DX53D + Z，DX53D + ZF	无间隙原子钢
DX54D + Z，DX54D + ZF	
DX56D + Z，DX56D + ZF	
DX57D + Z，DX57D + ZF	
S220GD + Z，S220GD + ZF	结构钢
S250GD + Z，S250GD + ZF	
S280GD + Z，S280GD + ZF	
S320GD + Z，S320GD + ZF	
S350GD + Z，S350GD + ZF	
S550GD + Z，S550GD + ZF	
HX260LAD + Z，HX260LAD + ZF	低合金钢
HX330LAD + Z，HX300LAD + ZF	
HX340LAD + Z，HX340LAD + ZF	
HX380LAD + Z，HX380LAD + ZF	
HX420LAD + Z，HX420LAD + ZF	
HX180YD + Z，HX180YD + ZF	无间隙原子钢
HX220YD + Z，HX220YD + ZF	
HX260YD + Z，HX260YD + ZF	
HX180BD + Z，HX180BD + ZF	烘烤硬化钢
HX220BD + Z，HX220BD + ZF	
HX260BD + Z，HX260BD + ZF	
HX300BD + Z，HX300BD + ZF	

牌　号	钢种特性
HC260/450DPD＋Z，HC260/450DPD＋ZF	
HC300/500DPD＋Z，HC300/500DPD＋ZF	
HC340/600DPD＋Z，HC340/600DPD＋ZF	双相钢
HC450/780DPD＋Z，HC450/780DPD＋ZF	
HC600/980DPD＋Z，HC600/980DPD＋ZF	
HC430/690TRD＋Z，HC410/690TRD＋ZF	相变诱导塑性钢
HC470/780TRD＋Z，HC440/780TRD＋ZF	
HC350/600CPD＋Z，HC350/600CPD＋ZF	
HC500/780CPD＋Z，HC500/780CPD＋ZF	复相钢
HC700/980CPD＋Z，HC700/980CPD＋ZF	

表 2-216　连续热镀锌钢板和钢带表面质量分类和代号

级　别	代　号
普通级表面	FA
较高级表面	FB
高级表面	FC

表 2-217　镀层种类、镀层表面结构、表面处理的分类和代号

分类项目	类别		代号
镀层种类	纯锌镀层		Z
	锌铁合金镀层		ZF
镀层表面结构	纯锌镀层（Z）	普通锌花	N
		小锌花	M
		无锌花	F
	锌铁合金镀层（ZF）	普通锌花	R

分类项目	类别	代号
表面处理	铬酸钝化	C
	涂油	O
	铬酸钝化 + 涂油	CO
	无铬钝化	C5
	无铬钝化 + 涂油	CO5
	磷化	P
	磷化 + 涂油	PO
	耐指纹膜	AF
	无铬耐指纹膜	AF5
	自润滑膜	SL
	无铬自润滑膜	SL5
	不处理	U

表 2 - 218 连续热镀锌钢板和钢带公称尺寸范围

项目		公称尺寸/mm
公称厚度		0. 30 ~ 5. 0
公称宽度	钢板及钢带	600 ~ 2 050
	纵切钢带	< 600
公称长度	钢板	1 000 ~ 8 000
公称内径	钢带及纵切钢带	610 或 508

表 2 - 219 最小屈服强度小于 260MPa 的钢板及钢带厚度偏差

单位：mm

公称厚度	下列公称宽度时的厚度允许偏差[a]					
	普通精度 PT. A			较高精度 PT. B		
	≤1 200	>1 200 ~ 1 500	>1 500	≤1 200	>1 200 ~ 1 500	>1 500
0. 20 ~ 0. 40	± 0. 04	± 0. 05	± 0. 06	± 0. 030	± 0. 035	± 0. 040
>0. 40 ~ 0. 60	± 0. 04	± 0. 05	± 0. 06	± 0. 035	± 0. 040	± 0. 045

| 公称厚度 | 下列公称宽度时的厚度允许偏差[a] | | | | | |
| | 普通精度 PT. A | | | 较高精度 PT. B | | |
	≤1 200	>1 200 ~ 1 500	>1 500	≤1 200	>1 200 ~ 1 500	>1 500
>0. 60 ~ 0. 80	± 0. 05	± 0. 06	± 0. 07	± 0. 040	± 0. 045	± 0. 050
>0. 80 ~ 1. 00	± 0. 06	± 0. 07	± 0. 08	± 0. 045	± 0. 050	± 0. 060
>1. 00 ~ 1. 20	± 0. 07	± 0. 08	± 0. 09	± 0. 050	± 0. 060	± 0. 070
>1. 20 ~ 1. 60	± 0. 10	± 0. 11	± 0. 12	± 0. 060	± 0. 070	± 0. 080
>1. 60 ~ 2. 00	± 0. 12	± 0. 13	± 0. 14	± 0. 070	± 0. 080	± 0. 090
>2. 00 ~ 2. 50	± 0. 14	± 0. 15	± 0. 16	± 0. 090	± 0. 100	± 0. 110
>2. 50 ~ 3. 00	± 0. 17	± 0. 17	± 0. 18	± 0. 110	± 0. 120	± 0. 130
>3. 00 ~ 5. 00	± 0. 20	± 0. 20	± 0. 21	± 0. 15	± 0. 16	± 0. 17
>5. 00 ~ 6. 50	± 0. 22	± 0. 22	± 0. 23	± 0. 17	± 0. 18	± 0. 19

[a] 钢带焊缝附近 10m 范围的厚度允许偏差可超过规定值的 50%，对双面镀层质量之和不小于 450g/m² 的产品，其厚度允许偏差应增加 ± 0. 01mm。

表 2 - 220　最小屈服强度不小于 260MPa，小于 360MPa
的钢板及钢带厚度允许偏差　　　　单位：mm

| 公称厚度 | 下列公称宽度时的厚度允许偏差[a] | | | | | |
| | 普通精度 PT. A | | | 较高精度 PT. B | | |
	≤1 200	>1 200 ~ 1 500	>1 500	≤1 200	>1 200 ~ 1 500	>1 500
0. 20 ~ 0. 40	± 0. 05	± 0. 06	± 0. 07	± 0. 035	± 0. 040	± 0. 045
>0. 40 ~ 0. 60	± 0. 05	± 0. 06	± 0. 07	± 0. 040	± 0. 045	± 0. 050
>0. 60 ~ 0. 80	± 0. 06	± 0. 07	± 0. 08	± 0. 045	± 0. 050	± 0. 060
>0. 80 ~ 1. 00	± 0. 07	± 0. 08	± 0. 09	± 0. 050	± 0. 060	± 0. 070
>1. 00 ~ 1. 20	± 0. 08	± 0. 09	± 0. 11	± 0. 060	± 0. 070	± 0. 080
>1. 20 ~ 1. 60	± 0. 11	± 0. 13	± 0. 14	± 0. 070	± 0. 080	± 0. 090
>1. 60 ~ 2. 00	± 0. 14	± 0. 15	± 0. 16	± 0. 080	± 0. 090	± 0. 110

公称厚度	下列公称宽度时的厚度允许偏差[a]					
	普通精度 PT. A			较高精度 PT. B		
	≤1 200	>1 200 ~ 1 500	>1 500	≤1 200	>1 200 ~ 1 500	>1 500
>2.00 ~ 2.50	±0.16	±0.17	±0.18	±0.110	±0.120	±0.130
>2.50 ~ 3.00	±0.19	±0.20	±0.20	±0.130	±0.140	±0.150
>3.00 ~ 5.00	±0.22	±0.24	±0.25	±0.17	±0.18	±0.19
>5.00 ~ 6.50	±0.24	±0.25	±0.26	±0.19	±0.20	±0.21

[a]　钢带焊缝附近 10m 范围的厚度允许偏差可超过规定值的 50% , 对双面镀层质量之和不小于 $450 g/m^2$ 的产品, 其厚度允许偏差应增加 ±0.01mm。

表 2 – 221　最小屈服强度不小于 360MPa、但小于等于 420MPa 的钢板及钢带厚度允许偏差

单位: mm

公称厚度	下列公称宽度时的厚度允许偏差[a]					
	普通精度 PT. A			较高精度 PT. B		
	≤1 200	>1 200 ~ 1 500	>1 500	≤1 200	>1 200 ~ 1 500	>1 500
0.35 ~ 0.40	±0.05	±0.06	±0.07	±0.040	±0.045	±0.050
>0.40 ~ 0.60	±0.06	±0.07	±0.08	±0.045	±0.050	±0.060
>0.60 ~ 0.80	±0.07	±0.08	±0.09	±0.050	±0.060	±0.070
>0.80 ~ 1.00	±0.08	±0.09	±0.11	±0.060	±0.070	±0.080
>1.00 ~ 1.20	±0.10	±0.11	±0.12	±0.070	±0.080	±0.090
>1.20 ~ 1.60	±0.13	±0.14	±0.16	±0.080	±0.090	±0.110
>1.60 ~ 2.00	±0.16	±0.17	±0.19	±0.090	±0.110	±0.120
>2.00 ~ 2.50	±0.18	±0.20	±0.21	±0.120	±0.130	±0.140
>2.50 ~ 3.00	±0.22	±0.22	±0.23	±0.140	±0.150	±0.160
>3.00 ~ 5.00	±0.22	±0.24	±0.25	±0.17	±0.18	±0.19
>5.00 ~ 6.50	±0.24	±0.25	±0.26	±0.19	±0.20	±0.21

[a]　钢带焊缝附近 10m 范围的厚度允许偏差可超过规定值的 50% , 对双面镀层质量之和不小于 $450 g/m^2$ 的产品, 其厚度允许偏差应增加 ±0.01mm。

表 2 – 222　最小屈服强度大于 420MPa、小于等于 900MPa

的钢板及钢带厚度允许偏差　单位：mm

公称厚度	下列公称宽度时的厚度允许偏差[a]					
	普通精度 PT. A			较高精度 PT. B		
	≤1 200	>1 200 ~1 500	>1 500	≤1 200	>1 200 ~1 500	>1 500
0. 35 ~0. 40	±0. 06	±0. 07	±0. 08	±0. 045	±0. 050	±0. 060
>0. 40 ~0. 60	±0. 06	±0. 08	±0. 09	±0. 050	±0. 060	±0. 070
>0. 60 ~0. 80	±0. 07	±0. 09	±0. 11	±0. 060	±0. 070	±0. 080
>0. 80 ~1. 00	±0. 09	±0. 11	±0. 12	±0. 070	±0. 080	±0. 090
>1. 00 ~1. 20	±0. 11	±0. 13	±0. 14	±0. 080	±0. 090	±0. 110
>1. 20 ~1. 60	±0. 15	±0. 16	±0. 18	±0. 090	±0. 110	±0. 120
>1. 60 ~2. 00	±0. 18	±0. 19	±0. 21	±0. 110	±0. 120	±0. 140
>2. 00 ~2. 50	±0. 21	±0. 22	±0. 24	±0. 140	±0. 150	±0. 170
>2. 50 ~3. 00	±0. 24	±0. 25	±0. 26	±0. 170	±0. 180	±0. 190
>3. 00 ~5. 00	±0. 26	±0. 27	±0. 28	±0. 23	±0. 24	±0. 26
>5. 00 ~6. 50	±0. 28	±0. 29	±0. 30	±0. 25	±0. 26	±0. 28

　[a]　钢带焊缝附近 10m 范围的厚度允许偏差可超过规定值的 50%，对双面镀层质量之和不小于 450g/m^2 的产品，其厚度允许偏差应增加 ±0. 01mm。

表 2 – 223　宽度不小于 600mm 的钢带允许偏差　单位：mm

公称宽度	宽度允许偏差	
	普通精度 PW. A	普通精度 PW. B
600 ~1 200	+5 0	+2 0
>1 200 ~1 500	+6 0	+2 0
>1 500 ~1 800	+7 0	+3 0
>1 800	+8 0	+3 0

表 2 - 224　宽度小于 600mm 的纵切钢带的偏差　单位：mm

公称厚度	公称宽度			
	< 125	125 ~ < 250	250 ~ < 400	400 ~ < 600
普通精度 PW. A　< 0.6	+0.4 0	+0.5 0	+0.7 0	+1.0 0
0.60 ~ < 1.0	+0.5 0	+0.6 0	+0.9 0	+1.2 0
1.0 ~ < 2.0	+0.6 0	+0.8 0	+1.1 0	+1.4 0
2.0 ~ < 3.0	+0.7 0	+1.0 0	+1.3 0	+1.6 0
3.0 ~ < 5.0	+0.8 0	+1.1 0	+1.4 0	+1.7 0
5.0 ~ < 6.5	+0.9 0	+1.2 0	+1.5 0	+1.8 0
高级精度 PW. A　< 0.6	+0.2 0	+0.2 0	+0.3 0	+0.5 0
0.60 ~ < 1.0	+0.2 0	+0.3 0	+0.4 0	+0.6 0
1.0 ~ < 2.0	+0.3 0	+0.4 0	+0.5 0	+0.7 0
2.0 ~ < 3.0	+0.4 0	+0.5 0	+0.6 0	+0.8 0
3.0 ~ < 5.0	+0.8 0	+0.6 0	+0.7 0	+0.9 0
5.0 ~ < 6.5	+0.6 0	+0.7 0	+0.8 0	+1.0 0

表 2 - 225　钢板的长度允许偏差　单位：mm

公称长度	长度允许偏差	
	普通精度 PL. A	普通精度 PL. B
< 2 000	+6 0	+3 0
≥ 2 000	+0.3% × L 0	+0.15% × L 0

注：L 为钢板的长度。

表 2-226 公称镀层质量范围

镀层形式	适用的镀层表面结构	下列镀层种类的公称镀层质量范围[a]/（g/m²）	
		纯锌镀层（Z）	锌铁合金镀层（ZF）
等厚镀层	N、M、F、R	50~600	60~180
差厚镀层[b]	N、M、F	25~150（每面）	—

[a] 50g/m² 镀层（纯锌和锌铁合金）的厚度约为 7.1μm。

[b] 对于差厚镀层形式，镀层较重面的镀层质量与另一面的镀层质量比值应不大于3。

表 2-227 公称镀层质量及相应的镀层代号

镀层种类	镀层形式	推荐的公称镀层质量/（g/m²）	镀层代号
Z	等厚镀层	60	60
		80	80
		100	100
		120	120
		150	150
		180	180
		200	200
		220	220
		250	250
		275	275
		350	350
		450	450
		600	600
ZF	等厚镀层	60	60
		90	90
		120	120
		140	140
Z	差厚镀层	30/40	30/40
		40/60	40/60
		40/100	40/100

8. 优质碳素结构钢冷轧钢带

优质碳素结构钢冷轧钢带（GB/T 3522—1983）的分类和代号列于表2-228；钢带的规格尺寸偏差列于表2-229。

表2-228　优质碳素结构钢冷轧钢带的分类与代号

分类	代号	
按制造精度分	普通精度钢带	P
	宽度精度较高的钢带	K
	厚度精度较高的钢带	H
	厚度精度高的钢带	J
	宽度和宽度精度较高的钢带	KH
按表面质量分	Ⅰ组	Ⅰ
	Ⅱ组	Ⅱ
按边缘状态分	切边	Q
	不切边	BQ
按材料状态分	冷硬	Y
	退火	T

表2-229　优质碳素结构钢冷轧钢带规格尺寸偏差

厚　　度/mm				宽　　度/mm				
尺　寸	允许偏差			切边钢带			不切边钢带	
	普通精度 P	较高精度 H	高精度 J	尺寸	允许偏差		尺寸	允许偏差
					普通精度 P	较高精度 K		
0.10~0.15	-0.02	-0.015	-0.010	4~120	-0.3	-0.2	≤50	+2 -1
>0.15~0.25	-0.03	-0.020	-0.015					
>0.25~0.40	-0.04	-0.030	-0.020	6~200				
>0.40~0.50	-0.05	-0.040	-0.025					
>0.50~0.70	-0.05	-0.040	-0.025	10~200	-0.4	-0.3		
>0.70~0.95	-0.07	-0.050	-0.030					
>0.95~1.00	-0.09	-0.060	-0.040					
>1.00~1.35	-0.09	-0.060	-0.040	18~200	-0.6	-0.4	>50	+3 -2
>1.35~1.75	-0.11	-0.080	-0.050					
>1.75~2.30	-0.13	-0.100	-0.060					
>2.30~3.00	-0.16	-0.120	-0.080					
>3.00~4.00	-0.20	-0.160	-0.100					

标记示例：

用 15 号钢轧制的、普通精度、I 级、切边、冷硬。厚 1mm 及宽 50mm 钢带，其标记为：

钢带 15 - P - I - Q - Y - 1 × 50 - GB/T 3522—1983

9. 宽度小于 600mm 冷轧钢带

宽度小于 600mm 冷轧钢带的尺寸、外形及允许偏差（GB/T 15391—2010）分类和代号见表 2 - 230，尺寸范围见表 2 - 231，尺寸允许偏差见表 2 - 232 ~ 表 2 - 234。

表 2 - 230　宽度小于 600mm 冷轧钢带的分类和代号

边缘状态	尺寸精度
切边：EC 不切边：EM	普通厚度精度：PT. A 较高厚度精度：PT. B 普通宽度精度：PW. A 较高宽度精度：PW. B

表 2 - 231　宽度小于 600mm 冷轧钢带的尺寸范围　单位：mm

项目	范围
厚度	≤3.00
宽度	6 ~ <600

表 2 - 232　宽度小于 600mm 冷轧钢带的厚度允许偏差

单位：mm

公称厚度	厚度允许偏差			
	普通精度，PT. A		较高精度，PT. B	
	公称宽度		公称宽度	
	<250	250 ~ <600	<250	250 ~ <600
≤0.10	±0.010	±0.015	±0.005	±0.010
>0.10 ~ 0.15	±0.010	±0.020	±0.005	±0.015
>0.15 ~ 0.25	±0.015	±0.030	±0.010	±0.020
>0.25 ~ 0.40	±0.020	±0.035	±0.015	±0.025

公称厚度	厚度允许偏差			
	普通精度，PT. A		较高精度，PT. B	
	公称宽度		公称宽度	
	<250	250~<600	<250	250~<600
>0.40~0.70	±0.025	±0.040	±0.020	±0.030
>0.70~1.00	±0.035	±0.050	±0.025	±0.035
>1.00~1.50	±0.045	±0.060	±0.035	±0.045
>1.50~2.50	±0.060	±0.080	±0.045	±0.060
>2.50~3.00	±0.075	±0.090	±0.060	±0.070

表2-233 切边钢带的宽度允许偏差 单位：mm

公称厚度	宽度允许偏差					
	普通精度，PW. A			较高精度，PW. B		
	公称宽度			公称宽度		
	<125	125~<250	250~<600	<125	125~<250	250~<600
≤0.50	±0.15	±0.20	±0.25	±0.10	±0.13	±0.18
>0.50~1.00	±0.20	±0.25	±0.30	±0.13	±0.18	±0.20
>1.00~3.00	±0.30	±0.35	±0.40	±0.20	±0.25	±0.30

表2-234 不切边钢带的宽度允许偏差 单位：mm

公称厚度	宽度允许偏差	
	普通精度，PW. A	较高精度，PW. B
<125	+3.0 0	+2.0 0
125~<250	+4.0 0	+3.0 0
250~<400	+5.0 0	+4.0 0
400~<600	+6.0 0	+5.0 0

10. 低碳钢冷轧钢带

低碳钢冷轧钢带（YB/T 5059—2005）分类与代号见表 2 - 235，力学性能见表 2 - 236。

表 2 - 235 低碳钢冷轧钢带的分类与代号

分 类		代 号
边缘状态	切边	EC
	不切边	EM
尺寸精度	普通厚度精度	PT. A
	较高厚度精度	PT. B
	普通宽度精度	PW. A
	较高宽度精度	PW. B
表面质量	普通级	FA
	较高级	FB
	高级	FC
表面加工状态	麻面	SP：其特征为轧辊磨床加工后喷丸等处理
	光亮表面	SB：其特征为轧辊经磨床精加工处理
软硬程度	特软钢带	S2
	软钢带	S
	半软钢带	S1/2
	低冷硬	H1/4
	冷硬	H

表 2 - 236 低碳钢冷轧钢带的力学性能

钢带软硬级别	抗拉强度 $R_m/$（N/mm²）	断后伸长率 A_{Xmm},%，$\geqslant$
特软 S2	275 ~ 390	30
软 S	325 ~ 440	20
半软 S1/2	370 ~ 490	10
低硬 H1/4	410 ~ 540	4
冷硬 H	490 ~ 785	不测定

注：A_{Xmm} 中 X 表示试样标距长度值。

11. **碳素结构钢冷轧钢带**

碳素结构钢冷轧钢带（GB/T 716—1991）列于表 2 – 237。

表 2 – 237　碳素结构钢冷轧钢带

厚度/mm	0. 10 ~ 1. 50				>1. 50 ~ 2. 00				>2. 00 ~ 3. 00		
宽度/mm	10 ~ 250										
长度/mm，≥	11 000				7 000				5 000		
钢带分类	制造精度				表面精度		边缘状态		力学性能		
	普通精度	宽度较高精度	厚度较高精度	宽度、厚度较高精度	普通精度	较高精度	切边	不切边	软	半软	硬
代号	P	K	H	KH	I	Ⅱ	Q	BQ	R	BR	Y
类　别	软钢带			半软钢带			硬钢带				
抗拉强度 σ_b/MPa	275 ~ 440			370 ~ 490			490 ~ 785				
伸长率 δ/%，≥	23			10			—				
维氏硬度 HV	≤130			105 ~ 145			140 ~ 230				

注：①钢带采用 GB 700 中的碳素结构钢制造，其化学成分应符合该标准中的规定。

②厚度系列：≤1. 50mm，其中间规格按 0. 05mm 进级；>1. 50mm，其中间规格按 0. 10mm 进级。宽度系列：≤150mm，其中间规格按 5mm 进级；>150mm，其中间规格按 10mm 进级。

③钢带应成卷交货，卷重不大于 2t。

标记示例：

用 Q235 – A · F 钢轧制的普通精度尺寸、较高精度表面、切边、半软态、厚度为 0. 5mm、宽度为 120mm 的钢带标记为：

冷轧钢带 Q235 – A · F – P – Ⅱ – Q – BR – 0. 5 ×120GB/T 716—1991

12. **碳素结构钢和低合金结构钢热轧钢带**

碳素结构钢和低合金结构钢热轧钢带（GB/T 3524—2005）尺寸偏差见表 2 – 238、表 2 – 239。

表 2 - 238　钢带厚度允许偏差　　　　单位:mm

钢带宽度	允许偏差							
	≤1.5	>1.5~2.0	>2.0~4.0	>4.0~5.0	>5.0~6.0	>6.0~8.0	>8.0~10.0	>10.0~12.0
<50~100	0.13	0.15	0.17	0.18	0.19	0.20	0.21	—
≥100~600	0.15	0.18	0.19	0.20	0.21	0.22	0.24	0.30

注:表中规定的数值不适用于卷带两端7m之内没有切头尾的钢带。

表 2 - 239　钢带宽度允许偏差　　　　单位:mm

钢带宽度	允许偏差		
	不切边	切边	
		厚度	
		≤3	>3
≤200	+2.00 −1.00	±0.5	±0.6
>200~300	+2.50 −1.00		
>300~350	+3.00 −2.00	±0.7	±0.8
>350~450	+4.00		
>450~600	±5.00	±0.9	±1.1

注:①表中规定的数值不适用于卷带两端7m以内没有切头的钢带。

　　②经协商同意,钢带可以只按正偏差定货,在这种情况下,表中正偏差数值应增
　　　加一倍。

13. 不锈钢冷轧钢板和钢带

不锈钢冷轧钢板和钢带(GB/T 3280—2007)公称尺寸范围见表 2 - 240,
尺寸偏差见表 2 - 241~表 2 - 247。

表 2-240　不锈钢冷轧钢板和钢带公称尺寸范围　单位:mm

形态	公称厚度	公称宽度
宽钢带、卷切钢板	≥0.10~≤8.00	≥600~<2 100
纵剪宽钢带、卷切钢带Ⅰ	≥0.10~≤8.00	<600
窄钢带、卷切钢带Ⅱ	≥0.01~≤3.00	<600

表 2-241　宽钢带及卷切钢板、纵剪宽钢带及卷切钢带Ⅰ的厚度允许偏差

单位:mm

公称厚度	厚度允许偏差					
	宽度≤1 000		1 000<宽度≤1 300		1 300<宽度≤2 100	
	普通精度	较高精度	普通精度	较高精度	普通精度	较高精度
≥0.10~<0.20	±0.025	±0.015	—	—	—	—
≥0.20~<0.30	±0.030	±0.020				
≥0.30~<0.50	±0.04	±0.025	±0.045	±0.030	—	
≥0.50~<0.60	±0.045	±0.030	±0.05	±0.035		
≥0.60~<0.80	±0.05	±0.035	±0.055	±0.040	—	
≥0.80~<1.00	±0.055	±0.040	±0.06	±0.045	±0.065	±0.050
≥1.00~<1.20	±0.06	±0.045	±0.07	±0.050	±0.075	±0.055
≥1.20~<1.50	±0.07	±0.050	±0.08	±0.055	±0.09	±0.060
≥1.50~<2.00	±0.08	±0.055	±0.09	±0.060	±0.010	±0.070
≥2.00~<2.50	±0.09	—	±0.10	—	±0.11	—
≥2.50~<3.00	±0.11		±0.12		±0.12	
≥3.00~<4.00	±0.13		±0.14		±0.14	
≥4.00~<5.00	±0.14		±0.15		±0.15	
≥5.00~<6.50	±0.15		±0.16		±0.16	
≥6.50~<8.00	±0.16	—	±0.17	—	±0.17	—

表2-242 窄钢带及卷切钢带 II 的厚度允许偏差 单位:mm

公称厚度	厚度允许偏差					
	宽度<125		125≤宽度<250		250≤宽度<2 100	
	普通精度	较高精度	普通精度	较高精度	普通精度	较高精度
≥0.05~<0.10	±0.10t	±0.06t	±0.12t	±0.10t	±0.15t	±0.10t
≥0.10~<0.20	±0.010	±0.008	±0.015	±0.012	±0.020	±0.015
≥0.20~<0.30	±0.015	±0.012	±0.020	±0.015	±0.025	±0.020
≥0.30~<0.40	±0.020	±0.015	±0.025	±0.020	±0.030	±0.025
≥0.40~<0.60	±0.025	±0.020	±0.030	±0.025	±0.035	±0.030
≥0.60~<1.00	±0.030	±0.025	±0.035	±0.030	±0.040	±0.035
≥1.00~<1.50	±0.035	±0.030	±0.040	±0.035	±0.045	±0.040
≥1.50~<2.00	±0.040	±0.035	±0.050	±0.040	±0.060	±0.050
≥2.00~<2.50	±0.050	±0.040	±0.060	±0.050	±0.070	±0.060
≥2.50~≤3.00	±0.060	±0.050	±0.070	±0.060	±0.080	±0.070

注:①供需双方协商,偏差值可全为正偏差、负偏差或正负偏差不对称分布,但公差值应在表列范围之内。

②厚度小于0.05时,由供需双方协定。

③如需方要求较高精度时,应保证钢带任意一点的厚度偏差。

④钢带边部毛刺高度应小于或等于产品公称厚度×10%。

⑤t 为公称厚度。

表2-243 切边宽钢带及卷切钢板、纵剪宽钢带及卷切钢带 I 宽度允许偏差

单位:mm

公称厚度	宽度允许偏差							
	宽度≤125		125<宽度≤250		250<宽度≤600		600<宽度≤1 000	宽度>1 000
	普通精度	较高精度	普通精度	较高精度	普通精度	较高精度	普通精度	较高精度
<1.00	+0.5 0	+0.3 0	+0.5 0	+0.3 0	+0.7 0	+0.6 0	+1.5 0	+2.0 0

公称厚度	宽度允许偏差							
	宽度≤125		125<宽度≤250		250<宽度≤600		600<宽度≤1 000	宽度>1 000
	普通精度	较高精度	普通精度	较高精度	普通精度	较高精度	普通精度	较高精度
≥1.00~<1.50	+0.7 0	+0.4 0	+0.7 0	+0.5 0	+1.0 0	+0.7 0	+1.5 0	+2.0 0
≥1.50~<2.50	+1.0 0	+0.6 0	+1.0 0	+0.7 0	+1.2 0	+0.9 0	+2.0 0	+2.5 0
≥2.50~<3.50	+1.2 0	+0.8 0	+1.2 0	+0.9 0	+1.5 0	+1.0 0	+3.0 0	+3.0 0
≥3.50~<8.00	+2.0 0	—	+2.0 0	—	+2.0 0	—	+4.0 0	+4.0 0

注：①经需方同意，产品可小于公称宽度交货，但不应超出表列公差范围。

②经需方同意，对于需二次修边的纵剪产品其宽度偏差可增加到5。

表2-244　不切边宽钢带及卷切钢板宽度允许偏差　单位：mm

边缘状态	宽度允许偏差		
	600≤宽度<1 000	1 000≤宽度<1 500	宽度≥1 500
轧制边缘	+25 0	+30 0	+30 0

表2-245　切边窄钢带及切钢带Ⅱ宽度允许偏差　单位：mm

公称厚度	宽度允许偏差							
	宽度≤40		40<宽度≤125		125<宽度≤250		250<宽度≤600	
	普通精度	较高精度	普通精度	较高精度	普通精度	较高精度	普通精度	较高精度
≥0.05~<0.25	+0.17 0	+0.13 0	+0.20 0	+0.15 0	+0.25 0	+0.20 0	+0.50 0	+0.50 0

公称厚度	厚度允许偏差							
	宽度≤40		40＜宽度≤125		125＜宽度≤250		250＜宽度≤600	
	普通精度	较高精度	普通精度	较高精度	普通精度	较高精度	普通精度	较高精度
≥0.25~＜0.50	+0.20 0	+0.15 0	+0.25 0	+0.20 0	+0.30 0	+0.22 0	+0.60 0	+0.50 0
≥0.50~＜1.00	+0.25 0	+0.20 0	+0.30 0	+0.22 0	+0.40 0	+0.25 0	+0.70 0	+0.60 0
≥1.00~＜1.50	+0.30 0	+0.22 0	+0.35 0	+0.25 0	+0.50 0	+0.30 0	+0.90 0	+0.70 0
≥1.50~＜2.50	+0.35 0	+0.25 0	+0.40 0	+0.30 0	+0.60 0	+0.40 0	+1.0 0	+0.80 0
≥2.50~＜3.00	+0.40 0	+0.30 0	+0.50 0	+0.40 0	+0.65 0	+0.50 0	+1.2 0	+1.0 0

注：经供需双方协商，宽度偏差可全为正偏差或负偏差，但公差值应不超出表列范围。

表2-246　卷切钢板及卷切钢带 I 的长度允许偏差　单位：mm

公称长度	长度允许偏差	
	普通精度	较高精度
≤2 000	+5 0	+3 0
＞2 000	+0.002 5×公称长度 0	+0.001 5×公称长度 0

表 2-247　卷切钢带 II 的长度允许偏差　　单位：mm

公称长度	长度允许偏差	
	普通精度	较高精度
≤2 000	+3 0	+1.5 0
>2 000 ~ ≤4 000	+5 0	+2 0

注：公称长度大于 4 000 的卷切钢带 II 的长度允许偏差由供需双方协商确定。

14. 不锈钢热轧钢板和钢带

不锈钢热轧钢板和钢带（GB/T 4237—2007）公称尺寸范围见表 2-248，尺寸偏差见表 2-249 ~ 表 2-257。

表 2-248　不锈钢热轧钢板和钢带公称尺寸范围　　单位：mm

形态	公称厚度	公称宽度
厚钢板	>3.0 ~ ≤200	≥600 ~ ≤2 500
宽钢带、卷切钢板、纵剪宽钢带	≥2.0 ~ ≤13.0	≥600 ~ ≤2 500
窄钢带、卷切钢带	≥2.0 ~ ≤13.0	<600

表 2-249　厚钢板厚度允许偏差　　单位：mm

公称厚度	公称宽度							
	≤1 000		>1 000 ~ ≤1 500		>1 500 ~ ≤2 000		>2 000 ~ ≤2 500	
	普通精度	较高精度	普通精度	较高精度	普通精度	较高精度	普通精度	较高精度
>3.0 ~ ≤4.0	±0.28	±0.25	±0.31	±0.28	±0.33	±0.31	±0.36	±0.32
>4.0 ~ ≤5.0	±0.31	±0.28	±0.33	±0.30	±0.36	±0.34	±0.41	±0.36
>5.0 ~ ≤6.0	±0.34	±0.31	±0.36	±0.33	±0.40	±0.37	±0.45	±0.40
>6.0 ~ ≤8.0	±0.38	±0.35	±0.40	±0.36	±0.44	±0.40	±0.50	±0.45
>8.0 ~ ≤10.0	±0.42	±0.39	±0.44	±0.40	±0.48	±0.43	±0.55	±0.50
>10.0 ~ ≤13.0	±0.45	±0.42	±0.48	±0.44	±0.52	±0.47	±0.60	±0.55
>13.0 ~ ≤25.0	±0.50	±0.45	±0.53	±0.48	±0.57	±0.52	±0.65	±0.60
>25.0 ~ ≤30.0	±0.53	±0.48	±0.56	±0.51	±0.60	±0.55	±0.70	±0.65

公称厚度	公称宽度							
	≤1 000		>1 000 ~ ≤1 500		>1 500 ~ ≤2 000		>2 000 ~ ≤2 500	
	普通精度	较高精度	普通精度	较高精度	普通精度	较高精度	普通精度	较高精度
>30.0 ~ ≤34.0	±0.55	±0.50	±0.60	±0.55	±0.65	±0.60	±0.75	±0.70
>34.0 ~ ≤40.0	±0.65	±0.60	±0.70	±0.65	±0.70	±0.65	±0.85	±0.80
>40.0 ~ ≤50.0	±0.75	±0.70	±0.80	±0.75	±0.85	±0.80	±1.0	±0.95
>50.0 ~ ≤60.0	±0.90	±0.85	±0.95	±0.90	±1.0	±0.95	±1.1	±1.05
>60.0 ~ ≤80.0	±0.90	±0.85	±0.95	±0.90	±1.3	±1.25	±1.4	±1.35
>80.0 ~ ≤100.0	±1.0	±0.95	±1.0	±0.95	±1.5	±1.45	±1.6	±1.55
>100.0 ~ ≤150.0	±1.1	±1.05	±1.1	±1.05	±1.7	±1.65	±1.8	±1.75
>150.0 ~ ≤200.0	±1.2	±1.15	±1.2	±1.15	±2.0	±1.95	±2.1	±2.05

表 2－250　钢带、卷切钢板和卷切钢带的厚度允许偏差

单位：mm

公称厚度	公称宽度							
	≤1 200		>1 200 ~ ≤1 500		>1 500 ~ ≤1 800		>1 800 ~ ≤2 500	
	普通精度	较高精度	普通精度	较高精度	普通精度	较高精度	普通精度	较高精度
>2.0 ~ ≤2.5	±0.22	±0.20	±0.25	±0.23	±0.29	±0.27		
>2.5 ~ ≤3.0	±0.25	±0.23	±0.28	±0.26	±0.31	±0.28	±0.33	±0.31
>3.0 ~ ≤4.0	±0.28	±0.26	±0.31	±0.28	±0.33	±0.31	±0.35	±0.32
>4.0 ~ ≤5.0	±0.31	±0.28	±0.33	±0.30	±0.36	±0.33	±0.38	±0.35
>5.0 ~ ≤6.0	±0.33	±0.31	±0.36	±0.33	±0.38	±0.35	±0.40	±0.37
>6.0 ~ ≤8.0	±0.38	±0.35	±0.39	±0.36	±0.40	±0.37	±0.46	±0.43
>8.0 ~ ≤10.0	±0.42	±0.39	±0.43	±0.40	±0.45	±0.41	±0.53	±0.49
>10.0 ~ ≤13.0	±0.45	±0.42	±0.47	±0.44	±0.49	±0.45	±0.57	±0.53

注：钢带包括窄钢带、宽钢带及纵剪宽钢带。

表 2-251　窄钢带、卷切钢带高级精度的厚度允许偏差

单位：mm

公称厚度	厚度允许偏差
≥2.0～≤4.0	±0.17
>4.0～≤5.0	±0.18
>5.0～≤6.0	±0.20
>6.0～≤8.0	±0.21
>8.0～≤10.0	±0.23
>10.0～≤13.0	±0.25

注：表中所列厚度允许偏差仅对同一牌号、同一尺寸订货量大于 2 个钢卷的合同有效，其他情况由供需双方协商确定并在合同中注明。

表 2-252　冷轧用宽钢带的同卷厚度差　　单位：mm

公称厚度	同卷厚度差		
	宽度≤1 200	1 200＜宽度≤1 500	1 500＜宽度≤2 500
≥2.0～≤3.0	≤0.22	≤0.27	≤0.33
>3.0～≤13.0	≤0.28	≤0.32	≤0.40

表 2-253　冷轧用窄钢带的同卷厚度差　　单位：mm

公称厚度	同卷厚度差
≤4.0	0.14
>4.0～≤13.0	0.17

表 2－254　厚钢板的宽度允许偏差　　　单位：mm

公称厚度	公称宽度	宽度允许偏差
≥2 ～ ≤4	≤800 >800	+5 +8
>4 ～ ≤16	≤1 500 >1 500	+8 +13
>16 ～ ≤60	所有宽度	+28
>60	所有宽度	+32

表 2－255　宽钢带、卷切钢板、纵剪宽钢带的宽度允许偏差

单位：mm

公称厚度	轧制边	切边
≥600 ～ ≤2 500	+20 0	+5 0

注：切边宽钢带及卷切钢板的宽度允许偏差仅适用于厚度不大于10的产品，当厚度大于10时由供需双方协商确定。

表 2－256　窄钢带及卷切钢带的宽度允许偏差　　单位：mm

边缘状态	公称宽度	宽度允许偏差				
		厚度≤3.0	3.0<厚度≤5.0	5.0<厚度≤7.0	7.0<厚度≤8.0	8.0<厚度≤13.0
切边 （EC）	<250	+0.5 0	+0.7 0	+0.8 0	+0.12 0	+1.8 0
	≥250 ～ <600	+0.6 0	+0.8 0	+1.0 0	+1.4 0	+2.0 0
不切边 （EM）	由供需双方协商，并在合同中注明					

表 2 - 257 厚钢板、卷切钢板及卷切钢带的长度允许偏差

单位：mm

公称长度	长度允许偏差
<2 000	+10 0
≥2 000 ~ 20 000	+0.005 × 公称长度 0

15. 耐热钢钢板和钢带

耐热钢板和钢带（GB/T 4238—2007）的冷轧钢板和钢带尺寸及偏差见不锈钢冷轧钢板和钢带，热轧钢板和钢带尺寸及允许偏差见不锈钢热轧钢板和钢带。

16. 热处理弹簧钢带

热处理弹簧钢带（YB/T 5063—2007）分类与代号见表 2 - 258。

表 2 - 258 热处理弹簧钢带分类与代号

边缘状态	尺寸精度	力学性能	表面状态
切边：EC 不切边：EM	普通厚度精度：PT. A 较高厚度精度：PT. B 普通宽度精度：PW. A 较高宽度精度：PW. B	Ⅰ组强度钢带：Ⅰ Ⅱ组强度钢带：Ⅱ Ⅲ组强度钢带：Ⅲ	抛光钢带：SB 光亮钢带：SL 经色调处理的钢带：SC 灰暗色钢带：SD

17. 包装用钢带

包装用钢带（YB/T 025—2002）分类与代号见表 2 - 259，尺寸及偏差见表 2 - 260 ~ 表 2 - 263。每卷钢带的质量见表 2 - 264，镰刀弯见表 2 - 265。

表 2 - 259 包装用钢带分类与代号

制造精度	抗拉强度	表面状态
厚度为普通精度的钢带：PT. A 厚度为较高精度的钢带：PT. B 镰刀弯为普通精度的钢带：PS. A 镰刀弯为较高精度的钢带：PS. B	Ⅰ、Ⅱ组为低强度钢带 Ⅲ、Ⅳ组为中强度钢带 Ⅴ、Ⅵ、Ⅷ组为高强度钢带	发蓝钢带：SBL 涂漆钢带：SPA 镀锌钢带：SZE

表2-260　钢带的厚度和宽度尺寸　　　　　单位：mm

公称厚度	公称宽厚								
	8.00	9.50(10)	12.70(13)	16.00	19.00	25.00	31.75(32)	40.00	51.00
0.25	×	×	×						
0.30	×	×	×						
0.36	×	×	×	×					
0.40		×	×	×	×				
0.45		×	×	×	×				
0.50		×	×	×	×				
0.56			×	×	×				
0.60				×	×	×			
0.70					×	×			
0.80					×	×	×		
0.90					×	×	×		
1.00								×	×
1.12								×	×
1.20					×	×	×	×	×
1.30							×	×	×
1.50							×	×	×
1.65								×	×

注：①建议优先采用不带括号的公称宽度。

　　②×表示生产供应的钢带。

表 2 – 261　钢带厚度允许偏差　　　单位：mm

公称厚度	允许偏差	
	普通精度 PT. A	较高精度 PT. B
≤0.40	±0.020	±0.015
>0.40~0.70	±0.025	±0.025
>0.70~1.30	±0.035	±0.020
>1.30~1.65	±0.040	±0.035

注：钢带厚度不包括涂漆层、镀锌层厚度。

表 2 – 262　钢带宽度允许偏差　　　单位：mm

公称宽度	允许偏差
≤31.75	±0.10
>31.75	±0.13

表 2 – 263　钢带的长度

钢带厚度/mm	规定长度/m
≤0.40	≥400
>0.40~0.70	≥250
>0.70~1.00	≥200
>1.00~1.30	≥150
>1.30	≥100

注：厚度大于 0.5mm 的短钢带每卷内允许有 1 个接头，厚度不大于 0.5mm 的短钢带每卷内允许有 2 个接头，接头间长度不小于 20m。

表 2 – 264 每卷钢带的质量

公称宽度/mm	单重/kg	允许偏差/kg
51.00	90	±8
40.00	70	±7
31.75	55	±5
25.00	45	±4
19.00	35	±4
16.00	30	±3
12.70	25	±3
9.50	17	±2
8.00	15	±2

表 2 – 265 钢带的镰刀弯

公称宽度 /mm	普通精度 PS. A mm/m	普通精度 PS. B mm/m
<25.00	≤3.0	≤1.70
25.00 ~ 40.00	≤2.0	≤1.50
>40.00	≤2.0	≤1.25

18. 高电阻电热合金

高电阻电热合金（GB/T 1234—1995）的宽度范围及允许偏差列于表 2 –266；带材最小长度列于表 2 –267；冷轧带材每米长度的侧弯列于表 2 – 268；镍铬铁和铁铬铝高电阻电热合金丝的尺寸、合金直径允许偏差及每轴（盘）冷拉丝材的质量列于表 2 –269。

表 2 -266　高电阻电热合金的宽度范围及允许偏差

类别	宽度范围 /mm	允许偏差/mm	
		切边	不切边
冷轧带材	5.0~10.0	±0.2	-0.6
	>10.0~20.0		-0.8
	>20.0~30.0		-1.0
	>30.0~50.0	±0.3	-1.2
	>50.0~90.0		±1.0
	>90.0~120.0	±0.5	±1.5
	>120.0~250.0		±1.8
热轧带材	15.0~60.0	—	±1.5
	>60.0~250.0	—	±2.5

表 2 -267　高电阻电热合金带材最小长度

类　别	合金带厚度/mm	单支最小长度/m
冷轧带材	0.05~0.10	10
	>0.10~0.30	20
	>0.30~1.00	15
	>1.00~2.00	10
	>2.00~3.50	5
热轧带材	2.5~5.0	10
	>5.0~7.0	3

注：①热轧棒材每根长度由供需双方协议确定。

②带材最小长度应符合表中的规定，当焊接部位符合本标准技术要求时，允许
同一炉号数支带坯焊接在一起，根据供需双方协议，可供定尺或倍尺带材。

表 2 -268　冷轧带材每米长度的侧弯　　　　单位:mm

宽　度	每米侧弯≤	
	切　边	不切边
<20	7.0	14.0
20~50	4.0	8.0
>50	3.0	5.0

注：热轧带材每米长度的侧弯不大于15mm。

表2-269 镍铬铁和铁铬铝高电阻电热合金丝

(1)合金的尺寸	
合金牌号	直径/mm
Cr20Ni80、Cr30Ni70、Cr15Ni60、Cr20Ni35、Cr20Ni30、1Cr13Al4、0Cr25Al5、0Cr23Al5、0Cr21Al6、1Cr20Al3、0Cr21Al6Nb、0Cr27Al7Mo2	0.3~8.00

(2)合金直径允许偏差		/mm
类 别	直径范围	允许偏差
冷拉丝材	0.03~0.05	±0.005
	>0.05~0.100	±0.007
	>0.100~0.300	±0.010
	>0.300~0.500	±0.015
	>0.50~1.00	±0.02
	>1.00~3.00	±0.03
	>3.00~6.00	±0.04
	>6.00~8.00	±0.05

(3)冷拉丝材质量		
直 径	每轴(盘)质量/kg≥	
	标准质量	较轻质量
0.03~0.05	0.02	0.010
>0.05~0.07	0.03	0.015
>0.07~0.10	0.05	0.030
>0.10~0.30	0.30	0.100
>0.30~0.50	0.50	0.200
>0.50~0.80	1.00	0.500
>0.80~1.20	2.00	—
>1.20~2.00	4.00	—
>2.00~3.50	6.00	—
>3.50~5.00	8.00	—
>5.00	10.00	—

注：①当焊接部位符合本标准要求时，允许同一炉号数支坯料焊接在一起。较轻质量的交货量不得超过该批质量的10%。

②热轧盘条每盘质量不得小于10kg。

2.3.3　钢管

1. 无缝钢管

无缝钢管（GB/T 17395—2008）分为普通钢管见表2-270，精密钢管见表2-271，不锈钢管见表2-272，按外径分为系列1（通用系列，属于推荐选用系列），系列2（非通用系列），系列3（少数特殊、专用系列），通常长度为3 000～12 500mm，按外径偏差见表2-273，表2-274，壁厚偏差见表2-275，表2-276，长度偏差见表2-277。

表2-270　普通钢管的外径和壁厚及单位长度理论质量

外径/mm			壁厚/mm															
系列1	系列2	系列3	0.25	0.30	0.40	0.50	0.60	0.80	1.0	1.2	1.4	1.5	1.6	1.8	2.0	2.2(2.3)	2.5(2.6)	2.8
			单位长度理论质量/(kg/m)															
	6		0.035	0.042	0.055	0.068	0.080	0.103	0.123	0.142	0.159	0.166	0.174	0.186	0.197			
	7		0.042	0.050	0.065	0.080	0.095	0.122	0.148	0.172	0.193	0.203	0.213	0.231	0.247	0.260	0.277	
	8		0.048	0.057	0.075	0.092	0.109	0.142	0.173	0.201	0.228	0.240	0.253	0.275	0.296	0.315	0.339	
	9		0.054	0.064	0.085	0.105	0.124	0.162	0.197	0.231	0.262	0.277	0.292	0.320	0.345	0.369	0.401	0.428
10(10.2)			0.060	0.072	0.095	0.117	0.139	0.182	0.222	0.260	0.297	0.314	0.331	0.364	0.395	0.423	0.462	0.497
	11		0.066	0.079	0.105	0.129	0.154	0.201	0.247	0.290	0.331	0.351	0.371	0.408	0.444	0.477	0.524	0.566
	12		0.072	0.087	0.114	0.142	0.169	0.221	0.271	0.320	0.366	0.388	0.410	0.453	0.493	0.532	0.586	0.635
	13(12.7)		0.079	0.094	0.124	0.154	0.183	0.241	0.296	0.349	0.401	0.425	0.450	0.497	0.543	0.586	0.647	0.704
13.5			0.082	0.098	0.129	0.160	0.191	0.251	0.308	0.364	0.418	0.444	0.470	0.519	0.567	0.613	0.678	0.739

外径/mm			壁厚/mm															
系列1	系列2	系列3	0.25	0.30	0.40	0.50	0.60	0.80	1.0	1.2	1.4	1.5	1.6	1.8	2.0	2.2(2.3)	2.5(2.6)	2.8
			单位长度理论质量/(kg/m)															
		14	0.085	0.101	0.134	0.166	0.198	0.260	0.321	0.379	0.435	0.462	0.489	0.542	0.592	0.640	0.709	0.773
	16		0.097	0.116	0.154	0.191	0.228	0.300	0.370	0.438	0.504	0.536	0.568	0.630	0.691	0.749	0.832	0.911
17(17.2)			0.103	0.124	0.164	0.203	0.243	0.320	0.395	0.468	0.539	0.573	0.608	0.675	0.740	0.803	0.894	0.981
		18	0.109	0.131	0.174	0.216	0.257	0.339	0.419	0.497	0.573	0.610	0.647	0.719	0.789	0.857	0.956	1.05
	19		0.116	0.138	0.183	0.228	0.272	0.359	0.444	0.527	0.608	0.647	0.687	0.764	0.838	0.911	1.02	1.12
		20	0.122	0.146	0.193	0.240	0.287	0.379	0.469	0.556	0.642	0.684	0.726	0.808	0.888	0.966	1.08	1.19
21(21.3)					0.203	0.253	0.302	0.399	0.493	0.586	0.677	0.721	0.765	0.852	0.937	1.02	1.14	1.26
		22			0.213	0.265	0.317	0.418	0.518	0.616	0.711	0.758	0.805	0.897	0.986	1.07	1.20	1.33
	25				0.243	0.302	0.361	0.477	0.592	0.704	0.815	0.869	0.923	1.03	1.13	1.24	1.39	1.53
		25.4			0.247	0.307	0.367	0.485	0.602	0.716	0.829	0.884	0.939	1.05	1.15	1.26	1.41	1.56
27(26.9)					0.262	0.327	0.391	0.517	0.641	0.764	0.884	0.943	1.00	1.12	1.23	1.35	1.51	1.67
	28				0.272	0.339	0.405	0.537	0.666	0.793	0.918	0.980	1.04	1.16	1.28	1.40	1.57	1.74

续表

外径/mm			壁厚/mm 单位长度理论质量/(kg/m)															
系列1	系列2	系列3	(2.9)3.0	3.2	3.5(3.6)	4.0	4.5	5.0	(5.4)5.5	6.0	(6.3)(6.5)6.5	(7.0)(7.1)7.0	7.5	8.0	8.5	(8.8)9.0	9.5	10
	6																	
	7																	
	8																	
	9																	
10(10.2)			0.518	0.537	0.561													
	11		0.592	0.616	0.647													
	12		0.666	0.694	0.734	0.789												
		13(12.7)	0.740	0.773	0.820	0.888												
13.5			0.777	0.813	0.863	0.937												
		14	0.814	0.852	0.906	0.986												
	16		0.962	1.01	1.08	1.18	1.28	1.36										
17(17.2)			1.04	1.09	1.17	1.28	1.39	1.48										
		18	1.11	1.17	1.25	1.38	1.50	1.60										
	19		1.18	1.25	1.34	1.48	1.61	1.73	1.83	1.92								
	20		1.26	1.33	1.42	1.58	1.72	1.85	1.97	2.07								
21(21.3)			1.33	1.40	1.51	1.68	1.83	1.97	2.10	2.22								
	22		1.41	1.48	1.60	1.78	1.94	2.10	2.24	2.37								
	25		1.63	1.72	1.86	2.07	2.28	2.47	2.64	2.81	2.97	3.11						
		25.4	1.66	1.75	1.89	2.11	2.32	2.52	2.70	2.87	3.03	3.18						
27(26.9)			1.78	1.88	2.03	2.27	2.50	2.71	2.92	3.11	3.29	3.45						
	28		1.85	1.96	2.11	2.37	2.61	2.84	3.05	3.26	3.45	3.63						

外径/mm			壁厚/mm															
系列1	系列2	系列3	0.25	0.30	0.40	0.50	0.60	0.80	1.0	1.2	1.4	1.5	1.6	1.8	2.0	2.2(2.3)	2.5(2.6)	2.8
			单位长度理论质量/(kg/m)															
		30			0.292	0.364	0.435	0.576	0.715	0.852	0.987	1.05	1.12	1.25	1.38	1.51	1.70	1.88
	32(31.8)				0.312	0.388	0.465	0.616	0.765	0.911	1.06	1.13	1.20	1.34	1.48	1.62	1.82	2.02
34(33.7)					0.331	0.413	0.494	0.655	0.814	0.971	1.13	1.20	1.28	1.43	1.58	1.73	1.94	2.15
		35			0.341	0.425	0.509	0.675	0.838	1.00	1.16	1.24	1.32	1.47	1.63	1.78	2.00	2.22
	38				0.371	0.462	0.553	0.734	0.912	1.09	1.26	1.35	1.44	1.61	1.78	1.94	2.19	2.43
	40				0.391	0.487	0.583	0.773	0.962	1.15	1.33	1.42	1.52	1.70	1.87	2.05	2.31	2.57
42(42.4)									1.01	1.21	1.40	1.50	1.59	1.78	1.97	2.16	2.44	2.71
		45(44.5)							1.09	1.30	1.51	1.61	1.71	1.92	2.12	2.32	2.62	2.91
48(48.3)									1.16	1.38	1.61	1.72	1.83	2.05	2.27	2.48	2.81	3.12
	51								1.23	1.47	1.71	1.83	1.95	2.18	2.42	2.65	2.99	3.33
		54							1.31	1.56	1.82	1.94	2.07	2.32	2.56	2.81	3.18	3.54
	57								1.38	1.65	1.92	2.05	2.19	2.45	2.71	2.97	3.36	3.74
60(60.3)									1.46	1.74	2.02	2.16	2.30	2.58	2.86	3.14	3.55	3.95
	63(63.5)								1.53	1.83	2.13	2.28	2.42	2.72	3.01	3.30	3.73	4.16
	65								1.58	1.89	2.20	2.35	2.50	2.81	3.11	3.41	3.85	4.30
	68								1.65	1.98	2.30	2.46	2.62	2.94	3.26	3.57	4.04	4.50
	70								1.70	2.04	2.37	2.53	2.70	3.03	3.35	3.68	4.16	4.64
		73							1.78	2.12	2.47	2.64	2.82	3.16	3.50	3.84	4.35	4.85
76(76.1)									1.85	2.21	2.58	2.76	2.94	3.29	3.65	4.00	4.53	5.05
	77										2.61	2.79	2.98	3.34	3.70	4.06	4.59	5.12
	80										2.71	2.90	3.09	3.47	3.85	4.22	4.78	5.33

外径/mm			壁厚/mm 单位长度理论质量/(kg/m)															
系列1	系列2	系列3	(2.9)3.0	3.2	(3.5)(3.6)	4.0	4.5	5.0	(5.4)5.5	6.0	(6.3)6.5	7.0(7.1)	7.5	8.0	8.5	(8.8)9.0	9.5	10
		30	2.00	2.11	2.29	2.56	2.83	3.08	3.32	3.55	3.77	3.97	4.16	4.34				
	32(31.8)		2.15	2.27	2.46	2.76	3.05	3.33	3.59	3.85	4.09	4.32	4.53	4.74				
34(33.7)			2.29	2.43	2.63	2.96	3.27	3.58	3.87	4.14	4.41	4.66	4.90	5.13				
		35	2.37	2.51	2.72	3.06	3.38	3.70	4.00	4.29	4.57	4.83	5.09	5.33	5.56	5.77		
	38		2.59	2.75	2.98	3.35	3.72	4.07	4.41	4.74	5.05	5.35	5.64	5.92	6.18	6.44	6.68	6.91
	40		2.74	2.90	3.15	3.55	3.94	4.32	4.68	5.03	5.37	5.70	6.01	6.31	6.60	6.88	7.15	7.40
42(42.4)			2.89	3.06	3.32	3.75	4.16	4.56	4.95	5.33	5.69	6.04	6.38	6.71	7.02	7.32	7.61	7.89
		45(44.5)	3.11	3.30	3.58	4.04	4.49	4.93	5.36	5.77	6.17	6.56	6.94	7.30	7.65	7.99	8.32	8.63
48(48.3)			3.33	3.54	3.84	4.34	4.83	5.30	5.76	6.21	6.65	7.08	7.49	7.89	8.28	8.66	9.02	9.37
	51		3.55	3.77	4.10	4.64	5.16	5.67	6.17	6.66	7.13	7.60	8.05	8.48	8.91	9.32	9.72	10.11
		54	3.77	4.01	4.36	4.93	5.49	6.04	6.58	7.10	7.61	8.11	8.60	9.08	9.54	9.99	10.43	10.85
	57		4.00	4.25	4.62	5.23	5.83	6.41	6.99	7.55	8.10	8.63	9.16	9.67	10.17	10.65	11.13	11.59
60(60.3)			4.22	4.48	4.88	5.52	6.16	6.78	7.39	7.99	8.58	9.15	9.71	10.26	10.80	11.32	11.83	12.33
	63(63.5)		4.44	4.72	5.14	5.82	6.49	7.15	7.80	8.43	9.06	9.67	10.27	10.85	11.42	11.99	12.53	13.07
	65		4.59	4.88	5.31	6.02	6.71	7.40	8.07	8.73	9.38	10.01	10.64	11.25	11.84	12.43	13.00	13.56
	68		4.81	5.11	5.57	6.31	7.05	7.77	8.48	9.17	9.86	10.53	11.19	11.84	12.47	13.10	13.71	14.30
	70		4.96	5.27	5.74	6.51	7.27	8.02	8.75	9.47	10.18	10.88	11.56	12.23	12.89	13.54	14.17	14.80
		73	5.18	5.51	6.00	6.81	7.60	8.38	9.16	9.91	10.66	11.39	12.11	12.82	13.52	14.21	14.88	15.54
76(76.1)			5.40	5.75	6.26	7.10	7.93	8.75	9.56	10.36	11.14	11.91	12.67	13.42	14.15	14.87	15.58	16.28
	77		5.47	5.82	6.34	7.20	8.05	8.88	9.70	10.51	11.30	12.08	12.85	13.61	14.36	15.09	15.81	16.52
	80		5.70	6.06	6.60	7.50	8.38	9.25	10.11	10.95	11.78	12.60	13.41	14.21	14.99	15.76	16.52	17.26

外径/mm			壁厚/mm															
系列1	系列2	系列3	11	12 (12.5)	13	14 (14.2)	15	16	17 (17.5)	18	19	20	22 (22.2)	24	25	26	28	30
			单位长度理论质量（kg/m）															
		30																
	32(31.8)																	
34(33.7)																		
		35																
	38																	
	40																	
42(42.4)																		
		45(44.5)	9.22	9.77														
48(48.3)			10.04	10.65														
	51		10.85	11.54														
		54	11.66	12.43	13.14	13.81												
	57		12.48	13.32	14.11	14.85												
60(60.3)			13.29	14.21	15.07	15.88	16.65	17.36										
	63(63.5)		14.11	15.09	16.03	16.92	17.76	18.55										
	65		14.65	15.68	16.67	17.61	18.50	19.33										
	68		15.46	16.57	17.63	18.64	19.61	20.52										
	70		16.01	17.16	18.27	19.33	20.35	21.31	22.22									
		73	16.82	18.05	19.24	20.37	21.46	22.49	23.48	24.41	25.30							
76(76.1)			17.63	18.94	20.20	21.41	22.57	23.68	24.74	25.75	26.71	27.62						
	77		17.90	19.24	20.52	21.75	22.94	24.07	25.15	26.19	27.18	28.11						
	80		18.72	20.12	21.48	22.79	24.05	25.25	26.41	27.52	28.58	29.59						

外径/mm			壁厚/mm															
系列1	系列2	系列3	0.25	0.30	0.40	0.50	0.60	0.80	1.0	1.2	1.4	1.5	1.6	1.8	2.0	2.2(2.3)	2.5(2.6)	2.8
			单位长度理论质量/(kg/m)															
		83(82.5)									2.82	3.01	3.21	3.60	4.00	4.38	4.96	5.54
	85										2.89	3.09	3.29	3.69	4.09	4.49	5.09	5.68
89(88.9)											3.02	3.24	3.45	3.87	4.29	4.71	5.33	5.95
	95										3.23	3.46	3.69	4.14	4.59	5.03	5.70	6.37
	102(101.6)										3.47	3.72	3.96	4.45	4.93	5.41	6.13	6.85
		108									3.68	3.94	4.20	4.71	5.23	5.74	6.50	7.26
114(114.3)												4.16	4.44	4.98	5.52	6.07	6.87	7.68
	121											4.42	4.71	5.29	5.87	6.45	7.31	8.16
	127													5.56	6.17	6.77	7.68	8.58
	133																8.05	8.99
140(139.7)																		
		142(141.3)																
	146																	
		152(152.4)																
		159																
168(168.3)																		
		180(177.8)																
		194(193.7)																
	203																	
219(219.1)																		
		232																
		245(244.5)																
		267(267.4)																

外径/mm			壁厚/mm 单位长度理论质量/(kg/m)															
系列1	系列2	系列3	(2.9)3.0	3.2	3.5(3.6)	4.0	4.5	5.0	(5.4)5.5	6.0	(6.3)6.5	7.0(7.1)	7.5	8.0	8.5	(8.8)9.0	9.5	10
		83(82.5)	5.92	6.30	6.86	7.79	8.71	9.62	10.51	11.39	12.26	13.12	13.96	14.80	15.62	16.42	17.22	18.00
	85		6.07	6.46	7.03	7.99	8.93	9.86	10.78	11.69	12.58	13.47	14.33	15.19	16.04	16.87	17.69	18.50
89(88.9)			6.36	6.77	7.38	8.38	9.38	10.36	11.33	12.28	13.22	14.16	15.07	15.98	16.87	17.76	18.63	19.48
	95		6.81	7.24	7.90	8.98	10.04	11.10	12.14	13.17	14.19	15.19	16.18	17.16	18.13	19.09	20.03	20.96
102(101.6)			7.32	7.80	8.50	9.67	10.82	11.96	13.09	14.21	15.31	16.40	17.48	18.55	19.60	20.64	21.67	22.60
		108	7.77	8.27	9.02	10.26	11.49	12.70	13.90	15.09	16.27	17.44	18.59	19.73	20.86	21.97	23.08	24.17
114(114.3)			8.21	8.74	9.54	10.85	12.15	13.44	14.72	15.98	17.23	18.47	19.70	20.91	22.12	23.31	24.48	25.65
		121	8.73	9.30	10.14	11.54	12.93	14.30	15.67	17.02	18.35	19.68	20.99	22.29	23.58	24.86	26.12	27.37
		127	9.17	9.77	10.66	12.13	13.59	15.04	16.48	17.90	19.32	20.72	22.10	23.48	24.84	26.19	27.53	28.85
		133	9.62	10.24	11.18	12.73	14.26	15.78	17.29	18.79	20.28	21.75	23.21	24.66	26.10	27.52	28.93	30.33
140(139.7)			10.14	10.80	11.78	13.42	15.04	16.65	18.24	19.83	21.40	22.96	24.51	26.04	27.57	29.08	30.57	32.06
		142(141.3)	10.28	10.95	11.95	13.61	15.26	16.89	18.51	20.12	21.72	23.31	24.88	26.44	27.98	29.52	31.04	32.55
	146		10.58	11.27	12.30	14.01	15.70	17.39	19.06	20.72	22.36	24.00	25.62	27.23	28.82	30.41	31.98	33.54
		152(152.4)	11.02	11.74	12.82	14.60	16.37	18.13	19.87	21.60	23.32	25.03	26.73	28.41	30.08	31.74	33.39	35.02
		159			13.42	15.29	17.15	18.99	20.82	22.64	24.45	26.24	28.02	29.79	31.55	33.29	35.02	36.75
168(168.3)					14.20	16.18	18.14	20.10	22.04	23.97	25.89	27.79	29.69	31.57	33.43	35.27	37.13	38.97
	180(177.8)				15.23	17.36	19.48	21.58	23.67	25.75	27.81	29.87	31.91	33.93	35.95	37.95	39.95	41.92
	194(193.7)				16.44	18.74	21.03	23.31	25.57	27.82	30.06	32.28	34.50	36.70	38.89	41.06	43.23	45.38
	203				17.22	19.63	22.03	24.41	26.79	29.15	31.50	33.84	36.16	38.47	40.77	43.06	45.33	47.60
219(219.1)										31.52	34.06	36.60	39.12	41.63	44.13	46.61	49.08	51.54
		232								33.44	36.15	38.84	41.52	44.19	46.85	49.50	52.13	54.75
	245(244.5)									35.36	38.23	41.09	43.93	46.76	49.58	52.38	55.17	57.95
		267(267.4)								38.62	41.76	44.88	48.00	51.10	54.19	57.26	60.33	63.38

外径/mm			壁厚/mm															
系列1	系列2	系列3	11	12(12.5)	13	14(14.2)	15	16	17(17.5)	18	19	20	22(22.2)	24	25	26	28	30
			单位长度理论质量/(kg/m)															
		83(82.5)	19.53	21.01	22.44	23.82	25.15	26.44	27.67	28.85	29.99	31.07	33.10					
	85		20.07	21.60	23.08	24.51	25.89	27.23	28.51	29.74	30.93	32.06	34.18					
89(88.9)			21.16	22.79	24.37	25.89	27.37	28.80	30.19	31.52	32.80	34.03	36.35	38.47				
	95		22.79	24.56	26.29	27.97	29.59	31.17	32.70	34.18	35.61	36.99	39.61	42.02				
	102(101.6)		24.69	26.63	28.53	30.38	32.18	33.93	35.64	37.29	38.89	40.44	43.40	46.17	47.47	48.73	51.10	
114(114.3)			26.31	28.41	30.46	32.45	34.40	36.30	38.15	39.95	41.70	43.40	46.66	49.71	51.17	52.58	55.24	57.71
	121		27.94	30.19	32.38	34.53	36.62	38.67	40.67	42.62	44.51	46.36	49.91	53.27	54.87	56.43	59.39	62.15
	127		29.84	32.26	34.62	36.94	39.21	41.43	43.60	45.72	47.79	49.82	53.71	57.41	59.19	60.91	64.22	67.33
	133		31.47	34.03	36.55	39.01	41.43	43.80	46.12	48.39	50.61	52.78	56.97	60.96	62.89	64.76	68.36	71.77
140(139.7)			33.10	35.81	38.47	41.09	43.65	46.17	48.63	51.05	53.42	55.74	60.22	64.51	66.59	68.61	72.50	76.20
		142(141.3)	34.99	37.88	40.72	43.50	46.24	48.93	51.57	54.16	56.70	59.19	64.02	68.66	70.90	73.10	77.34	81.38
	146		35.54	38.47	41.36	44.19	46.98	49.72	52.41	55.04	57.63	60.17	65.11	69.84	72.14	74.38	78.72	82.86
		152(152.4)	36.62	39.66	42.64	45.57	48.46	51.30	54.08	56.82	59.51	62.15	67.28	72.21	74.60	76.94	81.48	85.82
		159	38.25	41.43	44.56	47.65	50.68	53.66	56.60	59.48	62.32	65.11	70.53	75.76	78.30	80.79	85.62	90.26
168(168.3)			40.15	43.50	46.81	50.06	53.27	56.43	59.53	62.59	65.60	68.56	74.33	79.90	82.62	85.28	90.46	95.44
		180(177.8)	42.59	46.17	49.69	53.17	56.60	59.98	63.31	66.59	69.82	73.00	79.21	85.23	88.17	91.05	96.67	102.10
		194(193.7)	45.85	49.72	53.54	57.31	61.04	64.71	68.34	71.91	75.44	78.92	85.72	92.33	95.56	98.74	104.96	110.98
	203		49.64	53.86	58.03	62.15	66.22	70.24	74.21	78.13	82.00	85.82	93.32	100.62	104.20	107.72	114.63	121.33
219(219.1)			52.09	56.52	60.91	65.25	69.55	73.79	77.98	82.13	86.22	90.26	98.20	105.95	109.74	113.49	120.84	127.99
		232	56.43	61.26	66.04	70.78	75.46	80.10	84.69	89.23	93.71	98.15	106.88	115.42	119.61	123.75	131.89	139.83
		245(244.5)	59.95	65.11	70.21	75.27	80.27	85.23	90.14	95.00	99.81	104.57	113.94	123.11	127.62	132.09	140.87	149.45
		267(267.4)	63.48	68.95	74.38	79.76	85.08	90.36	95.59	100.77	105.90	110.98	120.99	130.80	135.46	140.42	149.84	159.07
			69.45	75.46	81.43	87.35	93.22	99.04	104.81	110.53	116.21	121.83	132.93	143.83	149.20	154.53	165.04	175.34

| 外径/mm | | | 壁厚/mm 单位长度理论质量（kg/m） | | | | | | | | | | | |
系列1	系列2	系列3	32	34	36	38	40	42	45	48	50	55	60	65
		83（82.5）												
	85													
89（88.9）														
	95													
	102（101.6）													
		108												
114（114.3）														
	121		70.24											
	127		74.97											
	133		79.71	83.01	86.12									
140（139.7）			85.23	88.88	92.33									
		142（141.3）	86.81	90.56	94.41									
	146		89.97	93.91	97.66	101.21	104.57							
		152（152.4）	94.70	98.94	102.99	106.83	110.48							
		159	100.22	104.81	109.20	113.39	117.39	121.19	126.51					
168（168.3）			107.33	112.36	117.19	121.83	126.27	130.51	136.50					
		180（177.8）	116.80	122.42	127.85	133.07	138.10	142.94	149.82	156.26	160.30			
		194（193.7）	127.85	134.16	140.27	146.19	151.92	157.44	165.36	172.83	177.56			
	203		134.95	141.71	148.27	154.63	160.79	166.76	175.34	183.48	188.66	200.75		
219（219.1）			147.57	155.12	162.47	169.62	176.58	183.33	193.10	202.42	208.39	222.45		
		232	157.83	166.02	174.01	181.81	189.40	196.80	207.53	217.81	224.42	240.08	254.51	267.70
		245（244.5）	168.09	176.92	185.55	193.99	202.22	210.26	221.95	233.20	240.45	257.71	273.74	288.54
		267（267.4）	185.45	195.37	205.09	214.60	223.93	233.05	246.37	259.24	267.58	287.55	306.30	323.81

外径/mm			壁厚/mm															
系列1	系列2	系列3	3.5(3.6)	4.0	4.5	5.0	(5.4)5.5	6.0	(6.3)6.5	7.0(7.1)	7.5	8.0	8.5	(8.8)9.0	9.5	10	11
			单位长度理论质量(kg/m)															
273									42.72	45.92	49.11	52.28	55.45	58.60	61.73	64.86	71.07
	299(298.5)										53.92	57.41	60.90	64.37	67.83	71.27	78.13
		302									54.47	58.00	61.52	65.03	68.53	72.01	78.94
		318.5									57.52	61.26	64.98	68.69	72.39	76.08	83.42
325(323.9)											58.73	62.54	66.35	70.14	73.92	77.68	85.18
	340(339.7)											65.50	69.49	73.47	77.43	81.38	89.25
	351											67.67	71.80	75.91	80.01	84.10	92.23
356(355.6)														77.02	81.18	85.33	93.59
		368												79.68	83.99	88.29	96.85
	377													81.68	86.10	90.51	99.29
	402													87.23	91.96	96.67	106.07
406(406.4)														88.12	92.89	97.66	107.15
		419												91.00	95.94	100.87	110.68
	426													92.55	97.58	102.59	112.58
	450													97.88	103.20	108.51	119.09
457														99.44	104.84	110.24	120.99
	473													102.99	108.59	114.18	125.33
	480													104.54	110.23	115.91	127.23
	500													108.98	114.92	120.84	132.65
508														110.76	116.79	122.81	134.82
	530													115.64	121.95	128.24	140.79
		560(559)												122.30	128.97	135.64	148.93
610														133.39	140.69	147.97	162.50

外径/mm			壁厚/mm，单位长度理论质量/(kg/m)														
系列1	系列2	系列3	12(12.5)	13	14(14.2)	15	16	17(17.5)	18	19	20	22(22.2)	24	25	26	28	30
273			77.24	83.36	89.42	95.44	101.41	107.33	113.20	119.02	124.79	136.18	147.38	152.90	158.38	169.18	179.78
	299(298.5)		84.93	91.69	98.40	105.06	111.67	118.23	124.74	131.20	137.61	150.29	162.77	168.93	175.05	187.13	199.02
		302	85.82	92.65	99.44	106.17	112.85	119.49	126.07	132.61	139.09	151.92	164.54	170.78	176.97	189.20	201.24
		318.5	90.71	97.94	105.13	112.27	119.36	126.40	133.39	140.34	147.23	160.87	174.31	180.95	187.55	200.60	213.45
325(323.9)			92.63	100.03	107.38	114.68	121.93	129.13	136.28	143.38	150.44	164.39	178.16	184.96	191.72	205.09	218.25
	340(339.7)		97.07	104.84	112.56	120.23	127.85	135.42	142.94	150.41	157.83	172.53	187.03	194.21	201.34	215.44	229.35
	351		100.32	108.36	116.35	124.29	132.19	140.03	147.82	155.57	163.26	178.50	193.54	200.99	208.39	223.04	237.49
356(355.6)			101.80	109.97	118.08	126.14	134.16	142.12	150.04	157.91	165.73	181.21	196.50	204.07	211.60	226.49	241.19
		368	105.35	113.81	122.22	130.58	138.89	147.16	155.37	163.53	171.64	187.72	203.61	211.47	219.29	234.78	250.07
	377		108.02	116.70	125.33	133.91	142.45	150.93	159.36	167.75	176.08	192.61	208.93	217.02	225.06	240.99	256.73
	402		115.42	124.71	133.96	143.16	152.31	161.41	170.46	179.46	188.41	206.17	223.73	232.44	241.09	258.26	275.22
406(406.4)			116.60	126.00	135.34	144.64	153.89	163.09	172.24	181.34	190.39	208.34	226.10	234.90	243.66	261.02	278.18
		419	120.45	130.16	139.83	149.45	159.02	168.54	178.01	187.43	196.80	215.39	233.79	242.92	251.99	270.00	287.80
	426		122.52	132.41	142.25	152.04	161.78	171.47	181.11	190.71	200.25	219.19	237.93	247.23	256.48	274.83	292.98
	450		129.62	140.10	150.53	160.92	171.25	181.53	191.77	201.95	212.09	232.21	252.14	262.03	271.87	291.40	310.74
457			131.69	142.35	152.95	163.51	174.01	184.47	194.88	205.23	215.54	236.01	256.28	266.34	276.36	296.23	315.91
	473		136.43	147.48	158.48	169.43	180.33	191.18	201.98	212.73	223.43	244.69	265.75	276.21	286.62	307.28	327.75
	480		138.50	149.72	160.89	172.01	183.09	194.11	205.09	216.01	226.89	248.49	269.90	280.53	291.11	312.12	332.93
	500		144.42	156.13	167.80	179.41	190.98	202.50	213.96	225.38	236.75	259.34	281.73	292.86	303.93	325.93	347.73
508			146.79	158.70	170.56	182.37	194.14	205.85	217.51	229.13	240.70	263.68	286.47	297.79	309.06	331.45	353.65
	530		153.30	165.75	178.16	190.51	202.82	215.07	227.28	239.44	251.55	275.62	299.49	311.35	323.17	346.64	369.92
	560(559)		162.17	175.37	188.51	201.61	214.65	227.65	240.60	253.50	266.34	291.89	317.25	329.85	342.40	367.36	392.12
610			176.97	191.40	205.78	220.10	234.38	248.61	262.79	276.92	291.01	319.02	346.84	360.68	374.46	401.88	429.11

单位长度理论质量/(kg/m)

外径/mm			壁厚/mm														
系列1	系列2	系列3	32	34	36	38	40	42	45	48	50	55	60	65	70	75	80
273			190.19	200.40	210.41	220.23	229.85	239.27	253.03	266.34	274.98	295.69	315.17	333.42	350.44	366.22	380.77
	299(298.5)		210.71	222.20	233.50	244.59	255.49	266.20	281.88	297.12	307.04	330.96	353.65	375.10	395.32	414.31	432.07
		302	213.08	224.72	236.16	247.40	258.45	269.30	285.21	300.67	310.74	335.03	358.09	379.91	400.50	419.86	437.99
		318.5	226.10	238.55	250.81	262.87	274.73	286.39	303.52	320.21	331.08	357.41	382.50	406.36	428.99	450.38	470.54
325(323.9)			231.23	244.00	256.58	268.96	281.14	293.13	310.74	327.90	339.10	366.22	392.12	416.78	440.21	462.40	483.37
	340(339.7)		243.06	256.58	269.90	283.02	295.94	308.66	327.38	345.66	357.59	386.57	414.31	440.83	466.10	490.15	512.96
	351		251.75	265.80	279.66	293.32	306.79	320.06	339.59	358.68	371.16	401.49	430.59	458.46	485.09	510.49	534.66
356(355.6)			255.69	269.99	284.10	298.01	311.72	325.24	345.14	364.60	377.32	408.27	437.99	466.47	493.72	519.74	544.53
		368	265.16	280.06	294.75	309.26	323.56	337.67	358.46	378.80	392.12	424.55	455.75	485.71	514.44	541.94	568.20
	377		272.26	287.60	302.75	317.69	332.44	346.99	368.44	389.46	403.22	436.76	469.06	500.14	529.98	558.58	585.96
	402		291.99	308.57	324.94	341.12	357.10	372.88	396.19	419.05	434.04	470.67	506.06	540.21	573.13	604.82	635.28
406(406.4)			295.15	311.92	328.49	344.87	361.05	377.03	400.63	423.78	438.98	476.09	511.97	546.62	580.04	612.22	643.17
		419	305.41	322.82	340.03	357.05	373.87	390.49	415.05	439.17	455.01	493.72	531.21	567.46	602.48	636.27	668.82
	426		310.93	328.69	346.25	363.61	380.77	397.74	422.82	447.46	463.64	503.22	541.57	578.68	614.57	649.22	682.63
	450		329.87	348.81	367.56	386.10	404.45	422.60	449.46	475.87	493.23	535.77	577.08	617.16	656.00	693.61	729.98
457			335.40	354.68	373.77	392.66	411.35	429.85	457.24	484.16	501.86	545.27	587.44	628.38	668.08	706.55	743.79
	473		348.02	368.10	387.98	407.66	427.14	446.42	474.98	503.10	521.59	566.97	611.11	654.02	695.70	736.15	775.36
	480		353.55	373.97	394.19	414.22	434.04	453.67	482.75	511.38	530.22	576.46	621.47	665.25	707.79	749.09	789.17
	500		369.33	390.74	411.95	432.96	453.77	474.39	504.95	535.06	554.88	603.59	651.06	697.30	742.31	786.09	828.63
508			375.64	397.45	419.05	440.46	461.66	482.68	513.82	544.53	564.75	614.44	662.90	710.13	756.12	800.88	844.41
	530		393.01	415.89	438.58	461.07	483.37	505.46	538.24	570.57	591.88	644.28	695.46	745.40	794.10	841.58	887.82
		560(559)	416.68	441.06	465.22	489.19	512.96	536.54	571.53	606.08	628.87	684.97	739.85	793.49	845.89	897.06	947.00
610			456.14	482.97	509.61	536.04	562.28	588.33	627.02	665.27	690.52	752.79	813.83	873.64	932.21	989.55	1045.65

外径/mm			壁厚/mm					
系列1	系列2	系列3	85	90	95	100	110	120
			单位长度理论质量（kg/m）					
273			394.09					
	299(298.5)		448.59	463.88	477.94	490.77		
		302	454.88	470.54	484.97	498.16		
		318.5	489.47	507.16	523.63	538.86		
325(323.9)			503.10	521.59	538.86	554.89		
	340(339.7)		534.54	554.89	574.00	591.88		
	351		557.60	579.30	599.77	619.01		
356(355.6)			568.08	590.40	611.48	631.34		
		368	593.23	617.03	639.60	660.93		
	377		612.10	637.01	660.68	683.13		
	402		664.51	692.50	719.25	744.78		
406(406.4)			672.89	701.37	728.63	754.64		
		419	700.14	730.23	759.08	786.70		
	426		714.82	745.77	775.48	803.97		
	450		765.12	799.03	831.71	863.15		
457			779.80	814.57	848.11	880.42		
	473		813.34	850.08	885.60	919.88		
	480		828.01	865.62	902.00	937.14		
	500		869.94	910.01	948.85	986.46	1 057.98	
508			886.71	927.77	967.60	1 006.19	1 079.68	
	530		932.82	976.60	1 019.14	1 060.45	1 139.36	1 213.35
		560(559)	995.71	1 043.18	1 089.42	1 134.43	1 220.75	1 302.13
610			1 100.52	1 154.16	1 206.57	1 257.74	1 356.39	1 450.10

外径/mm			壁厚/mm 单位长度理论质量（kg/m）												
系列1	系列2	系列3	9	9.5	10	11	12(12.5)	13	14(14.2)	15	16	17(17.5)	18	19	20	22(22.2)
	630		137.83	145.37	152.90	167.92	182.89	197.81	212.68	227.50	242.28	257.00	271.67	286.30	300.87	329.87
		660	144.49	152.40	160.30	176.06	191.77	207.43	223.04	238.60	254.11	269.58	284.99	300.35	315.67	346.15
		699					203.31	219.93	236.50	253.03	269.50	285.93	302.30	318.63	334.90	367.31
711							206.86	223.78	240.65	257.47	274.24	290.96	307.63	324.25	340.82	373.82
	720						209.52	226.66	243.75	260.80	277.79	294.73	311.62	328.47	345.26	378.70
	762														365.98	401.49
		788.5													379.05	415.87
813															391.13	429.16
		864													416.29	456.83
914																
	965															
1 016																

外径/mm			壁厚/mm												
系列 1	系列 2	系列 3	24	25	26	28	30	32	34	36	38	40	42	45	48
			单位长度理论质量/(kg/m)												
	630		358.68	373.01	387.29	415.70	443.91	471.92	499.74	527.36	554.79	582.01	609.04	649.22	688.95
		660	376.43	391.50	406.52	436.41	466.10	495.60	524.90	554.00	582.90	611.61	640.12	682.51	724.46
		699	399.52	415.55	431.53	463.34	494.96	526.38	557.60	588.62	619.45	650.08	680.51	725.79	770.62
711			406.62	422.95	439.22	471.63	503.84	535.85	567.66	599.28	630.69	661.92	692.94	739.11	784.83
	720		411.95	428.49	444.99	477.84	510.49	542.95	575.21	607.27	639.13	670.79	702.26	749.09	795.48
	762		436.81	454.39	471.92	506.84	541.57	576.09	610.42	644.55	678.49	712.23	745.77	795.71	845.20
		788.5	452.49	470.73	488.92	525.14	561.17	597.01	632.64	668.08	703.32	738.37	773.21	825.11	876.57
813			466.99	485.83	504.62	542.06	579.30	616.34	653.18	689.83	726.28	762.54	798.59	852.30	905.57
		864	497.18	517.28	537.33	577.28	617.03	656.59	695.95	735.11	774.08	812.85	851.42	908.90	965.94
914				548.10	569.39	611.80	654.02	696.05	737.87	779.50	820.93	862.17	903.20	964.39	1 025.13
	965			579.55	602.09	647.02	691.76	736.30	780.64	824.78	868.73	912.48	956.03	1 020.99	1 085.50
1 016				610.99	634.79	682.24	729.49	776.54	823.40	870.06	916.52	962.79	1 008.86	1 077.59	1 145.87

外径/mm			壁厚/mm												
系列1	系列2	系列3	50	55	60	65	70	75	80	85	90	95	100	110	120
			单位长度理论质量/(kg/m)												
	630		715.19	779.92	843.43	905.70	966.73	1 026.54	1 085.11	1 142.45	1 198.55	1 253.42	1 307.06	1 410.64	1 509.29
		660	752.18	820.61	887.82	953.79	1 018.52	1 082.03	1 144.30	1 205.33	1 265.14	1 323.71	1 381.05	1 492.02	1 598.07
		699	800.27	873.51	945.52	1 016.30	1 085.85	1 154.16	1 221.24	1 287.09	1 351.70	1 415.08	1 477.23	1 597.82	1 713.49
711			815.06	889.79	963.28	1 035.54	1 106.56	1 176.36	1 244.92	1 312.24	1 378.33	1 443.19	1 506.23	1 630.23	1 749.00
	720		826.16	902.00	976.60	1 049.97	1 122.10	1 193.00	1 262.67	1 331.11	1 398.31	1 464.28	1 529.02	1 654.79	1 775.63
	762		877.95	958.96	1 038.74	1 117.29	1 194.61	1 270.69	1 345.53	1 419.15	1 491.53	1 562.68	1 632.60	1 768.73	1 899.93
		788.5	910.63	994.91	1 077.96	1 159.77	1 240.35	1 319.70	1 397.82	1 474.70	1 550.35	1 624.77	1 697.95	1 840.62	1 978.35
813			940.84	1 028.14	1 114.21	1 199.05	1 282.65	1 365.02	1 446.15	1 526.06	1 604.73	1 682.17	1 758.37	1 907.07	2 050.86
		864	1 003.73	1 097.32	1 189.67	1 280.80	1 370.69	1 459.35	1 546.77	1 632.97	1 717.92	1 801.65	1 884.14	2 045.43	2 201.78
914			1 065.38	1 165.14	1 263.66	1 360.95	1 457.00	1 551.83	1 645.42	1 737.78	1 828.90	1 918.79	2 007.45	2 181.07	2 349.75
	965		1 128.27	1 234.31	1 339.12	1 442.70	1 545.05	1 646.16	1 746.04	1 844.68	1 942.10	2 038.28	2 133.22	2 319.42	2 500.68
1 016			1 191.15	1 303.49	1 414.59	1 524.45	1 633.09	1 740.49	1 846.66	1 951.59	2 055.29	2 157.30	2 259.00	2 457.77	2 651.61

注：括号内尺寸为相应的 ISO 4200 的规格。

表2-271　精密钢管的外径和壁厚及单位长度理论质量

| 外径/mm | | 壁厚/mm | | | | | | | | | | | | | | | | | | | | |
系列2	系列3	0.5	(0.8)	1.0	(1.2)	1.5	(1.8)	2.0	(2.2)	2.5	(2.8)	3.0	(3.5)	4	(4.5)	5	(5.5)	6	(7)	8	(9)	10
								单位长度理论质量/（kg/m）														
	4	0.043	0.063	0.074	0.083																	
	5	0.055	0.083	0.099	0.112																	
	6	0.068	0.103	0.123	0.142	0.166	0.186	0.197														
	8	0.092	0.142	0.173	0.201	0.240	0.275	0.296	0.315	0.339												
	10	0.117	0.182	0.222	0.260	0.314	0.364	0.395	0.423	0.462												
	12	0.142	0.221	0.271	0.320	0.388	0.453	0.493	0.532	0.586	0.635	0.666										
	12.7	0.150	0.235	0.289	0.340	0.414	0.484	0.528	0.570	0.629	0.684	0.718										
14		0.166	0.260	0.321	0.379	0.462	0.542	0.592	0.640	0.709	0.773	0.814	0.906									
	16	0.191	0.300	0.370	0.438	0.536	0.630	0.691	0.749	0.832	0.911	0.962	1.08	1.18								
18		0.216	0.339	0.419	0.497	0.610	0.719	0.789	0.857	0.956	1.05	1.11	1.25	1.38	1.50							
	20	0.240	0.379	0.469	0.556	0.684	0.808	0.888	0.966	1.08	1.19	1.26	1.42	1.58	1.72	1.85						
22		0.265	0.418	0.518	0.616	0.758	0.897	0.986	1.07	1.20	1.33	1.41	1.60	1.78	1.94	2.10						
	25	0.302	0.477	0.592	0.704	0.869	1.03	1.13	1.24	1.39	1.53	1.63	1.86	2.07	2.28	2.47	2.64	2.81				
28		0.339	0.537	0.666	0.793	0.980	1.16	1.28	1.40	1.57	1.74	1.85	2.11	2.37	2.61	2.84	3.05	3.26	3.63	3.95		
	30	0.364	0.576	0.715	0.852	1.05	1.25	1.38	1.51	1.70	1.88	2.00	2.29	2.56	2.83	3.08	3.32	3.55	3.97	4.34		
	32	0.388	0.616	0.765	0.911	1.13	1.34	1.48	1.62	1.82	2.02	2.15	2.46	2.76	3.05	3.33	3.59	3.85	4.32	4.74		
35		0.425	0.675	0.838	1.00	1.24	1.47	1.63	1.78	2.00	2.22	2.37	2.72	3.06	3.38	3.70	4.00	4.29	4.83	5.33		
	38	0.462	0.734	0.912	1.09	1.35	1.61	1.78	1.94	2.19	2.43	2.59	2.98	3.35	3.72	4.07	4.41	4.74	5.35	5.92	6.44	6.91
	40	0.487	0.773	0.962	1.15	1.42	1.70	1.87	2.05	2.31	2.57	2.74	3.15	3.55	3.94	4.32	4.68	5.03	5.70	6.31	6.88	7.40
	42		0.813	1.01	1.21	1.50	1.78	1.97	2.16	2.44	2.71	2.89	3.32	3.75	4.16	4.56	4.95	5.33	6.04	6.71	7.32	7.89

外径/mm		壁厚/mm																	
系列2	系列3	(0.8)	1.0	(1.2)	1.5	(1.8)	2.0	(2.2)	2.5	(2.8)	3.0	(3.5)	4	(4.5)	5	(5.5)	6	(7)	8
		单位长度理论质量/(kg/m)																	
	45	0.872	1.09	1.30	1.61	1.92	2.12	2.32	2.62	2.91	3.11	3.58	4.04	4.49	4.93	5.36	5.77	6.56	7.30
48		0.931	1.16	1.38	1.72	2.05	2.27	2.48	2.81	3.12	3.33	3.84	4.34	4.83	5.30	5.76	6.21	7.08	7.89
50		0.971	1.21	1.44	1.79	2.14	2.37	2.59	2.93	3.26	3.48	4.01	4.54	5.05	5.55	6.04	6.51	7.42	8.29
	55	1.07	1.33	1.59	1.98	2.36	2.61	2.86	3.24	3.60	3.85	4.45	5.03	5.60	6.17	6.71	7.25	8.29	9.27
60		1.17	1.46	1.74	2.16	2.58	2.86	3.14	3.55	3.95	4.22	4.88	5.52	6.16	6.78	7.39	7.99	9.15	10.26
63		1.23	1.53	1.83	2.28	2.72	3.01	3.30	3.73	4.16	4.44	5.14	5.82	6.49	7.15	7.80	8.43	9.67	10.85
70		1.37	1.70	2.04	2.53	3.03	3.35	3.68	4.16	4.64	4.96	5.74	6.51	7.27	8.02	8.75	9.47	10.88	12.23
76		1.48	1.85	2.21	2.76	3.29	3.65	4.00	4.53	5.05	5.40	6.26	7.10	7.93	8.75	9.56	10.36	11.91	13.42
80		1.58	1.95	2.33	2.90	3.47	3.85	4.22	4.78	5.33	5.70	6.60	7.50	8.38	9.25	10.11	10.95	12.60	14.21
	90			2.63	3.27	3.92	4.34	4.76	5.39	6.02	6.44	7.47	8.48	9.49	10.48	11.46	12.43	14.33	16.18
100				2.92	3.64	4.36	4.83	5.31	6.01	6.71	7.18	8.33	9.47	10.60	11.71	12.82	13.91	16.05	18.15
110				3.22	4.01	4.80	5.33	5.85	6.63	7.40	7.92	9.19	10.46	11.71	12.95	14.17	15.39	17.78	20.12
120						5.25	5.82	6.39	7.24	8.09	8.66	10.06	11.44	12.82	14.18	15.53	16.87	19.51	22.10
130						5.69	6.31	6.93	7.86	8.78	9.40	10.92	12.43	13.93	15.41	16.89	18.35	21.23	24.07
140						6.13	6.81	7.48	8.48	9.47	10.14	11.78	13.42	15.04	16.65	18.24	19.83	22.96	26.04
	150					6.58	7.30	8.02	9.09	10.16	10.88	12.65	14.40	16.15	17.88	19.60	21.31	24.69	28.02
160						7.02	7.79	8.56	9.71	10.86	11.62	13.51	15.39	17.26	19.11	20.96	22.79	26.41	29.99
	170											14.37	16.38	18.37	20.35	22.31	24.27	28.14	31.96
180															21.58	23.67	25.75	29.87	33.93
	190																25.03	27.23	31.59	35.91
200																	28.71	33.32	37.88
220																		36.77	41.83

外径/mm		壁厚/mm											
系列2	系列3	(9)	10	(11)	12.5	(14)	16	(18)	20	(22)	25		
		单位长度理论质量/(kg/m)											
	45	7.99	8.63	9.22	10.02								
48		8.66	9.37	10.04	10.94								
50		9.10	9.86	10.58	11.56								
	55	10.21	11.10	11.94	13.10	14.16							
60		11.32	12.33	13.29	14.64	15.88	17.36						
63		11.99	13.07	14.11	15.57	16.92	18.55						
70		13.54	14.80	16.01	17.73	19.33	21.31						
76		14.87	16.28	17.63	19.58	21.41	23.68						
80		15.76	17.26	18.27	20.81	22.79	25.25	27.52					
	90	17.98	19.73	21.43	23.89	26.24	29.20	31.96	34.53	36.89			
100		20.20	22.20	24.14	26.97	29.69	33.15	36.40	39.46	42.32	46.24		
	110	22.42	24.66	26.86	30.06	33.15	37.09	40.84	44.39	47.74	52.41		
120		24.64	27.13	29.57	33.14	36.60	41.04	45.28	49.32	53.17	58.57		
130		26.86	29.59	32.28	36.22	40.05	44.98	49.72	54.26	58.60	64.74		
	140	29.08	32.06	34.99	39.30	43.50	48.93	54.16	59.19	64.02	70.90		
150		31.30	34.53	37.71	42.39	46.96	52.87	58.60	64.12	69.45	77.07		
160		33.52	36.99	40.42	45.47	50.41	56.82	63.03	69.05	74.87	83.23		
170		35.73	39.46	43.13	48.55	53.86	60.77	67.47	73.98	80.30	89.40		
	180	37.95	41.92	45.85	51.64	57.31	64.71	71.91	78.92	85.72	95.56		
190		40.17	44.39	48.56	54.72	60.77	68.66	76.35	83.85	91.15	101.73		
200		42.39	46.86	51.27	57.80	64.22	72.60	80.79	88.78	96.57	107.89		
	220	46.83	51.79	56.70	63.97	71.12	80.50	89.67	98.65	107.43	120.23		

外径/mm		壁厚/mm												
系列2	系列3	(5.5)	6	(7)	8	9	10	(11)	12.5	(14)	16	(18)	20	(22)	25
		单位长度理论质量/（kg/m）												
240				40.22	45.77	51.27	56.72	62.12	70.13	78.03	88.39	98.55	108.51	118.28	132.56
260				43.68	49.72	55.71	61.55	67.55	76.30	84.93	96.28	107.43	118.38	129.13	144.89

注：括号内尺寸不推荐使用。

表2-272　不锈钢管的外径和壁厚

外径/mm			壁厚/mm												
系列1	系列2	系列3	0.5	0.6	0.7	0.8	0.9	1.0	1.2	1.4	1.5	1.6	2.0	2.2(2.3)	2.5(2.5)	2.8(2.9)
	6		●	●	●	●	●	●	●						
	7		●	●	●	●	●	●	●						
	8		●	●	●	●	●	●	●						
	9		●	●	●	●	●	●	●						
10(10.2)								●	●	●	●	●	●		

外径/mm			壁厚/mm													
系列1	系列2	系列3	0.5	0.6	0.7	0.8	0.9	1.0	1.2	1.4	1.5	1.6	2.0	2.2(2.3)	2.5(2.5)	2.8(2.9)
	12		•	•	•	•	•	•	•	•	•	•	•			
	12.7		•	•	•	•	•	•	•	•	•	•	•	•	•	•
13(13.5)			•	•	•	•	•	•	•	•	•	•	•	•	•	•
		14	•	•	•	•	•	•	•	•	•	•	•	•	•	•
	16		•	•	•	•	•	•	•	•	•	•	•	•	•	•
17(17.2)			•	•	•	•	•	•	•	•	•	•	•	•	•	•
		18	•	•	•	•	•	•	•	•	•	•	•	•	•	•
	19		•	•	•	•	•	•	•	•	•	•	•	•	•	•
	20		•	•	•	•	•	•	•	•	•	•	•	•	•	•
21(21.3)			•	•	•	•	•	•	•	•	•	•	•	•	•	•
		22	•	•	•	•	•	•	•	•	•	•	•	•	•	•
	24		•	•	•	•	•	•	•	•	•	•	•	•	•	•
	25		•	•	•	•	•	•	•	•	•	•	•	•	•	•
		25.4	•				•	•	•	•	•	•	•	•	•	•
27(26.9)								•	•	•	•	•	•	•	•	•
		30						•	•	•	•	•	•	•	•	•
	32(31.8)							•	•	•	•	•	•	•	•	•

外径/mm			壁厚/mm											
系列1	系列2	系列3	3.0	3.2	3.5(3.6)	4.0	4.5	5.0	5.5(5.6)	6.0	(6.3)6.5	7.0(7.1)	7.5	8.0
	6													
	7													
	8													
	9													
10(10.2)														
	12													
	12.7													
13(13.5)		4	•	•										
	16		•	•	•									
17(17.2)		18	•	•	•	•								
	19		•	•	•	•	•							
	20		•	•	•	•	•							
21(21.3)		22	•	•	•	•	•	•						
	24		•	•	•	•	•	•	•	•				
	25	25.4	•	•	•	•	•	•	•	•				
27(26.9)		30	•	•	•	•	•	•	•	•	•			
32(31.8)			•	•	•	•	•	•	•	•	•			

右上角：续表

外径/mm			壁厚/mm														
系列1	系列2	系列3	1.0	1.2	1.4	1.5	1.6	2.0	2.2(2.3)	2.5(2.6)	2.8(2.9)	3.0	3.2	3.5(3.6)	4.0	4.5	5.0
34(33.7)			●	●	●	●	●	●	●	●	●	●	●	●	●	●	●
		35	●	●	●	●	●	●	●	●	●	●	●	●	●	●	●
	38		●	●	●	●	●	●	●	●	●	●	●	●	●	●	●
	40		●	●	●	●	●	●	●	●	●	●	●	●	●	●	●
42(42.4)			●	●	●	●	●	●	●	●	●	●	●	●	●	●	●
		45(44.5)	●	●	●	●	●	●	●	●	●	●	●	●	●	●	●
48(48.3)			●	●	●	●	●	●	●	●	●	●	●	●	●	●	●
	51		●	●	●	●	●	●	●	●	●	●	●	●	●	●	●
		54				●	●	●	●	●	●	●	●	●	●	●	●
	57						●	●	●	●	●	●	●	●	●	●	●
60(60.3)							●	●	●	●	●	●	●	●	●	●	●
	64(63.5)						●	●	●	●	●	●	●	●	●	●	●
	68						●	●	●	●	●	●	●	●	●	●	●
	70						●	●	●	●	●	●	●	●	●	●	●
	73						●	●	●	●	●	●	●	●	●	●	●
76(76.1)							●	●	●	●	●	●	●	●	●	●	●
		83(82.5)					●	●	●	●	●	●	●	●	●	●	●
89(88.9)							●	●	●	●	●	●	●	●	●	●	●
	95							●	●	●	●	●	●	●	●	●	●
	102(101.6)							●	●	●	●	●	●	●	●	●	●
	108								●	●	●	●	●	●	●	●	●
114(114.3)								●	●	●	●	●	●	●	●	●	●

外径/mm			壁厚/mm												
系列1	系列2	系列3	5.5 (5.6)	6.0	(6.3) 6.5	7.0 (7.1)	7.5	8.0	8.5	(8.8) 9.0	9.5	10	11	12 (12.5)	14 (14.2)
34 (33.7)			•	•	•										
		35	•	•	•										
	38		•	•	•										
	40		•	•	•										
42 (42.4)			•	•	•										
		45 (44.5)	•	•	•	•									
48 (48.3)			•	•	•	•			•						
	51		•	•	•	•		•	•						
		54	•	•	•	•	•	•	•						
	57		•	•	•	•	•	•	•			•			
60 (60.3)			•	•	•	•	•	•	•		•	•			
	64 (63.5)		•	•	•	•	•	•	•	•	•	•	•	•	
	68		•	•	•	•	•	•	•	•	•	•	•	•	
	70		•	•	•	•	•	•	•	•	•	•	•	•	
	73		•	•	•	•	•	•	•	•	•	•	•	•	
76 (76.1)			•	•	•	•	•	•	•	•	•	•	•	•	
		83 (82.5)	•	•	•	•	•	•	•	•	•	•	•	•	•
89 (88.9)			•	•	•	•	•	•	•	•	•	•	•	•	•
	95		•	•	•	•	•	•	•	•	•	•	•	•	•
	102 (101.6)		•	•	•	•	•	•	•	•	•	•	•	•	•
	108		•	•	•	•	•	•	•	•	•	•	•	•	•
114 (114.3)			•	•	•	•	•	•	•	•	•	•	•	•	•

外径/mm			壁厚/mm												
系列1	系列2	系列3	1.6	2.0	2.2(2.3)	2.5(2.6)	2.8(2.9)	3.0	3.2	3.5(3.6)	4.0	4.5	5.0	5.5(5.6)	6.0
	127		●	●	●	●	●	●	●	●	●	●	●	●	●
	133		●	●	●	●	●	●	●	●	●	●	●	●	●
140(139.7)			●	●	●	●	●	●	●	●	●	●	●	●	●
	146		●	●	●	●	●	●	●	●	●	●	●	●	●
	152		●	●	●	●	●	●	●	●	●	●	●	●	●
	159		●	●	●	●	●	●	●	●	●	●	●	●	●
168(168.3)			●	●	●	●	●	●	●	●	●	●	●	●	●
	180			●	●	●	●	●	●	●	●	●	●	●	●
	194			●	●	●	●	●	●	●	●	●	●	●	
219(219.1)					●	●	●	●	●	●	●	●	●	●	
	245				●	●	●	●	●	●	●	●	●	●	
273						●	●	●	●	●	●	●	●		
325(323.9)						●	●	●	●	●	●	●	●		
	351						●	●	●	●	●	●			
356(355.6)							●	●	●	●	●	●			
	377							●	●	●	●				
406(406.4)												●	●	●	●
	426											●	●	●	●

外径/mm			壁厚/mm									
系列1	系列2	系列3	(6.3)6.5	7.0(7.1)	7.5	8.0	8.5	(8.8)9.0	9.5	10	11	12(12.5)
	127		●	●	●	●	●	●	●	●	●	●
	133		●	●	●	●	●	●	●	●	●	●
140(139.7)			●	●	●	●	●	●	●	●	●	●
	146		●	●	●	●	●	●	●	●	●	●
	152		●	●	●	●	●	●	●	●	●	●
	159		●	●	●	●	●	●	●	●	●	●
168(168.3)			●	●	●	●	●	●	●	●	●	●
	180		●	●	●	●	●	●	●	●	●	●
	194		●	●	●	●	●	●	●	●	●	●
219(219.1)			●	●	●	●	●	●	●	●	●	●
	245		●	●	●	●	●	●	●	●	●	●
273			●	●	●	●	●	●	●	●	●	●
325(323.9)			●	●	●	●	●	●	●	●	●	●
	351		●	●	●	●	●	●	●	●	●	●
356(355.6)			●	●	●	●	●	●	●	●	●	●
	377		●	●	●	●	●	●	●	●	●	●
406(406.4)			●	●	●	●	●	●	●	●	●	●
	426		●	●	●	●	●	●	●	●	●	●

外径/mm			壁厚/mm										
系列1	系列2	系列3	14 (14.2)	15	16	17 (17.5)	18	20	22 (22.2)	24	25	26	28
	127		●										
	133		●										
140(139.7)			●	●	●								
	146		●	●	●								
	152		●	●	●								
	159		●	●	●								
168(168.3)			●	●	●	●	●						
	180		●	●	●	●	●						
	194		●	●	●	●	●						
219(219.1)			●	●	●	●	●	●	●	●	●	●	●
	245		●	●	●	●	●	●	●	●	●	●	●
273			●	●	●	●	●	●	●	●	●	●	●
325(323.9)			●	●	●	●	●	●	●	●	●	●	●
	351		●	●	●	●	●	●	●	●	●	●	●
356(355.6)			●	●	●	●	●	●	●	●	●	●	●
	377		●	●	●	●	●	●	●	●	●	●	●
406(406.4)			●	●	●	●	●	●	●	●	●	●	●
	426		●	●	●	●	●	●					●

注：①括号内尺寸为相应的英制单位。

②"●"表示常用规格。

表 2 - 273　标准化外径允许偏差　　　　单位:mm

偏差等级	标准化外径允许偏差
D1	±1.5%D 或 ±0.75,取其中的较大值
D2	±1.0%D 或 ±0.50,取其中的较大值
D3	±0.75%D 或 ±0.30,取其中的较大值
D4	±0.5%D 或 ±0.10,取其中的较大值

注:D 为钢管的公称外径。

表 2 - 274　非标准化外径允许偏差　　　　单位:mm

偏差等级	非标准化外径允许偏差
ND1	+1.25%D -1.5%D
ND2	±1.25%D
ND3	+1.25%D -1%D
ND4	±0.8%D

注:D 为钢管的公称外径。

表 2 - 275　标准化壁厚允许偏差　　　　单位:mm

偏差等级		壁厚允许偏差			
		$S/D>0.1$	$0.05<S/D≤0.1$	$0.025<S/D≤0.05$	$S/D≤0.025$
S1		±15.0%S 或 ±0.60,取其中的较大值			
S2	A	±12.5%S 或 ±0.40,取其中的较大值			
	B	-12.5%S			
S3	A	±10.0%S 或 ±0.20,取其中的较大值			
	B	±10%S 或 ±0.40,取其中的较大值	±12.5%S 或 ±0.40,取其中的较大值	±15.0%S 或 ±0.40,取其中的较大值	
	C	-10%S			
S4	A	±7.5%S 或 ±0.15,取其中的较大值			
	B	±7.5%S 或 ±0.20,取其中的较大值	±10.0%S 或 ±0.20,取其中的较大值	±12.5%S 或 ±0.20,取其中的较大值	±15.0%S 或 ±0.20,取其中的较大值
S5		±5.0%S 或 ±0.10,取其中的较大值			

注:S 为钢管的公称壁厚,D 为钢管的公称外径。

表 2-276　非标准化壁厚允许偏差

单位:mm

偏差等级	非标准化外径允许偏差
NS1	$+15.0\%S$ $-12.5\%S$
NS2	$+15.0\%S$ $-10.0\%S$
NS3	$+12.5\%S$ $-10.0\%S$
NS4	$\pm12.5\%S$ $-7.5\%S$

注:S 为钢管的公称壁厚。

表 2-277　全长允许偏差

单位:mm

偏差等级	全长允许偏差
$L1$	$+20$ 0
$L2$	$+15$ 0
$L3$	$+10$ 0
$L4$	$+5$ 0

2. 结构用无缝钢管

结构用无缝钢管(GB/T 8162—2008)分热轧(挤压、扩)和冷拔(轧)两种。它适用于一般结构、机械结构用无缝钢管。钢管外径和壁厚的允许偏差及钢管的规格质量等要求分别列于表 2-278、表 2-279、表 2-280、表 2-281。

表 2 - 278　钢管的外径允许偏差　　　　　　　单位:mm

钢管种类	允许偏差
热轧(挤压、扩)钢管	$\pm 1\% D$ 或 ± 0.50,取其中较大者
冷拔(轧)钢管	$\pm 1\% D$ 或 ± 0.30,取其中较大者

表 2 - 279　热轧(挤压、扩)钢管壁厚允许偏差　　　　　单位:mm

钢管种类	钢管公称外径	S/D	允许偏差
热轧(挤压)钢管	≤102	—	$\pm 12.5\% S$ 或 ± 0.40,取其中较大者
	>102	≤0.05	$\pm 15\% S$ 或 ± 0.40,取其中较大者
		>0.05 ~ 0.10	$\pm 12.5\% S$ 或 ± 0.40,取其中较大者
		>0.10	$\begin{array}{c}+12.5\% S\\-10\% S\end{array}$
热扩钢管	—		$\pm 15\% S$

表 2 - 280　冷拔(轧)钢管壁厚允许偏差　　　　　　单位:mm

钢管种类	钢管公称壁厚	允许偏差
冷拔(轧)	≤3	$\begin{array}{c}+15\% S\\-10\% S\end{array}$ 或 ± 0.15,取其中较大者
	>3	$\begin{array}{c}+12.5\% S\\-10\% S\end{array}$

表 2 - 281　结构用无缝钢管的尺寸、规格

项　目	规定及要求
外径和壁厚	应符合 GB/T 17395 的规定
长度	3 000 ~ 12 500mm
定尺和倍尺长度	(1)钢管的定尺和倍尺长度应在通常长度范围内,长度允许偏差如下: 　　长度≤6 000mm ·················· $^{+10}_{\ 0}$mm 　　长度>6 000mm ·················· $^{+15}_{\ 0}$mm (2)钢管的倍尺总长度应在通常长度范围内,全长允许偏差为 $^{+20}_{\ 0}$mm (3)每个倍尺长度应留出切口余量: 　　外径≤159mm ··················5 ~ 10mm 　　外径>159mm ··················10 ~ 15mm

项　目	规定及要求
弯曲度	壁厚≤15mm 时不得大于 1.5mm/m 壁厚 >15~30mm 时不得大于 2.0mm/m 壁厚 >30mm 或外径≥351mm 时不得大于 3.0mm/m 全长弯曲度应不大于总长度的 1.5‰。
交货质量	(1)钢管的交货质量按 GB/T 17395 的规定(钢的密度按 7.85kg/dm³ 计算) (2)交货钢管的实际质量与理论质量的允许偏差为 　　单根钢管：±10% 　　每批最少为 10t 的钢管：±7.5%
管端	钢管的两端端面应与钢管轴线垂直,切口毛刺应清除

3. 输送流体用无缝钢管

输送流体用无缝钢管(GB/T 8163—2008)分热轧(挤压、扩)和冷拔(轧)两种。它适用于输送流体用的一般无缝钢管。钢管的外径和壁厚允许偏差列于表2-282、表2-283、表2-284,钢管的尺寸、规格及质量列于表2-285。

表 2-282　钢管的外径允许偏差　　单位:mm

钢管种类	允许偏差
热轧(挤压、扩)钢管	±1%D 或 ±0.50,取其中较大者
冷拔(轧)钢管	±1%D 或 ±0.30,取其中较大者

表 2-283　热轧(挤压、扩)钢管壁厚允许偏差　　单位:mm

钢管种类	钢管公称外径	S/D	允许偏差
热轧(挤压)钢管	≤102	—	±12.5%S 或 ±0.40,取其中较大者
	>102	≤0.05	±15%S 或 ±0.40,取其中较大者
		>0.05~0.10	±12.5%S 或 ±0.40,取其中较大者
		>0.10	+12.5%S -10%S
热扩钢管	—		±15%S

表 2-284　冷拔(轧)钢管壁厚允许偏差

单位:mm

钢管种类	钢管公称壁厚	允许偏差
冷拔(轧)	≤3	$+15\%S$ 或 ±0.15,取其中较大者 $-10\%S$
	>3	$+12.5\%S$ $-10\%S$

表 2-285　钢管的尺寸、规格及质量

名　称	内　容
外径和壁厚	应符合 GB/T 17395 的规定
长　度	3 000～12 500mm
定尺和倍尺长度	(1)钢管的定尺长度应在通常长度范围内,长度允许偏差为: 长度≤6m 时为 $^{+10}_{\ 0}$mm 长度>6m 时为 $^{+14}_{\ 0}$mm (2)钢管的倍尺总长度应在通常长度范围内,全长允许偏差为 $^{+20}_{\ 0}$mm (3)每个倍尺长度应按下列规定留出切口余量: 外径≤159mm 时为 5～10mm 外径>159mm 时为 10～15mm
范围长度	钢管的范围长度应在通常长度范围内
弯曲度	壁厚≤15mm 时为≤1.5mm/m 壁厚>15mm 时为≤2.0mm/m 壁厚>30mm 或外径≥351mm 时为≤3.0mm/m 全长弯曲度不大于总长度的 1.5‰。
交货质量	(1)钢管的交货质量按 GB/T 17395 的规定(钢的密度按7.85 kg/dm³ 计算) (2)交货钢管的实际质量与理论质量的允许偏差为: 单根钢管:±10% 每批最少为 10t 的钢管:±7.5%
管端	钢管的两端端面应与钢管轴线垂直,切口毛刺应清除

4. 焊接钢管

焊接钢管（GB/T 21835—2008）分为三个系列：系列1（通用系列，属推荐选用系列），系列2（非通用系列），系列3（少数特殊、专用系列）。外径、壁厚及质量见表2－286、表2－287，不锈钢焊接钢管外径和壁厚见表2－288。

表2－286　普通焊接钢管尺寸及单位长度理论质量

单位长度理论质量/(kg/m)

外径/mm 系列1	外径/mm 系列2	外径/mm 系列3	壁厚/mm 0.5	0.6	0.8	1.0	1.2	1.4	1.5	1.6	1.7	1.8	1.9	2.0	2.2	2.3	2.4	2.6	2.8	2.9	3.1
壁厚系列			系列1	系列2	系列1	系列1	系列1	系列1	系列2	系列1	系列2	系列1	系列2	系列1	系列1	系列2	系列1	系列1	系列2	系列1	系列1
10.2			0.1200	0.1420	0.1850	0.2270	0.2660	0.3040	0.3220	0.3390	0.3560	0.3730	0.3890	0.4040	0.4340	0.4480	0.4620	0.4870	0.5110	0.522	
	12		0.1420	0.1690	0.2210	0.2710	0.3200	0.3660	0.3880	0.4100	0.4320	0.4530	0.4730	0.4930	0.5320	0.5500	0.5680	0.6030	0.6350	0.651	0.680
12.7			0.1500	0.1790	0.2350	0.2890	0.3400	0.3900	0.4140	0.4380	0.4610	0.4840	0.5060	0.5280	0.5700	0.5900	0.6100	0.6480	0.6840	0.701	0.734
13.5			0.1600	0.1910	0.2510	0.3080	0.3640	0.4180	0.4440	0.4700	0.4950	0.5190	0.5440	0.5670	0.6130	0.6350	0.6570	0.6990	0.7390	0.758	0.795
		14	0.1660	0.1980	0.2600	0.3210	0.3790	0.4350	0.4620	0.4890	0.5160	0.5420	0.5670	0.5920	0.6400	0.6640	0.6870	0.7310	0.7730	0.794	0.833
	16		0.1910	0.2280	0.3000	0.3700	0.4380	0.5040	0.5360	0.5680	0.6000	0.6300	0.6610	0.6910	0.7490	0.7770	0.8050	0.8590	0.9110	0.937	0.986
17.2			0.2060	0.2460	0.3240	0.4000	0.4740	0.5460	0.5810	0.6160	0.6500	0.6830	0.7170	0.7500	0.8140	0.8450	0.8760	0.9360	0.994	1.02	1.08
	18		0.2160	0.2570	0.3390	0.4190	0.4970	0.5730	0.6100	0.6470	0.6830	0.7190	0.7540	0.7890	0.8570	0.8910	0.9230	0.987	1.05	1.08	1.14
19			0.2280	0.2720	0.3590	0.4440	0.5270	0.6080	0.6470	0.6870	0.7250	0.7640	0.8010	0.8380	0.9110	0.9470	0.983	1.05	1.12	1.15	1.22

| 外径/mm | | | 壁厚/mm 单位长度理论质量/(kg/m) | | | | | | | | | | | | | | | | | | |
系列1	系列2	系列3	0.5	0.6	0.8	1.0	1.2	1.4	1.5	1.6	1.7	1.8	1.9	2.0	2.2	2.3	2.4	2.6	2.8	2.9	3.1
20			0.240	0.287	0.379	0.469	0.556	0.642	0.684	0.726	0.767	0.808	0.848	0.888	0.966	1.00	1.04	1.12	1.19	1.22	1.29
21.3			0.256	0.306	0.404	0.501	0.595	0.687	0.732	0.777	0.822	0.866	0.909	0.952	1.04	1.08	1.12	1.20	1.28	1.32	1.39
		22	0.265	0.317	0.418	0.518	0.616	0.711	0.758	0.805	0.851	0.897	0.942	0.986	1.07	1.12	1.16	1.24	1.33	1.37	1.44
	25		0.302	0.361	0.477	0.592	0.704	0.815	0.869	0.923	0.977	1.03	1.082	1.13	1.24	1.29	1.34	1.44	1.53	1.58	1.67
		25.4	0.307	0.367	0.485	0.602	0.716	0.829	0.884	0.939	0.994	1.05	1.10	1.15	1.26	1.31	1.36	1.46	1.56	1.61	1.70
26.9			0.326	0.389	0.515	0.639	0.761	0.880	0.940	0.998	1.06	1.11	1.17	1.23	1.34	1.40	1.45	1.56	1.66	1.72	1.82
	30		0.364	0.435	0.576	0.715	0.852	0.987	1.05	1.12	1.19	1.25	1.32	1.38	1.51	1.57	1.63	1.76	1.88	1.94	2.06
		31.8	0.386	0.462	0.612	0.760	0.906	1.05	1.12	1.19	1.26	1.33	1.40	1.47	1.61	1.67	1.74	1.87	2.00	2.07	2.19
	32		0.388	0.465	0.616	0.765	0.911	1.06	1.13	1.20	1.27	1.34	1.41	1.48	1.62	1.68	1.75	1.89	2.02	2.08	2.21
33.7			0.409	0.490	0.649	0.806	0.962	1.12	1.19	1.27	1.34	1.42	1.49	1.56	1.71	1.78	1.85	1.99	2.13	2.20	2.34
	35		0.425	0.509	0.675	0.838	1.00	1.16	1.24	1.32	1.40	1.47	1.55	1.63	1.78	1.85	1.93	2.08	2.22	2.30	2.44
	38		0.462	0.553	0.734	0.912	1.09	1.26	1.35	1.44	1.52	1.61	1.69	1.78	1.94	2.02	2.11	2.27	2.43	2.51	2.67
	40		0.487	0.583	0.773	0.962	1.15	1.33	1.42	1.52	1.61	1.70	1.79	1.87	2.05	2.14	2.23	2.40	2.57	2.65	2.82

单位长度理论质量/(kg/m)

外径/mm			壁厚/mm																	
系列1	系列2	系列3	3.2	3.4	3.6	3.8	4.0	4.37	4.5	4.78	5.0	5.16	5.4	5.56	5.6	6.02	6.3	6.35	7.1	7.92
10.2																				
		12																		
	12.7																			
13.5																				
		14																		
		16	1.01	1.06	1.10	1.14														
17.2			1.10	1.16	1.21	1.26														
		18	1.17	1.22	1.28	1.33														
	19		1.25	1.31	1.37	1.42														
		20	1.33	1.39	1.46	1.52	1.58	1.68												
21.3			1.43	1.50	1.57	1.64	1.71	1.82	1.86	1.95										
	22		1.48	1.56	1.63	1.71	1.78	1.90	1.94	2.03										

单位长度理论质量/(kg/m)

外径/mm			壁厚/mm																	
系列1	系列2	系列3	系列1	系列1	系列1	系列1	系列1	系列2	系列1	系列2	系列1	系列2	系列1	系列2	系列1	系列2	系列1	系列2	系列1	系列2
			3.2	3.4	3.6	3.8	4.0	4.37	4.5	4.78	5.0	5.16	5.4	5.56	5.6	6.02	6.3	6.35	7.1	7.92
		25	1.72	1.81	1.90	1.99	2.07	2.22	2.28	2.38	2.47									
	25.4		1.75	1.84	1.94	2.02	2.11	2.27	2.32	2.43	2.52									
26.9			1.87	1.97	2.07	2.16	2.26	2.43	2.49	2.61	2.70	2.77								
	30		2.11	2.23	2.34	2.46	2.56	2.76	2.83	2.97	3.08	3.16								
31.8			2.26	2.38	2.50	2.62	2.74	2.96	3.03	3.19	3.30	3.39								
		32	2.27	2.40	2.52	2.64	2.76	2.98	3.05	3.21	3.33	3.42								
33.7			2.41	2.54	2.67	2.80	2.93	3.16	3.24	3.41	3.54	3.63								
	35		2.51	2.65	2.79	2.92	3.06	3.30	3.38	3.56	3.70	3.80								
	38		2.75	2.90	3.05	3.21	3.35	3.62	3.72	3.92	4.07	4.18								
	40.		2.90	3.07	3.23	3.39	3.55	3.84	3.94	4.15	4.32	4.43								

外径/mm			壁厚/mm									单位长度理论质量/(kg/m)
系列1	系列2	系列3	系列1	8.0		10		12.5		16		20
			系列2		8.8		11		14.2		17.5	
				8.74	9.53	10.31	11.91	12.7	15.09	16.66	19.05	20.62
10.2												
	12											
		12.7										
13.5												
		14										
	16											
17.2												
		18										
	19											
		20										

外径/mm			壁厚/mm									
系列1	系列2	系列3	8.0	8.8	10	11	12.5	14.2	16	17.5	20
			8.74	9.53	10.31	11.91	12.7	15.09	16.66	19.05	20.62
			单位长度理论质量/(kg/m)									
21.3												
		22										
	25											
		25.4										
26.9												
		30										
	31.8											
	32											
33.7												
		35										
	38											
	40											

外径/mm			壁厚/mm												
系列1	系列2	系列3	系列1	22.2	25	28	30	32	36	40	45	50	55	60	65
			系列2	23.83	26.19	28.58	30.96	34.93	38.10						
			单位长度理论质量/(kg/m)												
10.2															
	12														
		12.7													
13.5															
		14													
	16														
17.2															
		18													
	19														
	20														
21.3															
		22													

外径/mm			壁厚/mm											
系列1	系列2	系列3	22.2	25	28	30	32	36	40	45	50	55	60	65
				23.83	26.19	28.58	30.96	34.93	38.10					
			单位长度理论质量/(kg/m)											
26.9														
	25													
		25.4												
		30												
	31.8													
	32													
33.7														
		35												
	38													
	40													

单位长度理论质量/(kg/m)

| 外径/mm | | | 壁厚/mm | | | | | | | | | | | | | | | | | | |
系列1	系列2	系列3	0.5	0.6	0.8	1.0	1.2	1.4	1.5	1.6	1.7	1.8	1.9	2.0	2.2	2.3	2.4	2.6	2.8	2.9	3.1
42.4			0.517	0.619	0.821	1.02	1.22	1.42	1.51	1.61	1.71	1.80	1.90	1.99	2.18	2.27	2.37	2.55	2.73	2.82	3.00
	44.5		0.543	0.650	0.862	1.07	1.28	1.49	1.59	1.69	1.79	1.90	2.00	2.10	2.29	2.39	2.49	2.69	2.88	2.98	3.17
48.3				0.704	0.937	1.17	1.39	1.62	1.73	1.84	1.95	2.06	2.17	2.28	2.50	2.61	2.72	2.93	3.14	3.25	3.46
		51		0.746	0.990	1.23	1.47	1.71	1.83	1.95	2.07	2.18	2.30	2.42	2.65	2.76	2.88	3.10	3.33	3.44	3.66
		54		0.79	1.05	1.31	1.56	1.82	1.94	2.07	2.19	2.32	2.44	2.56	2.81	2.93	3.05	3.30	3.54	3.65	3.89
57				0.835	1.11	1.38	1.65	1.92	2.05	2.19	2.32	2.45	2.58	2.71	2.97	3.10	3.23	3.49	3.74	3.87	4.12
60.3				0.883	1.17	1.46	1.75	2.03	2.18	2.32	2.46	2.60	2.74	2.88	3.15	3.29	3.43	3.70	3.97	4.11	4.37
	63.5			0.931	1.24	1.54	1.84	2.14	2.29	2.44	2.59	2.74	2.89	3.03	3.33	3.47	3.62	3.90	4.19	4.33	4.62
		70			1.37	1.70	2.04	2.37	2.53	2.70	2.86	3.03	3.19	3.35	3.68	3.84	4.00	4.32	4.64	4.80	5.11
	73				1.42	1.78	2.12	2.47	2.64	2.82	2.99	3.16	3.33	3.50	3.84	4.01	4.18	4.51	4.85	5.01	5.34
76.1					1.49	1.85	2.22	2.58	2.76	2.94	3.12	3.30	3.48	3.65	4.01	4.19	4.36	4.71	5.06	5.24	5.58
	82.5				1.61	2.01	2.41	2.80	3.00	3.19	3.39	3.58	3.78	3.97	4.36	4.55	4.74	5.12	5.50	5.69	6.07
88.9					1.74	2.17	2.60	3.02	3.23	3.44	3.66	3.87	4.08	4.29	4.70	4.91	5.12	5.53	5.95	6.15	6.56

外径/mm 系列1	外径/mm 系列2	外径/mm 系列3	0.5	0.6	0.8	1.0	1.2	1.4	1.5	1.6	1.7	1.8	1.9	2.0	2.2	2.3	2.4	2.6	2.8	2.9	3.1
			0.5	0.6	0.8	1.0	1.2	1.4	1.5	1.6	1.7	1.8	1.9	2.0	2.2	2.3	2.4	2.6	2.8	2.9	3.1
						单位长度理论质量（kg/m）															
101.6							2.97	3.46		3.95	4.19	4.43	4.67	4.91	5.39	5.63	5.87	6.35	6.82	7.06	7.53
	108						3.16	3.68		4.20	4.46	4.71	4.97	5.23	5.74	6.00	6.25	6.76	7.26	7.52	8.02
114.3							3.35	3.90	4.17	4.45	4.72	4.99	5.27	5.54	6.08	6.35	6.62	7.16	7.70	7.97	8.50
127										4.95	5.25	5.56	5.86	6.17	6.77	7.07	7.37	7.98	8.58	8.88	9.47
	133									5.18	5.50	5.82	6.14	6.46	7.10	7.41	7.73	8.36	8.99	9.30	9.93
139.7										5.45	5.79	6.12	6.46	6.79	7.46	7.79	8.13	8.79	9.45	9.78	10.44
	141.3									5.51	5.85	6.19	6.53	6.87	7.55	7.88	8.22	8.89	9.56	9.90	10.57
	152.4									5.95	6.32	6.69	7.05	7.42	8.15	8.51	8.88	9.61	10.33	10.69	11.41
159										6.21	6.59	6.98	7.36	7.74	8.51	8.89	9.27	10.03	10.79	11.16	11.92

续表

单位长度理论质量/(kg·m⁻¹) ... 壁厚/mm

外径/mm 系列1	系列2	系列3	3.2	3.4	3.6	3.8	4.0	4.37	4.5	4.78	5.0	5.16	5.4	5.56	5.6	6.02	6.3	6.35	7.1	7.92
42.4			3.09	3.27	3.44	3.62	3.79	4.10	4.21	4.43	4.61	4.74	4.93	5.05	5.08	5.40				
	44.5		3.26	3.45	3.63	3.81	4.00	4.32	4.44	4.68	4.87	5.01	5.21	5.34	5.37	5.71				
48.3			3.56	3.76	3.97	4.17	4.37	4.73	4.86	5.13	5.34	5.49	5.71	5.86	5.90	6.28				7.92
	51		3.77	3.99	4.21	4.42	4.64	5.03	5.16	5.45	5.67	5.83	6.07	6.23	6.27	6.68				
		54	4.01	4.24	4.47	4.70	4.93	5.35	5.49	5.80	6.04	6.22	6.47	6.64	6.68	7.12				
	57		4.25	4.49	4.74	4.99	5.23	5.67	5.83	6.16	6.41	6.60	6.87	7.05	7.10	7.57				
60.3			4.51	4.77	5.03	5.29	5.55	6.03	6.19	6.54	6.82	7.02	7.31	7.51	7.55	8.06				
	63.5		4.76	5.04	5.32	5.59	5.87	6.37	6.55	6.92	7.21	7.42	7.74	7.94	8.00	8.53	8.89			
	70		5.27	5.58	5.90	6.20	6.51	7.07	7.27	7.69	8.01	8.25	8.60	8.84	8.89	9.50	9.90	9.97		
	73		5.51	5.84	6.16	6.48	6.81	7.40	7.60	8.04	8.38	8.63	9.00	9.25	9.31	9.94	10.36	10.44		
76.1			5.75	6.10	6.44	6.78	7.11	7.73	7.95	8.41	8.77	9.03	9.42	9.67	9.74	10.40	10.84	10.92		
	82.5		6.26	6.63	7.00	7.38	7.74	8.42	8.66	9.16	9.56	9.84	10.27	10.55	10.62	11.35	11.84	11.93		

外径/mm 系列1	外径/mm 系列2	外径/mm 系列3	壁厚/mm 3.2	3.4	3.6	3.8	4.0	4.37	4.5	4.78	5.0	5.16	5.4	5.56	5.6	6.02	6.3	6.35	7.1	7.92
			单位长度理论质量/(kg/m)																	
88.9			6.76	7.17	7.57	7.98	8.38	9.11	9.37	9.92	10.35	10.66	11.12	11.43	11.50	12.30	12.83	12.93		
	101.6		7.77	8.23	8.70	9.17	9.63	10.48	10.78	11.41	11.91	12.27	12.81	13.17	13.26	14.19	14.81	14.92		
		108	8.27	8.77	9.27	9.76	10.26	11.17	11.49	12.17	12.70	13.09	13.66	14.05	14.14	15.14	15.80	15.92		
114.3			8.77	9.30	9.83	10.36	10.88	11.85	12.19	12.91	13.48	13.89	14.50	14.91	15.01	16.08	16.78	16.91	18.77	20.78
127			9.77	10.36	10.96	11.55	12.13	13.22	13.59	14.41	15.04	15.50	16.19	16.65	16.77	17.96	18.75	18.89	20.99	23.26
	133		10.24	10.87	11.49	12.11	12.73	13.86	14.26	15.11	15.78	16.27	16.99	17.47	17.59	18.85	19.69	19.83	22.04	24.43
139.7			10.77	11.43	12.08	12.74	13.39	14.58	15.00	15.90	16.61	17.12	17.89	18.39	18.52	19.85	20.73	20.88	23.22	25.74
	141.3		10.90	11.56	12.23	12.89	13.54	14.76	15.18	16.09	16.81	17.32	18.10	18.61	18.74	20.08	20.97	21.13	23.50	26.05
		152.4	11.77	12.49	13.21	13.93	14.64	15.95	16.41	17.40	18.18	18.74	19.58	20.13	20.27	21.73	22.70	22.87	25.44	28.22
159			12.30	13.05	13.80	14.54	15.29	16.66	17.15	18.18	18.99	19.58	20.46	21.04	21.19	22.71	23.72	23.91	26.60	29.51

单位长度理论质量/(kg/m)

外径/mm 系列1	系列2	系列3	壁厚/mm 8.0	8.8	8.74	9.53	10	10.31	11	11.91	12.5	12.7	14.2	15.09	16	16.66	17.5	19.05	20	20.62
42.4																				
	44.5																			
48.3																				
	51																			
		54																		
	57																			
60.3																				
	63.5																			
	70																			
	73																			
76.1																				
	82.5																			

壁厚/mm

单位长度理论质量/(kg/m)

外径/mm 系列1	系列2	系列3	8.0	8.74	8.8	9.53	10	10.31	11	11.91	12.5	12.7	14.2	15.09	16	16.66	17.5	19.05	20	20.62
88.9																				
	101.6																			
		108																		
114.3			20.97																	
	127		23.48																	
		133	24.66																	
139.7			25.98																	
		141.3	26.30																	
	152.4		28.49																	
		159	29.79	32.39																

（注：壁厚系列1为 8.0、8.8、10、11、12.5、14.2、16、17.5、20；系列2为 8.74、9.53、10.31、11.91、12.7、15.09、16.66、19.05、20.62）

系列	壁厚/mm											
系列1	22.2	25	28	30	32	36	40	45	50	55	60	65
系列2		23.83	26.19	28.58	30.96	34.93	38.10					

单位长度理论质量/(kg/m)

外径/mm														
系列1	系列2	系列3	22.2	25	28	30	32	36	40	45	50	55	60	65
42.4		44.5												
48.3	51	54												
	57													
60.3	63.5													
	70	73												
76.1	82.5													
88.9														

外径/mm			壁厚/mm											
系列1	系列2	系列3	22.2	25	28	30	32	36	40	45	50	55	60	65
				23.83	26.19	28.58	30.96	34.93	38.10					
			单位长度理论质量/(kg/m)											
	101.6													
		108												
114.3														
	127													
	133													
139.7														
		141.3												
		152.4												
		159												

外径/mm			壁厚/mm 单位长度理论质量（kg/m）																	
系列1	系列2	系列3	0.5	0.6	0.8	1.0	1.2	1.4	1.5	1.6	1.7	1.8	1.9	2.0	2.2	2.3	2.4	2.6	2.8	2.9	3.1
		165								6.45	6.85	7.24	7.64	8.04	8.83	9.23	9.62	10.41	11.20	11.59	12.38
168.3										6.58	6.98	7.39	7.80	8.20	9.01	9.42	9.82	10.62	11.43	11.83	12.63
	177.8											7.81	8.24	8.67	9.53	9.95	10.38	11.23	12.08	12.51	13.36
		190.7										8.39	8.85	9.31	10.23	10.69	11.15	12.06	12.97	13.43	14.34
	193.7											8.52	8.99	9.46	10.39	10.86	11.32	12.25	13.18	13.65	14.57
219.1												9.65	10.18	10.71	11.77	12.30	12.83	13.88	14.94	15.46	16.51
	244.5													11.96	13.15	13.73	14.33	15.51	16.69	17.28	18.46
273.1														13.37	14.70	15.36	16.02	17.34	18.66	19.32	20.64
323.9																		20.60	22.17	22.96	24.53
355.6																		22.03	24.36	25.22	26.95
406.4																		25.89	27.87	28.86	30.83
457																					

续表

外径/mm 系列1	系列2	系列3	壁厚/mm 0.5	0.6	0.8	1.0	1.2	1.4	1.5	1.6	1.7	1.8	1.9	2.0	2.2	2.3	2.4	2.6	2.8	2.9	3.1
			单位长度理论质量（kg/m）																		
508																					
		559																			
610																					
		660																			
711																					
	752																				
813																					
		864																			
914																					
		965																			

系列1	系列2	系列3	壁厚/mm 3.2	3.4	3.6	3.8	4.0	4.37	4.5	4.78	5.0	5.16	5.4	5.56	5.6	6.02	6.3	6.35	7.1	7.92
外径/mm			单位长度理论质量/(kg/m)																	
		165	12.77	13.55	14.33	15.11	15.88	17.31	17.81	18.89	19.73	20.34	21.25	21.86	22.01	23.60	24.66	24.84	27.65	30.68
168.3			13.03	13.83	14.62	15.42	16.21	17.67	18.18	19.28	20.14	20.76	21.69	22.31	22.47	24.09	25.17	25.36	28.23	31.33
	177.8		13.78	14.62	15.47	16.31	17.14	18.69	19.23	20.40	21.31	21.97	22.96	23.62	23.78	25.50	26.65	26.85	29.88	33.18
		190.7	14.80	15.70	16.61	17.52	18.42	20.08	20.66	21.92	22.90	23.61	24.68	25.39	25.56	27.42	28.65	28.87	32.15	35.70
		193.7	15.03	15.96	16.88	17.80	18.71	20.40	21.00	22.27	23.27	23.99	25.08	25.80	25.98	27.86	29.12	29.34	32.67	36.29
219.1			17.04	18.09	19.13	20.18	21.22	23.14	23.82	25.26	26.40	27.22	28.46	29.28	29.49	31.63	33.06	33.32	37.12	41.25
	244.5		19.04	20.22	21.39	22.56	23.72	25.88	26.63	28.26	29.53	30.46	31.84	32.76	32.99	35.41	37.01	37.29	41.57	46.21
273.1			21.30	22.61	23.93	25.24	26.55	28.96	29.81	31.63	33.06	34.10	35.65	36.68	36.94	39.65	41.45	41.77	46.58	51.79
323.9			25.31	26.87	28.44	30.00	31.56	34.44	35.45	37.62	39.32	40.56	42.42	43.65	43.96	47.19	48.34	49.73	55.47	61.72
355.6			27.81	29.53	31.25	32.97	34.68	37.85	38.96	41.36	43.23	44.59	46.64	48.00	48.34	51.90	54.27	54.69	61.02	67.91
406.4			31.82	33.79	35.76	37.73	39.70	43.33	44.60	47.34	49.50	51.06	53.40	54.96	55.35	59.44	62.16	62.65	69.92	77.83
457			35.81	38.03	40.25	42.47	44.68	48.78	50.23	53.31	55.73	57.50	60.14	61.90	62.34	66.95	70.02	70.57	78.78	87.71

系列1	系列2	系列3	壁厚/mm 3.2	3.4	3.6	3.8	4.0	4.37	4.5	4.78	5.0	5.16	5.4	5.56	5.6	6.02	6.3	6.35	7.1	7.92
外径/mm			单位长度理论质量（kg/m）																	
508			39.84	42.31	44.78	47.25	49.72	54.28	55.88	59.32	62.02	63.99	66.93	68.89	69.38	74.53	77.95	78.56	87.71	97.68
	559		43.86	46.59	49.31	52.03	54.75	59.77	61.54	65.33	68.31	70.48	73.72	75.89	76.43	82.10	85.87	86.55	96.64	107.64
610			47.89	50.86	53.84	56.81	59.78	65.27	67.20	71.34	74.60	76.97	80.52	82.95	83.47	89.67	93.80	94.53	105.57	117.60
660							64.71	70.66	72.75	77.24	80.77	83.33	87.17	89.74	90.38	97.09	101.56	102.36	114.32	127.36
711							69.74	76.15	78.41	83.25	87.06	89.82	93.97	96.73	97.42	104.66	109.49	110.35	123.25	137.32
	762						74.77	81.65	84.06	89.26	93.34	96.31	100.76	103.72	104.46	112.23	117.41	118.34	132.18	147.29
813							79.80	87.15	89.72	95.27	99.63	102.80	107.55	110.71	111.51	119.81	125.33	126.32	141.11	157.25
	864						84.84	92.64	95.38	101.29	105.92	109.29	114.34	117.71	118.55	127.38	133.26	134.31	150.04	167.21
914							89.87	98.03	100.93	107.18	112.09	115.65	121.00	124.56	125.45	134.80	141.03	142.14	158.80	176.97
	965						94.80	103.53	106.59	113.19	118.38	122.14	127.79	131.56	132.50	142.37	148.95	150.13	167.73	186.94

系列1	系列2	系列3	8.0	8.74	8.8	9.53	10	10.31	11	11.91	12.5	12.7	14.2	15.09	16	16.66	17.5	19.05	20	20.62
外径/mm			单位长度理论质量/（kg/m）																	
		165	30.97	33.68																
168.3			31.63	34.39	34.61	37.31	39.04	40.17	42.67	45.93	48.03	48.73								
	177.8		33.50	36.44	36.68	39.55	41.38	42.59	45.25	48.72	50.96	51.71								
		190.7	36.05	39.22	39.48	42.58	44.56	45.87	48.75	52.51	54.93	55.75								
	193.7		36.64	39.87	40.13	43.28	45.30	46.63	49.56	53.59	55.36	56.69								
219.1			41.65	45.34	45.64	49.25	51.57	53.09	56.45	60.86	63.69	64.64	71.75							
	244.5		46.66	50.82	51.15	55.22	57.83	59.55	63.34	68.32	71.52	72.60	80.65							
273.1			52.30	56.98	57.36	61.95	64.88	66.82	71.10	76.72	80.33	81.56	90.67							
323.9			62.34	67.93	68.38	73.88	77.41	79.73	84.88	91.64	95.99	97.47	108.45	114.92	121.49	126.23	132.23			
355.6			68.58	74.76	75.26	81.33	85.23	87.79	93.48	100.95	105.77	107.40	119.56	126.72	134.00	139.26	145.92			
406.4			78.60	85.71	86.29	93.27	97.76	100.71	107.26	115.87	121.43	123.31	137.35	145.62	154.05	160.13	167.84	181.98	190.58	196.18
457			88.58	96.62	97.27	105.17	110.24	113.58	120.99	130.73	137.03	139.16	155.07	164.45	174.01	180.92	189.68	205.75	215.54	221.91

单位长度理论质量/(kg/m)

外径/mm 系列1	系列2	系列3	壁厚/mm 8.0	8.74	8.8	9.53	10	10.31	11	11.91	12.5	12.7	14.2	15.09	16	16.66	17.5	19.05	20	20.62
508			98.65	107.61	108.34	117.15	122.81	126.54	134.82	145.71	152.75	155.13	172.93	183.43	194.14	201.87	211.69	229.71	240.70	247.84
	559		108.71	118.60	119.41	129.14	135.39	139.51	148.66	160.69	168.47	171.10	190.79	202.41	214.26	222.83	233.70	253.67	265.85	273.78
610			118.77	129.60	130.47	141.12	147.97	152.48	162.49	175.67	184.19	187.07	208.65	221.39	234.38	243.78	255.71	277.63	291.01	299.71
	660		128.63	140.37	141.32	152.88	160.30	165.19	176.06	190.36	199.60	202.74	226.15	240.00	254.11	264.32	277.29	301.12	315.67	325.14
711			138.70	151.37	152.39	164.86	172.88	178.16	189.89	205.34	215.33	218.71	244.01	258.98	274.24	285.28	299.30	325.08	340.82	351.07
	762		148.76	162.36	163.46	176.85	185.45	191.12	203.73	220.32	231.31	234.68	261.87	277.96	294.36	306.23	321.31	349.04	365.98	377.01
813			158.82	173.35	174.53	188.83	198.03	204.09	217.56	235.29	246.77	250.65	279.73	296.94	314.48	327.18	343.32	373.00	391.13	402.94
	864		168.88	184.34	185.60	200.82	210.61	217.06	231.40	250.27	262.49	266.63	297.59	315.92	334.61	348.14	365.33	396.96	416.29	428.88
914			178.75	195.12	196.45	212.57	222.94	229.77	244.96	264.96	277.90	282.29	315.10	334.52	354.34	368.68	386.91	420.45	440.95	454.30
	965		188.81	206.11	207.52	224.56	235.52	242.74	258.80	279.94	293.63	298.26	332.96	353.50	374.46	389.64	408.64	444.41	466.10	480.24

外径/mm 系列1	外径/mm 系列2	外径/mm 系列3	22.2	23.83	25	26.19	28	28.58	30	30.96	32	34.93	36	38.10	40	45	50	55	60	65
系列1	系列2	系列3																		
			壁厚/mm 系列1: 22.2, 25, 28, 30, 32, 36, 40, 45, 50, 55, 60, 65；系列2: 23.83, 26.19, 28.58, 30.96, 34.93, 38.10																	
			单位长度理论质量/(kg/m)																	
		165																		
168.3																				
	177.8																			
		190.7																		
		193.7																		
219.1																				
		244.5																		
273.1																				
323.9																				
355.6																				
406.4			210.34	224.83	235.15	245.57	261.29	266.30	278.48											
457			238.05	254.57	266.31	278.25	296.23	301.96	315.91											

· 406 ·

外径/mm 系列1	系列2	系列3	22.2	23.83	25	26.19	28	28.58	30	30.96	32	34.93	36	38.10	40	45	50	55	60	65
																				壁厚/mm 单位长度理论质量/(kg/m)
508			265.97	283.54	297.79	311.19	331.45	337.91	353.65	364.23	375.64	407.51	419.05	441.52	461.66	513.82	564.75	614.44	662.90	710.12
	559		293.89	314.51	329.23	344.13	366.67	373.85	391.37	403.17	415.89	451.45	464.33	489.44	511.97	570.42	627.64	683.62	738.37	791.88
610			321.81	344.48	360.67	377.07	401.88	409.80	429.11	442.11	456.14	495.38	509.61	537.36	562.28	627.02	690.52	752.79	813.83	873.63
	660		349.19	373.87	391.50	409.37	436.41	445.04	466.10	480.28	495.60	538.45	554.00	584.34	611.61	682.51	752.18	820.61	887.81	953.78
711			377.11	403.84	422.94	442.31	471.63	480.99	503.83	519.22	535.85	582.38	599.27	632.26	661.91	739.11	815.06	889.79	963.28	1 035.54
	762		405.03	433.81	454.39	475.25	506.84	516.93	541.57	558.16	576.09	626.32	644.55	680.18	712.22	795.70	877.95	958.96	1 038.74	1 117.29
813			432.95	463.78	485.83	508.19	542.06	552.88	579.30	597.10	616.34	670.25	689.83	728.10	762.53	852.30	940.84	1 028.14	1 114.21	1 199.04
	846		460.87	493.75	517.27	541.13	577.28	588.83	617.08	636.04	656.59	714.18	735.11	776.02	812.84	908.90	1 003.72	1 097.31	1 189.67	1 280.22
914			488.25	523.14	548.10	573.42	611.80	624.07	654.22	674.02	696.05	757.25	779.50	823.00	862.17	964.39	1 065.38	1 165.13	1 263.66	1 360.94
	965		516.17	553.11	579.55	606.36	647.02	660.01	691.76	713.16	736.29	801.19	824.78	870.92	912.48	1 020.93	1 128.26	1 234.31	1 339.12	1 442.70

系列			壁厚/mm																	
系列1			0.5	0.6	0.8	1.0	1.2	1.4		1.6	1.7	1.8		2.0		2.3		2.6		2.9	3.1
系列2									1.5				1.9		2.2		2.4		2.8		
外径/mm			单位长度理论质量/(kg/m)																	
系列1	系列2	系列3																		
1 016																				
1 067																				
1 118																				
	1 168																			
1 219																				
	1 321																			
1 422																				
	1 524																			
1 626																				
	1 727																			
1 829																				
	1 930																			
2 032																				
	2 134																			
2 235																				
	2 337																			
	2 438																			
2 540																				

系列			壁厚/mm																	
系列1	系列2	系列3	3.2	3.4	3.6	3.8	4.0	4.37	4.5	4.78	5.0	5.16	5.4	5.56	5.6	6.02	6.3	6.35	7.1	7.92
外径/mm			单位长度理论质量/(kg/m)																	
1 016							99.83	109.02	112.25	119.20	124.66	128.63	134.58	138.55	139.54	149.94	156.87	158.11	176.66	196.90
1 067											130.95	135.12	141.38	145.54	146.58	157.52	164.80	166.10	185.58	206.86
1 118											137.24	141.61	148.17	152.54	153.63	165.09	172.72	174.08	194.51	216.82
	1 168										143.41	147.98	154.83	159.39	160.53	172.51	180.49	181.91	203.27	226.59
1 219											149.70	154.47	161.62	166.38	167.58	180.08	188.41	189.90	212.20	236.55
	1 321														181.66	195.22	204.26	205.87	230.06	256.47
1 422															195.61	210.22	219.95	221.69	247.74	276.20
	1 524																235.80	237.65	265.60	296.12
1 626																	251.65	253.64	283.46	316.04
	1 727																		301.15	335.77
1 829																			319.01	355.69
	1 930																			
2 032																				
	2 134																			
2 235																				
	2 337																			
2 438																				
	2 540																			

壁厚/mm

单位长度理论质量/(kg/m)

外径/mm (系列1)	8.0	8.74	8.8	9.53	10	10.31	11	11.91	12.5	12.70	14.2	15.09	16	16.66	17.5	19.05	20	20.62
1 016	198.87	217.11	218.58	236.54	248.09	255.71	272.63	294.92	309.35	314.23	350.82	372.48	394.58	410.59	430.93	468.37	491.26	506.17
1 067	208.93	228.10	229.65	248.53	260.67	268.67	286.47	309.90	325.07	330.21	368.68	391.46	414.71	431.54	452.94	492.33	516.41	532.11
1 118	218.99	239.09	240.72	260.52	273.25	281.64	300.30	324.88	340.79	346.18	386.64	410.44	434.83	452.50	474.95	516.29	541.57	558.04
1 168	228.86	249.87	251.57	272.27	285.58	294.35	313.87	339.56	356.20	361.84	404.05	429.05	454.56	473.04	496.53	539.78	566.23	583.47
1 219	238.92	260.86	262.64	284.25	298.16	307.32	327.70	354.54	371.93	377.81	421.91	448.03	474.69	493.99	518.54	563.74	591.38	609.40
1 321	259.04	282.85	284.78	308.23	323.31	333.26	355.37	384.50	403.37	409.76	457.63	485.98	514.93	535.90	562.56	611.66	641.69	661.27
1 422	278.97	304.62	306.69	331.96	348.22	358.94	382.77	414.17	434.50	441.39	493.00	523.57	554.79	577.40	605.15	659.11	691.51	712.63
1 524	299.09	326.60	328.83	355.94	373.38	384.87	410.44	444.13	465.95	473.34	528.72	561.53	595.03	619.31	650.17	707.03	741.82	764.50
1 626	319.22	348.59	350.97	379.91	398.53	410.81	438.11	474.09	497.39	505.29	564.44	599.49	635.28	661.21	694.19	754.95		
1 727	339.14	370.36	372.89	403.65	423.44	436.49	465.51	503.75	528.53	536.92	599.81	637.07	675.13	702.71	737.78	802.40		
1 829	359.27	392.34	395.02	427.62	448.59	462.42	493.18	533.71	559.97	568.87	635.53	675.03	715.38	744.62	781.80	850.32		
1 930	379.20	414.11	416.94	451.36	473.50	488.10	520.58	563.38	591.11	600.50	670.90	712.62	755.23	786.12	825.39	897.77		
2 032	399.32	436.10	439.08	475.33	498.66	514.04	548.25	593.34	622.55	632.45	706.62	750.58	795.48	828.02	869.41	945.69	992.38	1 022.83
2 134			461.21	499.30	523.81	539.97	575.92	623.30	653.99	664.39	742.34	788.54	835.73	869.93	913.43	993.61	1 042.69	1 074.70
2 235			483.13	523.04	548.72	565.65	603.32	652.96	685.13	696.03	777.71	826.12	875.58	911.43	957.02	1 041.06	1 092.50	1 126.06
2 337					573.87	591.58	630.99	682.92	716.57	727.97	813.43	864.08	915.59	953.34	1 001.04	1 088.98	1 142.81	1 177.93
2 438					598.78	617.26	658.39	712.59	747.71	759.61	848.80	901.67	955.68	994.83	1 044.63	1 136.43	1 192.61	1 229.29
2 540					623.94	643.20	686.06	742.55	779.15	791.55	884.52	939.64	995.93	1 036.74	1 088.65	1 184.35	1 242.94	1 281.16

外径/mm	壁厚/mm																	
系列1 22.2 / 系列2	22.2	23.83	25	26.19	28	28.58	30	30.96	32	34.93	36	38.10	40	45	50	55	60	65
单位长度理论质量/(kg/m)																		
1 016	544.09	583.08	610.99	639.30	682.24	695.96	729.49	752.10	776.54	845.12	870.06	918.84	962.78	1 077.58	1 191.15	1 303.48	1 414.58	1 524.45
1 067	572.01	613.05	642.43	672.24	717.45	731.91	767.22	791.04	816.79	889.05	915.34	966.76	1 013.09	1 134.18	1 254.04	1 372.66	1 490.05	1 606.20
1 118	599.93	643.03	673.88	705.18	752.67	767.85	804.95	829.98	857.04	932.98	960.61	1 014.68	1 063.40	1 190.78	1 316.92	1 441.83	1 565.51	1 687.96
1 168	627.31	672.41	704.70	735.48	787.20	803.09	841.94	868.15	896.49	976.06	1 005.01	1 061.66	1 112.73	1 246.27	1 378.81	1 509.65	1 639.50	1 768.11
1 219	655.23	702.38	736.15	770.42	822.41	839.04	879.68	907.09	936.74	1 019.99	1 051.28	1 109.38	1 163.04	1 302.87	1 441.46	1 578.83	1 714.96	1 849.86
1 321	711.07	762.33	799.03	836.30	892.84	910.93	955.14	984.97	1 017.24	1 107.85	1 140.84	1 205.42	1 263.61	1 416.06	1 567.34	1 717.18	1 866.85	2 013.36
1 422	766.37	821.68	861.30	901.53	962.59	982.12	1 029.85	1 062.09	1 095.94	1 194.86	1 230.51	1 300.32	1 363.29	1 528.15	1 691.78	1 854.17	2 015.34	2 175.27
1 524	822.21	881.63	924.19	967.41	1 033.02	1 054.01	1 105.33	1 139.97	1 177.44	1 282.72	1 321.07	1 396.16	1 463.91	1 641.35	1 817.55	1 992.52	2 164.27	2 338.77
1 626	878.06	941.57	987.08	1 033.29	1 103.45	1 125.90	1 180.79	1 217.85	1 257.93	1 370.59	1 411.62	1 492.01	1 564.53	1 754.54	1 943.33	2 130.88	2 317.19	2 502.28
1 727	933.35	1 000.92	1 049.35	1 098.53	1 173.20	1 197.09	1 255.52	1 294.90	1 337.64	1 457.59	1 501.29	1 586.90	1 664.16	1 866.62	2 067.82	2 267.87	2 466.64	2 664.18
1 829	989.20	1 060.87	1 112.23	1 164.41	1 243.61	1 268.98	1 330.98	1 372.84	1 418.13	1 545.46	1 591.85	1 682.74	1 764.78	1 979.82	2 193.64	2 406.22	2 617.57	2 827.69
1 930	1 044.49	1 120.22	1 174.50	1 229.64	1 313.37	1 340.17	1 405.71	1 449.96	1 497.84	1 632.46	1 681.52	1 777.64	1 864.41	2 091.91	2 318.18	2 543.22	2 767.02	2 989.59
2 032	1 100.34	1 180.17	1 237.39	1 295.52	1 383.81	1 412.06	1 481.17	1 527.83	1 578.34	1 720.33	1 772.08	1 873.47	1 966.08	2 205.11	2 443.95	2 681.57	2 917.95	3 153.10
2 134	1 156.18	1 240.11	1 300.28	1 361.40	1 454.24	1 483.95	1 556.63	1 605.71	1 658.83	1 808.19	1 862.64	1 969.31	2 065.62	2 318.30	2 569.72	2 819.92	3 068.88	3 316.60
2 235	1 211.48	1 299.47	1 362.55	1 426.64	1 523.98	1 555.14	1 631.36	1 682.83	1 738.54	1 895.30	1 952.30	2 064.21	2 165.28	2 431.92	2 694.27	2 956.91	3 208.33	3 478.50
2 337	1 267.32	1 359.41	1 425.43	1 492.52	1 594.42	1 627.08	1 706.82	1 760.71	1 819.03	1 983.06	2 042.86	2 160.05	2 266.90	2 543.59	2 820.03	3 095.25	3 369.25	3 642.01
2 438	1 322.61	1 418.77	1 487.70	1 557.75	1 664.16	1 698.22	1 781.56	1 837.82	1 888.74	2 070.07	2 132.53	2 254.95	2 366.53	2 655.17	2 944.58	3 232.26	3 518.70	3 808.91
2 540	1 378.46	1 478.71	1 550.59	1 623.66	1 734.59	1 770.11	1 857.01	1 915.70	1 979.23	2 157.99	2 223.09	2 350.79	2 466.15	2 768.87	3 070.61	3 370.61	3 669.63	3 967.42

系列1: 22.2, 25, 28, 30, 32, 36, 40, 45, 50, 55, 60, 65
系列2: 23.83, 26.19, 28.58, 30.96, 34.93, 38.10

表2-287 精密焊接钢管尺寸及单位长度理论质量

外径/mm		壁厚/mm																							
系列2	系列3	0.5	(0.8)	1.0	(1.2)	1.5	(1.8)	2.0	(2.2)	2.5	(2.8)	3.0	(3.5)	4.0	(4.5)	5.0	(5.5)	6.0	(7.0)	8.0	(9.0)	10.0	(11.0)	12.5	(14)
		单位长度理论质量/(kg/m)																							
	8	0.092	0.142	0.173	0.201	0.240	0.275	0.296	0.315																
	10	0.117	0.182	0.222	0.260	0.314	0.364	0.395	0.423	0.462															
	12	0.142	0.221	0.271	0.320	0.388	0.453	0.493	0.532	0.586	0.635	0.666													
14		0.166	0.260	0.321	0.379	0.462	0.542	0.592	0.640	0.709	0.773	0.814	0.906												
16		0.191	0.300	0.370	0.438	0.536	0.630	0.691	0.749	0.832	0.911	0.962	1.08	1.18											
18		0.216	0.309	0.419	0.497	0.610	0.719	0.789	0.857	0.956	1.05	1.11	1.25	1.38	1.50										
20		0.240	0.379	0.469	0.556	0.684	0.808	0.888	0.966	1.08	1.19	1.26	1.42	1.58	1.72										
22		0.265	0.418	0.518	0.616	0.758	0.897	0.988	1.07	1.20	1.33	1.41	1.60	1.78	1.94	2.10									
25		0.302	0.477	0.592	0.704	0.869	1.03	1.13	1.24	1.39	1.53	1.63	1.86	2.07	2.28	2.47	2.64								
28		0.339	0.517	0.666	0.793	0.980	1.16	1.28	1.40	1.57	1.74	1.85	2.11	2.37	2.61	2.84	3.05								
30		0.364	0.576	0.715	0.852	1.05	1.25	1.38	1.51	1.70	1.88	2.00	2.29	2.56	2.83	3.08	3.32	3.55	3.97							
32		0.388	0.616	0.765	0.911	1.13	1.34	1.48	1.62	1.82	2.02	2.15	2.46	2.76	3.05	3.33	3.59	3.85	4.32	4.74						
35		0.425	0.675	0.838	1.00	1.24	1.47	1.63	1.78	2.00	2.22	2.37	2.72	3.06	3.38	3.70	4.00	4.29	4.83	5.33						
38		0.462	0.704	0.912	1.09	1.35	1.61	1.78	1.94	2.19	2.43	2.59	2.98	3.35	3.72	4.07	4.41	4.74	5.35	5.92	6.44	6.91			
40		0.487	0.773	0.962	1.15	1.42	1.70	1.87	2.05	2.31	2.57	2.74	3.15	3.55	3.94	4.32	4.68	5.03	5.70	6.31	6.88	7.40			
	45		0.872	1.09	1.30	1.61	1.92	2.12	2.32	2.62	2.91	3.11	3.58	4.04	4.49	4.93	5.36	5.77	6.56	7.30	7.99	8.63			

壁厚/mm

单位长度理论质量/(kg/m)

外径/mm 系列2	系列3	0.5	(0.8)	1.0	(1.2)	1.5	(1.8)	2.0	(2.2)	2.5	(2.8)	3.0	(3.5)	4.0	(4.5)	5.0	(5.5)	6.0	(7.0)	8.0	(9.0)	10.0	(11.0)	12.5	(14)
	50		0.971	1.21	1.44	1.79	2.14	2.37	2.59	2.93	3.26	3.48	4.01	4.54	5.05	5.55	6.04	6.51	7.42	8.29	9.10	9.86			
55			1.07	1.33	1.59	1.98	2.36	2.61	2.86	3.24	3.60	3.85	4.45	5.03	5.60	6.17	6.71	7.25	8.29	9.27	10.21	11.10	11.94		
	60		1.17	1.46	1.74	2.16	2.58	2.86	3.14	3.55	3.95	4.22	4.88	5.52	6.16	6.78	7.39	7.99	9.15	10.26	11.32	12.33	13.29		
	70		1.35	1.70	2.04	2.53	3.03	3.35	3.68	4.16	4.64	4.96	5.74	6.51	7.27	8.01	8.75	9.47	10.88	12.23	13.54	14.80	16.01		
	80		1.56	1.95	2.33	2.90	3.47	3.85	4.22	4.78	5.33	5.70	6.60	7.50	8.38	9.25	10.11	10.95	12.60	14.21	15.76	17.26	18.72		
	90				2.63	3.27	3.92	4.34	4.76	5.39	6.02	6.44	7.47	8.48	9.49	10.48	11.46	12.43	14.33	16.18	17.98	19.73	21.43		
	100				2.92	3.64	4.36	4.83	5.31	6.01	6.71	7.18	8.33	9.47	10.60	11.71	12.82	13.91	16.05	18.15	20.20	22.20	24.14		
	110				3.22	4.01	4.80	5.33	5.85	6.63	7.40	7.92	9.19	10.46	11.71	12.95	14.17	15.39	17.78	20.12	22.42	24.66	26.86	30.06	
	120						5.25	5.82	6.39	7.24	8.09	8.66	10.06	11.41	12.82	14.18	15.53	16.87	19.51	22.10	24.64	27.13	29.57	33.14	
	140						6.13	6.81	7.48	8.48	9.47	10.14	11.78	13.42	15.04	16.65	18.24	19.83	22.96	26.04	29.08	32.06	34.99	39.30	
	160						7.02	7.79	8.56	9.71	10.86	11.65	13.51	15.39	17.26	19.11	20.96	22.79	26.41	29.99	33.51	36.99	40.42	45.47	
	180																21.58	23.67	25.75	29.86	33.93	37.95	41.92	45.85	51.64	
	200																		28.71	33.32	37.88	42.39	46.86	51.27	57.80	
220																				36.77	41.83	46.83	51.79	56.70	63.97	71.12
	240																			40.22	45.77	51.27	56.72	62.12	70.13	78.03
	260																			43.68	49.72	55.71	61.65	67.55	76.30	84.93

注:( )内壁厚不推荐使用。

表2-288 不锈钢焊接钢管尺寸

外径/mm			壁厚/mm																											
系列1	系列2	系列3	0.3	0.4	0.5	0.6	0.7	0.8	0.9	1.0	1.2	1.4	1.5	1.6	1.8	2.0	2.2(2.3)	2.5(2.6)	2.8(2.9)	3.0	3.2	3.5(3.6)	4.0	4.2	4.5(4.6)	4.8	5.0	5.5(5.6)	6.0
		8	●	●	●	●	●	●	●	●	●																		
		9.5	●	●	●	●	●	●	●	●	●																		
	10		●	●	●	●	●	●	●	●	●																		
10.2					●	●	●	●	●	●	●	●																	
	12		●	●	●	●	●	●	●	●	●	●																	
		12.7	●	●	●	●	●	●	●	●	●	●																	
13.5					●	●	●	●	●	●	●	●	●	●	●	●	●											
	14				●	●	●	●	●	●	●	●	●	●	●	●	●	●	●	●	●	●							
	15				●	●	●	●	●	●	●	●	●	●	●	●	●	●	●	●	●	●							
	16				●	●	●	●	●	●	●	●	●	●	●	●	●	●	●	●	●	●							
17.2					●	●	●	●	●	●	●	●	●	●	●	●	●	●	●	●	●	●							
	18				●	●	●	●	●	●	●	●	●	●	●	●	●	●	●	●	●	●							
	19				●	●	●	●	●	●	●	●	●	●	●	●	●	●	●	●	●	●							
		19.5			●	●	●	●	●	●	●	●	●	●	●	●	●	●	●	●	●	●							
	20				●	●	●	●	●	●	●	●	●	●	●	●	●	●	●	●	●	●							

外径/mm			壁厚/mm																										
系列1	系列2	系列3	0.3	0.4	0.5	0.6	0.7	0.8	0.9	1.0	1.2	1.4	1.5	1.6	1.8	2.0	2.2(2.3)	2.5(2.6)	2.8(2.9)	3.0	3.2	3.5(3.6)	4.0	4.2	4.5(4.6)	4.8	5.0	5.5(5.6)	6.0
21.3					●	●	●	●	●	●	●	●	●	●	●	●	●	●	●	●	●	●	●	●					
		22			●	●	●	●	●	●	●	●	●	●	●	●	●	●	●	●	●	●	●	●					
	25				●	●	●	●	●	●	●	●	●	●	●	●	●	●	●	●	●	●	●	●					
		25.4			●	●	●	●	●	●	●	●	●	●	●	●	●	●	●	●	●	●	●	●					
26.9					●	●	●	●	●	●	●	●	●	●	●	●	●	●	●	●	●	●	●	●	●				
		28			●	●	●	●	●	●	●	●	●	●	●	●	●	●	●	●	●	●	●	●	●				
		30			●	●	●	●	●	●	●	●	●	●	●	●	●	●	●	●	●	●	●	●	●				
		31.8			●	●	●	●	●	●	●	●	●	●	●	●	●	●	●	●	●	●	●	●	●				
	32				●	●	●	●	●	●	●	●	●	●	●	●	●	●	●	●	●	●	●	●	●				
33.7								●	●	●	●	●	●	●	●	●	●	●	●	●	●	●	●	●	●	●	●		
		35						●	●	●	●	●	●	●	●	●	●	●	●	●	●	●	●	●	●	●	●		
		36						●	●	●	●	●	●	●	●	●	●	●	●	●	●	●	●	●	●	●	●		
		38						●	●	●	●	●	●	●	●	●	●	●	●	●	●	●	●	●	●	●	●		

外径/mm			壁厚/mm																			
系列1	系列2	系列3	6.5(6.3)	7.0(7.1)	7.5	8.0	8.5	9.0(8.8)	9.5	10	11	12(12.5)	14(14.2)	15	16	17(17.5)	18	20(22.2)	24	25	26	28
	8	9.5																				
10.2	10																					
	12																					
	12.7																					
13.5		14																				
		15																				
	16																					
17.2		18																				
	19	19.5																				
	20																					
21.3		22																				
	25	25.4																				
26.9		28																				
		30																				
31.8	32																					
33.7		35																				
		36																				
	38																					

续表

外径/mm			壁厚/mm																										
系列1	系列2	系列3	0.3	0.4	0.5	0.6	0.7	0.8	0.9	1.0	1.2	1.4	1.5	1.6	1.8	2.0	2.2(2.3)	2.5(2.6)	2.8(2.9)	3.0	3.2	3.5(3.6)	4.0	4.2	4.5(4.6)	4.8	5.0	5.5(5.6)	6.0
40								•	•	•	•	•	•	•	•	•	•	•	•	•	•	•	•	•	•	•	•	•	
42.4								•	•	•	•	•	•	•	•	•	•	•	•	•	•	•	•	•	•	•	•	•	
		44.5						•	•	•	•	•	•	•	•	•	•	•	•	•	•	•	•	•	•	•	•	•	•
48.3								•	•	•	•	•	•	•	•	•	•	•	•	•	•	•	•	•	•	•	•	•	•
	50.8							•	•	•	•	•	•	•	•	•	•	•	•	•	•	•	•	•	•	•	•	•	•
		54						•	•	•	•	•	•	•	•	•	•	•	•	•	•	•	•	•	•	•	•	•	•
	57							•	•	•	•	•	•	•	•	•	•	•	•	•	•	•	•	•	•	•	•	•	•
60.3								•	•	•	•	•	•	•	•	•	•	•	•	•	•	•	•	•	•	•	•	•	•
		63						•	•	•	•	•	•	•	•	•	•	•	•	•	•	•	•	•	•	•	•	•	•
	63.5							•	•	•	•	•	•	•	•	•	•	•	•	•	•	•	•	•	•	•	•	•	•
	70							•	•	•	•	•	•	•	•	•	•	•	•	•	•	•	•	•	•	•	•	•	•
76.1								•	•	•	•	•	•	•	•	•	•	•	•	•	•	•	•	•	•	•	•	•	•
		80									•	•	•	•	•	•	•	•	•	•	•	•	•	•	•	•	•	•	•
		82.5									•	•	•	•	•	•	•	•	•	•	•	•	•	•	•	•	•	•	•
88.9												•	•	•	•	•	•	•	•	•	•	•	•	•	•	•	•	•	•
	101.6												•	•	•	•	•	•	•	•	•	•	•	•	•	•	•	•	•
		102											•	•	•	•	•	•	•	•	•	•	•	•	•	•	•	•	•
		108											•	•	•	•	•	•	•	•	•	•	•	•	•	•	•	•	•
114.3													•	•	•	•	•	•	•	•	•	•	•	•	•	•	•	•	•
		125												•	•	•	•	•	•	•	•	•	•	•	•	•	•	•	•
		133												•	•	•	•	•	•	•	•	•	•	•	•	•	•	•	•
139.7													•	•	•	•	•	•	•	•	•	•	•	•	•	•	•	•	•
		141.3												•	•	•	•	•	•	•	•	•	•	•	•	•	•	•	•
		154												•	•	•	•	•	•	•	•	•	•	•	•	•	•	•	•
		159												•	•	•	•	•	•	•	•	•	•	•	•	•	•	•	•
168.3													•	•	•	•	•	•	•	•	•	•	•	•	•	•	•	•	•
		193.7												•	•	•	•	•	•	•	•	•	•	•	•	•	•	•	•
219.1													•	•	•	•	•	•	•	•	•	•	•	•	•	•	•	•	•
		250												•	•	•	•	•	•	•	•	•	•	•	•	•	•	•	•

外径/mm			壁厚/mm																				
系列1	系列2	系列3	6.5(6.3)	7.0(7.1)	7.5	8.0	8.5	9.0(8.8)	9.5	10	11	12(12.5)	14(14.2)	15	16	17(17.5)	18	20	22(22.2)	24	25	26	28
	40																						
42.4																							
		44.5																					
48.3																							
	50.8																						
		54																					
	57																						
60.3																							
		63																					
	63.5																						
	70																						
76.1			●	●	●	●																	
		80	●	●	●	●																	
		82.5	●	●	●	●																	
88.9			●	●	●	●																	
	101.6		●	●	●	●																	
		102	●	●	●	●																	
		108	●	●	●	●																	
114.3			●	●	●	●	●	●	●	●													
		125	●	●	●	●	●	●	●	●													
		133	●	●	●	●	●	●	●	●													
139.7			●	●	●	●	●	●	●	●	●												
		141.3	●	●	●	●	●	●	●	●	●	●												
		154	●	●	●	●	●	●	●	●	●	●												
		159	●	●	●	●	●	●	●	●	●	●												
168.3			●	●	●	●	●	●	●	●	●	●											
		193.7	●	●	●	●	●	●	●	●	●	●	●											
219.1			●	●	●	●	●	●	●	●	●	●	●										
		250	●	●	●	●	●	●	●	●	●	●	●											

外径/mm			壁厚/mm																								
系列1	系列2	系列3	0.3	0.4	0.5	0.6	0.8	1.0	1.2	1.4	1.5	1.6	1.8	2.0	2.2(2.3)	2.5(2.6)	2.8(2.9)	3.0	3.2	3.5(3.6)	4.0	4.2	4.5(4.6)	4.8	5.0	5.5(5.6)	6.0
273.1														•	•	•	•	•	•	•	•	•	•	•	•	•	•
323.9																•	•	•	•	•	•	•	•	•	•	•	•
355.6																•	•	•	•	•	•	•	•	•	•	•	•
		377														•	•	•	•	•	•	•	•	•	•	•	•
		400														•	•	•	•	•	•	•	•	•	•	•	•
406.4																•	•	•	•	•	•	•	•	•	•	•	•
		426															•	•	•	•	•	•	•	•	•	•	•
		450															•	•	•	•	•	•	•	•	•	•	•
457																	•	•	•	•	•	•	•	•	•	•	•
		500																•	•	•	•	•	•	•	•	•	•
508																	•	•	•	•	•	•	•	•	•	•	•
		530																	•	•	•	•	•	•	•	•	•
		550																	•	•	•	•	•	•	•	•	•
		558.8																		•	•	•	•	•	•	•	•
		600																		•	•	•	•	•	•	•	•
610																			•	•	•	•	•	•	•	•
		630																		•	•	•	•	•	•	•	•
		660																		•	•	•	•	•	•	•	•

外径/mm			壁厚/mm																					
系列1	系列2	系列3	0.3	0.4	0.5	0.6	0.8	1.0	1.2	1.4	1.5	1.6	1.8	2.0	2.2(2.3)	2.5(2.6)	2.8(2.9)	3.0 3.2	3.5(3.6)	4.0 4.2	4.5(4.6)	4.8 5.0	5.5(5.6)	6.0
711																		•	•	•	•	•	•	•
	762																	•	•	•	•	•	•	•
813																		•	•	•	•	•	•	•
		864																•	•	•	•	•	•	•
914																		•	•	•	•	•	•	•
		965																•	•	•	•	•	•	•
1016																		•	•	•	•	•	•	•
1067																		•	•	•	•	•	•	•
1118																		•	•	•	•	•	•	•
	1168																	•	•	•	•	•	•	•
1219																		•	•	•	•	•	•	•
	1321																	•	•	•	•	•	•	•
1422																		•	•	•	•	•	•	•
	1524																	•	•	•	•	•	•	•
1626																		•	•	•	•	•	•	•
	1727																	•	•	•	•	•	•	•
1829																		•	•	•	•	•	•	•

外径/mm			壁厚/mm																				
系列1	系列2	系列3	6.5(6.3)	7.0(7.1)	7.5	8.0	8.5	9.0(8.8)	9.5	10	11	12(12.5)	14(14.2)	15	16	17(17.5)	18	20	22(22.2)	24	25	26	28
273.1			•	•	•	•	•	•	•	•	•	•	•										
323.9			•	•	•	•	•	•	•	•	•	•	•	•	•								
355.6			•	•	•	•	•	•	•	•	•	•	•	•	•								
		377	•	•	•	•	•	•	•	•	•	•	•	•	•								
		400	•	•	•	•	•	•	•	•	•	•	•	•	•		•	•					
406.4			•	•	•	•	•	•	•	•	•	•	•	•	•	•	•	•					
		426	•	•	•	•	•	•	•	•	•	•	•	•	•	•	•	•					
		450	•	•	•	•	•	•	•	•	•	•	•	•	•	•	•	•	•	•	•		
457			•	•	•	•	•	•	•	•	•	•	•	•	•	•	•	•	•	•	•		
		500	•	•	•	•	•	•	•	•	•	•	•	•	•	•	•	•	•	•	•	•	
508			•	•	•	•	•	•	•	•	•	•	•	•	•	•	•	•	•	•	•	•	•
		530	•	•	•	•	•	•	•	•	•	•	•	•	•	•	•	•	•	•	•	•	•
		550	•	•	•	•	•	•	•	•	•	•	•	•	•	•	•	•	•	•	•	•	•
		558.8	•	•	•	•	•	•	•	•	•	•	•	•	•	•	•	•	•	•	•	•	•
		600	•	•	•	•	•	•	•	•	•	•	•	•	•	•	•	•	•	•	•	•	•
610			•	•	•	•	•	•	•	•	•	•	•	•	•	•	•	•	•	•	•	•	•
		630	•	•	•	•	•	•	•	•	•	•	•	•	•	•	•	•	•	•	•	•	•
		660	•	•	•	•	•	•	•	•	•	•	•	•	•	•	•	•	•	•	•	•	•

续表

外径/mm			壁厚/mm																				
系列1	系列2	系列3	6.5(6.3)	7.0(7.1)	7.5	8.0	8.5	9.0(8.8)	9.5	10	11	12(12.5)	14(14.2)	15	16	17(17.5)	18	20	22(22.2)	24	25	26	28
711			•	•	•	•	•		•	•	•	•	•	•	•	•	•	•	•	•	•	•	•
	762		•	•	•	•	•	•	•	•	•	•	•	•	•	•	•	•	•	•	•	•	•
813		864	•	•	•	•	•	•	•	•	•	•	•	•	•	•	•	•	•	•	•	•	•
914		965	•	•	•	•	•	•	•	•	•	•	•	•	•	•	•	•	•	•	•	•	•
1 016				•	•	•	•	•	•	•	•	•	•	•	•	•	•	•	•	•	•	•	•
1 067				•	•	•	•	•	•	•	•	•	•	•	•	•	•	•	•	•	•	•	•
1 118				•	•	•	•	•	•	•	•	•	•	•	•	•	•	•	•	•	•	•	•
	1 168				•	•	•	•	•	•	•	•	•	•	•	•	•	•	•	•	•	•	•
1 219					•	•	•	•	•	•	•	•	•	•	•	•	•	•	•	•	•	•	•
	1 321				•	•	•	•	•	•	•	•	•	•	•	•	•	•	•	•	•	•	•
1 422					•	•	•	•	•	•	•	•	•	•	•	•	•	•	•	•	•	•	•
	1 524					•	•	•	•	•	•	•	•	•	•	•	•	•	•	•	•	•	•
1 626						•	•	•	•	•	•	•	•	•	•	•	•	•	•	•	•	•	•
	1 727					•	•	•	•	•	•	•	•	•	•	•	•	•	•	•	•	•	•
1 829						•	•	•	•	•	•	•	•	•	•	•	•	•	•	•	•	•	•

注：①（ ）内尺寸表示由相应英制规格换算成的公制规格。

②"•"表示常用规格。

422 ·

5. 低压流体输送用焊接钢管

低压流体输送用焊接钢管(GB/T 3091—2008)外径和壁厚允许偏差见表 2-289,尺寸、规格及质量见表 2-290,管端用螺纹和沟槽连接的钢管尺寸见表 2-291。

表 2-289 低压流体输送用焊接钢管外径和壁厚的允许偏差

单位:mm

外径	外径允许偏差		壁厚允许偏差
	管体	管端 (距管端100mm 范围内)	
$D \leqslant 48.3$	± 0.5	—	
$48.3 < D \leqslant 273.1$	$\pm 1\%D$	—,	
$273.1 < D \leqslant 508$	$\pm 0.75\%D$	$+2.4$ -0.8	$\pm 1\%t$
$D > 508$	$\pm 1\%D$ 或 ± 10.0,两者取 较小值	$+3.2$ -0.8	

表 2-290 低压流体输送用焊接钢管尺寸、规格及质量

项目	规定和要求
外径(D)和 壁厚(t)	符合 GB/T 21835 的规定
长度	通常长度为 3000～12500mm
定尺长度和 倍尺长度	(1)定尺长度和倍尺长度应在通常长度范围内,直缝高频电阻焊钢管的长度允许偏差为 $^{+20}_{0}$mm;螺旋缝埋弧焊钢管的长度允许偏差 $^{+20}_{0}$mm (2)每个倍尺长度应留 5～15mm 的切口余量
弯曲度	外径小于 114.3mm 的钢管,无影响使用的弯曲度 外径不小于 114.3mm 的钢管,弯曲度不大于总长度的 0.2%
不圆度	外径不大于 508mm 的钢管,不圆度(同一截面最大外径与最小外径之差)应在外径公差范围内 外径大于 508mm 的钢管,不圆度应不超过外径公差的 80%

项目	规定和要求
质量	钢管的理论质量按 GB/3091—2008 的规定计算,以理论质量交货的钢管,每批与单根钢管的理论质量与实际质量的允许偏差为±7.5%
管端	钢管的两端面应与钢管的轴线垂直切割,切口毛刺应清除 外径不小于 114.3mm 的钢管,管端切口斜度应不大于 3mm

表 2 - 291 钢管的公称口径与钢管的外径、壁厚对照表

单位:mm

公称口径	外径	壁厚	
		普通钢管	加厚钢管
6	10.2	2.0	2.5
8	13.5	2.5	2.8
10	17.2	2.5	2.8
15	21.3	2.8	3.5
20	26.9	2.8	3.5
25	33.7	3.2	4.0
32	42.4	3.5	4.0
40	48.3	3.5	4.5
50	60.3	3.8	4.5
65	76.1	4.0	4.5
80	88.9	4.0	5.0
100	114.3	4.0	5.0
125	139.7	4.0	5.5
150	168.3	4.5	6.0

注:表中的公称口径系近似内径的名义尺寸,不表示外径减去两个壁厚所得的内径。

6. 低中压锅炉用无缝钢管

低中压锅炉用无缝钢管(GB 3087—2008)外径和壁厚允许偏差见表2－292、表2－293、表2－294,尺寸、规格及质量见表2－295。

表2－292　钢管的外径允许偏差　　　　单位:mm

钢管种类	允许偏差
热轧(挤压、扩)钢管	±1.0%D 或 ±0.50,取其中较大者
冷拔(轧)钢管	±1.0%D 或 ±0.30,取其中较大者

表2－293　热轧(挤压、扩)钢管壁厚允许偏差　　　　单位:mm

钢管种类	钢管外径	S/D	允许偏差
热轧(挤压)钢管	≤102	—	±12.5%S 或 ±0.40,取其中较大者
	>102	≤0.05	±15%S 或 ±0.40,取其中较大者
		>0.05~0.10	±12.5%S 或 ±0.40,取其中较大者
		>0.10	$+12.5\%S$ $-10\%S$
热扩钢管			±15%S

表2－294　冷拔(轧)钢管壁厚允许偏差　　　　单位:mm

钢管种类	壁厚	允许偏差
冷拔(轧)钢管	≤3	$^{+15}_{-10}\%S$ 或 ±0.15,取其中较大者
	>3	$+12.5\%S$ $-10\%S$

表2－295　低中压锅炉用无缝钢管尺寸、规格及质量

项目	规定和要求
外径(D)和壁厚(t)	符合 GB/T 17395 的规定
长度	通常长度为4000~12500mm

项目	规定和要求
定尺长度和倍尺长度	（1）定尺长度和倍尺长度应在通常长度范围内 （2）定尺长度≤6000 的，允许偏差为 0～10mm；定尺长度＞6000 的允许偏差 0～15mm （3）倍尺全长的允许偏差为 $^{+20}_{0}$ mm。外径≤159mm 时，每个倍尺长度应留 5～10mm 的切口余量；外径＞159mm 时，每个倍尺长度应留 10～15mm 的切口余量
弯曲度	（1）公称壁厚≤15mm 时，每米弯曲度≤1.5mm （2）15mm＜公称壁厚≤30mm 时，每米弯曲度≤2mm （3）公称壁厚＞15mm 或外径≥351 时，每米弯曲度≤3mm （4）全长弯曲度应不大于钢管总长度的 1.5‰，且全长弯曲应不大于 12mm
不圆度	钢管的不圆度应不超过外径公差的 80%
质量	钢管的理论质量按 GB/T 17395 的规定计算 以理论质量交货的钢管，单根钢管的理论质量与实际质量的允许偏差为 ±10%，每批最小为 10t 的钢管理论质量与实际质量的允许偏差为 ±7.5%
管端	钢管的两端面应与钢管的轴线垂直切割，切口毛刺应清除 外径≤60mm 的钢管，管端切口斜度应不大于 1.5mm 外径＞60mm 的钢管，管端切口斜度应不超过钢管外径的 2.5%，最大不超过 6mm

7. 结构用不锈钢无缝钢管

结构用不锈钢无缝钢管（GB/T 14975—2002）列于表 2－296；钢管的外径、壁厚允许偏差列于表 2－297；钢管定尺长度和倍尺长度全长允许偏差列于表 2－298；钢的密度列于表 2－299。

表 2 – 296　结构用不锈钢无缝钢管

项目	规定及要求
分类、代号	钢管按产品加工方式分为两类,类别和代号为: 热轧(挤、扩)钢管　　WH 冷拔(轧)钢管　　　　WC 钢管按尺寸精度分为两级: 普通级　　　PA 高级　　　　PC
外径和壁厚	钢管的外径和壁厚应符合 GB/T 17395 中规定 根据需方要求,经供需双方协商,并在合同中注明,可供应 GB/T 17395 规定以外的其他尺寸的钢管,尺寸偏差执行相邻较大规格的规定
长度	(1)钢管一般以通常长度交货,通常长度应符合以下规定: 　　热轧(挤、扩)钢管……2 000～12 000mm 　　冷拔(轧)钢管………1 000～10 500mm (2)定尺长度和倍尺长度应在通常长度范围内,全长允许偏差分为三级。每个倍尺长度应按下列规定留出切口余量: 　　外径≤159mm…………5～10mm 　　外径＞159mm…………10～15mm (3)范围长度应在通常长度范围内
弯曲度	(1)全长弯曲度:钢管全长弯曲应不大于总长的 0.15% (2)每米弯曲度:钢管的每米弯曲度不得大于如下规定: 　　壁厚≤15mm……1.5mm/m 　　壁厚＞15mm……2.0mm/m 　　热扩管…………3.0mm/m

项目	规定及要求
端头外形	钢管的两端面应与钢管轴线垂直,并清除毛刺
不圆度和壁厚不均	根据需方要求,经供需双方协商,并在合同中注明,钢管的不圆度和壁厚不均应分别不超过外径和壁厚公差的80%
交货质量	钢管按实际质量交货 根据需方要求,并在合同中注明,钢管也可按理论线质量交货。钢管的理论线质量按下式计算: $$W = \frac{\pi}{1\,000} \rho S(D-S)$$ 式中:W——钢管理论线质量,单位为 kg/m π——3.141 6 ρ——钢的密度,单位为 kg/dm^3,钢的密度见表 2-299 S——钢管的公称壁厚,单位为 mm D——钢管的公称外径,单位为 mm 钢管按理论线质量交货时,供需双方协商质量允许偏差,并在合同中注明

表 2-297 钢管的外径、壁厚允许偏差

热轧(挤、扩)钢管				冷拔(轧)钢管			
尺寸(mm)		允许偏差(mm)		尺寸(mm)		允许偏差	
		普通级	高级			普通级	高级
公称外径 D	68~159	±1.25%D	±1.0%D	公称外径 D	10~30	±0.30	±0.20
	>159~426	±1.5%D			>30~50	±0.40	±0.30
					>50	±0.9%D	±0.8%D
公称壁厚 S	<15	+15%S -12.5%S	±12.5%S	公称壁厚 S	≤3	±14%S	+12.5%S -10%S
	≥15	+20%S -15%S			>3	+12.5%S -10%S	±10%S

注:①钢管外径和壁厚的允许偏差应符合表中的规定,当需方要求高级偏差时,应在合同中注明。

②根据需方要求,经供需双方协议,在合同中注明,供机械加工用的钢管可规定机械加工余量。

表 2 - 298 钢管定尺长度和倍尺长度全长允许偏差

全长允许偏差等级	全长允许偏差/mm
L1	0 ~ 20
L2	0 ~ 10
L3	0 ~ 5

注:如合同未注明全长允许偏差等级,钢管全长允许偏差按 L1 执行

注：特殊用途的钢管,如公称外径与公称壁厚之比大于或等于 10 的不锈耐酸钢极薄壁钢管、直径≤30mm 小直径钢管等的长度偏差,可由供需双方另行协议规定。

表 2 - 299 钢的密度表

组织类型	序号	牌号	密度/(kg/dm^3)
奥氏体型	1	0Cr18Ni9	7.93
	2	1Cr18Ni9	7.90
	3	00Cr19Ni10	7.93
	4	0Cr18Ni10Ti	7.95
	5	0Cr18Ni11Nb	7.98
	6	0Cr17Ni12Mo2	7.98
	7	00Cr17Ni14Mo2	7.98
	8	0Cr18Ni12Mo2Ti	8.00
	9	1Cr18Ni12Mo2Ti	8.00
	10	0Cr18Ni12Mo3Ti	8.10
	11	1Cr18Ni12Mo3Ti	8.10
	12	1Cr18Ni9Ti	7.90
	13	0Cr19Ni13Mo3	7.98
	14	00Cr19Ni13Mo3	7.98
	15	00Cr18Ni10N	7.90
	16	0Cr19Ni9N	7.90
	17	00Cr17Ni13Mo2N	8.00
	18	0Cr17Ni12Mo2N	7.8
铁素体型	19	1Cr17	7.7
马氏体型	20	0Cr13	7.7
	21	1Cr13	7.7
	22	2Cr13	7.7
奥氏体 - 铁素体型	23	00Cr18Ni15Mo3Si2	7.98

8. 流体输送用不锈钢无缝钢管

流体输送用不锈钢无缝钢管（GB/T 14976—2012）外径和壁厚的允许偏差见表 2-300、表 2-301，尺寸、规格及质量见表 2-302。

表 2-300 外径和壁厚的允许偏差　　　　　单位：mm

热轧（挤、扩）钢管				冷拔（轧）钢管			
尺寸		允许偏差		尺寸		允许偏差	
		普通级 PA	高级 PC			普通级 PA	高级 PC
公称外径 D	68~159	±1.25%D	±1%D	公称外径 D	6~10	±0.20	±0.15
					>10~30	±0.30	±0.20
					>30~50	±0.40	±0.30
					>50~219	±0.85%D	±0.75%D
	>159	±1.5%D			>219	±0.9%D	±0.8%D
公称壁厚 S	<15	+15%S −12.5%S	±12.5%S	公称壁厚 S	≤3	±12%S	±10%S
	≥15	+20%S −15%S			>3	±12.5%S −10%S	±10%S

表 2-301 钢管最小壁厚的允许偏差　　　　　单位：mm

制造方式	尺寸	允许偏差	
		普通级 PA	高级 PC
热轧（挤、扩）钢管 W-H	$S_{min}<15$	+25%S_{min} 0	+22.5%S_{min} 0
	$S_{min}≥15$	+32.5%S_{min} 0	
冷拔（轧）钢管 W-C	所有壁厚	+22%S 0	+20%S 0

表 2 - 302　尺寸、规格及质量

项目	规定和要求
外径(D)和壁厚(t)	符合 GB/T 17395 的规定
长度	热轧(挤、扩)钢管的通常长度为 2 000~12 000mm 冷拔(轧)钢管的通常长度为 1 000~12 000mm
定尺长度和倍尺长度	(1)定尺长度和倍尺长度应在通常长度范围内,全长允许偏差为 $^{+10}_{\ \ 0}$mm (2)外径≤159mm 时,每个倍尺长度应留 5~10mm 的切口余量;外径 >159mm 时,每个倍尺长度应留 10~15mm 的切口余量 (3)特殊规格的钢管,如壁厚不大于外径 3% 的极薄壁钢管、外径不大于 30mm 的小直径钢管等,其长度偏差可由供需双方另行协商规定
弯曲度	(1)公称壁厚≤15mm 时,每米弯曲度≤1.5mm (2)公称壁厚 >15mm 1 时,每米弯曲度≤2.0mm (3)热扩管≤3.0mm (4)全长弯曲度应不大于钢管总长度的 0.15%
不圆度和壁厚不均匀	钢管的不圆度和壁厚不均匀应分别不超过外径公差和壁厚公差的 80%
质量	钢管按实际质量交货 以理论质量交货的钢管,供需双方可协商质量的允许偏差,并在合同中注明
管端	钢管的两端面应与钢管的轴线垂直切割,切口毛刺应清除

9. 压燃式发动机高压油管用钢管(单壁冷拉无缝钢管)

单壁冷拉无缝钢管(JB/T 8120.1—2011)的内径与外径公差列于表 2-303;内径和外径尺寸规格列于表 2-304。

表 2-303　单壁冷拉无缝钢管内径和外径公差

名　　称	数　　值
内径 d	$d \leqslant 4$mm: ± 0.05mm(2 类管) 　　　　　± 0.025mm(1 类管) $d > 4$mm: ± 0.10mm(2 类管)
外径 D	1.2 类管: $D < 8$mm: ± 0.06mm $D \geqslant 8$mm: ± 0.10mm
同轴度	管子外径相对内径的同轴度应与管壁厚度成正比,如下图所示: 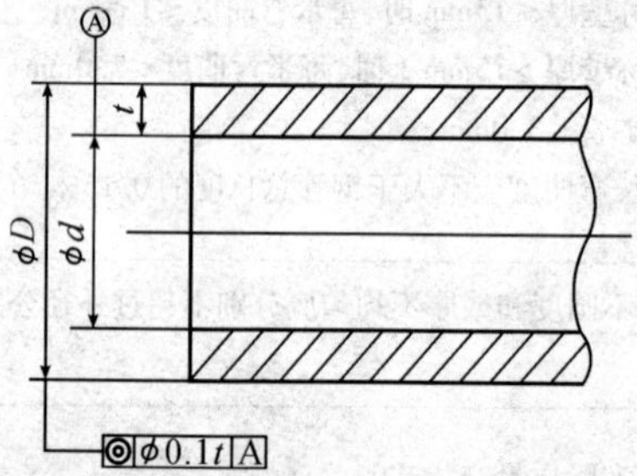

注:钢管长度与长度公差须由供需双方商定。

表 2-304 推荐的内径和外径　　单位:mm

内径[a] d	外径 D											
优选值	4	4.5	5	6	7	8	10	12	15	19	24	30
1												
1.12												
1.25												
1.4												
1.5												
1.6												
1.7												
1.8												
1.9												
2												
2.12												
2.24			选用粗黑线内的尺寸组合									
2.36												
2.5												
2.65												
2.8												
3												
3.15												
3.35												
3.55												
3.75												
4												
4.25												
4.5												
4.75												
5												

内径[a] d	优选值	外径 D											
		4	5										
		4.5		6	7	8	10	12	15	19	24	30	
5.3													
	5.6												
6													
	6.3												
6.7													
	7.1												
7.5													
	8												
8.5													
	9												
9.5													
	10												
10.6													
	11.2												
11.8													
	12.5												

注:管子直径尺寸按外径对内径之比在 2~4 倍范围内确定。

[a] 根据 ISO 3。

10. 压燃式发动机高压油管用钢管(复合式钢管)

高压油管用复合式钢管(JB/T 8120.2—2011)推荐的内径和外径列于表 2 - 305;其允许偏差列于表 2 - 306。

表 2 - 305　高压油管用复合式钢管推荐的内径和外径　单位:mm

内径 d		外径 D	
优选值		4.5	6
1.12			
1.25			
1.4			
	1.5		
1.6			
	1.7		
1.8			
	1.9	选用粗黑线内的尺寸组合	
2			
	2.12		
2.24			
	2.36		
2.5			
	2.65		
2.8			
	3		

注:①管子直径尺寸按外径对内径之比在 2~4 倍范围内确定。

②表中 d 根据 ISO 3。

表 2-306　推荐的内径和外径

单位:mm

内径[a] d		外径[b] D		
优选值		4.5	6	7
1.12				
1.25				
1.4				
	1.5			
1.6				
	1.7			
1.8				
	1.9			
2				
	2.12			
2.24				
	2.36			
2.5				
	2.65			
2.8				
	3			
3.15				
	3.35			

注:管子直径尺寸按外径对内径之比在 2~4 倍范围内确定。

[a]　根据 ISO 3。

[b]　所有尺寸组合为管子横截面区域。

11. 碳素结构钢电线套管

碳素结构钢电线套管(YB/T 5305—2008)外径和壁厚允许偏差见表2－307,尺寸、规格及重量见表2－308,钢管端螺纹的基本尺寸及其公差见表2－309。

表2－307　钢管外径和壁厚的允许偏差　　单位:mm

公称外径(D)	公称外径允许偏差	公称壁厚允许偏差
$12.7 \leqslant D \leqslant 48.3$	± 0.3	
$48.3 \leqslant D \leqslant 88.9$	± 0.5	$\pm 10.0\% t$
$88.9 \leqslant D \leqslant 168.3$	$\pm 0.75\% D$	

表2－308　碳素结构钢电线套管尺寸、规格及质量

项目	规定和要求
外径(D)和壁厚(t)	符合 GB/T 21835 的规定,其中外径(D)范围为12.7～168.3mm,壁厚(t)范围为0.5～3.2mm
长度	钢管的通常长度为3 000～12 000mm
定尺长度和倍尺长度	(1)定尺长度和倍尺长度应在通常长度范围内,全长允许偏差为$^{+20}_{0}$mm (2)每个倍尺长度应留5～10mm 的切口余量
弯曲度	全长弯曲度应不大于钢管总长度的0.2%,每米弯曲度不大于3.0mm
不圆度	钢管的不圆度不超过外径公差
质量	钢管按实际质量交货 以理论质量交货的钢管,每批或单根钢管的理论质量与实际质量的允许偏差为±7.5%
管端	钢管的两端面应与钢管的轴线垂直切割,切口毛刺应清除

表 2-309　螺纹的基本尺寸及其公差

单位：mm

1	2	3	4	5	6	7	8	9	10	11	12	13	14	15	16	17	18	19
尺寸代号	每25.4 mm内所包含的牙数 n	螺距 P /mm	牙高 h /mm	基准平面内的基本直径			基准距离					装配余量		外螺纹的有效螺纹不小于基准距离分别为			圆柱内螺纹直径的极限偏差 ±	
				大径（基准直径）$d=D$ /mm	中径 $d=D_2$ /mm	小径 $d_1=D_1$ /mm	基本 /mm	极限偏差 $\pm T_1/2$		最大 /mm	最小 /mm			基本 /mm	最大 /mm	最小 /mm	径向 /mm	轴向圈数 $T_2/2$
								/mm	圈数			/mm	圈数					
1/16	28	0.907	0.581	7.723	7.142	6.564	4	0.9	1	4.9	3.1	2.5	2¾	6.5	7.4	5.6	0.071	1¼
1/8	28	0.907	0.581	9.728	9.147	8.566	4	0.9	1	4.9	3.1	2.5	2¾	6.5	7.4	5.6	0.071	1¼
1/4	19	1.337	0.856	13.157	12.301	11.445	6	1.3	1	7.3	4.7	3.7	2¾	9.7	11	8.4	0.104	1¼
3/8	19	1.337	0.856	16.662	15.806	14.950	6.4	1.3	1	7.7	5.1	3.7	2¾	10.1	11.4	8.8	0.104	1¼
1/2	14	1.814	1.162	20.955	19.793	18.631	8.2	1.8	1	10.0	6.4	5.0	2¾	13.2	15	11.4	0.142	1¼
3/4	14	1.814	1.162	26.441	25.279	24.117	9.5	1.8	1	11.3	7.7	5.0	2¾	14.5	16.3	12.7	0.142	1¼
1	11	2.309	1.479	33.249	31.770	30.291	10.4	2.3	1	12.7	8.1	6.4	2¾	16.8	19.1	14.5	0.180	1¼
1¼	11	2.309	1.479	41.910	40.431	38.952	12.7	2.3	1	15.0	10.4	6.4	2¾	19.1	21.4	16.8	0.180	1¼
1½	11	2.309	1.479	47.803	46.32	44.845	12.7	2.3	1	15.0	10.4	6.4	2¾	19.1	21.4	16.8	0.180	1¼
2	11	2.309	1.479	59.614	58.135	56.656	15.9	2.3	1	18.2	13.6	7.5	3¼	23.4	25.7	21.1	0.180	1¼
2½	11	2.309	1.479	75.184	73.705	72.226	17.5	3.5	1½	21.0	14.0	9.2	4	26.7	30.2	23.2	0.216	1½
3	11	2.309	1.479	87.884	86.405	84.926	20.6	3.5	1½	24.1	17.1	9.2	4	29.8	33.3	26.3	0.216	1½
4	11	2.309	1.479	113.030	111.551	110.072	25.4	3.5	1½	28.9	21.9	10.4	4½	35.8	39.3	32.3	0.216	1½
5	11	2.309	1.479	138.430	136.951	135.072	28.6	3.5	1½	32.1	25.1	11.5	5	40.1	43.6	36.6	0.216	1½
6	11	2.309	1.479	163.830	162.351	160.872	28.6	3.5	1½	32.1	25.1	11.5	5	40.1	43.6	36.6	0.216	1½

12. 低中压锅炉用电焊钢管

低中压锅炉用电焊钢管(YB4102—2000)列于表2-310。

表2-310 低中压锅炉用电焊钢管

公称外径 /mm	公称壁厚/mm								
	1.5	2.0	2.5	3.0	3.5	4.0	4.5	5.0	6.0
	理论线质量/(kg/m)								
10	0.314	0.395	0.462						
12	0.388	0.493	0.586						
14		0.592	0.709	0.814					
16		0.691	0.832	0.962					
17		0.740	0.894	1.04					
18		0.789	0.956	1.11					
19		0.838	1.02	1.18					
20		0.888	1.08	1.26					
22		0.986	1.20	1.41	1.60	1.78			
25		1.13	1.39	1.63	1.86	2.07			
30		1.38	1.70	2.00	2.29	2.56			
32			1.82	2.15	2.46	2.76			
35			2.00	2.37	2.72	3.06			
38			2.19	2.59	2.98	3.35			
40			2.31	2.74	3.15	3.55			
42			2.44	2.89	3.32	3.75	4.16	4.56	

2.3.4　钢丝

1. 钢丝的分类

钢丝的分类（GB/T 341—2008）见表 2 – 311。

表 2 – 311　钢丝的分类

序号	分类方法	分类名称	说明	序号	分类方法	分类名称	说明
1	按截面形状分	（1）圆形钢丝		1	按截面形状分	⑩弓形钢丝	
		（2）异形钢丝				⑪扇形钢丝	
		①方形钢丝				⑫半圆形钢丝	
		②矩形钢丝				⑬Z 形钢丝	
		③菱形钢丝				⑭卵形钢丝	
		④扁形钢丝				⑮其他特殊断面形钢丝	
		⑤梯形钢丝					
		⑥三角形钢丝				（3）周期性变截面钢丝	
		⑦六角形钢丝				①旋肋钢丝	
		⑧八角形钢丝				②刻痕钢丝	
		⑨椭圆形钢丝					

序号	分类方法	分类名称	说明	序号	分类方法	分类名称	说明
2	按截面尺寸分	(1) 微细钢丝	直径或截面尺寸不大于 0.10mm 的钢丝	3	按化学成分	(1) 低碳钢丝	含碳量不大于 0.25% 的碳素钢丝
		(2) 细钢丝	直径或截面尺寸大于 0.10～0.50mm 的钢丝			(2) 中碳钢丝	含碳量不大·于 0.25%～0.60% 的碳素钢丝
		(3) 较细钢丝	直径或截面尺寸大于 0.50～1.50mm 的钢丝			(3) 高碳钢丝	含碳量大于0.60% 的碳素钢丝
		(4) 中等钢丝	直径或截面尺寸大于 1.5～3.0mm 的钢丝			(4) 低合金钢丝	含合金元素成分总含量不大于5.0%
		(5) 较粗钢丝	直径或截面尺寸大于 3.0～6.0mm 的钢丝			(5) 中合金钢丝	含合金元素成分总含量大于5.0%～10.0%
		(6) 粗钢丝	直径或截面尺寸大于 6.0～16.0mm 的钢丝			(6) 高合金钢丝	含合金元素成分总含量大于10.0%
		(7) 特粗钢丝	直径或截面尺寸大于 16.0mm 的钢丝				

序号	分类方法	分类名称	说明	序号	分类方法	分类名称	说明
3	按化学成分分	(7)特殊性能合金丝				(1)低强度钢丝	抗拉强度不大于500MPa的钢丝
4	按最终热处理方法分	(1)退火钢丝		6	按抗拉强度分	(2)较低强度钢丝	抗拉强度大于500～800MPa的钢丝
		(2)正火钢丝					
		(3)油淬火并回火钢丝					
		(4)索氏体化（派登脱）钢丝				(3)中等强度钢丝	抗拉强度大于800～1000MPa的钢丝
		(5)固溶钢丝					
		注：钢丝在加工过程中进行的中间热处理不作为分类的依据				(4)较高强度钢丝	抗拉强度大于1 000～2 000MPa的钢丝
5	按加工方法分	(1)冷拉钢丝					
		(2)冷轧钢丝					
		(3)温拉钢丝				(5)高强度钢丝	抗拉强度大于2 000～3 000MPa的钢丝
		(4)直条钢丝					
		(5)银亮钢丝					
		(6)磨光钢丝				(6)超高强度钢丝	抗拉强度大于3000MPa的钢丝
		(7)抛光钢丝					

序号	分类方法	分类名称	说明	序号	分类方法	分类名称	说明
7	按用途分	(1) 一般用途钢丝		7	按用途分	(27) 琴钢丝	
		(2) 结构钢丝				(28) 乐器用钢丝	
		(3) 弹簧钢丝				(29) 编织和针织钢丝	
		(4) 工具钢丝				(30) 胸罩钢丝	
		(5) 冷顶锻（冷镦）钢丝				(31) 医疗器械钢丝	
		(6) 不锈钢丝				(32) 链条钢丝	
		(7) 轴承钢丝				(33) 辐条钢丝	
		(8) 高速工具钢丝				(34) 钢筋混凝土用钢丝	
		(9) 易切削钢丝				(35) 预应力混凝土用钢丝（PC钢丝）	
		(10) 焊接钢丝				(36) 钢芯铝绞线钢丝	
		(11) 高温合金丝				(37) 铠装电缆钢丝	
		(12) 精密合金丝				(38) 架空通讯钢丝	
		(13) 耐蚀合金丝				(39) 胎圈钢丝	
		(14) 弹性合金丝				(40) 橡胶软管增强用钢丝	
		(15) 膨胀合金丝				(41) 录井钢丝	
		(16) 电阻合金丝				(42) 边框和支架钢丝	
		(17) 软磁合金丝				(43) 喷涂用钢丝	
		(18) 电热合金丝				(44) 铝包钢丝	
		(19) 捆扎包装钢丝				(45) 铜包钢丝	
		(20) 制钉钢丝				(46) 光缆用钢丝	
		(21) 织网钢丝				(47) 食品包装用光亮钢丝	
		(22) 制绳钢丝				(48) 引爆用钢丝	
		(23) 制针钢丝					
		(24) 铆钉钢丝					
		(25) 抽芯铆钉芯轴钢丝					
		(26) 针布钢丝					

· 443 ·

2. 冷拉圆钢丝、方钢丝、六角钢丝

冷拉圆钢丝、方钢丝、六角钢丝（GB/T 342—1997）的尺寸规格和理论线质量列于表 2 – 312；钢丝尺寸的允许偏差列于表 2 – 313 和表 2 – 314；钢丝尺寸允许偏差级别适用范围列于表 2 – 315。

表 2 – 312　冷拉圆钢丝、方钢丝、六角钢丝的尺寸规格和理论线质量

公称尺寸 /mm	圆　形		方　形		六　角　形	
	截面面积 /mm²	理论线质量 /(kg/1000m)	截面面积 /mm²	理论线质量 /(kg/1000m)	截面面积 /mm²	理论线质量 /(kg/1000m)
0. 050	0. 002 0	0. 016				
0. 055	0. 002 4	0. 019				
0. 063	0. 003 1	0. 024				
0. 070	0. 003 8	0. 030				
0. 080	0. 005 0	0. 039				
0. 090	0. 006 4	0. 050				
0. 10	0. 007 9	0. 062				
0. 11	0. 009 5	0. 075				
0. 12	0. 011 3	0. 089				
0. 14	0. 015 4	0. 121				
0. 16	0. 020 1	0. 158				
0. 18	0. 025 4	0. 199				
0. 20	0. 031 4	0. 246				
0. 22	0. 038 0	0. 298				
0. 25	0. 049 1	0. 385				
0. 28	0. 061 6	0. 484				
0. 30 *	0. 070 7	0. 555				
0. 32	0. 080 4	0. 631				
0. 35	0. 096	0. 754				

公称尺寸 /mm	圆 形		方 形		六 角 形	
	截面面积 /mm²	理论线质量 /(kg/1000m)	截面面积 /mm²	理论线质量 /(kg/1000m)	截面面积 /mm²	理论线质量 /(kg/1000m)
0.40	0.126	0.989				
0.45	0.159	1.248				
0.50	0.196	1.539	0.250	1.962		
0.55	0.238	1.868	0.302	2.371		
0.60*	0.283	2.22	0.360	2.826		
0.63	0.312	2.447	0.397	3.116		
0.70	0.385	3.021	0.490	3.846		
0.80	0.503	3.948	0.640	5.024		
0.90	0.636	4.993	0.810	6.358		
1.00	0.785	6.162	1.000	7.850		
1.10	0.950	7.458	1.210	9.498		
1.20	1.131	8.878	1.440	11.30		
1.40	1.539	12.08	1.960	15.39		
1.60	2.011	15.79	2.560	20.10	2.217	17.40
1.80	2.245	19.98	3.240	25.43	2.806	22.03
2.00	3.142	24.66	4.000	31.40	3.464	27.20
2.20	3.801	29.84	4.840	37.99	4.192	32.91
2.50	4.909	38.54	6.250	49.06	5.413	42.49
2.80	6.158	48.34	7.840	61.54	6.790	53.30
3.00*	7.069	55.49	9.000	70.65	7.795	61.19
3.20	8.042	63.13	10.24	80.38	8.869	69.62
3.50	9.621	75.52	12.25	96.16	10.61	83.29
4.00	12.57	98.67	16.00	125.6	13.86	108.8

公称尺寸 /mm	圆 形		方 形		六 角 形	
	截面面积 /mm²	理论线质量 /(kg/1000m)	截面面积 /mm²	理论线质量 /(kg/1000m)	截面面积 /mm²	理论线质量 /(kg/1000m)
4.50	15.90	124.8	20.25	159.0	17.54	137.7
5.00	19.64	154.2	25.00	196.2	21.65	170.0
5.50	23.76	186.5	30.25	237.5	26.20	205.7
6.00 *	28.27	221.9	36.00	282.6	31.18	244.8
6.30	31.17	244.7	39.69	311.6	34.38	269.9
7.00	38.48	302.1	49.00	384.6	42.44	333.2
8.00	50.27	394.6	64.00	502.4	55.43	435.1
9.00	63.62	499.4	81.00	635.8	70.15	550.7
10.0	78.54	616.5	100.00	785.0	86.61	679.9
11.0	95.03	746.0				
12.0	113.1	887.8				
14.0	153.9	1 208.1				
16.0	201.1	1 578.6				

注：①表中的理论线质量是按密度为 7.85g/cm³ 计算的，对特殊合金钢丝，在计算理论线质量时应采用相应牌号的密度。

②表内尺寸一栏，对于圆钢丝表示直径；对于方钢丝表示边长；对于六角钢丝表示对边距离，以下各表相同。

③表中的钢丝直径系列采用 R20 优先数系，其中"＊"符号系列补充的 R40 优先数系中的优先数系。

④直条钢丝的通常长度为 2 000～4 000mm，允许供应长度不小于 1 500mm 的短尺钢丝，但其质量不得超过该批质量的 15%。

⑤对直条钢丝的通常长度有特殊要求时，应在相应技术条件中规定，或经供需双方协议在合同中注明。

表 2-313　钢丝尺寸允许偏差

钢丝尺寸/mm	允许偏差级别					
	8	9	10	11	12	13
	允许偏差/mm					
0.05~0.10	±0.002	±0.005	±0.006	±0.010	±0.015	±0.020
>0.10~0.30	±0.003	±0.006	±0.009	±0.014	±0.022	±0.029
>0.30~0.60	±0.004	±0.009	±0.013	±0.018	±0.030	±0.038
>0.60~1.00	±0.005	±0.011	±0.018	±0.023	±0.035	±0.045
>1.00~3.00	±0.007	±0.015	±0.022	±0.030	±0.050	±0.060
>3.00~6.00	±0.009	±0.020	±0.028	±0.040	±0.062	±0.080
>6.00~10.0	±0.011	±0.025	±0.035	±0.050	±0.075	±0.100
>10.0~16.0	±0.013	±0.030	±0.045	±0.060	±0.090	±0.120

注：①钢丝尺寸的偏差应符合表中的规定，其具体要求应在相应的技术条件或合同中注明。

②中间尺寸钢丝的尺寸允许偏差按相邻较大规格钢丝的规定。

表 2-314　钢丝尺寸允许偏差

钢丝尺寸/mm	允许偏差级别					
	8	9	10	11	12	13
	允许偏差/mm					
0.05~0.10	0 -0.004	0 -0.010	0 -0.012	0 -0.020	0 -0.030	0 -0.040
>0.10~0.30	0 -0.006	0 -0.012	0 -0.018	0 -0.028	0 -0.044	0 -0.058
>0.30~0.60	0 -0.008	0 -0.018	0 -0.026	0 -0.036	0 -0.060	0 -0.076
>0.60~1.00	0 -0.010	0 -0.022	0 -0.036	0 -0.046	0 -0.070	0 -0.090
>1.00~3.00	0 -0.014	0 -0.030	0 -0.044	0 -0.060	0 -0.100	0 -0.120
>3.00~6.00	0 -0.018	0 -0.040	0 -0.056	0 -0.080	0 -0.124	0 -0.160
>6.00~10.0	0 -0.022	0 -0.050	0 -0.070	0 -0.100	0 -0.150	0 -0.200
>10.0~16.0	0 -0.026	0 -0.060	0 -0.090	0 -0.120	0 -0.180	0 -0.240

注：①钢丝尺寸的偏差应符合表中的规定，其具体要求应在相应的技术条件或合同中注明。

②中间尺寸钢丝的尺寸允许偏差按相邻较大规格钢丝的规定。

表 2 -315　钢丝尺寸允许偏差级别适用范围

钢丝截面形状	圆形	方形	六角形
适用级别	8 ~ 12	10 ~ 13	10 ~ 13

标记示例:

用 45 钢制造,尺寸允许偏差为 11 级,直径、边长、边对距离为 5mm 的软状态冷拉优质碳素结构钢圆、方、六角钢丝,其标记为:

$$圆钢丝:\frac{11 - 5 - GB/T\ 342—1997}{45 - R - GB\ 3206—1982}$$

$$方钢丝:\frac{11 - 5 - GB/T\ 342—1997}{45 - R - GB\ 3206—1982}$$

$$六角钢丝:\frac{11 - 5 - GB/T\ 342—1997}{45 - R - GB\ 3206—1982}$$

3. 一般用途低碳钢丝

一般用途低碳钢丝(YB/T 5294—2009)列于表 2 - 316;英制与公制尺寸对照列于表 2 - 317。

表 2 -316　一般用途低碳钢丝

(1)钢丝的种类和代号

按交货状态分		按用途分	
类　别	代号	类　别	代号
冷拉钢丝	WCD	普通用	I
退火钢丝	TA	制钉用	II
镀锌钢丝	SZ	建筑用	III

(2)冷拉普通用钢丝、制钉用钢丝、建筑用钢丝、退火钢丝的直径及允许偏差/mm

钢丝直径	允许偏差	钢丝直径	允许偏差
≤0. 30	±0. 01	>1. 60 ~ 3. 00	±0. 04
>0. 30 ~ 1. 00	±0. 02	>3. 00 ~ 6. 00	±0. 05
>1. 00 ~ 1. 60	±0. 03	>6. 00	±0. 06

(3)镀锌钢丝的直径及允许偏差/mm

钢丝直径	允许偏差	钢丝直径	允许偏差
≤0.30	±0.02	>1.60~3.00	±0.06
>0.30~1.00	±0.04	>3.00~6.00	±0.07
>1.00~1.60	±0.05	>6.00	±0.08

(4)钢丝捆的内径尺寸规定/mm

钢丝直径	≤1.00	>3.00~6.00	>6.00
钢丝捆内径	100~300	400~700	双方协议

(5)每捆钢丝的质量、根数及单根最低质量

钢丝直径 /mm	标 准 捆			非标准捆最低 质量/kg
	捆重(kg)	每捆根数不多于	单根最低质量(kg)	
≤0.30	5	6	0.5	0.5
>0.30~0.50	10	5	1	1
>0.50~1.00	25	4	2	2
>1.0~1.20	25	3	3	3
>1.20~3.00	50	3	4	4
>3.00~4.50	50	2	6	10
>4.50~6.00	50	2	6	12

（6）力学性能

公称直径 /mm	抗拉强度/MPa					180°弯曲试验次		伸长率/% （标距100mm）	
	冷拉普通钢丝	制钉用钢丝	建筑用钢丝	退火钢丝	镀锌钢丝	冷拉普通钢丝	建筑用钢丝	建筑用钢丝	镀锌钢丝
≤0.30	≤980	—	—			见注	—	—	
>0.30~0.80	≤980	—	—				—	—	≥10
>0.80~1.20	≤980	880~1320	—				—	—	
>1.20~1.80	≤1060	785~1220	—			≥6		—	
>1.80~2.50	≤1010	735~1170	—	295~540	295~540			—	
>2.50~3.50	≤960	685~1120	≥550					—	≥12
>3.50~5.00	≤890	590~1030	≥550			≥4	≥4	≥2	
>5.00~6.00	≤790	540~930	≥550					—	
>6.00	≤690	—	—			—	—	—	

注：①标准捆钢丝每捆质量允许有不超过规定质量1%的正偏差和0.4%的负偏差，但每批交货质量不允许负偏差。
　　②根据需方要求，标准捆也可由一根钢丝组成。镀锌钢丝成品接头处应用局部电镀的方法或用银漆覆涂。镀锌钢丝及其他各类钢丝电接处应对正锉平，接头数量不得超过表中规定的每捆根数。
　　③非标准捆的钢丝应由一根钢丝组成，质量由双方协议确定或由供方确定，但最低质量应符合上表中规定。

标记示例：
直径为2.00mm的冷拉钢丝，其标记为：
低碳钢丝 WCD－2.00－YB/T 5294—2009
直径为4.00mm的退火钢丝，其标记为：
低碳钢丝 TA－4.00－YB/T 5294—2009
直径为3.00mm的F级镀锌钢丝的标记为：
低碳钢丝 SZ－F－3.00－YB/T 5294—2009

表2-317　常用线规号英制尺寸与公制尺寸对照表

线规号	SWG[a]		BWG[b]		AWG[c]	
	/inch	/mm	/inch	/mm	/inch	/mm
3	0.252	6.401	0.259	6.58	0.229 4	5.83
4	0.232	5.893	0.238	6.05	0.204 3	5.19
5	0.212	5.385	0.220	5.59	0.181 9	4.62
6	0.192	4.877	0.203	5.16	0.162 0	4.11
7	0.176	4.470	0.180	4.57	0.144 3	3.67
8	0.160	4.064	0.165	4.19	0.128 5	3.26
9	0.144	3.658	0.148	3.76	0.114 4	2.91
10	0.128	3.251	0.134	3.40	0.101 9	2.59
11	0.116	2.946	0.120	3.05	0.090 74	2.30
12	0.104	2.642	0.109	2.77	0.080 81	2.05
13	0.092	2.337	0.095	2.41	0.071 96	1.83
14	0.080	2.032	0.083	2.11	0.064 08	1.63
15	0.072	1.829	0.072	1.83	0.057 07	1.45
16	0.064	1.626	0.065	1.65	0.050 82	1.29
17	0.056	1.422	0.058	1.47	0.045 26	1.15
18	0.048	1.219	0.049	1.24	0.040 30	1.02
19	0.040	1.016	0.042	1.07	0.035 89	0.91
20	0.036	0.914	0.035	0.89	0.031 96	0.812
21	0.032	0.813	0.032	0.81	0.028 46	0.723
22	0.028	0.711	0.028	0.71	0.025 35	0.644
23	0.024	0.610	0.025	0.64	0.022 57	0.573
24	0.022	0.559	0.022	0.56	0.020 10	0.511
25	0.020	0.508	0.020	0.51	0.017 90	0.455
26	0.018	0.457	0.018	0.46	0.015 94	0.405
27	0.016 4	0.416 6	0.016	0.41	0.014 20	0.361
28	0.014 8	0.375 9	0.014	0.36	0.012 64	0.321
29	0.013 6	0.345 4	0.013	0.33	0.011 26	0.286
30	0.012 4	0.315 0	0.012	0.30	0.010 03	0.255
31	0.011 6	0.294 6	0.010	0.25	0.008 928	0.227
32	0.010 8	0.274 3	0.009	0.23	0.007 950	0.202
33	0.010 0	0.254 0	0.008	0.20	0.007 080	0.180

线规号	SWG[a]		BWG[b]		AWG[c]	
	/inch	/mm	/inch	/mm	/inch	/mm
34	0.009 2	0.233 7	0.007	0.18	0.006 304	0.160
35	0.008 4	0.213 4	0.005	0.13	0.005 615	0.143
36	0.007 6	0.193 0	0.004	0.10	0.005 000	0.127

a SWG 为英国线规代号。

b BWG 为伯明翰线规代号。

c AWG 为美国线规代号。

4. 重要用途低碳钢丝

重要用途低碳钢丝（YB/T 5032—2006）列于表 2-318。

表 2-318　重要用途低碳钢丝

（1）钢丝按交货时的表面情况分类、代号

类别	名　称	代　号
I	镀锌钢丝	Zd
II	光面钢丝	Zg

（2）钢丝的直径及允许偏差

公称直径 /mm	允许偏差/mm		公称直径 /mm	允许偏差/mm	
	光面钢丝	镀锌钢丝		光面钢丝	镀锌钢丝
0.3 0.4 0.5 0.6	±0.02	+0.04 −0.02	1.8 2.0 2.3 2.6 3.0	±0.04	+0.08 −0.06
0.8 1.0 1.2 1.4 1.6	±0.04	+0.06 −0.02	3.5 4.0 4.5 5.0 6.0	±0.05	+0.09 −0.07

（3）钢丝的盘重	
公称直径/mm	盘重/kg≥
>3.50~6.00	20
>1.60~3.50	10
>1.00~1.60	5
>0.60~1.00	1
>0.40~0.60	0.5
0.30~0.40	0.3

注：相同钢号、炉号、直径、交货状态的钢丝盘可以捆扎成捆，每捆不超过3
盘钢丝组成。

（4）钢丝的力学性能

公称直径 /mm	抗拉强度/MPa ≥		扭转次数 次/360° ≥	弯曲次数 次/180° ≥
	光面	镀锌		
0.3			30	打结拉力试验抗拉强度： 光面：≥225MPa 镀锌：≥185MPa
0.4			30	
0.5			30	
0.6			30	
0.8			30	
1.0			25	22
1.2			25	18
1.4			20	14
1.6			20	12
1.8	395	365	18	12
2.0			18	10
2.3			15	10
2.6			15	8
3.0			12	10
3.5			12	10
4.0			10	8
4.5			10	8
5.0			8	6
6.0			6	3

标记示例：

直径为1.0mm的镀锌钢丝，其标记为：

Zd1.0 – YB/T 5032—2006

5. 铠装电缆用热镀锌或热镀锌 –5% 铝 – 混合稀土合金镀层低碳钢丝

铠装电缆用热镀锌或热镀锌 – 5% 铝 – 混合稀土合金镀层低碳钢丝
（GB/T 3082—2008）见表 2 – 319。

表 2 – 319　铠装电缆用热镀锌或热镀锌 –5% 铝 – 混合稀土合金镀层低碳钢丝

（1）分类	
按镀层质量分	Ⅰ组
	Ⅱ组
按镀层类别分	镀锌层
	镀锌 –5% 铝混合稀土合金镀层

（2）钢丝公称直径及允许偏差	
公称直径/mm	允许偏差/mm
>0.8 ~1.2	±0.04
>1.2 ~1.6	±0.05
>1.6 ~2.5	±0.05
>2.5 ~3.2	±0.08
>3.2 ~4.5	±0.10

（3）长度及允许偏差	
长度按需方要求确定	允许偏差为长度的 0% ~2%

（4）不圆度	
不圆度	不大于直径公差之半

（5）钢丝力学及工艺性能							
公称直径 /mm	拉伸强度 R_m （N/mm²）	断后伸长率		扭转		缠绕	
		/% ≥	标距/ mm	次数/360° ≥	标距/ mm	芯棒直径与钢丝 公称直径之比	缠绕 圈数
>0.8 ~1.2		10		24		—	
>1.2 ~1.6		10		22			
>1.6 ~2.5		10		20			
>2.5 ~3.2	345 ~495	10	250	19	150	1	8
>3.2 ~4.2		10		15			
>4.2 ~6.0		10		10			
>6.0 ~8.0		9		7			

（6）钢丝镀层质量及缠绕试验

公称直径/mm	Ⅰ组			Ⅱ组		
	镀层质量/（g/mm²）≥	缠绕试验		镀层质量/（g/mm²）≥	缠绕试验	
		芯棒直径为钢丝直径的倍数	缠绕圈数		芯棒直径为钢丝直径的倍数	缠绕圈数
0.9	112	2		150	2	
1.2	150			200		
1.6	150	4		220	4	
2.0	190			240		
2.5	210			260		
3.2	240		6	275		6
4.0	270	5		290	5	
5.0						
6.0						
7.0	280			300		
8.0						

标记示例:

铠装电缆用镀锌低碳钢用镀层类别、镀层直径、镀层级别和标准号标识。

示例1:直径为4.0mm的Ⅰ组铠装电缆用镀锌钢丝,标记为:

    铠装镀锌钢丝4 - Ⅰ - GB/T 3082—2008

示例2:直径为2.5mm的Ⅰ组铠装电缆用镀锌 - 5%铝 - 混合稀土合金镀层钢丝,其标记为:

    铠装镀锌 - 5%铝 - 混合稀土合金镀层钢丝2.5 - Ⅰ - GB/T 3082—2008

6. 棉花打包用镀锌钢丝

棉花打包用镀锌钢丝（YB/T 5033—2001）列于表2 - 320。

表 2-320　棉花打包用镀锌钢丝

(1) 分类与代号		
按镀锌方式分	热镀锌棉包丝	HZ
	电镀锌棉包丝	EZ
按抗拉强度分	A 级（低强度）	
	B 级（高强数）	

(2) 公称直径及允许偏差	
公称直径 d/mm	允许偏差/mm
2.50	±0.05
2.80	
3.00	±0.06
3.20	
3.40	
3.80	±0.07
4.00	
4.50	

(3) 外形

①打包钢丝的不圆度不得超过公称直径公差之半

②钢丝捆不得有紊乱的线圈或成"8"字形

(4) 捆径、捆重					
公称直径 /mm	标准捆			非标准捆	每捆钢丝交货质量允许偏差/%
	每捆质量 /kg	每捆根数 ≤	单根质量/kg ≥	最低质量 /kg	
2.50	50	2	5	25	+1 −0.4
2.80					
3.00					
3.20			10	50	
3.40					
3.80					
4.00					
4.50					

（5）力学性能

钢丝公称直径/mm	A 级			B 级		
	抗拉强度/MPa	断后伸长率（$L_0=100$mm）/%	反复弯曲/次(180°)	抗拉强度/MPa	断后伸长率（$L_0=250$mm）/%	反复弯曲/次(180°)
2.50	400~500	≥15	≥14	≥1 400	≥4.0	≥8
2.80				—	—	—
3.20	—	—	—	≥1 400	≥4.0	≥8
3.40						
3.80						
4.00	400~500	≥15	≥14	—	—	—
4.50						

（6）钢丝的镀锌层质量

钢丝公称直径/mm	锌层质量/(g/m²)		缠绕试验		硫酸铜试验浸置次数		
	热镀锌	电镀锌	芯棒直径为钢丝公称直径的倍数	缠绕圈数	热镀锌		电镀锌
					60s	30s	30s
2.50	≥55	≥25	7d	≥6	—	1	1
2.80	≥65	≥25			—	1	
3.00	≥70	≥25			1	—	
3.20	≥80	≥25			1	—	
3.40	≥80	≥30			1	—	
3.80	≥85	≥30			1	1	
4.00	≥85	≥30			1	1	
4.50	≥95	≥40			1	1	

注：①锌层应进行牢固性缠绕试验。缠绕试验后，附在钢丝表面的锌层不得开裂或起层到用裸手能够擦掉的程度。

②若需方要求用硫酸铜试验检验钢丝镀层的均匀性，应在合同中注明。

③每批钢丝交货总质量不允许有负偏差。

④非标准捆的钢丝应由一根钢丝组成。

⑤打包钢丝捆的内径为 450~700mm。

⑥按非标准捆交货时应在合同中注明，未注明者由供方确定。

⑦经供需双方协议，可供应其他规格的打包钢丝。

标记示例：

公称直径为 2.80mm，抗拉强度为 A 级的电镀锌打包钢丝，其标记为：

棉花打包用镀锌钢丝 EZ – A – 2.80 – YB/T 5033—2001

公称直径为 3.20mm，抗拉强度为 B 级的热镀锌打包钢丝，其标记为：

棉花打包用镀锌钢丝 HZ – B – 3.20 – YB/T 5033—2001

7. 通讯线用镀锌低碳钢丝

钢丝尺寸及允许偏差于列表 2 – 321；钢丝的捆重列于表 2 – 322；钢丝的机械性能列于表 2 – 323；钢丝的锌层质量、均匀性（硫酸铜试验）和牢固性（缠绕试验）列于表 2 – 324，以上根据 GB/T 346—1984 制定。

表 2 – 321　钢丝尺寸及允许偏差

公称直径/mm	尺寸允许偏差/mm
1.2	+0.06 -0.04
1.5	+0.08 -0.04
2.0	
2.5	
3.0	
4.0	+0.10 -0.06
5.0	
6.0	

注：①根据供需双方协议，也可供应中间尺寸的钢丝。其尺寸允许偏差按相邻较大直径的规定值。

②钢丝的椭圆度不得大于直径的公差。

表 2 – 322　钢丝的捆重及捆丝允许偏差

钢丝直径 /mm	50kg 标准捆			非标准捆	
	每捆钢丝根数 ≤		配捆单根钢丝 质量/kg≥	单根钢丝质量/kg ≥	
	正常的	配捆的		正常的	最低质量
1.2	1	4	2	10	3
1.5	1	3	3	10	5
2.0	1	3	5	20	8
2.5	1	2	5	20	10
3.0	1	2	10	25	12
4.0	1	2	10	40	15
5.0	1	2	15	50	20
6.0	1	2	15	50	20

注：①钢丝的捆重应符合表中的规定。

②按 50kg 标准捆交货时，配捆钢丝质量，不得超过每批质量的 10%。

③按非标准捆交货时，单根钢丝最低质量不得超过每批供货质量的 5%。

表 2 – 323　钢丝的机械性能

公称直径/mm	抗拉强度/MPa	伸长率/% $L_0 = 200\text{mm}$ ≥
1.2	360～550	
1.5		
2.0		
2.5	360～500	12
3.0		
4.0	360～500	
5.0		
6.0		

表 2 – 324　钢丝的锌层质量、均匀性(硫酸铜试验)和牢固性(缠绕试验)

钢丝直径/mm	Ⅰ 组			Ⅱ 组			缠绕试验	
	锌层质量/(g/m²) ≥	浸入硫酸铜溶液次数 ≥		锌层质量/(g/m²) ≥	浸入硫酸铜溶液次数 ≥		芯轴直径为钢丝直径的倍数	缠绕圈数
		60s	30s		60s	30s		
1.2	120	2	—	—	—	—		
1.5	150	2	—	230	2	1		
2.0	190	2	—	240	3	—	4	6
2.5	210	2	—	260	3	—		
3.0	230	3	—	275	3	1		
4.0	245	3	—	290	3	1		
5.0	245	3	—	290	3	1	5	
6.0	245	3	—	290	3	1		

注：①中间尺寸的钢丝按相邻较小钢丝直径的规定值。
　　②钢丝缠绕试验后，锌层不得有用裸手指能擦掉的开裂和起皮。

标记示例：

直径2.5mm，普通钢经钝化处理的Ⅰ类通讯线用镀锌低碳钢丝标记为：
　　通讯线钢丝 2.5 – DH – Ⅰ – GB/T 346—1984

直径3mm，含铜钢未经钝化处理的Ⅱ类通讯线用镀锌低碳钢丝标记为：
　　通讯线钢丝 3 – （Cu） – Ⅱ – GB/T 346—1984

8. 熔化焊用钢丝

熔化焊用钢丝（GB/T 14957—1994）列于表 2 - 325。

表 2 - 325　熔化焊用钢丝

公称直径 /mm	允许偏差/mm		捆(盘)的内径 /mm≥	每捆（盘）的质量/kg≥			
	普通精度	较高精度		碳素结构钢		合金结构钢	
				一般	最小	一般	最小
1. 6 2. 0 2. 5 3. 0	- 0. 10	- 0. 06	350	30	15	10	5
3. 2 4. 0 5. 0 6. 0	- 0. 12	- 0. 08	400	40	20	15	8

注：每批供货时最小质量的钢丝捆（盘），不得超过每批总质量的10%。

标记示例：

H08MnA 直径为 4.0mm 的钢丝，其标记为：

H08MnA - 4. 0 - GB/T 14957—1994

H10Mn2 直径为 5.0mm 的钢丝，其标记为：

H10Mn2 - 5. 0 - GB/T 14957—1994

9. 焊接用不锈钢丝

焊接用不锈钢丝（YB/T 5092—2005）见表 2 - 326。

表 2 - 326　焊接用不锈钢丝

	(1) 分类		
类别		牌号	
按组织分	奥氏体型	H05Cr22Ni1Mn6Mo3VN	H12Cr24Ni13	H03Cr19Ni12Mo2Si1
		H10Cr17Ni8Mn8Si4N	H03Cr24Ni13Si	H03Cr19Ni12Mo2Cu2
		H05Cr20Ni6Mn9N	H03Cr24Ni13	H08Cr19Ni14Mo3
		H05Cr18Ni5Mn12N	H12Cr24Ni13Mo2	H03Cr19Ni14Mo3
		H10Cr21Ni10Mn6	H03Cr24Ni13Mo2	H08Cr19Ni12Mo2Nb
		H09Cr21Ni9Mn4Mo	H12Cr24Ni13Si1	H07Cr20Ni34Mo2Cu3Nb
		H08Cr21Ni10Si	H03Cr24Ni13Si1	H02Cr20Ni34Mo2Cu3Nb
		H08Cr21Ni10	H12Cr26Ni21Si	H08Cr19Ni10Ti
		H06Cr21Ni10	H12Cr26Ni21	H21Cr16Ni35
		H03Cr21Ni10Si	H08Cr26Ni21	H08Cr20Ni10Nb
		H03Cr21Ni10	H08Cr19Ni12Mo2Si	H08Cr20Ni10SiNb
		H08Cr20Ni11Mo2	H08Cr19Ni12Mo2	H02Cr27Ni32Mo3Cu
		H04Cr20Ni11Mo2	H06Cr19Ni12Mo2	H02Cr20Ni25Mo4Cu
		H08Cr21Ni10Si1	H03Cr19Ni12Mo2Si	H06Cr19Ni10TiNb
		H03Cr21Ni10Si1	H03Cr19Ni12Mo2	H10Cr16Ni8Mo2
		H12Cr24Ni13Si	H08Cr19Ni12Mo2Si1	
	奥氏体+铁素体（双相钢）型	H03Cr22Ni8Mo3N	H04Cr25Ni5Mo3Cu2N	H15Cr30Ni9
	马氏体型	H12Cr13	H06Cr12Ni4Mo	H31Cr13
	铁素体型	H06Cr14	H01Cr26Mo	H08Cr11Nb
		H10Cr17	H08Cr11Ti	
	沉淀硬化型	H05Cr17Ni4Cu4Nb		
按交货状态分	冷拉状态：WCD			
	软态（光亮处理或热处理后酸洗）：S			

(2) 钢丝直径及允许偏差/mm	
钢丝公称直径	直径允许偏差
0.6 ~ 1	0 -0.070
>1 ~ 3	0 -0.100
>3 ~ 6	0 -0.124
>6 ~ 10	0 -0.150

(3) 不圆度	
不圆度	不大于直径公差之半

10. 冷拉碳素弹簧钢丝

冷拉碳素弹簧钢丝（GB/T 4357—2009）分类见表2-327，强度级别、载荷类型与直径范围见表2-328，尺寸及偏差见表2-329~2-331，不圆度、定尺直条钢丝直线度偏差见表2-332。

表2-327　分类

按抗拉强度分	低抗拉强度：L
	中抗拉强度：M
	高抗拉强度：H
按弹簧载荷特点分	静载荷：S
	动载荷：D
按表面状态分	光面钢丝
	镀面钢丝

表2-328　强度级别、载荷类型与直径范围

强度等级	静载荷	公称直径范围/mm	动载荷	公称直径范围/mm
低抗拉强度	SL型	1.00~10.00	—	—
中抗拉强度	SM型	0.30~13.00	DM型	0.08~13.00
高抗拉强度	SH型	0.30~13.00	DH型	0.05~13.00

表2-329　钢丝直径及允许偏差　　　　单位：mm

钢丝公称直径，d	SH型、DM型和DH型	SL型和SM型
$0.05 \leqslant d < 0.09$	±0.003	—
$0.09 \leqslant d < 0.17$	±0.004	—
$0.17 \leqslant d < 0.26$	±0.005	—
$0.26 \leqslant d < 0.37$	±0.006	±0.010
$0.37 \leqslant d < 0.65$	±0.008	±0.012
$0.65 \leqslant d < 0.80$	±0.010	±0.015
$0.80 \leqslant d < 1.01$	±0.015	±0.020
$1.01 \leqslant d < 1.78$	±0.020	±0.025
$1.78 \leqslant d < 2.78$	±0.025	±0.030
$2.78 \leqslant d < 4.00$	±0.030	±0.030
$4.00 \leqslant d < 5.45$	±0.035	±0.035
$5.45 \leqslant d < 7.10$	±0.040	±0.040
$7.10 \leqslant d < 9.00$	±0.045	±0.045
$9.00 \leqslant d < 10.00$	±0.050	±0.050
$10.00 \leqslant d < 11.10$	±0.060	±0.060
$11.10 \leqslant d < 13.00$	±0.060	±0.070

表 2 - 330　直条定尺钢丝直径及允许偏差　单位：mm

钢丝公称直径，d	直径允许偏差	
$0.26 \leqslant d < 0.37$	-0.010	$+0.015$
$0.37 \leqslant d < 0.50$	-0.012	$+0.018$
$0.50 \leqslant d < 0.65$	-0.012	$+0.020$
$0.65 \leqslant d < 0.70$	-0.015	$+0.025$
$0.70 \leqslant d < 0.80$	-0.015	$+0.030$
$0.80 \leqslant d < 1.01$	-0.020	$+0.035$
$1.01 \leqslant d < 1.35$	-0.025	$+0.045$
$1.35 \leqslant d < 1.78$	-0.025	$+0.050$
$1.78 \leqslant d < 2.60$	-0.030	$+0.060$
$2.60 \leqslant d < 2.78$	-0.030	$+0.070$
$2.78 \leqslant d < 3.01$	-0.030	$+0.075$
$3.01 \leqslant d < 3.35$	-0.030	$+0.080$
$3.35 \leqslant d < 4.01$	-0.030	$+0.090$
$4.01 \leqslant d < 4.35$	-0.035	$+0.100$
$4.35 \leqslant d < 5.00$	-0.035	$+0.110$
$5.00 \leqslant d < 5.45$	-0.035	$+0.120$
$5.45 \leqslant d < 6.01$	-0.040	$+0.130$
$6.01 \leqslant d < 7.10$	-0.040	$+0.150$
$7.10 \leqslant d < 7.65$	-0.045	$+0.160$
$7.65 \leqslant d < 9.00$	-0.045	$+0.180$
$9.00 \leqslant d < 10.00$	-0.050	$+0.200$
$10.00 \leqslant d < 11.10$	-0.070	$+0.240$
$11.10 \leqslant d < 12.00$	-0.080	$+0.250$
$12.00 \leqslant d \leqslant 13.00$	-0.080	$+0.300$

表 2 - 331　定尺长度允许偏差　单位：mm

公称长度，L	长度允许偏差	
	1 级	2 级
$0 < L \leqslant 300$	$\begin{array}{c}+1.0\\1\end{array}$	$\begin{array}{c}+0.01L\\-0\end{array}$
$300 < L \leqslant 1000$	$\begin{array}{c}+2.0\\0\end{array}$	
$L > 1000$	$\begin{array}{c}+0.002L\\0\end{array}$	

表 2 - 332　不圆度、直线度

项目	偏差
不圆度	不大于直径公差之半
定尺直条钢丝的直线度	对于 500mm 检验长度，钢丝的偏差直径不应超过 0.5mm
	对于 1000mm 检验长度，钢丝的偏差直径不应超过 2mm

标记示例

示例1：2.00mm 中等抗拉强度级、适用于动载的光面弹簧钢丝，标记为：

光面弹簧钢丝 – GB/T 4357 – 2.00mm – DM

示例2：4.50mm 高抗拉强度级、适用于静载的镀锌弹簧钢丝，标记为：

镀锌弹簧钢丝 – GB/T 4357 – 4.50mm – SH

11. 重要用途碳素弹簧钢丝

重要用途碳素弹簧钢丝（YB/T 5311—2010）列于表 2 – 333。

表 2 – 333　重要用途碳素弹簧钢丝

(1) 分类和代号
按用途钢丝分为三组：E 组、F 组、G 组

(2) 钢丝的直径范围
E 组：0.08 ~ 6.00mm
F 组：0.08 ~ 6.00mm
G 组：1.00 ~ 6.00mm

(3) 钢丝的外形
钢丝的不圆度应不大于直径公差之半
钢丝盘应规整，打开钢丝盘时不得散乱、扭转或呈 "∞" 字形

(4) 钢丝的质量			
钢丝直径/mm	最小盘重/kg	钢丝直径/mm	最小盘重/kg
≤0.10	0.1	>0.8 ~ 1.80	2.0
>0.10 ~ 0.20	0.2	>1.80 ~ 3.00	5.0
>0.20 ~ 0.30	0.4	>3.00 ~ 6.00	8.0
>0.30 ~ 0.80	0.5		

标记示例：

钢丝力学性能为 E 组，直径为 1.60mm，直径允许偏差为 h10 级的重要用途碳素弹簧钢丝，其标记为：

$$重要用途碳素弹簧钢丝\frac{1.60 – h10 – GB\ 342 – 82}{E – YB/T\ 5311—2010}$$

当需方要求注明牌号时，其标记中可加注牌号。例如上例中需方要求注明 70 钢时，其标记为：

重要用途碳素弹簧钢丝 $\dfrac{1.\,60-h10-GB\,342—82}{70-E-YB/T\,5311—2010}$

12. 冷镦钢丝

（1）热处理型冷镦钢丝

热处理型冷镦钢丝（GB/T 5953.1-2009）分类及代号见表2-334，尺寸、外形及允许偏差见表2-335，质量见表2-336。

表2-334　热处理型冷镦钢丝的分类及代号

分类		代号及意义
按紧固件和冷成型件热处理状态分	表面硬化型	紧固件冷镦成型后需经表面渗碳（渗氮）处理，然后再进行淬火＋低温回火处理
	调质型（包括含硼钢）	紧固件冷镦成型后，先正火然后经淬火＋高温回火处理或直接进行淬火＋高温回火处理
按钢丝生产工艺流程，冷镦钢丝交货状态分为	冷拉	HD
	冷拉＋球化退火＋轻拉	SALD
	退火＋冷拉＋球化退火＋轻拉状态	ASALD
	冷拉＋球化退火	SA

表2-335　热处理型冷镦钢丝的尺寸、外形及允许偏差

公称直径		允许偏差	不圆度	长度
1.00~45.00mm	≤16.00mm	符合GB/T 342中10级的规定	不大于直径公差之半	通常长度为2000~6000mm，其平直度不大于2mm/m
	>16.00~25.00mm	符合GB/T 905中11级的规定		
	>25.00mm	钢丝精度供需双方协商		
	≤16.00mm磨光钢丝	符合GB/T 3207中10级的规定		
	>16.00~25.00mm磨光钢丝	符合GB/T 3207中11级的规定		
	>25.00mm磨光钢丝	钢丝精度供需双方协商		

表2-336　热处理型冷镦钢丝的质量

钢丝公称直径 d/mm	最小盘重/kg
1.00~2.00	10
>2.00~4.00	15
>4.00~9.00	30
>9.00	50

注：经供需双方商定，并在合同中注明，可提供额定盘重的钢丝，盘重允许偏差为±5%。

（2）非热处理型冷镦钢丝

非热处理型冷镦钢丝（CB/T 5953.2—2009）分类及代号见表2-337。尺寸、外形及允许偏差见表2-338，质量见表2-339。

表2-337　非热处理型冷镦钢丝的分类及代号

分类		代号及意义
钢丝按加工状态分	冷拉	HD
	冷拉+球化退火+轻拉	SALD
	退火+冷拉+球化退火+轻拉状态	ASALD

表2-338　非热处理型冷镦钢丝的尺寸、外形及允许偏差

公称直径		允许偏差	不圆度	长度
1.00~45.00mm	≤16.00mm	符合GB/T 342中10级的规定	不大于直径公差之半	通常长度为2000~6000mm，其平直度不大于2mm/m
	>16.00~25.00mm	符合GB/T 905中11级的规定		
	>25.00mm	偏差由供需双方协商		

表2-339　非热处理型冷镦钢丝的质量

钢丝公称直径 d/mm	最小盘重/kg
1.00~2.00	20
>2.00~5.00	30
>5.00~6.50	50
>6.50	100

注：经供需双方商定，并在合同中注明，可提供盘重100~2500kg的额定盘重钢

丝；当双方确定盘重时，盘重允许偏差为±5%。

（3）非调质型冷镦钢丝

非调质型冷镦钢丝（GB/T 5953. 3—2012）公称直径为4. 00～19. 00mm，直径允许偏差符合GB/T 342中10级的规定，不圆度、长度等见表2-338。

13. 预应力混凝土用钢丝

预应力混凝土用钢丝（GB/T 5223—2002）的分类及代号见表2-340，尺寸、偏差、每米参考质量见表2-341、表2-342、表2-343。

表2-340　预应力混凝土用钢丝的分类及代号

按加工状态分			按外形分	
冷拉钢丝：WCD	消除应力钢丝		光圆钢丝	P
	低松弛级钢丝：WLR	普通松弛级钢丝：WNR	螺旋肋钢丝	H
			刻痕钢丝	I

表2-341　光圆钢丝尺寸及允许偏差、每米参考质量

公称直径 d_n/mm	直径允许偏差/mm	公称横截面 S_n/mm²	每米参考质量/（g/m）
3. 00	±0. 04	7. 07	55. 5
4. 00		12. 57	98. 6
5. 00	±0. 05	19. 63	154
6. 00		28. 27	222
6. 25		30. 68	241
7. 00		38. 48	302
8. 00	±0. 06	50. 26	394
9. 00		63. 62	499
10. 00		78. 54	616
12. 00		113. 1	888

表 2-342 螺旋肋钢丝的尺寸及允许偏差

公称直径 d_n/mm	螺旋肋数量/条	基圆尺寸		外轮廓尺寸		单肋尺寸	螺旋肋导程 C/mm
		基圆尺寸 D_1/mm	允许偏差 /mm	外轮廓尺寸 D/mm	允许偏差 /mm	宽度 a/mm	
4.00	4	3.85		4.25		0.90~1.30	24~30
4.80	4	4.60		5.10		1.30~1.70	28~36
5.00	4	4.80		5.30	±0.05	1.30~1.70	28~36
6.00	4	5.80		6.30		1.60~2.00	30~38
6.25	4	6.00	±0.05	6.70		1.60~2.00	30~40
7.00	4	6.73		7.46		1.80~2.20	35~45
8.00	4	7.75		8.45		2.00~2.40	40~50
9.00	4	8.75		9.45	±0.10	2.10~2.70	42~52
10.00	4	9.75		10.45		2.50~3.00	45~58

表 2-343 三面刻痕钢丝尺寸及允许偏差

公称直径 d_n/mm	刻痕深度		刻痕长度		节距	
	公称深度 a/mm	允许偏差 /mm	公称长度 b/mm	允许偏差 /mm	公称节距 L/mm	允许偏差 /mm
≤5.00	0.12	±0.05	3.5	±0.05	5.5	±0.05
>5.00	0.15		5.0		8.0	

注：①公称直径指横截面积等同于光圆钢丝横截面积时所对应的直径。

②螺旋肋钢丝、三面刻痕钢丝的公称横截面积、每米参考质量与光圆钢丝相同。

2.3.5 有色金属板材、带材及箔材

1. 铜及黄铜板（带、箔）理论面质量

表2-344 铜及黄铜板（带、箔）理论面质量

厚 度 /mm	理论面质量 /（kg/m²）		厚 度 /mm	理论面质量 /（kg/m²）	
	铜 板	黄铜板		铜 板	黄铜板
0.005	0.045	0.043	0.65	5.79	5.53
0.008	0.071	0.068	0.70	6.23	5.95
0.010	0.089	0.085	0.72	—	6.12
0.012	0.107	0.102	0.75	6.68	6.38
0.015	0.134	0.128	0.80	7.12	6.80
0.02	0.178	0.170	0.85	7.57	7.23
0.03	0.267	0.255	0.90	8.01	7.65
0.04	0.356	0.340	0.93	—	7.91
0.05	0.445	0.425	1.00	8.90	8.50
0.06	0.534	0.510	1.10	9.79	9.35
0.07	0.623	0.595	1.13	—	9.61
0.08	0.712	0.680	1.20	10.68	10.20
0.09	0.801	0.765	1.22	—	10.37
0.10	0.890	0.850	1.30	11.57	11.05
0.12	1.07	1.02	1.35	12.02	11.48
0.15	1.34	1.28	1.40	12.46	11.90
0.18	1.60	1.53	1.45	—	12.33
0.20	1.78	1.70	1.50	13.35	12.75
0.22	1.96	1.87	1.60	14.24	13.60
0.25	2.23	2.13	1.65	14.69	14.03
0.30	2.67	2.55	1.80	16.02	15.30
0.32	—	2.72	2.00	17.80	17.00
0.34	—	2.89	2.20	19.58	18.70
0.35	3.12	2.98	2.25	20.03	19.13
0.40	3.56	3.40	2.50	22.25	21.25
0.45	4.01	3.83	2.75	24.48	23.38
0.50	4.45	4.25	2.80	24.92	23.80
0.52	—	4.42	3.00	26.70	25.50
0.55	4.90	4.68	3.50	31.15	29.75
0.57	—	4.85	4.00	35.60	34.00
0.60	5.34	5.10	4.5	40.05	38.25

厚度/mm	理论面质量/（kg/m²）		厚度/mm	理论面质量/（kg/m²）	
	铜 板	黄铜板		铜 板	黄铜板
5. 0	44. 50	42. 50	26. 0	231. 4	221. 0
5. 5	48. 95	46. 75	27. 0	240. 3	229. 8
6. 0	53. 40	51. 00	28. 0	249. 2	238. 0
6. 5	57. 85	55. 25	29. 0	258. 1	246. 5
7. 0	62. 30	59. 50	30. 0	267. 0	255. 0
7. 5	66. 75	63. 75	32. 0	284. 8	272. 0
8. 0	71. 20	68. 00	34. 0	302. 6	289. 0
9. 0	80. 10	76. 50	35. 0	311. 5	297. 5
10. 0	89. 00	85. 00	36. 0	320. 4	306. 0
11. 0	97. 90	93. 50	38. 0	338. 2	323. 0
12. 0	106. 8	102. 0	40. 0	356. 0	340. 0
13. 0	115. 7	110. 5	42. 0	373. 8	357. 0
14. 0	124. 6	119. 0	44. 0	391. 6	374. 0
15. 0	133. 5	127. 5	45. 0	400. 5	382. 5
16. 0	142. 4	136. 0	46. 0	409. 3	391. 0
17. 0	151. 3	144. 5	48. 0	427. 2	408. 0
18. 0	160. 2	153. 0	50. 0	445. 0	425. 0
19. 0	169. 1	161. 5	52. 0	462. 8	442. 0
20. 0	178. 0	170. 0	54. 0	480. 6	459. 0
21. 0	186. 9	178. 5	55. 0	489. 5	467. 5
22. 0	195. 8	187. 0	56. 0	498. 4	476. 0
23. 0	204. 7	195. 5	58. 0	516. 2	493. 0
24. 0	213. 6	204. 0	60. 0	534. 0	510. 0
25. 0	222. 5	212. 5			

注：①计算理论面质量的密度：铜板为 8. 9g/cm³；黄铜板为 8. 5g/cm³。其他密度牌号黄铜板的理论面质量须将本表中的黄铜板理论面质量乘上相应的换算系数。

②各种牌号黄铜的密度（g/cm³）见下表；密度非 8.5 的牌号理论面质量，须将表中的理论面质量乘上相应的理论面质量换算系数：

黄 铜 牌 号	密度	理论面质量换算系数
H80、 H68、 H62、 H59、 HPb63 – 3、 HPb59 – 1、 HSn62 – 1、 HSn60 – 1、 HAl67 – 2. 5、 HAl66 – 6 – 3 – 2、 HAl60 – 1 – 1、 HMn58 – 2、 HMn57 – 3 – 1、 HMn55 – 3 – 1、 HFe59 – 1 – 1、 HSi80 – 3、 HNi65 – 5	8. 5	1
HSn70 – 1	8. 54	1. 004 7
HAl77 – 2	8. 6	1. 011 8
HPb74 – 3	8. 7	1. 023 5
H96、 H90	8. 8	1. 035 3

2. 一般用途加工铜及铜合金板带材

一般用途加工铜及铜合金板带材（GB/T 17793—2010）列于表2-345～表2-356。

表2-345 板材的牌号和规格

牌号	状态	规格/mm 厚度	规格/mm 宽度	规格/mm 长度	允许偏差的表编号 厚度	允许偏差的表编号 宽度	允许偏差的表编号 长度	允许偏差的表编号 平整度
T2、T3、TP1、TP2、TU1 TU2、H96、H90、H85、H80 H70、H68、H65、H63、H62 H59、HPb59-1、HPb60-2 HSn62-1、HMn58-2	热轧	4.0～60.0	≤3 000	≤6 000	表2-347	表2-352	表2-354	表2-355
	冷轧	0.20～12.00			表2-348			
HMn55-3-1、HMn57-3-1 HAl60-1-1、HAl67-2.5 HAl66-6-3-2、HNi65-5	热轧	4.0～40.0	≤1 000	≤2 000	表2-347			
QSn6.5-0.1、QSn6.5-0.4 QSn4-3、QSn4-0.3 QSn7-0.2、QSn8-0.3	热轧	9.0～50.0	≤600	≤2 000	表2-347			
	冷轧	0.20～12.00			表2-349			
QAl5、QAl7、QAl9-2 QAl9-4	冷轧	0.40～12.00	≤1 000	≤2 000	表2-349			
QCd1	冷轧	0.50～10.00	200～300	800～1 500	表2-349			
QCr0.5、QCr0.5-0.2-0.1	冷轧	0.50～15.00	100～600	≥300	表2-349			
QMn1.5、QMn5	冷轧	0.50～5.00	100～600	≤1 500	表2-349			
QSi3-1	冷轧	0.50～10.00	100～1 000	≥500	表2-349			
QSn4-4-2.5、QSn4-4-4	冷轧	0.80～5.00	200～600	800～2 000	表2-349			
B5、B19	热轧	7.0～60.0	≤2 000	≤4 000	表2-347			
BFe10-1-1、BFe30-1-1	冷轧	0.50～10.00	≤600	≤1 500	表2-349			
BZn15-20、BZn18-17	冷轧	0.50～12.00	≤600	≤1 500	表2-349			
BAl6-1.5、BAl13-3	冷轧	0.50～10.00	100～600	800～1 500	表2-349			
BMn3-12、BMn40-1.5	冷轧	0.50～10.00			表2-349			

表 2 - 346　带材牌号和规格

牌号	厚度/mm	宽度/mm	允许偏差表的编号		
			厚度	宽度	侧边弯曲度
T2、T3、TU1、TU2 TP1、TP2、H93、H90、H85、H80 H70、H68、H65、H63、H62、H59	>0.15~<0.5	≤600	表 2-350		
	0.5~3	≤1 200			
HPb59-1、HSn62-1、HMn58-2	>0.15~0.2	≤300			
	>0.2~2	≤550			
QAI5、QAI7、QAI9-2、QAI9-4	>0.15~1.2	≤300	表 2-351	表 2-353	表 2-356
QSn7-0.2、QSn6.5-0.4 QSn6.5-0.1、QSn4-3、QSn4-0.3	>0.15~2	≤610			
QSn8-0.3	>0.15~2.6	≤610			
QSn4-4-4、QSn4-4-2.5	0.8~1.2	≤200			
QCd1、QMn1.5、QMn5、QSi3-1	>0.15~1.2	≤300			
BZn18-17	>0.15~1.2	≤610			
B5、B19、BZn15-20、BFe10-1-1 BFe30-1-1、BMn40-1.5 BMn3-12、BAI13-3、BAI6-1.5	>0.15~1.2	≤400			

表 2 - 347　热轧板的厚度允许偏差　　　单位：mm

厚度	宽　　度					
	≤500	>500~1 000	>1 000~1 500	>1 500~2 000	>2 000~2 500	>2 500~3 000
	厚度允许偏差，±					
4.0~6.0	–	0.22	0.28	0.40	–	–
>6.0~8.0	–	0.25	0.35	0.45	–	–
>8.0~12.0	–	0.35	0.45	0.60	1.00	1.30
>12.0~16.0	0.35	0.45	0.55	0.70	1.10	1.40
>16.0~20.0	0.40	0.50	0.70	0.80	1.20	1.50
>20.0~25.0	0.45	0.55	0.80	1.00	1.30	1.80
>25.0~30.0	0.55	0.65	1.00	1.10	1.60	2.00
>30.0~40.0	0.70	0.85	1.25	1.30	2.00	2.70
>40.0~50.0	0.90	1.10	1.50	1.60	2.50	3.50
>50.0~60.0	–	1.30	2.00	2.20	3.00	4.30

注：当要求单向允许偏差时，其值为表中数值的 2 倍。

表 2-348 纯铜、黄铜冷轧板的厚度允许偏差

单位：mm

厚度允许偏差，±

厚度	宽度																	
	≤400		>400~700		>700~1000		>1000~1250		>1250~1500		>1500~1750		>1750~2000		>2000~2500		>2500~3000	
	普通级	高级	普通级	高级	普通级	高级	普通级	高级	普通级	高级	普通级	高级	普通级	高级	普通级	高级	普通级	高级
0.20~0.35	0.025	0.020	0.030	0.025	0.060	0.050	—	—	—	—	—	—	—	—	—	—	—	—
>0.35~0.50	0.030	0.025	0.040	0.030	0.070	0.060	0.080	0.070	—	—	—	—	—	—	—	—	—	—
>0.50~0.80	0.040	0.030	0.055	0.040	0.080	0.070	0.100	0.080	0.150	0.130	—	—	—	—	—	—	—	—
>0.80~1.20	0.050	0.040	0.070	0.055	0.100	0.080	0.120	0.100	0.160	0.150	—	—	—	—	—	—	—	—
>1.20~2.00	0.060	0.050	0.100	0.075	0.120	0.100	0.150	0.120	0.180	0.160	0.280	0.250	0.350	0.300	—	—	—	—
>2.00~3.20	0.080	0.060	0.120	0.100	0.150	0.120	0.180	0.150	0.220	0.200	0.330	0.300	0.400	0.350	0.500	0.400	—	—
>3.20~5.00	0.100	0.080	0.150	0.120	0.180	0.150	0.220	0.200	0.280	0.250	0.400	0.350	0.450	0.400	0.600	0.500	0.700	0.600
>5.00~8.00	0.130	0.100	0.180	0.150	0.230	0.180	0.260	0.230	0.340	0.300	0.450	0.400	0.550	0.450	0.800	0.700	1.000	0.800
>8.00~12.00	0.180	0.140	0.230	0.180	0.250	0.230	0.300	0.250	0.400	0.350	0.600	0.500	0.700	0.600	1.000	0.800	1.300	1.000

注：当要求单向允许偏差时，其值为表中数值的 2 倍。

表 2-349　青铜、白铜冷轧板的厚度允许偏差　　单位：mm

厚度	宽度								
	≤400			>400~700			>700~1 000		
	厚度允许偏差，±								
	普通级	较高级	高级	普通级	较高级	高级	普通级	较高级	高级
0.20~0.30	0.030	0.025	0.010	—	—	—	—	—	—
>0.30~0.40	0.035	0.030	0.020	—	—	—	—	—	—
>0.40~0.50	0.040	0.035	0.025	0.060	0.050	0.045	—	—	—
>0.50~0.80	0.050	0.040	0.030	0.070	0.060	0.050	—	—	—
>0.80~1.20	0.060	0.050	0.040	0.080	0.070	0.060	0.150	0.120	0.080
>1.20~2.00	0.090	0.070	0.050	0.110	0.090	0.080	0.200	0.150	0.100
>2.00~3.20	0.110	0.090	0.060	0.140	0.120	0.100	0.250	0.200	0.150
>3.20~5.00	0.130	0.110	0.080	0.180	0.150	0.120	0.300	0.250	0.200
>5.00~8.00	0.150	0.130	0.100	0.200	0.180	0.150	0.350	0.300	0.250
>8.00~12.00	0.180	0.150	0.110	0.230	0.220	0.180	0.450	0.400	0.300
>12.00~15.00	0.200	0.180	0.150	0.250	0.230	0.200	—	—	—

注：当要求单向允许偏差时，其值为表中数值的 2 倍。

表 2-350　纯铜、黄铜带材的厚度允许偏差　　单位：mm

厚度	宽度									
	≤200		>200~300		>300~400		>400~700		>700~1 200	
	厚度允许偏差，±									
	普通级	高级	普通级	高级	普通级	高级	普通级	高级	普通级	高级
>0.15~0.25	0.015	0.010	0.020	0.015	0.020	0.015	0.030	0.025	—	—
>0.25~0.35	0.020	0.015	0.025	0.020	0.030	0.025	0.040	0.030	—	—
>0.35~0.50	0.025	0.020	0.030	0.025	0.035	0.030	0.050	0.040	0.060	0.050
>0.50~0.80	0.030	0.025	0.040	0.030	0.040	0.035	0.060	0.050	0.070	0.060
>0.80~1.20	0.040	0.030	0.050	0.040	0.050	0.040	0.070	0.060	0.080	0.070
>1.20~2.00	0.050	0.040	0.060	0.050	0.060	0.050	0.080	0.070	0.100	0.080
>2.00~3.00	0.060	0.050	0.070	0.060	0.080	0.070	0.100	0.080	0.120	0.100

注：当要求单向允许偏差时，其值为表中数值的 2 倍。

表2-351　青铜、白铜带材的厚度允许偏差　　　　单位：mm

厚度	宽度			
	≤400		>400~610	
	宽度允许偏差，±			
	普通级	高级	普通级	高级
>0.15~0.25	0.020	0.013	0.030	0.020
>0.25~0.40	0.025	0.018	0.040	0.030
>0.40~0.55	0.030	0.020	0.050	0.045
>0.55~0.70	0.035	0.025	0.060	0.050
>0.70~0.90	0.045	0.030	0.070	0.060
>0.90~1.20	0.050	0.035	0.080	0.070
>1.20~1.50	0.065	0.045	0.090	0.080
>1.50~2.00	0.080	0.050	0.100	0.090
>2.00~2.60	0.090	0.060	0.120	0.100

注：当要求单向允许偏差时，其值为表中数值的2倍。

表2-352　板材的宽度允许偏差　　　　单位：mm

厚度	宽度							
	≤300	>300~700	≤1 000	>1 000~2 000	>2 000~3 000	≤1 000	>1 000~2 000	>2 000~3 000
	卷纵剪允许偏差		剪切允许偏差			锯切允许偏差		
0.20~0.35	±0.3	±0.6	+3 / 0	—		—	—	—	—
>0.35~0.80	±0.4	±0.7	+3 / 0	+5 / 0				
>0.80~3.00	±0.5	±0.8	+5 / 0	+10 / 0				
>3.00~8.00	—		+10 / 0	+15 / 0				
>8.00~15.00	—		+10 / 0	+15 / 0	+1.2%厚度 / 0			
>15.00~25.00	—		+10 / 0	+15 / 0	+1.2%厚度 / 0	±2	±3	±5
>25.00~60.00	—		—	—	—			

注：①当要求单向允许偏差时，其值为表中数值的2倍。
②厚度>15mm的热轧板，可不切边交货。

表 2 - 353　带材的宽度允许偏差　　单位：mm

厚度	宽度			
	≤200	>200~300	>300~600	>600~1 200
	宽度允许偏差，±			
>0.15~0.50	0.2	0.3	0.5	0.8
>0.50~2.00	0.3	0.4	0.6	
>2.00~3.00	0.5	0.5	0.6	

表 2 - 354　板材的长度允许偏差　　单位：mm

厚度	冷轧板（长度）				热轧板
	≤2 000	>2 000~3 500	>3 500~5 000	>5 000~7 000	
	长度允许偏差				
≤0.80	+10 0	+10 0	—	—	—
>0.80~3.00	+10 0	+15 0	—	—	—
>3.00~12.00	+15 0	+15 0	+20 0	+25 0	+25 0
>12.00~60.00	—				+30 0

注：①厚度 >15mm 时的热轧板，可不切头交货。
　　②板材的长度分定尺、倍尺和不定尺三种。定尺或倍尺应在不定尺范围内，其
　　　允许偏差应符合表 2-650 的规定。按倍尺供应的板材，应留有截断时的切口
　　　量，每一切口量为 +5mm。

表 2 - 355　板材的平整度

厚度/mm	平整度/（mm/m），≤
≤1.5	≤15
>1.5~5.0	≤10
>5.0	≤8

表2-356 带材的侧边弯曲度

宽度/mm	侧边弯曲度/（mm/m），≤		
	普通级		高级
	厚度>0.15~0.60	厚度>0.60~3.0	所有厚度
6~9	9	12	5
>9~13	6	10	4
>13~25	4	7	3
>25~50	3	5	3
>50~100	2.5	4	2
>100~1 200	2	3	1.5

3. 铜及铜合金板材

铜及铜合金板材（GB/T 2040—2008）适用于供一般用途的加工铜及铜合金板材的尺寸及尺寸偏差应符合 GB/T 17793 中相应牌号的规定。铜及铜合金板材列于表2-357。

表2-357 板材的牌号、状态、规格

牌号	状态	规格/mm		
		厚度	宽度	长度
T2、T3、TP1	R	4~60		
TP2、TU1、TU2	M、Y₄、Y₂、Y、T	0.2~12		
H96、H80	M、Y			
H90、H85	M、Y₂、Y	0.2~10		
H65	M、Y₁、Y₂、Y、T、TY			
H70、H68	R	4~60		
	M、Y₄、Y₂、Y、T、TY	0.2~10		
H63、H62	R	4~60	≤3 000	≤6 000
	M、Y₂、Y、T	0.2~10		
H59	R	4~60		
	M、Y	0.2~10		
HPb59-1	R	4~60		
	M、Y₂、Y	0.2~10		
HPb60-2	Y、T	0.5~10		
HMn58-2	M、Y₂、Y	0.2~10		
HSn62-1	R	4~60		
	M、Y₂、Y	0.2~10		

牌号	状态	规格/mm		
		厚度	宽度	长度
HMn55 – 3 – 1、HMn57 – 3 – 1 HAl60 – 1 – 1、HAl67 – 2.5 HAl66 – 6 – 3 – 2、HNi65 – 5	R	4 ~ 10	≤1 000	≤2 000
QSn6. 5 – 0. 1	R	9 ~ 50	≤600	≤2 000
	M、Y₄、Y₂、Y、T、TY	0. 2 ~ 12		
QSn6. 5 – 0. 4、QSn4 – 3 QSn4 – 0. 3、QSn7 – 0. 2	M、Y、T	0. 2 ~ 12	≤600	≤2 000
QSn8 – 0. 3	M、Y₄、Y₂、Y、T	0. 2 ~ 5	≤600	≤2 000
BAl6 – 1. 5	Y	0. 5 ~ 12	≤600	≤1 500
BAl13 – 3	CYS			
BZn15 – 20	M、Y₂、Y、T	0. 5 ~ 10	≤600	≤1 500
BZn18 – 17	M、Y₂、Y	0. 5 ~ 5	≤600	≤1 500
B5、B19	R	7 ~ 60	≤2 000	≤4 000
BFe10 – 1 – 1、BFe30 – 1 – 1	M、Y	0. 5 ~ 10	≤600	≤1 500
QAl5	M、Y	0. 4 ~ 12	≤1 000	≤2 000
QAl7	Y₂、Y			
QAl9 – 2	M、Y			
QAl9 – 4	Y			
QCd1	Y	0. 5 ~ 10	200 ~ 300	800 ~ 1 500
QCr0. 5、QCr0. 5 – 0. 2 – 0. 1	Y	0. 5 ~ 15	100 ~ 600	≥300
QMn1. 5	M	0. 5 ~ 5	100 ~ 600	≤1 500
QMn5	M、Y			
QSi3 – 1	M、Y、T	0. 5 ~ 10	100 ~ 1 000	≥500
QSn4 – 4 – 2. 5、QSn4 – 4 – 4	M、Y₃、Y₂、Y	0. 8 ~ 5	200 ~ 600	800 ~ 2 000
BMn40 – 1. 5	M、Y	0. 5 ~ 10	100 ~ 600	800 ~ 1 500
BMn3 – 12	M			

注：经供需双方协商，可以供应其他规格的板材。

4. 铜及铜合金带材

铜及铜合金带材（GB/T 2059—2008）适用于一般用途的加工铜及铜合金带材。带材的尺寸及尺寸偏差应符合 GB/T 17793 中相应的规定。铜及铜合金带材列于表 2-358。

表 2-358　铜及铜合金带材牌号、状态和规格

牌　号	状　态	厚度/mm	宽度/mm
T2、T3、TU1、TU2 TP1、TP2	软（M）、1/4 硬（Y_4） 半硬（Y_2）、硬（Y）	>0.05 ~ <0.50	≤600
	特硬（T）	0.50 ~ 3.0	≤1 200
H96、H80、H59	软（M）、硬（Y）	>0.05 ~ <0.50	≤600
		0.50 ~ 3.0	≤1 200
H82、H90	软（M）、半硬（Y_2）	>0.15 ~ <0.50	≤600
	硬（Y）	0.50 ~ 3.0	≤1 200
H70、H68、H65	软（M） 1/4 硬（Y_4） 半硬（Y_2）	>0.15 ~ <0.5	≤600
	硬（Y）、特硬（T）	0.50 ~ 3.0	≤1 200
H63、H62	软（M）、半硬（Y_2）	>0.15 ~ <0.50	≤600
	硬（Y）、特硬（T）	>0.50 ~ <3.0	≤1 200
HPb59-1、HMn58-2	软（M）、半硬（Y_2）	>0.15 ~ <0.20	≤300
	硬（Y）	>0.20 ~ <2.0	≤550
HPb59-1	特硬（T）	0.32 ~ 1.5	≤200
HSn62-1	硬（Y）	>0.15 ~ <0.20	≤300
		>0.20 ~ 0.20	≤550

牌　号	状　态	厚度/mm	宽度/mm
QA15	软（M）、硬（Y）		
QA17	半硬（Y_2）、硬（Y）		
QA19 - 2	软（M）、硬（Y） 特硬（T）	>0. 15 ~1. 2	≤300
QA19 - 4	硬（Y）		
QSn6. 5 - 0. 1	软（M）、1/4 硬（Y_4） 半硬（Y_2）硬（Y） 特硬（T）、弹硬（TY）	>0. 15 ~2. 0	≤610
QSn7 - 0. 2、QSn6. 5 - 0. 4、QSn4 - 3、 QSn4 - 0. 3	软（M）、硬（Y） 特硬（T）	>0. 15 ~2. 0	≤610
QSn8 - 0. 3	软（M）、1/4 硬（Y_4） 半硬（Y_2）、硬（Y） 特硬（T）	>0. 15 ~2. 6	≤610
QSn4 - 4 - 4、QSn4 - 4 - 2. 5	软（M）、1/3 硬（Y_3） 半硬（Y_2）、硬（Y）	0. 80 ~1. 2	≤200
QCd1	硬（Y）		
QMn1. 5	软（M）	>0. 15 ~1. 2	≤300
QMn5	软（M）、硬（Y）		
QSi3 - 1	软（M）、硬（Y） 特硬（T）	>0. 15 ~1. 2	≤300
BZn18 - 17	软（M）、半硬（Y_2） 硬（Y）	>0. 15 ~1. 2	≤610
BZn15 - 20	软（M）、半硬（Y_2） 硬（Y）、特硬（T）		
B5、B19、BFe10 - 1 - 1、BFe30 - 1 - 1、BMn40 - 1. 5、 BMn3 - 12	软（M）、硬（Y）	>0. 15 ~1. 2	≤400

牌　号	状　态	厚度/mm	宽度/mm
BA113 – 3	淬火 + 冷加工 + 人工时效（CYS）	>0.15 ~ 1.2	≤300
BA16 – 1.5	硬（Y）		

注：经供需双方协商，也可供应其他规格的带材。

标记示例：

产品标记按产品名称、牌号、状态规格和标准编号的顺序表示。标记示例如下：

用 H62 制造的、半硬（Y_2）状态、厚度为 0.8mm、宽度为 200mm 的带材标记为：

带 H62Y_2 0.8 × 200　GB/T 2059—2008

5. 铜及铜合金箔材

铜及铜合金箔材（GB/T 5187—2008）牌号、状态及规格见表 2 – 359，厚度、宽度及偏差见表 2 – 360。

表 2 – 359　铜及铜合金箔材牌号、状态和规格

牌号	状态	（厚度 × 宽度）/mm
T1、T2、T3、TU1、TU2	软（M）、1/4 硬（Y_4） 半硬（Y_2）、硬（Y）	（0.012 ~ <0.025） × ≤300 （0.025 ~ 0.15） × ≤600
H62、H65、H68	软（M）、1/4 硬（Y_4） 半硬（Y_2）、硬（Y） 特硬（T）、弹硬（TY）	
QSn6.5 – 0.1、QSn7 – 0.2	硬（Y）、特硬（T）	
QSi3 – 1	硬（Y）	
QSn8 – 0.3	特硬（T）、弹硬（TY）	
BMn40 – 1.5	软（M）、硬（Y）	
BZn15 – 20	软（M）、半硬（Y_2）、硬（Y）	
BZn18 – 18、BZn18 – 26	半硬（Y_2）、硬（Y）、特硬（T）	

表 2 – 360　铜及铜合金箔材厚度、宽度允许偏差　单位：mm

厚度	厚度允许偏差/±		宽度允许偏差/±	
	普通级	高精级	普通级	高精级
<0.030	0.003	0.002 5		
0.030 ~ <0.050	0.005	0.004	0.15	0.10
0.050 ~ 0.15	0.007	0.005		

注：按高精级订货时应在合同中注明，未注明时按普通级供货。

标记示例：

产品标记按产品名称、牌号、状态、规格和标准编号的顺序表示。标记示例如下：

用 T2 制造的、软（M）状态、厚度为 0.05mm、宽度为 600mm 的箔材标记为：

铜箔 T2M 0.05 ×600 GB/T 5187—2008

6. 铝及铝合金板、带的理论面质量

铝及铝合金板、带的理论面质量列于表 2 – 361。

表 2 – 361　铝及铝合金板、带的理论面质量

厚度 /mm	板 理论面质量 / (kg/m^2)	带 理论面质量 / (kg/m^2)	厚度 /mm	板 理论面质量 / (kg/m^2)	带 理论面质量 / (kg/m^2)	厚度 /mm	板 理论面质量 / (kg/m^2)	厚度 /mm	带 理论面质量 / (kg/m^2)
0.20	—	0.542	1.1	—	2.981	5.0	14.25	40	114.0
0.25	—	0.678	1.2	3.420	3.252	6.0	17.10	50	142.5
0.30	0.855	0.813	1.3	—	3.523	7.0	19.95	60	171.0
0.35	—	0.949	1.4	—	3.794	8.0	22.80	70	199.5
0.40	1.140	1.084	1.5	4.275	4.065	9.0	25.65	80	228.0
0.45	—	1.220	1.8	5.130	4.878	10	28.50	90	256.5
0.50	1.425	1.355	2.0	5.700	5.420	12	34.20	100	285.0
0.55	—	1.491	2.3	6.555	6.233	14	39.90	110	313.5
0.60	1.710	1.626	2.4	—	6.504	15	42.75	120	342.0
0.65	—	1.762	2.5	7.125	6.775	16	45.60	130	370.5
0.70	1.995	1.897	2.8	7.980	7.588	18	51.30	140	399.0
0.75	—	2.033	3.0	8.550	8.130	20	57.00	150	427.5
0.80	2.280	2.168	3.5	9.975	9.485	22	62.70		
0.90	2.565	2.439	4.0	11.40	10.84	25	71.25		
1.0	2.850	2.710	4.5	—	12.20	30	85.50		
						35	99.75		

注：①铝板理论面质量按 7A04（LC4）、7A09（LC9）等牌号的密度 2.85kg/m^{3}计算。密度非 2.85kg/m^3 牌号的理论面质量，应乘上相应的理论面质量换算系数。各种牌号的换算系数如下附表：

牌　号	密度/（g/cm³）	换算系数
纯铝、LT62	2.71	0.951
5A02（LF2） 5A43（LF43） 5A66（LT66）	2.68	0.940
5A03（LF3） 5083（LF4）	2.67	0.937
5A05（LF5） LF11	2.65	0.930
5A06（LF6） 5A41（LT41）	2.64	0.926
3A21（LF21）	2.73	0.958
2A06（LY6）	2.76	0.968
2A11（LY11） 2A14（LD10）	2.8	0.982
2A12（LY12）	2.78	0.975
2A16（LY16）	2.84	0.996
LQ1、LQ2	2.736	0.960

②铝带理论面质量按纯铝的密度2.71kg/m³计算。其他密度牌号的理论面质量，
应乘以相应的理论面质量换算系数：5A02（LF2）—0.989（密度2.68kg/m³），
3A21（LF21）—1.007（密度2.73kg/m³）。

7. 一般工业用铝及铝合金板、带材

一般工业用铝及铝合金板、带材（GB/T 3880.1～3880.3—2006）见表
2-362～表2-384。

表 2 - 362　一般工业用铝及铝合金板、带材分类

牌号系列	铝或铝合金类别	
	A	B
1XXX	所有	—
2XXX	—	所有
3XXX	Mn 的最大规定值不大于 1.8%，Mg 的最大规定值不大于 1.8%，Mn 的最大规定值与 Mg 的最大规定值之和不大于 2.3% 例：3003、3004、3104、3005、3105、3102	A 类外的其他合金
4XXX	Si 的最大规定值不大于 2%	A 类外的其他合金
5XXX	Mg 的最大规定值不大于 1.8%，Mn 的最大规定值不大于 1.8%，Mg 的最大规定值与 Mn 的最大规定值之和不大于 2.3% 例：5005	A 类外的其他合金 例： 5A03、 5A05、 5A06、 5082、 5052、 5182、5083、5086
6XXX	—	所有
7XXX	—	所有
8XXX	不可热处理强化的合金 例 8A06、8011A	可热处理强化的合金

表 2 - 363　一般工业用铝及铝合金板、带材尺寸偏差等级

尺寸偏差	偏差等级	
	板材	带材
厚度偏差	冷轧板材：高精级、普通级 热轧板材：不分级	冷轧带材：高精级、普通级 热轧带材：不分级
宽度偏差	剪切板材：高精级、普通级 其他板材：不分级	高精级、普通级
长度偏差	不分级	不分级
不平度	高精级、普通级	不分级
侧边弯曲度	高精级、普通级	高精级、普通级
对角线	高精级、普通级	不分级

表 2 - 364　一般工业用铝及铝合金板、带材类别、状态及厚度规格

牌号	类别	状态	板材厚度/mm	带材厚度/mm
1A97、1A93 1A90、1A85	A	F	>4. 50 ~150. 00	—
		H112	>4. 50 ~80. 00	—
1235	A	H12、H22	>0. 20 ~4. 50	>0. 20 ~4. 50
		H14、H24	>0. 20 ~3. 00	>0. 20 ~3. 00
		H16、H26	>0. 20 ~4. 00	>0. 20 ~4. 00
		H18	>0. 20 ~3. 00	>0. 20 ~3. 00
1070	A	F	>4. 50 ~150. 00	>2. 50 ~8. 00
		H112	>4. 50 ~75. 00	—
		O	>0. 20 ~50. 00	>0. 20 ~6. 00
		H12、H22、H14、H24	>0. 20 ~6. 00	>0. 20 ~6. 00
		H16、H26	>0. 20 ~4. 00	>0. 20 ~4. 00
		H18	>0. 20 ~3. 00	>0. 20 ~3. 00
1060	A	F	>4. 50 ~150. 00	>2. 50 ~8. 00
		H112	>4. 50 ~80. 00	—
		O	>0. 20 ~80. 00	>0. 20 ~6. 00
		H12、H22	>0. 50 ~6. 00	>0. 50 ~6. 00
		H14、H24	>0. 20 ~6. 00	>0. 20 ~6. 00
		H16、H26	>0. 20 ~4. 00	>0. 20 ~4. 00
		H18	>0. 20 ~3. 00	>0. 20 ~3. 00
1050、1050A	A	F	>4. 50 ~150. 00	>2. 50 ~8. 00
		H112	>4. 50 ~75. 00	—
		O	>0. 20 ~50. 00	>0. 20 ~6. 00
		H12、H22、H14、H24	>0. 20 ~6. 00	>0. 20 ~6. 00
		H16、H26	>0. 20 ~4. 00	>0. 20 ~4. 00
		H18	>0. 20 ~3. 00	>0. 20 ~3. 00

牌号	类别	状态	板材厚度/mm	带材厚度/mm
1145	A	F	>4.50~150.00	>2.50~8.00
		H112	>4.50~25.00	—
		O	>0.20~10.00	>0.20~6.00
		H12、H22、H14、H24 H16、H26、H18	>0.20~4.50	>0.20~4.50
1100	A	F	>4.50~150.00	>2.50~8.00
		H112	>6.00~80.00	—
		O	>0.20~80.00	>0.20~6.00
		H12、H22	>0.20~6.00	>0.20~6.00
		H14、H24、H16、H26	>0.20~4.00	>0.20~4.00
		H18	>0.20~3.00	>0.20~3.00
1200	A	F	>4.50~150.00	>2.50~8.00
		H112	>6.00~80.00	—
		O	>0.20~50.00	>0.20~6.00
		H111	>0.20~50.00	—
		H12、H22、H14、H24	>0.20~6.00	>0.20~6.00
		H16、H26	>0.20~4.00	>0.20~4.00
		H18	>0.20~3.00	>0.20~3.00
2017	B	F	>4.50~150.00	—
		H112	>4.50~80.00	—
		O	>0.50~25.00	>0.50~6.00
		T3、T4	>0.50~6.00	—
2A11	B	F	>4.50~150.00	—
		H112	>4.50~80.00	—
		O	>0.50~10.00	>0.50~6.00
		T3、T4	>0.50~10.00	—

牌号	类别	状态	板材厚度/mm	带材厚度/mm
2014	B	F	>4.50~150.00	—
		O	>0.50~25.00	—
		T6、T4	>0.50~12.50	—
		T3	>0.50~6.00	—
2024	B	F	>4.50~150.00	—
		O	>0.50~45.00	>0.50~6.00
		T3	>0.50~12.50	—
		T3（工艺包铝）	>4.00~12.50	—
		T4	>0.50~6.00	—
3003	A	F	>4.50~150.00	>2.50~8.00
		H112	>6.00~80.00	—
		O	>0.20~50.00	>0.20~6.00
		H12、H22、H14、H24	>0.20~6.00	>0.20~6.00
		H16、H26、H18	>0.20~4.00	>0.20~4.00
		H28	>0.20~3.00	>0.20~3.00
3004、3104	A	F	>6.30~80.00	>2.50~8.00
		H112	>6.00~80.00	—
		O	>0.20~50.00	>0.20~6.00
		H111	>0.20~50.00	—
		H12、H22、H32、H14	>0.20~6.00	>0.20~6.00
		H24、H34、H16、H26 H36、H18	>0.20~3.00	>0.20~3.00
		H28、H38	>0.20~1.50	>0.20~1.50

牌号	类别	状态	板材厚度/mm	带材厚度/mm
3005	A	O、H111、H12、H22 H14	>0.20~6.00	>0.20~6.00
		H111	>0.20~6.00	—
		H16	>0.20~4.00	>0.20~4.00
		H24、H26、H18、H28	>0.20~3.00	>0.20~3.00
3105	A	O、H12、H22、H14 H24、H16、H26、H18	>0.20~3.00	>0.20~3.00
		H111	>0.20~3.00	—
		H28	>0.20~1.50	>0.20~1.50
3102	A	H18	>0.20~3.00	>0.20~3.00
5182	B	O	>0.20~3.00	>0.20~3.00
		H111	>0.20~3.00	—
		H19	>0.20~1.50	>0.20~1.50
5A03	B	F	>4.50~150.00	—
		H112	>4.50~50.00	
		O、H14、H24、H34	>0.50~4.50	>0.50~4.50
5A05、5A06	B	F	>4.50~150.00	—
		O	>0.50~4.50	>0.50~4.50
		H112	>4.50~50.00	—
5082	B	F	>4.50~150.00	—
		H18、H38、H19、H39	>0.20~0.50	>0.20~0.50

牌号	类别	状态	板材厚度/mm	带材厚度/mm
5005	A	F	>4.50~150.00	>2.50~8.00
		H112	>6.00~80.00	—
		O	>0.20~50.00	>0.20~6.00
		H111	>0.20~50.00	—
		H12、H22、H32、H14 H24、H34	>0.20~6.00	>0.20~6.00
		H16、H26、H36	>0.20~4.00	>0.20~4.00
		H18、H28、H38	>0.20~3.00	>0.20~3.00
5052	B	F	>4.50~150.00	>2.50~8.00
		H112	>6.00~80.00	—
		O	>0.20~50.00	>0.20~6.00
		H111	>0.20~50.00	—
		H12、H22、H32、H14 H24、H34	>0.20~6.00	>0.20~6.00
		H16、H26、H36	>0.20~4.00	>0.20~4.00
		H18、H38	>0.20~3.00	>0.20~3.00
5086	B	F	>4.50~150.00	—
		H112	>6.00~50.00	—
		O/H111	>0.20~80.00	—
		H12、H22、H32、H14 H24、H34	>0.20~6.00	—
		H16、H26、H36	>0.20~4.00	—
		H18	>0.20~3.00	—
5083	B	F	>4.50~150.00	—
		H112	>6.00~50.00	—
		O	>0.20~80.00	>0.50~4.00
		H111	>0.20~80.00	—
		H12、H14、H24、H34	>0.20~6.00	—
		H22、H32	>0.20~6.00	>0.50~4.00
		H16、H26、H36	>0.20~4.00	—

牌号	类别	状态	板材厚度/mm	带材厚度/mm
6061	B	F	>4.50~150.00	>2.50~8.00
		O	>0.40~40.00	>0.40~6.00
		T4、T6	>0.40~12.50	—
6063	B	O	>0.50~20.00	—
		T4、T6	0.50~10.00	—
6A02	B	F	>4.50~150.00	—
		H112	>4.50~80.00	—
		O、T4、T6	0.50~10.00	—
6082	B	F	>4.50~150.00	—
		O	0.40~25.00	—
		T4、T6	0.40~12.50	—
7075	B	F	>6.00~100.00	—
		O（正常包铝）	0.50~25.00	—
		O（不包铝或工艺包铝）	0.50~50.00	—
		T6	0.50~6.00	—
8A06	A	F	>4.50~150.00	>2.50~8.00
		H112	4.50~80.00	—
		O	0.20~10.00	—
		H14、H24、H18	0.20~4.50	—
8011A	A	O	>0.20~3.00	>0.20~3.00
		H111	0.20~3.00	—
		H14、H24、H18	0.20~3.00	>0.20~3.00

表 2-365　一般工业用铝及铝合金板、带材长度和宽度尺寸

单位：mm

板、带材厚度	板材的宽度和长度		带材的宽度的内径	
	板材的宽度	板材的长度	带材的宽度	带材的内径
>0.20~0.50	500~1 660	1 000~4 000	1 660	φ75、φ150
>0.50~0.80	500~2 000	1 000~10 000	2 000	φ200、φ300
>0.80~1.20	500~2 200	1 000~10 000	2 200	φ405、φ505
>1.20~8.00	500~2 400	1 000~10 000	2 400	φ610、φ650、
>1.20~150.00	500~2 400	1 000~10 000	—	φ750 —

注：带材是否带套筒及套筒材质，由供需双方商定后在合同中注明。

表 2-366　包铝包覆层

包吕分类	基体合金牌号	包覆材料牌号	板材状态	板材厚度/mm	每面包覆层厚度占板材厚度的百分比不小于
正常包铝	2A11、2017 2024	1A50	0、T3、T4	0.50~1.60	4%
				>1.60~10.00	2%
	7075	7A01	0、T6	0.50~1.60	4%
				>1.60~10.00	2%
工艺包铝	2A11、2014 2024、2017 5A06	1A50	所有	所有	≤1.5%
	7075	7A01	所有	所有	≤1.5%

注：需方有特殊要求时，需与供方商定后，在合同中注明。

表 2 - 367　一般工业用铝及铝合金板、带材外观质量

缺陷名称	冷轧板材		冷轧带材		热轧板、带材
	厚度 <0.5mm 的板材及厚度为 0.5 ~ 1.0mm、宽度 ≤1 660 mm 的 A 类板材	其他板材	厚度 < 2.0mm、宽度 ≤1 660mm 的 A 类带材	其他带材	
硝盐痕	—	不允许	—	不允许	不允许
压折	不允许	轻微的	不允许	轻微的	轻微的
氧化色	—	轻微的		轻微的	轻微的
油痕	退火状态板材允许有轻微的	退火状态板材允许有轻微的	退火状态带材允许有轻微的	退火状态带材允许有轻微的	—
错层			成品道次切边带材错层不大于 3 mm，非成品道次切边带材供需双方协商。不切边带材错层不大于 10 mm（带材错层内 5 圈和外 2 圈除外）		切边带材错层不大于 5 mm（带材错层内 5 圈和外 2 圈除外）
塔形	—	—	成品道次切边带材塔形不大于 5 mm，非成品道次切边带材供需双方协商。不切边带材塔形不大于 20 mm（带材塔形内 5 圈和外 2 圈除外）		切边带材塔形不大于 30 mm（带材塔形内 5 圈和外 2 圈除外）
裂纹、裂边、腐蚀、穿通气孔、起皮、毛刺	不允许				
压过划痕、擦伤、划伤、粘伤、印痕、松树枝状花纹、金属及非金属压人物、矫直辊印、油污、乳液痕、色差、顺压延方向的暗条	轻微的				
扩散斑点	厚度大小于 0.6 mm 的板、带材表面上不允许存在				
气泡	不包铝的板、带材不允许存在。正常包铝板、带材每平方米表面上气泡总面积应不大于 80 mm²，每个气泡的面积不大于 30mm²。工艺包铝板、带允许有表面气泡				
包覆层脱落	正常包铝板、带材不允许有包覆层脱落。工艺包铝板、带允许有包覆层的脱落				

表 2 - 368　普通级冷轧板、带材厚度允许偏差　　单位：mm

厚度	规定的宽度									
	≤1000		>1000~1250		>1250~1600		>1600~2000		>2000~2500	
	厚度允许偏差（±）									
	A 类	B 类	A 类	B 类	A 类	B 类	A 类	B 类	A 类	B 类
>0.20~0.40	0.03	0.05	0.05	0.06	0.06	0.06	—	—	—	
>0.40~0.50	0.05	0.05	0.06	0.08	0.07	0.08	0.08	0.09	0.12	
>0.50~0.60	0.05	0.05	0.07	0.08	0.07	0.08	0.08	0.09	0.12	
>0.60~0.80	0.05	0.06	0.07	0.08	0.07	0.08	0.09	0.10	0.13	
>0.80~1.00	0.07	0.08	0.08	0.09	0.08	0.09	0.10	0.11	0.15	
>1.00~1.20	0.07	0.08	0.09	0.10	0.09	0.10	0.11	0.12	0.15	
>1.20~1.50	0.09	0.10	0.12	0.13	0.12	0.13	0.13	0.14	0.15	
>1.50~1.80	0.09	0.10	0.12	0.13	0.12	0.13	0.14	0.15	0.15	
>1.80~2.00	0.09	0.10	0.12	0.13	0.12	0.13	0.14	0.15	0.15	
>2.00~2.50	0.12	0.13	0.14	0.15	0.14	0.15	0.15	0.16	0.16	
>2.50~3.00	0.13	0.15	0.16	0.17	0.16	0.17	0.17	0.18	0.18	
>3.00~3.50	0.14	0.15	0.17	0.18	0.17	0.18	0.22	0.23	0.19	
>3.50~4.00	0.15		0.18		0.18		0.23		0.24	
>4.00~5.00	0.23		0.24		0.24		0.26		0.28	
>5.00~6.00	0.25		0.26		0.26		0.26		0.28	
>6.00~8.00	0.28		0.29		0.29		0.30		0.35	
>8.00~10.00	0.30		0.30		0.30		0.30		0.35	
>10.00~12.00	0.48		0.50		0.50		0.62		0.70	
>12.00~15.00	0.50		0.50		0.50		0.68		0.76	
>15.00~20.00	0.57		0.66		0.68		0.72		0.81	
>20.00~25.00	0.60		0.69		0.72		0.75		0.84	
>25.00~30.00	0.68		0.75		0.80		0.83		0.90	
>30.00~40.00	0.75		0.83		0.87		0.90		0.99	
>40.00~50.00	0.83		0.90		0.95		0.98		1.05	

表2-369 高精级冷轧板带、材厚度允许偏差 单位：mm

厚度	规定的宽度									
	≤1000		>1000~1250		>1250~1600		>1600~2000		>2000~2500	
	厚度允许偏差（±）									
	A类	B类	A类	B类	A类	B类	A类	B类	A类	B类
>0.20~0.40	0.02	0.03	0.03	0.04	0.03	0.04	—	—	—	
>0.40~0.50	0.03	0.03	0.04	0.05	0.04	0.05	0.04	0.05	0.09	
>0.50~0.60	0.03	0.04	0.04	0.05	0.04	0.05	0.04	0.05	0.09	
>0.60~0.80	0.03	0.04	0.06	0.06	0.05	0.06	0.07	0.08	0.10	
>0.80~1.00	0.04	0.05	0.06	0.08	0.07	0.08	0.08	0.09	0.11	
>1.00~1.20	0.04	0.05	0.07	0.08	0.07	0.08	0.09	0.10	0.14	
>1.20~1.50	0.05	0.07	0.08	0.09	0.08	0.09	0.11	0.13	0.15	
>1.50~1.80	0.06	0.08	0.09	0.10	0.09	0.10	0.12	0.14	0.15	
>1.80~2.00	0.06	0.08	0.09	0.10	0.09	0.10	0.14	0.14	0.15	
>2.00~2.50	0.07	0.08	0.09	0.10	0.09	0.10	0.15	0.15	0.16	
>2.50~3.00	0.08	0.10	0.12	0.13	0.12	0.13	0.17	0.18	0.18	
>3.00~3.50	0.10	0.12	0.15	0.17	0.16	0.17	0.18	0.19	0.19	
>3.50~4.00	0.15		0.17		0.17		0.19		0.19	
>4.00~5.00	0.18		0.22		0.22		0.25		0.28	
>5.00~6.00	0.20		0.24		0.24		0.26		0.28	
>6.00~8.00	0.24		0.28		0.28		0.30		0.35	
>8.00~10.00	0.27		0.30		0.30		0.30		0.35	
>10.00~12.00	0.32		0.38		0.40		0.41		0.47	
>12.00~15.00	0.36		0.42		0.43		0.45		0.51	
>15.00~20.00	0.38		0.44		0.46		0.48		0.54	
>20.00~25.00	0.40		0.46		0.48		0.50		0.56	
>25.00~30.00	0.45		0.50		0.53		0.55		0.60	
>30.00~40.00	0.50		0.55		0.58		0.60		0.65	
>40.00~50.00	0.55		0.60		0.63		0.65		0.70	

表 2-370 热轧板、带材的厚度允许偏差　　单位：mm

厚度	规定的宽度			
	≤1250	>1250~1600	>1600~2000	>2000~2500
	厚度允许偏差（±）			
>2.50~4.00	0.28	0.28	0.32	0.35
>4.00~5.00	0.30	0.30	0.35	0.40
>5.00~6.00	0.32	0.32	0.40	0.45
>6.00~8.00	0.35	0.40	0.40	0.50
>8.00~10.00	0.45	0.50	0.50	0.55
>10.00~15.00	0.50	0.60	0.65	0.65
>15.00~20.00	0.60	0.70	0.75	0.80
>20.00~25.00	0.65	0.75	0.85	0.90
>25.00~30.00	0.75	0.85	1.0	1.1
>30.00~40.00	0.90	1.0	1.1	1.2
>40.00~50.00	1.1	1.2	1.4	1.5
>50.00~60.00	1.4	1.5	1.7	1.9
>60.00~80.00	1.7	1.8	1.9	2.1
>80.00~100.00	2.2	2.2	2.7	2.8
>100.00~150.00	2.8	2.8	3.3	3.3

表 2-371 普通级剪切板材宽度允许偏差　　单位：mm

厚度	规定的宽度			
	500	>500~1250	>1000~2000	>2000~2500
	宽度允许偏差（+）			
>0.20~3.00	2	5	6	8
>3.00~6.00	4	6	8	12
>6.00~12.00	6	8	8	12

表2－372　高精级剪切板材宽度允许偏差　　单位：mm

厚度	规定的宽度			
	500	>500~1250	>1250~2000	>2000~2500
	宽度允许偏差（±）			
>0.20~3.00	1	3	4	5
>3.00~6.00	3	4	5	8
>6.00~12.00	4	5	5	8

表2－373　锯切板材的宽度允许偏差　　单位：mm

厚度	规定的宽度		
	≤1000	>1000~2000	>2000~2500
	宽度允许偏差		
>2.00~6.30	±3	±3	±4
>6.30~150.00	+6	+7	+8

注：对于不切边板材，A类合金为+80mm，B类合金+150mm。

表2－374　普通级带材宽度允许偏差　　单位：mm

厚度	规定的宽度					
	≤100	>100~300	>300~500	>500~1250	>1250~1650	>1650~2000
	宽度允许偏差（+）					
>0.20~0.60	0.5	0.6	1	3	4	5
>0.60~1.00	0.5	0.8	1.5	3	4	5
>1.00~2.00	0.6	1	2	3	4	5

表2－375　高精级带材宽度允许偏差　　单位：mm

厚度	规定的宽度					
	≤100	>100~300	>300~500	>500~1250	>1250~1650	>1650~2000
	宽度允许偏差（+）					
>0.20~0.60	0.3	0.4	0.6	1.5	2.5	3
>0.60~1.00	0.3	0.5	1	1.5	2.5	3
>1.00~2.00	0.4	0.7	1.2	2	2.5	5

注：①当订购合同中要求宽度采用正负对称偏差时，其偏差值应为表2－374或表2－375中对应数值的一半。

②表2－374或表2－375规定范围之外的带材，供方一般不切边供货，若需方需要切边时，供需双方协商并在合同中注明。

表 2-376 剪切板材长度允许偏差　　　单位：mm

厚度	规定的长度					
	≤1000	>1000~2000	>2000~3000	>3000~5000	>5000~7500	>7500~10000
	长度允许偏差（+）					
>0.20~0.60	10	12	14	16	18	20
>6.00~10.00	30			40		
>10.00~40.00	40			50		

注：当订购合同中要求长度采用正负对称偏差时，其偏差值应为表中对应值的一半。

表 2-377 锯切板材长度的允许偏差　　　单位：mm

厚度	规定的长度					
	≤1000	>1000~2000	>2000~3000	>3000~4000	>4000~5000	>5000~10000	>7500~10000
	长度允许偏差（±）					
>2.00~6.30	±3	±3	±4	±4	±5	±6	±7
>6.30~150.00	+6	+7	+8	+9	+10	+12	+14

表 2-378 A 类合金板材不平度的普通级

厚度/mm	下列宽度板材上，除端头[a]部位外，板材的纵向及横向不平度					端头[a]部位翘曲高度	局部不平度
	≤1200	>1200~1500	>1500~1660	>1660~2000	>2000~2400		
>0.50~1.20	≤6mm	≤8mm	≤8mm	≤10mm	≤12mm	≤20mm	波距应大于100mm
>1.20~4.50	≤7mm	≤9mm	≤9mm	≤12mm	≤13mm		
>4.50~10.00	≤8mm	≤10mm	≤12mm	≤14mm	≤14mm		
>10.00~20.00	≤6mm/m	≤7mm/m	≤8mm/m	≤8mm/m	≤8mm/m		
>20.00~150.00	≤5mm/m	≤5mm/m	≤6mm/m	≤6mm/m	≤6mm/m		

[a] 端头部位是指沿板材长度方向上，两端 300mm 长度范围内所包含的端部整个板面。若板材为正方形，端头部位为靠边缘四周 300mm 所包含的正方形圈的板面。

表 2-379　B 类合金板材不平度的普通级

单位：mm

合金	厚度/mm	下列宽度板材上，除端头ª部位外，板材的纵向及横向不平度，≤						端头ª部位翘曲高度
		≤1200	>1200~1500	>1500~1800	>1800~2000	>2000~2200	>2200~2400	
含镁量平均值大于3%的高镁合金及可热处理强化合金	>0.50~1.20	≤16mm	≤18mm	≤20mm	≤22mm	—	—	≤30mm
	>1.20~4.50	≤18mm	≤20mm	≤22mm	≤25mm	≤28mm	≤30mm	
	>4.50~10.00	≤25mm	≤27mm	≤29mm	≤30mm	≤30mm	≤32mm	
	>10.00~20.00	8mm/m	8mm/m	≤10mm/m	≤10mm/m	≤10mm/m	≤10mm/m	
	>20.00~80.00	≤6mm/m	≤6mm/m	≤7mm/m	≤7mm/m	≤7mm/m	≤7mm/m	
	>80.00~150.00	≤8mm/m	≤8mm/m	≤9mm/m	≤9mm/m	≤9mm/m	≤9mm/m	
其他B类合金	>0.50~4.5	纵向：≤17mm/2000mm 横向：≤12mm	纵向：≤17mm/2000mm 横向：≤15mm		纵向：≤18mm/2000mm 横向：≤15mm			≤40mm
	>10.00~20.00	8mm/m	8mm/m	10mm/m	10mm/m	10mm/m		
	>20.00~80.00	6mm/m	6mm/m	7mm/m	7mm/m	7mm/m		
	>80.00~150.00	8mm/m	8mm/m	9mm/m	9mm/m	9mm/m		

ª 端头部位是指沿板材长度方向上，两端300mm长度范围内所包含的端部整个板面，若板材为正方形，端头部位为靠边缘四周300mm所包含的正方形圈的板面。

表 2 – 380　不平度的高精级

单位：mm

厚度/mm	纵向不平度 d/L	横向不平度 d/W	局部不平度（弦长 R 不小于 300mm） d/R
>0.20~0.50	双方协商确定		
>0.50~3.00	≤0.4%	≤0.5%	≤0.5%
>3.00~6.00	≤0.3%	≤0.4%	≤0.35%
>6.00~50.00	≤0.2%	≤0.4%	≤0.3%

注：L 为板材长度，W 为板材宽度，R 为任意弦长，d 为波高。

表 2 – 381　板材侧边弯曲度高精级

单位：mm

宽度	下列公称长度（L 米）上的侧边弯曲度				
	≤1000	>1000~2000	>2000~3500	>3500~5000	>5000~10000
1000	≤1	≤2	≤4	≤5	
>1000~2000	—	≤2	≤4	≤5	0.1%L
>2000~2500	—	—	≤4	≤5	

表 2 – 382　带材侧边弯曲度的高精级

单位：mm

规定的宽度	带材的侧边弯曲度，≤
≥25~100	8
>100~300	6
>300~600	5
>600~1000	4
>1000~2000	3
>2000~2500	3

注：普通级对侧边弯曲度不要求，或供需双方协商确定侧边弯曲度，并在合同中
　　注明具体规定。

表 2 - 383　**A 类板材对角线偏差高精级**　　单位：mm

长度	厚度	下列规定宽度板材上的对角线允许偏差，≤			
		≤1000	>1000~1500	>1500~2000	>2000~2500
≤1000	≤6.00	4	—	—	—
	>6.00	5	—	—	—
>1000~2000	≤6.00	4	5	6	—
	>6.00	5	7	8	—
≤2000~3000	≤6.00	5	5	7	8
	>6.00	7	7	9	10
>3000~5000	≤6.00	6	8	8	10
	>6.00	8	10	10	12
>5000	≤6.00	10	10	12	12
	>6.00	12	12	15	15

表 2 - 384　**B 类合金板材对角线允许偏差高精级**　　单位：mm

长度	下列规定宽度板材上的对角线允许偏差，≤		
	>1000~1500	>1500~2000	>2000~2500
≤1000	—	—	—
>1000~2000	11	14	—
>2000~3000	11	14	25
>3000~3500	11	14	25
>3500~5000	15	20	30

8. 铝及铝合金箔

铝及铝合金箔（GB/T 3198—2010）见表 2-385~表 2-395。

表 2-385　铝及铝合金箔牌号、状态、规格　　单位：mm

牌号	状态	规格/mm			
		厚度（T）	宽度	管芯内径	卷外径
1050、1060 1070、1100 1145、1200、1235	O	0.0045~0.2000			150~1200
	H22	>0.0045~0.2000			
	H14、H24	0.0045~0.0060			
	H16、H26	0.0045~0.2000			
	H18	0.0045~0.2000			
	H19	>0.0060~0.2000			
2A11、2A12	O、H18	0.0300~0.2000			100~1500
3003	O	0.0090~0.0200			
	H22	0.0200~0.2000			
	H14、H24	0.0300~0.2000			
	H16、H26	0.1000~0.2000			
	H18	0.0100~0.2000			
	H19	0.0180~0.1000		75.0、76.2 150.0、152.4 300.0、400.0 406.0	
3A21	O	0.0300~0.0400	50.0~1820.0		
	H22	>0.0400~0.2000			
	H24	0.1000~0.2000			
	H18	0.0300~0.2000			100~1500
4A13	O、H18	0.0300~0.2000			
5A02	O	0.0300~0.2000			
	H16、H26	0.1000~0.2000			
	H18	0.0200~0.2000			
5052	O	0.0300~0.2000			
	H14、H24	0.0500~0.2000			
	H16、H26	0.1000~0.2000			
	H18	0.0500~0.2000			
	H19	>0.1000~0.2000			
5082、5083	O、H18、H38	0.1000~0.2000			

牌号	状态	规格/mm			
		厚度（T）	宽度	管芯内径	卷外径
8006	O	0.0060 ~ 0.2000			
	H22	0.0350 ~ 0.2000			
	H24	0.0350 ~ 0.2000			
	H26	>0.0350 ~ 0.2000		75.0、76.2、150.0、152.4、300.0、400.0、406.0	250 ~ 1200
	H18	>0.0180 ~ 0.2000			
8011、8011A 8079	O	0.0060 ~ 0.2000	50.0 ~ 1820.0		
	H22	0.0350 ~ 0.2000			
	H24	0.0350 ~ 0.2000			
	H26	0.0350 ~ 0.2000			
	H18	0.0180 ~ 0.2000			
	H19	0.0350 ~ 0.2000			

标记示例：

铝箔的标记按照产品名称、牌号、状态和标准编号的顺序表示。

示例1：8011牌号、O状态、厚度为0.0160mm，宽度为900.0mm的铝箔卷，标记为：

铝箔 8011 - O 0.016 × 900 GB/T 3198—2010

示例2：1235牌号、O状态、厚度为0.0060mm、宽度为780.0mm、长度为12000m的铝箔，标记为：

铝箔 1235 - O 0.006 × 780 × 12000 GB/T 3198—2010

表2-386 铝及铝合金箔局部厚度偏差   单位：mm

厚度（T）	高精级	普通级
0.0045 ~ 0.0090	±5%T	±6%T
>0.0090 ~ 0.2000	±4%T	±5%T

表2-387 铝及铝合金箔平均厚度偏差   单位：mm

卷批量/t	平均厚度允许偏差/mm
≤3	±5%T
>3 ~ 10	±4%T
>10	±3%T

表2-388　铝及铝合金箔宽度偏差

单位：mm

宽度	高精级	普通级
≤200.0	±5	±1.0
>200.0~1200.0	±1.0	
>1200.0	±2	

表2-389　铝及铝合金箔长度及卷外径偏差

单位：mm

卷外径/mm	长度（L）的允许偏差[a]		卷外径的允许偏差/mm	
	每批中个数不少于8%的箔卷	每批中个数不超过20%的箔卷	每批中个数不少于80%的箔卷	每批中个数不超过20%的箔卷
≤450	±2%L	±5%L	—	
>450			±10	±20

[a] 当合同（或订货单）中要求单向偏差时，其允许偏差值应为表中对应数值的2倍。

表2-390　铝及铝合金箔端面、错层、塔形

单位：mm

项目	高精级	普通级
错层	≤0.5	≤1.0
塔形	≤1.0	≤2.0

表2-391　铝及铝合金箔拉伸性能

单位：mm

牌号	状态	厚度（T）/mm	室温拉伸试验结果		
			抗拉强度 $R_m/(N/mm^2)$	伸长率/%，≥	
				A_{50mm}	A_{100mm}
1050、1060 1070、1100 1145、1200 1235	O	0.0045~<0.0060	40~95	—	—
		0.0060~0.0090	40~100	—	—
		>0.0090~0.0250	40~105		1.5
		>0.0250~0.0400	50~105		2.0
		>0.0400~0.0900	55~105		2.0
		>0.0900~0.1400	60~115	12	—
		>0.1400~0.2000	60~115	15	—

牌号	状态	厚度（T）/mm	室温拉伸试验结果		
			抗拉强度 R_m/(N/mm²)	伸长率/%，$\geqslant$	
				A_{50mm}	A_{100mm}
1050、1060 1070、1100 1145、1200 1235	H22	0.0045~0.0250	—	—	—
		>0.0250~0.0400	90~135	—	2
		>0.0400~0.0900	90~135	—	3
		>0.0900~0.1400	90~135	4	—
		>0.1400~0.2000	90~135	6	—
	H14、H24	0.0045~0.0250	—	—	—
		>0.0250~0.0400	110~160	—	2
		>0.0400~0.0900	110~160	—	3
		>0.0900~0.1400	110~160	4	—
		>0.1400~0.2000	110~160	6	—
	H16、H26	>0.0045~0.0250	—	—	—
		>0.0250~0.0900	125~180	—	1
		>0.0900~0.2000	125~180	2	—
	H18	0.0045~0.0060	$\geqslant$115	—	—
		>0.0060~0.2000	$\geqslant$140	—	—
	H19	>0.0060~0.2000	$\geqslant$150	—	—
2A11	O	0.0300~0.0490	$\leqslant$195	1.5	—
		>0.0490~0.2000	$\leqslant$195	3.0	—
	H18	0.0300~0.0490	$\geqslant$205	—	—
		>0.0490~0.2000	$\geqslant$215	—	—
2A12	O	0.0300~0.0490	$\leqslant$195	1.5	—
		>0.0490~0.2000	$\leqslant$205	3.0	—
	H18	0.0300~0.0490	$\geqslant$225	—	—
		>0.0490~0.2000	$\geqslant$245	—	—
3003	O	0.0090~0.0120	80~135	—	—

牌号	状态	厚度（T）/mm	室温拉伸试验结果		
			抗拉强度	伸长率/%，$\geqslant$	
			R_m/（N/mm^2）	A_{50mm}	A_{100mm}
3003	O	>0.0180~0.2000	80~140	—	—
	H22	0.0200~0.0500	90~130	—	3.0
		>0.0500~0.2000	90~130	10.0	—
	H14	0.0300~0.2000	140~170	—	—
	H24	0.0300~0.2000	140~170	1.0	—
	H16	0.1000~0.2000	$\geqslant$180	—	—
	H26	0.1000~0.2000	$\geqslant$180	1.0	—
	H18	0.0100~0.2000	$\geqslant$190	1.0	—
	H19	0.0180~0.1000	$\geqslant$200	—	—
3A21	O	0.0300~0.0400	85~140	—	3.0
	H22	>0.0400~0.2000	85~140	8.0	—
	H24	0.1000~0.2000	130~180	1.0	—
	H18	0.0300~0.2000	$\geqslant$190	0.5	—
5A02	O	0.0300~0.0490	$\leqslant$195	—	—
		0.0500~0.2000	$\leqslant$195	4.0	—
	H16	0.0500~0.2000	$\leqslant$195	4.0	—
	H16、H26	0.1000~0.2000	$\geqslant$255	—	—
	H18	0.0200~0.2000	$\geqslant$265	—	—
5052	O	0.0300~0.2000	175~225	4	—
	H14、H24	0.0500~0.2000	250~300	—	—
	H16、H26	0.1000~0.2000	$\geqslant$270	—	—
	H18	0.0500~0.2000	$\geqslant$275	—	—
	H19	0.1000~0.2000	$\geqslant$285	1	—
8006	O	0.0060~0.0090	80~135	—	1
		>0.0090~0.0250	85~140	—	2
		>0.0250~0.040	85~140	—	3
		>0.040~0.0900	90~140	—	4
		>0.0900~0.1400	110~140	15	—
		>0.1400~0.200	110~140	20	—
	H22	0.0350~0.0900	120~150	5.0	—
		>0.0900~0.1400	120~150	15	—
		>0.1400~0.2000	120~150	20	—

牌号	状态	厚度（T）/mm	室温拉伸试验结果		
			抗拉强度 $R_m/(N/mm^2)$	伸长率/% , $\geqslant$	
				A_{50mm}	A_{100mm}
8006	H24	0.0350 ~ 0.0900	125 ~ 150	5.0	—
		>0.0900 ~ 0.1400	125 ~ 155	15	—
		>0.1400 ~ 0.2000	125 ~ 155	18	—
	H26	0.0900 ~ 0.1400	130 ~ 160	10	—
		0.1400 ~ 0.2000	130 ~ 160	12	—
	H18	0.0060 ~ 0.0250	≥140	—	—
		>0.0250 ~ 0.0400	≥150	—	—
		>0.0400 ~ 0.0900	≥160	—	1
		>0.0900 ~ 0.2000	≥160	0.5	—
8011 8011A 8079	O	0.0060 ~ 0.0090	50 ~ 100	—	0.5
		>0.0090 ~ 0.0250	55 ~ 100	—	1
		>0.0250 ~ 0.0400	55 ~ 110	—	4
		>0.0400 ~ 0.0900	60 ~ 120	—	4
		>0.0900 ~ 0.1400	60 ~ 120	13	—
		>0.1400 ~ 0.2000	60 ~ 120	15	—
	H22	0.0350 ~ 0.0400	90 ~ 150	—	1.0
		>0.0400 ~ 0.0900	90 ~ 150	—	2.0
		>0.0900 ~ 0.1400	90 ~ 150	5	—
		>0.1400 ~ 0.2000	90 ~ 150	6	—
	H24	0.0350 ~ 0.0400	120 ~ 170	2	—
		>0.0400 ~ 0.090	120 ~ 170	3	—
		>0.0900 ~ 0.1400	120 ~ 170	4	—
		>0.1400 ~ 0.2000	120 ~ 170	5	—
	H26	0.0350 ~ 0.0090	140 ~ 190	1	—
		>0.0900 ~ 0.2000	140 ~ 190	2	—
	H18	0.0350 ~ 0.2000	≥160	—	—
	H19	0.0350 ~ 0.200	≥170	—	—

表2-392 针孔

厚度/mm	针孔个数,≤						针孔直径/mm ≤		
	任意1m²内			任意4mm×4mm或1mm×16mm面积上的针孔个数					
	超高精级	高精级	普通级	超高精级	高精级	普通级	超高精级	高精级	普通级
0.004 5~<0.006 0	供需双方商定						0.1	0.2	0.3
0.006 0	500	1 000	1 500	6	7	8			
>0.006 0~0.006 5	400	600	1 000						
>0.006 5~0.007 0	150	300	500						
>0.007 0~0.009 0	100	150	200						
>0.009 0~0.012 0	20	50	100						
>0.012 0~0.018 0	10	30	50						
>0.018 0~0.020 0	3	20	30	3					
>0.020 0~0.040 0	0	5	10						
>0.040 0	0	0	0	0					

表2-393 贴附性

宽度/mm	铝箔借自重自然展开所需的脱落长度/m
≤1 000.0	≤1.0
>1 000.0	≤1.5

表2-394 接头

卷外径/mm	每卷允许接头个数,≤					接头间距[a]/m	
	厚度/mm					高精级	普通级
	0.004 5~0.009 0	>0.009 0~0.012 0	>0.012 0~0.020 0	>0.020 0~0.040 0	>0.040 0		
<200	1	0	0	0		—	≥1 000
≥200~390	2	1	1		0		
>390~450	3						
>450~650	5	2	2	1		≥2 000	≥1 000
>650	6	3	3				

[a] 需要采用高精级时,应在合同(或订货单)中注明,未注明时按普通级供货。

表 2 - 395　管芯　　　　　　　　　　　　　　单位：mm

管芯内径	内径允许偏差
75. 0、76. 2	±0. 5
150. 0、152. 4	+1. 0 0
300. 0、400. 0、406. 0	±2. 0

9. 镍及镍合金带材

镍及镍合金带材（GB/T 2072—2007）见表 2 - 396 ~ 表 2 - 397。

表 2 - 396　镍及镍合金带材的牌号、状态、规格

牌号	状态	规格/mm		
		厚度	宽度	长度[a]
N4,N5,N6,N7,NMg0. 1 DN,NSi0. 19,NCu40 - 2 - 1, NCu28 - 2. 5 - 1. 5,NW4 - 0. 15,NW4 - 0. 1,NW4 - 0. 07,NCu30	软态(M) 半硬态(Y₂) 硬态(Y)	0. 05 ~ 0. 15	20 ~ 250	≥5 000
		>0. 15 ~ 0. 55		≥3 000
		>0. 55 ~ 1. 2		≥2 000

[a]　厚度为 0. 55 ~ 1. 20mm 的带材，允许交付不超过批重 15% 的长度不短于 1m 的带材。

表 2 - 397　镍及镍合金带材的尺寸允许偏差　　　单位：mm

厚度	厚度允许偏差		规定宽度范围的宽度允许偏差	
	普通级	较高级	20 ~ 150	>150 ~ 250
0. 05 ~ 0. 09	±0. 005	±0. 003	0 - 0. 6	0 - 1. 0
>0. 09 ~ 0. 15	±0. 010	±0. 007		
>0. 15 ~ 0. 30	±0. 015	±0. 010		
>0. 30 ~ 0. 45	±0. 020	±0. 015		
>0. 45 ~ 0. 55	±0. 025	±0. 020		
>0. 55 ~ 0. 85	±0. 030	±0. 025		
>0. 85 ~ 0. 95	±0. 035	±0. 030		
>0. 95 ~ 1. 20	±0. 040	±0. 035	0 - 1. 0	0 - 1. 5

注：①当需方要求厚度偏差仅为" + "或" - "时，其值为表中数值的 2 倍。

　　②若合同中未注明时，厚度允许偏差按普通级执行。

标记示例：

产品标记按产品名称、牌号、供应状态、规格和标准编号的顺序表示。

示例1：

用NMg0.1制造的、软态的、厚度为2.0mm、宽度为150mm的普通级带材，标记为：

镍带 NMg0.1M 2.0×150 GB/T 2072—2007

示例2：

用NCu28-2.5-1.5制造的、半硬态的、厚度为0.8mm、宽度为200mm的普通级带材，标记为：

镍带 NCu28-2.5-1.5 Y_2 0.8×200 GB/T 2072—2007

示例3：

用NW4-0.15制造的、硬态的、厚度为0.2mm、宽度为100mm的较高级带材，标记为：

镍带 NW4-0.15 Y 较高级 0.2×100 GB/T 2072—2007

10. 铅及铅锑合金板

铅及铅锑合金板(GB/T 1470—2005)见表2-398~表2-401。

表2-398   铅及铅锑合金板牌号规格   单位：mm

牌　号	规　　格			制造方法
	厚度	宽度	长度	
Pb1、Pb2	0.5~110.0			
PbSb0.5、PbSb1、PbSb2、PbSb4、PbSb6、PbSb8、PbSb1-0.1-0.05、PbSb2-0.1-0.05、PbSb3-0.1-0.05、PbSb4-0.1-0.05、PbSb5-0.1-0.05、PbSb6-0.1-0.05、PbSb7-0.1-0.05、PbSb8-0.1-0.05、PbSb4-0.2-0.5、PbSb6-0.2-0.5、PbSb8-0.2-0.5	1.0~110.0	≤2 500	≥1 000	轧制

注：经供需双方协商，可供其他牌号和规格板材。

表 2-399　铅及铅锑合金板尺寸及允许偏差　　单位:mm

厚度	厚度允许偏差(±)		宽度允许偏差(+)		长度允许偏差(+)	
	普通级	较高级	≤1 000	>1 000~2 500	≤2 000	>2 000
0.5~2.0	0.15	0.10				
>2.0~5.0	0.25	0.15	10	15	30	40
>5.0~10.0	0.35	0.25				
>10~15.0	0.40	0.30				
>15~30	0.45	0.40				
>30~60	0.60	0.50	10	15	15	20
>60~110	0.80	0.60				

注:①需方要求厚度单向偏差时,其值为表中数值的二倍。

②如在合同中未注明精度等级,则按普通精度供货。

表 2-400　铅及铅锑合金板硬度

牌　号	维氏硬度,HV,≥
PbSb2	6.6
PbSb4	7.2
PbSb6	8.1
PbSb8	9.5

标记示例:

产品标记按产品名称、牌号、规格和标准编号的顺序表示。

示例1:

用 PbSb0.5 制造的,厚度为 3.0mm、宽度为 2 500mm、长度为 5 000mm 的板材,标记为:

板 PbSb0.5　3.0×2 500×5 000　GB/T 1470—2005

示例2:

用 PbSb0.5 制造的、厚度为 3.0mm、宽度为 2 500mm、长度为 5 000mm 的较高精度的板材,标记为:

板 PbSb0.5 较高　3.0×2 500×5 000　GB/T 1470—2005

表 2 - 401　板材理论面质量

厚度	理论面质量/（kg/m²）					
/mm	Pb₁,Pb2	PbSb0.5	PbSb2	PbSb4	PbSb6	PbSb8
0.5	5.67	5.66	5.63	5.58	5.53	5.48
1.0	11.34	11.32	11.25	11.15	11.06	10.97
2.0	22.68	22.64	22.50	22.30	22.12	21.94
3.0	34.02	33.96	33.75	33.45	33.18	32.91
4.0	45.36	45.28	45.00	44.60	44.24	43.88
5.0	56.70	56.60	56.25	55.75	55.30	54.85
6.0	68.04	67.92	67.50	66.9	66.36	65.82
7.0	79.38	79.24	78.75	78.05	77.42	76.79
8.0	90.72	90.56	90.00	89.20	88.48	87.76
9.0	102.06	101.88	101.25	100.35	99.54	98.73
10.0	113.40	113.20	112.50	111.50	110.60	109.70
15.0	170.10	169.80	168.75	167.25	165.90	164.55
20.0	226.80	226.40	225.00	223.00	221.20	219.40
25.0	283.50	283.00	281.25	278.75	276.50	274.25
30.0	340.20	339.60	337.50	334.50	331.80	329.10
40.0	453.60	452.80	450.00	446.00	442.40	438.80
50.0	567.00	566.00	562.50	557.50	553.00	548.50
60.0	680.40	679.20	675.00	669.00	663.60	658.20
70.0	793.80	792.40	787.50	780.50	774.20	767.90
80.0	907.20	905.60	900.00	892.00	884.80	877.60
90.0	1 020.60	1 018.80	1 012.50	1 003.50	995.40	987.30
100.0	1 134.00	1 132.00	1 125.00	1 115.00	1 106.00	1 097.00
110.0	1 247.40	1 245.20	1 237.50	1 226.50	1 216.60	1 206.70

11. 锌及锌合金板、带

（1）电池用锌板和锌带

电池用锌板和锌带（YS/T 565—2010）见表 2 - 402 ~ 表 2 - 404。

表 2-402　锌板、锌带的牌号、型号、规格

牌号	形状	型号	厚度/mm	宽度/mm	长度/mm
DX	板材	B25	0.25	100~510	750~1 200
		B30	0.28~0.35		
		B50	0.40~0.60		
	带材	D25	0.25	91~186	$10^3 \sim 3 \times 10^5$
		D30	0.28~0.35		
		D50	0.40~0.60		

表 2-403　锌板的尺寸及其允许偏差　　　　　单位:mm

型号	厚度		宽度		长度	
	公称尺寸	允许偏差	公称尺寸	允许偏差	公称尺寸	允许偏差
B25	0.25	+0.02 -0.01	100~160	+1	750~1 200	+5
B30	0.28 0.30 0.35	±0.02				
B50	0.40 0.45 0.50 0.60	+0.02 -0.03	160~510	+3		

表2-404　锌带的尺寸及其允许偏差

单位:mm

型号	厚度		宽度		长度
	公称尺寸	允许偏差	公称尺寸	允许偏差	公称尺寸
D25	0.25	+0.02 -0.01	91~186	+1	105~3×10⁵
D30	0.28 0.30 0.35	+0.02 -0.01			
D50	0.40 0.45 0.50 0.60	+0.02 -0.01	91~186	+2	

注:①锌板、锌带的不平度不应大于20mm/m,在卷成直径为150mm圆筒状时波浪
　　应该消失。

　　②板材切斜不应使其长度、宽度超出其允许偏差。

　　③带材侧边弯曲度不应超过2mm/m。

　　④锌板、锌带的维氏硬度为40.0HV0.5/30~60.0HV0.5/30。

标记示例:

产品标记按产品名称、牌号、型号、规格和标准编号的顺序表示。

示例1:牌号为DX,型号为B30,厚度为0.28mm,宽度为160mm,长度为
1 000mm的电池锌板,标记为:

电池锌板DXB30　0.28×160×1 000　YS/T 565—2010

示例2:牌号为DX,型号D25,厚度为0.25mm,宽度为180mm,长度为
200 000mm的电池锌带,标记为:

电池锌带DXD25　0.25×180×200 000　YS/T 565—2010

(2)照相制版用微晶锌板

照相制版用微晶锌板(YS/T 225—2010)见表2-406、表2-407。

表2-405 锌板的牌号、型号、规格

牌号	型号	非工作面状况	工作面状况	厚度/mm	宽度/mm	长度/mm
X_{12}	W_1	无保护涂层	非磨光	0.80~5.0	381~510	550~1 200
	W_2		磨光			
	W_3		抛光			
	Y_1	有保护涂层	非磨光			
	Y_2		磨光			
	Y_3		抛光			

表2-406 锌板的尺寸及其允许偏差

单位:mm

厚度			宽度		长度	
公称尺寸	允许偏差	同板差	公称尺寸	允许偏差	公称尺寸	允许偏差
0.8	±0.03	≤0.05	381~510	+3	600~1 200	+5
1.0	±0.04				550~1 200	
1.2						
1.4	±0.05				600~1 200	
1.5						
2.0	±0.08				600~1 200	
3.0						
5.0						

注:①同板差为同一锌板最大厚度与最小厚度之差。

②锌板的不平度应不大于2mm/m。边部切斜不应使长度和宽度超出其允许偏差。

③锌板的布氏硬度应大于50HBW。

标记示例

产品标记按产品名称、型号、规格和标准编号的顺序表示。

示例:牌号为 X_{12}、型号为 W_2、厚度为1.20mm、宽度为510mm、长度为1 200mm 的锌板标记为:

微晶锌板 $X_{12}W_2$ 1.20×510×1 200 YS/T 225—2010

12. 电镀用铜、锌、镉、镍、锡阳极板

电镀用铜、锌、镉、镍、锡阳极板(GB/T 2056—2005)见表2-407~表2-409。

表2-407　阳极板的牌号、状态和规格

牌号	状态	规格/mm		
		厚度	宽度	长度
T2、T3	冷轧(Y)	2.0~15.0	100~1 000	
	热轧(R)	6.0~20.0		
Zn1(Zn99.99) Zn2(Zn99.95)	热轧(R)	6.0~20.0		300~2 000
Sn2、Sn3、Cd2、Cd3	冷轧(Y)	0.5~15.0	100~500	
NY1	热轧(R)	6~20		
NY2	热轧后淬火(C)			
NY3	软态(M)	4~20		

表2-408　阳极板的尺寸及其允许偏差

牌号、状态		厚度/mm	厚度允许偏差/mm(±)	宽度允许偏差/mm	长度允许偏差/mm
q^w	热轧(R)	6.0~10.0	0.3	±8	±15
		>10.0~15.0	0.4		
		>15.0~20.0	0.5		
	冷轧(Y)	2.0~5.0	0.2		
		>5.0~10.0	0.25		
		>10.0~15.0	0.3		
NY1 热轧(R) NY3 软态(M) NY2 热轧后淬火(C)		4.0~10.0	0.4	不切边供应，NY2 宽度允许偏差为±10	不切头供应，NY2 长度允许偏差为±30
		>10.0~14.0	0.5		
		>14.0~20.0	0.7		

牌号、状态		厚度/mm	厚度允许偏差/mm(±)	宽度允许偏差/mm	长度允许偏差/mm
Zn1(Zn99.99) Zn2(Zn99.95)	热轧 (R)	>6~10	0.2	±5	±8
		>10~15	0.35		
		>15~20	0.4		
Sn2 Sn3 Cd2 Cd3	冷轧 (Y)	>0.5~2.0	0.06		
		>2.0~5.0	0.15		
		>5.0~10.0	0.3		
		>10.0~15.0	0.4		

表2-409 板材的不平度

阳极板种类	状态	厚度/mm	不平度/(mm/m) ≤
铜、镉、锡、锌	热轧(R)	所有厚度	20
	冷轧(Y)	<10	20
		≥10	25
镍	所有状态	所有厚度	40

标记示例:

产品标记按产品名称、牌号、供应状态、规格和标准编号的顺序表示。
标记示例如下:

用 T2 制成、厚度为 10.0mm、宽度 800mm、长度 2 000mm 的热轧板材,标记为:

板 T2R 10.0×800×2 000   GB/T 2056—2005

13. 锡、铅及其合金箔和锌箔

锡、铅及其合金箔和锌箔(YS/T 523—2011)见表2-411、表2-412。

表 2 −410   箔材的牌号、状态和规格

牌号	供应状态	厚度/mm	宽度/mm	长度/mm
Sn1、Sn2、SnSb1. 5、SnSb2. 5 SnSb12 − 1. 5、SnSb13. 5 − 2. 5 Pb2、Pb3、Pb4、Pb5、PbSb3 − 1 PbSb6 − 5、PbSn45、PbSb3. 5 PbSn2 − 2、PbSn4. 5 − 2. 5、PbSn6. 5 Zn2、Zn3	轧制	0. 010 ~ 0. 100	≤350	≥5 000

表 2 −411   箔材的尺寸及其允许偏差

牌号	厚度/mm	厚度允许偏差/mm		宽度/mm	宽度允许偏差/mm
		普通精度	较高精度		
Sn1、Sn2、Sn3、SnSb1. 5 SnSb2. 5、SnSb12 − 1. 5 SnSb13. 5 − 2. 5Pb2、Pb3 Pb 4、Pb 5、PbSb 3 − 1 PbSb6 − 5、PbSn45 PbSb3. 5、PbSn2 − 2 PbSn4. 5 − 2. 5、PbSn6. 5	0. 010 ~ 0. 030	±0. 002	—	≤200	±1
	>0. 030 ~ 0. 100	±0. 004	±0. 002		
	>0. 030 ~ 0. 100	±0. 005	±0. 004	>200 ~ ≤350	
Zn2、Zn3	0. 010 ~ 0. 030	±0. 003	±0. 002	≤200	
	>0. 030 ~ 0. 100	±0. 004	±0. 003		
	>0. 030 ~ 0. 100	±0. 005	±0. 004	>200 ~ ≤350	

注：①经双方协议，可供应其他规格和允许偏差的箔材。

②合同中未注明精度等级时，按普通精度供应。

标记示例：

用 SnSb2. 5 制造的、较高精度、厚度 0. 020mm、宽度为 100mm 的锡锑合金箔标记如下：

箔   SnSb2. 5   高   0. 020 × 100   YS/T 523—2011

2.3.6 有色金属棒材

1. 纯铜棒理论线质量

纯铜棒理论线质量见表2-412。

表2-412 纯铜棒理论线质量

d (a) /mm	理论线质量/（kg/m）			d (a) /mm	理论线质量/（kg/m）		
5	0.17	0.22	0.19	30	6.29	8.01	6.94
5.5	0.21	0.27	0.23	32	7.16	9.11	7.89
6	0.25	0.32	0.28	34	8.08	10.29	8.91
6.5	0.30	0.38	0.33	35	8.56	10.90	9.44
7	0.34	0.44	0.38	36	9.06	11.53	9.99
7.5	0.39	0.50	0.43	38	10.10	12.85	11.13
8	0.45	0.57	0.49	40	11.18	14.24	12.33
8.5	0.51	0.64	0.56	42	12.33	15.70	13.60
9	0.57	0.72	0.62	45	14.15	18.02	15.61
9.5	0.63	0.80	0.70	46	14.79	18.83	16.30
10	0.70	0.89	0.77	48	16.11	20.51	17.76
11	0.85	1.08	0.93	50	17.48	22.25	19.27
12	1.01	1.28	1.11	52	18.90	24.07	20.84
13	1.18	1.50	1.30	54	20.38	25.95	22.48
14	1.37	1.74	1.51	55	21.14	26.92	23.32
15	1.57	2.00	1.73	56	21.92	27.91	24.17
16	1.79	2.28	1.97	58	23.51	29.94	25.93
17	2.02	2.57	2.23	60	25.16	32.04	27.75
18	2.26	2.88	2.50	65	29.53	37.60	32.56
19	2.52	3.21	2.78	70	34.25	43.61	37.77
20	2.80	3.56	3.08	75	39.32	50.06	43.36
21	3.08	3.92	3.40	80	44.74	56.96	49.33
22	3.38	4.31	3.73	85	50.50	64.30	55.69
23	3.70	4.71	4.08	90	56.62	72.09	64.43
24	4.03	5.13	4.44	95	63.08	80.32	69.56
25	4.37	5.56	4.82	100	69.90	89.00	77.08
26	4.73	6.02	5.21	105	77.07	98.12	84.98
27	5.10	6.49	5.62	110	84.58	107.69	93.26
28	5.48	6.98	6.04	115	92.44	117.70	101.93
29	5.88	7.48	6.48	120	100.66	128.16	110.99

注：理论线质量按牌号 T1、T2、T3、T4、TU1、TUP 的密度 8.9kg/m³ 计算。

2. 黄铜棒理论线质量

黄铜棒理论线质量见表 2-413。

表 2-413　黄铜棒理论线质量

d (a) /mm	圆 理论线质量/(kg/m)	方 理论线质量/(kg/m)	六角 理论线质量/(kg/m)	d (a) /mm	圆 理论线质量/(kg/m)	方 理论线质量/(kg/m)	六角 理论线质量/(kg/m)
5	0.17	0.21	0.18	35	8.18	10.41	9.02
5.5	0.20	0.26	0.22	36	8.65	11.02	9.54
6	0.24	0.31	0.27	38	9.64	12.27	10.63
6.5	0.28	0.36	0.31	40	10.68	13.60	11.78
7	0.33	0.42	0.36	42	11.78	14.99	12.99
7.5	0.38	0.48	0.41	44	12.92	16.46	14.25
8	0.43	0.54	0.47	45	13.52	17.21	14.91
8.5	0.48	0.61	0.53	46	14.13	17.99	15.57
9	0.54	0.69	0.60	48	15.33	19.58	16.96
9.5	0.60	0.77	0.66	50	16.69	21.25	18.40
10	0.67	0.85	0.74	52	18.05	22.98	19.90
11	0.81	1.03	0.89	54	19.47	24.79	21.47
12	0.96	1.22	1.06	55	20.19	25.71	22.27
13	1.13	1.44	1.24	56	20.94	26.66	23.08
14	1.31	1.67	1.44	58	22.46	28.59	24.79
15	1.50	1.91	1.66	60	24.03	30.60	26.50
16	1.71	2.18	1.88	65	28.21	35.91	31.10
17	1.93	2.46	2.13	70	32.71	41.65	36.07
18	2.16	2.75	2.39	75	37.55	47.81	41.40
19	2.41	3.07	2.66	80	42.73	54.40	47.11
20	2.67	3.40	2.94	85	48.23	61.41	53.18
21	2.94	3.75	3.25	90	54.07	68.85	59.63
22	3.23	4.11	3.56	95	60.25	76.71	66.43
23	3.53	4.50	3.89	100	66.76	85.00	73.61
24	3.85	4.90	4.24	105	73.60	86.71	81.16
25	4.17	5.31	4.60	110	80.78	102.85	89.07
26	4.51	5.75	4.98	115	88.29	112.41	97.35
27	4.87	6.20	5.36	120	96.13	122.40	106.00
28	5.23	6.66	5.79	130	112.82	143.65	124.40
29	5.61	7.15	6.19	140	130.85	166.60	144.28
30	6.01	7.65	6.63	150	150.21	191.25	165.63
32	6.84	8.70	7.54	160	170.90	217.60	188.45
34	7.72	9.83	8.51				

注：理论线质量按密度 8.5kg/m³ 计算。其他密度材料的理论线质量，须乘上相应的理论线质量换算系数。

3. 铜及铜合金拉制棒

铜及铜合金拉制棒（GB/T 4423—2007）见表 2-414～表 2-420。

表 2-414 铜及铜合金拉制棒牌号、状态和规格

牌号	状态	直径（或对边距离）/mm	
		圆形棒、方形棒、六角形棒	矩形棒
T2、T3、TP2、H96、TU1、TU2	Y（硬） M（软）	3～80	3～80
H90	Y（硬）	3～40	—
H80、H65	Y（硬） M（软）	3～40	
H68	Y_2（半硬）	3～80	
	M（软）	13～35	
H62	Y_2（半硬）	3～80	3～80
HPb59-1	Y_2（半硬）	3～80	3～80
H63、HPb63-0.1	Y_2（半硬）	3～40	
HPb63-3	Y（硬）	3～30	3～80
	Y_2（半硬）	3～60	
HPb61-1	Y_2（半硬）	3～20	—
HFe59-1-1、HFe58-1-1、 HSn62-1、HMn58-2	Y（硬）	4～60	
QSn6.5-0.1、QSn6.5-0.4、QSn4-3、QSn4-0.3、QSi3-1、QAl9-2、QAl9-4、QAl10.3-1.5、QZr0.2、QZr0.4	Y（硬）	4～40	
QSn7-0.2	Y（硬） T（特硬）	4～40	
QCd1	Y（硬） M（软）	4～60	—

牌号	状态	直径（或对边距离）/mm	
		圆形棒、方形棒、六角形棒	矩形棒
QCr0. 5	Y（硬） M（软）	4 ~40	—
QSi1. 8	Y（硬）	4 ~15	—
BZn15 – 20	Y（硬） M（软）	4 ~40	—
BZn15 – 24 – 1. 5	T（特硬） Y（硬） M（软）	3 ~18	—
BFe30 – 1 – 1	Y（硬） M（软）	16 ~50	—
BMn40 – 1. 5	Y（硬）	7 ~40	—

注：经双方协商，可供其他规格棒材，具体要求应在合同中注明。

表 2 – 415　矩形棒截面的宽高比

高度/mm	宽度/高度，≤
≤10	2. 0
>10 ~ ≤20	3. 0
>20	3. 5

注：经双方协商，可供其他规格棒材，具体要求应在合同中注明。

表 2 - 416　不定尺长度

单位：mm

长度形式	直径（或对边距离）	长度范围
不定尺长度	3 ~ 50mm	1000 ~ 5000mm
	50 ~ 80mm	50 ~ 5000mm
	经双方协商,直径(或对边距离)不大于10mm 的棒材可成盘(卷)供货	不小于4000mm
定尺或倍尺长度	—	在不定尺范围内

表 2 - 417　圆形棒、方形棒和六角形棒材的尺寸及其允许偏差

单位：mm

直径（或对边距）	圆形棒				方形棒或六角形棒			
	紫黄铜类		青白钢类		紫黄铜类		青白钢类	
	高精级	普通级	高精级	普通级	高精级	普通级	高精级	普通级
≥3 ~ ≤6	±0.02	±0.04	±0.03	±0.06	±0.04	±0.07	±0.06	±0.10
>6 ~ ≤10	±0.03	±0.05	±0.04	±0.06	±0.04	±0.08	±0.08	±0.11
>10 ~ ≤18	±0.03	±0.06	±0.05	±0.08	±0.05	±0.10	±0.10	±0.13
>18 ~ ≤30	±0.04	±0.07	±0.06	±0.10	±0.06	±0.10	±0.10	±0.15
>30 ~ ≤50	±0.08	±0.10	±0.09	±0.10	±0.12	±0.13	±0.13	±0.16
>50 ~ ≤80	±0.10	±0.12	±0.12	±0.15	±0.15	±0.24	±0.24	±0.30

注：①单向偏差为表中数值的 2 倍。

②棒材直径或对边距允许偏差等级应在合同中注明,否则按普通级精度供货。

表 2 - 418　矩形棒材的尺寸及其允许偏差

单位：mm

宽度或高度	紫黄铜类		青铜类	
	高精级	普通级	高精级	普通级
3	±0.08	±0.10	±0.12	±0.15
>3 ~ ≤6	±0.08	±0.10	±0.12	±0.15
>6 ~ ≤10	±0.08	±0.10	±0.12	±0.15

宽度或高度	紫黄铜类		青铜类	
	高精级	普通级	高精级	普通级
>10 ~ ≤18	±0.11	±0.14	±0.15	±0.18
>18 ~ ≤30	±0.18	±0.21	±0.20	±0.24
>30 ~ ≤50	±0.25	±0.30	±0.30	±0.38
>50 ~ ≤80	±0.30	±0.35	±0.40	±0.50

注：①单向偏差为表中数值的 2 倍。

②矩形棒的宽度或高度允许偏差等级应在合同中注明，否则按普通级精度供货。

表 2 – 419　方形、矩形棒和六角形棒材的圆角半径　单位：mm

截面的名义宽度（对边距离）	3 ~ 6	>6 ~ 10	>10 ~ 18	>18 ~ 30	>30 ~ 50	>50 ~ 80
圆角半径	0.5	0.8	1.2	1.3	2.8	4.0

表 2 – 420　棒材的直度　单位：mm

长度	圆形棒				方形棒、六角形棒矩形棒	
	3 ~ ≤20		>20 ~ 80			
	全长直度	每米直度	全长直度	每米直度	全长直度	每米直度
<1 000	≤2	—	≤1.5	—	≤5	—
≥1 000 ~ <2 000	≤3	—	≤2	—	≤8	—
≥2 000 ~ <3 000	≤6	≤3	≤4	≤3	≤12	≤5
≥3 000	≤12	≤3	≤8	≤3	≤15	≤5

标记示例:

产品标记按产品名称、牌号、状态、精度、规格和标准编号的顺序表示,圆形棒直径以"φ"表示,矩形棒的宽度、高度分别以"a""b"表示,方形棒的边长以"a"表示,六角形棒的对边距以"S"表示,截面示意图及标记示例如下:

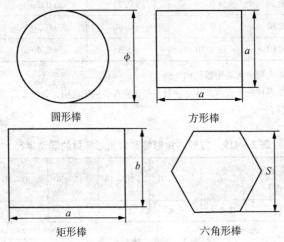

圆形棒   方形棒

矩形棒   六角形棒

用 H62 制造的、供应状态为 Y2、高精级、外径 20mm、长度为 2 000mm 的圆形棒,标记为:

圆形棒 H62Y$_2$ 高　20 × 2 000　GB/T 4423—2007

用 T2 制造的、供应状态为 M、高精级、外径 20mm、长度为 2 000mm 的方形棒,标记为:

方形棒 T2 M 高　20 × 2 000　GB/T 4423—2007

用 HPb59 - 1 制造的、供应状态为 Y、普通级、高度为 25mm、宽度为 40mm、长度为 2 000mm 的矩形棒,标记为:

矩形棒 HPb59 - 1Y　25 × 40 × 2 000　GB/T 4423—2007

用 H68 制造的、供应状态为 Y2、高精级、对边距为 30mm、长度为 2 000mm 的六角形棒,标记为:

六角形棒 H68 Y$_2$ 高　30 × 2 000　GB/T 4423—2007

4. 铜及铜合金挤制棒

铜及铜合金挤制棒（YS/T 649—2007）见表2-421~表2-423。

表2-421　棒材的牌号、状态、规格

牌号	状态	直径或长边对边距^a/mm		
		圆形棒	矩形棒	方形、六角形棒
T2、T3		30~300	20~120	20~120
TU1、TU2、TP2		16~300	—	16~120
H96、HFe58-1-1、HAl60-1-1		10~160	—	10~120
HSn62-1、HMn58-2、HFe59-1-1		10~220	—	10~120
H80、H68、H59		16~120	—	16~120
H62、HPb59-1		10~220	5~50	10~120
HSn70-1、HAl77-2		10~160	—	10~120
HMn55-3-1、HMn57-3-1 HAl66-6-3-2、HAl67-2.5		10~160	—	10~120
QAl9-2	挤制（R）	10~200		30~60
QAl9-4、QAl10-3-1.5、QAl10-4-4、QAl10-5-5		10~200	—	—
QAl11-6-6、HSi80-3、HNi56-3		10~160	—	—
QSi1-3		20~100	—	—
QSi3-1		20~160	—	—
QSi3.5-3-1.5、BFe10-1-1、BFe30-1-1、BAl13-3、BMn40-1.5		40~120	—	—
QCd1		20~120	—	—
QSn4-0.2		60~180	—	—

牌号	状态	直径或长边对边距ᵃ/mm		
		圆形棒	矩形棒	方形、六角形棒
QSn4 – 3、QSn7 – 0.2	挤制(R)	40 ~ 180	—	40 ~ 120
QSn6.5 – 0.1、QSn6.5 – 0.4		40 ~ 180	—	30 ~ 120
QCr0.5		18 ~ 160	—	—
BZn15 – 20		25 ~ 120	—	—

注：直径（或对边距）为 10 ~ 50mm 的棒材，供应长度为 1 000 ~ 5 000mm；直径
（或对边距）大于 50 ~ 75mm 的棒材、供应长度为 500 ~ 5 000mm；直径（或
对边距）大于 75 ~ 120mm 的棒材，供应长度为 500 ~ 4 000mm；直径（或对
边距）大于 120mm 的棒材，供应长度为 300 ~ 4 000mm。

ᵃ 矩形棒的对边距指两短边的距离。

标记示例：

产品标记按产品名称、牌号、状态、规格和标准编号的顺序表示。

示例 1：

用 T2 制造的、R 状态、高精级、直径为 40mm、长度为 2 000mm 定尺
的圆形棒材标记为：

圆形棒 T2R 高　40 × 2 000　YS/T 649—2007

示例 2：

用 H62 制造的、R 状态、普通级、长边为 50mm、短边为 20mm、长度
为 3 000mm 定尺的矩形棒标记为：

矩形棒 H62R 50 × 20 × 3000 YS/T 649—2007

示例 3：

用 HSn62 – 1 制造的、R 状态、普通级、长边为 30mm、长度为 3 000mm
的方棒标记为：

方形棒 HSn62 – 1R　30 × 3 000　YS/T 649—2007

示例 4：

用 HPb59 – 1 制造的、R 状态、高精级、对边距为 30mm、长度为 3
000mm 定尺的六角棒的矩形棒标记为：

六角形棒 HPb59 – 1R 高　30 × 3 000　YS/T 649—2007

表 2 -422　棒材的直径、对边距的允许偏差

单位：mm

牌号(种类)[a]	直径、对边距的允许偏差	
	普通级	高精级
纯铜、无氧铜、磷脱氧铜	±2.0%直径或对边距	±1.8%直径或地边距
普通黄铜、铅黄铜	±1.2%直径或对边距	±1.0%直径或对边距
复杂黄铜(除铅黄铜外)、青铜	±1.5%直径或对边距	±1.2%直径或对边距
白铜	±2.2%直径或对边距	±2.0%直径或对边距

注：①允许偏差的最小值应不小于±0.3mm。

②精度等级应在合同中注册，否则按普通级供货。

③如要求正偏差或负偏差，其值应为表中数值的二倍。

[a]　铜及铜合金牌号和种类的定义见 GB/T 5231 及 GB/T 11086。

表 2 -423　棒材的直度

单位：mm

类型	直径、对边距			
	<20	20 ~ 40	>40 ~ 120	>120
	每米直度，≤			
圆形棒	2	5	8	15
方形棒、矩形棒、六角棒	8	6	10	—

注：①圆棒的圆度允许偏差应不超过表 2 - 422 规定的直径、对边距允许偏差。

②棒材的定尺或倍尺长度的允许偏差为 +20mm。倍尺长度应加入锯切分段时的锯切量，每一段锯切量为 5mm。

③棒材的端部应锯切平整。端部切口允许有不大于 3mm 的切斜度。检验断口的端面允许保留。

5. 铝及铝合金棒理论线质量

铝及铝合金棒理论线质量见表2－424。

表2－424 铝及铝合金棒理论线质量

直径 /mm	理论线质量 /(kg/m)	直径 /mm	理论线质量 /(kg/m)	直径 /mm	理论线质量 /(kg/m)	直径 /mm	理论线质量 /(kg/m)
圆 形 棒							
5	0.055 0	24	1.267	63	8.728	220	106.4
5.5	0.066 5	25	1.374	65	9.291	230	116.3
6	0.079 2	26	1.487	70	10.78	240	126.7
6.5	0.092 9	27	1.603	75	12.37	250	137.4
7	0.107 8	28	1.724	80	14.07	260	148.7
7.5	0.123 7	30	1.979	85	15.89	270	160.3
8	0.140 7	32	2.252	90	17.81	280	172.4
8.5	0.158 9	34	2.542	95	19.85	290	184.9
9	0.178 1	35	2.694	100	21.99	300	197.9
9.5	0.198 5	36	2.850	105	24.25	320	225.2
10	0.219 9	38	3.176	110	26.61	330	239.5
10.5	0.242 5	40	3.519	115	29.08	340	254.2
11	0.266 1	41	3.697	120	31.67	350	269.4
11.5	0.290 8	42	3.879	125	34.36	360	285.0
12	0.316 7	45	4.453	130	37.16	370	301.1
13	0.371 6	46	4.653	135	40.08	380	317.6
14	0.431 0	48	5.067	140	43.10	390	334.5
15	0.494 8	50	5.498	145	46.24	400	351.9
16	0.563 0	51	5.720	150	49.48	450	445.3
17	0.635 5	52	5.946	160	56.30	480	506.7
18	0.712 5	55	6.652	170	63.55	500	549.8
19	0.799 9	58	7.398	180	71.25	520	594.6
20	0.879 6	59	7.655	190	79.39	550	665.2
21	0.969 8	60	7.917	200	87.96	600	791.7
22	1.064	62	8.453	210	96.98	630	872.8

内切圆直径/mm	理论线质量/(kg/m)	内切圆直径/mm	理论线质量/(kg/m)	内切圆直径/mm	理论线质量/(kg/m)	内切圆直径/mm	理论线质量/(kg/m)
方　形　棒							
5	0.070	16	0.717	40	4.480	95	25.27
5.5	0.085	17	0.809	41	4.707	100	28.00
6	0.101	18	0.907	42	4.939	105	30.87
6.5	0.118	19	1.011	45	5.670	110	33.88
7	0.137	20	1.120	46	5.925	115	37.03
7.5	0.158	21	1.235	48	6.451	120	40.32
8	0.179	22	1.355	50	7.000	125	43.75
8.5	0.202	24	1.613	51	7.283	130	47.32
9	0.227	25	1.750	52	7.571	135	51.03
9.5	0.253	26	1.893	55	8.470	140	54.88
10	0.280	27	2.041	58	9.419	145	58.87
10.5	0.309	28	2.195	60	10.08	150	63.00
11	0.339	30	2.520	65	11.83	160	71.68
11.5	0.370	32	2.867	70	13.72	170	80.92
12	0.403	34	3.237	75	15.75	180	90.72
13	0.473	35	3.430	80	17.92	190	101.1
14	0.549	36	3.629	85	20.23	200	112.0
15	0.630	38	4.043	90	22.68		
六　角　形　棒							
5	0.061	16	0.621	40	3.880	95	21.88
5.5	0.073	17	0.701	41	4.076	100	24.25
6	0.087	18	0.786	42	4.277	105	26.73
6.5	0.103	19	0.875	45	4.910	110	29.34
7	0.119	20	0.970	46	5.131	115	32.07
7.5	0.136	21	1.070	48	5.587	120	34.92
8	0.155	22	1.174	50	6.062	125	37.89
8.5	0.175	24	1.397	51	6.307	130	40.98
9	0.196	25	1.516	52	6.557	135	44.19
9.5	0.219	26	1.639	55	7.335	140	47.53
10	0.242	27	1.768	58	8.157	145	50.98
10.5	0.267	28	1.901	60	8.730	150	54.56
11	0.293	30	2.182	65	10.25	160	62.07
11.5	0.321	32	2.483	70	11.88	170	70.08
12	0.349	34	2.803	75	13.64	180	78.56
13	0.410	35	2.970	80	15.52	190	87.54
14	0.475	36	3.143	85	17.52	200	96.99
15	0.546	38	3.502	90	19.64		

注:理论线质量按 2B11(LY8)、2A11(LY11)、2A70(LD7)、2A14(LD10)等牌号铝合金的密度2.8计算。密度非2.8牌号的理论线质量,应乘上相应的理论线质量换算系数。不同密度牌号的换算系数如下附表:

牌号	密度/(g/cm³)	换算系数
纯铝	2.71	0.968
5A02(LF2)	2.68	0.957
5A03(LF3)	2.67	0.954
5083(LF4)	2.67	0.954
5A05(LF5)	2.65	0.946
(LF11)	2.65	0.946
5A06(LF6)	2.64	0.943
5A12(LF12)	2.63	0.939
3A21(LF21)	2.73	0.975
2A01(LY1)	2.76	0.985
2A06(LY6)	2.76	0.985
2A02(LY2)	2.75	0.982
2A50(LD5)	2.75	0.982
2A12(LY12)	2.78	0.993
2A16(LY16)	2.84	1.014
6A02(LD2)	2.70	0.964
6061(LD30)	2.70	0.964
2A80(LD8)	2.77	0.989
7A04(LC4)	2.85	1.018
7A09(LC9)	2.85	1.018

6. 铝及铝合金挤压棒材

铝及铝合金挤压棒材(GB/T 3191—2010)见表2-425~表2-430。

表2-425　铝及铝合金挤压棒材牌号、类别、状态和规格

牌号		供货状态	试样状态	规格
Ⅱ类 (2×××系、7×××系合金及含镁量平均值大于或等于3%的5×××系合金的棒材)	Ⅰ类 (除Ⅱ类外的其他棒材)			
—	1070A	H112	H112	圆棒直径:5~600mm;方棒、六角棒对边距离;5~200mm。长度:1~6m
—	1060	O	O	
		H112	H112	
—	1050A	H112	H112	
—	1350	H112	H112	
—	1035	O	O	
		H112	H112	
—	1200	H112	H112	
2A02	—	T1、T6	T62、T6	
2A06	—	T1、T6	T62、T6	
2A11	—	T1、T4	T42、T4	
2A12	—	T1、T4	T42、T4	
2A13	—	T1、T4	T42、T4	
2A14	—	T1、T6、T6511	T62、T6、T6511	
2A16	—	T1、T6、T6511	T62、T6、T6511	
2A50	—	T1、T6	T62、T6	
2A70	—	T1、T6	T62、T6	
2A80	—	T1、T6	T62、T6	
2A90	—	T1、T6	T62、T6	

牌号		供货状态	试样状态	规格
Ⅱ类 (2×××系、7×××系合金及含镁量平均值大于或等于3%的5×××系合金的棒材)	Ⅰ类 (除Ⅱ类外的其他棒材)			
2014、2014A	—	T4、T4510、T4511	T4、T4510、T4511	圆棒直径:5~600mm;方棒、六角棒对边距离:5~200mm。长度:1~6m
		T6、T6510、T6511	T6、T6510、T6511	
2017	—	T4	T42、T4	
2017A	—	T4、T4510、T4511	T4、T4510、T4511	
2024	—	O	O	
		T3、T3510、T3511	T3、T3510、T3511	
—	3A21	O	O	
		H112	H112	
—	3102	H112	H112	
—	3003、3103	O	O	
		H112	H112	
—	4A11	T1	T62	
—	4032	T1	T62	
—	5A02	O	O	
		H112	H112	
5A03	—	H112	H112	
5A05	—	H112	H112	
5A06	—	H112	H112	
5A12	—	H112	H112	
—	5005、5005A	H112	H112	
		O	O	

牌号		供货状态	试样状态	规格
Ⅱ类 (2×××系、7×××系合金及含镁量平均值大于或等于3%的5×××系合金的棒材)	Ⅰ类 (除Ⅱ类外的其他棒材)			
5019	—	H112	H112	圆棒直径:5～600mm;方棒、六角棒对边距离;5～200mm。长度:1～6m
		O	O	
5049	—	H112	H112	
—	5251	H112	H112	
		O	O	
—	5052	H112	H112	
		O	O	
5154A	—	H112	H112	
		O	O	
—	5454	H112	H112	
		O	O	
5754		H112	H112	
		O	O	
5083		H112	H112	
		O	O	
5086		H112	H112	
		O	O	
—	6A02	T1、T6	T62、T6	
—	6101A	T6	T6	
—	6005、6005A	T5	T5	
		T6	T6	

牌号		供货状态	试样状态	规格
Ⅱ类 (2×××系、7××× 系合金及含镁量平均 值大于或等于3%的5 ×××系合金的棒材)	Ⅰ类 (除Ⅱ类外的 其他棒材)			
7A04	—	T1、T6	T62、T6	
7A09	—	T1、T6	T62、T6	
7A15	—	T1、T6	T62、T6	
7003	—	T5	T5	
		T6	T6	
7005	—	T6	T6	圆棒直径:5~
7020	—	T6	T6	600mm;方棒、六 角棒对边距离:
7021	—	T6	T6	5~200mm。长
7022	—	T6	T6	度:1~6m
7049A	—	T6、T6510、T6511	T6、T6510、T6511	
7075	—	O	O	
		T6、T6510、T6511	T6、T6510、T6511	
—	8A06	O	O	
		H112	H112	

标记示例:

棒材标记按产品名称、牌号、供货状态、规格及标准编号的顺序表示。

示例1:用2024合金制造的、供货状态为T3511、直径为30.00mm,定尺长度为3 000mm的圆棒,标记为:

棒 2024 - T3511 φ30×3000 GB/T 3191—2010

示例2:用2A11合金制造的、供货状态为T4、内切圆直径为40.00mm的高强度方棒,标记为:

高强方棒 2A11 - T4 40 GB/T 3191—2010

表 2 - 426 直径（方棒、六角棒指内切圆直径）偏差等级及偏差

单位：mm

直径	允许偏差（-）				允许偏差（±）	
	A 级	B 级	C 级	D 级	E 级	
					I 类	II 类
5.00 ~ 6.00	0.30	0.48	—	—	—	—
>6.00 ~ 10.00	0.36	0.58	—	—	0.20	0.25
>10.00 ~ 18.00	0.43	0.70	1.10	1.30	0.22	0.30
>18.00 ~ 25.00	0.50	0.80	1.20	1.45	0.25	0.35
>25.00 ~ 28.00	0.52	0.84	1.30	1.50	0.28	0.38
>28.00 ~ 40.00	0.60	0.95	1.50	1.80	0.30	0.40
>40.00 ~ 50.00	0.62	1.00	1.60	2.00	0.35	0.45
>50.00 ~ 65.00	0.70	1.15	1.80	2.40	0.40	0.50
>65.00 ~ 80.00	0.74	1.20	1.90	2.50	0.45	0.70
>80.00 ~ 100.00	0.95	1.35	2.10	3.10	0.55	0.90
>100.00 ~ 120.00	1.00	1.40	2.20	3.20	0.65	1.00
>120.00 ~ 150.00	1.25	1.55	2.40	3.70	0.80	1.20
>150.00 ~ 180.00	1.30	1.60	2.50	3.80	1.00	1.40
>180.00 ~ 220.00	—	1.85	2.80	4.40	1.15	1.70
>220.00 ~ 250.00	—	1.90	2.90	4.50	1.25	1.95
>250.00 ~ 270.00	—	2.15	3.20	5.40	1.3	2.0

直径	允许偏差（-）				允许偏差（±）	
	A 级	B 级	C 级	D 级	E 级	
					Ⅰ类	Ⅱ类
>270.00~300.00	—	2.20	3.30	5.50	1.5	2.4
>300.00~320.00	—	—	4.00	7.00	1.6	2.5
>300.00~400.00	—	—	4.20	7.20	—	—
>400.00~500.00	—	—	—	8.00	—	—
>500.00~600.00	—	—	—	9.00	—	—

表 2-427 圆角半径　　　　　单位：mm

边长或宽度	圆角半径，≤	
	普通级	高精级
<25.00	2	1.0
≥25.00~50.00	3	1.5
>50.00	5	2.0

表 2-428 弯曲度　　　　　单位：mm

直径（方棒、六角棒指内切圆直径）	弯曲度，≤					
	普通级		高精级		超高精级	
	任意300mm长度上	每米长度上	任意300mm长度上	每米长度上	任意300mm长度上	每米长度上
>10.00~80.00	1.5	3.0	1.2	2.5	0.8	2.0
>80.00~120.00	3.0	6.0	1.5	3.0	1.0	2.0
>120.00~150.00	5.0	10.0	1.7	3.5	1.5	3.0
>150.00~200.00	7.0	14.0	2.0	4.0	1.5	3.0

表 2 – 429　方棒的扭拧度　　　　　　单位:mm

方棒内切圆直径	扭拧度, ≤					
	普通级		高精级		超高精级	
	每米长度上	全长 L/米	每米长度上	全长 L/米	每米长度上	全长 L/米
≤30.00	4	4 × L	2	6	1	3
>30.00 ~ 50.00	6	6 × L	3	8	1.5	4
>50.00 ~ 120.00	10	10 × L	4	10	2	5
>120.00 ~ 150.00	13	13 × L	6	12	3	6
>150.00 ~ 200.00	15	15 × L	7	14	3	6

表 2 – 430　六角棒的扭拧度　　　　　　单位:mm

六角棒内切圆直径	扭拧度, ≤					
	普通级		高精级		超高精级	
	每米长度上	全长 L/米	每米长度上	全长 L/米	每米长度上	全长 L/米
≤14.00	4	4 × L	3	3 × L	2	2 × L
>14.00 ~ 38.00	11	11 × L	8	8 × L	5	5 × L
>38.00 ~ 100.00	18	18 × L	12	12 × L	9	9 × L
>100.00 ~ 150.00	25	25 × L	—	—	—	—

注：①棒材端面应切平整。直径或对边距离小于 50.00mm 的棒材，切斜度不大于
　　　5°；直径或对边距离不小于 50.00mm 的棒材，切斜度不大于 3°。
　　②定尺供货的棒材长度允许偏差为：+15mm。倍尺供应的棒材应加入锯切余
　　　量，每个锯口按 5mm 计算。

2.3.7　有色金属管材

1. 挤制铜管的理论线质量

挤制铜管外径 30 ~ 300mm 的壁厚及理论线质量列于表 2 – 431。

表 2-431 挤制铜管的规格及理论线质量

外径	壁厚	理论线质量	外径	壁厚	理论线质量	外径	壁厚	理论线质量
/mm		/（kg/m）	/mm		/（kg/m）	/mm		/（kg/m）
30	2.5	1.922	38	6	5.366	(46)	3	3.607
	3	2.265		7.5	6.393		3.5	4.159
	3.5	2.593		9	7.294		4	4.697
	4	2.908		10	7.825		5	5.729
	4.5	3.208	40	3	3.104		6	6.707
	5	3.493		4	4.026		7.5	8.069
	6	4.024		5	4.891		9	9.306
32	2.5	2.062		6	5.701		10	10.061
	3	2.433		7.5	6.812	(48)	3	3.775
	3.5	2.789		9	7.797		3.5	4.355
	4	3.132		10	8.384		4	4.921
	4.5	3.460	42	3	3.271		5	6.011
	5	3.773		4	4.250		6	7.046
	6	4.360		5	5.170		7.5	8.493
34	3	2.600		6	6.036		9	9.814
	3.5	2.985		7.5	7.231		10	10.625
	4	3.355		9	8.300	50	3	3.942
	4.5	3.712		10	8.943		3.5	4.550
	5	4.052	44	3	3.439		4	5.145
	6	4.695		4	4.474		5	6.288
35	3	2.684		5	5.449		6	7.717
	3.5	3.083		6	6.372		7.5	8.908
	4	3.467		7.5	7.650		10	11.178
	4.5	3.838		9	8.803		12.5	13.100
	5	4.194		10	9.502		15	14.672
	6	4.865	45	3	3.523		17.5	15.902
36	3	2.768		3.5	4.061	(52)	3	4.110
	3.5	3.180		4	4.585		3.5	4.746
	4	3.579		5	5.592		4	5.368
	4.5	3.963		6	6.543		5	6.571
	5	4.332		7.5	7.864		6	7.717
	6	5.030		9	9.059			
38	3	2.936		10	9.786			
	4	3.803						
	5	4.611						

外径	壁厚	理论线质量	外径	壁厚	理论线质量	外径	壁厚	理论线质量
/mm		/（kg/m）	/mm		/（kg/m）	/mm		/（kg/m）
(52)	7.5	9.332	(58)	4	6.039	65	4	6.822
	10	11.743		4.5	6.731		5	8.384
	12.5	13.805		5	7.409		7.5	12.052
	15	15.518		7.5	10.590		9	14.092
	17.5	16.881		10	13.421		10	15.370
				12.5	15.902		12.5	18.340
(54)	3	4.278		15	18.034		15	20.960
	3.5	4.942		17.5	19.817		17.5	23.242
	4	5.592					20	25.164
	5	6.850	60	4	6.263	68	4	7.158
	6	8.052		4.5	6.983		5	8.807
	7.5	9.751		5	7.685		7.5	12.687
	10	12.302		7.5	11.004		9	14.847
	12.5	14.504		10	13.973		10	16.217
	15	16.357		12.5	16.593		12.5	19.397
	17.5	17.859		15	18.864		15	22.228
				17.5	21.080		17.5	24.710
55	3	4.362					20	26.842
	3.5	5.040	(62)	4	6.487	70	4	7.381
	4	5.704		5	7.969		5	9.082
	5	6.987		7.5	11.429		7.5	13.100
	6	8.220		9	13.337		9	15.350
	7.5	9.956		10	14.539		10	16.768
	10	12.576		12.5	17.300		12.5	20.086
	12.5	14.846		15	19.712		15	23.055
	15	16.768		17.5	21.774		17.5	25.688
	17.5	18.349		20	23.486		20	27.960
(56)	4	5.816	(64)	4	6.710	(72)	4	7.605
	4.5	6.480		5	8.248		5	9.367
	5	7.130		7.5	11.848		7.5	13.526
	7.5	10.170		9	13.840		9	15.853
	10	12.862		10	15.098		10	17.335
	12.5	15.203		12.5	17.999		12.5	20.795
	15	17.195		15	20.551		15	23.906
	17.5	18.838		17.5	22.752		17.5	26.667
				20	24.605		20	29.078
							22.5	31.140
							25	32.853

外径 /mm	壁厚 /mm	理论线质量 /（kg/m）	外径 /mm	壁厚 /mm	理论线质量 /（kg/m）	外径 /mm	壁厚 /mm	理论线质量 /（kg/m）
74	4	7.829	80	4	8.500	95	7.5	18.340
	5	9.646		5	10.485		10	23.754
	7.5	13.945		7.5	15.196		12.5	28.819
	9	16.357		9	17.857		15	33.535
	10	17.894		10	19.562		17.5	37.902
	12.5	21.494		12.5	23.579		20	41.919
	15	24.745		15	27.247		22.5	45.587
	17.5	27.645		17.5	30.566		25	48.906
	20	30.197		20	33.552		27.5	51.875
	22.5	32.399		22.5	36.173		30	54.495
	25	34.251		25	38.445			
75	4	7.941	85	7.5	16.244	100	7.5	19.388
	5	9.786		10	20.960		10	25.151
	7.5	14.148		12.5	25.326		12.5	30.566
	9	16.600		15	29.343		15	35.631
	10	18.165		17.5	33.011		17.5	40.347
	12.5	21.833		20	36.330		20	44.714
	15	25.151		22.5	39.299		22.5	48.731
	17.5	28.121		25	41.940		25	52.399
	20	30.756		27.5	44.212		27.5	57.717
	22.5	33.028		30	46.134		30	58.687
	25	34.950						
(78)	4	8.276	90	7.5	17.292	105	10	26.549
	5	10.205		10	22.357		12.5	32.313
	7.5	14.784		12.5	27.073		15	37.727
	9	17.363		15	31.439		17.5	42.792
	10	19.013		17.5	35.456		20	47.508
	12.5	22.892		20	39.124		22.5	51.875
	15	26.422		22.5	42.443		25	55.892
	17.5	29.603		25	45.435		27.5	59.560
	20	32.434		27.5	48.057		30	62.879
	22.5	34.915		30	50.328			
	25	37.047						

外径 /mm	壁厚 /mm	理论线质量 /（kg/m）	外径 /mm	壁厚 /mm	理论线质量 /（kg/m）	外径 /mm	壁厚 /mm	理论线质量 /（kg/m）
110	10	27.946	125	10	32.138	140	10	36.330
	12.5	34.059		12.5	39.299		12.5	44.539
	15	39.823		15	46.111		15	52.399
	17.5	45.238		17.5	52.573		17.5	59.909
	20	50.303		20	58.687		20	67.070
	22.5	55.019		22.5	64.450		22.5	73.882
	25	59.385		25	69.865		25	80.345
	27.5	63.402		27.5	74.930		27.5	86.458
	30	67.070		30	79.646		30	92.222
115	10	29.343		32.5	84.055		32.5	97.685
	12.5	35.806		35	88.074		35	102.753
	15	41.919	130	10	33.535		37.5	107.471
	17.5	47.683		12.5	41.046	145	10	37.727
	20	53.097		15	48.207		12.5	46.286
	22.5	58.163		17.5	55.019		15	54.495
	25	62.879		20	61.481		17.5	62.355
	27.5	67.245		22.5	67.594		20	69.865
	30	71.262		25	73.358		22.5	77.026
	32.5	74.968		27.5	78.773		25	83.838
	35	78.288		30	83.838		27.5	90.301
	37.5	81.259		32.5	88.598		30	96.414
120	10	30.741		35	92.967		32.5	102.229
	12.5	37.552	135	10	34.933		35	107.646
	15	44.015		12.5	47.792	150	10	39.124
	17.5	50.128		15	50.303		12.5	48.032
	20	55.892		17.5	57.464		15	56.591
	22.5	61.307		20	64.276		17.5	64.800
	25	66.372		22.5	70.738		20	72.660
	27.5	71.088		25	76.852		22.5	80.170
	30	75.454		27.5	82.615		25	87.331
	32.5	79.511		30	88.030		27.5	94.143
	35	83.181		32.5	93.142		30	100.606
	37.5	86.501		35	97.860		32.5	106.772
				37.5	102.229		35	112.539

外径 /mm	壁厚 /mm	理论线质量 / (kg/m)	外径 /mm	壁厚 /mm	理论线质量 / (kg/m)	外径 /mm	壁厚 /mm	理论线质量 / (kg/m)
	10	40. 522		10	43. 316		10	46. 111
	12. 5	49. 799		12. 5	53. 272		12. 5	56. 765
	15	58. 687		15	62. 879		15	67. 070
	17. 5	67. 245		17. 5	72. 136		17. 5	77. 026
	20	75. 454		20	81. 043		20	86. 633
	22. 5	83. 314		22. 5	89. 602		22. 5	95. 890
	25	90. 825		25	97. 811		25	104. 798
155	27. 5	97. 986	165	27. 5	105. 671	175	27. 5	113. 356
	30	104. 798		30	113. 181		30	121. 565
	32. 5	111. 316		32. 5	120. 403		32. 5	129. 490
	35	117. 432		35	127. 218		35	137. 004
	37. 5	123. 199		37. 5	133. 684		37. 5	144. 169
	40	128. 616		40	139. 800		40	150. 984
	42. 5	133. 684		42. 5	145. 567		42. 5	157. 450
							45	163. 566
	10	41. 919		10	44. 714		10	47. 508
	12. 5	51. 525		12. 5	55. 019		12. 5	58. 512
	15	60. 783		15	64. 974		15	69. 166
	17. 5	69. 690		17. 5	74. 581		17. 5	79. 471
	20	78. 249		20	83. 838		20	89. 427
	22. 5	86. 458		22. 5	92. 746		22. 5	99. 034
	25	94. 318		25	101. 304		25	108. 291
160	27. 5	101. 828	170	27. 5	109. 513	180	27. 5	117. 199
	30	108. 989		30	117. 373		30	125. 757
	32. 5	115. 859		32. 5	124. 946		32. 5	134. 033
	35	122. 325		35	132. 111		35	141. 897
	37. 5	128. 441		37. 5	138. 926		37. 5	149. 411
	40	134. 208		40	145. 392		40	156. 576
	42. 5	139. 625		42. 5	151. 508		42. 5	163. 391
							45	169. 857

外径 /mm	壁厚 /mm	理论线质量 / (kg/m)	外径 /mm	壁厚 /mm	理论线质量 / (kg/m)	外径 /mm	壁厚 /mm	理论线质量 / (kg/m)
185	10	48.906	195	10	51.700	(205)	10	54.522
	12.5	60.259		12.5	63.752		12.5	67.279
	15	71.262		15	75.454		15	79.686
	17.5	81.917		17.5	86.807		17.5	91.744
	20	92.222		20	97.811		20	103.452
	22.5	102.178		22.5	108.465		22.5	114.811
	25	111.784		25	118.771		25	125.820
	27.5	121.041		27.5	128.726		27.5	136.480
	30	129.949		30	138.333		30	146.790
	32.5	138.577		32.5	147.664		32.5	156.751
	35	146.790		35	156.576		35	166.362
	37.5	154.654		37.5	165.139		37.5	175.624
	40	162.168		40	173.352		40	184.536
	42.5	169.333		42.5	181.216		42.5	193.099
	45	176.148		45	188.730			
190	10	50.303	200	10	53.097	210	10	55.892
	12.5	62.005		12.5	65.498		12.5	68.992
	15	73.358		15	77.550		15	81.742
	17.5	84.362		17.5	89.253		17.5	94.143
	20	95.016		20	100.606		20	106.195
	22.5	105.321		22.5	111.609		22.5	117.897
	25	115.277		25	122.264		25	129.250
	27.5	124.884		27.5	132.569		27.5	140.254
	30	134.141		30	142.525		30	150.908
	32.5	143.120		32.5	152.207		32.5	161.294
	35	151.683		35	161.469		35	171.255
	37.5	159.896		37.5	170.381		37.5	180.866
	40	167.760		40	178.944		40	190.128
	42.5	175.274		42.5	187.157		42.5	199.040
	45	182.439		45	195.021			

外径 /mm	壁厚 /mm	理论线质量 /（kg/m）	外径 /mm	壁厚 /mm	理论线质量 /（kg/m）	外径 /mm	壁厚 /mm	理论线质量 /（kg/m）
(215)	10	57.318	(225)	10	60.114	(235)	10	62.91
	12.5	70.774		12.5	74.269		12.5	77.764
	15	83.88		15	88.074		15	92.268
	17.5	96.637		20	114.636		20	120.228
	20	109.044		25	139.800		25	146.79
	22.5	121.102		27.5	151.858		27.5	159.468
	25	132.810		30	163.566		30	171.954
	27.5	144.169		32.5	174.925		32.5	184.012
	30	155.178		35	185.934		35	195.720
	32.5	165.838		37.5	196.594		37.5	207.079
	35	176.148		40	206.904		40	218.088
	37.5	186.109		42.5	216.865		42.5	228.748
	40	195.720		45	226.476		45	239.058
	42.5	204.982		50	244.650		50	258.630
220	10	58.687	230	10	61.481	240	10	64.276
	12.5	72.485		12.5	75.978		12.5	79.471
	15	85.934		15	90.126		15	94.318
	17.5	99.034		20	117.373		20	122.962
	20	111.784		25	143.223		25	150.210
	22.5	124.185		27.5	155.702		27.5	163.391
	25	136.237		30	167.676		30	176.060
	27.5	147.939		32.5	179.468		32.5	188.555
	30	159.292		35	190.827		35	200.613
	32.5	170.381		37.5	201.836		37.5	212.321
	35	181.041		40	212.496		40	223.680
	37.5	191.351		42.5	222.806		42.5	234.689
	40	201.312		45	232.767		45	245.349
	42.5	210.923		50	251.640		50	265.620

外径 /mm	壁厚 /mm	理论线质量 /(kg/m)	外径 /mm	壁厚 /mm	理论线质量 /(kg/m)	外径 /mm	壁厚 /mm	理论线质量 /(kg/m)
(245)	10	65.706	(255)	10	68.502	(275)	10	74.094
	12.5	81.259		12.5	84.754		12.5	91.744
	15	96.462		15	100.656		15	109.044
	20	125.820		20	131.412		20	142.596
	25	153.780		25	160.770		25	174.750
	27.5	167.236		30	188.730		30	205.506
	30	180.342	260	10	69.865	280	10	75.454
	32.5	193.099		12.5	86.458		12.5	93.444
	35	205.506		15	102.702		15	111.085
	37.5	217.564		20	134.141		20	145.319
	40	229.272		25	164.183		25	178.156
	42.5	240.631		30	192.827		30	209.595
	45	251.640	(265)	10	71.298	290	20	150.908
	50	272.610		12.5	88.249		25	185.142
250	10	67.070		15	104.850		30	217.979
	12.5	82.965		20	137.004	300	20	156.498
	15	98.510		25	167.760		25	192.129
	20	128.552		30	197.118		30	226.363
	25	157.196	270	10	72.660			
	27.5	171.080		12.5	89.951			
	30	184.444		15	106.893			
	32.5	197.642		20	139.730			
	35	210.399		25	171.169			
	37.5	222.806		30	201.211			
	40	234.864						
	42.5	246.572						
	45	257.931						
	50	279.600						

注：①管材牌号有 T2、T3、TP2、TU1、TU2，理论线质量按密度 8.9kg/m³ 计算，供参考。

②表中带括号的尺寸为不推荐采用的规格。

2. 拉制铜管的理论线质量

拉制铜管的外径从 φ3mm 到 φ360mm 不等，表 2-432 列出了不同外径拉制铜管的壁厚及理论线质量。

表 2-432　拉制铜管规格及理论线质量

外径/mm	壁厚/mm	理论线质量/(kg/m)	外径/mm	壁厚/mm	理论线质量/(kg/m)	外径/mm	壁厚/mm	理论线质量/(kg/m)
3	0.5	0.035	8	2.0	0.335	12	0.5	0.161
	0.75	0.047		2.5	0.384		0.75	0.236
	1.0	0.056		3.0	0.419		1.0	0.307
	1.5	0.063		3.5	0.440		1.5	0.440
4	0.5	0.049	9	0.5	0.119		2.0	0.559
	0.75	0.068		0.75	0.173		2.5	0.664
	1.0	0.084		1.0	0.224		3.0	0.755
	1.5	0.105		1.5	0.314		3.5	0.831
5	0.5	0.063		2.0	0.391	13	0.5	0.175
	0.75	0.089		2.5	0.454		0.75	0.257
	1.0	0.112		3.0	0.503		1.0	0.335
	1.5	0.147		3.5	0.538		1.5	0.482
6	0.5	0.077	10	0.5	0.133		2.0	0.615
	0.75	0.110		0.75	0.194		2.5	0.734
	1.0	0.140		1.0	0.252		3.0	0.838
	1.5	0.189		1.5	0.356		3.5	0.929
7	0.5	0.091		2.0	0.447	14	0.5	0.189
	0.75	0.131		2.5	0.524		0.75	0.278
	1.0	0.168		3.0	0.587		1.0	0.363
	1.5	0.231		3.5	0.636		1.5	0.524
8	0.5	0.105	11	0.5	0.147		2.0	0.671
	0.75	0.152		0.75	0.215		2.5	0.803
	1.0	0.196		1.0	0.280		3.0	0.922
	1.5	0.272		1.5	0.398		3.5	1.027
				2.0	0.503	15	0.5	0.203
				2.5	0.594		0.75	0.299
				3.0	0.671		1.0	0.391
				3.5	0.734		1.5	0.566

外径 /mm	壁厚	理论线质量 / (kg/m)	外径 /mm	壁厚	理论线质量 / (kg/m)	外径 /mm	壁厚	理论线质量 / (kg/m)
15	2.0	0.727	19	0.5	0.259	22	2.5	1.362
	2.5	0.873		1.0	0.503		3.0	1.593
	3.0	1.006		1.5	0.734		3.5	1.810
	3.5	1.125		2.0	0.950		4.0	2.012
				2.5	1.153		4.5	2.201
16	0.5	0.217		3.0	1.341		5.0	2.375
	1.0	0.419		3.5	1.516	23	1.0	0.615
	1.5	0.608		4.0	1.677		1.5	0.901
	2.0	0.782		4.5	1.823		2.0	1.174
	2.5	0.943	20	0.5	0.273		2.5	1.433
	3.0	1.090		1.0	0.531		3.0	1.678
	3.5	1.223		1.5	0.776		3.5	1.909
	4.0	1.341		2.0	1.006		4.0	2.124
	4.5	1.446		2.5	1.223		4.5	2.328
17	0.5	0.231		3.0	1.425		5.0	2.515
	1.0	0.447		3.5	1.615	24	1.0	0.643
	1.5	0.650		4.0	1.789		1.5	0.943
	2.0	0.838		4.5	1.950		2.0	1.230
	2.5	1.013	21	1.0	0.559		2.5	1.502
	3.0	1.174		1.5	0.817		3.0	1.761
	3.5	1.320		2.0	1.062		3.5	2.005
	4.0	1.453		2.5	1.293		4.0	2.236
	4.5	1.572		3.0	1.509		4.5	2.452
18	0.5	0.231		3.5	1.713		5.0	2.655
	1.0	0.475		4.0	1.900	25	1.0	0.671
	1.5	0.692		4.5	2.075		1.5	0.985
	2.0	0.894		5.0	2.236		2.0	1.286
	2.5	1.083	22	1.0	0.587		2.5	1.572
	3.0	1.258		1.5	0.859			
	3.5	1.418		2.0	1.118			
	4.0	1.565						
	4.5	1.698						

外径	壁厚	理论线质量	外径	壁厚	理论线质量	外径	壁厚	理论线质量
/mm		/（kg/m）	/mm		/（kg/m）	/mm		/（kg/m）
25	3.0	1.844	28	3.5	2.398	31	4.0	3.018
	3.5	2.103		4.0	2.683		4.5	3.333
	4.0	2.347		4.5	2.955		5.0	3.633
	4.5	2.578		5.0	3.214	32	1.0	0.866
	5.0	2.795	(29)	1.0	0.782		1.5	1.279
26	1.0	0.699		1.5	1.153		2.0	1.677
	1.5	1.027		2.0	1.509		2.5	2.062
	2.0	1.341		2.5	1.851		3.0	2.431
	2.5	1.642		3.0	2.180		3.5	2.789
	3.0	1.928		3.5	2.494		4.0	3.130
	3.5	2.201		4.0	2.795		4.5	3.458
	4.0	2.459		4.5	3.081		5.0	3.773
	4.5	2.704		5.0	3.354	33	1.0	0.894
	5.0	2.934	30	1.0	0.810		1.5	1.320
27	1.0	0.727		1.5	1.195		2.0	1.733
	1.5	1.069		2.0	1.565		2.5	2.131
	2.0	1.397		2.5	1.921		3.0	2.515
	2.5	1.712		3.0	2.264		3.5	2.885
	3.0	2.012		3.5	2.592		4.0	3.242
	3.5	2.299		4.0	2.906		4.5	3.584
	4.0	2.571		4.5	3.207		5.0	3.912
	4.5	2.830		5.0	3.493	34	1.0	0.922
	5.0	3.074	31	1.0	0.838		1.5	1.362
28	1.0	0.755		1.5	1.237		2.0	1.789
	1.5	1.111		2.0	1.621		2.5	2.201
	2.0	1.453		2.5	1.991		3.0	2.599
	2.5	1.782		3.0	2.347		3.5	2.985
	3.0	2.096		3.5	2.690		4.0	3.354

外径	壁厚	理论线质量	外径	壁厚	理论线质量	外径	壁厚	理论线质量
/mm		/（kg/m）	/mm		/（kg/m）	/mm		/（kg/m）
34	4.5	3.710	37	5.0	4.471	(41)	1.0	1.118
	5.0	4.052					1.5	1.656
35	1.0	0.950	38	1.0	1.034		2.0	2.180
	1.5	1.404		1.5	1.530		2.5	2.690
	2.0	1.844		2.0	2.012		3.0	3.186
	2.5	2.271		2.5	2.480		3.5	3.668
	3.0	2.683		3.0	2.934		4.0	4.136
	3.5	3.081		3.5	3.374		4.5	4.590
	4.0	3.465		4.0	3.801		5.0	5.030
	4.5	3.836		4.5	4.213		6.0	5.869
	5.0	4.192		5.0	4.611	42	1.0	1.146
36	1.0	0.978	(39)	1.0	1.062		1.5	1.699
	1.5	1.446		1.5	1.572		2.0	2.236
	2.0	1.900		2.0	2.068		2.5	2.761
	2.5	2.340		2.5	2.550		3.0	3.270
	3.0	2.767		3.0	3.018		3.5	3.766
	3.5	3.179		3.5	3.472		4.0	4.248
	4.0	3.577		4.0	3.912		4.5	4.716
	4.5	3.961		4.5	4.339		5.0	5.170
	5.0	4.332		5.0	4.751		6.0	6.036
37	1.0	1.006	40	1.0	1.090	(43)	1.0	1.174
	1.5	1.488		1.5	1.614		1.5	1.740
	2.0	1.956		2.0	2.124		2.0	2.292
	2.5	2.410		2.5	2.620		2.5	2.830
	3.0	2.850		3.0	3.102		3.0	3.354
	3.5	3.277		3.5	3.570		3.5	3.864
	4.0	3.689		4.0	4.024		4.0	4.360
	4.5	4.087		4.5	4.464		4.5	4.842
				5.0	4.891		5.0	5.310

外径	壁厚	理论线质量	外径	壁厚	理论线质量	外径	壁厚	理论线质量
/mm		/（kg/m）	/mm		/（kg/m）	/mm		/（kg/m）
(43)	6.0	6.204	(46)	4.5	5.219	(49)	3.5	4.450
				5.0	5.729		4.0	5.030
(44)	1.0	1.202		6.0	6.707		4.5	5.596
	1.5	1.782					5.0	6.148
	2.0	2.347	(47)	1.0	1.286		6.0	7.210
	2.5	2.899		1.5	1.907			
	3.0	3.437		2.0	2.515	50	1.0	1.369
	3.5	3.961		2.5	3.109		1.5	2.033
	4.0	4.471		3.0	3.689		2.0	2.683
	4.5	4.967		3.5	4.255		2.5	3.319
	5.0	5.449		4.0	4.807		3.0	3.940
	6.0	6.372		4.5	5.345		3.5	4.550
45	1.0	1.230		5.0	5.869		4.0	5.142
	1.5	1.823		6.0	6.875		4.5	5.722
	2.0	2.403	48	1.0	1.313		5.0	6.288
	2.5	2.969		1.5	1.949		6.0	7.378
	3.0	3.521		2.0	2.571	(52)	1.0	1.425
	3.5	4.059		2.5	3.179		1.5	2.117
	4.0	4.583		3.0	3.773		2.0	2.795
	4.5	5.093		3.5	4.353		2.5	3.458
	5.0	5.589		4.0	4.918		3.0	4.108
	6.0	6.539		4.5	5.470		3.5	4.744
(46)	1.0	1.258		5.0	6.008		4.0	5.366
	1.5	1.865		6.0	7.042		4.5	5.973
	2.0	2.459	(49)	1.0	1.341		5.0	6.567
	2.5	3.039		1.5	1.991		6.0	7.713
	3.0	3.605		2.0	2.627	54	1.0	1.481
	3.5	4.157		2.5	3.249		1.5	2.201
	4.0	4.695		3.0	3.857		2.0	2.906

外径 /mm	壁厚	理论线质量 /（kg/m）	外径 /mm	壁厚	理论线质量 /（kg/m）	外径 /mm	壁厚	理论线质量 /（kg/m）
54	2.5	3.598	58	1.5	2.368	(62)	8.0	12.073
	3.0	4.276		2.0	3.130		(9.0)	13.330
	3.5	4.939		2.5	3.878		10.0	14.532
	4.0	5.589		3.0	4.611			
	4.5	6.225		3.5	5.331	(64)	2.0	3.465
	5.0	6.847		4.0	6.036		2.5	4.297
	6.0	8.048		4.5	6.728		3.0	5.114
55	1.0	1.509		5.0	7.406		3.5	5.918
	1.5	2.243		6.0	8.719		4.0	6.707
	2.0	2.962					4.5	7.483
	2.5	3.668	60	1.0	1.649		5.0	8.244
	3.0	4.360		1.5	2.452		6.0	9.725
	3.5	5.037		2.0	3.242		7.0	11.150
	4.0	5.701		2.5	4.017		8.0	12.520
	4.5	6.351		3.0	4.779		(9.0)	13.833
	5.0	6.987		3.5	5.526		10.0	15.091
	6.0	8.216		4.0	6.260			
(56)	1.0	1.537		4.5	6.980	65	2.0	3.521
	1.5	2.285		5.0	7.685		2.5	4.367
	2.0	3.018		6.0	9.055		3.0	5.198
	2.5	3.738					3.5	6.015
	3.0	4.443	(62)	2.0	3.354		4.0	6.819
	3.5	5.135		2.5	4.157		4.5	7.608
	4.0	5.813		3.0	4.946		5.0	8.384
	4.5	6.476		3.5	5.722		6.0	9.893
	5.0	7.126		4.0	6.483		7.0	11.346
	6.0	8.384		4.5	7.231		8.0	12.743
58	1.0	1.593		5.0	7.965		(9.0)	14.085
				6.0	9.390		10.0	15.370
				7.0	10.759			

外径	壁厚	理论线质量	外径	壁厚	理论线质量	外径	壁厚	理论线质量
/mm		/（kg/m）	/mm		/（kg/m）	/mm		/（kg/m）
(66)	2.0	3.577	70	3.0	5.617	(74)	3.5	6.896
	2.5	4.436		3.5	6.504		4.0	7.825
	3.0	5.282		4.0	7.378		4.5	8.740
	3.5	6.113		4.5	8.237		5.0	9.641
	4.0	6.931		5.0	9.082		6.0	11.402
	4.5	7.734		6.0	10.737		7.0	13.107
	5.0	8.524		7.0	12.324		8.0	14.755
	6.0	10.061		8.0	13.861		(9.0)	16.348
	7.0	11.542		(9.0)	15.342		10.0	17.885
	8.0	12.967		10.0	16.768	75	2.0	4.080
	(9.0)	14.336	(72)	2.0	3.912		2.5	5.065
	10.0	15.650		2.5	4.856		3.0	6.036
68	2.0	3.689		3.0	5.785		3.5	6.993
	2.5	4.576		3.5	6.700		4.0	7.937
	3.0	5.449		4.0	7.601		4.5	8.866
	3.5	6.312		4.5	8.489		5.0	9.781
	4.0	7.154		5.0	9.362		6.0	11.570
	4.5	7.986		6.0	11.067		7.0	13.302
	5.0	8.803		7.0	12.715		8.0	14.979
	6.0	10.396		8.0	14.308		(9.0)	16.600
	7.0	11.939		(9.0)	15.845		10.0	18.165
	8.0	13.414		10.0	17.327	76	2.0	4.136
	(9.0)	14.839	(74)	2.0	4.024		2.5	5.135
	10.0	16.209		2.5	4.995		3.0	6.120
70	2.0	3.801		3.0	5.952		3.5	7.091
	2.5	4.716						

外径 /mm	壁厚	理论线质量 / (kg/m)	外径 /mm	壁厚	理论线质量 / (kg/m)	外径 /mm	壁厚	理论线质量 / (kg/m)
76	4.0	8.048	80	4.5	9.495	84	7.0	15.063
	4.5	8.992		5.0	10.480		8.0	16.991
	5.0	9.921		6.0	12.408		(9.0)	18.864
	6.0	11.737		7.0	14.280		10.0	20.680
	7.0	13.498		8.0	16.097			
	8.0	15.203		(9.0)	17.857	85	2.0	4.639
	(9.0)	16.851		10.0	19.562		2.5	5.764
	10.0	18.444					3.0	6.875
			(82)	2.0	4.471		3.5	7.972
(78)	2.0	4.248		2.5	5.554		4.0	9.055
	2.5	5.275		3.0	6.623		4.5	10.123
	3.0	6.288		3.5	7.678		5.0	11.178
	3.5	7.287		4.0	8.719		6.0	13.246
	4.0	8.272		4.5	9.746		7.0	15.259
	4.5	9.243		5.0	10.759		8.0	17.215
	5.0	10.200		6.0	12.743		(9.0)	19.115
	6.0	12.073		7.0	14.672		10.0	20.960
	7.0	13.889		8.0	16.544			
	8.0	15.650		(9.0)	18.361	86	2.0	4.695
	(9.0)	17.354		10.0	20.121		2.5	5.834
	10.0	19.003					3.0	6.959
			(84)	2.0	4.583		3.5	8.069
80	2.0	4.360		2.5	5.694		4.0	9.166
	2.5	5.415		3.0	6.791		4.5	10.249
	3.0	6.456		3.5	7.874		5.0	11.318
	3.5	7.483		4.0	8.943		6.0	13.414
	4.0	8.496		4.5	9.998		7.0	15.454
				5.0	11.039		8.0	17.438
				6.0	13.079		(9.0)	19.367

续表

外径 /mm	壁厚 /mm	理论线质量 / (kg/m)	外径 /mm	壁厚 /mm	理论线质量 / (kg/m)	外径 /mm	壁厚 /mm	理论线质量 / (kg/m)
86	10.0	21.239	(92)	2.0	5.030	96	3.5	9.048
(88)	2.0	4.807		2.5	6.253		4.0	10.284
	2.5	5.973		3.0	7.462		4.5	11.507
	3.0	7.126		3.5	8.656		5.0	12.722
	3.5	8.265		4.0	9.837		6.0	15.091
	4.0	9.390		4.5	11.004		7.0	17.410
	4.5	10.501		5.0	12.157		8.0	19.674
	5.0	11.598		6.0	14.420		(9.0)	21.882
	6.0	13.749		7.0	16.628		10.0	24.034
	7.0	15.845		8.0	18.780	(98)	2.0	5.366
	8.0	17.885		(9.0)	20.876		2.5	6.672
	(9.0)	19.870		10.0	22.916		3.0	7.965
	10.0	21.798	(94)	2.0	5.142		3.5	9.243
90	2.0	4.918		2.5	6.393		4.0	10.508
	2.5	6.113		3.0	7.629		4.5	11.758
	3.0	7.294		3.5	8.852		5.0	12.995
	3.5	8.461		4.0	10.061		6.0	15.426
	4.0	9.613		4.5	11.255		7.0	17.802
	4.5	10.752		5.0	12.436		8.0	20.121
	5.0	11.877		6.0	14.755		(9.0)	22.385
	6.0	14.085		7.0	17.019		10.0	24.592
	7.0	16.237		8.0	19.227	100	2.0	5.477
	8.0	18.333		(9.0)	21.379		2.5	6.812
	(9.0)	20.373		10.0	23.475		3.0	8.132
	10.0	22.357	96	2.0	5.254		3.5	9.439
				2.5	6.532		4.0	10.731
				3.0	7.797		4.5	12.010

· 554 ·

外径	壁厚	理论线质量	外径	壁厚	理论线质量	外径	壁厚	理论线质量
/mm		/ (kg/m)	/mm		/ (kg/m)	/mm		/ (kg/m)
100	5.0	13.274	110	(9.0)	25.403	125	2.0	6.875
	6.0	15.762		10.0	27.960		2.5	8.558
	7.0	18.193	115	2.0	6.316		3.0	10.228
	8.0	20.568		2.5	7.860		3.5	11.884
	(9.0)	22.888		3.0	9.390		4.0	13.526
	10.0	25.151		3.5	10.906		4.5	15.154
105	2.0	5.757		4.0	12.408		5.0	16.768
	2.5	7.161		4.5	13.896		6.0	19.953
	3.0	8.551		5.0	15.370		7.0	23.083
	3.5	9.928		6.0	18.277		8.0	26.157
	4.0	11.290		7.0	21.127		(9.0)	29.176
	4.5	12.639		8.0	23.922		10.0	32.138
	5.0	13.973		(9.0)	26.660	130	2.0	7.154
	6.0	16.600		10.0	29.343		2.5	8.912
	7.0	19.171	120	2.0	6.595		3.0	10.647
	8.0	21.686		2.5	8.209		3.5	12.373
	(9.0)	24.145		3.0	9.809		4.0	14.085
	10.0	26.549		3.5	11.395		4.5	15.783
110	2.0	6.036		4.0	12.967		5.0	17.466
	2.5	7.510		4.5	14.525		6.0	20.792
	3.0	8.971		5.0	16.077		7.0	24.062
	3.5	10.417		6.0	19.115		8.0	27.275
	4.0	11.849		7.0	22.105		(9.0)	30.433
	4.5	13.267		8.0	25.040		10.0	33.552
	5.0	14.679		(9.0)	27.918			
	6.0	17.438		10.0	30.756			
	7.0	20.149						
	8.0	22.804						

外径 /mm	壁厚	理论线质量 / (kg/m)	外径 /mm	壁厚	理论线质量 / (kg/m)	外径 /mm	壁厚	理论线质量 / (kg/m)
135	2.0	7.434	145	2.0	7.993	155	5.0	20.960
	2.5	9.257		2.5	9.961		6.0	24.984
	3.0	11.067		3.0	11.905		7.0	28.952
	3.5	12.862		3.5	13.840		8.0	32.864
	4.0	14.644		4.0	15.762		(9.0)	36.721
	4.5	16.411		4.5	17.669		10.0	40.522
	5.0	18.174		5.0	19.562	160	3.0	13.163
	6.0	21.630		6.0	23.307		3.5	15.307
	7.0	25.040		7.0	26.996		4.0	17.438
	8.0	28.393		8.0	30.629		4.5	19.555
	(9.0)	31.691		(9.0)	34.206		5.0	21.669
	10.0	34.933		10.0	37.746		6.0	25.822
140	2.0	7.713	150	2.0	8.272		7.0	29.930
	2.5	9.606		2.5	10.305		8.0	33.982
	3.0	11.486		3.0	12.324		(9.0)	37.979
	3.5	13.351		3.5	14.329		10.0	41.919
	4.0	15.203		4.0	16.320	165	3.0	13.582
	4.5	17.040		4.5	18.298		3.5	15.796
	5.0	18.864		5.0	20.271		4.0	17.997
	6.0	22.469		6.0	24.145		4.5	20.184
	7.0	26.018		7.0	27.974		5.0	22.357
	8.0	29.511		8.0	31.747		6.0	26.660
	(9.0)	32.948		(9.0)	35.463		7.0	30.908
	10.0	36.330		10.0	39.124		8.0	35.100
			155	3.0	12.743		(9.0)	39.236
				3.5	14.818		10.0	43.316
				4.0	16.879			
				4.5	18.926			

外径 /mm	壁厚 /mm	理论线质量 /（kg/m）	外径 /mm	壁厚 /mm	理论线质量 /（kg/m）	外径 /mm	壁厚 /mm	理论线质量 /（kg/m）
	3.0	14.001	180	(9.0)	43.009		6.0	31.691
	3.5	16.286		10.0	47.532		7.0	36.777
	4.0	18.556		3.0	15.259	195	8.0	41.807
	4.5	20.813		3.5	17.753		(9.0)	46.782
170	5.0	23.067		4.0	20.233		10.0	51.700
	6.0	27.499		4.5	22.699		3.0	16.516
	7.0	31.886	185	5.0	25.164		3.5	19.220
	8.0	36.218		6.0	30.014		4.0	21.910
	(9.0)	40.494		7.0	34.821		4.5	24.585
	10.0	44.736		8.0	39.572	200	5.0	27.247
	3.0	14.420		(9.0)	44.266		6.0	32.529
	3.5	16.775		10.0	48.906		7.0	37.755
	4.0	19.115		3.0	15.678		8.0	42.925
	4.5	21.442		3.5	18.242		(9.0)	48.039
175	5.0	23.754		4.0	20.792		10.0	53.097
	6.0	28.337		4.5	23.328		3.0	17.354
	7.0	32.864	190	5.0	25.850		3.5	20.198
	8.0	37.336		6.0	30.852		4.0	23.028
	(9.0)	41.751		7.0	35.799	210	4.5	25.843
	10.0	46.111		8.0	40.689		5.0	28.659
	3.0	14.839		(9.0)	45.524		6.0	34.206
	3.5	17.264		10.0	50.303		7.0	39.711
	4.0	19.674		3.0	16.097		3.0	18.193
	4.5	22.070		3.5	18.731		3.5	21.176
180	5.0	24.453	195	4.0	21.351		4.0	24.145
	6.0	29.176		4.5	23.957	220	4.5	27.101
	7.0	33.843		5.0	26.549		5.0	30.042
	8.0	38.454					6.0	35.883
							7.0	41.667

外径	壁厚	理论线质量	外径	壁厚	理论线质量	外径	壁厚	理论线质量
/mm		/（kg/m）	/mm		/（kg/m）	/mm		/（kg/m）
230	3.0	19.031	260	4.5	32.131	310	5.0	42.639
	3.5	22.154		5.0	35.649	320	3.5	30.957
	4.0	25.263	270	3.5	26.067		4.0	35.324
	4.5	28.358		4.0	29.735		4.5	39.676
	5.0	31.439		4.5	33.388		5.0	44.015
	6.0	37.559		5.0	37.028	330	3.5	31.935
	7.0	43.624	280	3.5	27.045		4.0	36.442
240	3.0	19.870		4.0	30.852		4.5	40.934
	3.5	23.132		4.5	34.646		5.0	45.412
	4.0	26.381		5.0	38.426	340	3.5	32.913
	4.5	29.616	290	3.5	28.023		4.0	37.559
	5.0	32.837		4.0	31.970		4.5	42.191
	6.0	39.236		4.5	35.904		5.0	46.810
	7.0	45.580		5.0	39.823	350	3.5	33.892
250	3.0	20.708	300	3.5	29.001		4.0	38.677
	3.5	24.110		4.0	33.088		4.5	43.449
	4.0	27.499		4.5	37.161		5.0	48.207
	4.5	30.873		5.0	41.220	360	3.5	34.870
	5.0	34.234	310	3.5	29.979		4.0	39.795
	6.0	40.913		4.0	34.206		4.5	44.707
	7.0	47.536		4.5	38.419		5.0	49.629
260	3.5	25.089						
	4.0	28.617						

注：①管材牌号有 T2、T3、TP1、TP2、TU1 和 TU2。理论线质量按密度 8.9
kg/m³ 计算，供参考。

②表中带括号的尺寸为不推荐采用的规格。

3. 挤制黄铜管的理论线质量

挤制黄铜管的理论线质量见表2-433。

表2-433 挤制黄铜管的规格及理论线质量

外径/mm	壁厚/mm	理论线质量/(kg/m)	外径/mm	壁厚/mm	理论线质量/(kg/m)	外径/mm	壁厚/mm	理论线质量/(kg/m)
21	1.5	0.781	26	1.5	0.981	30	2.5	1.835
	2.0	1.014		2.0	1.281		3.0	2.162
	2.5	1.234		2.5	1.568		3.5	2.475
	3.0	1.442		3.0	1.842		4.0	2.776
	4.0	1.816		3.5	2.102		4.5	3.063
22	1.5	0.821		4.0	2.349		5.0	3.336
	2.0	1.068	27	2.5	1.635		6.0	3.843
	2.5	1.301		3.0	1.922	32	2.5	1.968
	3.0	1.522		3.5	2.195		3.0	2.322
	4.0	1.922		4.0	2.455		3.5	2.662
23	1.5	0.861		4.5	2.762		4.0	2.989
	2.0	1.121		5.0	2.936		4.5	3.303
	2.5	1.368		6.0	3.364		5.0	3.603
	3.0	1.601	28	2.5	1.701		6.0	4.164
	3.5	1.823		3.0	2.002	34	3.0	2.482
	4.0	2.029		3.5	2.289		3.5	2.849
24	1.5	0.901		4.0	2.562		4.0	3.203
	2.0	1.174		4.5	2.822		4.5	3.543
	2.5	1.435		5.0	3.069		5.0	3.870
	3.0	1.681		6.0	3.524		6.0	4.484
	3.5	1.916	29	2.5	1.768	35	3.0	2.562
	4.0	2.136		3.0	2.082		3.5	2.943
25	1.5	0.941		3.5	2.382		4.0	3.316
	2.0	1.228		4.0	2.669		4.5	3.663
	2.5	1.501		4.5	2.943			
	3.0	1.762		5.0	3.203			
	3.5	2.008						
	4.0	2.242						

外径/mm	壁厚/mm	理论线质量/(kg/m)	外径/mm	壁厚/mm	理论线质量/(kg/m)	外径/mm	壁厚/mm	理论线质量/(kg/m)
35	5.0	4.004	42	6.0	5.768	(46)	5.0	5.471
	6.0	4.644		7.5	6.909		6.0	6.406
36	3.0	2.642		9.0	7.930		6.5	6.853
	3.5	3.036		10	8.544		7.5	7.707
	4.0	3.416	44	3.0	3.285		9.0	8.888
	4.5	3.783		4.0	4.270		10.0	9.612
	5.0	4.137		5.0	5.205	(48)	3.0	3.603
	6.0	4.804		6.0	6.088		3.5	4.157
38	3.0	2.804		7.5	7.309		4.0	4.697
	4.0	3.631		9.0	8.410		5.0	5.738
	5.0	4.404		10	9.078		6.0	6.726
	6.0	5.127	45	3.0	3.365		6.5	7.206
	7.5	6.108		3.5	3.877		7.5	8.107
	9.0	6.969		4.0	4.377		9.0	9.368
	10	7.476		5.0	5.338		10.0	10.146
40	3.0	2.964		6.0	6.249	50	3.0	3.763
	4.0	3.845		7.5	7.510		3.5	4.344
	5.0	4.671		9.0	8.648		4.0	4.911
	6.0	5.448		10.0	9.345		5.0	6.005
	7.5	6.508	(46)	3.0	3.443		6.0	7.046
	9.0	7.449		3.5	3.970		7.5	8.507
	10	8.010		4.0	4.484		10.0	10.681
42	3.0	3.124					12.5	12.511
	4.0	3.792					15.0	14.012
	5.0	4.938					17.5	15.186

外径 /mm	壁厚 /mm	理论线质量 / (kg/m)	外径 /mm	壁厚 /mm	理论线质量 / (kg/m)	外径 /mm	壁厚 /mm	理论线质量 / (kg/m)
(52)	3.0	3.923	(56)			(62)	4.0	6.192
	3.5	4.531		4.0	5.552		5.0	7.607
	4.0	5.124		4.5	6.185		7.5	10.910
	5.0	6.272		5.0	6.806		9.0	12.738
	6.0	7.366		7.5	9.708		10.0	13.879
	7.5	8.908		10.0	12.277		12.5	16.514
	10.0	11.215		12.5	14.513		15.0	18.816
	12.5	13.178		15.0	16.414		17.5	20.793
	15.0	14.813		17.5	17.989		20.0	22.428
	17.5	16.120						
(54)	3.0	4.084	(58)			(64)	4.0	6.406
	3.5	4.717		4.0	5.765		5.0	7.874
	4.0	5.338		4.5	6.426		7.5	11.310
	5.0	6.539		5.0	7.073		9.0	13.218
	6.0	7.687		7.5	10.109		10.0	14.413
	7.5	9.308		10.0	12.811		12.5	17.182
	10.0	11.750		12.5	15.180		15.0	19.617
	12.5	13.845		15.0	17.215		17.5	21.727
	15.0	15.614		17.5	18.924		20.0	23.496
	17.5	17.055						
55	3.0	4.164	60			65	4.0	6.569
	3.5	4.811		4.0	5.979		5.0	8.011
	4.0	5.445		4.5	6.666		7.5	11.516
	5.0	6.673		5.0	7.340		9.0	13.459
	6.0	7.847		7.5	10.509		10.0	14.687
	7.5	9.508		10.0	13.345		12.5	17.524
	10.0	12.017		12.5	15.847		15.0	20.028
	12.5	14.179		15.0	18.016		17.5	22.194
	15.0	16.014		17.5	19.858		20.0	24.03
	17.5	17.522						

外径	壁厚	理论线质量	外径	壁厚	理论线质量	外径	壁厚	理论线质量
/mm		/（kg/m）	/mm		/（kg/m）	/mm		/（kg/m）
68	4.0	6.833	74	4.0	7.473	80	4.0	8.118
	5.0	8.407		5.0	9.208		5.0	10.014
	7.5	12.111		7.5	13.312		7.5	14.513
	9.0	14.172		9.0	15.622		9.0	17.064
	10.0	15.480		10.0	17.082		10.0	18.683
	12.5	18.516		12.5	20.518		12.5	22.520
	15.0	21.219		15.0	23.621		15.0	26.023
	17.5	23.596		17.5	26.390		17.5	29.192
	20.0	25.632		20.0	28.840		20.0	32.028
				22.5	30.939		22.5	34.543
				25.0	32.707		25.0	36.713
70	4.0	7.046	75	4.0	7.580	85	7.5	15.521
	5.0	8.674		5.0	9.342		10.0	20.028
	7.5	12.511		7.5	13.512		12.5	24.200
	9.0	14.653		9.0	15.854		15.0	28.039
	10.0	16.014		10.0	17.349		17.5	31.544
	12.5	19.183		12.5	20.852		20.0	34.715
	15.0	22.019		15.0	24.033		22.5	37.552
	17.5	24.531		17.5	26.870		25.0	40.055
	20.0	26.700		20.0	29.374		27.5	42.219
				22.5	31.539		30.0	44.055
				25.0	33.375			
(72)	4.0	7.260	(78)	4.0	7.904	90	7.5	16.514
	5.0	8.941		5.0	9.747		10.0	21.352
	7.5	12.911		7.5	14.112		12.5	25.856
	9.0	15.141		9.0	16.583		15.0	30.026
	10.0	16.548		10.0	18.149		17.5	33.863
	12.5	19.851		12.5	21.852		20.0	37.366
	15.0	22.820		15.0	25.222		22.5	40.535
	17.5	25.456		17.5	28.258		25.0	43.371
	20.0	27.772		20.0	30.960		27.5	45.891
	22.5	29.737		22.5	33.342		30.0	48.060
	25.0	31.373		25.0	35.378			

外径	壁厚	理论线质量	外径	壁厚	理论线质量	外径	壁厚	理论线质量
/mm		/（kg/m）	/mm		/（kg/m）	/mm		/（kg/m）
95	7.5	17.515	110	10.0	26.690	125	10.0	30.694
	10.0	22.687		12.5	32.528		12.5	37.533
	12.5	27.524		15.0	38.033		15.0	44.039
	15.0	32.028		17.5	43.204		17.5	50.211
	17.5	36.198		20.0	48.042		20.0	56.049
	20.0	40.035		22.5	52.546		22.5	61.554
	22.5	43.538		25.0	56.716		25.0	66.725
	25.0	46.708		27.5	60.553		27.5	71.563
	27.5	49.543		30.0	64.056		30.0	76.067
	30.0	52.046					32.5	80.267
							35.0	84.105
100	7.5	18.516	115	10.0	28.025	130	10.0	32.028
	10.0	24.021		12.5	34.197		12.5	39.201
	12.5	29.192		15.0	40.035		15.0	46.040
	15.0	34.030		17.5	45.540		17.5	52.546
	17.5	38.534		20.0	50.711		20.0	58.718
	20.0	42.704		22.5	55.549		22.5	64.556
	22.5	46.541		25.0	60.053		25.0	70.061
	25.0	50.044		27.5	64.223		27.5	75.232
	27.5	53.213		30.0	68.060		30.0	80.070
	30.0	56.049		32.5	71.589		32.5	84.606
				35.0	74.760		35.0	88.778
				37.5	77.597			
105	10.0	25.356	120	10.0	29.359	135	10.0	33.363
	12.5	30.860		12.5	35.865		12.5	40.869
	15.0	36.032		15.0	42.037		15.0	48.042
	17.5	40.869		17.5	47.875		17.5	54.881
	20.0	45.373		20.0	53.380		20.0	61.387
	22.5	49.543		22.5	58.551		22.5	67.559
	25.0	53.380		25.0	63.389		25.0	73.398
	27.5	56.883		27.5	67.893		27.5	78.902
	30.0	60.053		30.0	72.063		30.0	84.074
				32.5	75.928		32.5	88.944
				35.0	79.433		35.0	93.450
				37.5	82.603		37.5	97.622

外径	壁厚	理论线质量	外径	壁厚	理论线质量	外径	壁厚	理论线质量
/mm		/（kg/m）	/mm		/（kg/m）	/mm		/（kg/m）
	10.0	34.697		25.0	83.406		10.0	41.370
	12.5	42.537		27.5	89.912		12.5	50.878
	14.0	47.081	150	30.0	96.084		15.0	60.053
	15.0	50.044		32.5	101.961		17.5	68.894
	17.5	57.217		35.0	107.468		20.0	77.401
140	20.0	64.056		10.0	38.701		22.5	85.575
	22.5	70.562		12.5	47.541		25.0	93.415
	25.0	76.734		15.0	56.049	165	27.5	100.922
	27.5	82.572		17.5	64.223		30.0	108.095
	30.0	88.077		20.0	72.063		32.5	114.977
	32.5	93.283		22.5	79.570		35.0	121.485
	35.0	98.123	155	25.0	86.743		37.5	127.659
	10.0	36.032		27.5	93.582		40.0	133.500
	12.5	44.205		30.0	100.088		42.5	139.007
	15.0	52.046		32.5	106.299		10.0	42.704
	17.5	59.552		35.0	112.140		12.5	52.546
	20.0	66.725		37.5	117.603		15.0	62.054
145	22.5	73.564		40.0	122.820		17.5	71.229
	25.0	80.070		42.5	127.659		20.0	80.070
	27.5	86.242		10.0	40.035		22.5	88.577
	30.0	92.081		12.5	49.210		25.0	96.751
	32.5	97.622		15.0	58.051	170	27.5	104.591
	35.0	102.795		17.5	66.558		30.0	112.098
	10.0	37.366		20.0	74.732		32.5	119.316
	12.5	45.873		22.5	82.572		35.0	126.158
	15.0	54.047	160	25.0	90.079		37.5	132.666
150	17.5	61.887		27.5	97.252		40.0	138.840
	20.0	69.394		30.0	104.091		42.5	144.681
	22.5	76.567		32.5	110.638			
				35.0	116.813			
				37.5	122.607			
				40.0	128.160			
				42.5	133.333			

外径 /mm	壁厚 /mm	理论线质量 / (kg/m)	外径 /mm	壁厚 /mm	理论线质量 / (kg/m)	外径 /mm	壁厚 /mm	理论线质量 / (kg/m)
	10.0	44.055		10.0	46.725		10.0	49.395
	12.5	54.214		12.5	57.550		12.5	60.887
	15.0	64.056		15.0	68.060		15.0	72.063
	17.5	73.564		17.5	78.235		17.5	82.906
	20.0	82.739		20.0	88.077		20.0	93.415
	22.5	91.580		22.5	97.585		22.5	103.591
	25.0	100.088		25.0	106.760		25.0	113.433
175	27.5	108.261	185	27.5	115.601	195	27.5	122.941
	30.0	116.102		30.0	124.109		30.0	132.116
	32.5	123.654		32.5	132.282		32.5	140.957
	35.0	130.830		35.0	140.123		35.0	149.464
	37.5	137.672		37.5	147.629		37.5	157.638
	40.0	144.180		40.0	154.881		40.0	165.552
	42.5	150.354		42.5	161.641		42.5	172.985
	45.0	156.195		45.0	168.210		45.0	180.225
	10.0	45.390		10.0	48.060		10.0	50.730
	12.5	58.882		12.5	59.218		12.5	62.555
	15.0	66.058		15.0	70.061		15.0	74.065
	17.5	75.900		17.5	80.570		17.5	85.241
	20.0	85.408		20.0	90.746		20.0	96.084
	22.5	94.583		22.5	100.588		22.5	106.593
	25.0	103.424		25.0	110.096		25.0	116.769
180	27.5	111.931	190	27.5	119.271	200	27.5	126.611
	30.0	120.105		30.0	128.112		30.0	136.119
	32.5	127.993		32.5	136.619		32.5	145.294
	35.0	135.503		35.0	144.793		35.0	154.135
	37.5	142.678		37.5	152.633		37.5	162.642
	40.0	149.520		40.0	160.221		40.0	170.903
	42.5	156.028		42.5	167.313		42.5	178.656
	45.0	162.203		45.0	174.218		45.0	186.233

外径	壁厚	理论线质量	外径	壁厚	理论线质量	外径	壁厚	理论线质量
/mm		/ (kg/m)	/mm		/ (kg/m)	/mm		/ (kg/m)
(205)	10.0	52.065	(215)	10.0	54.735	(225)	10.0	57.405
	12.5	64.223		12.5	67.559		12.5	70.922
	15.0	76.067		15.0	80.070		15.0	84.074
	17.5	87.577		17.5	92.247		20.0	109.429
	20.0	98.753		20.0	104.091		25.0	133.450
	22.5	109.596		22.5	115.601		27.5	145.014
	25.0	120.105		25.0	126.778		30.0	156.137
	27.5	130.281		27.5	137.620		32.5	167.042
	30.0	140.123		30.0	148.130		35.0	177.489
	32.5	149.631		32.5	158.305		37.5	187.734
	35.0	158.806		35.0	168.147		40.0	197.606
	37.5	167.647		37.5	177.655		42.5	207.092
	40.0	176.243		40.0	186.925		45.0	216.270
	42.5	184.328		42.5	195.671		47.5	225.114
							50.0	233.625
210	10.0	53.400	220	10.0	56.070	230	10.0	58.740
	12.5	65.891		12.5	69.227		12.5	72.591
	15.0	78.068		15.0	82.072		15.0	86.075
	17.5	89.912		17.5	94.583		20.0	112.098
	20.0	101.422		20.0	106.760		25.0	136.786
	22.5	112.598		22.5	118.604		27.5	148.686
	25.0	123.441		25.0	130.114		30.0	160.140
	27.5	133.950		27.5	141.290		32.5	171.381
	30.0	144.126		30.0	152.133		35.0	182.159
	32.5	153.968		32.5	162.642		37.5	192.741
	35.0	163.476		35.0	172.818		40.0	202.947
	37.5	172.651		37.5	182.660		42.5	212.766
	40.0	181.584		40.0	192.265		45.0	222.278
	42.5	190.000		42.5	201.343		47.5	231.456
							50.0	240.300

外径 /mm	壁厚 /mm	理论线质量 /（kg/m）	外径 /mm	壁厚 /mm	理论线质量 /（kg/m）	外径 /mm	壁厚 /mm	理论线质量 /（kg/m）
(235)	10.0	60.075	(245)	20.0	120.105	260	10.0	66.750
	12.5	74.259		25.0	146.795		12.5	82.603
	15.0	88.077		27.5	159.699		15.0	98.086
	20.0	114.767		30.0	172.151		20.0	128.112
	25.0	140.123		32.5	184.397		25.0	156.804
	27.5	152.357		35.0	196.172		30.0	184.161
	30.0	164.144		37.5	207.759	(265)	10.0	68.085
	32.5	175.719		40.0	218.969		12.5	84.272
	35.0	186.830		42.5	229.787		15.0	100.088
	37.5	197.747		45.0	240.300		20.0	130.781
	40.0	208.228		47.5	250.479		25.0	160.140
	42.5	218.439		50.0	260.325		30.0	188.165
	45.0	228.285	250	10.0	64.080	270	10.0	69.42
	47.5	237.780		12.5	79.266		12.5	85.941
	50.0	246.975		15.0	94.082		15.0	102.089
240	10.0	61.410		20.0	122.774		20.0	133.450
	12.5	75.928		25.0	150.131		25.0	163.476
	15.0	90.079		27.5	163.371		30.0	192.168
	20.0	117.436		30.0	176.154	(275)	10.0	70.755
	25.0	143.459		32.5	188.736		12.5	87.609
	27.5	156.028		35.0	200.842		15.0	104.091
	30.0	168.147		37.5	212.766		20.0	136.119
	32.5	180.058		40.0	224.310		25.0	166.813
	35.0	191.501		42.5	235.461		30.0	196.172
	37.5	202.753		45.0	246.308	280	10.0	72.090
	40.0	213.628		47.5	256.821		12.5	89.278
	42.5	224.113		50.0	267.000		15.0	106.093
	45.0	234.293	(255)	10.0	65.415		20.0	138.788
	47.5	244.138		12.5	80.934		25.0	170.149
	50.0	253.650		15.0	96.084		30.0	200.175
(245)	10.0	62.745		20.0	125.443			
	12.5	77.597		25.0	153.468			
	15.0	92.081		30.0	180.158			

注：管材牌号有 H96、H62、HPb59-1、HFe59-1-1。理论线质量（供参考）按密度 8.5kg/m³ 计算，其中 H96（密度 8.8kg/m³）的理论线质量须按表中理论线质量乘以换算系数1.035 3。

4. 拉制黄铜管的理论线质量

拉制黄铜管的理论线质量见表2-434。

表2-434　拉制黄铜管的规格及理论线质量

外径	壁厚	理论线质量	外径	壁厚	理论线质量	外径	壁厚	理论线质量
/mm		/ (kg/m)	/mm		/ (kg/m)	/mm		/ (kg/m)
3	0.5	0.033 4	8	0.5	0.100	11	0.5	0.140
	0.75	0.045 0		0.75	0.145		0.75	0.205
	1.0	0.053 4		1.0	0.187		1.0	0.267
	(1.25)	0.058 4		(1.25)	0.225		(1.25)	0.325
	1.5	0.060 1		1.5	0.260		1.5	0.380
4	0.5	0.046 7		2.0	0.320		2.0	0.480
	0.75	0.065 1		2.5	0.367		2.5	0.567
	1.0	0.080 1		3.0	0.400		3.0	0.641
	(1.25)	0.091 8		3.5	0.420		3.5	0.701
	1.5	0.100 1	9	0.5	0.113	12	0.5	0.153
5	0.5	0.060 1		0.75	0.165		0.75	0.225
	0.75	0.085 1		1.0	0.214		1.0	0.294
	1.0	0.107		(1.25)	0.258		(1.25)	0.359
	(1.25)	0.125		1.5	0.300		1.5	0.420
	1.5	0.140		2.0	0.374		2.0	0.534
6	0.5	0.073 4		2.5	0.439		2.5	0.634
	0.75	0.105		3.0	0.480		3.0	0.721
	1.0	0.133		3.5	0.514		3.5	0.794
	(1.25)	0.159	10	0.5	0.127	13	0.5	0.167
	1.5	0.180		0.75	0.185		0.75	0.245
7	0.5	0.086 7		1.0	0.240		1.0	0.320
	0.75	0.125		(1.25)	0.292		(1.25)	0.392
	1.0	0.160		1.5	0.340		1.5	0.460
	(1.25)	0.192		2.0	0.427		2.0	0.587
	1.5	0.220		2.5	0.500		2.5	0.701
				3.0	0.560		3.0	0.801
				3.5	0.607		3.5	0.888

外径 /mm	壁厚 /mm	理论线质量 / (kg/m)	外径 /mm	壁厚 /mm	理论线质量 / (kg/m)	外径 /mm	壁厚 /mm	理论线质量 / (kg/m)
14	0.5	0.180	17	0.5	0.220	20	0.5	0.260
	0.75	0.265		0.75	0.325		1.0	0.507
	1.0	0.347		1.0	0.427		(1.25)	0.626
	(1.25)	0.426		(1.25)	0.526		1.5	0.741
	1.5	0.500		1.5	0.621		2.0	0.961
	2.0	0.641		2.0	0.801		2.5	1.168
	2.5	0.767		2.5	0.968		3.0	1.361
	3.0	0.881		3.0	1.121		3.5	1.541
	3.5	0.981		3.5	1.261		4.0	1.708
				4.0	1.388		4.5	1.862
				4.5	1.501			
15	0.5	0.194	18	0.5	0.234	21	1.0	0.534
	0.75	0.285		0.75	0.345		(1.25)	0.659
	1.0	0.374		1.0	0.454		1.5	0.781
	(1.25)	0.459		(1.25)	0.559		2.0	1.014
	1.5	0.540		1.5	0.661		2.5	1.234
	2.0	0.694		2.0	0.854		3.0	1.441
	2.5	0.834		2.5	1.034		3.5	1.635
	3.0	0.961		3.0	1.201		4.0	1.815
	3.5	1.074		3.5	1.355		4.5	1.982
				4.0	1.495		5.0	2.135
				4.5	1.621			
16	0.5	0.207	19	0.5	0.247	22	1.0	0.560
	0.75	0.305		0.75	0.365		(1.25)	0.693
	1.0	0.400		1.0	0.480		1.5	0.821
	(1.25)	0.492		(1.25)	0.592		2.0	1.068
	1.5	0.581		1.5	0.701		2.5	1.301
	2.0	0.747		2.0	0.907		3.0	1.521
	2.5	0.901		2.5	1.101		3.5	1.728
	3.0	1.041		3.0	1.281		4.0	1.922
	3.5	1.168		3.5	1.448		4.5	2.102
	4.0	1.282		4.0	1.601		5.0	2.269
	4.5	1.382		4.5	1.742			

外径	壁厚	理论线质量	外径	壁厚	理论线质量	外径	壁厚	理论线质量
/mm		/ (kg/m)	/mm		/ (kg/m)	/mm		/ (kg/m)
23	1.0	0.587	26	1.0	0.667	(29)	1.0	0.747
	(1.25)	0.726		(1.25)	0.826		(1.25)	0.926
	1.5	0.861		1.5	0.981		1.5	1.101
	2.0	1.121		2.0	1.281		2.0	1.441
	2.5	1.368		2.5	1.568		2.5	1.768
	3.0	1.601		3.0	1.842		3.0	2.082
	3.5	1.822		3.5	2.102		3.5	2.382
	4.0	2.028		4.0	2.349		4.0	2.669
	4.5	2.222		4.5	2.583		4.5	2.994
	5.0	2.402		5.0	2.802		5.0	3.203
24	1.0	0.614	27	1.0	0.694	30	1.0	0.774
	(1.25)	0.759		(1.25)	0.859		(1.25)	0.960
	1.5	0.901		1.5	1.021		1.5	1.141
	2.0	1.174		2.0	1.335		2.0	1.495
	2.5	1.435		2.5	1.635		2.5	1.835
	3.0	1.681		3.0	1.922		3.0	2.162
	3.5	1.915		3.5	2.195		3.5	2.475
	4.0	2.135		4.0	2.455		4.0	2.776
	4.5	2.343		4.5	2.703		4.5	3.064
	5.0	2.536		5.0	2.936		5.0	3.336
25	1.0	0.641	28	1.0	0.721	31	1.0	0.801
	(1.25)	0.793		(1.25)	0.893		(1.25)	0.993
	1.5	0.941		1.5	1.061		1.5	1.181
	2.0	1.228		2.0	1.388		2.0	1.548
	2.5	1.501		2.5	1.701		2.5	1.902
	3.0	1.762		3.0	2.002		3.0	2.242
	3.5	2.008		3.5	2.289			
	4.0	2.242		4.0	2.562		4.0	2.883
	4.5	2.463		4.5	2.824		4.5	3.183
	5.0	2.669		5.0	3.069		5.0	3.470

外径 /mm	壁厚	理论线质量 /（kg/m）	外径 /mm	壁厚	理论线质量 /（kg/m）	外径 /mm	壁厚	理论线质量 /（kg/m）
32	1.0	0.827	35	1.0	0.907	38	1.0	0.988
	(1.25)	1.026		(1.25)	1.126		(1.25)	1.227
	1.5	1.221		1.5	1.341		1.5	1.461
	2.0	1.601		2.0	1.762		2.0	1.922
	2.5	1.968		2.5	2.169		2.5	2.369
	3.0	2.322		3.0	2.562		3.0	2.802
	4.0	2.989		4.0	3.310		4.0	3.630
	4.5	3.303		4.5	3.663		4.5	4.024
	5.0	3.603		5.0	4.004		5.0	4.404
33	1.0	0.854	36	1.0	0.934	(39)	1.0	1.014
	(1.25)	1.060		(1.25)	1.160		(1.25)	1.260
	1.5	1.261		1.5	1.381		1.5	1.501
	2.0	1.655		2.0	1.815		2.0	1.975
	2.5	2.035		2.5	2.235		2.5	2.435
	3.0	2.402		3.0	2.642		3.0	2.883
	4.0	3.096		4.0	3.416		4.0	3.737
	4.5	3.423		4.5	3.783		4.5	4.144
	5.0	3.737		5.0	4.137		5.0	4.537
34	1.0	0.881	37	1.0	0.961	40	1.0	1.041
	(1.25)	1.093		(1.25)	1.193		(1.25)	1.293
	1.5	1.301		1.5	1.421		1.5	1.541
	2.0	1.708		2.0	1.868		2.0	2.028
	2.5	2.102		2.5	2.302		2.5	2.502
	3.0	2.482		3.0	2.722		3.0	2.963
	4.0	3.203		4.0	3.523		4.0	3.843
	4.5	3.543		4.5	3.903		4.5	4.264
	5.0	3.870		5.0	4.270		5.0	4.671

外径 /mm	壁厚	理论线质量 / (kg/m)	外径 /mm	壁厚	理论线质量 / (kg/m)	外径 /mm	壁厚	理论线质量 / (kg/m)
(41)	1.0	1.068	(44)	1.0	1.148	(47)	1.0	1.228
	1.5	1.582		1.5	1.702		1.5	1.822
	2.0	2.083		2.0	2.242		2.0	2.403
	2.5	2.570		2.5	2.769		2.5	2.970
	3.0	3.044		3.0	3.283		3.0	3.524
	3.5	3.504		3.5	3.783		3.5	4.065
	4.0	3.952		4.0	4.270		4.0	4.592
	4.5	4.385					4.5	5.106
	5.0	4.806		5.0	5.205		5.0	5.607
	6.0	5.607		6.0	6.085		6.0	6.568
42	1.0	1.094	45	1.0	1.175	48	1.0	1.254
	1.5	1.622		1.5	1.741		1.5	1.862
	2.0	2.135		2.0	2.295		2.0	2.455
	2.5	2.636		2.5	2.837		2.5	3.036
	3.0	3.123		3.0	3.363		3.0	3.603
	3.5	3.596		3.5	3.876		3.5	4.157
	4.0	4.057		4.0	4.377		4.0	4.697
	4.5	4.506		4.5	4.866		4.5	5.227
	5.0	4.938		5.0	5.340		5.0	5.738
	6.0	5.765		6.0	6.245		6.0	6.726
(43)	1.0	1.121	(46)	1.0	1.201	(49)	1.0	1.282
	1.5	1.662		1.5	1.782		1.5	1.902
	2.0	2.189		2.0	2.349		2.0	2.510
	2.5	2.703		2.5	2.903		2.5	3.104
	3.0	3.204		3.0	3.443		3.0	3.685
	3.5	3.691		3.5	3.970		3.5	4.252
	4.0	4.165		4.0	4.484		4.0	4.806
	4.5	4.626		4.5	4.986		4.5	5.367
	5.0	5.073		5.0	5.471		5.0	5.874
	6.0	5.927		6.0	6.406		6.0	6.889

外径 /mm	壁厚 /mm	理论线质量 / (kg/m)	外径 /mm	壁厚 /mm	理论线质量 / (kg/m)	外径 /mm	壁厚 /mm	理论线质量 / (kg/m)
50	1.0	1.308	55	1.0	1.442	60	1.0	1.575
	1.5	1.942		1.5	2.143		1.5	2.343
	2.0	2.562		2.0	2.829		2.0	3.096
	2.5	3.169		2.5	3.504		2.5	3.837
	3.0	3.763		3.0	4.163		3.0	4.564
	3.5	4.344		3.5	4.813		3.5	5.278
	4.0	4.911		4.0	5.444		4.0	5.979
	4.5	5.467		4.5	6.068		4.5	6.666
	5.0	6.005		5.0	6.672		5.0	7.340
	6.0	7.046		6.0	7.850		6.0	8.648
(52)	1.0	1.361	(56)	1.0	1.468	(62)	2.0	3.203
	1.5	2.023		1.5	2.183		2.5	3.972
	2.0	2.669		2.0	2.833		3.0	4.724
	2.5	3.303		2.5	3.570		3.5	5.465
	3.0	3.923		3.0	4.244		4.0	6.192
	3.5	4.531		3.5	4.904		4.5	6.909
	4.0	5.124		4.0	5.552		5.0	7.610
	4.5	5.705		4.5	6.185		6.0	8.971
	5.0	6.272		5.0	6.806		7.0	10.276
	6.0	7.366		6.0	8.007		8.0	11.534
54	1.0	1.415	(58)	1.0	1.521		(9.0)	12.736
	1.5	2.103		1.5	2.263		10.0	13.884
	2.0	2.776		2.0	2.989	(64)	2.0	3.310
	2.5	3.436		2.5	3.703		2.5	4.105
	3.0	4.084		3.0	4.404		3.0	4.884
	3.5	4.717		3.5	5.091		3.5	5.652
	4.0	5.338		4.0	5.765		4.0	6.406
	4.5	5.945		4.5	6.426		4.5	7.149
	5.0	6.539		5.0	7.073		5.0	7.877
	6.0	7.687		6.0	8.327		6.0	9.292
							7.0	10.649
							8.0	11.962
							(9.0)	13.217
							10.0	14.418

外径 /mm	壁厚 /mm	理论线质量 /（kg/m）	外径 /mm	壁厚 /mm	理论线质量 /（kg/m）	外径 /mm	壁厚 /mm	理论线质量 /（kg/m）
65	2.0	3.363	68	5.0	8.411	(74)	2.0	3.843
	2.5	4.172		6.0	9.932		2.5	4.771
	3.0	4.966		7.0	11.397		3.0	5.685
	3.5	5.745		8.0	12.816		3.5	6.588
	4.0	6.512		(9.0)	14.178		4.0	7.473
	4.5	7.266		10.0	15.486		4.5	8.350
	5.0	8.007	70	2.0	3.630		5.0	9.212
	6.0	9.448		2.5	4.504		6.0	10.894
	7.0	10.836		3.0	5.365		7.0	12.518
	8.0	12.171		3.5	6.212		8.0	14.098
	(9.0)	13.457		4.0	7.046		(9.0)	15.620
	10.0	14.680		4.5	7.870		10.0	17.082
(66)	2.0	3.416		5.0	8.678	75	2.0	3.898
	2.5	4.239		6.0	10.253		2.5	4.670
	3.0	5.044		7.0	11.770		3.0	5.527
	3.5	5.838		8.0	13.342		3.5	6.682
	4.0	6.619		(9.0)	14.658		4.0	7.413
	4.5	7.389		10.0	16.020		4.5	8.471
	5.0	8.144	(72)	2.0	3.737		5.0	9.345
	6.0	9.612		2.5	4.637		6.0	11.054
	7.0	11.023		3.0	5.525		7.0	12.709
	8.0	12.389		3.5	6.401		8.0	14.311
	(9.0)	13.697		4.0	7.260		(9.0)	15.860
	10.0	14.952		4.5	8.110		10.0	17.355
68	2.0	3.523		5.0	8.945	76	2.0	3.950
	2.5	4.372		6.0	10.573		2.5	4.904
	3.0	5.205		7.0	12.144		3.0	5.845
	3.5	6.025		8.0	13.670		3.5	6.775
	4.0	6.833		(9.0)	15.139		4.0	7.687
	4.5	7.630		10.0	16.548		4.5	8.591
							5.0	9.479

外径	壁厚	理论线质量	外径	壁厚	理论线质量	外径	壁厚	理论线质量
/mm		/（kg/m）	/mm		/（kg/m）	/mm		/（kg/m）
76	6.0	11.214	(82)	2.0	4.270	86	2.0	4.484
	7.0	12.891		2.5	5.305		2.5	5.572
	8.0	14.525		3.0	6.326		3.0	6.646
	(9.0)	16.100		3.5	7.336		3.5	7.710
	10.0	17.615		4.0	8.327		4.0	8.754
				4.5	9.312		4.5	9.792
(78)	2.0	4.057		5.0	10.280		5.0	10.814
	2.5	5.038		6.0	12.175		6.0	12.816
	3.0	6.005		7.0	14.012		7.0	14.760
	3.5	6.962		8.0	15.804		8.0	16.661
	4.0	7.900		(9.0)	17.542		(9.0)	18.503
	4.5	8.831		10.0	19.217		10.0	20.284
	5.0	9.746	(84)	2.0	4.377	(88)	2.0	4.591
	6.0	11.534		2.5	5.438		2.5	5.705
	7.0	13.265		3.0	6.486		3.0	6.806
	8.0	14.952		3.5	7.523		3.5	7.897
	(9.0)	16.581		4.0	8.541		4.0	8.968
	10.0	18.149		4.5	9.552		4.5	10.033
80	2.0	4.164		5.0	10.547		5.0	11.081
	2.5	5.171		6.0	12.496		6.0	13.136
	3.0	6.165		7.0	14.386		7.0	15.133
	3.5	7.149		8.0	16.234		8.0	17.088
	4.0	8.114		(9.0)	18.023		(9.0)	18.984
	4.5	9.071		10.0	19.751		10.0	20.818
	5.0	10.013	85	2.0	4.432	90	2.0	4.697
	6.0	11.855		2.5	5.507		2.5	5.838
	7.0	13.639		3.0	6.568		3.0	6.966
	8.0	15.379		3.5	7.616		3.5	8.083
	(9.0)	17.061		4.0	8.651		4.0	9.181
	10.0	18.683		4.5	9.672		4.5	10.273
				5.0	10.680		5.0	11.348
				6.0	12.656		6.0	13.457
				7.0	14.578		7.0	15.507
				8.0	16.447		8.0	17.510
				(9.0)	18.263		(9.0)	19.464
				10.0	20.025		10.0	21.352

外径 /mm	壁厚	理论线质量 /（kg/m）	外径 /mm	壁厚	理论线质量 /（kg/m）	外径 /mm	壁厚	理论线质量 /（kg/m）
(92)	2.0	4.804	98	2.0	5.124	110	2.0	5.765
	2.5	5.974		2.5	6.375		2.5	7.173
	3.0	7.126		3.0	7.607		3.0	8.567
	3.5	8.267		3.5	8.828		3.5	9.949
	4.0	9.395		4.0	10.035		4.0	11.317
	4.5	10.513		4.5	11.234		4.5	12.676
	5.0	11.615		5.0	12.416		5.0	14.012
	6.0	13.777		6.0	14.738		6.0	16.655
	7.0	15.887		7.0	17.008		7.0	19.243
	8.0	17.936		8.0	19.217		8.0	21.787
	(9.0)	19.945		(9.0)	21.387		(9.0)	24.270
	10.0	21.894		10.0	23.496		10.0	26.690
(94)	2.0	4.911	100	2.0	5.231	115	2.0	6.034
	2.5	6.108		2.5	6.508		2.5	7.509
	3.0	7.286		3.0	7.767		3.0	8.971
	3.5	8.454		3.5	9.015		3.5	10.420
	4.0	9.608		4.0	10.249		4.0	11.855
	4.5	10.753		4.5	11.474		4.5	13.277
	5.0	11.882		5.0	12.683		5.0	14.685
	6.0	14.098		6.0	15.059		6.0	17.462
	7.0	16.260		7.0	17.382		7.0	20.185
	8.0	18.363		8.0	19.644		8.0	22.855
	(9.0)	20.426		(9.0)	21.867		(9.0)	25.472
	10.0	22.428		10.0	24.030		10.0	28.035
96	2.0	5.018	105	2.0	5.500	120	2.0	6.299
	2.5	6.241		2.5	6.842		2.5	7.840
	3.0	7.447		3.0	8.170		3.0	9.368
	3.5	8.641		3.5	9.485		3.5	10.883
	4.0	9.822		4.0	10.787		4.0	12.384
	4.5	10.994		4.5	12.075		4.5	13.877
	5.0	12.149		5.0	13.350		5.0	15.347
	6.0	14.418		6.0	15.860		6.0	18.256
	7.0	16.634		7.0	18.316		7.0	21.112
	8.0	18.790		8.0	20.719		8.0	23.923
	(9.0)	20.906		(9.0)	23.069		(9.0)	26.673
	10.0	22.962		10.0	25.365		10.0	29.359

外径/mm	壁厚/mm	理论线质量/(kg/m)	外径/mm	壁厚/mm	理论线质量/(kg/m)	外径/mm	壁厚/mm	理论线质量/(kg/m)
125	2.0	6.568	140	2.0	7.366	155	3.0	12.175
	2.5	8.177		2.5	9.175		3.5	14.158
	3.0	9.772		3.0	10.970		4.0	16.127
	3.5	11.354		3.5	12.751		4.5	18.083
	4.0	12.923		4.0	14.525		5.0	20.025
	4.5	14.478		4.5	16.280		6.0	23.870
	5.0	16.020		5.0	18.016		7.0	27.661
	6.0	19.064		6.0	21.459		8.0	31.399
	7.0	22.054		7.0	24.848		(9.0)	35.084
	8.0	24.991		8.0	28.195		10.0	38.715
	(9.0)	27.875		(9.0)	31.479			
	10.0	30.705		10.0	34.697			
130	2.0	6.833	145	2.0	7.636	160	3.0	12.571
	2.5	8.507		2.5	9.512		3.5	14.619
	3.0	10.169		3.0	11.374		4.0	16.655
	3.5	11.817		3.5	13.223		4.5	18.676
	4.0	13.452		4.0	15.059		5.0	20.685
	4.5	15.079		4.5	16.881		6.0	24.671
	5.0	16.681		5.0	18.690		7.0	28.596
	6.0	19.857		6.0	22.268		8.0	32.467
	7.0	22.980		7.0	25.792		(9.0)	36.285
	8.0	26.059		8.0	29.263		10.0	40.050
	(9.0)	29.076		(9.0)	32.681			
	10.0	32.028		10.0	36.045			
135	2.0	7.102	150	2.0	7.900	165	3.0	12.971
	2.5	8.844		2.5	9.842		3.5	15.087
	3.0	10.572		3.0	11.770		4.0	17.188
	3.5	12.289		3.5	13.685		5.0	21.352
	4.0	13.564		4.0	15.593		6.0	25.472
	4.5	15.680		4.5	17.482		7.0	29.530
	5.0	17.355		5.0	19.350		8.0	33.535
	6.0	20.666		6.0	23.060		(9.0)	37.487
	7.0	23.923		7.0	26.717		10.0	41.370
	8.0	27.127		8.0	30.331			
	(9.0)	30.278		(9.0)	33.882			
	10.0	33.375		10.0	37.366			

外径 /mm	壁厚	理论线质量 / (kg/m)	外径 /mm	壁厚	理论线质量 / (kg/m)	外径 /mm	壁厚	理论线质量 / (kg/m)
170	3.0	13.372	180	6.0	27.875	190	8.0	38.875
	3.5	15.554		7.0	32.334		(9.0)	43.494
	4.0	17.722		8.0	36.739		10.0	48.042
	5.0	22.019		(9.0)	41.091	195	3.0	15.373
	6.0	26.273		10.0	45.373		3.5	17.889
	7.0	30.465	185	3.0	14.573		4.0	20.391
	8.0	34.603		3.5	16.955		4.5	22.889
	(9.0)	38.688		4.0	19.324		5.0	25.356
	10.0	42.704		4.5	21.687		6.0	30.278
175	3.0	13.772		5.0	24.021		7.0	35.124
	3.5	16.021		6.0	28.676		8.0	39.943
	4.0	18.256		7.0	33.256		(9.0)	46.696
	5.0	22.687		8.0	37.807		10.0	49.377
	6.0	27.074		(9.0)	42.293	200	3.0	15.774
	7.0	31.399		10.0	46.708		3.5	18.356
	8.0	35.671	190	3.0	14.973		4.0	20.925
	(9.0)	39.890		3.5	17.422		4.5	23.489
	10.0	44.039		4.0	19.857		5.0	26.023
180	3.0	14.172		4.5	22.288		6.0	31.079
	3.5	16.488		5.0	24.688		7.0	36.058
	4.0	18.790		6.0	29.477		8.0	41.011
	5.0	23.354		7.0	34.190		(9.0)	45.897
							10.0	50.711

注：①表中括号表示不推荐采用规格。

②表中理论线质量供参考。

5. 铜及铜合金无缝管材

铜及铜合金无缝管材（GB/T 16866—2006）见表 2-435～表 2-451。

表 2-435　挤制铜及铜合金圆形管规格

单位：mm

公称外径	公称壁厚																										
	1.5	2.0	2.5	3.0	3.5	4.0	4.5	5.0	6.0	7.5	9.0	10.0	12.5	15.0	17.5	20.0	22.5	25.0	27.5	30.0	32.5	35.0	37.5	40.0	42.5	45.0	50.0
20,21,22	○	○	○																								
23,24,25,26	○	○	○	○	○																						
27,28,29				○	○	○	○	○																			
30,32				○	○	○	○	○	○																		
34,35,36				○	○	○	○	○	○	○																	
38,40,42,44			○	○	○	○	○	○	○	○	○	○															
45,46,48					○	○	○	○	○	○	○	○															
50,52,54,55			○	○	○	○	○	○	○	○	○	○	○	○	○												
56,58,60										○	○	○	○	○	○												
62,64,65,68,70					○	○	○	○	○	○		○	○	○	○	○											
72,74,75,78,80						○	○	○		○		○	○	○	○	○	○	○									
85,90										○		○	○	○	○	○	○	○	○	○							
95,100										○		○	○	○	○	○	○	○	○	○							

续表

公称外径	公称壁厚																										
	1.5	2.0	2.5	3.0	3.5	4.0	4.5	5.0	6.0	7.5	9.0	10.0	12.5	15.0	17.5	20.0	22.5	25.0	27.5	30.0	32.5	35.0	37.5	40.0	42.5	45.0	50.0
105,110												○	○	○	○	○	○	○	○	○							
115,120												○	○	○	○	○	○	○	○	○	○	○					
125,130												○	○	○	○	○	○	○	○	○	○	○	○				
135,140												○	○	○	○	○	○	○	○	○	○	○					
145,150												○	○	○	○	○	○	○	○	○	○	○	○				
155,160												○	○	○	○	○	○	○	○	○	○	○	○	○	○		
165,170												○	○	○	○	○	○	○	○	○	○	○	○	○	○		
175,180												○	○	○	○	○	○	○	○	○	○	○	○	○	○		
185,190,195,200												○	○	○	○	○	○	○	○	○	○	○	○	○	○	○	
210,220												○	○	○	○	○	○	○	○	○	○	○	○	○	○	○	
230,240,250												○	○	○	○	○	○	○	○	○	○	○	○	○	○	○	○
260,280													○	○	○	○	○	○	○	○							
290,300															○	○	○	○	○	○							

注："○"表示推荐规格，需要其他规格的产品应由供需双方商定。

表 2-436 拉制铜及铜合金圆形管规格

单位：mm

公称外径	公称壁厚																									
	0.2	0.3	0.4	0.5	0.6	0.75	1.0	1.25	1.5	2.0	2.5	3.0	3.5	4.0	4.5	5.0	6.0	7.0	8.0	9.0	10.0	11.0	12.0	13.0	14.0	15.0
3,4	○	○	○	○	○	○	○																			
5,6,7	○	○	○	○	○	○	○	○																		
8,9,10,11,12,13,14,15		○	○	○	○	○	○	○	○	○	○	○														
16,17,18,19,20		○	○	○	○	○	○	○	○	○	○	○	○	○												
21,22,23,24,25,226,27,28,29,30			○	○	○	○	○	○	○	○	○	○	○	○												
31,32,33,34,35,36,37,38,39,40			○	○	○	○	○	○	○	○	○	○	○	○	○											
42,44,45,46,48,49,50					○	○	○	○	○	○	○	○	○	○	○	○										
52,54,55,56,58,60						○	○	○	○	○	○	○	○	○	○	○	○									
62,64,65,66,68,70							○	○	○	○	○	○	○	○	○	○	○	○								
72,74,75,76,78,80									○	○	○	○	○	○	○	○	○	○	○							
82,84,85,86,88,90,92,94,96,100										○	○	○	⋮	○	○	○	○	○	○	○						
105,110,115,120,125,130,135,140,145,150											○	○	○	○	○	○	○	○	○	○	○	○	○			
155,160,165,170,175,180,185,190,195,200													○	○	○	○	○	○	○	○	○	○	○	○		
210,220,230,240,250																	○	○	○	○	○	○	○	○	○	
260,270,280,290,300,310,320,330,340,350,360														○			○	○	○	○	○	○	○	○	○	○

注："○"表示推荐规格，需要其他规格的产品应由供需双方商定。

表 2 – 437　挤制圆形管材的外径允许偏差　　单位：mm

公称外径	外径允许偏差（±）	
	纯铜管、青铜管	黄铜管
20 ~ 22	0.22	0.25
23 ~ 26	0.25	0.25
27 ~ 29	0.25	0.25
30 ~ 33	0.30	0.30
34 ~ 37	0.30	0.35
38 ~ 44	0.35	0.40
45 ~ 49	0.35	0.45
50 ~ 55	0.45	0.50
56 ~ 60	0.60	0.60
61 ~ 70	0.70	0.70
71 ~ 80	0.80	0.82
81 ~ 90	0.90	0.92
91 ~ 100	1.0	1.1
101 ~ 120	1.2	1.3
121 ~ 130	1.3	1.5
131 ~ 140	1.4	1.6
141 ~ 150	1.5	1.7
151 ~ 160	1.6	1.9
161 ~ 170	1.7	2.0
171 ~ 180	1.8	2.1
181 ~ 190	1.9	2.2
191 ~ 200	2.0	2.2
201 ~ 220	2.2	2.3
221 ~ 250	2.5	2.5
251 ~ 280	2.8	2.8
281 ~ 300	3.0	—

注：①当要求外径偏差全为正（＋）或全为负（－）时，其允许偏差为表中对应
　　　数值的 2 倍。
　　②当外径和壁厚之比不小于 10 时，挤制黄铜管的短轴尺寸不应小于公称外径
　　　的 95％。此时，外径允许偏差应为平均外径允许偏差。
　　③当外径和壁厚之比不小于 15 时，挤制纯铜管和青铜管的短轴尺寸不应小于
　　　公称外径的 95％。此时，外径允许偏差应为平均外径允许偏差。

表 2-438 拉制圆形管材的平均外径允许偏差 单位：mm

公称外径	平均外径允许偏差（±），≤	
	普通级	高精级
3~15	0.06	0.05
>15~25	0.08	0.06
>25~50	0.12	0.08
>50~75	0.15	0.10
>75~100	0.20	0.13
>100~125	0.28	0.15
>125~150	0.35	0.18
>150~200	0.50	—
>200~250	0.65	—
>250~360	0.40	—

注：当要求外径偏差全为正（+）或全为负（−）时，其允许偏差为表中对应数值的 2 倍。

表 2-439 拉制矩（方）形管材的两平行外表面间距允许偏差

单位：mm

尺寸 a 和 b	允许偏差（±），≤		示意图
	普通级	高精级	
≤3.0	0.12	0.08	
>3.0~16	0.15	0.10	
>16~25	0.18	0.12	
>25~50	0.25	0.15	
>50~100	0.35	0.20	

注：①当两平行外表面间距的允许偏差要求全为正或全为负时，其允许偏差为表中对应数值的 2 倍。
　　②公称尺寸 a 对应的公差也适用 a′，公称尺寸 b 对应的公差也适用 b′。

表 2－440 挤制圆形管材的壁厚允许偏差 单位：mm

材料名称	公称外径	公称壁厚，≤												
		1.5	2.0	2.5	3.0	3.5	4.0	4.5	5.0	6.0	7.5	9.0	10.0	12.5
		壁厚允许偏差（±）												
纯铜管	20～300	—	—	—	—	—	—	—	0.5	0.6	0.75	0.9	1.0	1.2
黄、青铜管	20～280	0.25	0.30	0.40	0.45	0.5	0.5	0.6	0.6	0.7	0.75	0.9	1.0	1.3

材料名称	公称外径	公称壁厚												
		15.0	17.5	20.0	22.5	25.0	27.5	30.0	32.5	35.0	37.5	40.0	42.5	45.0	50.0
		壁厚允许偏差（±）												
纯铜管	20～300	1.4	1.6	1.8	1.8	2.0	2.2	2.4	—	—	—	—	—	—
黄、青铜管	20～280	1.5	1.8	2.0	2.3	2.5	2.8	3.0	3.3	3.5	3.8	4.0	4.3	4.4	4.5

注：当要求壁厚偏差全为正（＋）或全为负（－）时，其允许偏差为表中对应数值的 2 倍。

表 2－441 拉制圆形管材的壁厚允许偏差 单位：mm

公称外径	公 称 壁 厚									
	0.20～0.40		>0.40～0.60		>0.60～0.90		>0.90～1.5		>1.5～2.0	
	壁厚允许偏差（±）/%									
	普通级	高精级	普通级	高精级	普通级	高精级	普通级	高精级	普通级	高精级
3～15	12	10	12	10	12	9	12	7	10	5
>15～25	—	—	12	10	12	9	12	7	10	6
>25～50	—	—	12	10	12	10	12	8	10	6
>50～100	—	—	—	—	12	10	12	9	10	8
>100～175	—	—	—	—	—	—	—	—	11	10
>175～250	—	—	—	—	—	—	—	—	—	—
>250～360	供需双方协商									

公称外径	公称壁厚												
	>2.0~3.0		>3.0~4.0		>4.0~5.5		>5.5~7.0		>7.0~10.0		>10.0	
	壁厚允许偏差（±）/%												
	普通级	高精级	普通级	高精级	普通级	高精级	普通级	高精级	普通级	高精级	普通级	高精级
3~15	10	5	—	—	—	—	—	—	—	—	—	—
>15~25	10	5	10	5	10	5	—	—	—	—	—	—
>25~50	10	6	10	5	10	5	10	5	—	—	—	—
>50~100	10	8	10	6	10	5	10	5	10	5	10	5
>100~175	11	9	10	7	10	7	10	6	10	6	10	5
>175~250	12	10	11	9	10	8	10	7	10	6	10	6
>250~360	供需双方协商												

注：当要求壁厚偏差全为正（＋）或全为负（－）时，其允许偏差为表中对应数值的2倍。

表2-442　矩（方）形铜及铜合金管的壁厚允许偏差　　　单位：mm

壁厚	两平行外表面间的距离									
	0.80~3.0		>3.0~16		>16~25		>25~50		>50~100	
	壁厚允许偏差（±）									
	普通级	高精级	普通级	高精级	普通级	高精级	普通级	高精级	普通级	高精级
≤0.4	0.06	0.05	0.08	0.05	0.11	0.06	0.12	0.08	—	—
>0.4~0.6	0.10	0.08	0.10	0.06	0.12	0.08	0.15	0.09	—	—
>0.6~0.9	0.11	0.09	0.13	0.09	0.15	0.09	0.18	0.10	0.20	0.15
>0.9~1.5	0.12	0.10	0.15	0.10	0.18	0.10	0.25	0.12	0.28	0.20
>1.5~2.0	—	—	0.18	0.14	0.23	0.15	0.28	0.14	0.30	0.23
>2.0~3.0	—	—	0.25	0.20	0.30	0.20	0.35	0.25	0.40	0.25
>3.0~4.0	—	—	0.30	0.25	0.35	0.25	0.40	0.28	0.45	0.30
>4.0~5.5	—	—	0.50	0.28	0.55	0.30	0.60	0.33	0.65	0.38
>5.5~7.0	—	—	—	—	0.65	0.38	0.75	0.40	0.85	0.45

注：①当壁厚偏差要求全为正或全为负时，应将此值加倍。

②对于矩形管，由较大尺寸来确定壁厚允许偏差，适用于所有管壁。

表 2 - 443　拉制直管的长度允许偏差　　单位: mm

长度	长度允许偏差, ≤		
	外径≤25	外径 >25 ~ 100	外径 >100
≤600	2	3	4
>600 ~ 2 000	4	4	6
>2 000 ~ 4 000	6	6	6
>4 000	12	12	12

注：①表中偏差为正偏差。如果要求负偏差，可采用相同的值；如果要求正和负
　　偏差，则应为所列值的一半。
　　②倍尺长度应加入锯切分段时的锯切量。每一锯切量为 5 mm。

表 2 - 444　盘管的长度允许偏差　　单位: mm

长　度	长度允许偏差, ≤
≤12 000	300
>12 000 ~ 30 000	600
>30 000	长度的 3%

注：①表中偏差为正偏差。如果要求负偏差，可采用相同的值；如果要求正和负
　　偏差，则应为所列值的一半。
　　②外径不大于 100 mm 的拉制管材，供应长度为 1 000 ~ 7 000 mm；其他管材
　　供应长度为 500 ~ 6 000 mm。
　　③定尺或倍尺长度（合同中议定）的挤制管材，其长度允许偏差 + 15 mm。
　　倍尺长度应加入锯切时的分切量，每一锯切量为 5 mm。
　　④外径不大于 30 mm、壁厚不大于 3 mm 的拉制铜管，可供应长度不短于
　　6 000 mm 的盘管，其长度允许偏差应符合表中的规定。

表 2-445　矩（方）形管材的长度允许偏差　单位：mm

长　　度	最大对边距	
	≤25	>25~100
	长度允许偏差，≤	
≤150	0.8	1.5
>150~600	1.5	2.5
>600~2 000	2.5	3.0
>2 000~4 000	6.0	6.0
>4 000~12 000	12	12
>12 000	盘状供货，+0.2%	

注：①表中的偏差全为正；如果要求偏差全为负，可采用相同的值；如果偏差采用正和负，则应为表中值的一半。
　　②长度在 12 000 mm 以下的管材，一般采用直条状供货。
　　③倍尺长度应加入锯切分段时的锯切量，每一锯切量为 5 mm。

表 2-446　未退火的拉制直管圆度

公称壁厚和公称外径之比	圆度/mm，≤	
	普通级	高精级
0.01~0.03	≤外径的 3%	≤外径的 1.5%
>0.03~0.05	≤外径的 2%	≤外径的 1.0%
>0.05~0.10	≤外径的 1.5% 或 0.10（取较大者）	≤外径的 0.8% 或 0.05（取较大者）
>0.10	≤外径的 1.5% 或 0.10（取较大者）	≤外径的 0.7% 或 0.05（取较大者）

注：①经退火的拉制圆形直条管，其圆度应不超出外径允许偏差。但当管材的公称壁厚和公称外径之比小于 0.07 时，其短轴尺寸不应小于公称外径的 95%。
　　②拉制圆形盘管的短轴尺寸不应小于公称外径的 90%。

表 2 –447　硬状态和半硬状态的拉制直管的直度　　单位：mm

公称外径	每米直度，≤	
	高精级	普通级
≤80	3	4
>80 ~ 150	5	6
>150	7	10

表 2 –448　挤制管材的直度　　单位：mm

公称外径	每米直度，≤
≤40	4
>40 ~ 80	7
>80 ~ 150	10
>150	15

表 2 –449　圆形管材切斜度　　单位：mm

外　　径	切斜度，≤
≤16	0.40
>16	外径的 2.5%

表 2 –450　矩（方）形管材切斜度　　单位：mm

两最大平行外表面间距	切斜度，≤
≤6.0	0.40
>6.0	两最大平行外表面间距的 2.5%

注：管材端部应锯切平整（检查断口的端面可保留）。切口在不使管材长度其超
　　出其允许偏差的条件下，圆形管材的切斜度应符合表中的规定，矩（方）形
　　管材切斜度应符合表 2 –450 的规定。

表 2 - 451　矩形和方形管材方角的允许圆角半径　单位：mm

| 壁　厚 | 允许圆角半径，≤ | | | |
| | 普通级 | | 高精级 | |
	外角	内角	外角	内角
≤1. 5	2. 0	1. 5	1. 2	0. 80
>1. 5 ~ 3. 0	3. 0	2. 5	1. 6	1. 00
>3. 0 ~ 5. 0	4. 0	3. 0	2. 4	1. 20
>5. 0 ~ 7. 0	5. 0	4. 0	3. 0	1. 50

6. 铜及铜合金挤制管

铜及铜合金挤制管（YS/T 662—2007）牌号、状态、规格见表 2 - 452
尺寸及偏见 GB/T 16866。

表 2 - 452　铜及铜合金挤制管牌号、状态、规格　单位：mm

| 牌号 | 状态 | 规格/mm | | |
		外径	壁厚	长度
TU1、TU2、T2、T3、TP1、TP2	挤制（R）	30 ~ 300	5 ~ 65	300 ~ 6 000
H96、H62、HPb59 - 1、HFe59 - 1 - 1		20 ~ 300	1. 5 ~ 42. 5	
H80、H65、H68、HSn62 - 1、HSi80 - 3、HMn58 - 2、HMn57 - 3 - 1		60 ~ 220	7. 5 ~ 30	
QAl9 - 2、QAl9 - 4、QAl10 - 3 - 1. 5、QAl10 - 4 - 4		20 ~ 250	3 ~ 50	500 ~ 6 000
QSi8. 5 - 3 - 1. 5		80 ~ 200	10 ~ 30	
QCr9、5		100 ~ 220	17. 5 ~ 37. 5	500 ~ 3 000
BFe10 - 1 - 1		70 ~ 250	10 ~ 25	300 ~ 3 000
BFe30 - 1 - 1		80 ~ 120	10 ~ 25	

标记示例：

产品标记按产品名称、牌号、状态、规格和标准编号的顺序表示。

用 T2 制造的、挤制状态、外径为 80 mm、壁厚为 10 mm 的圆形管材标
记为：

管 T2R 80 × 10 YS/T 662—2007

7. 铜及铜合金拉制管

铜及铜合金拉制管（GB/T 1527—2006）牌号、状态、规格见表2－453。

表2－453　铜及铜合金拉制管牌号、状态、规格

牌　号	状　态	规格/mm			
		圆形		矩(方)形	
		外径	壁厚	对边距	壁厚
T2、T3、TU1、TU2、TP1、TP2	软(M)、轻软(MM₂)、硬(Y)、特硬(T)	3～360	0.5～15	3～100	1～10
	半硬(Y₂)	3～100			
H96、H90		3～200			
H85、H80、H85A					
H70、H68、H59、HPb59－1、HSn62－1、HSn70－1、H70A、H68A	软(M)、轻软(M₂)、半硬(Y₂)、硬(Y)	3～100	0.2～10		0.2～7
H65、H63、H62、HPb66－0.5、H65A		3～200			
HPb63－0.1	半硬(Y₂)	18～31	6.5～13	—	—
	1/3 硬(Y₃)	8～31	3.0～13		
BZn15－20	硬(Y)、半硬(Y₂)、软(M)	4～40	0.5～8	—	—
BFe10－1－1	硬(Y)、半硬(Y₂)、软(M)	8～160			
BFe30－1－1	半硬(Y₂)、软(M)	8～80			

注：①外径≤100 mm 的圆形直管，供应长度为 1 000～7 000 mm；其他规格的圆形直管供应长度为 500～6 000 mm。

②矩（方）形直管的供应长度为 1 000～5 000 mm；

③外径≤30 mm、壁厚＜3 mm 的圆形管材和圆周长≤100 mm 或圆周长与壁厚之比≤15 的矩（方）形管材，可供应长度≥6 000 mm 的盘管。

标记示例：

产品标记按产品名称、牌号、状态、规格和标准编号的顺序表示。

示例1：用 T2 制造的、软状态、外径为 20 mm、壁厚为 0.5 mm 的圆形管材标记为：

管 T2M φ20×0.5 GB/T 1527—2006

示例2：用 H62 制造的、半硬状态、长边为 20 mm、短边为 15 mm、壁厚为 0.5 mm 的矩形管材标记为：

矩形管 H62 Y₂ 20×15×0.5 GB/T 1527—2006

8. 铜及铜合金毛细管

铜及铜合金毛细管（GB/T 1531—2009）见表 2-454～表 2-460。

表 2-454　铜及铜合金毛细管的分类和用途

分　类	用　途
高精级	适用于家用电冰箱、空调、电冰柜、高精度仪表、高精密仪器等工业部门用的铜及铜合金毛细管
普通级	适用于一般精度的仪器、仪表和电子等工业部门用的铜及铜合金毛细管

表 2-455　铜及铜合金毛细管的牌号、状态和规格

牌号	供应状态	规格/mm 外径×内径	长度/mm 盘管	长度/mm 直管
T2、TP1、TP2、H85、H80、H70 H68、H65、H63、H62	硬（Y）、半硬（Y₂）、软（M）	（φ0.5～φ6.10）× （φ0.3～φ4.45）	≥3 000	50～6 000
H96、H90 QSn4-0.3、QSn6.5-0.1	硬（Y）、软（M）			

注：根据用户需要，可供应其他牌号、状态和规格的管材。

表 2-456　高精级管材的外径、内径及其允许偏差　　单位：mm

外　径		内　径	
公称尺寸	允许偏差	公称尺寸	允许偏差
<1.60	±0.02	<0.60[a]	±0.015[a]
≥1.60	±0.03	≥0.60	+0.02

[a] 内径小于 0.60 mm 的毛细管，内径及其允许偏差可以不测，但必须用流量或压力差试验来保证。

表 2-457　普通级管材的外径、内径及其允许偏差　　单位：mm

外　径		内　径
公称尺寸	允许偏差	允许偏差
≤3.0	±0.03	±0.05
>3.0	±0.05	

表 2-458　直管长度允许偏差　　单位：mm

长　度	允许偏差
50～150	±1.0
>150～500	±2.0
>500～1 000	±0.3
>1 000～2 000	±5.0
>2 000～6 000	+7.0

表 2-459　定尺墩台（限位）毛细管尺寸允许偏差　　单位：mm

外径 OD	内径 ID	墩台外径 D_2	墩台宽度 D_1
±0.05	±0.03	$(OD+0.3～0.8)$ ±0.4	$(1.5～3.0)$ ±0.5

注：①墩台外径、宽度值可根据用户要求具体确定。

　　②表中字母意义参见附图。

附图

外径与内径之差	气体压力/（N/mm²）		持续时间/s	试验结果
（2倍壁厚）/mm	高精级	普通级		
0.20～0.50	—	2.0		
>0.50～0.70	—	2.9	30～60	不变形
>0.70～1.00	6.9	4.9		不漏气
>1.00～1.80	7.8	6.9		

标记示例

产品标记按产品名称、牌号、状态、精度、规格和标准编号的顺序表示。

示例 1：用 T2 制造的、硬状态、高精级、外径为 2.00 mm、内径为 0.70 mm 的毛细管标记为：

管 T2Y 高　2.00×0.70　GB/T 1531—2009

示例 2：用 H68 制造的、半硬状态、普通级、外径为 1.50 mm、内径为 0.80 mm 的毛细管标记为：

管 H68Y₂　1.50×0.80　GB/T 1531—2009

9. 热交换器用铜合金无缝管

热交换器用铜合金无缝管（GB/T 8890—2007）见表 2－461～表 2－466。

表 2－461　热交换器用铜合金无缝管的牌号、状态和规格

牌　号	种类	供应状态	规格/mm		
			外径	壁厚	长度
BFe10－1－1	盘管	软（M）、半硬（Y₂）、硬（Y）	3～20	0.3～1.5	—
	直管	软（M）	4～160	0.5～4.5	<6 000
		半硬（Y₂）、硬（Y）	6～76	0.5～4.5	<18 000
BFe30－1－1	直管	软（M）、半硬（Y₂）	6～76	0.5～4.5	<18 000
HA177－2、HSn70－1、HSn70－1B、HSn70－1AB、H68A、H70A、H85A	直管	软（M）半硬（Y₂）	6～76	0.5～4.5	<18 000

表 2 - 462 管材的外径允许偏差

单位:mm

外 径	外径允许偏差	
	普通级	高精级
3 ~ 15	- 0. 12	- 0. 10
>15 ~ 25	- 0. 20	0. 16
>25 ~ 50	0. 30	- 0. 20
>50 ~ 75	- 0. 35	- 0. 25
>75 ~ 100	- 0. 40	- 0. 30
>100 ~ 130	- 0. 50	- 0. 35
>130 ~ 160	- 0. 80	- 0. 50

注:①按高精级订货时应在合同中注明,未注明时按普通级供货。

②外径允许偏差包括圆度允许偏差。

表 2 - 463 盘管的长度允许偏差

单位:mm

长 度	长度允许偏差
≤15 000	+300
>15 000 ~ 30 000	+600
>30 000	+3%公称长度值

表 2 - 464 直管的长度允许偏差

单位:mm

长 度	长度允许偏差		
	外径≤25	外径 >25 ~ 100	外径 >100
≤600	+2	+3	- 4
>600 ~ 2 000	+4	+4	+ 6
>2 000 ~ 4 000	+6	+6	+ 6
>4 000	+ 12	+ 12	+ 12

注: 倍尺长度应加入锯切分段时的锯切量,每一锯切量为 5 mm。

标记示例：

产品示记按产品名称、牌号、状态、规格和标准编号的顺序表示。

示例1：

用 BFe10-1-1 制造的、软（M）状态、外径为 19.05 mm、壁厚为 0.89 mm 的盘管标记为：

盘管 BFe10-1-1M φ19.05×0.89 GB/T 8890—2007

示例2：

用 HSn70-1AB 制造的、半硬（Y₂）状态、外径为 10 mm、壁厚为 1.0 mm，长度为 3 000 mm 的直管标记为：

直管 HSn70-1ABY φ10×1×3 000 GB/T 8890—2007

表2-465　管材的切斜度

外径/mm	切斜度/mm，≤
≤16	0.40
>16	2.5%公称外径值

表2-466　直管的直度　　　　　单位：mm

公称外径	每米直度，≤	
	高　精　级	普　通　级
≤80	3	4
>80	5	6

10. 铜及铜合金散热扁管

铜及铜合金散热扁管（GB/T 8891—2000）列于表2-467~表2-474。

表2-467　散热扁管的牌号、状态和规格

牌号	供应状态	宽度×高度×壁厚/mm	长度/mm
T2、H96	硬（Y）		
H85	半硬（Y₂）	(16~25)×(1.9~6.0)×(0.2~0.7)	250~1 500
HSn70-1	软（M）		

注：经双方协商，可以供应其他牌号、规格的管材。

表 2-468　散热扁管的截面尺寸及外形尺寸　　　单位:mm

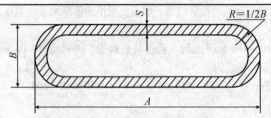

管材的横截面示意图

宽度	高度	壁厚 S						
A	B	0.20	0.25	0.30	0.40	0.50	0.60	0.70
16	3.7	○	○	○	○	○	○	○
17	3.5	○	○	○	○	○	○	○
17	5.0	—	○	○	○	○	○	○
18	1.9	○	○	○	—	—	—	—
18.5	2.5	○	○	○	○	—	—	—
18.5	3.5	○	○	○	○	○	○	○
19	2.0	○	○	—	—	—	—	—
19	2.2	○	○	—	—	—	—	—
19	2.4	○	○	—	—	—	—	—
19	4.5	○	○	○	○	○	○	○
21	3.0	○	○	○	○	○	—	—
21	4.0	○	○	○	○	○	○	○
21	5.0	—	—	○	○	○	○	○
22	3.0	○	○	○	○	○	—	—
22	6.0	○	○	○	○	○	○	○
25	4.0	○	○	○	○	○	○	○
25	6.0	—	—	—	—	○	○	○

注:"○"表示有产品,"—"表示无产品。

表 2 - 469 管材的尺寸允许偏差

单位:mm

宽度 A 范围	允许偏差		宽度 B 范围	允许偏差		壁厚 S 范围	允许偏差	
	普通级	高精级		普通级	高精级		普通级	高精级
16~25	±0.15	±0.10	1.9~6.0	±0.15	±0.10	<0.20	±0.20	±0.01
						>0.20~0.30	±0.03	±0.02
						>0.03~0.50	±0.04	±0.03
						>0.50~0.70	±0.05	±0.04

注:经双方协商可供应其他规格和允许偏差的管材。

表 2 - 470 管材的长度及允许偏差

单位:mm

管材交货长度	允许偏差 ≤	
	普通级	高精级
≤400	+1.5	+1.0
>400~1 000	+2.0	+1.5
>1 000~1 500	+2.5	+2.0

表 2 - 471 管材的弯曲度

单位:mm

管材长度	允许偏差 ≤			
	正向(A)		侧向(B)	
	普通级	高精级	普通级	高精级
≤400	1.5	1.0	0.6	0.4
>400~600	3.0	2.0	1.4	1.0
>600~1 000	4.0	2.5	1.8	1.6
>1 000~1 500	5.0	3.5	2.4	2.0

表 2-472　管材的扭曲度　　　　　　　　　　　单位:mm

管材长度	扭曲度≤	
	普通级	高精级
≤400	0.4	0.3
>400~600	0.6	0.5
>600~1 000	1.2	0.8
>1 000~1 500	1.8	1.4

表 2-473　管材的力学性能

牌号	状态	抗拉强度 σ_b/MPa	伸长率 δ_{10}/%
T2、H96	Y		—
H85	Y_2	≥295	—
HSn70-1	M		≥35

表 2-474　铜及铜合金理论密度值

牌　号	密度/(g/cm³)
T2	8.94
H96	8.85
H85	8.75
HSn70-1	8.53

管材的理论质量 = 管材的横截面积 × 长度 × 密度

扁管横截面积 $= \pi[R^2-(R-S)^2]+2[(A-B)\times S]$

$$R=\frac{1}{2}B$$

标记示例:

用 H96 制造的宽度为 22mm、高度为 4mm、壁厚为 0.25mm 的硬态高精级管材标记为:

扁管　H96　Y 高精 22×4×0.25　GB/T　8891—2000

用 T2 制造的宽度为 18.5mm、高度为 2.5mm、壁厚为 0.25mm 的硬态普通级管材标记为：

扁管 T2 Y 18.5×2.5×0.25 GB/T 8891—2000

11. 压力表用铜合金管

压力表用铜合金管(GB/T 8892 –2005)见表 2 –475 ~ 表 2 –479。

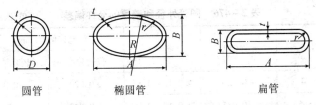

圆管　　　　　椭圆管　　　　　　　　扁管

表 2 –475　压力表用铜合金管牌号、状态和规格

牌　号	状　态	形　状	规格/mm
QSn4 – 0.3 QSn6.5 – 0.1	M(软) Y_2(半硬) Y(硬)	圆管($D \times t$)	($\phi2 \sim \phi25$)×(0.11 ~ 1.80)
		椭圆管($A \times B \times t$)	(5 ~ 15)×(2.5 ~ 6)×(0.15 ~ 1.0)
H68	Y_2(半硬) Y(硬)	扁管($A \times B \times t$)	(7.5 ~ 20)×(5 ~ 7)×(0.15 ~ 1.0)

注：经双方协商可供应其他牌号、形状、状态和规格的产品。

标记示例：

产品标记按产品名称、牌号、状态、规格和标准编号的顺序表示。

示例1：用 QSn4 – 0.3 制造的外径为 20 mm、壁厚为 1.0 mm 的供应状态为硬态的普通精度和较高精度圆形管标记分别为：

管 QSn4 – 0.3Y ϕ20×1.0 GB/T 8892—2005

管 QSn4 – 0.3Y 较高 ϕ20×1.0 GB/T 8892—2005

示例2：用 QSn6.5 – 0.1 制造的长轴 A 为 20 mm、短轴 B 为 6 mm、壁厚为 1.0 mm 的供应状态为软态的普通精度和较高精度扁管标记为：

扁管 QSn6.5 – 0.1M 20×6×1.0 GB/T 8892—2005

扁管 QSn6.5 -0.1M 较高　20 ×6 ×1.0　GB/T 8892—2005

示例3：用 H68 制造的长轴 A 为 15 mm、短轴 B 为 5 mm，壁厚为 0.7 mm的供应状态为硬态的普通精度和较高精度椭圆管标记分别为：

椭管 H68Y　15 ×5 ×0.7　GB/T 8892—2005

椭管 H68Y 较高　15 ×5 ×0.7　GB/T 8892—2005

表2 -476　圆管外径和壁厚的允许偏差　　单位：mm

外径 D	允许偏差	壁厚 t	允许偏差/mm	
			普通精度	较高精度
≥2 ~4	-0.020	≥0.11 ~0.15	±0.020	±0.010
>4 ~5.56	-0.035	>0.15 ~0.30	±0.025	±0.020
>5.56 ~9.52	-0.045	>0.30 ~0.50	±0.035	±0.030
>9.52 ~12.6	-0.055	>0.50 ~0.80	±0.045	±0.040
>12.6 ~15.0	-0.07	>0.80 ~1.00	±0.06	±0.05
>15.0 ~19.5	-0.08	>1.00 ~1.30	±0.07	±0.05
>19.5 ~20.0	-0.09	>1.30 ~1.50	±0.09	±0.05
>20.0 ~25.0	-0.15	>1.50 ~1.80	±0.10	±0.05

表2 -477　扁管、椭圆管的外形尺寸允许偏差　　单位：mm

形状	长轴 A 范围	允许偏差	短轴 B 范围	允许偏差	壁厚允许偏差		
					尺寸	普通精度	较高精度
扁管	7.5 ~20.0	±0.20	5.0 ~7.0	±0.20	≥0.15 ~0.25	±0.02	±0.015
					>0.25 ~0.40	±0.03	±0.02
椭圆管	5.0 ~15.0	±0.20	2.5 ~6.0	±0.20	>0.40 ~0.60	±0.04	±0.03
					>0.60 ~0.80	±0.05	±0.04
					>0.80 ~1.00	±0.06	±0.04

表 2 - 478 定尺或倍尺长度偏差

管材长度/m	允许偏差/mm
≤0.5	+1.5 0
>0.5 ~ 1.5	+2.5 0
>1.5 ~ 4	+4 0

注：①管材可以不定尺供应，不定尺供应长度为不大于4 000 mm。定尺或倍尺长度（在订货合同中注明）应在不定尺范围内，其长度允许偏差应符合表4的规定。倍尺长度应加入锯切分段时的锯切量，每一锯切量为5 mm。
②管材端部应锯切平整，无毛刺。切斜应在长度允许偏差内。
③硬态管材的弯曲度普通精度级每米应不大于5 mm，较高精度级每米应不大于3 mm。
④硬态圆管的不圆度不应超出其外径允许偏差。
⑤管材的壁厚不均应不超出其壁厚允许偏差。

表 2 - 479 压力表用铜合金管力学性能

牌　　　号	材料状态	抗拉强度 R_m/MPa	伸长率 $A_{11.3}$（不小于）/%
QSn4 - 0.3 QSn6.5 - 0.1	软(M)	325 ~ 480	35
	半硬(Y_2)	450 ~ 550	8
	硬(Y)	490 ~ 635	2
H68	半硬(Y_2)	345 ~ 405	30
	硬(Y)	≥390	—

12. 铝及铝合金管材

铝及铝合金管材（GB/T 4436—1995）有圆管、正方形管、矩形管、椭圆形管。有关规格、尺寸、性能列于表2-480 ~ 表2-485。

（1）挤压圆管

表 2-480 挤压圆管的规格

外径	壁厚											
	5.0	6.0	7.0	7.5	8.0	9.0	10.0	12.5	15.0	17.5	20.0	22.5
25	—											
28		—	—	—		—	—			—	—	—
30		—	—	—	—	—	—				—	—
32				—	—	—	—	—				—
34						—	—	—	—			
36						—	—	—	—	—		
38						—	—	—	—	—		—
40							—	—	—	—		—
42								—	—	—	—	
45								—	—	—	—	—
48									—	—	—	—
50									—	—	—	—
52									—	—	—	—
55										—	—	—
58										—	—	—
60											—	—
62											—	—
65												—
70												—
75												
80												

挤压圆管示意图

外径	壁 厚														
	5.0	7.5	10.0	12.5	15.0	17.5	20.0	22.5	25.0	27.5	30.0	32.5	35.0	37.5	40.0
85										—	—	—	—	—	—
90										—	—	—	—	—	—
95											—	—	—	—	—
100											—	—	—	—	—
105												—	—	—	—
110												—	—	—	—
115												—	—	—	—
120	—											—	—	—	—
125	—											—	—	—	—
130	—											—	—	—	—
135	—	—										—	—	—	—
140	—	—										—	—	—	—
145	—	—										—	—	—	—
150	—	—											—	—	—
155	—	—												—	—
160	—	—													
165	—	—													
170	—	—													
175	—	—													
180	—	—													
185	—	—													
190	—	—													
195	—	—													
200	—	—													

（2）冷拉、轧圆管

表 2－481　冷拉、轧圆管的规格　　　　单位：mm

外径	壁　　　　厚										
	0.5	0.75	1.0	1.5	2.0	2.5	3.0	3.5	4.0	4.5	5.0
6				—	—						
8					—	—	—	—	—	—	—
10						—	—	—	—	—	—
12							—	—	—	—	—
14							—	—	—	—	—
15							—	—	—	—	—
16								—	—	—	—
18								—	—	—	—
20									—	—	—
22											
24											
25											
26	—										
28	—										
30	—										
32	—										
34	—										
35	—										
36	—										
38	—										
40	—										
42	—										

冷拉、轧圆管示意图

外径	壁 厚										
	0.5	0.75	1.0	1.5	2.0	2.5	3.0	3.5	4.0	4.5	5.0
45	—										
48	—										
50	—										
52	—										
55	—										
58	—										
60	—										
65	—	—	—								
70	—	—	—								
75	—	—	—								
80	—	—	—	—							
85	—	—	—	—							
90	—	—	—	—							
95	—	—	—	—							
100	—	—	—	—	—						
105	—	—	—	—	—						
110	—	—	—	—	—						
115	—	—	—	—	—	—					
120	—	—	—	—	—	—	—				

注:表中空白表示可供规格。

(3)冷拉正方形管

表 2－482　冷拉正方形管的规格　　单位:mm

公称边长 a	壁　　厚						
	1.0	1.5	2.0	2.5	3.0	4.5	5.0
10			—	—			
12			—	—	—	—	
14				—	—	—	—
16				—	—	—	
18							
20					—	—	
22	—					—	—
25	—					—	—
28	—						—
32	—						—
36	—						—
40	—						—
42	—						—
45	—						
50	—						
55	—	—					
60	—	—					
65	—	—					
70	—	—					

冷拉正方形管示意图

注:空白区表示可供规格,需要其他规格可双方协商。

(4)冷拉矩形管

表 2-483　冷拉矩形管的规格　　　　单位:mm

公称边长 $a \times b$	壁厚						
	1.0	1.5	2.0	2.5	3.0	4.0	5.0
14×10				—	—	—	—
16×12				—	—	—	—
18×10				—	—	—	—
18×14					—	—	—
20×12					—	—	—
22×14					—	—	—
25×15						—	—
28×16						—	—
28×22							—
32×18							—
32×25							—
36×20							—
36×28							
40×25	—						
40×30	—						
45×30	—						
50×30	—						
55×40	—						
60×40	—	—					
70×50	—	—					

冷拉矩形管示意图

注:空白区表示可供规格,需要其他规格可双方协商。

(5)冷拉椭圆形管

表 2-484　冷拉椭圆形管的规格　　　　单位:mm

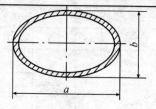

冷拉椭圆形管

长轴(a)	短轴(b)	壁厚
27.0	11.5	1.0
33.5	14.5	1.0
40.5	17.0	1.0
40.5	17.0	1.5
47.0	20.0	1.0
47.0	20.0	1.5
54.0	23.0	1.5
54.0	23.0	2.0
60.5	25.5	1.5
60.5	25.5	2.0
67.5	28.5	1.5
67.5	28.5	2.0
74.0	31.5	1.5
74.0	31.5	2.0
81.0	34.0	2.0
81.0	34.0	2.5
87.5	37.0	2.0
87.5	40.0	2.5
94.5	40.0	2.5
101.0	43.0	2.5
108.0	45.5	2.5
114.5	48.5	2.5

13. 铝及铝合金热挤压无缝圆管

铝及铝合金热挤压无缝圆管(GB/T 4437.1—2000)的牌号和状态列于表 2 – 485。

表 2 – 485　铝及铝合金热挤压无缝圆管的牌号和状态

合金牌号	状态
1070A 1060 1100 1200 2A11 2017 2A12 2024 3003 3A21 5A02 5052 5A03 5A05 5A06 5083 5086 5454 6A02 6061 6063 7A09 7075 7A15 8A06	H112、F
1070A 1060 1050A 1035 1100 1200 2A11 2017 2A12 2024 5A06 5083 5454 5086 6A02	O
2A11 2017 2A12 6A02 6061 6063	T4
6A02 6061 6063 7A04 7A09 7075 7A15	T6

注:①管材的外形尺寸及允许偏差应符合 GB/T 4436 中普通级的规定,需要高精级时,应在合同中注明。

②经供需双方协商确定,可供应其他合金状态的管材。

③管材的化学成分应符合 GB/T 3190 之规定。

14. 铝及铝合金拉(轧)制管的理论线质量

表 2 – 486 列出了外径 6～120mm 的工业用铝及铝合金拉(轧)制圆管的壁厚及理论线质量。

表 2 – 486　工业用铝及铝合金拉(轧)制圆管

外径 /mm	壁厚 /mm	理论线质量 /(kg/m)	外径 /mm	壁厚 /mm	理论线质量 /(kg/m)	外径 /mm	壁厚 /mm	理论线质量 /(kg/m)
6	0.5*	0.024	10	0.5*	0.042	14	0.5*	0.059
	0.75*	0.035		0.75*	0.061		0.75*	0.087
	1.0	0.044		1.0	0.079		1.0	0.114
				1.5	0.112		1.5	0.165
				2.0	0.141		2.0	0.211
				2.5*	0.165		2.5*	0.253
							3.0*	0.290
8	0.5*	0.033	12	0.5*	0.051	15*	0.5*	0.064
	0.75*	0.048		0.75*	0.074		0.75	0.094
	1.0	0.062		1.0	0.097		1.0	0.123
	1.5	0.086		1.5	0.139		1.5	0.178
	2.0*	0.106		2.0	0.176		2.0	0.229
				2.5*	0.209		2.5	0.275
				3.0*	0.238		3.0	0.317

外径 /mm	壁厚 /mm	理论线质量 /(kg/m)	外径 /mm	壁厚 /mm	理论线质量 /(kg/m)	外径 /mm	壁厚 /mm	理论线质量 /(kg/m)
16	0.5 *	0.068	24	0.5 *	0.103	28		
	0.75 *	0.101		0.75 *	0.153		0.75 *	0.180
	1.0	0.132		1.0	0.202		1.0	0.238
	1.5	0.191		1.5	0.297		1.5	0.350
	2.0	0.246		2.0	0.387		2.0	0.457
	2.5 *	0.297		2.5	0.473		2.5	0.561
	3.0 *	0.343		3.0 *	0.554		3.0 *	0.660
	3.5 *	0.385		3.5 *	0.631		3.5 *	0.754
18	0.5 *	0.077		4.0 *	0.704		4.0 *	0.844
	0.75 *	0.114		4.5 *	0.772		5.0 *	1.012
	1.0	0.150		5.0 *	0.836			
	1.5	0.218	25	0.5 *	0.108	30		
	2.0	0.281		0.75 *	0.160		0.75 *	0.193
	2.5 *	0.341		1.0	0.211		1.0	0.255
	3.0 *	0.396		1.5	0.310		1.5	0.376
	3.5 *	0.446		2.0	0.405		2.0	0.493
20	0.5 *	0.086		2.5	0.495		2.5	0.605
	0.75 *	0.127		3.0 *	0.581		3.0 *	0.713
	1.0	0.167		3.5 *	0.662		3.5 *	0.816
	1.5	0.244		4.0 *	0.739		4.0	0.915
	2.0	0.317		4.5 *	0.812		5.0	1.100
	2.5 *	0.385		5.0	0.880			
	3.0 *	0.449	26	0.75 *	0.167	32	0.75 *	0.206
	3.5 *	0.508		1.0	0.220		1.0	0.273
	4.0 *	0.563		1.5	0.323		1.5	0.402
22	0.5 *	0.095		2.0	0.422		2.0	0.528
	0.75 *	0.140		2.5	0.517		2.5	0.649
	1.0	0.185		3.0 *	0.607		3.0 *	0.765
	1.5	0.270		3.5 *	0.693		3.5 *	0.877
	2.0	0.352		4.0 *	0.774		4.0 *	0.985
	2.5	0.429		5.0 *	0.924		5.0 *	1.188
	3.0 *	0.501						
	3.5 *	0.570						
	4.0 *	0.633						
	4.5 *	0.693						
	5.0 *	0.748						

外径/mm	壁厚/mm	理论线质量/(kg/m)	外径/mm	壁厚/mm	理论线质量/(kg/m)	外径/mm	壁厚/mm	理论线质量/(kg/m)
34	0.75*	0.219	40	0.75*	0.259	48	0.75*	0.312
	1.0	0.290		1.0*	0.343		1.0*	0.413
	1.5	0.429		1.5	0.508		1.5	0.614
	2.0	0.563		2.0	0.669		2.0	0.809
	2.5	0.693		2.5	0.825		2.5	1.000
	3.0*	0.818		3.0	0.976		3.0	1.188
	3.5*	0.939		3.5*	1.124		3.5*	1.370
	4.0*	1.056		4.0*	1.267		4.0*	1.548
	5.0*	1.275		5.0*	1.539		4.5*	1.722
							5.0*	1.891
36	0.75*	0.233	42	0.75*	0.272	50	0.75*	0.325
	1.0*	0.308		1.0*	0.361		1.0*	0.431
	1.5	0.455		1.5	0.534		1.5	0.640
	2.0	0.598		2.0	0.704		2.0	0.844
	2.5	0.737		2.5	0.869		2.5	1.045
	3.0	0.871		3.0	1.029		3.0	1.240
	3.5*	1.001		3.5*	1.185		3.5*	1.432
	4.0*	1.126		4.0*	1.337		4.0*	1.619
	5.0*	1.363		5.0*	1.627		4.5*	1.801
							5.0*	1.979
38	0.75*	0.246	45	0.75*	0.292	52	0.75*	0.338
	1.0*	0.325		1.0*	0.387		1.0*	0.449
	1.5	0.482		1.5	0.574		1.5*	0.666
	2.0	0.633		2.0	0.756		2.0	0.880
	2.5	0.780		2.5	0.935		2.5	1.089
	3.0	0.924		3.0	1.108		3.0	1.293
	3.5*	1.062		3.5*	1.278		3.5	1.493
	4.0*	1.196		4.0*	1.442		4.0*	1.689
	5.0*	1.451		4.5*	1.603		4.5*	1.880
				5.0*	1.759		5.0*	2.067

外径	壁厚	理论线质量	外径	壁厚	理论线质量	外径	壁厚	理论线质量
/mm		/（kg/m）	/mm		/（kg/m）	/mm		/（kg/m）
55	0.75 *	0.358	65	1.5	0.838	85	2.0 *	1.460
	1.0 *	0.475		2.0	1.108		2.5 *	1.814
	1.5 *	0.706		2.5	1.374		3.0	2.164
	2.0	0.932		3.0	1.636		3.5	2.509
	2.5	1.155		3.5	1.893		4.0	2.850
	3.0	1.372		4.0 *	2.146		4.5 *	3.187
	3.5	1.586		4.5 *	2.395		5.0 *	3.519
	4.0 *	1.794		5.0 *	2.639	90	2.0 *	1.548
	4.5 *	1.999	70	1.5	0.904		2.5 *	1.924
	5.0 *	2.199		2.0	1.196		3.0	2.296
58	0.75 *	0.378		2.5	1.484		3.5	2.663
	1.0 *	0.501		3.0	1.768		4.0	3.026
	1.5 *	0.746		3.5 *	2.047		4.5 *	3.384
	2.0	0.985		4.0 *	2.322		5.0 *	3.738
	2.5	1.221		4.5 *	2.593	95	2.0 *	1.636
	3.0	1.451		5.0 *	2.859		2.5 *	2.034
	3.5	1.678	75	1.5	0.970		3.0	2.428
	4.0 *	1.900		2.0	1.284		3.5	2.817
	4.5 *	2.118		2.5	1.594		4.0	3.202
	5.0 *	2.331		3.0	1.900		4.5 *	3.582
60	0.75 *	0.391		3.5	2.201		5.0 *	3.958
	1.0 *	0.519		4.0 *	2.498	100	2.5 *	2.144
	1.5 *	0.772		4.5 *	2.791		3.0	2.560
	2.0	1.020		5.0 *	3.079		3.5	2.971
	2.5	1.265	80	2.0 *	1.372		4.0	3.378
	3.0	1.504		2.5	1.704		4.5 *	3.780
	3.5	1.739		3.0	2.032		5.0	4.178
	4.0 *	1.970		3.5	2.355	105	2.5 *	2.254
	4.5 *	2.197		4.0	2.674		3.0	2.692
	5.0 *	2.419		4.5 *	2.989		3.5	3.125
				5.0 *	3.299		4.0	3.554
							4.5 *	3.978
							5.0	4.398

外径	壁厚	理论线质量	外径	壁厚	理论线质量	外径	壁厚	理论线质量
/mm		/ (kg/m)	/mm		/ (kg/m)	/mm		/ (kg/m)
110	2.5	2.364	115	3.0	2.956	120	3.5	3.587
	3.0	2.824		3.5	3.433		4.0	4.082
	3.5	3.279		4.0	3.906		4.5*	4.572
	4.0	3.730		4.5*	4.374		5.0	5.058
	4.5*	4.176		5.0	4.838			
	5.0	4.618						

注：①管材牌号：L1（1070A）~L6（8A06）、LF2（5A02）、LF3（5A03）、LF5（5A05）、LF6（5A06）、LF11、LF21（3A21）、LY11（2A11）、LY12（2A12）、LD2（6A02）。理论线质量按牌号 LY11（2A11）的密度 2.8 计算。其他牌号应再乘以下面的理论线质量换算系数：

L1（1070A）~L6（8A06）——0.968；

LF2（5A02）——0.957；

LF3（5A03）——0.957；

LF5（5A05）——0.946；

LF11——0.946；

LF6（5A06）——0.943；

LF21（3A21）——0.975；

LY12（2A12）——0.996；

LD2（6A02）—0.964。

②管材供应状态：M，Y_2，Y，CZ，CS（即 O，HX4，HX8，T3，T4，T6）。

③管材长度：1~6m。

④带 * 符号规格，摘自 GB/T 4436—1995《铝及铝合金管材》中冷拉、轧圆管规格，供参考。

2.3.8 有色金属线材

1. 铜及铜合金线材

铜及铜合金线材（GB/T 21652—2008）见表 2-487~表 2-491。

表2-487　铜及铜合金线材的牌号、状态、规格

类别	牌号	状态	直径（对边距）/mm
纯铜线	T2、T3	软（M）、半硬（Y_2）、硬（Y）	0.05~8.0
	TU1、TU2	软（M）、硬（Y）	0.05~8.0
黄铜线	H62、H63、H65	软（M）、1/8硬（Y_8）、1/4硬（Y_4）半硬（Y_2）、3/4硬（Y_1）、硬（Y）	0.05~13.0
		特硬（T）	0.05~4.0
	H68、H70	软（M）、1/8硬（Y_8）、1/4硬（Y_4）、半硬（Y_2）、3/4硬（Y_1）、硬（Y）	0.05~8.5
		特硬（T）	0.1~6.0
黄铜线	H80、H85、H90、H96	软（M）、半硬（Y_2）、硬（Y）	0.05~12.0
	HSn50-1、HSn62-1	软（M）、硬（Y）	0.5~6.0
	HPb53-3、HPb59-1	软（M）、半硬（Y_2）、硬（Y）	
	HPb50-3	半硬（Y_2）、硬（Y）	1.0~8.5
	HPb51-1	半硬（Y_2）、硬（Y）	0.5~8.5
	HPb62-0.8	半硬（Y_2）、硬（Y）	0.5~6.0
	HSb60-0.9、HSb61-0.8-0.5 HBi60-1.3	半硬（Y_2）、硬（Y）	0.8~12.0
	HMn62-13	软（M）、1/4硬（Y_4）、半硬（Y_2）、3/4硬（Y_1）、硬（Y）	0.5~6.0
青铜线	QSn6.5-0.1、QSn5.5-0.4、QSn7-0.2、QSn5-0.2、QSi3-1	软（M）、1/4硬（Y_4）、半硬（Y_2）、3/4硬（Y_1）、硬（Y）	0.1~8.5
	QSn4-3	软（M）、1/4硬（Y_4）、半硬（Y_2）、3/4硬（Y_1）	0.1~8.5
		硬（Y）	0.1~6.0
	QSn4-4-4	半硬（Y_2）、硬（Y）	0.1~8.5

类别	牌号	状态	直径（对边距）/mm
青铜线	QSn15 - 1 - 1	软（M），1/4 硬（Y_1），半硬（Y_2）3/4 硬（Y_1）	0.5 ~ 6.0
	QA17	半硬（Y_2），硬（Y）	1.0 ~ 6.0
	QA19 - 2	硬（Y）	0.6 ~ 6.0
	QCr1、QCr1 - 0.18	固溶 + 冷加工 + 时效（CYS），固溶 + 时效 + 冷加工（CSY）	1.0 ~ 12.0
	QCr4、5 - 2、5 - 0.6	软（M），固溶 + 冷加工 + 时效（CYS），固溶 + 时效 + 冷加工（CSY）	0.5 ~ 6.0
	QCd1	软（M），硬（Y）	0.1 ~ 5.0
白铜线	B19	软（M），硬（Y）	0.1 ~ 6.0
	BFe10 - 1 - 1、BFe30 - 1 - 1		
	BMn3 - 13	软（M），硬（Y）	0.05 ~ 6.0
	BMn40 - 1.5		
	BZn9 - 29、BZn12 - 25、BZn15 - 20、BZn18 - 20	软（M），1/8 硬（Y_8），1/4 硬（Y_4）半硬（Y_2），3/4 硬（Y_1），硬（Y）	0.1 ~ 8.0
	BZn22 - 15、BZn25 - 18	特硬（T）	0.5 ~ 4.0
		软（M），1/8 硬（Y_8），1/4 硬（Y_4）半硬（Y_2），3/4 硬（Y_1），硬（Y）	0.1 ~ 8.0
	BZn40 - 20	特硬（T）	0.1 ~ 4.0
		软（M），1/4 硬（Y_4），半硬（Y_2）3/4 硬（Y_1），硬（Y）	1.0 ~ 6.0

表 2－488　圆形线材的直径及其允许偏差　　单位：mm

公称直径	允许偏差，≤	
	较高级	普通级
0.05～0.1	±0.003	±0.005
>0.1～0.2	±0.005	±0.010
>0.2～0.5	±0.008	±0.015
>0.5～1.0	±0.010	±0.020
>1.0～3.0	±0.020	±0.030
>3.0～6.0	±0.030	±0.010
>6.0～13.0	±0.040	±0.050

注：①经供需双方协商，可供应其他规格和允许偏差的线材，具体要求应在合同中注明。

　　②线材偏差等级须在订货合同中注明，否则按普通级供货。

　　③需方要求单向偏差时，其值为表中数值的 2 倍。

表 2－489　正方形、正六角形线材的对边距及其允许偏差

单位：mm

对边距	允许偏差，≤		截面形状
	较高级	普通级	
≤3.0	±0.030	±0.040	
>3.0～6.0	±0.040	±0.050	
>6.0～13.0	±0.050	±0.060	

注：①经供需双方协商，可供应其他规格和允许偏差的线材，具体要求应在合同中注明。

　　②线材偏差等级须在订货合同中注明，否则按普通级供货。

　　③需方要求单向偏差时，其值为表中数值的 2 倍。

表 2 -490 正方形、正六角形线材的圆角半径 单位：mm

对边距	≤2	>2~4	>4~6	>6~10	>10~13
圆角半径 r	≤0.4	≤0.5	≤0.6	≤0.8	≤1.2

注：直径不大于 3.0 mm 的线材，其圆度应不大于直径允许偏差之半；直径大于 3.0 mm 的线材，其圆度应不大于直径允许偏差。

标记示例：

产品标记按产品名称、牌号、状态、精度、规格和标准编号的顺序表示。

示例 1：用 BZn10 -20 合金制造的、1/4 硬态、较高精度、直径为 3 mm 的圆形线材标记为：

圆形铜线 BZn40 -20Y_1 较高 3.0 GB/T 21652—2008

标记 2：用 BZn12 -26 合金制造的、半硬态、普通精度、对边距为 4.5 mm 的正方形线材标记为：

方形铜线 BZn12 -26Y_2 普通 4.5 GB/T 21552—2008

示例 3：用 HSb60 -0.9 合金制造的、硬态、较高精度、对边距为 5 mm 的正六角形线材标记为：

六角形铜线 HSb50 -0.9Y 较高 5 GB/T 21562—2008

表 2 -491 线材卷（轴）质量

线材直径/mm	每卷（轴）质量/kg，≥	
	标准卷	较轻卷
0.05~0.5	3	1
>0.5~1.0	10	8
>1.0~2.0	22	20
>2.0~4.0	25	22
>4.0~6.0	30	25
>6.0~13.0	70	50

2. 铍青铜圆形线材

铍青铜圆形线材（YS/T 571—2009）见表 2 -492 ~表 2 ~494。

表 2 - 492 产品的牌号、状态和规格

牌号	状态	直径/mm
QBe2 QBe1. 9 C17200 C17300	软态或固溶退火态（M）、1/4 硬态（Y₄）、半硬态（Y₂）、3/4 硬态（Y₁）	0. 5 ~ 6. 00
	硬态（Y）	0. 03 ~ 6. 00
	软时效态（TF00）	0. 5 ~ 6. 00
	1/4 硬时效态（TH01）	
	1/2 硬时效态（TH02）	0. 1 ~ 6. 00
	3/4 硬时效态（TH03）	
	硬时效态（TH04）	

注：①状态的表示方法与说明详见 YS/T 571—2009 附录 A。

②3/4 硬（Y₁）状态和 3/4 硬时效（TH03）状态的产品一般只供应直径小于或等于 φ2. 0 mm 的线材。

标记示例：

产品标记按产品名称、牌号、状态、规格和本标准编号的顺序表示。

示例 1：用 QBe2 制造的、硬的、直径为 1. 20 mm 的铍青铜线标记为：

线 QBe2Y　φ1. 20　YS/T 571—2009

示例 2：和 C17300 制造的、软时态的、直径为 1. 60 mm 的铍青铜线标记为：

线 C17300TF00　φ1. 60　YS/T 571—2009

表 2 - 493 产品的直径及允许偏差　　单位：mm

直径	允许偏差
0. 03 ~ 0. 04	- 0. 004
>0. 04 ~ 0. 06	- 0. 006
>0. 06 ~ 0. 09	- 0. 008
>0. 09 ~ 0. 25	- 0. 010

直径	允许偏差
>0.25~0.50	−0.016
>0.50~0.75	−0.020
>0.75~1.10	−0.030
>1.10~1.80	−0.040
>1.80~2.50	−0.050
>2.50~4.20	−0.055
>4.20~6.00	−0.060

注：经供需双方协商，可提供其他规格和允许偏差的产品。

表2-494 产品的单卷质量

直径/mm	卷重/kg，≥	直径/mm	卷重/kg，≥
0.03~0.05	0.050	>0.40~0.60	0.600
>0.05~0.10	0.100	>0.60~0.80	0.800
>0.10~0.20	0.200	>0.80~2.0	1.000
>0.20~0.30	0.300	>2.0~4.0	2.000
>0.30~0.40	0.500	>4.0~6.0	5.000

3. 铝及铝合金拉制圆线材

铝及铝合金拉制圆线材（GB/T 3195—2008）见表2-495~表2-498。

表2-495 线材的符号、状态、直径、用途

牌号[a]	状态[a]	直径[a]/mm	典型用途
1035	O	0.8~20.0	焊条用线材
	H18	0.8~1.6	焊条用线材
		>1.6~3.0	焊条用线材、铆钉用线材
		>3.0~20.0	焊条用线材
	H14	3.0~20.0	焊条用线材、铆钉用线材

牌号[a]	状态[a]	直径[a]/mm	典型用途
1350	O	9.5~25.0	导体用线材
	H12[b]、H22[b]		
	H14、H24		
	H16、H26		
	H19	1.2~6.5	
1A50	O、H19	0.8~20.0	
1050A、1060、1070A、1200	O、H18	0.8~20.0	焊条用线材
	H14	3.0~20.0	
1100	O	0.8~1.6	焊条用线材
		>1.6~20.0	焊条用线材、铆钉用铝线
		>20.0~25.0	铆钉用铝线
	H18	0.8~20.0	焊条用线材
	H14	3.0~20.0	
2A01、2A04、2B11、2B12、2A10	H14、T4	1.6~20.0	铆钉用线材
2A14、2A16、2A20	O、H18	0.8~20.0	焊条用线材
	H14		
	H12	7.0~20.0	
3003	O、H14	1.6~25.0	铆钉用线材
3A21	O、H18	0.8~20.0	焊条用线材
	H14	0.8~1.6	
		>1.6~20.0	
	H12	7.0~20.0	
4A01、4043、4047	O、H18	0.8~20.0	焊条用线材、铆钉用线材
	H14		
	H12	7.0~20.0	

牌号[a]	状态[a]	直径[a]/mm	典型用途
5A02	O、H18	0.8~20.0	焊条用线材
	H14	0.8~1.6	焊条用线材
		>1.6~20.0	焊条用线材、铆钉用线材
	H12	7.0~20.0	
5A03	O、H18	0.8~20.0	焊条用线材
	H14		
	H12	7.0~20.0	
5A05	H18	0.8~7.0	焊条用线材、铆钉用线材
	O、H14	0.8~1.6	焊条用线材
		>1.6~7.0	焊条用线材、铆钉用线材
		>7.0~20.0	铆钉用线材
	H12	>7.0~20.0	
5B05、5A06	O	0.8~20.0	焊条用线材
	H18	0.8~7.0	
	H14	0.8~7.0	
	H12	1.6~7.0	铆钉用线材
		>7.0~20.0	焊条用线材、铆钉用线材
5005、5052、5056	O	1.6~25.0	铆钉用线材
5B06、5A33、5183、5356、5554、5A56	O	0.8~20.0	焊条用线材
	H18	0.8~7.0	
	H14		
	H12	>7.0~20.0	
6061	O	0.8~1.6	焊条用线材、铆钉用线材
		>1.6~20.0	
		>20.0~25.0	铆钉用线材

牌号[a]	状态[a]	直径[a]/mm	典型用途
6061	H18	0.8~1.6	焊条用线材
		>1.6~20.0	焊条用线材、铆钉用线材
	H14	3.0~20.0	焊条用线材
	T6	1.6~20.0	焊条用线材、铆钉用线材
6A02	O、H18	0.8~20.0	焊条用线材
	H14	3.0~20.0	
7A03	H14、T6	1.6~20.0	铆钉用线材
8A06	O、H18	0.8~20.0	焊条用线材
	H14	3.0~20.0	

[a] 需要其他合金、规格、状态的线材时，供需双方协商并在合同中注明。

[b] 供方可以 1350 - H22 线材替代需方订购的 1350 - H12 线材；或以 1350 - H12 线材替代需方订购的 1350 - H22 线材，但同一份合同，只能供应同一个状态的线材。

标记示例：

线材标记按产品名称、牌号、状态、直径和标准编号的顺序表示。标记示例如下：

5A02 合金、H14 状态 ϕ10.0 mm 的铆钉线材标记为：

铆钉线 5A02 - H14 ϕ10.0 GB/T 3195—2008

表 2 - 496 直径偏差

单位：mm

直径	直径允许偏差			
	铆钉用线材		其他线材	
	普通级	高精级	普通级	高精级
≤1.0	—	—	±0.03	±0.02
>1.0~3.0	0 -0.05	0 -0.04	±0.04	±0.03

直径	直径允许偏差			
	铆钉用线材		其他线材	
	普通级	高精级	普通级	高精级
>3.0~6.0	0 -0.08	0 -0.05	±0.05	±0.04
>6.0~10.0	0 -0.12	0 -0.06	±0.07	±0.05
>10.0~15.0	0 -0.16	0 -0.08	±0.09	±0.07
>15.0~20.0	0 -0.20	0 -0.12	±0.13	±0.11
>20.0~25.0	0 -0.24	0 -0.16	±0.17	±0.15

表 2-497　电阻率或体积电导率

牌号	状态	20℃时的电阻率 (ρ)/($\Omega \cdot \mu$m) ≤	体积电导率/ (%IACS) ≥	20℃时的电阻率 (ρ)/($\Omega \cdot \mu$m) ≤	体积电导率/ (%IACS) ≥
		普通级		高精级	
IA50	H19	0.029 5	58.4	0.028 2	61.1
1350	O	—	—	0.027 899	61.8
	H12、H22	—	—	0.028 035	61.5
	H14、H24	—	—	0.028 080	61.4
	H16、H26	—	—	0.028 126	61.3
	H19	—	—	0.028 265	61.0

表 2 – 498　盘重及单根质量

直径/mm	（Cu + Mg）的质量分数/%	盘重/kg	单根质量/kg	
		不小于	规定值	最小值
≤4.0	—	3 ~ 40	≥1.5	1.0
>4.0 ~ 10.0	>4	10 ~ 40	≥1.5	1.0
	≤4.0	15 ~ 40	≥3.0	1.5
>10.0 ~ 25.0	>4	20 ~ 40	≥1.5	1.0
	≤4.0	25 ~ 40	≥3.0	1.5

4. 铅及铅锑合金棒和线材

铅及铅锑合金棒和线材（YS/T 636 – 2007）见表 2 – 499 ~ 表 2 – 501。

表 2 – 499　棒、线材的牌号、状态、规格

牌号	状态	品种	规格/mm	
			直径	长度
Pb1、Pb2 PbSb0.5、PbSb2、PbSb4、PbSb6	挤制（R）	盘线[a]	0.5 ~ 6.0	—
		盘棒	>6.0 ~ <20	≥2 500
		直棒	20 ~ 180	≥1 000

注：经供需双方协调，可供应其他牌号、规格、形状的棒、线材。

　[a] 一卷（轴）线的质量应不少于 0.5 kg。

标记示例：

棒、线材的标记按产品名称、牌号、状态、规格和标准编号的顺序表示。

示例 1：

用 Pb2 制造的、挤制状态、直径为 1.0 mm 的铅线，标记为：

线 Pb2R　ϕ1.0　YS/T 636—2007

示例 2：

用 PbSb0.5 制造的、挤制状态、直径为 10 mm 的高精级铅锑合金棒，标记为：

棒 PbSb0.5R 高精级　φ10　YS/T 636—2007

表 2 – 500　棒、线材的直径允许偏差　　　单位：mm

名称	直径	直径允许偏差	
		普通级	高精级
线	>0.5~1.0	±0.10	±0.05
	>1.0~3.0	±0.20	±0.10
	>3.0~6.0	±0.30	±0.15
棒	>6.0~15	±0.40	±0.25
	>15~30	±0.50	±0.30
	>30~45	±0.60	±0.35
	>45~60	±0.70	±0.45
	>60~75	±0.80	±0.55
	>75~100	±1.00	±0.65
	>100~180	±2.00	±1.50

注：如在合同中未注明精度等级，则按普通精度供应。

表 2 – 501　长度、端部锯切及偏差

项目		偏差
定尺或倍尺长度在合同中议定		长度允许偏差为 +20mm，倍尺长度应加入锯切分段时的锯切量，每一锯切量为 5 mm
端部切口在不使棒材长度超出允许偏差条件下	直径不大于 100mm	切斜不得超过 5mm
	直径大于 100mm	切斜不得超过 10mm

第三章 通用零件及配件

3.1 紧固件

3.1.1 普通螺纹

1. 普通螺纹的基本牙型

普通螺纹的基本牙型（GB/T 192—2003）见图 3-1。

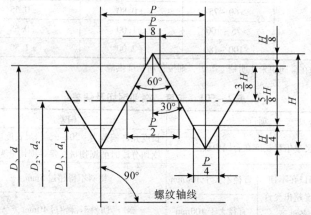

图 3-1 普通螺纹的基本牙型

D-内螺纹大径　d-外螺纹大径　D_2-内螺纹中径　d_2-外螺纹中径　D_1-内螺纹小径　d_1-外螺纹小径　P-螺距　H-原始三角形高度

2. 普通螺纹的直径与螺距系列

（1）螺纹标记（GB/T 197—2003）

螺纹特征代号用字母"M"表示。

单线细牙螺纹的尺寸代号为"公称直径×螺距"，公称直径和螺距数值的单位为毫米。对粗牙螺纹，可以省略标注其螺距项。

示例：

公称直径为8mm，螺距为1mm的单线细牙螺纹：M8×1

公称直径为8mm，螺距为1.25mm的单线粗牙螺纹：M8×1.25

多线螺纹的尺寸代号为"公称直径×Ph 导程 P 螺距"，公称直径、导程和螺距数值的单位为毫米。

如果要进一步表明螺纹的线数，可在后面增加括号说明（使用英语进行说明例如双线为 two starts；三线为 three starts；四线为 four starts）。

示例：

公称直径为16mm、螺距为1.5mm、导程为3mm的双线螺纹：

M16×Ph3 P1.5 或 M16×Ph3P1.5（two starts）

对左旋螺纹，应在旋合长度代号之后标注"LH"代号。旋合长度代号与旋向代号间用"-"号分开。

右旋螺纹不标注旋向代号。

示例：

左旋螺纹：M8×1-LH（公差代号和旋合长度代号被省略）

M6×0.75-5h6h-S-LH

1 只

GB/T 197—2003

M14×Ph6P2-7H-L-LH 或 M14×Ph6P2（three starts）-7H-L-LH

右旋螺纹 M6（螺距、公差带代号、旋合长度代号和旋向代号被省略）

（2）普通螺纹的直径与螺距系列

普通螺纹的直径与螺距系列见表3-1（GB/T193—2003）。

表 3-1　直径与螺距标准组合系列　　　单位：mm

公称直径 D、d			螺距 P										
第1系列	第2系列	第3系列	粗牙	细牙									
				3	2	1.5	1.25	1	0.75	0.5	0.35	0.25	0.2
1			0.25										0.2
	1.1		0.25										0.2
1.2			0.25										0.2
		1.4	0.3										0.2
1.6			0.35										0.2
	1.8		0.35										0.2
2			0.4									0.25	
	2.2		0.45									0.25	
2.5			0.45								0.35		
		3	0.5								0.35		
	3.5		0.6								0.35		
4			0.7							0.5			
		4.5	0.75							0.5			
5			0.8							0.5			
		5.5								0.5			
6			1						0.75				
	7		1						0.75				
8			1.25					1	0.75				
		9	1.25					1	0.75				
10			1.5				1.25	1	0.75				
		11	1.5			1.5		1					
12			1.75				1.25	1	0.75				

公称直径 D、d			螺距 P										
								细牙					
第1系列	第2系列	第3系列	粗牙	3	2	1.5	1.25	1	0.75	0.5	0.35	0.25	0.2
	14		2			1.5	1.25[a]	1					
		15				1.5		1					
16			2			1.5		1					
		17				1.5		1					
	18		2.5		2	1.5		1					
20			2.5		2	1.5		1					
	22		2.5		2	1.5		1					
24			3		2	1.5		1					
		25			2	1.5		1					
		26				1.5							
	27		3		2	1.5		1					
		28			2	1.5		1					
30			3.5	(3)	2	1.5							
		32			2	1.5		1					
	33		3.5	(3)	2	1.5							
		35[b]				1.5							
36			4	3	2	1.5							
		38				1.5							
	39		4	3	2	1.5							

公称直径 D、d			螺距 P						
第1系列	第2系列	第3系列	粗牙	细牙					
				8	6	4	3	2	1.5
		40					3	2	1.5
42			4.5			4	3	2	1.5
	45		4.5			4	3	2	1.5
48			5			4	3	2	1.5
		50					3	2	1.5
	52		5			4	3	2	1.5
		55				4	3	2	1.5
56			5.5			4	3	2	1.5
		58				4	3	2	1.5
	60		5.5			4	3	2	1.5
		62				4	3	2	1.5
64			6			4	3	2	1.5
		65				4	3	2	1.5
	68		6			4	3	2	1.5
		70			6	4	3	2	1.5
72					6	4	3	2	1.5
		75				4	3	2	1.5
	76				6	4	3	2	1.5
		78						2	
80					6	4	3	2	1.5
		82						2	
	85				6	4	3	2	
90					6	4	3	2	
	95				6	4	3	2	
100					6	4	3	2	
	105				6	4	3	2	
110					6	4	3	2	

公称直径 D、d			螺距 P						
				细牙					
第1系列	第2系列	第3系列	粗牙	8	6	4	3	2	1.5
	115				6	4	3	2	
	120				6	4	3	2	
125				8	6	4	3	2	
	130			8	6	4	3	2	
		135			6	4	3	2	
140				8	6	4	3	2	
		145			6	4	3	2	
	150			8	6	4	3	2	
		155			6	4	3		
160				8	6	4	3		
		165			6	4	3		
	170			8	6	4	3		
		175			6	4	3		
180				8	6	4	3		
		185			6	4	3		
	190			8	6	4	3		
		195			6	4	3		
200				8	6	4	3		
		205			6	4	3		
	210			8	6	4	3		
		215			6	4	3		
220				8	6	4	3		
		225			6	4	3		
		230		8	6	4	3		
		235			6	4	3		
	240			8	6	4	3		
		245			6	4	3		
250				8	6	4	3		
		255			6	4			
		260		8	6	4			

公称直径 D、d			螺距 P						
第1系列	第2系列	第3系列	粗牙	细牙					
				8	6	4	3	2	1.5
		265			6	4			
		270		8	6	4			
		275			6	4			
280				8	6	4			
		285			6	4			
		290		8	6	4			
		295			6	4			
	300			8	6	4			

a 仅用于发动机的火花塞。

b 仅用于轴承的锁紧螺母。

3. 普通螺纹的基本尺寸

普通螺纹的基本尺寸（GB/T 196—2003）见表 3-2。

各直径所处的位置见图 3-2，其基本尺寸值应符合表 3-2 的规定。

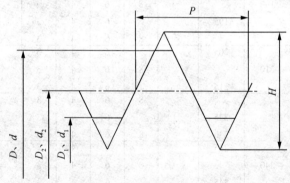

图 3-2　各直径所处的位置

表 3-2　普通螺纹的基本尺寸　　　　单位：mm

公称直径（大径） D、d	螺距 P	中径 D_2、d_2	小径 D_1、d_1
1	0.25	0.838	0.729
	0.2	0.870	0.783
1.1	0.25	0.938	0.829
	0.2	0.970	0.883
1.2	0.25	1.038	0.929
	0.2	1.070	0.983
1.4	0.3	1.205	1.075
	0.2	1.270	1.183
1.6	0.35	1.373	1.221
	0.2	1.470	1.383
1.8	0.35	1.573	1.421
	0.2	1.670	1.583
2	0.4	1.740	1.567
	0.25	1.838	1.729
2.2	0.45	1.908	1.713
	0.25	2.038	1.929
2.5	0.45	2.208	2.013
	0.35	2.273	2.121
3	0.5	2.675	2.459
	0.35	2.773	2.621
3.5	0.6	3.110	2.850
	0.35	3.273	3.121
4	0.7	3.545	3.242
	0.5	3.675	3.459
4.5	0.75	4.013	3.688
	0.5	4.175	3.959
5	0.8	4.480	4.134
	0.5	4.675	4.459
5.5	0.5	5.175	4.959
6	1	5.350	4.917
	0.75	5.513	5.188

公称直径（大径） D、d	螺距 P	中径 D_2、d_2	小径 D_1、d_1
7	1	6.350	5.917
	0.75	6.513	6.188
8	1.25	7.188	6.647
	1	7.350	6.917
	0.75	7.513	7.188
9	1.25	8.188	7.647
	1	8.350	7.917
	0.75	8.513	8.188
10	1.5	9.026	8.376
	1.25	9.188	8.647
	1	9.350	8.917
	0.75	9.513	9.188
11	1.5	10.026	9.376
	1	10.350	9.917
	0.75	10.513	10.188
12	1.75	10.863	10.106
	1.5	11.026	10.376
	1.25	11.188	10.647
	1	11.350	10.917
14	2	12.701	11.835
	1.5	13.026	12.376
	1.25	13.188	12.647
	1	13.350	12.917
15	1.5	14.026	13.376
	1	14.350	13.917
16	2	14.701	13.835
	1.5	15.026	14.376
	1	15.350	14.917

公称直径（大径） D、d	螺距 P	中径 D_2、d_2	小径 D_1、d_1
17	1. 5	16. 026	15. 376
	1	16. 350	15. 917
18	2. 5	16. 376	15. 294
	2	16. 701	15. 835
	1. 5	17. 026	16. 376
	1	17. 350	16. 917
20	2. 5	18. 376	17. 294
	2	18. 701	17. 835
	1. 5	19. 026	18. 376
	1	19. 350	18. 917
22	2. 5	20. 376	19. 294
	2	20. 701	19. 835
	1. 5	21. 026	20. 376
	1	21. 350	20. 917
24	3	22. 051	20. 752
	2	22. 701	21. 835
	1. 5	23. 026	22. 376
	1	23. 350	22. 917
25	2	23. 701	22. 835
	1. 5	24. 026	23. 376
	1	24. 350	23. 917
26	1. 5	25. 026	24. 376
27	3	25. 051	23. 752
	2	25. 701	24. 835
	1. 5	26. 026	25. 376
	1	26. 350	25. 917

公称直径（大径） D、d	螺距 P	中径 D_2、d_2	小径 D_1、d_1
28	2	26.701	25.835
	1.5	27.026	26.376
	1	27.350	26.917
30	3.5	27.727	26.211
	3	28.051	26.752
	2	28.701	27.835
	1.5	29.026	28.376
	1	29.350	28.917
32	2	30.701	29.835
	1.5	31.026	30.376
33	3.5	30.727	29.211
	3	31.051	29.752
	2	31.701	30.835
	1.5	32.026	31.376
35	1.5	34.026	33.376
36	4	33.402	31.670
	3	34.051	32.752
	2	34.701	33.835
	1.5	35.026	34.376
38	1.5	37.026	36.376
39	4	36.402	34.670
	3	37.051	35.752
	2	37.701	36.835
	1.5	38.026	37.376
40	3	38.051	36.752
	2	38.701	37.835
	1.5	39.026	38.376

公称直径（大径） D、d	螺距 P	中径 D_2、d_2	小径 D_1、d_1
42	4.5	39.077	37.129
	4	39.402	37.670
	3	40.051	38.752
	2	40.701	39.835
	1.5	41.026	40.376
45	4.5	42.077	40.129
	4	42.402	40.670
	3	43.051	41.752
	2	43.701	42.835
	1.5	44.026	43.376
48	5	44.752	42.587
	4	45.402	43.670
	3	46.051	44.752
	2	46.701	45.835
	1.5	47.026	46.376
50	3	48.051	46.752
	2	48.701	47.835
	1.5	49.026	48.376
52	5	48.752	46.587
	4	49.402	47.670
	3	50.051	48.752
	2	50.701	49.835
	1.5	51.026	50.376
55	4	52.402	50.670
	3	53.051	51.752
	2	53.701	52.835
	1.5	54.026	53.376

公称直径（大径） D、d	螺距 P	中径 D_2、d_2	小径 D_1、d_1
	5.5	52.428	50.046
	4	53.402	51.670
56	3	54.051	52.752
	2	54.701	53.835
	1.5	55.026	54.376
	4	55.402	53.670
58	3	56.051	54.752
	2	56.701	55.835
	1.5	57.026	56.376
	5.5	56.428	54.046
	4	57.402	56.670
60	3	58.051	56.752
	2	58.701	57.835
	1.5	59.026	58.376
	4	59.402	57.670
62	3	60.051	58.752
	2	60.701	59.835
	1.5	61.026	60.376
	6	60.103	57.505
	4	61.402	59.670
64	3	62.051	60.752
	2	62.701	61.835
	1.5	63.026	62.376
	4	62.402	60.670
65	3	63.051	61.752
	2	63.701	62.835
	1.5	64.026	63.376

公称直径（大径） D、d	螺距 P	中径 D_2、d_2	小径 D_1、d_1
68	6	64. 103	61. 505
	4	65. 402	63. 670
	3	66. 051	64. 752
	2	66. 701	65. 835
	1. 5	67. 026	66. 376
70	6	66. 103	63. 505
	4	67. 402	65. 670
	3	68. 051	66. 752
	2	68. 701	67. 835
	1. 5	68. 026	68. 376
72	6	68. 103	65. 505
	4	69. 402	67. 670
	3	70. 051	68. 752
	2	70. 701	69. 835
	1. 5	71. 026	70. 376
75	4	72. 402	70. 670
	3	73. 051	71. 752
	2	73. 701	72. 835
	1. 5	74. 026	73. 376
76	6	72. 103	69. 505
	4	73. 402	71. 670
	3	74. 051	72. 752
	2	74. 701	73. 835
	1. 5	75. 026	74. 376
78	2	76. 700	75. 835
80	6	76. 103	73. 505
	4	77. 402	75. 670
	3	78. 051	76. 752
	2	78. 701	77. 835
	1. 5	79. 026	78. 376

公称直径（大径）D、d	螺距 P	中径 D_2、d_2	小径 D_1、d_1
82	2	80.701	79.835
85	6	81.103	78.505
	4	82.402	80.670
	3	83.051	81.752
	2	83.701	82.835
90	6	86.103	83.505
	4	87.402	85.670
	3	88.051	86.752
	2	88.701	87.835
95	6	91.103	88.505
	4	92.402	90.670
	3	93.051	91.752
	2	93.701	92.835
100	6	96.103	93.505
	4	97.402	95.670
	3	98.051	96.752
	2	98.701	97.835
105	6	101.103	98.505
	4	102.402	100.670
	3	103.051	101.752
	2	103.701	102.835
110	6	106.103	103.505
	4	107.402	105.670
	3	108.051	106.752
	2	108.701	107.835
115	6	111.103	108.505
	4	112.402	110.670
	3	113.051	111.752
	2	113.701	112.835

公称直径（大径） D、d	螺距 P	中径 D_2、d_2	小径 D_1、d_1
120	6	116.103	113.505
	4	117.402	115.670
	3	118.051	116.752
	2	118.701	117.835
125	6	121.103	118.505
	4	122.402	120.670
	3	123.051	121.752
	2	123.701	122.835
130	6	126.103	123.505
	4	127.402	125.670
	3	128.051	126.752
	2	128.701	127.835
135	6	131.103	128.505
	4	132.402	130.670
	3	133.051	131.752
	2	133.701	132.835
140	6	136.103	133.505
	4	137.402	135.670
	3	138.051	136.752
	2	138.701	137.835
145	6	141.103	138.505
	4	142.402	140.670
	3	143.051	141.752
	2	143.701	142.835
150	8	144.804	141.340
	6	146.103	143.505
	4	147.402	145.670
	3	148.051	146.752
	2	148.701	147.835

公称直径（大径） D、d	螺距 P	中径 D_2、d_2	小径 D_1、d_1
155	6	151.103	148.505
	4	152.402	150.670
	3	153.051	151.752
160	8	154.804	151.340
	6	156.103	153.505
	4	157.402	155.670
	3	158.051	156.752
165	6	161.103	158.505
	4	162.402	160.670
	3	163.051	161.752
170	8	164.804	161.340
	6	166.103	163.505
	4	167.402	165.670
	3	168.051	166.752
175	6	171.103	168.505
	4	172.402	170.670
	3	173.051	171.752
180	8	174.804	171.340
	6	176.103	173.505
	4	177.402	175.670
	3	178.051	176.752
185	6	181.103	178.505
	4	182.402	180.670
	3	183.051	181.752
190	8	184.804	181.340
	6	186.103	183.505
	4	187.402	185.670
	3	188.051	186.752

公称直径（大径） D、d	螺距 P	中径 D_2、d_2	小径 D_1、d_1
195	6	191.103	188.505
	4	192.402	190.670
	3	193.051	191.752
200	8	194.804	191.340
	6	196.103	193.505
	4	197.402	195.670
	3	198.051	196.752
205	6	201.103	198.505
	4	202.402	200.670
	3	203.051	201.752
210	8	204.804	201.340
	6	206.103	203.505
	4	207.402	205.670
	3	208.051	206.752
215	6	211.103	208.505
	4	212.402	210.670
	3	213.051	211.752
220	8	214.804	211.340
	6	216.103	213.505
	4	217.402	215.670
	3	218.051	216.752
225	6	221.103	218.505
	4	222.402	220.670
	3	223.051	221.752
230	8	224.804	221.340
	6	226.103	223.505
	4	227.402	225.670
	3	228.051	226.752

公称直径（大径） D、d	螺距 P	中径 D_2、d_2	小径 D_1、d_1
235	6	231.103	228.505
	4	232.402	230.670
	3	233.051	231.752
240	8	234.804	231.340
	6	236.103	233.505
	4	237.402	235.670
	3	238.051	236.752
245	6	241.103	238.505
	4	242.402	240.670
	3	243.051	241.752
250	8	244.804	241.340
	6	246.103	243.505
	4	247.402	245.670
	3	248.051	246.752
255	6	251.103	248.505
	4	252.402	250.670
260	8	254.804	251.340
	6	256.103	253.505
	4	257.402	255.670
265	6	261.103	258.505
	4	262.402	260.670
270	8	264.804	261.340
	6	266.103	263.505
	4	267.402	265.670
275	6	271.103	268.505
	4	272.402	270.670

公称直径（大径） D、d	螺距 P	中径 D_2、d_2	小径 D_1、d_1
280	8	274.804	271.340
	6	276.103	273.505
	4	277.402	275.670
285	6	281.103	278.505
	4	282.402	280.670
290	8	284.804	281.340
	6	286.103	283.505
	4	287.402	285.670
295	6	291.103	288.505
	4	292.402	290.670
300	8	294.804	291.340
	6	296.103	293.505
	4	297.402	295.670

4. 小螺纹的直径与螺距系列

小螺纹的牙型应符合 GB/T 15054.1—1994 的要求；其公称直径范围为 0.3~1.4mm，见表 3-3。

表 3-3 小螺纹直径与螺距系列

公称直径/mm		螺 距
第一系列	第二系列	P/mm
0.3		0.08
	0.35	0.09
0.4		0.1
	0.45	0.1

公称直径/mm		螺　距
第一系列	第二系列	P/mm
0.5		0.125
	0.55	0.125
0.6		0.15
	0.7	0.175
0.8		0.2
	0.9	0.225
1		0.25
	1.1	0.25
1.2		0.25
	1.4	0.3

注：选择直径时，应优先选择表中第一系列的直径。

标记示例：

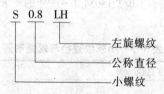

5. 小螺纹基本尺寸

小螺纹的基本尺寸（GB/T 15054.3—1994）列于表3-4。

表 3-4　小螺纹的基本尺寸

单位：mm

公称直径		螺　距 P	外、内螺纹中径 $d_2 = D_2$	外螺纹小径 d_3	内螺纹小径 D_1
第一系列	第二系列				
0.3		0.08	0.248 038	0.210 200	0.223 200
	0.35	0.09	0.291 543	0.249 600	0.263 600
0.4		0.1	0.335 048	0.288 000	0.304 000
	0.45	0.1	0.385 048	0.338 000	0.354 000
0.5		0.125	0.418 810	0.360 000	0.380 000
	0.55	0.125	0.468 810	0.410 000	0.430 000
0.6		0.15	0.502 572	0.432 000	0.456 000
	0.7	0.175	0.586 334	0.504 000	0.532 000
0.8		0.2	0.670 096	0.576 000	0.608 000
	0.9	0.225	0.753 858	0.648 000	0.684 000
1		0.25	0.837 620	0.720 000	0.760 000
	1.1	0.25	0.937 620	0.820 000	0.860 000
1.2		0.25	1.037 620	0.920 000	0.960 000
	1.4	0.3	1.205 144	1.064 000	1.112 000

3.1.2　紧固件标记方法

根据 GB/T 1237—2000 紧固件标记方法应依照以下两点：

1. 紧固件产品的完整标记

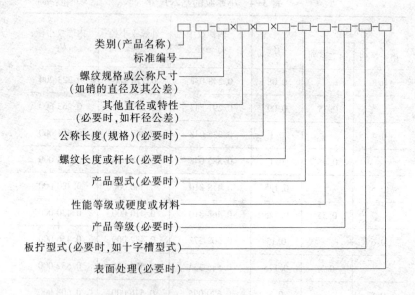

類別(產品名稱)
標準編號
螺紋規格或公稱尺寸
(如銷的直徑及其公差)
其他直徑或特性
(必要時,如杆徑公差)
公稱長度(規格)(必要時)
螺紋長度或杆長(必要時)
產品型式(必要時)
性能等級或硬度或材料
產品等級(必要時)
板擰型式(必要時,如十字槽型式)
表面處理(必要時)

2. 标记的简化原则及标记示例

（1）简化原则

a. 类别（名称）、标准年代号及其前面的"-"，允许全部或部分省略。省略年代号的标准应以现行标准为准。

b. 标记中的"-"允许全部或部分省略；标记中"其他直径或特性"前面的"×"允许省略。但省略后不应导致对标记的误解，一般以空格代替。

c. 当产品标准中只规定一种产品型式、性能等级或硬度或材料、产品等级、扳拧型式及表面处理时，允许全部或部分省略。

d. 当产品标准中规定两种及其以上的产品型式、性能等级或硬度或材料、产品等级、扳拧型式及表面处理时，应规定可以省略其中的一种，并在产品标准的标记示例中给出省略后的简化标记。

（2）标记示例　标记示例列于表3-5。

表 3-5　紧固件的标记示例

序号	紧固件名称	完整标记	简化标记
1	螺栓	螺纹规格 d = M12、公称长度 l = 80mm、性能等级为 10.9 级、表面氧化、产品等级为 A 级的六角头螺栓的标记： 螺栓　GB/T 5782—2000-M12×80-10.9-A-O	螺纹规格 d = M12、公称长度 l = 80mm、性能等级为 8.8 级、表面氧化、产品等级为 A 级的六角头螺栓的标记： 螺栓　GB/T 5782 M12×80
2	螺钉	螺纹规格 d = M6、公称长度 l = 6mm、长度 z = 4mm、性能等级为 33H 级、表面氧化的开槽盘头定位螺钉的标记： 螺钉 GB/T 828—1988-M6×6×4-33H-O	螺纹规格 d = M6、公称长度 l = 6mm、长度 z = 4mm、性能等级为 14H 级、不经表面处理的开槽盘头定位螺钉的标记： 螺钉 GB/T 828 M6×6×4
3	螺母	螺纹规格 D = M12、性能等级为 10 级、表面氧化、产品等级为 A 级的 1 型六角螺母的标记： 螺母　GB/T 6170—2000 - M12-10-A-O	螺纹规格 D = M12、性能等级为 8 级、不经表面处理、产品等级为 A 级的 1 型六角螺母的标记： 螺母 GB/T 6170 M12
4	垫圈	标准系列、规格 8mm、性能等级为 300HV、表面氧化、产品等级为 A 级的平垫圈的标记： 垫圈 GB/T 97.1—2002 - 8 - 300HV-A-O	标准系列、规格 8mm、性能等级为 140HV、不经表面处理、产品等级为 A 级的平垫圈的标记： 垫圈 GB/T 97.1　8
5	自攻螺钉	螺纹规格 ST3.5、公称长度 l = 16mm、Z 型槽、表面氧化的 F 型十字槽盘头自攻螺钉的标记： 自攻螺钉 GB/T 845—1985-ST3.5×16-F-Z-O	螺纹规格 ST3.5、公称长度 l = 16mm、H 型槽、镀锌钝化的 C 型十字槽盘头自攻螺钉的标记： 自攻螺钉 GB/T 845 ST3.5×16

序号	紧固件名称	完整标记	简化标记
6	销	公称直径 d = 6mm、公差为 m6、公称长度 l = 30mm、材料为 C1 组马氏体不锈钢、表面简单处理的圆柱销的标记： 销 GB/T 119.2—2000-6 m6×30-C1-简单处理	公称直径 d = 6mm、公差为 m6、公称长度 l = 30mm、材料为钢、普通淬火（A 型）、表面氧化的圆柱销的标记： 销 GB/T 119.2 6×30
7	铆钉	公称直径 d = 5mm、公称长度 l = 10mm、性能等级为 08 级的开口型扁圆头抽芯铆钉的标记： 抽芯铆钉 GB/T 12618—2006-5×10-08	公称直径 d = 5mm、公称长度 l = 10mm、性能等级为 10 级的开口型扁圆头抽芯铆钉的标记： 抽芯铆钉 GB/T 12618 5×10
8	挡圈	公称直径 d = 30mm、外径 D = 40mm、材料为 35 钢、热处理硬度 25～35HRC、表面氧化的轴肩挡圈的标记： 挡圈 GB/T 886—1986-30×40-35 钢、热处理 25～35HRC-O	公称直径 d = 30mm、外径 D = 40mm、材料为 35 钢、不经热处理及表面处理的轴肩挡圈的标记： 挡圈 GB/T 886 30×40

3.1.3 螺栓和螺柱

1. 六角头螺栓 C 级

六角头螺栓 C 级（GB/T 5780—2000）的型式如图 3-3 所示，其规格尺寸列于表 3-6、表 3-7。

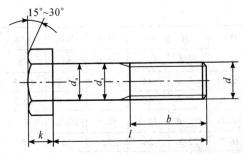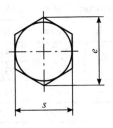

图 3-3　六角头螺栓 C 级

表 3-6　六角头螺栓优选的螺纹规格（C 级）　　　单位：mm

螺纹规格 d		M5	M6	M8	M10	M12	M16	M20
螺距 P		0.8	1	1.25	1.5	1.75	2	2.5
b 参考	$l_{公称}{\leqslant}125$	16	18	22	26	30	38	46
	$125{<}l_{公称}{\leqslant}200$	22	24	28	32	36	44	52
	$l_{公称}{>}200$	35	37	41	45	49	57	65
d_{a}	max	6	7.2	10.2	12.2	14.7	18.7	24.4
d_{s}	max	5.48	6.48	8.58	10.58	12.7	16.7	20.84
	min	4.52	5.52	7.42	9.42	11.3	15.3	19.16
e	min	8.63	10.89	14.2	17.59	19.85	26.17	32.95
k	公称	3.5	4	5.3	6.4	7.5	10	12.5
	max	3.875	4.375	5.675	6.85	7.95	10.75	13.4
	min	3.125	3.625	4.925	5.95	7.05	9.25	11.6
s	公称=max	8.00	10.00	13.00	16.00	18.00	24.00	30.00
	min	7.64	9.64	12.57	15.57	17.57	23.16	29.16
l		25~50	30~60	40~80	45~100	55~120	65~160	80~200
螺纹规格 d		M24	M30	M36	M42	M48	M56	M64
螺距 P		3	3.5	4	4.5	5	5.5	6
b 参考	$l_{公称}{\leqslant}125$	54	66	—	—	—	—	—
	$125{<}l_{公称}{\leqslant}200$	60	72	84	96	108	—	—
	$l_{公称}{>}200$	73	85	97	109	121	137	153

螺纹规格 d		M24	M30	M36	M42	M48	M56	M64
d_a	max	28.4	35.4	42.4	48.6	56.6	67	75
d_s	max	24.84	30.84	37	43	49	57.2	65.2
	min	23.16	29.16	35	41	47	54.8	62.8
e	min	39.55	50.85	60.79	71.3	82.6	93.56	104.86
k	公称	15	18.7	22.5	26	30	35	40
	max	15.9	19.75	23.55	27.05	31.05	36.25	41.25
	min	14.1	17.65	21.45	24.95	28.95	33.75	38.75
s	公称=max	36	46	55.0	65.0	75.0	85.0	95.0
	min	35	45	53.8	63.1	73.1	82.8	92.8
l		100~240	120~300	140~320	180~420	200~480	240~500	260~500

注：①长度系列尺寸为，10、12、16、20~50（5进位）、（55）、60、（65）、70~
150（10进位）、180~500（20进位）。括号内尺寸尽量不采用。

②螺栓尺寸代号和标注应符合 GB/T 5276 规定。

表3-7　六角头螺栓非优选的螺纹规格（C级）　　单位：mm

螺纹规格 d		M14	M18	M22	M27	M33
螺距 P		2	2.5	2.5	3	3.5
$b_{参考}$	$l_{公称} \leqslant 125$	34	42	50	60	—
	$125 < l_{公称} \leqslant 200$	40	48	56	66	78
	$l_{公称} > 200$	53	61	69	79	91
d_a	max	16.7	21.2	26.4	32.4	38.4
d_s	max	14.7	18.7	22.84	27.84	34
	min	13.3	17.3	21.16	26.16	32
e	min	22.78	29.56	37.29	45.2	55.37
k	公称	8.8	11.5	14	17	21
	max	9.25	12.4	14.9	17.9	22.05
	min	8.35	10.6	13.1	16.1	19.95

螺纹规格 d		M14	M18	M22	M27	M33
s	公称 = max	21.00	27.00	34	41	50
	min	20.16	26.16	33	40	49
l						

螺纹规格 d		M39	M45	M52	M60
螺距 P		4	4.5	5	5.5
$b_{参考}$	$l_{公称} \leqslant 125$	—	—	—	—
	$125 < l_{公称} \leqslant 200$	90	102	116	—
	$l_{公称} > 200$	103	115	129	145
d_a	max	45.4	52.6	62.6	71
d_s	max	40	46	53.2	61.2
	min	38	44	50.8	58.8
e	min	66.44	76.95	88.25	99.21
k	公称	25	28	33	38
	min	23.95	26.95	31.75	36.75
	max	26.05	29.05	34.25	39.25
s	公称 = max	60.0	70.0	80.0	90.0
	min	58.8	68.1	78.1	87.8
l					

注：①长度系列尺寸为：10、12、16、20~50（5 进位）、（55）、60、（65）、70~150（10 进位）、180~500（20 进位）。括号内尺寸尽量不采用。

②尺寸代号和标注应符合 GB/T 5276 规定。

标记示例：

螺纹规格 d = M12、公称长度 l = 80mm、性能等级为 4.8 级、不经表面处理、产品等级为 C 级的六角头螺栓，其标记为：

螺栓　GB/T 5780　M12×80

2. 六角头螺栓全螺纹 C 级

六角头螺栓 C 级全螺纹（GB/T 5781—2000）的型式如图 3-4 所示，其规格尺寸列于表 3-8~表 3-9。

表 3-8　六角头螺栓全螺纹 C 级优选的螺纹规格

单位:mm

螺纹规格 d		M5	M6	M8	M10	M12	M16	M20	M24	M30	M36	M42	M48	M56	M64
	P	0.8	1	1.25	1.5	1.75	2	2.5	3	3.5	4	4.5	5	5.5	6
a	max	2.4	3	4.00	4.5	5.30	6	7.5	9	10.5	12	13.5	15	16.5	18
	min	0.8	1	1.25	1.5	1.75	2	2.5	3	3.5	4	4.5	5	5.5	6
e	min	8.63	10.89	14.2	17.59	19.85	26.17	32.95	39.55	50.85	60.79	71.3	82.6	93.56	104.86
k	公称	3.5	4	5.3	6.4	7.5	10	12.5	15	18.7	22.5	26	30	35	40
	max	3.875	4.375	5.675	6.85	7.95	10.75	13.4	15.9	19.75	23.55	27.05	31.05	36.25	41.25
	min	3.125	3.625	4.925	5.95	7.05	9.25	11.6	14.1	17.65	21.45	24.95	28.95	33.75	38.75
s	公称=max	8.00	10.00	13.00	16.00	18.00	24.00	30.00	36	46	55.0	65.0	75.0	85.0	95.0
	min	7.64	9.64	12.57	15.57	17.57	23.16	29.16	35	45	53.8	63.1	73.1	82.8	92.8
l		10~50	12~60	16~80	20~100	25~120	30~160	40~200	50~240	60~300	70~360	80~420	100~480	110~500	120~500

注:①长度系列为 10、12、16、20~50(5 进位)、(55)、60、(65)、70~150(10 进位)、180~500(20 进位),括号内尺寸尽量不采用。

②尺寸代号及标注应符合 GB/T 5276 规定。

· 654 ·

单位：mm

表 3-9　六角头螺栓全螺纹 C 级非优选的螺纹规格

螺纹规格 d		M14	M18	M22	M27	M33	M39	M45	M52	M60
螺距 P		2	2.5	2.5	3	3.5	4	4.5	5	5.5
a	max	6	7.5	7.5	9	10.5	12	13.5	15	16.5
	min	2	2.5	2.5	3	3.5	4	4.5	5	5.5
e	min	22.78	29.56	37.29	45.2	55.37	66.44	76.95	88.25	99.218
k	公称	8.8	11.5	14	17	21	25	28	33	38
	max	9.25	12.4	14.9	17.9	22.05	26.05	29.05	34.25	39.25
	min	8.35	10.6	13.1	16.1	19.95	23.95	26.95	31.75	36.75
s	公称=max	21.00	27.00	34	41	50	60.0	70.0	80.0	90.0
	min	20.16	26.16	33	40	49	58.8	68.1	78.1	87.8
l		30~140	35~180	45~220	55~280	65~360	80~400	90~440	100~500	120~500

注：①长度系列为 10、12、16、20~50 (5 进位)、(55)、60、(65)、70~150 (10 进位)、180~500 (20 进位)，括号
内尺寸尽量不采用。
②螺栓尺寸代号和标注应符合 GB/T 5276 规定。

·655·

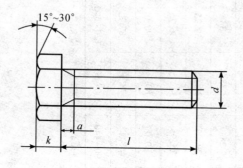
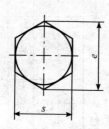

图 3-4　六角头螺栓全螺纹 C 级

标记示例：

螺纹规格 d = M12、公称长度 l = 80mm、性能等级为 4.8 级、不经表面处理、全螺纹、产品等级为 C 级的六角头螺栓，其标记为：

螺栓 GB/T 5781　M12×80

3. 六角头螺栓 A 级和 B 级

A 和 B 级六角头螺栓（GB/T 5782—2000）的型式如图 3-5 所示，其优选和非优选螺纹规格列于表 3-10 和表 3-11。

螺栓尺寸代号和标注应符合 GB/T 5276 规定。

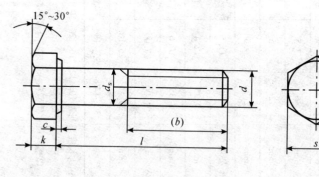

图 3-5　A 和 B 级六角头螺栓

表 3-10 A 和 B 级六角头螺栓优选的螺纹规格

单位: mm

螺纹规格 d		M1.6	M2	M2.5	M3	M4	M5	M6	M8	M10
螺距 P		0.35	0.4	0.45	0.5	0.7	0.8	1	1.25	1.5
b参考	l公称≤125	9	10	11	12	14	16	18	22	26
	125<l公称≤200	15	16	17	18	20	22	24	28	32
	l公称>200	28	29	30	31	33	35	37	41	45
c	max	0.25	0.25	0.25	0.40	0.40	0.50	0.50	0.60	0.60
	min	0.10	0.10	0.10	0.15	0.15	0.15	0.15	0.15	0.15
d_s	公称=max	1.60	2.00	2.50	3.00	4.00	5.00	6.00	8.00	10.00
	min 产品等级 A	1.46	1.86	2.36	2.86	3.82	4.82	5.82	7.78	9.78
	产品等级 B	1.35	1.75	2.25	2.75	3.70	4.70	5.70	7.64	9.64
e min	产品等级 A	3.41	4.32	5.45	6.01	7.66	8.79	11.05	14.38	17.77
	产品等级 B	3.28	4.18	5.31	5.88	7.50	8.63	10.89	14.20	17.59
k	公称	1.1	1.4	1.7	2	2.8	3.5	4	5.3	6.4
	产品等级 A max	1.225	1.525	1.825	2.125	2.925	3.65	4.15	5.45	6.58
	产品等级 A min	0.975	1.275	1.575	1.875	2.675	3.35	3.85	5.15	6.22
	产品等级 B max	1.3	1.6	1.9	2.2	3.0	3.26	4.24	5.54	6.69
	产品等级 B min	0.9	1.2	1.5	1.8	2.6	2.35	3.76	5.06	6.11

螺纹规格 d			M1.6	M2	M2.5	M3	M4	M5	M6	M8	M10
s	公称=max		3.20	4.00	5.00	5.50	7.00	8.00	10.00	13.00	16.00
	min	产品等级 A	3.02	3.82	4.82	5.32	6.78	7.78	9.78	12.73	15.73
		产品等级 B	2.90	3.70	4.70	5.20	6.64	7.64	9.64	12.57	15.57
l	A		12~16	16~20	16~25	20~30	25~40	25~40	30~60	35~80	40~100
	B		—	—	—	—	—	—	—	—	160

螺纹规格 d		M12	M16	M20	M24	M30	M36	M42	M48	M56	M64
螺距 P		1.75	2	2.5	3	3.5	4	4.5	5	5.5	6
b 参考	$l_{公称} \leq 125$	30	38	46	54	66	—	—	—	—	—
	$125 < l_{公称} \leq 200$	36	44	52	60	72	84	96	108	—	—
	$l_{公称} > 200$	49	57	65	73	85	97	109	121	137	153
c	max	0.60	0.8	0.8	0.8	0.8	0.8	1.0	1.0	1.0	1.0
	min	0.15	0.2	0.2	0.2	0.2	0.2	0.3	0.3	0.3	0.3
d_s	公称=max	12.00	16.00	20.00	24.00	30.00	36.00	42.00	48.00	56.00	64.00
	min 产品等级 A	11.73	15.73	19.67	23.67	—	—	—	—	—	—
	min 产品等级 B	11.57	15.57	19.48	23.48	29.48	35.38	41.38	47.38	55.26	63.26

螺纹规格 d			M12	M16	M20	M24	M30	M36	M42	M48	M56	M64
e min	产品等级	A	20.03	26.75	33.53	39.98	—	—	—	—	—	—
		B	19.85	26.17	32.95	39.55	50.85	60.79	71.3	82.6	93.56	104.86
k	公称		7.5	10	12.5	15	18.7	22.5	26	30	35	40
	产品等级 A	max	7.68	10.18	12.715	15.215	—	—	—	—	—	—
		min	7.32	9.82	12.285	14.785	—	—	—	—	—	—
	产品等级 B	max	7.79	10.29	12.85	15.35	19.12	22.92	26.42	30.42	35.5	40.5
		min	7.21	9.71	12.15	14.65	18.28	22.08	25.58	29.58	34.5	39.5
s	公称=max		18.00	24.00	30.00	36.00	46	55.0	65.0	75.0	85.0	95.0
	产品等级 min	A	17.73	23.67	29.67	35.38	—	—	—	—	—	—
		B	17.57	23.16	29.16	35.00	45	53.8	63.1	73.1	82.8	92.8
l		A	45~120	55~140	65~150	80~150	90~150	110~150	—	—	—	—
		B		160	160~200	160~240	160~300	110~360	120~400	140~400	160~400	200~400

注：长度系列为20~50（5进位）、（55）、60、（65）、70~160（10进位）、180~400（20进位），括号内规格尽量不采用。

表 3-11　A 和 B 级六角头螺栓非优选的螺纹规格　单位：mm

螺纹规格 d			M3.5	M14	M18	M22	M27
螺距 P			0.6	2	2.5	2.5	3
$b_{参考}$	$l_{公称} \leqslant 125$		13	34	42	50	60
	$125 < l_{公称} \leqslant 200$		19	40	48	56	66
	$l_{公称} > 200$		32	53	61	69	79
c	max		0.40	0.60	0.8	0.8	0.8
	min		0.15	0.15	0.2	0.2	0.2
d_s	公称 = max		3.50	14.00	18.00	22.00	27.00
	min	产品等级 A	3.32	13.73	17.73	21.67	—
		产品等级 B	3.20	13.57	17.57	21.48	26.48
e	min	产品等级 A	6.58	23.36	30.14	37.72	—
		产品等级 B	6.44	22.78	29.56	37.29	45.2
k	公称		2.4	8.8	11.5	14	17
	产品等级 A	max	2.525	8.98	11.715	14.215	—
		min	2.275	8.62	11.285	13.785	—
	B	max	2.6	9.09	11.85	14.35	17.35
		min	2.2	8.51	11.15	13.65	16.65
s	公称 = max		6.00	21.00	27.00	34.00	41
	min	产品等级 A	5.82	20.67	26.67	33.38	—
		产品等级 B	5.70	20.16	26.16	33.00	40
l	A		20~35	50~140	60~150	70~150	90~150
	B				160~180	160~220	160~260
螺纹规格 d			M33	M39	M45	M52	M60
螺距 P			3.5	4	4.5	5	5.5
$b_{参考}$	$l_{公称} \leqslant 125$		—				—
	$125 < l_{公称} \leqslant 200$		78	90	102	116	—
	$l_{公称} > 200$		91	103	115	129	145
c	max		0.8	1.0	1.0	1.0	1.0
	min		0.2	0.3	0.3	0.3	0.3

螺纹规格 d			M33	M39	M45	M52	M60
d_s	公称=max		33.0	39.00	45.00	52.00	60.00
	min	产品等级 A	—	—	—	—	—
		产品等级 B	32.38	38.38	44.38	51.26	59.26
e	min	产品等级 A	—	—	—	—	—
		产品等级 B	55.37	66.44	76.95	88.25	99.21
k	公称		21	25	28	33	38
	产品等级 A	max	—	—	—	—	—
		min	—	—	—	—	—
	产品等级 B	max	21.42	25.42	28.42	33.5	38.5
		min	20.58	24.58	27.58	32.5	37.5
s	公称=max		50	60.0	70.0	80.0	90.0
	min	产品等级 A	—	—	—	—	—
		产品等级 B	49	58.8	68.1	78.1	87.8
l	A		100~150	—	—	—	—
	B		160~320	130~380	130~400	150~400	180~400

注：长度系列为 20~50（5 进位）、（55）、60、（65）、70~160（10 进位）、180~400（20 进位），括号内规格尽量不采用。

标注示例：

螺纹规格 d = M12、公称长度 l = 80mm、性能等级为 8.8 级、表面氧化、产品等级为 A 级的六角头螺栓的标记为：

螺栓 GB/T 5782　M12×80

4. 方头螺栓 C 级

方头螺栓 C 级（GB/T 8—1988）的型式如图 3-6 所示，其规格尺寸列于表 3-12。

表 3-12　方头螺栓 C 级规格尺寸　　　　单位：mm

d	k（公称）	s（max）	l（公称）	d	k（公称）	s（max）	l（公称）
M10	7	16	40~100	M24	15	36	80~240
M12	8	18	45~120	(M27)	17	41	90~260
(M14)	9	21	50~140	M30	19	46	90~300
M16	10	24	55~160	M36	23	55	110~300
(M18)	12	27	60~180	M42	26	65	130~300
M20	13	30	65~200	M48	30	75	140~300
(M22)	14	34	70~220				

注：①l 系列（公称）：20，25，30，35，40，45，50，（55），60，（65），70，80，90，100，110，120，130，140，150，160，180，200，220，240，260，280，300。

②尽可能不采用括号内的规格。

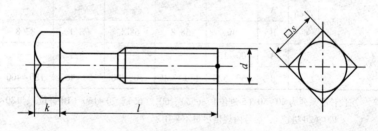

图 3-6　方头螺栓 C 级

标记示例：

螺纹规格 d=M12、公称长度 l=80mm、性能等级为 4.8 级、不经表面处理的方头螺栓，其标记为：

螺栓　GB/T　8　M12×80

5. 小方头螺栓 B 级

小方头螺栓 B 级（GB/T 35—1988）的型式如图 3-7 所示，其尺寸规格列于表 3-13。

表 3-13 小方头螺栓 B 级的规格尺寸

单位：mm

螺纹规格 d		M5	M6	M8	M10	M12	(M14)	M16	(M18)	M20	(M22)	M24	(M27)	M30	M36	M42	M48
b	l≤125	16	18	22	26	30	34	38	42	46	50	54	60	66	78	—	—
	125<l≤200	—	—	28	32	36	40	44	48	52	56	60	66	72	84	96	108
	l>200	—	—	—	—	—	—	57	61	65	69	73	79	85	97	109	121
e	min	9.93	12.53	16.34	20.24	22.84	26.21	30.11	34.01	37.91	42.9	45.5	52	58.5	69.94	82.03	95.05
k	公称	3.5	4	5	6	7	8	9	10	11	12	13	15	17	20	23	26
	min	3.26	3.76	4.76	5.76	6.71	7.71	8.71	9.71	10.65	11.65	12.65	14.65	16.65	19.58	22.58	25.58
	max	3.74	4.24	5.24	6.24	7.29	8.29	9.29	10.29	11.35	12.35	13.35	15.35	17.35	20.42	23.42	26.42
s	max	8	10	13	16	18	21	24	27	30	34	36	41	46	55	65	75
	min	7.64	9.64	12.57	15.57	17.57	20.16	23.16	26.13	29.16	33	35	40	45	53.5	63.1	73.1
X	min	2	2.5	3.2	3.8	4.2	5	5	6.3	6.3	6.3	7.5	7.5	8.8	10	11.3	12.5

l 公称	min	max
20	18.95	21.05
25	23.95	26.05
30	28.95	31.05
35	33.75	36.25
40	38.75	41.25
45	43.75	46.25
50	48.5	51.25
(55)	53.5	56.5

螺纹规格 d			M5	M6	M8	M10	M12	(M14)	M16	(M18)	M20	(M22)	M24	(M27)	M30	M36	M42	M48
60	58.5	61.5																
(65)	63.5	66.5																
70	68.5	71.5																
80	78.5	81.5																
90	88.25	91.75																
100	98.25	101.75																
110	108.25	111.75																
120	118.25	121.75																
130	128	132																
140	138	142																
150	148	152																
160	158	162																
180	178	182																
200	197.7	202.3																
220	217.7	222.3																
240	237.7	242.3																
260	257.4	262.6																
280	277.4	282.6																
300	297.4	302.6																

通用规格范围

注：尽可能不采用括号内的规格。

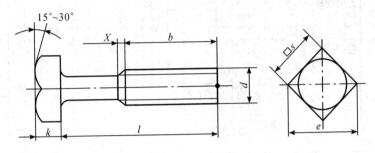

图 3-7　小方头螺栓 B 级

小方头螺栓 B 级的标记方法按 GB/T 1237 规定。

标记示例：

螺纹规格 d＝M12、公称长度 l＝80mm、性能等级为 5.8 级、不经表面处理的小方头螺栓的标记为：

螺栓　GB/T　35　M12×80

6. 活节螺栓

活节螺栓（GB/T 798—1988）的型式如图 3-8 所示，其尺寸规格列于表 3-14。

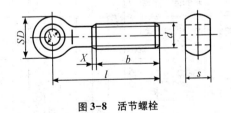

图 3-8　活节螺栓

表 3-14 活节螺栓的尺寸规格

单位：mm

螺纹规格 d		M4	M5	M6	M8	M10	M12	M16	M20	M24	M30	M36
d_1	公称	3	4	5	6	8	10	12	16	20	25	30
	min	3.07	4.08	5.08	6.08	8.095	10.095	12.095	16.11	20.11	25.11	30.12
	max	3.119	4.23	5.23	6.23	8.275	10.275	12.275	16.32	20.32	25.32	30.37
s	公称	5	6	8	10	12	14	18	22	26	34	40
	min	4.75	5.75	7.70	9.70	11.635	13.635	17.635	21.56	25.56	33.5	39.48
	max	4.93	5.93	7.92	9.92	11.905	13.905	17.905	21.89	25.89	33.88	39.87
b		14	16	18	22	26	30	38	52	60	72	84
D		8	10	12	14	18	20	28	34	42	52	64
X	max	1.75	2	2.5	3.2	3.8	4.2	5	6.3	7.5	8.8	10

l 公称	min	max
20	18.95	21.05
25	23.95	26.05
30	28.95	31.05
35	33.75	36.25
40	38.75	41.25
45	43.75	46.25
50	48.5	51.25
(55)	53.5	56.5
60	58.5	61.5
(65)	63.5	66.5

续表

螺纹规格 d			M4	M5	M6	M8	M10	M12	M16	M20	M24	M30	M36
l 公称	min	max											
70	68.5	71.5											
80	78.5	81.5											
90	88.25	91.75											
100	98.25	101.75											
110	108.25	111.75											
120	118.25	121.75											
130	128	132											
140	138	142											
150	148	152											
160	158	164											
180	176	184											
200	195.4	204.6											
220	215.4	224.6											
240	235.4	244.6											
260	254.8	265.2											
280	274.8	285.2											
300	294.8	305.2											

（表中阶梯线框内标注：品 规 格 范 围）

注：①括号内规格尽量不采用。
②螺纹末端按 GB/T 2 规定；无螺纹部分杆径约等于螺纹中径或螺纹大径。

螺栓的标记方法按 GB/T 1237 规定。

标记示例：

螺纹规格 d＝M10、公称长度 l＝100mm、性能等级为 4.6 级、不经表面处理的活节螺栓标记为：

螺栓　GB/T　798　M10×100

7. 地脚螺栓

地脚螺栓（GB/T 799—1988）的型式如图 3-9 所示，其规格尺寸列于表 3-15。

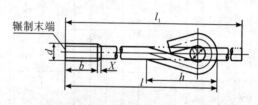

图 3-9　地脚螺栓

表 3-15　地脚螺栓的尺寸规格　　　　　单位：mm

螺纹规格 d		M6	M8	M10	M12	M16	M20	M24	M30	M36	M42	M48
b	max	27	31	36	40	50	58	68	80	94	106	118
	min	24	28	32	36	44	52	60	72	84	96	108
D		10	10	15	20	20	30	30	45	60	60	70
h		41	46	65	82	93	127	139	192	244	261	302
l_1		l+37	l+37	l+53	l+72	l+72	l+110	l+110	l+165	l+217	l+217	l+255
X	max	2.5	3.2	3.8	4.2	5	6.3	7.5	8.8	10	11.3	12.5

	l											
公称	min	max										
80	72	88										
120	112	128										
160	152	168										

螺纹规格 d			M6	M8	M10	M12	M16	M20	M24	M30	M36	M42	M48
	l												
公称	min	max											
220	212	228					商						
300	292	308						品					
400	392	408							规				
500	488	512								格			
600	618	642									范		
800	788	812										围	
1 000	988	912											
1 250	1 238	1 262											
1 500	1 488	1 512											

注：螺纹末端按 GB/T 2 规定；无螺纹部分杆径约等于螺纹中径或螺纹大径。

螺栓标记方法按 GB/T 1237 规定。

标记示例：

螺纹规格 d = M20、公称长度 l = 400mm、性能等级为 3.6 级、不经表面处理的地脚螺栓的标记：

螺栓　GB/T 799　M20×400

8. T 形槽螺栓

T 形槽螺栓（GB/T 37—1988）的型式如图 3-10 所示，其尺寸规格列于表 3-16。

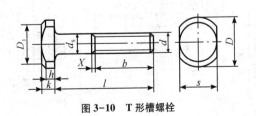

图 3-10　T 形槽螺栓

表 3-16　T形槽螺栓的尺寸规格

单位：mm

螺纹规格 d			M5	M6	M8	M10	M12	M16	M20	M24	M30	M36	M42	M48
b	l≤125		16	18	22	26	30	38	46	54	66	78	—	—
	125<l≤200		—	—	28	32	36	44	52	60	72	84	96	108
	l>200		—	—	—	—	—	57	65	73	85	97	109	121
d_s	max		5	6	8	10	12	16	20	24	30	36	42	48
	min		4.70	5.70	7.64	9.64	11.57	15.57	19.48	23.48	29.48	35.38	41.38	47.38
D			12	16	20	25	30	38	46	58	72	85	95	105
k	max		4.24	5.24	6.24	7.29	9.29	12.35	14.35	16.35	20.42	24.42	28.42	32.50
	min		3.76	5.76	5.76	6.71	8.71	11.65	13.65	15.65	19.58	23.58	27.58	31.50
h			2.8	3.4	4.1	4.8	6.5	9	10.4	11.8	14.5	18.5	22.0	26.0
s	公称		9	12	14	18	22	28	34	44	57	67	76	86
	min		8.64	11.57	13.57	17.57	21.16	27.16	33.00	43.00	55.80	65.10	74.10	83.80
	max		9.00	12.00	14.00	18.00	22.00	28.00	34.00	44.00	57.00	67.00	76.00	86.00
X	max		2.0	2.5	3.2	3.8	4.2	5	6.3	7.5	8.8	10	11.3	12.5

l		
公称	min	max
25	23.95	26.05
30	28.95	31.05
35	33.75	36.25
40	38.75	41.25
45	43.75	46.25
50	48.75	51.25
(55)	53.5	56.5

螺纹规格 d			M5	M6	M8	M10	M12	M16	M20	M24	M30	M36	M42	M48
公称	min	max												
60	58.5	61.5												
(65)	63.5	66.5												
70	68.5	71.5												
80	78.5	81.5												
90	88.85	91.75												
100	98.25	101.75												
110	108.25	111.75												
120	118.25	121.75												
130	128	132												
140	138	142												
150	148	152												
160	158	162												
180	178	182												
200	197.7	202.3												
220	217.7	222.3												
240	237.7	242.3												
260	257.4	262.6												
280	277.4	282.6												
300	297.4	302.6												

l

通 用 规 格 范 围

注：①尽可能不采用括号内的规格。
②图中 $D_1 \approx 0.95s$；末端按 GB/T 2 规定。

螺栓标记方法按 GB/T 1237 规定。

标记示例：

螺纹规格 d = M10，公称长度 l = 100mm、性能等级 8.8 级、表面氧化的 T 形槽螺栓标记为：

螺栓　GB/T 37　M10×100

9. 双头螺柱

双头螺柱共有 4 种型式。

（1）双头螺柱（GB/T 897—1988）

双头螺柱（GB/T 897—1988）的型式如图 3-11 所示，其尺寸规格列于表 3-17。

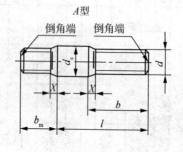

图 3-11　双头螺柱（GB/T 897—1988）

表 3-17　双头螺柱（GB/T 897—1988）的尺寸规格　　　　单位：mm

螺纹规格 d		M5	M6	M8	M10	M12	(M14)	M16	(M18)	M20
b_{m}	公称	5	6	8	10	12	14	16	18	20
	min	4.40	5.40	7.25	9.25	11.10	13.10	15.10	17.10	18.95
	max	5.60	6.60	8.75	10.75	12.90	14.90	16.90	18.90	21.05
d_{s}	max	5	6	8	10	12	14	16	18	20
	min	4.7	5.7	7.64	9.64	11.57	13.57	15.57	17.57	19.48
X	max	2.5P								

公称 (l)	min	max	M5	M6	M8	M10	M12	(M14)	M16	(M18)	M20
16	15.10	16.90	10								
(18)	17.10	18.90									
20	18.95	21.05		10	12						
(22)	20.95	23.05									
25	23.95	26.05	16	14	16	14	16				
(28)	26.95	29.05									
30	28.95	31.05				16		18	20		
(32)	30.75	33.25		18	22		20				
35	33.75	36.25								22	25
(38)	36.75	39.25						25			
40	38.75	41.25				26			30		
45	43.75	46.25					30			35	35
50	48.75	51.25	18					34			
(55)	53.5	56.5									
60	58.5	61.5							38		
(65)	63.5	66.5								42	
70	68.5	71.5									46
(75)	73.5	76.5									
80	78.5	81.5									
(85)	83.25	86.75									
90	88.25	91.75									
(95)	93.25	96.75									
100	98.25	101.75									
110	108.25	111.75									
120	118.25	121.75									
130	128.25	132.0				32					
140	138.0	142.0									
150	148.0	152.0					36	40			
160	158.0	162.0									
170	168.0	172.0							44	48	52
180	178.0	182.0									
190	187.0	192.3									
200	197.7	202.3									

螺纹规格 d		(M22)	(M24)	(M27)	(M30)	(M33)	M36	(M39)	M42	M48
b_m	公称	22	24	27	30	33	36	39	42	48
	min	20.95	22.95	25.95	28.95	31.75	34.75	37.75	40.75	46.75
	max	23.05	25.05	28.05	31.05	34.25	37.25	40.25	43.25	49.25
d_s	max	22	24	27	30	33	36	39	42	48
	min	21.48	23.48	26.48	29.48	32.38	35.38	38.38	41.38	47.38
X	max	2.5P								

l 公称	min	max	M22	M24	M27	M30	M33	M36	M39	M42	M48
40	38.75	41.25	30								
45	43.75	46.25									
50	48.75	51.25	40	30							
(55)	53.75	56.5			35						
60	58.5	61.5		45		40					
(65)	63.75	66.5						45			
70	68.5	71.5					45				
(75)	73.5	76.5			50	50			50	50	
80	78.5	81.5									
(85)	83.25	86.75					60				
90	88.25	91.75	50					60			60
(95)	93.25	96.75		54					65	70	
100	98.25	101.75			60						
110	108.25	111.75				66	72				80
120	118.25	121.75						78	84	90	102
130	128.0	132.0	56	60	66	72	78	84	90	96	108
140	138.0	142.0									
150	148.0	152.0									
160	158.0	162.0									
170	168.0	172.0									
180	178.0	182.0									
190	187.7	192.3									
200	197.7	202.3									
210	207.7	212.3				85					
220	217.7	222.3									
230	227.7	232.3									
240	237.7	242.3									
250	247.7	252.3					91	97	103	109	121
260	257.4	262.6									
280	277.4	282.6									
300	297.4	302.6									

注：①尽可能不采用括号内的规格。

②P——粗牙螺距。

③折线之间为通用规格范围。

④当$b-b_m<5mm$时，旋螺母一端应制成倒圆端，或在端面中心制出凹点。

⑤允许采用细牙螺纹和过渡配合螺纹。

标记方法按 GB 1237 规定。

标记示例：

两端均为粗牙普通螺纹，$d=10mm$、$l=50mm$、性能等级为 4. 8 级、不经表面处理、B 型、$b_m=1d$ 的双头螺柱的标记：

螺柱 GB 897 M10×50

旋入机体一端为粗牙普通螺纹，旋螺母一端为螺距 $P=1mm$ 的细牙普通螺纹，$d=10mm$、$l=50mm$、性能等级为 4. 8 级、不经表面处理、A 型、$b_m=1d$ 的双头螺柱的标记：

螺柱 GB 897 AM10-M10×1×50

旋入机体一端为过渡配合螺纹的第一种配合，旋螺母一端为粗牙普通螺纹，$d=10mm$、$l=50mm$、性能等级为 8. 8 级、镀锌钝化、B 型、$b_m=1d$ 的双头螺柱的标记：

螺柱 GB 897 GM10-M10×50-8.8-Zn·D

（2）双头螺柱（GB/T 898—1988）

双头螺柱（GB/T 898—1988）的型式图 3-12 所示，其尺寸规格列于表 3-18。

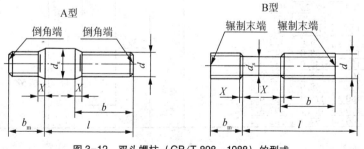

图 3-12 双头螺柱（GB/T 898—1988）的型式

表 3-18　双头螺柱（GB/T 898—1988）的尺寸规格　单位：mm

螺纹规格 d		M5	M6	M8	M10	M12	M16	M20
b_m	公称	6	8	10	12	15	20	25
	min	5.40	7.25	9.25	11.10	14.10	18.95	23.95
	max	6.80	8.75	10.75	12.90	15.90	21.05	26.05
d_s	max	5	6	8	10	12	16	20
	min	4.7	5.7	7.64	9.64	11.57	15.57	19.48
X	max	2.5P						

l 公称	min	max	M5	M6	M8	M10	M12	M16	M20
			\(b\)						
16	15.10	16.90	10						
(18)	17.10	18.90							
20	18.95	21.05		10					
(22)	20.95	23.05			12				
25	23.95	26.05	16	14	16	14			
(28)	26.95	29.05					16		
30	28.95	31.05				16	20		
(32)	30.75	33.25		18	22				
35	33.75	36.25						20	
(38)	36.75	39.25							25
40	38.75	41.25				26		30	
45	43.75	46.25	18				26		35
50	48.75	51.25							
(55)	53.5	56.5						38	
60	58.5	61.5							46
(65)	63.5	66.5							
70	68.5	71.5					30		
(75)	73.5	76.5							
80	78.5	81.5		22					
(85)	83.25	86.75							
90	88.25	91.75							
(95)	93.25	96.75							
100	98.25	101.75							
110	108.25	111.75							
120	118.25	121.75							
130	128.0	132.0				32	36	44	52
140	138.0	142.0							
150	148.0	152.0							
160	158.0	162.0							
170	168.0	172.0							
180	178.0	182.0							
190	187.7	192.3							
200	197.7	202.3							

螺纹规格 d		M24	M30	M36	M42	M48
b_{m}	公称	30	38	45	52	60
	min	28.95	36.75	43.75	50.50	58.50
	max	31.05	39.25	46.25	53.50	61.50
d_{s}	max	24	30	36	42	48
	min	23.48	29.48	35.38	41.38	47.38
X	max	2.5P				

公称	l min	max			b		
40	38.75	41.25					
45	43.75	46.25	30				
50	48.75	51.25					
(55)	53.50	56.50					
60	58.50	61.50	45	40			
(65)	63.50	66.50					
70	68.50	71.50		45	45		
(75)	73.75	76.50				50	
80	78.50	81.50		50	60		
(85)	83.25	86.75					60
90	88.25	91.75	54			70	
(95)	93.25	96.75					
100	98.25	101.75					80
110	108.25	111.75		66			
120	118.25	121.75			78	90	102
130	128.0	132.0	60				
140	138.0	142.0		72			
150	148.0	152.0					
160	158.0	162.0			84	96	108
170	168.0	172.0					
180	178.0	182.0					
190	187.7	192.3					
200	197.7	202.3					
210	207.7	212.3					
220	217.7	222.3		85			
230	227.7	232.3					
240	237.7	242.3			97	109	121
250	247.7	252.3					
260	257.4	262.6					
280	277.4	282.6					
300	297.4	302.6					

注：①尽可能不采用括号内的规格。

②P——粗牙螺距。

③折线之间为通用规格范围。

④当 $b-b_{\mathrm{m}} \leqslant 5\mathrm{mm}$ 时，旋螺母一端应制成倒圆端，或在端面中心制出凹点。

⑤允许采用细牙螺纹和过渡配合螺纹。

标记方法按 GB 1237 规定。

标记示例：

两端均为粗牙普通螺纹，$d=10$mm、$l=50$mm、性能等级为 4.8 级、不经表面处理、B 型：$b_m=1.25d$ 的双头螺柱的标记：

螺柱　GB 898　M10×50

旋入机体一端为粗牙普通螺纹，旋螺母一端为螺距 $P=1$mm 的细牙普通螺纹，$d=10$mm、$l=50$mm、性能等级为 4.8 级、不经表面处理理、A 型、b_m $=1.25d$ 的双头螺柱的标记：

螺柱　GB 898　AM10-M10×1×50

旋入机体一端为过渡配合螺纹的第一种配合，旋螺母一端为粗牙普通螺纹，$d=10$mm、$l=50$mm、性能等级为 8.8 级、镀锌钝化、B 型、$b_m=1.25d$ 的双头螺柱的标记：

螺柱　GB 898　GM10-M10×50-8.8-Zn·D

（3）双头螺柱（GB/T 899—1988）

双头螺柱（GB/T 899—1988）的型式如图 3-13 所示，其尺寸规格列于表 3-19。

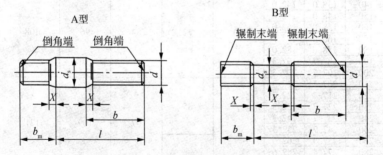

图 3-13　双头螺柱（GB/T 899—1988）

末端按 GB 2 规定；$d_s \approx$ 螺纹中径（仅适用于 B 型）

表 3-19 双头螺柱（GB/T 899—1988）的尺寸规格 单位：mm

螺纹规格 d		M2	M2.5	M3	M4	M5	M6	M8	M10	M12	(M14)	M16
b_m	公称	3	3.5	4.5	6	8	10	12	15	18	21	24
	min	2.40	2.90	3.90	5.40	7.25	9.25	11.10	14.10	17.10	19.95	22.95
	max	3.60	4.10	5.10	6.60	8.75	10.75	12.90	15.90	18.90	22.05	25.05
d_s	max	2	2.5	3	4	5	6	8	10	12	14	16
	min	1.75	2.25	2.75	3.7	4.7	5.7	7.64	9.64	11.57	13.57	15.57
X	max						2.5P					

l 公称	min	max	M2	M2.5	M3	M4	M5	M6	M8	M10	M12	(M14)	M16
12	11.10	12.90											
(14)	13.10	14.90	6										
16	15.10	16.90		8									
(18)	17.10	18.90			6								
20	18.95	21.05	10			8		10	12				
(22)	20.95	23.05					10						
25	23.95	26.05								14			
(28)	26.95	29.05		11				14	16		16		
30	28.95	30.05			12								
(32)	30.75	33.25				14				16		18	20
35	33.75	36.25					16				20		
(38)	36.75	39.25											
40	38.75	41.25										25	
45	43.75	46.25											
50	48.75	51.25						18					30
(55)	53.5	56.5											
60	58.5	61.5							22				
(65)	63.5	66.5											
70	68.5	71.5							26				
(75)	73.5	76.5											
80	78.5	81.5								30	34		
(85)	83.25	86.75											38
90	88.25	91.75											
(95)	93.25	96.75											
100	98.25	101.75											
110	108.25	111.75											
120	118.25	121.75											
130	128	132.00								32			
140	138	142.00											
150	148	152.00									36	40	
160	158	162.00											44
170	168	172.00											
180	178	182.00											
190	187.7	192.30											
200	197.7	202.30											

螺纹规格 d		(M18)	M20	(M22)	M24	(M27)	M30	(M33)	M36	(M39)	M42	M48
b_m	公称	27	30	33	36	40	45	49	54	58	63	72
	min	22.05	28.95	32.75	34.75	38.72	43.75	47.75	53.5	56.5	61.5	70.5
	max	5.60	6.60	8.75	10.75	12.90	14.90	16.90	18.90	21.05		
d_s	max	18	20	22	24	27	30	33	36	39	42	48
	min	17.57	19.48	21.48	23.48	26.48	29.48	32.38	35.38	38.38	41.38	47.38
X	max	2.5P										

l 公称	min	max	(M18)	M20	(M22)	M24	(M27)	M30	(M33)	M36	(M39)	M42	M48
35	33.75	36.25	22	25									
(38)	36.75	39.25	22	25									
40	38.75	41.25	22	25		30							
45	43.75	46.25	35	25		30	30						
50	48.75	51.25	35	35		30	30						
(55)	53.5	56.5	35	35		30	30						
60	58.5	61.5	35	35	40	45	35						
(65)	63.5	66.5	35	35	40	45	35	40					
70	68.5	71.5	35	35	40	45	35	40	45	45			
(75)	73.5	76.5	42	35	40	45	50	40	45	45	50	50	
80	78.5	81.5	42	46	40	45	50	40	45	45	50	50	
(85)	83.25	86.75	42	46	40	45	50	50	45	45	50	50	60
90	88.25	91.75	42	46	40	45	50	50	60	60	50	50	60
(95)	93.25	101.75	42	46	50	54	50	50	60	60	65	70	60
100	98.25	101.75	42	46	50	54	60	50	60	60	65	70	60
110	108.25	111.75	42	46	50	54	60	66	60	60	65	70	80
120	118.25	121.75	42	46	50	54	60	66	72	78	84	90	102
130	128	132.00	48	52	56	60	66	72	78	84	90	96	108
140	138	142.00	48	52	56	60	66	72	78	84	90	96	108
150	148	152.00	48	52	56	60	66	72	78	84	90	96	108
160	158	162.00	48	52	56	60	66	72	78	84	90	96	108
170	168	172.00	48	52	56	60	66	72	78	84	90	96	108
180	178	182.00	48	52	56	60	66	72	78	84	90	96	108
190	187.7	192.30	48	52	56	60	66	72	78	84	90	96	108
200	197.7	202.30	48	52	56	60	66	72	78	84	90	96	108
210	207.7	212.30			56	60		85	91	97	103	109	121
220	217.7	222.30			56	60		85	91	97	103	109	121
230	227.7	232.30			56	60		85	91	97	103	109	121
240	237.7	242.30			56	60		85	91	97	103	109	121
250	247.7	252.30			56	60		85	91	97	103	109	121
260	257.4	262.60						85	91	97	103	109	121
280	277.4	282.60						85	91	97	103	109	121
300	297.4	302.60						85	91	97	103	109	121

注：①尽可能不采用括号内的规格。

②P——粗牙螺距。

③折线之间为通用规格范围。

④当 $b-b_m<5\mathrm{mm}$ 时，旋螺母一端应制成倒圆端，或在端面中心制出回点。

⑤允许采用细牙螺纹和过渡配合螺纹。

标记方法按 GB 1237 规定。

标记示例：

两端均为粗牙普通螺纹，$d=10$mm、$l=50$mm、性能等级为 4.8 级、不经表面处理、B 型、$b_m=1.5d$ 的双头螺柱的标记：

螺柱　GB 899　M10×50

旋入机体一端为粗牙普通螺纹，旋螺母一端为螺距 $P=1$mm 的细牙普通螺纹，$d=10$mm、$l=50$mm、性能等级为 4.8 级、不经表面处理、A 型、$b_m=1.5d$ 的双头螺柱的标记：

螺柱　GB 899　AM10-M10×10×1×50

旋入机体一端为过渡配合螺纹的第一种配合，旋螺母一端为粗牙普通螺纹，$d=10$mm、$l=50$mm、性能等级为 8.8 级、镀锌钝化、B 型、$b_m=1.5d$ 的双头螺柱的标记：

螺柱　GB 899　GM10-M10×50-8.8-Zn·D

（4）双头螺柱（GB/T 900—1988）

双头螺柱（GB/T 900—1988）的型式如图 3-14 所示，其尺寸规格列于表 3-20。

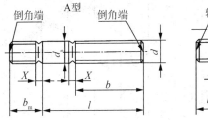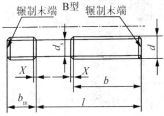

图 3-14　双头螺柱（GB/T 900—1988）

末端按 GB 2 规定；$d_s \approx$ 螺纹中径（仅适用于 B 型）。

表 3-20　双头螺柱（GB/T 900—1988）的尺寸规格　单位：mm

螺纹规格 d		M2	M2.5	M3	M4	M5	M6	M8	M10	M12	(M14)	M16
b_m	公称	4	5	6	8	10	12	16	20	24	28	32
	min	3.40	4.40	5.40	7.25	9.25	11.10	15.10	18.95	22.95	26.95	31.75
	max	4.60	5.60	6.60	8.75	10.75	12.90	16.90	21.05	25.05	29.05	33.25
d_s	max	2	2.5	3	4	5	6	8	10	12	14	16
	min	1.75	2.25	2.75	3.7	4.7	5.7	7.64	9.64	11.57	13.57	15.57
X	max	$2.5P$										

l ／ b

公称	min	max	M2	M2.5	M3	M4	M5	M6	M8	M10	M12	(M14)	M16
12	11.10	12.90	6										
(14)	13.10	14.90											
16	15.10	16.90		8									
(18)	17.10	18.90			6								
20	18.95	21.05	10			8	10	10	12				
(22)	20.95	23.05											
25	23.95	26.05		11				14	16	14	16		
(28)	26.95	29.05										18	
30	28.95	31.05			12		16			16			20
(32)	30.75	33.25											
35	33.75	36.25				14					20		
(38)	36.75	39.25										25	30
40	38.75	41.25						18					
45	43.75	46.25											
50	48.75	51.25											
(55)	53.5	56.5							22				
60	58.5	61.5											
(65)	63.5	66.5								26			
70	68.5	71.5											
(75)	73.5	76.5											
80	78.5	81.5									34		38
(85)	83.25	86.75											
90	88.25	91.75											
(95)	93.25	96.75											
100	98.25	101.75											
110	108.25	111.75											
120	118.25	121.75											
130	128	132								32			
140	138	142											
150	148	152									40	36	
160	158	162											44
170	168	172											
180	178	182											
190	187.7	192.3											
200	197.7	202.3											

螺纹规格 d		(M18)	M20	(M22)	M24	(M27)	M30	(M33)	M36	(M39)	M42	M48
b_m	公称	36	40	44	48	54	60	66	72	78	84	96
	min	34.75	38.75	42.75	46.75	52.5	58.5	64.5	70.5	76.5	82.25	94.25
	max	37.25	41.25	45.25	49.25	55.5	61.5	67.5	73.5	79.5	85.75	97.75
d_s	max	18	20	22	24	27	30	33	36	39	42	48
	min	17.57	19.48	21.48	23.48	26.48	29.48	32.38	35.38	38.38	41.38	47.38
X	max	2.5P										

l 公称	min	max	(M18)	M20	(M22)	M24	(M27)	M30	(M33)	M36	(M39)	M42	M48
								b					
35	33.75	36.25	22	25									
(38)	35.75	39.25											
40	38.75	41.25	35	35	30								
45	43.75	46.25				30							
50	48.75	51.25											
(55)	53.5	56.5			40		35						
60	58.5	61.5				45		40	45	45			
(65)	63.5	66.5											
70	68.5	71.5	42	46	50		50	50	50	50	50	50	60
(75)	73.5	76.5											
80	78.5	81.5				54	60				65	70	
(85)	83.5	86.5											
90	88.25	91.75						66	60	60			80
(95)	93.25	96.75											
100	98.25	101.75											
110	108.25	111.75											
120	118.25	121.75						72	78	84	90	96	102
130	128	132	48	52	56	60	66	72	78	84	90	96	108
140	138	142											
150	148	152											
160	158	162											
170	168	172											
180	178	182											
190	187.7	192.3											
200	197.7	202.3											
210	207.7	212.3						85					
220	217.7	222.3											
230	227.7	232.3											
240	237.7	242.3							91	97	103	109	121
250	247.7	252.3											
260	257.4	262.6											
280	277.4	282.6											
300	297.4	302.6											

注：①尽可能不采用括号内的规格。

②P——粗牙螺距。

③折线之间为通用规格范围。

④当 $b-b_m \leq 5$mm 时，螺柱一端应制成倒圆端，或在端面中心制出凹点。

⑤允许采用细牙螺纹和过渡配合螺纹。

标记方法按 GB 1237 规定。

标记示例：

两端均为粗牙普通螺纹，$d=10$mm、$l=50$mm、性能等级为 4.8 级、不经表面处理、B 型、$b_m=2d$ 的双头螺柱的标记：

螺柱　GB 900　M10×50

旋入机体一端为粗牙普通螺纹，旋螺母一端为螺距 $P=1$mm 的细牙普通螺纹，$d=10$mm、$l=50$mm、性能等级为 4.8 级、不经表面处理、A 型、$b_m=2d$ 的双头螺柱的标记：

螺柱　GB 900　AM10-M10×1×50

旋入机体一端为过盈配合螺纹，旋螺母一端为粗牙普通螺纹，$d=10$mm、$l=50$mm、性能等级为 8.8 级、镀锌钝化、A 型、$b_m=2d$ 的双头螺柱的标记：

螺柱　GB 900　AYM10-M10×50-8.8-Zn·D

3.1.4　螺钉

1. 开槽盘头螺钉

开槽盘头螺钉（GB/T 67—2008）的型式如图 3-15 所示，其尺寸规格列于表 3-21。

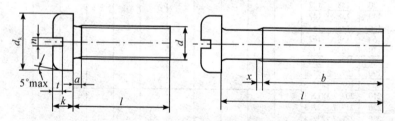

图 3-15　开槽盘头螺钉

表 3-21　开槽盘头螺钉的尺寸规格　　　　单位：mm

螺纹规格 d			M1.6	M2	M2.5	M3	(M3.5)[a]	M4	M5	M6	M8	M10
P[b]			0.35	0.4	0.45	0.5	0.6	0.7	0.8	1	1.25	1.5
a	max		0.7	0.8	0.9	1	1.2	1.4	1.6	2	2.5	3
b	min		25	25	25	25	38	38	38	38	38	38
d_k	公称=max		3.2	4.0	5.0	5.6	7.00	8.00	9.50	12.00	16.00	20.00
	min		2.9	3.7	4.7	5.3	6.64	7.64	9.14	11.57	15.57	19.48
d	max		2	2.6	3.1	3.6	4.1	4.7	5.7	6.8	9.2	11.2
k	公称=max		1.00	1.30	1.50	1.80	2.10	2.40	3.00	3.6	4.8	6.0
	min		0.86	1.16	1.36	1.66	1.96	2.26	2.86	3.3	4.5	5.7
n	公称		0.4	0.5	0.6	0.8	1	1.2	1.2	1.6	2	2.5
	max		0.60	0.70	0.80	1.00	1.20	1.51	1.51	1.91	2.31	2.81
	min		0.46	0.56	0.66	0.86	1.06	1.26	1.26	1.66	2.06	2.56
x	min		0.1	0.1	0.1	0.1	0.1	0.2	1.2	0.25	0.4	0.4
t	min		0.35	0.5	0.6	0.7	0.8	1	1.2	1.4	1.9	2.4
x	max		0.9	1	1.1	1.25	1.5	1.75	2	2.5	3.2	3.8

l 公称	min	max	每 1 000 件钢螺钉的质量（$p=7.85\ \mathrm{kg/dm^3}$）$\approx$ kg									
2	1.8	2.2	0.075									
2.5	2.3	2.7	0.081	0.152								
3	2.8	3.2	0.087	0.161	0.281							
4	3.76	4.24	0.099	0.18	0.311	0.463						
5	4.76	5.24	0.11	0.198	0.341	0.507	0.825	1.16				
6	5.76	6.24	0.122	0.217	0.371	0.551	0.885	1.24	2.12			
8	7.71	8.29	0.145	0.254	0.431	0.639	1	1.39	2.37	4.02		
10	9.71	10.29	0.168	0.292	0.491	0.727	1.12	1.55	2.61	4.37	9.38	
12	11.65	12.35	0.192	0.329	0.551	0.816	1.24	1.7	2.86	4.72	10	18.2
(14)	13.65	14.35	0.215	0.366	0.611	0.904	1.36	1.86	3.11	5.1	10.6	19.2

螺纹规格 d			M1.6	M2	M2.5	M3	(M3.5)[M]	M4	M5	M6	M8	M10
l			每1 000 件钢螺钉的质量（p=7.85 kg/dm³）≈kg									
公称	min	max										
16	15.65	16.35	0.238	0.404	0.671	0.992	1.48	2.01	3.36	5.45	11.2	20.2
20	19.58	20.42		0.478	0.792	1.17	1.72	2.32	3.85	6.14	12.6	22.2
25	24.58	25.42			0.942	1.39	2.02	2.71	4.47	7.01	14.1	24.7
30	29.58	30.42				1.61	2.32	3.1	5.09	7.9	15.7	27.2
35	34:5	35.5					2.62	3.48	5.71	8.78	17.3	29.7
40	39.5	40.5						3.87	6.32	9.66	18.9	32.2
45	44.5	45.5							6.94	10.5	20.5	34.7
50	49.5	50.5							7.56	11.4	22.1	37.2
(55)	54.05	55.95								12.3	23.7	39.7
60	59.05	60.95								13.2	25.3	42.2
(65)	64.05	65.95									26.9	44.7
70	69.05	70.95									28.5	47.2
(75)	74.05	75.95									30.1	49.7
80	79.05	80.95									31.7	52.2

注：阶梯实线间为商品长度规格。

a　尽可能不采用括号内的规格。

b　P——螺距。

c　公称长度在阶梯虚线以上的螺钉，制出全螺纹（b=l-a）。

标记示例：

标记方法按 GB/T 1237 规定。

螺纹规格 d=M5、公称长度 l=20mm、性能等级为 4.8 级、不经表面处理 A 级开槽盘头螺钉的标记为：

螺钉　GB/T 67　M5×20

2. 开槽沉头螺钉

开槽沉头螺钉（GB/T 68—2000）的型式如图 3-16 所示，其尺寸规格列于表 3-22。

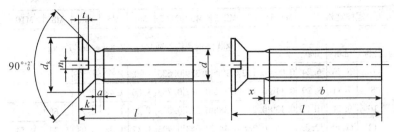

图 3-16 开槽沉头螺钉

表 3-22 开槽沉头螺钉的规格尺寸 单位：mm

螺纹规格 d			M1.6	M2	M2.5	M3	(M3.5)	M4	M5	M6	M8	M10
螺距 P			0.35	0.4	0.45	0.5	0.6	0.7	0.8	1	1.25	1.5
a		max	0.7	0.8	0.9	1	1.2	1.4	1.6	2	2.5	3
b		min	25	25	25	25	38	38	38	38	38	38
d_k	理论值	max	3.6	4.4	5.5	6.3	8.2	9.4	10.4	12.6	17.3	20
	实际值	公称=max	3.0	3.8	4.7	5.5	7.30	8.40	9.30	11.30	15.80	18.30
		min	2.7	3.5	4.4	5.2	6.94	8.04	8.94	10.87	15.37	17.78
k	公称=max		1	1.2	1.5	1.65	2.35	2.7	2.7	3.3	4.65	5
n	公称		0.4	0.5	0.6	0.8	1	1.2	1.2	1.6	2	2.5
		max	0.60	0.70	0.80	1.00	1.20	1.51	1.51	1.91	2.31	2.81
		min	0.46	0.56	0.66	0.86	1.06	1.26	1.26	1.66	2.06	2.56
t		max	0.50	0.6	0.75	0.85	1.2	1.3	1.4	1.6	2.3	2.6
		min	0.32	0.4	0.50	0.60	0.9	1.0	1.1	1.2	1.8	2.0
x		max	0.9	1	1.1	1.25	1.5	1.75	2	2.5	3.2	3.8

l			每1 000件钢螺钉的质量（$\rho=7.85\text{kg/dm}^3$）$\approx$kg			
公称	min	max				
2.5	2.3	2.7	0.053			
3	2.8	3.2	0.058	0.101		
4	3.76	4.24	0.069	0.119	0.206	
5	4.76	5.24	0.081	0.137	0.236	0.335

螺纹规格 d			M1.6	M2	M2.5	M3	(M3.5)	M4	M5	M6	M8	M10
	l		每 1 000 件钢螺钉的质量(ρ=7.85kg/dm³) ≈kg									
公称	min	max										
6	5.76	6.24	0.093	0.152	0.266	0.379	0.633	0.903				
8	7.71	8.29	0.116	0.193	0.326	0.467	0.753	1.06	1.48	2.38		
10	9.71	10.29	0.139	0.231	0.386	0.555	0.873	1.22	1.72	2.73	5.68	
12	11.65	12.35	0.162	0.268	0.446	0.643	0.993	1.37	1.96	3.08	6.32	9.54
(14)	13.65	14.35	0.185	0.306	0.507	0.731	1.11	1.53	2.2	3.43	6.96	10.6
16	15.65	16.35	0.208	0.343	0.567	0.82	1.23	1.68	2.44	3.78	7.6	11.6
20	19.58	20.42		0.417	0.687	0.996	1.47	2	2.92	4.48	8.88	13.6
25	24.58	25.42			0.838	1.22	1.77	2.39	3.52	5.36	10.5	16.1
30	29.58	30.42				1.44	2.07	2.78	4.12	6.23	12.1	18.7
35	34.5	35.5					2.37	3.17	4.72	7.11	13.7	21.2
40	39.5	40.5						3.56	5.32	7.98	15.3	23.7
45	44.5	45.5							5.92	8.86	16.9	26.2
50	49.5	50.5							6.52	9.73	18.5	28.8
(55)	54.05	55.95								10.6	20.1	31.3
60	59.05	60.95								11.5	21.7	33.8
(65)	64.05	65.95									23.3	36.3
70	69.05	70.95									24.9	38.9
(75)	74.05	75.95									26.5	41.4
80	79.05	80.95									28.1	43.9

注：①尽可能不采用括号内的规格。

②阶梯实线间为商品长度规格。

③公称长度在阶梯虚线以上的螺钉，制出全螺纹（b=l-a）。

尺寸代号和标注应符合 GB/T 5276 规定；标记方法按 GB/T 1237 规定。

标记示例：

螺纹规格 d=M5、公称长度 l=20mm、性能等级为 4.8 级、不经表面处理的 A 级开槽沉头螺钉标记为：

螺钉　GB/T 68　M5×20

3. 十字槽盘头螺钉

十字槽盘头螺钉（GB/T 818—2000）的型式如图 3-17 所示，其规格尺寸列于表 3-23。

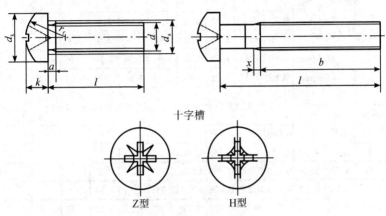

十字槽

Z型　　　　H型

图 3-17　十字槽盘头螺钉

表 3-23　十字槽盘头螺钉的规格尺寸

单位：mm

螺纹规格 d		M1.6	M2	M2.5	M3	(M3.5)	M4	M5	M6	M8	M10
螺距 P		0.35	0.4	0.45	0.5	0.6	0.7	0.8	1	1.25	1.5
a	max	0.7	0.8	0.9	1	1.2	1.4	1.6	2	2.5	3
b	min	25	25	25	25	38	38	38	38	38	38
d_a	max	2	2.6	3.1	3.6	4.1	4.7	5.7	6.8	9.2	11.2
d_k	公称=max	3.2	4.0	5.0	5.6	7.00	8.00	9.50	12.00	16.00	20.00
	min	2.9	3.7	4.7	5.3	6.64	7.64	9.14	11.57	15.57	19.48
k	公称=max	1.30	1.60	2.10	2.40	2.60	3.10	3.70	4.6	6.0	7.50
	min	1.16	1.46	1.96	2.26	2.46	2.92	3.52	4.3	5.7	7.14
r_f	$\approx$	2.5	3.2	4	5	6	6.5	8	10	13	16

螺纹规格 d			M1.6	M2	M2.5	M3	(M3.5)	M4	M5	M6	M8	M10
x		max	0.9	1	1.1	1.25	1.5	1.75	2	2.5	3.2	3.8
	槽号	No.	0		1		2			3		4
十字槽	H型 插入深度	max	0.95	1.2	1.55	1.8	1.9	2.4	2.9	3.6	4.6	5.8
		min	0.70	0.9	1.15	1.4	1.4	1.9	2.4	3.1	4.0	5.2
	Z型 插入深度	max	0.90	1.42	1.50	1.75	1.93	2.34	2.74	3.46	4.50	5.69
		min	0.65	1.17	1.25	1.50	1.48	1.89	2.29	3.03	4.05	5.24

l			每1 000件钢螺钉的质量($\rho=7.85kg/dm^3$)$\approx$kg									
公称	min	max										
3	2.8	3.2	0.099	0.178	0.336							
4	3.76	4.24	0.111	0.196	0.366	0.544						
5	4.76	5.24	0.123	0.215	0.396	0.588	0.891	1.3				
6	5.76	6.24	0.134	0.233	0.426	0.632	0.951	1.38	2.32			
8	7.71	8.29	0.157	0.27	0.486	0.72	1.07	1.53	2.57	4.37		
10	9.71	10.29	0.18	0.307	0.546	0.808	1.19	1.69	2.81	4.72	9.96	
12	11.65	12.35	0.203	0.344	0.606	0.896	1.31	1.84	3.06	5.07	10.6	19.8
(14)	13.65	14.35	0.226	0.381	0.666	0.984	1.43	2	3.31	5.42	11.2	20.8
16	15.65	16.35	0.245	0.418	0.726	1.07	1.55	2.15	3.56	5.78	11.9	21.8
20	19.58	20.42		0.492	0.846	1.25	1.79	2.46	4.05	6.48	13.2	23.8
25	24.58	25.42			0.996	1.47	2.09	2.85	4.67	7.36	14.8	26.3
30	29.58	30.42				1.69	2.39	3.23	5.29	8.24	16.4	28.8
35	34.5	35.5					2.68	3.62	5.91	9.12	18	31.3
40	39.5	40.5						4.01	6.52	10	19.6	33.9
45	44.5	45.5							7.14	10.9	21.2	36.4
50	49.5	50.5								11.8	22.8	38.9
(55)	54.05	55.95								12.6	24.4	41.4
60	59.05	60.95								13.5	26	43.9

注：①括号内的规格尽量不采用。

②表中阶梯实线间为商品长度规格。

③公称长度在阶梯虚线以上的螺钉，制出全螺纹（$b=l-a$）。

螺钉的尺寸代号和标注应符合 GB/T 5276 规定；标记方法按 GB/T 1237 规定。

标记示例：

螺纹规格 $d=M5$、公称长度 $l=20mm$、性能等级为 4.8 级、H 型十字槽、不经表面处理的 A 级十字槽盘头螺钉，其标记为：

螺钉　GB/T 818　M5×20

4. 内六角圆柱头螺钉

内六角圆柱头螺钉（GB/T 70.1—2008）的型式如图 3-18 所示，其规格尺寸列于表 3-24。

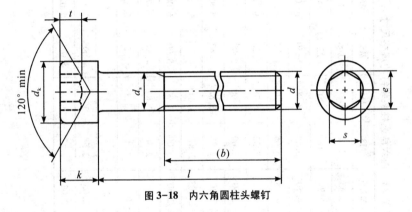

图 3-18　内六角圆柱头螺钉

表3-24 内六角圆柱头螺钉的规格尺寸

螺纹规格 d		M1.6	M2	M2.5	M3	M4	M5	M6	M8	M10	M12
螺距 P^a		0.35	0.4	0.45	0.5	0.7	0.8	1	1.25	1.5	1.75
b^b	参考	15	16	17	18	20	22	24	28	32	36
d_k	max^c	3.00	3.80	4.50	5.50	7.00	8.50	10.00	13.00	16.00	18.00
	max^d	3.14	3.98	4.68	5.68	7.22	8.72	10.22	13.27	16.27	18.27
	min	2.86	3.62	4.32	5.32	6.78	8.28	9.78	12.73	15.73	17.73
d_s	max	1.60	2.00	2.50	3.00	4.00	5.00	6.00	8.00	10.00	12.00
	min	1.46	1.86	2.36	2.86	3.82	4.82	5.82	7.78	9.78	11.73
$e^{e,f}$	min	1.733	1.733	2.303	2.873	3.443	4.583	5.723	6.683	9.149	11.429
k	max	1.60	2.00	2.50	3.00	4.00	5.00	6.00	8.00	10.00	12.00
	min	1.46	1.86	2.36	2.86	3.82	4.82	5.7	7.64	9.64	11.57
r	min	0.1	0.1	0.1	0.1	0.2	0.2	0.25	0.4	0.4	0.6
s^f	公称	1.5	1.5	2	2.5	3	4	5	6	8	10
	max	1.58	1.58	2.08	2.58	3.08	4.095	5.14	6.14	8.175	10.175
	min	1.52	1.52	2.02	2.52	3.02	4.020	5.02	6.02	8.025	10.025

螺纹规格 d	M1.6	M2	M2.5	M3	M4	M5	M6	M8	M10	M12
t	0.7	1	1.1	1.3	2	2.5	3	4	5	6
v	0.16	0.2	0.25	0.3	0.4	0.5	0.6	0.8	1	1.2

l_s 和 l_g

公称	l_g min	l_g max	M1.6 l_s min	M1.6 l_g max	M2 l_s min	M2 l_g max	M2.5 l_s min	M2.5 l_g max	M3 l_s min	M3 l_g max	M4 l_s min	M4 l_g max	M5 l_s min	M5 l_g max	M6	M8	M10	M12
2.5	2.3	2.7																
3	2.8	3.2																
4	3.76	4.24																
5	4.76	5.24																
6	5.76	6.24																
8	7.71	8.29																
10	9.71	10.29																
12	11.65	12.35																
16	15.65	16.35																
20	19.58	20.42			2	4												
25	24.58	25.42					5.75	8	4.5	7								
30	29.58	30.42							9.5	12	6.5	10	4	8				

螺纹规格 d			M1.6		M2		M2.5		M3		M4		M5		M6		M8		M10		M12	
	l_g		l_s 和 l_g																			
公称	min	max	l_s min	l_g max	l_s min	l_g max	l_s min	l_g max	l_s min	l_g max	l_s min	l_g max	l_s min	l_g max	l_s min	l_g max	l_s min	l_g max	l_s min	l_g max	l_s min	l_g max
35	34.5	35.5									11.5	15	9	13	6	11						
40	39.5	40.5									16.5	20	14	18	11	16	5.75	12				
45	44.5	45.5											19	23	16	21	10.75	17	5.5	13		
50	49.5	50.5											24	28	21	26	15.79	22	10.5	18		
55	54.4	55.6													26	31	20.79	27	15.5	23	10.25	19
60	59.4	60.6													31	36	25.79	32	20.5	28	15.25	24
65	64.4	65.6															30.75	37	25.5	33	20.25	29
70	69.4	70.6															35.75	42	30.5	38	25.25	34
80	79.4	80.6															45.75	52	40.5	48	35.25	44
90	89.3	90.7																	50.5	58	45.25	54
100	99.3	100.7																	60.5	68	55.25	64
110	109.3	110.7																			65.25	74
120	119.3	120.7																			75.25	84
130	129.2	130.8																				
140	139.2	140.8																				
150	149.2	150.8																				

螺纹规格 d			M1.6		M2		M2.5		M3		M4		M5		M6		M8		M10		M12	
l^g			l_s 和 l_g																			
公称	min	max	l_s min	l_g max	l_s min	l_g max	l_s min	l_g max	l_s min	l_g max	l_s min	l_g max	l_s min	l_g max	l_s min	l_g max	l_s min	l_g max	l_s min	l_g max	l_s min	l_g max
160	159.2	160.8																				
180	179.2	180.8																				
200	199.075	200.925																				
220	219.075	220.925																				
240	239.075	240.925																				
260	258.95	261.05																				
280	278.95	281.05																				
300	298.95	301.05																				

螺纹规格 d		(M14)[h]	M16	M20	M24	M30	M36	M42	M48	M56	M64
P^n	参考	2	2	2.5	3	3.5	4	4.5	5	5.5	6
b^b		40	44	52	60	72	84	96	108	124	140
d_k	max[e]	21.00	24.00	30.00	36.00	45.00	54.00	63.00	72.00	84.00	96.00
	max[d]	21.33	24.33	30.33	36.39	45.39	54.46	63.46	72.46	84.54	96.54
	min	20.67	23.67	29.67	35.61	44.61	53.54	62.54	71.54	83.46	95.46
d_s	max	14.00	16.00	20.00	24.00	30.00	36.00	42.00	48.00	56.00	64.00
	min	13.73	15.73	19.67	23.67	29.67	35.61	41.61	47.61	55.54	63.54

续表

螺纹规格 d		(M14)[h]	M16	M20	M24	M30	M36	M42	M48	M56	M64
$e^{e,f}$	min	13.716	15.996	19.437	21.734	25.154	30.854	36.571	41.131	46.831	52.531
k	max	14.00	16.00	20.00	24.00	30.00	36.00	42.00	48.00	56.00	64.00
	min	13.57	15.57	19.48	23.48	29.48	35.38	41.38	47.38	55.26	63.26
r	min	0.6	0.6	0.8	0.8	1	1	1.2	1.6	2	2
s	公称	12	14	17	19	22	27	32	36	41	46
	max	12.212	14.212	17.23	19.275	22.275	27.275	32.33	36.33	41.33	46.23
	min	12.032	14.032	17.05	19.065	22.065	27.065	32.08	36.08	41.08	46.08
t	min	7	8	10	12	15.5	19	24	28	34	38

l_s 和 l_g

l^g		l_s	l_g	l_s	l_g	l_s	l_g	l_s	l_g	l_s	l_g	l_s	l_g	l_s	l_g	l_s	l_g	l_s	l_g	l_s	l_g
公称	min	max	min	max	min	max	min	max	min	max	min	max	min	max	min	max	min	max	min	max	
2.5	2.3	2.7																			
3	2.8	3.2																			
4	3.76	4.24																			
5	4.76	5.24																			

· 696 ·

公称	螺纹规格 d l^g		(M14)[h] l_s 和 l_g		M16		M20		M24		M30		M36		M42		M48		M56		M64	
	min	max	l_s min	l_g max	l_s min	l_g max	l_s min	l_g max	l_s min	l_g max	l_s min	l_g max	l_s min	l_g max	l_s min	l_g max	l_s min	l_g max	l_s min	l_g max	l_s min	l_g max
6	5.76	6.24																				
8	7.71	8.29																				
10	9.71	10.29																				
12	11.65	12.35																				
16	15.65	16.35																				
20	19.58	20.42																				
25	24.58	25.42																				
30	29.58	30.42																				
35	34.5	35.5																				
40	39.5	40.5																				
45	44.5	45.5																				
50	49.5	50.5																				
55	54.4	55.6																				
60	59.4	60.6	10	20																		

公称	l^g min	l^g max	(M14)ᵇ l_s min	(M14)ᵇ l_g max	M16 l_s min	M16 l_g max	M20 l_s min	M20 l_g max	M24 l_s min	M24 l_g max	M30 l_s min	M30 l_g max	M36 l_s min	M36 l_g max	M42 l_s min	M42 l_g max	M48 l_s min	M48 l_g max	M56 l_s min	M56 l_g max	M64 l_s min	M64 l_g max
65	64.4	65.6	15	25	11	21																
70	69.4	70.6	20	30	16	26																
80	79.4	80.6	30	40	26	36	15.5	28														
90	89.3	90.7	40	50	36	46	25.5	38	15	30												
100	99.3	100.7	50	60	46	56	35.5	48	25	40												
110	109.3	110.7	60	70	56	66	45.5	58	35	50	20.5	38										
120	119.3	120.7	70	80	66	76	55.5	68	45	60	30.5	48	16	36								
130	129.2	130.8	80	90	76	86	65.5	78	55	70	40.5	58	26	46	21.5	44						
140	139.2	140.8	90	100	86	96	75.5	88	65	80	50.5	68	36	56	31.5	54						
150	149.2	150.8			96	106	85.5	98	75	90	60.5	78	46	66	41.5	64						
160	159.2	160.8			106	116	95.5	108	85	100	70.5	88	56	76	61.5	84	27	52				
180	179.2	180.8					115.5	128	105	120	90.5	108	76	96	81.5	104	47	72	28.5	55		
200	199.075	200.925					135.5	148	125	140	110.5	128	96	116	101.5	124	67	92	48.5	76	30	60
220	219.075	220.925													121.5	155	87	112	68.5	96	50	80
240	239.075	240.925															107	132	88.5	116	70	100

螺纹规格 d			(M14)[h]		M16		M20		M24		M30		M36		M42		M48		M56		M64	
	l_g		l_s 和 l_g																				
公称	min	max	l_s min	l_g max	l_s min	l_g max	l_s min	l_g max	l_s min	l_g max	l_s min	l_g max	l_s min	l_g max	l_s min	l_g max	l_s min	l_g max	l_s min	l_g max	l_s min	l_g max
260	258.95	261.05													141.5	164	127	152	108.5	136	90	120
280	278.95	281.05													161.5	184	147	172	128.5	156	110	140
300	298.95	301.05													181.5	204	167	192	148.5	176	130	160

a P——螺距。

b 用于在组阶梯线之间的长度。

c 对光滑头部。

d 对滚花头部。

e $e_{min} = 1.14 s_{min}$。

f 内六角组合量规尺寸见 GB/T 70.5。

g 粗阶梯线间为商品长度规格。阴部部分长度规格，螺纹制到距头部 3P 以内；阴影以下的长度，l_s 和 l_g 值按下式计算：

$$l_{g\,max} = l_{公称} - b;$$

$$l_{s\,min} = l_{g\,max} - 5P_o$$

h 尽可能不采用括号内的规格。

标记方法：

标记方法按 GB/T 1237 规定。

标记示例：

螺纹规格 d＝M5、公称长度 l＝20 mm、性能等级为 8.8 级、表面氧化的 A 级内六角圆柱头螺钉的标记：

螺钉 GB/T 70.1 M5×20

5. 内六角平圆头螺钉

内六角平圆螺钉（GB/T 70.2—2008）的型式如图 3-19 所示，其规格尺寸列于表 3-25。

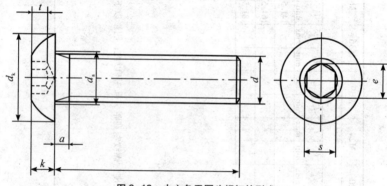

图 3-19 内六角平圆头螺钉的型式

注：对切制内六角，当尺寸达到最大极限时，由于钻孔造成的过切不应超过内六角任何一面长度（$c/2$）的 1/3。

a 内六角口部允许稍许倒圆或沉孔。

b 末端倒角，d≤M4 的为辗制末端，见 GB/T 2。

c 不完整螺纹的长度 u≤2P。

表 3-25 内六角平圆头螺钉的规格尺寸 单位：mm

螺纹规格 d		M3	M4	M5	M6	M8	M10	M12	M16
P^a		0.5	0.7	0.8	1	1.25	1.5	1.75	2
a	max	1.0	1.4	1.6	2	2.50	3.0	3.50	4
	min	0.5	0.7	0.8	1	1.25	1.5	1.75	2
d_a	max	3.6	4.7	5.7	6.8	9.2	11.2	14.2	18.2

螺纹规格 d		M3	M4	M5	M6	M8	M10	M12	M16
d_k	max	5.7	7.60	9.50	10.50	14.00	17.50	21.00	28.00
	min	5.4	7.24	9.14	10.07	13.57	17.07	20.48	27.48
$e^{b,c}$	min	2.303	2.873	3.443	4.583	5.723	6.863	9.149	11.429
k	max	1.65	2.20	2.75	3.3	4.4	5.5	6.60	8.80
	min	1.40	1.95	2.50	3.0	4.1	5.2	6.24	8.44
s^c	公称	2	2.5	3	4	5	6	8	10
	max	2.080	2.58	3.080	4.095	5.140	6.140	8.175	10.175
	min	2.020	2.52	3.020	4.020	5.020	6.020	8.025	10.025
t	min	1.04	1.3	1.56	2.08	2.6	3.12	4.16	5.2

l^d									
公称	min	max							
6	5.76	6.24							
8	7.71	8.29							
10	9.71	10.29	商品						
12	11.65	12.35							
16	15.65	16.35		长度					
20	19.58	20.42							
25	24.58	25.42				范围			
30	29.58	30.42							
35	34.5	35.5							
40	39.5	40.5							
45	44.5	45.5							
50	49.5	50.5							

[a]　P——螺距。

[b]　$e_{min} = 1.15 s_{min}$。

[c]　内六角组合量规尺寸见 GB/T 70.5。

[d]　公称长度在下阶梯实线以下的螺钉,其螺纹长度:最小为 $2d+12$ mm;最大为距螺钉头部 $2P$ 以内,由制造者确定。阶梯实线间的公称长度按 GB/T 3106 确定。

标记方法：

标记方法按 GB/T 1237 规定。

标记实例：

螺纹规格 $d=$ M12、公称长度 $l=40$ mm、性能等级为 12.9 级、表面氧化的 A 级内六角平圆头螺钉的标记：

螺钉　GB/T 70.2　M12×40

6. 内六角沉头螺钉

内六角沉头螺钉（GB/T 70.3—2008）的型式如图 3-20，其规格尺寸列于表 3-26。

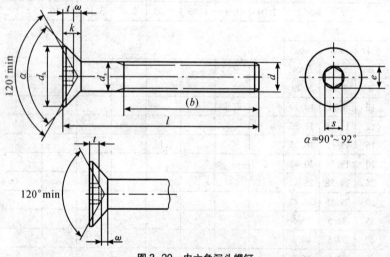

$\alpha = 90° \sim 92°$

图 3-20　内六角沉头螺钉

标记方法按 GB/T 1237 规定。

标记示例：

螺纹规格 $d=$ M12、公称长度 $l=40$ mm、性能等级为 8.8 级、表面氧化的 A 级内六角沉头螺钉的标记：

螺钉　GB/T 70.3　M12×40

7. 内六角平端紧定螺钉

内六角平端紧定螺钉（GB/T 77—2007）的型式如图 3-21，其尺寸规格列于表 3-27。

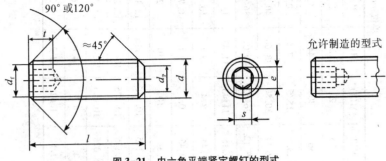

图 3-21 内六角平端紧定螺钉的型式

标记方法按 GB/T 1237 规定。

标记示例：

螺纹规格为 M6、公称长度 $l=12mm$、性能等级为 45H、表面氧化处理的 A 级内六角平端紧定螺钉的标记：

螺钉 GB/T 77 M6×12

8. 内六角锥端紧定螺钉

内六角锥端紧定螺钉（GB/T 78—2007）的型式如图 3-22 所示，其尺寸规格列于表 3-28。

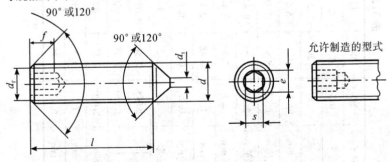

图 3-22 内六角锥端紧定螺钉

单位: mm

表3-26 内六角沉头螺钉的规格尺寸

螺纹规格 d		M3	M4	M5	M6	M8	M10	M12	(M14)[a]	M16	M20
P^b		0.5	0.7	0.8	1	1.25	1.5	1.75	2	2	2.5
$b_{参考}$		18	20	22	24	28	32	36	40	44	52
d_s max		3.3	4.4	5.5	6.6	8.54	10.62	13.5	15.5	17.5	22
d_k	理论值 max	6.72	8.96	11.20	13.44	17.92	22.40	26.88	30.80	33.60	40.32
	实际值 min	5.54	7.53	9.43	11.34	15.24	19.22	23.12	26.52	29.01	36.05
e^c min		2.3	2.87	3.44	4.58	5.72	6.86	9.15	11.43	11.43	13.72
k max		1.86	2.48	3.1	3.72	4.96	6.2	7.44	8.4	8.8	10.16
F^d max		0.25	0.25	0.3	0.35	0.4	0.4	0.45	0.5	0.6	0.75
s^e	公称	2	2.5	3	4	5	6	8	10	10	12
	max f	2.045	2.56	3.071	4.084	5.084	6.095	8.115	10.115	10.115	12.142
	max g	2.060	2.58	3.080	4.095	5.140	6.140	8.175	10.175	10.175	12.212
	min	2.020	2.52	3.020	4.020	5.020	6.020	8.025	10.025	10.025	12.032
t min		1.1	1.5	1.9	2.7	3	3.6	4.3	4.5	4.8	5.6
w min		0.25	0.45	0.66	0.7	1.16	1.62	1.8	1.62	2.2	2.2

螺纹规格 d			M3		M4		M5		M6		M8		M10		M12		(M14)[a]		M16		M20	
	$l^{\text{h,i}}$		l_s 和 l_g																			
公称	min	max	l_s min	l_g max	l_s min	l_g max	l_s min	l_g max	l_s min	l_g max	l_s min	l_g max	l_s min	l_g max	l_s min	l_g max	l_s min	l_g max	l_s min	l_g max	l_s min	l_g max
8	7.71	8.29																				
10	9.71	10.29																				
12	11.65	12.35																				
16	15.65	16.35																				
20	19.58	20.42																				
25	24.58	25.42	9.5	12	6.5	10																
30	29.58	30.42			11.5	15	9	13														
35	34.5	35.5			16.5	20	14	18	11	16												
40	39.5	40.5					19	23	16	21												
45	44.5	45.5					24	28	21	26	15.75	22										
50	49.5	50.5							26	31	20.75	27	15.5	23								
55	54.5	55.6							31	36	25.75	32	20.5	28								
60	59.4	60.6									30.75	37	25.5	33	20.25	29						
65	64.4	65.6																				

螺纹规格 d 公称	min	max	M3 l_s min	M3 l_g max	M4 l_s min	M4 l_g max	M5 l_s min	M5 l_g max	M6 l_s min	M6 l_g max	M8 l_s min	M8 l_g max	M10 l_s min	M10 l_g max	M12 l_s min	M12 l_g max	(M14)[a] l_s min	(M14)[a] l_g max	M16 l_s min	M16 l_g max	M20 l_s min	M20 l_g max
70	69.4	70.6									35.75	42	30.5	38	25.25	34	20	30				
80	79.4	80.6									45.75	52	40.5	48	35.25	44	30	40	26	36		
90	89.3	90.7											50.5	58	45.25	54	40	50	36	46		
100	99.3	100.7											60.5	68	55.25	64	50	60	46	56	35.5	48

a 尽可能不采用括号内的规格。

b P——螺距。

c $e_{\min} \le 1.14 s_{\min}$。

d F 是头部的沉头公差，置规的 F 尺寸公差为 $^{0}_{-0.01}$。

e s 应用综合测量方法进行检验。

f 用于 12.9 级。

g 用于其他性能等级。

h 虚线以上的长度，螺纹制到头距头部 $3P$ 以内，虚线以下的长度，l_g 和 l_s 按下式计算：

$l_{g\max} = l_{公称} - b$；

$l_{s\min} = l_{g\max} - 5P$。

i 阶梯实线之间为商品长度规格。

表3-27 内六角平端紧定螺钉的尺寸规格

单位：mm

螺纹规格 d		M1.6	M2	M2.5	M3	M4	M5	M6	M8	M10	M12	M16	M20	M24
P^a		0.35	0.4	0.45	0.5	0.7	0.8	1	1.25	1.5	1.75	2	2.5	3
d_p	max	0.80	1.00	1.50	2.00	2.50	3.50	4.00	5.50	7.00	8.50	12.0	15.0	18.0
	min	0.55	0.75	1.25	1.75	2.25	3.20	3.70	5.20	6.64	8.14	11.57	14.57	17.57
d_f	min						≈螺纹小径							
$e^{b,c}$	min	0.809	1.001	1.454	1.733	2.303	2.873	3.443	4.583	5.723	6.863	9.149	11.429	13.716
s^e	公称	0.7	0.9	1.3	1.5	2	2.5	3	4	5	6	8	10	12
	max	0.724	0.913	1.300	1.58	2.08	2.58	3.08	4.095	5.14	6.14	8.175	10.175	12.212
	min	0.710	0.887	1.275	1.52	2.02	2.52	3.02	4.02	5.02	6.02	8.025	10.025	12.032
t	min^d	0.7	0.8	1.2	1.2	1.5	2	2	3	4	4.8	6.4	8	10
	min^e	1.5	1.7	2	2	2.5	3	3.5	5	6	8	10	12	15

每1000件螺钉的质量（$\rho=7.85$kg/dm³）≈kg

l			M1.6	M2	M2.5	M3	M4	M5	M6	M8	M10	M12
公称	min	max										
2	1.8	2.2	0.021	0.029								
2.5	2.3	2.7	0.025	0.037	0.063							
3	2.8	3.2	0.029	0.044	0.075	0.1						
4	3.76	4.24	0.037	0.059	0.1	0.14	0.22					
5	4.76	5.24	0.046	0.074	0.125	0.18	0.3	0.44				
6	5.76	6.24	0.054	0.089	0.15	0.22	0.38	0.56	0.76			
8	7.71	8.29	0.07	0.119	0.199	0.3	0.54	0.8	1.11	1.89		
10	9.71	10.29		0.148	0.249	0.38	0.7	1.04	1.46	2.52	3.78	
12	11.65	12.35			0.299	0.46	0.86	1.28	1.81	3.15	4.78	6.8

螺纹规格 d			M1.6	M2	M2.5	M3	M4	M5	M6	M8	M10	M12	M16	M22	M24
	l		每1000件钢螺钉的质量 (p=7.85kg/dm^3) ≈kg												
公称	min	max													
16	15.65	16.35				0.62	1.18	1.76	2.51	4.41	6.78	9.6	16.3		
20	19.58	20.42					1.49	2.24	3.21	5.67	8.76	12.4	21.5	32.3	
25	24.58	25.42						2.84	4.09	7.25	11.2	15.9	28	42.6	57
30	29.58	30.42							4.97	8.82	13.7	19.4	34.6	52.9	72
35	34.5	35.5								10.4	16.2	22.9	41.4	63.2	87
40	39.5	40.5								12	18.7	26.4	47.7	73.5	102
45	44.5	45.5									21.2	29.9	54.2	83.8	117
50	49.5	50.5									23.7	33.4	60.7	94.1	132
55	54.5	55.6										36.8	67.3	104	147
60	59.4	60.6										40.3	73.7	115	162

注: 阶梯实线同为商品长度规格。

a P——螺距。

b e_{min}=1.14s_{min}。

c 内六角尺寸 e 和 s 的综合测量见 ISO 23429: 2004。

d 适用于公称长度处于阴影部分的螺钉。

e 适用于公称长度在阴影部分以下的螺钉。

表 3-28 内六角锥端紧定螺钉的尺寸规格

单位：mm

螺纹规格 d		M1.6	M2	M2.5	M3	M4	M5	M6	M8	M10	M12	M16	M20	M24
P^a		0.35	0.4	0.45	0.5	0.7	0.8	1	1.25	1.5	1.75	2	2.5	3
d_t	max	0.4	0.5	0.65	0.75	1	1.25	1.5	2	2.5	3	4	5	6
d_f	min	≈螺纹小径												
$e^{b,c}$	min	0.809	1.011	1.454	1.733	2.303	2.873	3.443	4.583	5.723	6.863	9.149	11.429	13.716
s^e	公称	0.7	0.9	1.3	1.5	2	2.5	3	4	5	6	8	10	12
	max	0.724	0.913	1.300	1.58	2.08	2.58	3.08	4.095	5.14	6.14	8.175	10.175	12.212
	min	0.710	0.887	1.275	1.52	2.02	2.52	3.02	4.02	5.02	6.02	8.025	10.025	12.032
f	min^d	0.7	0.8	1.2	1.2	1.5	2	2	3	4	4.8	6.4	8	10
	min^e	1.5	1.7	2	2	2.5	3	3.5	5	6	8	10	12	15

每 1000 件钢螺钉的质量（$\rho=7.85\mathrm{kg/dm^3}$）≈kg

l			M1.6	M2	M2.5	M3	M4	M5	M6	M8	M10	M12	M16	M20	M24
公称	min	max													
2	1.8	2.2	0.021	0.029											
2.5	2.3	2.7	0.025	0.037	0.063										
3	2.8	3.2	0.029	0.044	0.075	0.09									
4	3.76	4.24	0.037	0.059	0.1	0.13	0.18								
5	4.76	5.24	0.046	0.074	0.125	0.17	0.26	0.37							
6	5.76	6.24	0.054	0.089	0.15	0.21	0.34	0.49	0.69						
8	7.71	8.29	0.07	0.119	0.199	0.29	0.5	0.73	1.04	1.72					
10	9.71	10.29		0.148	0.249	0.37	0.66	0.97	1.39	2.35	3.41				

螺纹规格 d	l min	l max	每1000件钢螺钉的质量（ρ=7.85kg/dm³）≈kg												
公称			M1.6	M2	M2.5	M3	M4	M5	M6	M8	M10	M12	M16	M22	M24
12	11.65	12.35			0.299	0.45	0.82	1.21	1.74	2.98	4.42	6.1			
16	15.65	16.35				0.61	1.14	1.69	2.44	4.24	6.43	8.9	14.9		
20	19.58	20.42					1.46	2.17	3.14	5.5	8.44	11.7	20.1	30.4	
25	24.58	25.42						2.77	4.02	7.08	10.9	15.3	26.6	40.7	54.2
30	29.58	30.42							4.89	8.65	13.5	18.8	33.1	51	68.7
35	34.5	35.5								10.2	16	22.3	39.6	61.3	83.2
40	39.5	40.5								11.8	18.5	25.8	46.1	71.6	97.7
45	44.5	45.5									21	29.3	52.6	81.9	112
50	49.5	50.5									23.5	32.8	59.1	92.2	127
55	54.5	55.6										36.3	65.6	103	141
60	59.4	60.6										39.8	72.2	113	156

注：阶梯实线同为商品长度规格。

a P——螺距。

b $e_{min} = 1.14 s_{min}$。

c 内六角尺寸 e 和 s 的综合测量见 ISO 23429：2004。

d 适用于公称长度处于阴影部分的螺钉。

e 适用于公称长度在阴影部分以下的螺钉。

标记方法按 GB/T 1237 规定。

标记示例：

螺纹规格为 M6、公称长度 $l=12$ mm、性能等级为 45H、表面氧化处理的 A 级内六角锥端紧定螺钉的标记：

螺钉 GB/T 78 M6×12

9. 内六角圆柱端紧定螺钉

内六角圆柱端紧定螺钉（GB/T 79—2007）的型式如图 3-23，其规格尺寸列于表 3-29。

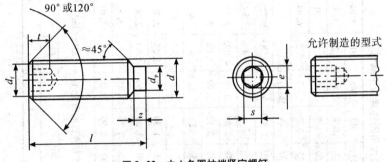

图 3-23 内六角圆柱端紧定螺钉

表 3-29　内六角圆柱端紧定螺钉

单位：mm

螺纹规格 d			M1.6	M2	M2.5	M3	M4	M5	M6	M8	M10	M12	M16	M20	M24
P^a			0.35	0.4	0.45	0.5	0.7	0.8	1	1.25	1.5	1.75	2	2.5	3
d_p		max	0.80	1.00	1.50	2.00	2.50	3.5	4.0	5.5	7.0	8.5	12.0	15.0	18.0
		min	0.55	0.75	1.25	1.75	2.25	3.2	3.7	5.2	6.64	8.14	11.57	14.57	17.57
d_f		min	≈螺纹小径												
$e^{b,c}$		min	0.809	1.011	1.454	1.733	2.303	2.873	3.443	4.583	5.723	6.863	9.149	11.429	13.716
s^e		公称	0.7	0.9	1.3	1.5	2	2.5	3	4	5	6	8	10	12
		max	0.724	0.913	1.300	1.58	2.08	2.58	3.08	4.095	5.14	6.14	8.175	10.175	12.212
		min	0.710	0.887	1.275	1.52	2.02	2.52	3.02	4.02	5.02	6.02	8.025	10.025	12.032
t		min^d	0.7	0.8	1.2	1.2	1.5	2	2	3	4	4.8	6.4	8	10
		min^e	1.5	1.7	2	2	2.5	3	3.5	5	6	8	10	12	15
z	短圆柱端^d	max	0.65	0.75	0.88	1.00	1.25	1.50	1.75	2.25	2.75	3.25	4.3	5.3	6.3
		min	0.40	0.50	0.63	0.75	1.00	1.25	1.50	2.00	2.50	3.0	4.0	5.0	6.0
	长圆柱端^d	max	1.05	1.25	1.50	1.75	2.25	2.75	3.25	4.3	5.3	6.3	8.36	10.36	12.43
		min	0.80	1.00	1.25	1.50	2.00	2.50	3.0	4.0	5.0	6.0	8.0	10.0	12.0

每 1000 件钢螺钉的质量（ρ=7.85kg/dm³）≈kg

l															
公称	min	max													
2	1.8	2.2	0.024												
2.5	2.3	2.7	0.028	0.046											

| 螺纹规格 d | | | 每 1000 件钢螺钉的质量（$p = 7.85\text{kg/dm}^3$）$\approx$ kg | | | | | | | | | | | | |
公称	min	max	M1.6	M2	M2.5	M3	M4	M5	M6	M8	M10	M12	M16	M22	M24
3	2.8	3.2	0.029	0.053	0.085										
4	3.76	4.24	0.037	0.059	0.11	0.12									
5	4.76	5.24	0.046	0.074	0.125	0.161	0.239								
6	5.76	6.24	0.054	0.089	0.15	0186	0.319	0.528							
8	7.71	8.29	0.07	0.119	0.199	0.266	0.442	0.708	1.07	1.68					
10	9.71	10.29		0.148	0.249	0.346	0.602	0.948	1.29	2.31	3.6				
12	11.65	12.35			0.299	0.427	0.763	1.19	1.63	2.68	4.78	6.06			
16	15.65	16.35				0.586	1.08	1.67	2.31	3.94	6.05	8.94	15		
20	19.58	20.42					1.4	2.15	2.99	5.2	8.02	11	20.3	28.3	
25	24.58	25.42						2.75	3.84	6.78	10.5	14.6	25.1	38.6	55.4
30	29.58	30.42							4.69	8.35	13	18.2	31.7	45.5	69.9
35	34.5	35.5								9.93	15.5	21.8	38.3	55.8	78.4
40	39.5	40.5								11.5	18	25.4	44.9	66.1	92.9
45	44.5	45.5									20.5	29	51.5	76.4	107
50	49.5	50.5									23	32.6	58.1	86.7	122
55	54.5	55.6										36.2	64.7	97	136

螺纹规格 d		M1.6	M2	M2.5	M3	M4	M5	M6	M8	M10	M12	M16	M22	M24
l	min	59.4												
公称	max	60.6												
60		每1000件钢螺钉的质量 ($\rho = 7.85\mathrm{kg/dm^3}$) $\approx$kg										39.8	71.3	107	151

注: 阶梯实线同为商品长度规格。

a P——螺距。

b $e_{min} = 1.14 s_{min}$。

c 内六角尺寸 e 和 s 的综合测量见 ISO 23429: 2004。

d 适用于公称长度处于阴影部分的螺钉。

e 适用于公称长度在阴影部分以下的螺钉。

标记方法按 GB/T 1237 规定。

标记示例:

螺纹规格为 M6、公称长度 $l = 12\ \mathrm{mm}$、性能等级 45H、表面氧化处理的 A 级内六角圆柱端紧定螺钉的标

记:

螺钉 GB/T 79 M6×12

10. 开槽锥端紧定螺钉

开槽锥端紧定螺钉（GB/T 71—1985）的型式如图 3-24 所示，其规格尺寸列于表 3-30。

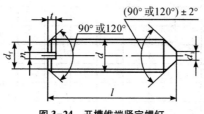

图 3-24　开槽锥端紧定螺钉

表 3-30　开槽锥端紧定螺钉的尺寸规格　　　　单位：mm

螺纹规格 d		M1.2	M1.6	M2	M2.5	M3	M4	M5	M6	M8	M10	M12
螺距 P		0.25	0.35	0.4	0.45	0.5	0.7	0.8	1	1.25	1.5	1.75
d_f		≈ 螺 纹 小 径										
d_t	min	—	—	—	—	—	—	—	—	—	—	—
	max	0.12	0.16	0.2	0.25	0.3	0.4	0.5	1.5	2	2.5	3
n	公称	0.2	0.25	0.25	0.4	0.4	0.6	0.8	1	1.2	1.6	2
	min	0.26	0.31	0.31	0.46	0.46	0.66	0.86	1.06	1.26	1.66	2.06
	max	0.4	0.45	0.45	0.6	0.6	0.8	1	1.2	1.51	1.91	2.31
t	min	0.4	0.56	0.64	0.72	0.8	1.12	1.28	1.6	2	2.4	2.8
	max	0.52	0.74	0.84	0.95	1.05	1.42	1.63	2	2.5	3	3.6

l													
公称	min	max											
2	1.8	2.2											
2.5	2.3	2.7											
3	2.8	3.2											
4	3.7	4.3											
5	4.7	5.3	商品										
6	5.7	6.3											

螺纹规格 d			M1.2	M1.6	M2	M2.5	M3	M4	M5	M6	M8	M10	M12
l													
公称	min	max											
8	7.7	8.3											
10	9.7	10.3					规格						
12	11.6	12.4											
(14)	13.6	14.4											
16	15.6	16.4								范围			
20	19.6	20.4											
25	24.6	25.4											
30	29.6	30.4											
35	34.5	35.5											
40	39.5	40.5											
45	44.5	45.5											
50	49.5	50.5											
(55)	54.4	55.6											
60	59.4	60.6											

注：①尽可能不采用括号内的规格。

②公称长度在表中虚线以上的短螺钉制成 120°。

③公称长度在表中虚线以下的长螺钉制成 90°，虚线以上的短螺钉应制成 120°。90°或 120°仅适用螺纹小径以内的末端部分。

④<M5 的螺钉不要求锥端有平面部分（d_1），可以倒圆。

标记示例：

螺纹规格 d=M5、公称长度 l=12mm、性能等级为 14H 级、表面氧化的 A 级开槽锥端紧定螺钉标记为：

螺钉　GB 71　M5×20

11. 开槽平端紧定螺钉

开槽平端紧定螺钉（GB/T 73—1985）的型式如图 3-25 所示，其规格尺寸列于表 3-31。

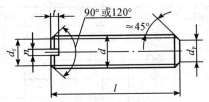

图 3-25 开槽平端紧定螺钉

表 3-31 开槽平端紧定螺钉的尺寸规格 　　单位：mm

螺纹规格 d		M1.2	M1.6	M2	M2.5	M3	M4	M5	M6	M8	M10	M12
螺距 P		0.25	0.35	0.4	0.45	0.5	0.7	0.8	1	1.25	1.5	1.75
d_f	max				螺	纹	小	径				
d_p	min	0.35	0.55	0.75	1.25	1.75	2.25	3.2	3.7	5.2	6.64	8.14
	max	0.6	0.8	1	1.5	2	2.5	3.5	4	5.5	7	8.5
n	公称	0.2	0.25	0.25	0.4	0.4	0.6	0.8	1	1.2	1.6	2
	min	0.26	0.31	0.31	0.46	0.46	0.66	0.86	1.06	1.26	1.66	2.06
	max	0.4	0.45	0.45	0.6	0.6	0.8	1	1.2	1.51	1.91	2.8
t	min	0.4	0.56	0.64	0.72	0.8	1.12	1.28	1.6	2	2.4	2.8
	max	0.52	0.74	0.84	0.95	1.05	1.42	1.63	2	2.5	3	3.6

l														
公称	min	max												
2	1.8	2.2												
2.5	2.3	2.7												
3	2.8	3.2												
4	3.7	4.3												
5	4.7	5.3			商品									
6	5.7	6.3												
8	7.7	8.3												
10	9.7	10.3			规格									
12	11.6	12.4												
(14)	13.6	14.4												
16	15.6	16.4					范围							
20	19.6	20.4												

螺纹规格 d			M1.2	M1.6	M2	M2.5	M3	M4	M5	M6	M8	M10	M12
	l												
公称	min	max											
25	24.6	25.4											
30	29.6	30.4											
35	34.5	35.5											
40	39.5	40.5											
45	44.5	45.5											
50	49.5	50.5											
(55)	54.4	55.6											
60	59.4	60.6											

注：①尽可能不采用括号内的规格。

②公称长度在表中虚线以上的短螺钉制成120°。

③图中45°仅适用于螺纹小径以内的末端部分。

标记示例：

螺纹规格 d=M5、公称长度 l=12mm、性能等级为 14H 级、表面氧化的开槽平端紧定螺钉标记为：

螺钉　GB/T 73　M5×12

12. 开槽凹端紧定螺钉

开槽凹端紧定螺钉（GB/T 74—1985）的型式如图 3-26 所示，其规格尺寸列于表 3-32。

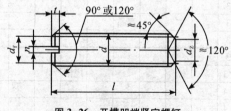

图 3-26　开槽凹端紧定螺钉

表 3-32　开槽凹端紧定螺钉的尺寸规格　　　　单位：mm

螺纹规格 d		M1.6	M2	M2.5	M3	M4	M5	M6	M8	M10	M12
螺距 P		0.35	0.4	0.45	0.5	0.7	0.8	1	1.25	1.5	1.75
d_f	$\approx$				螺	纹	小	径			
d_z	min	0.55	0.75	0.95	1.15	1.75	2.25	2.75	4.7	5.7	7.7
	max	0.8	1	1.2	1.4	2	2.5	3	5	6	8
n	公称	0.25	0.25	0.4	0.4	0.6	0.8	1	1.2	1.6	2
	min	0.31	0.31	0.46	0.46	0.66	0.86	1.06	1.26	1.66	2.06
	max	0.45	0.45	0.6	0.6	0.8	1	1.2	1.51	1.91	2.31
t	min	0.56	0.64	0.72	0.8	1.12	1.28	1.6	2	2.4	2.8
	max	0.74	0.84	0.95	1.05	1.42	1.63	2	2.5	3	3.6

l												
公称	min	max										
2	1.8	2.2										
2.5	2.3	2.7										
3	2.8	3.2										
4	3.7	4.3										
5	4.7	5.3			商品							
6	5.7	6.3										
8	7.7	8.3										
10	9.7	10.3				规格						
12	11.6	12.4										
(14)	13.6	14.4										
16	15.6	16.4					范围					
20	19.6	20.4										
25	24.6	25.4										
30	29.6	30.4										
35	34.5	35.5										
40	39.5	40.5										
45	44.5	45.5										
50	49.5	50.5										
(55)	54.4	55.6										
60	59.4	60.6										

注：①尽可能不采用括号内的规格。

②图中 45° 仅适用于螺纹小径以内的末端部分。

③图中 90° 或 120°：公称长度在表中虚线以上的短螺钉应制成 120°。

标记示例：

螺纹规格 d＝M5、公称长度 l＝12mm、性能等级为 14H 级、表面氧化的开槽凹端紧定螺钉标记为：

螺钉　GB/T 74　M5×12

13. 开槽长柱端紧定螺钉

开槽长柱端紧定螺钉（GB/T 75—1985）的型式如图 3-27 所示，其尺寸规格列于表 3-33。

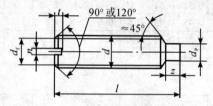

图 3-27　开槽长柱端紧定螺钉

表 3-33　开槽长柱端紧定螺钉的尺寸规格　　单位：mm

螺纹规格 d		M1.6	M2	M2.5	M3	M4	M5	M6	M8	M10	M12
螺距 P		0.35	0.4	0.45	0.5	0.7	0.8	1	1.25	1.5	1.75
d_f	≈				螺　纹　小　径						
d_p	min	0.55	0.75	1.25	1.75	2.25	3.2	3.7	5.2	6.64	8.14
	max	0.8	1	1.5	2	2.5	3.5	4	5.5	7	8.5
n	公称	0.25	0.25	0.4	0.4	0.6	0.8	1	1.2	1.6	2
	min	0.31	0.31	0.46	0.46	0.66	0.86	1.06	1.26	1.66	2.02
	max	0.45	0.45	0.6	0.6	0.8	1	1.2	1.51	1.91	2.31
t	min	0.56	0.64	0.72	0.8	1.12	1.28	1.6	2	2.4	2.8
	max	0.74	0.84	0.95	1.05	1.42	1.63	2	2.5	3	3.6
z	min	0.8	1	1.25	1.5	2	2.5	3	4	5	6
	max	1.05	1.25	1.5	1.75	2.25	2.75	3.25	4.3	5.3	6.3

l		
公称	min	max
2	1.8	2.2
2.5	2.3	2.7
3	2.8	3.2

螺纹规格 d			M1.6	M2	M2.5	M3	M4	M5	M6	M8	M10	M12
	l											
公称	min	max										
4	3.7	4.3										
5	4.7	5.3										
6	5.7	6.3			商品							
8	7.7	8.3										
10	9.7	10.3										
12	11.6	12.4					规格					
(14)	13.6	14.4										
16	15.6	16.4										
20	19.6	20.4							范围			
25	24.6	25.4										
30	29.6	30.4										
35	34.5	35.5										
40	39.5	40.5										
45	44.5	45.5										
50	49.5	50.5										
55	54.4	55.6										
60	59.4	60.6										

注：①尽可能不采用括号内的规格。

②图中45°仅适用于螺纹小径以内的末端部分。

③图中120°：公称长度在表中虚线以上的短螺钉应制成120°。

标记示例：

螺纹规格 d＝M5、公称长度 l＝12mm、性能等级为14H级、表面氧化的开槽长柱端紧定螺钉标记为：

螺钉 GB/T 75 M5×12

14. 方头长圆柱球面端紧定螺钉

方头长圆柱球面端紧定螺钉（GB/T 83—1988）的型式如图3-28所示，其尺寸规格列于表3-34。

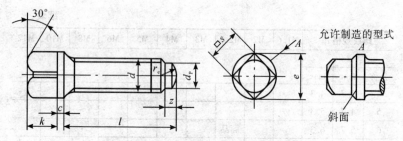

图 3-28　方头长圆柱球面端紧定螺钉

表 3-34　方头长圆柱球面端紧定螺钉的尺寸规格　单位：mm

螺纹规格 d		M8	M10	M12	M16	M20
d_p	max	5.5	7	8.5	12	15
	min	5.2	6.64	8.14	11.57	14.57
e	min	9.7	12.2	14.7	20.9	27.1
k	公称	9	11	13	18	23
	min	8.82	10.78	12.78	17.78	22.58
	max	9.18	11.22	13.22	18.22	23.42
c	≈	2	3	3	4	5
z	max	4.3	5.3	6.3	8.36	10.36
	min	4	5	6	8	10
r_e	≈	7.7	9.8	11.9	16.8	21
s	公称	8	10	12	17	22
	min	7.78	9.78	11.73	16.73	21.67
	max	8	10	12	17	22

l							
公称	min	max					
16	15.65	16.35					
20	19.58	20.42					
25	24.58	25.42					
30	29.58	30.42	通				
35	34.5	35.5	用				

螺纹规格 d			M8	M10	M12	M16	M20
l							
公称	min	max					
40	39.5	40.5			规		
45	44.5	45.5				格	
50	49.5	50.5				范	
(55)	54.05	55.95					围
60	59.05	60.95					
70	69.05	70.95					
80	79.05	80.95					
90	88.9	91.10					
100	98.9	101.10					

注：尽可能不采用括号内的规格。

紧定螺钉的标记方法按 GB/T 1237 规定。

标记示例：

螺纹规格 d=M10、公称长度 l=30mm、性能等级为 33H 级、表面氧化的方头长圆柱球面端紧定螺钉的标记为：

螺钉　GB/T 83　M10×30

15. 方头凹端紧定螺钉

方头凹端紧定螺钉（GB/T 84—1988）的型式如图 3-29 所示，其尺寸规格列于表 3-35。

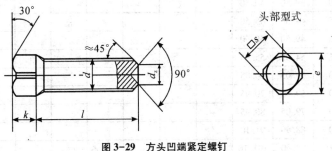

图 3-29　方头凹端紧定螺钉

表 3-35 方头凹端紧定螺钉的尺寸规格   单位：mm

螺纹规格 d		M5	M6	M8	M10	M12	M16	M20
d_z	max	2.5	3	5	6	7	10	13
	min	2.25	2.75	4.7	5.7	6.64	9.64	12.57
e	min	6	7.3	9.7	12.2	14.7	20.9	27.1
k	公称	5	6	7	8	10	14	18
	min	4.85	5.85	6.82	7.82	9.82	13.785	17.785
	max	5.15	6.15	7.18	8.18	10.18	14.215	18.215
s	公称	5	6	8	10	12	17	22
	min	4.82	5.82	7.78	9.78	11.73	16.73	21.67
	max	5	6	8	10	12	17	22

l 公称	min	max							
10	9.71	10.29							
12	11.65	12.35							
(14)	13.65	14.35							
16	15.65	16.35	通						
20	19.58	20.42							
25	24.58	25.42		用					
30	29.58	30.42							
35	34.50	35.50			规				
40	39.50	40.50							
45	44.50	45.50				格			
50	49.50	50.50							
(55)	54.05	55.95					范		
60	59.05	60.95							
70	69.05	70.95						围	
80	79.05	80.95							
90	88.90	91.10							
100	98.90	101.10							

注：尽可能不采用括号内的规格。

方头凹端紧定螺钉的标记方法按 GB/T 1237 规定。

标记示例：

螺纹规格 d = M10、公称长度 l = 30mm、性能等级为 33H 级、表面氧化的方头凹端紧定螺钉的标记为：

螺钉　GB/T 84　M10×30

16. 方头长圆柱端紧定螺钉

方头长圆柱端紧定螺钉（GB/T 85—1988）的型式和尺寸见图 3-30 和表 3-36 所示。

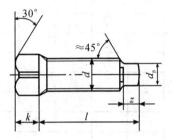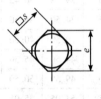

图 3-30　方头长圆柱端紧定螺钉

表 3-36　方头长圆柱端紧定螺钉的尺寸规格　　单位：mm

螺纹规格 d		M5	M6	M8	M10	M12	M16	M20
d_p	max	3.5	4	5.5	7.0	8.5	12	15
	min	3.2	3.7	5.2	6.64	8.14	11.57	14.57
e	min	6	7.3	9.7	12.2	14.7	20.9	27.1
k	公称	5	6	7	8	10	14	18
	min	4.85	5.85	6.82	7.82	9.82	13.785	17.785
	max	5.15	6.15	7.18	8.18	10.18	14.215	18.215
z	max	2.75	3.25	4.3	5.3	6.3	8.36	10.36
	min	2.5	3.0	4.0	5.0	6.0	8.0	10
s	公称	5	6	8	10	12	17	22
	min	4.82	5.82	7.78	9.78	11.73	16.73	21.67
	max	5	6	8	10	12	17	22

螺纹规格 d			M5	M6	M8	M10	M12	M16	M20
	l								
公称	min	max							
12	11.65	12.35							
(14)	13.65	14.35							
16	15.65	16.35		通					
20	19.58	20.42							
25	24.58	25.42			用				
30	29.58	30.42							
35	34.50	35.50				规			
40	39.50	40.50							
45	44.50	45.50					格		
50	49.50	50.50							
(55)	54.05	55.95						范	
60	59.05	60.95							
70	69.05	70.95							围
80	79.05	80.95							
90	88.90	91.10							
100	98.90	101.10							

注：尽可能不采用括号内的规格。

标记方法按 GB/T 1237 规定。

标记示例：

螺纹规格 d＝M10、公称长度 l＝30mm、性能等级为 33H 级、表面氧化的方头长圆柱端紧定螺钉标记为：

螺钉　GB/T 85　M10×30

17. 方头短圆柱锥端紧定螺钉

方头短圆柱锥端紧定螺钉（GB/T 86—1988）的型式如图 3-31 所示，其尺寸规格列于表 3-37。

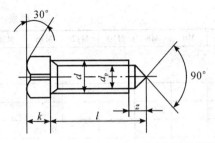
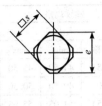

图 3-31 方头短圆柱锥端紧定螺钉

表 3-37 方头短圆柱锥端紧定螺钉的尺寸规格 单位：mm

螺纹规格 d		M5	M6	M8	M10	M12	M16	M20
d_p	max	3.5	4	5.5	7.0	8.5	12	15
	min	3.2	3.7	5.2	6.64	8.14	11.57	14.57
e	min	6	7.3	9.7	12.2	14.7	20.9	27.1
k	公称	5	6	7	8	10	14	18
	min	4.85	5.85	6.82	7.82	9.82	13.785	17.785
	max	5.15	6.15	7.18	8.18	10.18	14.215	18.215
z	max	3.8	4.3	5.3	6.3	7.36	9.36	11.43
	min	3.5	4	5	6	7	9	11
s	公称	5	6	8	10	12	17	22
	min	4.82	5.82	7.78	9.78	11.73	16.73	21.67
	max	5	6	8	10	12	17	22

l								
公称	min	max						
12	11.65	12.35						
(14)	13.65	14.35						
16	15.65	16.35	通					
20	19.58	20.42						
25	24.58	25.42	用					
30	29.58	30.42						
35	34.50	35.50		规				
40	39.50	40.50						

螺纹规格 d			M5	M6	M8	M10	M12	M16	M20
l									
公称	min	max							
45	44.50	45.50					格		
50	49.50	50.50							
(55)	54.05	55.95						范	
60	59.05	60.95							
70	69.05	70.95							围
80	79.05	80.95							
90	88.90	91.10							
100	98.90	101.10							

注：尽可能不采用括号内的规格。

标记方法按 GB/T 1237 规定。

标记示例：

螺纹规格 d=M10、公称长度 l=30mm、性能等级为 33H、表面氧化的方头短圆柱锥端紧定螺钉标记为：

螺钉　GB/T 86　M10×30

18. 方头倒角端紧定螺钉

方头倒角端紧定螺钉（GB/T 821—1988）的型式如图 3-32 所示，其尺寸规格列于表 3-38。

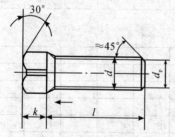 

图 3-32　方头倒角端紧定螺钉

表 3-38　方头倒角端紧定螺钉的尺寸规格　　　单位：mm

螺纹规格 d		M5	M6	M8	M10	M12	M16	M20
d_p	max	3.5	4	5.5	7	8.5	12	15
	min	3.2	3.7	5.2	6.64	8.14	11.57	14.57
e	min	6	7.3	9.7	12.2	14.7	20.9	27.1
k	公称	5	6	7	8	10	14	18
	min	4.85	5.85	6.82	7.82	9.82	13.785	17.785
	max	5.15	6.15	7.18	8.18	10.18	14.215	18.215
s	公称	5	6	8	10	12	17	22
	min	4.82	5.82	7.78	9.78	11.73	16.73	21.67
	max	5	6	8	10	12	17	22

l 公称	min	max	通用规格范围
8	7.71	8.29	
10	9.71	10.29	
12	11.65	12.35	通
(14)	13.65	14.35	
16	15.65	16.35	用
20	19.58	20.42	规
25	24.58	25.42	
30	29.58	30.42	格
35	34.50	35.50	
40	39.50	40.50	范
45	44.50	45.50	
50	49.50	50.50	围
(55)	54.05	55.95	
60	59.05	60.95	
70	69.05	70.95	
80	79.05	80.95	
90	88.90	91.10	
100	98.90	101.10	

注：尽可能不采用括号内的规格。

螺钉的标记方法按 GB/T 1237 规定。

标记示例：

螺纹规格 d＝M10、公称长度 l＝30mm、性能等级为 33H、表面氧化的方头倒角紧定螺钉的标记为：

螺钉　GB/T 821　M10×30

19. 自攻螺钉

①六角头自攻螺钉（GB/T 5285—1985）的型式如图 3-33 所示，其尺寸规格列于表 3-39。

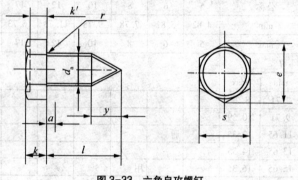

图 3-33　六角自攻螺钉

表3-39 六角自攻螺钉的尺寸规格

螺纹规格		ST 2.2	ST 2.9	ST 3.5	ST 4.2	ST 4.8	ST 5.5	ST 6.3	ST 8	ST 9.5
P		0.8	1.1	1.3	1.4	1.6	1.8	1.8	2.1	2.1
a	max	0.8	1.1	1.3	1.4	1.6	1.8	1.8	2.1	2.1
d_a	max	2.8	3.5	4.1	4.9	5.5	6.3	7.1	9.2	10.7
s	max	3.2	5	5.5	7	8	8	10	13	16
	min	3.02	4.82	5.32	6.78	7.78	7.78	9.78	12.73	15.73
e	min	3.38	5.4	5.96	7.59	8.71	8.71	10.95	14.26	17.62
k	max	1.6	2.3	2.6	3	3.8	4.1	4.7	6	7.5
	min	1.3	2	2.3	2.6	3.3	3.6	4.1	5.2	6.5
k'	min	0.9	1.4	1.6	1.8	2.3	2.5	2.9	3.6	4.5
r	min	0.1	0.1	0.1	0.2	0.2	0.25	0.25	0.4	0.4
y（参考）	C型	2	2.6	3.2	3.7	4.3	5	6	7.5	8
	F型	1.6	2.1	2.5	2.8	3.2	3.6	3.6	4.2	4.2
l			—	—	—	—	—	—	—	—
					—	—	—	—	—	—
										=

公称	C型		F型	
	min	max	min	max
4.5	3.7	5.3	3.7	4.5
6.5	5.7	7.3	5.7	6.5
9.5	8.7	10.3	8.7	9.5

螺纹规格	l				ST 2.2	ST 2.9	ST 3.5	ST 4.2	ST 4.8	ST 5.5	ST 6.3	ST 8	ST 9.5
公称	C型 min	C型 max	F型 min	F型 max									
13	12.2	13.8	12.2	13									
16	15.2	16.8	15.2	16			通用						
19	18.2	19.8	18.2	19						规格			
22	21.2	22.8	20.7	22									
25	24.2	25.8	23.7	25	特殊						范围		
32	30.7	33.3	30.7	32				规格					
38	36.7	39.3	36.7	38									
45	43.7	46.3	43.5	45						范围			
50	48.7	51.3	48.5	50									

注：①P=螺距。
②表中带"—"标记的规格，不予制造。

标记示例：

螺纹规格 ST 3.5、公称长度 $l=16$mm、表面镀锌钝化的 C 型六角头自攻螺钉的标记示例：

自攻螺钉 GB 5285—85-ST 3.5×16-C

②十字槽盘头自攻螺钉（GB/T 845—1985）的型式如图 3-34 所示，其尺寸规格列于表 3-40。

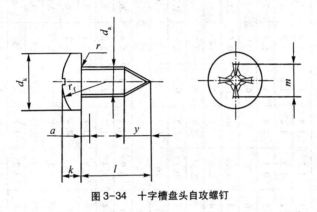

图 3-34　十字槽盘头自攻螺钉

表 3-40 十字槽盘头自攻螺钉的尺寸规格

单位：mm

螺纹规格		ST2.2	ST2.9	ST3.5	ST4.2	ST4.8	ST5.5	ST6.3	ST8	ST9.5
P		0.8	1.1	1.3	1.4	1.6	1.8	1.8	2.1	2.1
a	max	0.8	1.1	1.3	1.4	1.6	1.8	1.8	2.1	2.1
d_a	max	2.8	3.5	4.1	4.9	5.6	6.3	7.3	9.2	10.7
d_k	max	4	5.6	7	8	9.5	11	12	16	20
	min	3.7	5.3	6.64	7.64	9.14	10.57	11.57	15.57	19.48
k	max	1.6	2.4	2.6	3.1	3.7	4	4.6	6	7.5
	min	1.4	2.15	2.35	2.8	3.4	3.7	4.3	5.6	7.1
r	min	0.1	0.1	0.1	0.2	0.2	0.25	0.25	0.4	0.4
r_f	≈	3.2	5	6	6.5	8	9	10	13	16
十字槽 槽号	No.	0	1		2			3		4
H 型 插入深度	m 参考	1.9	3	3.9	4.4	4.9	6.4	6.9	9	10.1
	min	0.85	1.4	1.4	1.9	2.4	2.6	3.1	4.15	5.2
Z 型 插入深度	max	1.2	1.8	1.9	2.4	2.9	3.1	3.6	4.7	5.8
	m 参考	2	3	4	4.4	4.8	6.2	6.8	8.9	10.1
	min	0.95	1.45	1.5	1.95	2.3	2.55	3.05	4.05	5.25
	C 型 max	1.2	1.75	1.9	2.35	2.75	3	3.5	4.5	5.7
	F 型	2	2.6	3.2	3.7	4.3	5	6	7.5	8
y（参考）		1.6	2.1	2.5	2.8	3.2	3.6	3.6	4.2	4.2

螺纹规格 公称	l				ST 2.2	ST 2.9	ST 3.5	ST 4.2	ST 4.8	ST 5.5	ST 6.3	ST 8	ST 9.5
	C 型		F 型										
	min	max	min	max									
4.5	3.7	5.3	3.7	4.5		—	—	—	—	—	—	—	—
6.5	5.7	7.3	5.7	6.5			—	—	—	—	—	—	—
9.5	8.7	10.3	8.7	9.5						—	—	—	—
13	12.2	13.8	12.2	13								—	—
16	15.2	16.8	15.2	16									
19	18.2	19.8	18.2	19									
22	21.2	22.8	20.7	22									
25	24.2	25.8	23.7	25									
32	30.7	33.3	30.7	32									
38	36.7	39.3	36.7	38									
45	43.7	46.3	43.5	45									
50	48.7	51.3	48.5	50									

（表中空白区域标注：商品规格范围）

注：①P＝螺距。

②表中带"—"标记的规格，不予制造。

标记示例：

螺纹规格 ST 3.5、公称长度 $l=16\text{mm}$、H 型槽、镀锌钝化的 C 型十字槽盘头自攻螺钉标记为：

自攻螺钉 GB 845—85-ST 3.5×16-C-H

③十字槽沉头自攻螺钉（GB/T 846—1985）的型式如图 3-35 所示，其尺寸规格列于表 3-41。

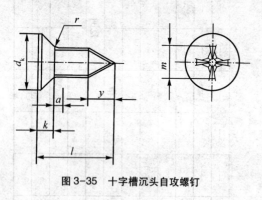

图 3-35　十字槽沉头自攻螺钉

表 3-41 十字槽沉头自攻螺钉的尺寸规格

单位：mm

螺纹规格			ST2.2	ST2.9	ST3.5	ST4.2	ST4.8	ST5.5	ST6.3	ST8	ST9.5
P			0.8	1.1	1.3	1.4	1.6	1.8	1.8	2.1	2.1
a	max		0.8	1.1	1.3	1.4	1.6	1.8	1.8	2.1	2.1
d_k	理论值	max	4.4	6.3	8.2	9.4	10.4	11.5	12.6	17.3	20
	实际值	max	3.8	5.5	7.3	8.4	9.3	10.3	11.3	15.8	18.3
		min	3.5	5.2	6.9	8	8.9	9.9	10.9	15.4	17.8
K	max		1.1	1.7	2.35	2.6	2.8	3	3.15	4.65	5.25
r	max		0.8	1.2	1.4	1.6	2	2.2	2.4	3.2	4
十字槽	槽号	No.	0	1	2			3		4	
	H 型插入深度	m 参考	1.9	3.2	4.4	4.6	5.2	6.6	6.8	8.9	10
		min	0.9	1.7	1.9	2.1	2.7	2.8	3	4	5.1
		max	1.2	2.1	2.4	2.6	3.2	3.3	3.5	4.6	5.7
	Z 型插入深度	m 参考	2	3.2	4.3	4.6	5.1	6.5	6.8	9	10
		min	0.95	1.6	1.75	2.05	2.6	2.75	3	4.15	5.2
		max	1.2	2	2.2	2.5	3.05	3.2	3.45	4.6	5.65
y (参考)	C 型		2	2.6	3.2	3.7	4.3	5	6	7.5	8
	F 型		1.6	2.1	2.5	2.8	3.2	3.6	3.6	4.2	4.2

螺纹规格	l				ST2.2	ST2.9	ST3.5	ST4.2	ST4.8	ST5.5	ST6.3	ST8	ST9.5
公称	C 型		F 型										
	min	max	min	max									
4.5	3.7	5.3	3.7	4.5	—	—	—	—	—	—	—	—	—
6.5	5.7	7.3	5.7	6.5	—	—	—	—	—	—	—	—	—
9.5	8.7	10.3	8.7	9.5			—	—	—	—	—	—	—
13	12.2	13.8	12.2	13					—	—	—	—	—
16	15.2	16.8	15.2	16			商品			—	—	—	—
19	18.2	19.8	18.2	19					规格		—	—	—
22	21.2	22.8	20.7	22									
25	24.2	25.8	23.7	25						范围			
32	30.7	33.3	30.7	32									
38	36.7	39.3	36.7	38									
45	43.7	46.3	43.5	45									
50	48.7	51.3	48.5	50									

注：①P＝螺距。

②d_k 的理论值按 GB 5279—85 规定。

③表中带 "—" 标记的规格，不予制造。

标记示例：

螺纹规格 ST 3.5、公称长度 $l = 16$mm、H 型槽、镀锌钝化的 C 型十字槽沉头自攻螺钉的标记为：

自攻螺钉 GB 846—85-ST 3.5×1.6-C-H

④十字槽半沉头自攻螺钉（GB/T 847—1985）的型式如图 3-36 所示，其尺寸规格列于表 3-42。

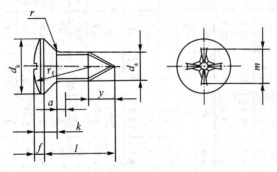

图 3-36　十字槽半沉头自攻螺钉

表3-42 十字槽半沉头自攻螺钉的尺寸规格

单位：mm

螺纹规格			ST2.2	ST2.9	ST3.5	ST4.2	ST4.8	ST5.5	ST6.3	ST8	ST9.5
P		max	0.8	1.1	1.3	1.4	1.6	1.8	1.8	2.1	2.1
a		max	0.8	1.1	1.3	1.4	1.6	1.8	1.8	2.1	2.1
d_k	理论值	max	4.4	6.3	8.2	9.4	10.4	11.5	12.6	17.3	20
	实际值	max	3.8	5.5	7.3	8.4	9.3	10.3	11.3	15.8	18.3
		min	3.5	5.2	6.9	8	8.9	9.9	10.9	15.4	17.8
f		≈	0.5	0.7	0.8	1	1.2	1.3	1.4	2	2.3
k		max	1.1	1.7	2.35	2.6	2.8	3	3.15	4.65	5.25
r		max	0.8	1.2	1.4	1.6	2	2.2	2.4	3.2	4
r_f		≈	4	6	8.5	9.5	9.5	11	12	16.5	19.5
十字槽	槽号	No.	0	1	2	2		3		4	
	H型 插入深度	m 参考	2.2	3.4	4.8	5.2	5.4	6.7	7.3	9.6	10.4
		min	1.2	1.8	2.25	2.7	2.9	2.95	3.5	4.75	5.5
		max	1.5	2.2	2.75	3.2	3.4	3.45	4	5.25	6
	Z型 插入深度	m 参考	2.2	3.3	4.8	5.2	5.6	6.6	7.2	9.5	10.4
		min	1.15	1.8	2.25	2.65	2.9	2.95	3.4	4.75	5.6
		max	1.4	2.1	2.7	3.1	3.35	3.4	3.85	5.2	6.05
y （参考）		C型	2	2.6	3.2	3.7	4.3	5	6	7.5	8
		F型	1.6	2.1	2.5	2.8	3.2	3.6	3.6	4.2	4.2

螺纹规格 l					ST2.2	ST2.9	ST3.5	ST4.2	ST4.8	ST5.5	ST6.3	ST8	ST9.5
公称	C型 min	C型 max	F型 min	F型 max									
4.5	3.7	5.3	3.7	4.5		—	—	—		—	—	—	—
6.5	5.7	7.3	5.7	6.5			—	—	—	—	—	—	—
9.5	8.7	10.3	8.7	9.5					—	—	—	—	—
13	12.2	13.8	12.2	13								—	—
16	15.2	16.8	15.2	16				商品				—	—
19	18.2	19.8	18.2	19									
22	21.2	22.8	20.7	22					规格				
25	24.2	25.8	23.7	25							范围		
32	30.7	33.3	30.7	32									
38	36.7	39.3	36.7	38	—								
45	43.7	46.3	43.5	45	—								
50	48.7	51.3	48.5	50	—	—							

注：①P=螺距。

②d_k 的理论值，按 GB 5279—85 规定。

③表中带 "—" 标记的规格，不予制造。

标记示例：

螺纹规格 ST 3.5、公称长度 $l=16$mm、H 型槽、镀锌钝化的 C 型十字槽半沉头自攻螺钉的标记为：

自攻螺钉 GB847—85-ST 3.5×16-C-H

⑤开槽盘头自攻螺钉（GB/T 5282-1985）的型式如图 3-37 所示，其尺寸规格列于表 3-43。

⑥开槽沉头自攻螺钉（GB/T 5283-1985）的型式如图 3-38 所示，其尺寸规格列于表 3-44。

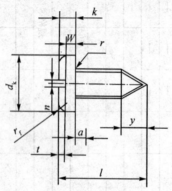

图 3-37　开槽盘头自攻螺钉

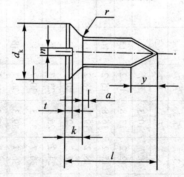

图 3-38　开槽沉头自攻螺钉

表3-43 开槽盘头自攻螺钉的尺寸规格

单位: mm

螺纹规格		ST 2.2	ST 2.9	ST 3.5	ST 4.2	ST 4.8	ST 5.5	ST 6.3	ST 8	ST 9.5
P		0.8	1.1	1.3	1.4	1.6	1.8	1.8	2.1	2.1
a	max	0.8	1.1	1.3	1.4	1.6	1.8	1.8	2.1	2.1
d_a	max	2.8	3.5	4.1	4.9	5.5	6.3	7.1	9.2	10.7
d_k	max	4	5.6	7	8	9.5	11	12	16	20
	min	3.7	5.3	6.6	7.6	9.1	10.6	11.6	15.6	19.5
k	max	1.3	1.8	2.1	2.4	3	3.2	3.6	4.8	6
	min	1.1	1.6	1.9	2.2	2.7	2.9	3.3	4.5	5.7
n	公称	0.5	0.8	1	1.2	1.2	1.6	1.6	2	2.5
	min	0.56	0.86	1.06	1.26	1.26	1.66	1.66	2.06	2.56
	max	0.7	1	1.2	1.51	1.51	1.91	1.91	2.31	2.81
r	min	0.1	0.1	0.1	0.2	0.2	0.25	0.25	0.4	0.4
r_f	参考	0.6	0.8	1	1.2	1.5	1.6	1.8	2.4	3
t	min	0.5	0.7	0.8	1	1.2	1.3	1.4	1.9	2.4
W	min	0.5	0.7	0.8	0.9	1.2	1.3	1.4	1.9	2.4
y (参考)	C型	2	2.6	3.2	3.7	4.3	5	6	7.5	8
	F型	1.6	2.1	2.5	2.8	3.6	3.6	3.6	4.2	4.2

螺纹规格	l				ST2.2	ST2.9	ST3.5	ST4.2	ST4.8	ST5.5	ST6.3	ST8	ST9.5
公称	C 型		F 型										
	min	max	min	max									
4.5	3.7	5.3	3.7	4.5		—	—	—	—	—	—	—	—
6.5	5.7	7.3	5.7	6.5		—	—	—	—	—	—	—	—
9.5	8.7	10.3	8.7	9.5			—	—	—	—	—	—	—
13	12.2	13.8	12.2	13			商		—	—	—	—	—
16	15.2	16.8	15.2	16			品				—	—	—
19	18.2	19.8	18.2	19					规				
22	21.2	22.8	20.7	22					格				
25	24.2	25.8	23.7	25							范		
32	30.7	33.3	30.7	32							围		
38	36.7	39.3	36.7	38									
45	43.7	46.3	43.5	45									
50	48.7	51.3	48.5	50									

注: ① P = 螺距。
② 表中带 "—" 标记的规格，不予制造。

标记示例：

螺纹规格 ST 3.5、公称长度 l = 16 mm，表面镀锌钝化的 C 型开槽盘头自攻螺钉的标记为：

自攻螺钉 GB 5282—85 ST 3.5×16—C

表 3-44 开槽沉头自攻螺钉的尺寸规格

单位：mm

螺纹规格			ST2.2	ST2.9	ST3.5	ST4.2	ST4.8	ST5.5	ST6.3	ST8	ST9.5
P		max	0.8	1.1	1.3	1.4	1.6	1.8	1.8	2.1	2.1
a		max	0.8	1.1	1.3	1.4	1.6	1.8	1.8	2.1	2.1
d_k	理论值	max	4.4	6.3	8.2	9.4	10.4	11.5	12.6	17.3	20
	实际值	max	3.8	5.5	7.3	8.4	9.3	10.3	11.3	15.8	18.3
		min	3.5	5.2	6.9	8	8.9	9.9	10.9	15.4	17.8
k		max	1.1	1.7	2.35	2.6	2.8	3	3.15	4.65	5.25
n		公称	0.5	0.8	1	1.2	1.2	1.6	1.6	2	2.5
		min	0.56	0.86	1.06	1.26	1.26	1.66	1.66	2.06	2.56
		max	0.7	1	1.2	1.51	1.51	1.91	1.91	2.31	2.81
r		max	0.8	1.2	1.4	1.6	2	2.2	2.4	3.2	4
t		min	0.4	0.6	0.9	1	1.1	1.1	1.2	1.8	2
		max	0.6	0.85	1.2	1.3	1.4	1.5	1.6	2.3	2.6
y（参考）		C型	2	2.6	3.2	3.7	4.3	5	6	7.5	8
		F型	1.6	2.1	2.5	2.8	3.2	3.6	3.6	4.2	4.2

螺纹规格					ST2.2	ST2.9	ST3.5	ST4.2	ST4.8	ST5.5	ST6.3	ST8	ST9.5
公称	C型		F型										
	min	max	min	max									
4.5	3.7	5.3	3.7	4.5		—	—	—	—	—	—	—	—
6.5	5.7	7.3	5.7	6.5			—	—	—	—	—	—	—
9.5	8.7	10.3	8.7	9.5					—	—	—	—	—
13	12.2	13.8	12.2	13									—
16	15.2	16.8	15.2	16				商品					—
19	18.2	19.8	18.2	19									
22	21.2	22.8	20.7	22						规格			
25	24.2	25.8	23.7	25									
32	30.7	33.3	30.7	32							范围		
38	36.7	39.3	36.7	38									
45	43.7	46.3	43.5	45									
50	48.7	51.3	48.5	50									

注：①P＝螺距。

②d_k 的理论值按 GB 5279—85 规定。

③表中带 "—" 标记的规格，不予制造。

标记示例：

螺纹规格 ST 3.5、公称长度 $l=16$mm、表面镀锌钝化的 C 型开槽沉头自攻螺钉的标记为：

自攻螺钉 GB 5283—85-ST 3.5×1.6-C

⑦开槽半沉头自攻螺钉（GB/T 5284—1985）的型式如图 3-39 所示，其尺寸规格列于表 3-45。

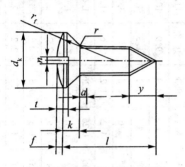

图 3-39　开槽半沉头自攻螺钉

表 3-45 开槽半沉头自攻螺钉的尺寸规格

单位：mm

螺纹规格			ST2.2	ST2.9	ST3.5	ST4.2	ST4.8	ST5.5	ST6.3	ST8	ST9.5
P		max	0.8	1.1	1.3	1.4	1.6	1.8	1.8	2.1	2.1
a		max	0.8	1.1	1.3	1.4	1.6	1.8	1.8	2.1	2.1
d_k	理论值	max	4.4	6.3	8.2	9.4	10.4	11.5	12.6	17.3	20
	实际值	max	3.8	5.5	7.3	8.4	9.3	10.3	11.3	15.8	18.3
		min	3.5	5.2	6.9	8	8.9	9.9	10.9	15.4	17.8
f		≈	0.5	0.7	0.8	1	1.2	1.3	1.4	2	2.3
k		max	1.1	1.7	2.35	2.6	2.8	3	3.15	4.65	5.25
n		公称	0.5	0.8	1	1.2	1.2	1.6	1.6	2	2.5
		min	0.56	0.86	1.06	1.26	1.26	1.66	1.66	2.06	2.56
		max	0.7	1	1.2	1.51	1.51	1.91	1.91	2.31	2.81
r		max	0.8	1.2	1.4	1.6	2	2.2	2.4	3.2	4
r_f		≈	4	6	8.5	9.5	9.5	11	12	16.5	19.5
t		min	0.8	1.2	1.4	1.6	2	2.2	2.4	3.2	3.8
		max	1	1.45	1.7	1.9	2.4	2.6	2.8	3.7	4.4
y		C 型	2	2.6	3.2	3.7	4.3	5	6	7.5	8
（参考）		F 型	1.6	2.1	2.5	2.8	3.2	3.6	3.6	4.2	4.2

螺纹规格	l				ST2.2	ST2.9	ST3.5	ST4.2	ST4.8	ST5.5	ST6.3	ST8	ST9.5
公称	C型		F型										
	min	max	min	max									
4.5	3.7	5.3	3.7	4.5	—	—	—	—	—	—	—	—	—
6.5	5.7	7.3	5.7	6.5		—	—	—	—	—	—	—	—
9.5	8.7	10.3	8.7	9.5			—	—	—	—	—	—	—
13	12.2	13.8	12.2	13				—	—	—	—	—	—
16	15.2	16.8	15.2	16					—	—	—	—	—
19	18.2	19.8	18.2	19					商	品	规	—	—
22	21.2	22.8	20.7	22						格		范	—
25	24.2	25.8	23.7	25								围	—
32	30.7	33.3	30.7	32									
38	36.7	39.3	36.7	38									
45	43.7	46.3	43.5	45									
50	48.7	51.3	48.5	50									

注：①P＝螺距。

②d_k 的理论值，按 GB 5279—85 规定。

③表中带"—"标记的规格，不予制造。

标记示例：

螺纹规格 ST 3.5、公称长度 l=16mm、表面镀锌钝化的 C 型开槽半沉头自攻螺钉的标记为：

自攻螺钉 GB 5284—85-ST 3.5×16-C

20. 吊环螺钉

吊环螺钉（GB/T 825—1988）的型式如图 3-40，其尺寸规格列于表 3-46。

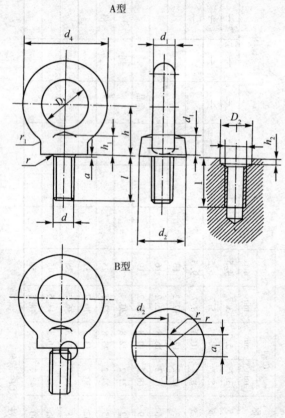

图 3-40　吊环螺钉

表 3-46　吊环螺钉的尺寸规格

规格 (d)		M8	M10	M12	M16	M20	M24	M30	M36	M42	M48	M56	M64	M72×6	M80×6	M100×6
d_1	max	9.1	11.1	13.1	15.2	17.4	21.4	25.7	30	34.4	40.7	44.7	51.4	63.8	71.8	79.2
	min	7.6	9.6	11.6	13.6	15.6	19.6	23.5	27.5	31.2	37.1	41.1	46.9	58.8	66.8	73.6
D_1	公称	20	24	28	34	40	48	56	67	80	95	112	125	140	160	200
	min	19	23	27	32.9	38.8	46.8	54.6	65.5	78.1	92.9	109.9	122.3	137	157	196.7
d_2	max	20.4	24.4	28.4	34.5	40.6	48.6	56.6	67.6	80.9	96.1	113.1	126.3	141.5	161.5	201.7
	max	21.1	25.1	29.1	35.2	41.4	49.4	57.7	69	82.4	97.7	114.7	128.4	143.8	163.8	204.2
	min	19.6	23.6	27.6	33.6	39.6	47.6	55.5	66.5	79.2	94.1	111.1	123.9	138.8	158.8	198.6
h_1	max	7	9	11	13	15.1	19.1	23.2	27.4	31.7	36.9	39.9	44.1	52.4	57.4	62.4
	min	5.6	7.6	9.6	11.6	13.5	17.5	21.4	25.4	29.2	34.1	37.1	40.9	48.8	53.8	58.8
l	公称	16	20	22	28	35	40	45	55	65	70	80	90	100	115	140
	min	15.1	18.95	20.95	26.95	33.75	38.75	43.75	53.5	63.5	68.5	78.5	88.25	98.25	113.25	138
	max	16.9	21.05	23.05	29.05	36.25	41.24	46.25	56.5	66.5	71.5	81.5	91.75	101.75	116.75	142
d_4	参考	36	44	52	62	72	88	104	123	144	171	196	221	260	296	350
h		18	22	26	31	36	44	53	63	74	87	100	115	130	150	175
r_1		4	4	6	6	8	12	15	18	20	22	25	25	35	35	40
r	min	1	1	1	1	1	2	2	3	3	3	4	4	4	4	5
a_1	max	3.75	4.5	5.25	6	7.5	9	10.5	12	13.5	15	16.5	18	18	18	18

续表

规格（d）		M8	M10	M12	M16	M20	M24	M30	M36	M42	M48	M56	M64	M72×6	M80×6	M100×6
d_3	公称（max）	6	7.7	9.4	13	16.4	19.6	25	30.8	35.6	41	48.3	55.7	63.7	71.7	91.7
	min	5.82	7.48	9.18	12.73	16.13	19.27	24.67	29.91	35.21	40.61	47.91	55.24	63.24	71.24	91.16
a max		2.5	3	3.5	4	5	6	7	8	9	10	11	12	12	12	12
b		10	12	14	16	19	24	28	32	38	46	50	58	72	80	88
D		M8	M10	M12	M16	M20	M24	M30	M36	M42	M48	M56	M64	M72×6	M80×6	M100×6
D_2	公称（min）	13	15	17	22	28	32	38	45	52	60	68	75	85	95	115
	max	13.43	15.43	17.52	22.52	28.52	32.62	38.62	45.62	52.74	60.74	68.74	75.74	85.87	95.87	115.87
h_2	公称（min）	2.5	3	3.5	4.5	5	7	8	9.5	10.5	11.5	12.5	13.5	14	14	14
	max	2.9	3.4	3.98	4.98	5.48	7.58	8.58	10.08	11.2	12.2	13.2	14.2	14.7	14.7	14.7

注：M8～M36 为商品紧固件规格。

标记示例：

规格为 20mm、材料为 20 钢、经正火处理、不经表面处理的 A 型吊环螺钉的标记：

螺钉　GB 825 M20

21. 开槽无头螺钉

开槽无头螺钉（GB/T 878—2007）的型式如图 3-41，其尺寸规格列于表 3-47。

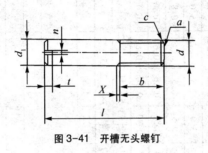

图 3-41　开槽无头螺钉

表 3-47 开槽无头螺钉的尺寸规格

单位: mm

螺纹规格 d		M1	M1.2	M1.6	M2	M2.5	M3	(M3.5)[a]	M4	M5	M6	M8	M10
P^b		0.25	0.25	0.35	0.4	0.45	0.5	0.6	0.7	0.8	1	1.25	1.5
b $^{+2P}_{\ 0}$		1.2	1.4	1.9	2.4	3	3.6	4.2	4.8	6	7.2	9.6	12
d_1	min	0.86	1.06	1.46	1.86	2.36	2.86	3.32	3.82	4.82	5.82	7.78	9.78
	max	1.0	1.2	1.6	2.0	2.5	3.0	3.5	4.0	5.0	6.0	8.0	10.0
n	公称	0.2	0.25	0.3	0.3	0.4	0.5	0.5	0.6	0.8	1	1.2	1.6
	min	0.26	0.31	0.36	0.36	0.46	0.56	0.56	0.66	0.86	1.06	1.26	1.66
	max	0.40	0.45	0.50	0.50	0.60	0.70	0.70	0.80	1.0	1.2	1.51	1.91
t	min	0.63		0.88	1.0	1.10	1.25	1.5	1.75	2.0	2.6	3.1	3.75
	max	0.79		1.06	1.2	1.33	1.5	1.78	2.05	2.35	2.9	3.6	4.25
x	max	0.6	0.6	0.9	1	1.1	1.25	1.5	1.75	2	2.5	3.2	3.8

l 公称	min	max
2.5	2.3	2.7
3	2.8	3.2
4	3.7	4.3
5	4.7	5.3
6	5.7	6.3

螺纹规格 d			M1	M1.2	M1.6	M2	M2.5	M3	(M3.5)ª	M4	M5	M6	M8	M10
公称	min	max												
8	7.7	8.3												
10	9.7	10.3												
12	11.6	12.4												
(14)ª	13.6	14.4												
16	15.6	16.4												
20	19.6	20.4												
25	24.6	25.4												
30	29.6	30.4												
35	34.5	35.5												

注：阶梯实线间为商品长度规格。

ª 尽可能不采用括号内的规格。

ᵇ P——螺距。

标记方法按 GB/T 1237 规定。

标记示例：

螺纹规格为 M4，公称长度 l = 10mm，性能等级为 14H，表面氧化处理的 A 级开槽无头螺钉的标记：

螺钉 GB/T 878 M4×10

3.1.5 螺母

1. 六角螺母（C级）

六角螺母（C级）（GB/T 41—2000）的型式如图3-42所示，其尺寸规格列于表3-48~表3-49。

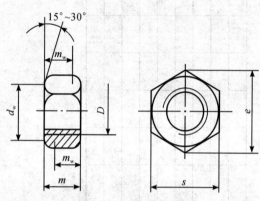

图3-42 六角螺母（C级）

表3-48 六角螺母（C级）优选的螺纹的尺寸规格 单位：mm

螺纹规格 D		M5	M6	M8	M10	M12	M16	M20
螺距 P		0.8	1	1.25	1.5	1.75	2	2.5
d_w	min	6.7	8.7	11.5	14.5	16.5	22	27.7
e	min	8.63	10.89	14.20	17.59	19.85	26.17	32.95
m	max	5.6	6.4	7.9	9.5	12.2	15.9	19
	min	4.4	4.9	6.4	8	10.4	14.1	16.9
m_w	min	3.5	3.7	5.1	6.4	8.3	11.3	13.5
s	公称＝max	8	10	13	16	18	24	30
	min	7.64	9.64	12.57	15.57	17.57	23.16	29.16

螺纹规格 D		M24	M30	M36	M42	M48	M56	M64
螺距 P		3	3.5	4	4.5	5	5.5	6
d_w	min	33.3	42.8	51.1	60	69.5	78.7	88.2
e	min	39.55	50.85	60.79	71.3	82.6	93.56	104.86
m	max	22.3	26.4	31.9	34.9	38.9	45.9	52.4
	min	20.2	24.3	29.4	32.4	36.4	43.4	49.4
m_w	min	16.2	19.4	23.2	25.9	29.1	34.7	39.5
s	公称=max	36	46	55	65	75	85	95
	min	35	45	53.8	63.1	73.1	82.8	92.8

表 3-49　非优选的六角螺母（C 级）螺纹的尺寸规格

单位：mm

螺纹规格 D		M14	M18	M22	M27	M33	M39	M45	M52	M60
螺距 P		2	2.5	2.5	3	3.5	4	4.5	5	5.5
d_w	min	19.2	24.9	31.4	38	46.6	55.9	64.7	74.2	83.4
e	min	22.78	29.56	37.29	45.2	55.37	66.44	76.95	88.25	99.21
m	max	13.9	16.9	20.2	24.7	29.5	34.3	36.9	42.9	48.9
	min	12.1	15.1	18.1	22.6	27.4	31.8	34.4	40.4	46.4
m_w	min	9.7	12.1	14.5	18.1	21.9	25.4	27.5	32.3	37.1
s	公称=max	21	27	34	41	50	60	70	80	90
	min	20.16	26.16	33	40	49	58.8	68.1	78.1	87.8

标记示例：

螺纹规格 D=M12、性能等级为 5 级、不经表面处理、产品等级为 C 级的六角螺母标记为：

　　螺母　GB/T 41　M12

2.1 型六角螺母

1 型六角螺母（GB/T 6170—2000）的型式如图 3-43 所示，其尺寸规格列于表 3-50~ 表 3-51。

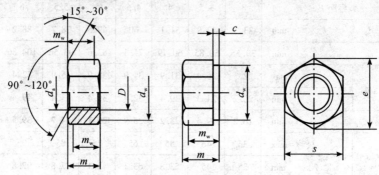

图 3-43　1 型六角螺母

表 3-50　1 型六角螺母的优选螺纹尺寸规格　　单位：mm

螺纹规格 D		M1.6	M2	M2.5	M3	M4	M5	M6	M8	M10	M12
螺距 P		0.35	0.4	0.45	0.5	0.7	0.8	1	1.25	1.5	1.75
c	max	0.2	0.2	0.3	0.4	0.4	0.50	0.50	0.60	0.60	0.60
	min	0.1	0.1	0.1	0.15	0.15	0.15	0.15	0.15	0.15	0.15
d_a	max	1.84	2.3	2.9	3.45	4.6	5.75	6.75	8.75	10.8	13
	min	1.60	2.0	2.5	3.00	4.0	5.00	6.00	8.0	10.0	12
d_w	min	2.4	3.1	4.1	4.6	5.9	6.9	8.9	11.6	14.6	16.6
e	min	3.41	4.32	5.45	6.01	7.66	8.79	11.05	14.38	17.77	20.03
m	max	1.30	1.60	2.00	2.40	3.2	4.7	5.2	6.80	8.40	10.80
	min	1.05	1.35	1.75	2.15	2.9	4.4	4.9	6.44	8.04	10.37
m_w	min	0.8	1.1	1.4	1.7	2.3	3.5	3.9	5.2	6.4	8.3
s	公称 = max	3.20	4.00	5.00	5.50	7.0	8.00	10.00	13.00	16.00	18.00
	min	3.02	3.82	4.82	5.32	6.78	7.78	9.78	12.73	15.73	17.73

螺纹规格 D		M16	M20	M24	M30	M36	M42	M48	M56	M64
螺距 P		2	2.5	3	3.5	4	4.5	5	5.5	6
c	max	0.8	0.8	0.8	0.8	0.8	1.0	1.0	1.0	1.0
	min	0.2	0.2	0.2	0.2	0.2	0.3	0.3	0.3	0.3
d_a	max	17.3	21.6	25.9	32.4	38.9	45.4	51.8	60.5	69.1
	min	16.0	20.0	24.0	30.0	36.0	42.0	48.0	56.0	64.0
d_w	min	22.5	27.7	33.3	42.8	51.1	60	69.5	78.7	88.2
e	min	26.75	32.95	39.55	50.85	60.79	71.3	82.6	93.56	104.86
m	max	14.8	18.0	21.5	25.6	31.0	34.0	38.0	45.0	51.0
	min	14.1	16.9	20.2	24.3	29.4	32.4	36.4	43.4	49.1
m_w	min	11.3	13.5	16.2	19.4	23.5	25.9	29.1	34.7	39.3
s	公称=max	24.00	30.00	36	46	55.00	65.0	75.0	85.0	95.0
	min	23.67	29.16	35	45	53.8	63.1	73.1	82.8	92.8

表 3-51 1型六角螺母非优选的螺纹尺寸规格　　单位：mm

螺纹规格 D		M3.5	M14	M18	M22	M27	M33	M39	M45	M52	M60
螺距 P		0.6	2	2.5	2.5	3	3.5	4	4.5	5	5.5
c	max	0.40	0.60	0.8	0.8	0.8	0.8	1.0	1.0	1.0	1.0
	min	0.15	0.15	0.2	0.2	0.2	0.2	0.3	0.3	0.3	0.3
d_a	max	4.0	15.1	19.5	23.7	29.1	35.6	42.1	48.6	56.1	64.8
	min	3.5	14.0	18.0	22.0	27.0	33.0	39.0	45.0	52.0	60.0
d_w	min	5	19.6	24.9	31.4	38	46.6	55.9	64.7	74.2	83.4
e	min	6.58	23.36	29.56	37.29	45.2	55.37	66.44	76.95	88.25	99.21
m	max	2.80	12.8	15.8	19.4	23.8	28.7	33.4	36.0	42.0	48.0
	min	2.55	12.1	15.1	18.1	22.5	27.4	31.8	34.4	40.4	46.4
m_w	min	2	9.7	12.1	14.5	18	21.9	25.4	27.5	32.3	37.1
s	公称=max	6.00	21.00	27.00	34	41	50	60.0	70.0	80.0	90.0
	min	5.82	20.67	26.16	33	40	49	58.8	68.1	78.1	87.8

螺母尺寸代号和标注符合 GB/T 5276。

螺母标记方法按 GB/T 1237 规定。

标记示例：

螺纹规格 D＝M12、性能等级为 8 级、不经表面处理、产品等级为 A 级的 1 型六角螺母的标记为：

螺母　GB/T 6170　M12

3. 1 型六角螺母（细牙）

1 型六角螺母（细牙）（GB/T 6171—2000）的型式如图 3-44 所示，其尺寸规格列于表 3-52~表 3-53。

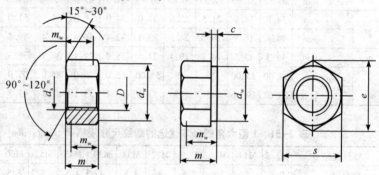

图 3-44　1 型六角螺母（细牙）

表 3-52　1 型六角螺母优选的螺纹尺寸规格　　单位：mm

螺纹规格 $D×P$		M8×1	M10×1	M12×1.5	M16×1.5	M20×1.5	M24×2
c	max	0.60	0.60	0.60	0.80	0.80	0.80
	min	0.15	0.15	0.15	0.2	0.2	0.2
d_a	max	8.75	10.8	13	17.3	21.6	25.9
	min	8.00	10.0	12	16.00	20.0	24.0
d_w	min	11.63	14.63	16.63	22.49	27.7	33.25
e	min	14.38	17.77	20.03	26.75	32.95	39.55
m	max	6.80	8.40	10.80	14.8	18.0	21.5
	min	6.44	8.04	10.37	14.1	16.9	20.2
m_w	min	5.15	6.43	8.3	11.28	13.52	16.16
s	公称＝max	13.00	16.00	18.00	24.00	30.00	36
	min	12.73	15.73	17.73	23.67	29.16	35

螺纹规格 $D×P$		M30×2	M36×3	M42×3	M48×3	M56×4	M64×4
c	max	0.8	0.8	1.0	1.0	1.0	1.0
	min	0.2	0.2	0.3	0.3	0.3	0.3
d_a	max	32.4	38.9	45.4	51.8	60.5	69.1
	min	30.0	36.0	42.0	48.0	56.0	64.0
d_w	min	42.75	51.11	59.95	69.45	78.66	88.16
e	min	50.85	60.79	71.3	82.6	93.56	104.86
m	max	25.6	31.0	34.0	38.0	45.0	51.0
	min	24.3	29.4	32.4	36.4	43.4	49.1
m_w	min	19.44	23.52	25.92	29.12	34.72	39.28
s	公称=max	46	55.0	65.0	75.0	85.0	95.0
	min	45	53.8	63.1	73.1	82.8	92.8

表 3-53 1 型六角螺母非优选的螺纹尺寸规格 单位：mm

螺纹规格 $D×P$		M10×1.25	M12×1.25	M14×1.5	M18×1.5	M20×2	M22×1.5
c	max	0.60	0.60	0.60	0.80	0.80	0.80
	min	0.15	0.15	0.15	0.2	0.2	0.2
d_a	max	10.8	13	15.1	19.5	21.6	23.7
	min	10.0	12	14.0	18.0	20.0	22.0
d_w	min	14.63	16.63	19.64	24.85	27.7	31.35
e	min	17.77	20.03	23.36	29.56	32.95	37.29
m	max	8.40	10.80	12.8	15.8	18.0	19.4
	min	8.04	10.37	12.1	15.1	16.9	18.1
m_w	min	6.43	8.3	9.68	12.08	13.52	14.48
s	公称=max	16.00	18.00	21.00	27.00	30.00	34
	min	15.73	17.73	20.67	26.16	29.16	33
螺纹规格 $D×P$		M27×2	M33×2	M39×3	M45×3	M52×4	M60×4
c	max	0.8	0.8	1.0	1.0	1.0	1.0
	min	0.2	0.2	0.3	0.3	0.3	0.3
d_a	max	29.1	35.6	42.1	48.6	56.2	64.8
	min	27.0	33.0	39.0	45.0	52.0	60.0
d_w	min	38	46.55	55.86	64.7	74.2	83.41

螺纹规格 $D×P$		M27×2	M33×3	M39×3	M45×3	M52×4	M60×4
e	min	45.2	55.37	66.44	76.95	88.25	99.21
m	max	23.8	28.7	33.4	36.0	42.0	48.0
	min	22.5	27.4	31.8	34.4	40.4	46.4
m_w	min	18	21.92	25.44	27.52	32.32	37.12
s	公称=max	41	50	60.0	70.0	80.0	90.0
	min	40	49	58.8	68.1	78.1	87.8

螺母尺寸代号和标注符合 GB/T 5276。

螺母标记方法按 GB/T 1237 规定。

标记示例:

螺纹规格 D=M16×1.5、细牙螺纹、性能等级为 8 级、表面镀锌钝化、产品等级为 A 级的 1 型六角螺母标记为:

螺母　GB/T 6171　M16×1.5

4. 六角薄螺母

六角薄螺母 (GB/T 6172.1—2000) 的型式如图 3-45 所示,其尺寸规格列于表 3-54~表 3-55。

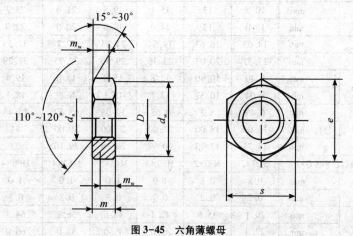

图 3-45　六角薄螺母

表 3-54 六角薄螺母优选的螺纹尺寸规格　　单位：mm

螺纹规格 D		M1.6	M2	M2.5	M3	M4	M5	M6	M8	M10	M12
螺距 P		0.35	0.4	0.45	0.5	0.7	0.8	1	1.25	1.5	1.75
d_a	min	1.6	2	2.5	3	4	5	6	8	10	12
	max	1.84	2.3	2.9	3.45	4.6	5.75	6.75	8.75	10.8	13
d_w	min	2.4	3.1	4.1	4.6	5.9	6.9	8.9	11.6	14.6	16.6
e	min	3.41	4.32	5.45	6.01	7.66	8.79	11.05	14.38	17.77	20.03
m	max	1	1.2	1.6	1.8	2.2	2.7	3.2	4	5	6
	min	0.75	0.95	1.35	1.55	1.95	2.45	2.9	3.7	4.7	5.7
m_w	min	0.6	0.8	1.1	1.2	1.6	2	2.3	3	3.8	4.6
s	公称＝max	3.2	4	5	5.5	7	8	10	13	16	18
	min	3.02	3.82	4.82	5.32	6.78	7.78	9.78	12.73	15.73	17.73

螺纹规格 D		M16	M20	M24	M30	M36	M42	M48	M56	M64
螺距 P		2	2.5	3	3.5	4	4.5	5	5.5	6
d_a	min	16	20	24	30	36	42	48	56	64
	max	17.3	21.6	25.9	32.4	38.9	45.4	51.8	60.5	69.1
d_w	min	22.5	27.7	33.2	42.8	51.1	60	69.5	78.7	88.2
e	min	26.75	32.95	39.55	50.85	60.79	71.3	82.6	93.56	104.86
m	max	8	10	12	15	18	21	24	28	32
	min	7.42	9.10	10.9	13.9	16.9	19.7	22.7	26.7	30.4
m_w	min	5.9	7.3	8.7	11.1	13.5	15.8	18.2	21.4	24.3
s	公称＝max	24	30	36	46	55	65	75	85	95
	min	23.67	29.16	35	45	53.8	63.1	73.1	82.8	92.8

表 3-55 六角薄螺母非优选的螺纹尺寸规格　　单位：mm

螺纹规格 D		M3.5	M14	M18	M22	M27	M33	M39	M45	M52	M60
P		0.6	2	2.5	2.5	3	3.5	4	4.5	5	5.5
d_a	min	3.5	14	18	22	27	33	39	45	52	60
	max	4	15.1	19.5	23.7	29.1	35.6	42.1	48.6	56.2	64.8

螺纹规格 D		M3.5	M14	M18	M22	M27	M33	M39	M45	M52	M60
d_w	min	5.1	19.6	24.9	31.4	38	46.6	55.9	64.7	74.2	83.4
e	min	6.58	23.35	29.56	37.29	45.2	55.37	66.44	76.95	88.25	99.21
m	max	2	7	9	11	13.5	16.5	19.5	22.5	26	30
	min	1.75	6.42	8.42	9.9	12.4	15.4	18.2	21.2	24.7	28.7
m_w	min	1.4	5.1	6.7	7.9	9.9	12.3	14.6	17	19.8	23
s	公称=max	6	21	27	34	41	50	60	70	80	90
	min	5.82	20.67	26.16	33	40	49	58.8	68.1	78.1	87.8

六角薄螺母的尺寸代号和标注符合 GB/T 5276。

螺母标记方法按 GB/T 1237 规定。

标记示例：

螺纹规格 D=M12、性能等级为 04 级、不经表面处理、产品等级为 A 级的六角薄螺母标记为：

螺母　GB/T 6172.1　M12

5. 六角厚螺母

六角厚螺母（GB/T 56—1988）的型式如图 3-46，其尺寸规格列于表 3-56。

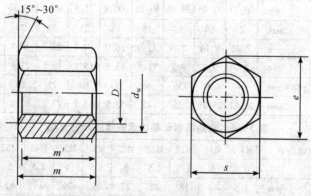

图 3-46　六角厚螺母

表 3-56　六角厚螺母的尺寸规格　　　　单位：mm

螺纹规格 D		M16	(M18)	M20	(M22)	M24	(M27)	M30	M36	M42	M48
d_a	max	17.3	19.5	21.6	23.7	25.9	29.1	32.4	38.9	45.4	51.8
	min	16	18	20	22	24	27	30	36	42	48
d_w	min	22.5	24.8	27.7	31.4	33.2	38	42.7	51.1	60.6	69.4
e	min	26.17	29.56	32.95	37.29	39.55	45.2	50.85	60.79	72.09	82.6
m	max	25	28	32	35	38	42	48	55	65	75
	min	24.16	27.16	30.4	33.4	36.4	40.4	46.4	53.1	63.1	73.1
m'	min	19.33	21.73	24.32	26.72	29.12	32.32	37.12	42.48	50.48	58.48
s	max	24	27	30	34	36	41	46	55	65	75
	min	23.16	26.16	29.16	33	35	40	45	53.8	63.8	73.1

注：表中括号内尺寸尽量不采用。

螺母标记方法按 GB/T 1237 规定。

标记示例：

螺纹规格 D = M20、机械性能为 5 级、不经表面处理的六角厚螺母的标记为：

螺母　GB/T 56　M20

6. 小六角特扁细牙螺母

小六角特扁细牙螺母（GB/T 808—1988）的型式如图 3-47，其尺寸规格列于表 3-57。

允许制造的型式　$\overset{6.3}{\nabla}$

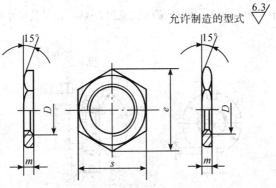

图 3-47　小六角特扁细牙螺母

表3-57　小六角特扁细牙螺母的尺寸规格　　单位：mm

螺纹规格 $D \times P$		M4 ×0.5	M5 ×0.5	M6 ×0.75	M8 ×1	M8 ×0.75	M10 ×1	M10 ×0.75	M12 ×1.25	M12 ×1
e	min	7.66	8.79	11.05	13.25	13.25	15.51	15.51	18.90	18.90
m	max	1.7	1.7	2.4	3.0	2.4	3.0	2.4	3.74	3
	min	1.3	1.3	2.0	2.6	2.0	2.6	2.0	3.26	2.6
s	max	7	8	10	12	12	14	14	17	17
	min	6.78	7.78	9.78	11.73	11.73	13.73	13.73	16.73	16.73
螺纹规格 $D \times P$		M14 ×1	M16 ×1.5	M16 ×1	M18 ×1.5	M18 ×1	M20 ×1	M22 ×1	M24 ×1.5	M24 ×1
e	min	21.10	24.49	24.49	26.75	26.75	30.14	33.53	35.72	35.72
m	max	3.2	4.24	3.2	4.24	3.44	3.74	3.74	4.24	3.74
	min	2.8	3.76	2.8	3.76	2.96	3.26	3.26	3.76	3.26
s	max	19	22	22	24	24	27	30	32	32
	min	18.67	21.67	21.67	23.16	23.16	26.16	29.16	31	31

注：P 为螺距。

标记方法按 GB/T 1237 规定。

标记示例：

螺纹规格 D=M10×1、材料为 Q215、不经表面处理的小六角特扁细牙螺母的标记：

螺母　GB/T 808　M10×1

7. 圆螺母

圆螺母（GB/T 812—1988）的型式见图 3-48 所示，其尺寸规格列于表 3-58。

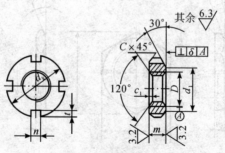

图3-48　圆螺母

表 3-58　圆螺母的尺寸规格　　　　单位：mm

螺纹规格 $D×P$	d_K	d_1	m	n max	n min	t max	t min	C	c_1
M10×1	22	16	8	4.3	4	2.6	2	0.5	
M12×1.25	25	19							
M14×1.5	28	20							
M16×1.5	30	22							
M18×1.5	32	24							
M20×1.5	35	27							
M22×1.5	38	30		5.3	5	3.1	2.5		
M24×1.5	42	34							
M25×1.5 *								1	0.5
M27×1.5	45	37							
M30×1.5	48	40							
M33×1.5	52	43	10						
M35×1.5 *									
M36×1.5	55	46							
M39×1.5	58	49		6.3	6	3.6	3		
M40×1.5 *									
M42×1.5	62	53							
M45×1.5	68	59							
M48×1.5	72	61							
M50×1.5 *									
M52×1.5	78	67							
M55×2									
M56×2	85	74	12	8.36	8	4.25	3.5		
M60×2	90	79							
M64×2	95	84							
M65×2 *									
M68×2	100	88							
M72×2	105	93						1.5	
M75×2 *									
M76×2	110	98	15	10.36	10	4.75	4		
M80×2	115	103							
M85×2	120	108							1
M90×2	125	112							
M95×2	130	117							
M100×2	135	122	18	12.43	12	5.75	5		
M105×2	140	127							
M110×2	150	135							
M115×2	155	140							
M120×2	160	145	22	14.43	14	6.75	6		
M125×2	165	150							
M130×2	170	155							
M140×2	180	165							
M150×2	200	180	26						
M160×3	210	190							
M170×3	220	200		16.43	16	7.9	7	2	1.5
M180×3	230	210							
M190×3	240	220	30						
M200×3	250	230							

注：①表中 * 仅用于滚动轴承锁紧装置。
　　②图中 $D \leqslant$ M100×2，槽数 4，$D \geqslant$ M105×2，槽数 6。

标记方法按 GB/T 1237 规定。

标记示例：

螺纹规格 D＝M16×1.5、材料为 45 钢、槽或全部热处理后硬度 35～45HRC、表面氧化的圆螺母的标记：

螺母　GB/T 812　M16×1.5

8. 端面带孔圆螺母

端面带孔圆螺母（GB/T 815—1988）的型式见图 3-49 所示，其尺寸规格列于表 3-59。

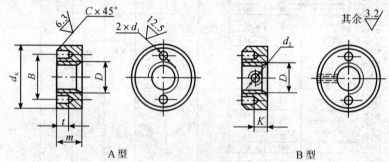

图 3-49　端面带孔圆螺母

表 3-59　端面带孔圆螺母的尺寸规格　　　　　　　　　　单位：mm

螺纹规格 D		M2	M2.5	M3	M4	M5	M6	M8	M10
d_K	max	5.5	9	8	10	12	14	18	22
	min	5.32	6.78	7.78	9.78	11.73	13.73	17.73	21.67
m	max	2	2.2	2.5	3.5	4.2	5	6.5	8
	min	1.75	1.95	2.25	3.2	3.9	4.7	6.14	7.64
d_1		1	1.2	1.5		2	2.5	3	3.5
t		2	2.2	1.5	2	2.5	3	3.5	4
B		4	5	5.5	7	8	10	13	15
K		1	1.1	1.3	1.8	2.1	2.5	3.3	4
C		0.2		0.3		0.4		0.5	0.8
d_2		M1.2		M1.4		M2		M2.5	M3

标记方法按 GB/T 1237 规定。

标记示例：

螺纹规格 D=M5、材料为 Q235、不经表面处理的 A 型端面带孔圆螺母的标记为：

螺母　GB/T 815　M5

9. 方螺母（C 级）

方螺母（C 级）（GB/T 39—1988）的型式如图 3-50 所示，其尺寸规格列于表 3-60。

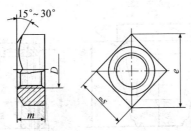

图 3-50　方螺母示意图

表 3-60　方螺母（C 级）的尺寸规格　　　　单位：mm

D	m		s		e_{min}
	max	min	max	min	
M3	2.4	1.4	5.5	5.2	6.76
M4	3.2	2	7	6.64	8.63
M5	4	2.8	8	7.64	9.93
M6	5	3.8	10	9.64	12.53
M8	6.5	5	13	12.57	16.34
M10	8	6.5	16	15.57	20.24
M12	10	8.5	18	17.57	22.84
（M14）	11	9.2	21	20.16	26.21
M16	13	11.2	24	23.16	30.11
（M18）	15	13.2	27	26.16	34.01
M20	16	14.2	30	29.16	37.91
（M22）	18	16.2	34	33	42.9
M24	19	16.9	36	35	45.5

注：尽可能不采用括号内的规格。

标记方法按 GB/T 1237 规定。

标记示例：

螺纹规格 D=M16、性能等级为 5 级、不经表面处理、C 级方螺母，其标记为：

螺母　GB/T 39　M16

10. 环形螺母

环形螺母（GB/T 63—1988）的型式如图 3-51 所示，其尺寸规格列于表 3-61。

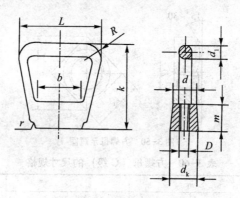

图 3-51　环形螺母

表 3-61　环形螺母的尺寸规格　　　　单位：mm

螺纹规格 D	M12	（M14）	M16	（M18）	M20	（M22）	M24
d_k	24		30		36		46
d	20		26		30		38
m	15		18		22		26
k	52		60		72		84
L	66		76		86		98
d_1	10		12		13		14
R	6				8		10
r	6		8		11		14

注：尽可能不采用括号内的规格。

$b \approx d_k$

标记方法按 GB 1237 规定。

标记示例：

螺纹规格 D=M16、材料为 ZHMn 58-2，不经表面处理的环形螺母的标记：

螺母　GB 63 M16

11. 盖形螺母

盖形螺母（GB/T 923—2009）的型式如图 3-52 所示，其尺寸规格列于表 3-62。

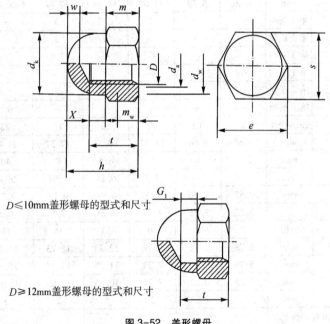

D≤10mm盖形螺母的型式和尺寸

D≥12mm盖形螺母的型式和尺寸

图 3-52　盖形螺母

表 3-62 盖形螺母的尺寸规格 单位：mm

螺纹规格 D		M4	M5	M6	M8	M10	M12
	第 1 系列	M4	M5	M6	M8	M10	M12
	第 2 系列	—	—	—	M8×1	M10×1	M12×1.5
	第 3 系列	—	—	—	—	M10×1.25	M12×1.25
P^a		0.7	0.8	1	1.25	1.5	1.75
d_a	max	4.6	5.75	6.75	8.75	10.8	13
	min	4	5	6	8	10	12
d_k	max	6.5	7.5	9.5	12.5	15	17
d_w	min	5.9	6.9	8.9	11.6	14.6	16.6
e	min	7.66	8.79	11.05	14.38	17.77	20.03
x^b_{max}	第 1 系列	1.4	1.6	2	2.5	3	—
	第 2 系列	—	—	—	2	2	—
	第 3 系列	—	—	—	—	2.5	—
G^c_{1max}	第 1 系列	—	—	—	—	—	6.4
	第 2 系列	—	—	—	—	—	5.6
	第 3 系列	—	—	—	—	—	4.9
h	max=公称	8	10	12	15	18	22
	min	7.64	9.64	11.57	14.57	17.57	21.48
m	max	3.2	4	5	6.5	8	10
	min	2.9	3.7	4.7	6.14	7.64	9.64
m_w	min	2.32	2.96	3.76	4.91	6.11	7.71
SR	≈	3.25	3.75	4.75	6.25	7.5	8.5
s	公称	7	8	10	13	16	18
	min	6.78	7.78	9.78	12.73	15.73	17.73
t	max	5.74	7.79	8.29	11.35	13.35	16.35
	min	5.26	7.21	7.71	10.65	12.65	15.65
w	min	2	2	2	2	2	3
每 1000 件钢螺母质量($\rho=7.85$ kg/dm³) ≈ kg		d	d	4.66	11	20.1	28.3
P^a		2	2	2.5	2.5	2.5	3
d_a	max	15.1	17.3	19.5	21.6	23.7	25.9
	min	14	16	18	20	22	24

螺纹规格 D	第 1 系列	M4	M5	M6	M8	M10	M12
	第 2 系列	—	—	—	M8×1	M10×1	M12×1.5
	第 3 系列	—	—	—	—	M10×1.25	M12×1.25
d_k	max	20	23	26	28	33	34
d_w	min	19.6	22.5	24.9	27.7	31.4	33.3
e	min	23.35	26.75	29.56	32.95	37.29	39.55
x_{max}^b	第 1 系列	—	—	—	—	—	—
	第 2 系列	—	—	—	—	—	—
	第 3 系列	—	—	—	—	—	—
G_{1max}^e	第 1 系列	7.3	7.3	9.3	9.3	9.3	10.7
	第 2 系列	5.6	5.6	5.6	7.3	5.6	7.3
	第 3 系列	—	—	7.3	5.6	7.3	—
h	max=公称	25	28	32	34	39	42
	min	24.48	27.48	31	33	38	41
m	max	11	13	15	16	18	19
	min	10.3	12.3	14.3	14.9	16.9	17.7
m_w	min	8.24	9.84	11.44	11.92	13.52	14.16
SR	≈	10	11.5	13	14	16.5	17
s	公称	21	24	27	30	34	36
	min	20.67	23.67	26.16	29.16	33	35
t	max	18.35	21.42	25.42	26.42	29.42	31.5
	min	17.65	20.58	24.58	25.58	28.55	30.5
w	min	4	4	5	5	5	6
每 1 000 件钢螺母质量($\rho=7.85$ kg/dm³) ≈kg		d	54.3	95	104	d	216

注：尽可能不采用括号内的规格，按螺纹规格第 1~3 系列，依次优先选用。

a　P——粗牙螺纹螺距，按 GB/T 197。

b　内螺纹的收尾 $x_{max}=2P$，适用于 $D \leqslant M10$。

c　内螺纹的退刀槽 G_{1max}，适用于 $D>M10$。

d　目前尚无数据。

标记方法按 GB/T 1237 规定。

标记示例:

螺纹规格 D＝M12、性能等级为 6 级、表面氧化处理的六角盖形螺母的标记:

螺母　GB/T 923　M12

12.1 型全金属六角锁紧螺母

1 型全金属六角锁紧螺母（GB/T 6184—2000）的型式如图 3-53 所示,其尺寸规格列于表 3-63。

螺母尺寸代号和标注符合 GB/T 5276。

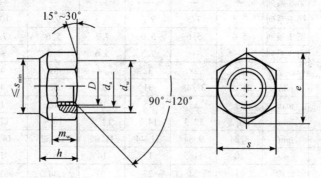

图 3-53　1 型全金属六角锁紧螺母

表 3-63　1 型全金属六角锁紧螺母规格尺寸　　单位: mm

螺纹规格 D		M5	M6	M8	M10	M12	(M14)	M16	(M18)	M20	(M22)	M24	M30	M36
螺距 P		0.8	1	1.25	1.5	1.75	2	2	2.5	2.5	2.5	3	3.5	4
d_a	max	5.75	6.75	8.75	10.8	13	15.1	17.3	19.5	21.6	23.7	25.9	32.4	38.9
	min	5.00	6.00	8.00	10.0	12	14.0	16.0	18.0	20.0	22.0	24.0	30.0	36.0
d_w	min	6.88	8.88	11.63	14.63	16.63	19.64	22.49	24.9	27.7	31.4	33.25	42.75	51.11
e	min	8.79	11.05	14.38	17.77	20.03	23.36	26.75	29.56	32.95	37.29	39.55	50.85	60.79
h	max	5.3	5.9	7.10	9.00	11.60	13.2	15.2	17.00	19.0	21.0	23.0	26.9	32.5
	min	4.8	5.4	6.44	8.04	10.37	12.1	14.1	15.01	16.9	18.1	20.2	24.3	29.4

螺纹规格 D	M5	M6	M8	M10	M12	(M14)	M16	(M18)	M20	(M22)	M24	M30	M36
螺距 P	0.8	1	1.25	1.5	1.75	2	2	2.5	2.5	2.5	3	3.5	4
m_w min	3.52	3.92	5.15	6.43	8.3	9.68	11.28	12.08	13.52	14.5	16.16	19.44	23.52
s max	8.00	10.00	13.00	16.00	18.00	21.00	24.00	27.00	30.00	34	36	46	55.0
s min	7.78	9.78	12.73	15.73	17.73	20.67	23.67	26.1	29.16	33	35	45	53.8

注：括号内规格尽量不采用。

标记方法按 GB/T 1237 规定。

标记示例：

螺纹规格 D＝M12、性能等级为 8 级、表面氧化、产品等级为 A 级的 1 型全金属六角锁紧螺母的标记：

螺母　GB/T 6184　M12

13. 蝶形螺母

（1）蝶形螺母圆翼

蝶形螺母圆翼（GB/T 62.1—2004）的型式如图 3-54 所示，其尺寸规格列于表 3-64。

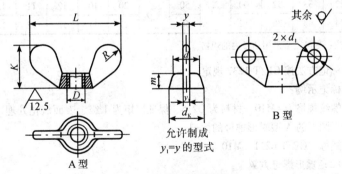

图 3-54　蝶形螺母圆翼

表 3-64　蝶形螺母圆翼的尺寸规格

单位：mm

螺纹规格 D	d_k min	d ≈	L		k		m min	y max	y_1 max	d_1 max	t max
M2	4	3	12		6		2	2.5	3	2	0.3
M2.5	5	4	16		8		3	2.5	3	2.5	0.3
M3	5	4	16	±1.5	8		3	2.5	3	3	0.4
M4	7	6	20		10		4	3	4	4	0.4
M5	8.5	7	25		12	±1.5	5	3.5	4.5	4	0.5
M6	10.5	9	32		16		6	4	5	5	0.5
M8	14	12	40		20		8	4.5	5.5	6	0.6
M10	18	15	50		25		10	5.5	6.5	7	0.7
M12	22	18	60	±2	30		12	7	8	8	1
(M14)	26	22	70		35		14	8	9	9	1.1
M16	26	22	70		35		14	8	9	10	1.2
(M18)	30	25	80		40	±2	16	8	10	10	1.4
M20	34	28	90		45		18	9	11	11	1.5
(M22)	38	32	100	±2.5	50		20	10	12	11	1.6
M24	43	36	112		56		22	11	13	12	1.8

注：尽可能不采用括号内的规格。

标记方法按 GB/T 1237 规定。

标记示例：

螺纹规格 D=M10、材料为 Q215、保证扭矩为 I 级、表面氧化处理、两翼为半圆形的 A 型蝶形螺母的标记：

螺母　GB/T 62.1　M10

（2）蝶形螺母方翼

蝶形螺母方翼（GB/T 62.2—2004）的型式如图 3-55 所示，其尺寸规格列表于 3-65。

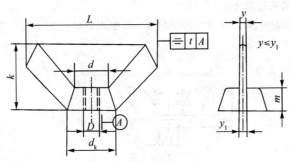

图 3-55 蝶形螺母方翼

表 3-65 蝶形螺母方翼的尺寸规格 单位：mm

螺纹规格 D	d_k min	d ≈	L		k		m min	y max	y_1 max	t max
M3	6.5	4	17		9		3	4	4	0.4
M4	6.5	4	17	±1.5	9		3	4	4	0.4
M5	8	6	21		11		4	3.5	4.5	0.5
M6	10	7	27		13	±1.5	4.5	4	5	0.5
M8	13	10	31		16		6	4.5	5.5	0.6
M10	16	12	36		18		7.5	5.5	6.5	0.7
M12	16	12	48		23		9	7	8	1
（M14）	20	16	48	±2	23		9	7	8	1.1
M16	27	22	68		35		12	8	9	1.2
（M18）	27	22	68		35	±2	12	8	9	1.4
M20	27	22	68		35		12	8	9	1.5

注：尽可能不采用括号内的规格。

标记方法按 GB/T 1237 规定。

标记示例

螺纹规格 D = M10、材料为 Q215、保证扭矩为 I 级、表面氧化处理、两翼为长方形的蝶形螺母的标记：

螺母 GB/T 62.2 M10

（3）蝶形螺母冲压

蝶形螺母冲压（GB/T 62.3—2004）的型式如图 3-56 所示，其尺寸规格列于表 3-66。

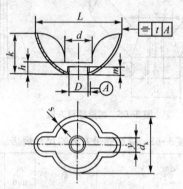

图 3-56　蝶形螺母冲压

表 3-66　蝶形螺母冲压的尺寸规格　　　　　　单位：mm

螺纹规格 D	d_k max	d ≈	L	k	h ≈	y max	A 型（高型）		B 型（低型）		t max
							m	S	m	S	
M3	10	5	16	6.5	2	4	3.5		1.4		0.4
M4	12	6	19	8.5	2.5	5	4	±0.5	1.6	±0.3 0.8	0.4
M5	13	7	22	±1 9	3	5.5	4.5	1	1.8		0.5
M6	15	9	25	9.5	3.5	6	5		2.4	±0.4 1	0.5
M8	17	10	28	11	5	7	6	±0.8	3.1	±0.5 1.2	0.6
M10	20	12	35	±1.5 12	6	8	7	1.2	3.8		0.7

标记方法按 GB/T 1237 规定。

标记示例：

螺纹规格 D=M5、材料为 Q215、保证扭矩为Ⅱ级、经表面氧化处理、用钢板冲压制成的 A 型蝶形螺母的标记：

螺母　GB/T 62.3　M5

（4）蝶形螺母压铸

蝶形螺母压铸（GB/T 62.4—2004）的型式如图 3-57 所示，其尺寸规格列于表 3-67。

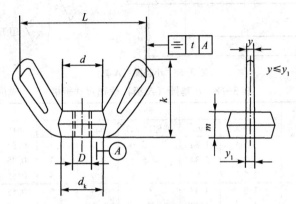

图 3-57　蝶形螺母压铸

表 3-67　蝶形螺母压铸的尺寸规格　　　　单位：mm

螺纹规格 D	d_k min	d ≈	L		k		m min	y max	y_1 max	t max
M3	5	4	16		8.5		2.4	2.5	3	0.4
M4	7	6	21		11		3.2	3	4	0.4
M5	8.5	7	21	±1.5	11		4	3.5	4.5	0.5
M6	10.5	9	23		14	±1.5	5	4	5	0.5
M8	13	10	30		16		6.5	4.5	5.5	0.6
M10	16	12	37	±1.5	19		8	5.5	6.5	0.7

标记方法按 GB/T 1237 规定。

标记示例：

螺纹规格 D=M5、材料为 ZZnAID4-3、保证扭矩为Ⅱ级、不经表面处理、用锌合金压铸制成的蝶形螺母的标记：

螺母　GB/T 62.4　M5

3.1.6. 垫圈

1. 小垫圈（A级）

小垫圈（A级）（GB/T 848—2002）的型式如图 3-58 所示，其尺寸规格列于表3-68、表 3-69。

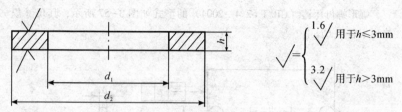

图 3-58　小垫圈（A 级）

表 3-68　小垫圈（A 级）优选尺寸规格　　　单位：mm

公称规格	内　径　d_1		外　径　d_2		厚　度　h		
（螺纹大径 d）	公称（min）	max	公称（max）	min	公称	max	min
1.6	1.7	1.84	3.5	3.2	0.3	0.35	0.25
2	2.2	2.34	4.5	4.2	0.3	0.35	0.25
2.5	2.7	2.84	5	4.7	0.5	0.55	0.45
3	3.2	3.38	6	5.7	0.5	0.55	0.45
4	4.3	4.48	8	7.64	0.5	0.55	0.45
5	5.3	5.48	9	8.64	1	1.1	0.9
6	6.4	6.62	11	10.57	1.6	1.8	1.4
8	8.4	8.62	15	14.57	1.6	1.8	1.4
10	10.5	10.77	18	17.57	1.6	1.8	1.4
12	13	13.27	20	19.48	2	2.2	1.8
16	17	17.27	28	27.48	2.5	2.7	2.3
20	21	21.33	34	33.38	3	3.3	2.7
24	25	25.33	39	38.38	4	4.3	3.7
30	31	31.39	50	49.38	4	4.3	3.7
36	37	37.62	60	58.8	5	5.6	4.4

表 3-69　小垫圈（A 级）非优选尺寸规格　　　单位：mm

公称规格	内　径　d_1		外　径　d_2		厚　度　h		
（螺纹大径 d）	公称（min）	max	公称（max）	min	公称	max	min
3.5	3.7	3.88	7	6.64	0.5	0.55	0.45
14	15	15.27	24	23.48	2.5	2.7	2.3
18	19	19.33	30	29.48	3	3.3	2.7
22	23	23.33	37	36.38	3	3.3	2.7
27	28	28.33	44	43.38	4	4.3	3.7
33	34	34.62	56	54.8	5	5.6	4.4

标记方法按 GB/T 1237 规定。

标记示例：

小系列、公称规格 8mm、由钢制造的硬度等级为 200HV 级、不经表面处理、产品等级为 A 级的平垫圈标记为：

GB/T 848 8

小系列、公称规格 8mm、由 A2 组不锈钢制造的硬度等级为 200HV 级、不经表面处理、产品等级为 A 级的平垫圈标记为：

GB/T 848 8 A2

2. 大垫圈（A 级）

大垫圈（A 级）（GB/T 96.1—2002）的型式如图 3-59 所示，其尺寸规格列于表 3-70、表 3-71。

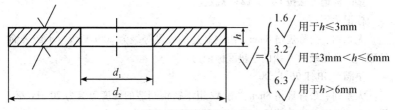

图 3-59 大垫圈（A 级）

表 3-70 大垫圈（A 级）优选尺寸规格 单位：mm

公称规格	内 径 d_1		外 径 d_2		厚 度 h		
（螺纹大径 d）	公称（min）	max	公称（max）	min	公称	max	min
3	3.2	3.38	9	8.64	0.8	0.9	0.7
4	4.3	4.48	12	11.57	1	1.1	0.9
5	5.3	5.48	15	14.57	1	1.1	0.9
6	6.4	6.62	18	17.57	1.6	1.8	1.4
8	8.4	8.62	24	23.48	2	2.2	1.8
10	10.5	10.77	30	29.48	2.5	2.7	2.3
12	13	13.27	37	36.38	3	3.3	2.7
16	17	17.27	50	49.38	3	3.3	2.7
20	21	21.33	60	59.26	4	4.3	3.7
24	25	25.52	72	70.8	5	5.6	4.4
30	33	33.62	92	90.6	6	6.6	5.4
36	39	39.62	110	108.6	8	9	7

表 3-71　大垫圈（A 级）非优选尺寸规格　单位：mm

公称规格	内　径　d_1		外　径　d_2		厚　度　h		
（螺纹大径 d）	公称（min）	max	公称（max）	min	公称	max	min
3.5	3.7	3.88	11	10.57	0.8	0.9	0.7
14	15	15.27	44	43.38	3	3.3	2.7
18	19	19.33	56	55.26	4	4.3	3.7
22	23	23.52	66	64.8	5	5.6	4.4
27	30	30.52	85	83.6	6	6.6	5.4
33	36	36.62	105	103.6	6	6.6	5.4

垫圈标记方法按 GB/T 1237 规定。

标记示例：

大系列、公称规格 8mm、由钢制造的硬度等级为 200HV 级、不经表面处理、产品等级为 A 级的平垫圈标记为：

垫圈　GB/T 96.1　8

大系列、公称规格 8mm、由 A2 组不锈钢制造的硬度等级为 200HV 级、不经表面处理、产品等级为 A 级的平垫圈标记为：

垫圈　GB/T 96.1　8　2A

3. 大垫圈（C 级）

大垫圈（C 级）（GB/T 96.2—2002）的型式如图 3-60 所示，其尺寸规格列于表3-72、表 3-73。

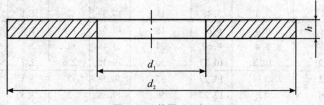

图 3-60　垫圈（C 级）

表 3-72　垫圈（C级）优选尺寸规格　　单位：mm

公称规格	内　径 d_1		外　径 d_2		厚　度 h		
（螺纹大径 d）	公称(min)	max	公称(max)	min	公称	max	min
3	3.4	3.7	9	8.1	0.8	1.0	0.6
4	4.5	4.8	12	10.9	1	1.2	0.8
5	5.5	5.8	15	13.9	1	1.2	0.8
6	6.6	6.96	18	16.9	1.6	1.9	1.3
8	9	9.36	24	22.7	2	2.3	1.7
10	11	11.43	30	28.7	2.5	2.8	2.2
12	13.5	13.93	37	35.4	3	3.6	2.4
16	17.5	17.93	50	48.4	3	3.6	2.4
20	22	22.52	60	58.1	4	4.6	3.4
24	26	26.84	72	70.1	5	6	4
30	33	34	92	89.8	6	7	5
36	39	40	110	107.8	8	9.2	6.8

表 3-73　垫圈（C级）非优选尺寸规格　　单位：mm

公称规格	内　径 d_1		外　径 d_2		厚　度 h		
（螺纹大径 d）	公称(min)	max	公称(max)	min	公称	max	min
3.5	3.9	4.2	11	9.9	0.8	1.0	0.6
14	15.5	15.93	44	42.4	3	3.6	2.4
18	20	20.43	56	54.9	4	4.6	3.4
22	24	24.84	66	64.9	5	6	4
27	30	30.84	85	82.8	6	7	5
33	36	37	105	102.8	6	7	5

垫圈标记方法按 GB/T 1237 规定。

标记示例：

大系列、公称规格 8mm、由钢制造的硬度等级为 100HV 级、不经表面处理、产品等级为 C 级的平垫圈标记为：

-　垫圈　GB/T 96.2　8

4. 平垫圈（A 级）

平垫圈（A 级）（GB/T 97.1—2002）的型式如图 3-61，其尺寸规格列于表3-74、表3-75

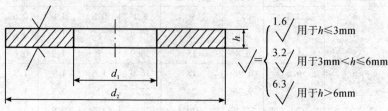

图 3-61 垫圈（A 级）

表 3-74 垫圈（A 级）优选尺寸规格　　　　单位：mm

公称规格	内 径 d_1		外 径 d_2		厚 度 h		
（螺纹大径 d）	公称(min)	max	公称(max)	min	公称	max	min
1.6	1.7	1.84	4	3.7	0.3	0.35	0.25
2	2.2	2.34	5	4.7	0.3	0.35	0.25
2.5	2.7	2.84	6	5.7	0.5	0.55	0.45
3	3.2	3.38	7	6.64	0.5	0.55	0.45
4	4.3	4.48	9	8.64	0.8	0.9	0.7
5	5.3	5.48	10	9.64	1	1.1	0.9
6	6.4	6.62	12	11.57	1.6	1.8	1.4
8	8.4	8.62	16	15.57	1.6	1.8	1.4
10	10.5	10.77	20	19.48	2	2.2	1.8
12	13	13.27	24	23.48	2.5	2.7	2.3
16	17	17.27	30	29.48	3	3.3	2.7
20	21	21.33	37	36.38	3	3.3	2.7
24	25	25.33	44	43.38	4	4.3	3.7
30	31	31.39	56	55.26	4	4.3	3.7
36	37	37.62	66	64.8	5	5.6	4.4
42	45	45.62	78	76.8	8	9	7
48	52	52.74	92	90.6	8	9	7
56	62	62.74	105	103.6	10	11	9
64	70	70.74	115	113.6	10	11	9

表 3-75 平垫圈（A 级）非优选尺寸规格   单位：mm

公称规格	内 径 d_1		外 径 d_2		厚 度 h		
（螺纹大径 d）	公称（min）	max	公称（max）	min	公称	max	min
14	15	15.27	28	27.48	2.5	2.7	2.3
18	19	19.33	34	33.38	3	3.3	2.7
22	23	23.33	39	38.38	3	3.3	2.7
27	28	28.33	50	49.38	4	4.3	3.7
33	34	34.62	60	58.8	5	5.6	4.4
39	42	42.62	72	70.8	6	6.6	5.4
45	48	48.62	85	83.6	8	9	7
52	56	56.74	98	96.6	8	9	7
60	66	66.74	110	108.6	10	11	9

垫圈标记方法按 GB/T 1237 规定。

标记示例：

标准系列、公称规格 8mm、由钢制造的硬度等级为 200HV 级、不经表面处理、产品等级为 A 级的平垫圈标记为：

垫圈　GB/T 97.1　8

标准系列、公称规格 8mm、由 A2 组不锈钢制造的硬度等级为 200HV 级、不经表面处理的、产品等级为 A 级的平垫圈标记为：

垫圈　GB/T 97.1　8　A2

5. 平垫圈（倒角型 A 级）

平垫圈（倒角型 A 级）（GB/T 97.2—2002）的型式如图 3-62 所示，其尺寸规格列于表3-76、表3-77。

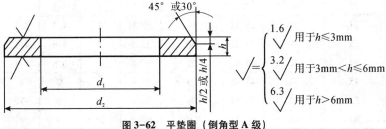

图 3-62　平垫圈（倒角型 A 级）

表 3-76 平垫圈（倒角型 A 级）优选尺寸规格　　单位：mm

公称规格	内　径　d_1		外　径　d_2		厚　度　h		
（螺纹大径 d）	公称(min)	max	公称(max)	min	公称	max	min
5	5.3	5.48	10	9.64	1	1.1	0.9
6	6.4	6.62	12	11.57	1.6	1.8	1.4
8	8.4	8.62	16	15.57	1.6	1.8	1.4
10	10.5	10.77	20	19.48	2	2.2	1.8
12	13	13.27	24	23.48	2.5	2.7	2.3
16	17	17.27	30	29.48	3	3.3	2.7
20	21	21.33	37	36.38	3	3.3	2.7
24	25	25.33	44	43.38	4	4.3	3.7
30	31	31.39	56	55.26	4	4.3	3.7
36	37	37.62	66	64.8	5	5.6	4.4
42	45	45.62	78	76.8	8	9	7
48	52	52.74	92	90.6	8	9	7
56	62	62.74	105	103.6	10	11	9
64	70	70.74	115	113.6	10	11	9

表 3-77 平垫圈（倒角型 A 级）非优选尺寸规格　　单位：mm

公称规格	内　径　d_1		外　径　d_2		厚　度　h		
（螺纹大径 d）	公称(min)	max	公称(max)	min	公称	max	min
14	15	15.27	28	27.48	2.5	2.7	2.3
18	19	19.33	34	33.38	3	3.3	2.7
22	23	23.33	39	38.38	3	3.3	2.7
27	28	28.33	50	49.38	4	4.3	3.7
33	34	34.62	60	58.8	5	5.6	4.4
39	42	42.62	72	70.8	6	6.6	5.4
45	48	48.62	85	83.6	8	9	7
52	56	56.74	98	96.6	8	9	7
60	66	66.74	110	108.6	10	11	9

标记方法按 GB/T 1237 规定。

标记示例：

标准系列、公称规格 8mm、由钢制造的硬度等级为 200HV 级、不经表面处理、产品等级为 A 级、倒角型平垫圈标记为：

垫圈 GB/T 97.2 8

标准系列、公称规格 8mm、由 A2 组不锈钢制造的硬度等级为 200HV 级、不经表面处理、产品等级为 A 级、倒角型平垫圈标记为：

垫圈 GB/T 97.2 8 A2

6. 平垫圈（C 级）

平垫圈（C 级）（GB/T 95—2002）的型式如图 3-63 所示，其尺寸规格列于表3-78、表3-79。

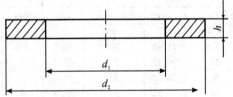

图 3-63 平垫圈（C 级）

表 3-78 平垫圈（C 级）优选尺寸规格　　单位：mm

公称规格	内 径 d_1		外 径 d_2		厚 度 h		
（螺纹大径 d）	公称（min）	max	公称（max）	min	公称	max	min
1.6	1.8	2.05	4	3.25	0.3	0.4	0.2
2	2.4	2.65	5	4.25	0.3	0.4	0.2
2.5	2.9	3.15	6	5.25	0.5	0.6	0.4
3	3.4	3.7	7	6.1	0.5	0.6	0.4
4	4.5	4.8	9	8.1	0.8	1.0	0.6
5	5.5	5.8	10	9.1	1	1.2	0.8
6	6.6	6.96	12	10.9	1.6	1.9	1.3
8	9	9.36	16	14.9	1.6	1.9	1.3
10	11	11.43	20	18.7	2	2.3	1.7
12	13.5	13.93	24	22.7	2.5	2.8	2.2
16	17.5	17.93	30	28.7	3	3.6	2.4
20	22	22.52	37	35.4	3	3.6	2.4

公称规格	内　径　d_1		外　径　d_2		厚　度　h		
（螺纹大径 d）	公称（min）	max	公称（max）	min	公称	max	min
24	26	26.52	44	42.4	4	4.6	3.4
30	33	33.62	56	54.1	4	4.6	3.4
36	39	40	66	64.1	5	6	4
42	45	46	78	76.1	8	9.2	6.8
48	52	53.2	92	89.8	8	9.2	6.8
56	62	63.2	105	102.8	10	11.2	8.8
64	70	71.2	115	112.8	10	11.2	8.8

表 3-79　平垫圈（C 级）非优选尺寸规格　　单位：mm

公称规格	内　径　d_1		外　径　d_2		厚　度　h		
（螺纹大径 d）	公称（min）	max	公称（max）	min	公称	max	min
3.5	3.9	4.2	8	7.1	0.5	0.6	0.4
14	15.5	15.93	28	26.7	2.5	2.8	2.2
18	20	20.43	34	32.4	3	3.6	2.4
22	24	24.52	39	37.4	3	3.6	2.4
27	30	30.52	50	48.4	4	4.6	3.4
33	36	37	60	58.1	5	6	4
39	42	43	72	70.1	6	7	5
45	48	49	85	82.8	8	9.2	6.8
52	56	57.2	98	95.8	8	9.2	6.8
60	66	67.2	110	107.8	10	11.2	8.8

标记方法按 GB/T 1237 规定。

标记示例：

标准系列、公称规格 8mm、由钢制造的硬度等级为 100HV 级、不经表面处理、产品等级为 C 级的平垫圈标记为：

垫圈　GB/T 95　8

7. 圆螺母用止动垫圈

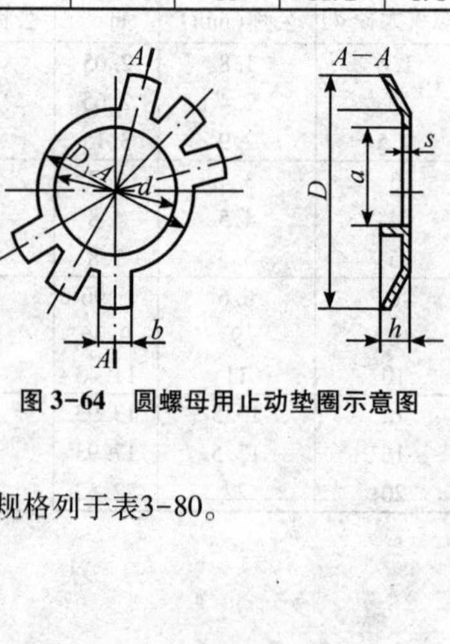

圆螺母用止动垫圈（GB/T 858—1988）的型式如图 3-64，其尺寸规格列于表 3-80。

图 3-64　圆螺母用止动垫圈示意图

表 3-80　圆螺母用止动垫圈尺寸规格　　　　单位：mm

规格 （螺纹大径）	d	D （参考）	D₁	s	h	b	a	规格 （螺纹大径）	d	D （参考）	D₁	s	h	b	a
10	10.5	25	16				8	64	65	100	84				61
12	12.5	28	19		3	3.8	9	65①	66					7.7	62
14	14.5	32	20	1			11	68	69	105	88		6		65
16	16.5	34	22				13	72	73	110	93	1.5		9.6	69
18	18.5	35	24				15	75①	76						71
20	20.5	38	27				17	76	77	115	98				72
22	22.5	42	30		4	4.8	19	80	81	120	103				76
24	24.5	45	34				21	85	86	125	108				81
25①	25.5	45	34	1			22	90	91	130	112				86
27	27.5	48	37				24	95	96	135	117			11.6	91
30	30.5	52	40				27	100	101	140	122		7		96
33	33.5	56	43				30	105	106	145	127				101
35①	35.5	56	43				32	110	111	156	135	2			106
36	36.5	60	46				33	115	116	160	140				111
39	39.5	62	49		5	5.7	36	120	121	166	145			13.5	116
40①	40.5	62	49				37	125	126	170	150				121
42	42.5	66	53				39	130	131	176	155				126
45	45.5	72	59	1.5			42	140	141	186	165				136
48	48.5	76	61				45	150	151	206	180				146
50①	50.5	76	61				47	160	161	216	190				156
52	52.5	82	67			7.7	49	170	171	226	200			15.5	166
55①	56	82	67		6		52	180	181	236	210	2.5	8		176
56	57	90	74				53	190	191	246	220				186
60	61	94	79				57	200	201	256	230				196

注：表中①仅用于滚动轴承锁紧装置。

标记示例：

规格 16mm、材料为 Q215、经退化、表面氧化的圆螺母用止动垫圈的标记：

垫圈　GB/T 858　16

8. 标准型弹簧垫圈

标准型弹簧垫圈（GB/T 93—1987）的型式如图 3-65，其尺寸规格列于表 3-81。

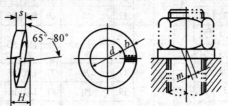

图 3-65　标准型弹簧垫圈

标记示例：

规格 16mm、材料为 65Mn、表面氧化的标准型弹簧垫圈的标记为：

垫圈　GB/T 93　16

表 3-81　标准型弹簧垫圈的尺寸规格　　　　单位：mm

公称规格	d		s (b)			H		m
（螺纹大径）	min	max	公称	min	max	min	max	≤
2	2.1	2.35	0.5	0.42	0.58	1	1.25	0.25
2.5	2.6	2.85	0.65	0.57	0.73	1.3	1.63	0.33
3	3.1	3.4	0.8	0.7	0.9	1.6	2	0.4
4	4.1	4.4	1.1	1	1.2	2.2	2.75	0.55
5	5.1	5.4	1.3	1.2	1.4	2.6	3.25	0.65
6	6.1	6.68	1.6	1.5	1.7	3.2	4	0.8
8	8.1	8.68	2.1	2	2.2	4.2	5.25	1.05
10	10.2	10.9	2.6	2.45	2.75	5.2	6.5	1.3
12	12.2	12.9	3.1	2.95	3.25	6.2	7.75	1.55
（14）	14.2	14.9	3.6	3.4	3.8	7.2	9	1.8
16	16.2	16.9	4.1	3.9	4.3	8.2	10.25	2.05
（18）	18.2	19.04	4.5	4.3	4.7	9	11.25	2.25
20	20.2	21.04	5	4.8	5.2	10	12.5	2.5

公称规格	d		s (b)			H		m
（螺纹大径）	min	max	公称	min	max	min	max	≤
（22）	22.5	23.34	5.5	5.3	5.7	11	13.75	2.75
24	24.5	25.5	6	5.8	6.2	12	15	3
（27）	27.5	28.5	6.8	6.5	7.1	13.6	17	3.4
30	30.5	31.5	7.5	7.2	7.8	15	18.75	3.75
（33）	33.5	34.7	8.5	8.2	8.8	17	21.25	4.25
36	36.5	37.7	9	8.7	9.3	18	22.5	4.5
（39）	39.5	40.7	10	9.7	10.3	20	25	5
42	42.5	43.7	10.5	10.2	10.8	21	26.25	5.25
（45）	45.5	46.7	11	10.7	11.3	22	27.5	5.5
48	48.5	49.7	12	11.7	12.3	24	30	6

注：①尽可能不采用括号内的规格。

②m 应大于零。

3.1.7 挡圈

1. 轴肩挡圈

轴肩挡圈（GB/T 886—1986）的型式如图 3-66 所示，按其用途基本尺寸和偏差列于表 3-82~表 3-84。

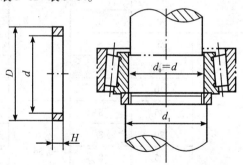

图 3-66 轴肩挡圈示意图

标记示例：

公称直径 d=60mm、外径 D=70mm、材料为 35 钢、不经热处理及表面

处理的轴肩挡圈的标记为:

挡圈　GB／T 886　60×70

表 3-82　轴肩挡圈的基本尺寸及偏差

单位: mm

轻 系 列 径 向 轴 承 用					
公称直径 d		D	H		d_1
基本尺寸	极限偏差		基本尺寸	极限偏差	≥
30	+0.13 0	36	4		32
35		42	4		37
40	+0.16 0	47	4		42
45		52	4		47
50		58	4		52
55		65	5		58
60		70	5	0 −0.30	63
65	+0.19 0	75	5		68
70		80	5		73
75		85	5		78
80		90	6		83
85		95	6		88
90		100	6		93
95		110	6		98
100	+0.22 0	115	8		103
105		120	8	0 −0.36	109
110		125	8		114
120		135	8		124

表 3-83 轴肩挡圈的基本尺寸及偏差 单位：mm

中系列径向轴承和轻系列径向推力轴承用					
公称直径 d		D	H		d_1
基本尺寸	极限偏差		基本尺寸	极限偏差	≥
20		27	4		22
25	+0.13 0	32	4		27
30		38	4		32
35		45	4		37
40		50	4		42
45	+0.16 0	55	4		47
50		60	4		52
55		68	5	0 -0.30	58
60		72	5		63
65	+0.19 0	78	5		68
70		82	5		73
75		88	5		78
80		95	6		83
85		100	6		88
90		105	6		93
95		110	6		98
100	+0.22 0	115	8		103
105		120	8	0 -0.36	109
110		130	8		114
120		140	8		124

表 3-84 轴肩挡圈的基本尺寸及偏差 单位：mm

重系列径向轴承和中系列径向推力轴承用					
公称直径 d		D	H		d_1
基本尺寸	极限偏差		基本尺寸	极限偏差	≥
20		30	5		22
25	+0.13 0	35	5		27
30		40	5		32
35		47	5	0 -0.30	37
40		52	5		42
45	+0.17 0	58	5		47
50		65	5		52

重系列径向轴承和中系列径向推力轴承用					
公称直径 d		D	H		d_1
基本尺寸	极限偏差		基本尺寸	极限偏差	$\geqslant$
55		70	6		58
60		75	6		63
65	+0.19	80	6	0	68
70	0	85	6	−0.30	73
75		90	6		78
80		100	8		83
85		105	8		88
90		110	8		93
95		115	8		98
100	+0.22	120	10	0	103
105	0	130	10	−0.36	109
110		135	10		114
120		145	10		124

2. 孔用弹性挡圈

孔用弹性挡圈（GB/T 893.1—1986）如图 3-67 所示，其尺寸及沟槽尺寸列于表 3-85。

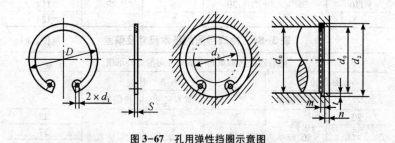

图 3-67　孔用弹性挡圈示意图

标记示例：

孔径 $d_0=50\mathrm{mm}$、材料为 65Mn、热处理硬度 44~51HRC、表面氧化的 A 型孔用弹性挡圈的标记为：

挡圈　GB/T 893.1　50

表 3-85　孔用弹性挡圈及沟槽基本尺寸及偏差　单位：mm

孔径 d_0	挡圈				d_1	沟槽（推荐）					轴 d_3 $\leqslant$
	D		S			d_2		m		n $\geqslant$	
	基本尺寸	极限偏差	基本尺寸	极限偏差		基本尺寸	极限偏差	基本尺寸	极限偏差		
8	8.7		0.6	+0.04 / −0.07	1	8.4	+0.09 / 0	0.7	+0.14 / 0	0.6	2
9	9.8					9.4					
10	10.8	+0.36 / −0.10	0.8	+0.04 / −0.10	1.5	10.4	+0.11 / 0	0.9			
11	11.8					11.4					3
12	13.0					12.5					4
13	14.1					13.6				0.9	
14	15.1		1	+0.05 / −0.13	1.7	14.6		1.1			5
15	16.2					15.7					6
16	17.3					16.8				1.2	7
17	18.3					17.8					8
18	19.5	+0.42 / −0.13			2	19	+0.13 / 0				9
19	20.5					20					10
20	21.5					21				1.5	
21	22.5					22					11
22	23.5					23					12
24	25.9	+0.42 / −0.21	1.2			25.2	+0.21 / 0	1.3			13
25	26.9					26.2				1.8	14
26	27.9					27.2					15
28	30.1	+0.50 / −0.25		+0.06 / −0.15		29.4					17
30	32.1					31.4				2.1	18
31	33.4				2.5	32.7					19
32	34.4					33.7				2.6	20
34	36.5		1.5			35.7		1.7			22
35	37.8					37	+0.25 / 0				23
36	38.8					38				3	24
37	39.8					39					25
38	40.8					40					26
40	43.5	+0.90 / −0.25				42.5				3.8	27

孔径 d_0	挡 圈					沟槽（推荐）					轴 d_3 $\leqslant$
	D		S		d_1	d_2		m		n $\geqslant$	
	基本尺寸	极限偏差	基本尺寸	极限偏差		基本尺寸	极限偏差	基本尺寸	极限偏差		
42	45.5	+0.90				44.5					29
45	48.5	−0.39		+0.06		47.5	+0.25	1.7			31
47	50.5		1.5	−0.15	3	49.5	0			3.8	32
48	51.5					50.5					33
50	54.2					53					36
52	56.2					55					38
55	59.2					58					40
56	60.2			+0.06		59					41
58	62.2		2	−0.18		61		2.2			43
60	64.2	+1.10				63	+0.30				44
62	66.2	−0.46				65	0			4.5	45
63	67.2					66					46
65	69.2				2	68					48
68	72.5					71			+0.14		50
70	74.5					73			0		53
72	76.5					75					55
75	79.5					78					56
78	82.5					81					60
80	85.5					83.5					63
82	87.5		2.5			85.5		2.7			65
85	90.5					88.5					68
88	93.5	+1.30				91.5	+0.35				70
90	95.5	−0.54				93.5	0			5.3	72
92	97.5					95.5					73
95	100.5			+0.07		98.5					75
98	103.5			−0.22		101.5					78
100	105.5					103.5					80

| 孔径 d_0 | 挡圈 | | | | 沟槽（推荐） | | | | 轴 d_3 |
| | D | | S | | d_1 | d_2 | | m | | n | |
	基本尺寸	极限偏差	基本尺寸	极限偏差		基本尺寸	极限偏差	基本尺寸	极限偏差	$\geqslant$	$\leqslant$
102	108					106					82
105	112					109					83
108	115	+1.30				112	+0.54				86
110	117	-0.54				114	0				88
112	119					116					89
115	122					119					90
120	127					124				6	95
125	132					129					100
130	137					134					105
135	142					139					110
140	147	+1.50		+0.07		144			+0.18		115
145	152	-0.63	3	-0.22	4	149	+0.63	3.2	0		118
150	158					155	0				121
155	164					160					125
160	169					165					130
165	174.5					170					136
170	179.5					175					140
175	184.5					180				7.5	142
180	189.5					185					145
185	194.5	+1.70				190					150
190	199.5	-0.72				195	+0.72				155
195	204.5					200	0				157
200	209.5					205					165

注：表中 d_3 为允许套入的最大轴径。

3. 轴用弹性挡圈

轴用弹性挡圈（GB/T 894.1—1986）的型式如图 3-68 所示，其尺寸及沟槽尺寸列于表3-86。

图 3-68　轴用弹性挡圈示意图

表 3-86　轴用弹性挡圈的尺寸参数　　　　单位：mm

轴径 d_0	挡 圈				d_1	沟 槽（推 荐）				n	孔 D_3
	d		S			d_2		m			
	基本尺寸	极限偏差	基本尺寸	极限偏差		基本尺寸	极限偏差	基本尺寸	极限偏差	≥	≥
3	2.7	+0.04 −0.15	0.4	+0.03 −0.16	1	2.8	0 −0.04	0.5		0.3	7.2
4	3.7					3.8	0 −0.048				8.8
5	4.7			+0.04 −0.07		4.8					10.7
6	5.6		0.6			5.7		0.7		0.5	12.2
7	6.5	+0.06 −0.18			1.2	6.7					13.8
8	7.4		0.8	+0.04 −0.10		7.6	0 −0.058	0.9		0.6	15.2
9	8.4					8.6					16.4
10	9.3					9.6					17.6
11	10.2				1.5	10.5	0 −0.11			0.8	18.6
12	11					11.5					19.6
13	11.9	+0.10 −0.36				12.4	0 −0.11			0.9	20.8
14	12.9					13.4	0 −0.11				22
15	13.8					14.3			+0.14 0	1.1	23.2
16	14.7		1		1.7	15.2		1.1		1.2	24.4
17	15.7					16.2	0 −0.11				25.6
18	16.5			+0.05 −0.13		17					27
19	17.5					18					28
20	18.5	+0.13 −0.42				19				1.5	29
21	19.5					20	0 −0.13				31
22	20.5					21					32
24	22.2				2	22.9					34
25	23.2					23.9				1.7	35
26	24.2	+0.21 −0.42	1.2			24.9	0 −0.21		0 −0.21		36
28	25.9					26.6					38.4
29	26.9					27.6				2.1	39.8
30	27.9					28.6					42

| 轴径 | 挡 圈 | | | | | 沟 槽（推 荐） | | | | | 孔 |
| | d | | s | | | d_2 | | m | | | D_3 |
d_0	基本尺寸	极限偏差	基本尺寸	极限偏差	d_1	基本尺寸	极限偏差	基本尺寸	极限偏差	$n \geqslant$	$\leqslant$
32	29.5	+0.21 −0.42	1.2	+0.05 −0.13		30.3		1.3		2.6	44
34	31.5					32.3					46
35	32.2	+0.25 −0.50			2.5	33				3	48
36	33.2					34					49
37	34.2					35					50
38	35.2		1.5	+0.06 −0.15		36	0 −0.25	1.7			51
40	36.5					37.5					53
42	38.5					39.5				3.8	56
45	41.5	+0.39 −0.90				42.5					59.4
48	44.5					45.5					62.8
50	45.8					47					64.8
52	47.8					49					67
55	50.8		2	+0.06 −0.18		52		2.2	+0.14 0		70.4
56	51.8					53					71.7
58	53.8					55					73.6
60	55.8					57					75.8
62	57.8					59				4.5	79
63	58.8				3	60					79.6
65	60.8					62	0 −0.30				81.6
68	63.5	+0.46 −1.10				65					85
70	65.5					67					87.2
72	67.5					69					89.4
75	70.5		2.5	+0.07 −0.22		72		2.7			92.8
78	73.5					75					96.2
80	74.5					76.5					98.2
82	76.5					78.5				5.3	101
85	79.5					81.5	0 −0.35				104

轴径 d_0	挡圈 d 基本尺寸	d 极限偏差	S 基本尺寸	S 极限偏差	d_1	沟槽（推荐）d_2 基本尺寸	d_2 极限偏差	m 基本尺寸	m 极限偏差	n ≥	孔 D_3 ≤
88	82.5					84.5					107.3
90	84.5		2.5		3	86.5	0 −0.35	2.7	+0.14 0	5.3	110
95	89.5					91.5					115
100	94.5					96.5					121
105	98	+0.54 −1.30				101					132
110	103					106	0 −0.54				136
115	108					111					142
120	113					116					145
125	118					121				6	151
130	123					126					158
135	128					131					162.8
140	133			+0.07 −0.22		136					168
145	138					141					174.4
150	142					145					180
155	146	+0.64 −1.50	3		4	150	0 −0.63	3.2	+0.18 0		186
160	151					155					190
165	155.5					160					195
170	160.5					165					200
175	165.5					170				7.5	206
180	170.5					175					212
185	175.5					180					218
190	180.5					185					223
195	185.5	+0.72 −1.70				190	0 −0.72				229
200	190.5					195					235

注：D_3 为允许套入的最小孔径。

4. 螺钉紧固轴端挡圈

螺钉紧固轴端挡圈（GB/T 891—1986）的型式如图 3-69 所示，其尺寸规格列于表3-87。

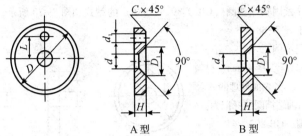

A 型 B 型

图 3-69　螺钉紧固轴端挡圈示意图

标记示例：

公称直径 $D=45$mm、材料为 Q235、不经表面处理的 A 型螺钉紧固轴端挡圈的标记为：

挡圈　GB/T 891　45

按 B 型制造时，应加标记 B：

挡圈 GB/T 891　B45

表 3-87　螺钉紧固轴端挡圈尺寸　　　　　　单位：mm

轴径 ≤	公称直径 D	H		L		d	d_1	D_1	C	螺钉 GB/T 819（推荐）	圆柱销 GB/T 119（推荐）
		基本尺寸	极限偏差	基本尺寸	极限偏差						
14	20	4		—							
16	22	4		—							
18	25	4		—		5.5	2.1	11	0.5	M5×12	A2×10
20	28	4		7.5							
22	30	4		7.5	±0.11						
25	32	5		10							
28	35	5		10							
30	38	5	0	10		6.6	3.2	13	1	M6×16	A3×12
32	40	5	−0.30	12							
35	45	5		12							
40	50	5		12							
45	55	6		16	±0.135						
50	60	6		16							
55	65	6		16		9	4.2	17	1.5	M8×20	A4×14
60	70	6		20							
65	75	6		20							
70	80	6		20	±0.165						
75	90	8	0	25		13	5.2	25	2	M12×25	A5×16
85	100	8	−0.36	25							

注：当挡圈装在带螺纹孔的轴端时，紧固用螺钉允许加长。

5. 螺栓紧固轴端挡圈

螺栓紧固轴端挡圈（GB/T 892—1986）的型式如图 3-70 所示，其尺寸参数列于表 3-88。

标记示例：

公称直径 $D=45$mm、材料为 Q235、不经表面处理的 A 型螺栓紧固轴端挡圈的标记为：

挡圈　GB 892　45

按 B 型制造时，应加标记 B：

挡圈　GB 892　B45

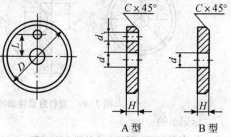

图 3-70　螺栓紧固轴端挡圈示意图

表 3-88　螺栓紧固轴端挡圈尺寸参数　　　　　单位：mm

轴径 ≤	公称直径 D	H		L		d	d_1	C	螺 栓 GB/T 5783（推荐）	圆柱销 GB/T 119（推荐）	垫 圈 GB/T 93（推荐）
		基本尺寸	极限偏差	基本尺寸	极限偏差						
14	20	4		—							
16	22	4		—							
18	25	4		—		5.5	2.1	0.5	M5×12	A2×10	5
20	28	4		7.5							
22	30	4		7.5	±0.11						
25	32	5		10							
28	35	5		10							
30	38	5		10							
32	40	5	0 −0.30	12		6.6	3.2	1	M6×16	A3×12	6
35	45	5		12							
40	50	5		12	±0.135						
45	55	6		16							
50	60	6		16							
55	65	6		16		9	4.2	1.5	M8×25	A4×14	8
60	70	6		20							
65	75	6		20							
70	80	6		20	±0.165						
75	90	8	0 −0.36	25		13	5.2	2	M12×30	A5×16	12
85	100	8		25							

注：当挡圈装在带螺纹孔的轴端时，紧固用螺栓允许加长。

6. 锥销锁紧挡圈

锥销锁紧挡圈（GB/T 883—1986）的型式如图 3-71 所示，其尺寸参数列于表 3-89。

标记示例：

公称直径 $d=20\text{mm}$、材料为 Q235、不经表面处理的锥销锁紧挡圈的标记为：

挡圈　GB/T 883　20

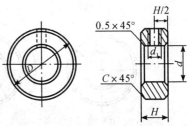

图 3-71　锥销锁紧挡圈示意图

表 3-89　锥销锁紧挡圈尺寸参数　　　单位：mm

公称直径 d 基本尺寸	公称直径 d 极限偏差	H 基本尺寸	H 极限偏差	D	d_1	C	圆锥销 GB/T 117（推荐）	公称直径 d 基本尺寸	公称直径 d 极限偏差	H 基本尺寸	H 极限偏差	D	d_1	C	圆锥销 GB/T 117（推荐）
8	+0.036　0	10	0　-0.36	20	3	0.5	3×22	40	+0.062　0	16	0　-0.43	62	6	1	6×60
(9)		10		22	3	0.5	3×22	45		16		70	6	1	6×70
10		10		22	3	0.5	3×22	50		18		80	8	1	8×80
12	+0.043　0	10		25	3	0.5	3×25	55	+0.074　0	18		85	8	1	8×90
(13)		10		25	3	0.5	3×25	60		18		90	8	1	8×90
14		12		28	4	0.5	4×28	65		20		95	10	1	10×100
(15)		12		30	4	0.5	4×32	70		20		100	10	1	10×100
16		12		30	4	0.5	4×32	75		22	0　-0.52	110	10	1	10×110
(17)		12		32	4	0.5	4×32	80		22		115	10	1	10×120
18		12		32	4	0.5	4×32	85	+0.087　0	22		120	10	1	10×120
(19)	+0.052　0	12		35	4	0.5	4×35	90		22		125	10	1	10×120
20		12		35	4	0.5	4×35	95		25		130	10	1.5	10×130
22		12		38	5	1	5×40	100		25		135	10	1.5	10×140
25		14	0　-0.43	42	5	1	5×45	105		25		140	10	1.5	10×140
28		14		45	5	1	5×45	110		25		150	12	1.5	12×150
30		14		48	6	1	6×50	115		30		155	12	1.5	12×150
32	+0.062　0	14		52	6	1	6×55	120		30		160	12	1.5	12×160
35		16		56	6	1	6×55	(125)	+0.10　0	30		165	12	1.5	12×160
								130		30		170	12	1.5	12×180

注：①括号内尺寸尽量不采用。

　　②d_1 孔在加工时，只钻一面，装配时钻透并铰孔。

7. 螺钉锁紧挡圈

螺钉锁紧挡圈（GB/T 884—1986）的示意图为 3-72，其尺寸参数列于表 3-90。

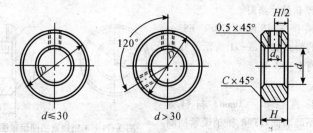

$d \leqslant 30$ $d > 30$

图 3-72 螺钉锁紧挡圈

标记示例：

公称直径 $d = 20$mm、材料为 Q235、不经表面处理的螺钉锁紧挡圈的标记为：

挡圈 GB/T 884 20

表 3-90 螺钉锁紧挡圈尺寸参数   单位：mm

公称直径 d 基本尺寸	极限偏差	H 基本尺寸	极限偏差	D	d_0	C	螺钉 GB/T 71（推荐）	公称直径 d 基本尺寸	极限偏差	H 基本尺寸	极限偏差	D	d_0	C	螺钉 GB/T 71（推荐）
8	+0.036 0	10	0 -0.36	20				70	+0.074 0	20		100	M10		M10×20
(9)		10		22				75		22		110			
10		10		22	M5	0.5	M5×8	80		22		115		1	
12		10		25				85		22		120			
(13)		10		25				90		22		125			
14	+0.043 0	12		28				95		25		130			
(15)		12		30				100	+0.087 0	25		135			
16		12		30				105		25		140			
(17)		12		32	M6		M6×10	110		30		150			M12×25
18		12	0 -0.43	32				115		30		155			
(19)		12		35				120		30		160			
20		12		35				(125)		30		165			
22	+0.052 0	12		38				130		30	0 -0.52	170	M12		
25		14		42				(135)		30		175			
28		14		45	M8	1	M8×12	140	+0.1 0	30		180		1.5	
30		14		48				(145)		30		190			
32		14		52				160		30		200			
35	+0.062 0	16		56				170		30		210			
40		16		62			M10×16	180		30		220			
45		18		70				190	+0.115 0	30		230			M12×30
50		18		80	M10							240			
55		18		85			M10×20	200		30		250			
60	+0.074 0	20	0 -0.52	90											
65		20		95											

3.1.8 销

1. 圆柱销（不淬硬钢和奥氏体不锈钢）

不淬硬钢和奥氏体不锈钢圆柱销（GB/T 119.1—2000）的型式如图 3-73 所示，其尺寸参数列于表 3-91。

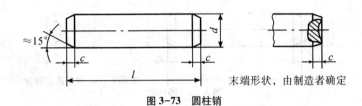

图 3-73 圆柱销

末端形状，由制造者确定

表 3-91 不淬硬钢和奥氏体不锈钢圆柱销尺寸参数 单位：mm

d m6/h8	0.6	0.8	1	1.2	1.5	2	2.5	3	4	5
c ≈	0.12	0.16	0.2	0.25	0.3	0.35	0.4	0.5	0.63	0.8
l	2~6	2~8	4~10	4~12	4~16	6~20	6~24	8~30	8~40	10~55
d m6/h8	6	8	10	12	16	20	25	30	40	50
c ≈	1.2	1.6	2	2.5	3	3.5	4	5	6.3	8
l	12~60	14~80	18~95	22~140	26~180	35~200	50~200	60~200	80~200	95~200

注：①其他公差由供需双方协议。

②公称长度系列为：2、3、4、5、6~32（2 进位）、35~100（5 进位）、120~200（20 进位），大于 200mm，按 20mm 进位。

③表中 l 长度为商品规格范围。

标记方法按 GB/T 1237 规定。

标记示例：

公称直径 $d=6$mm、公差为 m6、公称长度 $l=30$mm、材料为钢、不经淬火、不经表面处理的圆柱销标记为：

销 GB/T 119.1 6 m6×30

公称直径 $d=6$mm、公差为 m6、公称长度 $l=30$mm、材料为 A1 组奥氏体不锈钢、表面简单处理的圆柱销标记为：

销　GB/T 119.1　6　m6×30-A1

2. 圆柱销（淬硬钢和马氏体不锈钢）

淬硬钢和马氏体不锈钢圆柱销（GB/T 119.2—2000）的型式如图 3-74 所示，其尺寸参数列于表 3-92。

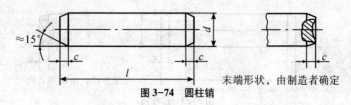

图 3-74　圆柱销

表 3-92　淬硬钢和马氏体不锈钢圆柱销尺寸参数　　单位：mm

d　m6	1	1.5	2	2.5	3	4	5	6	8	10	12	16	20
c　≈	0.2	0.3	0.35	0.4	0.5	0.63	0.8	1.2	1.6	2	2.5	3	3.5
l	3~10	4~16	5~20	6~24	8~30	10~40	12~50	14~60	18~80	22~100	26~100	40~100	50~100

注：①其他公差由供需双方协议。

②公称长度系列为：3、4、5、6~32（2 进位）、35~100（5 进位）。

③表中 l 长度为商品规格范围。

④公称长度大于 200mm，按 20mm 递增。

标记方法按 GB/T 1237 规定。

标记示例：

公称直径 d=6mm、公差为 m6、公称长度 l=30mm、材料为钢、普通淬火（A 型）、表面氧化处理的圆柱销标记为：

销　GB/T 119.2　6×30

公称直径 d=6mm、公差为 m6、公称长度 l=30mm、材料为 C1 组马氏体不锈钢、表面简单处理的圆柱销标记为：

销　GB/T 119.2　6×30-C1

3. 内螺纹圆柱销（不淬硬钢和奥氏体不锈钢）

不淬硬钢和奥氏体不锈钢内螺纹圆柱销（GB/T 120.1—2000）的型式如图 3-75 所示，其尺寸参数列于表 3-93。

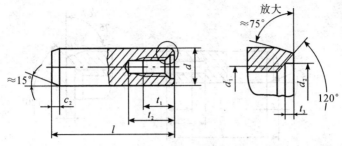

图 3-75　内螺纹圆柱销

表 3-93　不淬硬钢和奥氏体不锈钢内螺纹圆柱销尺寸参数　单位：mm

d　m6	6	8	10	12	16	20	25	30	40	50
c_2　$\approx$	1.2	1.6	2	2.5	3	3.5	4	5	6.3	8
d_1	M4	M5	M6	M6	M8	M10	M16	M20	M20	M24
螺距 P	0.7	0.8	1	1	1.25	1.5	2	2.5	2.5	3
d_2	4.3	5.3	6.4	6.4	8.4	10.5	17	21	21	25
t_1	6	8	10	12	16	18	24	30	30	36
t_2　min	10	12	16	20	25	28	35	40	40	50
t_3	1	1.2	1.2	1.2	1.5	1.5	2	2	2.5	2.5
l	16~60	18~80	22~100	26~120	32~160	40~200	50~200	60~200	80~200	100~200

注：①其他公差由供需双方协议。

　　②表中 l 为商品规格范围。

　　③公称长度大于 200mm，按 20mm 递增。

标记方法按 GB/T 1237 规定。

标记示例：

公称直径 $d=6$mm、公差为 m6、公称长度 $l=30$mm、材料为钢、不经淬火、不经表面处理的内螺纹圆柱销的标记为：

销　GB/T 120.1　6×30

公称直径 $d=6$mm、公差为 m6、公称长度 $l=30$mm、材料为 A1 组奥氏体不锈钢、表面简单处理的内螺纹圆柱销的标记为：

销　GB/T 120.1　6×30-A1

4. 内螺纹圆柱销（淬硬钢和马氏体不锈钢）

淬硬钢和马氏体不锈钢内螺纹圆柱销（GB/T 120.2—2000）的型式如图 3-76 所示，其尺寸参数列于表 3-94。

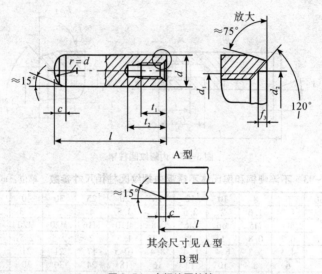

A 型

其余尺寸见 A 型

B 型

图 3-76　内螺纹圆柱销

表 3-94　淬硬钢和马氏体不锈钢内螺纹圆柱销尺寸参数　　　　单位：mm

d m6	6	8	10	12	16	20	25	30	40	50
c	2.1	2.6	3	3.8	4.6	6	6	7	8	10
d_1	M4	M5	M6	M6	M8	M10	M16	M20	M20	M24
螺距 P	0.7	0.8	1	1	1.25	1.5	2	2.5	2.5	3
d_2	4.3	5.3	6.4	6.4	8.4	10.5	17	21	21	25
t_1	6	8	10	12	16	18	24	30	30	36
t_2 min	10	12	16	20	25	28	35	40	40	50
t_3	1	1.2	1.2	1.2	1.5	1.5	2	2	2.5	2.5
l	16~60	18~80	22~100	26~120	32~160	40~200	50~200	60~200	80~200	100~200

注：①其他公差由供需双方协议。
　　②表中 l 为商品规格范围。
　　③图中 A 型——球面圆柱端，适用于普通淬火钢和马氏体不锈钢。
　　④图中 B 型——平端，适用于表面淬火钢。
　　⑤公称长度大于 200mm，按 20mm 递增。

标记方法按 GB/T 1237 规定。

标记示例：

公称直径 $d=6mm$、公差为 m6、公称长度 $l=30mm$、材料为钢、普通淬火（A 型）、表面氧化处理的内螺纹圆柱销的标记为：

销　GB/T 120. 2　6×30-A

公称直径 $d=6mm$、公差为 m6、公称长度 $l=30mm$、材料为 C1 组马氏体不锈钢、表面简单处理的内螺纹圆柱销的标记为：

销　GB/T 120. 2　6×30-C1

5. 圆锥销

圆锥销（GB/T 117—2000）的型式如图 3-77 所示，其尺寸规格列于表 3-95。

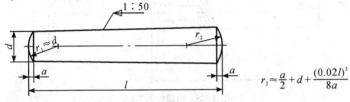

$$r_2 \approx \frac{a}{2} + d + \frac{(0.02l)^2}{8a}$$

图 3-77　圆锥销

表 3-95　圆锥销尺寸规格　　　　　单位：mm

d 公称 h10	0.6	0.8	1	1. 2	1. 5	2	2. 5	3	4	5
a ≈	0.08	0.1	0. 12	0. 16	0. 2	0. 25	0. 3	0. 4	0. 5	0. 63
l	4~18	5~12	6~16	6~20	8~24	10~35	10~35	12~45	14~55	18~60
d 公称	6	8	10	12	20	25	30	40	50	
a ≈	0. 8	1	1. 2	1. 6	2	2. 5	3	4	5	6. 3
l	22~90	22~120	26~160	32~180	40~200	45~200	50~200	55~200	60~200	65~200

注：①其他公差由供需双方协议。

②表中 l 为商品规格范围。

③公称长度系列为：4、5、6~32（2 进位）、35~100（5 进位）、120~200（10 进位）。

④公称长度大于 200mm，按 20mm 递增。

标记方法按 GB/T 1237 规定。

标记示例：

公称直径 $d=6$mm、公称长度 $l=30$mm、材料为35钢、热处理硬度28~38HRC、表面氧化处理的 A 型圆锥销的标记为：

销　GB/T 117　6×30

6. 内螺纹圆锥销

内螺纹圆锥销（GB/T 118—2000）的型式如图3-78所示，其尺寸规格列于表3-96。

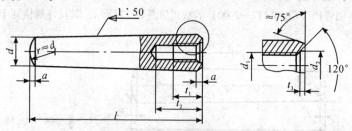

图 3-78　内螺纹圆锥销

表 3-96　内螺纹圆锥销的尺寸规格　　　单位：mm

d h11	6	8	10	12	16	20	25	30	40	50
a ≈	0.8	1	1.2	1.6	2	2.5	3	4	5	6.3
d_1	M4	M5	M6	M8	M10	M12	M16	M20	M20	M24
螺纹 P	0.7	0.8	1	1.25	1.5	1.75	2	2.5	2.5	3
d_2	4.3	5.3	6.4	8.4	10.5	13	17	21	21	25
t_1	6	8	10	12	16	18	24	30	30	36
t_2 min	10	12	16	20	25	28	35	40	40	50
t_3	1	1.2	1.2	1.2	1.5	1.5	2	2	2.5	2.5
l	16~60	18~80	22~100	26~120	32~160	40~200	50~200	60~200	80~200	100~200

注：①表中 l 为商品规格范围。
　　②其他公差由供需双方协议。
　　③公称长度系列为：16~32（2 进位）、35~100（5 进位）、120~200（10 进位）。
　　④公称长度大于200mm，按20mm递增。

标记方法按 GB/T 1237 规定。

标记示例：

公称直径 $d = 6mm$、公称长度 $l = 30mm$、材料为 35 钢、热处理硬度28~ 38HRC、表面氧化处理的 A 型内螺纹圆锥销的标记为：

销　GB/T 118　6×30

7. 销轴

销轴（GB/T 882—2008）的型式如图 3-79 所示，其尺寸规格列于表 3-97。

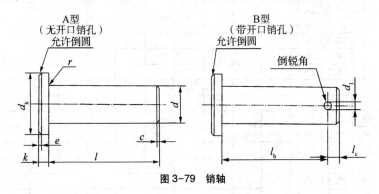

图 3-79　销轴

注：用于铁路和开口销承受交变横向力的场合，推荐采用表 3-97 规定的下一档较大的开口销及相应的孔径。

a　其余尺寸、角度和表面粗糙度值见 A 型。

b　某些情况下，不能按 $l—l_c$ 计算 l_h 尺寸，所需要的尺寸应在标记中注明，但不允许 l_h 尺寸小于表 3-97 规定的数值。

表 3-97　销轴的尺寸规格　　　　单位：mm

d	h11[n]	3	4	5	6	8	10	12	14	16	18
d_k	h14	5	6	8	10	14	18	20	22	25	28
d_1	H13[b]	0.8	1	1.2	1.6	2	3.2	3.2	4	4	5
c	max	1	1	2	2	2	2	3	3	3	3
e	≈	0.5	0.5	1	1	1	1	1.6	1.6	1.6	1.6
k	js14	1	1	1.6	2	3	4	4	4	4.5	5
l_c	min	1.6	2.2	2.9	3.2	3.5	4.5	5.5	6	6	7

r			0.6	0.6	0.6	0.6	0.6	0.6	0.6	0.6	0.6	1
l^c												
公称	min	max										
6	5.75	6.25										
8	7.75	8.25										
10	9.75	10.25										
12	11.5	12.5										
14	13.5	14.5										
16	15.5	16.5	商									
18	17.5	18.5										
20	19.5	20.5										
22	21.5	22.5										
24	23.5	24.5				品						
26	25.5	26.5										
28	27.5	28.5										
30	29.5	30.5										
32	31.5	32.5					长					
35	34.5	35.5										
40	39.5	40.5										
45	44.5	45.5										
50	49.5	50.5										
55	54.25	55.75						度				
60	59.25	60.75										
65	64.25	65.75										
70	69.25	70.75										
75	74.25	75.75							范			
80	79.25	80.75										
85	84.25	85.75										
90	89.25	90.75										
95	94.25	95.75										
100	99.25	100.75									围	
120	119.25	120.75										
140	139.25	140.75										
160	159.25	160.75										
180	179.25	180.75										
200	199.25	200.75										

d	h11[n]	20	22	24	27	30	33	36	40
d_k	h14	30	33	36	40	44	47	50	55
d_1	H13[b]	5	5	6.3	6.3	8	8	8	8
c	max	4	4	4	4	4	4	4	4
e	≈	2	2	2	2	2	2	2	2
k	js14	5	5.5	6	6	8	8	8	8
l_c	min	8	8	9	9	10	10	10	10
r		1	1	1	1	1	1	1	1

l^c										
公称	min	max								
40	39.5	40.5								
45	44.5	45.5								
50	49.5	50.5								
55	54.25	55.75	商							
60	59.25	60.75								
65	64.25	65.75		品						
70	69.25	70.75								
75	74.25	75.75			长					
80	79.25	80.75								
85	84.25	85.75				度				
90	89.25	90.75								
95	94.25	95.75								
100	99.25	100.75					范			
120	119.25	120.75								
140	139.25	140.75								
160	159.25	160.75							围	
180	179.25	180.75								
200	199.25	200.75								

d	h11[a]	45	50	55	60	70	80	90	100
d_k	h14	60	66	72	78	90	100	110	120
d_1	H13[b]	10	10	10	10	13	13	13	13
c	max	4	4	6	6	6	6	6	6
e	≈	2	2	3	3	3	3	3	3
k	js14	9	9	11	12	13	13	13	13
l_c	min	12	12	14	14	16	16	16	16
r		1	1	1	1	1	1	1	1

	l^c								
公称	min	max							
90	89.25	90.75							
95	94.25	95.75	商						
100	99.25	100.75							
120	119.25	120.75	品						
140	139.25	140.75		长					
160	159.25	160.75		度					
180	179.25	180.75			范				
200	199.25	200.75				围			

a 其他公差，如 a11、c11、f8 应由供需以方协议。

b 孔径 d_1 等于开口销的公称规格（见 GB/T 91）。

c 公称长度大于 200 mm，按 20 mm 递增。

标记方法按 GB/T 1237 规定。

标记示例：

公称直径 d = 20 mm、长度 l = 100 mm、由钢制造的硬度为 125 HV ~ 245 HV、表面氧化处理的 B 型销轴的标记：

    销 GB/T 882 20×100

开口销孔为 6.3 mm，其余要求与上述示例相同的销轴的标记：

    销 GB/T 882 20×100×6.3

孔距 l_h = 80 mm、开口销孔为 6.3 mm，其余要求与上述示例相同的销轴的标记：

销　GB/T 882　20×100×6.3×80

孔距 $l_h = 80$ mm，其余要求与上述示例相同的销轴的标记：

销　GB/T 882　20×100×80

8. 开口销

开口销（GB/T 91—2000）的型式如图 3-80 所示，其尺寸规格列于表 3-98。

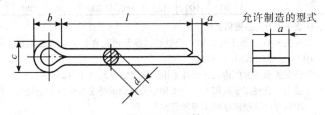

图 3-80　开口销

表 3-98　开口销的尺寸规格　　　　　单位：mm

公称规格			0.6	0.8	1	1.2	1.6	2	2.5	3.2
d		max	0.5	0.7	0.9	1.0	1.4	1.8	2.3	2.9
		min	0.4	0.6	0.8	0.9	1.3	1.7	2.1	2.7
a		min	0.8	0.8	0.8	1.25	1.25	1.25	1.25	1.6
		max	1.6	1.6	1.6	2.5	2.5	2.5	2.5	3.2
b	≈		2	2.4	3	3	3.2	4	5	6.4
c	min		0.9	1.2	1.6	1.7	2.4	3.2	4.0	5.1
适用的直径*	螺栓	>	—	2.5	3.5	4.5	5.5	7	9	11
		≤	2.5	3.5	4.5	5.5	7	9	11	14
	U形销	>	—	2	3	4	5	6	8	9
		≤	2	3	4	5	6	8	9	12
l			4~12	5~16	6~20	8~25	8~32	10~40	12~50	14~63
公称规格			4	5	6.3	8	10	13	16	20
d		max	3.7	4.6	5.9	7.5	9.5	12.4	15.4	19.3
		min	3.5	4.4	5.7	7.3	9.3	12.1	15.1	19.0
a		min	2	2	2	2	3.15	3.15	3.15	3.15
		max	4	4	4	4	6.30	6.30	6.30	6.30
b	≈		8	10	12.6	16	20	26	32	40
c	min		6.5	8.0	10.3	13.1	16.6	21.7	27.0	33.8

公称规格			4	5	6.3	8	10	13	16	20
适用的直径	螺栓	>	14	20	27	39	56	80	120	170
		≤	20	27	39	56	80	120	170	—
	U形销	>	12	17	23	29	44	69	110	160
		≤	17	23	29	44	69	110	160	—
	l		18~80	22~100	32~125	40~160	45~200	71~250	112~280	160~280

注：①表中 l 为商品规格范围。

②＊公称规格等于开口销孔的直径。推荐销孔直径公差为公称规格≤1.2：H13；公称规格>1.2：H14。

③根据供需双方的协议，允许采用公称规格为3、6 和 12 的开口销。

④适用的直径用于铁道和在 U 形销中开口销承受交变横向力的场合，推荐使用的开口销规格应较本表规定加大一档。

⑤公称长度系列为：4、5、6~22（2 进位）、25、28、32、36、40、45、50、56、63、71、80、90、100、112、125、140、160、180、200、224、250、280。

标记示例：

公称规格为 5mm、公称长度 $l=50$mm、材料为 Q215 或 Q235、不经表面处理的开口销标记为：

销　GB/T 91　5×50

9. 弹性圆柱销

（1）弹性圆柱销开槽重型

弹性圆柱销开槽重型（GB/T 879.1—2000）的型式如图 3-81 所示，其尺寸规格列于表 3-99。

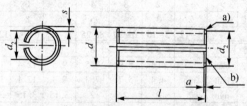

图 3-81　弹性圆柱销开槽重型

a）对 $d \geqslant 10$ mm 的弹性销，也可由制造者选用单面倒角的型式。

b）$d_2 < d_{公称}$。

表3-99　弹性圆柱销开槽重型的尺寸规格

d	公称	1	1.5	2	2.5	3	3.5	4	4.5	5	6	8	10	12	13
d_1	装配前 max	1.3	1.8	2.4	2.9	3.5	4.0	4.6	5.1	5.6	6.7	8.8	10.8	12.8	13.8
	装配前 min	1.2	1.7	2.3	2.8	3.3	3.8	4.4	4.9	5.4	6.4	8.5	10.5	12.5	13.5
	装配前[a]	0.8	1.1	1.5	1.8	2.1	2.3	2.8	2.9	3.4	4	5.5	6.5	7.5	8.5
a	max	0.35	0.45	0.55	0.6	0.7	0.8	0.85	1.0	1.1	1.4	2.0	2.4	2.4	2.4
	min	0.15	0.25	0.35	0.4	0.5	0.6	0.65	0.8	0.9	1.2	1.6	2.0	2.0	2.0
s		0.2	0.3	0.4	0.5	0.6	0.75	0.8	1	1	1.2	1.5	2	2.5	2.5
最小剪切载荷 双面剪[b]/kN		0.7	1.58	2.82	4.38	6.32	9.06	11.24	15.36	17.54	26.04	42.76	70.16	104.1	115.1

商品

公称	l[c] min	l[c] max
4	3.75	4.25
5	4.75	5.25
6	5.75	6.25
8	7.75	8.25
10	9.75	10.25
12	11.5	12.5
14	13.5	14.5
16	15.5	16.5
18	17.5	18.5
20	19.5	20.5
22	21.5	22.5
24	23.5	24.5

公称	l^c		长度		范围						
	min	max									
26	25.5	26.5									
28	27.5	28.5									
30	29.5	30.5									
32	31.5	32.5									
35	34.5	35.5									
40	39.5	40.5									
45	44.5	45.5									
50	49.5	50.5									
55	54.25	55.75									
60	59.25	60.75									
65	64.25	65.75									
70	69.25	70.75									
75	74.25	75.75									
80	79.25	80.75									
85	84.25	85.75									
90	89.25	90.75									
95	94.25	95.75									
100	99.25	100.75									
120	119.25	120.75									
140	139.25	140.75									
160	159.25	160.75									
180	179.25	180.75									
200	199.25	200.75									

公称 d	14	16	18	20	21	25	28	30	32	35	38	40	45	50
d1 装配前a max	14.8	16.8	18.9	20.9	21.9	25.9	28.9	30.9	32.9	35.9	38.9	40.9	45.9	50.9
d1 装配前a min	14.5	16.5	18.5	20.5	21.5	25.5	28.5	30.5	32.5	35.5	38.5	40.5	45.5	50.5
	8.5	10.5	11.5	12.5	13.5	15.5	17.5	18.5	20.5	21.5	23.5	25.5	28.5	31.5
a max	2.4	2.4	2.4	3.4	3.4	3.4	3.4	3.4	3.6	3.6	4.6	4.6	4.6	4.6
a min	2.0	2.0	2.0	3.0	3.0	3.0	3.0	3.0	3.0	3.0	4.0	4.0	4.0	4.0
s	3	3	3.5	4	4	5	5.5	6	6	7	7.5	7.5	8.5	9.5
最小剪切载荷 双面剪b/kN	144.7	171	222.5	280.6	298.2	438.5	542.6	631.4	684	859	1003	1068	1360	1685

l^c 公称	min	max
4	3.75	4.25
5	4.75	5.25
6	5.75	6.25
8	7.75	8.25
10	9.75	10.25
12	11.75	12.5
14	13.5	14.5
16	15.5	16.5
18	17.5	18.5
20	19.5	20.5
22	21.5	22.5
24	23.5	24.5

续表

公称	l^c min	l^c max	商品长度范围
26	25.5	26.5	
28	27.5	28.5	
30	29.5	30.5	
32	31.5	32.5	
35	34.5	35.5	
40	39.5	40.5	
45	44.5	45.5	
50	49.5	50.5	
55	54.25	55.75	
60	59.25	60.75	
65	64.25	65.75	
70	69.25	70.75	
75	74.25	75.75	
80	79.25	80.75	
85	84.25	85.75	
90	89.25	90.75	
95	94.25	95.75	
100	99.25	100.75	
120	119.25	120.75	
140	139.25	140.75	
160	159.25	160.75	
180	179.25	180.75	
200	199.25	200.75	

a 参考。

b 仅适用于钢和马氏体不锈钢产品；对奥氏体不锈钢弹性销，不规定双面剪切载荷值。

c 公称长度大于 200 mm，按 20 mm 递增。

标记方法按 GB/T 1237 规定。

标记示例：

公称直径 $d=6$ mm、公称长度 $l=30$ mm、材料为钢（St）、热处理硬度 500~560HV30、表面氧化处理、直槽、重型弹性圆柱销的标记：

销　GB/T 879.1　6×30

（2）弹性圆柱销直槽轻型

弹性圆柱销直槽轻型（GB/T 879.2—2000）的型式如图 3-82 所示，其尺寸规格列于表 3-100。

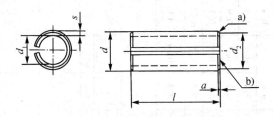

图 3-82　弹性圆柱销直槽轻型

a）对 $d \geqslant 10$ mm 的弹性销，也可由制造者选用单面倒角的型式。

b）$d_2 < d$ 公称。

単位：mm

表3-100 弹性圆柱销直槽轻型的尺寸规格

	公称	2	2.5	3	3.5	4	4.5	5	6	8	10	12	13
d	装配前 max	2.4	2.9	3.5	4.0	4.6	5.1	5.6	6.7	8.8	10.8	12.8	13.8
	装配前 min	2.3	2.8	3.3	3.8	4.4	4.9	5.4	6.4	8.5	10.5	12.5	13.5
d_1	装配前[a] max	1.9	2.3	2.7	3.1	3.4	3.9	4.4	4.9	7	8.5	10.5	11
a	max	0.4	0.45	0.45	0.5	0.7	0.7	0.7	0.9	1.8	2.4	2.4	2.4
	min	0.2	0.25	0.25	0.3	0.5	0.5	0.5	0.7	1.5	2.0	2.0	2.0
s		0.2	0.25	0.3	0.35	0.5	0.5	0.5	0.75	0.75	1	1	1.2
最小剪切载荷 双面剪[b]/kN		1.5	2.4	3.5	4.6	8	8.8	10.4	18	24	40	48	66

l^c 公称	min	max
4	3.75	4.25
5	4.75	5.25
6	5.75	6.25
8	7.75	8.25
10	9.75	10.25
12	11.5	12.5
14	13.5	14.5
16	15.5	16.5
18	17.5	18.5
20	19.5	20.5
22	21.5	22.5
24	23.5	24.5

商品

续表

公称	l^c min	l^c max	长度	范围
26	25.5	26.5		
28	27.5	28.5		
30	29.5	30.5		
32	31.5	32.5		
35	34.5	35.5		
40	39.5	40.5		
45	44.5	45.5		
50	49.5	50.5		
55	54.25	55.75		
60	59.25	60.75		
65	64.25	65.75		
70	69.25	70.75		
75	74.25	75.75		
80	79.25	80.75		
85	84.25	85.75		
90	89.25	90.75		
95	94.25	95.75		
100	99.25	100.75		
120	119.25	120.75		
140	139.25	140.75		
160	159.25	160.75		
180	179.25	180.75		
200	199.25	200.75		

d 公称		14	16	18	20	21	25	28	30	35	40	45	50
装配前	max	14.8	16.8	18.9	20.9	21.9	25.9	28.9	30.9	35.9	40.9	45.9	50.9
	min	14.5	16.5	18.5	20.5	21.5	25.5	28.5	30.5	35.5	40.5	45.5	50.5
d_1 装配前[a]	max	11.5	13.5	15	16.5	17.5	21.5	23.5	25.5	28.5	32.5	37.5	40.5
	min												
a	max	2.4	2.4	2.4	2.4	2.4	3.4	3.4	3.4	3.6	4.6	4.6	4.6
	min	2.0	2.0	2.0	2.0	2.0	3.0	3.0	3.0	3.0	4.0	4.0	4.0
s		1.5	1.5	1.7	2	2	2	2.5	2.5	3.5	4	4	5
最小剪切载荷[b] 双面剪[c]/kN		84	98	126	58	168	202	280	302	490	634	720	1000

公称	l min	max
4	3.75	4.25
5	4.75	5.25
6	5.75	6.25
8	7.75	8.25
10	9.75	10.25
12	11.5	12.5
14	13.5	14.5
16	15.5	16.5
18	17.5	18.5
20	19.5	20.5
22	21.5	22.5
24	23.5	24.5

公称	l^c min	l^c max	商品	长度	范围
26	25.5	26.5			
28	27.5	28.5			
30	29.5	30.5			
32	31.5	32.5			
35	34.5	35.5			
40	39.5	40.5			
45	44.5	45.5			
50	49.5	50.5			
55	54.25	55.75			
60	59.25	60.75			
65	64.25	65.75			
70	69.25	70.75			
75	74.25	75.5			
80	79.25	80.75			
85	84.25	85.75			
90	89.25	90.5			
95	94.25	95.75			
100	99.25	100.75			
120	119.25	120.5			
140	139.25	140.75			
160	159.25	160.75			
180	179.25	180.75			
200	199.25	200.75			

a 参考。

b 仅适用于钢和马氏体不锈钢产品；对奥氏体不锈钢弹性销，不规定双面剪切载荷值。

c 公称长度大于200 mm，按20 mm递增。

标记方法按 GB/T 1237 规定。

标记示例：

公称直径 $d = 6$ mm、公称长度 $l = 30$ mm、材料为钢（St）、热处理硬度 500~560HV30、表面氧化处理、直槽、轻型弹性圆柱销的标记：

销　GB/T 879.2　6×30

（3）弹性圆柱销卷制重型

弹性圆柱销卷制重型（GB/T 879.3—2000）的型式如图 3-83 所示，其尺寸规格列于表 3-101。

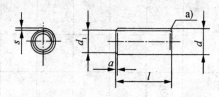

图 3-83　弹性圆柱销卷制重型

a）两端挤压倒角。

表3-101 弹性圆柱销卷制重型的尺寸规格

单位：min

d 公称		1.5	2	2.5	3	3.5	4	5	6	8	10	12	14	16	20
装配前	max	1.71	2.21	2.73	3.25	3.79	4.30	5.35	6.40	8.55	10.65	12.72	14.85	16.9	21.0
	min	1.61	2.11	2.62	3.12	3.64	4.15	5.15	6.18	8.25	10.30	12.35	14.40	16.4	20.4
d_1 装配前 ≈	max	1.4	1.9	2.4	2.9	3.4	3.9	4.85	5.85	7.8	9.75	11.7	13.6	15.6	19.6
s		0.5	0.7	0.7	0.9	1	1.1	1.3	1.5	2	2.5	3	3.5	4	4.5
		0.17	0.22	0.28	0.33	0.39	0.45	0.56	0.67	0.9	1.1	1.3	1.6	1.8	2.2
最小剪切载荷 双面剪/kN	a	1.9	3.5	5.5	7.6	10	13.5	20	30	53	84	120	165	210	340
	b	1.45	2.5	3.8	5.7	7.6	10	15.5	23	41	64	91	—	—	—

l^c 公称	min	max
4	3.75	4.25
5	4.75	5.25
6	5.75	6.25
8	7.75	8.25
10	9.75	10.25
12	11.5	12.5
14	13.5	14.5
16	15.5	16.5
18	17.5	18.5
20	19.5	20.5
22	21.5	22.5
24	23.5	24.5
26	25.5	26.5
28	27.5	28.5
30	29.5	30.5

商品

公称	l^c min	l^c max	长度范围
32	31.5	32.5	
35	34.5	35.5	
40	39.5	40.5	
45	44.5	45.5	
50	49.5	50.5	
55	54.25	55.75	
60	59.25	60.75	
65	64.25	65.75	
70	69.25	70.75	
75	74.25	75.75	
80	79.25	80.75	
85	84.25	85.75	
90	89.25	90.75	
95	94.25	95.75	
100	99.25	100.75	
120	119.25	120.75	
140	139.25	140.75	
160	159.25	160.75	
180	179.25	180.75	
200	199.25	200.75	

a 适用于钢和马氏体不锈钢产品。

b 适用于奥氏体不锈钢产品。

c 公称长度大于 200 mm，按 20 mm 递增。

标记方法按 GB/T 1237 规定。

标记示例：

公称直径 $d = 6$ mm、公称长度 $l = 30$ mm、材料为钢（St）、热处理硬度 420~545HV30、表面氧化处理、卷制、重型弹性圆柱销的标记：

销　GB/T 879.3　6×30

公称直径 $d = 6$ mm、公称长度 $l = 30$ mm、材料为奥氏体不锈钢（A）、不经热处理、表面简单处理、卷制、重型弹性圆柱销的标记：

销　GB/T 879.3　6×30A

（4）弹性圆柱销卷制标准型

弹性圆柱销卷制标准型（GB/T 879.4—2000）的型式如图 3-84 所示，其尺寸规格列于表 3-102。

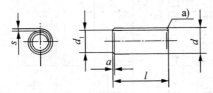

图 3-84　弹性圆柱销卷制标准型

a）两端挤压倒角。

表3–102 弹性圆柱销卷制标准型的尺寸规格

单位：mm

d 公称	0.8	1	1.2	1.5	2	2.5	3	3.5	4	5	6	8	10	12	14	16	20
d_1 装配前 max	0.91	1.15	1.35	1.73	2.25	2.78	3.30	3.84	4.4	5.50	6.50	8.63	10.80	12.85	14.95	17.00	21.1
装配前 min	0.85	1.05	1.25	1.62	2.13	2.65	3.15	3.67	4.2	5.25	6.25	8.30	10.35	12.40	14.45	16.45	20.4
装配前 max	0.75	0.95	1.15	1.4	1.9	2.4	2.9	3.4	3.9	4.85	5.85	7.8	9.75	11.7	13.6	15.6	19.6
a ≈	0.3	0.3	0.4	0.5	0.7	0.7	0.9	1	1.1	1.3	1.5	2	2.5	3	3.5	4	4.5
s	0.07	0.08	0.1	0.13	0.17	0.21	0.25	0.29	0.33	0.42	0.5	0.67	0.84	1	1.2	1.3	1.7
最小剪切载荷/kN 双面剪 a	0.4	0.6	0.9	1.45	2.5	3.9	5.5	7.5	9.6	15	22	39	62	89	120	155	250
b	0.3	0.45	0.65	1.05	1.9	2.9	4.2	5.7	7.6	11.5	16.8	30	48	67	—	—	—

l^c 公称	min	max
4	3.75	4.25
5	4.75	5.25
6	5.75	6.25
8	7.75	8.25
10	9.75	10.25
12	11.5	12.5
14	13.5	14.5
16	15.5	16.5
18	17.5	18.5
20	19.5	20.5
22	21.5	22.5
24	23.5	24.5
26	25.5	26.5
28	27.5	28.5
30	29.5	30.5

商品

公称	l^c		长度范围
	min	max	
32	31.5	32.5	
35	34.5	35.5	
40	39.5	40.5	
45	44.5	45.5	
50	49.5	50.5	
55	54.25	55.75	
60	59.25	60.75	
65	64.25	65.75	
70	69.25	70.75	
75	74.25	75.75	
80	79.25	80.75	
85	84.25	85.75	
90	89.25	90.75	
95	94.25	95.75	
100	99.25	100.75	
120	119.25	120.75	
140	139.25	140.75	
160	159.25	160.75	
180	179.25	180.75	
200	199.25	200.75	

a 适用于钢和马氏体不锈钢产品。

b 适用于奥氏体不锈钢产品。

c 公称长度大于200 mm，按20 mm递增。

标记方法按 GB/T 1237 规定。

标记示例：

公称直径 $d=6$ mm、公称长度 $l=30$ mm、材料为钢（St）、热处理硬度 420~545HV30、表面氧化处理、卷制、标准型弹性圆柱销的标记：

销　GB/T 879.4　6×30

公称直径 $d=6$ mm、公称长度 $l=30$ mm、材料为奥氏体不锈钢（A）、不经热处理、表面简单处理、卷制、标准型弹性圆柱销的标记：

销　GB/T 879.4　6×30-A

（5）弹性圆柱销卷制轻型

弹性圆柱销卷制轻型（GB/T 879.5—2000）的型式如图 3-85 所示，其尺寸规格列于表 3-103。

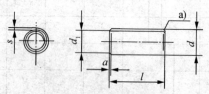

图 3-85　弹性圆柱销卷制轻型

a）两端挤压倒角。

表 3-103　弹性圆柱销卷制轻型的尺寸　　　　单位：mm

	公称		1.5	2	2.5	3	3.5	4	5	6	8
d	装配前	max	1.75	2.28	2.82	3.35	3.87	4.45	5.5	6.55	8.65
		min	1.62	2.13	2.65	3.15	3.67	4.20	5.2	6.25	8.30
d_1 装配前		max	1.4	1.9	2.4	2.9	3.4	3.9	4.85	5.85	7.8
a		$\approx$	0.5	0.7	0.7	0.9	1	1.1	1.3	1.5	2
s			0.08	0.11	0.14	0.17	0.19	0.22	0.28	0.33	0.45

最小剪切载荷	a	0.8	1.5	2.3	3.3	4.5	5.7	9	13	23
双面剪/kN	b	0.65	1.1	1.8	2.5	3.4	4.4	7	10	18

公称	min	max									
4	3.75	4.25									
5	4.75	5.25									
6	5.75	6.25									
8	7.75	8.25									
10	9.75	10.25									
12	11.5	12.5									
14	13.5	14.5									
16	15.5	16.5									
18	17.5	18.5									
20	19.5	20.5									
22	21.5	22.5									
24	23.5	24.5									
26	25.5	26.5									
28	27.5	28.5									
30	29.5	30.5									
32	31.5	32.5									
35	34.5	35.5									
40	39.5	40.5									
45	44.5	45.5									
50	49.5	50.5									
55	54.25	55.75									
60	59.25	60.75									
65	64.25	65.75									
70	69.25	70.75									
75	74.25	75.75									
80	79.25	80.75									
85	84.25	85.75									
90	89.25	90.75									
95	94.25	95.75									
100	99.25	100.75									
120	119.25	120.75									

表中 l^c，商品长度范围。

a 适用于钢和马氏体不锈钢产品。

b 适用于奥氏体不锈钢产品。

c 公称长度大于 120 mm，按 20 mm 递增。

标记方法按 GB/T 1237 规定。

标记示例：

公称直径 $d=6$ mm、公称长度 $l=30$ mm、材料为钢（St）、热处理硬度 420~545HV30、表面氧化处理、卷制、轻型弹性圆柱销的标记：

销　GB/T 879.5　6×30

公称直径 $d=6$ mm、公称长度 $l=30$ mm、材料为奥氏体不锈钢（A）、不经热处理、表面简单处理、卷制、轻型弹性圆柱销的标记：

销　GB/T 879.5　6×30-A

3.1.9　铆钉

1. 半圆头铆钉

半圆头铆钉（GB/T 867—1986）的型式如图 3-86 所示，其尺寸规格列于表 3-104。

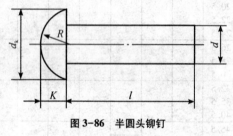

图 3-86　半圆头铆钉

表3-104 半圆头铆钉尺寸规格

单位：mm

		0.6	0.8	1	(1.2)	1.4	(1.6)	2	2.5	3	(3.5)	4	5	6	8	10	12	(14)	16
d	公称	0.6	0.8	1	(1.2)	1.4	(1.6)	2	2.5	3	(3.5)	4	5	6	8	10	12	(14)	16
	max	0.64	0.84	1.06	1.26	1.46	1.66	2.06	2.56	3.06	3.58	4.08	5.08	6.08	8.1	10.1	12.12	14.12	16.12
	min	0.56	0.76	0.94	1.14	1.34	1.54	1.94	2.44	2.94	3.42	3.92	4.92	5.92	7.9	9.9	11.88	13.88	15.88
d_k	max	1.3	1.6	2	2.3	2.7	3.2	3.74	4.84	5.54	6.59	7.39	9.09	11.35	14.35	17.35	21.42	24.42	29.42
	min	0.9	1.2	1.6	1.9	2.3	2.8	3.26	4.36	5.06	6.01	6.81	8.51	10.65	13.65	16.65	20.58	23.58	28.58
K	max	0.5	0.6	0.7	0.8	0.9	1.2	1.4	1.8	2	2.3	2.6	3.2	3.84	5.04	6.24	8.29	9.29	10.29
	min	0.3	0.4	0.5	0.6	0.7	0.8	1	1.4	1.6	1.9	2.2	2.8	3.36	4.56	5.76	7.71	8.71	9.71
R	≈	0.58	0.74	1	1.2	1.4	1.6	1.9	2.5	2.9	3.4	3.8	4.7	6	8	9	11	12.5	15.5
d	公称	0.6	0.8	1	(1.2)	1.4	(1.6)	2	2.5	3	(3.5)	4	5	6	8	10	12	(14)	16
l		1~6	1.5~8	2~8	2.5~8	3~12	3~12	3~16	5~20	5~24	7~26	7~50	7~55	8~60	16~65	16~85	20~90	22~100	26~110

注：①尽可能不采用括号内的规格。
②表中 l 为商品规格范围。

· 835 ·

标记示例：

公称直径为 $d = 8mm$、公称长度 $l = 50mm$、材料为 BL2 钢、不经表面处理的半圆头铆钉的标记为：

铆钉 GB/T 867 8×50

2. 平头铆钉

平头铆钉（GB/T 109—1986）的型式如图 3-87 所示，其尺寸规格列于表 3-105。

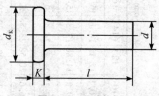

图 3-87 平头铆钉

表 3-105 平头铆钉的尺寸规格 单位：mm

	公称	2	2.5	3	(3.5)	4	5	6	8	10
d	max	2.06	2.56	3.06	3.58	4.08	5.08	6.08	8.1	10.1
	min	1.94	2.44	2.94	3.42	3.92	4.92	5.92	7.9	9.9
d_K	max	4.24	5.24	6.24	7.29	8.29	10.29	12.35	16.35	20.42
	min	3.76	4.76	5.76	6.71	7.71	9.71	11.65	15.65	19.58
K	max	1.2	1.4	1.6	1.8	2	2.2	2.6	3	3.44
	min	0.8	1	1.2	1.4	1.6	1.8	2.2	2.6	2.96
l		4~8	5~10	6~14	6~18	8~22	10~26	12~30	16~30	20~30

注：①尽可能不采用括号内的规格。

②l 为商品规格范围。

③公称长度系列为：4~20（1 进位）、22~30（2 进位）。

标记示例：

公称直径 $d = 6mm$、公称长度 $l = 15mm$、材料为 BL2 钢、不经表面处理的平头铆钉的标记为：

铆钉 GB/T 109 6×15

3. 沉头铆钉

沉头铆钉（GB/T 869—1986）的型式和尺寸见图 3-88 和表 3-106 所示。

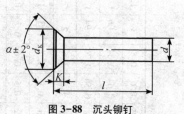

图 3-88 沉头铆钉

表 3-106　沉头铆钉的尺寸规格

单位：mm

	公称	1	(1.2)	1.4	(1.6)	2	2.5	3	(3.5)	4	5	6	8	10	12	(14)	16
d	max	1.06	1.26	1.46	1.66	2.06	2.56	3.06	3.58	4.08	5.08	6.08	8.1	10.1	12.12	14.12	16.12
	min	0.94	1.14	1.34	1.54	1.94	2.44	2.94	3.42	3.92	4.92	5.92	7.9	9.9	11.88	13.88	15.88
d_K	max	2.03	2.23	2.83	3.03	4.05	4.75	5.35	6.28	7.18	8.98	10.62	14.22	17.82	18.86	21.76	24.96
	min	1.77	1.97	2.57	2.77	3.75	4.45	5.05	5.92	6.82	8.62	10.18	13.78	17.38	18.34	21.24	24.44
α		90°													60°		
K	≈	0.5	0.5	0.7	0.7	1	1.1	1.2	1.4	1.6	2	2.4	3.2	4	6	7	8
l	商品规格范围	—	—	3~12		3.5~16	5~18	5~22	6~24	6~30	6~50	6~50	12~60	16~75	—	—	—
	通用规格范围	2~8	2.5~8												18~75	20~100	24~100

注：①尽可能不采用括号内的规格。
　　②公称长度系列为：2~4（0.5进位）、5~20（1进位）、22~52（2进位）、55、58~62（2进位）、65、68、70~100（5进位）。

标记示例：

公称直径 $d=5$mm、公称长度 $l=30$mm、材料为 BL2 钢、不经表面处理的沉头铆钉的标记为：

铆钉 GB/T 869 5×30

4. 无头铆钉

无头铆钉（GB/T 1016—1986）的型式如图 3-89 所示，其尺寸规格列于表 3-107。

图 3-89　无头铆钉

表 3-107　无头铆钉的尺寸规格　　　单位：mm

	公称	1.4	2	2.5	3	4	5	6	8	10
d	max	1.4	2	2.5	3	4	5	6	8	10
	min	1.34	1.94	2.44	2.94	3.92	4.92	5.92	7.9	9.9
d_1	max	0.77	1.32	1.72	1.92	2.92	3.76	4.66	6.16	7.2
	min	0.65	1.14	1.54	1.74	2.74	3.52	4.42	5.92	6.9
t	max	1.74	1.74	2.24	2.74	3.24	4.29	5.29	6.29	7.35
	min	1.26	1.26	1.76	2.26	2.76	3.71	4.71	5.71	6.65
l 通用规格范围		6~14	6~20	8~30	8~38	10~50	14~60	16~60	18~60	22~60

注：公称长度系列为：6~32（2 进位）、35、38、40、42、45、48、50、52、55、58、60。

标记示例：

公称直径 $d=5$mm、公称长度 $l=30$mm、材料为 BL2 钢、不经表面处理的无头铆钉的标记为：

铆钉 GB/T 1016 5×30

3.1.10　膨胀螺栓

膨胀螺栓（JB/ZQ 4763—2006）的型式如图 3-90 所示，其尺寸规格列于表 3-108。

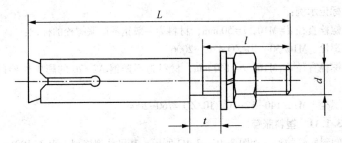

图 3-90　膨胀螺柱

表 3-108　膨胀螺栓的规格尺寸　　　　单位：mm

d	t	L	l	钻孔尺寸		质量
				直径	深度	/kg
M8	10	75	25	8	65	0.031
	30	95	25	8	65	0.038
	50	115	25	8	65	0.044
M10	10	90	30	10	80	0.061
	30	110	30	10	80	0.068
	50	130	30	10	80	0.080
M12	20	115	35	12	95	0.106
	50	145	35	12	95	0.138
	90	185	35	12	95	0.156
	120	215	35	12	95	0.191
	140	235	35	12	95	0.210
	160	255	35	12	95	0.230
M16	25	140	40	16	115	0.230
	50	165	40	16	115	0.270
	100	215	40	16	115	0.331
	140	255	40	16	115	0.412
	180	295	40	16	95	0.470
M20	30	170	45	20	140	0.440
	60	200	45	20	140	0.499
	130	270	45	20	140	0.670
	30	200	55	24	170	0.768
	60	230	55	24	170	0.868

标记示例：

螺栓直径 d = M10，t = 50 mm，材料为一般钢的膨胀螺栓的标记：

螺栓　M10/50　JB/ZQ 4763-2006

螺栓直径 d = M16，t = 140 mm，材料为不锈钢 A2-70 的膨胀螺栓的标记：

螺栓　M16/140-A2-70　JB/ZQ 4760-2006

3.1.11　塑料胀管

塑料胀管的型式如图 3-91～3-92 所示，其尺寸规格列于表 3-109。

图 3-91　塑料胀管 A 型

图 3-92　塑料胀管 B 型

表 3-109　塑料胀管的尺寸规格　　　　单位：mm

型式		A 型				B 型			
直径		6	8	10	12	6	8	10	12
长度		31	48	59	60	36	42	46	64
适用木螺钉	直径	3.5，4	4，4.5	5，5.5	5.5，6	3.5，4	4，4.5	5，5.5	5.5，6
	长度	被连接件厚度+胀管长度+10				被连接件厚度+胀管长度+3			
钻孔尺寸	直径	混凝土：等于或小于胀管直径 0.3							
		加气混凝土：小于胀管直径 0.5~1							
		硅酸盐砌块：小于胀管直径 0.3~0.5							
	深度	大于胀管长度 10~12				大于胀管长度 3~5			

3.2 传 动 件

3.2.1 滚动轴承

I. 滚动轴承代号及表示方法

根据 GB/T 272—1993 滚动轴承代号及表示方法如下：

轴承代号的构成：轴承代号由基本代号、前置代号和后置代号构成，其排列如下：

| 前置代号 | 基本代号 | 后置代号 |

（1）基本代号　基本代号表示轴承的基本类型、结构和尺寸，是轴承代号的基础。

滚动轴承（滚针轴承除外）基本代号：轴承外形尺寸符合 GB 273.1、GB 273.2、GB 273.3、GB 3882 任一标准规定的外形尺寸，其基本代号由轴承类型代号、尺寸系列代号、内径代号构成，排列按表 3-110。

表 3-110　滚动轴承基本代号

基本代号		
类型代号	尺寸系列代号	内径代号

注：类型代号用阿拉伯数字或大写拉丁字母表示，尺寸系列代号和内径代号用数字表示，例如：6204　6 表示类型代号，2 表示尺寸系列（02）代号，04 表示内径代号；N2210　N 表示类型代号，22 表示尺寸系列代号，10 表示内径代号。

①类型代号：轴承类型代号用数字或字母按表 3-111 表示。

表 3-111　轴承类型代号

代号	轴承类型	代号	轴承类型
0	双列角接触球轴承	5	推力球轴承
1	调心球轴承	6	深沟球轴承
2	调心滚子轴承和推力调心滚子轴承	7	角接触球轴承
3	圆锥滚子轴承	8	推力圆柱滚子轴承
4	双列深沟球轴承		

代号	轴承类型	代号	轴承类型
N	圆柱滚子轴承 双列或多列用字母 NN 表示	QJ	四点接触球轴承
U	外球面球轴承		

注：在表中的代号后或前加字母数字表示该类轴承中的不同结构。

②尺寸系列代号：尺寸系列代号由轴承的宽（高）度系列代号和直径系列代号组合而成。

③常用的轴承类型、尺寸系列代号及由轴承类型代号、尺寸系列代号组成的组合代号见表3-112。

表 3-112　轴承组合代号

轴承类型	简图	类型代号	尺寸系列代号	组合代号	标准号
双列角接触球轴承		(0) (0)	32 33	32 33	GB 296
调心球轴承		1 (1) 1 (1)	(0) 2 22 (0) 3 23	12 22 13 23	GB 281
调心滚子轴承		2 2 2 2 2 2 2 2	13 22 23 30 31 32 40 41	213 222 223 230 231 232 240 241	GB 288

轴承类型	简图	类型代号	尺寸系列代号	组合代号	标准号
推力调心 滚子轴承		2 2 2	92 93 94	292 293 294	GB 5859
圆锥滚子 轴承		3 3 3 3 3 3 3 3 3 3	02 03 13 20 22 23 29 30 31 32	302 303 313 320 322 323 329 330 331 332	GB 297
双列深沟 球轴承		4 4	(2) 2 (2) 3	42 43	—
推力球轴承		5 5 5 5	11 12 13 14	511 512 513 514	GB 301

轴承类型		简图	类型代号	尺寸系列代号	组合代号	标准号
推力球轴承	双向推力球轴承		5 5 5	22 23 24	522 523 524	GB 301
	带球面座圈的推力球轴承		5 5 5	32 33 34 ^a	532 533 534	一
	带球面座圈的双向推力球轴承		5 5 5	42 43 44 ^b	542 543 544	
深沟球轴承			6 6 6 6 16 6 6 6 6	17 37 18 19 (0) 0 (1) 0 (0) 2 (0) 3 (0) 4	617 637 618 619 160 60 62 63 64	GB 276 GB 4221
角接触球轴承			7 7 7 7 7	19 (1) 0 (0) 2 (0) 3 (0) 4	719 70 72 73 74	GB 292
推力圆柱滚子轴承			8 8	11 12	811 812	GB 4663

轴承类型	简图	类型代号	尺寸系列代号	组合代号	标准号
外圈无挡边圆柱滚子轴承		N N N N N N	10 (0) 2 22 (0) 3 23 (0) 4	N10 N2 N22 N3 N23 N4	
内圈无挡边圆柱滚子轴承		NU NU NU NU NU NU	10 (0) 2 22 (0) 3 23 (0) 4	NU10 NU2 NU22 NU3 NU23 NU4	
内圈单挡边圆柱滚子轴承		NJ NJ NJ NJ NJ	(0) 2 22 (0) 3 23 (0) 4	NJ2 NJ22 NJ3 NJ23 NJ4	GB 283
内圈单挡边带平挡圈圆柱滚子轴承		NUP NUP NUP NUP	(0) 2 22 (0) 3 23	NUP2 NUP22 NUP3 NUP23	
外圈单挡边圆柱滚子轴承		NF	(0) 2 (0) 3 23	NF 2 NF 3 NF 3	
双列圆柱滚子轴承		NN	30	NN30	GB 285
内圈无挡边双列圆柱滚子轴承		NNU	49	NNU49	

圆柱滚子轴承

轴承类型	简图	类型代号	尺寸系列代号	组合代号	标准号
外球面球轴承	带顶丝外球面球轴承	UC UC	2 3	UC2 UC3	GB 3882
	带偏心套外球面球轴承	UEL UEL	2 3	UEL2 UEL3	
	圆锥孔外球面球轴承	UK UK	2 3	UK2 UK3	
四点接触球轴承		QJ	(0)2 (03)	QJ2 QJ3	GB 294

注：表中括号中的数字表示在组合代号中省略。

　　a　尺寸系列实为 12，13，14，分别用 32，33，34 表示。

　　b　尺寸系列实为 22，23，24，分别用 42，43，44 表示。

④表示轴承公称内径的内径代号见表 3-113。

表 3-113 轴承公称内径的内径代号

轴承公称内径/mm		内径代号	示例
0.6~10（非整数）		用公称内径毫米数直接表示，在其与尺寸系列代号之间用"/"分开	深沟球轴承 618/2.5 $d=2.5mm$
1~9 整数		用公称内径毫米数直接表示，对深沟及角接触球轴承 7，8，9 直径系列，内径与尺寸系列代号之间用"/"分开	深沟球轴承 625 618/5 $d=5mm$
10~17	10 12 15 17	00 01 02 03	深沟球轴承 6200 $d=10mm$
20~480 （22，28，32 除外）		公称内径除以 5 的商数，商数为个位数，需在商数左边加"0"，如 08	调心滚子轴承 23208 $d=40mm$
≥500 以及 22，28，32		用公称内径毫米数直接表示，但在与尺寸系列之间用"/"分开	调心滚子轴承 230/500 $d=500mm$ 深沟球轴承 62/22 $d=22mm$

例：调心滚子轴承 23224　2 表示类型代号，32 表示尺寸系列代号，24 表示内径代号，$d=120mm$。

（2）前置、后置代号　前置、后置代号是轴承在结构形状、尺寸、公差、技术要求等有改变时，在其基本代号左右添加的补充代号。其排列按表 3-114。

表 3-114 轴承前置、后置代号的排列

轴承代号									
前置代号	基本代号	后置代号（组）							
		1	2	3	4	5	6	7	8
成套轴承分部件		内部结构	密封与防尘套圈变形	保持架及其材料	轴承材料	公差等级	游隙	配置	其他

①前置代号：前置代号用字母表示。代号及其含义按表 3-115。

表 3-115　前置代号

代　号	含　义	示　例
L	可分离轴承的可分离内圈或外圈	LNU 207
R	不带可分离内圈或外圈的轴承 （滚针轴承仅适用于 NA 型）	LN 207 RNU 207 RNA 6904
K	滚子和保持架组件	K 81107
WS	推力圆柱滚子轴承轴圈	WS 81107
GS	推力圆柱滚子轴承座圈	GS 81107

②后置代号：后置代号用字母（或加数字）表示。

后置代号的编制规则：

a. 后置代号置于基本代号的右边与基本代号空半个汉字距（代号中有符号"—"、"／"除外）。当改变项目多，具有多组后置代号，按表 3-114 所列从左至右的顺序排列。

b. 改变为 4 组（含 4 组）以后的内容，则在其代号前用"／"与前面代号隔开；例：6205—2Z/P6　22308/P63。

c. 改变内容为第 4 组后的两组，在前组与后组代号中的数字或文字表示含义可能混淆时，两代号间空半个汉字距。例：6208/P63 V1

2. 常用轴承现行代号与旧代号对照表

常用轴承新旧代号对照见表 3-116。

表3-116 常用轴承新旧代号对照

轴承名称	新标准				旧标准			
	类型代号	尺寸系列代号	轴承代号	宽度系列代号	结构代号	类型代号	直径代号	轴承代号
双列角接触球轴承	0	32	3200	3	05	6	2	3056200
	0	33	3300	3	05	6	3	3056300
调心球轴承	1	0 2	1200	0	00	1	2	1200
	1	22	2200	0	00	1	5	1500
	1	0 3	1300	0	00	1	3	1300
	1	23	2300	0	00	1	6	1600
调心滚子轴承	2	13	21300C	0	05	3	3	53300
	2	22	22200C	0	05	3	5	53500
	2	23	22300C	0	05	3	6	53600
	2	30	23000C	3	05	3	1	3053100
	2	31	23100C	3	05	3	7	3053700
	2	32	23200C	3	05	3	2	3053200
	2	40	24000C	4	05	3	1	4053100
	2	41	24100C	4	05	3	7	4053700

续表

轴承名称	新标准			宽度系列代号	旧标准			
	类型代号	尺寸系列代号	轴承代号		结构代号	类型代号	直径代号	轴承代号
推力调心滚子轴承	2	92	29200	9	03	9	2	9039200
	2	93	29300	9	03	9	3	9039300
	2	94	29400	9	03	9	4	9039400
	3	02	30200	0	00	7	2	7200
	3	03	30300	0	00	7	3	7300
	3	13	31300	0	00	7	3	27300
	3	20	32000	2	00	7	1	2007100
圆锥滚子轴承	3	22	32200	0	00	7	5	7500
	3	23	32300	0	00	7	6	7600
	3	29	32900	2	00	7	9	2007900
	3	30	33000	3	00	7	1	3007100
	3	31	33100	3	00	7	7	3007700
	3	32	33200	3	00	7	2	3007200
双列深沟球轴承	4	(2) 2	4200	0	81	0	5	810500
	4	(2) 3	4300	0	81	0	6	810600

轴承名称	新标准			旧标准				
	类型代号	尺寸系列代号	轴承代号	宽度系列代号	结构代号	类型代号	直径代号	轴承代号
推力球轴承	5	11	51100	0	00	8	1	8100
	5	12	51200	0	00	8	2	8200
	5	13	51300	0	00	8	3	8300
	5	14	51400	0	00	8	4	8400
双向推力球轴承	5	22	52200	0	03	8	2	38200
	5	23	52300	0	03	8	3	38300
	5	24	52400	0	03	8	4	38400
带球面座圈推力球轴承	5	12	53200	0	02	8	2	28200
	5	13	53300	0	02	8	3	28300
	5	14	53400	0	02	8	4	28400
带球面座圈双向推力球轴承	5	22	54200	0	05	8	2	58200
	5	23	54300	0	00	8	3	58300
	5	24	54400	0	05	8	4	58400
深沟球轴承	6	17	61700	1	00	0	7	1000700
	6	37	63700	3	00	0	7	3000700
	6	18	61800	1	00	0	8	1000800
	6	19	61900	1	00	0	9	1000900

续表

轴承名称	新标准					旧标准		
	类型代号	尺寸系列代号	轴承代号	宽度系列代号	结构代号	类型代号	直径代号	轴承代号
深沟球轴承	16	(0) 0	16000	7	00	0	1	7000100
	6	(1) 0	6000	0	00	0	1	100
	6	(0) 2	6200	0	00	0	2	200
	6	(0) 3	6300	0	00	0	3	300
	6	(0) 4	6400	0	00	0	4	400
角接触球轴承	7	19	71900	1	03	6	9	1036900
	7	(1) 0	7000	0	03	6	1	36100
	7	(0) 2	7200	0	04	6	2	46200
	7	(0) 3	7300	0	06	6	3	66300
	7	(0) 4	7400	0		6	4	6400
推力圆柱滚子轴承	8	11	81100	0	00	9	1	9100
	8	12	81200	0	00	9	2	9200
内圈无挡边圆柱滚子轴承	NU	10	NU1000	0	03	2	1	32100
	NU	(0) 2	NU200	0	03	2	2	32200
	NU	22	NU2200	0	03	2	5	32500
	NU	(0) 3	NU300	0	03	2	3	32300
	NU	23	NU2300	0	03	2	6	32600
	NU	(0) 4	NU400	0	03	2	4	32400

轴承名称	新标准					旧标准			轴承代号
	类型代号	尺寸系列代号	轴承代号	宽度系列代号	结构代号	类型代号	直径代号	轴承代号	
内圈单挡边圆柱滚子轴承	NJ	(0) 2	NJ200	0	04	2	2	42200	42200
	NJ	22	NJ2200	0	04	2	5	42500	42500
	NJ	(0) 3	NJ300	0	04	2	3	42300	42300
	NJ	23	NJ2300	0	04	2	6	42600	42600
	NJ	(0) 4	NJ400	0	04	2	4	42400	42400
内圈单挡边带平挡圈圆柱滚子轴承	NUP	(0) 2	NUP200	0	09	2	2	92200	92200
	NUP	22	NUP2200	0	09	2	5	92500	92500
	NUP	(0) 3	NUP300	0	09	2	3	92300	92300
	NUP	23	NUP2300	0	09	2	6	92600	92600
外圈无挡边圆柱滚子轴承	N	10	N1000	0	00	2	1	2100	2100
	N	(0) 2	N200	0	00	2	2	2200	2200
	N	22	N2200	0	00	2	5	2500	2500
	N	(0) 3	N300	0	00	2	3	2300	2300
	N	23	N2300	0	00	2	6	2600	2600
	N	(0) 4	N400	0	00	2	4	2400	2400
外圈单挡边圆柱滚子轴承	NF	(0) 2	NF200	0	01	2	2	12200	12200
	NF	(0) 3	NF300	0	01	2	3	12300	12300
	NF	23	NF2300	0	01	2	6	12600	12600
双列圆柱滚子轴承	NN	30	NN3000	3	28	2	1	3282100	3282100

轴承名称	新标准			旧标准				
	类型代号	尺寸系列代号	轴承代号	宽度系列代号	结构代号	类型代号	直径代号	轴承代号
内圈无挡边双列圆柱滚子轴承	NNU	49	NNU4900	4	48	2	9	4482900
带顶丝外球面球轴承	UC	2	UC200	0	09	0	5	90500
	UC	3	UC300	0	09	0	6	90600
带偏心套外球面球轴承	UEL	2	UEL200	0	39	0	5	390500
	UEL	3	UEL300	0	39	0	6	390600
圆锥孔外球面球轴承	UK	2	UK200	0	19	0	5	190500
	UK	3	UK300	0	19	0	6	190600
四点接触球轴承	QJ	(0) 2	QJ200	0	17	6	2	176200
	QJ	(0) 3	QJ300	0	17	6	3	176300
滚针轴承	NA	48	NA4800	4	54	4	8	4544800
	NA	49	NA4900	4	54	4	9	4544900
	NA	69	NA6900	6	25	4	9	6254900

3. 深沟球轴承

深沟球轴承（GB/T 276—1994）原名单列向心球轴承。这是应用最广泛的一种滚动轴承。其特点是摩擦阻力小，转速高，能用于承受径向负荷或径向和轴向同时作用的联合负荷的机件上，也可用于承受轴向负荷的机件上，例如小功率电动机、汽车及拖拉机变速箱、机床齿轮箱，一般机器、工具等。

深沟球轴承的符号见图3-93，外形尺寸见表3-117。

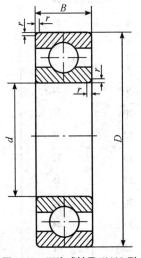

图 3-93　深沟球轴承 60000 型

标记示例：

滚动轴承 6012　GB/T 276—1994

表 3-117　深沟球轴承外形尺寸

10 系列

轴承代号 （60000 型）	外形尺寸/mm			
	d	D	B	r_{smin}
604	4	12	4	0.2
605	5	14	5	0.2
606	6	17	6	0.3
607	7	19	6	0.3
608	8	22	7	0.3
609	9	24	7	0.3
6000	10	26	8	0.3
6001	12	28	8	0.3
6002	15	32	9	0.3
6003	17	35	10	0.3
6004	20	42	12	0.6
60/22	22	44	12	0.6
6005	25	47	12	0.6
60/28	28	52	12	0.6
6006	30	55	13	1
60/32	32	58	13	1
6007	35	62	14	1
6008	40	68	15	1
6009	45	75	16	1
6010	50	80	16	1
6011	55	90	18	1.1

注：r_{smin} 是 r 的单向最小尺寸。

轴承代号	外形尺寸/mm			
（60000 型）	d	D	B	r_{smin}
6012	60	95	18	1.1
6013	65	100	18	1.1
6014	70	110	20	1.1
6015	75	115	20	1.1
6016	80	125	22	1.1
6017	85	130	22	1.1
6018	90	140	24	1.5
6019	95	145	24	1.5
6020	100	150	24	1.5
6021	105	160	26	2
6022	110	170	28	2
6024	120	180	28	2
6026	130	200	33	2
6028	140	210	33	2
6030	150	225	35	2.1

02 系列

轴承代号	外形尺寸/mm			
（60000 型）	d	D	B	r_{smin}
623	3	10	4	0.15
624	4	13	5	0.2
625	5	16	5	0.3
626	6	19	6	0.3
627	7	22	7	0.3
628	8	24	8	0.3

轴承代号	外形尺寸/mm			
(60000 型)	d	D	B	r_{smin}
629	9	26	8	0.3
6200	10	30	9	0.6
6201	12	32	10	0.6
6202	15	35	11	0.6
6203	17	40	12	0.6
6204	20	47	14	1
62/22	22	50	14	1
6205	25	52	15	1
62/28	28	58	16	1
6206	30	62	16	1
62/32	32	65	17	1
6207	35	72	17	1.1
6208	40	80	18	1.1
6209	45	85	19	1.1
6210	50	90	20	1.1
6211	55	100	21	1.5
6212	60	110	22	1.5
6213	65	120	23	1.5
6214	70	125	24	1.5
6215	75	130	25	1.5
6216	80	140	26	2
6217	85	150	28	2
6218	90	160	30	2

轴承代号	外形尺寸/mm			
（60000 型）	d	D	B	r_{smin}
6219	95	170	32	2.1
6220	100	180	34	2.1
6221	105	190	36	2.1
6222	110	200	38	2.1
6224	120	215	40	2.1
6226	130	230	40	3
6228	140	250	42	3

03 系列

轴承代号	外形尺寸/mm			
（60000 型）	d	D	B	r_{smin}
633	3	13	5	0.2
634	4	16	5	0.3
635	5	19	6	0.3
6300	10	35	11	0.6
6301	12	37	12	1
6302	15	42	13	1
6303	17	47	14	1
6304	20	52	15	1.1
63/22	22	56	16	1.1
6305	25	62	17	1.1
6306	30	72	19	1.1
63/32	32	75	20	1.1
6307	35	80	21	1.5
6308	40	90	23	1.5
6309	45	100	25	1.5
6310	50	110	27	2
6311	55	120	29	2

03 系列				
轴承代号 （60000 型）	外形尺寸/mm			
	d	D	B	r_{smin}
6312	60	130	31	2.1
6313	65	140	33	2.1
6314	70	150	35	2.1
6315	75	160	37	2.1
6316	80	170	39	2.1
6317	85	180	41	3
6318	90	190	43	3
6319	95	200	45	3
6320	100	215	47	3
6321	105	225	49	3

4. 调心球轴承

调心球轴承（GB/T 281—1994）原名为双列向心球面球轴承。其特点是能自动调心，适用于承受径向负荷的机件上，也可用于承受径向和不大轴向同时作用的联合负荷的机件上，例如长的传动轴，滚筒、砂轮机的主轴等。

调心球轴承的符号见图 3-94，外形尺寸见表 3-118。

标记示例：

滚动轴承　1208　GB/T 281—1994

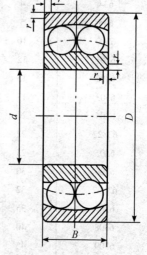

图 3-94　圆柱孔调心球轴承
10000 型

表 3-118　调心球轴承外形尺寸

轴承代号	外形尺寸/mm			
(10000 型)	d	D	B	r_{smin}
126	6	19	6	0.3
127	7	22	7	0.3
129	9	26	8	0.3
1200	10	30	9	0.6
1201	12	32	10	0.6
1202	15	35	11	0.6
1203	17	40	12	0.6
1204	20	47	14	1
1205	25	52	15	1
1206	30	62	16	1
1207	35	72	17	1.1
1208	40	80	18	1.1
1209	45	85	19	1.1
1210	50	90	20	1.1
1211	55	100	21	1.5
1212	60	110	22	1.5
1213	65	120	23	1.5
1214	70	125	24	1.5
1215	75	130	25	1.5
1216	80	140	26	2
1217	85	150	28	2
1218	90	160	30	2
1219	95	170	32	2.1
1220	100	180	34	2.1
1221	105	190	36	2.1
1222	110	200	38	2.1

注：r_{smin} 是 r 的单向最小尺寸。

22 系列

轴承代号	外形尺寸/mm			
（10000 型）	d	D	B	r_{smin}
2200	10	30	14	0.6
2201	12	32	14	0.6
2202	15	35	14	0.6
2203	17	40	16	0.6
2204	20	47	18	1
2205	25	52	18	1
2206	30	62	20	1
2207	35	72	23	1.1
2208	40	80	23	1.1
2209	45	85	23	1.1
2210	50	90	23	1.1
2211	55	100	25	1.5
2212	60	110	28	1.5
2213	65	120	31	1.5
2214	70	125	31	1.5
2215	75	130	31	1.5
2216	80	140	33	2
2217	85	150	36	2
2218	90	160	40	2
2219	95	170	43	2.1
2220	100	180	46	2.1
2221	105	190	50	2.1
2222	110	200	53	2.1

03 系列

轴承代号	外形尺寸/mm			
（10000 型）	d	D	B	r_{smin}
135	5	19	6	0.3
1300	10	35	11	0.6
1301	12	37	12	1
1302	15	42	13	1
1303	17	47	14	1
1304	20	52	15	1.1
1305	25	62	17	1.1
1306	30	72	19	1.1
1307	35	80	21	1.5
1308	40	90	23	1.5
1309	45	100	25	1.5
1310	50	110	27	2
1311	55	120	29	2
1312	60	130	31	2.1
1313	65	140	33	2.1
1314	70	150	35	2.1
1315	75	160	37	2.1
1316	80	170	39	2.1
1317	85	180	41	3
1318	90	190	43	3
1319	95	200	45	3
1320	100	215	47	3
1321	105	225	49	3
1322	110	240	50	3

轴承代号	外形尺寸/mm			
（10000 型）	d	D	B	r_{smin}
2300	10	35	17	0.6
2301	12	37	17	1
2302	15	42	17	1
2303	17	47	19	1
2304	20	52	21	1.1
2305	25	62	24	1.1
2306	30	72	27	1.1
2307	35	80	31	1.5
2308	40	90	33	1.5
2309	45	100	36	1.5
2310	50	110	40	2
2311	55	120	43	2
2312	60	130	46	2.1
2313	65	140	48	2.1
2314	70	150	51	2.1
2315	75	160	55	2.1
2316	80	170	58	2.1
2317	85	180	60	3
2318	90	190	64	3
2319	95	200	67	3
2320	100	215	73	3
2321	105	225	77	3
2322	110	240	80	3

表头：23 系列

5. 圆锥滚子轴承

圆锥滚子轴承（GB/T 297—1994）原名为单列圆锥滚子轴承。其特点是适用于径向（为主的）和轴向同时作用的联合负荷的机件上，例如载重汽车轮轴、机床主轴等。

圆锥滚子轴承的符号见图 3-95，外形尺寸见表 3-119。

标记示例：

滚动轴承 30205 GB/T 297—1994

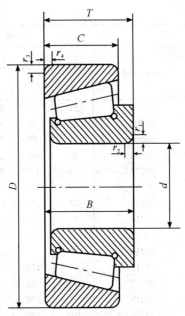

图 3-95 圆锥滚子轴承 30000 型

表 3-119 圆锥滚子轴承的外形尺寸

轴承代号	02 系列						
	外形尺寸/mm						
	d	D	T	B	C	r_{1smin} r_{2smin}	r_{3smin} r_{4smin}
30202	15	35	11.75	11	10	0.6	0.6
30203	17	40	13.25	12	11	1	1
30204	20	47	15.25	14	12	1	1
30205	25	52	16.25	15	13	1	1
30206	30	62	17.25	16	14	1	1
302/32	32	65	18.25	17	15	1	1

注：r_{1smin} 是 r_1 的单向最小尺寸，r_{2smin} 是 r_2 的单向最小尺寸，r_{3smin} 是 r_3 的单向最小尺寸，r_{4smin} 是 r_4 的单向最小尺寸。

02 系列

轴承代号	外形尺寸/mm						
	d	D	T	B	C	r_{1min} r_{2min}	r_{3min} r_{4min}
30207	35	72	18.25	17	15	1.5	1.5
30208	40	80	19.75	18	16	1.5	1.5
30209	45	85	20.75	19	16	1.5	1.5
30210	50	90	21.75	20	17	1.5	1.5
30211	55	100	22.75	21	18	2	1.5
30212	60	110	23.75	22	19	2	1.5
30213	65	120	24.75	23	20	2	1.5
30214	70	125	26.25	24	21	2	1.5
30215	75	130	27.25	25	22	2	1.5
30216	80	140	28.25	26	22	2.5	2
30217	85	150	30.5	28	24	2.5	2
30218	90	160	32.5	30	26	2.5	2
30219	95	170	34.5	32	27	3	2.5
30220	100	180	37	34	29	3	2.5
30221	105	190	39	36	30	3	2.5
30222	110	200	41	38	32	3	2.5
30224	120	215	43.5	40	34	3	2.5
30226	130	230	43.75	40	34	4	3
30228	140	250	45.75	42	36	4	3
30230	150	270	49	45	38	4	3

03 系列

轴承代号	外形尺寸/mm						
	d	D	T	B	C	r_{1min} r_{2min}	r_{3min} r_{4min}
30302	15	42	14.25	13	11	1	1
30303	17	47	15.25	14	12	1	1
30304	20	52	16.25	15	13	1.5	1.5
30305	25	62	18.25	17	15	1.5	1.5
30306	30	72	20.75	19	16	1.5	1.5

03 系列

轴承代号	外形尺寸/mm						
	d	D	T	B	C	r_{1smin} r_{2smin}	r_{3smin} r_{4smin}
30307	35	80	22.75	21	18	2	1.5
30308	40	90	25.25	23	20	2	1.5
30309	45	100	27.25	25	22	2	1.5
30310	50	110	29.25	27	23	2.5	2
30311	55	120	31.5	29	25	2.5	2
30312	60	130	33.5	31	26	3	2.5
30313	65	140	36	33	28	3	2.5
30314	70	150	38	35	30	3	2.5
30315	75	160	40	37	31	3	2.5
30316	80	170	42.5	39	33	3	2.5
30317	85	180	44.5	41	34	4	3
30318	90	190	46.5	43	36	4	3
30319	95	200	49.5	45	38	4	3
30320	100	215	51.5	47	39	4	3
30321	105	225	53.5	49	41	4	3
30322	110	240	54.5	50	42	4	3
30324	120	260	59.5	55	46	4	3
30326	130	280	63.75	58	49	5	4

6. 推力球轴承

推力球轴承（GB/T 301—1995）原名为平底推力球轴承。其特点是只适用于承受一面轴向负荷、转速较低的机件上，例如起重吊钩、千斤顶等。

推力球轴承的符号见图 3-96，外形尺寸见表 3-120。

标记示例：

滚动轴承　51210　GB/T301—1995

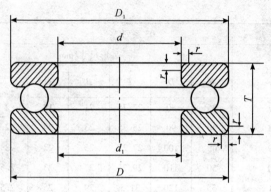

图 3-96 推力球轴承 51000 型

表 3-120 推力球轴承外形尺寸

轴承代号	外形尺寸/mm					
	d	D	T	d_{1smin}	D_{1smax}	r_{smin}
51100	10	24	9	11	24	0.3
51101	12	26	9	13	26	0.3
51102	15	28	9	16	28	0.3
51103	17	30	9	18	30	0.3
51104	20	35	10	21	35	0.3
51105	25	42	11	26	42	0.6
51106	30	47	11	32	47	0.6
51107	35	52	12	37	52	0.6
51108	40	60	13	42	60	0.6
51109	45	65	14	47	65	0.6
51110	50	70	14	52	70	0.6
51111	55	78	16	57	78	0.6

注：d_{1smin} 是座圈最小单一内径；D_{1smax} 是轴圈最大单一外径；r_{smin} 轴圈（单向轴承）、平底座圈或调心座垫圈的最小允许单向倒角尺寸。

11 系列

轴承代号	外形尺寸/mm					
	d	D	T	d_{1smin}	D_{1smax}	r_{smin}
51112	60	85	17	62	85	1
51113	65	90	18	67	90	1
51114	70	95	18	72	95	1
51115	75	100	19	77	100	1
51116	80	105	19	82	105	1
51117	85	110	19	87	110	1
51118	90	120	22	92	120	1
51120	100	135	25	102	135	1
51122	110	145	25	112	145	1
51124	120	155	25	122	155	1
51126	130	170	30	132	170	1
51128	140	180	31	142	178	1
51130	150	190	31	152	188	1
51132	160	200	31	162	198	1
51134	170	215	34	172	213	1
51136	180	225	34	183	222	1. 1
51138	190	240	37	193	237	1. 1

12 系列

轴承代号	外形尺寸/mm					
	d	D	T	d_{1smin}	D_{1smax}	r_{smin}
51200	10	26	11	12	26	0. 6
51201	12	28	11	14	28	0. 6
51202	15	32	12	17	32	0. 6
51203	17	35	12	19	35	0. 6

12 系列						
轴承代号	外形尺寸/mm					
	d	D	T	d_{1smin}	D_{1smax}	r_{smin}
51204	20	40	14	22	40	0.6
51205	25	47	15	27	47	0.6
51206	30	52	16	32	52	0.6
51207	35	62	18	37	62	1
51208	40	68	19	42	68	1
51209	45	73	20	47	73	1
51210	50	78	22	52	78	1
51211	55	90	25	57	90	1
51212	60	95	26	62	95	1
51213	65	100	27	67	100	1
51214	70	105	27	72	105	1
51215	75	110	27	77	110	1
51216	80	115	28	82	115	1
51217	85	125	31	88	125	1
51218	90	135	35	93	135	1.1
51220	100	150	38	103	150	1.1
51222	110	160	38	113	160	1.1
51224	120	170	39	123	170	1.1
51226	130	190	45	133	187	1.5
51228	140	200	46	143	197	1.5
51230	150	215	50	153	212	1.5
51232	160	225	51	163	222	1.5
51234	170	240	55	173	237	1.5
51236	180	250	56	183	247	1.5
51238	190	270	62	194	267	2

7. 圆柱滚子轴承

圆柱滚子轴承外形尺寸（GB/T 283—2007）的型式如图 3-97 所示，其规格尺寸列于表 3-121~表 3-130。

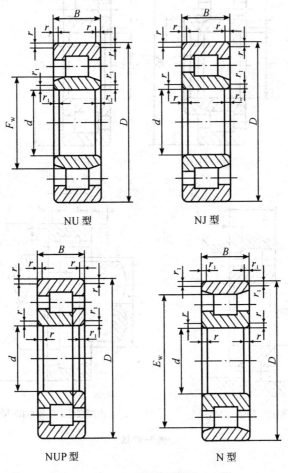

NU 型　　　　　　　NJ 型

NUP 型　　　　　　　N 型

图 3-97　圆柱滚子轴承

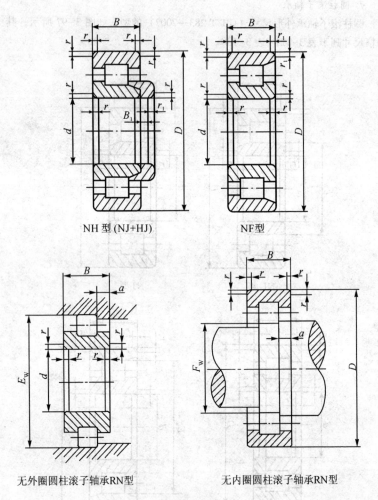

NH 型 (NJ+HJ)　　　　　NF型

无外圈圆柱滚子轴承RN型　　　无内圈圆柱滚子轴承RN型

图 3-97 续

表 3-121　圆柱滚子轴承外形尺寸 (一)

单位: mm

轴承型号					外形尺寸							斜挡圈型号
NU 型	NJ 型	NUP 型	N 型	NH 型	d	D	B	F_W	E_W	r_{smin}^a	r_{1smin}^a	
NU 202 E	NJ 202 E	—	N 202 E	NH 202 E	15	35	11	19.3	30.3	0.6	0.3	HJ 202 E
NU 203 E	NJ 203 E	NUP 203 E	N 203 E	NH 203 E	17	40	12	22.1	35.1	0.6	0.3	HJ 203 E
NU 204 E	NJ 204 E	NUP 204 E	N 204 E	NH 204 E	20	47	14	26.5	41.5	1	0.6	HJ 204 E
NU 205 E	NJ 205 E	NUP 205 E	N 205 E	NH 205 E	25	52	15	31.5	46.5	1	0.6	HJ 205 E
NU 206 E	NJ 206 E	NUP 206 E	N 206 E	NH 206 E	30	62	16	37.5	55.5	1	0.6	HJ 206 E
NU 207 E	NJ 207 E	NUP 207 E	N 207 E	NH 207 E	35	72	17	44	64	1.1	0.6	HJ 207 E
NU 208 E	NJ 208 E	NUP 208 E	N 208 E	NH 208 E	40	80	18	49.5	71.5	1.1	1.1	HJ 208 E
NU 209 E	NJ 209 E	NUP 209 E	N 209 E	NH 209 E	45	85	19	54.5	76.5	1.1	1.1	HJ 209 E
NU 210 E	NJ 210 E	NUP 210 E	N 210 E	NH 210 E	50	90	20	59.5	81.5	1.1	1.1	HJ 210 E
NU 211 E	NJ 211 E	NUP 211 E	N 211 E	NH 211 E	55	100	21	66	90	1.5	1.1	HJ 211 E
NU 212 E	NJ 212 E	NUP 212 E	N 212 E	NH 212 E	60	110	22	72	100	1.5	1.5	HJ 212 E
NU 213 E	NJ 213 E	NUP 213 E	N 213 E	NH 213 E	65	120	23	78.5	108.5	1.5	1.5	HJ 213 E
NU 214 E	NJ 214 E	NUP 214 E	N 214 E	NH 214 E	70	125	24	83.5	113.5	1.5	1.5	HJ 214 E
NU 215 E	NJ 215 E	NUP 215 E	N 215 E	NH 215 E	75	130	25	88.5	118.5	1.5	1.5	HJ 215 E
NU 216 E	NJ 216 E	NUP 216 E	N 216 E	NH 216 E	80	140	26	95.3	127.3	2	2	HJ 216 E

轴承型号					外形尺寸							斜挡圈型号
NU 型	NJ 型	NUP 型	N 型	NH 型	d	D	B	F_{W}	E_{W}	$r_{s\min}^{a}$	$r_{1s\min}^{a}$	型号
NU 217 E	NJ 217 E	NUP 217 E	N 217 E	NH 217 E	85	150	28	100.5	136.5	2	2	HJ 217 E
NU 218 E	NJ 218 E	NUP 218 E	N 218 E	NH 218 E	90	160	30	107	145	2	2	HJ 218 E
NU 219 E	NJ 219 E	NUP 219 E	N 219 E	NH 219 E	95	170	32	112.5	154.5	2.1	2.1	HJ 219 E
NU 220 E	NJ 220 E	NUP 220 E	N 220 E	NH 220 E	100	180	34	119	163	2.1	2.1	HJ 220 E
NU 221 E	NJ 221 E	NUP 221 E	N 221 E	NH 221 E	105	190	36	125	173	2.1	2.1	HJ 221 E
NU 222 E	NJ 222 E	NUP 222 E	N 222 E	NH 222 E	110	200	38	182.5	180.5	2.1	2.1	HJ 222 E
NU 224 E	NJ 224 E	NUP 224 E	N 224 E	NH 224 E	120	215	40	143.5	195.5	2.1	2.1	HJ 224 E
NU 226 E	NJ 226 E	NUP 226 E	N 226 E	NH 226 E	130	230	40	153.5	209.5	3	3	HJ 226 E
NU 228 E	NJ 228 E	NUP 228 E	N 228 E	NH 228 E	140	250	42	169	225	3	3	HJ 228 E
NU 230 E	NJ 230 E	NUP 230 E	N 230 E	NH 230 E	150	270	45	182	242	3	3	HJ 230 E
NU 232 E	NJ 232 E	NUP 232 E	N 232 E	NH 232 E	160	290	48	195	259	3	3	HJ 232 E
NU 234 E	NJ 234 E	NUP 234 E	N 234 E	NH 234 E	170	310	52	207	279	4	4	HJ 234 E
NU 236 E	NJ 236 E	NUP 236 E	N 236 E	NH 236 E	180	320	52	217	289	4	4	HJ 236 E
NU 238 E	NJ 238 E	NUP 238 E	N 238 E	NH 238 E	190	340	55	230	306	4	4	HJ 238 E
NU 240 E	NJ 240 E	NUP 240 E	N 240 E	NH 240 E	200	360	58	243	323	4	4	HJ 240 E

轴承型号					外形尺寸							斜挡圈型号
NU 型	NJ 型	NUP 型	N 型	NH 型	d	D	B	F_W	E_W	r_{smin}^a	r_{1smin}^a	型 号
NU 244 E	NJ 244 E	NUP 244 E	N 244 E	NH 244 E	220	400	65	268	358	4	4	HJ 244 E
NU 248 E	NJ 248 E	—	N 248 E	NH 248 E	240	440	72	293	393	4	4	HJ 248 E
NU 252 E	NJ 252 E	—	—	NH 252 E	260	480	80	317	—	5	5	HJ 252 E
NU 256 E	—	—	—	—	280	500	80	337	—	5	5	—
NU 260 E	—	—	—	—	300	540	85	364	—	5	5	—
NU 264 E	—	—	—	—	320	580	92	392	—	5	5	—

a 对应的最大倒角尺寸规定在 GB/T 274—2000 中。

表 3-122 圆柱滚子轴承外形尺寸 (二)

单位: mm

轴承型号					外形尺寸							斜挡圈型号
NU 型	NJ 型	NUP 型	N 型	NH 型	d	D	B	F_W	E_W	r_{sin}^a	r_{1smin}^a	型 号
NU 2203 E	NJ 2203 E	NUP 2203 E	N 2203 E	NH 2203 E	17	40	16	22.1	35.1	0.6	0.6	HJ 2203 E
NU 2204 E	NJ 2204 E	NUP 2204 E	N 2204 E	NH 2204 E	20	47	18	26.5	41.5	1	0.6	HJ 2204 E
NU 2205 E	NJ 2205 E	NUP 2205 E	N 2205 E	NH 2205 E	25	52	18	31.5	46.5	1	0.6	HJ 2205 E
NU 2206 E	NJ 2206 E	NUP 2206 E	N 2206 E	NH 2206 E	30	62	20	37.5	55.5	1	0.6	HJ 2206 E
NU 2207 E	NJ 2207 E	NUP 2207 E	N 2207 E	NH 2207 E	35	72	23	44	64	1.1	0.6	HJ 2207 E

轴承型号					外形尺寸							斜挡圈 型号
NU 型	NJ 型	NUP 型	N 型	NH 型	d	D	B	F_W	E_W	r_{sin} [a]	r_{1smin} [a]	型 号
NU 2208 E	NJ 2208 E	NUP 2208 E	N 2208 E	NH 2208 E	40	80	23	49.5	71.5	1.1	1.1	HJ 2208 E
NU 2209 E	NJ 2209 E	NUP 2209 E	N 2209 E	NH 2209 E	45	85	23	54.5	76.5	1.1	1.1	HJ 2209 E
NU 2210 E	NJ 2210 E	NUP 2210 E	N 2210 E	NH 2210 E	50	90	23	59.5	81.5	1.1	1.1	HJ 2210 E
NU 2211 E	NJ 2211 E	NUP 2211 E	N 2211 E	NH 2211 E	55	100	25	66	90	1.5	1.1	HJ 2211 E
NU 2212 E	NJ 2212 E	NUP 2212 E	N 2212 E	NH 2212 E	60	110	28	72	100	1.5	1.5	HJ 2212 E
NU 2213 E	NJ 2213 E	NUP 2213 E	N 2213 E	NH 2213 E	65	120	31	78.5	108.5	1.5	1.5	HJ 2213 E
NU 2214 E	NJ 2214 E	NUP 2214 E	N 2214 E	NH 2214 E	70	125	31	83.5	113.5	1.5	1.5	HJ 2214 E
NU 2215 E	NJ.2215 E	NUP 2215 E	N 2215 E	NH 2215 E	75	130	31	88.5	118.5	1.5	1.5	HJ 2215 E
NU 2216 E	NJ 2216 E	NUP 2216 E	N 2216 E	NH 2216 E	80	140	33	95.3	127.3	2	2	HJ 2216 E
NU 2217 E	NJ 2217 E	NUP 2217 E	N 2217 E	NH 2217 E	85	150	36	100.5	136.5	2	2	HJ 2217 E
NU 2218 E	NJ 2218 E	NUP 2218 E	N 2218 E	NH 2218 E	90	160	40	107	145	2	2	HJ 2218 E
NU 2219 E	NJ 2219 E	NUP 2219 E	N 2219 E	NH 2219 E	95	170	43	112.5	154.5	2.1	2.1	HJ 2219 E
NU 2220 E	NJ 2220 E	NUP 2220 E	N 2220 E	NH 2220 E	100	180	46	119	163	2.1	2.1	HJ 2220 E
NU 2222 E	NJ 2222 E	NUP 2222 E	N 2222 E	NH 2222 E	110	200	53	132.5	180.5	2.1	2.1	HJ 2222 E
NU 2224 E	NJ 2224 E	NUP 2224 E	N 2224 E	NH 2224 E	120	215	58	143.5	195.5	2.1	2.1	HJ 2224 E

续表

轴承型号					外形尺寸							斜挡圈型号
NU 型	NJ 型	NUP 型	N 型	NH 型	d	D	B	F_W	E_W	r_{sin} [a]	r_{1smin} [a]	型 号
NU 2226 E	NJ 2226 E	NUP 2226 E	N 2226 E	NH 2226 E	130	230	64	153.5	209.5	3	3	HJ 2226 E
NU 2228 E	NJ 2228 E	NUP 2228 E	N 2228 E	NH 2228 E	140	250	68	169	225	3	3	HJ 2228 E
NU 2230 E	NJ 2230 E	NUP 2230 E	N 2230 E	NH 2230 E	150	270	73	182	242	3	3	HJ 2230 E
NU 2232 E	NJ 2232 E	NUP 2232 E	N 2232 E	NH 2232 E	160	290	80	193	259	3	3	HJ 2232 E
NU 2234 E	NJ 2234 E	NUP 2234 E	N 2234 E	NH 2234 E	170	310	86	205	279	4	4	HJ 2234 E
NU 2236 E	NJ 2236 E	NUP 2236 E	N 2236 E	NH 2236 E	180	320	86	215	289	4	4	HJ 2236 E
NU 2238 E	NJ 2238 E	NUP 2238 E	N 2238 E	NH 2238 E	190	340	92	228	306	4	4	HJ 2238 E
NU 2240 E	NJ 2240 E	NUP 2240 E	N 2240 E	NH 2240 E	200	360	98	241	323	4	4	HJ 2240 E
NU 2244 E	—	NUP 2244 E	—	—	220	400	108	259	—	4	4	—
NU 2248 E	—	—	—	—	240	440	120	287	—	4	4	—
NU 2252 E	—	—	—	—	260	480	130	313	—	5	5	—
NU 2256 E	—	—	—	—	280	500	130	333	—	5	5	—
NU 2260 E	—	—	—	—	300	540	140	355	—	5	5	—
NU 2264 E	—	—	—	—	320	580	150	380	—	5	5	—

a 对应的最大倒角尺寸规定在 GB/T 274—2000 中。

表 3-123　圆柱滚子轴承外形尺寸 (三)

单位：mm

轴承型号					外形尺寸							斜挡圈型号
NU 型	NJ 型	NUP 型	N 型	NH 型	d	D	B	F_W	E_W	r_{smin}^{a}	r_{1smin}^{a}	型号
NU 303 E	NJ 303 E	NUP 303 E	N 303 E	NH 303 E	17	47	14	24.2	40.2	1	0.6	HJ 303 E
NU 304 E	NJ 304 E	NUP 304 E	N 304 E	NH 304 E	20	52	15	27.5	45.5	1.1	0.6	HJ 304 E
NU 305 E	NJ 305 E	NUP 305 E	N 305 E	NH 305 E	25	62	17	34	54	1.1	1.1	HJ 305 E
NU 306 E	NJ 306 E	NUP 306 E	N 306 E	NH 306 E	30	72	19	40.5	62.5	1.1	1.1	HJ 306 E
NU 307 E	NJ 307 E	NUP 307 E	N 307 E	NH 307 E	35	80	21	46.2	70.2	1.5	1.1	HJ 307 E
NU 308 E	NJ 308 E	NUP 308 E	N 308 E	NH 308 E	40	90	23	52	80	1.5	1.5	HJ 308 E
NU 309 E	NJ 309 E	NUP 309 E	N 309 E	NH 309 E	45	100	25	58.5	88.5	1.5	1.5	HJ 309 E
NU 310 E	NJ 310 E	NUP 310 E	N 310 E	NH 310 E	50	110	27	65	97	2	2	HJ 310 E
NU 311 E	NJ 311 E	NUP 311 E	N 311 E	NH 311 E	55	120	29	70.5	106.5	2	2	HJ 311 E
NU 312 E	NJ 312 E	NUP 312 E	N 312 E	NH 312 E	60	130	31	77	115	2.1	2.1	HJ 312 E
NU 313 E	NJ 313 E	NUP 313 E	N 313 E	NH 313 E	65	140	33	82.5	124.5	2.1	2.1	HJ 313 E
NU 314 E	NJ 314 E	NUP 314 E	N 314 E	NH 314 E	70	150	35	89	133	2.1	2.1	HJ 314 E
NU 315 E	NJ 315 E	NUP 315 E	N 315 E	NH 315 E	75	160	37	95	143	2.1	2.1	HJ 315 E
NU 316 E	NJ 316 E	NUP 316 E	N 316 E	NH 316 E	80	170	39	101	151	2.1	2.1	HJ 316 E
NU 317 E	NJ 317 E	NUP 317 E	N 317 E	NH 317 E	85	180	41	108	160	3	3	HJ 317 E

NU 型	NJ 型	NUP 型	N 型	NH 型	d	D	B	F_W	E_W	r_{smin}^a	r_{1smin}^a	斜挡圈 型号
		轴承型号					外形尺寸					
NU 318 E	NJ 318 E	NUP 318 E	N 318 E	NH 318 E	90	190	43	113.5	169.5	3	3	HJ 318 E
NU 319 E	NJ 319 E	NUP 319 E	N 319 E	NH 319 E	95	200	45	121.5	177.5	3	3	HJ 319 E
NU 320 E	NJ 320 E	NUP 320 E	N 320 E	NH 320 E	100	215	47	127.5	191.5	3	3	HJ 320 E
NU 321 E	NJ 321 E	NUP 321 E	N 321 E	NH 321 E	105	225	49	133	201	3	3	HJ 321 E
NU 322 E	NJ 322 E	NUP 322 E	N 322 E	NH 322 E	110	240	50	143	211	3	3	HJ 322 E
NU 324 E	NJ 324 E	NUP 324 E	N 324 E	NH 324 E	120	260	55	154	230	3	3	HJ 324 E
NU 326 E	NJ 326 E	NUP 326 E	N 326 E	NH 326 E	130	280	58	167	247	4	4	HJ 326 E
NU 328 E	NJ 328 E	NUP 328 E	N 328 E	NH 328 E	140	300	62	180	260	4	4	HJ 328 E
NU 330 E	NJ 330 E	NUP 330 E	N 330 E	NH 330 E	150	320	65	193	283	4	4	HJ 330 E
NU 332 E	NJ 332 E	NUP 332 E	N 332 E	NH 332 E	160	340	68	204	300	4	4	HJ 332 E
NU 334 E	NJ 334 E	—	N 334 E	NH 334 E	170	360	72	218	318	4	4	HJ 334 E
NU 336 E	NJ 336 E	—	—	NH 336 E	180	380	75	231	—	4	4	HJ 336 E
NU 338 E	—	—	—	—	190	400	78	245	—	5	5	—
NU 340 E	NJ 340 E	—	—	—	200	420	80	258	—	5	5	—
NU 344 E	—	—	—	—	220	460	88	282	—	5	5	—
NU 348 E	NJ 348 E	—	—	—	240	500	95	306	—	5	5	—
NU 352 E	—	—	—	—	260	540	102	337	—	6	6	—
NU 356 E	NJ 356 E	—	—	—	280	580	108	362	—	6	6	—

a 对应的最大倒角尺寸规定在 GB/T 274—2000 中。

表 3-124　圆柱滚子轴承外形尺寸（四）

单位：mm

轴承型号					外形尺寸							斜挡圈
NU 型	NJ 型	NUP 型	N 型	NH 型	d	D	B	F_W	E_W	r_{smin}^a	r_{1smin}^a	型　号
NU 2304 E	NJ 2304 E	NUP 2304 E	N 2304 E	NH 2304 E	20	52	21	27.5	45.5	1.1	0.6	HJ 2304 E
NU 2305 E	NJ 2305 E	NUP 2305 E	N 2305 E	NH 2305 E	25	62	24	34	54	1.1	1.1	HJ 2305 E
NU 2306 E	NJ 2306 E	NUP 2306 E	N 2306 E	NH 2306 E	30	72	27	40.5	62.5	1.1	1.1	HJ 2306 E
NU 2307 E	NJ 2307 E	NUP 2307 E	N 2307 E	NH 2307 E	35	80	31	46.2	70.2	1.5	1.1	HJ 2307 E
NU 2308 E	NJ 2308 E	NUP 2308 E	N 2308 E	NH 2308 E	40	90	33	52	80	1.5	1.5	HJ 2308 E
NU 2309 E	NJ 2309 E	NUP 2309 E	N 2309 E	NH 2309 E	45	100	36	58.5	88.5	1.5	1.5	HJ 2309 E
NU 2310 E	NJ 2310 E	NUP 2310 E	N 2310 E	NH 2310 E	50	110	40	65	97	2	2	HJ 2310 E
NU 2311 E	NJ 2311 E	NUP 2311 E	N 2311 E	NH 2311 E	55	120	43	70.5	106.5	2	2	HJ 2311 E
NU 2312 E	NJ 2312 E	NUP 2312 E	N 2312 E	NH 2312 E	60	130	46	77	115	2.1	2.1	HJ 2312 E
NU 2313 E	NJ 2313 E	NUP 2313 E	N 2313 E	NH 2313 E	65	140	48	82.5	124.5	2.1	2.1	HJ 2313 E
NU 2314 E	NJ 2314 E	NUP 2314 E	N 2314 E	NH 2314 E	70	150	51	89	133	2.1	2.1	HJ 2314 E
NU 2315 E	NJ 2315 E	NUP 2315 E	N 2315 E	NH 2315 E	75	160	55	95	143	2.1	2.1	HJ 2315 E
NU 2316 E	NJ 2316 E	NUP 2316 E	N 2316 E	NH 2316 E	80	170	58	101	151	2.1	2.1	HJ 2316 E
NU 2317 E	NJ 2317 E	NUP 2317 E	N 2317 E	NH 2317 E	85	180	60	108	160	3	3	HJ 2317 E
NU 2318 E	NJ 2318 E	NUP 2318 E	N 2318 E	NH 2318 E	90	190	64	113.5	69.5	3	3	HJ 2318 E

NU 型	NJ 型	NUP 型	N 型	NH 型	d	D	B	F_W	E_W	$r_{s\,min}^{n}$	$r_{1s\,min}^{a}$	斜挡圈型号
		轴承型号					外形尺寸					型号
NU 2319 E	NJ 2319 E	NUP 2319 E	N 2319 E	NH 2319 E	95	200	67	121.5	177.5	3	3	HJ 2319 E
NU 2320 E	NJ 2320 E	NUP 2320 E	N 2320 E	NH 2320 E	100	215	73	127.5	191.5	3	3	HJ 2320 E
NU 2322 E	NJ 2322 E	NUP 2322 E	N 2322 E	NH 2322 E	110	240	80	143	211	3	3	HJ 2322 E
NU 2324 E	NJ 2324 E	NUP 2324 E	N 2324 E	NH 2324 E	120	260	86	154	230	3	3	HJ 2324 E
NU 2326 E	NJ 2326 E	NUP 2326 E	N 2326 E	NH 2326 E	130	280	93	167	247	4	4	HJ 2326 E
NU 2328 E	NJ 2328 E	NUP 2328 E	N 2328 E	NH 2328 E	140	300	102	180	260	4	4	HJ 2328 E
NU 2330 E	NJ 2330 E	NUP 2330 E	N 2330 E	NH 2330 E	150	320	108	193	283	4	4	HJ 2330 E
NU 2332 E	NJ 2332 E	NUP 2332 E	N 2332 E	NH 2332 E	160	340	114	204	300	4	4	HJ 2332 E
NU 2334 E	NJ 2334 E	—	—	—	170	360	120	216	—	4	4	—
NU 2336 E	NJ 2336 E	—	—	—	180	380	126	227	—	4	4	—
NU 2338 E	NJ 2338 E	—	—	—	190	400	132	240	—	5	5	—
NU 2340 E	NJ 2340 E	—	—	—	200	420	138	253	—	5	5	—
NU 2344 E	—	—	—	—	220	460	145	277	—	5	5	—
NU 2348 E	—	—	—	—	240	500	155	303	—	5	5	—
NU 2352 E	—	—	—	—	260	540	165	324	—	6	6	—
NU 2356 E	—	—	—	—	280	580	175	351	—	6	6	—

a 对应的最大倒角尺寸规定在 GB/T 274—2000 中。

表 3-125　圆柱滚子轴承外形尺寸（五）　　　单位：mm

轴承型号		外形尺寸						
NU 型	N 型	d	D	B	F_W	E_W	r_{smin} [a]	r_{1smin} [a]
NU 1005	N 1005	25	47	12	30.5	41.5	1	0.3
NU 1006	N 1006	30	55	13	36.5	48.5	1	0.6
NU 1007	N 1007	35	62	14	42	55	1	0.6
NU 1008	N 1008	40	68	15	47	61	1	0.6
NU 1009	N 1009	45	75	16	52.5	67.5	1	0.6
NU1010	N1010	50	80	16	57.5	72.5	1	0.6
NU1011	N1011	55	90	18	64.5	80.5	1.1	1
NU1012	N1012	60	95	18	69.5	85.5	1.1	1
NU1013	N1013	65	100	18	74.5	90.5	1.1	1
NU1014	N1014	70	110	20	80	100	1.1	1
NU1015	N1015	75	115	20	85	105	1.1	1
NU1016	N1016	80	125	22	91.5	113.5	1.1	1
NU1017	N1017	85	130	22	96.5	118.5	1.1	1
NU1018	N1018	90	140	24	103	127	1.5	1.1
NU1019	N1019	95	145	24	108	132	1.5	1.1
NU1020	N1020	100	150	24	113	137	1.5	1.1
NU1021	N1021	105	160	26	119.5	145.5	2	1.1
NU1022	N1022	110	170	28	125	155	2	1.1
NU1024	N1024	120	180	28	135	165	2	1.1
NU1026	N1026	130	200	33	148	182	2	1.1
NU1028	N1028	140	210	33	158	192	2	1.1
NU1030	N1030	150	225	35	169.5	205.5	2.1	1.5
NU1032	N1032	160	240	38	180	220	2.1	1.5
NU1034	N1034	170	260	42	193	237	2.1	2.1
NU1036	N1036	180	280	46	205	255	2.1	2.1
NU1038	N1038	190	290	46	215	265	2.1	2.1
NU1040	N1040	200	310	51	229	281	2.1	2.1
NU1044	N1044	220	340	56	250	310	3	3
NU1048	N1048	240	360	56	270	330	3	3
NU1052	N1052	260	400	65	296	364	4	4

轴承型号		外形尺寸						
NU 型	N 型	d	D	B	F_W	E_W	r_{smin}[a]	r_{1smin}[a]
NU1056	N1056	280	420	65	316	384	4	4
NU1060	N1060	300	460	74	340	420	4	4
NU1064	N1064	320	480	74	360	440	4	4
NU1068	N1068	340	520	82	385	475	5	5
NU1072	N1072	360	540	82	405	495	5	5
NU1076	N1076	380	560	82	425	515	5	5
NU1080	—	400	600	90	450	—	5	5
NU1084	—	420	620	90	470	—	5	5
NU1088	—	440	650	94	493	—	6	6
NU1092	—	460	680	100	516	—	6	6
NU1096	—	480	700	100	536	—	6	6
NU10/500	—	500	720	100	556	—	6	6
NU10/530	—	530	780	112	593	—	6	6
NU10/560	—	560	820	115	626	—	6	6
NU10/600	—	600	870	118	667	—	6	6

a 对应的最大倒角尺寸规定在 GB/T 274—2000 中。

表 3-126　圆柱滚子轴承外形尺寸（六）　单位：mm

轴承型号	外形尺寸					
	F_w		D	B	r_{smin}[b]	a
	公称尺寸	公差[a]				
RNU 202 E	19.3	+0.010 0	35	11	0.6	—
RNU 203 E	22.1		40	12	0.6	—
RNU 204 E	26.5		47	14	1	2.5
RNU 205 E	31.5		52	15	1	3
RNU 206 E	37.5		62	16	1	3
RNU 207 E	44	+0.015 0	72	17	1.1	3
RNU 208 E	49.5		80	18	1.1	3.5
RNU 209 E	54.5		85	19	1.1	3.5
RNU 210 E	59.5		90	20	1.1	4

轴承型号	F_w		外形尺寸			
	公称尺寸	公差[a]	D	B	r_{smin}[b]	a
RNU 211 E	66		100	21	1.5	3.5
RNU 212 E	72		110	22	1.5	4
RNU 213 E	78.5		120	23	1.5	4
RNU 214 E	83.5		125	24	1.5	4
RNU 215 E	88.5		130	25	1.5	4
RNU 216 E	95.3		140	26	2	4.5
RNU 217 E	100.5	+0.020 0	150	28	2	4.5
RNU 218 E	107		160	30	2	5
RNU 219 E	112.5		170	32	2.1	5
RNU 220 E	119		180	34	2.1	5
RNU 221 E	125		190	36	2.1	—
RNU 222 E	132.5		200	38	2.1	6
RNU 224 E	143.5		215	40	2.1	6

[a] 当订户有特殊要求时，可另行规定。

[b] 对应的最大倒角尺寸规定在 GB/T 274—2000 中。

表 3-127　圆柱滚子轴承外形尺寸（七）　　单位：mm

轴承型号	F_w		外形尺寸			
	公称尺寸	公差[a]	D	B	r_{smin}[b]	a
RNU 304 E	27.5	+0.010 0	52	15	1.1	2.5
RNU 305 E	34		62	17	1.1	3
RNU 306 E	40.5		72	19	1.1	3.5
RNU 307 E	46.2	+0.015 0	80	21	1.5	3.5
RNU 308 E	52		90	23	1.5	4
RNU 309 E	58.5		100	25	1.5	4.5
RNU 310 E	65		110	27	2	5

轴承型号	外形尺寸					
	F_w		D	B	r_{smin} [b]	a
	公称尺寸	公差 [a]				
RNU 311 E	70. 5		120	29	2	5
RNU 312 E	77		130	31	2. 1	5. 5
RNU 313 E	82. 5		140	33	2. 1	5. 5
RNU 314 E	89		150	35	2. 1	5. 5
RNU 315 E	95	+0. 020	160	37	2. 1	5. 5
RNU 316 E	101	0	170	39	2. 1	6
RNU 317 E	108		180	41	3	6. 5
RNU 318 E	113. 5		190	43	3	6. 5
RNU 319 E	121. 5		200	45	3	7. 5
RNU 320 E	127. 5		215	47	3	7. 5

[a] 当订户有特殊要求时，可另行规定。

[b] 对应的最大倒角尺寸规定在 GB/T 274—2000 中。

表 3-128　圆柱滚子轴承外形尺寸（八）　　单位：mm

轴承型号	外形尺寸					
	E_w		d	B	r_{smin} [b]	a
	公称尺寸	公差 [a]				
RN 202 E	30. 3	0	15	11	0. 6	—
RN 203 E	35. 1		17	12	0. 6	—
RN 204 E	41. 5	-0. 010	20	14	1	2. 5
RN 205 E	46. 5		25	15	1	3
RN 206 E	55. 5		30	16	1	3
RN 207 E	64	0	35	17	1. 1	3
RN 208 E	71. 5	-0. 015	40	18	1. 1	3. 5
RN 209 E	76. 5		45	19	1. 1	3. 5
RN 210 E	81. 5		50	20	1. 1	4

轴承型号	外形尺寸					
	E_w		d	B	$r_{smin}^{\ b}$	a
	公称尺寸	公差ᵃ				
RN 211 E	90		55	21	1.5	3.5
RN 212E	100		60	22	1.5	4
RN 213 E	108.5		65	23	1.5	4
RN 214 E	113.5		70	24	1.5	4
RN 215 E	118.5		75	25	1.5	4
RN 216 E	127.3		80	26	2	4.5
RN 217 E	136.5	0 −0.020	85	28	2	4.5
RN 218 E	145		90	30	2	5
RN 219 E	154.5		95	32	2.1	5
RN 220 E	163		100	34	2.1	5
RN 221 E	173		105	36	2.1	——
RN 222 E	180.5		110	38	2.1	6
RN 224 E	195.5		120	40	2.1	6

  ᵃ 当订户有特殊要求时，可另行规定。
  ᵇ 对应的最大倒角尺寸规定在 GB/T 274—2000 中。

表 3-129　圆柱滚子轴承外形尺寸（九）　　单位：mm

轴承型号	外形尺寸					
	E_w		d	B	$r_{smin}^{\ b}$	a
	公称尺寸	公差ᵃ				
RN 304 E	45.5	0 −0.010	20	15	1.1	2.5
RN 305 E	54		25	17	1.1	3
RN 306 E	62.5		30	19	1.1	3.5
RN 307 E	70.2		35	21	1.5	3.5
RN 308 E	80	0 −0.015	40	23	1.5	4
RN 309 E	88.5		45	25	1.5	4.5
RN 310 E	97		50	27	2	5
RN 311 E	106.5		55	29	2	5

轴承型号	外形尺寸					
	E_w		d	B	r_{smin}[b]	a
	公称尺寸	公差[a]				
RN 312 E	115		60	31	2.1	5.5
RN 313 E	124.5		65	33	2.1	5.5
RN 314 E	133		70	35	2.1	5.5
RN 315 E	143	0	75	37	2.1	5.5
RN 316 E	151	−0.020	80	39	2.1	6
RN 317 E	160		85	41	3	6.5
RN 318 E	169.5		90	43	3	6.5
RN 319 E	177.5		95	45	3	7.5
RN 320 E	191.5		100	47	3	7.5

[a] 当订户有特殊要求时，可另行规定。

[b] 对应的最大倒角尺寸规定在 GB/T 274—2000 中。

表 3-130　圆柱滚子轴承外形尺寸（十）　　单位：mm

轴承型号	外形尺寸					
	F_w		D	B	r_{smin}[b]	a
	公称尺寸	公差[a]				
RNU 1005	30.5		47	12	0.6	3.25
RNU 1006	36.5		55	13	1	3.5
RNU 1007	42	+0.015	62	14	1	3.75
RNU 1008	47	0	68	15	1	4
RNU 1009	52.5		75	16	1	4.25
RNU 1010	57.5		80	16	1	4.25
RNU 1011	64.5		90	18	1.1	5
RNU 1012	69.5		95	18	1.1	5
RNU 1013	74.5	+0.020	100	18	1.1	5
RNU 1014	80	0	110	20	1.1	5
RNU 1015	85		115	20	1.1	5
RNU 1016	91.5		125	22	1.1	5.5

轴承型号	F_w		外形尺寸			
	公称尺寸	公差[a]	D	B	r_{smin}[b]	a
RNU 1017	96.5		130	22	1.1	5.5
RNU 1018	103		140	24	1.5	6
RNU 1019	108	+0.020	145	24	1.5	6
RNU 1020	113	0	150	24	1.5	6
RNU 1021	119.5		160	26	2	6.5
RNU 1022	125		170	28	2	6.5
RNU 1024	135		180	28	2	6.5
RNU 1026	148		200	33	2	8
RNU 1028	158		210	33	2	8
RNU 1030	169.5		225	35	2.1	8.5
RNU 1032	180	+0.025	240	38	2.1	9
RNU 1034	193	0	260	42	2.1	10
RNU 1036	205		280	46	2.1	10.5
RNU 1038	215		290	46	2.1	10.5
RNU 1040	229		310	51	2.1	12.5
RNU 1044	250	+0.030	340	56	3	13
RNU 1048	270	0	360	56	3	13
RNU 1052	296		400	65	4	15.5
RNU 1056	316	+0.035 0	420	65	4	15.5
RNU 1060	340		460	74	4	17
RNU 1064	360		480	74	4	17
RNU 1068	385		520	82	5	18.5
RNU 1072	405	+0.040 0	540	82	5	18.5
RNU 1076	425		560	82	5	18.5
RNU 1080	450		600	90	5	20

[a] 当订户有特殊要求时，可另行规定。

[b] 对应的最大倒角尺寸规定在 GB/T 274—2000 中。

标记示例：

滚动轴承　NUP 208 E　GB/T 283—2007

8. 钢球

滚动轴承钢球（GB/T 308—2002）的公称直径及其硬度列于表3-131~表3-132。

表 3-131　钢球优先采用的公称直径

球公称直径 D_w /mm	相应的英制尺寸（参考）/in	球公称直径 D_w /mm	相应的英制尺寸（参考）/in	球公称直径 D_w /mm	相应的英制尺寸（参考）/in
0.3		3		7.541	19/64
0.397	1/64	3.175	1/8	7.938	5/16
0.4		3.5		8	
0.5		3.572	9/64	8.334	21/64
0.508	0.020	3.969	5/32	8.5	
0.6		4		8.73	11/32
0.635	0.025	4.366	11/64	9	
0.68		4.5		9.128	23/64
0.7		4.762	3/16	9.5	
0.794	1/32	5		9.525	3/8
0.8		5.159	13/64	9.922	25/64
1		5.5		10	
1.191	3/64	5.556	7/32	10.319	13/32
1.2		5.953	15/64	10.5	
1.5		6		11	
1.588	1/16	6.35	1/4	11.112	7/16
1.984	5/64	6.5		11.5	
2		6.747	17/64	11.509	29/64
2.381	3/32	7		11.906	15/32
2.5		7.144	9/32	12	
				12.303	31/64
				12.5	
2.778	7/64	7.5	12.5	12.7	1/2

球公称直径 D_w /mm	相应的英制尺寸（参考）/in	球公称直径 D_w /mm	相应的英制尺寸（参考）/in	球公称直径 D_w /mm	相应的英制尺寸（参考）/in
13		26		55	
13.494	17/32	26.194	$1\frac{1}{32}$	57.15	$2\frac{1}{4}$
14		26.988	$1\frac{1}{16}$	60	
14.288	9/16				
15		28		60.325	$2\frac{3}{8}$
15.081	19/32	28.575	$1\frac{1}{8}$	63.5	$2\frac{1}{2}$
15.875	5/8	30		65	
16		30.162	$1\frac{3}{16}$	66.675	$2\frac{5}{8}$
16.669	21/32	31.75	$1\frac{1}{4}$	69.85	$2\frac{3}{4}$
17		32		70	
17.462	11/16	33		73.025	$2\frac{7}{8}$
18		33.338	$1\frac{5}{16}$	75	
18.256	23/32	34		76.2	3
19		34.925	$1\frac{3}{8}$	79.375	$3\frac{1}{8}$
19.05	3/4	35		80	
19.844	25/32	36		82.55	$3\frac{1}{4}$
20		36.512	$1\frac{7}{16}$	85	
20.5		38		85.725	$3\frac{3}{8}$
20.638	13/16	38.1	$1\frac{1}{2}$	88.9	$3\frac{1}{2}$
21		39.688	$1\frac{9}{16}$	90	
21.431	27/32	40		92.075	$3\frac{5}{8}$
22		41.275	$1\frac{5}{8}$	95	
22.225	7/8	42.862	$1\frac{11}{16}$	95.25	$3\frac{3}{4}$
22.5		44.45	$1\frac{3}{4}$	98.425	$3\frac{7}{8}$
23		45		100	
23.019	29/32	46.038	$1\frac{13}{16}$	101.6	4
23.812	15/16	47.625	$1\frac{7}{8}$	104.775	$4\frac{1}{8}$
24		49.212	$1\frac{15}{16}$		
24.606	31/32	50			
25		50.8	2		
25.4	1	53.975	$2\frac{1}{8}$		

表 3-132　成品钢球的硬度

球公称直径 D_w /mm		成品钢球硬度
超过	到	HRC
—	30	61~66
30	50	59~64
50	—	58~64

标记示例：

标记为：8　G10　+4（-0.2）　　GB/T 308—2002

表示符合 GB/T 308—2002 公称直径 8mm、公差等级 10 级、规值为 +4μm，分规值为-0.2μm 的高碳铬轴承钢钢球。

标记为：12.7　G40　±0（±0）　GB/T 308—2002

表示符合 GB/T 308—2002 公称直径 12.7mm，公差等级 40 级，规值为 0，分规值为 0 的高碳铬轴承钢钢球。

标记为：45　G100　b　GB/T 308—2002

表示符合 GB/T 308—2002 公称直径 45mm，公差等级 100 级，不按批直径变动量、规值、分规值提供的高碳铬轴承钢钢球。

3.2.2　滚动轴承附件

1. 锁紧螺母和锁紧装置

锁紧螺母和锁紧装置（GB/T 9160.2—2006）的型式如图 3-98~3-101，其尺寸参数列于表 3-133~3-140。

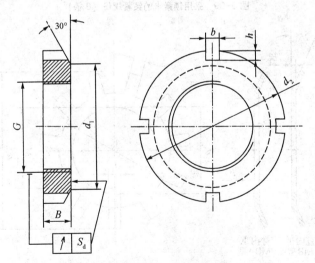

图 3-98　采用锁紧垫圈的锁紧螺母（4 槽）

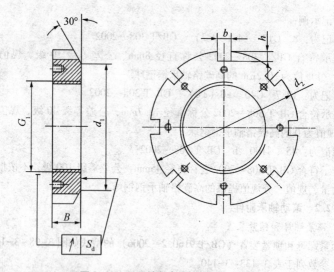

图 3-99　采用锁紧卡的锁紧螺母（8槽）

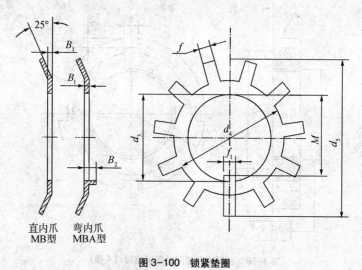

直内爪　弯内爪
MB型　MBA型

图 3-100　锁紧垫圈

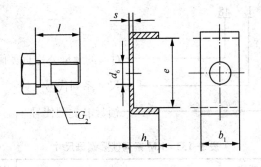

图 3-101 锁紧卡

注：供货时，螺栓可配装也可以不配装。

代号示例：

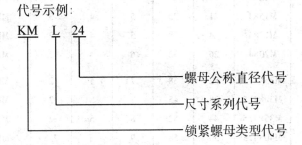

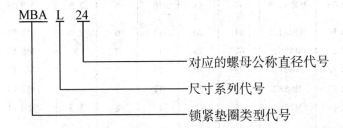

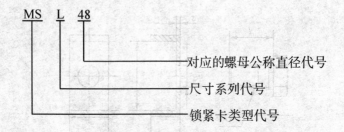

MS L 48

对应的螺母公称直径代号

尺寸系列代号

锁紧卡类型代号

表 3-133　KM 系列锁紧螺母尺寸　　单位：mm

锁紧螺母型号	螺纹 G	尺寸					适用的锁紧垫圈型号
		d_1	d_2	B	b	h	
KM 00	M10×0.75	18.5	18	4	3	2	MB 00
KM 01	M12×1	17	22	4	3	2	MB 01
KM 02	M15×1	21	25	5	4	3	MB 02
KM 03	M17×1	24	28	5	4	2	MB 03
KM 04	M20×1	26	32	6	4	2	MB 04
KM 05	M25×1.5	32	38	7	5	2	MB 05
KM 06	M30×1.5	38	45	7	5	2	MB 06
KM 07	M35×1.5	44	52	8	5	2	MB 07
KM 08	M40×1.5	50	58	9	6	2.5	MB 08
KM 09	M45×1.5	56	65	10	6	2.5	MB 09
KM 10	M50×1.5	61	70	11	6	2.5	MB 10
KM 11	M55×2	67	75	11	7	3	MB 11
KM 12	M60×2	73	80	11	7	3	MB 12
KM 13	M65×2	79	85	12	7	3	MB 13
KM 14	M70×2	85	92	12	8	3.5	MB 14
KM 15	M75×2	90	98	13	8	3.5	MB 15
KM 16	M80×2	95	105	15	8	3.5	MB 16
KM 17	M85×2	102	110	16	8	3.5	MB 17

锁紧螺母型号	螺纹 G	尺寸					适用的锁紧垫圈型号
		d_1	d_2	B	b	h	
KM 18	M90×2	108	120	16	10	4	MB 18
KM 19	M95×2	113	125	17	10	4	MB 19
KM 20	M100×2	120	130	18	10	4	MB 20
KM 21	M105×2	126	140	18	12	5	MB 21
KM 22	M110×2	133	145	19	12	5	MB 22
KM 23	M115×2	137	150	19	12	5	MB 23
KM 24	M120×2	138	155	20	12	5	MB 24
KM 25	M125×2	148	160	21	12	5	MB 25
KM 26	M130×2	149	165	21	12	5	MB 26
KM 27	M135×2	160	175	22	14	6	MB 27
KM 28	M140×2	160	180	22	14	6	MB 28
KM 29	M145×2	171	190	24	14	6	MB 29
KM 30	M150×2	171	195	24	14	6	MB 30
KM 31	M155×3	182	200	25	16	7	MB 31
KM 32	M160×3	182	210	25	16	7	MB 32
KM 33	M165×3	193	210	26	16	7	MB 33
KM 34	M170×3	193	220	26	16	7	MB 34
KM 36	M180×3	203	230	27	18	8	MB 36
KM 38	M190×3	214	240	28	18	8	MB 38
KM 40	M200×3	226	250	29	18	8	MB 40
KM 42	Tr210×4	238	270	30	20	10	MB 42
KM 44	Tr220×4	250	280	32	20	10	MB 44
KM 46	Tr230×4	260	290	34	20	10	—
KM 48	Tr240×4	270	300	34	20	10	MB 48
KM 50	Tr250×4	290	320	36	20	10	—
KM 52	Tr260×4	300	330	36	24	12	MB 52
KM 56	Tr280×4	320	350	38	24	12	MB 56

表 3-134　KML 系列锁紧螺母尺寸　　　　单位：mm

锁紧螺母 型号	螺纹 G	尺寸					适用的锁紧 垫圈型号
		d_1	d_2	B	b	h	
KML 24	M120×2	135	145	20	12	5	MBL 24
KML 26	M130×2	145	155	21	12	5	MBL 26
KML 28	M140×2	155	165	22	14	5	MBL 28
KML 30	M150×2	170	180	24	14	5	MBL 30
KML 32	M160×3	180	190	25	16	5	MBL 32
KML 34	M170×3	190	200	26	16	5	MBL 34
KML 36	M180×3	200	210	27	18	5	MBL 36
KML 38	M190×3	210	220	28	18	5	MBL 38
KML 40	M200×3	222	240	29	18	5	MBL 40

表 3-135　HM 系列锁紧螺母尺寸　　　　单位：mm

锁紧螺母 型号	螺纹 G_1	尺寸					适用的锁紧 卡型号
		d_1	d_2	B	b	h	
HM 44	Tr220×4	250	280	32	20	10	MS 44
HM 48	Tr240×4	270	300	34	20	10	MS 44
HM 52	Tr260×4	300	330	36	24	12	MS 52
HM 56	Tr280×4	320	350	38	24	12	MS 52
HM 60	Tr300×4	340	380	40	24	12	MS 60
HM 64	Tr320×5	360	400	42	24	12	MS 64
HM 68	Tr340×5	400	440	55	28	15	MS 68
HM 72	Tr360×5	420	460	58	28	15	MS 68
HM 76	Tr380×5	440	490	60	32	18	MS 76
HM 80	Tr400×5	460	520	62	32	18	MS 80
HM 84	Tr420×5	490	540	70	32	18	MS 80
HM 88	Tr440×5	510	560	70	36	20	MS 88
HM 92	Tr460×5	540	580	75	36	20	MS 88
HM 96	Tr480×5	560	620	75	36	20	MS 96
HM/500	Tr500×5	580	630	80	40	23	MS/500
HM/530	Tr530×6	610	670	80	40	23	MS/530
HM/560	Tr560×6	650	710	85	45	25	MS/560

锁紧螺母	螺纹	尺寸					适用的锁紧
型号	G	d_1	d_2	B	b	h	卡型号
HM/600	Tr600×6	690	750	85	45	25	MS/560
HM/630	Tr630×6	730	800	95	50	28	MS/630
HM/670	Tr670×6	775	850	106	50	28	MS/670
HM/710	Tr710×7	825	900	106	55	30	MS/710
HM/750	Tr750×7	875	950	112	60	34	MS/750
HM/800	Tr800×7	925	1 000	112	60	34	MS/750
HM/850	Tr850×7	975	1 060	118	70	38	MS/850
HM/900	Tr900×7	1 030	1 120	125	70	38	MS/900
HM/950	Tr950×8	1 080	1 170	125	70	38	MS/950
HM/1000	Tr1000×8	1 140	1 240	125	70	38	MS/1000
HM/1060	Tr1060×8	1 210	1 300	125	70	38	MS/1000

表 3-136 HML 系列锁紧螺母尺寸　　　单位：mm

锁紧螺母	螺纹	尺寸					适用的锁紧
型号	G_1	d_1	d_2	B	b	h	卡型号
HML 44	Tr220×4	242	260	30	20	9	MSL 44
HML 48	Tr240×4	270	290	34	20	10	MSL 48
HML 52	Tr260×4	290	310	34	20	10	MSL 48
HML 56	Tr280×4	310	330	38	24	10	MSL 56
HML 60	Tr300×4	336	360	42	24	12	MSL 60
HML 64	Tr320×5	356	380	42	24	12	MSL 64
HML 68	Tr340×5	376	400	45	24	12	MSL 64
HML 72	Tr360×5	394	420	45	28	13	MSL 72
HML 76	Tr380×5	422	450	48	28	14	MSL 76
HML 80	Tr400×5	442	470	52	28	14	MSL 76
HML 84	Tr420×5	462	490	52	32	14	MSL 84
HML 88	Tr440×5	490	520	60	32	15	MSL 88
HML 92	Tr460×5	510	540	60	32	15	MSL 88
HML 96	Tr480×5	530	560	60	36	15	MSL 96
HML/500	Tr500×5	550	580	68	36	15	MSL 96

| 锁紧螺母 | 螺纹 | 尺寸 | | | | | 适用的锁紧 |
型号	G_1	d_1	d_2	B	b	h	卡型号
HML/530	Tr530×6	590	630	68	40	20	MSL/530
HML/560	Tr560×6	610	650	75	40	20	MSL/560
HML/600	Tr600×6	660	700	75	40	20	MSL/560
HML/630	Tr630×6	690	730	75	45	20	MSL/630
HML/670	Tr670×6	740	780	80	45	20	MSL/670
HML/710	Tr710×7	780	830	90	50	25	MSL/710
HML/750	Tr750×7	820	870	90	55	25	MSL/750
HML/800	Tr800×7	870	920	90	55	25	MSL/750
HML/850	Tr850×7	920	980	90	60	25	MSL/850
HML/900	Tr900×7	975	1 030	100	60	25	MSL/850
HML/950	Tr950×8	1 025	1 080	100	60	25	MSL/950
HML/1000	Tr1000×8	1 085	1 140	100	60	25	MSL/1000
HML/1060	Tr1060×8	1 145	1 200	100	60	25	MSL/1000
HML/1120	Tr1120×8	1 205	1 260	100	60	25	MSL/1000

表 3-137　MB、MBA 型锁紧垫圈尺寸　　单位：mm

| 锁紧螺母型号 | | 尺寸 | | | | | | | | |
MB 型	MBA 型	d_3	d_4	d_5 ≈	f_1 max	M	f^a	B_1^b ≈	B_2	N^c
MB 00	MBA 00	10	13.5	21	3	8.5	3	1	3	9
MB 01	MBA 01	12	17	25	3	10.5	3	1	3	11
MB 02	MBA 02	15	21	28	4	13.5	4	1	4	11
MB 03	MBA 03	17	24	32	4	15.5	4	1	4	11
MB 04	MBA 04	20	26	36	4	18.5	4	1	4	11
—	MBA/22	22	28	38	4	20.5	4	1	4	11
MB 05	MBA/05	25	32	42	5	23	5	1.25	4	13
—	MBA/28	28	36	46	5	26	5	1.25	4	13
MB 06	MBA/06	30	38	49	5	27.5	5	1.25	4	13
—	MBA/32	32	40	52	6	29.5	5	1.25	4	13

锁紧螺母型号		尺寸								N^c
MB 型	MBA 型	d_3	d_4	d_5 ≈	f_1 max	M	f^a	B_1^b ≈	B_2	
MB 07	MBA 07	35	44	57	6	32.5	5	1.25	4	13
MB 08	MBA 08	40	50	62	6	37.5	6	1.25	5	13
MB 09	MBA 09	45	56	69	6	42.5	6	1.25	5	13
MB 10	MBA 10	50	61	74	6	47.5	6	1.25	5	13
MB 11	MBA 11	55	67	81	8	52.5	7	1.5	5	17
MB 12	MBA 12	60	73	86	8	57.5	7	1.5	6	17
MB 13	MBA 13	65	79	92	8	62.5	7	1.5	6	17
MB 14	MBA 14	70	85	98	8	66.5	8	1.5	6	17
MB 15	MBA 15	75	90	104	8	71.5	8	1.5	6	17
MB 16	MBA 16	80	95	112	10	76.5	8	1.8	6	17
MB 17	MBA 17	85	102	119	10	81.5	8	1.8	6	17
MB 18	MBA 18	90	108	126	10	86.5	10	1.8	8	17
MB 19	MBA 19	95	113	133	10	91.5	10	1.8	8	17
MB 20	MBA 20	100	120	142	12	96.5	10	1.8	8	17
MB 21	MBA 21	105	126	145	12	100.5	12	1.8	10	17
MB 22	MBA 22	110	133	154	12	105.5	12	1.8	10	17
MB 23	MBA 23	115	137	159	12	110.5	12	2	10	17
MB 24	MBA 24	120	138	164	14	115	12	2	10	17
MB 25	MBA 25	125	148	170	14	120	12	2	10	17
MB 26	MBA 26	130	149	175	14	125	12	2	10	17
MB 27	MBA 27	135	160	185	14	130	14	2	10	17
MB 28	MBA 28	140	160	192	16	135	14	2	10	17
MB 29	MBA 29	145	171	202	16	140	14	2	10	17
MB 30	MBA 30	150	171	205	16	145	14	2	10	17
MB 31	MBA 31	155	182	212	16	147.5	16	2.5	12	19
MB 32	MBA 32	160	182	217	18	154	16	2.5	12	19
MB 33	MBA 33	165	193	222	18	157.5	16	2.5	12	19

锁紧螺母型号		尺寸								N^c
MB 型	MBA 型	d_3	d_4	d_5 ≈	f_1 max	M	f^a	B_1^b ≈	B_2	
MB 34	MBA 34	170	193	232	18	164	16	2.5	12	19
MB 36	MBA 36	180	203	242	20	174	18	2.5	12	19
MB 38	MBA 38	190	214	252	20	184	18	2.5	12	19
MB 40	MBA 40	200	226	262	20	194	18	2.5	12	19
MB 44	MBA 44	220	250	292	24	213	20	3	14	19
MB 48	MBA 48	240	270	312	24	233	20	3	14	19
MB 52	MBA 52	260	300	342	28	253	24	3	14	19
MB 56	MBA 56	280	320	362	28	273	24	3	14	19

    a f 应小于 b（见图 3-98 和表 3-133）。

    b 厚度仅为近似值，允许有微小的偏差。

    c N 为最小外爪数，由于锁紧螺母有 4 个槽，所以 N 应为奇数。

表 3-138　MBL 系列锁紧垫圈尺寸 单位：mm

锁紧垫圈型号	尺寸								N^c
	d_3	d_4	d_5 ≈	f_1 max	f^a	M	B_1^b ≈	B_2	
MBL 24	120	135	151	14	12	115	2	6	19
MBL 26	130	145	161	14	12	125	2	6	19
MBL 28	140	155	171	16	14	135	2	8	19
MBL 30	150	170	188	16	14	145	2	8	19
MBL 32	160	180	199	18	16	154	2.5	8	19
MBL 34	170	190	211	18	16	164	2.5	8	19
MBL 36	180	200	221	20	18	174	2.5	8	19
MBL 38	190	210	231	20	18	184	2.5	8	19
MBL 40	200	222	248	20	18	194	2.5	8	19

    a f 应小于 b（见图 3-98 和表 3-133）。

    b 厚度仅为近似值，允许有微小的偏差。

    c N 为最小外爪数，由于锁紧螺母有 4 个槽，所以 N 应为奇数。

表 3-139　MS 系列锁紧卡尺寸　　　　单位：mm

锁紧卡型号	尺寸					螺栓尺寸	
	s^a ≈	b_1^b	h_1	e	d_b	l^c ≈	G_2
MS 44	4	20	12	22.5	9	16	M8
MS 52	4	24	12	25.5	12	20	M10
MS 60	4	24	12	30.5	12	20	M10
MS 64	5	24	15	31	12	20	M10
MS 68	5	28	15	38	14	25	M12
MS 76	5	32	15	40	14	25	M12
MS 80	5	32	15	45	18	30	M16
MS 88	5	36	15	43	18	30	M16
MS 96	5	36	15	53	18	30	M16
MS/500	5	40	15	45	18	30	M16
MS/530	7	40	21	51	22	40	M20
MS/560	7	45	21	54	22	40	M20
MS/630	7	50	21	61	22	40	M20
MS/670	7	45	21	66	22	40	M20
MS/710	7	55	21	69	26	50	M24
MS/750	7	60	21	70	26	50	M24
MS/850	7	70	21	71	26	50	M24
MS/900	7	70	21	76	26	50	M24
MS/950	7	70	21	78	26	50	M24
MS/1060	7	70	21	88	26	50	M24

a　厚度仅为近似值，允许有微小的偏差。

b　b_1 应小于 b（见图 3-99 和表 3-135）。

c　所示长度对应于表中所列螺纹尺寸的优先长度，但允许有一定的偏差。

表 3-140 MSL 系列锁紧卡尺寸　　　　单位：mm

锁紧卡型号	尺寸					螺栓尺寸	
	s^a ≈	b_1^b	h_1	e	d_b	l^c ≈	G_2
MSL 44	4	20	12	13.5	7	12	M6
MSL 48	4	20	12	17.5	9	16	M8
MSL 56	4	24	12	17.5	9	16	M8
MSL 60	4	24	12	20.5	9	16	M8
MSL 64	5	24	15	21	9	16	M8
MSL 72	5	28	15	20	9	16	M8
MSL 76	5	28	15	24	12	20	M10
MSL 84	5	32	15	24	12	20	M10
MSL 88	5	32	15	28	14	25	M12
MSL 96	5	36	15	28	14	25	M12
MSL/530	7	40	21	34	18	30	M16
MSL/560	7	40	21	29	18	30	M16
MSL/630	7	45	21	34	18	30	M16
MSL/670	7	45	21	39	18	30	M16
MSL/710	7	50	21	39	18	30	M16
MSL/750	7	55	21	39	18	30	M16
MSL/850	7	60	21	44	22	40	M20
MSL/950	7	60	21	46	22	40	M20
MSL/1000	7	60	21	51	22	40	M20

a　厚度仅为近似值，允许有微小的偏差。

b　b_1 应小于 b（见图 3-99 和表 3-136）。

c　所示长度对应于表中所列螺纹尺寸的优先长度，但允许有一定的偏差。

标记示例：

螺纹公称直径为 40 mm 的锁紧螺母为：KMB 08　GB/T 9160.2—2006

对应的螺母公称直径为 40 mm 的直内爪锁紧垫圈为：MB 08　GB/T 9160.2—2006

对应的螺母公称直径为 240 mm、30 系列的锁紧卡为：MSL 48　GB/T 9160.2—2006

2. 滚动轴承座

滚动轴承座（部分立式轴承座）外形尺寸（GB/T 7813—2008）适用于调心球轴承和调心滚子轴承等，该标准规定了二螺柱和四螺柱部分立式轴承座的外形尺寸。

（1）二螺柱立式轴承座

二螺柱立式轴承座的结构型式如图 3-102~3-103 所示，外形尺寸列于表 3-141~表 3-144。

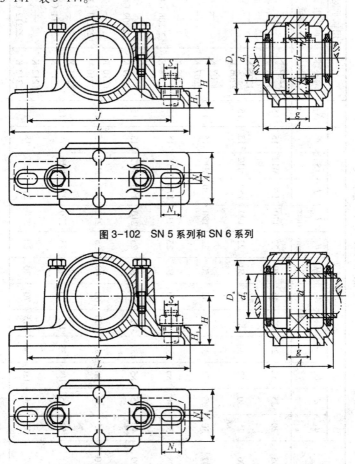

图 3-102　SN 5 系列和 SN 6 系列

图 3-103　SN 2 系列、SN 3 系列、SNK 2 系列和 SNK 3 系列

表3-141　SN 5 系列尺寸

单位：mm

轴承座型号	外形尺寸													适用轴承附件		
	d_1	d	D_a	g	A max	A_1	H	H_1 max	L max	J	S	N	N_1 min	调心球轴承	调心滚子轴承	紧定套
SN 505	20	25	52	25	72	46	40	22	170	130	M12	15	15	1205 K	—	H 205
														2205 K	—	H 305
SN 506	25	30	62	30	82	52	50	22	190	150	M12	15	15	1206 K	—	H 206
														2206 K	—	H 305
SN 507	30	35	72	33	85	52	50	22	190	150	M12	15	15	1207 K	—	H 206
														2207 K	—	H 307
SN 508	35	40	80	33	92	60	60	25	210	170	M12	15	15	1208 K	22208 CK	H 208
														2208 K	—	H 308
SN 509	40	45	85	31	92	60	60	25	210	170	M12	15	15	1209 K	22209 CK	H 209
														2209 K	—	H 309
SN 510	45	50	90	33	100	60	60	25	210	170	M12	15	15	1210 K	22210 CK	H 210
														2210 K	—	H 310
SN 511	50	55	100	33	105	70	70	28	270	210	M16	18	18	1211 K	22211 CK	H 211
														2211 K	—	H 311
SN 512	55	60	110	38	115	70	70	30	270	210	M16	18	18	1212 K	22212 CK	H 212
														2212 K	—	H 312

轴承座型号	外形尺寸													适用轴承附件		
	d_1	d	D_a	g	A max	A_1	H	H_1 max	L max	J	S	N	N_1 min	调心球轴承	调心滚子轴承	紧定套
SN 513	60	65	120	43	120	80	80	30	290	230	M16	18	18	1213 K	—	H 213
														2213 K	22213 CK	H 313
SN 515	65	75	130	41	125	80	80	30	290	230	M16	18	18	1215 K	—	H 215
														2215 K	22215 CK	H 315
SN 516	70	80	140	43	135	90	95	32	330	260	M20	22	22	1216 K	—	H 216
														2216 K	22216 CK	H 316
SN 517	75	85	150	46	140	90	95	32	330	260	M20	22	22	1217 K	—	H 217
														2217 K	22217 CK	H 317
SN 518	80	90	160	62. 4	145	100	100	35	360	290	M20	22	22	1218 K	—	H 218
														2218 K	22218 CK	H 318
														—	23218 CK	H 2318
SN 520	90	100	180	70. 3	165	110	112	40	400	320	M24	26	26	1220 K	—	H 220
														2220 K	22220 CK	H 320
														—	23220 CK	H 2320
														1222 K	—	H 222

轴承座型号	外形尺寸													适用轴承附件		
	d_1	d	D_a	g	A max	A_1	H	H_1 max	L max	J	S	N	N_1 min	调心球轴承	调心滚子轴承	紧定套
SN 522	100	110	200	80	177	120	125	45	420	350	M24	26	26	2222 K	22222 CK	H 322
														—	23222 CK	H 2322
SN 524	110	120	215	86	187	120	140	45	420	350	M24	26	26	—	22224 CK	H 3124
															23224 CK	H 2324
SN 526	115	130	230	90	192	130	150	50	450	380	M24	28	28	—	22226 CK	H 3126
															23226 CK	H 2326
SN 528	125	140	250	98	207	150	150	50	510	420	M30	35	35	—	22228 CK	H 3128
															23228 CK	H 2328
SN 530	135	150	270	106	224	160	160	60	540	450	M30	35	35	—	22230 CK	H 3130
															23230 CK	H 2330
SN 532	140	160	290	114	237	160	170	60	560	470	M30	35	35	—	22232 CK	H 3132
															23232 CK	H 2332

注：SN 524～SN 532 应装有吊环螺钉。

単位：mm

表 3-142 SN 6 系列尺寸

轴承座型号	外形尺寸													适用轴承附件		
	d_1	d	D_a	g	A max	A_1	H	H_1 max	L max	J	S	N	N_1 min	调心球轴承	调心滚子轴承	紧定套
SN 605	20	25	62	34	82	52	50	22	190	150	M12	15	15	1305 K	—	H 305
														2305 K	—	H 2305
SN 606	25	30	72	37	85	52	50	22	190	150	M12	15	15	1306 K	—	H 306
														2306 K	—	H 2306
SN 607	30	35	80	41	92	60	60	25	210	170	M12	15	15	1307 K	—	H 307
														2307 K	—	H 2307
SN 608	35	40	90	43	100	60	60	25	210	170	M12	15	15	1308 K	—	H 308
														2308 K	22308 CK	H 2308
SN 609	40	45	100	46	105	70	70	28	270	210	M16	18	18	1309 K	—	H 309
														2309 K	22309 CK	H 2309
SN 610	45	50	110	50	105	70	70	30	270	210	M16	18	18	1310 K	—	H 310
														2310 K	22310 CK	H 2310
SN 611	50	55	120	53	120	80	80	30	290	230	M16	18	18	1311 K	—	H 311
														2311 K	22311 CK	H 2311
SN 612	55	60	130	56	125	80	80	30	290	230	M16	18	18	1312 K	—	H 312
														2312 K	22312 CK	H 2312

轴承座型号	外形尺寸													适用轴承附件		
	d_1	d	D_a	g	A max	A_1	H	H_1 max	L max	J	S	N	N_1 min	调心球轴承	调心滚子轴承	紧定套
SN 613	60	65	140	58	135	90	95	32	330	260	M20	22	22	1313 K	—	H 313
SN 615	65	75	160	65	145	100	100	35	360	290	M20	22	22	2313 K	22313 CK	H 2313
SN 615														1315 K	—	H 315
SN 616	70	80	170	68	150	100	112	35	360	290	M20	22	22	2315 K	22315 CK	H 2315
SN 616														1316 K	—	H 316
SN 617	75	85	180	70	165	110	112	40	400	320	M24	26	26	2316 K	22316 CK	H 2316
SN 617														1317 K	—	H 317
SN 618	80	90	190	74	165	110	112	40	405	320	M24	26	26	2317 K	22317 CK	H 2317
SN 618														1318 K	—	H 318
SN 619	85	95	200	77	117	120	125	45	420	350	M24	26	26	2318 K	22318 CK	H 2318
SN 619														1319 K	—	H 319
SN 620	90	100	215	83	187	120	140	45	420	350	M24	26	26	2319 K	22319 CK	H 2319
SN 620														1320 K	—	H 320
SN 622	100	110	240	90	195	130	140	50	475	390	M24	28	28	2320 K	22320 CK	H 2320
SN 622														1322 K	—	H 322
SN 624	110	120	260	96	210	160	160	60	545	450	M30	35	35	2322 K	22322 CK	H 2322
SN 624														—	22324 CK	H 2324

续表

| 轴承座型号 | 外形尺寸 | | | | | | | | | | | | | 适用轴承附件 | | |
	d_1	d	D_a	g	A max	A_1	H	H_1 max	L max	J	S	N	N_1 min	调心球轴承	调心滚子轴承	紧定套
SN 626	115	130	280	103	225	160	170	60	565	470	M30	35	35	—	22326 CK	H 2326
SN 628	125	140	300	112	237	170	170	65	630	520	M30	35	35	—	22328 CK	H 2328
SN 630	135	150	320	118	245	180	190	65	680	560	M30	35	35	—	22330 CK	H 2330
SN 632	140	160	340	124	260	190	200	70	710	580	M36	42	42	—	22332 CK	H 2332

注：SN 624~SN 632 应装有吊环螺钉。

表3-143 SN 2 系列尺寸

单位：mm

| 轴承座型号 | | 外形尺寸 | | | | | | | | | | | | | | 适用轴承 | |
SN 型	SNK 型	d	D_a	g	A max	A_1	H	H_1 max	L max	J	S	N	N_1 min	d_1	d_2 a	调心球轴承	调心滚子轴承
SN 205	SNK 205	25	52	25	72	46	40	22	170	130	M12	15	15	30	20	1205 2205	22205 C —
SN 206	SNK 206	30	62	30	82	52	50	22	190	150	M12	15	15	35	25	1206 2206	22206 C —
SN 207	SNK 207	35	72	33	85	52	50	22	190	150	M12	15	15	45	30	1207 2207	22207 C —
SN 208	SNK 208	40	80	33	92	60	60	25	210	170	M12	15	15	50	35	1208 2208	22208 C —
SN 209	SNK 209	45	85	31	92	60	60	25	210	170	M12	15	15	55	40	1209 2209	22209 C —
SN 210	SNK 210	50	90	33	100	60	60	25	210	170	M12	15	15	60	45	1210 2210	22210 C —
SN 211	SNK 211	55	100	33	105	70	70	28	270	210	M16	18	18	65	50	1211 2211	22211 C —
SN 212	SNK 212	60	110	38	115	70	70	30	270	210	M16	18	18	70	55	1212 2212	22212 C —
SN 213	SNK 213	65	120	43	120	80	80	30	290	230	M16	18	18	75	60	1213 2213	22213 C —
SN 214	SNK 214	70	125	44	120	80	80	30	290	230	M16	18	18	80	65	1214 2214	22214 C —
SN 215	SNK 215	75	130	41	125	80	80	30	290	230	M16	18	18	85	70	1215 2215	22215 C —
SN 216	SNK 216	80	140	43	135	90	95	32	330	260	M20	22	22	90	75	1216 2216	22216 C —
SN 217	SNK 217	85	150	46	140	90	95	32	330	260	M20	22	22	95	80	1217 2217	22217 C —
SN 218	SNK 218	90	160	62.4	145	100	100	35	360	290	M20	22	22	100	85	1218 2218	22218 C —
SN 220	SNK 220	100	180	70.3	165	110	112	40	400	320	M24	26	26	115	95	1220 2220	22220 C — 23220 C —

| 轴承座型号 | | 外形尺寸 | | | | | | | | | | | | | | 适用轴承 | |
SN 型	SNK 型	d	D_a	g	A max	A_1	H	H_1 max	L max	J	S	N	N_1 min	d_1	d_1[a]	调心球轴承	调心滚子轴承
SN 222	SNK 222	110	200	80	177	120	125	45	420	350	M24	26	26	125	105	1222 2222	22222 C 23222 C
SN 224	SNK 224	120	215	86	187	120	140	45	420	350	M24	26	26	135	115	—	22224 C 23224 C
SN 226	SNK 226	130	230	90	192	130	150	50	450	380	M24	26	26	145	125	—	22226 C 23226 C
SN 228	SNK 228	140	250	98	207	150	150	50	510	420	M30	35	35	155	135	—	22228 C 23228 C
SN 230	SNK 230	150	270	106	224	160	160	60	540	450	M30	35	35	165	145	—	22230 C 23230 C
SN 232	SNK 232	160	290	114	237	160	170	60	560	470	M30	35	35	175	150	—	22232 C 23232 C

注：SN 224～SN 232、SNK 224～SNK 232 应装有吊环螺钉。

a 该尺寸适用于 SNK 型轴承座。

表 3-144　SN 3 系列尺寸

单位: mm

| 轴承座型号 | | d | D_a | g | 外形尺寸 | | | | | | | | | | | 适用轴承 | |
SN 型	SNK 型				A max	A_1	H	H_1 max	L max	J	S	N	N_1 min	d_1	d_2 [a]	调心球轴承	调心滚子轴承
SN 305	SNK 305	25	62	34	82	52	50	22	185	150	M12	15	20	30	20	1305 2305	—
SN 306	SNK 306	30	72	37	85	52	50	22	185	150	M12	15	20	35	25	1305 2306	—
SN 307	SNK 307	35	80	41	92	60	60	25	205	170	M12	15	20	45	30	1305 2307	—
SN 308	SNK 308	40	90	43	100	60	60	25	205	170	M12	15	20	50	35	1308 2308	22308 C 21308 C
SN 309	SNK 309	45	100	46	105	70	70	28	255	210	M16	18	23	55	40	1309 2309	22309 C 21309 C
SN 310	SNK 310	50	110	50	115	70	70	30	255	210	M16	18	23	60	45	1310 2310	22310 C 21311 C
SN 311	SNK 311	55	120	53	120	80	80	30	275	230	M16	18	23	65	50	1311 2311	22311 C 21311 C
SN 312	SNK 312	60	130	56	125	80	80	30	280	230	M16	18	23	70	55	1312 2312	22312 C 21312 C
SN 313	SNK 313	65	140	58	135	90	95	32	315	260	M20	22	27	75	60	1313 2313	22313 C 21313 C
SN 314	SNK 314	70	150	61	140	90	95	32	320	260	M20	22	27	80	65	1314 2314	22314 C 21314 C
SN 315	SNK 315	75	160	65	145	100	100	35	345	290	M20	22	27	85	70	1315 2315	22315 C 21315 C
SN 316	SNK 316	80	170	68	150	100	112	35	345	290	M20	22	27	90	75	1316 2316	22316 C 21316 C
SN 317	SNK 317	85	180	70	165	110	112	40	380	320	M24	26	32	95	80	1317 2317	22317 C 21317 C

a　该尺寸适用于 SNK 型轴承座。

（2）四螺柱立式轴承座

四螺柱立式轴承座的结构型式如图3-104所示，外形尺寸列于表3-145
~3-147。

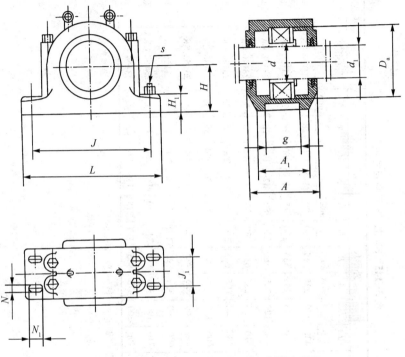

图3-104　SD 31TS系列、SD 5系列和 SSD 6系列

表 3-145　SD 31 TS 系列尺寸

单位：mm

轴承座型号	外形尺寸																适用轴承及附件		
	D_a	H	g^a	J	J_1	A max	L max	A_1 max	H_1 max	S	d_1	N	N_1 min	调心滚子轴承	紧定套
SD 3134 TS	280	170	108	430	100	235	515	180	70	M24	150	28	28	23134 CK	H 3134
SD 3136 TS	300	180	116	450	110	245	535	190	75	M24	160	28	28	23136 CK	H 3136
SD 3138 TS	320	190	124	480	120	265	565	210	80	M24	170	28	28	23138 CK	H 3138
SD 3140 TS	340	210	132	510	130	285	615	230	85	M30	180	35	35	23140 CK	H 3140
SD 3144 TS	370	220	140	540	140	295	645	240	90	M30	200	35	35	23144 CK	H 3144
SD 3148 TS	400	240	148	600	150	315	705	260	95	M30	220	35	35	23148 CK	H 3148
SD 3152 TS	440	260	164	650	160	325	775	280	100	M36	240	42	42	23152 CK	H 3152
SD 3156 TS	460	280	166	670	160	325	795	280	105	M36	260	42	42	23156 CK	H 3156
SD 3160 TS	500	300	180	710	190	355	835	310	110	M36	280	42	42	23160 CK	H 3160
SD 3164 TS	540	320	196	750	200	375	885	330	115	M36	300	42	42	23164 CK	H 3164

a　不利于止推环使轴承在轴承座内固定时，该值减小 20 mm。

表 3-146　SD 5 系列尺寸

单位: mm

轴承座型号	外形尺寸													适用轴承及附件	
	D_a	H	g^a	J	J_1	A max	L	A_1 max	H_1	N	N_1 min	S	d_1	调心滚子轴承	紧定套
SD 534	310	180	96	510	140	270	620	250	60	35	35	M30	150	22234 CK	H 3134
SD 536	320	190	96	540	150	280	650	260	60	35	35	M30	160	22236 CK	H 3136
SD 538	340	200	102	570	160	290	700	280	65	35	35	M30	170	22238 CK	H 3138
SD 540	360	210	108	610	170	300	740	290	65	35	35	M30	180	22240 CK	H 3140
SD 544	400	240	118	680	190	330	820	320	70	40	40	M36	200	22244 CK	H 3144
SD 548	440	260	132	740	200	340	880	330	85	42	42	M36	220	22248 CK	H 3148
SD 552	480	280	140	790	210	370	940	360	85	42	42	M36	240	22252 CAK	H 3152
SD 556	500	300	140	830	230	390	990	380	100	50	50	M42	260	22256 CAK	H 3156
SD 560	540	325	150	890	250	410	1060	400	100	50	50	M42	280	22260 CAK	H 3160
SD 564	580	355	160	930	270	440	1110	430	110	57	57	M48	300	22264 CAK	H 3164

a 不利于止推环使轴承在轴承座内固定时，该值减小 10 mm。

表 3-147 SD 6 系列尺寸

单位：mm

轴承座型号	外形尺寸															适用轴承及附件	
	D_a	H	g^a	J	J_1	A max	L max	A_1 max	H_1	N	N_1 min	S	d_1			调心滚子轴承	紧定套
SD 634	360	210	130	610	170	300	740	290	65	35	35	M30	150			22234 CK	H 2334
SD 636	380	225	136	640	180	320	780	310	70	40	40	M36	160			22336 CK	H 2336
SD 638	400	240	142	680	190	330	820	320	70	40	40	M36	170			22338 CK	H 2338
SD 640	420	250	148	710	200	350	860	340	85	42	42	M36	180			22340 CK	H 2340
SD 644	460	280	155	770	210	360	920	350	85	42	42	M36	200			22344 CK	H 2344
SD 648	500	300	165	830	230	390	990	380	100	50	50	M42	220			22348 CK	H 2348
SD 652	540	325	175	890	250	410	1060	400	100	50	50	M42	240			22352 CAK	H 2352
SD 656	580	355	185	930	270	440	1100	430	110	57	57	M48	260			22336 CAK	H 2356

a 不利于止推环使轴承在轴承座内固定时，该值减小 10 mm。

（3）止推环的结构型式

止推环的结构型式如图3-105所示，其外形尺寸列于表3-148。

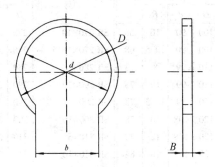

图3-105　止推环

表3-148　止推环尺寸　　　　　　　　　　单位：mm

型号	外形尺寸				型号	外形尺寸			
	D	d	B	b		D	d	B	b
SR 52×5	52	45	5	32	SR 190×10	190	173	10	130
SR 52×7	52	45	7	32	SR 190×15.5	190	173	15.5	130
SR 62×7	62	54	7	38	SR 200×10	200	180	10	130
SR 62×8.5	62	54	8.5	38	SR 200×13.5	200	180	13.5	130
SR 62×10	62	54	10	38	SR 200×16	200	180	16	130
SR 72×8	72	64	8	47	SR 200×21	200	180	21	130
SR 72×9	72	64	9	47	SR 215×10	215	195	10	140
SR 72×10	72	64	10	47	SR 215×14	215	195	14	140
SR 80×7.5	80	70	7.5	52	SR 215×18	215	195	18	140
SR 80×10	80	70	10	52	SR 230×10	230	210	10	150
SR 85×6	85	75	6	57	SR 230×13	230	210	13	150
SR 85×8	85	75	8	57	SR 240×10	240	218	10	150
SR 90×6.5	90	80	6.5	62	SR 240×20	240	218	20	150
SR 90×10	90	80	10	62	SR 250×10	250	230	10	160
SR 100×6	100	90	6	68	SR 250×15	250	230	15	160
SR 100×8	100	90	8	68	SR 260×10	260	238	10	170

型号	外形尺寸				型号	外形尺寸			
	D	d	B	b		D	d	B	b
SR 100×10	100	90	10	68	SR 270×10	270	248	10	170
SR 100×10. 5	100	90	10. 5	68	SR 270×16. 5	270	248	16. 5	170
SR 110×8	110	99	8	73	SR 280×10	280	255	10	170
SR 110×10	110	99	10	73	SR 290×10	290	268	10	180
SR 110×11. 5	110	99	11. 5	73	SR 290×17	290	268	17	180
SR 120×10	120	108	10	78	SR 300×10	300	275	10	190
SR 120×12	120	108	12	78	SR 310×5	310	285	5	190
SR 125×10	125	113	10	84	SR 310×10	310	285	10	190
SR 125×13	125	113	13	84	SR 320×5	320	296	5	200
SR 130×8	130	118	8	88	SR 320×10	320	296	10	200
SR 130×10	130	118	10	88	SR 340×5	340	314	5	210
SR 130×12. 5	130	118	12. 5	88	SR 340×10	340	314	10	210
SR 140×8. 5	140	127	8. 5	93	SR 360×5	360	332	5	210
SR 140×10	140	127	10	93	SR 360×10	360	332	10	210
SR 140×12. 5	140	127	12. 5	93	SR 370×10	370	337	10	210
SR 150×9	150	135	9	98	SR 380×5	380	342	5	210
SR 150×10	150	135	10	98	SR 400×5	400	369	5	210
SR 150×13	150	135	13	98	SR 400×10	400	369	10	210
SR 160×10	160	144	10	105	SR 420×5	420	379	5	220
SR 160×11. 2	160	144	11. 2	105	SR 440×5	440	420	5	220
SR 160×14	160	144	14	105	SR 440×10	440	420	10	220
SR 160×16. 2	160	144	16. 2	105	SR 460×5	460	430	5	200
SR 170×10	170	154	10	112	SR 460×10	460	430	10	200
SR 170×10. 5	170	154	10. 5	112	SR 480×5	480	451	5	240
SR 170×14. 5	170	154	14. 5	112	SR 500×5	500	461	5	220
SR 180×10	180	163	10	120	SR 500×10	500	461	10	220
SR 180×12. 1	180	163	12. 1	120	SR 540×5	540	487	5	240
SR 180×14. 5	180	163	14. 5	120	SR 540×10	540	487	10	240
SR 180×18. 1	180	163	18. 1	120	SR 580×5	580	524	5	260

代号方法：

止推环的代号构成如下：

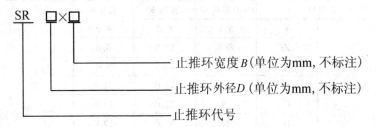

代号示例：

SR 52×7

表示外长为 52 mm，宽度为 7 mm 的止推环。

3.2.3 传动带

1. 普通型 V 带和窄 V 带尺寸

普通型 V 带和窄 V 带（GB/T 11544—1997）的型式如图 3-106 所示，其尺寸规格列于表 3—149。

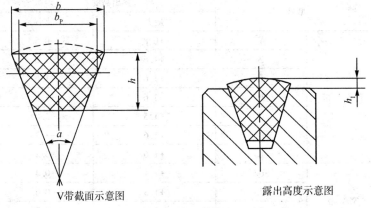

V带截面示意图   露出高度示意图

图 3-106 V 带

表 3-149　V 带尺寸规格　　　　　　单位：mm

V 带截面尺寸

型号		节宽 b_p	顶宽 b	高度 h	楔角 a
普通 V 带	Y	5.3	6.0	4.0	40°
	Z	8.5	10.0	6.0	
	A	11	13.0	8.0	
	B	14	17.0	11.0	
	C	19	22.0	14.0	
	D	27	32.0	19.0	
	E	32	38.0	23.0	
窄 V 带	SPZ	8	10.0	8.0	40°
	SPA	11	13.0	10.0	
	SPB	14	17.0	14.0	
	SPC	19	22.0	18.0	

注：当 V 带的节面与带轮的基准宽度重合时，基准宽度才等于节宽。

V 带露出高度

型号		露出高度 h_r	
		最大	最小
普通 V 带	Y	+0.8	-0.8
	Z	+1.6	-1.6
	A	+1.6	-1.6
	B	+1.6	-1.6
	C	+1.5	-2.0
	D	+1.6	-3.2
	E	+1.6	-3.2
窄 V 带	SPZ	+1.1	-0.4
	SPA	+1.3	-0.6
	SPB	+1.4	-0.7
	SPC	+1.5	-1.0

普通 V 带基准长度

型号						
Y	Z	A	B	C	D	E
200	405	630	930	1 565	2 740	4 660
224	475	700	1 000	1 760	3 100	5 040
250	530	790	1 100	1 950	3 330	5 420
280	625	890	1 210	2 195	3 730	6 100
315	700	990	1 370	2 420	4 080	6 850
355	780	1 100	1 560	2 715	4 620	7 650
400	820	1 250	1 760	2 880	5 400	9 150
450	1 080	1 430	1 950	3 080	6 100	12 230
500	1 330	1 550	2 180	3 520	6 840	13 750
	1 420	1 640	2 300	4 060	7 620	15 280
	1 540	1 750	2 500	4 600	9 140	16 800
		1 940	2 700	5 380	10 700	
		2 050	2 870	6 100	12 200	
		2 200	3 200	6 815	13 700	
		2 300	3 600	7 600	15 200	
		2 480	4 060	9 100		
		2 700	4 430	10 700		
			4 820			
			5 370			
			6 070			

窄 V 带基准长度

L_d	不同型号的分布范围				L_d	不同型号的分布范围			
	SPZ	SPA	SPB	SPC		SPZ	SPA	SPB	SPC
630	+				3 150	+	+	+	+
710	+				3 550	+	+	+	+
800	+				4 000		+	+	+
900	+	+			4 500			+	+
1 000	+	+			5 000			+	+
1 120	+	+			5 600			+	+
1 250	+	+	+		6 300			+	+
1 400	+	+	+		7 100			+	+
1 600	+	+	+		8 000			+	+
1 800	+	+	+		9 000				+

L_d	不同型号的分布范围				L_d	不同型号的分布范围			
	SPZ	SPA	SPB	SPC		SPZ	SPA	SPB	SPC
2 000	+	+	+	+	10 000				+
2 240	+	+	+	+	11 200				+
2 500	+	+	+	+	12 500				+
2 800	+	+	+	+					

普通 V 带和窄 V 带的标记内容和顺序为型号、基准长度公称值、标准号。标记示例如下：

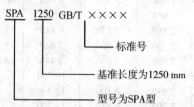

SPA 1250 GB/T ××××

标准号

基准长度为1250 mm

型号为SPA型

2. 机用皮带扣

机用皮带扣（QB/T 2291—1997）的结构型式如图 3-107 所示，其规格尺寸列于表 3-150。

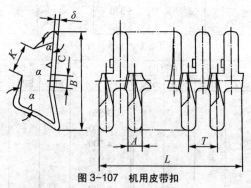

图 3-107　机用皮带扣

注

1　15 号机用皮带扣无 a 齿。

2　大齿角度 a 为 74°±2°

表 3-150　机用皮带扣基本尺寸

	规格，号		15	20	25	27	35	45	55	65	75
L	基本尺寸	mm	190	290	290	290	290	290	290	290	290
	极限偏差		±1.45	±1.60	±1.60	±1.60	±1.60	±1.60	±1.60	±1.60	±1.60
B	基本尺寸	mm	15	20	22	25	30	34	40	47	60
A	基本尺寸	mm	2.30	2.60	3.30	3.30	3.90	5.00	6.70	6.90	8.50
T	基本尺寸	mm	5.59	6.44	8.06	8.06	9.67	12.08	16.11	16.11	20.71
C	基本尺寸	mm	3.00	3.00	3.30	3.30	4.70	5.50	6.50	7.20	9.00
K	基本尺寸	mm	5	6	7	8	9	10	12	14	18
	极限偏差		+3.00 0	+3.00 0	+3.00 0	+3.00 0	+4.00 0	+4.00 0	+6.00 0	+6.00 0	+6.00 0
δ	基本尺寸	mm	1.10	1.20	1.30	1.30	1.50	1.80	2.30	2.50	3.00
	极限偏差		0 -0.09	0 -0.09	0 -0.09	0 -0.09	0 -0.09	0 -0.12	0 -0.12	0 -0.12	0 -0.15
每支齿数		只	34	45	36	36	30	24	18	18	14
每盒齿数		只	16	10	16	16	8	8	8	8	8

3. 带螺栓

用途用于连接平带的两端，结构型式如图 3-108 所示，其尺寸规格列表表 3-151。

图 3-108　带螺栓

表 3-151　带螺栓尺寸　　　　　　　单位：mm

螺栓	直径	5	6	8	10
	长度	20	25	32	42
适用平带	宽度	20~40	40~100	100~125	125~300
	厚度	3~4	4~6	5~7	7~13

3.2.4 传动链

1. 齿形链和链轮（GB/T 10855—2003）

（1）链条

1）9.52 mm 及以上节距链条的主要尺寸见图 3-109 和表 3-152。

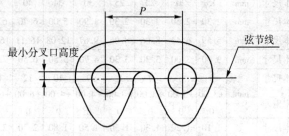

图 3-109 链板形状

注：最小分叉高度=0.062×p

表 3-152　链节参数 单位：mm

链号（6.35 mm 单位链宽）	节距 p	标记	最小分叉口高度
SC3	9.52	SC3 或 3	0.590
SC4	12.70	SC4 或 4	0.787
SC5	15.88	SC5 或 5	0.986
SC6	19.05	SC6 或 6	1.181
SC8	25.40	SC8 或 8	1.575
SC10	31.76	SC10 或 10	1.969
SC12	38.10	SC12 或 12	2.362
SC16	50.80	SC16 或 16	3.150

2）9.52 mm 及以上节距链条的链宽和链轮齿廓尺寸见图 3-110 和表 3-153。

链轮标记：

所有链轮应标记上完整的链号和齿数。例如：SC304-25。

新链条在链轮上围链的最大半径不得超过链轮分度圆半径加 0.75p。

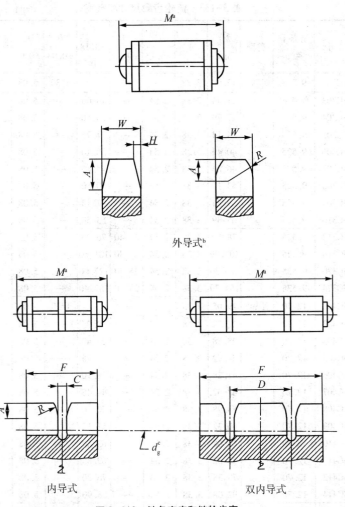

图 3-110 链条宽度和链轮齿廓

表 3-153 链轮齿廓尺寸和链宽 单位：mm

链号[a]	链条节距 p	类型	M^b max	A	C ±0.13	D ±0.25	F +3.18 0	H ±0.08	R ±0.08	W +0.25 0
SC302	9.525	外导[c]	15.09	3.38	—	—	—	1.30	5.08	10.41
SC303	9.525		21.44	3.38	2.54	—	19.05	—	5.08	—
SC304	9.525		27.79	3.38	2.54	—	25.40	—	5.08	—
SC305	9.525		34.14	3.38	2.54	—	31.75	—	5.08	—
SC306	9.525	内导	40.49	3.38	2.54	—	38.10	—	5.08	—
SC307	9.525		46.84	3.38	2.54	—	44.45	—	5.08	—
SC308	9.525		53.19	3.38	2.54	—	50.80	—	5.08	—
SC309	9.525		59.54	3.38	2.54	—	57.15	—	5.08	—
SC310	9.525		65.89	3.38	2.54	—	63.50	—	5.08	—
SC312	9.525		78.59	3.38	2.54	25.40	76.20	—	5.08	—
SC316	9.525	双内导	103.99	3.38	2.54	25.40	101.60	—	5.08	—
SC320	9.525		129.39	3.38	2.54	25.40	127.00	—	5.08	—
SC324	9.525		154.79	3.38	2.54	25.40	152.40	—	5.08	—
SC402	12.70	外导[c]	19.05	3.33	—	—	—	1.30	5.08	10.41
SC403	12.70		22.22	3.38	2.54	—	19.05	—	5.08	—
SC404	12.70		28.58	3.38	2.54	—	25.40	—	5.08	—
SC405	12.70		34.92	3.38	2.54	—	31.75	—	5.08	—
SC406	12.70		41.28	3.38	2.54	—	38.10	—	5.08	—
SC407	12.70		47.62	3.38	2.54	—	44.45	—	5.08	—
SC408	12.70	内导	53.98	3.38	2.54	—	50.80	—	5.08	—
SC409	12.70		60.32	3.38	2.54	—	57.15	—	5.08	—
SC410	12.70		66.68	3.38	2.54	—	63.50	—	5.08	—
SC411	12.70		73.02	3.38	2.54	—	69.85	—	5.08	—
SC412	12.70		79.38	3.38	2.54	—	76.20	—	5.08	—
SC414	12.70		92.08	3.38	2.54	—	88.90	—	5.08	—
SC416	12.70		104.78	3.38	2.54	25.40	101.60	—	5.08	—
SC420	12.70	双内导	130.18	3.38	2.54	25.40	127.00	—	5.08	—
SC424	12.70		155.58	3.38	2.54	25.40	152.40	—	5.08	—
SC432	12.70		206.38	3.38	2.54	25.40	203.20	—	5.08	—

链号[a]	链条节距 p	类型	M^b max	A	C ±0.13	D ±0.25	F +3.18 0	H ±0.08	R ±0.08	W +0.25 0
SC504	15.875		29.36	4.50	3.18	—	25.40	—	6.35	—
SC505	15.875		35.71	4.50	3.18	—	31.75	—	6.35	—
SC506	15.875		42.06	4.50	3.18	—	38.10	—	6.35	—
SC507	15.875		48.41	4.50	3.18	—	44.45	—	6.35	—
SC508	15.875	内导	54.76	4.50	3.18	—	50.80	—	6.35	—
SC510	15.875		67.46	4.50	3.18	—	63.50	—	6.35	—
SC512	15.875		80.16	4.50	3.18	—	76.20	—	6.35	—
SC516	15.875		105.56	4.50	3.18	—	101.60	—	6.35	—
SC520	15.875		130.96	4.50	3.18	50.80	127.00	—	6.35	—
SC524	15.875	双	156.36	4.50	3.18	50.80	152.40	—	6.35	—
SC528	15.875	内	181.76	4.50	3.18	50.80	177.80	—	6.35	—
SC532	15.875	导	207.16	4.50	3.18	50.80	203.20	—	6.35	—
SC540	15.875		257.96	4.50	3.18	50.80	254.20	—	6.35	—
SC604	19.05		30.15	6.96	4.57	—	25.40	—	9.14	—
SC605	19.05		36.50	6.96	4.57	—	31.75	—	9.14	—
SC606	19.05		42.85	6.96	4.57	—	38.10	—	9.14	—
SC608	19.05		55.55	6.96	4.57	—	50.80	—	9.14	—
SC610	19.05	内导	68.25	6.96	4.57	—	63.50	—	9.14	—
SC612	19.05		80.95	6.96	4.57	—	76.20	—	9.14	—
SC614	19.05		93.65	6.96	4.57	—	88.90	—	9.14	—
SC616	19.05		106.35	6.96	4.57	—	101.60	—	9.14	—
SC620	19.05		131.75	6.96	4.57	—	127.00	—	9.14	—
SC624	19.05		157.15	6.96	4.57	—	152.40	—	9.14	—
SC628	19.05		182.55	6.96	4.57	101.60	177.80	—	9.14	—
SC632	19.05		207.95	6.96	4.57	101.60	203.20	—	9.14	—
SC636	19.05	双内导	233.35	6.96	4.57	101.60	228.60	—	9.14	—
SC640	19.05		258.75	6.96	4.57	101.60	254.60	—	9.14	—
SC648	19.05		309.55	6.96	4.57	101.60	304.80	—	9.14	—

链号[a]	链条节距 p	类型	M[b] max	A	C ±0.13	D ±0.25	F ±3.180	H ±0.08	R ±0.08	W ±0.250
SC808	25.40	内导	57.15	6.96	4.57	—	50.80	—	9.14	—
SC810	25.40		69.85	6.96	4.57	—	63.50	—	9.14	—
SC812	25.40		82.85	6.96	4.57	—	76.20	—	9.14	—
SC816	25.40		107.95	6.96	4.57	—	101.60	—	9.14	—
SC820	25.40		133.35	6.96	4.57	—	127.00	—	9.14	—
SC824	25.40		158.75	6.96	4.57	—	152.40	—	9.14	—
SC828	25.40	双内导	184.15	6.96	4.57	101.60	177.80	—	9.14	—
SC832	25.40		209.55	6.96	4.57	101.60	203.20	—	9.14	—
SC836	25.40		234.95	6.96	4.57	101.60	228.60	—	9.14	—
SC840	25.40		260.35	6.96	4.57	101.60	254.00	—	9.14	—
SC848	25.40		311.15	6.96	4.57	101.60	304.80	—	9.14	—
SC856	25.40		361.95	6.96	4.57	101.60	355.60	—	9.14	—
SC864	25.40		412.75	6.96	4.57	101.60	406.40	—	9.14	—
SC1010	31.75	内导	71.42	6.96	4.57	—	63.50	—	9.14	—
SC1012	31.75		84.12	6.96	4.57	—	76.20	—	9.14	—
SC1016	31.75		109.52	6.96	4.57	—	101.60	—	9.14	—
SC1020	31.75		134.92	6.96	4.57	—	127.00	—	9.14	—
SC1024	31.75		160.32	6.96	4.57	—	152.40	—	9.14	—
SC1028	31.75		185.72	6.96	4.57	—	177.80	—	9.14	—
SC1032	31.75	双内导	211.12	6.96	4.57	101.60	203.20	—	9.14	—
SC1036	31.75		236.52	6.96	4.57	101.60	228.60	—	9.14	—
SC1040	31.75		261.92	6.96	4.57	101.60	254.00	—	9.14	—
SC1048	31.75		312.72	6.96	4.57	101.60	304.80	—	9.14	—
SC1056	31.75		363.52	6.96	4.57	101.60	355.60	—	9.14	—
SC1064	31.75		414.32	6.96	4.57	101.60	406.40	—	9.14	—
SC1072	31.75		465.12	6.96	4.57	101.60	457.20	—	9.14	—
SC1080	31.75		515.92	6.96	4.57	101.60	508.00	—	9.14	—
SC1212	38.10	内导	85.72	6.96	4.57	—	76.20	—	9.14	—
SC1216	38.10		111.12	6.96	4.57	—	101.60	—	9.14	—
SC1220	38.10		136.52	6.96	4.57	—	127.00	—	9.14	—

链号[a]	链条节距 p	类型	M^b max	A	C ±0.13	D ±0.25	F +3.18 0	H ±0.08	R ±0.08	W +0.25 0
SC1224	38.10	内导	161.92	6.96	4.57	—	152.40	—	9.14	—
SC1228	38.10		187.32	6.96	4.57	—	177.80	—	9.14	—
SC1232	38.10		212.72	6.96	4.57	101.60	203.20	—	9.14	—
SC1236	38.10		238.12	6.96	4.57	101.60	228.60	—	9.14	—
SC1240	38.10		263.52	6.96	4.57	101.60	254.00	—	9.14	—
SC1248	38.10		314.32	6.96	4.57	101.60	304.80	—	9.14	—
SC1256	38.10	双内导	365.12	6.96	4.57	101.60	355.60	—	9.14	—
SC1264	38.10		415.92	6.96	4.57	101.60	406.40	—	9.14	—
SC1272	38.10		466.72	6.96	4.57	101.60	457.20	—	9.14	—
SC1280	38.10		517.52	6.96	4.57	101.60	508.00	—	9.14	—
SC1288	38.10		568.32	6.96	4.57	101.60	558.80	—	9.14	—
SC1296	38.10		619.12	6.96	4.57	101.60	609.60	—	9.14	—
SC1616	50.80	内导	114.30	6.96	5.54	—	101.60	—	9.14	—
SC1620	50.80		139.70	6.96	5.54	—	127.00	—	9.14	—
SC1624	50.80		165.10	6.96	5.54	—	152.40	—	9.14	—
SC1628	50.80		190.50	6.96	5.54	—	177.80	—	9.14	—
SC1632	50.80		215.90	6.96	5.54	101.60	203.20	—	9.14	—
SC1640	50.80		266.70	6.96	5.54	101.60	254.00	—	9.14	—
SC1648	50.80		317.50	6.96	5.54	101.60	304.80	—	9.14	—
SC1656	50.80		368.30	6.96	5.54	101.60	355.60	—	9.14	—
SC1664	50.80		419.90	6.96	5.54	101.60	406.40	—	9.14	—
SC1672	50.80	双内导	469.90	6.96	5.54	101.60	457.20	—	9.14	—
SC1680	50.80		520.70	6.96	5.54	101.60	508.00	—	9.14	—
SC1688	50.80		571.50	6.96	5.54	101.60	558.80	—	9.14	—
SC1696	50.80		571.50	6.96	5.54	101.60	609.60	—	9.14	—
SC16120	50.80		571.50	6.96	5.54	101.60	762.00	—	9.14	—

[a] 选用链宽可查阅制造厂产品目录。

[b] M 等于链条最大全宽。

[c] 外导式链条的导板与齿链板的厚度相同。

3）4.76 mm 节距链条的链宽和链轮齿轮齿廓尺寸见图 3-111 和表 3-154。

链轮齿宽度计算：

$$W = 0.8001 \times (N-2) - 0.51 \text{ mm}$$

其中：N=链节宽度上的链板总数。

齿面宽度公差：

齿面宽度公差为：±0.08 mm

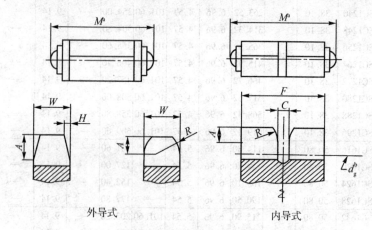

外导式   内导式

图 3-111 链条宽度和链轮齿廓

[a] M 等于链条最大全宽。

[b] 切槽刀的端头可以是圆弧形或矩形，d_g 值见表 3-159。

表 3-154 链轮齿廓尺寸和链宽   单位：mm

链号	链条节距 P	类型	M^a max	A	C max	F min	H	R	W ±0.08
SC0305	4.76		5.49	1.5	—	—	0.64	2.3	1.91
SC0307	4.76	外导	7.06	1.5	—	—	0.64	2.3	3.51
SC0309	4.76		8.66	1.5	—	—	0.64	2.3	5.11
SC0311[b]	4.76	外导/内导	10.24	1.5	1.27	8.48	0.64	2.3	6.71
SC0313[b]	4.76	外导/内导	11.84	1.5	1.27	10.06	0.64	2.3	8.31
SC0315[b]	4.76	外导/内导	13.41	1.5	1.27	11.66	0.64	2.3	9.91

链号	链条节距 p	类型	M^a max	A	C max	F min	H	R	W ±0.08
SC0317	4.76		15.01	1.5	1.27	13.23	—	2.3	—
SC0319	4.76		16.59	1.5	1.27	14.83	—	2.3	—
SC0321	4.76		18.19	1.5	1.27	16.41	—	2.3	—
SC0323	4.76	内导	19.76	1.5	1.27	18.01	—	2.3	—
SC0325	4.76		21.59	1.5	1.27	19.58	—	2.3	—
SC0327	4.76		22.94	1.5	1.27	21.18	—	2.3	—
SC0329	4.76		24.54	1.5	1.27	22.76	—	2.3	—
SC0331	4.76		26.11	1.5	1.27	24.36	—	2.3	—

a M 等于链条最大全宽。

b 规定链条外导或内导类型。

（2）链轮

1）9.52 mm 及以上节距链轮的齿形尺寸见图 3-112 和表 3-158。

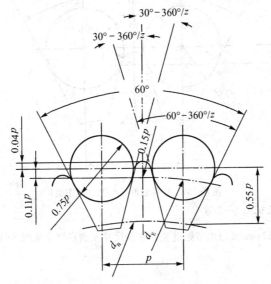

图 3-112 链轮齿形（9.52 mm 及以上节距）

p—链条节距；z—齿数。

①链轮齿顶可以是圆弧形或者是矩形（车制）。

②工作面以下的齿根部形状可随刀具形状有所不同。

2) 4.76 mm 节距链轮的齿形尺寸见图 3-113 和表 3-159。

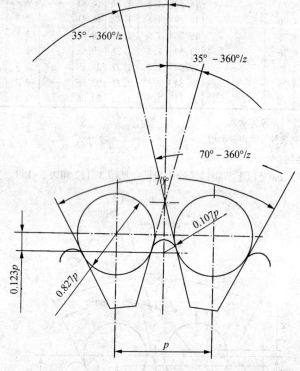

图 3-113 链轮齿形（4.76 mm 节距）

p—链条节距；z—齿数

3) 9.52 mm 及以上节距链轮的直径尺寸及测量尺寸见图 3-114 和表 3-158。

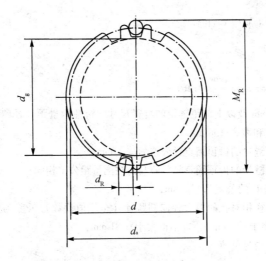

图 3-114 链轮尺寸（9.52 mm 及以上节距）

p—链条节距；d—分度圆直径；d_a—齿顶圆直径；d_R—跨柱直径；z—齿数；d_E—齿顶圆弧中心直径；M_R—跨柱测量距；d_g—导槽圆的最大直径

图 3-114 中：

$$d = \frac{p}{\sin \dfrac{180°}{z}}$$

$$d_R = 0.625p$$

$$M_R \text{（偶数齿）} = d - 0.125p \csc \left(30° - \frac{180°}{z}\right) + 0.625p$$

$$M_R \text{（奇数齿）} = \cos \frac{90°}{z} \left[d - 0.125p \csc \left(30° - \frac{180°}{z}\right) \right] + 0.625p$$

$$d_a \text{（圆弧齿）} = p \left(\cot \frac{90°}{z} + 0.08\right)$$

$$d_a \text{（矩形齿）} = 2\sqrt{X^2 + L^2 + 2XL\cos a}$$

其中：

$$X = Y\cos a - \sqrt{(0.15p)^2 - (Y\sin a)^2}$$

$$Y = p\,(0.500 - 0.375\sec a)\,\cot a + 0.11p$$

$$L = Y + \frac{d_e}{2} \quad (d_e \text{ 见图 } 3\text{-}112)$$

$$a = 30° - \frac{360°}{z}$$

$$d_g \text{ (max)} = p \left(\cot \frac{180°}{z} - 1.16 \right)$$

4）9.52 mm 及以上节距链轮的直径尺寸、跨柱测量距和径向圆跳动公差见表 3-155 和表 3-158。

矩形齿顶链轮的齿顶圆直径公差为 $^{\ 0}_{-0.05p}$ mm；

圆弧齿顶链轮的齿顶圆直径公差与跨柱测量距公差相同；

导槽直径 d_g 的公差为 $^{\ 0}_{-0.76}$ mm；

分度圆直径相对孔的最大径向圆跳动（全示值读数）公差为 $0.001 \times d_a$ mm；但不能小于 0.15 mm，也不得大于 0.81 mm；

所有公差均为负值。

公差 $= (0.101\,6 + 0.001p\sqrt{z})$ mm

式中：

p——链条节距；

z——齿数。

表 3-155　9.52 mm 及以上节距链轮跨柱测量距公差　单位：mm

节距	齿数									
	至 15	16~24	25~35	36~48	49~63	64~80	81~99	100~120	121~143	144 以上
9.525	0.13	0.13	0.13	0.15	0.15	0.18	0.18	0.18	0.20	0.20
12.700	0.13	0.15	0.15	0.18	0.18	0.20	0.20	0.23	0.23	0.25
15.875	0.15	0.15	0.18	0.20	0.23	0.25	0.25	0.25	0.28	0.30
19.050	0.15	0.18	0.20	0.23	0.25	0.28	0.28	0.30	0.33	0.36
25.400	0.18	0.20	0.23	0.25	0.28	0.30	0.33	0.36	0.38	0.40
31.750	0.20	0.23	0.25	0.28	0.33	0.36	0.38	0.43	0.46	0.48
38.100	0.20	0.25	0.28	0.33	0.36	0.40	0.43	0.48	0.51	0.56
50.800	0.25	0.30	0.36	0.40	0.46	0.51	0.56	0.61	0.66	0.71

5) 4.76 mm 节距链轮的直径尺寸及测量尺寸见图 3-115 和表 3-159。

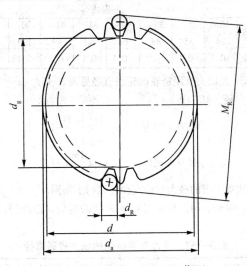

图 3-115　链轮齿（4.76 mm 节距）

p—链条节距；d—分度圆直径；d_a—齿顶圆直径；d_R—跨柱直径；$d_R = 0.667p$；z—齿数；d_E—齿顶圆板中心直径；M_R—跨柱测量距；d_g—导槽圆的最大直径

$$M_R（偶数齿）= d - 0.160pcsc\left(35° - \frac{180°}{z}\right) + 0.667p$$

$$M_R（奇数齿）= \cos\frac{90°}{z}\left[d - 0.160pcsc\left(35° - \frac{180°}{z}\right)\right] + 0.667p$$

$$d_a（齿顶圆）= p\left(\cot\frac{180°}{z} - 0.032\right)$$

$$d_g（最大）= p\left(\cot\frac{180°}{z} - 1.20\right)$$

6) 4.76 mm 节距链轮的直径尺寸、跨柱测量距和径向圆跳动公差见表 3-156 和表 3-159。

导槽直径 d_g 的公差为 $_{-0.38}^{\ 0}$ mm。

分度圆直径相对链轮孔的最大径向圆跳动（全示值读数）公差，当直径 ≤101.6 mm 时为 0.101 mm，当直径>101.6 mm 时为 0.203 mm。

所有公差均为负值。

表 3-156   4.76 mm 节距链轮跨柱测量距公差   单位：mm

节距	齿数									
	至 15	16~24	25~35	36~48	49~63	64~80	81~99	100~120	121~143	144 以上
4.76	-0.1	-0.1	-0.1	-0.1	-0.1	-0.13	-0.13	-0.13	-0.13	-0.13

7）9.52 mm 及以上节距链轮的轮毂直径见表 3-157。

最大轮毂直径（MHD）：

$$MHD（滚齿）= p\left(\cot\frac{180°}{z}-1.33\right)$$

$$MHD（铣齿）= p\left(\cot\frac{180°}{z}-1.25\right)$$

用其他方法加工齿的最大轮毂直径可以与上不同。

链轮硬度：经验表明，31 齿及以下齿数的链轮，齿面的洛氏硬度应不小于 HRC50。

表 3-157   单位节距链轮的最大轮毂直径   单位：mm

齿数	滚刀加工	铣刀加工	齿数	滚刀加工	铣刀加工
17	4.019	4.099	25	6.586	6.666
18	4.341	4.421	26	6.905	6.985
19	4.662	4.742	27	7.226	7.306
20	4.983	5.063	28	7.546	7.626
21	5.304	5.384	29	7.865	7.945
22	5.626	5.706	30	8.185	8.265
23	5.946	6.026	31	8.503	8.583
24	6.265	6.345			

注：其他节距（9.52 mm 及以上节距）的链轮为实际节距乘以表列值。

8）单位节距链轮的分度圆直径、齿顶圆直径、跨柱测量距和导槽最大直径数值见表3-158。

表3-158 单位节距链轮的数值表
单位：mm

齿数	分度圆直径	齿顶圆直径 d_a		跨柱测量距[a]	导槽最大直径[a]	量柱直径
z	d	圆弧齿顶	矩形齿顶[a]	M_R	d_g	d_R
17	5. 442	5. 429	5. 298	5. 669	4. 189	0. 625 0
18	5. 759	5. 751	5. 623	6. 018	4. 511	0. 625 0
19	6. 076	6. 072	5. 947	6. 324	4. 832	0. 625 0
20	6. 393	6. 393	6. 271	6. 669	5. 153	0. 625 0
21	6. 710	6. 714	6. 595	6. 974	5. 474	0. 625 0
22	7. 027	7. 036	6. 919	7. 315	5. 796	0. 625 0
23	7. 344	7. 356	7. 243	7. 621	6. 116	0. 625 0
24	7. 661	7. 675	7. 568	7. 960	6. 435	0. 625 0
25	7. 979	7. 996	7. 890	8. 266	6. 756	0. 625 0
26	8. 296	8. 315	8. 213	8. 602	7. 075	0. 625 0
27	8. 614	8. 636	8. 536	8. 909	7. 396	0. 625 0
28	8. 932	8. 956	8. 859	9. 244	7. 716	0. 625 0
29	9. 249	9. 275	9. 181	9. 551	8. 035	0. 625 0
30	9. 567	9. 595	9. 504	9. 884	8. 355	0. 625 0
31	9. 885	9. 913	9. 828	10. 192	8. 673	0. 625 0
32	10. 202	10. 233	10. 150	10. 524	8. 993	0. 625 0
33	10. 520	10. 553	10. 471	10. 833	9. 313	0. 625 0
34	10. 838	10. 872	10. 793	11. 164	9. 632	0. 625 0
35	11. 156	11. 191	11. 115	11. 472	9. 951	0. 625 0
36	11. 474	11. 510	11. 437	11. 803	10. 270	0. 625 0
37	11. 792	11. 829	11. 757	12. 112	10. 589	0. 625 0
38	12. 110	12. 149	12. 077	12. 442	10. 909	0. 625 0
39	12. 428	12. 468	12. 397	12. 751	11. 228	0. 625 0

齿数 z	分度圆直径 d	齿顶圆直径 d_a		跨柱测量距[a] M_R	导槽最大直径[a] d_g	量柱直径 d_R
		圆弧齿顶	矩形齿顶[a]			
40	12. 746	12. 787	12. 717	13. 080	11. 547	0. 625 0
41	13. 046	13. 106	13. 037	13. 390	11. 866	0. 625 0
42	13. 382	13. 425	13. 357	13. 718	12. 185	0. 625 0
43	13. 700	13. 743	13. 677	14. 028	12. 503	0. 625 0
44	14. 018	14. 062	13. 997	14. 356	12. 822	0. 625 0
45	14. 336	14. 381	14. 317	14. 667	13. 141	0. 625 0
46	14. 654	14. 700	14. 637	14. 994	13. 460	0. 625 0
47	14. 972	14. 018	14. 957	15. 305	13. 778	0. 625 0
48	15. 290	15. 337	15. 277	15. 632	14. 097	0. 625 0
49	15. 608	15. 656	15. 597	15. 943	14. 416	0. 625 0
50	15. 926	15. 975	15. 917	16. 270	14. 735	0. 625 0
51	16. 244	16. 293	16. 236	16. 581	15. 053	0. 625 0
52	16. 562	16. 612	16. 556	16. 907	15. 372	0. 625 0
53	16. 880	16. 930	16. 876	17. 218	15. 690	0. 625 0
54	17. 198	17. 249	17. 196	17. 544	16. 009	0. 625 0
55	17. 517	17. 568	17. 515	17. 857	16. 328	0. 625 0
56	17. 835	17. 887	17. 834	18. 183	16. 647	0. 625 0
57	18. 153	18. 205	18. 154	18. 494	16. 965	0. 625 0
58	18. 471	18. 524	18. 473	18. 820	17. 284	0. 625 0
59	18. 789	18. 842	18. 793	19. 131	17. 602	0. 625 0
60	19. 107	19. 161	19. 112	19. 457	17. 921	0. 625 0
61	19. 426	19. 480	19. 431	19. 769	18. 240	0. 625 0
62	19. 744	19. 799	19. 750	20. 095	18. 559	0. 625 0
63	20. 062	20. 117	20. 070	20. 407	18. 877	0. 625 0
64	20. 380	20. 435	20. 388	20. 731	19. 195	0. 625 0

齿数	分度圆直径	齿顶圆直径 d_a		跨柱测量距[a]	导槽最大直径[a]	量柱直径
z	d	圆弧齿顶	矩形齿顶[a]	M_R	d_g	d_R
65	20.698	20.754	20.708	21.044	19.514	0.625 0
66	21.016	21.072	21.027	21.368	19.830	0.625 0
67	21.335	21.391	21.346	21.682	20.151	0.625 0
68	21.653	21.710	21.665	22.006	20.470	0.625 0
69	21.971	22.028	21.984	22.319	20.788	0.625 0
70	22.289	22.347	22.303	22.643	21.107	0.625 0
71	22.607	22.665	22.622	22.955	21.425	0.625 0
72	22.926	22.984	22.941	23.280	21.744	0.625 0
73	23.244	23.302	23.259	23.593	22.062	0.625 0
74	23.562	23.621	23.578	23.917	22.381	0.625 0
75	23.880	23.939	23.897	24.230	22.699	0.625 0
76	24.198	24.257	24.216	24.553	23.017	0.625 0
77	24.517	24.577	24.535	24.868	23.337	0.625 0
78	24.835	24.895	24.853	25.191	23.655	0.625 0
79	25.153	25.213	25.172	25.504	23.973	0.625 0
80	25.471	25.531	25.491	25.828	24.291	0.625 0
81	25.790	25.851	25.809	26.141	24.611	0.625 0
82	26.108	26.169	26.128	26.465	24.929	0.625 0
83	26.426	26.487	26.447	26.778	25.247	0.625 0
84	26.744	26.805	26.766	27.101	25.565	0.625 0
85	27.063	27.125	27.084	27.415	25.885	0.625 0
86	27.381	27.443	27.403	27.739	26.203	0.625 0
87	27.699	27.761	27.722	28.052	26.521	0.625 0
88	28.017	28.079	28.040	28.375	26.839	0.625 0
89	28.335	28.397	28.359	28.689	27.157	0.625 0

齿数	分度圆直径	齿顶圆直径 d_a		跨柱测量距[a]	导槽最大直径[a]	量柱直径
z	d	圆弧齿顶	矩形齿顶[a]	M_R	d_g	d_R
90	28.654	27.716	27.678	29.013	27.476	0.625 0
91	28.972	29.035	27.997	29.327	27.795	0.625 0
92	29.290	29.353	29.315	29.649	28.113	0.625 0
93	29.608	29.671	29.634	29.963	28.431	0.625 0
94	29.926	29.989	29.953	30.285	28.749	0.625 0
95	30.245	30.308	30.271	30.601	29.068	0.625 0
96	30.563	30.627	30.590	30.923	29.387	0.625 0
97	30.881	30.945	30.909	31.237	29.705	0.625 0
98	31.199	31.263	31.228	31.559	30.023	0.625 0
99	31.518	31.582	31.546	31.874	30.342	0.625 0
100	31.836	31.900	31.865	32.196	30.660	0.625 0
101	32.154	32.218	32.183	32.511	30.978	0.625 0
102	32.473	32.537	32.502	32.834	31.297	0.625 0
103	32.791	32.856	32.820	33.148	31.616	0.625 0
104	33.109	33.174	33.139	33.470	31.934	0.625 0
105	33.427	33.492	33.457	33.784	32.252	0.625 0
106	33.746	33.811	33.776	34.107	32.571	0.625 0
107	34.064	34.129	34.094	34.422	32.889	0.625 0
108	34.382	34.447	34.413	34.744	33.207	0.625 0
109	34.701	34.767	34.731	34.059	33.527	0.625 0
110	35.019	35.084	34.050	35.381	33.844	0.625 0
111	35.237	35.403	34.368	35.695	34.163	0.625 0
112	35.655	35.721	34.687	36.017	34.481	0.625 0
113	35.974	36.040	36.005	36.333	34.800	0.625 0
114	36.292	36.358	36.324	36.654	35.118	0.625 0
115	36.610	36.676	36.642	36.969	35.436	0.625 0
116	36.929	36.995	36.961	37.292	35.755	0.625 0
117	37.247	37.313	37.279	37.606	36.073	0.625 0
118	37.565	37.632	37.598	37.928	36.392	0.625 0
119	37.883	37.950	37.916	37.243	36.710	0.625 0
120	38.201	37.268	38.235	37.564	37.028	0.625 0
121	38.519	37.586	38.553	37.879	37.346	0.625 0
122	38.837	37.904	38.872	39.200	37.664	0.625 0
123	39.156	39.223	39.190	39.516	37.983	0.625 0
124	39.475	39.542	39.508	39.839	38.302	0.625 0

齿数	分度圆直径	齿顶圆直径 d_a		跨柱测量距[a]	导槽最大直径[a]	量柱直径
z	d	圆弧齿顶	矩形齿顶[a]	M_R	d_g	d_R
125	39.794	39.861	39.827	40.154	38.621	0.625 0
126	40.112	40.180	40.145	40.476	38.940	0.625 0
127	40.430	40.497	40.464	40.790	39.257	0.625 0
128	40.748	40.816	40.782	41.112	39.576	0.625 0
129	41.066	41.134	41.100	41.427	39.894	0.625 0
130	41.384	41.452	41.419	41.748	40.212	0.625 0
131	41.702	41.770	41.738	42.063	40.530	0.625 0
132	42.020	42.088	42.056	42.384	40.848	0.625 0
133	42.338	42.406	42.374	42.699	41.166	0.625 0
134	42.656	42.724	42.693	43.020	41.484	0.625 0
135	42.975	43.043	43.011	43.336	41.803	0.625 0
136	43.293	43.362	43.329	43.657	42.122	0.625 0
137	43.611	43.679	43.647	43.972	42.493	0.625 0
138	43.930	43.998	43.966	44.295	42.758	0.625 0
139	44.249	44.317	44.284	44.611	43.077	0.625 0
140	44.567	44.636	44.603	44.932	43.396	0.625 0
141	44.885	44.954	44.922	45.247	43.714	0.625 0
142	45.203	44.271	45.240	45.568	44.031	0.625 0
143	45.521	44.590	45.558	45.883	44.350	0.625 0
144	45.840	45.909	45.877	46.205	44.669	0.625 0
145	46.158	46.227	46.195	46.520	44.987	0.625 0
146	45.477	46.546	46.514	46.842	45.306	0.625 0
147	46.796	46.865	46.832	47.159	45.625	0.625 0
148	47.114	47.183	47.151	47.479	45.943	0.625 0
149	47.432	47.501	47.469	47.795	46.261	0.625 0
150	47.750	47.819	47.787	48.116	46.579	0.625 0

注：①其他节距（9.52 mm 及以上节距）为节距乘以表列数值。

②相关公差见表3-155。

[a] 表列均为最大直径值；所有公差必须取负值。

9）4.76 mm 节距链轮的分度圆直径、齿顶圆直径、跨柱测量距和导槽直径数值表见表3-159。

表 3-159 4.76 mm 节距链轮的数值表　　　单位: mm

齿数 z	分度圆直径 d	齿顶圆直径 $d_a^{a,b}$	跨柱测量距 $M_R^{a,c}$	导槽最大直径 d_g^a
11	16.89	16.05	17.55	10.50
12	18.39	18.63	19.33	10.89
13	19.89	19.18	20.85	13.61
14	21.41	20.70	22.56	15.15
15	22.91	22.25	24.03	16.69
16	24.41	23.80	25.70	18.23
17	25.91	25.30	27.15	19.76
18	27.43	26.85	28.80	21.29
19	28.93	28.35	30.25	22.82
20	30.45	29.90	31.90	24.35
21	31.95	31.42	33.32	25.88
22	33.48	32.97	34.98	27.41
23	34.98	34.47	36.40	28.94
24	36.47	35.99	38.02	30.36
25	38.00	37.52	39.47	31.98
26	39.52	39.07	41.07	33.50
27	41.02	40.56	42.52	35.03
28	42.54	42.09	44.12	36.55
29	44.04	43.61	45.59	38.01
30	45.57	45.14	47.17	39.60
31	47.07	46.63	48.62	41.12
32	48.59	48.18	50.22	42.56
33	50.11	49.71	51.69	44.17
34	51.61	51.21	53.24	45.69
35	53.14	52.76	54.74	47.19
36	54.64	54.25	56.29	48.72
37	56.16	55.78	57.76	50.24
38	57.68	57.30	59.33	51.77
39	59.18	58.80	60.81	53.29
40	60.71	60.35	62.38	54.81

齿数	分度圆直径	齿顶圆直径	跨柱测量距	导槽最大直径
z	d	d_a [a,b]	M_R [a,c]	d_g [a]
41	62.20	61.85	63.83	56.31
42	63.73	63.37	65.40	57.84
43	65.25	64.90	66.88	59.36
44	66.75	66.40	68.45	60.88
45	68.28	67.92	69.93	62.38
46	69.80	69.47	71.50	63.91
47	71.30	70.97	72.95	65.43
48	72.82	72.49	74.52	66.95
49	74.32	73.99	76.00	68.48
50	75.84	75.51	77.55	69.98
51	77.37	77.04	79.02	71.50
52	78.87	78.54	80.59	73.03
53	80.39	80.06	82.07	74.52
54	81.92	81.61	83.64	76.02
55	83.41	83.11	85.12	77.57
56	84.94	84.63	86.66	79.10
57	86.46	86.16	88.16	80.59
58	87.96	87.66	89.69	82.12
59	89.48	89.18	91.19	83.64
60	91.01	90.70	92.74	85.17
61	92.51	92.20	94.21	86.69
62	94.03	93.73	95.78	88.19
63	95.55	95.25	97.28	89.71
64	97.05	96.75	98.81	91.24
65	98.58	98.27	100.30	92.74
66	100.10	99.82	101.85	94.26
67	101.60	101.32	103.33	95.78
68	103.12	102.84	104.88	97.31
69	104.65	104.37	106.38	98.81
70	106.15	105.87	107.90	100.33

齿数 z	分度圆直径 d	齿顶圆直径 d_a [a,b]	跨柱测量距 M_R [a,c]	导槽最大直径 d_g [a]
71	107. 67	107. 39	109. 40	101. 85
72	109. 19	108. 92	110. 95	103. 38
73	110. 69	110. 41	112. 42	104. 88
74	112. 22	111. 94	113. 97	106. 40
75	113. 74	113. 46	115. 47	107. 92
76	115. 24	114. 96	116. 99	109. 42
77	116. 76	116. 48	118. 49	110. 95
78	118. 29	118. 01	120. 04	112. 47
79	119. 79	119. 51	121. 54	113. 97
80	121. 31	121. 03	123. 09	115. 49
81	122. 83	122. 56	124. 59	117. 02
82	124. 33	124. 05	126. 11	118. 54
83	125. 86	125. 58	127. 61	120. 04
84	127. 38	127. 10	129. 16	121. 56
85	128. 88	128. 60	130. 63	123. 09
86	130. 40	130. 15	132. 18	124. 61
87	131. 93	131. 67	133. 68	126. 11
88	133. 43	133. 17	135. 20	128. 14
89	134. 95	134. 70	136. 70	129. 13
90	136. 47	136. 22	138. 35	130. 66
91	137. 97	137. 72	139. 73	132. 18
92	139. 50	139. 24	141. 27	133. 71
93	141. 02	140. 77	142. 77	135. 20
94	142. 52	142. 27	144. 30	136. 73
95	144. 04	143. 79	145. 80	138. 25
96	145. 57	145. 31	147. 35	139. 78
97	147. 07	146. 81	148. 82	141. 27
98	148. 59	148. 34	150. 37	142. 80
99	150. 11	149. 86	151. 87	144. 32
100	151. 61	151. 36	153. 39	145. 82

齿数 z	分度圆直径 d	齿顶圆直径 d_a [a,b]	跨柱测量距 M_R [a,c]	导槽最大直径 d_g [a]
101	153.14	152.88	154.89	147.35
102	154.66	154.41	156.44	148.87
103	156.15	155.91	157.91	150.39
104	157.66	157.40	159.44	151.89
105	159.21	158.95	160.96	153.42
106	160.73	160.48	162.51	154.94
107	162.26	162.00	164.01	156.44
108	163.75	163.50	165.56	157.96
109	165.30	165.05	167.03	159.49
110	166.78	166.52	168.58	160.99
111	168.28	168.02	170.05	162.50
112	169.80	169.54	171.58	164.03
113	171.32	171.07	173.10	165.56
114	172.85	172.59	174.65	167.06
115	174.40	174.14	176.15	168.58
116	175.87	175.62	177.67	170.10
117	177.39	177.14	179.17	171.60
118	178.92	178.66	180.70	173.13
119	180.42	180.19	182.22	174.65
120	181.91	181.69	183.72	176.15

注：相关公差见表 3-155。

[a] 表列均为最大直径值；所有公差必须取负值。

[b] 为圆弧顶齿。

[c] 量柱直径=3.175 mm。

2. 方框键

用途用于低速转动链轮，结构简单，装配便利。其结构型式如图 3-116 所示，规格尺寸列于表 3-160。

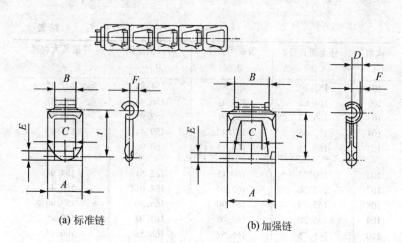

(a) 标准链   (b) 加强链

图 3-116　方框链

表 3-160　方框链基本尺寸 　　　　　单位：mm

链号	节距 p	每 10m 的近似只数	尺寸					
			A	B	C	D	E	F
25	22.911	436	19.84	10.32	9.53	—	3.57	5.16
32	29.312	314	24.61	14.68	12.70	—	4.37	6.35
33	34.408	282	26.19	15.48	12.70	—	4.37	6.35
34	35.509	282	29.37	17.46	12.70	—	4.76	6.75
42	34.925	289	32.54	19.05	15.88	—	5.56	7.14
45	41.402	243	33.34	19.84	17.46	—	5.56	7.54
50	35.052	285	34.13	19.05	15.88	—	6.75	7.94
51	29.337	314	31.75	16.67	14.29	—	6.75	9.13
52	38.252	262	38.89	20.64	15.88	—	6.75	8.37
55	41.427	243	35.72	19.84	17.46	—	6.75	9.13
57	58.623	171	46.04	27.78	17.46	—	6.75	10.32
62	42.012	239	42.07	24.61	20.64	—	7.94	10.72
66	51.130	197	46.04	27.78	23.81	—	7.94	10.72
67	58.623	171	51.59	34.93	17.46	13.49	7.94	10.32
75	66.269	151	53.18	25.58	23.81	—	9.92	12.30
77	58.344	171	56.36	36.51	17.46	15.48	9.53	9.13

第四章 焊接材料与设备

4.1 焊接基础

4.1.1 焊接材料分类

焊接材料分类见表4-1。

表4-1 焊接材料分类

焊接方法	焊接材料分类
焊条电弧焊	焊条
气体保护焊	焊丝 + 保护气体
埋弧焊、电渣焊	焊丝 + 焊剂
钎焊	钎剂、钎料

4.1.2 常用焊接方法

常用焊接方法见表4-2。

表4-2 常用焊接方法及适用范围

焊接方法		应用范围	板厚/mm			费用	
			<3	3~50	>50	设备费用	焊接费用
熔化焊	气焊	薄壁结构和小件的焊接,可焊钢、铸铁、铝、铜及其合金、硬质合金等	最适用	适用	不适用	少	中
	电弧焊 手弧焊	在单件、小批修配中广泛应用,适用于焊接3mm以上的碳钢、低合金钢、不锈钢和铜、铝等非铁合金	适用	常用3~20		少	少

焊接方法			应用范围	板厚/mm			费用	
				< 3	3~50	>50	设备费用	焊接费用
熔化焊	电弧焊		埋弧焊	在大量生产中适用于长直、环形或垂直位置的横焊缝，能焊接碳钢、合金钢以及某些铜合金等中、厚壁结构	不适用	最适用		中	少
		气体保护焊（电气焊）	非熔化极（钨极氩弧焊）	适用于焊接易氧化的铜、铝、钛及其合金，锆、钽、钼等稀有金属以及不锈钢，耐热钢等	最适用	适用	不适用	中	少
			熔化极（金属极氩弧焊）		不适用	最适用		中	中
			CO_2 气体保护焊	广泛应用于造船、机车车辆、起重机、农业机械中的低碳钢和低合金钢结构	不适用	最适用	适用	中	少
			窄间隙气保护电弧焊	应用于碳钢、低合金钢、不锈钢、耐热钢、低温钢等厚壁结构					
			等离子弧焊	应用于铜合金、合金钢、钨、钼、钴、钛等金属，如钛合金的导弹壳体、波纹管及膜盒，微型电容器、电容器的外壳封接以及飞机和航天装置上的一些薄壁容器的焊接	碳钢≤24，合金钢≤10，不锈钢、耐热钢、铜、钛及合金≤8				

焊接方法		应用范围	板厚/mm			费用	
			<3	3~50	>50	设备费用	焊接费用
熔化焊	电渣焊	应用于碳钢、合金钢，大型和重型结构如水轮机、水压机、轧钢机等全焊或组合结构的制造	不适用	0~100常用		中	少
	电子束焊	用于焊接从微型电子线路组件、真空膜盒、钼箔蜂窝结构、原子能燃料原件到大型的导弹外壳，以及异种金属，复合结构个件的焊接等，由于设备复杂，造价高，焊件尺寸受限制等，其应用范围受一定限制	最适用	几十毫米		多	中
	激光焊	特别适用于焊接微型精密、排列非常密集、对受热敏感的焊件，除焊接一般薄壁搭接外，还可焊接细的金属线材以及导线和金属薄板的搭接，如集成电路内外引线、继电器、激光器、同轴器件等的焊接					
压焊	电阻焊	点焊 缝焊	用于焊接各种薄板冲压结构及钢筋，目前广泛用于汽车制造、飞机、车厢等轻型结构，利用悬挂式点焊枪可进行全位焊接。缝焊主要用于制造油箱等要求密封的薄壁结构	最适用	稍适用	不适用	多	中
							多	中
		接触对焊 闪光对焊	闪光对焊用于重要工件的焊接，可焊异种金属（铝－钢、铝－铜等），从直径0.01mm的金属丝到约20000mm²的金属棒。如刀具、钢筋钢轨等				多	少
		摩擦焊	广泛用于圆形工件及管子的对接，如大直径铜铝导线的连接、管－板的连接					

焊接方法		应用范围	板厚/mm			费用	
			<3	3~50	>50	设备费用	焊接费用
压焊	气压焊	用于连接圆形、长方形截面的管子	稍适用	最适用	稍适用	中	少
	扩散焊	可焊接性能差别大的异种金属,可用来制造双层和多层复合材料;可焊开关的互相接触的面与面,焊接变形小					
	高频焊	适于生产有缝金属管,可焊低碳钢、工具钢、铜、铝、钛、镍、异种金属					
	爆炸焊	适于各种可塑性金属的焊接					
钎焊	软钎焊	广泛应用于机械、仪表、航空、空间技术所用装配中,如真空器件、导线、蜂窝和夹层结构、硬质合金刀具等	最适用	适用	不适用	少	中
	硬钎焊						

4.2 焊接材料

4.2.1 焊条

1. 焊条分类

焊条的分类见表 4-3。

表4－3　焊条分类

型号			牌号	
焊条分类	代号	国家标准	焊条分类（按用途分类）	代号汉字（字母）
非合金钢及细粒钢焊条	E	GB/T5117－2012	结构钢焊条	结（J）
低合金钢焊条（热强铜焊条）	E	GB/T5118－2012	钼及铬钼耐热钢焊条	热（R）
			低温钢焊条	温（W）
不锈钢焊条	E	GB/T983－2012	不锈钢焊条①铬不锈钢焊条②铬镍不锈钢焊条	铬（G）奥（A）
堆焊焊条	ED	GB/T984－2001	堆焊焊条	堆（D）
铸铁焊条	EZ	GB/T10044－2006	铸铁焊条	铸（Z）
镍及镍合金焊条	ENi	GB/T13814－2008	镍及镍合金焊条	镍（Ni）
铜及铜合金焊条	ECu	GB/T3670－1995	铜及铜合金焊条	铜（T）
铝及铝合金焊条	E	GB/T3669－2001	铝及铝合金焊条	铝（L）
—	—		特殊用途焊条	特（TS）

2. 非合金钢及细粒钢焊条

非合金钢及细粒钢焊条（GB/T 5117—2012）的型号表示方法如下：

焊条型号由七部分组成：

①第一部分用字母"E"表示焊条。

②第二部分为字母"E"后面的紧邻两位数字，表示熔敷金属的最小抗拉强度代号，见表4－4。

③第三部分为字母"E"后面的第三和第四两位数字，表示药皮类型、焊接位置和电流类型，见表4－5。

④第四部分为熔敷金属的化学成分分类代号，可为"无标记"或短划"－"后的字母、数字或字母和数字的组合，见4－6。

⑤第五部分为熔敷金属的化学成分代号之后的焊后状态代号，其中"无标记"表示焊态，"P"表示热处理状态，"AP"表示焊态和焊后热处理两种状态均可。

除以上强制分类代号外，根据供需双方协商，可在型号后依次附加可选代号：

⑥字母"U"，表示在规定试验温度下，冲击吸收能量可以达到47J以上。

⑦扩散氢代号"HX"，其中X代表15、10或5，分别表示每100g熔敷金属中扩散氢含量的最大值（mL）。

型号示例：

示例1：

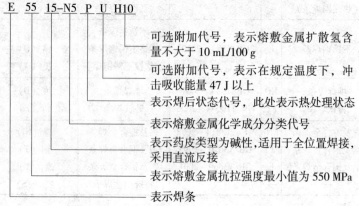

示例2：

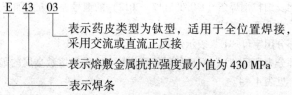

表4-4　熔敷金属抗拉强度代号

抗拉强度代号	最小抗拉强度值/MPa
43	430
50	490
55	550
57	570

表 4 - 5 药皮类型代号

代号	药皮类型	焊接位置[a]	电流类型
03	钛型	全位置[b]	交流和直流正、反接
10	纤维素	全位置	直流反接
11	纤维素	全位置	交流和直流反接
12	金红石	全位置[b]	交流和直流正接
13	金红石	全位置[b]	交流和直流正、反接
14	金红石 + 铁粉	全位置[b]	交流和直流正、反接
15	碱性	全位置[b]	直流反接
16	碱性	全位置[b]	交流和直流反接
18	碱性 + 铁粉	全位置[b]	交流和直流反接
19	钛铁矿	全位置[b]	交流和直流正、反接
20	氧化铁	PA、PB	交流和直流正接
24	金红石 + 铁粉	PA、PB	交流和直流正、反接
27	氧化铁 + 铁粉	PA、PB	交流和直流正、反接
28	碱性 + 铁粉	PA、PB、PC	交流和直流反接
40	不做规定	由制造商确定	
45	碱性	全位置	直流反接
48	碱性	全位置	交流和直流反接

[a] 焊接位置见 GB/T 16672,其中 PA = 平焊、PB = 平角焊、PC = 横焊、PG = 向下立焊。

[b] 此处"全位置"并不一定包含向下立焊,由制造商确定。

表 4 - 6　熔敷金属化学成分分类代号

分类代号	主要化学成分的名义含量（质量分数）/%				
	Mn	Ni	Cr	Mo	Cu
无标记、- 1、- P1、- P2	1. 0	—	—	—	—
- 1M3	—	—	—	0. 5	—
- 3M2	1. 5	—	—	0. 4	—
- 3M3	1. 5	—	—	0. 5	—
- N1	—	0. 5	—	—	—
- N2	—	1. 0	—	—	—
- N3	—	1. 5	—	—	—
- 3N3	1. 5	1. 5	—	—	—
- N5	—	2. 5	—	—	—
- N7	—	3. 5	—	—	—
- N13	—	6. 5	—	—	—
- N2M3	—	1. 0	—	0. 5	—
- NC	—	0. 5	—	—	0. 4
- CC	—	—	0. 5	—	0. 4
- NCC	—	0. 2	0. 6	—	0. 5
- NCC1	—	0. 6	0. 6	—	0. 5
- NCC2	—	0. 3	0. 2	—	0. 5
- G	其他部分				

常用非合金钢及细粒钢焊条见表 4 - 7。

表4-7 常用非合金钢及细粒钢焊条

焊条型号						
E4303	E5011	E5728	E5728-NCC1	E5518-3M2	E5015-N3	E5515-N7
E4310	E5012	E5010-P1	E5016-NCC2	E5515-3M3	E5016-N3	E5516-N7
E4311	E5013	E5510-P1	E5018-NCC2	E5516-3M3	E5515-N3	E5518-N7
E4312	E5014	E5518-P2	E50XX-G	E5518-3M3	E5516-N3	E5515-N13
E4313	E5015	E5728-CC	E55XX-G	E5015-N1	E5516-3N3	E5516-N13
E4315	E5016	E5003-NCC	E57XX-G	E5016-N1	E5518-N3	E5518-N2M3
E4316	E5016-1	E5016-NCC	E5545-P2	E5028-N1	E5015-N5	E5003-NC
E4318	E5018	E5028-NCC	E5003-1M3	E5515-N1	E5016-N5	E5016-NC
E4319	E5018-1	E5716-NCC	E5010-1M3	E5516-N1	E5018-N5	E5028-NC
E4320	E5019	E5728-NCC	E5011-1M3	E5528-N1	E5028-N5	E5716-NC
E4324	E5024	E5003-NCC1	E5015-1M3	N5015-N2	E5515-N5	E5728-NC
E4327	E5024-1	E5016-NCC1	E5016-1M3	E5016-N2	E5516-N5	E5003-CC
E4328	E5027	E5028-NCC1	E5018-1M3	E5018-N2	E5518-N5	E5016-CC
E4340	E5028	E5516-NCC	E5019-1M3	E5515-N2	E5015-N7	E5028-CC
E5003	E5048	E5518-NCC1	E5020-1M3	E5516-N2	E5016-N7	E5716-CC
E5010	E5716	E5716-NCC1	E5027-1M3	E5518-N2	E5018-N7	

注：型号中"XX"代表焊条的药皮类型，见表4-5。

3. **热强钢焊条**

热强钢焊条（GB/T 5118-2012）的型号表示方法如下：

焊条型号由四部分组成：

①第一部分用字母"E"表示焊条。

②第二部分为字母"E"后面的紧邻两位数字，表示熔敷金属的最小抗拉强度代号，见表4-8。

③第三部分为字母"E"后面的第三和第四两位数字，表示药皮类型、焊接位置和电流类型，见表4-9。

④第四部分为短划"-"后的字母、数字或字母和数字的组合，表示熔敷金属的化学成分分类代号，见表4-10。

除以上强制分类代号外，根据供需双方协商，可在型号后附加扩散氢代号"HX"，其中 X 代表 15、10 或 5，分别表示每 100g 熔敷金属中扩散氢含量的最大值（mL）。

型号示例：

E 62 15 –2C1M H10
├──── 可选附加代号，表示熔敷金属扩散氢含量不大于 10mL/100g
├──── 表示熔敷金属化学成分分类代号
├──── 表示药皮类型为碱性，适用于全位置焊接，采用直流反接
├──── 表示熔敷金属抗拉强度最小值为 620MPa
└──── 表示焊条

表 4 – 8　熔敷金属抗拉强度代号

抗拉强度代号	最小抗拉强度值/MPa
50	490
52	520
55	550
62	620

表 4 – 9　药皮类型代号

代号	药皮类型	焊接位置[a]	电流类型
03	钛型	全位置[c]	交流和直流正、反接
10[b]	纤维素	全位置	直流反接
11[b]	纤维素	全位置	交流和直流反接
13	金红石	全位置[c]	交流和直流正、反接
15	碱性	全位置[c]	直流反接
16	碱性	全位置[c]	交流和直流反接
18	碱性 + 铁粉	全位置（PG 除外）	交流和直流反接
19[b]	钛铁矿	全位置[c]	交流和直流正、反接
20[b]	氧化铁	PA、PB	交流和直流正接
27[b]	氧化铁 + 铁粉	PA、PB	交流和直流正接
40	不做规定	由制造商确定	

[a] 焊接位置见 GB/T 16672，其中 PA = 平焊、PB = 平角焊、PG = 向下立焊。

[b] 仅限于熔敷金属化学成分代号 1M3。

[c] 此处"全位置"并不一定包含向下立焊，由制造商确定。

表4-10　熔敷金属化学成分分类代号

分类代号	主要化学成分的名义含量
-1M3	此类焊条中含 Mo，Mo 是在非合金钢焊条基础上的唯一添加合金元素。数字 1 约等于名义上 Mn 含量两倍的整数，字母"M"表示 Mo，数字 3 表示 Mo 的名义含量，大约 0.5%
-XC×M×	对于含铬-钼的热强钢，标识"C"前的整数表示 Cr 的名义含量，"M"前的整数表示 Mo 的名义含量。对于 Cr 或者 Mo，如果名义含量少于 1%，则字母前不标记数字。如果在 Cr 和 Mo 之外还加入了 W、V、B、Nb 等合金成分，则按照此顺序，加于铬和钼标记之后。标识末尾的"L"表示含碳量较低。最后一个字母后的数字表示成分有所改变
-G	其他成分

常用热强钢焊条型号见表4-11。

表4-11　常用热强钢焊条型号

焊条型号			
E5540-2CMWVB	E5518-5CMV	E62XX-9C1MV1	E5515-1CMV
E5515-2CMWVB	E5515-7CM	E50XX-IM3	E5515-1CMVNb
E5515-2CMVNb	E5516-7CM	E50YY-IM3	E5515-1CMWV
E62XX-2C1MV	E5518-7CM	E5515-CM	E6215-2C1M
E62XX-3C1MV	E5515-7CML	E5516-CM	E6216-2C1M
E5515-C1M	E5516-7CML	E5518-CM	E6218-2C1M
E5516-C1M	E5518-7CML	E5540-CM	E6213-2C1M
E5518-C1M	E6215-9C1M	E5503-CM	E6240-2C1M
E5515-5CM	E6216-9C1M	E5515-1CM	E5515-2C1ML
E5516-5CM	E6218-9C1M	E5516-1CM	E5516-2C1ML
E5518-5CM	E6215-9C1ML	E5518-1CM	E5518-2C1ML
E5515-5CML	E6216-9C1ML	E5513-1CM	E5515-2CML
E5516-5CML	E6218-9C1ML	E5215-1CML	E5516-2CML
E5518-5CML	E6215-9C1MV	E5216-1CML	E5518-2CML
E5515-5CMV	E6216-9C1MV	E5218-1CML	
E5516-5CMV	E6218-9C1MV	E5540-1CMV	

注：焊条型号中 XX 代表药皮类型 15、16 或 18，YY 代表药皮类型 10、11、19、20 或 27。

4. 不锈钢焊条

不锈钢焊条（GB/T 983 - 2012）的型号表示方法如下：

焊条型号由四部分组成：

①第一部分用字母"E"表示焊条。

②第二部分为字母"E"后面的数字表示熔敷金属的化学成分分类，数字后面的"L"表示碳含量较低，"H"表示碳含量较高，如有其他特殊要求的化学成分，该化学成分用元素符号表示放在后面，见表4 - 12。

③第三部分为短划"-"后的第一位数字，表示焊接位置，见表4 - 13。

④第四部分为最后一位数字，表示药皮类型和电流类型，见表4 - 14。

型号示例：

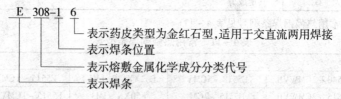

表4 - 12　熔敷金属化学成分

焊条型号[a]	化学成分（质量分数）[b]/%									
	C	Mn	Si	P	S	Cr	Ni	Mo	Cu	其他
E209 - XX	0.06	4.0 ~ 7.0	1.00	0.04	0.03	20.5 ~ 24.0	9.5 ~ 12.0	1.5 ~ 3.0	0.75	N: 0.10 ~ 0.30 V: 0.10 ~ 0.30
E219 - XX	0.06	8.0 ~ 10.0	1.00	0.04	0.03	19.0 ~ 21.5	5.5 ~ 7.0		0.75	0.75	N: 0.10 ~ 0.30
E240 - XX	0.06	10.5 ~ 13.5	1.00	0.04	0.03	17.0 ~ 19.0	4.0 ~ 6.0		0.75	0.75	N: 0.10 ~ 0.30
E307 - XX	0.04 ~ 0.14	3.30 ~ 4.75	1.00	0.04	0.03	18.0 ~ 21.5	9.0 ~ 10.7	0.5 ~ 1.5	0.75	—
E308 - XX	0.08	0.5 ~ 2.5	1.00	0.04	0.03	18.0 ~ 21.0	9.0 ~ 11.0		0.75	0.75	—
E308H - XX	0.04 ~ 0.08	0.5 ~ 2.5	1.00	0.04	0.03	18.0 ~ 21.0	9.0 ~ 11.0		0.75	0.75	—

焊条型号[a]	化学成分（质量分数）[b]/%									
	C	Mn	Si	P	S	Cr	Ni	Mo	Cu	其他
E308L – XX	0.04	0.5 ~ 2.5	1.00	0.04	0.03	18.0 ~ 21.0	9.0 ~ 12.0	0.75	0.75	—
E308Mo – XX	0.08	0.5 ~ 2.5	1.00	0.04	0.03	18.0 ~ 21.0	9.0 ~ 12.0	2.0 ~ 3.0	0.75	—
E308LMo – XX	0.04	0.5 ~ 2.5	1.00	0.04	0.03	18.0 ~ 21.0	9.0 ~ 12.0	2.0 ~ 3.0	0.75	—
E309L – XX	0.04	0.5 ~ 2.5	1.00	0.04	0.03	22.0 ~ 25.0	12.0 ~ 14.0	0.75	0.75	—
E309 – XX	0.15	0.5 ~ 2.5	1.00	0.04	0.03	22.0 ~ 25.0	12.0 ~ 14.0	0.75	0.75	—
E309H – XX	0.04 ~ 0.15	0.5 ~ 2.5	1.00	0.04	0.03	22.0 ~ 25.0	12.0 ~ 14.0	0.75	0.75	—
E309LNb – XX	0.04	0.5 ~ 2.5	1.00	0.040	0.030	22.0 ~ 14.0	12.0 ~ 14.0	0.75	0.75	Nb + Ta: 0.70 ~ 1.00
E309Nb – XX	0.12	0.5 ~ 2.5	1.00	0.04	0.03	22.0 ~ 25.0	12.0 ~ 14.0	0.75	0.75	Nb + Ta: 0.70 ~ 1.00
E309Mo – XX	0.12	0.5 ~ 2.5	1.00	0.04	0.03	22.0 ~ 25.0	12.0 ~ 14.0	2.0 ~ 3.0	0.75	—
E309LMo – XX	0.04	0.5 ~ 2.5	1.00	0.04	0.03	22.0 ~ 25.0	12.0 ~ 14.0	2.0 ~ 3.0	0.75	—
E310 – XX	0.08 ~ 0.20	1.0 ~ 2.5	0.75	0.03	0.03	25.0 ~ 28.0	20.0 ~ 22.5	0.75	0.75	—
E310H – XX	0.35 ~ 0.45	1.0 ~ 2.5	0.75	0.03	0.03	25.0 ~ 28.0	20.0 ~ 22.5	0.75	0.75	—
E310Nb – XX	0.12	1.0 ~ 2.5	0.75	0.03	0.03	25.0 ~ 28.0	20.0 ~ 22.0	0.75	0.75	Nb + Ta: 0.70 ~ 1.00

焊条型号[a]	化学成分（质量分数）[b]/%									
	C	Mn	Si	P	S	Cr	Ni	Mo	Cu	其他
E310Mo – XX	0.12	1.0 ~ 2.5	0.75	0.03	0.03	25.0 ~ 28.0	20.0 ~ 22.0	2.0 ~ 3.0	0.75	—
E312 – XX	0.15	0.5 ~ 2.5	1.00	0.04	0.03	28.0 ~ 32.0	8.0 10.5	0.75	0.75	—
E316 – XX	0.08	0.5 ~ 2.5	1.00	0.04	0.03	17.0 ~ 20.0	11.0 ~ 14.0	2.0 ~ 3.0	0.75	—
E316H – XX	0.04 ~ 0.08	0.5 ~ 2.5	1.00	0.04	0.03	17.0 ~ 20.0	11.0 ~ 14.0	2.0 3.0	0.75	—
E316L – XX	0.04	0.5 ~ 2.5	1.00	0.04	0.03	17.0 ~ 20.0	11.0 ~ 14.0	2.0 ~ 3.0	0.75	—
E316LCu – XX	0.04	0.5 ~ 2.5	1.00	0.040	0.030	17.0 ~ 20.0	11.0 ~ 16.0	1.20 ~ 2.75	1.00 ~ 2.50	—
E316LMn – XX	0.04	5.0 ~ 8.0	0.90	0.04	0.03	18.0 ~ 21.0	15.0 ~ 18.0	2.5 ~ 3.5	0.75	N：0.10 ~ 0.25
E317 – XX	0.08	0.5 ~ 2.5	1.00	0.04	0.03	18.0 ~ 21.0	12.0 ~ 14.0	3.0 ~ 4.0	0.75	—
E317L – XX	0.04	0.5 ~ 2.5	1.00	0.04	0.03	18.0 ~ 21.0	12.0 ~ 14.0	3.0 ~ 4.0	0.75	—
E317MoCu – XX	0.08	0.5 ~ 2.5	0.90	0.035	0.030	18.0 ~ 21.0	12.0 ~ 14.0	2.0 ~ 2.5	2	—
E317MoCu – XX	0.04	0.5 ~ 2.5	0.90	0.035	0.030	18.0 ~ 21.0	12.0 ~ 14.0	2.0 ~ 2.5	2	—
E318 – XX	0.08	0.5 ~ 2.5	1.00	0.04	0.03	17.0 ~ 20.0	11.0 ~ 14.0	2.0 ~ 3.0	0.75	Nb + Ta：6 × C ~ 1.00

焊条型号[a]	化学成分（质量分数）[b]/%									
	C	Mn	Si	P	S	Cr	Ni	Mo	Cu	其他
E318V – XX	0.08	0.5 ~ 2.5	1.00	0.035	0.03	17.0 ~ 20.0	11.0 ~ 14.0	2.0 ~ 2.5	0.75	V: 0.39 ~ 0.70
E320 – XX	0.07	0.5 ~ 2.5	0.60	0.04	0.03	19.0 ~ 21.0	32.0 ~ 36.0	2.0 ~ 3.0	3.0 ~ 4.0	Nb + Ta: 8 × C ~1.00
E320LR – XX	0.03	1.5 ~ 2.5	0.30	0.020	0.015	19.0 ~ 21.0	32.0 ~ 36.0	2.0 ~ 3.0	3.0 ~ 4.0	Nb + Ta: 8 × C ~0.40
E330 – XX	0.18 ~ 0.25	1.0 ~ 2.5	1.00	0.04	0.03	14.0 ~ 17.0	33.0 ~ 37.0	0.75	0.75	—
E330H – XX	0.35 ~ 0.45	1.0 ~ 2.5	1.00	0.04	0.03	14.0 ~ 17.0	33.0 ~ 37.0	0.75	0.75	—
E330MoMn – WNb – XX	0.20	3.5	0.70	0.035	0.030	15.0 ~ 17.0	33.0 ~ 37.0	2.0 ~ 3.0	0.75	Nb: 1.0 ~2.0 W: 2.0 ~3.0
E347 – XX	0.08	0.5 ~ 2.5	1.00	0.04	0.03	18.0 ~ 21.0	9.0 ~ 11.0	0.75	0.75	Nb + Ta: 8 × C ~ 1.00
E347L – XX	0.04	0.5 ~ 2.5	1.00	0.040	0.030	18.0 ~ 21.0	9.0 ~ 11.0	0.75	0.75	Nb + Ta: 8 × C ~ 1.00
E349 – XX	0.13	0.5 ~ 2.5	1.00	0.04	0.03	18.0 ~ 21.0	8.0 ~ 10.0	0.35 ~ 0.65	0.75	Nb + Ta: 0.75 ~ 1.20 V:0.10% ~0.30 Ti≤0.15 W:1.25% ~ 1.75
E383 – XX	0.03	0.5 ~ 2.5	0.90	0.02	0.02	26.5 ~ 29.0	30.0 ~ 33.0	3.2 ~ 4.2	0.6 ~ 1.5	—
E385 – XX	0.03	1.0 ~ 2.5	0.90	0.03	0.02	19.5 ~ 21.5	24.0 ~ 26.0	4.2 ~ 5.2	1.2 ~ 2.0	—
E409Nb – XX	0.12	1.00	1.00	0.040	0.030	11.0 ~ 14.0	0.60	0.75	0.75	Nb + Ta: 0.50 ~ 1.50

焊条型号[a]	化学成分（质量分数）[b]/%									
	C	Mn	Si	P	S	Cr	Ni	Mo	Cu	其他
E410 – XX	0.12	1.0	0.90	0.04	0.03	11.0 ~ 14.0	0.70	0.75	0.75	—
E410NiMo – XX	0.06	1.0	0.90	0.04	0.03	11.0 ~ 12.5	4.0 ~ 5.0	0.40 ~ 0.70	0.75	—
E430 – XX	0.10	1.0	0.90	0.04	0.03	15.0 ~ 18.0	0.6	0.75	0.75	—
E430Nb – XX	0.10	1.00	1.00	0.040	0.030	15.0 ~ 18.0	0.60	0.75	0.75	Nb + Ta: 0.50 ~ 1.50
E630 – XX	0.05	0.25 ~ 0.75	0.75	0.04	0.03	16.00 ~ 16.75	4.5 ~ 5.0	0.75	3.25 ~ 4.00	Nb + Ta: 0.15 ~ 0.30
E16 – 8 – 2 – XX	0.10	0.5 ~ 2.5	0.60	0.03	0.03	14.5 ~ 16.5	7.5 ~ 9.5	1.0 ~ 2.0	0.75	—
E16 – 25MoN – XX	0.12	0.5 ~ 2.5	0.90	0.035	0.030	14.0 ~ 18.0	22.0 ~ 27.0	5.0 ~ 7.0	0.75	N: ≥0.1
E2209 – XX	0.04	0.5 ~ 2.0	1.00	0.04	0.03	21.5 ~ 23.5	7.5 ~ 10.5	2.5 ~ 3.5	0.75	N: 0.08 ~ 0.20
E2553 – XX	0.06	0.5 ~ 1.5	1.0	0.04	0.03	24.0 ~ 27.0	6.5 ~ 8.5	2.9 ~ 3.9	1.5 ~ 2.5	N: 0.10 ~ 0.25
E2593 – XX	0.04	0.5 ~ 1.5	1.0	0.04	0.03	24.0 ~ 27.0	8.5 ~ 10.5	2.9 ~ 3.9	1.5 ~ 3.0	N: 0.08 ~ 0.25
E2594 – XX	0.04	0.5 ~ 2.0	1.00	0.04	0.03	24.0 ~ 27.0	8.0 ~ 10.5	3.5 ~ 4.5	0.75	H: 0.20 ~ 0.30
E2595 – XX	0.04	2.5	1.2	0.03	0.025	24.0 ~ 27.0	8.0 ~ 10.5	2.5 ~ 4.5	0.4 ~ 1.5	N: 0.20 ~ 0.30 W: 0.4 ~ 1.0

焊条型号[a]	化学成分（质量分数）[b]/%									
	C	Mn	Si	P	S	Cr	Ni	Mo	Cu	其他
E3155 – XX	0.10	1.0 ~ 2.5	1.00	0.04	0.03	20.0 ~ 22.5	19.0 ~ 21.0	2.5 ~ 3.5	0.75	Nb + Ta: 0.75 ~ 1.25 Co: 18.5 ~ 21.0 W: 2.0 ~ 3.0
E33 – 31 – XX	0.03	2.5 ~ 4.0	0.9	0.02	0.01	31.0 ~ 35.0	30.0 ~ 32.0	1.0 ~ 2.0	0.4 ~ 0.8	N: 0.3 ~ 0.5

注：表中单值均为最大值。

[a] 焊条型号中 – XX 表示焊接位置和药皮类型，见表 4 – 13 和表 4 – 14。

[b] 化学分析应按表中规定的元素进行分析。如果在分析过程中发现其他化学成分，
则应进一步分析这些元素的含量，除铁外，不应超过 0.5%。

表 4 – 13 焊接位置代号

代 号	焊接位置[a]
– 1	PA、PB、PD、PF
– 2	PA、PB
– 4	PA、PB、PD、PF、PG

[a] 焊接位置见 GB/T 16672，其中 PA = 平焊、PB = 平角焊、PD = 仰角焊、PF = 向
上立焊、PG = 向下立焊。

表 4 – 14 药皮类型代号

代 号	药皮类型	电流类型
5	碱性	直流
6	金红石	交流和直流[a]
7	钛酸型	交流和直流[b]

[a] 46 型采用直流焊接。

[b] 47 型采用直流焊接。

常用不锈钢焊条型号见表 4 – 15。

表 4 – 15   常用不锈钢焊条型号

焊条型号	
E209 – XX	E317LMoCu – XX
E219 – XX	E318 – XX
E240 – XX	E318V – XX
E307 – XX	E320 – XX
E308 – XX	E320LR – XX
E308H – XX	E330 – XX
E308L – XX	E330H – XX
E308Mo – XX	E330MoMnWNb – XX
E308LMo – XX	E347 – XX
E309L – XX	E347L – XX
E309 – XX	E349 – XX
E309H – XX	E383 – XX
E309LNb – XX	E385 – XX
E309Nb – XX	E409Nb – XX
E309Mo – XX	E410 – XX
E309LMo – XX	E410NiMo – XX
E310 – XX	E430 – XX
E310H – XX	E430Nb – XX
E310Nb – XX	E630 – XX
E310Mo – XX	E16 – 8 – 2 – XX
E312 – XX	E16 – 25MoN – XX
E316 – XX	E2209 – XX
E316H – XX	E2553 – XX
E316L – XX	E2593 – XX
E316LCu – XX	E2594 – XX
E316LMn – XX	E2595 – XX
E317 – XX	E3155 – XX
E317L – XX	E33 – 31 – XX
E317MoCu – XX	

5. 铜及铜合金焊条

铜及铜合金焊条（GB/T 3670—1995）型号表示方法如下：

字母"E"表示焊条，"E"后面的字母直接用元素符号表示型号分类，同一分类中有不同化学成分要求时，用字母或数字表示，并以短划"－"与前面的元素符号分开。

铜及铜合金焊条型号见表4－16。

表4－16　铜及铜合金焊条型号

焊条型号	ECu	ECuSi－B	ECuSn－B	ECuAl－B	ECuNi－A	ECuAlNi
	ECuSi－A	ECuSn－A	ECuAl－A2	ECuAl－C	ECuNi－B	ECuMnAlNi

6. 铝及铝合金焊条

铝及铝合金焊条（GB/T 3669—2001）的型号表示方法如下：

字母"E"表示焊条，"E"后面的数字表示焊芯用的铝及铝合金牌号。

完整的焊条型号举例如下：

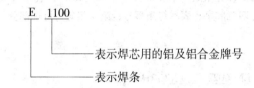

凡列入一种型号中的焊条，不能再列入其他型号中。

铝及铝合金焊条型号见表4－17。

表4－17　铝及铝合金焊条型号

焊条型号	E1100	E3003	E4043

7. 硬质合金管状焊条

硬质合金管状焊条（GB/T 26052—2001）型号见表4－18。

硬质合金管状焊条型号表示示例如下：

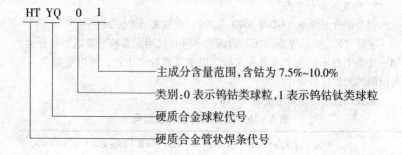

```
HT YQ  0  1
```

主成分含量范围,含钴为 7.5%~10.0%
类别:0 表示钨钴类球粒,1 表示钨钴钛类球粒
硬质合金球粒代号
硬质合金管状焊条代号

表 4 – 18   硬质合金管状焊条型号

焊条型号	HTYQ01	HTYQ02	HTYQ03

8. 镍及镍合金焊条

镍及镍合金焊条(GB/T 13814—2008)型号表示方法如下:

焊条型号由三部分组成。第 1 部分为字母"ENi",表示镍及镍合金焊条;第 2 部分为四位数字,表示焊条型号;第 3 部分为可选部分,表示化学成分代号。

示例如下:

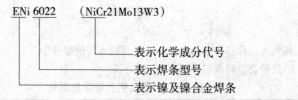

```
ENi 6022   (NiCr21Mo13W3)
```

表示化学成分代号
表示焊条型号
表示镍及镍合金焊条

第 2 部分四位数字中第一位数字表示熔敷金属的类别。其中 2 表示非合金系列;4 表示镍铜合金;6 表示含铬,且铁含量不大于 25% 的 NiCrFe 和 NiCrMo 合金;8 表示含铬,且铁含量大于 25% 的 NiFeCr 合金;10 表示不含铬,含钼的 NiMo 合金。

镍及镍合金焊条型号见表 4 – 19。

表 4 – 19　镍及镍合金焊条型号

类别	焊条型号				
镍	ENi2061　ENi2061A				
镍铜	ENi4060　ENi4061				
镍铬	ENi6082　ENi6231				
镍铬铁	ENi6025　ENi6062　ENi6093　ENi6094　ENi6095　ENi6133 ENi6152　ENi6182　ENi6333　ENi6701　ENi6702˙　ENi6704 ENi8025　ENi8165				
镍钼	ENi1001　ENi1004　ENi1008　ENi1009　ENi1062　ENi1066 ENi1067　ENi1069				
镍铬钼	ENi6002　ENi6012　ENi6022　ENi6024　ENi6030　ENi6059 ENi6200　ENi6205　ENi6275　ENi6276　ENi6452　ENi6455 ENi6620　ENi6625　ENi6627　ENi6650　ENi6686　ENi6985				
镍铬钴钼	ENi6117				

9. 铸铁焊条

铸铁焊条（GB/T 10044—2006）型号表示方法如下：

字母"E"表示焊条，字母"Z"表示用于铸铁焊接，在"EZ"字母后用熔敷金属的主要化学元素符号或金属类型代号表示，再细分时用数字表示。

标记示例：

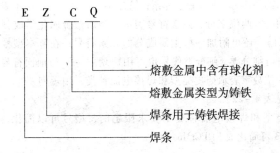

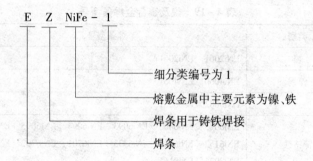

E   Z   NiFe－1

细分类编号为1

熔敷金属中主要元素为镍、铁

焊条用于铸铁焊接

焊条

铸铁焊条型号见表4－20。

表4－20　铸铁焊条型号

类别	型号
铁基焊条	EZC
	EZCQ
镍基焊条	EZNi－1，EZNi－2，EZNi－3
	EZNiFe－1，EZNiFe－2
	EZNiCu－1，EZNiCu－2
	EZNiFeCu－1，EZNiFeMn
其他焊条	EZFe
	EZV

10. 堆焊焊条

堆焊焊条（GB/T 984—2001）型号表示方法如下：

型号中第一字母"E"表示焊条；第二字母"D"表示用于表面耐磨堆焊；后面用一或两位字母、元素符号表示焊条熔敷金属化学成分分类代号（见表4－21），还可附加一些主要成分的元素符号；在基本型号内可用数字、字母进行细分类，细分类代号也可用短划"－"与前面符号分开；型号中最后两位数字表示药皮类型和焊接电流种类，用短划"－"与前面符号分开（见表4－22）。

药皮类型和焊接电流种类不要求限定时，型号可以简化，如 EDPCr Mo－Al－03 可简化成 EDPCrMo－Al。

表4-21 熔敷金属化学成分分类

型号分类	熔敷金属化学成分分类	型号分类	熔敷金属化学成分分类
EDP××-××	普通低中合金钢	EDZ××-××	合金铸铁
EDR××-××	热强合金钢	EDZCr××-××	高铬铸铁
EDCr××-××	高铬钢	EDCoCr××-××	钴基合金
EDMn××-××	高锰钢	EDW××-××	碳化钨
EDCrMn××-××	高铬锰钢	EDT××-××	特殊型
EDCrNi××-××	高铬镍钢	EDNi××-××	镍基合金
EDD××-××	高速钢		

表4-22 药皮类型和焊接电流种类

型号	药皮类型	焊接电流种类
ED××-00	特殊型	交流或直流
ED××-03	钛钙型	
ED××-15	低氢钠型	直流
ED××-16	低氢钾型	交流或直流
ED××-08	石墨型	

对于碳水钨管状焊条，其型号中第一字母"E"表示焊条；第二字母"D"表示用于表面耐磨堆焊；后面用字母"G"和元素符号"WC"表示碳化钨管状焊条，其后用数字1、2、3表示芯部碳化钨粉化学成分分类代号（见表4-23）；短划"-"后面为碳化钨粉粒度代号，用通过筛网和不通过筛网的两个目数表示，以斜线"/"相隔，或是只用通过筛网的一个目数表示（见表4-24）。

表4-23 碳化钨粉的化学成分

型号	C	Si	Ni	Mo	Co	W	Fe	Th
EDGWC1-××	3.6~4.2	≤0.3	≤0.3	≤0.6	≤0.3	≥94.0	≤1.0	≤0.01
EDGWC2-××	6.0~6.2					≥91.5	≤0.5	
EDGWC3-××	由供需双方商定							

表 4 - 24　碳化钨粉的粒度

型号	粒度分布
EDGWC × -12/30	1.70mm ~ 600μm （ -12 目 +30 目 ）
EDGWC × -20/30	850μm ~ 600μm （ -12 目 +30 目 ）
EDGWC × -30/40	600μm ~ 425μm （ -30 目 +40 目 ）
EDGWC × -40	<425μm （ -40 目 ）
EDGWC × -40/120	425μm ~ 125μm （ -40 目 +120 目 ）

注：①焊条型号中的 " × " 代表 "1" 或 "2" 或 "3"。

②允许通过 （ " - " ） 筛网的筛上物≤5%，不通过 （ " + " ） 筛网的筛下物≤
20%。

型号举例如下：

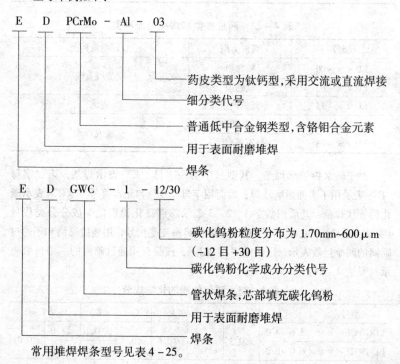

常用堆焊焊条型号见表 4 - 25。

表 4 - 25　常用堆焊焊条型号

焊条型号		
EDPMn2 – × ×	EDPMn4 – × ×	EDPMn5 – × ×
EDPMn6 – × ×	EDPCrMo – A0 – × ×	EDPCrMo – A1 – × ×
EDPCrMo – A2 – × ×	EDPCrMo – A3 – × ×	EDPCrMo – A4 – × ×
EDPCrMo – A5 – × ×	EDPCrMnSi – A1 – × ×	EDPCrMnSi – A2 – × ×
EDPCrMoV – A0 – × ×	EDPCrMoV – A1 – × ×	EDPCrMoV – A2 – × ×
EDPCrSi – A – × ×	EDPCrSi – B – × ×	EDRCrMnMo – × ×
EDRCrW – × ×	EDRCrMoWV – A1 – × ×	EDRCrMoWV – A2 – × ×
EDRCrMoWV – A3 – × ×	EDRCrMoWCo – A – × ×	EDRCrMoWCo – B – × ×
EDCr – A1 – × ×	EDCr – A2 – × ×	EDCr – B – × ×
EDMn – A – × ×	EDMn – B – × ×	EDMn – C – × ×
EDMn – D – × ×	EDMn – E – × ×	EDMn – F – × ×
EDCrMn – A – × ×	EDCrMn – B – × ×	EDCrMn – C – × ×
EDCrMn – D – × ×	EDCrNi – A – × ×	EDCrNi – B – × ×
EDCrNi – C – × ×	EDD – A – × ×	EDD – B1 – × ×
EDD – B2 – × ×	EDD – C – × ×	EDD – D – × ×
EDZ – A0 – × ×	EDZ – A1 – × ×	EDZ – A2 – × ×
EDZ – A3 – × ×	EDZ – B1 – × ×	EDZ – B2 – × ×
EDZ – E1 – × ×	EDZ – E2 – × ×	EDZ – E3 – × ×
EDZ – E4 – × ×	EDZCr – A – × ×	EDZCr – B – × ×
EDZCr – C – × ×	EDZCr – D – × ×	EDZCr – A1A – × ×
EDZCr – A2 – × ×	EDZCr – A3 – × ×	EDZCr – A4 – × ×
EDZCr – A5 – × ×	EDZCr – A6 – × ×	EDZCr – A7 – × ×
EDZCr – A8 – × ×	EDCoCr – A – × ×	EDCoCr – B – × ×
EDCoCr – C – × ×	EDCoCr – D – × ×	EDCoCr – E – × ×
EDW – A – × ×	EDW – B – × ×	EDTV – × ×
EDNiCr – C	EDNiCrFeCo	

4.2.2　焊丝和焊剂

1. 铸铁焊丝

铸铁焊丝(GB/T10044—2006)的型号表示方法如下:

(1)填充焊丝

字母"R"表示填充焊丝,字母"Z"表示用于铸铁焊接,在"RZ"字母后用焊丝主要化学元素符号或金属类型代号表示(见表 4 - 26),再细分时用数字表示(见表 4 - 28)。

填充焊丝标记示例:

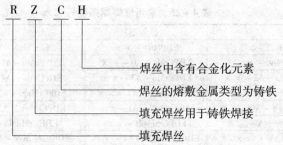

焊丝中含有合金化元素

焊丝的熔敷金属类型为铸铁

填充焊丝用于铸铁焊接

填充焊丝

（2）气体保护焊焊丝

字母"ER"表示气体保护焊焊丝，字母"Z"表示用于铸铁焊接，在"ERZ"字母后用焊丝主要化学元素符号或金属类型代号表示（见表4－26、表4－29）。

气体保护焊焊丝标记示例：

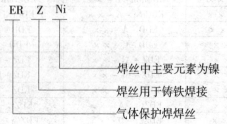

焊丝中主要元素为镍

焊丝用于铸铁焊接

气体保护焊焊丝

（3）药芯焊丝

字母"ET"表示药芯焊丝，字母"ET"后的数字"3"表示药芯焊丝为自保护类型。字母"Z"表示用于铸铁焊接，在"ET3Z"后用焊丝熔敷金属的主要化学元素符号或金属类型代号表示（见表4－26、表4－27）。

药芯焊丝标记示例：

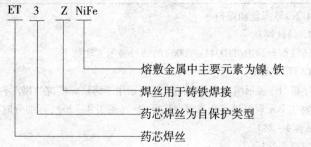

熔敷金属中主要元素为镍、铁

焊丝用于铸铁焊接

药芯焊丝为自保护类型

药芯焊丝

表 4-26 铸铁焊接用填充焊丝、气保护焊丝及药芯焊丝类别与型号

类别	型号	名称
铁基填充焊丝	RZC	灰口铸铁填充焊丝
	RZCH	合金铸铁填充焊丝
	RZCQ	球墨铸铁填充焊丝
镍基气体保护焊焊丝	ERZNi	纯镍铸铁气保护焊丝
	ERZNiFeMn	镍铁锰铸铁气保护焊丝
镍基药芯焊丝	ET3ZNiFe	镍铁铸铁自保护药芯焊丝

表 4-27 药芯焊丝熔敷金属化学成分 %

型号	C	Si	Mn	S	P	Fe	Ni	Cu	Al	V	球化剂	其他元素总量
ET3ZNiFe	≤2.0	≤1.0	3.0~5.0	≤0.03	–	余量	45~60	≤2.5	≤1.0	–	–	≤1.0

表 4-28 填充焊丝化学成分 %

型号	C	Si	Mn	S	P	Fe	Ni	Ce	Mo	球化剂
RZC-1	3.2~3.5	2.7~3.0	0.60~0.75		0.50~0.75					
RZC-2	3.2~4.5	3.0~3.8	0.30~0.80	≤0.10	≤0.50		–		–	–
RZCH	3.2~3.5	2.0~2.5	0.50~0.70		0.20~0.40	余量	1.2~1.6		0.25~0.45	
RZCQ-1	3.2~4.0	3.2~3.8	0.10~0.40	0.015	≤0.05		≤0.50	≤0.20		0.04~0.10
RZCQ-2	3.5~4.2	3.5~4.2	0.50~0.80	≤0.03	≤0.10		–	–		

表 4-29 气体保护焊焊丝化学成分 %

型号	C	Si	Mn	S	P	Fe	Ni	Cu	Al	其他元素总量
ERZNi	≤1.0	≤0.75	≤2.5	≤0.03		≤4.0	≥90	≤4.0	–	
ERZNiFeMn	≤0.50	≤1.0	10~14	≤0.03	–	余量	35~45	≤2.5	≤1.0	≤1.0

2. 碳钢药芯焊丝

碳钢药芯焊丝（GB/T 10045—2001）的型号表示方法为：

E×××T-×ML，字母"E"表示焊丝、字母"T"表示药芯焊丝。型号中的符号按排列顺序分别说明如下：

①熔敷金属力学性能：字母"E"后面的前2个符号"××"表示熔敷金属的力学性能，见表4-30。

②焊接位置：字母"E"后面的第3个符号"×"表示推荐的焊接位置，其中，"0"表示平焊和横焊位置，"1"表示全位置。

③焊丝类别特点：短划后面的符号"×"表示焊丝的类别特点，见表4-31。

④字母"M"表示保护气体为75%~80% $Ar + CO_2$。当无字母"M"时，表示保护气体为 CO_2 或为自保护类型。

⑤字母"L"表示焊丝熔敷金属的冲击性能在-40℃时，其V型缺口冲击功不小于27J。当无字母"L"时，表示焊丝熔敷金属的冲击性能符号一般要求，见表4-30。

举例如下：

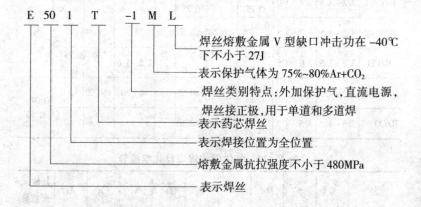

E 50 1 T -1 M L

- 焊丝熔敷金属V型缺口冲击功在-40℃下不小于27J
- 表示保护气体为75%~80%Ar+CO_2
- 焊丝类别特点:外加保护气,直流电源,焊丝接正极,用于单道和多道焊
- 表示药芯焊丝
- 表示焊接位置为全位置
- 熔敷金属抗拉强度不小于480MPa
- 表示焊丝

表4－30　熔敷金属力学性能要求[a]

型号	抗拉强度 σ_b /MPa	屈服强度 σ_s 或 $\sigma_{0.2}$ /MPa	伸长率 δ_5 /%	V型缺口冲击功	
				试验温度 /℃	冲击功 /J
E50×T－1,E50×T－1M[b]	480	400	22	－20	27
E50×T－2,E50×T－2M[c]	480	－			
E50×T－3[c]	480	－			
E50×T－4	480	400	22		
E50×T－5,E50×T－5M[b]	480	400	22	－30	27
E50×T－6[b]	480	400	22	－30	27
E50×T－7	480	400	22		
E50×T－8[b]	480	400	22	－30	27
E50×T－9,E50×T－9M[b]	480	400	22	－30	27
E50×T－10[c]	480	－			
E50×T－11	480	400	20		
E50×T－12,E50×T－12M[b]	480~620	400	22	－30	27
E43×T－13[c]	415	－			－
E50×T－13[c]	480	－			
E50×T－14[c]	480	－			
E43×T－G	415	330	22		
E50×T－G	480	400	22		
E43×T－GS[c]	415				
E50×T－GS[c]	480				

[a]　表中所列单值均为最小值。

[b]　型号带有字母"L"的焊丝,其熔敷金属冲击性能应满足以下要求:

型　　号	V型缺口冲击性能要求
E50×T－1L,E50×T－1ML	
E50×T－5L,E50×T－5ML	
E50×T－6L	－40℃,⩾27 J
E50×T－8L	
E50×T－9L,E50×T－9ML	
E50×T－12L,E50×T－12ML	

[c]　这些型号主要用于单道焊接而不用于多道焊接。因为只规定了抗拉强度,所以只要求做横向拉伸和纵向辊筒弯曲(缠绕式导向弯曲)试验。

表 4 - 31　焊接位置、保护类型、极性和适用性要求

型号	焊接位置[a]	外加保护气[b]	极性[c]	适用性[d]
E500T - 1	H,F	CO_2	DCEP	M
E500T - 1M	H,F	75% ~ 80% Ar + CO_2	DCEP	M
E501T - 1	H,F,VU,OH	CO_2	DCEP	M
E501T - 1M	H,F,VU,OH	75% ~ 80% Ar + CO_2	DCEP	M
E500T - 2	H,F	CO_2	DCEP	S
E500T - 2M	H,F	75% ~ 80% Ar + CO_2	DCEP	S
E501T - 2	H,F,VU,OH	CO_2	DCEP	S
E501T - 2M	H,F,VU,OH	75% ~ 80% Ar + CO_2	DCEP	S
E500T - 3	H,F	无	DCEP	S
E500T - 4	H,F	无	DCEP	M
E500T - 5	H,F	CO_2	DCEP	M
E500T - 5M	H,F	75% ~ 80% Ar + CO_2	DCEP	M
E501T - 5	H,F,VU,OH	CO_2	DCEP 或 DCEN[e]	M
E501T - 5M	H,F,VU,OH	75% ~ 80% Ar + CO_2	DCEP 或 DCEN[e]	M
E500T - 6	H,F	无	DCEP	M
E500T - 7	H,F	无	DCEN	M
E501T - 7	H,F,VU,OH	无	DCEN	M
E500T - 8	H,F	无	DCEN	M
E501T - 8	H,F,VU,OH	无	DCEN	M
E500T - 9	H,F	CO_2	DCEP	M
E500T - 9M	H,F	75% ~ 80% Ar + CO_2	DCEP	M
E501T - 9	H,F,VU,OH	CO_2	DCEP	M
E501T - 9M	H,F,VU,OH	75% ~ 80% Ar + CO_2	DCEP	M
E500T - 10	H,F	无	DCEN	S
E500T - 11	H,F	无	DCEN	M
E501T - 11	H,F,VU,OH	无	DCEN	M

型号	焊接位置[a]	外加保护气[b]	极性[c]	适用性[d]
E500T – 12	H,F	CO_2	DCEP	M
E500T – 12M	H,F	$75\% \sim 80\% \, Ar + CO_2$	DCEP	M
E501T – 12	H,F,VU,OH	CO_2	DCEP	M
E501T – 12M	H,F,VU,OH	$75\% \sim 80\% \, Ar + CO_2$	DCEP	M
E431T – 13	H,F,VU,OH	无	DCEP	S
E500T – 13	H,F,VD,OH	无	DCEN	S
E501T – 13	H,F,VD,OH	无	DCEN	S
E501T – 14	H,F,VD,OH	无	DCEN	S
E××0T – G	H,F	–	–	M
E××1T – G	H,F,VD 或 VU,OH	–	–	M
E××0T – GS	H,F	–	–	S
E××1T – GS	H,F,VD 或 VU,OH	–	–	S

[a] H 为横焊，F 为平焊，OH 为仰焊，VD 为立向下焊，VU 为立向上焊。

[b] 对于使用外加保护气的焊丝（E×××T – 1，E×××T – 1M，E×××T – 2，E×××T – 2M，E×××T – 5，E×××T – 5M，E×××T – 9，E×××T – 9M 和 E×××T – 12，E×××T – 12M），其金属的性能随保护气类型不同而变化。用户在未向焊丝制造商咨询前不应使用其他保护气。

[c] DCEP 为直流电源，焊丝接正极；DCEN 为直流电源，焊丝接负极。

[d] M 为单道和多道焊，S 为单道焊。

[e] E501T – 5 和 E501T – 5M 型焊丝可在 DCEN 极性下使用以改善不适当位置的焊接性，推荐的极性请咨询制造商。

3. 铝及铝合金焊丝

铝及铝合金焊丝（GB/T 10858—2008）分类及型号表示如下：

焊丝按化学成分分为铝、铝铜、铝锰、铝硅、铝镁等 5 类。

焊丝型号由三部分组成。第 1 部分为字母"SA1"，表示铝及铝合金焊丝；第 2 部分为四位数字，表示焊丝型号；第 3 部分为可选部分，表示化学成分代号。

示例如下：

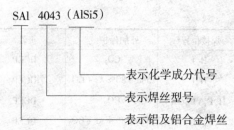

SAl 4043（AlSi5）

表示化学成分代号
表示焊丝型号
表示铝及铝合金焊丝

常用铝及铝合金型号见表4-32。

表4-32 常用铝及铝合金型号

焊丝型号	化学成分代号	焊丝型号	化学成分代号
铝		铝镁	
SAl 1070	Al 99.7	SAl 5249	AlMg2Mn0.8Zr
SAl 1080A	Al 99.8（A）	SAl 5554	AlMg2Mn2.7Mn
SAl 1188	Al 99.88	SAl 5654	AlMg3.5Ti
SAl 1100	Al 99.0Cu	SAl 5654A	AlMg3.5Ti
SAl 1200	Al 99.0	SAl 5754ᵃ	AlMg3
SAl 1450	Al 99.5Ti	SAl 5356	AlMg5Cr（A）
铝铜		SAl 5356A	Al Mg5Cr（A）
SAl 2319	Al Cu6MnZrTi	SAl 5556	AlMg5Mn1Ti
铝硅		SAl 5556C	Al Mg5Mn1Ti
SAl 4009	AlSi5Cu1Mg	SAl 5556A	AlMg5Mn
SAl 4010	AlSi7Mg	SAl 5556B	AlMg5Mn
SAl 4011	AlSi7Mg0.5Ti	SAl 5183	AlMg4.5Mn0.7（A）
SAl 4018	AlSi7Mg	SAl 5183A	AlMg4.5Mn0.7（A）
SAl 4043	AlSi5	SAl 5087	AlMg4.5MnZr
SAl 4043A	AlSi5（A）	SAl 5187	AlMg4.5MnZr
SAl 4046	AlSi10Mg	铝锰	
SAl 4047	AlSi12	SAl 3103	AlMn1
SAl 4047A	AlSi12（A）		
SAl 4145	AlSi10Cu4		
SAl 4643	AlSi4Mg		

ᵃ SAL 5754 中（Mn + Cr）：0.10～0.60。

4. 不锈钢药芯焊丝

不锈钢药芯焊丝（GB/T 17853—1999）型号及表示方法如下：

焊丝根据熔敷金属化学成分、焊接位置、保护气体及焊接电流类型划分型号。

型号表示方法为用"E"表示焊丝，"R"表示填充焊丝；后面用三位或四位数字表示焊丝熔敷金属化学成分分类代号；如有特殊要求的化学万分，将其元素符号附加在数字后面，或者用"L"表示碳含量较低、"H"表示碳含量较高、"K"表示焊丝应用于低温环境；最后用"T"表示药芯焊丝，之后用一位数字表示焊接位置，"0"表示焊丝适用于平焊位置或横焊位置焊接，"1"表示焊丝适用于全位置焊接；"－"后面的数字表示保护气体及焊接电流动类型，见表4-33。

表4-33 保护气体、电流类型及焊接方法

型号	保护气体	电流类型	焊接方法
E×××T×-1	CO$_2$	直流反接	FCAW
E×××T×-3	无（自保护）		
E×××T×-4	75% ~80% Ar + CO$_2$		
R×××T1-5	100% Ar	直流正接	GTAW
E×××T×-G	不规定	不规定	FCAW
R×××T1-G			GTAW

注：FCAW 为药芯焊丝电弧焊，GTAW 为钨极惰性气体保护焊。

举例如下：

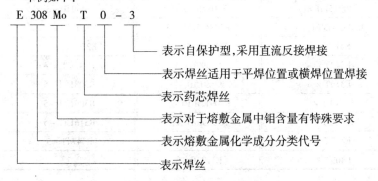

表示焊丝

表示熔敷金属化学成分分类代号

表示对于熔敷金属中钼含量有特殊要求

表示药芯焊丝

表示焊丝适用于平焊位置或横焊位置焊接

表示自保护型，采用直流反接焊接

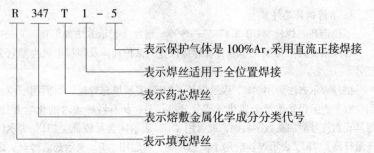

R 347 T 1 - 5

表示保护气体是 100%Ar,采用直流正接焊接

表示焊丝适用于全位置焊接

表示药芯焊丝

表示熔敷金属化学成分分类代号

表示填充焊丝

常用不锈钢药芯焊丝见表 4 - 34。

表 4 - 34 常用不锈钢药芯焊丝型号

型号	型号	型号
E307T × - ×	E410T × - ×	E312T0 - 3
E308T × - ×	E410NiMoT × - ×	E316T0 - 3
E308LT × - ×	E410NiTiT × - ×	E316LT0 - 3
E308HT × - ×	E430T × - ×	E316LKT0 - 3
E308MoT × - ×	E502T × - ×	E317LT0 - 3
E308LMoT × - ×	E505T × - ×	E347T0 - 3
E309T × - ×	E307T0 - 3	E409T0 - 3
E309LNbT × - ×	E308T0 - 3	E410T0 - 3
E309LT × - ×	E308LT0 - 3	E410NiMoT0 - 3
E309MoT × - ×	E308HT0 - 3	E410NiTiT0 - 3
E309LMoT × - ×	E308MoT0 - 3	E430T0 - 3
E309LNiMoT × - ×	E308LMoT0 - 3	E2209T0 - ×
E310T × - ×	E308HMoT0 - 3	E2553T0 - ×
E312T × - ×	E309T0 - 3	E × × ×T × - G
E316T × - ×	E309LT0 - 3	R308LT1 - 5
E316LT × - ×	E309LNbT0 - 3	R309LT1 - 5
E317LT × - ×	E309MoT0 - 3	R316LT1 - 5
E347T × - ×	E309LMoT0 - 3	R347T1 - 5
E409T × - ×	E310T0 - 3	

5. 镍及镍合金焊丝

镍及镍合金焊丝（GB/T 15620—2008）分类及型号表示方法如下：

焊丝按化学成分分为镍、镍铜、镍铬、镍铬铁、镍钼、镍铬钼、镍铬钴、镍铬钨等8类。

焊丝型号由三部分组成。第一部分用字母"SNi"表示镍焊丝；第二部分四位数字表示焊丝型号；第三部分为可选部分，表示化学成分代号。

示例如下：

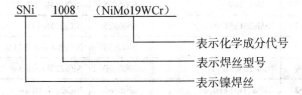

常用镍及镍合金焊丝见表4－35。

表4－35　常用镍及镍合金焊丝型号

焊丝型号	化学成分代号	焊丝型号	化学成分代号
镍		SNi6030	NiCr30Fe15Mo5W
SNi2061	NiTi3	SNi6052	NiCr30Fe9
镍－铜		SNi6062	NiCr15Fe8Nb
SNi4060	NiCu30Mn3Ti	SNi6176	NiCr16Fe6
SNi4061	NiCu30Mn3Nb	SNi6601	NiCr23Fe15Al
SNi5504	NiCu25Al3Ti	SNi6701	NiCr36Fe7Nb
镍－铬		SNi6704	NiCr25FeAl3YC
SNi6072	NiCr44Ti	SNi6975	NiCr25Fe13Mo6
SNi6076	NiCr20	SNi6985	NiCr22Fe20Mo7Cu2
SNi6082	NiCr20Mn3Nb	SNi7069	NiCr15Fe7Nb
镍－铬－铁		SNi7092	NiCr15Ti3Mn
SNi6002	NiCr21Fe18Mo9	SNi7718	NiFe19Cr19Nb5Mo3
SNi6025	NiCr25Fe10AlY	SNi8025	NiFe30Cr29Mo

焊丝型号	化学成分代号	焊丝型号	化学成分代号
SNi8065	NiFe30Cr21Mo3	SNi6059	NiCr23Mo16
SNi8125	NiFe26Cr25Mo	SNi6200	NiCr23Mo16Cu2
镍-钼		SNi6276	NiCr15Mo16Fe6W4
SNi1001	NiMo28Fe	SNi6452	NiCr20Mo15
SNi1003	NiMo17Cr7	SNi6455	NiCr16Mo16Ti
SNi1004	NiMo25Cr5Fe5	SNi6625	NiCr22Mo9Nb
SNi1008	NiMo19WCr	SNi6650	NiCr20Fe14Mo11WN
SNi1009	NiMo20WCu	SNi6660	NiCr22Mo10W3
SNi1062	NiMo24Cr8Fe6	SNi6686	NiCr21Mo16W4
SNi1066	NiMo28	SNi7725	NiCr21Mo8Nb3Ti
SNi1067	NiMo30Cr	镍-铬-钴	
SNi1069	NiMo28Fe4Cr	SNi6160	NiCr28Co30Si3
镍-铬-钼		SNi6617	NiCr22Co12Mo9
SNi6012	NiCr22Mo9	SNi7090	NiCr20Co18Ti3
SNi6022	NiCr21Mo13Fe4W3	SNi7263	NiCr20Co20Mo6Ti2
SNi6057	NiCr30Mo11	镍-铬-钨	
SNi6058	NiCr25Mo16	SNi6231	NiCr22W14Mo2

6. 低合金金钢药芯焊丝

低合金金钢药芯焊丝（GB/T 17493—2008）分类及型号表示方法如下：

（1）焊丝分类

焊丝按药芯类型分为非金属粉型药芯焊丝和金属粉型药芯焊丝。

非金属粉型药芯焊丝按化学成分分为钼钢、铬钼钢、镍钢、锰钼钢和其他低合金钢等五类；金属粉型药芯焊丝按化学成分分为铬钼钢、镍钢、锰钼钢和其他低合金钢等四类。

（2）型号划分

非金属粉型药芯焊丝型号按熔敷金属的抗拉强度和化学成分、焊接位置、药芯类型和保护气体进行划分；金属粉型药芯焊丝型号按熔敷金属的抗拉强度和化学成分进行划分。

（3）型号表示方法

①非金属粉型药芯焊丝型号为 E×××T×－×× （－JH×），其中字母"E"表示焊丝，字母"T"表示非金属粉型药芯焊丝，其他符号说明如下：

1）熔敷金属抗拉强度以字母"E"后面的前两个符号"××"表示熔敷金属的最低抗拉强度。

2）焊接位置以字母"E"后面的第三个符号"×"表示推荐的焊接位置，见表4－36。

3）药芯类型以字母"T"后面的符号"×"表示药芯类型及电流种类，见表4－36。

4）熔敷金属化学成分以第一个短划"－"后面的符号"×"表示熔敷金属化学成分代号。

5）保护气体以化学成分代号后面的符号"×"表示保护气体类型："C"表示 CO_2 气体，"M"表示 Ar＋（20%～25%） CO_2 混合气体，当该位置没有符号出现时，表示不采用保护气体，为自保护型，见表4－36。

6）更低温度的冲击性能（可选附加代号）以型号中如果出现第二个短划"－"及字母"J"时，表示焊丝具有更低温度的冲击性能。

7）熔敷金属扩散氢含量（可选附加代号）以型号中如果出现第二个短划"－"及字母"HX"时，表示熔敷金属扩散氢含量，×为扩散氢含量最大值。

②金属粉型药芯焊丝型号为 E××C－× （－H×），其中字母"E"表示焊丝，字母"C"表示金属粉型药芯焊丝，其他符号说明如下：

1）熔敷金属抗拉强度以字母"E"后面的两个符号"××"表示熔敷金属的最低抗拉强度。

2）熔敷金属化学成分以第一个短划"－"后面的符号"×"表示熔敷金属化学成分代号。

3）熔敷金属扩散氢含量（可选附加代号）以型号中如果出现第二个短划"－"及字母"H×"时，表示熔敷金属扩散氢含量，"×"为扩散氢含量最大值。

表 4—36 药芯类型、焊接位置、保护气体及电流种类

焊丝类型	药芯类型		药芯特点	型号	焊接位置	保护气体[a]	电流种类
非金属粉型		1	金红石型，熔滴呈喷射过渡	EXX0T1—XC	平、横	CO_2	直流反接
				EXX0T1—XM		Ar+（20%～25%）CO_2	
				EXX1T1—XC	平、横、仰、立向上	CO_2	
				EXX1T1—XM		Ar+（20%～25%）CO_2	
		4	强脱硫、自保护型、熔滴呈粗滴过渡	EXX0T4—X		—	
		5	氧化钙—氟化物型、熔滴呈粗滴过渡	EXX0T5—XC	平、横	CO_2	直流反接或直流正接[b]
				EXX0T5—XM		Ar+（20%～25%）CO_2	
				EXX1T5—XC	平、横、仰、立向上	CO_2	
				EXX1T5—XM		Ar+（20%～25%）CO_2	
		6	自保护型，熔滴呈喷射过渡	EXX0T6—X	平、横		直流反接
		7	强脱硫、自保护型、熔滴呈喷射过渡	EXX1T7—X	平、横、仰、立向上		直流正接
		8	自保护型，熔滴呈喷射过渡	EXX0T8—X	平、横	—	
				EXX1T8—X	平、横、仰、立向上		
		11	自保护型，熔滴呈喷射过渡	EXX0T11—X	平、横		
				EXX1T11—X	平、横、仰、立向上		

焊丝类型	药芯类型	药芯特点	型号	焊接位置	保护气体	电流种类
非金属粉型	×c	c	E××0T×—G	平、横	CO_2	c
			E××1T×—G	平、横、仰、立向上或向下		
			E××0T×—GC	平、横	$Ar+(20\%\sim25\%)CO_2$	
			E××1T×—GC	平、横、仰、立向上或向下		
			E××0T×—GM	平、横		
			E××1T×—GM	平、横、仰、立向上或向下		
	G	不规定	E××0TG—×	平、横	不规定	不规定
			E××1TG—×	平、横、仰、立向上或向下		
			E××0TG—G	平、横		
			E××1TG—G	平、横、仰、立向上或向下		
金属粉型		主要为纯金属和合金，熔渣极少，熔滴呈射过渡	E××C—B2,—B2L	不规定	$Ar+(1\%\sim5\%)O_2$	不规定
			E××C—B3,—B3L			
			E××C—B6,—B8			
			E××C—Ni1,—Ni2,—Ni3			
			E××C—D2			
			E××C—B9		$Ar+(5\%\sim25\%)CO_2$	
			E××C—K3,—K4			
			E××C—W2			
		不规定			不规定	

a 为保证焊缝金属性能，应采用表中规定的保护气体。如供需双方协商也可采用其他保护气体。

b 某些 E××1T5—××C、—××M 焊丝，为改善立焊和仰焊的焊接性能，焊丝制造厂也可能推荐采用直流正接。

c 可以是上述任一种药芯类型，其药芯特点及电流特点应符合该类药芯焊丝相对应的规定。

型号示例如下：

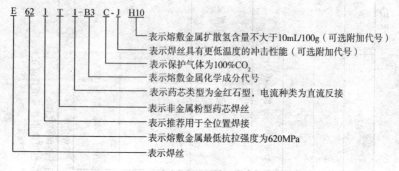

E 62 1 T 1-B3 C-J H10

- 表示熔敷金属扩散氢含量不大于10mL/100g（可选附加代号）
- 表示焊丝具有更低温度的冲击性能（可选附加代号）
- 表示保护气体为100%CO₂
- 表示熔敷金属化学成分代号
- 表示药芯类型为金红石型，电流种类为直流反接
- 表示非金属粉型药芯焊丝
- 表示推荐用于全位置焊接
- 表示熔敷金属最低抗拉强度为620MPa
- 表示焊丝

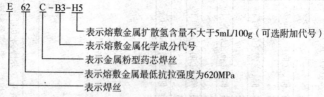

E 62 C-B3-H5

- 表示熔敷金属扩散氢含量不大于5mL/100g（可选附加代号）
- 表示熔敷金属化学成分代号
- 表示金属粉型药芯焊丝
- 表示熔敷金属最低抗拉强度为620MPa
- 表示焊丝

（3）常用低合金钢药芯焊丝型号（见表4－37）

表4－37　常用低合金钢药芯焊丝型号

型号	型号
非金属粉型钼钢焊丝	E62 × T5 – B3C，　– B3M
E49 × T5 – AlC，　– AlM	E69 × T1 – B3C，　– B3M
E55 × T1 – A1C，　– A1M	E62 × T1 – B3LC，　– B3LM
非金属粉型铬钼钢焊丝	E62 × T1 – B3HC，　– B3HM
E55 × T1 – B1C，　– B1M	E55 × T1 – B6C，　– B6M
E55 × T1 – B1LC，　– B1LM	E55 × T5 – B6C，　– B6M
E55 × T1 – B2C，　– B2M，	E55 × T1 – B6LC，　– B6LM
E55 × T5 – B2C，　– B2LM	E55 × T5 – B6LC，　– B6LM
E55 × T1 – B2LC，B2LM	E55 × T1 – B8C，　– B8M
E55 × T5 – B2LC，B2LM	E55 × T5 – B8C，　– B8M
E55 × T1 – B2HC，　– B2HM	E55 × T1 – B8LC，　– B8LM
E62 × T1 – B3C，　– B3M	E55 × T5 – B8LC，　– B8LM
	E62 × T1 – B9Cᵃ，　– B9Mᵃ

型号	型号
非金属粉型镍钢焊丝	E69×T1 – K3C, – K3M
E43×T1 – Ni1C, – Ni1M	E69×T5 – K3C, – K3M
E49×T1 – Ni1C, – Ni1M	E76×T1 – K3C, – K3M
E49×T6 – Ni1	E76×T5 – K3C, – K3M
E49×T8 – Ni1	E76×T1 – K4C, – K4M
E55×T1 – Ni1C, – Ni1M	E76×T5 – K4C, – K4M
E55×T5 – Ni1C, – Ni1M	E83×T5 – K4C, – K4M
E49×T8 – Ni2	E83×T1 – K5C, – K5M
E55×T8 – Ni2	E49×T5 – K6C, – K6M
E55×T1 – Ni2C, – Ni2M	E43×T8 – K6
E55×T5 – Ni2C, – Ni2M	E49×T8 – K6
E62×T1 – Ni2C, – Ni2M	E69×T1 – K7C, – K7M
E55×T5 – Ni3C, – Ni3M[c]	E62×T8 – K8
E62×T5 – Ni3C, – Ni3M	E69×T1 – K9C, – K9M
E55×T11 – Ni3	E55×T1 – W2C, – W2M
非金属粉型锰钼钢焊丝	E×××T× – G[c], – GC[c], – GM[c]
E62×T1 – D1C, – D1M	E×××TG – G[c],
E62×T5 – D2C, – D2M	金属粉型铬钼钢焊丝
E69×T5 – D2C, – D2M	E55C – B2
E62×T1 – D3C, – D3M	E49C – B2L
非金属粉型 其他低合金钢焊丝	E62C – B3
E55×T5 – K1C, – K1M	E55C – B3L
E49×T4 – K2 E49×T7 – K2 E49×T8 – K2 E49×T11 – K2 E55×T8 – K2	E55C – B6
E55×T1 – K2C, – K2M E55×T5 – K2C, – K2M	E55C – B8
E62×T1 – K2C, – K2M	E62C – B9[d]
E62×T5 – K2C, – K2M	金属粉型镍钢焊丝

型号	型号
E55C – Ni1	E62C – K3
E49C – Ni2	E69C – K3
E55C – Ni2	E76C – K3
E55C – Ni3	E76C – K4
金属粉型锰钼钢焊丝	E83C – K4
E62C – D2	E55C – W2
金属粉型其他低合金钢	E×× C – G[e]

[a] Nb：0.02% ~0.10%；N：0.02% ~0.07%；（Mn + Ni）≤1.50%.

[b] 仅适用于自保护焊丝。

[c] 对于 E×××T×– G 和 E×××TG – G 型号，元素 Mn、Ni、Cr、Mo 或 V 至少有一种应符合要求。

[d] Nb：0.02% ~0.10%；N：0.03% ~0.07%；（Mn + Ni）≤1.50%.

[e] 对于 E××C – G 型号，元素 Ni、Cr 或 Mo 至少有一种应符合要求。

7. 埋弧焊用低合金钢焊丝和焊剂

埋弧焊用低合金钢焊丝和焊剂（GB/T 12470—2003）分类及型号表示方法如下：

型号分类根据焊丝 – 焊剂组合的熔敷金属力学性能，热处理状态进行划分。

焊丝 – 焊剂组合的型号编制方法为 F×××× – H×××。其中字母"F"表示焊剂；"F"后面的两位数字表示焊丝 – 焊剂组合的熔敷金属抗拉强度的最小值；第二位字母表示试件的状态，"A"表示焊态，"P"表示焊后热处理状态；第三位数字表示熔敷金属冲击吸收功不小于 27J 时的最低试验温度；"–"后面表示焊丝的牌号，焊丝的牌号按 GB/T 14957 和 GB/T 3429。如果需要标注熔敷金属中扩散氢含量时，可用后缀"H×"表示。

示例如下：

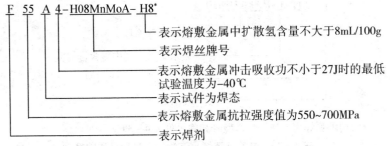

F 55 A 4-H08MnMoA-H8*

　　表示熔敷金属中扩散氢含量不大于8mL/100g
　　表示焊丝牌号
　　表示熔敷金属冲击吸收功不小于27J时的最低
　　试验温度为-40℃
　　表示试件为焊态
　　表示熔敷金属抗拉强度值为550~700MPa
　　表示焊剂

*此代号标注与否由焊剂生产厂决定。

常用埋弧焊用低合金钢焊丝牌号见表4-38。

表4-38　埋弧焊用低合金钢焊丝牌号

焊丝牌号			
H08MnA	H15Mn	H05SiCrMoA[a]	H05SiCr2MoA[a]
H05Mn2NiMoA[a]	H08Mn2Ni2MoA[a]	H08CrMoA	H08MnMoA
H08CrMoVA	H08Mn2Ni3MoA	H08CrNi2MoA	H08Mn2MoA
H08Mn2MoVA	H10MoCrA	H10Mn2	H10Mn2NiMoCuA[a]
H10Mn2MoA	H10Mn2MoVA	H10Mn2A	H13CrMoA
H18CrMoA			

[a] 焊丝中残余元素 Cr、Ni、Mo、V 总量应不大于0.50%。

8. 埋弧焊用不锈钢焊丝和焊剂

埋弧焊用不锈钢焊丝-焊剂（GB/T 17854—1999）分类及型号表示方法如下：

型号分类根据焊丝-焊剂组合的熔敷金属化学成分、力学性能进行划分。

字母"F"表示焊剂；"F"后面的数字表示熔敷金属种类代号，如有特殊要求的化学成分，该化学成分用元素符号表示，放在数字的后面；"-"后面表示焊丝的牌号。

举例如下：

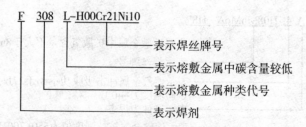

F 308 L-H00Cr21Ni10

- 表示焊丝牌号
- 表示熔敷金属中碳含量较低
- 表示熔敷金属种类代号
- 表示焊剂

常用埋弧焊用不锈钢焊丝型号和牌号见表 4 – 39。

表 4 – 39　常用埋弧焊用不锈钢焊丝型号和牌号

焊接型号	牌号
F308 – H × × ×	H0Cr21Ni10
F308L – H × × ×	H00Cr21Ni10
F309 – H × × ×	H1Cr24Ni13
F309Mo – H × × ×	H1Cr24Ni13Mo2
F310 – H × × ×	H1Cr26Ni21
F316 – H × × ×	H0Cr19Ni12Mo2
F316L – H × × ×	H00Cr19Ni12Mo2
F316CuL – H × × ×	H00Cr19Ni12Mo2Cu2
F317 – H × × ×	H0Cr19Ni14Mo3
F347 – H × × ×	H0Cr20Ni10Nb
F410 – H × × ×	H1Cr13
F430 – H × × ×	H1Cr17

9. 埋弧焊用碳钢焊丝和焊剂

埋弧焊用碳钢焊丝 – 焊剂（GB/T 5293 – 1999）分类和型号表示方法如下：

型号分类根据焊丝 – 焊剂组合的熔敷金属力学性能、热处理状态进行划分。

字母"F"表示焊剂；第一位数字表示焊丝 – 焊剂组合的熔敷金属抗拉强度的最小值；第二位字母表示试件的热处理状态，"A"表示焊态，"P"

表示焊后热处理状态；第三位数字表示熔敷金属冲击吸收功不小于27J时的最低试验温度；"－"后面表示焊丝的牌号。

示例如下：

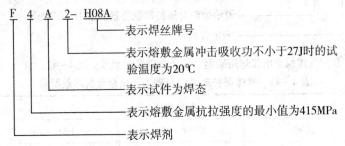

常用埋弧焊用碳钢焊丝牌号见表4－40。

表4－40　常用埋弧焊用碳钢焊丝

焊丝牌号				
H08A	H08E	H08C	H15A	H10Mn2
H08MnA	H08Mn2Si	H15Mn	H08Mn2SiA	

10. 气体保护电弧焊用碳钢、低合金钢焊丝

气体保护电弧焊用碳钢、低合金钢焊丝（GB/T 8110－2008）分类和型号表示方法如下：

焊丝按化学成分分为碳钢、碳钼钢、铬钼钢、镍钢、锰钼钢和其他低合金钢等6类。

焊丝型号按化学成分和采用熔化极气体保护电弧焊时熔敷金属的力学性能进行划分。

焊丝型号由三部分组成。第一位数字用字母"ER"表示焊丝；第二部分两位数字表示焊丝熔敷金属的最低抗拉强度；第三部分为短划"－"后的字母或数字，表示焊丝化学成分代号。

示例如下：

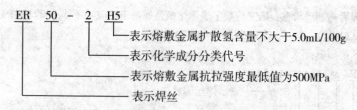

ER 50 - 2 H5
——表示熔敷金属扩散氢含量不大于5.0mL/100g
——表示化学成分分类代号
——表示熔敷金属抗拉强度最低值为500MPa
——表示焊丝

常用气体保护电弧焊用碳钢、低合金钢焊丝型号见表4-41。

表4-41 气体保护电弧焊用碳钢、低合金钢焊丝型号

焊丝型号		
碳钢	ER49 - B2L	ER55 - Ni3
ER50 - 2	ER55 - B2 - MnV	锰钼钢
ER50 - 3	ER55 - B2 - Mn	ER55 - D2
ER50 - 4	ER62 - B3	ER62 - D2
ER50 - 6	ER55 - B3L	ER55 - D2 - Ti
ER50 - 7	ER55 - B6	其他低合金钢
ER49 - 1	ER55 - B8	ER55 - 1
碳钼钢	ER62 - B9	ER69 - 1
ER49 - A1	镍钢	ER76 - 1
铬钼钢	ER55 - Ni1	ER83 - 1
ER55 - B2	ER55 - Ni2	ERXX - G

11. 铜及铜合金焊丝

铜及铜合金焊丝（GB/T 9460 - 2008）分类和型号表示方法如下：

焊丝按化学成分分为铜、黄铜、青铜、白铜等4类。

焊丝型号按化学成分进行划分。

焊丝型号由三部分组成。第1部分为字母"SCu"，表示铜及铜合金焊丝；第2部分为四位数字，表示焊丝型号；第3部分为可选部分，表示化学成分代号。

示例如下：

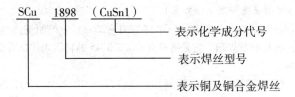

SCu　1898　（CuSn1）

———— 表示化学成分代号

———— 表示焊丝型号

———— 表示铜及铜合金焊丝

常用铜及铜合金焊丝型号见表4－42。

表4－42　铜及铜合金焊丝型号

焊丝型号	化学成分代号	焊丝型号	化学成分代号
铜		青铜	
SCu1897	CuAg1	SCu6511	CuSi2Mn1
		SCu6560	CuSi3Mn
SCu1898	CuSn1	SCu6560A	CuSi3Mn1
SCu1898A	CuSnMnSi	SCu6561	CuSi2Mn1Sn1Zn1
黄铜		SCu5180	CuSn5P
SCu4700	CuZn40Sn	SCu5180A	CuSn6P
SCu4701	CuZn40SnSiMn	SCu5210	CuSn8P
SCu6800	CuZn40Ni	SCu5211	CuSn10MnSi
		SCu5410	CuSn12P
SCu6810	CuZn40Fe1Sn1	SCu6061	CuAl5Ni2Mn
		SCu6100	CuAl7
SCu6810A	CuZn40SnSi	SCu6100A	CuAl8
SCu7730	CuZn40Ni10	SCu6180	CuAl10Fe
白铜		SCu6240	CuAl11Fe3
SCu7158[b]	CuNi30Mn1FeTi	SCu6325	CuAl8Fe4Mn2Ni2
		SCu6327	CuAl8Ni2Fe2Mn2
SCu7061[c]	CuNi10	SCu6328	CuAl9Ni5Fe3Mn2
		SCu6338	CuMn13Al8Fe3Ni2

12. 锡焊用液态焊剂（松香基）

锡焊用液态焊剂（松香基）（GB/T 9491—2002）分类如下：

R 型：纯松香基焊剂。它是将符合 GB/T 8145 的特级固体松香溶于无氯溶剂而制成。

RMA 型：中等活性松香基焊剂。它是将符合 GB/T 8145 的特级固体松香溶于无氯溶剂而制成，其中含有改善焊剂活性的中度活性剂。

RA 性：活性松香基焊剂。它是将符合 GB/T 8145 的特级固体松香溶于无氯溶剂而制成，其中含有改善焊剂活性的活性剂。

主要适用于印制板组装及电气和电子电路接点锡焊用各类松香基液态焊剂。

4.2.3 钎剂与钎料

1. 软钎剂

软钎剂分类（GB/T 15829—2008）见表 4-43。

根据钎剂的主要组分进行分类，对钎剂进行编码。例如：磷酸活性无机物类膏状钎剂的编号为 3.2.1. C，不含卤化物活性剂的松香类液体钎剂的编号为 1.1.3. A。

表 4-43 软钎剂的分类

钎剂类型	钎剂基体	钎剂活性剂	钎剂形态
树脂类	松香	（1）未添加活性剂 （2）加入卤化物活性剂[a] （3）加入非卤化物活性剂	A 液体 B 固体 C 膏状
	非松香（树脂）		
有机物类	水溶性		
	非水溶性		
无机物类	盐类	（1）含有氯化铵 （2）不含有氯化铵	
	酸类	（1）磷酸 （2）其他酸	
	碱类	氨和（或）铵	

[a] 也可能存在其他活性剂。

2. 硬钎剂

硬钎剂（JB/T 6045—1992）的型号表示方法如下：

钎剂型号由硬钎焊用钎剂代号"FB"和根据钎剂的主要元素组分划分的四种种类代号"1,2,3,4"的数字组成及钎剂顺序号表示。X_3分别用大写字母S（粉末状、粒状）、P（膏状）、L（液态）表示钎剂的形态。钎剂主要元素组分分类见表4-44。

表4-44　钎剂主要元素组分分类

钎剂主要组分分类代号（X_1）	钎剂主要组分	钎焊温度/℃
1	硼酸＋硼砂＋氟化物≥90%	550~850
2	卤化物≥80%	450~620
3	硼砂＋硼酸≥90%	800~1150
4	硼砂三甲脂≥60%	>450

钎剂型号的表示方法如下：

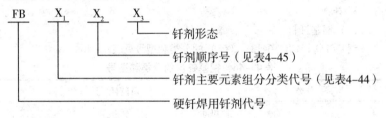

示例如下：

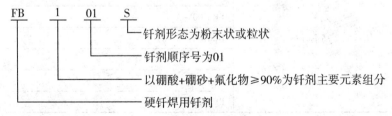

表 4 – 45 常用钎剂的化学成分

型号	化学成分/%					
	H_3BO_3	KBF_4	KF	B_2O_3	$Na_2B_4O_7$	CaF_2
FB101	30	70	—	—	—	—
FB102	—	23	42	35	—	—
FB103	—	>95	—	—	—	—
FB104	35	—	15	—	50	—
FB105	80	—	—	—	14.5	5.5
FB106	—	42	35	23	—	—
FB301	—	—	—	—	>95	—
FB302	75	—	—	—	25	—
	LiCl	KCl	$ZnCl_2$		$CdCl_2$	NH_4Cl
FB201	25	25	15		30	5

3. 钎料

（1）铜基钎料

铜基钎料（GB/T6418—2008）的分类和型号见表 4 – 46。

表 4 – 46 铜基钎料的分类和型号

分类	钎料型号
高铜钎料	BCu87
	BCu99
	BCu100 – A
	BCu100 – B
	BCu100（p）
	BCu99Ag
	BCu97Ni（B）

分类	钎料型号
铜锌钎料	BCu48ZnNi（Si）
	BCu54Zn
	BCu57ZnMnCo
	BCu58ZnMn
	BCu58ZnFeSn（Si）（Mn）
	BCu58ZnSn（Ni）（Mn）（Si）
	BCu59Zn（Sn）（Si）（Mn）
	BCu60Zn（Sn）
	BCu60ZnSn（Si）
	BCu60Zn（Si）
	BCu60Zn（Si）（Mn）
铜磷钎料	BCu95P
	BCu94P
	BCu93P－A
	BCu93P－B
	BCu92P
	BCu92PAg
	BCu91PAg
	BCu89PAg
	BCu88PAg
	BCu87PAg
	BCu80AgP
	BCu76AgP
	BCu75AgP
	BCu80SnPAg

分类	钎料型号
铜磷钎料	BCu87PSn（Si）
	BCu86SnP
	BCu86SnPNi
	BCu92PSb
其他铜钎材料	BCu94Sn（P）
	BCu88Sn（P）
	BCu98Sn（Si）（Mn）
	BCu97SiMn
	BCu96SiMn
	BCu92A1Ni（Mn）
	BCu92Al
	BCu89AlFe
	BCu74MnAlFeNi
	BCu84MnNi

钎料型号由两部分组成，第一部分"B"表示硬钎焊，第二部分由主要合金组分的化学元素符号组成。在第二部分中，第一个化学符号表示钎料的基本组分，第一个化学元素后标出其公称质量百分数（公称质量百分数取整数误差 ±1%，若其元素公称质量百分数仅规定最低值时应将其取整），其他元素符号按其质量百分数由小到大顺序列出，当几种元素具有相同的质量百分数时，按其原子序数顺序排列。公称质量百分数小于1%的元素在型号中不必列出，如某元素是钎料的关键组分一定要列出时，可在括号中列出其化学元素符号。

钎料标记中应有标准号"GB/T 6418"和"钎料型号"的描述。一种铜磷钎料6.0%～7.0%、锡6.0%～7.0%、硅0.01%～0.4%、铜为余量，钎料标记如下：

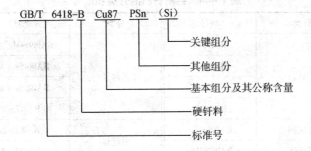

GB/T 6418-B Cu87 PSn （Si）
关键组分
其他组分
基本组分及其公称含量
硬钎料
标准号

（2）锰基钎料

锰基钎料（GB/T 13679—1992）的分类及牌号见表4 – 47。

表4 – 47 锰基钎料的分类和牌号

分类	牌号
锰镍铬	BMn70NiCr BMn40NiCrCoFe
锰镍钴	BMn68NiCo BMn65CoFeB
锰镍铜	BMn52NiCuCr BMn50NiCnCrCo BMn45NiCu

型号表示方法如下：

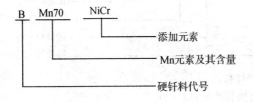

B Mn70 NiCr
添加元素
Mn元素及其含量
硬钎料代号

（3）铝基钎料

铝基钎料（GB/T 13815—2008）的分类和型号见表4 – 48。

表 4 -48　铝基钎料的分类和型号

分类	型号	分类	型号
铝硅	BAl95Si	铝硅镁	BAl89SiMg（Bi）
	BAl92Si		BAl89Si（Mg）
	BAl90Si		BAl88Si（Mg）
	BAl88Si		BAl87SiMg
铝硅铜	BAl86SiCu	铝硅锌	BAl87SiZn
铝硅镁	BAl89SiMg		BAl85SiZn

　　钎料型号由两部分组成，第一部分用"B"表示硬钎焊，第二部分由主要合金组分的化学元素符号组成。在第二部分中，第一个化学元素符号表示钎料的基本组分，第一个化学元素后标出其公称质量百分数（公称质量百分数取整数误差 ±1%，若其元素公称质量百分数仅规定最低值时应将其取整），其他元素符号按其质量百分数由小到大顺序列出，当几种元素具有相同的质量百分数时，按其原子顺序排列。公称质量百分数小于1%的元素在型号中不必列出，如某元素是钎料的关键组分一定要列出时，可在括号中列出其化学元素符号。

　　钎料标记中应有标准号"GB/T 13815"和"钎料型号"的描述。一种铝基钎料含硅 9.0% ~10.5%、镁 1.0% ~2.0%、铋 0.02% ~0.20%、铝为余量，钎料标记如下：

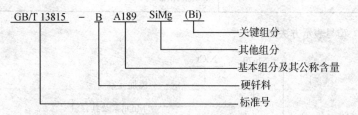

（4）锡铅钎料

锡铅钎料的分类见表 4 -49。

产品类型	品种
无钎剂实芯钎料	丝料
	棒、带等其他形状
树脂芯丝状钎料	单芯、三芯、五芯

树脂芯钎剂的类型见表4－50。

表4－50　树脂芯钎剂的类型

类型代号	说明	用途
R	纯树脂基钎剂	适用于微电子、无线电装配的软钎焊（用于腐蚀及绝缘电阻等有特别严格要求的场合）
RMA	中等活性的树脂基钎剂	适用于无线或有线仪器装配线的软钎焊（对绝缘电阻有高的要求）
RA	活性树脂基钎剂	一般无线电和电视机装配软钎焊（用于具有高效率软钎焊的场合）

标记示例：

锡铅钎料的牌号表示方法俺GB/T 6208的规定进行。

用S－Sn95PbA 制造的，直径为2mm的实芯丝状钎料标记为：

丝 S－Sn95PbA　$\phi2$　GB/T 3131—2001

用S－Sn63PbB制造的，直径为2mm的，钎剂类型为R型的树脂单芯（三芯、五芯）丝状钎料标记为：

丝 S－Sn63PbB　$\phi2$－R－1（3、5）　GB/T 3131—2001

用S－Sn35PbA制造的，直径为10mm的棒状钎料标记为：

棒 S－Sn35PbA　$\phi10$　GB/T3131—2001

常用的锡铅钎料牌号见表4－51。

表4－51　锡铅钎料牌号

牌号（AA级）	牌号（A级）	牌号（B级）
S－Sn95PbAA	S－Sn95PbA	S－Sn95PbB
S－Sn90PbAA	S－Sn90PbA	S－Sn90PbB

牌号（AA 级）	牌号（A 级）	牌号（B 级）
S – Sn65PbAA	S – Sn65PbA	S – Sn65PbB
S – Sn63PbAA	S – Sn63PbA	S – Sn63PbB
S – Sn60PbAA	S – Sn60PbA	S – Sn60PbB
S – Sn60PbSbAA	S – Sn60PbSbA	S – Sn60PbSbB
S – Sn55PbAA	S – Sn55PbA	S – Sn55PbB
S – Sn50PbAA	S – Sn50PbA	S – Sn50PbB
S – Sn50PbSbAA	S – Sn50PbSbA	S – Sn50PbSbB
S – Sn45PbAA	S – Sn45PbA	S – Sn45PbB
S – Sn40PbAA	S – Sn40PbA	S – Sn40PbB
S – Sn40PbSbAA	S – Sn40PbSbA	S – Sn40PbSbB
S – Sn35PbAA	S – Sn35PbA	S – Sn35PbB
S – Sn30PbAA	S – Sn30PbA	S – Sn30PbB
S – Sn30PbSbAA	S – Sn30PbSbA	S – Sn30PbSbB
S – Sn25PbSbAA	S – Sn25PbSbA	S – Sn25PbSbB
S – Sn20PbAA	S – Sn20PbA	S – Sn20PbB
S – Sn10PbAA	S – Sn10PbA	S – Sn10PbB
S – Sn5PbAA	S – Sn5PbA	S – Sn5PbB
S – Sn2PbAA	S – Sn2PbA	S – Sn2PbB
S – Sn50PbCdAA	S – Sn50PbCdA	S – Sn50PbCdB
S – Sn5PbAgAA	S – Sn5PbAgA	S – Sn5PbAgB
S – Sn63PbAgAA	S – Sn63PbAgA	S – Sn63PbAgB
S – Sn40PbSbPAA	S – Sn40PbSbPA	S – Sn40PbSbPB
S – Sn60PbSbPAA	S – Sn60PbSbPA	S – Sn60PbSbPB

（5）镍基钎料

镍基钎料（GB/T 10859—2008）的分类和型号见表 4 – 52。

表 4-52　镍基钎料的分类和型号

分类	型号	分类	型号
镍铬硅硼	BNi73CrFeSiB（C）	镍铬硅	BNi73CrSiB
	BNi74CrFeSiB		BNi77CrSiBFe
	BNi81CrB	镍硅硼	BNi92SiB
	BNi82CrSiBFe		BNi95SiB
	BNi78CrSiBCuMoNb	镍磷	BNi89P
镍铬钨硼	BNi63WCrFeSiB	镍铬磷	BNi76CrP
	BNi67WCrSiFeB		BNi65CrP
镍铬硅	BNi71CrSi	镍锰硅铜	BNi66MnSiCu

　　钎料型号由两部分组成，第一部分用"B"表示硬钎焊，第二部分由主要合金组分的化学元素符号组成。在第二部分中，第一个化学元素符号表示钎料的基本组分，第一个化学元素后标出其公称质量百分数（公称质量百分数取整数误差±1%，若其元素公称质量百分数仅规定最低值时应将其取整），其他元素符号按其质量百分数由大到小顺序列出，当几种元素具有相同的质量百分数时，按其原子序数顺序排列。公称质量百分数小于1%的元素在型号中不必列出、如某元素是钎料的关键组分一定要列出时，可在括号中列出其化学符号。

　　钎料标记中应有标准号"GB/T 10859"和"钎料型号"的描述。一种镍基钎料含铬 13.0% ~15.0%、硅 4.0% ~5.0%、硼 2.75% ~3.50%、铁 4.0% ~5.0%、碳 0.60% ~0.90%、镍为余量，钎料标记下所示。

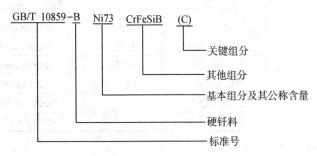

(6) 银钎料

银钎料（GB/T 10046—2008）的分类和型号见表 4 – 53。

表 4 – 53　银钎料的分类和型号

分类	钎料型号	分类	钎料型号
银铜	BAg72Cu		BAg30CuZnSn
银锰	BAg85Mn		BAg34CuZnSn
银铜锂	BAg72CuLi		BAg38CuZnSn
银铜锌	BAg5CuZn（Si）	银铜锌锡	BAg40CuZnSn
	BAg12CuZn（Si）		BAg45CuZnSn
	BAg20CuZn（Si）		BAg55ZnCuSn
	BAg25CuZn		BAg56CuZnSn
	BAg30CuZn		BAg60CuZnSn
	BAg35ZnCu		BAg20CuZnCd
	BAg44CuZn		BAg21CuZnCdSi
	BAg45CuZn		BAg25CuZnCd
	BAg50CuZn		BAg30CuZnCd
	BAg60CuZn	银铜锌镉	BAg35CuZnCd
	BAg63CuZn		BAg40CuZnCd
	BAg65CuZn		BAg45CdZnCd
	BAg70CuZn		BAg50CdZnCu
银铜锡	BAg60CuSn		BAg40CuZnCdNi
银铜镍	BAg56CuNi		BAg50ZnCdCuNi
银铜锌锡	BAg25CuZnSn	银铜锌铟	BAg40CuZnIn
银铜锌铟	BAg34CuZnIn	银铜锌镍	BAg54CuZnNi
	BAg30CuZnIn	银铜锡镍	BAg63CuSnNi
	BAg56CuInNi	银铜锌镍锰	BAg25CuZnMnNi
银铜锌镍	BAg40CuZnNi	银铜锌镍锰	BAg27CuZnMnNi
	BAg49ZnCuNi		BAg49ZnCuMnNi

钎料型号表示方法为：

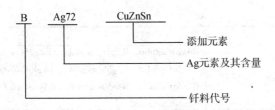

钎料标记中应有标准号"GB/T 10046"和"钎料型号"的描述，示例如下：

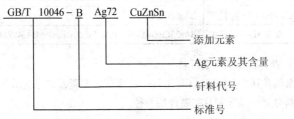

常用银钎料型号见表4-54

表4-54 银钎料型号

	型号
Ag-Cu 钎料	BAg72Cu[a]
Ag-Mn 钎料	BAg85Mn
Ag-Cu-Li 钎料	BAg72CuLi
Ag-Cu-Zn 钎料	BAg5CuZn（Si）　　BAg12CuZn（Si）　　BAg20CuZn（Si） BAg25CuZn　　BAg30CuZn　　BAg35ZnCu　　BAg44CuZn BAg45CuZnSn　　BAg50CuZn　BAg60CuZn　　BAg63CuZn BAg65CuZn　　BAg70CuZn
Ag-Cu-Sn 钎料	BAg60CuSn
Ag-Cu-Ni 钎料	BAg56CuNi
Ag-Cu-Zn-Sn 钎料	BAg56CuNi
Ag-Cu-Zn-Sn 钎料	BAg25CuZnSn　　BAg30CuZnSn　　BAg34CuZnSn BAg38CuZnSn　　BAg40CuZnSn　　BAg45CuZnSn BAg55CuZnSn　　BAg56CuZnSn　　BAg60CuZnSn

型号	
Ag – Cu – Zn – Cd 钎料	BAg20CuZnCd　　BAg21CuZnCdSi　　BAg25CuZnCd BAg30CuZnCd　　BAg35CuZnCd　　BAg40CuZnCd BAg45CuZnCd　　BAg50CuZnCd　　BAg40CuZnCdNi BAg50CuZnCdNi
Ag – Cu – Zn – In 钎料	BAg40CuZnIn　　BAg34CuZnIn　　BAg30CuZnIn BAg56CuInNi
Ag – Cu – Zn – Ni 钎料	BAg40CuZnNi　　BAg49CuZnNi　　BAg54CuZnNi
Ag – Cu – Sn – Ni 钎料	BAg63CuSnNi
Ag – Cu – Zn – Ni – Mn 钎料	BAg25CuZnMnNi　　BAg27CuZnMnNi　　BAg49ZnCuMnNi

（7）贵金属及其合金钎料

贵金属及其合金钎料（GB/T 18762—2002）分类及牌号表示方法如下。

钎料分为普通级和真空器件用两种。

产品形式为线材和板带材。

产品状态分为硬态（Y）、半硬态（Y2）和软态（M）三种。

普通级钎料牌号表示法如下：

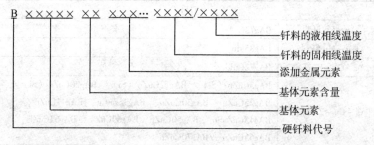

示例：如 BAg65CuZn671/719，分别表示：钎料银质量分数为 65%、Cu 和 Zn 为添加金属元素、671 为固相线温度（℃）、719 为液相线温度（℃）。

纯金属和共晶合金固相线和液相线温度时，钎料的固、液相线温度表示为单一数据。

真空级钎料牌号表示方法在 B 后面加 V。

常用贵金属及其合金钎料见表 4 – 55。

表 4—55　常用贵金属及其合金钎料

银钎料牌号		金钎料牌号	钯钎料牌号
BAg962	BAg49CuZnMnNi625/705	BAu1064	BPd80Ag1425/1470
BAg94AlMn780/825	Ag69CuIn630/705	Au82.5Ni950	BPd33AgMn1120/1170
BAg72Cu779	BAg63CuIn655/736	BAu82Ni950	BPd20AgMn1071/1120
BAg72CuLi766	BAg63CuInSn553/571	BAu55Ni1010/1160	BPd18Cu1080/1090
BAg72CuLi780/800	BAg58CuInSn	BAu80Cu910	BPd35CuNi1163/1171
BAg50Cu780/875	BAg77CuNi780/820	BAu60Cu935/945	BPd20CuNiMn1070/1105
BAg45Cu780/880	BAg63CuNi785/820	BAu50Cu955/970	BPd8Au1190/1240
BAg70CuZn690/740	BAg56CuNi790/830	BAu40Cu980/1010	BPd25AuNi1121
BAg70CuZn730/755	BAg30CuP	BAu35Cu990/1010	BPd60Ni1237
BAg65CuZn671/719	BAg25CuP650/710	BAu10Cu1050/1065	BPd21NiMn1120
BAg50CuZn690/775	BAg15CuP640/815	BAu35CuNi975/1030	BPd34NiAu1135/1166
BAg45CuZn675/745	BAg80CuMn880/900	BAu75AgCu885/895	
BAg25CuZn700/800	BAg40CuMn740/760	BAu60AgCu835/845	
BAg10CuZn815/850	BAg20CuMn730/760	BAu30AgSn411/412	
BAg50CuZnCd625/635	BAg85Mn960/970	BAu88Ge356	
BAg45CuZnCd605/620	BAg65CuMnNi780/825	BAu80Sn280	
BAg35CuZnCd605/700	BAg68CuSn730/842	BAu99Sb	
BAg50CuZnCdNi630/690	BAg60CuSn600/720	BAu99.5Sb	
BAg40CuZnCdNi590/605	BAg56CuSnMn660/720	BAu98Si370/390	
BAg56CuZnSn620/650	BAg68CuPd807/810		
BAg34CuZnSn730/790	BAg58CuPd824/852		
BAg50CuZnSnNi650/670	BAg65CuPd845/880		
BAg40CuZnSnNi634/640	BAg52CuPd867/900		
BAg20CuZnMn740/790	BAg54CuPd900/950		

（8）无铅钎料

无铅钎料（GB/T 20422—2006）的分类如下：

无铅钎料的分类见表 4-56，树脂芯钎剂的类型见表 4-57。

表 4-56　无铅钎料的分类

产品类型	品种
丝状	无铅剂实芯钎料
	树脂芯丝状钎料
条、棒、带等其他形状	—
粉状	锡粉
	锡膏

表 4-57　树脂芯钎剂的类型

类型代号	说明	用途
R	纯树脂基钎剂	适用于微电子、无线电装配线的软钎焊（用于腐蚀及绝缘电阻等有特别严格要求的场合）
RMA	中等活性的树脂基钎剂	适用于无线或有线仪器的软钎焊（对绝缘电阻有较高的要求）
RA	活性树脂基钎剂	一般无线电和电视机装配软钎焊（用于具有高效率软钎焊的场合）

无铅钎料型号表示方法：

无铅钎料型号由两部分组成。钎料型号两部分间用隔线"-"分开。

钎料型号中第一部分用"S"表示钎料。

钎料型号中第二部分由主要合金组分的化学元素符号组成，在这部分中第一个化学元素符号表示钎料的基本组分，其他元素符号按其质量百分数顺序列出，当几种元素具有相同的质量百分数时，按其原子序数顺序排列。

钎料型号第二部分中每个化学元素符号后都要标出其公称质量分数。公称质量分数取整数误差 ±1%，若其元素公称质量分数仅规定最低值时应将其取整。

公称质量分数小于1%的元素在型号中不必标出，如某元素是钎料的关键组分一定要标出时，可仅标出其化学元素符号。

（1）实芯丝状钎料标记

用 S – Sn99Cu1 制造的，直径为 2mm 的实芯丝状钎料标记为：

丝 S – Sn99Cu1 ϕ2 GB/T20422—2006。

（2）树脂芯丝状钎料标记

用 S – Sn96Ag4Cu 制造的，直径为 2mm 的钎剂类型为 R 型的树脂单芯（三芯、五芯）丝状钎料标记为：

丝 S – Sn96Ag4Cu ϕ2 – R – 1（3、5）GB/T 20422—2006。

（3）锡粉标记

用 S – Sn97Cu3 制造的，粉状颗粒尺寸分布类型为 1 型的无钎剂粉状钎料标记为：

粉 S – Sn95Cu3 – 1 GB/T 20422—2006。

（4）锡膏标记

用 S – Sn97Cu3 制造的，粉状颗粒尺寸分布类型为 1 型，钎剂类型为 R 的锡膏标记为：

膏 S – Sn97Cu3 – 1 – R GB/T 20422—2006

（5）其他形状钎料标记

其他形状钎料的标记有供需双方协商。

常用无铅钎料型号见表 4 – 58。

表 4 – 58　无铅钎料型号

型号		
S – Sn99Cu	S – Sn95Ag4Cu	S – Sn95Sb5
S – Sn99Cu1	S – Sn98Cu1 Ag	S – Bi58Sn42
S – Sn97Cu3	S – Sn95Cu4 Ag	S – Sn89Zn8Bi3
S – Sn97Ag3	S – Sn92Cu6Ag2	S – Sn48In52
S – Sn96Ag4	S – Sn91Zn9	

4.3　焊接设备

4.3.1　焊割工具

1. 射吸式焊炬

射吸式焊炬（JB/T 6969—1993）外形示意见图 4 – 1。

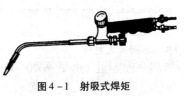

图 4 – 1　射吸式焊炬

型号及基本参数见表4-59、4-60。

表4-59 射吸式焊炬的型号

型号	H01-2	H01-6	H01-12	H01-20
焊接低碳钢厚度/mm	0.5~2	2.6	6~12	12~20

表4-60 射吸式割具的基本参数

焊嘴号码 型号	氧气工作压力/MPa					乙炔使用压力/MPa	可换焊嘴个数	焊嘴孔径/mm					焊炬总长度/mm
	1	2	3	4	5			1	2	3	4	5	
H01-2	0.1	0.125	0.15	0.2	0.25			0.5	0.6	0.7	0.8	0.9	300
H01-6	0.2	0.25	0.3	0.35	0.4	0.001~0.1	5	0.9	1.0	1.1	1.2	1.3	400
H01-12	0.4	0.45	0.5	0.6	0.7			1.4	1.6	1.8	2.0	2.2	500
H01-20	0.6	0.65	0.7	0.75	0.8			2.4	2.6	2.8	3.0	3.2	600

射吸式焊炬的型号由一个汉语拼音字母、表示结构和型式的序号数及规格组成。改型时可按字母A、B、C、D……顺序作为改型次数代号附于规格之后。

例：H01-12型焊炬

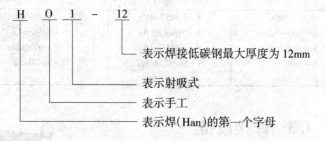

表示焊接低碳钢最大厚度为12mm

表示射吸式

表示手工

表示焊(Han)的第一个字母

2. 射吸式割炬

射吸式割炬（JB/T 6970—1993）外形示意见图4-2。

图 4 - 2　射吸式割炬

（2）基本参数（见表 4 - 61）

表 4 - 61　射吸式割炬的基本参数

割嘴号 型号	氧气工作压力 /MPa				乙炔 使用 压力 MPa	可换 割嘴 个数	割嘴切割氧孔径/mm				割炬 总长 度/mm	切割 厚度 /mm
	1	2	3	4			1	2	3	4		
G01 - 30	0.2	0.25	0.3	—	0.001 ~ 0.1	3	0.7	0.9	1.1	—	500	3 ~ 30
G01 - 100	0.3	0.4	0.5	—			1.0	1.3	1.6	—	550	10 ~ 100
G01 - 300	0.5	0.65	0.8	1.0		4	1.8	2.2	2.6	3.0	650	100 ~ 300

　　射吸式割炬的型号由一个汉语拼音字母、表示结构和型式的序号数及规格组成。改型时可按字母 A、B、C、D……顺序作为改型次数代号附于规格之后。

　　例：G01 - 100 型割炬

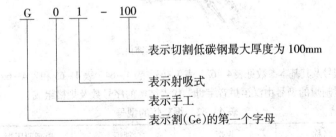

3. 等压式焊炬、割炬

等压式焊炬、割炬、焊割两用炬的外形示意见图 4-3、图 4-4、图 4-5。

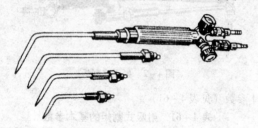

图 4-3　等压式焊炬

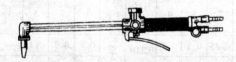

图 4-4　等压式割炬

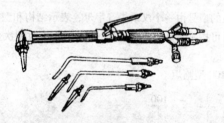

图 4-5　等压式焊炬两用炬

型号及其基本参数见表 4-62、表 4-63、表 4-64、表 4-65 和表 4-66。焊割炬的型号由汉语拼音字母、代表结构的序号数及规格组成。

表 4-62　焊割炬的型号

名称	焊炬	割炬	焊割两用炬
型号	H02-12	G02-100	HG02-12/100
	H02-20	G02-300	HG02-20/200

表 4 – 62 中符号：

H——表示焊（Han）的第一个字母；

G——表示割（Ge）的第一个字母；

0——表示手工；

2——表示等压式；

12；20——表示最大的焊接低碳钢厚度，mm；

100；200；300——表示最大的切割低碳钢厚度，mm。

表 4 – 63　焊割炬的主要参数

名称	型号	焊接低碳钢厚度/mm	切割低碳钢厚度/mm
焊炬	H02 – 12	0.5 ~ 12	—
	H02 – 20	0.5 ~ 20	
割炬	G02 – 100	—	3 ~ 100
	G02 – 300		3 ~ 300
焊割两用炬	HG02 – 12/100	0.5 ~ 12	3 ~ 100
	HG02 – 20/200	0.5 ~ 20	3 ~ 200

表 4 – 64　焊炬的基本参数

型号	嘴号	孔径/mm	氧气工作压力/MPa	乙炔工作压力/MPa	焰芯长度/mm	焊炬总长度/mm
H02 – 12	1	0.6	0.2	0.02	≥4	500
	2	1.0	0.25	0.03	≥11	
	3	1.4	0.3	0.04	≥13	
	4	1.8	0.35	0.05	≥17	
	5	2.2	0.4	0.06	≥20	

型号	嘴号	孔径/mm	氧气工作压力/MPa	乙炔工作压力/MPa	焰芯长度/mm	焊炬总长度/mm
	1	0.6	0.2	0.02	≥4	
	2	1.0	0.25	0.03	≥11	
	3	1.4	0.3	0.04	≥13	
H02－20	4	1.8	0.35	0.05	≥17	600
	5	2.2	0.4	0.06	≥20	
	6	2.6	0.5	0.07	≥21	
	7	3.0	0.6	0.08	≥21	

表 4－65 割炬的基本参数

型号	嘴号	切割氧孔径/mm	氧气工作压力/MPa	乙炔工作压力/MPa	可见切割氧流长度/mm	焊炬总长度/mm
	1	0.7	0.2	0.04	≥60	
	2	0.9	0.25	0.04	≥70	
G02－100	3	1.1	0.3	0.05	≥80	550
	4	1.3	0.4	0.05	≥90	
	5	1.6	0.5	0.06	≥100	
	1	0.7	0.2	0.04	≥60	
	2	0.9	0.25	0.04	≥70	
	3	1.1	0.3	0.05	≥80	
	4	1.3	0.4	0.05	≥90	
G02－300	5	1.6	0.5	0.06	≥100	650
	6	1.8	0.5	0.06	≥110	
	7	2.2	0.65	0.07	≥130	
	8	2.6	0.8	0.08	≥150	
	9	3.0	1.0	0.09	≥170	

表 4-66　焊割两用炬的基本参数

型号	嘴号		孔径 /mm	氧气工作压力/MPa	乙炔工作压力/MPa	焰芯长度/mm	可见切割氧流长度/mm	焊割炬总长度/mm
HG02-12/100	焊嘴号	1	0.6	0.2	0.02	≥4	—	550
		3	1.4	0.3	0.04	≥13	—	
		5	2.2	0.4	0.06	≥20	—	
	割嘴号	1	0.7	0.2	0.04	—	≥60	
		3	1.1	0.3	0.05	—	≥80	
		5	1.6	0.5	0.06	—	≥100	
HG02-20/200	焊嘴号	1	0.6	0.2	0.02	≥4	—	600
		3	1.4	0.3	0.04	≥13	—	
		5	2.2	0.4	0.06	≥20	—	
		7	3.0	0.6	0.08	≥21	—	
	割嘴号	1	0.7	0.2	0.04	—	≥60	
		3	1.1	0.3	0.05	—	≥80	
		5	1.6	0.5	0.06	—	≥100	
		6	1.8	0.5	0.06	—	≥110	
		7	2.2	0.65	0.07	—	≥130	

4. 等压式快速割嘴

等压式快速割嘴（JB/T 7950—1999）外形示意见图 4-6。

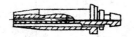

图 4-6　等压式快速割嘴

型号和切割性能见表 4-67，表 4-68。

表 4 - 67　各种规格、品种快速割嘴型号

加工方法	切割氧压力/MPa	燃气	尾椎面角度	品种代号	型号
电铸法	0.7	乙炔	30°	1	GK1 - 1;GK1 - 2;GK1 - 3;GK1 - 4;GK1 - 5;GK1 - 6;GK1 - 7
			45°	2	GK2 - 1;GK2 - 2;GK2 - 3;GK2 - 4;GK2 - 5;GK2 - 6;GK2 - 7
		液化石油气	30°	3	GK3 - 1;GK3 - 2;GK3 - 3;GK3 - 4;GK3 - 5;GK3 - 6;GK3 - 7
			45°	4	GK4 - 1;GK4 - 2;GK4 - 3;GK4 - 4;GK4 - 5;GK4 - 6;GK4 - 7
	0.5	乙炔	30°	1	GK1 - 1A;GK1 - 2A;GK1 - 3A;GK1 - 4A;GK1 - 5A;GK1 - 6A;GK1 - 7A
			45°	2	GK2 - 1A;GK2 - 2A;GK2 - 3A;GK2 - 4A;GK2 - 5A;GK2 - 6A;GK2 - 7A
		液化石油气	30°	3	GK3 - 1A;GK3 - 2A;GK3 - 3A;GK3 - 4A;GK3 - 5A;GK3 - 6A;GK3 - 7A
			45°	4	GK4 - 1A;GK4 - 2A;GK4 - 3A;GK4 - 4A;GK4 - 5A;GK4 - 6A;GK4 - 7A

加工方法	切割氧压力/MPa	燃气	尾椎面角度	品种代号	型号
机械加工法	0.7	乙炔	30°	1	GKJ1－1；GKJ1－2；GKJ1－3；GKJ1－4；GKJ1－5；GKJ1－6；GKJ1－7
			45°	2	GKJ2－1；GKJ2－2；GKJ2－3；GKJ2－4；GKJ2－5；GKJ2－6；GKJ2－7
		液化石油气	30°	3	GKJ3－1；GKJ3－2；GKJ3－3；GKJ3－4；GKJ3－5；GKJ3－6；GKJ3－7
			45°	4	GKJ4－1；GKJ4－2；GKJ4－3；GKJ4－4；GKJ4－5；GKJ4－6；GKJ4－7
	0.5	乙炔	30°	1	GKJ1－1A；GKJ1－2A；GKJ1－3A；GKJ1－4A；GKJ1－5A；GKJ1－6A；GKJ1－7A
			45°	2	GKJ2－1A；GKJ2－2A；GKJ2－3A；GKJ2－4A；GKJ2－5A；GKJ2－6A；GKJ2－7
		液化石油气	30°	3	GKJ3－1A；GKJ3－2A；GKJ3－3A；GKJ3－4A；GKJ3－5A；GKJ3－6A；GKJ3－6A
			45°	4	GKJ4－1A；GKJ4－2A；GKJ4－3A；GKJ4－4A；GKJ4－5A；GKJ4－6A；GKJ4－7A

表 4 - 68　快速割嘴切割性能

割嘴规格号	豁嘴喉部直径/mm	切割厚度/mm	切割速度/(mm/min)	气体压力/MPa			切口宽/mm
				氧气	乙炔	液化石油气	
1	0.6	5 ~ 10	750 ~ 600	0.7	0.025	0.03	≤1
2	0.8	10 ~ 20	600 ~ 450	0.7	0.025	0.03	≤1.5
3	1.0	20 ~ 40	450 ~ 380	0.7	0.025	0.03	≤2
4	1.25	40 ~ 60	380 ~ 320	0.7	0.03	0.035	≤2.3
5	1.5	60 ~ 100	320 ~ 250	0.7	0.03	0.035	≤3.4
6	1.75	100 ~ 150	250 ~ 160	0.7	0.035	0.04	≤4
7	2.0	150 ~ 180	160 ~ 130	0.7	0.035	0.04	≤4.5
1A	0.6	5 ~ 10	560 ~ 450	0.5	0.025	0.03	≤1
2A	0.8	10 ~ 20	450 ~ 340	0.5	0.025	0.03	≤1.5
3A	1.0	20 ~ 40	340 ~ 250	0.5	0.025	0.03	≤2
4A	1.25	40 ~ 60	250 ~ 210	0.5	0.03	0.035	≤2.3
5A	1.5	60 ~ 100	210 ~ 180	0.5	0.03	0.035	≤3.4

快速割嘴用电铸法和机械加工两种方法制造,分别以 GK 及 GKJ 表示。快速割嘴的切割氧压力为 0.7MPa 及 0.5MPa 两类。0.7MPa 的不加代号,0.5MPa 的以代号 A 表示。快速割嘴按燃气及尾锥面角度分为 4 个品种,其代号如下:

1——30°尾锥面乙炔割嘴;

2——45°尾锥面乙炔割嘴;

3——30°尾锥面液化石油气割嘴;

4——45°尾锥面液化石油气割嘴。

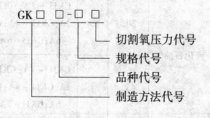

例1:GK2-5 表示用电铸法制造,切割氧压力等于0.7MPa,尾锥面角度为45°,切割氧孔道喉部直径等于1.5mm的5号乙炔快速割嘴。

例2:GKJ3-4A 表示用机械加工法制造,切割氧压力等于0.5MPa,尾锥面角度为30°,切割氧孔道喉部直径等于1.25mm的4号液化石油气快速割嘴。

4.3.2 焊割器具及用具

1. 气焊眼镜

气焊眼镜外形示意见图4-7。

图4-7 气焊眼镜

标记方法如下:

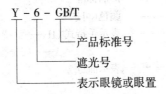

Y-6-GB/T

产品标准号

遮光号

表示眼镜或眼置

2. 焊接面罩和滤光片

(1)焊接面罩

焊接面罩外形示意图4-8。

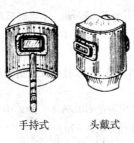

手持式   头戴式

图4-8 焊接面罩

基本参数见表4-69。

表4-69 焊接面罩的基本参数

品种	外形尺寸/mm≥			观察窗尺寸/mm,≥	质量/g,≤
	长度	宽度	深度		
手持式	320	210	100	40×90	500
头戴式	340	210	120	40×90	500
安全帽与面罩组合式	230	210	120	40×90	500

标记如下:

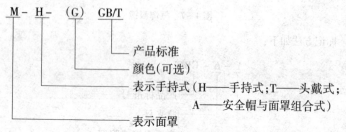

(2)滤光片

1)焊接滤光片的规格:

单镜片:长方形镜片(包括单片眼罩)尺寸不得小于长×宽:108mm×50mm;厚度不大于3.8mm。

双镜片:圆镜片直径不小于φ50mm。不规则镜片水平基准长度不得小于45mm,垂直高度不得小于40mm,厚度不大于3.2mm。

2)焊接滤光片颜色:

接滤光片的颜色为混合色,其透射比最大值的波长应在500~620nm之间。

左右眼滤光片的色差应满足GB14866—2006中5.6.3a)的要求。

3)滤光片的使用与选择见表4-70。

表 4 - 70　焊接滤光片使用选择

滤光号	电弧焊接与切割作业
1.2 1.4 1.7 2	防侧光与杂散光
3 4	辅助工
5 6	30A 以下的电弧作业
7 8	30 ~ 75A 的电弧作业
9 10 11	75 ~ 200A 的电弧作业
12 13	200 ~ 400A 的电弧作业
14	400A 以上的电弧作业

4）型号表示方法如下：

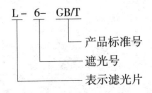

3. 电焊钳

电焊钳(QB 1518—1992 的基本参数见表 4 - 71。

表 4 - 71　电焊钳的基本参数

规格	额定焊接电流/A	额定负载持续率/%	可夹持的焊条直径/mm	能够连接的电缆截面积/mm²
160(150)	160(150)	60	2.0 ~ 4.0	≥25
250	250	60	2.5 ~ 5.0	≥35
315(300)	315(300)	60	3.2 ~ 5.0	≥35
400	400	60	3.2 ~ 6.0	≥50
500	500	60	4.0 ~ (8.0)	≥70

注:表中带括号的数值为非推荐数值。

4. 电焊手套及脚套

电焊手套及脚套用于保护电焊工人的手及脚,避免熔渣灼伤。

规格:分大中小三号,由牛皮、猪皮及帆布制成。

第五章　润滑器、密封件、起重器材
附件及机床附件

5.1　润滑器

5.1.1　油壶

油壶用于手工加油、润滑、防锈、冷却等。

油壶种类、规格见表5-1。

表5-1　油壶的种类及规格

种类	鼠形油壶	压力油壶	塑料油壶	喇叭油壶
	容量/kg	容积/cm³	容积/cm³	全高/mm
规格	0.25、0.5 0.75、1	180	180	100、200

5.1.2　压杆式油枪

压杆式油枪（JB/T 7942.1—1995）用于压注润滑脂。

压杆式油枪外形和规格见图5-1和表5-2。

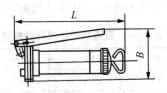

图5-1　压杆式油枪

表5-2 压杆式油枪的规格

贮油量/cm³	公称压力/MPa	出油量/cm³	油枪内径/mm	L/mm	B/mm
100		0.6	35	255	90
200	16	0.7	42	310	96
400		0.8	53	385	125

5.1.3 手推式油枪

手推式油枪（JB/T 7942.2—1995）用于压注润滑油或润滑脂。
外形和规格见图5-2和表5-3。

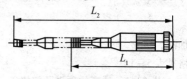

图5-2 手推式油枪

表5-3 手推式油枪的规格

贮油量/cm³	公称压力 /MPa	出油量/cm³	最大外径 /mm	L_1/mm	L_2/mm	内径/mm
50	6.3	0.3	33	230	330	5
100	6.3	0.5	33	230	330	6

5.1.4 直通式压注油杯

直通式压注油杯(JB/T 7940.1—1995)的外形和规格见图5-3和表5-4。

表5-4 直通式压注油杯的规格　　单位：mm

d	H	h	h_1	S[a]
M6	13	8	6	8
M8×1	16	9	6.5	10
M10×1	18	10	7	11

[a] S 为六方对边长度。

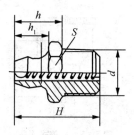

图 5 – 3　直通式压注油杯

5.1.5　接头式压注油杯

接头式压注油杯（GB/T 7940.2—1995）的外形和规格见图 5 – 4 和表 5 – 5。

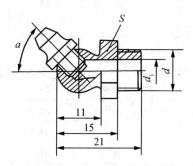

图 5 – 4　接头式压注油杯

表 5 – 5　接头式压注油杯的规格　　　　单位：mm

d	d_1	a	S^a
M6	3		
M8 × 1	4	45°、90°	11
M10 × 1	5		

a S 为六方对边长度。

5.1.6　旋盖式油杯

旋盖式油杯（JB/T 7940.3—1995）的外形和规格见图 5 – 5 和表 5 – 6。

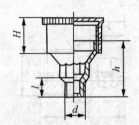

图 5 - 5　旋盖式油杯

表 5 - 6　旋盖式油杯的规格

最小容量/cm³	d/mm	l/mm	H/mm	h/mm
1.5	M8 × 1		14	22
3	M10 × 1	8	15	23
6			17	26
12			20	30
18	M14 × 1.5		22	32
25		12	24	34
50	M16 × 1.5		30	44
100			38	52
200	M24 × 1.5	16	48	64

5.1.7　压配式压注油杯

压配式压注油杯（JB/T7940.4—1995）的外形和规格见图 5 - 6 和表 5 - 7。

表 5 - 7　压配式压注油杯的规格　　　单位：mm

d	H	d	H
$6^{+0.040}_{+0.028}$	6	$6^{+0.063}_{+0.045}$	3
$8^{+0.049}_{+0.034}$	10	$25^{+0.085}_{+0.064}$	30
$10^{+0.058}_{+0.040}$	12		

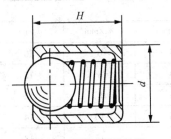

图 5 – 6 压配式压注油杯

5.1.8 弹簧油杯

弹簧油杯（JB/T 7940.5—1995）的外形和规格见图 5 – 7 和表 5 – 8。

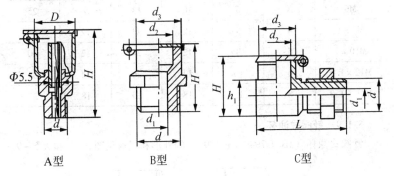

A型 B型 C型

图 5 – 7 弹簧油杯

表 5 – 8 弹簧油杯的规格

（1）A 型弹簧油杯

最小容量/cm³	d/mm	H	D	最小容量 /cm³	d/mm	H	D
		/mm，≤				/mm，≤	
1	M8 × 1	38	16	12	M14 × 15	55	30
2		40	18	18		60	32
3	M10 × 1	42	20	25		65	35
6		45	25	50		68	45

（2）B 型弹簧油杯

d/mm	d_1/mm	d_2/mm	d_3/mm	H/mm
M6	3	6	10	18
M8 × 1	4	8	12	24
M10 × 1	5	8	12	24
M12 × 1.5	6	10	14	26
M16 × 1.5	8	12	18	28

（3）C 型弹簧油杯

d/mm	d_1/mm	d_2/mm	d_3/mm	H/mm	h_1/mm	L/mm
M6	3	6	10	13	9	25
M8 × 1	4	8	12	24	12	28
M10 × 1	5	8	12	24	12	30
M12 × 1.5	6	10	14	26	14	34
M16 × 1.5	8	12	18	30	18	37

5.1.9 针阀式油杯

针阀式油杯（JB/T 7940.6—1995）的外形和规格见图 5-8 和表 5-9。

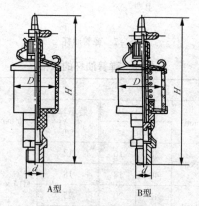

A 型   B 型

图 5-8 针阀式油杯

表 5 – 9　针阀式油杯的规格

最小容量/cm³	d/mm	H/mm，≤	D/mm，≤
16	M10 × 1	105	32
25		115	36
50	M14 × 1.5	130	45
100		140	55
200	M16 × 1.5	170	70
400		190	85

5.2　密封件

5.2.1　机械密封用 O 形橡胶圈

机械密封用 O 形橡胶圈（JB/T 7757.2—2006）的外形和规格见图 5 – 9 和表 5 – 10。

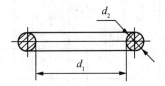

图 5 – 9　机械密封用 O 形橡胶圈

表 5 – 10　机械密封用 O 形橡胶圈的规格

d_1 内径	极限偏差	1.60 ± 0.08	1.80 ± 0.08	2.10 ± 0.08	2.65 ± 0.09	3.10 ± 0.10	3.55 ± 0.10	4.10 ± 0.10	4.30 ± 0.10	4.50 ± 0.10	4.70 ± 0.10	5.00 ± 0.10	5.30 ± 0.10	5.70 ± 0.10	6.40 ± 0.15	7.00 ± 0.15	8.40 ± 0.15	10.0 ± 0.30
								d_2（截面直径及其极限偏差）										
6.00	±0.13	×	×	×														
6.9	±0.14	×	×															
8.00		×	×	×														
9.00		×	×															
10.0		×	×	×														
10.6	±0.17	×	×		×													
11.8		×	×	×	×													
13.2		×	×		×													
15.0		×	×	×	×													
16.0		×	×		×	×												
17.0		×	×		×	×	×											
18.0	±0.22	×	×	×	×	×	×											
19.0		×	×		×	×	×											
20.0		×	×	×	×	×	×											
21.2		×	×		×	×	×											
22.4		×	×	×	×	×	×											

d_1 内径	极限偏差	d_2（截面直径及其极限偏差）																
		1.60 ± 0.08	1.80 ± 0.08	2.10 ± 0.08	2.65 ± 0.09	3.10 ± 0.10	3.55 ± 0.10	4.10 ± 0.10	4.30 ± 0.10	4.50 ± 0.10	4.70 ± 0.10	5.00 ± 0.10	5.30 ± 0.10	5.70 ± 0.10	6.40 ± 0.15	7.00 ± 0.15	8.40 ± 0.15	10.0 ± 0.30
23.6	±0.22	×																	
25.0		×	×	×	×	×	×												
25.8		×	×		×	×	×												
26.5		×	×	×	×	×	×												
28.0	±0.30	×	×	×	×	×	×		×			×							
30.0		×	×	×	×	×	×		×			×	×						
31.5		×	×		×	×	×		×				×						
32.5		×	×	×	×	×	×		×			×	×						
34.5		×	×	×	×	×	×		×			×	×						
37.5		×	×	×	×	×	×		×			×	×						
38.7			×	×	×	×	×					×							
40.0			×		×	×	×		×			×	×						
42.5	±0.36		×		×	×	×		×				×						
43.7			×		×	×	×		×	×	×	×	×						
45.0					×	×	×	×	×	×	×		×		×				
47.5			×		×	×	×		×	×	×	×	×		×				

续表

d_1 内径	极限偏差	d_2（截面直径及其极限偏差）																
		1.60 ± 0.08	1.80 ± 0.08	2.10 ± 0.08	2.65 ± 0.09	3.10 ± 0.10	3.55 ± 0.10	4.10 ± 0.10	4.30 ± 0.10	4.50 ± 0.10	4.70 ± 0.10	5.00 ± 0.10	5.30 ± 0.10	5.70 ± 0.10	6.40 ± 0.15	7.00 ± 0.15	8.40 ± 0.15	10.0 ± 0.30
48.7	±0.36		×		×	×	×	×	×	×	×		×		×			
50.0			×		×	×	×	×	×	×	×	×	×		×			
53.0					×	×	×	×	×	×	×		×		×			
54.5					×	×	×	×		×	×	×	×		×			
56.0	±0.44				×	×	×	×	×	×	×		×		×			
58.0					×	×	×		×	×	×	×	×		×			
60.0					×		×	×	×	×	×		×		×			
61.5						×	×	×	×	×	×	×	×		×			
63.0					×		×	×		×	×		×		×			
65.0						×	×	×	×	×	×	×	×		×			
67.0					×		×	×	×	×	×		×		×			
70.0						×	×	×		×	×		×		×			
71.0	±0.53				×	×	×	×	×	×	×	×	×		×			
75.0							×	×		×	×		×		×			
77.5					×	×	×		×	×	×		×		×			
80.0						×	×	×	×	×	×	×	×		×			

· 1032 ·

内径	极限偏差	d_2（截面直径及其极限偏差）																
		1.60 ± 0.08	1.80 ± 0.08	2.10 ± 0.08	2.65 ± 0.09	3.10 ± 0.10	3.55 ± 0.10	4.10 ± 0.10	4.30 ± 0.10	4.50 ± 0.10	4.70 ± 0.10	5.00 ± 0.10	5.30 ± 0.10	5.70 ± 0.10	6.40 ± 0.15	7.00 ± 0.15	8.40 ± 0.15	10.0 ± 0.30
82.5	±0.65						×		×	×	×		×					
85.0					×	×	×	×	×	×	×		×		×			
87.5							×		×	×	×		×		×			
90.0					×	×	×	×	×	×	×		×	×	×			
92.5							×		×	×	×		×	×	×			
95.0					×	×	×	×	×	×	×		×	×	×			
97.5							×		×	×	×		×	×	×			
100					×	×	×	×	×	×	×		×	×	×			
103							×		×	×	×		×	×	×			
105					×	×	×	×	×	×	×		×	×	×			
110					×	×	×	×	×				×	×	×	×		
115					×	×	×	×					×	×	×	×		
120					×	×	×		×				×	×	×	×		
125	±0.90				×	×	×						×	×	×	×		
130					×	×	×						×	×	×	×		
135					×	×	×						×	×	×	×		

内径	极限偏差	1.60±0.08	1.80±0.08	2.10±0.08	2.65±0.09	3.10±0.10	3.55±0.10	4.10±0.10	4.30±0.10	4.50±0.10	4.70±0.10	5.00±0.10	5.30±0.10	5.70±0.10	6.40±0.15	7.00±0.15	8.40±0.15	10.0±0.30
																		d_2(截面直径及其极限偏差)
140																		
145					×	×	×						×	×		×	×	
150					×	×	×						×	×		×	×	
155	±0.90				×		×						×	×	×	×	×	
160							×						×	×	×	×	×	
165							×						×	×	×	×	×	
170							×						×	×	×	×	×	
175							×						×	×	×	×	×	
180							×						×	×	×	×	×	
185							×						×	×	×	×	×	
190							×						×	×	×	×	×	
195	±1.20						×						×	×	×	×	×	
200							×						×	×	×	×	×	
205							×						×	×	×	×	×	
210							×						×	×	×	×	×	
215							×						×	×	×	×	×	

d_1		d_2（截面直径及其极限偏差）																
内径	极限偏差	1.60±0.08	1.80±0.08	2.10±0.08	2.65±0.09	3.10±0.10	3.55±0.10	4.10±0.10	4.30±0.10	4.50±0.10	4.70±0.10	5.00±0.10	5.30±0.10	5.70±0.10	6.40±0.15	7.00±0.15	8.40±0.15	10.0±0.30
220	±1.20												×	×	×	×	×	
225							×						×	×	×	×	×	
230							×						×	×	×	×	×	
235							×						×	×	×	×	×	
240							×						×	×	×	×	×	
245							×						×	×	×	×	×	
250							×						×	×	×	×	×	
258	±1.60						×						×	×	×	×	×	
265							×						×		×	×	×	
272							×						×		×	×	×	
280							×						×		×	×	×	
290							×						×		×	×	×	
300							×						×		×	×	×	
307							×						×			×	×	
315	±2.10						×						×			×	×	
325							×						×			×	×	
335							×						×			×	×	

d_1		d_2（截面直径及其极限偏差）																	
内径	极限偏差	1.60±0.08	1.80±0.08	2.10±0.08	2.65±0.09	3.10±0.10	3.55±0.10	4.10±0.10	4.30±0.10	4.50±0.10	4.70±0.10	5.00±0.10	5.30±0.10	5.70±0.10	6.40±0.15	7.00±0.15	8.40±0.15	10.0±0.30
345																		
355													×			×	×	
375	±2.10												×			×	×	
387													×			×	×	
400													×				×	
412																×		×
425																×		×
437																		×
450																×		×
462	±2.60																	×
475																×		×
487																×		×
500																		×
515																		×
530	±3.20															×		×
545																×		×
560																		×

注："×"表示优先选用规格。

5.2.2 U形内骨架橡胶密封圈

U形内骨架橡胶密封圈（JB/T 6997—2007）的型式和主要尺寸见图5-10、表5-11。

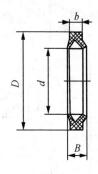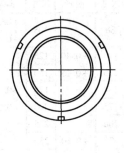

图5-10　U形内骨架橡胶密封圈的型式

表5-11　U形内骨架橡胶密封圈主要尺寸　　　　单位：mm

型式代号	公称通径	d/mm 基本尺寸	d/mm 极限偏差	D/mm 基本尺寸	D/mm 极限偏差	b/mm 基本尺寸	b/mm 极限偏差	B/mm 基本尺寸	B/mm 极限偏差	质量 kg/100件
UN25	25	25		50	+0.30 +0.15					2.7
UN32	32	32	+0.30 -0.10	57		9.5	0 -0.20	14.5	0 -0.30	3.0
UN40	40	40		65	+0.35 +0.20					3.5
UN50	50	50		75						4.1
UN65	65	65		90						4.9

型式代号	公称通径	d/mm		D/mm		b/mm		B/mm		质量 kg/100 件
		基本尺寸	极限偏差	基本尺寸	极限偏差	基本尺寸	极限偏差	基本尺寸	极限偏差	
UN80	80	80		105	+0.30 +0.15					7.6
UN100	100	100	+0.40 +0.15	125						9.2
UN125	125	125		150						11.1
UN150	150	150		175	+0.45 +0.25	9.5	0 −0.20	14.5	0 −0.30	13.1
UN175	175	175		200						15.0
UN200	200	200		225						17.0
UN225	225	225	+0.50 +0.20	250						18.9
UN250	250	250		275	+0.55 +0.30					20.9
UN300	300	300		325						24.8

5.2.3 旋转轴唇形密封圈

旋转轴唇形密封圈（GB/T 9877—2008）的基本结构和基本类型见图 5 -11 和图 5 -12，基本尺寸见表 5 -12。

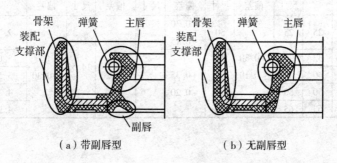

（a）带副唇型　　　　　　（b）无副唇型

图 5 -11　旋转轴唇形密封圈基本结构

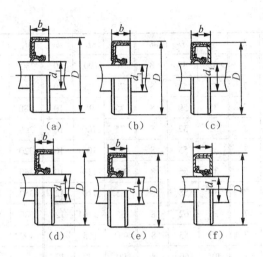

图 5 – 12　旋转轴唇形密封圈的基本类型

（a）带副唇内包骨架型　　（b）带副唇外露骨架型

（c）带副唇装配型　　（d）无副唇内包骨架型

（e）无副唇外露骨架型　　（f）无副唇装配型

表 5 – 12　旋转轴唇形密封圈的基本尺寸　　　单位：mm

d_1	D	b	d_1	D	b	d_1	D	b	d_1	D	b
6	16	7	25	47	7	50	68	8	130	160	12
6	22	7	25	52	7	50^a	70	8	140	170	15
7	22	7	28	40	7	50	72	8	150	180	15
8	22	7	28	47	7	55	72	8	160	190	15
8	24	7	28	52	7	55^a	75	8	170	200	15
9	22	7	30	42	7	55	80	8	180	210	15
10	22	7	30	47	7	60	80	8	190	220	15
10	25	7	30^a	50	7	60	85	8	200	230	15
12	24	7	30	52	7	65	85	10	220	250	15
12	25	7	32	45	8	65	90	10	240	270	15

d_1	D	b	d_1	D	b	d_1	D	b	d_1	D	b
12	30	7	32	47	8	70	90	10	250[a]	290	15
15	26	7	32	52	8	70	95	10	260	300	20
15	30	7	35	50	8	75	95	10	280	320	20
15	35	7	35	52	8	75	100	10	300	340	20
16	30	7	35	55	8	80	100	10	320	360	20
16[a]	35	7	38	55	8	80	110	10	340	380	20
18	30	7	38	58	8	85	110	12	360	400	20
18	35	7	38	62	8	85	120	12	380	420	20
20	35	7	40	55	8	90[a]	115	12	400	440	20
20	40	7	40[a]	60	8	90	120	12			
20[a]	45	7	40	62	8	95	120	12			
22	35	7	42	55	8	100	125	12			
22	40	7	42	62	8	105[a]	130	12			
22	47	7	45	62	8	110	140	12			
25	40	7	45	65	8	120	150	12			

[a] 为国内用而 ISO 6194/1：1982 中没有的规格，亦即 GB/T 13871.1 中增加的规格。

5.3 千斤顶

5.3.1 齿条千斤顶

齿条千斤顶（JB/T 11101—2011）的型式和基本参数见图 5 – 13、表 5 – 13。

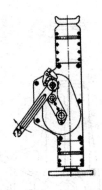

图 5 – 13　齿条千斤顶

表 5 – 13　齿条千斤顶的参数

额定起重量 G_n/t	额定辅助起重量 G_f/t	行程 H/mm	手柄（扳手）力/N，max
1. 6	1. 6	350	280
3. 2	3. 2	350	280
5	5	300	280
10	10	300	560
16	11. 2	320	640
20	14	320	640

5.3.2　螺旋千斤顶

螺旋千斤顶（JB/T 2592—2008）的型式见图 5 – 14。

螺旋千斤顶的基本参数应包括额定起重量（G_n）、最低高度（H）、起升高度（H_1）等。

优先选用的额定起重量（G_n）参数推荐如下（单位为 t）：0.5、1、1.6、2、3.2、5、8、10、16、20、32、50、100。

5.3.3　普通型液压千斤顶

普通型液压千斤顶（JB/T 2104—2002）的型式和基本参数见图 5 – 15 和表 5 – 14。

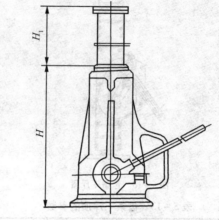

图 5 – 14　普通型螺旋千斤顶

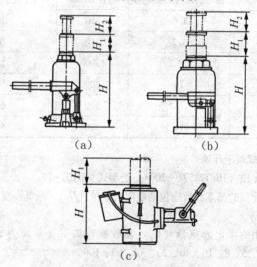

图 5 – 15　普通型液压千斤顶

（a）单级式　（b）多级式　（c）立卧两用式

H—最低高度　H_1—起重高度　H_2—调整高度

表 5 - 14　普通型（单级活塞杆不带安全限载装置）液压千斤顶的基本参数

型号	额定起重量 G_n/t	最低高度 H/mm, ≤	起重高度 H_1/mm, ≥	调整高度 H_2/mm, ≥
QYL2	2	158	90	
QYL3	3	195	125	
QYL5	5	232	160	
		200	125	60
QYL8	8	236		
QYL10	10	240	160	
QYL12	12	245		
QYL16	16	250		
QYL20	20	280		
QYL32	32	285	180	—
QYL50	50	300		
QYL70	70	320		
QW100	100	360		
QW200	200	400	200	—
QW320	320	450		

5.3.4　车库用液压千斤顶

车库用液压千斤顶（JB/T 5315—2008）的典型结构见图 5 - 16。其基本参数应包括：额定起重量（G_n）、最低高度（H）最高高度（H_1）等。

优先选用的额定起重量（G_n）推荐如下（单位为 t）：1、1.25、1.6、2、2.5、3.2、4、5、6.3、8、10、12.5、16、20。

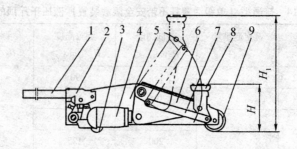

图 5 – 16　车库用液压千斤顶典型结构

1—手柄　2—撅手　3—后轮　4—液压缸部件　5—墙板
6—起重臂　7—连杆　8—托盘　9—前轮

5.4　起重器材附件

5.4.1　钢丝绳的代号、标记和分类

钢丝绳的代号、标记和分类（GB/T 8706 – 2006）如下所示。

1. 代号

（1）横截面形状代号（见表 5 – 15）

表 5 – 15　横截面形状代号

横截面形状	代号		
	钢丝	股	钢丝绳
圆形	无代号	无代号	无代号
三角形	V	V	—

横截面形状	代号		
	钢丝	股	钢丝绳
组合芯[a]	—	B	—
矩形	R	—	—
梯形	T	—	—
椭圆形	Q	Q	—
Z 形	Z	—	—
H 形	H	—	—
扁形或带形	—	P	—
压实形[b]	—	K	K
编织形	—	—	BR
扁形	—	—	P
——单线缝合	—	—	PS
——双线缝合	—	—	PD
——铆钉铆接	—	—	PN

[a] 代号 B 表示股芯由多根钢丝组合而成并紧接在股形状代号之后，例如一个由 25 根钢丝组成的带组合芯的三角股的标记为 V25B。

[b] 代号 K 表示股和钢丝绳结构成型经过一个附加的压实加工工艺，例如一个由 26 根钢丝组成的西瓦式压实圆股的标记为 K26WS。

（2）普通类型的圆股结构代号（见表 5-16）

表 5-16　普通类型的股结构代号

结构类型	代号	股结构示例
单捻	无代号	6 即（1-5） 7 即（1-6）

平行捻		
西鲁式	S	17S 即（1-8-8）
		19S 即（1-9-9）
瓦林吞式	W	19W 即（1-6-6+6）
填充式	F	21F 即（1-5-5F-10）
		25F 即（1-6-6F-12）
		29F 即（1-7-7F-14）
		41F 即（1-8-8-8F-16）
组合平行捻	WS	26WS 即（1-5-5+5-10）
		31WS 即（1-6-6+6-12）
		36WS 即（1-7-7+7-14）
		41WS 即（1-8-8+8-16）
		41WS 即（1-6/8-8+8-16）
		46WS 即（1-9-9+9-18）
多工序捻（圆股）		
点接触捻	M	19M 即（1-6/12）
		37M 即（1-6/12/18）
复合捻[a]	N	35WN 即（1-6-6+6/16）

[a] N 是一个附加代号并放在基本类型代号之后，例如复合西鲁式为 SN，复合瓦林吞式为 WN。

（3）单层钢丝绳芯、平行捻密实钢丝绳中心和阻旋转钢丝绳中心组件的代号（见表 5-17）

表 5-17　芯、平行捻密实钢丝绳中心和阻旋转钢丝绳中心组件代号

项目或组件	代号
单层钢丝绳	
纤维芯	FC
天然纤维芯	NFC
合成纤维芯	SFC
固态聚合物芯	SPC

项目或组件	代号
钢芯	WC
钢丝股芯	WSC
独立钢丝绳芯	IWRC
压实股独立钢丝绳芯	IWRC（K）
聚合物包覆独立绳芯	EPIWRC
平行捻密实钢丝绳	
平行捻钢丝绳芯	PWRC
压实股平行捻钢丝绳芯	PWRC（K）
填充聚合物的平行捻钢丝绳芯	PWRC（EP）
阻旋转钢丝绳	
中心构件	
纤维芯	FC
钢丝股芯	WSC
密实钢丝股芯	KWSC

2. 标记

标记示例：

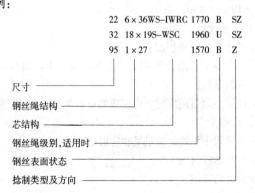

（1）尺寸

圆钢丝绳和编制钢丝绳公称直径应以毫米表示，扁钢丝绳公称尺寸（宽度×厚度）应表明并以毫米表示。

对于包覆钢丝绳应标明两个值：外层尺寸和内层尺寸，对于包覆固态聚合物的圆股钢丝绳，外径和内径用斜线（/）分开，如13.0/11.5。

（2）结构

①多股钢丝绳：多股钢丝绳结构应按下列顺序标记。

a. 外层股数：

（a）外层股数；

（b）乘号（×）；

（c）每个外层股中钢丝的数量及相应股的标记；

（d）连接号短划线（–）；

（c）芯的标记。

标例：6×36WS – IWRC

b. 平行捻密实钢丝绳：

（a）外层股数；

（b）乘号（×）；

（c）每个外层股中钢丝的数量及相应股的标记；

（d）连接号短划线（–）；

（e）表明平行捻外层股经过密实加工的绳芯的标记。

示例：8×19S – PWRC

c. 阻旋转钢丝绳：

（a）十个或十个以上外层股：

Ⅰ）钢丝绳中除中心组件外的股的总数；或当中心组件和外层股相同时，钢丝绳中股的总数；

Ⅱ）当股的层数超过两层时，内层股的捻制类型标记在括号中标出；

Ⅲ）乘号（×）；

Ⅳ）每个外层股中钢丝的数量及相应股的标记；

Ⅴ）连接号短划线（–）；

Ⅵ）中心组件的标记。

示例：18×7 – WSC 或 19×17

（b）八个或九个外层股：

Ⅰ）外层股数；

Ⅱ）乘号（×）；

Ⅲ）每个外层股中钢丝的数量及相应股的标记；

Ⅳ）连接号冒号（:）表示反向捻芯；

Ⅴ）IWRC。

示例：8×25F：IWRC

②单捻钢丝绳：单捻钢丝绳结构应按下列顺序标记；

a. 单捻钢丝绳：

（a）1；

（b）乘号（×）；

（c）股中钢丝的数量。

示例：1×61

b. 密封钢丝绳（根据其用途）：

（a）半密封钢丝绳；

——HLAR-导向用钢丝绳；——HLAR-架空索道用钢丝绳。

（b）全密封钢丝绳：

——FLAR-架空索道（或承载）用钢丝绳；——LHR-提升用钢丝绳；——FLSR-结构用钢丝绳。

③扁钢丝绳：扁钢丝绳结构应按下列附加代号标记；

——HR-提升用钢丝绳；——CR-衬偿（或平衡）用钢丝绳。

（3）芯的结构

芯的结构应按表5-17规定标记。

（4）钢丝绳级别

当需要给出钢丝绳的级别时，应标明钢丝绳破断拉力级别，如1770，1370/1770。

不是所有钢丝绳都需要标明钢丝绳的级别。

（5）钢丝的表面状态

钢丝的表面状态（外层钢丝）应用下列字母代号标记：

——光面或无镀层　　　U

——B级镀锌　　　　　B

——A 级镀锌　　　　　　　A
——B 级锌合金镀层　　　　B（Zn/Al）
——A 级锌合金镀层　　　　A（Zn/Al）

（6）捻制类型和捻制方向

①单捻钢丝绳捻制方向应用于列字母代号标记：

——右捻　Z；——左捻　S。

②多股钢丝绳捻制类型和捻制方向应用下列字母代号标记：

——右交互捻　SZ；——左交互捻　ZS；——右同向捻　ZZ；
——左同向捻　SS；——右混合捻　aZ；——左混合捻　aS。

交线捻和同向捻类型中的第一个字母表示钢丝在股中的捻制方向，第二个字母表示股在钢丝绳中的捻制方向。混合捻类型的第二个字母表示股在钢丝绳中的捻制方向。

3. 分类

钢丝绳分类见表 5-18~表 5-25。

表 5-18　单层钢丝绳

| 类别
（不含绳芯） | 钢丝绳 | | | 外层股 | | | |
	股数	外层股数	股的层数	钢丝数	外层钢丝数	钢丝层数	股捻制类型
3×7	3	3	1	5~9	4~8	1	单捻
3×19	3	3	1	15~26	7~12	2~8	平行捻
3×36	3	3	1	27~49	12~18	3	平行捻
3×19M	3	3	1	12~19	9~12	2	多工序点接触
3×37M	3	3	1	27~37	16~18	3	多工序点接触
3×35M	3	3	1	28~48	12~18	3	多工序复合捻
4×7	4	4	1	5~9	4~8	1	单捻
4×19	4	4	1	15~26	7~12	2~3	平行捻
4×36	4	4	1	29~57	12~18	3~4	平行捻
4×19M	4	4	1	12~19	9~12	2	多工序点接触
4×37M	4	4	1	27~37	16~18	3	多工序点接触
4×35N	4	4	1	28~48	12~18	3	多工序复合捻

类别 （不含绳芯）	钢丝绳			外层股			
	股数	外层股数	股的层数	钢丝数	外层钢丝数	钢丝层数	股捻制类型
6×6	6	6	1	6	6	1	单捻
6×7	6	6	1	5~9	4~8	1	单捻
6×12	6	6	1	12	12	1	单捻
6×19	6	6	1	15~26	7~12	2~3	平行捻
6×36	6	6	1	29~57	12~18	2~3	平行捻
6×61	6	6	1	61~85	18~24	3~4	平行捻
6×19M	6	6	1	12~19	9~12	2	多工序号接触
6×24M	6	6	1	24	12~16	2	多工序点接触
6×37M	6	6	1	27~37	16~18	3	多工序点接触
6×61M	6	6	1	45~61	18~24	4	多工序点接触
6×35N	6	6	1	28~48	12~18	3	多工序复合捻
6×61N	6	6	1	47~61	20~24	3~4	多工序复合捻
6×91N	6	6	1	85~109	24~36	4~6	多工序复合捻
7×19	7	7	1	15~26	7~12	2~3	平行捻
7×36	7	7	1	29~57	12~18	3~4	平行捻
8×17	8	8	1	5~9	4~8	1	单捻
8×19	8	8	1	15~26	7~12	2~3	平行捻
8×36	8	8	1	29~57	12~18	3~4	平行捻
8×61	8	8	1	61~85	18~24	3~4	平行捻
8×35N	8	8	1	28~48	12~18	3	多工序复合捻
8×61N	8	8	1	47~81	20~24	3~4	多工序复合捻
8×91N	8	8	1	85~109	24~36	4~6	多工序复合捻
麻钢混捻 钢丝绳							
4×6	4	4	1	6	6	1	单捻
6×6	6	6	1	6	6	1	单捻
6×12	6	6	1	12	12	1	单捻
6×24	6	6	1	24	12~15	2	多工序交互捻

类别 （不含绳芯）	钢丝绳			外层股			
	股数	外层股数	股的层数	钢丝数	外层钢丝数	钢丝层数	股捻制类型
三角股 钢丝绳							
6×V8	6	6	1	8~9	7~8	1	单捻
6×V25	6	6	1	15~31	9~18	2	多工序点接触

注：①对于三角股，当用单独捻制的股如 1-6 或 3F+3×2 等代替钢丝股芯时，该股
可记为一根钢丝。
②6×29F 结构钢丝绳即可归为 6×19 类也可归为 6×36 类。
③3 股或 4 股类钢丝绳也可设计和制造成阻旋转的。

表 5-19　阻旋转钢丝绳

类别	钢丝绳			外层股			
	股数 （芯除外）	外层股数	股层数	钢丝数	外层钢丝数	钢丝层数	股捻制类型
圆股： 2 次捻制							
18×7	17~18	10~12	2	5~9	4~8	1	单捻
18×19	17~18	10~12	2	15~26	7~12	2~3	平行捻
18×36	17~18	10~12	2	29~57	12×18	3~4	平行捻
2 次捻制							
23×7	21~27	15~18	2	5~9	4~8	1	单捻
23×19	21~27	15~18	2	15~26	7~12	2~3	平行捻
2 次捻制							
24×7	19~28	11~12	3	5~9	4~8	1	单捻
24×19	19~28	11~12	3	15~26	7~12	2~3	平行捻
3 次捻制							
34(M)×7	34~36	17~18	3	5~9	4~8	1	单捻

类别	钢丝绳			外层股			
	股数 （芯除外）	外层股数	股层数	钢丝数	外层钢丝数	钢丝层数	股捻制类型
34（M）×19	34～36	17～18	3	15～26	7～12	2～3	平行捻
34（M）×36	34～36	17～18	3	29～57	12～18	3～4	平行捻
2 次捻制							
35（W）×7	27～40	15～18	3	5～9	4～8	1	单捻
35（W）×19	27～40	15～18	3	15～26	7～12	2～3	平行捻
35（W）×36	27～40	15～18	3	29～57	12～18	3～4	平行捻
8×7：IWRC	14～16	8	2	5～9	4～8	1	单捻
8×19：IWRC	14～16	8	2	15～26	7～12	2～3	平行捻
8×36：IWRC	14～16	8	2	29～57	12～18	3～4	平行捻
9×7：IWRC	18	9	2	5～9	4～8	1	单捻
9×19：IWRC	18	9	2	15～26	7～12	2～3	平行捻
9×36：IWRC	18	9	2	29～57	12～18	3～4	平行捻
异型股： 2 次捻制							
10×Q10	10～14	6～9	2	8～10	8～10	1	单捻
12×P6： Q3×24FC	15	12	2	6	6	1	单捻
3 次捻制							
19（M）×Q12	19	8	3	10～12	10～12	1	单捻
19（M）×Q26	19	8	3	24～28	14～16	2	多工序 点接触

注：3 股或 4 股钢丝绳也可以设计和制造成阻旋转钢丝绳。

表5-20 平行捻密实钢丝绳

类别	股数（芯除外）	外层股数	股层数	外层股钢丝数	外层钢丝数	钢丝层数	股捻制类型
6×19 – PWRC	12	6	2	15 ~ 36	7 ~ 12	2 ~ 3	平行捻
6×36 – PWRC	12	6	2	29 ~ 57	12 ~ 18	3 ~ 4	平行捻
8×7 – PWRC	16	8	2	5 ~ 9	4 ~ 8	1	单捻
8×19 – PWRC	16	8	2	15 ~ 26	7 ~ 12	2 ~ 3	平行捻
8×36 – PWRC	16	8	2	29 ~ 57	12 ~ 18	3 ~ 4	平行捻
9×7 – PWRC	18	9	2	5 ~ 9	4 ~ 8	1	单捻
9×19 – PWRC	18	9	2	15 ~ 26	7 ~ 12	2 ~ 3	平行捻
9×36 – PWRC	18	9	2	29 ~ 57	12 ~ 18	3 ~ 4	平行捻

表5-21 缆式钢丝绳

类别（不包括绳芯）	钢丝绳	单元钢丝绳			单元钢丝绳的外层股			股捻制类型
	单元钢丝绳数	股数	外层股数	股层数	钢丝数	外层钢丝数	钢丝层数	
6×6×7	6	6	1	1	5 ~ 9		1	单捻
6×6×19	6	6	6	1	15 ~ 26	7 ~ 12	2 ~ 3	平行捻
6×6×36	6	6	6	1	27 ~ 57	12 ~ 18	3 ~ 4	平行捻
6×6×61	6	6	6	1	61 ~ 73	18 ~ 24	3 ~ 4	平行捻
6×6×19M	6	6	6	1	12 ~ 19	9 ~ 12	2	多工序点接触
6×6×37M	6	6	6	1	27 ~ 37	16 ~ 18	3	多工序点接触
6×6×61M	6	6	6	1	45 ~ 61	20 ~ 24	4	多工序点接触
6×6×35N	6	6	6	1	28 ~ 48	12 ~ 18	3	多工序复合捻

类别 (不包括绳芯)	钢丝绳 单元钢 丝绳数	单元钢丝绳			单元钢丝绳的外层股			
		股数	外层 股数	股层数	钢丝数	外层钢丝数	钢丝层数	股捻制 类型
6×6×61N	6	6	6	1	47~81	20~24	3~4	多工序 复合捻
6×6×91N	6	6	6	1	85~109	24~36	4~6	多工序 复合捻
6×8×19	6	8	8	1	15~26	7~12	2~3	平行捻
6×8×36	6	8	8	1	27~57	12~18	3~4	平行捻
6×8×61	6	8	8	1	61~73	20~24	3~4	平行捻
6×8×35N	6	8	8	1	28~48	12~18	3	多工序 复合捻
6×8×61N	6	8	8	1	47~81	20~24	3~4	多工序 复合捻
6×8×91N	6	8	8	1	85~109	24~36	4~6	多工序 复合捻
回弹捻								
6×3×19	6	3ᵃ	3ᵃ	1	15~26	7~12	2~3	平行捻
6×3×19M	6	3ᵃ	3ᵃ	1	12~19	9~12	2	多工序 复合捻

ᵃ 见弹性捻。

表 5-22 扁钢丝绳

类别	钢丝绳 单元钢 丝绳数	单元钢丝绳		单元钢丝绳的外层股			
		股数	股层数	钢丝数	外层钢丝数	钢丝层数	股捻制类型
P6×4×7	6	4	1	5~9	4~8	1	单捻

类别	钢丝绳	单元钢丝绳		单元钢丝绳的外层股			
	单元钢丝绳数	股数	股层数	钢丝数	外层钢丝数	钢丝层数	股捻制类型
P6×4×12M	6	4	1	12	9	2	多工序点接触
P8×4×7	8	4	1	5~9	4~8	1	单捻
P8×4×12M	8	4	1	12	9	2	多工序点接触
P8×4×14M	8	4	1	14	10	2	多工序点接触
P8×4×19W	8	4	1	7	12	2	平行捻
P8×4×19M	8	4	1	7	12	2	多工序点接触

表 5-23　单股钢丝绳

类别	钢丝数	外层钢丝数	钢丝层数
1×19	17~37	11~16	2~3
1×37	34~59	17~22	3~4
1×61	57~85	23~28	4~5
1×91	86~114	29~34	5~6
1×127	>114	>34	>3

表 5-24　股

类别	钢丝数	外层钢丝数	钢丝层数	股捻制类型
1×7	5~9	4~8	1	单捻
1×19	15~26	7~12	2~3	平行捻
1×19M	12~19	9~12	2	多工序点接触
1×36	27~49	12~18	3	平行捻
1×37M	27~37	16~18	3	多工序点接触

表 5 – 25 密封钢丝绳

类别	钢丝层数
单层半密封钢丝	2 或 2 层以上
双层半密封钢丝	4 或 4 层以上
多层半密封钢丝	6 或 6 层以上
单层全密封钢丝	2 或 2 层以上
双层全密封钢丝	4 或 4 层以上
三层全密封钢丝	4 或 4 层以上
多层全密封钢丝	8 或 8 层以上

5.4.2 钢丝绳用普通套环

钢线绳用普通套环（GB/T 5974.1—2006）的型式和尺寸见图 5 – 17 和表 5 – 26。

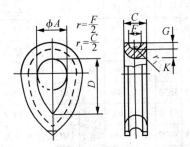

图 5 – 17 钢丝绳用普通套环

表 5 – 26 钢丝绳用普通套环的参数

套环规格（钢丝绳公称直径）d/mm	尺寸/mm									单件质量/kg
	F	C 基本尺寸	C 极限偏差	A 基本尺寸	A 极限偏差	D 基本尺寸	D 极限偏差	G min	K 基本尺寸	K 极限偏差
6	6.7 ± 0.2	10.5	0 −1.0	15	+1.5 0	27	+2.7 0	3.3	4.2	0 −0.1	0.032

套环规格（钢丝绳公称直径）d/mm	尺寸/mm										单件质量/kg
	F	C		A		D		G min	K		
		基本尺寸	极限偏差	基本尺寸	极限偏差	基本尺寸	极限偏差		基本尺寸	极限偏差	
8	8.9±0.3	14.0		20		36		4.4	5.6		0.075
10	11.2±0.3	17.5	0	25	+2.0	45	+3.6	5.5	7.0	0	0.150
12	13.4±0.4	21.0	-1.4	30	0	54	0	6.6	8.4	-0.2	0.250
14	15.6±0.5	24.5		35		63		7.7	9.8		0.393
16	17.8±0.6	28.0		40		72		8.8	11.2		0.605
18	20.1±0.6	31.5	0	45	+4.0	81	+7.2	9.9	12.6	0	0.867
20	22.3±0.7	35.0	-2.8	50	0	90	0	11.0	14.0	-0.4	1.205
22	24.5±0.8	38.5		55		99		12.1	15.4		1.563
24	26.7±0.9	42.0		60		108		13.2	16.8		2.045
26	29.0±0.9	45.5	0	65	+4.8	117	+8.6	14.3	18.2	0	2.620
28	31.2±1.0	49.0	-3.4	70	0	126	0	15.4	19.6	-0.6	3.290
32	35.6±1.2	56.0		80		144		17.6	22.4		4.854
36	40.1±1.3	63.0		90		162		19.8	25.2		6.972
40	44.5±1.5	70.0	0	100	+6.0	180	+11.3	22.0	28.0	0	9.624
44	49.0±1.6	77.0	-4.4	110	0	198	0	24.2	30.8	-0.8	12.808
48	53.4±1.8	84.0		120		216		26.4	33.6		16.595
52	57.9±1.9	91.0		130		234		28.6	36.4		20.945
56	62.3±2.1	98.0	0 -5.5	140	+7.8 0	252	+14.0 0	30.8	39.2	0 -1.1	26.310
60	66.8±2.2	105.0		150		270		33.0	42.0		31.396

5.4.3 钢丝绳用重型套环型式和尺寸

钢丝绳用重型套环（GB/T 5974.2—2006）的型式和尺寸见图 5-18 和表 5-27。

表 5 – 27　钢丝绳用重型套环的尺寸

尺寸/mm

套环规格（钢丝绳公称直径）d/mm	F	C 基本尺寸	C 极限偏差	A 基本尺寸	A 极限偏差	B 基本尺寸	B 极限偏差	L 基本尺寸	L 极限偏差	R 基本尺寸	R 极限偏差	G min	D	E	单件质量 /kg
8	8.9±0.3	14.0		20		40		56		59		6.0			0.08
10	11.2±0.3	17.5		25	+0.149 / +0.065	50	±2	70	±3	74	+3 / 0	7.5			0.17
12	13.4±0.4	21.0	0 / −1.4	30		60		84		89		9.0	5	20	0.32
14	15.6±0.5	24.5		35		70		98		104		10.5			0.50
16	17.8±0.6	28.0		40	+0.180 / +0.080	80	±4	112	±6	118	+6 / 0	12.0			0.78
18	20.1±0.6	31.5	0 / −2.8	45		90		126		133		13.5			1.14
20	22.3±0.7	35.0		50		100		140		148		15.0			1.41
22	24.5±0.8	38.5		55		110		154		163		16.5			1.96
24	26.7±0.9	42.0	0 / −3.4	60	+0.220 / +0.100	120	±6	168	±9	178	+9 / 0	18.0	10	30	2.41
26	29.0±0.9	45.5		65		130		182		193		19.5			3.46
28	31.2±1.0	49.0		70		140		196		207		21.0			4.30
32	35.6±1.2	56.0		80		160		224		237		24.0			6.46
36	40.1±1.3	63.0		90		180		252		267		27.0			9.77
40	44.5±1.5	70.0		100	+0.260 / +0.120	200	±9	280	±13	296	+13 / 0	30.0			12.94
44	49.0±1.6	77.0	0 / −4.4	110		220		308		326		33.0			17.02
48	53.4±1.8	84.0		120		240		336		356		36.0			22.75
52	57.9±1.9	91.0		130	+0.305 / +0.145	260	±13	364	±18	385	+19 / 0	39.0	15	45	28.41
56	62.3±2.1	98.0	0 / −5.5	140		280		392		415		42.0			35.56
60	66.8±2.2	105.0		150		300		420		445		45.0			48.35

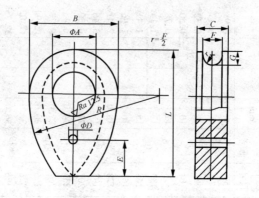

图 5 – 18 钢丝绳用重型套环

5.4.4 起重用锻造卸扣

起重用锻造卸扣（JB/T 8112—1999）的外形结构和尺寸见图 5 – 19 和表 5 – 28、5 – 29。

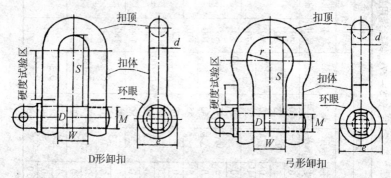

图 5 – 19 起重用锻造卸扣

表 5 - 28 　D 形卸扣的尺寸

额定起重量			d^{a}_{max}	D^{b}_{max}	e_{max}	S^{c}_{min}	W^{b}_{min}	推荐销轴
M (4)	S (6)	T (8)						螺纹
/t			/mm					
—	—	0.63	8	9		18	9	M9
—	0.63	0.8	9	10		20	10	M10
—	0.8	1	10	11.2		22.4	11.2	M11
0.63	1	1.25	11.2	12.5		25	12.5	M12
0.8	1.25	1.6	12.5	14		28	14	M14
1	1.6	2	14	16		31.5	16	M16
1.25	2	2.5	16	18		35.5	18	M18
1.6	2.5	3.2	18	20		40	20	M20
2	3.2	4	20	22.4		45	22.4	M22
2.5	4	5	22.4	25		50	25	M25
3.2	5	6.3	25	28		56	28	M28
4	6.3	8	28	31.5		63	31.5	M30
5	8	10	31.5	35.5	$2.2D_{max}$	71	35.5	M35
6.3	10	12.5	35.5	40		80	40	M40
8	12.5	16	40	45		90	45	M45
10	16	20	45	50		100	50	M50
12.5	20	25	50	56		112	56	M56
16	25	32	56	63		125	63	M62
20	32	40	63	71		140	71	M70
25	40	50	71	80		160	80	M80
32	50	63	80	90		180	90	M90
40	63	—	90	100		200	100	M100
50	80	—	100	112		224	112	M110

额定起重量			d_{max}^a	D_{max}^b	e_{max}	S_{min}^c	W_{min}^b	推荐销轴
M (4)	S (6)	T (8)						螺纹
/t			/mm					
63	100	—	112	125		250	125	M125
80	—	—	125	140		280	140	M140
100	—	—	140	160		315	160	M160

^a d_{max} 计算公差式：M (4)：14 $\sqrt{WLL}$

$\qquad\qquad\qquad$ S (6)：11.2 $\sqrt{WLL}$

$\qquad\qquad\qquad$ T (8)：10 $\sqrt{WLL}$

^b D_{max} 和 W_{min} 计算公式：M (4)：16 $\sqrt{WLL}$

$\qquad\qquad\qquad\qquad$ S (6)：12.5 $\sqrt{WLL}$

$\qquad\qquad\qquad\qquad$ T (8)：11.2 $\sqrt{WLL}$

^c S_{max} 计算公式：M (4)：31.5 $\sqrt{WLL}$

$\qquad\qquad\qquad$ S (6)：25 $\sqrt{WLL}$

$\qquad\qquad\qquad$ T (8)：22.4 $\sqrt{WLL}$

表 5 – 29　弓形卸扣的尺寸

额定起重量			d_{max}^a	D_{max}^b	e_{max}	$2r_{min}^c$	S_{min}^d	W_{min}^b	推荐销轴
M (4)	S (6)	T (8)							螺纹
/t			/mm						
—	—	0.63	9	10		16	22.4	10	M10
—	0.63	0.8	10	11.2		18	25	11.2	M11
—	0.8	1	11.2	12.5	$2.2D_{max}$	20	28	12.5	M12
0.63	1	1.25	12.5	14		22.4	31.5	14	M14
0.8	1.25	1.6	14	16		25	35.5	16	M16
1	1.6	2	16	18		28	40	18	M18

额定起重量			d_{max}^a	D_{max}^b	e_{max}	$2r_{min}^c$	S_{min}^d	W_{min}^b	推荐销轴
M (4)	S (6)	T (8)							螺纹
/t			/mm						
1.25	2	2.5	18	20		31.5	45	20	M20
1.6	2.5	3.2	20	22.4		35.5	50	22.4	M22
2	3.2	4	22.4	25		40	56	25	M25
2.5	4	5	25	28		45	63	28	M28
3.2	5	6.3	28	31.5		50	71	31.5	M30
4	6.3	8	31.5	35.5		56	80	35.5	M35
5	8	10	35.5	40	$2.2D_{max}$	63	90	40	M40
6.3	10	12.5	40	45		71	100	45	M45
8	12.5	16	45	50		80	112	50	M50
10	16	20	50	56		90	125	56	M56
12.5	20	25	56	63		100	140	60	M62
16	25	32	63	71		112	160	71	M70
20	32	40	71	80		125	180	80	M80
25	40	50	80	90		140	200	90	M90
32	50	63	90	100		160	224	100	M100
40	63	—	100	112		180	250	112	M110
50	80	—	112	125		200	280	125	M125
63	100	—	125	140		224	315	140	M140
80	—	—	140	160		250	355	160	M160
100	—	—	160	180		280	400	180	M180

[a] d_{max}计算公差式：M (4)：$16\sqrt{WLL}$

               S (6)：$12.5\sqrt{WLL}$

               T (8)：$11.2\sqrt{WLL}$

^{b} D_{max} 和 W_{min} 计算公式：M （4）：18 $\sqrt{WLL}$

S （6）：14 $\sqrt{WLL}$

T （8）：12.5 $\sqrt{WLL}$

^{c} $2r_{min}$ 计算公式：M （4）：28 $\sqrt{WLL}$

S （6）：22.4 $\sqrt{WLL}$

T （8）：20 $\sqrt{WLL}$

^{d} S_{min} 计算公式：M （4）：40 $\sqrt{WLL}$

S （6）：31.5 $\sqrt{WLL}$

T （8）：28 $\sqrt{WLL}$

5.4.5　索具螺旋扣

索具螺旋扣（CB/T 3818—1999）的型式和规格参数见表 5 – 30、表 5 – 31。

表 5 – 30　螺旋扣的型式

型式	名称	螺杆型式	螺型套型式	简图
KUUD	开式索具螺旋扣	UU	模锻	
KUUH			焊接	
KOOD		OO	模锻	
KOOH			焊接	
KOUD		OU	模锻	
KOUH			焊接	

型式	名称	螺杆型式	螺型套型式	简图
KCCD		CC	模锻	
KCUD	开式索具螺旋扣	CU	模锻	
KCOD		CO	模锻	
ZCUD	旋转式索具螺旋扣	CU	模锻	
ZUUD		UU	模锻	

表 5-31   螺旋扣的规格和参数

螺杆直径/mm	M 级/kN			P 级/kN		
	安全工作负荷 SWL		最小破断负荷	安全工作负荷 SWL		最小破断负荷
	起重、绑扎	救生		起重、绑扎	救生	
M6	1.2	0.8	4.8	1.8	1.0	6.0
M8	2.5	1.6	9.6	4.0	2.5	15
M10	4.0	2.5	15	6.0	4.0	24
M12	6.0	4.0	24	8.0	5.0	30
M14	9.0	6.0	36	12	8.0	48
M16	12	8.0	48	17	10	60

螺杆直径/mm	M 级/kN			P 级/kN		
	安全工作负荷 SWL		最小破断负荷	安全工作负荷 SWL		最小破断负荷
	起重、绑扎	救生		起重、绑扎	救生	
M18	17	10	60	21	12	72
M20	21	12	72	27	16	96
M22	27	16	96	35	20	120
M24	35	20	120	45	25	150
M27	45	28	168	55	34	204
M30	55	35	210	75	43	258
M36	75	50	300	95	63	378
M39	95	60	360	120	75	450
M42	105	70	420	145	85	510
M48	140	90	540	180	110	660
M56	175	115	690	220	140	840
M60	210	125	750	250	160	960
M64	250	160	960	320	200	1200

5.4.6 钢丝绳夹

钢丝绳夹（GB/T 5976—2006）的型式和尺寸见图 5-20 和表 5-32。

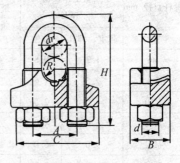

图 5-20 绳夹

表5-32 绳夹的尺寸

绳夹规格 (钢丝绳公称直径) d_r/mm	尺寸/mm						螺母 GB/T41—2000 d	单组质量 /kg
	适用钢丝绳 公称直径 d_r	A	B	C	R	H		
6	6	13.0	14	27	3.5	31	M6	0.034
8	>6~8	17.0	19	36	4.5	41	M8	0.073
10	>8-10	21.0	23	44	5.5	51	M10	0.140
12	>10~12	25.0	28	53	6.5	62	M12	0.243
14	>12~14	29.0	32	61	7.5	72	M14	0.372
16	>14~16	31.0	32	63	8.5	77	M14	0.402
18	>16~18	35.0	37	72	9.5	87	M16	0.601
20	>18~20	37.0	37	74	10.5	92	M16	0.624
22	>20~22	43.0	46	89	12.0	108	M20	1.122
24	>22~24	45.5	46	91	13.0	113	M20	1.205
26	>24~26	47.5	46	93	14.0	117	M20	1.244
28	>26~28	51.5	51	102	15.0	127	M22	1.605
32	>28~32	55.5	51	106	17.0	136	M22	1.727
36	>32~36	61.5	55	116	19.5	151	M24	2.286
40	>36~40	69.0	62	131	21.5	168	M27	3.133
44	>40~44	73.0	62	135	23.5	178	M27	3.470
48	>44~48	80.0	69	149	25.5	196	M30	4.701
52	>48~52	84.5	69	153	28.0	205	M30	4.897
56	>52~56	88.5	69	157	30.0	214	M30	5.075
60	>56~60	98.5	83	181	32.0	237	M36	7.921

5.4.7 钢丝绳用楔形接头

钢丝绳用楔形接头(GB/T 5973—2006)的型式和尺寸见图5-21和表5-33。

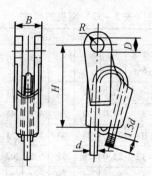

图 5 - 21　楔形接头的型式

表 5 - 33　钢丝绳用楔形接头的参数

楔形接头规格 （钢丝绳公称 直径）d/mm	尺寸/mm					断裂载荷 /KN	许用载荷 /KN	单组质量 /kg
	适用钢丝绳 公称直径/d	B	D (H10)	H	R			
6	6	29	16	105	16	12	4	0.59
8	>6~8	31	18	125	25	21	7	0.80
10	>8~10	38	20	150	25	32	11	1.04
12	>10~12	44	25	180	30	48	16	1.73
14	>12~14	51	30	185	35	66	22	2.34
16	>14~16	60	34	195	42	85	28	3.27
18	>16~18	64	36	195	44	108	36	4.00
20	>18~20	72	38	220	50	135	45	5.45
22	>20~22	76	40	240	52	168	56	6.37
24	>22~24	83	50	260	60	190	63	8.32
26	>24~26	92	55	280	65	215	75	10.16
28	>26~28	94	55	320	70	270	90	13.97
32	>28~32	110	65	360	77	336	112	17.94
36	>32~36	122	70	390	85	450	150	23.03

楔形接头规格	尺寸/mm					断裂载荷	许用载荷	单组质量
（钢丝绳公称	适用钢丝绳	B	D	H	R	/KN	/KN	/kg
直径）d/mm	公称直径/d		（H10）					
40	>36 ~40	145	75	470	90	540	180	32.35

注:表中许用载荷和断裂载荷是楔套材料采用 GB/T 11352—1989 中规定的 ZG 270—
   500 铸钢件,楔的材料采用 GB/T 9439—1988 中规定的 HT 200 灰铸铁件确定的。

5.5 机床附件

5.5.1 分度头

1. 机械分度头

机械分度头(GB/T 2554—2008)的型式和技术参数见图 5 – 22 和表 5 –
34。

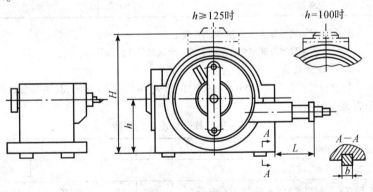

图 5 – 22 机械分度头

表 5 - 34　机械分度头的技术参数

		中心高 h/mm	100	125	160	200	250
主轴端部	法兰式	端部代号（GB/T 5900. 1—1997）	A_0 2		A_2 3		A_1 5
		锥孔号（莫氏）（GP/T1443—1996）	3		4		5
	7:24圆锥	端部锥度号（GB/T3837. 1—2001）	30		40		50
		定位键宽 b/mm	14		18		22
主轴直立时, 支承面到底面高度 H/mm			200	250	315	400	500
连接尺寸 L/mm			93		103		—
主轴下倾角度/(°)			≥5				
主轴上倾角度/(°)			≥95				
传动比			40:1				
手轮刻度环示值/(′)			1				
手轮游标分划示值/(″)			10				

注:①分度头的型号应符合 JB/T2326 规定。

②半万能型比万能型分度头缺少差动分度挂轮连接部分。

2. 等分分度头

等分分度头（JB/T 3853. 1—1999）的型式如图 5 - 23 所示,其主要参数列于表 5 - 35。

表 5 - 35　等分分度头的参数

中心高 h/mm	80	100	125	160	200
主轴锥孔锥度（莫氏圆锥号）	3		4		5
主轴直立对轴肩支承面的最大高度 H/mm[a]	85	125	150		170
定位键宽度 b/mm	14		18		22

[a] 只适用于立卧式。

5. 5. 2　回转工作台

回转工作台（JB/T4370—2011）的型式如图 5 - 24 所示,主要参数列于表5 - 36。

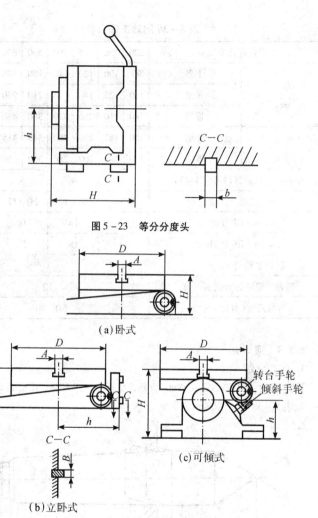

图 5 - 23   等分分度头

（a）卧式

（b）立卧式

（c）可倾式

转台手轮
倾斜手轮

图 5 - 24   回转工作台

表 5 – 36 回转工作台参数

工作台直径 D/mm		200	250	315	400	500	630	800	1 000
H_{max} /mm	Ⅰ型	90	100	120	140	160	180	220	250
	Ⅱ型	100	125	140	170	210	250	300	350
	Ⅲ型	180	210	260	320	380	460	560	700
h_{max} /mm	Ⅱ型	150	185	230	280	345	415	510	610
	Ⅲ型	130	160	200	250	300	360	450	550
中心孔莫氏圆锥（GB/T 1443）		3		4		5		6	
中心孔（直径 × 深度）/mm		30 ×6		40 ×10		50 ×12		75 ×14	
A/mm（GP/T158）		12		14		18		22	
B/mm（JB/T8016）		14		18		22		22	
转台手轮刻度值/(′)		1							
转台手轮游标分划值/(″)		10							
可倾角度（Ⅲ型）/(°)		0 ~ 90							

5.5.3 顶 尖

1. 固定顶尖

固定顶尖（GB/T9204—2008）的型式见图 5 – 25 所示,其基本参数列于表 5 – 37、表 5 – 38。

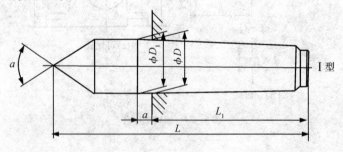

图 5 –25 固定顶尖

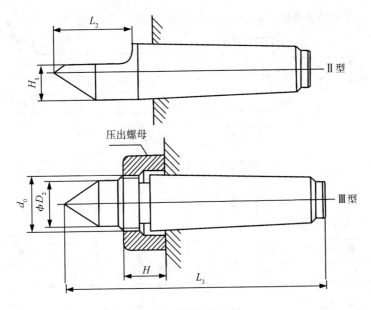

图 5 - 25　固定顶尖(续)

表 5 - 37　固定顶尖参数　　　　单位:mm

型式	号数	锥度	D	L_1 max	D_1 max	a	L	L_2	h_1	D_2	d_0	L_3	H max	α
米制	4	1: 20 = 0. 05	4	23	4. 1	2	33							60°
	6	1: 20 = 0. 05	6	32	6. 2	3	47							
莫氏	0	0. 624 6: 12 = 0. 052 05	9. 045	50	9. 2	3	70	16	6	9	M10 × 0. 75	75	12	
	1	0. 598 58: 12 = 0. 049 88	12. 065	53. 5	12. 2	3. 5	80	22	8	12	M14 × 1	85	12	
	2	0. 599 41: 12 = 0. 049 95	17. 780	64	18. 0	5	100	30	12	16	M18 × 1	105	15	
	3	0. 602 35: 12 = 0. 050 20	23. 825	81	24. 1	5	125	38	15	22	M24 × 1. 5	130	15	60°
	4	0. 623 26: 12 = 0. 051 94	31. 267	102. 5	31. 6	6. 5	160	50	20	30	M33 × 1. 5	170	18	75°
	5	0. 631 51: 12 = 0. 052 63	44. 399	129. 5	44. 7	6. 5	200	63	28	42	M45 × 1. 5	210	21	或90°
	6	0. 625 65: 12 = 0. 052 14	63. 348	182	63. 8	8	280		40	60	M64 × 1. 5	290	24	
米制	80	1: 20 = 0. 05	80	196	80. 4	8	315							
	100	1: 20 = 0. 05	100	232	100. 5	10	360							

　　注:①α 一般为60°,根据需要可选用75°或90°。

　　　②角度公差按GB/T 1804 - 2000中 m 级的规定,但不允许取负值。

镶硬质合金头的参数见图 5-26 和表 5-38。

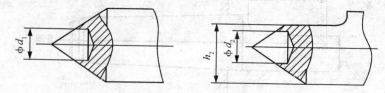

图 5-26 镶硬质合金头

表 5-38 镶硬质合金头参数

单位:mm

型号	莫 氏 圆 锥 号						
	0	1	2	3	4	5	6
d_1	(6)		8	12	15	18	30
d_2	(5)		(6)		8	12	15
h_2	8	9.5	13.5	18.2	22	30.5	41.5

2. 回转顶尖

回转顶尖(JB/T3580—2011)的型式分为普通型、伞型和插入型三种,如图 5-27 所示,其尺寸分别列于表 5-39 ~ 表 5-41。

表 5-39 普通型回转顶尖尺寸

单位:mm

圆锥号	莫氏						米制			
	1	2	3	4	5	6	80	100	120	160
D	12.065	17.780	23.825	31.267	44.399	63.348	80	100	120	160
D_{1max}	40	50	60	70	100	140	160	180	200	280
L_{max}	115	145	170	210	275	370	390	440	500	680
l	53.5	64	81	102.5	129.5	182	196	232	268	340
a	3.5	5	5	6.5	6.5	8	8	10	12	16
d	—	—	10	12	18	—	—	—	—	—

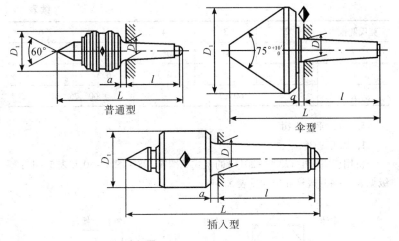

图 5 - 27 回转顶尖

表 5 - 40 伞型回转顶尖尺寸 单位:mm

莫氏圆锥号	2	3	4	5	6
D	17.780	23.825	31.267	44.399	63.348
D_{1max}	80	100	160	200	250
L_{max}	125	160	210	255	325
l	64	81	102.5	129.5	182
a	5	5	6.5	6.5	8
θ	60°,75°,90°				

表 5 - 41 插入型回转顶尖的尺寸 单位:mm

莫氏圆锥号	2	3	4	5	6
D	17.780	23.825	31.267	44.399	63.348
D_{1max}	50	60	70	90	110
L_{max}	140	170	200	260	330

莫氏圆锥号	2	3	4	5	6
l	64	81	102.5	129.5	182
a	5	5	6.5	6.5	8
α	60°,75°			60°,75°,90°	

5.5.4 平口虎钳

1. 机用虎钳

机用虎钳(JB/T2329—2011)的型式见图 5-28~图 5-30 和表 5-42;等级见表 5-43,规格和尺寸见表 5-44。

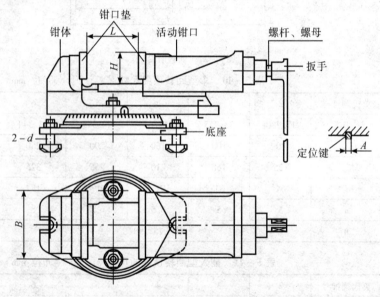

图 5-28 型式 I 机用虎钳

表 5 – 42　机用虎钳型式

型式 Ⅰ	固定型（无底座）	图 5 – 28
	回转型	
型式 Ⅱ	回转型	图 5 – 29
型式 Ⅲ	固定型（无底座）	图 5 – 30
	回转型	

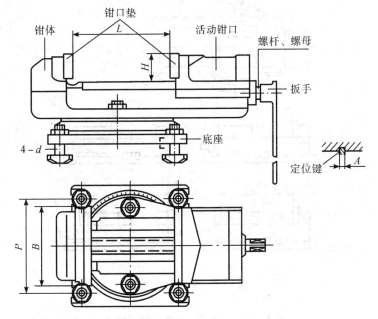

图 5 – 29　型式 Ⅱ 机用虎钳

表 5 – 43　机用虎钳的等级

等　级	0	1	2
型式 Ⅰ	△	△	（△）
型式 Ⅱ	–	（△）	△
型式 Ⅲ	△	△	–

注:括号内的等级不推荐采用。

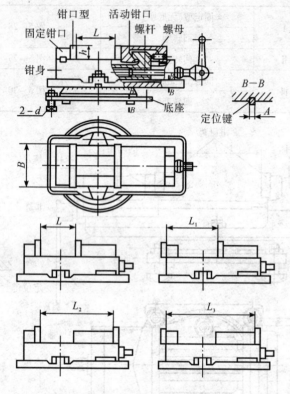

图5-30　型式Ⅲ机用虎钳

表5-44　机用虎钳的规格和基本尺寸

单位:mm

规　格		63	80	100	125	160	200	250	315	400
钳口宽度 B	型式Ⅰ	63	80	100	125	160	200	250	—	—
	型式Ⅱ	—	—	—	125	160	200	250	315	400
	型式Ⅲ	—	80	100	125	160	200	250	—	—

规 格		63	80	100	125	160	200	250	315	400
钳口高度 h_{min}	型式 I	20	25	32	40	50	63	63	—	—
	型式 II	—	—	—	40	50	63	63	80	80
	型式 III	—	25	32	38	45	56	75	—	—
钳口最大张开度 L_{max}	型式 I	50	63	80	100	125	160	200	—	—
	型式 II	—	—	—	140	180	220	280	360	450
	型式 III	—	75	100	110	140	190	245	—	—
定位键宽度 A （按 GB/T 2206）	型式 I	12	12	14	14	18	18	22	—	—
	型式 II	—	—	—	14	14	18	18	22	22
	型式 III	—	12	14	14	18	18	22	—	—
螺栓直径 d	型式 I	M10	M10	M12	M12	M16	M16	M20	—	—
	型式 II	—	—	—	M12	M12	M16	M16	M20	M20
	型式 III	—	M10	M12	M12	M16	M16	M20	—	—
螺栓间距 P	型式 II（4 - d）	—	—	—	—	160	200	250	320	320

注:虎钳的型号和命名一般应符合 JB/T 2326 的规定。

2. 可倾机用平口虎钳

可倾机用平口虎钳(JB/T9936—2011)的型式见图 5 - 31,其主要参数见表 5 - 45。

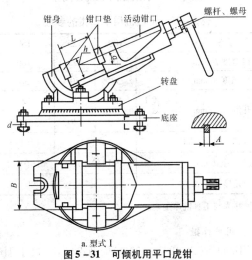

a. 型式 I

图 5 - 31　可倾机用平口虎钳

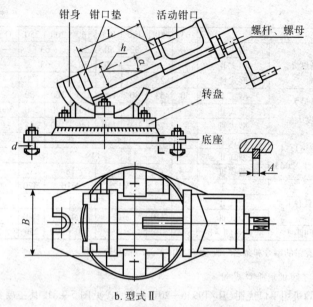

b. 型式 Ⅱ

图 5 - 31　可倾机用平口虎钳(续)

表 5 - 45　可倾机用平口钳的参数

规格		100	125	160	200
钳口宽度 B/mm		100	125	160	200
钳口高度 h/mm		32	40	50	63
钳口最大张开度 L_{min}/mm	型式 Ⅰ	80	100	125	160
	型式 Ⅱ	—	140	180	220
定位键槽宽度 A/mm		14(12)		18(14)	18
螺栓直径 d/mm		M12(M10)		M16(M12)	M16
倾斜角度范围 α		0°~90°			

注:括号内尺寸为与工具铣床配套。

3. 高精度机用平口钳

高精度机用平口钳(JB/T9937—2011)的型式与基本尺寸见图 5 - 32 和表

5 – 46。

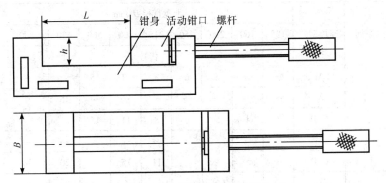

图 5 – 32　高精度机用平口钳

表 5 – 46　高精度用平口钳的尺寸　　　　　　单位:mm

规格	40	50	63	80	100	125	160
钳口宽度 B	40	50	63	80	100	125	160
钳口高度 h	22	25	28	32	36	40	45
钳口最大张开度 L_{max}	32	40	50	63	80	100	125	160	200

5.5.5　手动自定心卡盘

1. 卡盘型式

手动自定心卡盘(GB/T4346—2008)按其与机床主轴端部的连接型式分为短圆柱卡盘和短圆锥卡盘两种。短圆锥卡盘型式共有 A_1、A_2、C、D4 种型式,见图 5 – 33。短圆锥型卡盘的连接型式代号(用字母和数字表示)与卡盘直径的配置关系见表 5 – 47。

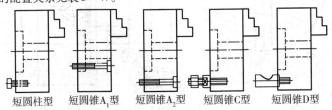

短圆柱型　　短圆锥A_1型　　短圆锥A_2型　　短圆锥C型　　短圆锥D型

图 5 – 33　卡盘的型式

表 5 − 47   短圆锥型卡盘参数连接型式代号

系列	连接型式	卡盘直径 D/mm								
		125	160	200	250	315	400	500	630	800
		代号								
I	A_1	—	—	5	6	8	11	15	15	—
	A_2	—	—						15	15
	C、D	3	4	5	6	8	11	15		
II	A_1	—	—	6	8			—		
	C、D	4	5			11	15		20	20
III	A_1	—	—							—
	A_2	—	—	4	5	6	8	11	11	20
	C、D	—	3							

注:优先选用 I 系列。

2. 卡盘参数

(1)短圆柱型卡盘参数(见图 5 − 34 和表 5 − 48)。

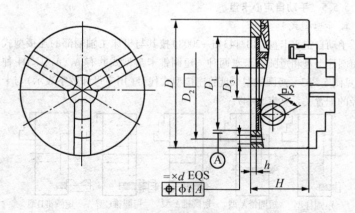

图 5 − 34   短圆柱型卡盘

表 5 – 48　短圆柱型卡盘参数　　　　　　　单位:mm

卡盘直径 D	80	100	125	160	200	250	315	400	500	630	800
D_1	55	72	95	130	165	206	260	340	440	560	710
D_2	66	84	108	142	180	226	285	368	465	595	760
$D_{3\,min}$	16	22	30	40	60	80	100	130	200	260	380
$z \times d$	3 × M6	3 × M8			3 × M10	3 × M12	3 × M16		6 × M16		6 × M20
t	0.30					0.40					
h_{min}	3				5				6	7	8
H_{max}	50	55	60	65	75	80	90	100	115	135	149
S	8		10		12		14		17		19

（2）短圆锥型卡盘参数

短圆锥型卡盘参数见图 5 – 35 和表 5 – 49。

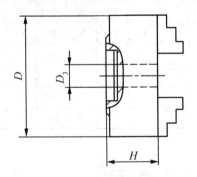

图 5 – 35　短圆锥型卡盘

表 5 – 49　短圆锥型卡盘参数　　　单位:mm

卡盘直径 D	连接型式	代号									
		3		4		5		6		8	
		$D_{3\,min}$	H_{max}	D_{3min}	H_{max}	$D_{3\,min}$	H_{max}	$D_{3\,min}$	H_{max}	$D_{3\,min}$	H_{max}
125	A_1										
	A_2										
	C	25	65	25	65						
	D	25	65	25	65						
160	A_1										
	A_2										
	C	40	80	40	75	40	75				
	D	40	80	40	75	40	75				
200	A_1					40	85	55	85		
	A_2			50	90						
	C			50	90	50	90	50	90		
	D			50	90	50	90	50	90		
250	A_1					40	95	55	95	75	95
	A_2										
	C					70	100	70	100	70	100
	D					70	100	70	100	70	100

卡盘直径 D	连接型式	代号									
		6		8		11		15		20	
		$D_{3\,min}$	H_{max}	D_{3min}	H_{max}	$D_{3\,min}$	H_{max}	$D_{3\,min}$	H_{max}	$D_{3\,min}$	H_{max}
315	A_1	55	110	75	110						
	A_2	100	110								
	C	100	110	100	110	100	110				
	D	100	115	100	115	100	115				
400	A_1			75	125	125	125				
	A_2			125	125						
	C			125	125	125	125	125	140		
	D			125	125	125	125	125	155		
500	A_1					125	140	190	140		
	A_2					190	140				
	C					190	140	200	140		
	D					190	145	200	145		
630	A_1							240	160		
	A_2					190	160	240	160		
	C					190	160	240	160	350	200
	D					190	160	240	160	350	200
800	A_1										
	A_2							240	180	350	200
	C							240	180	350	200
	D							240	180	350	200

注：①A_1 型、A_2 型、C 型、D 型矩圆锥型卡盘连接参数分别见 GB/T 5900.1 ~ 5900.3—1997 中图 2 和表 2。

②扳手方孔尺寸见表 5-48。

3. 卡爪

卡爪按其结构型式可分为整体爪和分离爪。本部分仅介绍分离爪。分离爪是由基爪和顶爪两部分组成,顶爪通常可调整为正爪或反爪使用。分离爪(GB/T 4346.1—2002)的型式如图5-36所示;分离爪(键、槽配合型)互换性尺寸列于表5-50。

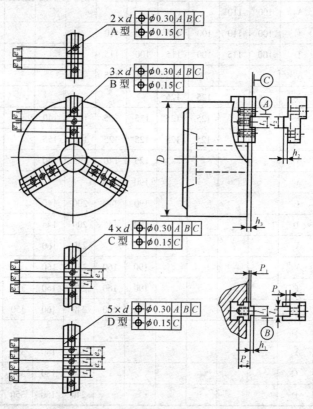

图5-36　分离爪

表 5-50　分离爪(键、槽配合型)互换性尺寸参数　单位:mm

卡盘直径 D		100	125	160	200	250	315	400	500	630
型式		A	A	A	A	A	B	B	C	D
基爪	d	M6	M8	M10	M10	M12	M12	M16	M20	M20
	e_1	9.5	11.1	19	22.2	27	31.75	38.1	38.1	38.1
	e_2	—	—	—	—	—	—	—	38.1	38.1
	h_1	2.2	2.2	3	3	3	3	3	3	3
	h_{3min}	4	4	5	5	5	5	8	8	8
	l_1(h9)	6.35	6.35	7.94	7.94	12.7	12.7	12.7	12.7	12.7
	P_1	3.2	3.2	4	4	4	4	7	7	7
	P_2	9	13	18	18	20	20	28	33	33
	t_1(h8)	7.94	7.94	12.675	12.675	19.025	19.025	19.025	19.025	19.025
顶爪	h_2	2.2	2.2	3	3	3	3	6	6	6
	l_2(E9)	6.35	6.35	7.94	7.94	12.7	12.7	12.7	12.7	12.7
	P_3	3.2	3.2	4	4	4	4	4	4	4
	t_2(js8)	7.94	7.94	12.675	12.675	19.025	19.025	19.025	19.025	19.025

注:①卡盘直径 D 允许有 ±5% 的变动。

②表中 e_1 在 ISO/DIS 3442—1 中为 e_1 ±0.15。

③表中 t_2 公差在 ISO/DIS 3442—1 中为 h8。

4. 卡盘夹持范围

机床用手动自定心卡盘的夹持型式见图 5-37 所示,其夹持范围列于表 5-51。

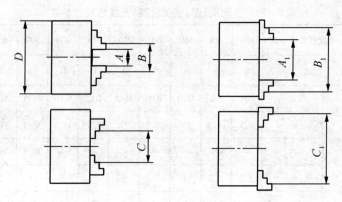

图 5 - 37　卡盘的夹持型式

表 5 - 51　卡盘的夹持范围　　　　　单位:mm

卡盘直径 D	正爪		反爪
	夹紧范围	撑紧范围	夹紧范围
	$A \sim A_1$	$B \sim B_1$	$C \sim C_1$
80	2 ~ 22	25 ~ 70	22 ~ 63
100	2 ~ 30	30 ~ 90	30 ~ 80
125	2.5 ~ 40	38 ~ 125	38 ~ 110
160	3 ~ 55	50 ~ 160	55 ~ 145
200	4 ~ 85	65 ~ 200	65 ~ 200
250	6 ~ 110	80 ~ 250	90 ~ 250
315	10 ~ 140	95 ~ 315	100 ~ 315
400	15 ~ 210	120 ~ 400	120 ~ 400
500	25 ~ 280	150 ~ 500	150 ~ 200
630	50 ~ 350	170 ~ 630	170 ~ 630
800	150 ~ 450	300 ~ 800	400 ~ 800

5.5.6 电磁吸盘

电磁吸盘(JB/T 10577—2006)分为矩形电磁吸盘和圆形电磁吸盘两种。

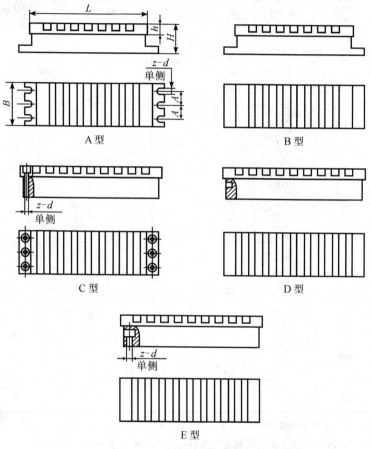

图 5-38 矩形电磁吸盘

1. 矩形电磁吸盘

矩形电磁吸盘其型式和主要参数见图 5-38 和表 5-52。

表 5-52　矩形电磁吸盘的参数

作台面宽度 B/mm	工作台面长度 L/mm	吸盘高度 H_{max}/mm	面板厚度 h_{min}/mm	螺钉槽间距 A/mm	螺钉槽数 Z/个	螺钉槽宽度 d/mm
100	250	80	20	—	1	12
	315					
125	315	90				
	400					
	500					
160	400	100				
	500					
	630					
200	400	100				14
	500					
	630					
	800					
250	500		20	—	1	
	630					
	800					
	1 000					
315 (320)	630	110	25	100	2	18
	800					
	1 000					
	1 600					
	2 000					
400	630	120				
	800					
	1 000					
	1 600					
	2 000					
500	630			160		22
	1 000					
	1 600					
	2 000					
630	1 000	125	28		3	
	1 600					
	2 000					
	2 500					
800	1 600			250		26
	2 000					
	2 500					

2. 圆形电磁吸盘

圆形电磁吸盘其型式和主要参数见图 5-39 和表 5-53。

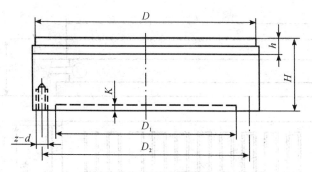

图 5 - 39　圆形永磁吸盘

表 5 - 53　圆形电磁吸盘　　　　　　　　单位：mm

工作台面直径 D	吸盘高度 H_{max}	面板厚度 h_{min}	推 荐 值				
			D_1（H7）	D_2	K	Z	d
250	100	18	200	224	5	4	M10
315（320）	110		250	280			M12
400		20	315	355	6	8	
500	120		400	450			
630	130		500	560			
800	140	22	630	710	8		M16
1 000	160		800	900	10	16	
1 250	180		1 000	1 140			
1 600	200	24	1 250	1 480			

5.5.7　永磁吸盘

永磁吸盘（JB/T 3149—2005）分为矩形永磁吸盘和圆形永磁吸盘两种。

1. 矩形永磁吸盘

矩形永磁吸盘的型式和基本参数见图 5 - 40 和表 5 - 54。

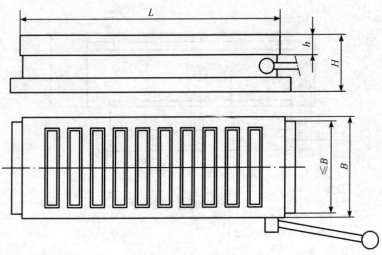

图 5-40　矩形永磁吸盘

表 5-54　矩形永磁吸盘的参数　　　　　　单位：mm

工作台面宽度 B	工作台面长度 L	吸盘高度 H_{max}	面板厚度 h_{min}
100	200	65	12
	250		
	315		
125	250	70	16
	315		
	400		
160	250	75	18
	315		
	400		
	500		

工作台面宽度 B	工作台面长度 L	吸盘高度 H_{max}	面板厚度 h_{min}
200	315	80	
	400		
	500		
	630		
250	400	85	20
	500		
	630		
315	500	90	
	630		
	800		

2. 圆形永磁吸盘

圆形永磁吸盘的型式和基本参数见图 5 – 41 和表 5 – 55。

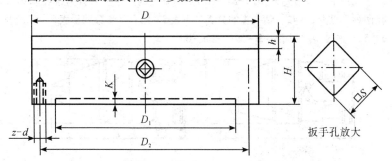

图 5 – 41 圆形永磁吸盘

表 5 – 55　　圆形永磁吸盘的参数　　　单位：mm

工作台面直径 D	吸盘高度 H_{max}	面板厚度 h_{min}	连接安装尺寸（推 荐 值）					
			D_1（H7）	D_2	S（H12）	K	z	d
100	50	10	60	85	6	4		M8
125	60	12	80	110	6	4		M8
160	70	12	120	140	8		4	M10
200	80	16	160	180	8		4	M10
250	90	18	200	224		5		M10
315（320）	100	18	250	280	10	5		M12
400	100	20	315	355	10			M12
500	110	20	400	450		6	8	M12

5.5.8　无扳手三爪钻夹头

无扳手三爪钻夹头（JB/T 4371.1—2002）的连接型式分为锥孔和螺纹孔两种，见图 5 – 42。钻夹头的分类列于表 5 – 56；其参数列于表 5 – 57、表 5 – 58；连接型式列于表 5 – 59、表 5 – 60。

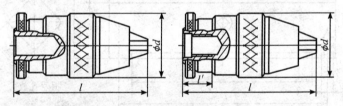

图 5 – 42　三爪钻夹头连接型式

表 5 – 56　无扳手三爪钻夹头的分类（按用途分）

型式代号	型　式	用　　途
H	重型钻夹头	用于机床和重负荷加工
M	中型钻夹头	主要用于轻负荷加工和便携式工具
L	轻型钻夹头	用于轻负荷加工和家用钻具

表 5-57　无扳手三爪钻夹头锥孔连接型式的参数　单位：mm

	型式	3H	4H	5H	6.5H	8H	10H	13H	16H
H 型	夹持范围（从/到）	0.2/3	0.5/4	0.5/5	0.5/6.5	0.5/8	0.5/10	1/13	3/16
	l_{max}	50	62	63	72	80	103	110	115
	d_{max}	25	30	32	35	38	42.9	54	56
M 型	型式	—	—	—	6.5M	8M	10M	13M	16M
	夹持范围（从/到）	—	—	—	0.5/6.5	0.5/8	1/10	1/13	3/16
	l_{max}				72	80	103	110	115
	d_{max}	—	—	—	35	38	42.9	42.9	54

注：l_{max} 为钻夹头夹爪闭合后尺寸。

表 5-58　无扳手三爪钻夹头螺纹孔连接型式的参数　单位：mm

	型式	6.5M	8M	10M	13M	16M
M 型	夹持范围（从/到）	0.5/6.5	0.5/8	1/10	1/13	3/16
	l_{max}	72	74	103	110	115
	d_{max}	35	35	42.9	42.9	54
L 型	型式	—	8L	10L	13L	—
	夹持范围（从/到）	—	1/8	1.5/10	1.5/13	—
	l_{max}	—	72	78	97	—
	d_{max}	—	35	36	42.9	—

注：l_{max} 为钻夹头夹爪闭合后尺寸。

表 5-59 无扳手三爪钻夹头锥孔连接型式

型式		夹持直径 max /mm	莫氏锥孔							贾格锥孔						
			B6	B10	B12	B16s*	B16	B18s*	B18	0	1	2s**	2	33	6	(3)
H型	3H	3	×	×						×	×					
	4H	4		×						×	×					
	5H	5		×	×						×					
	6.5H	6.5		×	×						×					
	8H	8		×	×							×				
	10H	10			×		×						×	×		
	13H	13					×						×	×	×	
	16H	16					×	×	×							×
M型	6.5	6.5		×	×						×					
	8M	8		×	×							×				
	10M	10			×								×	×		
	13M	13			×	×	×						×	×	×	
	16M	16					×	×							×	×

注：①锥孔的详细尺寸见 ISO 239:1999。

②*为短莫氏锥度。

③**为短贾格锥度。

④表中×表示有此产品。

表 5-60 无扳手三爪钻夹头螺纹孔连接型式

型式		夹持直径 max /mm	英制螺纹			普通螺纹		
			3/8×24	1/2×20	5/8×16	M10×1	M12×1.25	M16×1.5
			螺纹深度 l'_{min}/mm					
			14.5	16	19	14	16	19
M型	6.5M	6.5	×			×		
	8M	8	×			×		
	10M	10	×	×			×	
	13M	13		×			×	
	16M	16		×	×		×	×

型式		夹持直径 max /mm	英制螺纹			普通螺纹		
			3/8×24	1/2×20	5/8×16	M10×1	M12×1.25	M16×1.5
			螺纹深度 l'_{min}/mm					
			14.5	16	19	14	16	19
L 型	8L	8	×			×		
	10L	10	×	×		×	×	
	13L	13	×	×		×	×	

注：英制螺纹按 ISO 263：1973、ISO 725：1978 和 ISO 5864：1978；普通螺纹按 GB/T 196、GB/T 197。

第六章 工具和量具

6.1 土木工具

6.1.1 钢锹

钢锹（QB/T 2095—1995）按其用途和形状可分为五种，即农用锹（Ⅰ型和Ⅱ型）、尖锹、方锹、煤锹（Ⅰ型和Ⅱ型）和深翻锹。

锹的分类和型式见图6-1～图6-5；钢锹的基本尺寸、强度等级及承受能力列于表6-1～表6-3。

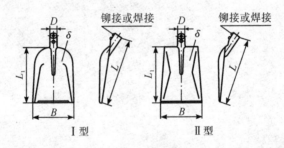

图 6-1　农用锹

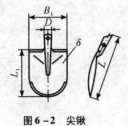

图 6-2　尖锹

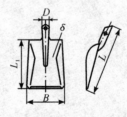

图 6-3　方锹

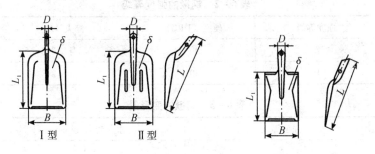

图 6-4 煤锹

图 6-5 深翻锹

表 6-1 钢锹的规格代号和基本尺寸

分类	型式代号	规格代号	基本尺寸/mm					
			全长 L	身长 L_1	前幅宽 B	后幅宽 B_1	锹裤外径 D	厚度 δ
农用锹	Ⅰ Ⅱ	—	345 ± 10	290 ± 5	230 ± 5		42 ± 1	1.7 ± 0.15
尖锹	—	1 号	460 ± 10	320 ± 5	—	260 ± 5	37 ± 1	1.6 ± 0.15
		2 号	425 ± 10	295 ± 5		235 ± 5		
		3 号	380 ± 10	265 ± 5		220 ± 5		
方锹	—	1 号	420 ± 10	295 ± 5	250 ± 5	—	37 ± 1	1.6 ± 0.15
		2 号	380 ± 10	280 ± 5	230 ± 5			
		3 号	340 ± 10	235 ± 5	190 ± 5			
煤锹	Ⅰ Ⅱ	1 号	550 ± 12	400 ± 6	285 ± 5	—	38 ± 1	1.6 ± 0.15
		2 号	510 ± 12	380 ± 6	275 ± 5			
		3 号	490 ± 12	360 ± 6	250 ± 5			
深翻锹	—	1 号	450 ± 10	300 ± 5	190 ± 5	—	37 ± 1	1.7 ± 0.15
		2 号	400 ± 10	265 ± 5	170 ± 5			
		3 号	350 ± 10	225 ± 5	150 ± 5			

表 6 – 2　钢锹的强度等级

强度等级	硬度（HRC）	淬火区域
A	40	≥身长 2/3
B	30	≥身长 2/3

表 6 – 3　钢锹的变形量

强度等级	永久变形量/mm
A	≤2
B	≤3

注：在 400N 静载荷作用下，钢锹允许全长永久变形量应符合表中规定。

标记示例：

产品的标记由产品分类、强度等级代号、型式代号、规格代号和标准编号组成。

强度等级为 B 级、规格为 1 号Ⅱ型的煤锹其标记为：

煤锹 B Ⅱ Ⅰ QB/T 2095

6.1.2　钢镐

钢镐（QB/T 2290—1997）按其形状可分为双尖（SJ）和尖扁（JB）两种，这两种又分别由 A 型和 B 型组成。

1. 双尖 A 型钢镐

双尖 A 型钢镐的型式和基本尺寸见图 6 – 6 和表 6 – 4。

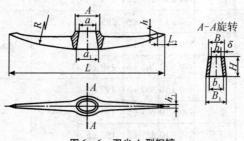

图 6 – 6　双尖 A 型钢镐

表6-4 双尖 A 型钢镐的规格尺寸　　　　单位：mm

规格质量 /kg	总长 L	镐身圆弧 R_{max}	柄孔尺寸									尖部尺寸		
			A	a	a_1	B	b	b_1	B_1	H	δ	L_2	h	h_1
1.5	450	700	60	50	60	45	35	40	56	54	5	20	15	13
2	500	800	68	58	70	48	38	45	65	62	5	25	17	14
2.5	520	800	68	58	70	48	38	45	65	62	5	25	17	14
3	560	1 000	76	64	76	52	40	48	68	65	6	30	18	16
3.5	580	1 000	76	64	76	52	40	48	68	65	6	30	18	16
4	600	1 000	76	64	76	52	40	48	68	65	6	30	18	17

注：质量允差 ±5%。

2. 双尖 B 型钢镐

双尖 B 型钢镐的型式和基本尺寸见图 6-7 和表 6-5。

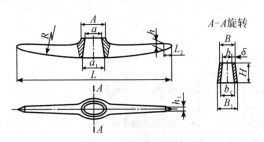

图 6-7　双尖 B 型钢镐

表6-5 双尖 B 型钢镐的规格尺寸　　　　单位：mm

规格质量 /kg	总长 L	镐身圆弧 R_{max}	柄孔尺寸									尖部尺寸		
			A	a	a_1	B	b	b_1	B_1	H	δ	L_2	h	h_1
3	500	1 000	76	64	76	52	40	48	68	65	6	30	18	16
3.5	520	1 000	76	64	76	52	40	48	68	65	6	30	20	16
4	540	1 000	76	64	76	52	40	48	68	65	6	30	20	17

注：质量允差 ±5%。

3. 尖扁 A 型钢镐

尖扁 A 型钢镐的型式和基本尺寸见图 6-8 和表 6-6。

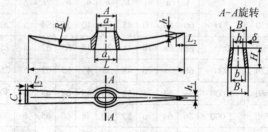

图 6-8　尖扁 A 型钢镐

表 6-6　尖扁 A 型钢镐的规格尺寸

规格质量 /kg	总长 L /mm	镐身圆弧 R_{max} /mm	柄孔尺寸/mm									尖部尺寸 /mm			扁部尺寸 /mm	
			A	a	a_1	B	b	b_1	B_1	H	δ	L_2	h	h_1	C	L_3
1.5	450	700	60	50	60	45	35	40	56	54	5	20	15	13	30	4
2	500	800	68	58	70	48	38	45	65	62	5	25	17	14	35	5
2.5	520	800	68	58	70	48	38	45	65	62	5	25	17	14	38	5
3	560	1 000	76	64	76	52	40	48	68	65	6	30	18	15	40	6
3.5	600	1 000	76	64	76	52	40	48	68	65	6	30	19	16	42	6
4	620	1 000	76	64	76	52	40	48	68	65	6	30	20	17	44	7

注：质量允差 ±5%。

4. 尖扁 B 型钢镐

尖扁 B 型钢镐的型式和基本规格尺寸见图 6-9 和表 6-7。

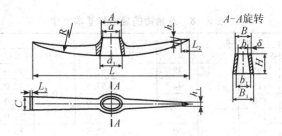

图 6 - 9　尖扁 B 型钢镐

表 6 - 7　尖扁 B 型钢镐的规格尺寸

规格质量 /kg	总长 L /mm	镐身圆弧 R_{max} /mm	柄孔尺寸/mm									尖部尺寸 /mm			扁部尺寸 /mm		
			A	a	a_1	B	b	b_1	B_1	H	δ	L_2	h	h_1	C	h_2	L_3
1.5	420	670	60	50	60	45	35	40	56	54	5	30	18	15	45	14	35
2.5	520	800	68	58	70	48	38	45	65	62	5	25	17	14	38	16	28
3	550	1 000	76	64	76	52	40	48	68	65	6	30	21	17	40	17	40
3.5	570	1 000	76	64	76	52	40	48	68	65	6	30	22	18	42	17	40

注：质量允差 ±5%。

产品的标记由产品名称、型式代号、规格和标准编号组成。

标记示例：

双尖 A 型规格为 2kg 的钢镐，其标记为：

钢镐 SJ A 2 QB/T 2290—1997

6.1.3　八角锤

八角锤（QB/T 1290.1—2010）的型式和规格尺寸见图 6 - 10 和表 6 - 8。

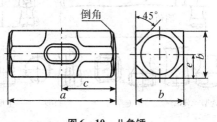

图 6 - 10　八角锤

表6-8　八角锤的规格和基本尺寸

规格/kg	a/mm 基本尺寸	a/mm 公差	b/mm 基本尺寸	b/mm 公差	c/mm 基本尺寸	c/mm 公差	e/mm 基本尺寸	e/mm 公差
0.9	105		38		52.5		19.0	
1.4	115	±1.5	44		57.5		22.0	
1.8	130		48		65.0	±0.6	24.0	±0.7
2.7	152		54		76.0		27.0	
3.6	165		60		82.5		30.0	
4.5	180	±3.0	64	+1.0 -1.5	90.0		32.0	
5.4	190		68		95.0		34.0	
6.3	198		72		99.0		36.0	
7.2	208		75		104.0	±0.7	37.5	±1.0
8.1	216		78		108.0		39.0	
9.0	224	±3.5	81		112.0		40.5	
10.0	230		84		115.0		42.0	
11.0	236		87		118.0		43.5	

注：①本表不包括特殊型式的八角锤。

②锤孔的尺寸参照 GB/T 13473 的附录。

八角锤的标记由产品名称、标准编号和规格组成。

标记示例：规格为 1.8 kg 的八角锤的产品标记为：

八角锤 QB/T 1290.1 - 1.8

6.1.4　羊角锤

羊角锤（QB/T 1290.8—2010）的型式和基本尺寸如图 6 - 11 和表 6 - 9 所示。

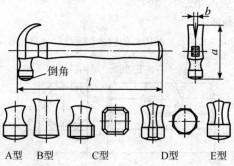

图6-11　羊角锤

表 6 - 9　羊角锤的规格尺寸

规格/kg	l/mm，max	a/mm，max	b/mm，max
0.25	305	105	7
0.35	320	120	7
0.45	340	130	8
0.50	340	130	8
0.55	340	135	8
0.65	350	140	9
0.75	350	140	9

注：①本表不包括特殊型式的羊角锤。

②锤孔的尺寸参照 GB/T 13473 的附录。

羊角锤的产品标记由产品名称、标准编号、规格和型式代号组成。

标记示例：0.35kg 的 A 型羊角锤的产品标记为：

羊角锤 QB/T 1290.8 - 0.35A

6.1.5　木工锤

木工锤（QB/T 1290.9—2010）的型式和基本尺寸如图 6 - 12 和表 6 - 10 所示。

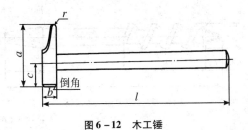

图 6 - 12　木工锤

表 6 – 10　木工锤的基本尺寸

| 规格 /kg | l/mm | | a/mm | | b/mm | | c/mm | | r/mm |
	基本尺寸	公差	基本尺寸	公差	基本尺寸	公差	基本尺寸	公差	max
0.20	280	±2.00	90		20		36		6.0
0.25	285		97		22		40		6.5
0.33	295		104	±1.00	25	±0.65	45	±0.80	8.0
0.42	308	±2.50	111		28		48		
0.50	320		118		30		50		9.0

注：①本表不包括特殊型式的木工锤。

②锤孔的尺寸参照 GB/T 13473 的附录。

木工锤的标记由产品名称、规格和标准编号组成。

标记示例：0.25kg 的木工锤的产品标记为：

木工锤 QB/T 1290.9 – 0.25

6.1.6　木工钻

木工钻（QB/T 1736—1993）适用于钻削木质孔。

木工钻分为双刀短柄、单刀短柄、双刀长柄、单刀长柄、木柄电工用和铁柄电工用等六种型式，具体见图 6 – 13 ~ 图 6 – 18。木工钻的基本尺寸见表 6 – 11 ~ 表 6 – 13。

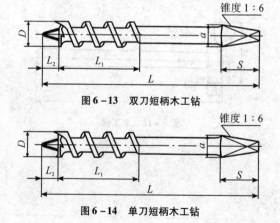

图 6 – 13　双刀短柄木工钻

图 6 – 14　单刀短柄木工钻

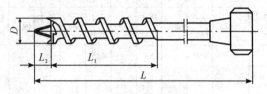

图 6-15 双刀长柄木工钻

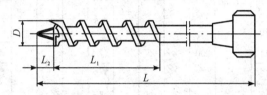

图 6-16 单刀长柄木工钻

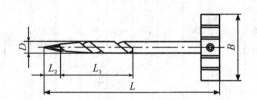

图 6-17 木柄电工用木工钻

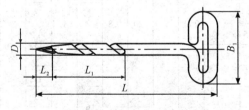

图 6-18 铁柄电工用木工钻

表 6-11　双刀短柄木工钻和单刀短柄木工钻的基本尺寸　　　　　单位：mm

项目 \ 规格	D 基本尺寸	D 偏差	L 基本尺寸	L 偏差	L_1 基本尺寸	L_1 偏差	L_2 基本尺寸	L_2 偏差	S 基本尺寸	S 偏差	a 基本尺寸	a 偏差
5	5	+0.40 0	150	±5	65	±6	4.5	±1.0	19			
6	6		170		75		5				5.5	±0.60
6.5	6.5											
8	8						6		21		6.5	
9.5	9.5						6.5		24		7.5	
10	10											
11	11		200		95		7		26		8	
12	12						7.5				9	
13	13						8					
14	14	+0.50 0	230	±0.6	110	±7	9		28	±1.6	9.5	±0.75
(14.5)	14.5											
16	16						10		30			
19	19										10	
20	20						13		31			
22	22											
(22.5)	22.5		250		120	±8	14	±1.4	33		10.5	±0.90
24	24											
25	25						15					
(25.5)	25.5								35		11	
28	28											
(28.5)	28.5						16					
30	30	+0.60 0	280		130	±9			36			
32	32										11.5	
38	38						18		37			

表 6-12　双刀长柄木工钻和单刀长柄木工钻的基本尺寸　　　　单位：mm

项目 规格	D		L		L_1		L_2	
	基本尺寸	偏差	基本尺寸	偏差	基本尺寸	偏差	基本尺寸	偏差
5	5	+0.40 0	250	±8	120	±7	4.5	±1
6	6		380		170		5	
6.5	6.5							
8	8					6		
9.5	9.5					6.5		
10	10							
11	11		420		200		7	
12	12					7.5		
13	13					8		
14	14	+0.50 0	500	±9	250	±8	9	
(14.5)	14.5							
16	16					10		
19	19					13		
20	20							
22	22		560	±10	300	±9	14	
(22.5)	22.5							
24	24							
25	25					15		
(25.5)	25.5							
28	28							
(28.5)	28.5	+0.60 0						
30	30		610	±10	320	±10	16	
32	32							
38	38					18		

表 6 – 13　电工钻的基本尺寸　　　　单位：mm

项目 规格	D		L		L_1		L_2		B		B_1	
	基本尺寸	偏差	基本尺寸	偏差	基本尺寸	偏差	基本尺寸	偏差	基本尺寸	偏差	基本尺寸	偏差
4	4		120		50		10		70		70	
5	5				55							
6	6		130		60		11		80		80	
8	8	+0.30 0		±5		±4	12	±1	90	±3	85	±3
10	10		150		70		13					
12	12						14		95		90	
(14)	14		170		75		15					

注：①表中括号内的规格和尺寸尽可能不采用。

　　②特殊规格由供需双方协商规定。

6.1.7　弓摇钻

弓摇钻（QB/T 2510—2001）适用于木工钻孔。弓摇钻的型式根据其换向机构可分为转式、推式和按式三种，分别示于图 6 – 19 ~ 图 6 – 21。弓摇钻的结构组成如图 6 – 22 所示。弓摇钻的型式代号、基本尺寸和技术要求列于表 6 – 14 ~ 表 6 – 17。

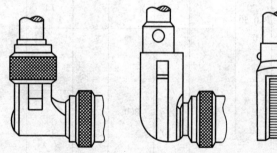

图 6 – 19　转式弓摇钻　　　图 6 – 20　推式弓摇钻　　　图 6 – 21　按式弓摇钻

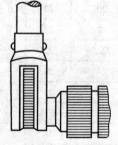

表 6 – 14　弓摇钻的型式代号

型式	转式	推式	按式
代号	Z	T	A

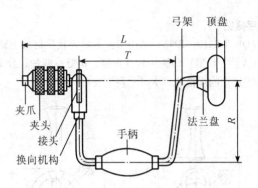

图 6 – 22　弓摇钻的结构组成

表 6 – 15　弓摇钻的基本规格尺寸　　　　单位：mm

规格	最大夹持尺寸	L	T	R
250	22	320 ~ 360	150 ± 3	125
300	28.5	340 ~ 380		150
350	38	360 ~ 400	160 ± 3	175

注：弓摇钻的规格是根据其回转直径确定的。

表 6 – 16　弓摇钻零件热处理硬度

零件名称		热处理硬度	
		HRC	HRA
夹爪	二爪	41 ~ 50	—
	四爪	35 ~ 45	
棘爪　棘轮		41 ~ 50	71 ~ 76

表 6 – 17　弓摇钻的夹头中心与弓架靠顶盘一端的同轴度

规　　格	250	300	350
同轴度偏差	≤9	≤12	≤16

产品标记由产品名称、规格、型式代号和夹爪数及采用标准号组成。

标记示例：

弓摇钻　300　T4　QB/T 2510—2001

6.1.8 手摇钻

手摇钻（QB/T 2210—1996）适用于在木材等软质材料上钻孔。手摇钻分为手持式（A型、B型）和胸压式（A型、B型）两种，分别见图6-23和图6-24。手摇钻的规格和基本尺寸列于表6-18。

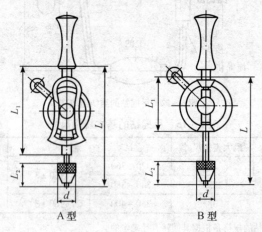

图6-23　手持式手摇钻

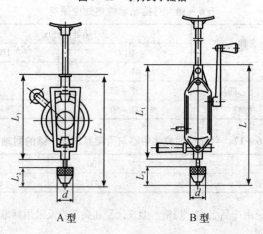

图6-24　胸压式手摇钻

表 6 – 18   手摇钻的规格和基本尺寸   单位：mm

型 式		规 格	L_{max}	L_{1max}	L_{2max}	d_{max}	最大夹持直径
手持式	A 型	6	200	140	45	28	6
		9	250	170	55	34	9
	B 型	6	150	85	45	28	6
胸压式	A 型	9	250	170	55	34	9
		12	270	180	65	38	12
	B 型	9	250	170	55	34	9

手摇钻的标记由产品名称、型式代号、规格和标准编号组成。

标记示例：

6mm 的手持式 A 型手摇钻标记为：

手摇钻　S A 6　QB/T 2210

9mm 的胸压式 B 型手摇钻标记为：

手摇钻　X B 9　QB/T 2210

6.1.9 锯

1. 木工圆锯片

木工圆锯片（GB/T 13573—1992）适用于木工圆锯机上纵剖或横截木材之用。

木工圆锯片的型式和基本尺寸见图 6 – 25 和表 6 – 19。

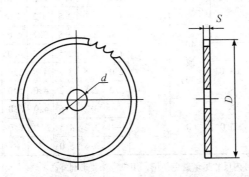

图 6 – 25   木工圆锯片

标记示例：

外径 500mm，厚度 2.0mm，孔径 30mm，齿数 72 齿，齿形为直背齿的木工圆锯片标记为：

木工圆锯片 500×2.0×30－72N GB/T 13573—1992

表 6-19　木工圆锯片的基本尺寸

外径 D/mm		孔径 d/mm		厚度 S/mm						齿数（个）
基本尺寸	极限偏差	基本尺寸	极限偏差	1	2	3	4	5	极限偏差	
160	±1.5	20（30）		0.8	1.0	1.2	1.6	—		
(180)				0.8	1.0	1.2	1.6	2.0		
200				0.8	1.0	1.2	1.6	2.0	±0.05	80 或 100
(225)		30 或 60		0.8	1.0	1.2	1.6	2.0		
250				0.8	1.0	1.2	1.6	2.0		
(280)	±2.0			0.8	1.0	1.2	1.6	2.0		
315				1.0	1.2	1.6	2.0	2.5		
(355)				1.0	1.2	1.6	2.0	2.5		
400			H11（H9）	1.0	1.2	1.6	2.0	2.5	±0.07	
(450)		30 或 85		1.2	1.6	2.0	2.5	3.2		
500				1.2	1.6	2.0	2.5	3.2		
(560)	±3.0			1.2	1.6	2.0	2.5	3.2		
630				1.6	2.0	2.5	3.2	4.0		
(710)		40 或 (50)		1.6	2.0	2.5	3.2	4.0	±0.10	
800				1.6	2.0	2.5	3.2	4.0		
(900)	±4.0			2.0	2.5	3.2	4.0	5.0		
1 000				2.0	2.5	3.2	4.0	5.0		
1 250		60		—	3.2	3.6	4.0	5.0		
1 600	±5.0			3.2	4.5	5.0	6.0	—	±0.30	
2 000				—	3.6	5.0	7	—		

注：①括号内尺寸尽量避免使用，用户特殊要求例外。

②公差等级 H9 用于特殊情况。如用于同时在机床上安装多锯片，而且高速旋转的。

2. 木工锯条

木工锯条（QB/T 2094.1—1995）适用于锯切木材。

木工锯条的型式和基本规格尺寸见图6－26和表6－20。

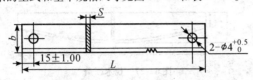

图6－26 木工锯条

表6－20 木工锯条的规格和基本尺寸 单位：mm

规格	长度 L		宽度 b		厚度 S	
	基本尺寸	允差	基本尺寸	允差	基本尺寸	允差
400	400		22			
450	450		25			
500	500		25		0.50	
550	550		32			
600	600		32			
650	650		38		0.60	
700	700		38			
750	750	±2.00	44	±1.00	0.70	+0.02
800	800		38			−0.08
850	850		44		0.70	
900	900					
950	950					
1 000	1 000		44		0.80	
1 050	1 050		50		090	
1 100	1 100					
1 150	1 150					

注：根据用户需要，锯条的规格、基本尺寸可不受本表的限制。

产品标记由产品名称、规格、厚度、标准号组成。

标记示例：

长度为750mm，厚度为0.70mm木工锯条的标记为：

木工锯条 750×0.70 QB/T 2094.1

3. 伐木锯条

伐木锯条(QB/T 2094.2—1995)的型式和基本尺寸见图6-27和表6-21。

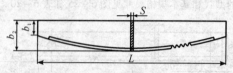

图6-27 伐木锯条

表6-21 伐木锯条的规格和基本尺寸　　　　单位：mm

规格	长度 L		端面宽度 b_1		宽度 b_2		厚度 S	
	基本尺寸	允差	基本尺寸	允差	基本尺寸	允差	基本尺寸	允差
1 000	1 000				110		1.00	
1 200	1 200				120		1.20	
1 400	1 400	±3.00	70	±1.50	130	±2.00		±0.10
1 600	1 600				140			
1 800	1 800				150		1.40	
1 800	1 800				150		1.60	

注：根据用户需要，锯条的规格和尺寸可不受本表限制。

产品标记由产品名称、规格、齿形代号、标准编号组成。

标记示例：

规格为1 000mm，齿形代号为DE的伐木锯条标记为：

伐木锯条 1 000 （DE型) QB/T 2094.2

4. 手板锯

手板锯（QB/T 2094.3—1995）适用于锯切各种木材。

手板锯的型式和基本尺寸见图6-28和表6-22所示。

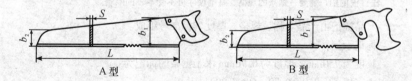

图6-28 手板锯

表 6-22　手板锯的规格和基本尺寸　　　　　　单位：mm

规格	长度 L		厚度 S		大端宽 b_1		小端宽 b_2	
	基本尺寸	允差	基本尺寸	允差	基本尺寸	允差	基本尺寸	允差
300	300		0.80		90			
350	350		0.85		100		25	
400	400		0.90		100			
450	450	±2.00	0.85	+0.02 -0.08	110	±1.00	30	±1.00
500	500		0.90					
550	550		0.95		125		35	
600	600		1.00					

注：根据用户需要，锯条的规格、基本尺寸可超出本表范围。

产品标记由产品名称、型式、规格、标准编号组成。

标记示例：

规格 500mm，型式 A 型的手板锯其标记为：

手板锯　500 A 型　QB/T 2094.3

5. 木工绕锯条

木工绕锯条（QB/T 2094.4—1995）适用于在木材上锯切曲线的工具。

木工绕锯条的型式可分为 A 型和 B 型两种。如图 6-29 所示；其规格和基本尺寸列于表 6-23。

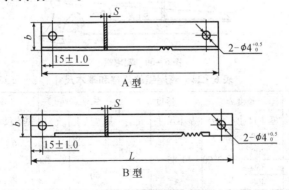

图 6-29　木工绕锯条

表 6 - 23　木工绕锯条的规格和基本尺寸 单位：mm

规格	长度 L		宽度 b		厚度 S	
	基本尺寸	允差	基本尺寸	允差	基本尺寸	允差
400	400					
450	450				0.50	
500	500					
550	550					
600	600	±1.00	10	+0.50 −1.00	0.60	+0.02 −0.08
650	650					
700	700					
750	750				0.70	
800	800					

注：根据用户要求，锯条的规格和尺寸可不受本表的限制。

产品标记由产品名称、型号、规格、厚度、标准编号组成。

标记示例：

长度为 600mm，厚度为 0.6mm A 型木工绕锯条的标记为：

木工绕锯条　600×0.60（A 型）　　QB/T 2094.4

6. 鸡尾锯

鸡尾锯（QB/T 2094.5—1995）适用于锯切木板材几何形状用。

鸡尾锯的型式和基本尺寸见图 6 - 30 和表 6 - 24。

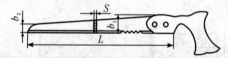

图 6 - 30　鸡尾锯

表 6 - 24　鸡尾锯的规格和基本尺寸 单位：mm

规格	长度 L		厚度 S		大端宽 b_1		小端宽 b_2	
	基本尺寸	允差	基本尺寸	允差	基本尺寸	允差	基本尺寸	允差
250	250				25		6	
300	300	±2.00	0.85	+0.02 −0.08	30	±1.00		±1.00
350	350				40		9	
400	400							

注：根据用户要求，可供应表之外规格和尺寸的锯条。

产品标记由产品名称、规格、标准编号组成。

标记示例：

300mm 规格的鸡尾锯，其标记为：

鸡尾锯　300　QB/T 2094.5

7. 夹背锯

夹背锯（QB/T 2094.6—1995）可分为 A 型（矩形）和 B 型（梯形）两种，如图 6 – 31 所示。夹背锯的规格和基本尺寸列于表 6 – 25。

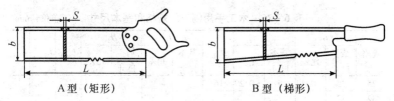

A 型（矩形）　　　　　B 型（梯形）

图 6 – 31　夹背锯

表 6 – 25　夹背锯的规格和基本尺寸　　　　单位：mm

规　　　格	长度 L	宽度 b		厚度 S	
		A 型	B 型		
250	250		70		
300	300	±2.00　　100		±1.00　　0.80	+0.02 −0.08
350	350		80		

注：根据用户的需要，锯条其规格、基本尺寸可不受本标准的限制。

产品标记由产品名称、规格、型号和标准编号组成。

标记示例：

300mm 规格的 A 型夹背锯，其标记为：

夹背锯　300　A 型　QB/T 2094.6

6.1.10　木工手用刨刀与盖铁

1. 木工手用刨刀

木工手用刨刀（QB/T 2082—1995）的型式见图 6 – 32 所示；其规格和基本尺寸列于表 6 – 26。

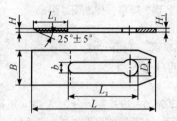

图 6–32　木工手用刨刀

表 6–26　木工手用刨刀的规格和基本尺寸　　　　单位：mm

规格	B 基本尺寸	B 允差	b 基本尺寸	b 允差	D_{min}	H 基本尺寸	H 允差	H_1 基本尺寸	H_1 允差	L_{min}	L_{1min}	L_{2min}
25	25	±0.42	9	±0.29	16							
32	32											
38	38	±0.50										
44	44		11	±0.35	19	3	±0.30	2.5	+0.30 / 0	175	56	90
51	51											
57	57	±0.60										
64	64											

注：表中尺寸 L_{1min} 为采用复合材料制造时的刃钢体的最小长度。

2. 木工手用刨刀盖铁

木工手用刨刀盖铁（QB/T 2082—1995）的型式可分为 A 型和 B 型两种，见图 6–33 所示。其规格和基本尺寸列于表 6–27。

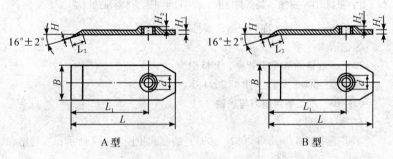

A 型　　　　　　　　　　　　　　　B 型

图 6–33　木工手用刨刀盖铁

表 6 - 27　木工手用刨刀盖铁的规格尺寸　　　单位：mm

规格	B		d	L_{min}	L_{1min}	L_{2min}	H_{max}	H_1		H_2	
	基本尺寸	允差						基本尺寸	允差	基本尺寸	允差
25	25	- 0.84	M8								
32	32										
38	38	- 1.0									
44	44		M10	96	68	8	1.2	3	± 0.20	2	± 0.50
51	51										
57	57	- 1.20									
64	64										

注：根据 QB/T 2082—1995。

6.1.11　手用木工凿

手用木工凿（QB/T 1201—1991）有六种型式，即无柄斜边平口凿、无柄平边平口凿、无柄半圆平口凿、有柄斜边平口凿、有柄平边平口凿和有柄半圆平口凿。

1. 无柄斜边平口凿

无柄斜边平口凿的型式如图 6 - 34 所示；其规格和基本尺寸列于表 6 - 28。

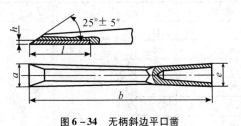

图 6 - 34　无柄斜边平口凿

表 6 - 28　无柄斜边平口凿的规格尺寸　　　　单位：mm

规　　格	a		b_{min}	l_{min}	h_{min}	e_{min}
4	4	± 0.24	150			∅20
6 (1/4″)	6					
8 (5/16″)	8	± 0.29				
10 (3/8″)	10					
13 (1/2″)	13	± 0.35		40	1.2	∅22
16 (5/8″)	16					
19 (3/4″)	19		160			
22 (7/8″)	22	± 0.42				∅24
25 (1″)	25					

注：表中尺寸 b 和 e 的允许偏差应符合 GB/T 1804 的 ± 1/2 IT17 的规定。

2. 无柄平边平口凿

无柄平边平口凿的型式如图 6 - 35 所示；其规格和基本尺寸列于表 6 - 29。

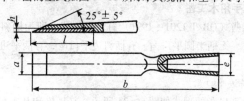

图 6 - 35　无柄平边平口凿

表 6 - 29　无柄平边平口凿的规格尺寸　　　　单位：mm

规　　格	a		b_{min}	l_{min}	h_{min}	e_{min}
13 (1/2″)	13	± 0.35	180			∅22
16 (5/8″)	16					
19 (3/4″)	19					
22 (7/8″)	22	± 0.42		40	1.2	∅24
25 (1″)	25		200			
32 (5/4″)	25					
38 (3/2″)	38	± 0.50				

注：表中尺寸 b 和 e 的允许偏差应符合 GB/T 1804 的 ± 1/2 IT17 的规定。

3. 无柄半圆平口凿

无柄半圆平口凿的型式如图6-36所示；其规格和尺寸列于表6-30。

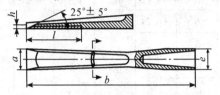

图6-36　无柄半圆平口凿

表6-30　无柄半圆平口凿的规格尺寸　　　　　单位：mm

规　　格	a		b_{min}	l_{min}	h_{min}	e_{min}
4	4	±0.24				
6（1/4″）	6		150			$\varnothing 20$
8（5/16″）	8	±0.29				
10（3/8″）	10			40	1.2	
13（1/2″）	13	±0.35				$\varnothing 22$
16（5/8″）	16					
19（3/4″）	19		160			
22（7/8″）	22	0.42				$\varnothing 24$
25（1″）	25					

注：表中尺寸 b 和 e 的允许偏差应符合 GB/T 1804 的 ±1/2 IT17 的规定。

4. 有柄斜边平口凿

有柄斜边平口凿的型式如图6-37所示；其凿的规格和基本尺寸列于表6-31。

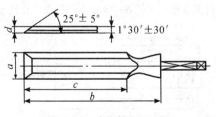

图6-37　有柄斜边平口凿

表 6 - 31　有柄斜边平口凿的规格尺寸　　　　　单位: mm

规　　格	a		$b_{\min}$	$c_{\min}$	$d_{\min}$	$l_{\min}$	$h_{\min}$
6 (1/4″)	6	±0.24					
8 (5/16″)	8	±0.29	125	95	3.5		
10 (3/8″)	10						
12—	12	±0.35					
13 (1/2″)	13						
16 (5/8″)	16						
18—	18					40	1.2
19 (3/4″)	19	±0.42	140	100	3.7		
20—	20						
22 (7/8″)	22						
25 (1″)	25						
32 (5/4″)	32	±0.50	150	105	4		
38 (3/2″)	38						

注: ①表中尺寸 b、c 和 d 的允许偏差应符合 GB/T 1804 的 ±1/2 IT17 的规定。

　　②表中尺寸 $l_{\min}$ 为采用复合材料制造时的复合部分的最小长度, $h_{\min}$ 为采用的复合材料的最小厚度。

5. 有柄平边平口凿

有柄平边平口凿的型式如图 6 - 38 所示; 其规格和尺寸列于表 6 - 32。

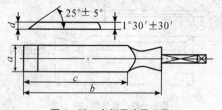

图 6 - 38　有柄平边平口凿

表6-32 有柄平边平口凿的规格尺寸　单位：mm

规　格	a		b_{min}	c_{min}	d_{min}	l_{min}	h_{min}
6 (1/4″)	6	±0.24					
8 (5/16″)	8	±0.29					
10 (3/8″)	10		125	95	3.5		
12—	12	±0.35					
13 (1/2″)	13						
16 (5/8″)	16						
18—	18					40	1.2
19 (3/4″)	19	±0.42	140	100	3.7		
20—	20						
22 (7/8″)	22						
25 (1″)	25						
32 (5/4″)	32	±0.50	150	105	4		
38 (3/2″)	38						

注：①表中尺寸 b、c 和 d 的允许偏差应符合 GB/T 1804 的 ±1/2 IT17 的规定。

②表中尺寸 l_{min} 为采用复合材料制造时的复合部分的最小长度，h_{min} 为采用的复合材料的最小厚度。

6. 有柄半圆平口凿

有柄半圆平口凿的型式如图6-39所示；其规格和基本尺寸列于表6-33。

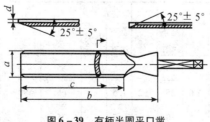

图6-39 有柄半圆平口凿

表 6 - 33　有柄半圆平口凿的规格尺寸　　　　　　单位：mm

规　　格	a		b_{min}	c_{min}	d_{min}	l_{min}	h_{min}
10 （3/8″）	10	±0.29	125	95	3.5		
13 （1/2″）	13	±0.35					
16 （5/8″）	16					40	1.2
19 （3/4″）	19		140	100	3.7		
22 （7/8″）	22	±0.42					
25 （1″）	25						

注：①表中尺寸 b、c 和 d 的允许偏差应符合 GB/T 1804 的 ±1/2IT17 的规定。

②表中尺寸 l_{min} 为采用复合材料制造时的复合部分的最小长度，h_{min} 为采用的复合材料的最小厚度。

6.1.12　木锉

木锉（QB/T 2569.6—2002）有四种。

1. 扁木锉

扁木锉的型式见图 6 - 40 所示，其基本尺寸列于表 6 - 34。

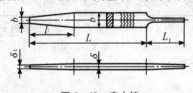

图 6 - 40　扁木锉

表 6 - 34　扁木锉的基本尺寸　　　　　　单位：mm

代号	L		b		δ		L_1	b_1	δ_1	l
	基本尺寸	公差	基本尺寸	公差	基本尺寸	公差				
M - 01 - 200	200		20		6.5		55			
M - 01 - 250	250	±6	25	±2	7.5	±2	65	≤80%b	≤80%δ	≤80%L
M - 01 - 300	300		30		8.5		75			

2. 圆木锉

圆木锉的型式见图6-41所示，其基本尺寸列于表6-35。

图6-41　圆木锉

表6-35　圆木锉的基本尺寸　　　　　　　单位：mm

代号	L		L_1	d		d_1	l
	基本尺寸	公差		基本尺寸	公差		
M-03-150	150	±4	45	7.5			
M-03-200	200		55	9.5	±2	≤80%d	(20%~50%)L
M-03-250	250	±6	65	11.5			
M-03-300	300		75	13.5			

3. 半圆木锉

半圆木锉的型式见图6-42所示，其基本尺寸列于表6-36。

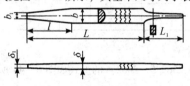

图6-42　半圆木锉

表6-36　半圆木锉的基本尺寸　　　　　　　单位：mm

代号	L		b		δ		L_1	b_1	δ_1	l
	基本尺寸	公差	基本尺寸	公差	基本尺寸	公差				
M-02-150	150	±4	16		6		45			
M-02-200	200		21	±2	7.5	±2	55	≤80%b	≤80%δ	≤80%L
M-02-250	250	±6	25		8.5		65			
M-02-300	300		30		10		75			

4. 家具半圆木锉

家具半圆木锉的型式见图 6-43 所示，其锉的基本尺寸列于表 6-37。

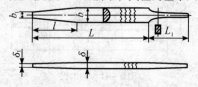

图 6-43　家具半圆木锉

表 6-37　家具半圆木锉的基本尺寸　　　　　单位：mm

代号	L		L_1	b		δ		b_1	$δ_1$	l
	基本尺寸	公差		基本尺寸	公差	基本尺寸	公差			
M-04-150	150		45	18		4				
M-04-200	200		55	25		6				（25% ~ 50%）L
M-04-250	250	±6	65	29	±2	7	±2	≤80%b	<80%δ	
M-04-300	300		75	34		8				

6.1.13　木工斧

木工斧（QB/T 2565.5—2002）的型式如图 6-44 所示，其基本尺寸列于表 6-38。

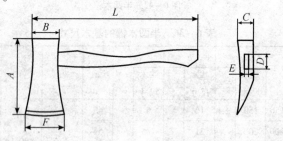

图 6-44　木工斧

表 6-38　木工斧的基本尺寸　　　　　单位：mm

规格（kg）	A	B	C	D		E		F
	（最小）			基本尺寸	公差	基本尺寸	公差	（最小）
1.0	120	34	26	32	0 -2.0	14	0 -1.0	78
1.25	135	36	28	32		14		78
1.5	160	48	35	32		14		78

标记示例：

规格为 1.25kg 的木工斧，其标记为：

木工斧　1.25　QB/T 2565.5—2002

6.2　常用手工具

6.2.1　夹扭钳

1. 尖嘴钳

尖嘴钳（QB/T 2440.1—2007）的型式见图 6-45 所示；尖嘴钳的规格尺寸及技术参数列于表 6-39。

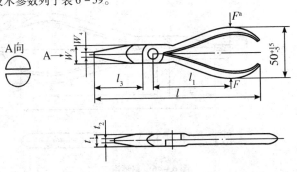

图 6-45　尖嘴钳

a F = 抗弯强度试验中施加的载荷。

表 6 -39 尖嘴钳的基本尺寸和技术参数

公称长度 l	l_3	W_{3max}	W_{4max}	t_{1max}	t_{2max}	l_1	载荷 F
			/mm				/N
140 ± 7	40 ± 5	16	2.5	9	2	63	630
160 ± 8	53 ± 6.2	19	3.2	10	2.5	71	710
180 ± 10	60 ± 8	20	5	11	3	80	800
200 ± 10	80 ± 10	22	5	12	4	90	900
280 ± 14	80 ± 14	22	5	12	4	140	630

注：在 F 作用下的永久变形量应不大于 1.0mm。

产品标记由产品名称、公称长度和标准编号组成。

标记示例：公称长度 l 为 140mm 的尖嘴钳标记为：

尖嘴钳 140mm QB/T 2440 1—2007

2. 扁嘴钳

扁嘴钳（QB/T 2440.2—2007）的型式如图 6 - 46 所示；扁嘴钳的基本尺寸和技术参数列于表 6 - 40。

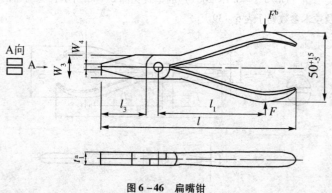

图 6 -46 扁嘴钳

a 钳子头部在 l_3 长度上允许呈锥度；

b F = 抗弯强度试验中施加的载荷。

表 6 - 40　扁嘴钳的基本尺寸和技术参数

钳嘴类型	公称长度 l	l_3	W_{3max}	W_{4max}	t_{1max}	l_1	载荷 F/N	扭矩 $T/(N \cdot m)$
				/mm				
短嘴(S)	125 ± 6	$25 \, {}^{0}_{-5}$	16	3.2	9	63	630	4
	140 ± 7	$32 \, {}^{0}_{-6.3}$	18	4	10	71	710	5
	160 ± 8	$40 \, {}^{0}_{-8}$	20	5	11	80	800	6
长嘴(L)	140 ± 7	40 ± 4	16	3.2	9	63	630	—
	160 ± 8	53 ± 5	18	4	10	71	710	—
	180 ± 9	60 ± 6.3	20	5	11	80	800	—

产品的标记应由产品名称、公称长度 l、钳嘴类型和标准编号组成。

示例 1：短嘴型，公称长度 l 为 140mm 的扁嘴钳标记为：

扁嘴钳：140 mm（S） QB/T 2440.2—2007

示例 2：长嘴型，公称长度 l 为 160mm 的扁钳标记为：

扁嘴钳 160 mm（L） QB/T 2440.2—2007

3. 圆嘴钳

圆嘴钳（QB/T 2440.3—2007）的型式如图 6 - 47 所示；圆嘴钳的基本尺寸和技术参数列于表 6 - 41。

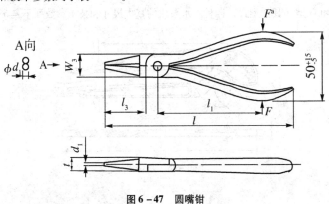

图 6 - 47　圆嘴钳

a F = 抗弯强度试验中施加的载荷。

表 6 - 41　圆嘴钳的基本尺寸和技术参数

钳嘴类型	公称长度 l	l_3	d_{1max}	W_{3max}	t_{max}	l_1	载荷 F/N	扭矩 $T/(N \cdot m)$
			(mm)					
短嘴(S)	125 ± 6.3	$25 _{-5}^{\ 0}$	2	16	9	63	630	0.5
	140 ± 8	$32 _{-6.3}^{\ 0}$	2.8	18	10	71	710	1.0
	160 ± 8	$40 _{-8}^{\ 0}$	3.2	20	11	80	800	1.25
长嘴(L)	140 ± 7	40 ± 4	2.8	17	9	63	630	0.25
	160 ± 8	53 ± 5	3.2	19	10	71	710	0.5
	180 ± 9	60 ± 6.3	3.6	20	11	80	800	1.0

产品标记应由产品名称、公称长度 l、钳嘴类型和标准编号组成。

示例 1：短嘴型，公称长度 l 为 140mm 的圆嘴钳标记为：

圆嘴钳　140mm（S）QB/T 2440.3—2007

示例 2：长嘴型，公称长度 l 为 160mm 的圆嘴钳标记为：

圆嘴钳　160mm（L）QB/T 2440.3—2007

4. 水泵钳

水泵钳（QB/T 2440.4—2007）的基本型式如图 6 - 48 所示。并按其钳腮连接方式分为 A 型（滑动销轴式）、B 型（榫槽叠置式）、C 型（钳腮套入式）和 D 型（其他型式）四种。水泵钳的基本尺寸和技术参数列于表 6 - 42。

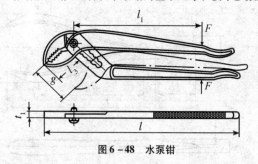

图 6 - 48　水泵钳

表6-42 水泵钳的基本尺寸和技术参数

公称长度 l/mm	t_{1max}/mm	g_{min}/mm	l_{3min}/mm	l_1/mm	开口最小调整档数	抗弯强度	
						载荷 F/N	永久变形量 S_{max}^{a}/mm
100 ± 10	5	12	75	71	3	400	1
125 ± 15	7	12	10	80	3	500	1.2
165 ± 15	10	16	18	100	4	630	1.4
200 ± 15	11	22	20	125	4	800	1.8
250 ± 15	12	28	25	160	5	1000	2.2
315 ± 20	13	35	35	200	5	1250	2.8
350 ± 20	13	45	40	224	6	1250	3.2
400 ± 30	15	80	50	250	8	1400	3.6
500 ± 30	16	125	70	315	10	1400	4

a $S = W_1 - W_2$，见 GB/T 6291。

产品标记应由产品名称、公称长度、型式代号和标准编号组成。

标记示例：

公称长度为200mm的滑动销轴式水泵钳，其标记为：

水泵钳 200mm（A）QB/T 2440.4—2007

6.2.2 剪切钳

剪切钳有两种：斜嘴钳和顶切钳。

1. 斜嘴钳

斜嘴钳（QB/T 2441.1—2007）的型式如图6-49所示；其基本尺寸和技术参数列于表6-43。

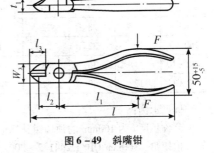

图6-49 斜嘴钳

表 6 – 43　斜嘴钳的基本尺寸和技术参数

公称长度 l /mm	l_{3max} /mm	W_{3max} /mm	t_{1max} /mm	l_1 /mm	载荷 F /N	l_2 /mm	试验钢丝直径 D /mm
125 ± 6	18	22	10	80	800	12.5	1.0
140 ± 7	20	25	11	90	900	14.0	1.6
160 ± 8	22	28	12	100	1 000	16.0	1.6
180 ± 9	25	32	14	112	1 120	18.0	1.6
200 ± 10	28	36	16	125	1 250	20.0	1.6

标记示例：

公称长度 l 为 180mm 的斜嘴钳

其标记为：

斜嘴钳　180mm QB/T 2441.1—2007

2. 顶切钳

顶切钳（QB/T 2441.2—2007）的型式如图 6 – 50 所示，其基本尺寸和技术参数列于表 6 – 44。

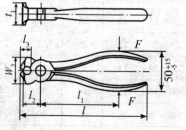

图 6 – 50　顶切钳

表 6 – 44　顶切钳基本尺寸和技术参数

l	l_{3max}	W_{3max}	t_{1max}	l_1	载荷 F /N	l_2 /mm	试验钢丝直径 D /mm
		/mm					
125 ± 7	8	25	20	90	900	18	1.6
140 ± 8	9	28	22	100	1 000	20	1.6
160 ± 9	10	32	25	112	1 120	22	1.6
180 ± 10	11	36	28	125	1 250	25	1.6
200 ± 11	12	40	32	145	1 400	28	1.6

标记示例：

公称长度 l 为 160mm 的顶切钳其标记为：

顶切钳　160mm QB/T 2441.2—2007

6.2.3 夹扭剪切两用钳

1. 钢丝钳

钢丝钳（QB/T 2442.1—2007）的型式如图6-51所示；其基本尺寸列于表6-45。

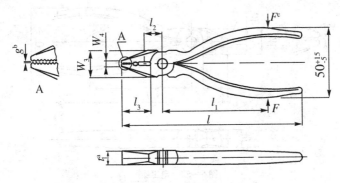

图6-51 钢丝钳

ᵃ 在l_3长度内钳头可呈锥形。

ᵇ钳子闭合时测定。

ᶜ F＝抗弯强度试验中施加的载荷或剪切性能试验中施加的力F_1。

表6-45 钢丝钳的基本尺寸和技术参数

公称长度 l	l_3	W_{3max}	W_{4max}	t_{1max}	g_{max}	l_1	l_2	载荷 F/N
				/mm				
140 ± 8	30 ± 4	23	5.6	10	0.3	70	14	1000
160 ± 9	32 ± 5	25	6.3	11.2	0.4	80	16	1120
180 ± 10	36 ± 6	28	7.1	12.5	0.4	90	18	1260
200 ± 11	40 ± 8	32	8	14	0.5	100	20	1400
220 ± 12	45 ± 10	35	9	16	0.5	110	22	1400
250 ± 14	45 ± 12	40	10	20	0.6	125	25	1400

产品的标记应由产品名称、公称长度l和标准编号组成。

标记示例：公称长度l为200mm的钢丝钳标记为：

钢丝钳 200mm QB/T 2442.1—2007

2. 电工钳

电工钳（QB/T 2442.2—2007）的型式如图 6 – 52 所示；其基本尺寸列于表 6 – 46。

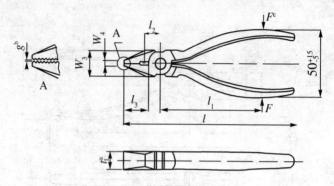

图 6 – 52   电工钳

[a] 在 l_3 长度内钳头可呈锥形。

[b] 钳子闭合时测定。

[c] F = 抗弯强度试验中施加的载荷或剪切性能试验中施加的力 F_1。

表 6 – 46   电工钳的基本尺寸和技术参数

公称长度 l	l_3	W_{3max}	W_{4max}	t_{1max}	g_{max}	l_1	l_2	载荷
			/mm					F/N
165 ± 14	32 ± 7	27	9	17	1.1	90	16	1120
190 ± 14	33 ± 7	30	9	17	1.1	100	18	1260
215 ± 14	38 ± 8	38	10	20	1.3	120	20	1400
250 ± 14	40 ± 8	38	10	20	1.3	140	22	1400

产品的标记应由产品名称、公称长度 l 和标准编号组成。

标记示例：公称长度 l 为 165mm 的电工钳标记为：

电工钳   165mm QB/T 2442.2—2007

3. 鲤鱼钳

鲤鱼钳（QB/T 2442.4—2007）的型式如图 6 – 53 所示；其基本尺寸和强度要求列于表 6 – 47。

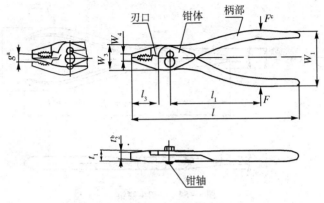

图 6 - 53　鲤鱼钳

ᵃ 两钳口平行；

ᵇ $t_2 \leqslant t_1$ ；

ᶜ F 为抗弯强度试验中施加的载荷。

表 6 - 47　鲤鱼钳的基本尺寸和技术参数

公称长度 l/mm	W_1/mm	W_{3max}/mm	W_{4max}/mm	t_{1max}/mm	l_1/mm	l_3/mm	g_{min}/mm	抗弯强度	
								载荷 F/N	永久变形量 S^a_{max}/mm
125 ± 8	40^{+15}_{-5}	23	8	9	70	25 ± 5	7	900	1
160 ± 8	48^{+15}_{-5}	32	8	10	80	30 ± 5	7	1000	1
180 ± 9	49^{+15}_{-5}	35	10	11	90	35 ± 5	8	1120	1
200 ± 10	50^{+15}_{-5}	40	12.5	12.5	100	35 ± 5	9	1250	1
250 ± 10	50^{+15}_{-5}	45	12.5	12.5	125	40 ± 5	10	1400	1.5

ᵃ $S = W_1 - W_2$，见 GB/T6291。

标记示例：

公称长度 l 为 200mm 的鲤鱼钳，其标记为：

鲤鱼钳　200mm QB/T 2442.4—2007

4. 带刃尖嘴钳

带刃尖嘴钳（QB/T 2442.3—2007）的型式如图 6 - 54 所示，其基本尺寸及技术参数列于表 6 - 48。

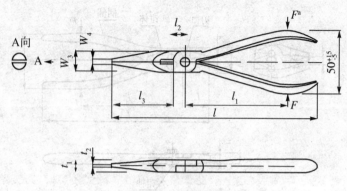

图 6 – 54　带刃尖嘴钳

ª F = 抗弯强度试验中施加的载荷或剪切性能试验中施加的力 F_1。

表 6 – 48　带刃尖嘴钳基本尺寸和技术参数

| 公称长度 l | l_3 | W_{3max} | W_{4max} | t_{1max} | t_{2max} | l_1 | l_2 | 载荷 |
			/mm					F/N
140 ± 7	40 ± 5	16	2.5	9	2	63	12.5	630
160 ± 8	53 ± 6.3	19	3.2	10	2.5	71	14	710
180 ± 10	60 ± 8	20	5	11	3	80	16	800
200 ± 10	80 ± 10	22	5	12	4	90	18	900

产品的标记应由产品名称、公称长度 l 和标准编号组成。

标记示例：公称长度 l 为 200mm 的带刃尖嘴钳标记为：

带刃尖嘴钳 200mm QB/T 2442.3—2007

6.2.4　胡桃钳

胡桃钳（QB/T 1737—2011）按用途分为 A 型（鞋工用）和 B 型（木工用）两种，如图 6 – 55、图 6 – 56 所示。胡桃钳的基本尺寸和钳柄强度分别列于表 6 – 49 和表 6 – 50。

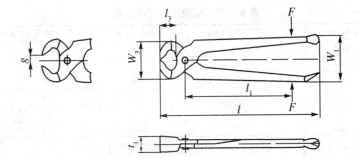

图 6 - 55   A 型胡桃钳

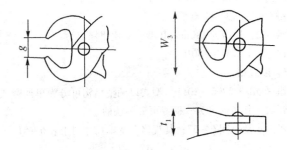

图 6 - 56   B 型胡桃钳

表 6 - 49   胡桃钳的规格和基本尺寸   单位：mm

l 规格	l_3 min	W_3 min	A 型 t_1 min	B 型 t_1 max	W_1	g min
160 ± 8	11. 2	32	16	14	45 ± 5	12. 5
180 ± 9	12. 5	36	18	16	45 ± 5	14
200 ± 10	14	40	20	18	45 ± 5	16
224 ± 10	16	45	22	20	48 ± 5	18
250 ± 10	18	50	25	22	50 ± 5	20
280 ± 15	20	56	28	25	53 ± 5	22

表 6 – 50 胡桃钳的钳柄强度

规格 l/mm	加载距离 l_1/mm	载荷 F/N	永久变形量 S_{max}[a]/mm
160	106	710	1.2
180	118	710	1.4
200	132	800	1.6
224	150	900	1.8
250	170	1000	2
280	190	1120	2.2

[a] $S = W_1 - W_2$（参照 GB/T 6291 的顶切钳抗弯强度试验）。

产品标记：

胡桃钳的产品标记由产品名称、标准编号、规格和型式代号组成。

标记示例 1：规格为 200mm A 型的胡桃钳标记为：

胡桃钳 QB/T 1737 – 200A

标记示例 2：规格为 180mm B 型的胡桃钳标记为：

胡桃钳 QB/T 1737 – 180B

6.2.5 断线钳

断线钳（QB/T 2206—2011）型式以调整结构可分为单连臂式、双连臂式和无连臂式，其钳柄可为管柄或可锻铸铁柄。

断线钳的示意见图 6 – 57；其规格和基本尺寸列于表 6 – 51。

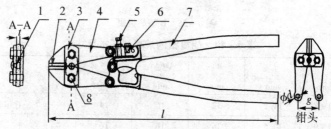

1—中心轴；2—刃口；3—压板；4—刀片；

5—调节螺钉；6—联臂；7—手柄；8—螺栓

图 6 – 57 断线钳

表 6－51　**断线钳的规格及基本尺寸**　　　单位：mm

规格	l		d		g		t	
	尺寸	偏差	尺寸	偏差	尺寸	偏差	尺寸	偏差
200	203		5		22		4.5	
300	305	$^{+15}_{\ \ 0}$	6		38	$^{+1}_{-2}$	6	
350	360		6 (8)		40		7	
450	460		8		53		8	
600	615		10	H12	62		9	h12
750	765	$^{+20}_{\ \ 0}$	10		68		11	
900	915		12		74	$^{+1}_{-3}$	13	
1050	1070		14		82		15	
1200	1220		16		100		17	

注：括号内尺寸为可选尺寸。

产品标记：

断线钳的产品标记由产品名称、标准编号和规格组成。

标记示例：规格为 350mm 的断线钳标记为：

断线钳 QB/T 2206 － 350

6.2.6　剥线钳

剥线钳（QB/T 2207—1996）的型式分四种，即可调式端面剥线钳、自动剥线钳、多功能剥线钳和压接剥线钳。见图 6 － 58 ~ 图 6 － 61 所示。剥线钳的基本尺寸列于表 6 － 52。

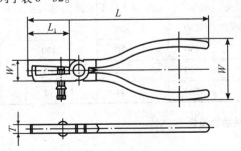

图 6 － 58　可调式端面剥线钳

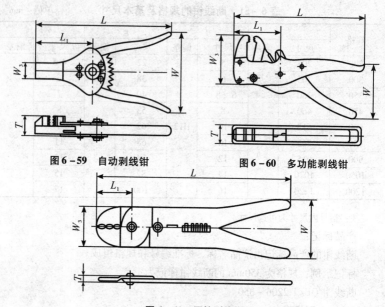

图 6-59 自动剥线钳   图 6-60 多功能剥线钳

图 6-61 压接剥线钳

表 6-52 剥线钳的基本尺寸

单位：mm

尺寸 类别	L		L_1		W		W_{3max}	T_{max}
	基本尺寸	公差	基本尺寸	公差	基本尺寸	公差		
可调式端面剥线钳	160		36		50		20	10
自动剥线钳	170	±8	70	±4	120	±5	22	60
多功能剥线钳	170		60		80		70	20
压接剥线钳	200		34		54		38	8

6.2.7 手动套筒扳手

1. 套筒

套筒（GB/T 3390.1—2004）根据长度可分为普通型（A 型）和加长型（B 型），套筒的形状如图 6-62 ~ 图 6-64 所示。

套筒按其传动方孔的对边尺寸分为 6.3mm、10mm、12.5mm、20mm 和

25mm 五个系列，其基本尺寸列于表 6-53 ～表 6-57。

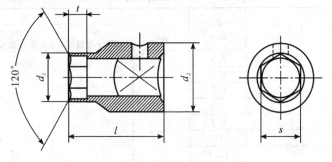

图 6-62　套筒外型 $d_1 < d_2$

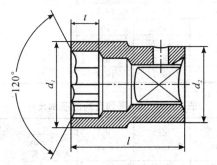

图 6-63　套筒外径 $d_1 = d_2$

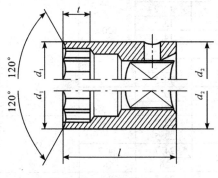

图 6-64　套筒外径 $d_1 > d_2$

表 6-53　6.3 系列套筒的基本尺寸　　　单位：mm

s	t min	d_1 max	d_2 max	l	
				max A 型（普通型）	min B 型（加长型）
3.2	1.6	5.9			
4	2	6.9			
5	2.5	8.2			
5.5	3	8.8	12.5		
6	3.5	9.4			
7	4	11			
8	5	12.2		25	45
9		13.5	13.5		
10	6	14.7	14.7		
11	7	16	16		
12	8	17.2	17.2		
13		18.5	18.5		
14	10	19.7	19.7		

表 6-54　10 系列套筒的基本尺寸　　　单位：mm

s	t min	d_1 max	d_2 max	l	
				max A 型（普通型）	min B 型（加长型）
6	3.5	9.6			
7	4	11			
8	5	12.2			
9		13.5	20	32	45
10	6	14.7			
11	7	16			
12	8	17.2			
13		18.5			
14	10	19.7			
15		21	24		
16		22.2			
17		23.5		35	
18	12	24.7	24.7		60
19		26	26		
21	14	28.5	28.5	38	
22		29.7	29.7		

表 6 -55   12.5 系列套筒的基本尺寸   单位：mm

s	t min	d_1 max	d_2 max	l	
				max A 型（普通型）	min B 型（加长型）
8	5	13			
9	5.5	14.4			
10	6	15.5			
11	7	16.7	24		
12	8	18		40	
13		19.2			
14		20.5			
15	10	21.7			
16		23	25.5		75
17		24.2			
18	12	25.5		42	
19		26.7	26.7		
21	14	29.2	29.2	44	
22		30.5	30.5		
24	16	33	33	46	
27	18	36.7	36.7	48	
30	20	40.5	40.5	50	
32	22	43	43		

表 6 -56   20 系列套筒的规格尺寸   单位：mm

s	t min	d_1 max	d_2 max	l	
				max A 型（普通型）	min B 型（加长型）
19	12	30	38	50	
21	14	32.1		55	
22		33.3	40		
24	16	35.8			
27	18	39.6		60	85
30	20	43.3	43.3		
32	22	45.8	45.8		
34	24	48.3	48.3	65	
36		50.8	50.8		
41	27	57.1	57.1	70	
46	30	63.3	63.3	75	
50	33	68.3	68.3	80	100
55	36	74.6	74.6	85	

表 6 – 57　25 系列套筒的基本尺寸　　　　　单位：mm

s	t min	d_1 max	d_2 max	l max （普通型）
27	18	42. 7	50	65
30	20	47		
32	22	49. 4		
34	23	51. 9	52	70
36	24	54. 2		
41	27	60. 3		75
46	30	66. 4	55	80
50	33	71. 4		85
55	36	77. 6	57	90
60	39	83. 9	61	95
65	40	90. 3	65	100
70	42	96. 9	68	105
75		104. 0	72	110
80	48	111. 4	75	115

产品的标记由产品名称、对边尺寸、系列、型式代号、孔形代号、强度等级代号和标准编号组成。

标记示例：

例1：对边尺寸 s 为 19mm 的 12.5 系列 A 型 a 级强度六角套筒应标记为：

　　　套筒　19 × 12. 5 AL a GB/T 3390. 1

例2：对边尺寸 s 为 17mm 的 10 系列 B 型 c 级强度十二角套筒应标记为：

　　　套筒　17 × 10　B　c　GB/T 3390. 1

2. 传动方榫和方孔

传动方榫分为 A 型和 B 型两种，分别见图 6 – 65 和图 6 – 66；传动方孔可分为 C 型和 D 型两种，见图 6 – 67、图 6 – 68。

传动方榫和方孔（GB/T 3390.2—2004）的对边尺寸按 GB/T 321 规定。R10 系列分为 6.3mm、10mm、12.5mm、20mm 和 25mm 五个系列，其代号分别为 6.3、10、12.5、20 和 25。传动方榫和方孔的基本尺寸列于表

6 – 58、表 6 – 59。

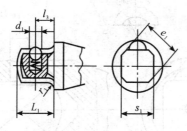

图 6 – 65　A 型传动方榫

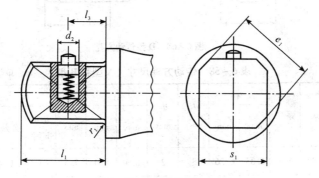

图 6 – 66　B 型传动方榫

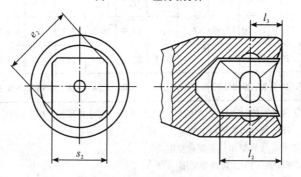

图 6 – 67　C 型传动方孔

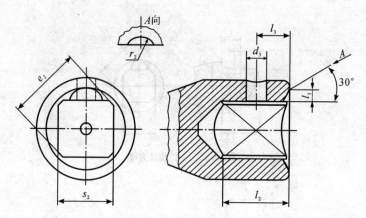

图 6 – 68　D 型传动方孔

表 6 – 58　传动方榫尺寸（A 型和 B 型）　单位：mm

型式	系列	s_1		d_1	d_2	e_1		l_1	l_3		r_1
		max	min	≈	max	max	min	max	基本尺寸	公差	max
A（B）	6.3	6.35	6.26	3	2	8.4	8.0	7.5	4	±0.2	0.5
A（B）	10	9.53	9.44	5	2.6	12.7	12.2	11	5.5	±0.2	0.6
A（B）	12.5	12.70	12.59	6	3	16.9	16.3	15.5	8	±0.3	0.8
B（A）	20	19.05	18.92	7	4.3	25.4	24.4	23	10.2	±0.3	1.2
B（A）	25	25.40	25.27	—	5	34.0	32.4	28	15	±0.3	1.6

　　注：①传动方榫对边尺寸 s_1 的最大尺寸和最小尺寸是根据 GB/T 1800.3 规定的
　　　　IT11 级公差数值算出的。
　　　②不推荐 B 型和 C 型配合使用。
　　　③带括号的型式应避免采用。

表 6-59　传动方孔尺寸（C 型和 D 型）　　　　单位：mm

型式	系列	s_2		d_3	e_2	l_3	l_3		r_2	t_1
		max	min	min	min	min	基本尺寸	公差		
C、D	6.3	6.63	6.41	2.5	8.5	8	4	±0.2	—	—
C（D）	10	9.80	9.58	5	12.9	11.5	5.5	±0.2	—	—
C（D）	12.5	13.03	12.76	6	17.1	16	8	±0.3	4	3
C（D）	20	19.44	19.11	6	25.6	24	10.2	±0.3	4	3.5
D（C）	25	25.79	25.46	6.5	34.4	29	15	±0.3	6	4

注：①传动方孔对边尺寸 s_2 的最大尺寸和最大尺寸是根据 GB/T 1800.3 规定的
　　 IT13 级公差数值算出的。

②不推荐 B 型和 C 型配合使用。

③带括号的型式应避免采用。

传动方榫和方孔的标记由名称、型式、系列代号和标准编号组成。

标记示例：

系列为 12.5 的 A 型传动方榫标记为：

传动方榫　A12.5　GB/T 3390.2

系列为 12.5 的 C 型传动方孔标记为：

传动方孔　C12.5　GB/T 3390.2

6.2.8　呆扳手、梅花扳手、两用扳手

呆扳手分为双头呆扳手（短型和长型）和单头呆扳手两种型式，如图 6-69 和图 6-70 所示；梅花扳手也可分为双头梅花扳手（直颈、弯颈和矮颈、高颈）和单头梅花扳手两种型式，如图 6-71 ~ 图 6-73 所示；两用扳手的型式如图 6-74 所示。

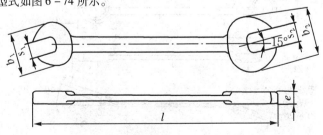

图 6-69　双头呆扳手

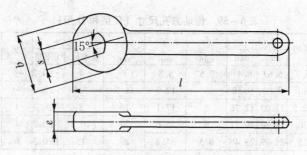

图 6-70 单头呆扳手

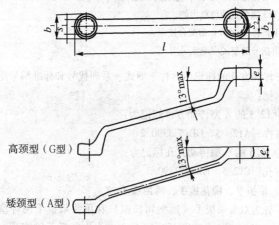

高颈型（G型）

矮颈型（A型）

图 6-71 矮颈型和高颈型双头梅花扳手

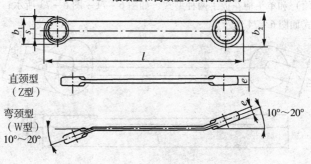

直颈型
（Z型）

弯颈型
（W型）
10°～20°

图 6-72 直颈型和弯颈型双头梅花扳手

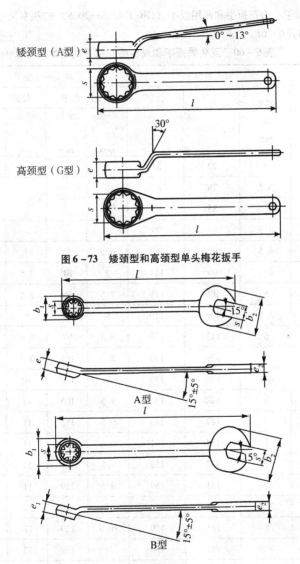

矮颈型（A型）

0°～13°

e

s

l

高颈型（G型）

30°

e

s

l

图 6-73 矮颈型和高颈型单头梅花扳手

l

b_1

s

15°

s

b_2

e_1

e_2

15°±5°

A型

l

b_1

s

15°

s

b_2

e_1

e_2

15°±5°

B型

图 6-74 两用扳手

呆扳手、梅花扳手和两用扳手（GB/T 4388—2008）的基本尺寸列于表6-60和表6-61。

表6-60　双头呆扳手和双头梅花扳手的基本尺寸　单位：mm

规格[a]（对边尺寸组配）$s_1 \times s_2$	双头呆扳手			双头梅花扳手			
	厚度e max	短型	长型	直颈、弯颈		矮颈、高颈	
		全长l min		厚度e max	全长l min	厚度e max	全长l min
3.2×4	3	72	81				
4×5	3.5	78	87				
5×5.5	3.5	85	95				
5.5×7	4.5	89	99				
(6×7)	4.5	92	103	6.5	73	7	134
7×8	4.5	99	111	7	81	7.5	143
(8×9)	5	106	119	7.5	89	8.5	152
8×10	5.5	106	119	8	89	9	152
(9×11)	6	113	127	8.5	97	9.5	161
10×11	6	120	135	8.5	105	9.5	170
(10×12)	6.5	120	135	9	105	10	170
10×13	7	120	135	9.5	105	11	170
11×13	7	127	143	9.5	113	11	179
(12×13)	7	134	151	9.5	121	11	188
(12×14)	7	134	159	9.5	121	11	188
(13×14)	7	141	159	9.5	129	11	197
13×15	7.5	141	159	10	129	12	197
13×16	8	141	159	10.5	129	12	197
(13×17)	8.5	141	159	11	129	13	197
(14×15)	7.5	118	167	10	137	12	206

规格[a]（对边尺寸组配）$s_1 \times s_2$	双头呆扳手			双头梅花扳手			
	厚度 e max	短型	长型	直颈、弯颈		矮颈、高颈	
		全长 l min	全长 l min	厚度 e max	全长 l min	厚度 e max	全长 l min
（14×16）	8	148	167	10.5	137	12	206
（14×17）	8.5	148	167	11	137	13	206
15×16	8	155	175	10.5	145	12	215
（15×18）	8.5	155	175	11.5	145	13	215
（16×17）	8.5	162	183	11	153	13	224
16×18	8.5	162	183	11.5	153	13	224
（17×19）	9	169	191	11.5	166	14	233
（18×19）	9	176	199	11.5	174	14	242
18×21	10	176	199	12.5	174	14	242
（19×22）	10.5	183	207	13	182	15	251
（19×24）	11	183	207	13.5	182	16	251
（20×22）	10	190	215	13	190	15	260
（21×22）	10	202	223	13	198	15	269
（21×23）	10.5	202	223	13	198	15	269
21×24	11	202	223	13.5	198	16	269
（22×24）	11	209	231	13.5	206	16	278
（24×26）	11.5	223	247	15.5	222	16.5	296
24×27	12	223	247	14.5	222	17	296
（24×30）	13	223	247	15.5	222	18	296
（25×28）	12	230	255	15	230	17.5	305
（27×29）	12.5	244	271	15	246	18	323
27×30	13	244	271	15.5	246	18	323

规格[a]（对边尺寸组配）$s_1 \times s_2$	双头呆扳手			双头梅花扳手			
	厚度 e max	短型	长型	直颈、弯颈		矮颈、高颈	
		全长 l min		厚度 e max	全长 l min	厚度 e max	全长 l min
(27×32)	13.5	244	271	16	246	19	323
(30×32)	13.5	265	295	16	275	19	330
30×34	14	265	295	16.5	275	20	330
(30×36)	14.5	265	295	17	275	21	330
(32×34)	'14	284	311	16.5	291	20	348
(32×36)	14.5	284	311	17	291	21	348
34×36	14.5	298	327	17	307	21	366
36×41	16	312	343	18.5	323	22	384
41×46	17.5	357	383	20	363	24	429
46×50	19	392	423	21	403	25	474
50×55	20.5	420	455	22	435	27	510
55×60	22	455	495	23.5	475	28.5	555
60×65	23	490					
65×70	24	525					
70×75	25.5	560					
75×80	27	600					

[a] 括号内的对边尺寸组配为非优先组配。

表6-61　单头呆扳手、单头梅花扳手和两用扳手的规格尺寸　　单位：mm

规格	单头呆扳手		单头梅花扳手		两用扳手		
	厚度	全长	厚度	全长	厚度	厚度	全长
s	e	l	e	l	e_1	e_2	l
	max	min	max	min	max	max	min
3.2					5	3.3	55
4					5.5	3.5	55
5					6	4	65
5.5	4.5	80			6.3	4.2	70
6	4.5	85			6.5	4.5	75
7	5	90			7	5	80
8	5	95			8	5	90
9	5.5	100			8.5	5.5	100
10	6	105	9	105	9	6	110
11	6.5	110	9.5	110	9.5	6.5	115
12	7	115	10.5	115	10	7	125
13	7	120	11	120	11	7	135
14	7.5	125	11.5	125	11.5	7.5	145
15	8	130	12	130	12	8	150
16	8	135	12.5	135	12.5	8	160
17	8.5	140	13	140	13	8.5	170
18	9	150	14	150	14	9	180
19	9	155	14.5	155	14.5	9	185
20	9.5	160	15	160	15	9.5	200
21	10	170	15.5	170	15.5	10	205
22	10.5	180	16	180	16	10.5	215
23	10.5	190	16.5	190	16.5	10.5	220
24	11	200	17.5	200	17.5	11	230
25	11.5	205	18	205	18	11.5	240
26	12	215	18.5	215	18.5	12	245
27	12.5	225	19	225	19	12.5	255

规格	单头呆扳手		单头梅花扳手		两用扳手		
s	厚度	全长	厚度	全长	厚度	厚度	全长
	e	l	e	l	e_1	e_2	l
	max	min	max	min	max	max	min
28	12.5	235	19.5	235	19.5	12.5	270
29	13	245	20	245	20	13	280
30	13.5	255	20	255	20	13.5	285
31	14	265	20.5	265	20.5	14	290
32	14.5	275	21	275	21	14.5	300
34	15	285	22.5	285	22.5	15	320
36	15.5	300	23.5	300	23.5	15.5	335
41	17.5	330	26.5	350	26.5	17.5	380
46	19.5	350	28.5	350	29.5	19.5	425
50	21	370	32	370	32	21	460
55	22	390	33.5	390			
60	24	420	36.5	420			
65	26	450	39.5	450			
70	28	480	42.5	480			
75	30	510	46	510			
80	32	540	49	540			

6.2.9 双头呆扳手、双头梅花扳手、两用扳手头部外形最大尺寸

双头呆扳手、双头梅花扳手和两用扳手头部外形最大尺寸（GB/T 4389—1995），其型式如图6-75；其尺寸见表6-62。

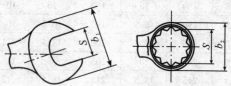

图6-75 双头呆扳手、双头梅花扳手和两用扳手头部外形尺寸

表 6－62　双头呆扳手、双头梅花扳手和两用扳手头部外形最大尺寸

单位：mm

规格 S	b_{1max}	b_{2max}	规格 S	b_{1max}	b_{2max}
3.2	14	7	24	57	38
4	15	8	25	60	39.5
5	18	10	26	62	41
5.5	19	10.5	27	64	42.5
6	20	11	28	66	44
7	22	12.5	29	68	45.5
8	24	14	30	70	47
9	26	15.5	31	72	48.5
10	28	17	32	74	50
11	30	18.5	34	78	53
12	32	20	36	83	56
13	34	21.5	38	87	59
14	36	23	41	93	63.5
15	39	24.5	46	104	71
16	41	26	50	112	77
17	43	27.5	55	123	84.5
18	45	29	60	133	92
19	47	30.5	65	144	99.5
20	49	32	70	154	107
21	51	33.5	75	165	114.5
22	53	35	80	175	122
23	55	36.5			

注：表中 $b_{1max} = 2.1S + 7$；$b_{2max} = 1.5S + 2$。

6.2.10 双头扳手的对边尺寸组配

双头扳手（GB/T 4391—2008）的型式如图 6 - 76 所示。常用双头扳手对边尺寸的优先组配列于表 6 - 63。非优先组配列于表 6 - 64。

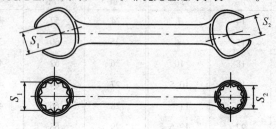

图 6 - 76 双头扳手的组配

表 6 - 63 双头扳手的对边尺寸组配   单位：mm

$S_1 \times S_2$	$S_1 \times S_2$
3.2 ×4	16 ×18
4 ×5	18 ×21
5 ×5.5	21 ×24
5.5 ×7	24 ×27
7 ×8	27 ×30
8 ×10	30 ×34
10 ×11	34 ×36
10 ×13	36 ×41
11 ×13	41 ×46
13 ×15	46 ×50
13 ×16	50 ×55
15 ×16	55 ×60

表 6 - 64 双头扳手对边尺寸的非优先组配   单位：mm

$S_1 \times S_2$ [a]	$S_1 \times S_2$ [a]
6 ×7	20 ×22
8 ×9	21 ×22
12 ×13	21 ×23

$S_1 \times S_2$ [a]	$S_1 \times S_2$ [a]
12×14	22×24
13×14	24×26
13×17	24×30
14×15	25×28
14×17	27×29
15×18	27×32
16×17	30×32
17×19	30×36
18×19	32×34
19×22	32×36
19×24	—

[a] 也可以根据用户需要组成适当的组配系列。

6.2.11 活扳手

活扳手（GB/T 4440—2008）的型式如图6-77所示。

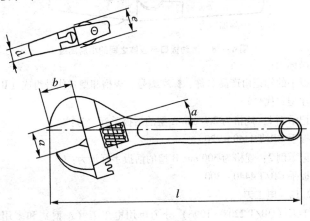

图6-77 活扳手

活扳手的基本尺寸应符合表6-65的规定，小肩离缝 j 如图6-78所示。

表6-65　活扳手的基本尺寸

长度 l/mm		开口尺寸 a/mm ≥	开口深度 b/mm min	扳口前端厚度 厚度 d /mm max	头部厚度 e /mm max	夹角 a/ (°)		小肩离缝 j/ mm max
规格	公差					A 型	B 型	
100		13	12	6	10			0.25
150	+15	19	17.5	7	13			0.25
200	0	24	22	8.5	15			0.28
250		28	26	11	17			0.28
300	+30	34	31	13.5	20	15	22.5	0.30
375	0	43	40	16	26			0.30
450	+45	52	48	19	32			0.36
600	0	62	57	28	36			0.50

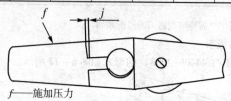

f——施加压力

图6-78　活动扳口与扳体之间的小肩离缝

产品标记：

活扳手的标记由产品名称、标准编号、规格和型式代号组成（B 型活扳手不标注型式代号）。

标记示例1：规格为200 mm A 型的活扳手标为：

活扳手 GB/T 4440-220

标记示例2：规格为300 mm B 型的活扳手标记为：

活扳手 GB/T 4440-300

6.2.12　电工刀

电工刀（QB/T 2208—1996）分为单用电工刀（A 型）和多用电工刀（B 型）两种，其型式见图6-79所示。电工刀的规格尺寸列于表6-66。

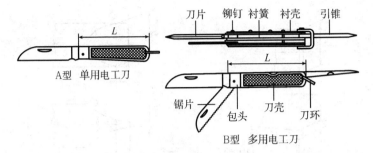

图 6－79　电工刀

表 6－66　电工刀的规格尺寸

型式代号	产品规格代号	刀柄长度/mm
A	1 号	115
	2 号	105
	3 号	95
B	1 号	115
	2 号	105
	3 号	95

标记示例:

规格为 1 号的多用电工刀,其标记为;

电工刀　B1 QB/T 2208

6.2.13　螺钉旋具

螺钉旋具(QB/T 2564、1—2002)分三种。

1. 一字槽螺钉旋具

一字槽螺钉旋具(QB/T 2564.4—2002)按旋杆与旋柄的装配方式,分为普通式(用 P 表示)和穿心式(用 C 表示)两种。旋具的型式见图 6－80 所示;旋杆按其用途和头部形状分为 A 型、B 型 C 型三种,见图 6－81、6－82 所示,其中 C 型为机用旋杆。基本尺寸列于表 6－67～6－69。

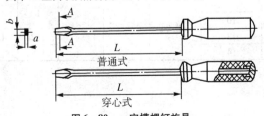

图 6－80　一字槽螺钉旋具

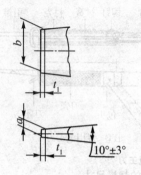

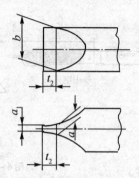

图 6-81　一字槽旋钉旋具　　　图 6-82　一字槽旋钉旋具

（A 型旋杆）　　　　　　　　　（B 型和 C 型旋杆）

表 6-67　A 型和 B 型旋杆的基本尺寸　　单位：mm

公称厚度	公称长度	公差			t_1	a_1 [a]	t_2
		a	b				
a	b	A 型和 B 型	A 型	B 型		min	
0.4	2	+0.06 −0.02			0.2	0.3	0.7
	2.5						
0.5	3				0.3	0.4	0.9
0.6	3				0.4	0.5	1.1
	3.5						
0.8	4	+0.06 −0.04	h14	h13	0.5	0.6	1.4
1	4.5				0.6	0.8	1.8
	5.5						
1.2	6.5				0.7	1	2.2
	8						
1.6	8	+0.06			1	1.3	2.9
	10						
2	12				1.2	1.6	3.6
2.5	14				1.5	2	4.5

[a]　$a_1 \leqslant a$

表 6-68　一字槽螺钉旋具 C 型旋杆的基本尺寸　　单位：mm

公称厚度	公称长度	公差		a_1 [a]	t_2
a	b	a	b	min	
0.4	2			0.3	0.7
	2.5				
0.5	3			0.4	0.9
	4	+0.04	h11		
0.6	3	0		0.5	1.1
	3.5				
0.8	4			0.6	1.4
	4.5				
1	5.5			0.8	1.8
1.2	6.5			1	2.2
	8				
1.6	8	±0.03	h12	1.3	2.9
	10				
2	12			1.6	3.6
2.5	14			2	4.5

[a] $a_1 \leqslant a$

表 6-69　一字槽螺钉旋具旋杆长度　　单位：mm

规格	旋杆长度 L_0^{+5}			
$a \times b$	A 系列	B 系列	C 系列	D 系列
0.4×2		40		
0.4×2.5		50	75	100
0.5×3		50	75	100
0.6×3	25（35）	75	100	125
0.6×3.5	25（35）	75	100	125
0.8×4	25（35）	75	100	125
1×4.5	25（35）	100	125	150
1×5.5	25（35）	100	125	150
1.2×6.5	25（35）	100	125	150
1.2×8	25（35）	125	150	175
1.6×8		125	150	175
1.6×10		150	175	200
2×12		150	200	250
2.5×14		200	250	300

注：括号内的尺寸为非推荐尺寸。

标记示例：

产品的标记由产品名称、规格、旋杆长度、种类代号和标准编号组成。增设六角加力部分的旋具，应在其规格后面增加区分代号 H。

标记示例 1：规格 0.4×2.5、旋杆长度为 75mm 的穿心式旋具应标记为：

一字槽螺钉旋具　0.4×2.5　75C　QB/T 2564.4—2002

标记示例 2：规格 1×5.5、旋杆长度为 150mm 带六角加力部分的普通式旋具应标记为：

一字槽螺钉旋具　1×5.5　150P – H　QB/T 2564.4—2002

2. 十字槽螺钉旋具

十字槽螺钉旋具（QB/T 2564.5—2002）按旋杆与旋柄的装配方式，分为普通式（用 P 表示）和穿心式（用 C 表示）两种。其型式如图 6 – 83 所示。十字槽螺钉旋具的基本尺寸列于表 6 – 70 ~ 6 – 72。

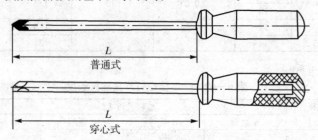

图 6 – 83　十字槽螺钉旋具

十字槽螺钉旋具旋杆根据其十字槽的形状分为 H 型和 Z 型，如图 6 – 84 ~ 6 – 85 所示。

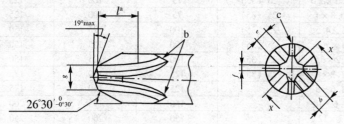

图 6 – 84　十字槽螺钉旋具 H 型旋杆

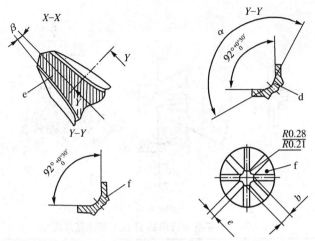

a—槽底直线长度； b—弧度取决于制造方法；c—四槽均分90°；
d—0号槽详见下图； e—Y—Y剖面：正确的槽角应在长度L的终部测得；
f—0号槽

图6-84 十字槽螺钉旋具H型旋杆（续）

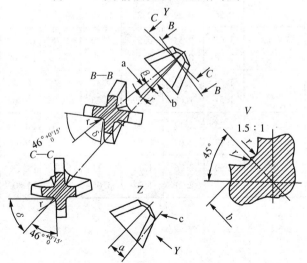

图6-85 十字槽螺钉旋具Z型旋杆

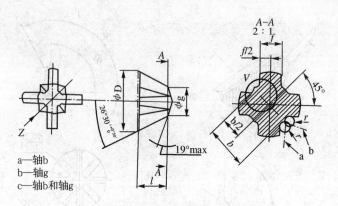

a—轴b
b—轴g
c—轴b和轴g

图 6-85　十字槽螺钉旋具 Z 型旋杆（续）

表 6-70　十字槽螺钉旋具 H 型旋杆的基本尺寸

槽号	旋杆直径 D /mm	b /mm	e /mm	f /mm	g /mm	l min /mm	α	β
0	3	0.61 0.56	0.38 0.29	0.31 0.26	0.84 0.79	2.78		7°00′ 6°30′
1	4.5	1.03 0.98	0.54 0.49	0.53 0.48	1.30 1.25	2.78	138°30′ 138°00′	7°00′ 6°30′
2	6	1.56 1.51	1.13 1.08	0.64 0.59	2.31 2.26	4.37	140°30′ 140°00′	5°45′ 5°15′
3	8	2.25 2.47	2.12 2.07	0.81 0.73	3.84 3.79	6.74	146°30′ 146°00′	5°45′ 5°15′
4	10	3.60 3.55	2.76 2.71	1.12 1.04	5.11 5.06	8.34	153°30′ 153°00′	7°00′ 6°30′

表 6-71　十字槽螺钉旋具 Z 型旋杆的基本尺寸

槽号	旋杆直径 D /mm	b /mm	f /mm	g /mm	l min /mm	r /mm	α	β	γ	δ
0	3	0.78	0.45	0.92	1.54	0.10	7°00′	8°15′	4°53′	46°15′
		0.70	0.42	0.89		0.07	6°30′	7°45′	4°23′	46°00′
1	4.5	1.19	0.71	1.40	2.02	0.13				
		1.11	0.68	1.37		0.10				
2	6	1.78	1.00	2.44	3.17	0.30	5°45′	6°50′	3°30′	
		1.70	0.95	2.39		0.15	5°15′	6°20′	3°00′	
3	8	2.65	1.38	3.96	4	0.36				56°30′
		2.55	1.33	3.91		0.20				56°15′
4	10	4.02	2.10	5.18	5.4	0.51	7°00′	8°15′	4°53′	
		3.92	2.05	5.13		0.36	6°30′	7°45′	4°23′	

表 6-72　十字槽螺钉旋具旋杆长度　　　　单位：mm

槽号	旋杆长度 L_0^{+5}	
	A 系列	B 系列
0		60
1	25（35）	75（80）
2	25（35）	100
3		150
4		200

注：括号内的尺寸为非推荐尺寸。

标记示例：

产品的标记由产品名称、旋杆槽号、旋杆长度、种类代号和标准编号组成。增设六角加力部分的旋具，应在其规格后面增加区分代号 H。

标记示例 1：旋杆槽号为 2 号，旋杆长度为 100mm 的普通式旋具应标记为：

　　十字槽螺钉旋具　2　100P　　QB/T 2564.5—2002

标记示例 2：旋杆槽号为 3 号，旋杆长度为 150mm 带六角加力部分的穿心式旋具应标记为：

十字槽螺钉旋具　3　150C－H　QB/T 2564.5—2002

3. 螺旋棘轮螺钉旋具

螺旋棘轮螺钉旋具（QB/T 2564.6—2002）的型式和基本尺寸见图6－86和表6－73所示。

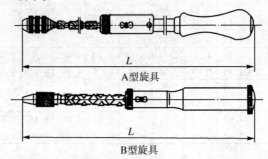

A型旋具

B型旋具

图6－86　螺旋棘轮螺钉旋具

表6－73　螺旋棘轮螺钉旋具的基本尺寸　　　　　单位：mm

型式	规格	L	
		基本尺寸	公差
A 型	220	220	±1
	300	300	±2
B 型	300	300	±3
	450	450	±3

标记示例：

产品的标记由产品名称、型号代号、规格和标准编号组成。

示例：220mm 的 A 型旋具应标记为：

螺旋棘轮螺钉旋具　A　220　QB/T 2564.6—2002

6.2.14　内六角扳手

内六角扳手（GB/T 5356—2008）分为普通级和增强级两种，其中增强级用 R 表示。扳手的型式图6－87所示；扳手的规格尺寸、内六角套筒接头尺寸和扳手的硬度和最小试验扭矩列于表6－74～表6－75。

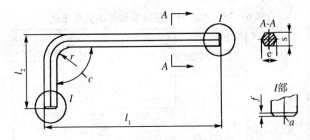

图 6 - 87　内六角扳手

表 6 - 74　内六角扳手的规格尺寸　　　　单位: mm

对边尺寸 s			对角宽度 e		长度 l_1				长度 l_2	
标准	max	min	max	min	标准长	长型 M	加长型 L	公差	长度	公差
0.7	0.71	0.70	0.79	0.76	33	—	—		7	
0.9	0.89	0.88	0.99	0.96	33	—	—	0	11	
1.3	1.27	1.24	1.42	1.37	41	63.5	81	−2	13	
1.5	1.50	1.48	1.68	1.63	46.5	63.5	91.5		15.5	
2	2.00	1.96	2.25	2.18	52	77	102		18	
2.5	2.50	2.46	2.82	2.75	58.5	87.5	114.5		20.5	
3	3.00	2.96	3.39	3.31	66	93	129		23	
3.5	3.50	3.45	3.96	3.91	69.5	98.5	140	0	25.5	
4	4.00	3.95	4.53	4.44	74	104	144	−4	29	0
4.5	4.50	4.45	5.10	5.04	80	114.5	156		30.5	−2
5	5.00	4.95	5.67	5.58	85	120	165		33	
6	6.00	5.95	6.81	6.71	96	141	186		38	
7	7.00	6.94	7.94	7.85	102	147	197		41	
8	8.00	7.94	9.09	8.97	108	158	208	0	44	
9	9.00	8.94	10.23	10.10	114	169	219	−6	47	
10	10.00	9.94	11.37	11.23	122	180	234		50	
11	11.00	10.89	12.51	12.31	129	191	247		53	
12	12.00	11.89	13.65	13.44	137	202	262		57	
13	13.00	12.89	14.79	14.56	145	213	277		63	
14	14.00	13.89	15.93	15.70	154	229	294		70	
15	15.00	14.89	17.07	16.83	161	240	307	0	73	0
16	16.00	15.89	18.21	17.97	168	240	307	−7	76	−3
17	17.00	16.89	19.35	19.09	177	262	337		80	
18	18.00	17.89	20.49	20.21	188	262	358		84	
19	19.00	18.87	21.63	21.32	199	—	—		89	
21	21.00	20.87	23.91	23.58	211	—	—		96	
22	22.00	21.87	25.05	24.71	222	—	—		102	
23	23.00	22.87	26.16	25.86	233	—	—		108	
24	24.00	23.87	27.33	26.97	248	—	—	0	114	0
27	27.00	26.87	30.75	30.36	277	—	—	−12	127	−5
29	29.00	28.87	33.03	32.59	311	—	—		141	
30	30.00	29.87	34.17	33.75	315	—	—		142	
32	32.00	31.84	36.45	35.98	347	—	—		157	
36	36.00	35.84	41.01	40.50	391				176	

表 6－75 内六角扳手硬度和最小试验扭矩

对边尺寸	最小硬度[a]/	最小试验扭矩[b]	套筒接头对边宽度[c]/mm		啮合深度[d]/mm	
s/mm	HRC	M_a/（N・m）	max	min	啮合深度 t	允许偏差
0.7		0.08	0.724	0.711	1.5	
0.9		0.18	0.902	0.889	1.7	
1.3		0.53	1.295	1.270	2	
1.5		0.82	1.545	1.520	2	
2		1.9	2.045	2.020	2.5	
2.5		3.8	2.560	2.520	3	
3	52	6.6	3.080	3.020	3.5	+1
3.5		10.3	3.595	3.520	4.5	0
4		16	4.095	4.020	5	
4.5		22	4.595	4.520	5.5	
5		30	5.095	5.020	6	
6		52	6.095	6.020	8	
7		80	7.115	7.025	9	
8		120	8.115	8.025	10	
9		165	9.115	9.025	11	
10		220	10.115	10.025	12	
11	48	282	11.142	11.032	13	
12		370	12.142	12.032	15	
13		470	13.142	13.032	16	
14		590	14.142	14.032	17	
15		725	15.230	15.050	18	
16		880	16.230	16.050	19	
17		980	17.230	17.050	20	
18		1 158	18.230	18.050	21.5	+2
19		1 360	19.275	19.065	23	0
21		1 840	21.275	21.065	25	
22		2 110	22.275	22.065	26	
23	45	2 414	23.275	23.065	27.5	
24		2 750	24.275	24.065	29	
27		3 910	27.275	27.065	32	
29		4 000	29.275	29.065	35	
30		4 000	20.330	30.080	36	
32		4 000	32.330	32.080	38	
36		4 000	36.330	36.080	43	

^a 内六角扳手应整体淬硬。

^b $M_d = 0.85$ $(0.7R_m)$ $(0.2245s^3)$，此处 R_m 为抗拉强度。该公式不适于对边宽度 s 为 29 mm $\leqslant s \leqslant$ 36 mm 的扳手。

^c 测试用六角套筒接头的硬度：$s \leqslant 17$ 不低于 60 HRC；$s > 17$ 不低于 55 HRC。

六角套筒接头的对角宽度：$e_{min} = e_{max} + 0.05$

^d $t \approx 1.2s$ （$t \approx 1.5s$ 适用于尺寸小于 1.5mm 时），此数值只适用于测试用，实用中，扳手啮合尺寸要小些。

标记示例：

内六角扳手的标记由产品名称、标准编号、对边尺寸 s、长度型式组成。

标记示例 1：对边尺寸 s 为 12 mm 的标准型内六角扳手标记为：

内六角扳手 GB/T 5356 - 12

标记示例 2：对边尺寸 s 为 10 mm 的长型内六角扳手标记为：

内六角扳手 GB/T 5356 - 10M

标记示例 3：对边尺寸 s 为 8 mm 的加长型内六角扳手标记为：

内六角扳手 GB/T 5356 - 8L

6.2.15 内六角花形螺钉旋具

内六角花形螺钉旋具（GB/T 5358—1998）的型式和基本尺寸见图 6 - 88 和表 6 - 76 所示。

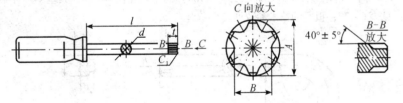

图 6 - 88　内六角花形螺钉旋具

表 6 - 76　内六角花形螺钉旋具基本尺寸　　　　单位：mm

代号	l	d	A	B	t（参考）
T6	75	3	1.65	1.21	1.52
T7	75	3	1.97	1.42	1.52
T8	75	4	2.30	1.65	1.52
T9	75	4	2.48	1.79	1.52

代号	l	d	A	B	t（参考）
T10	75	5	2.78	2.01	2.03
T15	75	5	3.26	2.34	2.16
T20	100	6	3.94	2.79	2.29
T25	125	6	4.48	3.20	2.54
T27	150	6	4.96	3.55	2.79
T30	150	6	5.58	3.99	3.18
T40	200	6	6.71	4.79	3.30
T45	250	8	7.77	5.54	3.81
T50	300	9	8.89	6.39	4.57

注：带磁性的用 H 字母标记。

标记示例：

内六角花形螺钉旋具　T10×75H　GB/T 5358—1998

6.2.16　内六角花形扳手

内六角花形扳手（GB/T 5357—1988）的型式见图 6-89；其基本尺寸见表 6-77；扳手的技术参数见表 6-78。

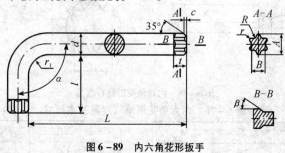

图 6-89　内六角花形扳手

表 6 – 77　内六角花形扳手的基本尺寸

代号	L/mm		l/mm		t/mm		C/mm	α	β	r₁
	基本尺寸	公差	基本尺寸	公差	基本尺寸	公差				
T30	70		24		3.30					
T40	76		26		4.57					
T50	96	js15	32	js15	6.05	H14	$<\dfrac{A-B}{4}$	90°±2°	40°±5°	≈d
T55	108		35		7.65					
T60	120		38		9.07					
T80	145		46		10.62					

注：①扳手臂部圆截面直径 d 可以圆整成整数。

②扳手的长臂 L 和短臂 l，如有特殊要求，可不受本表限制。

表 6 – 78　内六角花形扳手的技术参数

代号	适应的螺钉	硬度 HRC	试验扭矩值/（N·m）
T30	M6		16.51
T40	M8		40.02
T50	M10	≥40	79.21
T55	M12～M14		220.63
60	M16		341.79
T80	M20		667.48

标记示例：

内六角花形扳手　T30　70×24　GB/T 5357—1998

6.3　钳工工具

6.3.1　普通台虎钳

普通台虎钳（QB/T 1558.2—1992）的型式分为固定式台虎钳和回转式台虎钳两种；普通台虎钳按其夹紧能力分为轻级（用 Q 表示）和重级（用 Z 表示）两种。

普通台虎钳的型式见图 6-90，其基本尺寸和技术参数列于表 6-79、表 6-80。

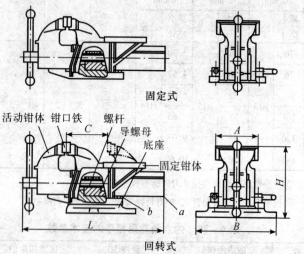

图 6-90　普通台虎钳

表 6-79　普通台虎钳的基本尺寸

单位：mm

规　　格		75	90	100	115	125	150	200
钳口宽度 A	基本尺寸	75	90	100	115	125	150	200
	极限偏差	±2.5		±3.0				±3.2
开口度	C_{min}	75	90	100	115	125	150	200
外形尺寸	L_{min}	300	340	370	400	430	510	610
	B_{max}	200	220	230	260	280	330	390
	H_{max}	160	180	200	220	230	260	310

注：开口度是指活动钳体 a 端与固定钳体 b 端对齐时，两钳口夹持面间的距离。

表 6-80　普通台虎钳的技术参数

规格/mm		75	90	100	115	125	150	200
夹紧力 min/kN	轻级	7.5	9.0	10.0	11.0	12.0	15.0	20.0
	重级	15.0	18.0	20.0	22.0	25.0	30.0	40.0
闭合间隙 max/mm		0.12		0.15			0.20	
导轨配合间隙 max/mm		0.30		0.35			0.40	

标记示例：

规格为 75mm 的回转式轻级普通台虎钳其标记为：

普通台虎钳　75Q　回转式　QB/T 1558

6.3.2　多用台虎钳

多用台虎钳（QB/T 1558.3—1995）按其夹紧能力分为轻级（用 Q 表示）和重级（用 Z 表示）两种；多用台虎钳的规格按钳口宽度（B）分为75、100、120、125 和 150 五种。台虎钳的型式如图 6 - 91 所示，其基本尺寸和主要技术参数列于表 6 - 81、表 6 - 82。

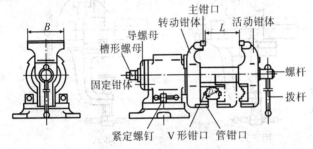

图 6 - 91　多用台虎钳

表 6 - 81　多用台虎钳的基本尺寸　　　　单位：mm

规格		75	100	120	125	150
钳口宽度 B	基本尺寸	75	100	120	125	150
	极限偏差	±1.50	±1.75			±2.00
开口度 L_{min}		60	80	100		120
管钳口夹持范围 D		6 ~ 40	10 ~ 50	15 ~ 60		15 ~ 65

注：①开口度是指转动螺杆，使活动钳体张至极限位置时，两钳口的最大距离。
　　②多用台虎钳的空程转动量应不大于120°。

表 6 - 82　多用台虎钳的主要技术参数

规格/mm		75	100	120	125	150
夹紧力 min/kN	重级	15	20	25		30
	轻级	9	20	16		18
钳口闭合间隙 max/mm		0.10	0.12	0.15		0.18
导轨配合间隙 max/mm		0.28	0.34			

注：表中的夹紧力仅对主钳口而言，对管钳口和 V 形钳口不做规定。

标记示例：

多用台虎钳规格为75mm的重级，其标记为：

多用台虎钳 75 Z QB/T 1558.3

6.3.3 方孔桌虎钳

方孔桌虎钳（QB/T 2096.3—1995）的型式分为固定式和回转式两种，见图 6-92 所示。其基本尺寸和技术参数列于表 6-83 和表 6-84。

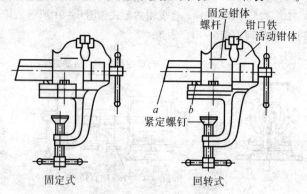

图 6-92 方孔桌虎钳

表 6-83 方孔桌虎钳的基本尺寸 单位：mm

规格		40	50	60	65
钳口宽度	基本尺寸	40	50	60	65
	极限偏差	±1.25		±1.50	
开口度 min		35	45	55	
紧固范围 min		15~45			

表 6-84 方孔桌虎钳的技术参数

规格/mm	40	50	60	65
夹紧力 min/kN	4.0	5.0	6.0	
闭合间隙 max/mm	0.10	0.12		
导轨配合间隙 max/mm	0.20	0.25		

标注示例:

规格为40mm的回转式方孔桌虎钳,其标记为:

方孔桌虎钳　40　回转式　QB/T 2096.3

6.3.4　尖冲子

尖冲子(JB/T 3411.29—1999)的型式如图6-93所示,其基本尺寸列于表6-85。

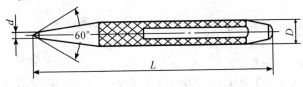

图6-93　尖冲子

表6-85　尖冲子的基本尺寸

单位: mm

d	D	L
2	8	80
3		
4	10	
6	14	100

标记示例:

$d=2mm$的尖冲子标记为:

冲子　2　JB/T 3411.29—1999

6.3.5　圆冲子

圆冲子(JB/T 3411.30—1999)的型式如图6-94所示,其基本尺寸列于表6-86。

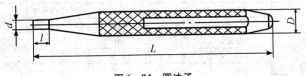

图6-94　圆冲子

表 6-86　圆冲子的基本尺寸　　　　　　单位：mm

d	D	L	l
3	8	80	6
4	10		
5	12	100	10
6	14		
8	16	125	14
10	18		

标记示例：

$d = 3$mm 的圆冲子标记为：

冲子　3　JB/T 3411.30—1999

6.3.6　弓形夹

弓形夹（JB/T 3411.49—1999）的型式如图 6-95，其基本尺寸列于表 6-87。

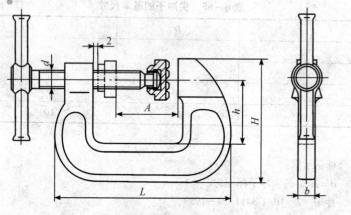

图 6-95　弓形夹

表 6-87　弓形夹的基本尺寸　　　　　　单位：mm

d	A	h	H	L	b
M12	32	50	95	130	14
M16	50	60	120	165	18
M20	80	70	140	215	22
M24	125	85	170	285	28
	200	100	190	360	32
	320	120	215	505	36

标记示例:

$d = M12$、$A = 32mm$ 的弓形夹标记为:

弓形夹　M12×32　JB/T 3411.49—1999

6.3.7 内四方扳手

内四方扳手(JB/T 3411.35—1999)的型式如图 6-96 所示,其基本尺寸列于表 6-88。

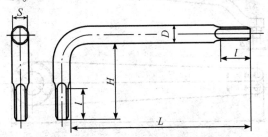

图 6-96　内四方扳手

表 6-88　内四方扳手的基本尺寸　　　　单位: mm

| S | | D | L | l | H |
基本尺寸	极限偏差 h11				
2	0 -0.060	5	56	8	18
2.5					
3		6	63		20
4	0 -0.075		70		25
5		8	80	12	28
6		10	90		32
8	0 -0.090	12	100	15	36
10		14	112		40
12	0 -0.110	18	125	18	45
14		20	140		56

标记示例:

$S = 6mm$ 的内四方扳手标记为:

扳手 6 JB/T 3411.35—1999

6.3.8 端面孔活扳手

端面孔活扳手（JB/T 3411.37—1999）的型式如图 6 - 97 所示，其基本尺寸列于表 6 - 89。

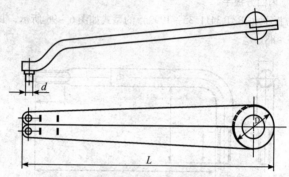

图 6 - 97 端面孔活扳手

表 6 - 89 端面孔活扳手的基本尺寸 单位：mm

d	$L \approx$	D
2.4	125	22
3.8	160	
5.3	220	25

标记示例：

$d = 2.4$mm 的端面孔活扳手标记为：

扳手 2.4 JB/T 3411.37—1999

6.3.9 侧面孔钩扳手

侧面孔钩扳手（JB/T 3411.38—1999）的型式如图 6 - 98 所示，其基本尺寸列于表 6 - 90。

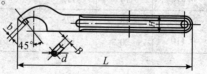

图 6 - 98 侧面孔钩扳手

表 6 - 90　侧面孔钩扳手的基本尺寸　　　　　　单位：mm

d	L	H	B	b	螺母外径
2. 5	140	12	5	2	14 ~ 20
3. 0	160	15	6	3	22 ~ 35
5. 0	180	18	8	4	35 ~ 60

标记示例：

$d = 2.5$mm 的侧面孔钩扳手，其标记为：

扳手　2. 5　JB/T 3411. 38—1999

6. 3. 10　轴用弹性挡圈安装钳子

轴用弹性挡圈安装钳子（JB/T 3411. 47—1999）如图 6 - 99 所示，其基本尺寸列于表 6 - 91。

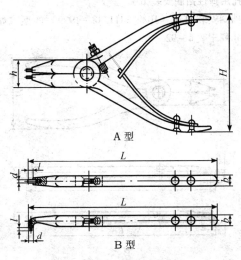

图 6 - 99　轴用弹性挡圈安装钳子

表 6 - 91　轴用弹性挡圈安装钳子的基本尺寸　　单位：mm

d	L	l	$H\approx$	b	h	弹性挡圈规格
1.0						3 ~ 9
1.5	125	3	72	8	18	10 ~ 18
2.0						19 ~ 30
2.5						32 ~ 40
3.0	175	4	100	10	20	42 ~ 105
4.0	250	5	122	12	24	110 ~ 200

标记示例：

d = 2.5mm 的 A 型轴用弹性挡圈安装钳子，其标记为：

轴用弹性挡圈　A　2.5　JB/T 3411.47—1999

6.3.11　孔用弹性挡圈安装钳子

孔用弹性挡圈安装钳子（JB/T 3411.48—1999）的型式如图 6 - 100 所示，其基本尺寸列于表 6 - 92。

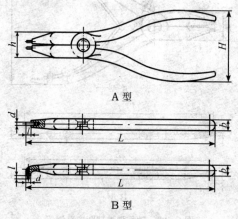

A 型

B 型

图 6 - 100　孔用弹性挡圈安装钳子

表 6 - 92　孔用弹性挡圈安装钳子的基本尺寸　单位：mm

d	L	l	H≈	b	h	弹性挡圈规格
1.0	125	3	52	8	18	8 ~ 9
1.5						10 ~ 18
2.0						19 ~ 30
2.5	175	4	54	10	20	32 ~ 40
3.0						42 ~ 100
4.0	250	5	60	12	24	105 ~ 200

标记示例：

$d = 2.5$mm 的 A 型孔用弹性挡圈，其标记为：

孔用弹性挡圈　A 2.5　JB/T 3411.48—1999

6. 3. 12　两爪顶拔器

两爪顶拔器（JB/T 3411.50—1999）的型式如图 6 - 101 所示，其基本尺寸列于表 6 - 93。

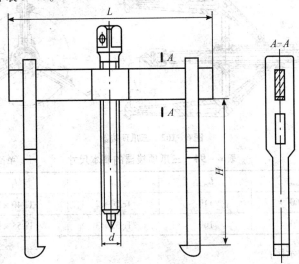

图 6 - 101　两爪顶拔器

表 6 - 93　两爪顶拔器的基本尺寸　　　　单位：mm

H	L	d
160	200	M16
250	300	M20
380	400	Tr 30 × 3

标记示例：

$H = 160$mm 的两爪顶拔器，其标记为：

顶拔器　160　JB/T 3411.50—1999

6.3.13　三爪顶拔器

三爪顶拔器（JB/T 3411.51—1999）的型式如图 6 - 102 所示，其基本尺寸列于表 6 - 94。

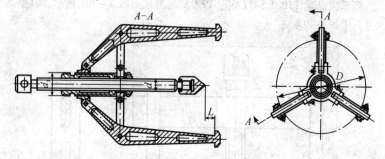

图 6 - 102　三爪顶拔器

表 6 - 94　三爪顶拔器的基本尺寸　　　　单位：mm

D_{min}	L_{max}	d	d_1
160	110	Tr 20 × 2	Tr 40 × 7
300	160	Tr 32 × 3	Tr 55 × 9

标记示例：

$D = 160$mm 的三爪顶拔器，其标记为：

顶拔器　160　JB/T 3411.51—1999

6.3.14 划规

划规（JB/T 3411.54—1999）的型式如图6-103所示，其基本尺寸列于表6-95。

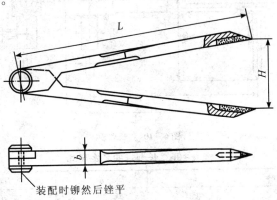

图6-103 划规

装配时铆然后锉平

表6-95 划规的基本尺寸　　　　　单位：mm

L	H_{max}	b
160	200	9
200	280	10
250	350	
320	430	13
400	520	16
500	620	

标记示例：

$L = 200mm$ 的划规，其标记为：

划规　200　JB/T 3411.54—1999

6.3.15 长划规

长划规（JB/T 3411.55—1999）的型式如图6-104所示，其基本尺寸列于表6-96。

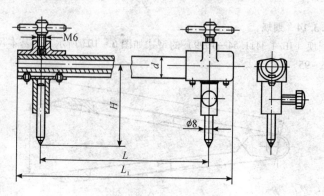

图 6-104 长划规

表 6-96 长划规的基本尺寸
单位：mm

L_{max}	L_1	d	$H \approx$
800	850	20	70
1 250	1 315	32	90
2 000	2 065		

标记示例：

$L = 800$mm 的长划规，其标记为：

划规 800 JB/T 3411.55—1999

6.3.16 方箱

方箱（JB/T 3411.56—1999）的型式如图 6-105 所示，其基本尺寸列于表 6-97。

表 6-97 方箱的基本尺寸
单位：mm

B	H	d	d_1
160	320	20	M10
200	400		M12
250	500	25	M16
320	600		
400	750	30	M20
500	900		

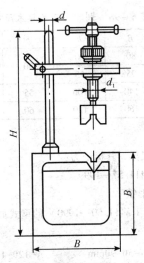

图 6 – 105　方箱

标记示例：

$B = 160\text{mm}$ 的方箱，其标记为：

方箱　160　JB/T 3411.56—1999

6.3.17　划线尺架

划线尺架（JB/T 3411.57—1999）的型式如图 6 – 106 所示，其基本尺寸列于表 6 –98。

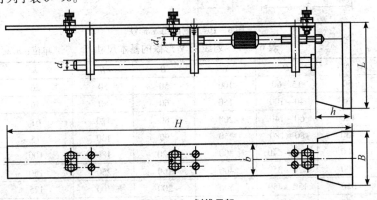

图 6 – 106　划线尺架

表 6 - 98　划线尺架的基本尺寸

单位：mm

H	L	B	h	b	d	d_1
500	130	80	60	50	15	M10
800	150	95	65		20	
1 250	200	140	100	55	25	M16
2 000	250	160	120	60		

标记示例：

$H = 500$mm 的划线尺架，其标记为：

尺架　500　JB/T 3411.57—1999

6.3.18　划线用 V 形铁

划线用 V 形铁（JB/T 3411.60—1990）的型式如图 6 - 107 所示，其基本尺寸列于表 6 - 99。

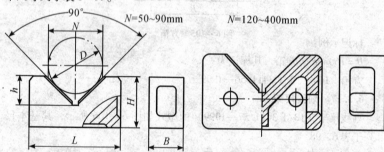

图 6 - 107　划线用 V 形铁

表 6 - 99　划线用 V 形铁的基本尺寸

单位：mm

N	D	L	B	H	h
50	15 ~ 60	100	50	50	26
90	40 ~ 100	150	60	80	46
120	60 ~ 140	200	80	120	61
150	80 ~ 180	250	90	130	75
200	100 ~ 240	300	120	180	100
300	120 ~ 350	400	160	250	150
350	150 ~ 450	500	200	300	175
400	180 ~ 550	600	250	400	200

标记示例：

$N = 90$mm 的划线用 V 形铁，其标记为：

V 形铁　90　JB/T 3411.60—1999

6.3.19　划针

划针（JB/T 3411.64—1999）的型式和基本尺寸见图 6 – 108 和表 6 – 100。

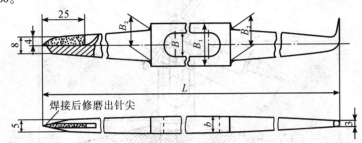

焊接后修磨出针尖

图 6 – 108　划针

表 6 – 100　划针的基本尺寸　　　　单位：mm

L	B	B_1	B_2	b	展开长≈
320	11	20	15	8	330
450					460
500	13	25	20	10	510
700		30	25		710
800	17	38	33	12	860
1 200		45	37		1 210
1 500			40		1 510

标记示例：

$L = 320$mm 的划针，其标记为：

划针　320　JB/T 3411.64—1999

6.3.20 大划线盘

大划线盘（JB/T 3411.66—1999）的型式如图 6 – 109 所示，其基本尺寸列于表 6 – 101。

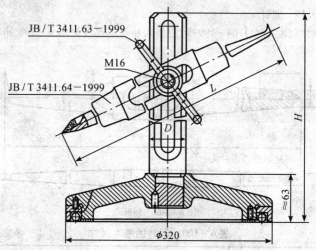

图 6 – 109 大划线盘

表 6 – 101 大划线盘的规格尺寸

单位：mm

H	L	D
1 000	850	45
1 250		
1 600	1 200	50
2 000	1 500	

标记示例：

H = 1 000mm 的大划线盘，其标记为：

划线盘　1000　JB/T 3411.66—1999

6.3.21 划线盘

划线盘（JB/T 3411.65—1999）的型式如图 6 – 110 所示，其基本尺寸列于表 6 – 102。

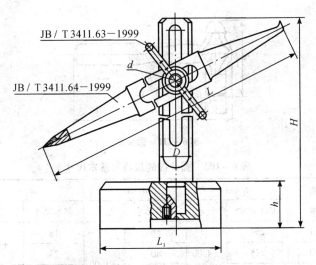

JB / T 3411.63－1999

d

JB / T 3411.64－1999

图 6 - 110　划线盘

表 6 - 102　划线盘的基本尺寸　　　　　单位：mm

H	L	L_1	D	d	h
355	320	100	22	M10	35
450					
560	450	120	25		40
710	500	140	30	M12	50
900	700	160	35		60

标记示例：

$H = 355$mm 的划线盘，其标记为：

划线盘　355　JB/T 3411.65—1999

6.3.22　圆头锤

圆头锤（QB/T 1290.2—2010）的型式和规格尺寸见图 6 - 111 和表 6 -

103。

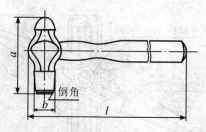

图 6-111 圆头锤

表 6-103 圆头锤的规格和基本尺寸

规格 /kg	l/mm		a/mm		b/mm	
	基本尺寸	公差	基本尺寸	公差	基本尺寸	公差
0.11	260		66		18	
0.22	285	±4.00	80		23	±0.70
0.34	315		90	±1.00	26	
0.45	335		101		29	
0.68	355		116		34	
0.91	375	±4.50	127		38	±1.00
1.13	400		137	±1.50	40	
1.36	400		147		42	

注：①本表不包括特殊规格、型式的圆头锤。

②锤孔尺寸按 GB/T 13473 的附录。

圆头锤的标记由产品名称、标准编号和规格组成。

标记示例：规格为 0.45kg 的圆头锤的产品标记为：

圆头锤 QB/T 1290.2-0.45

6.3.23 钳工锤

钳工锤（QB/T 1290.3—2010）的型式见图 6-112 和图 6-113；其

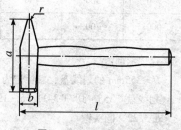

图 6-112 A 型钳工锤

规格和基本尺寸列于表6-104和表6-105。

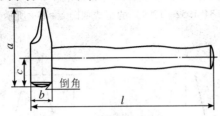

图6-113　B型钳工锤

表6-104　A型钳工锤的尺寸

规格 /kg	l/mm		a/mm		r_{min} /mm	$b \times b$/mm	
	基本尺寸	公差	基本尺寸	公差		基本尺寸	公差
0.1	260		82		1.25	15×15	
0.2	280		95	±1.50	1.75	19×19	±0.40
0.3	300	±4.00	105		2.00	23×23	
0.4	310		112		2.00	25×25	
0.5	320		118	±2.00	2.50	27×27	±0.50
0.6	330		122		2.50	29×29	
0.8	350		130		3.00	33×33	
1.0	360		135		3.50	36×36	±0.60
1.5	380	±5.00	145	±2.50	4.00	42×42	
2.0	400		155		4.00	47×47	

表6-105　B型钳工锤的尺寸

规格 /kg	l/mm		a/mm		b/mm		c/mm	
	基本尺寸	公差	基本尺寸	公差	基本尺寸	公差	基本尺寸	公差
0.28	290		85		25		34	
0.40	310	±6.0	98	±2.0	30	±0.5	40	±0.8
0.67	310		105		35		42	
1.50	350		131		45		53	

注：①本表不包括特殊规格、型式的钳工锤。
　　②锤孔尺寸按 GB/T 13473 的附录。

6.3.24 锤头

锤头（JB/T 3411.52—1999）的型式如图 6 - 114 所示，其基本尺寸列于表 6 - 106。

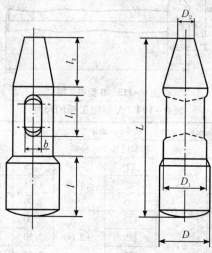

图 6 - 114 锤头

表 6 - 106 锤头的基本尺寸

质量≈ /kg		L	D	D_1	D_2	b	l	l_1	l_2
钢	铜	/mm							
0.05	0.06	60	15	12	4	6	16	14	26
0.1	0.11	80	18	15	6	8	20	18	32
0.2	0.23	100	22	18	8	10	25	22	43

标记示例：

质量为 0.1kg、材料为钢的锤头，其标记为：

钢锤头 0.1 JB/T 3411.52—1999

6.3.25 铜锤头

铜锤头（JB/T 3411.53—1999）的型式和基本尺寸分别见图 6 - 115 和

表 6 – 107。

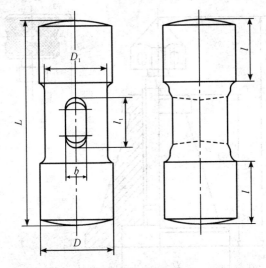

图 6 – 115　铜锤头

表 6 – 107　铜锤头的基本尺寸

质量 ≈	L	D	D_1	b	l	l_1
/kg	/mm					
0.5	80	32	26	12	28	18
1.0	100	38	30		30	25
1.5	120	45	37	22	35	36
2.5	140	60	52	24	44	40
4.0	160	70	60	26	52	44

标记示例:

质量 1.0kg 的铜锤头,其标记为:

锤头　1　JB/T 3411.53—1999

6.3.26　千斤顶

千斤顶 (JB/T 3411.58—1999) 的型式如图 6 – 116 所示;千斤顶的基本尺寸列于表 6 – 108。

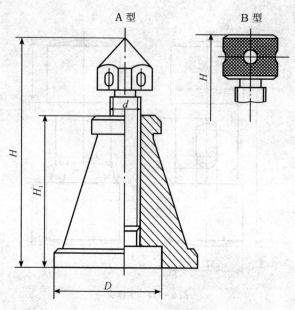

图 6-116 千斤顶

表 6-108 千斤顶的基本尺寸

单位: mm

d	A 型		B 型		H_1	D
	H_{min}	H_{max}	H_{min}	H_{max}		
M6	36	50	36	48	25	30
M8	47	60	42	55	30	35
M10	56	70	50	65	35	40
M12	67	80	58	75	40	45
M16	76	95	65	85	45	50
M20	87	110	76	100	50	60
Tr 26 × 5	102	130	94	120	65	80
Tr 32 × 6	128	155	112	140	80	100

d	A 型		B 型		H_1	D
	H_{min}	H_{max}	H_{min}	H_{max}		
Tr 40 × 7	158	185	138	165	100	120
Tr 55 × 9	198	255	168	225	130	160

标记示例:

d = M10 的 A 型千斤顶,其标记为:

千斤顶 A M10 JB/T 3411.58—1999

6.3.27 手用钢锯条

手用钢锯条(GB/T 14764—2008)按其特性分全硬型(代号 H)和挠性型(代号 F)两种类型;手用钢锯条按使用材质分为碳素结构钢(代号 D)、碳素工具钢(代号 T)、合金工具钢(代号 M)、高速钢(代号 G)以及双金属复合钢(代号 Bi)五种类型;手用钢锯条按其型式分为单面齿型(代号 A)、双面齿型(代号 B)两种类型。

手用钢锯条的型式如图 6 – 117 所示,其基本尺寸列于表 6 – 109。

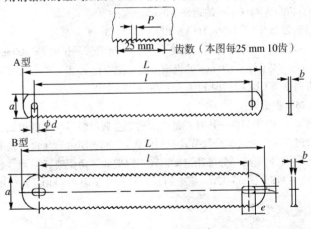

图 6 – 117　手用钢锯条

表 6 - 109　　手动钢锯条的基本尺寸　　　　单位：mm

型式	长度 l		宽度 a		厚度 b		齿数	齿距 p		销孔 d (e×f)		全长 L max
	基本尺寸	偏差	基本尺寸	偏差	基本尺寸	偏差	每 25mm	基本尺寸	偏差	基本尺寸	偏差	基本尺寸
A 型	300	±2	12.0 或 10.7	+0.20 -0.50 / +0.20 -0.30	0.65	0 -0.06	32 24 20 18 16 14	0.8 1.0 1.2 1.4 1.5 1.8	±0.08	3.8	+0.30 0	315
	250											265
B 型	296	±2	22	+0.20 -0.80	0.65	0 -0.06	32 24	0.8 1.0	±0.08	8×5	±0.30	315
	292		25				18	1.4		12×6		

注：特殊用途的锯条，其基本尺寸不受本标准限制。

产品标记：

锯条的产品标记由产品名称、标准编号、类型代号、规格组成。

标记示例1：全硬型、碳素工具钢、单面齿型、长度 $l = 300$ mm、宽度 $a = 12$ mm、齿距 $p = 1.0$ mm 的钢锯条的标记为：

手用钢锯条 GB/T 14764 HTA - 300 × 12 × 1.0

标记示例2：挠性型、双金属复合钢、单面齿型、长度 $l = 300$ mm、宽度 $a = 12$ mm、齿距 $p = 1.0$ mm 的钢锯条的标记为：

手用钢锯条 GB/T 14764 FB：A - 300 × 12 × 1.0

6.3.28　钢锯架

钢锯架（QB/T 1108—1991）是人工切割金属材料时所用的锯架。钢锯架可分为钢板制锯架（又分调节式和固定式）、钢管制锯架（也分调节式和固定式）、手工艺锯架（分雕花锯架、轻便锯架和三角锯架）三种，其型式分别见图 6 - 118 ~ 图 6 - 120。锯架的基本参数列于表 6 - 110。锯架可标记如下：

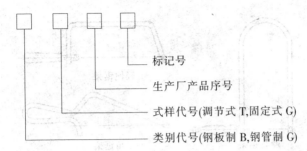

标记号

生产厂产品序号

式样代号(调节式 T,固定式 G)

类别代号(钢板制 B,钢管制 G)

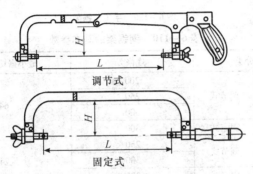

调节式

固定式

图 6 – 118　钢板制锯条

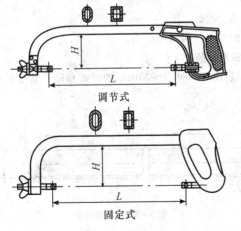

调节式

固定式

图 6 – 119　钢管制锯架

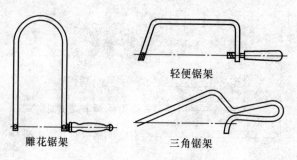

轻便锯架

雕花锯架　　　　　三角锯架

图 6 – 120　手工艺锯架

表 6 – 110　钢锯架的基本参数　　　　单位：mm

产品分类		规格 L	最小锯切深度 H
钢板制	调节式	200	64
		250	
		300	
	固定式	300	
钢管制	调节式	250	74
		300	
	固定式	300	

标记示例：

钢板制调节式锯架，其标记为：

钢锯架　BT – 01　QB 1108

6.3.29　机用锯条

机用锯条（GB/T 6080.1—2010）的型式和尺寸见图 6 – 121 和表 6 – 111。

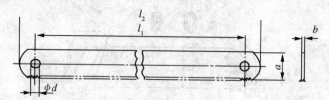

图 6 – 121　机用锯条

表 6-111　机用锯条的规格尺寸　　　　　　单位：mm

$l_1 \pm 2$	a_{-1}^{0}	b	齿距		$l_2 \max$	d H14
			P	N		
300	25	1.25	1.8	14	330	
			2.5	10		
		1.5	1.8	14		
			2.5	10		
			4	6		
350	25	1.25	1.8	14	380	8.4
			2.5	10		
		1.5	1.8	14		
			2.5	10		
			4	6		
	30	1.5	1.8	14		
			2.5	10		
			4	6		
		2	1.8	14		
			2.5	10		
			4	6		
400	25	1.5	1.8	14	430	
			2.5	10		
			4	6		
	30	1.5	1.8	14		
			2.5	10		
			4	6		
		2	2.5	10		
			4	6		
			6.3	4		
	40		4	6	440	10.4
			6.3	4		
450	30	1.5	2.5	10	490	8.4
			4	6		
	40	2	2.5	10		8.4/10.4
			4	6		
			6.3	4		
500	40	2	2.5	10	540	10.4
			4	6		
			6.3	4		
575			4	6	615	
			6.3	4		
			8.5	3		
600	50	2.5	4	6	640	
			6.3	4		10.4/12.9
700			4	6	745	
			6.3	4		
			8.5	3		

按 GB/T 6080.1 制造的机用锯条的标记如下：

①机用锯条；

②标准号（如 GB/T 6080.1—2010）；

③锯条长度 l_1，mm；

④锯条宽度 a，mm；

⑤锯条厚度 b，mm；

⑥25mm 长度上的齿数 N。

标记示例：

长度 $l_1 = 300\text{mm}$，锯条宽度 $a = 25\text{mm}$，厚度 $b = 1.25\text{mm}$，25mm 长度上的齿数 $N = 10$ 的机用锯条表示为：

机用锯条 GB/T 6080.1—2010—300 × 25 × 1.25 × 10

6.3.30　钢锉

1. 钳工锉

钳工锉（QB/T 2569.1—2002）分为齐头扁锉、尖头扁锉、半圆锉、三角锉、方锉和圆锉等 6 种，钳工锉的型式如图 6 – 122 ~ 图 6 – 129 所示，其规格尺寸列于表 6 – 112 ~ 表 6 – 117。

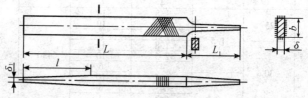

图 6 – 122　齐头扁锉

表 6 – 112　齐头扁锉的规格尺寸

单位：mm

| 代号 | L | | L_1 | | b | | δ | | δ_1 | l |
	基本尺寸	公差	基本尺寸	公差	基本尺寸	公差	基本尺寸	公差		
Q – 01 – 100 – 1 ~ 5	100	±3	35	±3	12	– 1.0	2.5 (3)	– 0.6	≤80%δ	25%L ~ 50%L
Q – 01 – 125 – 1 ~ 5	125		40		14		3 (3.5)			
Q – 01 – 150 – 1 ~ 5	150		45		16		3.5 (4)			
Q – 01 – 200 – 1 ~ 5	200	±4	55	±4	20	– 1.2	4.5 (5)	– 0.8		
Q – 01 – 250 – 1 ~ 5	250		65		24		5.5			
Q – 01 – 300 – 1 ~ 5	300		75		28		6.5			
Q – 01 – 350 – 1 ~ 5	350	±5	85	±5	32	– 1.4	7.5	– 1.0		
Q – 01 – 400 – 1 ~ 5	400		90		36		8.5			
Q – 01 – 450 – 1 ~ 5	450		90		40		9.5			

注：表中带括号尺寸为不推荐尺寸。

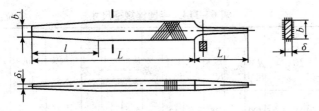

图 6 – 123　尖头扁锉

表 6 – 113　尖头扁锉的规格尺寸　　　　　　单位：mm

代号	L		L_1		b		δ		b_1	$δ_1$	l
	基本尺寸	公差	基本尺寸	公差	基本尺寸	公差	基本尺寸	公差			
Q – 02 – 100 – 1 ~ 5	100		35		12		2.5 (3)				
Q – 02 – 125 – 1 ~ 5	125	±3	40	±3	14	-1.0	3 (3.5)	-0.6			
Q – 02 – 150 – 1 ~ 5	150		45		16		3.5 (4)		≤80%b	≤80%δ	25%L ~ 50%L
Q – 02 – 200 – 1 ~ 5	200		55		20		4.5 (5)				
Q – 02 – 250 – 1 ~ 5	250	±4	65	±4	24	-1.2	5.5	-0.8			
Q – 02 – 300 – 1 ~ 5	300		75		28		6.5				
Q – 02 – 350 – 1 ~ 5	350		85		32		7.5				
Q – 02 – 400 – 1 ~ 5	400	±5	90	±5	36	-1.4	8.5	-1.0			
Q – 02 – 450 – 1 ~ 5	450		90		40		9.5				

注：表中带号括号尺寸为不推荐尺寸。

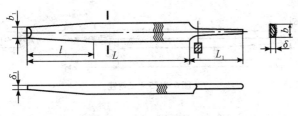

图 6 – 124　半圆锉

表 6-114 半圆锉规格尺寸　　单位：mm

代号	L 基本尺寸	L 公差	L₁ 基本尺寸	L₁ 公差	b 基本尺寸	b 公差	δ 基本尺寸 薄型	δ 基本尺寸 厚型	δ 公差	b₁	δ	l
$Q-\frac{03b}{03h}-100-1\sim5$	100		35		12		3.5	4				
$Q-\frac{03b}{03h}-125-1\sim5$	125	±3	40	±3	14	-1.0	4	4.5	-0.6			
$Q-\frac{03b}{03h}-150-1\sim5$	150		45		16		4.5	5				
$Q-\frac{03b}{03h}-200-1\sim5$	200		55		20		5.5	6.5		≤80%b	≤80%δ	25%L～50%L
$Q-\frac{03b}{03h}-250-1\sim5$	250	±4	65	±4	24	-1.2	7	8	-0.8			
$Q-\frac{03b}{03h}-300-1\sim5$	300		75		28		8	9				
$Q-\frac{03b}{03h}-350-1\sim5$	350		85		32		9	10				
$Q-\frac{03b}{03h}-400-1\sim5$	400	±5	90	±5	36	-1.4	10	11.5	-1.0			

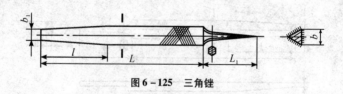

图 6-125　三角锉

表 6-115　三角锉的规格尺寸　　　　　　　单位：mm

代号	L		L_1		b		b_1	l
	基本尺寸	公差	基本尺寸	公差	基本尺寸	公差		
Q-04-100-1~5	100		35		8			
Q-04-125-1~5	125	±3	40	±3	9.5	-1.0		
Q-04-150-1~5	150		45		11			
Q-04-200-1~5	200		55		13			
Q-04-250-1~5	250	±4	65	±4	16	-1.2	≤80%b	25%L~ 50%L
Q-04-300-1~5	300		75		19			
Q-04-350-1~5	350	±5	85	±5	22	-1.4		
Q-04-400-1~5	400		90		26			

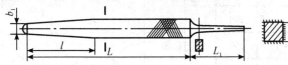

图 6-126　方锉

表 6-116　方锉的规格尺寸　　　　　　　单位：mm

代号	L		L_1		b		b_1	l
	基本尺寸	公差	基本尺寸	公差	基本尺寸	公差		
Q-05-100-1~5	100		35		3.5			
Q-05-125-1~5	125	±3	40	±3	4.5	-1.0		
Q-05-150-1~5	150		45		5.5			
Q-05-200-1~5	200		55		7			
Q-05-250-1~5	250	±4	65	±4	9	-1.2	≤80%b	25%L~ 50%L
Q-05-300-1~5	300		75		11			
Q-05-350-1~5	350		85		14			
Q-05-400-1~5	400	±5	90	±5	18	-1.4		
Q-05-400-1~5	450		90		22			

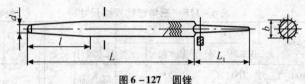

图 6 – 127 圆锉

表 6 – 117 圆锉的规格尺寸 单位：mm

代号	L		L_1		d		d_1	l
	基本尺寸	公差	基本尺寸	公差	基本尺寸	公差		
Q – 06 – 100 – 1 ~ 5	100		35		3. 5			
Q – 06 – 125 – 1 ~ 5	125	±3	40	±3	4. 5	– 0. 6		
Q – 06 – 150 – 1 ~ 5	150		45		5. 5			
Q – 06 – 200 – 1 ~ 5	200		55		7		≤80% d	25% L ~ 50% L
Q – 06 – 250 – 1 ~ 5	250	±4	65	±4	9	– 0. 8		
Q – 06 – 300 – 1 ~ 5	300		75		11			
Q – 06 – 350 – 1 ~ 5	350	±5	85	±5	14	– 1. 0		
Q – 06 – 400 – 1 ~ 5	400		90		18			

2. 整形锉

整形锉（QB/T 2569.3—2002）有 12 种型式，具体见图 6 – 128 ~ 图 6 – 139，其规格尺寸列于表 6 – 118 ~ 表 6 – 129。

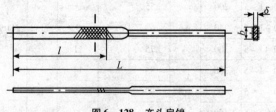

图 6 – 128 齐头扁锉

表6-118　齐头扁锉的规格尺寸　　　　　　单位：mm

代　号	L		l		b	δ
	基本尺寸	公差	基本尺寸	公差		
Z-01-100-2~8	100		40		2.8	0.6
Z-01-120-1~7	120		50		3.4	0.8
Z-01-140-0~6	140	±3	65	±3	5.4	1.2
Z-01-160-00~3	160		75		7.3	1.6
Z-01-180-00~2	180		85		9.2	2.0

注：b 与 δ 的公差按 GB/T 1804—2000 中 C 的规定。

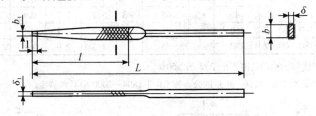

图6-129　尖头扁锉

表6-119　尖头扁锉的规格尺寸　　　　　　单位：mm

代　号	L		l		b	δ	b_1	δ_1
	基本尺寸	公差	基本尺寸	公差				
Z-02-100-2~8	100		40		2.8	0.6	0.4	0.5
Z-02-120-1~7	120		50		3.4	0.8	0.5	0.6
Z-02-140-0~6	140	±3	65	±3	5.4	1.2	0.7	1.0
Z-02-160-00~3	160		75		7.3	1.6	0.8	1.2
Z-02-180-00~2	180		85		9.2	2.0	1.0	1.7

注：①锉的梢部长度不小于锉身的50%。

②尺寸 b、δ、b_1、δ_1 的公差按 GB/T 1804—2000 中 C 的规定。

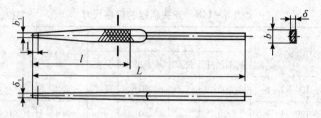

图 6 - 130　半圆锉

表 6 - 120　半圆锉的规格尺寸　　　　　单位：mm

代　号	L		l		b	δ	b_1	δ_1
	基本尺寸	公差	基本尺寸	公差				
Z - 03 - 100 - 2 ~ 8	100		40		2.9	0.9	0.5	0.4
Z - 03 - 120 - 1 ~ 7	120		50		3.3	1.2	0.6	0.5
Z - 03 - 140 - 0 ~ 6	140	±3	65	±3	5.2	1.7	0.8	0.6
Z - 03 - 160 - 00 ~ 3	160		75		6.9	2.2	0.9	0.7
Z - 03 - 180 - 00 ~ 2	180		85		8.5	2.9	1.0	0.9

注：①锉的梢部长度不小于锉身的 50%。

②尺寸 b、δ、b_1 和 δ_1 的公差按 GB/T 1804—2000 中 C 的规定。

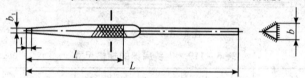

图 6 - 131　三角锉

表 6 - 121　三角锉的规格尺寸　　　　　单位：mm

代　号	L		l		b	b_1
	基本尺寸	公差	基本尺寸	公差		
Z - 04 - 100 - 2 ~ 8	100		40		1.9	0.4
Z - 04 - 120 - 1 ~ 7	120		50		2.4	0.6
Z - 04 - 140 - 00 ~ 6	140	±3	65	±3	3.6	0.7
Z - 04 - 160 - 00 ~ 3	160		75		4.8	0.8
Z - 04 - 180 - 00 ~ 2	180		85		6.0	1.1

注：①锉的梢部长度不小于锉身的 50%。

②尺寸 b 和 b_1 的公差按 GB/T 1804—2000 中 C 的规定。

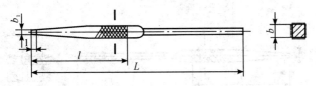

图 6 – 132　方锉

表 6 – 122　方锉的规格尺寸　　　　　单位：mm

代　号	L		l		b	b_1
	基本尺寸	公差	基本尺寸	公差		
Z – 05 – 100 – 2 ~ 8	100		40		1. 2	0. 4
Z – 05 – 120 – 1 ~ 7	120		50		1. 6	0. 6
Z – 05 – 140 – 0 ~ 6	140	± 3	65	± 3	2. 6	0. 7
Z – 05 – 160 – 00 ~ 3	160		75		3. 4	0. 8
Z – 05 – 180 – 00 ~ 2	180		85		4. 2	1. 0

注：①锉的梢部长度不小于锉身的 50%。

②尺寸 b 和 b_1 的公差按 GB/T 1804—2000 中 C 的规定。

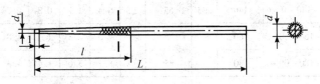

图 6 – 133　圆锉

表 6 – 123　圆锉的规格尺寸　　　　　单位：mm

代　号	L		l		d	d_1
	基本尺寸	公差	基本尺寸	公差		
Z – 06 – 100 – 2 ~ 8	100		40		1. 4	0. 4
Z – 06 – 120 – 1 ~ 7	120		50		1. 9	0. 5
Z – 06 – 140 – 0 ~ 6	140	± 3	65	± 3	2. 9	0. 7
Z – 06 – 160 – 00 ~ 3	160		75		3. 9	0. 9
Z – 06 – 180 – 00 ~ 2	180		85		4. 9	1. 0

注：①锉的梢部长度不小于锉身的 50%。

②尺寸 d 和 d_1 的公差按 GB/T 1804—2000 中 C 的规定。

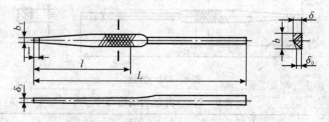

图 6-134 刀形锉

表 6-124 刀形锉的规格尺寸 单位: mm

代 号	L		l		b	δ	b_1	δ_1	δ_0
	基本尺寸	公差	基本尺寸	公差					
Z-08-100-2~8	100		40		3.0	0.9	0.5	0.4	0.3
Z-08-120-1~7	120		50		3.4	1.1	0.6	0.5	0.4
Z-08-140-0~6	140	±3	65	±3	5.4	1.7	0.8	0.7	0.6
Z-08-160-00~3	160		75		7.0	2.3	1.1	1.0	0.8
Z-08-180-00~2	180		85		8.7	3.0	1.4	1.3	1.0

注: ①锉的梢部长度不小于锉身的50%。

②尺寸 b、δ、b_1、δ_1 和 δ_0 的公差按 GB/T 1804—2000 中 C 的规定。

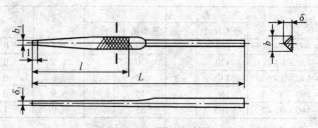

图 6-135 单面三角锉

表 6 – 125　单面三角锉的规格尺寸　　　　　　　　单位：mm

代　号	L		l		b	δ	b_1	δ_1
	基本尺寸	公差	基本尺寸	公差				
Z – 07 – 100 – 2 ~ 8	100		40		3.4	1.0	0.4	0.3
Z – 07 – 120 – 1 ~ 7	120		50		3.8	1.4	0.6	0.4
Z – 07 – 140 – 0 ~ 6	140	±3	65	±3	5.5	1.9	0.7	0.5
Z – 07 – 160 – 00 ~ 3	160		75		7.1	2.7	0.9	0.8
Z – 07 – 180 – 00 ~ 2	180		85		8.7	3.4	1.3	1.1

注：①锉的梢部长度不小于锉身的50%。

②尺寸 b、δ、b_1 和 δ_1 的公差按 GB/T 1804—2000 中 C 的规定。

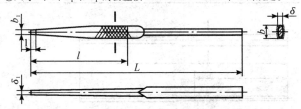

图 6 – 136　双半圆锉

表 6 – 126　双半圆锉的规格尺寸　　　　　　　　单位：mm

代　号	L		l		b	δ	b_1	δ_1
	基本尺寸	公差	基本尺寸	公差				
Z – 09 – 100 – 2 ~ 8	100		40		2.6	1.0	0.4	0.3
Z – 09 – 120 – 1 ~ 7	120		50		3.2	1.2	0.6	0.5
Z – 09 – 140 – 0 ~ 6	140	±3	65	±3	5.0	1.8	0.7	0.6
Z – 09 – 160 – 00 ~ 3	160		75		6.3	2.5	0.8	0.6
Z – 09 – 180 – 00 ~ 2	180		85		7.8	3.4	1.0	0.8

注：①锉的梢部长度不小于锉身的50%。

②尺寸 b、δ、b_1 和 δ_1 的公差按 GB/T 1804—2000 中 C 的规定。

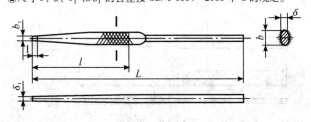

图 6 – 137　椭圆锉

表 6 - 127　　椭圆锉的规格尺寸

表 6 - 127　　椭圆锉的规格尺寸　　　　　　　　单位：mm

代　　号	L		l		b	δ	b_1	$δ_1$
	基本尺寸	公差	基本尺寸	公差				
Z - 10 - 100 - 2 ~ 8	100		40		1.8	1.2	0.4	0.3
Z - 10 - 120 - 1 ~ 7	120		50		2.2	2.3	0.6	0.5
Z - 10 - 140 - 0 ~ 6	140	±3	65	±3	3.4	2.4	0.7	0.6
Z - 10 - 160 - 00 ~ 3	160		75		4.4	3.4	0.9	0.8
Z - 10 - 180 - 00 ~ 2	180		85		6.4	4.3	1.0	0.9

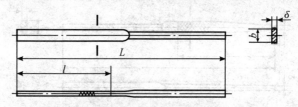

图 6 - 138　　圆边扁锉

表 6 - 128　　圆边扁锉的规格尺寸　　　　　　　　单位：mm

代　　号	L		l		b	δ
	基本尺寸	公差	基本尺寸	公差		
Z - 11 - 100 - 2 ~ 8	100		40		2.8	0.6
Z - 11 - 120 - 1 ~ 7	120		50		3.4	0.8
Z - 11 - 140 - 0 ~ 6	140	±3	65	±3	5.4	1.2
Z - 11 - 160 - 00 ~ 3	160		75		7.3	1.6
Z - 11 - 180 - 00 ~ 2	180		85		9.2	2.0

注：b 和 $δ$ 的公差按 GB/T 1804—2000 中 C 的规定。

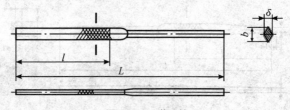

图 6 - 139　　菱形锉

表 6 - 129　菱形锉的规格尺寸　　　　　　单位：mm

代　号	L			l		b	δ
	基本尺寸	公差		基本尺寸	公差		
Z - 12 - 100 - 2 ~ 8	100			40		2.8	0.6
Z - 12 - 120 - 1 ~ 7	120			50		3.4	0.8
Z - 12 - 140 - 0 ~ 6	140	±3		65	±3	5.4	1.2
Z - 12 - 160 - 00 ~ 3	160			75		7.3	1.6
Z - 12 - 180 - 00 ~ 2	180			85		9.2	2.0

注：b 和 δ 的公差按 GB/T 1804—2000 中 C 的规定。

6.3.31　圆板牙架

圆板牙架（GB/T 970.1—2008）的型式如图 6 - 140 所示，其基本尺寸列于表 6 - 130 ~ 表 6 - 131。

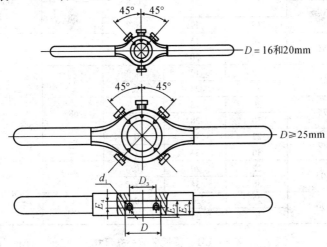

图 6 - 140　圆板牙架

标记示例：

粗牙普通螺纹，公称直径 8mm，螺距 1.25mm，6g 公差带的圆板牙：

圆板牙　M8 - 6g　GB/T 970.1—2008

细牙普通螺纹，公称直径 8mm，螺距 0.75mm，6g 公差带的圆板牙：

圆板牙　M8 × 0.75 - 6g　GB/T 970.1—2008

注：左螺纹圆板牙应在螺纹代号之后加 "LH" 字母，如：M8 × 0.75LH。

内孔直径　D = 38mm，用于圆板牙厚度 E_2 = 10mm 的圆板牙架：

圆板牙架　38 × 10　GB/T 970.1—2008

表 6 - 130   圆板牙架基本尺寸   单位：mm

D $D10$	E_2	E_3	E_4 0 -0.2	D_3	d_1
16	5	4.8	2.4	11	M3
20	7	6.5	3.4	15	M4
25	9	8.5	4.4	20	M5
30	11	10	5.3	25	M5
38	10	9	4.8	32	M6
38	14	13	6.8	32	M6
45	18	17	8.8	38	M6
55	16	15	7.8	48	M8
55	22	20	10.7	48	M8
65	18	17	8.8	58	M8
65	25	23	12.2	58	M8
75	20	18	9.7	68	M8
75	30	28	14.7	68	M8
90	22	20	10.7	82	M8
90	36	34	17.7	82	M8
105	22	20	10.7	95	M10
105	36	34	17.7	95	M10
120	22	20	10.7	107	M10
120	36	34	17.7	107	M10

表 6 - 131   圆板牙架补充尺寸   单位：mm

D $D10$	E_2	E_3	E_4 0 0.2	D_3	d_1
25	7	1.5	3.4	20	M_4
30	8	7.5	3.9	25	M5
45	10	9	4.8	38	M6
55	12	11	5.8	48	M8
65	14	13	6.8	58	M8
75	16	15	7.8	68	M8
90	18	17	8.8	82	M8

6.4 切削工具

6.4.1 直柄麻花钻

1. 粗直柄小麻花钻

粗直柄小麻花钻（GB/T 6135.1—2008）的型式如图 6-141，其规格尺寸列于表 6-132。

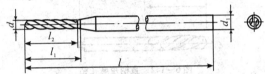

图 6-141 粗直柄小麻花钻

表 6-132 粗直柄小麻花钻的规格尺寸 单位：mm

d h7	l ±1	l_1 js15	l_2 min	d_1 h8
0.10		1.2	0.7	
0.11				
0.12				
0.13		1.5	1.0	
0.14				
0.15				
0.16		2.2	1.4	
0.17				
0.18				
0.19				
0.20		2.5	1.8	
0.21				
0.22				
0.23				
0.24	20			1
0.25				
0.26		3.2	2.2	
0.27				
0.28				
0.29				
0.30				
0.31		3.5	2.8	
0.32				
0.33				
0.34				
0.35				

标记示例：

钻头直径 $d = 0.20$mm 粗直柄小麻花钻，其标记为：

粗直柄小麻花钻　0.20　GB/T 6135.1—2008

2. 直柄短麻花钻

直柄短麻花钻（GB/T 6135.2—2008）的型式及规格尺寸见表6-133和图6-142。

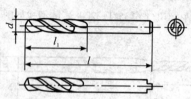

图6-142　直柄短麻花钻

表6-133　直柄短麻花钻的规格尺寸　　　　单位：mm

d h8	l	l_1	d h8	l	l_1
0.50	20	3	7.80		
0.80	24	5	8.00	79	37
1.00	26	6	8.20		
1.20	30	8	8.50		
1.50	32	9	8.80		
1.80	36	11	9.00	84	40
2.00	38	12	9.20		
2.20	40	13	9.50		
2.50	43	14	9.80		
2.80	46	16	10.00	89	43
3.00			10.20		
3.20	49	18	10.50		
3.50	52	20	10.80		
3.80	55	22	11.00	95	47
4.00			11.20		
4.20			11.50		
4.50	58	24	11.80		
4.80	62	26	12.00		
5.00			12.20		
5.20			12.50	102	51
5.50	66	28	12.80		
5.80			13.00		
6.00			13.20		
6.20	70	31	13.50		
6.50			13.80	107	54
6.80	74	34	14.00		
7.00			14.25		
7.20			14.50	111	56
7.50			14.75		

d h8	l	l_1	d h8	l	l_1
15.00	111	56	25.75		
15.25			26.00	156	78
15.50	115	58	26.25		
15.75			26.50		
16.00			26.75		
16.25			27.00		
16.50	119	60	27.25	162	81
16.75			27.50		
17.00			27.75		
17.25			28.00		
17.50	123	62	28.25		
17.75			28.50		
18.00			28.75		
18.25			29.00	168	84
18.50	127	64	29.25		
18.75			29.50		
19.00			29.75		
19.25			30.00		
19.50	131	66	30.25		
19.75			30.50		
20.00			30.75	174	87
20.25			31.00		
20.50	136	68	31.25		
20.75			31.50		
21.00			31.75		
21.25			32.00		
21.50			32.50	180	90
21.75	141	70	33.00		
22.00			33.50		
22.25			34.00		
22.50			34.50	186	93
22.75			35.00		
23.00	146	72	35.50		
23.25			36.00		
23.50			36.50	193	96
23.75			37.00		
24.00			37.50		
24.25			38.00		
24.50	151	75	38.50		
24.75			39.00	200	100
25.00			39.50		
25.25	156	78	40.00		
25.50					

标记示例:

直径 $d = 15.00$mm 的右旋直柄短麻花钻,其标记为:

直柄短麻花钻　15　GB/T 6135.2—2008

直径 $d = 15.00$mm 的左旋直柄短麻花钻,其标记为:

直柄短麻花钻　15 - L　GB/T 6135.2—2008

精密级的直柄短麻花钻应在直径前加"H -"，如：H - 15，其余标记方法与前相同。

3. 直柄麻花钻

直柄麻花钻（GB/T 6135.2—2008）的型式如图 6 - 143 所示，麻花钻的规格尺寸列于表 6 - 134。

图 6 - 143　直柄麻花钻

表 6 - 134　直柄麻花钻的规格尺寸　　　单位：mm

$\frac{d}{h8}$	l	l_1	$\frac{d}{h8}$	l	l_1
0.20		2.5	0.98		
0.22			1.00	34	12
0.25			1.05		
0.28	19	3	1.10	36	14
0.30			1.15		
0.32			1.20		
0.35		4	1.25	38	16
0.38			1.30		
0.40			1.35		
0.42			1.40	40	18
0.45	20	5	1.45		
0.48			1.50		
0.50			1.55		
0.52	22	6	1.60		
0.55			1.65	43	20
0.58	24	7	1.70		
0.60			1.75		
0.62	26	8	1.80		
0.65			1.85	46	22
0.68			1.90		
0.70			1.95		
0.72	28	9	2.00		
0.75			2.05	49	24
0.78			2.10		
0.80			2.15		
0.82	30	10	2.20		
0.85			2.25	53	27
0.88			2.30		
0.90			2.35		
0.92	32	11	2.40		
0.95			2.45	57	30

d h8	l	l_1	d h8	l	l_1
2.50			6.80		
2.55	57	30	6.90		
2.60			7.00		
2.65			7.10	109	69
2.70			7.20		
2.75			7.30		
2.80			7.40		
2.85	61	33	7.50		
2.90			7.60		
2.95			7.70		
3.00			7.80		
3.10			7.90		
3.20	65	36	8.00	117	75
3.30			8.10		
3.40			8.20		
3.50	70	39	8.30		
3.60			8.40		
3.70			8.50		
3.80			8.60		
3.90			8.70		
4.00	75	43	8.80		
4.10			8.90		
4.20			9.00	125	81
4.30			9.10		
4.40			9.20		
4.50	80	47	9.30		
4.60			9.40		
4.70			9.50		
4.80			9.60		
4.90			9.70		
5.00	86	52	9.80		
5.10			9.90		
5.20			10.00		
5.30			10.10	133	87
5.40			10.20		
5.50			10.30		
5.60			10.40		
5.70	93	57	10.50		
5.80			10.60		
5.90			10.70		
6.00			10.80		
6.10			10.90		
6.20			11.00		
6.30			11.10	142	94
6.40	101	63	11.20		
6.50			11.30		
6.60			11.40		
6.70			11.50		

d h8	l	l_1	d h8	l	l_1
11.60	142	94	13.70	160	108
11.70			13.80		
11.80			13.90		
11.90	151	101	14.00		
12.00			14.25	169	114
12.10			14.50		
12.20			14.75		
12.30			15.00		
12.40			15.25	178	120
12.50			15.50		
12.60			15.75		
12.70			16.00		
12.80			16.50	184	125
12.90			17.00		
13.00			17.50	191	130
13.10			18.00		
13.20			18.50	198	135
13.30	160	108	19.00		
13.40			19.50	205	140
13.50			20.00		
13.60					

标记示例:

直径 $d = 10.00$ mm 的右旋直柄麻花钻,其标记为:

直柄麻花钻 10 GB/T 6135.2—2008

直径 $d = 10.00$ mm 的左旋直柄麻花钻,其标记为:

直柄麻花钻 10 – L GB/T 6135.2—2008

精密级的直柄麻花钻应在直径前加"H –",如:H – 10,其余标记方法与前相同。

4. 直柄长麻花钻

直柄长麻花钻(GB/T 6135.3—2008)的型式和尺寸如图 6 – 144 和表 6 – 135 所示。

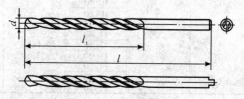

图 6 – 144 直柄长麻花钻

表 6－135　　直柄长麻花钻规格尺寸　　　　单位：mm

d h8	l	l_1	d h8	l	l_1
1.00	56	33	6.00	139	91
1.10	60	37	6.10	148	97
1.20	65	41	6.20		
1.30			6.30		
1.40	70	45	6.40		
1.50			6.50		
1.60	76	50	6.60		
1.70			6.70		
1.80	80	53	6.80	156	102
1.90			6.90		
2.00	85	56	7.00		
2.10			7.10		
2.20	90	59	7.20		
2.30			7.30		
2.40	95	62	7.40		
2.50			7.50		
2.60			7.60	165	109
2.70	100	66	7.70		
2.80			7.80		
2.90			7.90		
3.00			8.00		
3.10	106	69	8.10		
3.20			8.20		
3.30			8.30		
3.40	112	73	8.40	175	115
3.50			8.50		
3.60			8.60		
3.70			8.70		
3.80	119	78	8.80		
3.90			8.90		
4.00			9.00		
4.10			9.10		
4.20			9.20		
4.30	126	82	9.30	184	121
4.40			9.40		
4.50			9.50		
4.60			9.60		
4.70			9.70		
4.80	132	87	9.80		
4.90			9.90		
5.00			10.00		
5.10			10.10		
5.20			10.20		
5.30			10.30		
5.40	139	91	10.40	195	128
5.50			10.50		
5.60			10.60		
5.70			10.70		
5.80			10.80		
5.90			10.90		

$\frac{d}{h8}$	l	l_1	$\frac{d}{h8}$	l	l_1
11.00			19.25		
11.10			19.50	254	166
11.20			19.75		
11.30			20.00		
11.40	195	128	20.25		
11.50			20.50	261	171
11.60			20.75		
11.70			21.00		
11.80			21.25		
11.90			21.50		
12.00			21.75	268	176
12.10			22.00		
12.20			22.25		
12.30			22.50		
12.40			22.75		
12.50	205	134	23.00	275	180
12.60			23.25		
12.70			23.50		
12.80			23.75		
12.90			24.00		
13.00			24.25		
13.10			24.50	282	185
13.20			24.75		
13.30			25.00		
13.40			25.25		
13.50			25.50		
13.60	214	140	25.75		
13.70			26.00	290	190
13.80			26.25		
13.90			26.50		
14.00			26.75		
14.25			27.00		
14.50	220	144	27.25		
14.75			27.50	298	195
15.00			27.75		
15.25			28.00		
15.50	227	149	28.25		
15.75			28.50		
16.00			28.75		
16.25			29.00		
16.50	235	154	29.25	307	201
16.75			29.50		
17.00			29.75		
17.25			30.00		
17.50	241	158	30.25		
17.75			30.50		
18.00			30.75		
18.25			31.00	316	207
18.50	247	162	31.25		
18.75			31.50		
19.00					

标记示例：

直径 $d = 15.00$ mm 的右旋直柄长麻花钻，其标记为：直柄长麻花钻 15 GB/T 6135.3—2008

直径 $d = 15.00$ mm 的左旋直柄长麻花钻，其标记为：

直柄长麻花钻　15 – L　GB/T 6135.3—2008

精密级的直柄长麻花钻，应在直径前加"H –"，如：H – 15，其余标记方法与前相同。

5. 直柄超长麻花钻

直柄超长麻花钻（GB/T 6135.4—2008）的型式如图 6 – 145 所示，其尺寸规格如表 6 – 136。

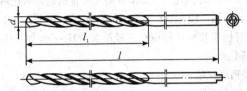

图 6 – 145　直柄超长麻花钻

表 6 – 136　直柄超长麻花钻规格尺寸　　　　　单位：mm

d h8	$l=125$ $l_1=80$	$l=160$ $l_1=100$	$l=200$ $l_1=150$	$l=250$ $l_1=200$	$l=315$ $l_1=250$	$l=400$ $l_1=300$
2.0	×	×	—			
2.5	×	×		—		
3.0		×	×			—
3.5		×	×	×	—	
4.0		×	×	×	×	
4.5		×	×	×	×	
5.0			×	×	×	×
5.5			×	×	×	×
6.0			×	×	×	×
6.5			×	×	×	×
7.0	—		×	×	×	×
7.5			×	×	×	×
8.0				×	×	×
8.5		—		×	×	×
9.0				×	×	×
9.5				×	×	×
10.0			—	×	×	×
10.5				×	×	×
11.0				×	×	×
11.5				×	×	×
12.0				×	×	×

d h8	$l=125$ $l_1=180$	$l=160$ $l_1=100$	$l=200$ $l_1=150$	$l=250$ $l_1=200$	$l=315$ $l_1=250$	$l=400$ $l_1=300$
12.5				×	×	×
13.0	—	—	—	×	×	×
13.5				×	×	×
14.0				×	×	×

注：×表示有的规格。

标记示例：

直径 $d=10.00$mm，总长 $l=250$mm 的右旋直柄超长麻花钻，其标记为：

直柄超长麻花钻 10×250 GB/T 6135.4—2008

直径 $d=10.00$mm，总长 $l=250$mm 的左旋直柄超长麻花钻，其标记为：

直柄超长麻花钻 $10 \times 250 - $L GB/T 6135.4—2008

精密级的直柄超长麻花钻应在直径前加"H –"，如：H – 10，其余标记方法与前相同。

6.4.2 锥柄麻花钻

1. 莫氏锥柄麻花钻

莫氏锥柄麻花钻（GB/T 1438.1—2008）的型式如图 6 – 146 所示，其规格尺寸列于表 6 – 137。

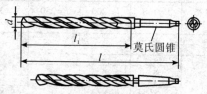

图 6 – 146 莫氏锥柄麻花钻

表 6 – 137 莫氏锥柄麻花钻规格尺寸

单位：mm

d h8	l_1	标准柄		粗柄		d h8	l_1	标准柄		粗柄	
		l	莫氏圆锥 号	l	莫氏圆锥 号			l	莫氏圆锥 号	l	莫氏圆锥 号
3.00	33	114				4.50	47	128			
3.20	36	117				4.80					
3.50	39	120	1	—	—	5.00	52	133	1	—	—
3.80						5.20					
4.00	43	124				5.50	57	138			
4.20						5.80					

d h8	l_1	标准柄		粗柄		d h8	l_1	标准柄		粗柄	
		l	莫氏圆锥号	l	莫氏圆锥号			l	莫氏圆锥号	l	莫氏圆锥号
6.00	57	138				18.00	130	228		—	—
6.20	63	144				18.25	135	233			
6.50						18.50				256	
6.80	69	150				18.75					
7.00						19.00	140	238			
7.20						19.25					
7.50	75	156				19.50				261	
7.80						19.75					
8.00						20.00	145	243			
8.20						20.25					
8.50	81	162				20.50			2	266	3
8.80				—		20.75					
9.00					—	21.00	150	248			
9.20						21.25					
9.50	87	168	1			21.50				271	
9.80						21.75					
10.00						22.00	155	253		276	
10.20						22.25					
10.50	94	175				22.50					
10.80						22.75					
11.00						23.00					
11.20						23.25		276		276	
11.50	101	182				23.50					
11.80						23.75					
12.00						24.00	160	281		—	—
12.20						24.25					
12.50				199		24.50					
12.80						24.75					
13.00	108	189			2	25.00					
13.20						25.25	165	286			
13.50						25.50					
13.80				206		25.75					
14.00						26.00					
14.25	114	212				26.25					
14.50						26.50					
14.75						26.75					
15.00						27.00			3		
15.25	120	218	2			27.25	170	291		319	
15.50				—		27.50					
15.75					—	27.75					
16.00						28.00					
16.25	125	223				28.25	175	296			4
16.50						28.50					
16.75						28.75					
17.00						29.00				324	
17.25	130	228				29.25					
17.50						29.50					
17.75						29.75					

d h8	l_1	标准柄		粗柄	
		l	莫氏圆锥号	l	莫氏圆锥号
30.00	175	296		324	
30.25					
30.50					
30.75	180	301	3	329	4
31.00					
31.25					
31.50					
31.75		306		334	
32.00	185				
32.50		334			
33.00					
33.50					
34.00	190				
34.50		339			
35.00					
35.50					
36.00	195			—	—
36.50		344			
37.00					
37.50					
38.00	200				
38.50					
39.00		349			
39.50					
40.00					
40.50	205		4		
41.00					
41.50		354		392	
42.00					
42.50					
43.00	210				
43.50					
44.00		359		397	
44.50					
45.00					
45.50	215				5
46.00					
46.50		364		402	
47.00					
47.50					
48.00	220				
48.50					
49.00		369		407	
49.50					
50.00					
50.50		374		412	
51.00	225	412	5	—	—
52.00					

d h8	l_1	标准柄		粗柄	
		l	莫氏圆锥号	l	莫氏圆锥号
53.00	225	412			
54.00					
55.00	230	417			
56.00					
57.00					
58.00	235	422		—	—
59.00					
60.00					
61.00					
62.00	240	427			
63.00					
64.00					
65.00	245	432	5	499	
66.00					
67.00					
68.00					
69.00	250	437		504	6
70.00					
71.00					
72.00					
73.00	255	442		509	
74.00					
75.00					
76.00		447		514	
77.00					
78.00	260	514			
79.00					
80.00					
81.00					
82.00					
83.00	265	519			
84.00					
85.00					
86.00					
87.00					
88.00	270	524	6	—	—
89.00					
90.00					
91.00					
92.00					
93.00	275	529			
94.00					
95.00					
96.00					
97.00					
98.00	280	534			
99.00					
100.00					

标记示例：

直径 $d = 10$mm，标准柄的右旋莫氏锥柄麻花钻，其标记为：

莫氏锥柄麻花钻　10　GB/T 1438.1—2008

直径 $d = 10$mm，标准柄的左旋莫氏锥柄麻花钻，其标记为：

莫氏锥柄麻花钻　10 – L　GB/T 1438.1—2008

直径 $d = 12$mm，粗柄的右旋莫氏锥柄麻花钻，其标记为：

莫氏粗锥柄麻花钻　12　GB/T 1438.1—2008

直径 $d = 12$mm，粗柄的左旋莫氏锥柄麻花钻，其标记为：

莫氏粗锥柄麻花钻　12 – L　GB/T 1438.1—2008

精密级的莫氏锥柄麻花钻应在直径前加"H –"，如：H – 10，其余标记方法同前。

2. 莫氏锥柄长麻花钻

莫氏锥柄长麻花钻（GB/T 1438.2—2008）的型式如图 6 – 147 所示，其规格尺寸列于表 6 – 138。

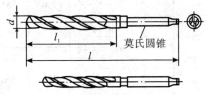

图 6 – 147　莫氏锥柄长麻花钻

表 6 – 138　莫氏锥柄长麻花钻规格尺寸　　　　　　　　单位：mm

$\dfrac{d}{h8}$	l_1	l	莫氏圆锥号	$\dfrac{d}{h8}$	l_1	l	莫氏圆锥号
5.00	74	155	1	8.50	100	181	1
5.20				8.80			
5.50	80	161		9.00	107	188	
5.80				9.20			
6.00				9.50			
6.20	86	167		9.80	116	197	
6.50				10.00			
6.80	93	174		10.20			
7.00				10.50			
7.20				10.80	125	206	
7.50				11.00			
7.80	100	181		11.20			
8.00				11.50			
8.20				11.80			

d h8	l_1	l	莫氏圆锥号	d h8	l_1	l	莫氏圆锥号
12.00				24.25			
12.20				24.50	206	327	
12.50	134	215		24.75			
12.80				25.00			
13.00			1	25.25			
13.20				25.50			
13.50				25.75	214	335	
13.80	142	223		26.00			
14.00				26.25			
14.25				26.50			
14.50	147	245		26.75			
14.75				27.00			
15.00				27.25	222	343	
15.25				27.50			
15.50	153	251		27.75			
15.75				28.00			3
16.00				28.25			
16.25				28.50			
16.50	159	257		28.75			
16.75				29.00	230	351	
17.00				29.25			
17.25				29.50			
17.50	165	263		29.75			
17.75				30.00			
18.00				30.25			
18.25			2	30.50			
18.50	171	269		30.75	239	360	
18.75				31.00			
19.00				31.25			
19.25				31.50			
19.50	177	275		31.75	248	369	
19.75				32.00			
20.00				32.50	248	397	
20.25				33.00			
20.50	184	282		33.50			
20.75				34.00			
21.00				34.50	257	406	
21.25				35.00			
21.50				35.50			
21.75	191	289		36.00			
22.00				36.50	267	416	4
22.25				37.00			
22.50				37.50			
22.75		296		38.00			
23.00	198			38.50			
23.25		319		39.00	277	426	
23.50			3	39.50			
23.75	206	327		40.00			
24.00				40.50	287	436	

d h8	l_1	l	莫氏圆锥号	d h8	l_1	l	莫氏圆锥号
41.00	287	436		46.00	310	459	
41.50				46.50			
42.00				47.00			
42.50				47.50			
43.00	298	447	4	48.00	321	470	4
43.50				48.50			
44.00				49.00			
44.50				49.50			
45.00				50.00			
45.50	310	459					

标记示例:

直径 $d=10\text{mm}$ 的右旋莫氏锥柄长麻花钻,其标记为:

莫氏锥柄长麻花钻 10 GB/T 1438.2—2008

直径 $d=10\text{mm}$ 的左旋莫氏锥柄长麻花钻,其标记为:

莫氏锥柄长麻花钻 10 - L GB/T 1438.2—2008

精密级的莫氏锥柄长麻花钻应在直径前加"H -",如:H - 10,其余标记方法与前相同。

3. 莫氏锥柄加长麻花钻

莫氏锥柄加长麻花钻(GB/T 1438.3—2008)的型式和规格尺寸见图 6 - 148 和表 6 - 139。

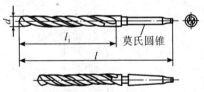

图 6 - 148 莫氏锥柄加长麻花钻

表 6 - 139 莫氏锥柄加长麻花钻规格尺寸 单位:mm

d h8	l_1	l	莫氏圆锥号	d h8	l_1	l	莫氏圆锥号
6.00	145	225		7.20	155	235	
6.20	150	230		7.50			
6.50			1	7.80	160	240	1
6.80	155	235		8.00			
7.00				8.20			

d h8	l_1	l	莫氏圆锥号	d h8	l_1	l	莫氏圆锥号
8.50	160	240	1	19.50			2
8.80				19.75	220	320	
9.00	165	245		20.00			
9.20				20.25			
9.50				20.50	230	330	
9.80				20.75			
10.00	170	250		21.00			
10.20				21.25			
10.50				21.50			
10.80				21.75	235	335	
11.00	175	255		22.00			
11.20				22.25			
11.50				22.50			
11.80				22.75	240	340	
12.00				23.00			
12.20	180	260		23.25	240	360	3
12.50				23.50			
12.80				23.75			
13.00				24.00			
13.20				24.25	245	365	
13.50	185	265		24.50			
13.80				24.75			
14.00				25.00			
14.25	190	290	2	25.25			
14.50				25.50			
14.75				25.75	255	375	
15.00				26.00			
15.25	195	295		26.25			
15.50				26.50			
15.75				26.75			
16.00				27.00			
16.25	200	300		27.25	265	385	
16.50				27.50			
16.75				27.75			
17.00				28.00			
17.25	205	305		28.25			
17.50				28.50			
17.75				28.75			
18.00				29.00			
18.25	210	310		29.25	275	395	
18.50				29.50			
18.75				29.75			
19.00				30.00			
19.25	220	320					

标记示例:

直径 $d=10\text{mm}$ 的右旋莫氏锥柄加长麻花钻,其标记为:

莫氏锥柄加长麻花钻 10 GB/T 1438.3—2008

直径 $d = 10mm$ 的左旋莫氏锥柄加长麻花钻，其标记为：

莫氏锥柄加长麻花钻 10 - L GB/T 1438.3—2008

精密级莫氏锥柄加长麻花钻应在直径前加"H -"，如：H - 10，其余标记方法与前相同。

4. 莫氏锥柄超长麻花钻

莫氏锥柄超长麻花钻（GB/T 1438.4—2008）的型式如图 6 - 149 所示，其基本尺寸列于表 6 - 140。

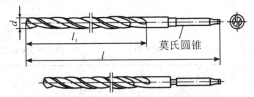

图 6 - 149　莫氏锥柄超长麻花钻

表 6 - 140　莫氏锥柄超长麻花钻基本尺寸　　　　单位：mm

d h8	$l = 200$	$l = 250$	$l = 315$	$l = 400$	$l = 500$	$l = 630$	莫氏圆锥号
	l_1						
6.00	110	160	225		—		1
6.50							
7.00							
7.50							
8.00							
8.50							
9.00							
9.50							
10.00	—			310	—		
11.00							
12.00							
13.00							
14.00							
15.00		—	215	300	400		2
16.00							
17.00							
18.00							
19.00							
20.00							
21.00							
22.00							
23.00							

d	$l=200$	$l=250$	$l=315$	$l=400$	$l=500$	$l=630$	莫氏圆锥号
h8				l_1			
24.00							
25.00							
28.00				275	375	505	3
30.00							
32.00							
35.00	—	—	—	250			
38.00							
40.00					350	480	4
42.00							
45.00							
48.00				—			
50.00							
直径范围	$6 \leqslant d \leqslant 9.5$	$6 \leqslant d \leqslant 14$	$6 \leqslant d \leqslant 23$	$9.5 < d \leqslant 40$	$14 < d \leqslant 50$	$23 < d \leqslant 50$	

标记示例：

直径 $d=10\text{mm}$，总长为 250mm 的右旋莫氏锥柄超长麻花钻，其标记为：

莫氏锥柄超长麻花钻　10×250　GB/T 1438.4—2008

直径 $d=10\text{mm}$，总长为 250mm 的左旋莫氏锥柄超长麻花钻，其标记为：

莫氏锥柄超长麻花钻　10×250 – L　GB/T 1438.4—2008

精密级莫氏锥柄超长麻花钻应在直径前加"H –"，如：H – 10，其余标记方法与前相同。

6.4.3　60°、90°、120°直柄锥面锪钻

60°、90°、120°直柄锥面锪钻（GB/T 4258—2004/ISO 3294:1975）的型式如图6 – 150所示，锪钻的尺寸规格列于表6 – 141。

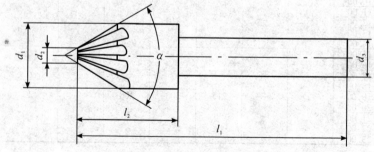

图6 – 150　60°、90°、120°直柄锥面锪钻

表 6-141　60°、90°、120°直柄锥面锪钻的规格尺寸　　　　　单位：mm

公称尺寸 d_1	小端直径 d_2	总长 l_1		钻体长 l_2		柄部直径 d_3 h9
		$\alpha = 60°$	$\alpha = 90°$ 或 120°	$\alpha = 60°$	$\alpha = 90°$ 或 120°	
8	1.6	48	44	16	12	8
10	2	50	46	18	14	8
12.5	2.5	52	48	20	16	8
16	3.2	60	56	24	20	10
20	4	64	60	28	24	10
25	7	69	65	33	29	10

注：①d_2 前端部结构不作规定。

　　②$\alpha = 60°$、90° 或 120°$\left(\text{偏差：} \begin{array}{c} 0 \\ -1° \end{array}\right)$。

6.4.4　60°、90°、120°莫氏锥柄锥面锪钻

60°、90°、120°莫氏锥柄锥面锪钻（GB/T 1143—2004）的型式和尺寸如图 6-151 和表 6-142。

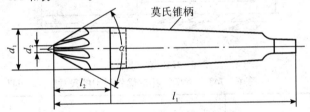

图 6-151　60°、90°、120°莫氏锥柄锥面锪钻

表 6-142　60°、90°、120°莫氏锥柄锥面锪钻的尺寸

公称尺寸 d_1/mm	小端直径 d_2/mm	总长 l_1/mm		钻体长 l_2/mm		莫氏锥柄号
		$\alpha = 60°$	$\alpha = 90°$ 或 120°	$\alpha = 60°$	$\alpha = 90°$ 或 120°	
16	3.2	97	93	24	20	1
20	4	120	116	28	24	2
25	7	125	121	33	29	2
31.5	9	132	124	40	32	2

公称尺寸 d_1/mm	小端直径 d_2/mm	总长 l_1/mm		钻体长 l_2/mm		莫氏锥柄号
		$\alpha = 60°$	$\alpha = 90°$ 或 $120°$	$\alpha = 60°$	$\alpha = 90°$ 或 $120°$	
40	12.5	160	150	45	35	3
50	16	165	153	50	38	3
63	20	200	185	58	43	4
80	25	215	196	73	54	4

注：①$\alpha = 60°$、$90°$ 或 $120°\left(\text{偏差：}{}^{\ 0}_{-1°}\right)$

②小端直径 d_2 前端部结构不作规定。

6.4.5 直柄和莫氏锥柄扩孔钻

1. 直柄扩孔钻

直柄扩孔钻（GB/T 4256—2004）的型式如图 6 – 152 所示，其尺寸列于表 6 – 143 和表 6 – 144。

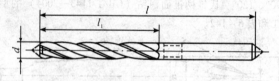

图 6 – 152 直柄扩孔钻

表 6 – 143 直柄扩孔钻优先采用的尺寸 单位：mm

d	l_1	l	d	l_1	l
3.00	33	61	4.80	52	86
3.30	36	65	5.00		
3.50	39	70	5.80	57	93
3.80	43	75	6.00		
4.00			6.80	69	109
4.30	47	80	7.00		
4.50			7.80	75	117

d	l_1	l	d	l_1	l
8.00	75	117	14.00	108	160
8.80	81	125	14.75	114	169
9.00			15.00		
9.80	87	133	15.75	120	178
10.00			16.00		
10.75	94	142	16.75	125	184
11.00			17.00		
11.75	101	151	17.75	130	191
12.00			18.00		
12.75			18.70	135	198
13.00			19.00		
13.75	108	160	19.70	140	205

表 6-144　直柄扩孔钻以直径范围分段的尺寸　单位：mm

直径范围 d		相应长度		直径范围 d		相应长度	
大于	至	l_1	l	大于	至	l_1	l
—	3.00	33	61	9.50	10.60	87	133
3.00	3.35	36	65	10.60	11.80	94	142
3.35	3.75	39	70	11.80	13.20	101	151
3.75	4.25	43	75	13.20	14.00	108	160
4.25	4.75	47	80	14.00	15.00	114	169
4.75	5.30	52	86	15.00	16.00	120	178
5.30	6.00	57	93	16.00	17.00	125	184
6.00	6.70	63	101	17.00	18.00	130	191
6.70	7.50	69	109	18.00	19.00	135	198
7.50	8.50	75	117	19.00	20.00	140	205
8.50	9.50	81	125				

2. 莫氏锥柄扩孔钻

莫氏锥柄扩孔钻（GB/T 4256—2004）的型式如图 6-153 所示，其基本尺寸列于表 6-145 和表 6-146。

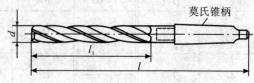

图 6-153　莫氏锥柄扩孔钻

表 6-145　莫氏锥柄扩孔钻优先采用的尺寸

d/mm	l_1/mm	l/mm	莫氏锥柄号	d/mm	l_1/mm	l/mm	莫氏锥柄号
7.80	75	156	1	15.75	120	218	2
8.00				16.00			
8.80	81	162		16.75	125	223	
9.00				17.00			
9.80	87	168		17.75	130	228	
10.00				18.00			
10.75	94	175		18.70	135	233	
11.00				19.00			
11.75				19.70	140	238	
12.00				20.00			
12.75	101	182		20.70	145	243	
13.00				21.00			
13.75	108	189		21.70	150	248	
14.00				22.00			
14.75	114	212	2	22.70	155	253	
15.00				23.00			

d/mm	l_1/mm	l/mm	莫氏锥柄号	d/mm	l_1/mm	l/mm	莫氏锥柄号
23.70				36.00	195	344	
24.00	160	281		37.60			
24.70				38.00	200	349	
25.00				39.60			
25.70	165	286		40.00			
26.00			3	41.60	205	354	
27.70	170	291		42.00			
28.00				43.60			
29.70	175	296		44.00	210	359	4
30.00				44.60			
31.60	185	306		45.00			
32.00	185	334		45.60	215	364	
33.60				46.00			
34.00				47.60			
34.60	190	339	4	48.00	220	369	
35.00				49.60			
35.60	195	344		50.00			

注：莫氏锥柄的尺寸和偏差按 GB/T 1443 的规定。

表 6-146　莫氏锥柄扩孔钻以直径范围分段的尺寸

直径范围 d/mm		相应长度			直径范围 d/mm		相应长度		
大于	至	l_1/mm	l/mm	莫氏锥柄号	大于	至	l_1/mm	l/mm	莫氏锥柄号
7.50	8.50	75	156		10.60	11.80	94	175	
8.50	9.50	81	162	1	11.80	13.20	101	182	1
9.50	10.60	87	168		13.20	14.00	108	189	

直径范围 d /mm		相应长度			直径范围 d (mm)		相应长度		
大于	至	l_1 /mm	l /mm	莫氏锥柄号	大于	至	l_1 /mm	l /mm	莫氏锥柄号
14.00	15.00	114	212		26.50	28.00	170	291	
15.00	16.00	120	218		28.00	30.00	175	296	3
16.00	17.00	125	223		30.00	31.50	180	301	
17.00	18.00	130	228		31.50	31.75	185	306	
18.00	19.00	135	233	2	31.75	33.50	185	334	
19.00	20.00	140	238		33.50	35.50	190	339	
20.00	21.20	145	243		35.50	37.50	195	344	
21.20	22.40	150	248		37.50	40.00	200	349	
22.40	23.02	155	253		40.00	42.50	205	354	4
23.02	23.60	155	276		42.50	45.00	210	359	
23.60	25.00	160	281	3	45.00	47.50	215	364	
25.00	26.50	165	286		47.50	50.00	220	369	

6.4.6 中心钻

中心钻有三种。

1. 不带护锥的中心钻 A 型

不带护锥的中心钻 A 型（GB/T 6078.1—1998）的型式如图 6 – 154 所示，中心钻的规格尺寸列于表 6 – 147。

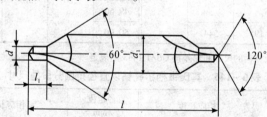

图 6 – 154 不带护锥的中心钻 A 型

表 6 – 147　不带护锥的中心钻 A 型规格尺寸　　单位：mm

d k12	d₁ h9	l		l₁	
		基本尺寸	极限偏差	基本尺寸	极限偏差
(0.50)				0.8	+0.2 0
(0.63)				0.9	+0.3 0
(0.80)	3.15	31.5		1.1	+0.4 0
1.00				1.3	+0.6 0
(1.25)			±2	1.6	
1.60	4.0	35.5		2.0	+0.8 0
2.00	5.0	40.0		2.5	
2.50	6.3	45.0		3.1	+1.0 0
3.15	8.0	50.0		3.9	
4.00	10.0	56.0		5.0	+1.2 0
(5.00)	12.5	63.0		6.3	
6.30	16.0	71.0	±3	8.0	
(8.00)	20.0	80.0		10.1	+1.4 0
10.00	25.0	100.0		12.8	

注：①括号内的尺寸尽量不采用。

②A 型中心钻的容屑槽可为直槽或螺旋槽，由制造厂自行确定。除另有说明
外，A 型中心钻均制成右切削。

标记示例：

直径 $d = 2.5$mm，$d_1 = 6.3$mm 的直槽 A 型中心钻：

中心钻 A2.5/6.3　GB/T 6078.1—1998

直径 $d = 2.5$mm，$d_1 = 6.3$mm 的螺旋槽 A 型中心钻：

螺旋槽中心钻 A2.5/6.3　GB/T 6078.1—1998

直径 $d = 2.5$mm，$d_1 = 6.3$mm 的直槽左切 A 型中心钻：

中心钻 A2.5/6.3 – L　GB/T 6078.1—1998

直径 $d = 2.5$mm，$d_1 = 6.3$mm 的螺旋槽左旋 A 型中心钻：

螺旋槽中心钻 A2.5/6.3 - L GB/T 6078.1—1998

2. 带护锥的中心钻 B 型

带护锥的中心钻 B 型（GB/T 6078.2—1998）的型式如图 6 - 155 所示，其规格尺寸列于表 6 - 148。

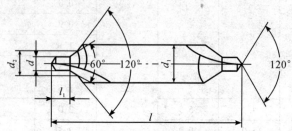

图 6 - 155 带护锥的中心钻 B 型

表 6 - 148 带护锥的中心钻 B 型规格尺寸 单位：mm

d	d_1	d_2	l		l_1	
k12	h9	k12	基本尺寸	极限偏差	基本尺寸	极限偏差
1.00	4.0	2.12	35.5		1.3	+0.6
(1.25)	5.0	2.65	40.0	±2	1.6	0
1.60	6.3	3.35	45.0		2.0	+0.8
2.00	8.0	4.25	50.0		2.5	0
2.50	10.0	5.30	56.0		3.1	+1.0
3.15	11.2	6.70	60.0		3.9	0
4.00	14.0	8.50	67.0		5.0	
(5.00)	18.0	10.60	75.0	±3	6.3	+1.2
6.30	20.0	13.20	80.0		8.0	0
(8.00)	25.0	17.00	100.0		10.1	+1.4
10.00	31.5	21.20	125.0		12.8	0

注：①括号内的尺寸尽量不采用。

②B 型中心钻的容屑槽可为直槽或螺旋槽，由制造厂自行确定。除另有说明外，B 型中心钻均制成右切削。

标记示例：

直径 $d = 2.5\mathrm{mm}$，$d_1 = 10.0\mathrm{mm}$ 的直槽 B 型中心钻：

中心钻 B2.5/10　GB/T 6078.2—1998

直径 $d = 2.5\mathrm{mm}$，$d_1 = 10.0\mathrm{mm}$ 的螺旋槽 B 型中心钻：

螺旋槽中心钻 B2.5/1.0　GB/T 6078.2—1998

直径 $d = 2.5\mathrm{mm}$，$d_1 = 6.3\mathrm{mm}$ 的直槽左切 B 型中心钻：

中心钻 B2.5/6.3 - L　GB/T 6078.2—1998

直径 $d = 2.5\mathrm{mm}$，$d_1 = 6.3\mathrm{mm}$ 的螺旋槽左旋 B 型中心钻：

螺旋槽中心钻 B2.5/6.3 - L　GB/T 6078.2—1998

3. 弧形中心钻 R 型

弧形中心钻 R 型（GB/T 6078.3—1998）的型式如图 6 – 156 所示，中心钻的规格尺寸列于表 6 – 149。

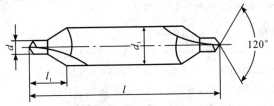

图 6 – 156　弧形中心钻 R 型

表 6 – 149　弧形中心钻 R 型规格尺寸　　　　　　　　单位：mm

d	d_1	l		l_1	r	
k12	h9	基本尺寸	极限偏差	基本尺寸	max	min
1.00	3.15	31.5	±2	3.0	3.15	2.5
(1.25)				3.35	4.0	3.15
1.60	4.0	35.5		4.25	5.0	4.0
2.00	5.0	40.0		5.3	6.3	5.0
2.50	6.3	45.0		6.7	8.0	6.3
3.15	8.0	50.0		8.5	10.0	8.0

d k12	d_1 h9	l 基本尺寸	极限偏差	l_1 基本尺寸	r max	min
4.00	10.0	56.0		10.6	12.5	10.0
(5.00)	12.5	63.0		13.2	16.0	12.5
6.30	16.0	71.0	±3	17.0	20.0	16.0
(8.00)	20.0	80.0		21.2	25.0	20.0
10.00	25.0	100.0		26.5	31.5	25.0

注：①括号内的尺寸尽量不采用。

②R型中心钻的容屑槽可为直槽或螺旋槽，由制造厂自行确定。除另有说明外，R型中心钻均制成右切削。

标记示例：

直径 $d=2.5$mm，$d_1=6.3$mm 的直槽 R 型中心钻：

中心钻 R2.5/6.3 GB/T 6078.3—1998

直径 $d=2.5$mm，$d_1=6.3$mm 的螺旋槽 R 型中心钻：

螺旋槽中心钻 R2.5/6.3 GB/T 6078.3—1998

直径 $d=2.5$mm，$d_1=6.3$mm 的直槽左切 R 型中心钻：

中心钻 R2.5/6.3-L GB/T 6078.3—1998

直径 $d=2.5$mm，$d_1=6.3$mm 的螺旋槽左旋 R 型中心钻：

螺旋槽中心钻 R2.5/6.3-L GB/T 6078.3—1998

6.4.7 铰刀

1. 手用铰刀

手用铰刀（GB/T 1131.1—2004）的型式如图 6-157 所示，其规格尺寸参数列于表 6-150～表 6-154。

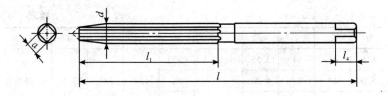

图 6 – 157　手用铰刀

表 6 – 150　手用铰刀长度公差

总长 l 和切削刃长 l_1				公　差	
大于	至	大于	至		
/mm		/inch		/mm	/inch
6	30		1	±1	±$\frac{1}{32}$
30	120	1	4	±1.5	±$\frac{1}{16}$
120	315	4	12	±2	±$\frac{3}{32}$
315	1 000	12	40	±3	±$\frac{1}{8}$

表 6 – 151　手用铰刀米制系列的推荐直径和各相应尺寸

单位：mm

d	l_1	l	a	l_4	d	l_1	l	a	l_4
(1.5)	20	41	1.12		2.5	29	58	2.00	4
1.6	21	44	1.25		2.8	31	62	2.24	
1.8	23	47	1.40	4	3.0				5
2.0	25	50	1.60		3.5	35	71	2.80	
2.2	27	54	1.80		4.0	38	76	3.15	6

d	l_1	l	a	l_4	d	l_1	l	a	l_4
4.5	41	81	3.55	6	(27)				
5.0	44	87	4.00		28	124	247	22.40	26
5.5	47	93	4.50	7	(30)				
6.0					32	133	265	25.00	28
7.0	54	107	5.60	8	(34)				
8.0	58	115	6.30	9	(35)	142	284	28.00	31
9.0	62	124	7.10	10	36				
10.0	66	133	8.00	11	(38)				
11.0	71	142	9.00	12	40	152	305	31.5	34
12.0	76	152	10.00	13	(42)				
(13.0)					(44)				
14.0	81	163	11.20	14	45	163	326	35.50	38
(15.0)					(46)				
16.0	87	175	12.50	16	(48)				
(17.0)					50	174	347	40.00	42
18.0	93	188	14.00	18	(52)				
(19.0)					(55)				
20.0	100	201	16.00	20	56	184	367	45.00	46
(21.0)					(58)				
22	107	215	18.00	22	(60)				
(23)					(62)				
(24)					63	194	387	50.00	51
25	115	231	20.00	24	67				
(26)					71	203	406	56.00	56

注：表中括号内尺寸为不推荐采用尺寸。

表6-152 手用铰刀英制系列的推荐直径和各相应尺寸　　单位：inch

d	l_1	l	a	l_4	d	l_1	l	a	l_4
1/16	13/16	1 3/4	0.049	5/32	3/4 (13/16)	3 15/16	7 15/16	0.630	25/32
3/32	1 1/8	2 1/4	0.079						
1/8	1 5/16	2 5/8	0.098	3/16	7/8	4 3/16	8 1/2	0.709	7/8
5/32	1 1/2	3	0.124	1/4	1	4 1/2	9 1/16	0.787	15/16
3/16	1 3/4	3 7/16	0.157	9/32	(1 1/16)	4 7/8	9 3/4	0.882	1 1/32
7/32	1 7/8	3 11/16	0.177		1 1/8				
1/4	2	3 15/16	0.197	5/16	1 1/4	5 1/4	10 7/16	0.984	1 3/32
9/32	2 1/8	4 3/16	0.220		(1 5/16)				
5/16	2 1/4	4 1/2	0.248	11/32	1 3/8	5 5/8	11 3/16	1.102	1 7/32
11/32	2 7/16	4 7/8	0.280	13/32	(1 7/16)				
3/8 (13/32)	2 5/8	5 1/4	0.315	7/16	1 1/2	6	12	1.240	1 11/32
					(1 5/8)				
7/16	2 13/16	5 5/8	0.354	15/32	1 3/4	6 7/16	12 13/16	1.398	1 1/2
(15/32)	3	6	0.394	1/2	(1 7/8)	6 7/8	13 11/16	1.575	1 21/32
1/2					2				
9/16	3 3/16	6 7/16	0.441	9/16	2 1/4	7 1/4	14 7/16	1.772	1 13/16
5/8	3 7/16	6 7/8	0.492	5/8	2 1/2	7 5/8	15 1/4	1.968	2
11/16	3 11/16	7 7/16	0.551	23/32	3	8 3/8	16 11/16	2.480	2 7/16

注：表中括号内尺寸为不推荐采用尺寸。

表6-153 手用铰刀以直径分段的尺寸

直径分段 d				长度			
大于	至	大于	至	l_1	l	l_1	l
/mm		/inch		/mm		/inch	
1.32	1.50	0.052 0	0.059 1	20	41	25/32	1 5/8
1.50	1.70	0.059 1	0.066 9	21	44	13/16	1 3/4

直径分段 d				长度			
大于	至	大于	至	l_1	l	l_1	l
/mm		/inch		/mm		/inch	
1.70	1.90	0.066 9	0.074 8	23	47	$\frac{29}{32}$	$1\frac{7}{8}$
1.90	2.12	0.074 8	0.083 5	25	50	1	2
2.12	2.36	0.083 5	0.092 9	27	54	$1\frac{1}{16}$	$2\frac{1}{8}$
2.36	2.65	0.092 9	0.104 3	29	58	$1\frac{1}{8}$	$2\frac{1}{4}$
2.65	3.00	0.104 3	0.118 1	31	62	$1\frac{7}{32}$	$2\frac{7}{16}$
3.00	3.35	0.118 1	0.131 9	33	66	$1\frac{5}{16}$	$2\frac{5}{8}$
3.35	3.75	0.131 9	0.147 6	35	71	$1\frac{3}{8}$	$2\frac{13}{16}$
3.75	4.25	0.147 6	0.167 3	38	76	$1\frac{1}{2}$	3
4.25	4.75	0.167 3	0.187 0	41	81	$1\frac{5}{8}$	$3\frac{3}{16}$
4.75	5.30	0.187 0	0.208 7	44	87	$1\frac{3}{4}$	$3\frac{7}{16}$
5.30	6.00	0.208 7	0.236 2	47	93	$1\frac{7}{8}$	$3\frac{11}{16}$
6.00	6.70	0.236 2	0.263 8	50	100	2	$3\frac{15}{16}$
6.70	7.50	0.263 8	0.295 3	54	107	$2\frac{1}{8}$	$4\frac{3}{16}$
7.50	8.50	0.295 3	0.334 6	58	115	$2\frac{1}{4}$	$4\frac{1}{2}$
8.50	9.50	0.334 6	0.374 0	62	124	$2\frac{7}{16}$	$4\frac{7}{8}$
9.50	10.60	0.374 0	0.417 3	66	133	$2\frac{5}{8}$	$5\frac{1}{4}$
10.60	11.80	0.417 3	0.464 6	71	142	$2\frac{13}{16}$	$5\frac{5}{8}$
11.80	13.20	0.464 6	0.519 7	76	152	3	6
13.20	15.00	0.519 7	0.590 6	81	163	$3\frac{3}{16}$	$6\frac{7}{16}$
15.00	17.00	0.590 6	0.669 3	87	175	$3\frac{7}{16}$	$6\frac{7}{8}$
17.00	19.00	0.669 3	0.748 0	93	188	$3\frac{11}{16}$	$7\frac{7}{16}$
19.00	21.20	0.748 0	0.834 6	100	201	$3\frac{15}{16}$	$7\frac{15}{16}$
21.20	23.60	0.834 6	0.929 1	107	215	$4\frac{3}{16}$	$8\frac{1}{2}$

直径分段 d				长度			
大于	至	大于	至	l_1	l	l_1	l
/mm		/inch		/mm		/inch	
23.60	26.50	0.929 1	1.043 3	115	231	$4\frac{1}{2}$	$9\frac{1}{16}$
26.50	30.00	1.043 3	1.181 1	124	247	$4\frac{7}{8}$	$9\frac{3}{4}$
30.00	33.50	1.181 1	1.318 9	133	265	$5\frac{1}{4}$	$10\frac{7}{16}$
33.50	37.50	1.318 9	1.476 4	142	284	$5\frac{5}{8}$	$11\frac{3}{16}$
37.50	42.50	1.476 4	1.673 2	152	305	6	12
42.50	47.50	1.673 2	1.870 1	163	326	$6\frac{7}{16}$	$12\frac{13}{16}$
47.50	53.00	1.870 1	2.086 6	174	347	$6\frac{7}{8}$	$13\frac{11}{16}$
53.00	60.00	2.086 6	2.362 2	184	367	$7\frac{1}{4}$	$14\frac{7}{16}$
60.00	67.00	2.362 2	2.637 8	194	387	$7\frac{5}{8}$	$15\frac{1}{4}$
67.00	75.00	2.637 8	2.952 8	203	406	8	16
75.00	85.00	2.952 8	3.346 5	212	424	$8\frac{3}{8}$	$16\frac{11}{16}$

注：对于特殊公差的铰刀，其长度可以从相邻的较大或较小的尺寸分段内选择，
例如：直径为 4mm 的特殊公差铰刀，长度 l_1 可取 35mm，l 可取 71mm；或者
长度 l_1 可取 41mm 和 l 可取 81mm，但公差应符合表 6 - 150 中规定。

表 6 - 154　加工 H7、H8、H9 级孔的手用铰刀直径公差　　　单位：mm

直径范围		极限偏差		
大于	至	H7 级	H8 级	H9 级
—	3	+0.008 +0.004	+0.011 +0.006	+0.021 +0.012
3	6	+0.010 +0.005	+0.015 +0.008	+0.025 +0.014
6	10	+0.012 +0.006	+0.018 +0.010	+0.030 +0.017
10	18	+0.015 +0.008	+0.022 +0.012	+0.036 +0.020

続表

直径范围		极限偏差		
大于	至	H7 级	H8 级	H9 级
18	30	+ 0. 017 + 0. 009	+ 0. 028 + 0. 016	+ 0. 044 + 0. 025
30	50	+ 0. 021 + 0. 012	+ 0. 033 + 0. 019	+ 0. 052 + 0. 030
50	80	+ 0. 025 + 0. 014	+ 0. 039 + 0. 022	+ 0. 062 + 0. 036

标记示例：

直径 $d=10$mm，公差为 m 6 的手用铰刀为：

手用铰刀 10 GB/T 1131. 1—2004

直径 $d=10$mm，加工 H8 级精度孔的手用铰刀为：

手用铰刀 10 H8 GB/T 1131. 1—2004

2. 可调节手用铰刀

可调节手用铰刀（JB/T 3869—1999）有两种，即普通型铰刀和带导向套型铰刀，其型式如图 6 – 158 和图 6 – 159 所示。手用铰刀的规格尺寸列于表 6 – 155 和表 6 – 156。

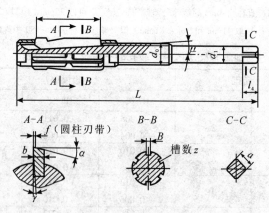

图 6 – 158　可调节手用铰刀

表6-155　普通型可调节手用铰刀规格尺寸

铰刀调节范围/mm	L基本尺寸/mm	L极限偏差	B(H9)基本尺寸	B(H9)极限偏差	b(h9)基本尺寸	b(h9)极限偏差	d_1/mm	d_0/mm	a/mm	l_4/mm	l/mm	参考 μ	参考 γ	参考 α	参考 f/mm	参考 z/mm
≥6.5~7.0	85	0 / -2.2	1.0	+0.025 / 0	1.0	0 / -0.025	4	M5×0.5	3.15	6	35	1°30′	-1°~-4°	14°	0.05~0.15	5
>7.0~7.75	90															
>7.75~8.5	100		1.15		1.15		4.8	M6×0.75	4	7				12°	0.1~0.2	
>8.5~9.25	105										38					
>9.25~10	115		1.3		1.3		5.6	M7×0.75	4.5							
>10~10.75	125						6.3	M8×1	5	8						
>10.75~11.75	130						7.1	M9×1	5.6		44					
>11.75~12.75	135		1.6		1.6		8	M10×1	6.3	9	48	2°			0.1~0.25	6
>12.75~13.75	145	0 / -2.5					9	M11×1	7.1	10	52			10°		
>13.75~15.25	150		1.8		1.8		10	M12×1.25	8	11	55					
>15.25~17	165						11.2	M14×1.5	9	12	60					
>17~19	170		2.0		2.0		14	M16×1.5	11.2	14						
>19~21	180										65					
>21~23	195	0 / -2.9	2.5		2.5		18	M18×1.5	14			2°30′			0.1~0.3	
>23~26	215									18	72					
>26~29.5	240		3.0		3.0			M20×1.5			80					

铰刀调节范围 /mm	L /mm 基本尺寸	L /mm 极限偏差	B(H9)/mm 基本尺寸	B(H9)/mm 极限偏差	b(h9)/mm 基本尺寸	b(h9)/mm 极限偏差	d_1 /mm	d_0 /mm	a /mm	l_4 /mm	l /mm	μ	参考 γ	参考 α	参考 f/mm	参考 z /mm
>29.5~33.5	270	0 / -3.2	3.5	+0.03 / 0	3.5	0 / -0.03	19.8	M22×1.5	16	20	85	2°30′	-1°~-4°	10°	0.15~0.4	6
>33.5~38	310	0 / -3.2	3.5	+0.03 / 0	3.5	0 / -0.03	19.8	M24×2	16	20	95	2°30′	-1°~-4°	10°	0.15~0.4	6
>38~44	350	0 / -3.6	4.0	+0.03 / 0	4.0	0 / -0.03	25	M30×2	20	24	105	3°	-1°~-4°	10°	0.15~0.4	6
>44~54	400	0 / -3.6	4.5	+0.03 / 0	4.5	0 / -0.03	31.5	M32×2	25	28	120	3°30′	-1°~-4°	10°	0.15~0.4	6
>54~63	460	0 / -4.0	4.5	+0.03 / 0	4.5	0 / -0.03	40	M45×2	31.5	34	120	5°	-1°~-4°	8°	0.2~0.4	6
>63~84	510	0 / -4.4	5.0	+0.03 / 0	5.0	0 / -0.03	50	M55×2	40	42	135	5°	-1°~-4°	8°	0.2~0.4	6
>84~100	570	0 / -4.4	6.0	+0.03 / 0	6.0	0 / -0.03	63	M70×2	50	51	140	5°	-1°~-4°	8°	0.2~0.4	6 或 8

表 6-156 带导向套型可调节手用铰刀尺寸参数

铰刀调节范围/mm	L基本尺寸/mm	L极限偏差	B(H9)基本尺寸/mm	B(H9)极限偏差	b(h9)基本尺寸/mm	b(h9)极限偏差	d_1/mm	d_0/mm	$d_3(\frac{H9}{h9})$/mm	a/mm	l_4/mm	l/mm	μ	γ（参考）	α（参考）	f/mm（参考）	l_1/mm（参考）	z/mm（参考）
≥15.25~17	245	0 / -2.9	1.8	+0.025 / 0	1.8	0 / -0.025	9	M11×1	9	7.1	10	55	2°	-1°~-4°	10°	0.1~0.25	80	6
>17~19	260	0 / -3.2					10	M12×1.25	10	8	11	60					90	
>19~21	300		2.0		2.0		11.2	M14×1.5	11.2	9	12						95	
>21~23	340	0 / -3.6	2.5		2.5		14	M16×1.5	14	11.2	14	65					105	
>23~26	370							M18×1.5				72					115	
>26~29.5	400	0 / -4	3.0		3.0		18	M20×1.5	18	14	18	80	2°30′			0.1~0.3	125	
>29.5~33.5	420		3.5		3.5		20	M22×1.5	20	16	20	85					130	
>33.5~38	440							M24×2				95	3°					
>38~44	490	0 / -4.4	4.0	+0.03 / 0	4.0	0 / -0.03	25	M30×2	25	20	24	105				0.15~0.4	140	
>44~54	540						31.5	M36×2	31.5	25	28	120	3°30′					
>54~68	550		4.5		4.5		40	M45×2	40	31.5	34		5°		8°	0.2~0.4		

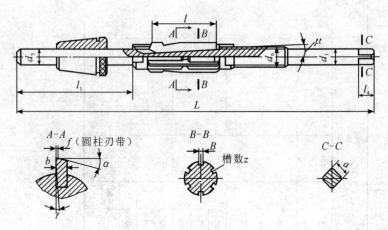

图 6-159　可调节手用带导向套型铰刀

标记示例:

直径调节范围为 15. 25 ~ 17mm 的普通型可调节手用铰刀的标记为:

可调节手用铰刀　15. 25 ~ 17　JB/T 3869—1999

直径调节范围为 19 ~ 21mm 的带导向套型可调节手用铰刀, 其标记为:

可调节手用铰刀　19 ~ 21—DX　JB/T 3869—1999

3. 莫氏圆锥和米制圆锥铰刀

莫氏圆锥和米制圆锥铰刀 (GB/T 1139—2004) 可分为直柄和锥柄两种。铰刀的型式分别见图 6-160、图 6-161; 其尺寸参数分别列于表 6-157、表 6-158。

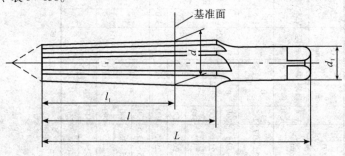

图 6-160　直柄铰刀

表 6 – 157　直柄莫氏圆锥和米制圆锥铰刀尺寸参数

圆锥			/mm					/inch				
代号		锥度	d	L	l	l_1	d_1(h9)	d	L	l	l_1	d_1(h9)
米制	4	1:20 = 0.05	4.000	48	30	22	4.0	0.157 5	1 7/8	1 3/16	7/8	0.157 5
	6		6.000	63	40	30	5.0	0.236 2	2 15/32	1 9/16	1 3/16	0.196 9
莫氏	0	1:19.212 = 0.052 05	9.045	93	61	48	8.0	0.356 1	3 21/32	2 13/32	1 7/8	0.315 0
	1	1:20.047 = 0.049 88	12.065	102	66	50	10.0	0.475 0	4 1/32	2 19/32	1 31/32	0.393 7
	2	1:20.020 = 0.049 95	17.780	121	79	61	14.0	0.700 0	4 3/4	3 1/8	2 13/32	0.551 2
	3	1:19.922 = 0.050 20	23.825	146	96	76	20.0	0.938 0	5 3/4	3 25/32	3	0.787 4
	4	1:19.254 = 0.051 94	31.267	179	119	97	25.0	1.231 0	7 1/16	4 11/16	3 13/16	0.984 3
	5	1:19.002 = 0.052 63	44.399	222	150	124	31.5	1.748 0	8 3/4	5 29/32	4 7/8	1.240 2
	6	1:19.180 = 0.052 14	63.348	300	208	176	45.0	2.494 0	11 13/16	8 3/16	6 15/16	1.771 7

注：①铰刀的柄部方头尺寸按 GB/T 4267 的规定。

　　②铰刀的莫氏锥柄尺寸按 GB/T 1443 的规定。

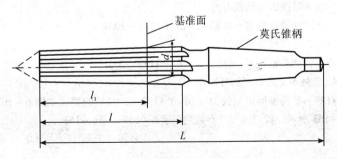

图 6 – 161　锥柄铰刀

表 6-158　锥柄莫氏圆锥和米制圆锥铰刀尺寸参数

圆 锥		/mm				/inch				莫氏锥柄号
代号	锥 度	d	L	l	l_1	d	L	l	l_1	
米制 4	1:20=0.05	4.000	106	30	22	0.157 5	$4\frac{3}{16}$	$1\frac{3}{16}$	$\frac{7}{8}$	1
米制 6		6.000	116	40	30	0.236 2	$4\frac{9}{16}$	$1\frac{9}{16}$	$1\frac{3}{16}$	
莫氏 0	1:19.212=0.052 05	9.045	137	61	48	0.356 1	$5\frac{13}{32}$	$2\frac{13}{32}$	$1\frac{7}{8}$	1
莫氏 1	1:20.047=0.049 88	12.065	142	66	50	0.475 0	$5\frac{19}{32}$	$2\frac{19}{32}$	$1\frac{31}{32}$	
莫氏 2	1:20.020=0.049 95	17.780	173	79	61	0.700 0	$6\frac{13}{16}$	$3\frac{1}{8}$	$2\frac{13}{32}$	2
莫氏 3	1:19.922=0.050 20	23.825	212	96	76	0.938 0	$8\frac{11}{32}$	$3\frac{25}{32}$	3	3
莫氏 4	1:19.254=0.051 94	31.267	263	119	97	1.231 0	$10\frac{11}{32}$	$4\frac{11}{16}$	$3\frac{13}{16}$	4
莫氏 5	1:19.002=0.052 63	44.399	331	150	124	1.748 0	$13\frac{1}{32}$	$5\frac{29}{32}$	$4\frac{7}{8}$	5
莫氏 6	1:19.180=0.052 14	63.348	389	208	176	2.494 0	$15\frac{5}{16}$	$8\frac{3}{16}$	$6\frac{15}{16}$	

注：①铰刀的柄部方头尺寸按 GB/T 4267 的规定。

②铰刀莫氏锥柄尺寸按 GB 1443 的规定。

标记示例：

米制 4 号圆锥直柄铰刀为：

直柄圆锥铰刀　米制 4　GB/T 1139—2004

莫氏 3 号圆锥直柄铰刀为：

直柄圆锥铰刀　莫氏 3　GB/T 1139—2004

米制 4 号圆锥锥柄铰刀为：

莫氏锥柄圆锥铰刀　米制 4　GB/T 1139—2004

莫氏 3 号圆锥锥柄铰刀为：

莫氏锥柄圆锥铰刀　莫氏 3　GB/T 1139—2004

4. 直柄和莫氏锥柄机用铰刀

直柄和莫氏锥柄机用铰刀（GB/T 1132—2004）的型式如图 6-162 和图 6-163 所示，铰刀的尺寸参数列于表 6-159～表 6-163。

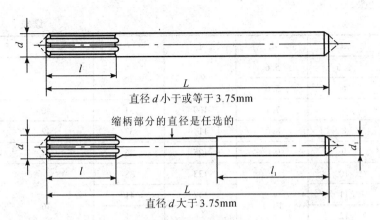

直径 d 小于或等于 3.75mm

缩柄部分的直径是任选的

直径 d 大于 3.75mm

图 6–162　直柄机用铰刀

表 6–159　直柄机用铰刀优先采用的尺寸　　单位：mm

d	d_1	L	l	l_1
1.4	1.4	40	8	
(1.5)	1.5			
1.6	1.6	43	9	
1.8	1.8	46	10	
2.0	2.0	49	11	
2.2	2.2	53	12	—
2.5	2.5	57	14	
2.8	2.8	61	15	
3.0	3.0			
3.2	3.2	65	16	
3.5	3.5	70	18	
4.0	4.0	75	19	32
4.5	4.5	80	21	33
5.0	5.0	86	23	34

d	d_1	L	l	l
5.5	5.6	93	26	36
6	5.6			
7	7.1	109	31	40
8	8.0	117	33	42
9	9.0	125	36	44
10		133	38	
11	10.0	142	41	46
12		151	44	
(13)				
14		160	47	
(15)	12.5	162	50	50
16		170	52	
(17)	14.0	175	54	52
18		182	56	
(19)	16.0	189	58	58
20		195	60	

注：表中带括号尺寸为不推荐尺寸。

表 6-160　直柄机用铰刀以直径分段的尺寸　单位：mm

直径范围 d		d_1	L	l	l_1
大于	至				
1.32	1.50		40	8	
1.50	1.70		43	9	
1.70	1.90	$d_1 = d$	46	10	—
1.90	2.12		49	11	
2.12	2.36		53	12	

| 直径范围 d | | d_1 | L | l | l_1 |
大于	至				
2.36	2.65		57	14	
2.65	3.00	$d_1 = d$	61	15	
3.00	3.35		65	16	—
3.35	3.75		70	18	
3.75	4.25	4.0	75	19	32
4.25	4.75	4.5	80	21	33
4.75	5.30	5.0	86	23	34
5.30	6.00	5.6	93	26	36
6.00	6.70	6.3	101	28	38
6.70	7.50	7.1	109	31	40
7.50	8.50	8.0	117	33	42
8.50	9.50	9.0	125	36	44
9.50	10.60		133	38	
10.60	11.80	10.0	142	41	46
11.80	13.20		151	44	
13.20	14.00		160	47	
14.00	15.00	12.5	162	50	50
15.00	16.00		170	52	
16.00	17.00	14.0	175	54	52
17.00	18.00		182	56	
18.00	19.00	16.0	189	58	58
19.00	20.00		195	60	

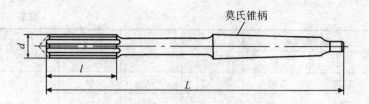

图 6 - 163　莫氏锥柄机用铰刀

表 6 - 161　莫氏锥柄机用铰刀优先采用的尺寸

d/mm	L/mm	l/mm	莫氏锥柄号
5.5	138	26	1
6			
7	150	31	
8	156	33	
9	162	36	
10	168	38	
11	175	41	
12	182	44	
(13)	182	44	
14	189	47	
15	204	50	2
16	210	52	
(17)	214	54	
18	219	56	
(19)	223	58	
20	228	60	
22	237	64	
(24)	268	68	3
25			

d/mm	L/mm	l/mm	莫氏锥柄号
(26)	273	70	3
28	277	71	
(30)	281	73	
32	317	77	4
(34)	321	78	
(35)			
36	325	79	
(38)	329	81	
40			
(42)	333	82	
(44)	336	83	
(45)			
(46)	340	84	
(48)	344	86	
50			

注：括号内尺寸为不推荐尺寸。

表 6-162 莫氏锥柄机用铰刀以直径分段的尺寸

直径范围 d/mm		L/mm	l/mm	莫氏锥柄号
大于	至			
5.30	6.00	138	26	1
6.00	6.70	144	28	
6.70	7.50	150	31	
7.50	8.50	156	33	
8.50	9.50	162	36	

直径范围 d/mm		L/mm	l/mm	莫氏锥柄号
大于	至			
9.50	10.60	168	38	1
10.60	11.80	175	41	
11.80	13.20	182	44	
13.20	14.00	189	47	
14.00	15.00	204	50	2
15.00	16.00	210	52	
16.00	17.00	214	54	
17.00	18.00	219	56	
18.00	19.00	223	58	
19.00	20.00	228	60	
20.00	21.20	232	62	
21.20	22.40	237	64	
22.40	23.02	241	66	
23.02	23.60	264	66	3
23.60	25.00	268	68	
25.00	26.50	273	70	
26.50	28.00	277	71	
28.00	30.00	281	73	
30.00	31.50	285	75	
31.50	31.75	290	77	
31.75	33.50	317	77	4
33.50	35.50	321	78	
35.50	37.50	325	79	
37.50	40.00	329	81	

直径范围 d/mm		L/mm	l/mm	莫氏锥柄号
大于	至			
40.00	42.50	333	82	
42.50	45.00	336	83	4
45.00	47.50	340	84	
47.50	50.00	344	86	

表 6-163　直柄和莫氏锥柄机用铰刀长度公差表　单位：mm

总长 L、切削刃长度 l、直柄长度 l_1		公差
大于	至	
6	30	±1
30	120	±1.5
120	315	±2
315	1 000	±3

注：对特殊公差的铰刀，其长度和柄部尺寸可以从相邻较大或较小的分段内选择，例如：直径为 14mm 的莫氏锥柄特殊公差铰刀，长度 L 可取 204mm，l 为 50mm 和 2 号莫氏锥柄；或长度 L 取 182mm，l 为 44mm 和 1 号莫氏锥柄，但公差应符合本表中规定。

标记示例：

直径 d = 10mm，公差为 m6 的直柄机用铰刀标记为：

10　GB/T 1132—2004

直径 d = 10mm，加工 H8 级精度孔的直柄机用铰刀标记为：

10　H8　GB/T 1132—2004

直径 d = 10mm，公差为 m6 的莫氏锥柄机用铰刀标记为：

10　GB/T 1132—2004

直径 d = 10mm，加工 H8 级精度孔的莫氏锥柄机用铰刀其标记为：

10　H8　GB/T 1132—2004

6.4.8　硬质合金机夹可重磨刀片

硬质合金机夹可重磨刀片有五种型号：W（外圆车刀片），P（皮带轮车刀片），B（刨刀片），Q（切断车刀片）和 L（60°螺纹车刀片）。刀片型号由字母 W（或 P，B，Q，L）加上表示主要参数的数字组成。某主要参数不足两位整数时，在前面加"0"，左切削刀片，在型号末尾加字母 L。

例：P1509 表示为：

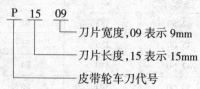

刀片宽度,09 表示 9mm

刀片长度,15 表示 15mm

皮带轮车刀代号

（1）W 型刀片　型式和尺寸参数见图 6-164 和表 6-164。

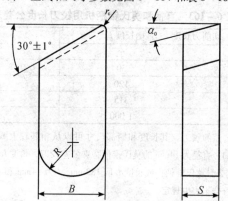

图 6-164　W 型硬质合金机夹可重磨刀片

表 6-164　W 型硬质合金机夹可重磨刀片尺寸参数

型号		公称尺寸/mm			参考尺寸		
		l	B	S	R/mm	r_ε/mm	α_0/(°)
W0606	W0606L	6	6	4	3	1.0	8
W0808	W0808L	8	8	5	4	1.0	8
W2010	W2010L	20	10	6	5	1.5	8
W3015	W3015L	30	15	7	7.5	2	8
W4018	W4018L	40	18	10	9	2.5	8

注：左切削刀片，在型号末尾加字母 L。

（2）Q 型硬质合金机夹可重磨刀片　型式见图 6 - 165，其尺寸参数列于表 6 - 165。

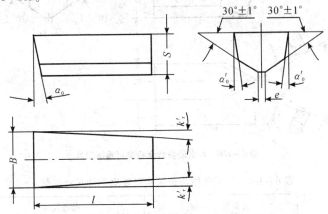

图 6 - 165　Q 型硬质合金机夹可重磨刀片

表 6 - 165　Q 型硬质合金机夹可重磨刀片尺寸参数

型号	公称尺寸/mm			参考尺寸			
	l	B	S	α_0 / (°)	α'_0 / (°)	k'_r / (°)	e/mm
Q1203	12	3.2	4	0	3	2	0.8
Q1404	14	4.2	4	0	3	2	0.8
Q1605	16	5.3	5	5	4	3	1.0
Q1806	18	6.5	6	5	4	3	1.0
Q2008	20	8.5	7	8	4	3	1.0
Q2410	24	10.5	8	8	6	4	1.5
Q2812	28	12.5	10	8	6	4	1.5

（3）L 型硬质合金机夹可重磨刀片　型式和尺寸参数见图 6 - 166 和表 6 - 166。

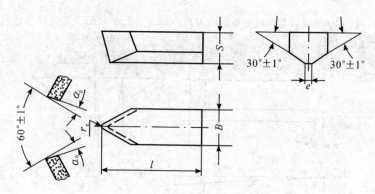

图 6 – 166　L 型硬质合金机夹可重磨刀片

表 6 – 166　L 型硬质合金机夹可重磨刀片尺寸参数

型号	公称尺寸/mm			参考尺寸		
	l	B	S	α_0/ (°)	r_ε/mm	e/mm
L1403	14	3	3	0	0.5	1.0
L1704	17	4	4	0	1.0	1.5
L2006	20	6	5	5	1.0	1.5
L2408	24	8	6	5	1.0	2.0
L2810	28	10	8	5	1.5	2.0
L3212	32	12	10	5	1.5	2.0

（4）P 型硬质合金机夹可重磨刀片　型式和尺寸见图 6 – 167 和表 6 – 167。

表 6 – 167　P 型硬质合金机夹可重磨刀片尺寸参数

型号	公称尺寸/mm			参考尺寸			
	l	B	S	b/mm	e/mm	α_0/ (°)	α'_0/ (°)
P1509	15	9	3	2	1		
P2012	20	12	4	3	2		
P2516	25	16	6	4	2	12	8
P3020	30	20	8	5	3		
P3525	35	25	10	7	3		
P4235	42	35	12	12	5		

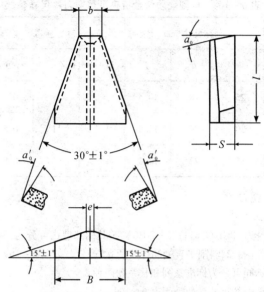

图 6 – 167　P 型硬质合金机夹可重磨刀片

（5）B 型硬质合金机夹可重磨刀片　型式和尺寸见图 6 – 168 和表 6 – 168。

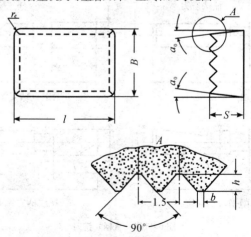

图 6 – 168　B 型硬质合金机夹可重磨刀片

表 6 – 168　B 型硬质合金机夹可重磨刀片尺寸参数

型号	公称尺寸/mm			参考尺寸			
	l	B	S	h/mm	α_0/ (°)	r_ε/mm	b/mm
B2518	25	18	10.5			0.3	
B3020	30	20	10.5	1.5	11	0.5	0.2
B3522	35	22	12.5			0.8	

6.4.9　铣刀

1. 直柄立铣刀

直柄立铣刀（GB/T 6117.1—2010）按其柄部型式可分为四种（即普通直柄、削平直柄、2°斜削平直柄和螺纹柄立铣刀），如图 6 – 169 所示；立铣刀按其刃长不同可分为标准系列和长系列两种。

直柄立铣刀的尺寸参数列于表 6 – 169。

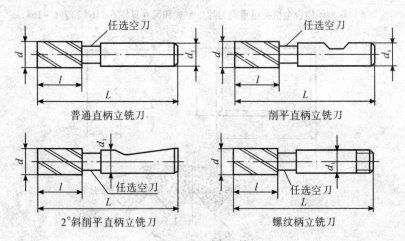

图 6 – 169　直柄立铣刀

表 6-169 直柄立铣刀的尺寸参数
单位:mm

直径范围 d >	直径范围 d ≤	推荐直径 d	d_1[a] I组	d_1[a] II组	标准系列 l	标准系列 L[b] I组	标准系列 L[b] II组	长系列 l	长系列 L[b] I组	长系列 L[b] II组	齿数 粗齿	齿数 中齿	齿数 细齿
1.9	2.36	2	4[c]	6	7	39	51	10	42	54			—
2.36	3	2.5 / 3			8	40	52	12	44	56			
3	3.75	3.5			10	42	54	15	47	59			
3.75	4	4	5[c]	6	11	43	55	19	51	63			
4	4.75	—			11	45	55	19	53	63			
4.75	5	5			13	47	57	24	58	68			
5	6	6	6		13	57		24	68				
6	7.5	7	8	10	16	60	66	30	74	80	3	4	
7.5	8	8			19	63	69	38	82	88			
8	9.5	9	10		19	69		38	88				
9.5	10	10			22	72		45	95				5
10	11.8	11	12		22	79		45	102				
11.8	15	12 / 14			26	83		53	110				
15	19	16 / 18	16		32	92		63	123				6
19	23.6	20 / 22	20		38	104		75	141				
23.6	30	24 / 25 / 28	25		45	121		90	165				
30	37.5	32 / 36	32		53	133		106	186	4	6	8	
37.5	47.5	40 / 45	40		63	155		125	217				
47.5	60	50 / 56	50		75	177		150	252				
60	67	63	50	63	90	192	202	180	282	292	6	8	10
67	75	71	63		90	202		180	292				

[a] 柄部尺寸和公差分别按 GB/T 6131.1、GB/T 6131.2、GB/T 6131.3 和 GB/T 6131.4 的规定。

[b] 总长尺寸的 I 组和 II 组分别与柄部直径的 I 组和 II 组相对应。

[c] 只适用于普通直柄。

标记示例:

直径 d = 8mm,中齿,柄径 d_1 = 8mm 的普通直柄标准系列立铣刀为:

中齿　直柄立铣刀　8　GB/T 6117.1—2010

直径 $d=8$mm，中齿、柄径 $d_1=8$mm 的螺纹柄标准系列立铣刀为：

中齿　直柄立铣刀　8　螺纹柄　GB/T 6117.1—2010

直径 $d=8$mm，中齿，柄径 $d_1=10$mm 的削平直柄长系列立铣刀为：

中齿　直柄立铣刀　8　削平柄　10　长　GB/T 6117.1—2010

在本表中，当 d_1 尺寸只有一个时，或 d_1 为第Ⅰ组时，可不标记柄径；只有当 d_1 为第Ⅱ组时，才要求标记柄径。

2. 莫氏锥柄立铣刀

莫氏锥柄立铣刀（GB/T 6117.2—2010）按其柄部型式不同分为两种型式，见图 6 - 170；立铣刀按刃长不同分为标准系列和长系列两种。立铣刀的尺寸参数列于表 6 - 170。

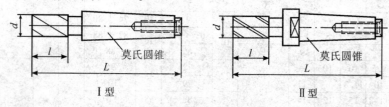

图 6 - 170　莫氏锥柄立铣刀

表 6 - 170　莫氏锥柄立铣刀尺寸参数

直径范围 d/mm		推荐直径 d/mm	l/mm		L/mm				莫氏圆锥号	齿数		
>	≤		标准系列	长系列	标准系列		长系列			粗齿	中齿	细齿
					Ⅰ型	Ⅱ型	Ⅰ型	Ⅱ型				
5	6	6 —	13	24	83		94		1	3	4	—
6	7.5	— 7	16	30	86		100					
7.5	9.5	8 — / — 9	19	38	89		108 / 115					5
9.5	11.8	10 11	22	45	92	—	123	—				
11.8	15	12 14	26	53	96 / 111		138 / 148					
15	19	16 18	32	63	117				2			6

直径范围 d/mm		推荐直径 d/mm		l/mm		L/mm				莫氏圆锥号	齿　数		
				标准系列	长系列	标准系列		长系列					
>	≤					I型	II型	I型	II型		粗齿	中齿	细齿
19	23.6	20	22	38	75	123		160		2	3	4	6
						140		177					
23.6	30	24	28	45	90	147	—	192	—	3			
		25											
30	37.5	32	36	53	106	155		208		4	4	6	8
						178	201	231	254				
37.5	47.5	40	45	63	125	188	211	250	273	4			
						221	249	283	311	5			
47.5	60	50	—	75	150	200	223	275	298	4	6	8	10
						233	261	308	336	5			
		—	56			200	223	275	298	4			
						233	261	308	336	5			
60	75	63	71	90	180	248	276	338	366				

注：莫氏锥柄立铣刀的直径 d 的公差为 js14，刃长 l 和总长 L 的公差为 js18。

标记示例：

直径 $d = 12\text{mm}$，总长 $L = 96\text{mm}$ 的标准系列 I 型中齿莫氏锥柄立铣刀，其标记为：

中齿　莫氏锥柄立铣刀 I　12×96　GB/T 6117.2—2010

直径 $d = 50\text{mm}$，总长 $L = 298$ 的长系列 II 型中齿莫氏锥柄立铣刀，其标记为：

中齿　莫氏锥柄立铣刀　50×298 II　GB/T 6117.2—2010

3. 7:24 锥柄立铣刀

7:24 锥柄立铣刀（GB/T 6117.3—2010）的型式如图 6−171，其尺寸参数列于表 6−171。

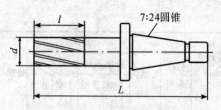

图 6 - 171 7:24 锥柄立铣刀

表 6 - 171 7:24 锥柄立铣刀尺寸参数

直径范围 d/mm		推荐直径 d/mm		l/mm		L/mm		7:24 圆锥号	齿数		
>	≤			标准系列	长系列	标准系列	长系列		粗齿	中齿	细齿
23.6	30	25	28	45	90	150	195	30	3	4	6
30	37.5	32	36	52	106	158	211	30			
						188	241	40			
						208	261	45			
37.5	47.5	40	45	63	125	198	260	40	4	6	8
						218	280	45			
						240	302	50			
47.5	60	50	—	75	150	210	285	40			
						230	305	45			
						252	327	50			
		—	56			210	285	40	6	8	10
						230	305	45			
						252	327	50			
60	75	63	71	90	180	245	335	45			
						267	357	50			
75	95	80	—	106	212	283	389				

注：直径 d 的公差为 js14，刃长 l 和总长 L 的公差为 js18。

标记示例：

直径 d = 32mm，总长 L = 158mm，标准系列中齿 7:24 锥柄立铣刀，其标记为：

中齿 7:24 锥柄立铣刀　32 × 158　GB/T 6117.3—2010

4. 短莫氏锥柄立铣刀

短莫氏锥柄立铣刀（GB/T 1109—2004）的型式如图6-172所示，其尺寸参数列于表6-172。

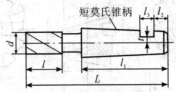

图6-172　短莫氏锥柄立铣刀

表6-172　短莫氏锥柄铣刀的尺寸参数

d/mm		L/mm		l/mm		莫氏锥柄号	l_1/mm	l_2/mm	l_3/mm	t/mm
基本尺寸	公差	基本尺寸	公差	基本尺寸	公差					
14		85		32						
16		90		36		2	40	8		5
18										
20		95		40					14	
22		115		45						
25		120		50		3	50	17.5		7
28	js14		js16		js16					
(30)		140		55						
32										
36		150		60						
40		155		65		4	63	28.5	17	9
45		160		70						
50										

注：①莫氏锥柄的尺寸和偏差按GB 1443的规定。

　　②表中括号内尺寸为非推荐尺寸。

标记示例：

直径$d=20$mm的短莫氏锥柄立铣刀，其标记为：

短莫氏锥柄立铣刀　20　GB/T 1109—2004.

5. 套式立铣刀

套式立铣刀（GB/T 1114.1—1998）的型式如图6-173所示，其尺寸参数列于表 6 - 173。

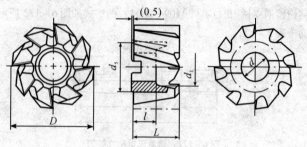

图 6 - 173　套式立铣刀

表 6 - 173　套式立铣刀的尺寸参数　　　单位：mm

D		d		L		l		d_1	d_5^*
基本尺寸	极限偏差 js16	基本尺寸	极限偏差 H7	基本尺寸	极限偏差 K16	基本尺寸	极限偏差	min	min
40	±0.80	16	+0.018 0	32	+1.6 0	18	+1 0	23	33
50		22	+0.021 0	36		20		30	41
63	±0.95	27		40		22		38	49
80				45					
100	±1.10	32	+0.025 0	50		25		45	59
125	±1.25	40		56	+1.9 0	28		56	71
160		50		63		31		67	91

注：①＊背面上 0.5mm 不做硬性的规定。

②套式立铣刀可以制造成右螺旋齿或左螺旋齿。

③端面键槽尺寸和偏差按 GB/T 6132 的规定。

标记示例：

外径为 63mm 的套式立铣刀为：

套式立铣刀 63　GB/T 1114.1—1998

外径为 63mm 的左螺旋齿的套式立铣刀为：

套式立铣刀 63 - L　GB/T 1114.1—1998

6. 圆柱形铣刀

圆柱形铣刀（GB/T 1115.1—2002）的型式如图 6 – 174 所示，其尺寸参数列于表 6 – 174。

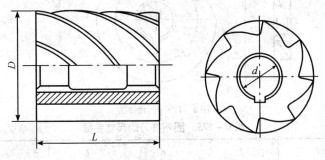

图 6 – 174 圆柱形铣刀

表 6 – 174 圆柱形铣刀 单位：mm

D js16	d H7	L js16						
		40	50	63	70	80	100	125
50	22	×		×		×		
63	27		×		×			
80	32			×			×	
100	40				×			×

注：表中 × 表示有此规格。

标记示例：

外径 $D = 50$mm，长度 $L = 80$mm 的圆柱形铣刀为：

圆柱形铣刀 50 × 80 GB/T 1115.1—2002

7. 圆角铣刀

圆角铣刀（GB/T 6122.1—2002）的型式如图 6 – 175 所示，其尺寸参数列于表 6 – 175。

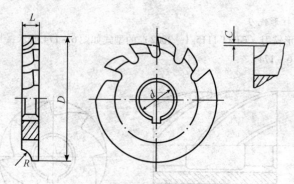

图 6 – 175 　圆角铣刀

表 6 – 175 　圆角铣刀的尺寸参数　　　　　　单位：mm

R N11	D js16	d H7	L js16	C
1	50	16	4	0.2
1.25				
1.6			5	0.25
2				
2.5	63	22	6	0.3
3.15（3）				
4			8	0.4
5			10	0.5
6.3（6）	80	27	12	0.6
8			16	0.8
10	100	32	18	1.0
12.5（12）			20	1.2
16	125		24	1.6
20			28	2.0

注：①括号内的值为替代方案。

　　②键槽尺寸按 GB/T 6132 的规定。

标记示例：

齿形半径　R = 10mm 的圆角铣刀：

圆角铣刀　R10　GB/T 6122.1—2002

8. 三面刃铣刀

三面刃铣刀（GB/T 6119—2012）的型式如图 6-176 所示，其尺寸参数列于表 6-176。

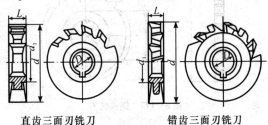

直齿三面刃铣刀　　　　　　　错齿三面刃铣刀

图 6-176　三面刃铣刀

表 6-176　三面刃铣刀规格尺寸　　　　　单位：mm

d js16	D H7	d_1 min	L k11														
			4	5	6	8	10	12	14	16	18	20	22	25	28	32	36	40
50	16	27	×	×	×	×	×	—	—	—								
63	22	34	×	×	×	×	×	×	×	×		—	—	—				
80	27	41		×	×	×	×	×	×	×	×	×			—			
100	32	47			×	×	×	×	×	×	×	×	×	×				
125			—		—	×	×	×	×	×	×	×	×	×	×			
160	40	55				—	×	×	×	×	×	×	×	×	×	×		
200							—	×	×	×	×	×	×	×	×	×	×	×

注：×表示有此规格。

标记示例：

外圆直径 $d = 63$mm，厚度 $L = 12$mm 的直齿三面刃铣刀的标记为：

直齿三面刃铣刀　63×12　GB/T 6119—2012

外圆直径 $d = 63$mm，厚度 $L = 12$mm 的错齿三面刃铣刀的标记为：

错齿三面刃铣刀　63×12　GB/T 6119—2012

9. 锯片铣刀

锯片铣刀（GB/T 6120—2012）的型式和尺寸见图 6-177 和表 6-177～表 6-179。

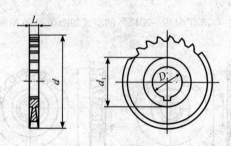

图 6 – 177　锯片铣刀

表 6 – 177　粗齿锯片铣刀的尺寸　　单位：mm

d js16	50	63	80	100	125	160	200	250	315
D H7	13	16	22	22 (27)		32			40
d_1 min	—		34	34 (40)		47		63	80
L js11	齿　数（参考）								
0.80		32	40		—				
1.00	24			40	48		—		
1.20			32			48		—	
1.60		24			40				
2.00	20			32			48	64	
2.50			24		40				64
3.00		20			32			48	
4.00	16			24		40			
5.00		16	20			32			48
6.00	—			20	24		32	40	

注：①括号内尺寸尽量不采用，如要采用，则应在标记中注明尺寸 D。

②当 $d \geqslant 110$mm，且 $L \geqslant 3$mm 时，允许不做支承台 d_1。

表 6-178 中齿锯片铣刀的尺寸　　　　　　　　单位：mm

d js16	32	40	50	63	80	100	125	160	200	250	315
D H7	8	10 (13)	13	16	22	22 (27)		32			40
d_1 min	—				34	34 (40)		47	63		80
L js11					齿　数（参考）						
0.30		48	64								
0.40	40			64	—						
0.50			48			—					
0.60		40						—			
0.80	32			48	64						—
1.00			40			64	80				
1.20		32			48						
1.60	24			40			64	80			
2.00			32			48			80	100	
2.50		24			40			64			
3.00	20			32			48			80	100
4.00		20	24			40			64		
5.00	—	—		24	32		40	48		64	80
6.00			—			32			48		

注：①括号内尺寸尽量不采用，如要采用，则在标记中注明尺寸 D。

②$d \geqslant 80$mm，且 $L < 3$mm 时，允许不做支承台 d_1。

表 6-179　细齿锯片铣刀的尺寸　　　单位：mm

d js16	20	25	32	40	50	63	80	100	125	160	200	250	315
D H7	5		8	10(13)	13	16	22	22(27)		32			40
d₁ min	—						34	34(40)		47	63		80
L js11	齿数（参考）												
0.20	80		100	128	—								
0.25		80				—							
0.30	64			100	128		—						
0.40			80			128		—					
0.50		64			100					—			
0.60	48			80			128	160					—
0.80			64			100			160				
1.00		48			80			128					
1.20	40			64			100			160			
1.60			48			80			128				
2.00	32	40			64			100			160	200	
2.50			40	48			80			128			200
3.00						64			100			160	
4.00	—	—		40	48			80			128		
5.00			—			48	64			100			160
6.00					—			64	80		100	128	

注：①括号内的尺寸尽量不采用；如要采用，则在标记中注明尺寸 D。

　　②d≥80mm，且 L<3mm 时，允许不做支承台 d₁。

·1278·

标记示例：

$d = 125\,\text{mm}$，$L = 6\,\text{mm}$ 的粗齿锯片铣刀为：

粗齿锯片铣刀　125 × 6　GB/T 6120—2012

$d = 125\,\text{mm}$，$L = 6\,\text{mm}$ 的中齿锯片铣刀为：

中齿锯片铣刀　125 × 6　GB/T 6120—2012

$d = 125\,\text{mm}$，$L = 6\,\text{mm}$ 的细齿锯片铣刀为：

细齿锯片铣刀　125 × 6　GB/T 6120—2012

$d = 125\,\text{mm}$，$L = 6\,\text{mm}$，$D = 27\,\text{mm}$ 的中齿锯片铣刀为：

中齿锯片铣刀　125 × 6 × 27　GB/T 6120—2012

10. 凹半圆铣刀

凹半圆铣刀（GB/T 1124.1—2007）的型式如图 6 - 178 所示，其尺寸参数列于表 6 - 180。

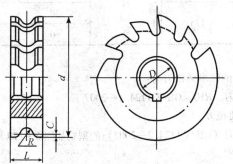

图 6 - 178　凹半圆铣刀

表 6 - 180　凹半圆铣刀的尺寸参数　　　　　单位：mm

R N11	d js16	D H7	L js16	C
1	50	16	6	0.20
1.25				
1.6			8	0.25
2			9	

· 1279 ·

R N11	d js16	D H7	L js16	C
2. 5			10	0. 3
3	63	22	12	
4			16	0. 4
5			20	0. 5
6	80	27	24	0. 6
8			32	0. 8
10	100		36	1. 0
12		32	40	1. 2
16	125		50	1. 6
20			60	2. 0

标记示例：

$R = 10mm$ 的凹半圆铣刀为：

凹半圆铣刀　$R10$　GB/T 1124. 1—2007

11. 凸半圆铣刀

凸半圆铣刀（GB/T 1124. 2—2007）的型式如图 6 – 179 所示，其尺寸参数列于表 6 – 181。

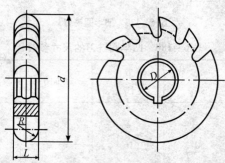

图 6 – 179　凸半圆铣刀

表 6 - 181　凸半圆铣刀的尺寸参数　　　　单位: mm

R k11	d js16	D H7	L + 0.30 0
1			2
1.25			2.5
1.6	50	16	3.2
2			4
2.5			5
3			6
4	63	22	8
5			10
6			12
8	80	27	16
10			20
12	100		24
16		32	32
20	125		40

标记示例:

$R = 10$mm 的凸半圆铣刀为:

凸半圆铣刀　$R10$　GB/T 1124.2—2007

6.4.10　螺纹加工工具

1. 机用和手用丝锥

机用和手用丝锥有三种 (GB/T 3464.1—2007):

(1) 粗柄机用和手用丝锥　粗柄机用和手用丝锥的型式如图 6 - 180 所示,粗牙普通螺纹用丝锥和细牙普通螺纹用丝锥的技术参数列于表 6 - 182 和表 6 - 183。

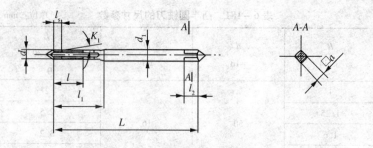

图 6 - 180　粗柄机用和手用丝锥

表 6 - 182　粗牙普通螺纹用丝锥的技术参数　　单位：mm

代号	公称直径 d	螺距 P	d_1	l	L	l_1	方头	
							a	l_2
M1	1.0							
M1.1	1.1	0.25		5.5	38.5	10		
M1.2	1.2							
M1.4	1.4 '	0.30	2.5	7.0	40.0	12	2.00	4
M1.6	1.6	0.35				13		
M1.8	1.8			8.0	41.0			
M2	2.0	0.40				13.5		
M2.2	2.2	0.45	2.8	9.5	44.5	15.5	2.24	5
M2.5	2.5							

表 6 - 183　细牙普通螺纹用丝锥的技术参数　　单位：mm

代号	公称直径 d	螺距 P	d_1	l	L	l_1	方头	
							a	l_2
M1×0.2	1.0							
M1.1×0.2	1.1			5.5	38.5	10		
M1.2×0.2	1.2	0.2						
M1.4×0.2	1.4		2.5	7.0	40.0	12	2.00	4
M1.6×0.2	1.6					13		
M1.8×0.2	1.8			8.0	41.0			
M2×0.25	2.0	0.25				13.5		
M2.2×0.25	2.2		2.8	9.5	44.5	15.5	2.24	5
M2.5×0.35	2.5	0.35						

（2）粗柄带颈机用和手用丝锥　粗柄带颈机用和手用丝锥的型式如图 6-181 所示，其基本尺寸列于表 6-184～表 6-185。

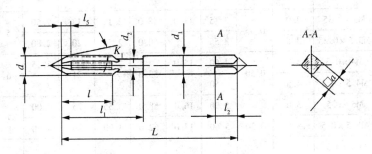

图 6-181　粗柄带颈机用和手用丝锥

表 6-184　粗牙普通螺纹用丝锥的基本尺寸

单位：mm

代号	公称直径 d	螺距 P	d_1	l	L	d_2 min	l_1	方头 a	方头 l_2
M3	3.0	0.50	3.15	11.0	48.0	2.12	18	2.50	5
M3.5	3.5	(0.60)	3.55		50.0	2.50	20	2.80	
M4	4.0	0.70	4.00	13.0	53.0	2.80	21	3.15	6
M4.5	4.5	(0.75)	4.50			3.15		3.55	
M5	5.0	0.80	5.00	16.0	58.0	3.55	25	4.00	7
M6	6.0	1.00	6.30	19.0	66.0	4.50	30	5.00	8
M7	7.0		7.10			5.30		5.60	
M8	8.0	1.25	8.00	22.0	72.0	6.00	35	6.30	9
M9	9.0		9.00			7.10	36	7.10	10
M10	10.0	1.50	10.00	24.0	80.0	7.50	39	8.0	11

注：①允许无空刀槽，无空刀槽时螺纹部分长度尺寸应为 $l + (l_1 - l)/2$。
　　②括号内尺寸尽量不用。

表 6 – 185 细牙普通螺纹用丝锥的基本尺寸 单位：mm

代号	公称直径 d	螺距 P	d_1	l	L	d_2 min	l_1	方头	
								a	l_2
M3 ×0.35	3.0	0.35	3.15	11.0	48.0	2.12	18	2.50	5
M3.5 ×0.35	3.5		3.55		50.0	2.50	20	2.80	
M4 ×0.5	4.0	0.50	4.00	13.0	53.0	2.80	21	3.15	6
M4.5 ×0.5	4.5		4.50			3.15		3.55	
M5 ×0.5	5.0	0.50	5.00	16.0	58.0	3.55	25	4.00	7
M5.5 ×0.5	5.5		5.60	17.0	62.0	4.00	26	4.50	
M6 ×0.5	6.0		6.30	19.0	66.0	4.50	30	5.00	8
M6 ×0.75		0.75							
M7 ×0.75	7.0		7.10			5.30		5.60	
M8 ×0.5	8.0	0.50	8.00	19.0	66.0	6.00	32	6.30	9
M8 ×0.75		0.75							
M8 ×1		1.00		22.0	72.0		35		
M9 ×0.75	9.0	0.75	9.00	19.0	66.0	7.10	33	7.10	10
M9 ×1		1.00		22.0	72.0		36		
M10 ×0.75	10.0	0.75	10.00	20.0	73.0	7.50	35	8.00	11
M10 ×1		1.00							
M10 ×1.25		1.25		24.0	80.0		39		

注：允许无空刀槽，无空刀槽时螺纹部分长度尺寸应为 $l + (l_1 - l) /2$。

（3）细柄机用和手用丝锥　细柄机用和手用丝锥的型式如图 6 – 182 所示，其基本尺寸列于表 6 – 186 和表 6 – 187。

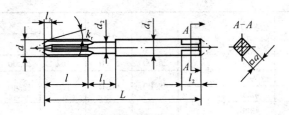

图 6-182　细柄机用和手用丝锥

表 6-186　粗牙普通螺纹用丝锥基本尺寸基本尺寸　　　　单位：mm

代号	公称直径 d	螺距 P	d_1	l	L	方头	
						a	l_2
M3	3.0	0.50	2.24	11.0	48	1.80	4
M3.5	3.5	(0.60)	2.50		50	2.00	
M4	4.0	0.70	3.15	13.0	53	2.50	5
M4.5	4.5	(0.75)	3.55			2.80	
M5	5.0	0.80	4.00	16.0	58	3.15	6
M6	6.0	1.00	4.50	19.0	66	3.55	
M7	(7.0)		5.60			4.50	7
M8	8.0	1.25	6.30	22.0	72	5.00	8
M9	(9.0)		7.10			5.60	
M10	10.0	1.50	8.00	24.0	80	6.30	9
M11	(11.0)			25.0	85		
M12	12.0	1.75	9.00	29.0	89	7.10	10
M14	14.0	2.00	11.20	30.0	95	9.00	12
M16	16.0		12.50	32.0	102	10.00	13
M18	18.0	2.50	14.0	37.0	112	11.20	14
M20	20.0						
M22	22.0		16.00	38.0	118	12.50	16
M24	24.0	3.00	18.00	45.0	130	14.00	18
M27	27.0				135	16.00	20
M30	30.0	3.50	20.00	48.0	138		
M33	33.0		22.40	51.0	151	18.00	22

代号	公称直径 d	螺距 P	d_1	l	L	方头	
						a	l_2
M36	36.0	4.00	25.00	57.0	162	20.00	24
M39	39.0		28.00	60.0	170	22.40	26
M42	42.0	4.50					
M45	45.0		31.50	67.0	187	25.00	28
M48	48.0	5.00					
M52	52.0	5.00	35.50	70.0	200	28.00	31
M56	56.0	5.50					
M60	60.0		40.00	76.0	221	31.50	34
M64	64.0	6.00			224		
M68	68.0		45.00	79.0	234	35.50	38

注：括号内尺寸尽量不用。

表6-187　细牙普通螺纹用丝锥基本尺寸　单位：mm

代号	公称直径 d	螺距 P	d_1	l	L	方头	
						a	l_2
M3×0.35	3.0	0.35	2.24	11.0	48	1.80	4
M3.5×0.35	3.5		2.50		50	2.00	
M4×0.5	4.0		3.15	13.0	53	2.50	5
M4.5×0.5	4.5	0.50	3.55			2.80	
M5×0.5	5.0		4.00	16.0	58	3.15	
M5.5×0.5	(5.5)			17.0	62		6
M6×0.75	6.0		4.50			3.55	
M7×0.75	(7.0)	0.75	5.60	19.0	66	4.50	7
M8×0.75	8.0		6.30			5.00	
M8×1		1.00		22.0	72		8
M9×0.75	(9.0)	0.75	7.10	19.0	66	5.60	
M9×1		1.00		22.0	72		

·1286·

代号	公称直径 d	螺距 P	d_1	l	L	方头	
						a	l_2
M10×0.75	10.0	0.75		20.0	73	6.30	9
M10×1		1.00	8.00	24.0	80		
M10×1.25		1.25					
M11×0.75	(11.0)	0.75		22.0	80		
M11×1		1.00					
M12×1	12.0	1.00	9.00	22.0	80	7.10	10
M12×1.25		1.25		29.0	89		
M12×1.5		1.50		29.0	89		
M14×1	14.0	1.00	11.20	22.0	87	9.00	12
M14×1.25		1.25		30.0	95		
M14×1.5		1.50		30.0	95		
M15×1.5	(15.0)	1.50					
M16×1	16.0	1.00	12.50	22.0	92	10.00	13
M16×1.5		1.50		32.0	102		
M17×1.5	(17.0)	1.50					
M18×1	18.0	1.00	14.00	22.0	97	11.20	14
M18×1.5		1.50		37.0	112		
M18×2		2.00		37.0	112		
M20×1	20.0	1.00		22.0	102		
M20×1.5		1.50		37.0	112		
M20×2		2.00		37.0	112		
M22×1	22.0	1.00	16.00	24.0	109	12.5	16
M22×1.5		1.50		38.0	118		
M22×2		2.00		38.0	118		
M24×1	24.0	1.00	18.00	24.0	114	14.0	18
M24×1.5		1.50		45.0	130		
M24×2		2.00					
M25×1.5	25.0	1.50					
M25×2		2.00					
M26×1.5	26.0	1.50		35.0	120		
M27×1	27.0	1.00	20.0	25.0	120	16.0	20
M27×1.5		1.50		37.0	127		
M27×2		2.00					
M28×1	(28.0)	1.00		25.0	120		
M28×1.5		1.50		37.0	127		
M28×2		2.00					
M30×1	30.0	1.00		25.0	120		
M30×1.5		1.50		37.0	127		
M30×2		2.00					
M30×3		3.00		48.0	138		
M32×1.5	(32.0)	1.50	22.4	37.0	137	18.0	22
M32×2		2.00					
M33×1.5	33.0	1.50					
M33×2		2.00					
M33×3		3.00		51.0	151		

代号	公称直径 d	螺距 P	d_1	l	L	方头	
						a	l_2
M35 × 1.5	(35.0)	1.50	25.0	39.0	144	20.0	24
M36 × 1.5	36.0	1.50		39.0	144	20.0	24
M36 × 2		2.00					
M36 × 3		3.00		57.0	162		
M38 × 1.5	38.0	1.50	28.0	39.0	149	22.4	26
M39 × 1.5	39.0	1.50		39.0	149		
M39 × 2		2.00					
M39 × 3		3.00		60.0	170		
M40 × 1.5	(40.0)	1.50		39.0	149		
M40 × 2		2.00					
M40 × 3		3.00		60.0	170		
M42 × 1.5	42.0	1.50	28.0	39.0	149	22.4	26
M42 × 2		2.00					
M42 × 3		3.00		60.0	170		
M42 × 4		(4.00)					
M45 × 1.5	45.0	1.50	31.5	45.0	165	25.0	28
M45 × 2		2.00					
M45 × 3		3.00		67.0	187		
M45 × 4		(4.00)					
M48 × 1.5	48.0	1.50	31.5	45.0	165	25.0	28
M48 × 2		2.00					
M48 × 3		3.00		67.0	187		
M48 × 4		(4.00)					
M50 × 1.5	(50.0)	1.50		45.0	165		
M50 × 2		2.00					
M50 × 3		3.00		67.0	187		
M52 × 1.5	52.0	1.50	35.5	45.0	175	28.0	31
M52 × 2		2.00					
M52 × 3		3.00		70.0	200		
M52 × 4		4.00					
M55 × 1.5	(55.0)	1.50		45.0	175		
M55 × 2		2.00					
M55 × 3		3.00		70.0	200		
M55 × 4		4.00					
M56 × 1.5	56.0	1.50		45.0	175		
M56 × 2		2.00					
M56 × 3		3.00		70.0	200		
M56 × 4		4.00					
M58 × 1.5	58.0	1.50	40.0	76.0	193	31.5	34
M58 × 2		2.00					
M58 × 3		(3.00)			209		
M58 × 4		(4.00)					
M60 × 1.5	60.0	1.50		76.0	193		
M60 × 2		2.00					
M60 × 3		3.00			209		
M60 × 4		4.00					
M62 × 1.5	62.0	1.50			193		
M62 × 2		2.00					
M62 × 3		(3.00)			209		
M62 × 4		(4.00)					

代号	公称直径 d	螺距 P	d_1	l	L	方头	
						a	l_2
M64 × 1.5		1.50			193		
M64 × 2	64.0	2.00					
M64 × 3		3.00			209		
M64 × 4		4.00	40.0	79.0		31.5	34
M65 × 1.5		1.50			193		
M65 × 2	65.0	2.00					
M65 × 3		(3.00)			209		
M65 × 4		(4.00)					
M68 × 1.5		1.50			203		
M68 × 2	68.0	2.00	45.0	79.0		35.5	38
M68 × 3		3.00			219		
M68 × 4		4.00					
M70 × 1.5		1.50			203		
M70 × 2		2.00					
M70 × 3	70.0	(3.00)			219		
M70 × 4		(4.00)					
M70 × 6		(6.00)			234		
M72 × 1.5		1.50			203		
M72 × 2		2.00					
M72 × 3	72.0	3.00	45.0	79.0	219	35.5	38
M72 × 4		4.00					
M72 × 6		6.00			234		
M75 × 1.5		1.50			203		
M75 × 2		2.00					
M75 × 3	75.0	(3.00)			219		
M75 × 4		(4.00)					
M75 × 6		(6.00)			234		
M76 × 1.5		1.50			226		
M76 × 2		2.00					
M76 × 3	76.0	3.00			242		
M76 × 4		4.00					
M76 × 6		6.00			258		
M78 × 2	78.0	2.00	50.0	83.0		40.0	42
M80 × 1.5		1.50			226		
M80 × 2		2.00					
M80 × 3	80.0	3.00			242		
M80 × 4		4.00					
M80 × 6		6.00			258		
M82 × 2	82.0	2.00			226		
M85 × 2		2.00					
M85 × 3		3.00			242		
M85 × 4	85.0	4.00					
M85 × 6		6.00	50.0	86.0	261	40.0	42
M90 × 2		2.00			226		
M90 × 3		3.00			242		
M90 × 4	90.0	4.00					
M90 × 6		6.00			261		

代号	公称直径 d	螺距 P	d_1	l	L	方头	
						a	l_2
M95 ×2		2.00			244		
M95 ×3	95.0	3.00			260		
M95 ×4		4.00					
M95 ×6		6.00	56.0	89.0	279	45.0	46
M100 ×2		2.00			244		
M100 ×3	100.0	3.00			260		
M100 ×4		4.00					
M100 ×6		6.00			279		

注：①括号内尺寸尽量不用。

②M14 ×1.25 仅用于火花塞。

③M35 ×1.5 仅用于滚动轴承锁紧螺母。

标记示例：

右螺纹的粗牙普通螺纹，直径 10mm，螺距 1.5mm，H1 公差带，单支初锥（底锥）高性能机用丝锥：

机用丝锥 初（底）GM10 – H1 GB/T 3464.1—2007

右螺纹的细牙普通螺纹，直径 10mm，螺距 1.25mm，H4 公差带，单支中锥手用丝锥：

手用丝锥 M10 ×1.25 GB/T 3464.1—2007

右螺纹的粗牙普通螺纹，直径 12mm，螺距 1.75mm，H2 公差带，两支（初锥和底锥）一组普通级等径机用丝锥：

机用丝锥 初底 M12 – H2 GB/T 3464.1—2007

左螺纹（代号为 LH）的粗牙普通螺纹，直径 27mm，螺距 3mm，H3 公差带，三支一组普通级不等径机用丝锥：

机用丝锥（不等径） 3 – M27LH – H3 GB/T 3464.1—2007

直径 3 ~10mm 的丝锥，有粗柄和细柄两种结构同时并存。在需要明确指定柄部结构的场合，丝锥"粗柄"或"细柄"字样。

2. 细长柄机用丝锥

细长柄机用丝锥（GB/T 3464.2—2003/ISO 2283：2000）的型式如图 6 –183 所示，其基本尺寸列于表 6 –188 ~ 表 6 –189。

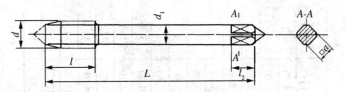

图 6 - 183 细长柄机用丝锥

表 6 - 188 ISO 米制螺纹丝锥基本尺寸

单位：mm

代号		公称直径	螺距		d_1	l_{max}	L	方头		
粗牙	细牙	d	粗牙	细牙	h9[a]		h16	a h11[b]	l_2	±0.8
M3	M3 ×0.35	3	0.5	0.35	2.24	11	66	1.8		4
M3.5	M3.5 ×0.35	3.5	0.6		2.5		68	2		
M4	M4 ×0.5	4	0.7		3.15	13	73	2.5		5
M4.5	M4.5 ×0.5	4.5	0.75	0.5	3.55			2.8		
M5	5 ×0.5	5	0.8		4	16	79	3.15		6
—	M5.5 ×0.5	5.5				17	84			
M6	M6 ×0.75	6	1	0.75	4.50	19	89	3.55		7
M7	M7 ×0.75	7			5.60			4.5		
M8	M8 ×1	8	1.25	1	6.30	22	97	5.0		8
M9	M9 ×1	9			7.1			5.6		
M10	M10 ×1	10	1.5	1.25	8	24	108	6.3		9
	M10 ×1.25									
M11	—	11				25	115			
M12	M12 ×1.25	12	1.75	1.25	9	29	119	7.1		10
	M12 ×1.5			1.5						
M14	M14 ×1.25	14	2	1.25	11.2	30	127	9		12
	M14 ×1.5			1.5						
—	M15 ×1.5	15	—							
M16	M16 ×1.5	16	2	1.5	12.5	32	137	10		13
—	M17 ×1.5	17								
M18	M18 ×1.5	18			14	37	149	11.2		14
	M18 ×2			2						
M20	M20 ×1.5	20	2.5	1.5						
	M20 ×2			2						
M22	M22 ×1.5	22		1.5	16	38	158	12.5		16
	M22 ×2			2						
M24	M24 ×1.5	24	3	1.5	18	45	172	14		18
	M24 ×2			2						

[a] 根据 ISO 237[1] 的规定：公差 h9 应用于精密柄；非精密柄的公差为 h11。

[b] 根据 ISO 237[1] 的规定，当方头的形状误差和方头对柄部的位置误差考虑在内时，为 h12。

表 6−189 ISO 英制螺纹丝锥基本尺寸

单位:mm

代号			公称直径	螺距(近似)		d_1	l	L	方 头	
"统一制粗牙" (UNC)	"统一制细牙" (UNF)		d	UNC	UNF	$h9^a$	max	h16	a $h11^b$	l_2 ±0.8
No. 5−40−UNC	No. 5−44−UNF		3.175	0.635	0.577	2.24	11	66	1.80	
No. 6−32−UNC	No. 6−40−UNF		3.505	0.794	0.635	2.50	13	68	2.00	4
No. 8−32−UNC	No. 8−36−UNF		4.166	0.794	0.706	3.15	16	73	2.50	5
No. 10−24−UNC	No. 10−32−UNF		4.826	1.058	0.794	3.55	17	79	2.8	5
No. 12−24−UNC	No. 12−28−UNF		5.486	1.270	0.907	4.00	19	84	3.15	6
1/4−20−UNC	1/4−28−UNF		6.350	1.270	0.907	4.50	22	89	3.55	
5/16−18−UNC	5/16−24−UNF		7.938	1.411	1.058	6.30	24	97	5.00	8
3/8−16−UNC	3/8−24−UNF		9.525	1.588	1.058	7.10	25	108	5.60	8
7/16−14−UNC	7/16−20−UNF		11.112	1.814	1.270	8.00	29	115	6.30	9
1/2−13−UNC	1/2−20−UNF		12.700	1.954	1.270	9.00	30	119	7.10	10
9/16−12−UNC	9/16−18−UNF		14.288	2.117	1.411	11.20	32	127	9.00	12
5/8−11−UNC	5/8−18−UNF		15.875	2.309	1.411	12.50	37	137	10.00	13
3/4−10−UNC	3/4−16−UNF		19.050	2.540	1.588	14	38	149	11.20	14
7/8−9−UNC	7/8−14−UNF		22.225	2.822	1.814	16	45	158	12.50	16
1−8−UNC	1−12−UNF		25.400	3.175	2.117	18		172	14	18

a 根据 ISO237[1] 的规定:公差 h9 应用于精密柄;非精密柄的公差为 h11。

b 根据 ISO237[1] 的规定,当方头的形状误差和方头对柄部的位置误差考虑在内时,为 h12。

ISO 8830 中的标志，包含下列内容：

①螺纹代号；

②丝锥的公差带代号；

③高速钢的代号；

④左螺纹标记字母"L"；

⑤制造厂或销售商的名称或商标。

3. 短柄机用和手用丝锥

短柄机用和手用丝锥（GB/T 3464.3—2007）可分三种：

（1）粗短柄机用和手用丝锥

短柄机用和手用丝锥的型式如图 6-184 所示，丝锥的基本尺寸列于表
6-190 和表 6-191。

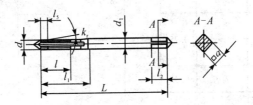

图 6-184　粗短柄机用和手用丝锥

表 6-190　粗牙普通螺纹用丝锥基本尺寸　　　　　单位：mm

代号	公称直径 d	螺距 P	d_1	l	L	l_1	方头	
							a	l_2
M1	1.0	0.25	2.5	5.5	28	10	2.00	4
M1.1	1.1							
M1.2	1.2							
M1.4	1.4	0.30		7.0		12		
M1.6	1.6	0.35		8.0	32	13		
M1.8	1.8							
M2	2.0	0.40	2.8	9.5	36	13.5	2.24	5
M2.2	2.2	0.45				15.5		
M2.5	2.5							

表 6 – 191　细牙普通螺纹用丝锥的基本尺寸　　单位：mm

代号	公称直径 d	螺距 P	d_1	l	L	l_1	方头	
							a	l_2
M1 ×0.2	1.0							
M1.1 ×0.2	1.1			5.5	28	10		
M1.2 ×0.2	1.2	0.2						
M1.4 ×0.2	1.4		2.5	7.0		12	2.00	4
M1.6 ×0.2	1.6				32	13		
M1.8 ×0.2	1.8			8.0				
M2 ×0.25	2.0	0.25				13.5		
M2.2 ×0.25	2.2		2.8	9.5	36	15.5	2.24	5
M2.5 ×0.35	2.5	0.35						

（2）粗短柄带颈短柄机用和手用丝锥

粗短柄带颈短柄机用和手用丝锥的型式如图 6 – 185 所示，丝锥的基本尺寸列于表 6 – 192 和表 6 – 193。

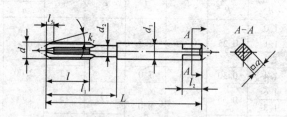

图 6 – 185　粗短柄带颈短柄机用和手用丝锥

表 6 – 192　粗牙普通螺纹用丝锥基本尺寸　　　单位：mm

代号	公称直径 d	螺距 P	d_1	l	L	d_2 min	l_1	方头	
								a	l_2
M3	3.0	0.50	3.15	11.0	40	2.12	18	2.50	5
M3.5	3.5	(0.60)	3.55			2.50	20	2.80	
M4	4.0	0.70	4.00	13.0	45	2.80	21	3.15	6
M4.5	4.5	(0.75)	4.50			3.15		3.55	
M5	5.0	0.80	5.00	16.0	50	3.55	25	4.00	7
M6	6.0	1.00	6.30	19.0	55	4.50	30	5.00	8
M7	7.0		7.10			5.30		5.60	
M8	8.0	1.25	8.00	22.0	65	6.00	35	6.30	9
M9	9.0		9.00			7.10	36	7.10	10
M10	10.0	1.50	10.00	24.0	70	7.50	39	8.00	11

注：①括号内尺寸尽量不用。

②允许无空刀槽，无空刀槽时螺纹部分长度尺寸应为 $l + (l_1 - l)/2$。

表 6 – 193　细牙普通螺纹用丝锥基本尺寸　　　单位：mm

代号	公称直径 d	螺距 P	d_1	l	L	d_2 min	l_1	方头	
								a	l_2
M3 × 0.35	3.0	0.35	3.15	11.0	40	2.12	18	2.50	5
M3.5 × 0.35	3.5		3.55			2.50	20	2.80	
M4 × 0.5	4.0	0.50	4.00	13.0	45	2.80	21	3.15	6
M4.5 × 0.5	4.5		4.50			3.15		3.55	
M5 × 0.5	5.0	0.50	5.00	16.0	50	3.55	25	4.00	7
M5.5 × 0.5	5.5		5.60	17.0		4.00	26	4.50	
M6 × 0.5	6.0		6.30	19.0		4.50	30	5.00	8
M6 × 0.75		0.75							
M7 × 0.75	7.0		7.10			5.30		5.60	
M8 × 0.5	8.0	0.5	8.00		60	6.00	32	6.30	9
M8 × 0.75		0.75					35		
M8 × 1		1.00		22.0					
M9 × 0.75	9.0	0.75	9.00	19.0		7.10	33	7.10	10
M9 × 1		1.00		22.0			36		
M10 × 0.75	10.0	0.75	10.00	20.0	65	7.50	35	8.00	11
M10 × 1		1.00		24.0			39		
M10 × 1.25		1.25							

注：允许无空刀槽，无空刀槽时螺纹部分长度尺寸应为 $l + (l_1 - l)/2$。

（3）细短柄机用和手用丝锥

细短柄机用和手用丝锥的型式如图 6 – 186 所示，其基本尺寸列于表 6 – 194 和表 6 – 195。

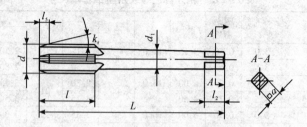

图 6-186 细短柄机用和手用丝锥

表 6-194 粗牙普通螺纹用丝锥基本尺寸 单位：mm

代号	公称直径 d	螺距 P	d_1	l	L	方头	
						a	l_2
M3	3.0	0.50	2.24	11.0	40	1.80	4
M3.5	3.5	(0.60)	2.50			2.00	
M4	4.0	0.70	3.15	13.0	45	2.50	5
M4.5	4.5	(0.75)	3.55			2.80	
M5	5.0	0.80	4.00	16.0	50	3.15	6
M6	6.0	1.00	4.50	19.0	55	3.55	
M7	(7.0)		5.60			4.50	7
M8	8.0	1.25	6.30	22.0	65	5.00	8
M9	(9.0)		7.10			5.60	
M10	10.0	1.50	8.00	24.0	70	6.30	9
M11	(11.0)			25.0			
M12	12.0	1.75	9.00	29.0	80	7.10	10
M14	14.0	2.00	11.20	30.0	90	9.00	12
M16	16.0		12.50	32.0		10.00	13
M18	18.0	2.50	14.00	37.0	100	11.20	14
M20	20.0						
M22	22.0		16.00	38.0	110	12.50	16
M24	24.0	3.00	18.00	45.0	120	14.00	18
M27	27.0						
M30	30.0	3.50	20.00	48.0	130	16.00	20
M33	33.0		22.40	51.0		18.00	22
M36	36.0	4.00	25.00	57.0	145	20.00	24
M39	39.0						
M42	42.0	4.50	28.00	60.0	160	22.40	26
M45	45.0		31.50	67.0		25.00	28
M48	48.0	5.00			175	25.00	28
M52	52.0		35.50	70.0		28.00	31

注：括号内尺寸尽量不用。

表 6 - 195   细牙普通螺纹用丝锥的基本尺寸   单位: mm

代号	公称直径 d	螺距 P	d_1	l	L	方头	
						a	l_2
M3×0.35	3.0	0.35	2.24	11.0	40	1.80	4
M3.5×0.35	3.5		2.50				2.00
M4×0.5	4.0	0.50	3.15	13.0	45	2.50	5
M4.5×0.5	4.5		3.55				2.80
M5×0.5	5.0		4.00	16.0	50	3.15	6
M5.5×0.5	(5.5)			17.0			
M6×0.75	6.0	0.75	4.50	19.0		3.55	
M7×0.75	(7.0)		5.60			4.50	7
M8×0.75	8.0	0.75	6.30		60	5.00	8
M8×1		1.00		22.0			
M9×0.75	(9.0)	0.75	7.10	19.0		5.60	8
M9×1		1.00		22.0			
M10×0.75	10.0	0.75	8.00	20.0	65	6.30	9
M10×1		1.00		24.0			
M10×1.25		1.25					
M11×0.75	(11.0)	0.75		22.0			
M11×1		1.00					
M12×1	12.0		9.00		70	7.10	10
M12×1.25		1.25		29.0			
M12×1.5		1.50		29.0			
M14×1	14.0	1.00	11.20	22.0		9.00	12
M14×1.25		1.25		30.0			
M14×1.5		1.50		30.0			
M15×1.5	(15.0)						
M16×1	16.0	1.00	12.50	22.0	80	10.00	13
M16×1.5		1.50		32.0			
M17×1.5	(17.0)						
M18×1	18.0	1.00	14.00	22.0	90	11.20	14
M18×1.5		1.50		37.0			
M18×2		2.00		37.0			
M20×1	20.0	1.00		22.0			
M20×1.5		1.50		37.0			
M20×2		2.00		37.0			

代号	公称直径 d	螺距 P	d_1	l	L	方头	
						a	l_2
M22 × 1		1.00		24.0			
M22 × 1.5	22.0	1.50	16.0	38.0	90	12.5	16
M22 × 2		2.00		38.0			
M24 × 1		1.00		24.0			
M24 × 1.5	24.0	1.50					
M24 × 2		2.00					
M25 × 1.5	25.0	1.50	18.00	45.0		14.0	18
M25 × 2		2.00			95		
M26 × 1.5	26.0	1.50		35.0			
M27 × 1		1.00		25.0			
M27 × 1.5	27.0	1.50		37.0			
M27 × 2		2.00					
M28 × 1		1.00		25.0			
M28 × 1.5	(28.0)	1.50	20.0	37.0		16.0	20
M28 × 2		2.00					
M30 × 1		1.00		25.0	105		
M30 × 1.5	30.0	1.50		37.0			
M30 × 2		2.00					
M30 × 3		3.00		48.0			
M32 × 1.5	(32.0)	1.50		37.0			
M32 × 2		2.00					
M33 × 1.5	33.0	1.50	22.4		115	18.0	22
M33 × 2		2.00					
M33 × 3		3.00		51.0			
M35 × 1.5	(35.0)	1.50		39.0			
M36 × 1.5							
M36 × 2	36.0	2.00	25.0		125	20.0	24
M36 × 3		3.00		57.0			
M38 × 1.5	38.0	1.5		39.0			
M39 × 1.5			28.0				
M39 × 2	39.0	2.00			130	22.4	26
M39 × 3		3.00		60.0			

代号	公称直径 d	螺距 P	d_1	l	L	方头	
						a	l_2
M40 × 1. 5	(40. 0)	1. 50	28. 0	39. 0	130	22. 4	26
M40 × 2		2. 00					
M40 × 3		3. 00		60. 0			
M42 × 1. 5	42. 0	1. 50		39. 0			
M42 × 2		2. 00					
M42 × 3		3. 00		60. 0			
M42 × 4		(4. 00)					
M45 × 1. 5	45. 0	1. 50	31. 5	45. 0	140	25. 0	28
M45 × 2		2. 00					
M45 × 3		3. 00		67. 0			
M45 × 4		(4. 00)					
M48 × 1. 5	48. 0	1. 50		45. 0			
M48 × 2		2. 00					
M48 × 3		3. 00		67. 0			
M48 × 4		(4. 00)					
M50 × 1. 5	(50. 0)	1. 50		45. 0	150		
M50 × 2		2. 00					
M50 × 3		3. 00		67. 0			
M52 × 1. 5	52. 0	1. 50	35. 5	45. 0		28. 0	31
M52 × 2		2. 00					
M52 × 3		3. 00		70. 0			
M52 × 4		4. 00					

注：①括号内尺寸尽量不用。

②M14 ×1. 25 仅用于火花塞。

③M35 ×1. 5 仅用于滚动轴承锁紧螺母。

标记示例：

右螺纹的粗牙普通螺纹，直径 10mm，螺距 1. 5mm，H1 公差带，单支初锥（底锥）高性能短柄机用丝锥：

短柄机用丝锥　初（底）GM10 – H1　GB/T 3464. 3—2007

右螺纹的细牙普通螺纹，直径 10mm，螺距 1. 25mm，H4 公差带，单支中锥短柄手用丝锥：

短柄手用丝锥　M10×1.25　GB/T 3464.3—2007

右螺纹的粗牙普通螺纹，直径 12mm，螺距 1.75mm，H2 公差带，两支（初锥和底锥）一组普通级等径短柄机用丝锥：

短柄机用丝锥　初底 M12 - H2　GB/T 3464.3—2007

左螺纹（代号 LH）的粗牙普通螺纹，直径 27mm，螺距 3mm，H3 公差带，三支一组普通级不等径短柄机用丝锥：

短柄机用丝锥（不等径）　3 - M27LH - H3　GB/T 3464.3—2007

直径 3~10mm 的丝锥，有粗柄和细柄两种结构同时并存。在需要明确指定柄部结构的场合，丝锥名称前应加"粗柄"或"细"字样。

4. 圆板牙

圆板牙（GB/T 970.1—2008）的型式如图 6 - 187 所示，其基本尺寸列于表 6 - 196、表 6 - 197。

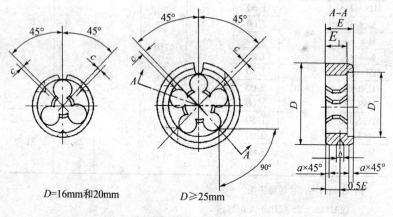

图 6 - 187　圆板牙

注：①容屑孔数不做规定。

②切削锥由制造厂自定，但至少有一端切削锥长度应符合螺纹收尾（GB/T 3）的规定。

代号	公称直径 d	螺距 P	D	D_1	E	E_1	c	b	a
M1	1								
M1.1	1.1	0.25				2			
M1.2	1.2								
M1.4	1.4	0.3							
M1.6	1.6	0.35	16	11		2.5		3	
M1.8	1.8				5		0.5		0.2
M2	2	0.4							
M2.2	2.2	0.45				3			
M2.5	2.5								
M3	3	0.5							
M3.5	3.5	0.6							
M4	4	0.7	20						
M4.5	4.5	0.75						4	
M5	5	0.8			7		0.6		
M6	6	1		—		—			0.5
M7	7								
M8	8	1.25	25		9		0.8		
M9	9							5	
M10	10	1.5	30		11		1.0		1
M11	11								

代号	公称直径 d	螺距 P	D	D_1	E	E_1	c	b	a
M12	12	1.75	38		14				
M14	14	2							
M16	16						1.2	6	1
M18	18		45		18[a]				
M20	20	2.5							
M22	22		55		22		1.5		
M24	24	3							
M27	27								
M30	30	3.5	65		25		1.8		
M33	33								
M36	36	4		—		—		8	
M39	39		75		30				
M42	42	4.5							2
M45	45								
M48	48	5	90				2		
M52	52								
M56	56	5.5	105		36				
M60	60						2.5	10	
M64	64	6	120						
M68	68								

[a] 根据用户需要，M16 圆板牙的厚度 E 尺寸可按 14mm 制造。

表 6-197　细牙普通螺纹圆板牙基本尺寸　　单位：mm

代号	公称直径 d	螺距 P	D	D_1	E	E_1	c	b	a
M1×0.2	1	0.2	16	11	5	2	0.5	3	0.2
M1.1×0.2	1.1								
M1.2×0.2	1.2								
M1.4×0.2	1.4								
M1.6×0.2	1.6								
M1.8×0.2	1.8								
M2×0.25	2	0.25							
M2.2×0.25	2.2								
M2.5×0.35	2.5	0.35	20	15		2.5			
M3×0.35	3					3			
M3.5×0.35	3.5								
M4×0.5	4	0.5						4	
M4.5×0.5	4.5								
M5×0.5	5								
M5.5×0.5	5.5								
M6×0.75	6	0.75	25	–	7		0.6		0.5
M7×0.75	7					8			
M8×0.75	8				9		0.8		
M8×1		1				–			
M9×0.75	9	0.75				8		5	
M9×1		1				–			
M10×0.75	10	0.75	30	24	11		1		
M10×1		1		–					
M10×1.25		1.25							
M11×0.75	11	0.75		24					
M11×1		1		–					
M12×1	12		38	–	10	–	1.2	6	1
M12×1.25		1.25							
M12×1.5		1.5							
M14×1	14	1							
M14×1.25		1.25							
M14×1.5		1.5							
M15×1.5	15								

代号	公称直径 d	螺距 P	D	D_1	E	E_1	c	b	a
M16 × 1	16	1		36		10			
M16 × 1.5		1.5							
M17 × 1.5	17			–		–			
M18 × 1		1		36		10			
M18 × 1.5	18	1.5	45		14		1.2	6	
M18 × 2		2		–		–			
M20 × 1		1		36		10			
M20 × 1.5	20	1.5							
M20 × 2		2		–					
M22 × 1		1		45		12			
M22 × 1.5	22	1.5							
M22 × 2		2		–		–			
M24 × 1		1		45		12			
M24 × 1.5	24	1.5	55		16		1.5		1
M24 × 2		2							
M25 × 1.5	25	1.5		–		–			
M25 × 2		2							
M27 × 1		1		54		12			
M27 × 1.5	27	1.5							
M27 × 2		2		–					
M28 × 1		1		54		12			
M28 × 1.5	28	1.5			18			8	
M28 × 2		2		–		–			
M30 × 1		1		54		12			
M30 × 1.5		1.5							
M30 × 2	30	2	65				1.8		
M30 × 3		3			25				
M32 × 1.5	32	1.5							2
M32 × 2		2		–	18	–			
M33 × 1.5		1.5							
M33 × 2	33	2							
M33 × 3		3			25				
M35 × 1.5	35	1.5			18				
M36 × 1.5	36								

代号	公称直径 d	螺距 P	D	D_1	E	E_1	c	b	a
M36 ×2	36	2	65	–	18	–			
M36 ×3		3			25				
M39 ×1.5	39	1.5		63	20	16			
M39 ×2		2							
M39 ×3		3		–		30			
M40 ×1.5	40	1.5	75	63	20	16	1.8		
M40 ×2		2							
M40 ×3		3		–		30			
M42 ×1.5	42	1.5		63	20	16			
M42 ×2		2				–			
M42 ×3		3		–	30				
M42 ×4		4							
M45 ×1.5	45	1.5		75	22	18		8	
M45 ×2		2							
M45 ×3		3		–	36	–			
M45 ×4		4							
M48 ×1.5	48	1.5	90	75	22	18	2		2
M48 ×2		2							
M48 ×3		3		–	36	–			
M48 ×4		4							
M50 ×1.5	50	1.5		75	22	18			
M50 ×2		2				–			
M50 ×3		3		–	36				
M52 ×1.5	52	1.5		75	22	18			
M52 ×2		2				–			
M52 ×3		3		–	36				
M52 ×4		4							
M55 ×1.5	55	1.5	105	90	22	18	2.5	10	
M55 ×2		2				–			
M55 ×3		3		–	36				
M55 ×4		4							
M56 ×1.5	56	1.5		90	22	18			
M56 ×2		2				–			
M56 ×3		3		–	36				
M56 ×4		4							

标记示例：

粗牙普通螺纹公称直径 8mm、螺距 1.25mm、6g 公差带的圆板牙，其标记为：

圆板牙　M8 – 6g　GB/T 970.1—2008

细牙普通螺纹公称直径 8mm、螺距 0.75mm、6g 公差带的圆板牙，其标记为：

圆板牙　M8 × 0.75 – 6g　GB/T 970.1—2008

左螺纹圆板牙应在代号后加 "LH" 字母，如 M8 × 0.75LH，其余标记法与前相同。

5. 圆柱和圆锥管螺纹丝锥

圆柱和圆锥管螺纹丝锥（GB/T 20333—2006/150　2284：1987）分 G 系列、Rp 系列、Rc 系列三种，型式如图 6 – 188、图 6 – 189 所示。基本尺寸列于表 6 – 198、表 6 – 199。

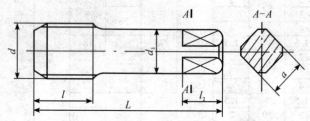

图 6 – 188　G 系列和 Rp 系列圆柱管螺纹丝锥

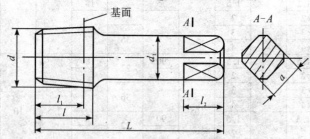

图 6 – 189　Rc 系列圆锥管螺纹丝锥

表 6-198 G 系列和 Rp 系列圆柱管螺纹丝锥尺寸表

螺纹代号	每英寸牙数	基本直径 /mm d	螺距 /mm $\approx$	d/mm h9	l/mm +2 -1	L/mm	方头/mm a h11	方头/mm l_2
1/16	28	7. 723	0. 907	5. 6	14	52	4. 5	7
1/8	28	9. 728		8	15	59	6. 3	9
1/4	19	13. 157	1. 337	10	19	67	8	11
3/8	19	16. 662		12. 5	21	75	10	13
1/2	14	20. 955		16	26	87	12. 5	16
(5/8)	14	22. 911	1. 314	18		91	14	18
3/4	14	26. 441		20	28	96	16	20
(7/8)	14	30. 201		22. 4	29	102	18	22
1	11	33. 249		25	33	109	20	24
11/4	11	41. 910		31. 5	36	119	25	28
11/2	11	47. 803			37	125	28	31
(13/4)	11	53. 746		35. 5	39	132		
2	11	59. 614	2. 309	40	41	140	31. 5	34
(21/4)	11	65. 710			42	142		
21/2	11	75. 184		45	45	153	35. 5	38
3	11	87. 884		50	48	164	40	42
31/2	11	100. 330		63	50	173	50	51
4	11	113. 03		71	53	185	56	56

注：表内括号内的尺寸应尽可能避免使用。

表 6 - 199　Rc 系列圆锥管螺纹丝锥尺寸表

螺纹代号	每英寸牙数	基本直径 d/mm	螺距/mm $\approx$	d_1/mm h9	l/mm +2 -1	L/mm	l_1/mm 最大值	方头/mm	
								a h11	l_2
1/16	28	7.723	0.907	5.6	14	52	10.1	4.5	7
1/8	28	9.728		8	15	59		6.3	9
1/4	19	13.157	1.337	10	19	67	15	8	11
3/8	19	16.662		12.5	21	75	15.4	10	13
1/2	14	20.955	1.814	16	26	87	20.5	12.5	16
3/4	14	26.441		20	28	96	21.8	16	20
1	11	33.249	2.309	25	33	109	26	20	24
1¼	11	41.910		31.5	36	119	28.3	25	28
1½	11	47.803		35.5	37	125	28.3	28	31
2	11	69.614		40	41	140	32.7	31.5	34
2½	11	75.184		45	45	153	37.1	35.5	38
3	11	87.834		50	48	164	40.2	40	42
3½	11	100.33		63	50	173	41.9	50	51
4	11	113.030		71	53	185	46.2	56	56

标记:

丝锥应在柄部做如下标记:

①表示螺纹系列的字母代号;

②螺纹代号。

例如:

一种代号是 3/4 的 G 系列圆柱管螺纹丝锥标记如下:

G3/4

一种代号是 1/4 的 Rp 系列圆柱管螺纹丝锥标记如下:

Rp1/4

一种代号是 1 的 Rc 系列圆锥管螺纹丝锥标记如下:

Rc1

6. R 系列圆锥管螺纹圆板牙

R 系列圆锥管螺纹圆板牙(GB/T 20328 - 2006)的型式如图 6 - 190 所

示，基本尺寸如表6－200所示。

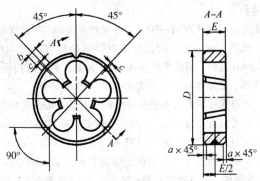

图6－190　R系列圆锥管螺纹圆板牙

表6－200　　R系列圆锥管螺纹圆板牙规格尺寸　　　单位：mm

代号	基本直径	近似螺距	D f10	E js12	c	b	a	最少完整螺纹牙数	最少完整牙的长度	基面距
1/16	7.723	0.907	25	11	1	5	1	6⅛	5.6	4
1/8	9.728		30							
1/4	13.157	1.337	38	14	1.2	6		6¼	8.4	6
3/8	16.662		18					6½	8.8	6.4
1/2	20.955	1.814	45	22	1.5			6¼	11.4	8.2
3/4	26.441		55					7	12.7	9.5
1	33.249	2.309	65	25	1.8	8	2	6¼	14.5	10.4
1¼	41.910		75	30				7¼	16.8	12.7
1½	47.803		90		2					
2	59.614		105	36	2.5	10		9⅛	21.1	15.9

注：最少完整螺纹牙数，最小完整牙的长度，基面距均为螺纹尺寸。仅供板牙设计时参考。

标记示例：

代号为3/4的R系列圆锥管螺纹圆板牙标记为：

圆锥管螺纹圆板牙 R3/4　GB/T 20328

6.4.11 齿轮加工刀具

1. 直齿插齿刀

直齿插齿刀(GB/T 6081—2001)分三种型式和三种精度等级:

Ⅰ型:盘形直齿插齿刀的公称分度圆直径为 75mm、100mm、125mm、160mm、200mm 五种,精度等级分 AA、A 和 B 三种。直齿插齿刀的型式如图6-191 所示,其基本尺寸列于表 6-201~表 6-205。

Ⅱ型:碗形直齿插齿刀的公称分度圆直径为 50mm 的精度等级分 A、B 两种,公称分度圆直径为 75mm、100mm 和 125mm 的精度等级分 AA、A、B 三种。其基本型式和尺寸如图 6-192 和表 6-206~表 6-209 所示。

Ⅲ型:锥柄直齿插齿刀的公称分度圆直径为 25mm、38mm 二种,精度等级分 A、B 两种。其基本型式和尺寸如图 6-193 和表 6-210、表 6-211。

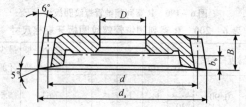

图 6-191 Ⅰ型(盘形直齿插齿刀)

表 6-201 公称分度圆直径 75mm（$m = 1 \sim 4\text{mm}$ $\alpha = 20°$）

模数 m	齿数	d	d_a	D	b	b_b	B
/mm	z			/mm			
1.00	76	76.00	78.50			0	
1.25	60	75.00	78.56			2.1	15
1.50	50		79.56			3.9	
1.75	43	75.25	80.67			5.0	
2.00	38	76.00	82.24			5.9	
2.25	34	76.50	83.48	31.743	10	6.4	17
2.50	30	75.00	82.34			5.2	
2.75	28	77.00	84.92			5.0	
3.00	25	75.00	83.34			4.0	
3.50	22	77.00	86.44			3.3	20
4.00	19	76.00	86.32			1.5	

注:在直齿插齿刀的原始截面中,齿顶高系数等于 1.25,分度圆齿厚等于 $\pi m/2$。

表 6-202 公称分度圆直径 **100mm** ($m = 1 \sim 6$mm $\alpha = 20°$)

模数 m	齿数	d	d_a	D	b	b_b	B
/mm	z				/mm		
1.00	100	100.00	102.62		10	0.6	18
1.25	80		103.94			3.9	
1.50	68	102.00	107.14			6.6	
1.75	58	101.50	107.62			8.3	
2.00	50	100.00	107.00	31.743	12	9.5	22
2.25	45	101.25	109.09			10.5	
2.50	40	100.00	108.36			10.0	
2.75	36	99.00	107.86			9.4	
3.00	34	102.00	111.54			9.7	
3.50	29	101.50	112.08		12	8.7	24
4.00	25	100.00	111.46			6.9	
4.50	22	99.00	111.78	31.743		5.1	
5.00	20	100.00	113.90			4.3	
5.50	19	104.50	119.68			4.2	
6.00	18	108.00	124.56			4.6	

注：①直齿插齿刀的原始截面中，$m \leqslant 4$ 时，齿顶高系数等于 1.25，$m > 4$ 时，齿顶高系数等于 1.3；分度圆齿厚等于 $\pi m/2$。
②按用户需要，直齿插齿刀内孔直径 D 可做成 44.443mm 或 44.45mm。

表 6-203 公称分度圆直径 **125mm** ($m = 4 \sim 8$mm $\alpha = 20°$)

模数 m	齿数	d	d_a	D	b	b_b	B
/mm	z				/mm		
4.0	31	124.00	136.80		13	11.4	30
4.5	28	126.00	140.14			11.6	
5.0	25	125.00	140.20			10.5	
5.5	23	126.50	143.00	31.743			
6.0	21	126.00	143.52			9.1	
7.0	18		145.74			7.3	
8.0	16	128.00	149.92			5.3	

注：①在直齿插齿刀的原始截面中，齿顶高系数等于 1.3，分度圆齿厚等于 $\pi m/2$。
②按用户需要，直齿插齿刀内孔直径可做成 44.443mm 或 44.45mm。

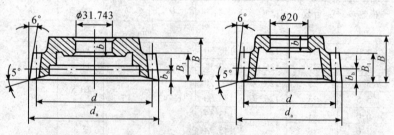

表 6-204 公称分度圆直径 160mm （$m=6\sim10\text{mm}$ $\alpha=20°$）

模数 m /mm	齿数 z	d	d_a	D	b	b_b	B
				/mm			
6	27	162.00	178.20			5.7	
7	23	161.00	179.90			6.7	
8	20	160.00	181.60	88.9	18	7.6	35
9	18	162.00	186.30			8.6	
10	16	160.00	187.00			9.5	

注：在直齿插齿刀的原始截面中，齿顶高系数等于 1.25，分度圆齿厚等于 $\pi m/2$。

表 6-205 公称分度圆直径 200mm （$m=8\sim12\text{mm}$ $\alpha=20°$）

模数 m /mm	齿数 z	d	d_a	d	b_b	B	B_1
				/mm			
8	25	200.00	221.60			7.6	
9	22	198.00	222.30			8.6	
10	20	200.00	227.00	101.6	20	9.5	40
11	18	198.00	227.70			10.5	
12	17	204.00	236.40			11.4	

注：在直齿插齿刀的原始截面中，齿顶高系数等于 1.25，分度圆齿厚等于 $\pi m/2$。

图 6-192 Ⅱ型（碗形直齿插齿刀）

表 6 – 206　公称分度圆直径 50mm（$m = 1 \sim 3.5\,\text{mm}$　$\alpha = 20°$）

模数 m /mm	齿数 z	d	d_a	b	b_b	B	B_1
				/mm			
1.00	50	50.00	52.72		1.0		14
1.25	40		53.38		1.2	25	
1.50	34	51.00	55.04		1.4		
1.75	29	50.75	55.49		1.7		
2.00	25	50.00	55.40	10	1.9		17
2.25	22	49.50	55.56		2.1		
2.50	20	50.00	56.76		2.4		
2.75	18	49.50	56.92		2.6		
3.00	17	51.00	59.10		2.9	27	20
3.50	14	49.00	58.44		3.3		

注：在直齿插齿刀的原始截面中，齿顶高系数等于 1.25，分度圆齿厚等于 $\pi m/2$。

表 6 – 207　公称分度圆直径 75mm（$m = 1 \sim 4\,\text{mm}$　$\alpha = 20°$）

模数 m /mm	齿数 z	d	d_a	b	b_b	B	B_1
				/mm			
1.00	76	76.00	78.72		1.0		15
1.25	60		78.38		1.2	30	
1.50	50	75.00	79.04		1.4		
1.75	43	75.25	79.99		1.7		
2.00	38	76.00	81.40	10	1.9		17
2.25	34	76.50	82.56		2.1		
2.50	30	75.00	81.76		2.4		
2.75	28	77.00	84.42		2.6		
3.00	25	75.00	83.10		2.9		
3.50	22	77.00	86.44		3.3	32	20
4.00	19	76.00	86.80		3.8		

注：在直齿插齿刀的原始截面中，齿顶高系数等于 1.25，分度圆齿厚等于 $\pi m/2$。

表 6 - 208　公称分度圆直径 100mm（$m = 1 \sim 6\text{mm}$　$\alpha = 20°$）

模数 m	齿数	d	d_a	b	b_b	B	B_1
/mm	z				/mm		
1.00	100	100.00	102.62		0.6	32	18
1.25	80	100.00	103.94		3.9	32	18
1.50	68	102.00	107.14		6.6	32	18
1.75	58	101.50	107.62		8.3		
2.00	50	100.00	107.00		9.5		
2.25	45	101.25	109.09		10.5	34	22
2.50	40	100.00	108.36		10.0	34	22
2.75	36	99.00	107.86	10	9.4		
3.00	34	102.00	111.54		9.7		
3.50	29	101.50	112.08		8.7		
4.00	25	100.00	111.46		6.9		
4.50	22	99.00	111.78		5.1	36	24
5.00	20	100.00	113.90		4.3	36	24
5.50	19	104.50	119.68		4.2		
6.00	18	108.00	124.56		4.6		

注：①直齿插齿刀的原始截面中，$m \leqslant 4$ 时，齿顶高系数等于 1.25，$m > 4$ 时，齿顶高系数等于 1.3；分度圆齿厚等于 $\pi m/2$。

②按用户需要，直齿插齿刀内孔直径 D 可做成 44.443mm 或 44.45mm。

表 6 - 209　公称分度圆直径 125mm（$m = 4 \sim 8\text{mm}$　$\alpha = 20°$）

模数 m	齿数	d	d_a	b	b_b	B	B_1
/mm	z				/mm		
4.0	31	124.00	136.80		11.4		
4.5	28	126.00	140.14		11.6		
5.0	25	125.00	140.20		10.5		
5.5	23	126.50	143.00	13	10.5	40	28
6.0	21	126.00	143.52		9.1		
7.0	18	126.00	145.74		7.3		
8.0	16	128.00	149.92		5.3		

注：①在直齿插齿刀的原始截面中，齿顶高系数等于 1.3，分度圆齿厚等于 $\pi m/2$。

②按用户需要，直齿插齿刀内孔直径可做成 44.443mm 或 44.45mm。

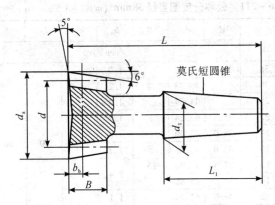

图 6 – 193　Ⅲ型（锥柄直齿插齿刀）

表 6 – 210　公称分度圆直径 **25mm**（$m = 1 \sim 2.75\text{mm}$　$\alpha = 20°$）

模数 m /mm	齿数 z	d	d_a	B	b_b	d_1	L_1	L	莫氏短圆锥号
					/mm				
1.00	26	26.00	28.72		1.0				
1.25	20	25.00	28.38	10	1.2			75	
1.50	18	27.00	31.04		1.4				
1.75	15	26.25	30.89		1.3	17.981	40		2
2.00	13	26.00	31.24		1.1				
2.25	12	27.00	32.90	12	1.3			80	
2.50	10	25.00	31.26		0				
2.75		27.50	34.48	15	0.5				

注：在直齿插齿刀的原始截面中，齿顶高系数等于 1.25，分度圆齿厚等于 $\pi m / 2$。

表 6 –211　公称分度圆直径 38mm（$m = 1 \sim 3.5\text{mm}$　$\alpha = 20°$）

模数 m /mm	齿数 z	d	d_a	B	b_b /mm	d_1	L_1	L	莫氏短圆锥号
1.00	38	38.0	40.72	12	1.0	24.051	50	90	3
1.25	30	37.5	40.88		1.2				
1.50	25		41.54		1.4				
1.75	22	38.5	43.24		1.7				
2.00	19	38.0	43.40		1.9				
2.25	16	36.0	41.98		1.7				
2.50	15	37.5	44.26	15	2.4				
2.75	14	38.5	45.88						
3.00	12	36.0	43.74		1.1				
3.50	11	38.5	47.52		1.3				

注：在直齿插齿刀的原始截面中，齿顶高系数等于 1.25，分度圆齿厚等于 $\pi m/2$。

标记示例：

公称分度圆直径 100mm，$m = 2$，A 级精度的 Ⅱ 型直齿插齿刀标记为：

碗形直齿插齿刀　φ100　m2 A　GB/T 6081—2001

2. 齿轮滚刀

齿轮滚刀（GB/T 6083—2001）的型式和尺寸参数见图 6 –194 和表 6 –212 所示。

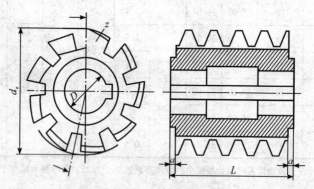

图 6 –194　齿轮滚刀

标记示例：

模数 $m=2$ 的Ⅱ型齿轮滚刀标记为：

齿轮滚刀 $m2$　Ⅱ　GB/T 6083—2001

表6-212　齿轮滚刀的尺寸参数　　　单位：mm

模数系列		Ⅰ型					Ⅱ型				
1	2	d_e	L	D	a_{min}	z	d_e	L	D	a_{min}	z
1		63	63	27	5	16	50	32	22	4	14
1.25											
1.5		71	71	32			63	40	27		
	1.75										
2		80	80				71	50			
	2.25										
2.5		90	90	40		14	71	63			
	2.75										
3		100	100				80	71			12
	3.5										
4		112	112				90	90	32		
	4.5										
5		125	125	50		12	100	100			
	5.5										
6		140	140				112	112	40		10
	7						118				
8		160	160	60			125	140		5	
	9	180	180				140				
10		200	200				150	170	50		

注：①轴台直径由制造厂决定。

②滚刀做成单头、右旋（按用户要求可做成左旋）；容屑槽为平行于滚刀轴线的直槽。

③键槽的尺寸和偏差按 GB/T 6132 的规定，Ⅱ型滚刀可做成端面键槽。

④滚刀可以做成锥形，此时的外径尺寸为大端尺寸。

⑤适用于加工基本齿廓按 GB/T 1356 规定的齿轮的滚刀。

3. 盘形齿轮铣刀

盘形齿轮铣刀（JB/T 7970.1—1999）的基本型式如图 6 – 195 所示，其尺寸参数列于表 6 – 213 和表 6 – 214。

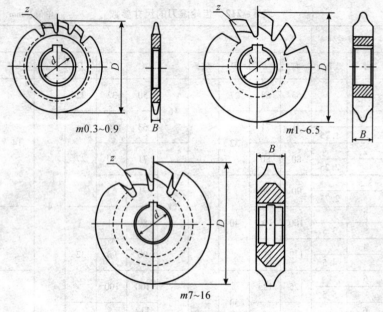

*m*0.3~0.9   *B*

*m*1~6.5

*m*7~16

图 6 – 195   盘形齿轮铣刀

表 6-213 盘形齿轮铣刀的基本尺寸参数

单位：mm

模数系列 1	模数系列 2	D	d	铣刀号 1	1½	2	2½	3	3½	4	4½	5	5½	6	6½	7	7½	8	齿数 z	铣切深度
0.30		40	16	4	—	4	—	4	—	4	—	4	—	4	—	4	—	4	20	0.66
	0.35	40	16	4	—	4	—	4	—	4	—	4	—	4	—	4	—	4	20	0.77
0.40		40	16	4	—	4	—	4	—	4	—	4	—	4	—	4	—	4	20	0.88
0.50		40	16	4	—	4	—	4	—	4	—	4	—	4	—	4	—	4	18	1.10
0.60		40	16	4	—	4	—	4	—	4	—	4	—	4	—	4	—	4	16	1.32
	0.70	40	16	4	—	4	—	4	—	4	—	4	—	4	—	4	—	4	16	1.54
0.80		50	16	4	—	4	—	4	—	4	—	4	—	4	—	4	—	4	14	1.76
	0.90	50	16	4	—	4	—	4	—	4	—	4	—	4	—	4	—	4	14	1.98
1.00		50	16	4	—	4	—	4	—	4	—	4	—	4	—	4	—	4	12	2.20
1.25		50	16	4.8	—	4.6	—	4.4	—	4.2	—	4.1	—	4.0	—	4.0	—	4.0	12	2.75
1.50		55	22	5.6	—	5.4	—	5.2	—	5.1	—	4.9	—	4.7	—	4.5	—	4.2	12	3.30
	1.75	60	22	6.5	—	6.3	—	6.0	—	5.8	—	5.6	—	5.4	—	5.2	—	4.9	12	3.85
2.00		60	22	7.3	—	7.1	—	6.8	—	6.6	—	6.3	—	6.1	—	5.9	—	5.5	12	4.40
	2.25	65	22	8.2	—	7.9	—	7.6	—	7.3	—	7.1	—	6.8	—	6.5	—	6.1	12	4.95
2.50		65	22	9.0	—	8.7	—	8.4	—	8.1	—	7.8	—	7.5	—	7.2	—	6.8	12	5.50
	2.75	70	27	9.9	—	9.6	—	9.2	—	8.8	—	8.5	—	8.2	—	7.9	—	7.4	12	6.05
3.00		70	27	10.7	—	10.4	—	10.0	—	9.6	—	9.2	—	8.9	—	8.5	—	8.1	12	6.60
	3.25	75	27	11.5	—	11.2	—	10.7	—	10.3	—	9.9	—	9.6	—	9.3	—	8.8	12	7.15
	3.50	75	27	12.4	—	12.0	—	11.5	—	11.1	—	10.7	—	10.3	—	9.9	—	9.4	12	7.70

续表

模数系列1	模数系列2	D	d	1	1 1/2	2	2 1/2	3	3 1/2	4	4 1/2	5	5 1/2	6	6 1/2	7	7 1/2	8	齿数 z	铣切深度
	3.75	80	27	13.3		12.8		12.3		11.9		11.4		11.0		10.5		10.0	12	8.25
4.00		80	27	14.1		13.7		13.1		12.6		12.2		11.7		11.2		10.7	12	8.80
	4.50	90	27	15.3		14.9		14.4		13.9		13.6		13.1		12.6		12.0	12	9.90
5.00		95	27	16.8		16.3		15.8		15.4		14.9		14.5		13.9		13.2	12	11.00
	5.50	100	32	18.4		17.9		17.3		16.7		16.3		15.8		15.3		14.5	11	12.10
6.00		105	32	19.9		19.4		18.8		18.1		17.6		17.1		16.4		15.7	11	13.20
	6.50	110	32	21.4		20.8		20.2		19.4		19.0		18.4		17.8		17.0	11	14.30
	7.00	110	32	22.9		22.3		21.6		20.9		20.3		19.7		19.0		18.2	11	15.40
8.00		115	40	26.1	—	25.3	—	24.4	—	23.7	—	23.0	—	22.3	—	21.5	—	20.7	10	17.60
	9.00	120	40	29.2	28.7	28.3	28.1	27.6	27.0	26.6	26.1	25.9	25.4	25.1	24.7	24.3	23.9	23.3	10	19.80
10		135	40	32.2	31.7	31.2	31.0	30.4	29.8	29.3	28.7	28.5	28.0	27.6	27.2	26.7	26.3	25.7	10	22.00
	11	145	40	35.3	34.8	34.3	34.0	33.3	32.7	32.1	31.5	31.3	30.7	30.3	29.9	29.3	28.9	28.2	10	24.20
12		145	40	38.3	37.7	37.2	36.9	36.1	35.5	35.0	34.3	34.0	33.4	33.0	32.4	31.7	31.3	30.6	10	26.40
	14	160	40	44.7	44.0	43.4	43.0	42.1	41.3	40.6	39.9	39.5	38.8	38.4	37.7	37.0	36.3	35.5	10	30.80
16		170	40	50.7	49.3	48.9	48.1	47.3	46.8	46.1	45.1	44.8	44.0	43.5	42.8	41.9	41.3	40.3	10	35.20

注:铣刀的键槽尺寸和公差按 GB/T 6132 的规定。对于模数不大于2mm 的铣刀,允许不做键槽。

表 6 –214　铣刀所铣齿轮的齿数范围

铣刀号	1	1½	2	2½	3	3½	4	4½	5	5½	6	6½	7	7½	8
齿轮齿数　8个一套	12~13		14~16		17~20		21~25		26~34		35~54		55~134		≥135
齿轮齿数　15个一套	12	13	14	15~16	17~18	19~20	21~22	23~25	26~29	30~34	35~41	42~54	55~79	80~134	≥135

注：每一种模数的铣刀，均由8个或15个刀号组成一套，每一刀号的铣刀所铣齿轮的齿数范围应符合表中规定。

标记示例：

模数 $m = 10$mm，3 号的盘形齿轮铣刀标记为：

齿轮铣刀 m10—3　JB/T 7970. 1—1999

6.4.12　普通磨具

1. 固结磨具的符号及特征值的标记

固结磨具（GB/T 2484—2006）的相关符号及其含义见表 6 –215，形状代号和尺寸标记见表 6 –216。

表 6 –215　固结磨具的符号及其含义

符号	含义
A	砂瓦小底的宽度
B	砂瓦、磨石的宽度
C	砂瓦、磨石的厚度
D	磨具的外径
E	杯形、碟形、铰形砂轮孔处的厚度
F	第一凹面的深度
G	第二凹面的深度
H	磨具孔径
J	碗形、碟形、斜边形和凸形砂轮的最小直径
K	碗形和碟形砂轮的内底径
L	砂瓦、磨石的长度、磨头孔深度和带柄磨头的长度
N	锥面深度
P	凹槽直径
R	凹形砂轮、砂瓦、磨头和带柄磨头的弧形半径
S	带柄磨头柄的直径
T	总厚度
U	斜边形、凸形和铰形砂轮的最小厚度，如4型和38型砂轮
W	杯形、碗形、筒形和碟形砂轮的环端面宽度
V	圆周型面角度
X	圆周型面其他尺寸
↓	表示固结磨具磨削面的符号

表 6 – 216　各类磨具的示意图及特征值的标记

型号	示意图	特征值的标记
1		平形砂轮 1 型 – 圆周型面 – $D \times T \times H$
2		粘接或夹紧用筒形砂轮 2 型 – $D \times T \times W$
3		单斜边砂轮 3 型 – $D/J \times T \times H$
4		双斜边砂轮 4 型 – $D \times T \times H$
5		单面凹砂轮 5 型 – 圆周型面 – $D \times T \times H – P \times F$
6		杯形砂轮 6 型 – $D \times T \times H – W \times E$
7		双面凹一号砂轮 7 型 – 圆周型面 – $D \times T \times H – P \times F/G$
8		双面凹二号砂轮 8 型 – $D \times T \times H – W \times J \times F/G$

型号	示意图	特征值的标记
9		双杯形砂轮 9 型 $- D \times T \times H - W \times E$
11		碗形砂轮 11 型 $- D/J \times T \times H - W \times E$
12a		碟形砂轮 12a 型 $- D/J \times T \times H$
12b		碟形砂轮 12b 型 $- D/J \times T \times H - U$
13		茶托形砂轮 13 型 $- D/J \times T/U \times H - K$
16		椭圆锥磨头 16 型 $- D \times T \times H$
17a		60°锥磨头 17a 型 $- D \times T \times H$

型号	示意图	特征值的标记
17b		圆头锥磨头 17b 型 $-D \times T \times H$
17c		截锥磨头 17c 型 $-D \times T \times H$
18a		圆柱形磨头 18a 型 $-D \times T \times H$
18b		半球形磨头 18b 型 $-D \times T \times H$
19		球形磨头 19 型 $-D \times T \times H$
20		单面锥砂轮 20 型 $-D/K \times T/N \times H$
21		双面锥砂轮 21 型 $-D/K \times T/N \times H$

型号	示意图	特征值的标记
22		单面凹单面锥砂轮 22 型 $-D/K \times T/N \times H - P \times F$
23		单面凹锥砂轮 23 型 $-D \times T/N \times H - P \times F$
24		双面凹单面锥砂轮 24 型 $-D \times T/N \times H - P \times F/G$
25		单面凹双面锥砂轮 25 型 $-D/K \times T/N \times H - P \times F$
26		双面凹锥砂轮 26 型 $-D \times T/N \times H - P \times F/G$
27		铍形砂轮 27 型 $-D \times U \times H$
28		锥面铍形砂轮 28 型 $-D \times U \times H$

型号	示意图	特征值的标记
		平形砂瓦 3101 型 $-B \times C \times L$
		平凸形砂瓦 3102 型 $-B \times A \times R \times L$
31		凸平形砂轮 3103 型 $-B \times A \times R \times L$
		扇形砂瓦 3104 型 $-B \times A \times R \times L$
		梯形砂瓦 3109 型 $-B \times A \times C \times L$
35		粘接或夹紧圆盘砂轮 35 型 $-D \times T \times H$
36		螺栓紧固平形砂轮 36 型 $-D \times T \times H-$ 嵌装螺母

型号	示意图	特征值的标记
37		螺栓紧固筒形砂轮 （$W \leqslant 0.17D$） 37 型 $- D \times T \times W -$ 嵌装螺母
38		单面凸砂轮 38 型 $-$ 圆周型面 $- D/J \times T/U \times H$
39		双面凸砂轮 39 型 $-$ 圆周型面 $- D/J \times T/U \times H$
41		平形切割砂轮 41 型 $- D \times T \times H$
42		铙形切割砂轮 42 型 $- D \times U \times H$

型号	示意图	特征值的标记
52		带柄圆柱磨头 5201 型 $-D \times T \times S - L$
		带柄半球形磨头 5202 型 $-D \times T \times S - L$
		带柄球形磨头 5203 型 $-D \times T \times S - L$
		带柄截锥磨头 5204 型 $-D \times T \times S - L$
		带柄椭圆锥磨头 5205 型 $-D \times T \times S - L$

型号	示意图	特征值的标记
52		带柄60°锥磨头 5206 型 $- D \times T \times S - L$
		带柄圆头锥磨头 5207 型 $- D \times T \times S - L$
54		长方形珩磨磨石 5401 型 $- B \times C - L$
		正方形珩磨磨石 5411 型 $- B \times L$
		珩磨磨石 5420 型 $- D \times T \times H$

型号	示意图	特征值的标记
90		长方形磨石 9010 型 $-B \times C \times L$
		正方形磨石 9011 型 $-B \times L$
		三角形磨石 9020 型 $-B \times L$
		刀形磨石 9021 型 $-B \times C \times L$
		圆形磨石 9030 型 $-B \times L$
		半圆形磨石 9040 型 $-B \times C \times L$

2. 外圆磨砂轮（GB/T4127.1—2007）

1 型——平形砂轮　外形如图 6-196 所示，尺寸见表 6-217 和表 6-218。

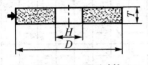

图 6-196　平形砂轮

表 6-217　1 型砂轮的尺寸（A 系列）　　　　单位：mm

D	T										H
	20	25	32	40	50	63	80	100	125	150	
250	×	×	×	×	—	—	—	—	—	—	76.2 / 127
300	×	×	×	×	×	—	—	—	—	—	76.2 / 127
350/356	—	×	×	×	×	×	—	—	—	—	127
400/406	—	—	×	×	×	×	×	—	—	—	127
450/457	—	—	×	×	×	×	—	—	—	—	127 / 203.2
500/508	—	—	×	×	×	×	×	—	—	—	203.2 / 304.8
600/610	×ᵃ	×ᵃ	×ᵃ	×	×	×	×	×	—	—	203.2 / 304.8
750/762	×ᵃ	×ᵃ	×ᵃ	×ᵃ	×	×	×	×	×	—	304.8
800/813	×ᵃ	×ᵃ	×ᵃ	×ᵃ	×	×	×	×	×	—	304.8
900/914	×ᵃ	×ᵃ	×ᵃ	×ᵃ	—	×	×	×	×	×	304.8 / 406.4
1060/1067	×ᵃ	×ᵃ	×ᵃ	×ᵃ	×ᵃ	×	×	×	×	×	304.8 / 406.4
1250	—	—	—	—	—	×	×	×	×	×	508

ᵃ 主要用于凸轮轴或曲轴磨削。

表 6-218 1 型砂轮的尺寸（B 系列）　　　　单位：mm

D	T															H
	19	25	32	35	40	47	50	63	75	80	100	120	125	150	220	
300	—	—	×	—	×	—	×	—	—	—	—	—	—	—	—	75、127
350	—	—	×	—	×	—	×	—	—	—	—	—	—	—	—	75、127、203
400	—	—	×	—	×	—	×	—	—	—	—	—	—	—	—	50、127、203
450	—	—	×	—	×	—	×	×	—	—	—	—	—	—	—	127、203
500	—	—	×	—	×	—	×	×	×	—	×	—	—	—	—	203、254、305
600	—	—	×	—	×	—	×	—	—	—	×	—	×	—	—	203、254、305
700	×	×	—	—	—	—	—	—	—	—	—	—	—	—	—	203
750	×	—	—	—	—	—	—	—	—	—	—	—	—	—	—	
			×ᵃ	—	×ᵃ	—	×ᵃ	×ᵃ	—	—	×	—	×	×	×	305
760	—	—	—	×	—	—	—	—	—	—	—	—	—	—	—	203.2
900	×ᵃ	—	—	—	—	×ᵃ	—	—	—	—	—	—	—	—	—	304.8
	—	—	×ᵃ	—	×ᵃ	—	×ᵃ	×ᵃ	×ᵃ	×ᵃ	×	—	×	×	×	305、406.4
915	—	—	—	—	—	—	—	—	×	—	×	—	—	—	—	508
1060	—	—	—	×ᵃ	—	—	—	—	—	—	—	—	—	—	—	304.8
1100	—	—	—	—	—	×ᵃ	—	—	—	—	×	×	—	—	—	304.8、508
	—	—	×ᵃ	—	×ᵃ	—	×ᵃ	×ᵃ	×ᵃ	×ᵃ	×ᵃ	—	—	—	—	
1200	—	—	—	—	—	—	—	—	—	—	—	×ᵃ	—	×ᵃ	—	305
1250	—	—	—	—	—	—	—	×ᵃ	×ᵃ	—	—	—	—	—	—	
1400	—	—	—	×	—	—	×	×	×ᵃ	×ᵃ	×ᵃ	—	×ᵃ	×	×	305
1600	—	—	—	—	×	—	×	×	×ᵃ	×ᵃ	×ᵃ	—	×ᵃ	×	×	305、900

ᵃ 主要用于凸轮轴或曲轴磨削。

3. 无心外圆磨砂轮

(1) 无心磨砂轮（GB/T 4127.2—2007） 包括 1 型（平形砂轮）、5 型（单面凹砂轮）和 7 型（双面凹砂轮），其外形如图 6-197～图 6-199 所示，尺寸见表 6-219 和表 6-220。

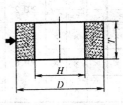

图 6-197　1 型：平形砂轮

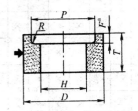

图 6-198　5 型：单面凹砂轮

ᵃ 凹深 F 取值应小于或等于厚度 T 的一半。

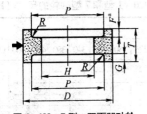

图 6-199　7 型：双面凹砂轮

ᵃ 凹深 $F+G$ 取值应小于或等于厚度 T 的一半。

表6-219 1型、5型和7型砂轮的尺寸（A系列）　单位：mm

D	T^a												H	P	$R\leqslant$
	25	40	63	100	125	160	200	250	315	400	500	600			
300	×	×	×	×	×	—	—	—	—	—	—	—	127	190	5
400/406	×	×	×	×	×	×	×	—	—	—	—	—	203.2	280	
500/508	×^{b}	×	×	×	×	×	×	×	×	×	×	×			8
600/610	×^{b}	×^{b}	×^{b}	×	×	×	×	×	×	×	×	×	304.8	400	
750/762	—	—	—	×	×	×	×	×	×	×	×	×			

^{a} 厚度200mm和更厚的砂轮可供一片以上的砂轮。

^{b} 仅用于凸轮轴磨削。

表6-220 1型和7型砂轮的尺寸（B系列）　单位：mm

D	T												H	P	$R\leqslant$
	100	125	150	200	225	250	300	340	380	400	500	600			
300	×	×	—	—	—	—	—	—	—	—	—	—	127	200	5
350	—	×	×	—	—	—	—	—	—	—	—	—			
400	×	×	×	×	—	×	—	—	—	—	—	—	203，225	265	
450	—	—	×	×	—	—	—	—	—	—	—	—			
500	×	×	×	×	—	×	×	—	—	×	×	×	305	375	—
	—	—	—	—	—	×	—	—	—	—	—	—		—	—
600	—	—	×	×	—	—	—	×	—	×	×	—	305	375	5
	—	—	—	—	—	×	×	—	—	—	—	—		—	—
750	—	—	—	×	—	×	×	—	—	×	×	—	350	435	5

(2) 导轮 5 型导轮的外形如图 6-200 所示，5 型导轮的尺寸（A 系列）见表 6-221，1 型和 7 型导轮的尺寸（B 系列）见表 6-222。

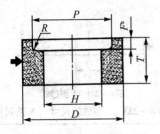

图 6-200 5 型导轮

ª 凹深 F 取值应小于或等于厚度 T 的一半。

表 6-221 5 型导轮的尺寸（A 系列）　　　　　单位：mm

D	T^a												H	P	R≤
	25	40	63	100	125	160	200	250	315	400	500	600			
200	×	×	×	×	×	—	—	—	—	—	—	—	76.2	114	3.2
250	×	×	×	×	×	×	—	×	—	—	—	—	127	160	5
													152.4	160	
300	—	×	×	×	×	×	—	×	—	—	—	—	127	190	
													152.4	190	
350/356	—	—	—	×	×	×	×	×	×	×	×	×	127	203	
													152.4	203	

ª 厚度 200mm 和更厚的砂轮可供一片以上的砂轮。

表 6-222 1 型和 7 型导轮的尺寸（B 系列）　　　　　单位：mm

D	T									H	P	R≤
	100	125	150	200	225	250	300	340	380			
200	×	×	×	—	—	—	—	—	—	75	114	5
250	—	×	×	×	—	—	—	—	—	75，127	160	
300	×	—	×	×	×	—	×	—	—		190	
350	—	×	×	×	×	×	—	—	—	127，203	203	
400	×	—	×	×	—	×	—	—	×		265	
										225	300	

4. 内圆磨砂轮（GB/T 4127.3—2007）

（1）1型——平形砂轮 外形如图6-201所示，尺寸见表6-223和表6-224。

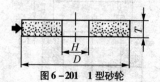

图6-201 1型砂轮

表6-223 1型砂轮尺寸（A系列） 单位: mm

D	T										H
	6	10	13	16	20	25	32	40	50	63	
6	×	—	—	—	—	—	—	—	—	—	2.5
10	×	×	×	×	×	—	—	—	—	—	4
13	×	×	×	×	×	—	—	—	—	—	
16	×	×	×	×	×	×	—	—	—	—	6
20	×	×	×	×	×	×	×	—	—	—	
25	×	×	×	×	×	×	×	×	—	—	10
32	×	×	×	×	×	×	×	×	×	—	
40	×	×	×	×	×	×	×	×	×	—	13
50	—	×	×	×	×	×	×	×	×	×	20
63	—	—	×	×	×	×	×	×	×	×	
80	—	—	—	—	×	×	×	×	×	×	
100	—	—	—	—	×	×	×	×	×	×	
125	—	—	—	—	—	×	×	×	×	×	32
150	—	—	—	—	—	—	×	×	×	×	
200	—	—	—	—	—	—	×	×	×	×	

表6-224 1型砂轮尺寸（B系列） 单位: mm

D	T																H
	6	8	10	13	16	20	25	30	32	35	40	50	63	75	100	120	
3	×	×	×	×	×	—	—	—	—	—	—	—	—	—	—	—	1
4	×	×	×	×	×	—	—	—	—	—	—	—	—	—	—	—	1.5
5	×	×	×	×	×	—	—	—	—	—	—	—	—	—	—	—	2
6	×	×	×	×	×	—	—	—	—	—	—	—	—	—	—	—	
8	×	×	×	×	×	×	—	—	—	—	—	—	—	—	—	—	3
10	×	×	×	×	×	×	×	—	—	—	—	—	—	—	—	—	
13	—	×	×	×	×	×	×	—	—	—	—	—	—	—	—	—	4
16	×	×	×	×	×	—	—	—	—	—	—	—	—	—	—	—	
	—	×	×	×	×	×	—	—	—	—	—	—	—	—	—	—	6

D	6	8	10	13	16	20	25	30	32	35	40	50	63	75	100	120	H
20	—	×	—	—	—	—	—	×	—	×	×	×	×	×	—	—	6
25	×	×	×	×	×	×	—	×	×	×	×	×	—	—	—	—	
	—	—	—	—	—	—	×	×	×	×	—	—	—	—	—	—	
30	×	×	×	×	×	×	×	×	×	×	×	×	×	×	—	—	10
35	×	×	×	×	×	×	×	×	×	×	×	×	×	×	—	—	
38	—	—	—	—	—	—	—	—	—	—	×	—	—	—	—	—	
	×	×	×	×	×	×	×	×	×	×	×	×	—	—	—	—	
40	—	×	—	—	—	—	—	×	—	×	—	—	—	—	—	—	13
	×	×	×	×	×	×	×	×	×	×	×	×	—	—	—	—	16
45	×	×	×	×	×	×	×	×	×	×	×	×	—	—	—	—	
50	×	×	×	×	×	×	×	×	×	×	×	×	—	—	—	—	13
	×	×	×	×	×	×	×	×	×	×	×	×	×	—	—	—	16
	×	×	×	×	×	×	×	×	×	×	×	×	—	—	—	—	
60	×	×	×	×	×	×	×	×	×	×	×	×	×	×	—	—	
70	×	×	×	×	×	×	×	×	×	×	×	×	×	×	—	—	20
80	×	×	×	×	×	×	×	×	×	—	—	—	—	×	—	—	
90	×	×	×	×	×	×	×	×	×	×	×	×	—	×	—	—	
100	—	—	—	—	—	—	—	—	—	—	—	—	×	×	×	×	
125	—	—	—	—	—	—	—	—	—	—	—	—	×	×	×	×	32
150	—	—	—	—	—	—	—	—	—	—	—	—	—	×	×	×	

注：砂轮厚度 T 也可在 2、3、4、5、7、9、11、12、14、15、18、23、28（mm）中选择。

（2）5 型——单面凹砂轮　外形如图 6 - 202 所示，尺寸见表 6 - 225 和表 6 - 226。

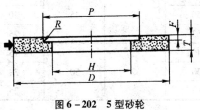

图 6 - 202　5 型砂轮

表 6 – 225　5 型砂轮的尺寸（A 系列）　　　单位：mm

D	T	H	P	F	R_{max}
13	13	4	8	6	
16	10	6	10	4	
	16			6	
20	13	6	13	6	
	20			8	
25	10	6，10	16	4	
	16			6	
	25			10	
32	13	10	16	6	
	20			8	
	32			12	
40	16	13	20	6	0.3
	25			10	
	40			15	
50	16	20	32	6	
	25			10	
	40			15	
63	25	20	40	10	
	40			15	
	50			20	
80	40	20	45	15	
	50			20	
	63			25	
100	40	32	50	15	
	50			20	
	63			25	

D	T	H	P	F	R_{max}
125	40	32	63	15	1
	50			20	
	63			25	
150	40	32	80	15	1
	50			20	
	63			25	
200	50	32	100	20	3.2
	60			25	

表 6－226　5 型砂轮的尺寸（B 系列）　　　单位：mm

D	T=10 / F=5	13 / 6	16 / 8	20 / 10	25 / 13	32 / 16	40 / 20	50 / 25	50 / 30	H	P
10	—	×	—	—	—	—	—	—	—	3	6
13	×	—	×	—	—	—	—	—	—	4	
16	—	×	—	×	—	—	—	—	—	6	10
20	—	—	×	—	×	—	—	—	—		
25	—	×	×	×	—	×	—	—	—		13
30	—	—	—	—	×	×	×	—	—	10	16
35	—	—	—	—	×	—	×	—	—		20
	—	—	—	—	×	—	×	—	—		
40	—	—	—	—	×	—	×	—	×	13	20
	—	—	—	—	×	×	×	—	—		
50	—	—	—	—	×	—	×	×	—	16	20、25
60	—	—	×	—	—	×	—	—	—		
	—	—	—	—	×	×	×	—	×		32
70	—	—	—	—	×	×	×	×	×		32、40
80	—	—	—	×	—	×	×	×	×	20	
100	—	—	—	—	×	×	×	—	—		50
125	—	—	—	—	—	×	—	×	—		65
	—	—	—	—	—	—	—	×	—	32	
150	—	—	—	—	×	—	—	×	—		85

注：$R \leqslant 5$。

5. 平面磨削用周边磨砂轮（GB/T 4127.4—2008）

1 型——平形砂轮　外形如图 6 – 203 所示，尺寸见表 6 – 227 和表 6 – 228。

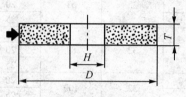

图 6 – 203　1 型砂轮

表 6 – 227　1 型砂轮的尺寸（A 系列）　　　单位：mm

D	T								H
	13	20	25	32	50	80	100	160	
150	×	—	—	—	—	—	—	—	
180	×	—	—	—	—	—	—	—	32
200	×	×	—	—	—	—	—	—	
200	×	×	—	—	—	—	—	—	50.8
250	—	×	×	×	—	—	—	—	
250	—	×	×	×	—	—	—	—	76.2
300	—	×	×	×	×	×	—	—	
300	—	×	×	×	×	×	—	—	127
350/356	—	—	—	×	×	×	—	—	76.2
350/356	—	—	—	×	×	×	—	—	
400/406	—	—	—	—	×	×	×	—	127
500/508	—	—	—	—	×	×	×	×	203.2
500/508	—	—	—	—	—	×	×	×	
600/610	—	—	—	—	×	×	×	×	304.8
750/762	—	—	—	—	×	×	×	×	

表 6 – 228　1 型砂轮的尺寸（B 系列）　　　单位：mm

D	T																R
	13	16	20	25	32	40	50	63	75	80	100	125	150	200	260	300	
200	×	—	×	×	—	—	—	—	—	—	—	—	—	—	—	—	75
250	—	×	×	×	×	—	—	—	—	—	—	—	—	—	—	—	75
300	—	—	×	×	×	×	×	—	×	×	—	—	—	—	—	—	75
	—	—	—	—	×	—	—	—	—	—	—	—	—	—	—	—	127
350	—	—	—	—	—	×	×	—	—	—	—	—	—	—	—	—	75
	—	—	—	—	—	×	—	—	—	—	—	—	—	—	—	—	127
400																	127
																	203
450	—	—	—	—	×	—	×	×	×	—	—	—	—	—	—	—	127
																	203
500	—	—	—	—	×	—	×	×	×	×	×	—	—	—	—	—	203
																	305
600	—	—	—	—	—	×	×	×	—	×	×	×	×	—	—	—	305

6. 人工操纵磨削砂轮

1 型——平形砂轮外形如图 6 – 204 所示，尺寸见表 6 – 229 和表 6 –
230。

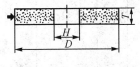

图 6 – 204　1 型砂轮

表 6 – 229 1 型砂轮的尺寸（A 系列）　　单位：mm

D	T									H
	13	20	25	32	40	50	63	80	100	
100	×	×	—	—	—	—	—	—	—	16
										20
125	×	×	—	—	—	—	—	—	—	20
										32
150	—	×	×	—	—	—	—	—	—	20
150	—	×	×	—	—	—	—	—	—	32
200	—	×	×	—	—	—	—	—	—	
250	—	—	×	×	—	—	—	—	—	
300	—	—	—	×	×	—	—	—	—	32
										50. 8
										76. 2
350/356	—	—	—	×	×	×	—	—	—	32
										50. 8
										76. 2
400/406	—	—	—	—	×	×	×	—	—	50. 8
										76. 2
										127
450/457	—	—	—	—	×	×	×	—	—	50. 8
										76. 2
										127
										152. 4
500/508	—	—	—	—	—	×	×	×	—	50. 8
										127
										152. 4
										203. 2
600/610	—	—	—	—	—	×	×	×	—	76. 2
										127
										203. 2
										304. 8
750/762	—	—	—	—	—	—	×	×	×	203. 2
										304. 8

表6–230 **1型砂轮的尺寸（B系列）**　　　单位：mm

D	T								H
	13	20	25	32	40	50	63	80	
300	—	—	—	×	×	—	—	—	75
350	—	—	—	—	×	×	—	—	75
									127
400	—	—	—	—	×	×	×	—	75
									127
400	—	—	—	—	×	×	×	×	203
500	—	—	—	—	—	×	×	—	203
600	—	—	—	—	—	—	×	×	305

7. 去毛刺、荒磨和粗磨用砂轮（GB/T 4127.8—2007）

主要是1型——平形砂轮，其外形如图6–205所示，尺寸见表6–231和表6–232。

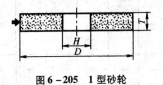

图6–205 1型砂轮

表 6 - 231　1 型砂轮尺寸（A 系列）　单位：mm

D	T									H
	13	20	25	32	40	50	63	80	100	
100	×	×	—	—	—	—	—	—	—	16
										20
125	×	×	—	—	—	—	—	—	—	20
										32
150	—	×	×	—	—	—	—	—	—	20
										32
200	—	×	×	—	—	—	—	—	—	32
250	—	—	×	×	—	—	—	—	—	
300	—	—	×	×	×	—	—	—	—	32
										50.8
										76.2
350/356	—	—	×	×	×	—	—	—	—	32
										50.8
										76.2
400/406	—	—	—	—	×	×	×	—	—	50.8
										76.2
										127
450/457	—	—	—	—	×	×	×	—	—	50.8
										76.2
										127
										152.4
500/508	—	—	—	—	—	×	×	×	—	50.8
										127
										152.4
										203.2
600/610	—	—	—	—	—	×	×	×	—	203.2
										304.8
750/762	—	—	—	—	—	—	×	×	×	203.2
										304.8

表 6-232　1 型砂轮尺寸（B 系列）　　　　单位：mm

D	T										H
	16	20	25	32	38	40	50	63	75	100	
100	×	—	—	—	—	—	—	—	—	—	10
125	×	—	—	—	—	—	—	—	—	—	13
150	×	—	—	—	—	—	—	—	—	—	13
	—	—	—	×	—	—	—	—	—	—	32
175	—	×	—	—	—	—	—	—	—	—	13
200	—	×	—	—	—	—	—	—	—	—	16
	—	—	—	—	—	×	×	—	—	—	32
300	—	—	—	×	—	×	—	—	—	—	75
350	—	—	—	×	—	—	×	—	—	—	50
	—	—	—	—	—	×	—	—	—	—	75
400											50
	—	—	—	—	—	×	×	×	—	—	75
500/508	—	—	—	—	—	×	×	×	×		203
											305
600/610	—	—	—	—	—	×	×	×	×		203
											305

8. 固定式或移动式切割机用切割砂轮

41 型——平形切割砂轮（GB/T 4127.15—2007）外形如图 6-206 所示，尺寸见表 6-233 和表 6-234。

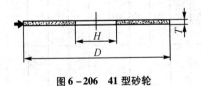

图 6-206　41 型砂轮

表 6 – 233　41 型砂轮尺寸（A 系列）　　单位：mm

D	0.6	0.8	1.25	1.6	2	2.5	3.2	4	5	6	8	10	13	16	20	H
63	×	×	×	×	×	—	—	—	—	—	—	—	—	—	—	10 13
80	×	×	×	×	×	—	—	—	—	—	—	—	—	—	—	10 13
100	×	×	×	×	×	—	—	—	—	—	—	—	—	—	—	10 13 20
125	×	×	×	×	×	×	—	—	—	—	—	—	—	—	—	13 20
150	×	×	×	×	×	×	—	—	—	—	—	—	—	—	—	13 20
200	—	—	—	×	×	×	×	—	—	—	—	—	—	—	—	20 32
250	—	—	—	×	×	×	×	—	—	—	—	—	—	—	—	20 25.4 32
300	—	—	—	—	×	×	×	—	—	—	—	—	—	—	—	25.4 32 40
350/356	—	—	—	—	×	×	×	—	—	—	—	—	—	—	—	25.4 32 40
400/406	—	—	—	—	—	×	×	×	—	—	—	—	—	—	—	25.4 32 40 60
450/457	—	—	—	—	—	×	×	×	—	—	—	—	—	—	—	25.4 32 40 60
500/508	—	—	—	—	—	—	×	×	×	—	—	—	—	—	—	32 40 60
600/610	—	—	—	—	—	—	—	×	×	×	—	—	—	—	—	40 60 76.2

D	0.6	0.8	1.25	1.6	2	2.5	3.2	4	5	6	8	10	13	16	20	H
750/762	—	—	—	—	—	—	—	×	×	—	—	—	—			60
																80
																100
																152.4
800	—	—	—	—	—	—	—	×	×	×	—	—	—			60
																80
																100
1000	—	—	—	—	—	—	—	—	×	×	×	—	—			80
																100
																152.4
1250	—	—	—	—	—	—	—	—	—	×	×	—	—			100
																152.4
																203.2
1500	—	—	—	—	—	—	—	—	—	—	×	×	—			152.4
																203.2
1800	—	—	—	—	—	—	—	—	—	—	—	—	×	×		203.2
																304.8

表 6－234　41 型砂轮尺寸（B 系列）　　　　单位：mm

D	0.5	0.8	1	1.2	1.5	1.6	2	2.5	3	3.2	3.5	4	5	6	8	14	H
50	×	×	×	—	×	—	×	—	×	—	—	—	—	—	—	—	6
																	10
76	—	—	×	×	—	×	×	×	—	—	—	—	—	—	—	—	9.6
80	—	—	—	—	—	—	—		—							—	13
	×	—	×	—	×	—	×	×	×								10
																	20

D	T																H
	0.5	0.8	1	1.2	1.5	1.6	2	2.5	3	3.2	3.5	4	5	6	8	14	
100/103	×	×	×	×	×	×	×	×	×	×	—	—	—	—	—	—	9.6 / 16 / 20
105	—	—	×	×	—	×	×	×	×	—	—	—	—	—	—	—	9.6 / 16
115	—	—	×	×	×	×	×	×	×								22.23
125	×	×	×	—	×	—	×	×	×								20
				×		×											22.23
				—		—						×	×				32
150	—	—	—		—												20
				×			×	×	×			—	×	×	×	—	22.23
	×	×	×		×												25
												×					32
180	—	—	×	—	×	×	×	×	×				—			—	22.23 / 32
230	—	—	—	—	×	×	×	×	×					×	—	—	22.23
250	—	—	—	—	—		×	×	×	×	×	×	×				25/25.4
		×			×												32
280	—	—	—	—	—	—	—	—	—	—	—	×	×	×	—	—	25.4
300/305	—	—	—	—	—	—	×	×	×	×	×	×	—	—	—	—	20 / 22.23 / 25/25.4 / 32
350/355	—	—	—	—	—	—	×	×	×	×	×	—	—	—	—	—	25/25.4 / 32
400/405	—	—	—	—	—	—	×	×	×	×	×	—	—	—	—	—	25/25.4 / 32
500/508	—	—	—	—	—	—	—	—	—	—	×	×	×	×	—	—	25/25.4 / 32 / 50.8 / 76.2

D	T																H
	0.5	0.8	1	1.2	1.5	1.6	2	2.5	3	3.2	3.5	4	5	6	8	14	
600	—	—	—	—	—	—	—	—	—	—	—	—	—	×	×	—	25/25.4
																	32
																	50.8
																	76.2
750	—	—	—	—	—	—	—	—	—	—	—	—	—	—	×	—	50.8
																	76.2
1250	—	—	—	—	—	—	—	—	—	—	—	—	—	—	—	×	152.4

9. 手持式电动工具用切割砂轮

41 型——平形切割砂轮（GB/T 4127.16—2007）外形如图 6-207，尺寸见表 6-235 和表 6-236。

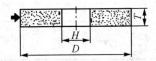

图 6-207　41 型——平形切割砂轮

表 6-235　41 型砂轮尺寸（A 系列）　　单位：mm

D	T						H
	1	1.6	2	2.5	3.2	4	
80	×	×	×	×	—	—	10
100	×	×	×	×	—	—	16
115	×	×	×	×	×	—	
125	×	×	×	×	×	—	
150	—	×	×	×	×	—	22.23
180	—	—	×	×	×	—	
230	—	—	×	×	×	—	
300	—	—	—	—	×	×	22.23
	—	—	—	—	×	×	25.4
350/356	—	—	—	—	—	×	22.23
	—	—	—	—	—	×	25.5

表 6 - 236　41 型砂轮尺寸（B 系列）　　单位：mm

D	T									H
	1	1.2	1.6	2	2.5	3	3.2	3.5	4	
76	×	×	×	×	×	—	—	—	—	9.6
100/103	×	×	×	×	×	×	—	—	—	9.6, 16
105	×	×	×	×	×	×	—	—	—	
115	×	×	×	—	—	×	—	—	—	
125	×	×	×	—	—	×	—	—	—	22.23
150	—	—	—	—	—	×	—	—	—	
180	—	—	—	—	—	×	—	—	—	
230	—	—	—	—	—	×	—	—	—	
300/305	—	—	—	—	×	×	×	×	×	25.4, 32
350/355	—	—	—	—	×	×	×	×	×	25.4 32

42 型——钹形切割砂轮外形如图 6 - 208，尺寸见表 6 - 237 和表 6 - 238。

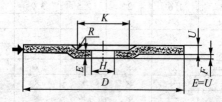

图 6 - 208　42 型——钹形切割砂轮

表 6-237　42 型砂轮尺寸（A 系列）　　　　单位：mm

D	U			H	K	F_{min}	$R\approx$
	2	2.5	3.2				
80	×	×	×	10	23	4	6
100	×	×	×	16	35.5		
115	×	×	×				
125	×	×	×				
150	×	×	×	22.23	45	4.6	8
180	×	×	×				
230	×	×	×				

表 6-238　42 型砂轮尺寸（B 系列）　　　　单位：mm

D	U					H	K	F_{min}	R_{max}
	1.6	2	2.5	3	3.2				
100/103	×	×	×	×	×	9.5，16	30~40	4	10
115	×	×	×	×	×				
125	×	×	×	×	×				
150	×	×	×	×	×	22.23	40~50	4.6	18
180	×	×	×	×	×				
230	—	×	×	×	×				

10. 砂布

页状砂布装在机具上或以手工方式磨削金属表面，用于去毛刺、磨光或除锈。卷状砂布用于机械磨削加工金属工件或胶合板等。

分类见表 6-239 ~ 表 6-241。

表 6-239　砂布按形状的分类及代号

形状	砂页	砂卷
代号	S	R

表 6-240　砂布按粘结剂的分类及代号

粘结剂	动物胶	半树脂	全树脂	耐水
代号	G/G	R/G	R/R	WP

表 6 - 241　砂布按基材的分类及代号

基材	轻型布	中型布	重型布
单位面积质量/（g/m²）	≥110	≥170	≥250
代号	L	M	H

砂页外形如图 6 - 209 所示，尺寸见表 6 - 242。

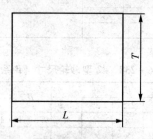

图 6 - 209　砂页

表 6 - 242　砂页尺寸　　　　　　　　单位：mm

T	极限偏差	L	极限偏差
70		115	
70		230	
93		230	
115	±3	140	±3
115		280	
140		230	
230		230	

砂卷外形如图 6 - 210 和图 6 - 211 所示，尺寸见表 6 - 243。

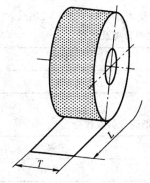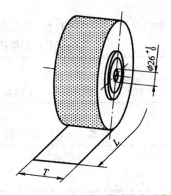

图 6 – 210　A 型砂卷（未装卡盘砂卷）　　**图 6 – 211　B 型砂卷（装有卡盘砂卷）**

表 6 – 243　砂卷尺寸　　　　　　　　单位：mm

尺寸	公差	L ±1%	A 型	B 型
12.5			×	×
15	±1		×	×
25			×	×
35		25000 或	×	×
40		50000	×	×
50			×	×
80			×	×
93			×	×
100	±2		×	
115			×	
150			×	
200			×	
230		50000[a]	×	
300			×	—
600			×	
690			×	
920	±3		×	
1370			×	

[a] 如果这些宽度需要更长的砂卷，在 50000mm 长度栏内可有多种长度。

11. 砂纸

砂纸（JB/T 7498—2006）分类及代号见表6－244～表6－246。

表6－244　砂纸按形状的分类及代号

形状	砂页	砂卷
代号	S	R

表6－245　砂纸按粘结剂的分类及代号

粘结剂	动物胶	半树脂	全树脂
代号	G/G	R/G	R/R

表6－246　砂纸按基材的分类及代号

定量/ (g/m^2)	≥70	≥100	≥120	≥150	≥220	≥300	≥350
代号	A	B	C	D	E	F	G

砂纸的规格尺寸同砂布。

6.5　量　　具

6.5.1　游标、带表和数显卡尺

1. 游标、带表和数显卡尺

游标、带表和数显卡尺（GB/T 21389—2008）的型式见图6－212～图6－217所示。

测量范围上限大于200mm的卡尺宜具有微动装置。卡尺的测量范围及基本参数的推荐值见表6－247。

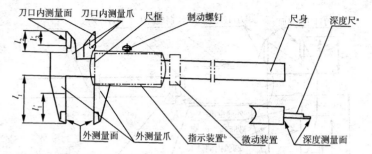

刀口内测量面　刀口内测量爪　尺框　制动螺钉　尺身　深度尺ᵃ

外测量面　外测量爪　指示装置ᵇ　微动装置　深度测量面

ᵃ 本型式分带深度尺和不带深度尺两种；若带深度尺，测量范围上限不宜超过300mm。

ᵇ 指示装置型式见图6－217。

图6－212　Ⅰ型卡尺（不带台阶测量面）

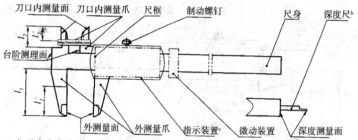

刀口内测量面　刀口内测量爪　尺框　制动螺钉　尺身　深度尺ᵇ

台阶测理面

外测量面　外测量爪　指示装置ᶜ　微动装置　深度测量面

ᵃ 本型式为在Ⅰ型上增加台阶测量面。

ᵇ 本型式分带深度尺和不带深度尺两种；若带深度尺，测量范围上限不宜超过
300mm。

ᶜ 指示装置型式见图6－217。

图6－213　Ⅱ型卡尺（带台阶测量面）

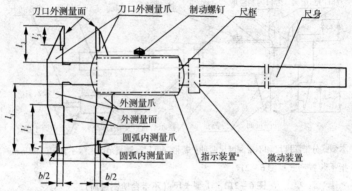

刀口外测量面　刀口外测量爪　制动螺钉　尺框　尺身

外测量爪
外测量面
圆弧内测量爪
圆弧内测量面
指示装置ᵃ　微动装置

$b/2$　　$b/2$

ᵃ 指示装置型式见图 6 – 217。

图 6 – 214　Ⅲ型卡尺

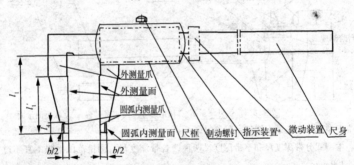

外测量爪
外测量面
圆弧内测量爪
圆弧内测量面　尺框　制动螺钉　指示装置ᵃ　微动装置　尺身

$b/2$　　$b/2$

ᵃ 指示装置型式见图 6 – 217。

图 6 – 215　Ⅳ型卡尺（不带台阶测量面）

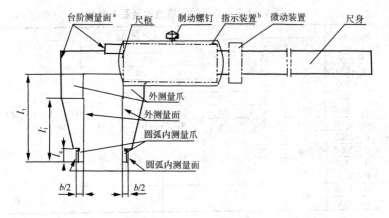

台阶测量面[a]　尺框　制动螺钉　指示装置[b]　微动装置　尺身

外测量爪

外测量面

圆弧内测量爪

圆弧内测量面

l_1　l'_1　l_3　$b/2$　$b/2$

[a] 本型式为在Ⅳ型上增加台阶测量面。

[b] 指示装置型式见图6-217。

图6-216　Ⅴ型卡尺（带台阶测量面）

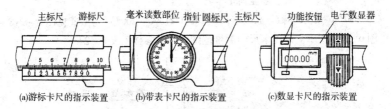

主标尺　游标尺　　　毫米读数部位　指针 圆标尺 主标尺　　功能按钮　电子数显器

(a)游标卡尺的指示装置　　(b)带表卡尺的指示装置　　(c)数显卡尺的指示装置

图6-217　卡尺的指示装置示意图

表 6-247　卡尺的测量范围及基本参数　单位：mm

测量范围	基本参数（推荐值）							
	l_1^a	l_1'	l_2	l_2'	l_3^a	l_3'	l_4	b^b
0～70	25	15	10	6	—	—	—	
0～150	40	24	16	10	20	12	6	
0～200	50	30	18	12	28	18	8	10
0～300	65	40	22	14	36	22	10	
0～500	100	60	40	24	54	32	12（15）	10（20）
0～1000	130	80	48	30	64	38	18	
0～1500	150	90						
0～2000	200	120	56	34	74	45	20	20（30）
0～2500	250							
0～3000		150						
0～3500	260						35	40
0～4000			—	—	—	—		

注：表中各字母所代表的基本参数见图 6-212～图 6-217。

a 当外测量爪的伸出长度 l_1、l_3 大于表中推荐值时，其技术指标由供需双方技术协议确定。

b 当 $b = 20$mm 时，$l_4 = 15$mm。

2. 游标、带表和数显高度卡尺

游标、带表和数显高度卡尺（GB/T 21390—2008）的型式见图 6-218～图 6-220 所示。高度卡尺的测量范围及基本参数见表 6-248。

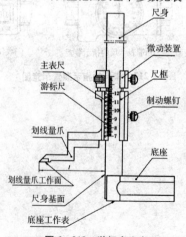

图 6-218　游标高度卡尺

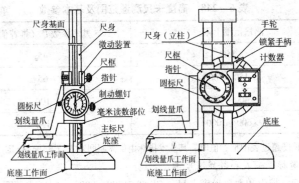

Ⅰ型带表高度卡尺（由主标尺读毫米读数）　Ⅱ型带表高度卡尺（由计数器读毫米读数）

图 6 - 219　带表高度卡尺

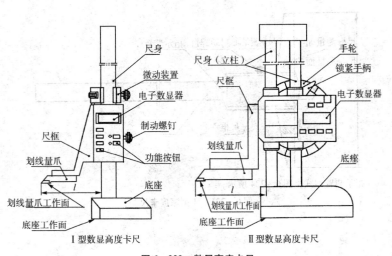

Ⅰ型数显高度卡尺　　　　　　　　Ⅱ型数显高度卡尺

图 6 - 220　数显高度卡尺

表6-248　高度卡尺测量范围及基本参数　　　单位：mm

测量范围上限	基本参数 l[a]（推荐值）
~150	45
>150~400	65
>400~600	100
>600~1000	130

[a] 当 l 的长度超过表中推荐值时，其技术指标由供需原则双方技术协议确定。

3. 游标、带表和数显深度卡尺

游标、带表和数显深度卡尺（GB/T 21388—2008）的型式见图6-221~图6-249所示。深度卡尺的测量范围及基本参数的推荐值见表6-249。

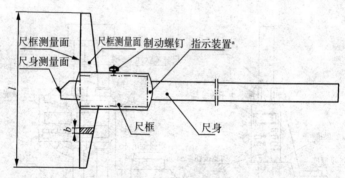

尺框测量面　　尺框测量面　制动螺钉　指示装置[a]

尺身测量面

l

b

尺框　　　尺身

[a] 指示装置型式见图6-224所示。

图6-221　I 型深度卡尺

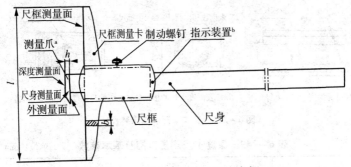

ᵃ 本型式测量爪和尺身可做成一体式、拆卸式和可旋转式。

ᵇ 指示装置型式见图 6 – 224 所示。

图 6 – 222   Ⅱ型深度卡尺（单钩型）

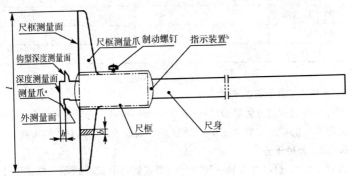

ᵃ 本型式测量爪和尺身做成一体。

ᵇ 指示装置型式见图 6 – 224 所示。

图 6 – 233   Ⅲ型深度卡尺（双钩型）

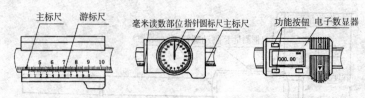

(a)游标深度卡尺的指示装置　(b)带表深度卡尺的指标装置　(c)数显深度卡尺的指示装置

图6-224　深度卡尺的指示装置

表6-249　深度卡尺测量范围及基本参数　　单位：mm

测量范围	基本参数（推荐值）	
	尺框测量面长度 l	尺框测量面宽度 b
	≥	
0~100、0~150	80	5
0~200、0~300	100	6
0~500	120	6
0~1000	150	7

4. 游标、带表和数显齿厚卡尺

游标、带表和数显齿厚卡尺（GB/T 6316—2008）的型式见图6-225所示。齿厚卡尺的指示装置见图6-226所示。齿厚卡尺应具有微动装置。

6.5.2　外径千分尺

外径千分尺（GB/T 1216—2004）的型式如图6-227所示。外径千分尺的量程为25mm，测微螺杆螺距为0.5mm和1mm，测量范围及尺架的刚性列于表6-250。

外径千分尺可制成可调式或可换式测砧；外径千分尺应附有调零位的工具，测量范围下限大于或等于25mm的应附有校对量杆。

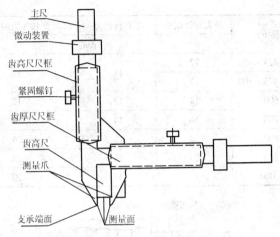

图 6-225 齿厚卡尺

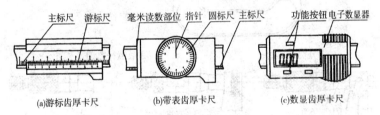

(a)游标齿厚卡尺　　　　(b)带表齿厚卡尺　　　　(c)数显齿厚卡尺

图 6-226　齿厚卡尺指示装置

表 6-250　外径千分尺测量范围及尺架刚性参数

测量范围/mm	最大允许误差	平行度公差	尺架受10N力时的变形量
		/μm	
0~25，25~50	4	2	2
50~75，75~100	5	3	3
100~125，125~150	6	4	4
150~175，175~200	7	5	5
200~225，225~250	8	6	6
250~275，275~300	9	7	6
300~325，325~350	10	9	8
350~375，375~400	11		

测量范围/mm	最大允许误差	平行度公差	尺架受 10N 力时的变形量
		/μm	
400 ~ 425，425 ~ 450	12	11	10
450 ~ 475，475 ~ 500	13		
500 ~ 600	14	12	12
600 ~ 700	16	14	14
700 ~ 800	18	16	16
800 ~ 900	20	18	18
900 ~ 1 000	22	20	20

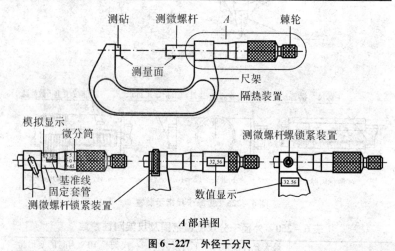

A 部详图

图 6 - 227　外径千分尺

6.5.3　公法线千分尺

公法线千分尺（GB/T 1217—2004）的型式如图 6 - 228 所示，其基本参数列于表 6 - 251，千分尺尺架的刚性参数列于表 6 - 252。

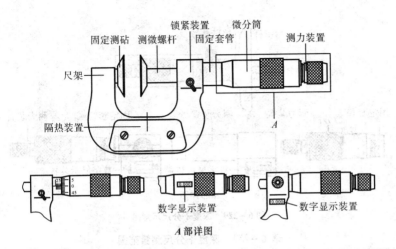

固定测砧　测微螺杆　锁紧装置　固定套管　微分筒　测力装置

尺架

隔热装置

A

数字显示装置

数字显示装置

A 部详图

图 6-228　公法线千分尺示意图

表 6-251　公法线千分尺测量范围

测量范围/mm

0~25、25~50、50~75、75~100、100~125、125~150、150~175、175~200

表 6-252　公法线千分尺尺架刚性参数　　单位：mm

测量上限 l_{max}	最大允许误差	平行度公差	弯曲变形量
$l_{max} \leqslant 50$	0.004	0.004	0.002
$50 < l_{max} \leqslant 100$	0.005	0.005	0.003
$100 < l_{max} \leqslant 150$	0.006	0.006	0.004
$150 < l_{max} \leqslant 200$	0.007	0.007	0.005

注：当尺架沿测微螺杆的轴线方向作用 10N 的力时，其弯曲变形量不应大于表中
　　规定。

6.5.4　深度千分尺

深度千分尺（GB/T 1218—2004）的型式如图 6-229 所示，其基本参数
列于表 6-253~表 6-254。

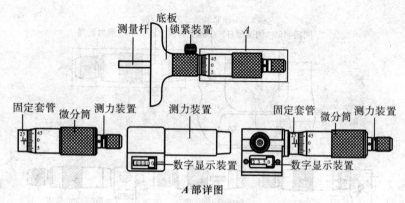

A 部详图

图 6 – 229 深度千分尺示意图

表 6 – 253 深度千分尺测量范围

测量范围/mm
0 ~ 25、0 ~ 50、0 ~ 100、0 ~ 150、0 ~ 200、0 ~ 250、0 ~ 300

注：深度千分尺适用于分度值为 0.01mm、0.001mm、0.002mm、0.005mm，测微头的量程为 25mm，测量上限 l_{max} 不应大于 300mm。

表 6 – 254 深度千分尺测量杆的对零误差

测量范围 l/mm	最大允许误差/μm	对零误差/μm
$l \leqslant 25$	4.0	±2.0
$0 \leqslant l \leqslant 50$	5.0	±2.0
$0 \leqslant l \leqslant 100$	6.0	±3.0
$0 \leqslant l \leqslant 150$	7.0	±4.0
$0 \leqslant l \leqslant 200$	8.0	±5.0
$0 \leqslant l \leqslant 250$	9.0	±6.0
$0 \leqslant l \leqslant 300$	10.0	±7.0

注：测量杆相互之间的长度差为 25mm，应成套地进行校准。校准后，测量杆的对零误差不应大于表中规定。

6.5.5 两点内径千分尺

两点内径千分尺（GB/T 8177—2004）的型式见图 6 – 230 所示，千分尺长度尺寸的允许变化值列于表 6 – 255。

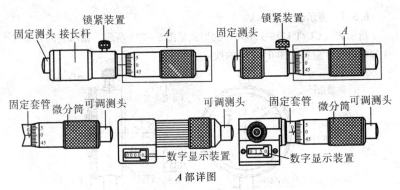

图 6-230　两点内径千分尺示意图

表 6-255　两点内径千分尺长度尺寸的允许变化值

测量长度 l/mm	最大允许误差/μm	长度尺寸的允许变化值/μm
l≤50	4	—
50 < l≤100	5	—
100 < l≤150	6	—
150 < l≤200	7	—
200 < l≤250	8	—
250 < l≤300	9	—
300 < l≤350	10	—
350 < l≤400	11	—
400 < l≤450	12	—
450 < l≤500	13	—
500 < l≤800	16	—
800 < l≤1 250	22	—
1 250 < l≤1 600	27	—
1 600 < l≤2 000	32	10
2 000 < l≤2 500	40	15
2 500 < l≤3 000	50	25
3 000 < l≤4 000	60	40
4 000 < l≤5 000	72	60
5 000 < l≤6 000	90	80

注：①测量长度等于或大于 2 000mm 的两点内径千分尺，其长度尺寸的允许变化
值不应大于表中规定。
②两点内径千分尺的测微头量程为 13mm、25mm 或 50mm。
③两点内径千分尺的砧球形测量面的曲率半径不应大于测量下限 l_{min} 的 1/2。

6.5.6 指示表

指示表（GB/T 1219—2008）的型式见图 6 - 231 所示，指示表的外形尺寸和配合尺寸应符合图 6 - 231 的规定。

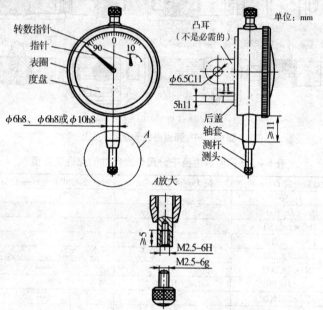

图 6 - 231 指示表的型式示意图

标尺度盘的分度值标记见图 6 - 232，指针尖端处的标尺间距应符合表 6 - 256 的规定。

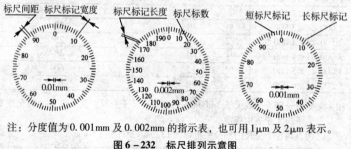

注：分度值为 0.001mm 及 0.002mm 的指示表，也可用 1μm 及 2μm 表示。

图 6 - 232 标尺排列示意图

表 6 – 256　指针尖端处的标尺间距　　　　单位：mm

分度值	标尺间距	标尺标记宽度
0.01、0.10	≥0.8	0.15 ~ 0.25
0.002	≥0.8	0.1 ~ 0.2
0.001	≥0.7	

6.5.7　内径指示表

内径指示表（GB/T 8122—2004）的型式和基本参数见图 6 – 233 和表 6 – 257。

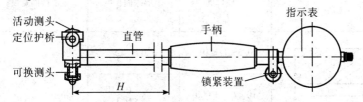

图 6 – 233　内径指示表示意图

表 6 – 257　内径指示表的基本技术参数　　　　单位：mm

分度值	测量范围	活动测量头的工作行程	活动测量头的预压量	手柄下部长度 H
0.01	6 ~ 10	≥0.6	0.1	≥40
	10 ~ 18	≥0.8		
	18 ~ 35	≥1.0		
	35 ~ 50	≥1.2		
0.01	50 ~ 100	≥1.6	0.1	
	100 ~ 160			
	160 ~ 250			
	250 ~ 450			
0.001	6 ~ 10	≥0.6	0.05	≥40
	18 ~ 35	≥0.8		
	35 ~ 50			
	50 ~ 100			
	100 ~ 160			
	160 ~ 250			
	250 ~ 450			

6.5.8 量块

量块（GB/T 6093—2001）长度常被用做计量器具的长度标准，对精密机械零件尺寸的测量和对精密机床夹具在加工中定位尺寸的调整等，把机加工中各种制成品的长度溯源到米定义的长度，以达到长度量值的统一。该量块用于截面为矩形、标称长度从 0.5~1 000mm K 级（校准级）和准确度级别为 0 级、1 级、2 级和 3 级的长方体。其型式见图 6–234，规格和技术参数列于表 6–258~表 6–261。

表 6–258　量块矩形截面的尺寸　　　　　单位: mm

矩形截面	标称长度 l_n	矩形截面长度 a	矩形截面宽度 b
	$0.5 \leqslant l_n \leqslant 10$	$30\ ^{0}_{-0.3}$	$9\ ^{-0.05}_{-0.20}$
	$10 < l_n \leqslant 1\ 000$	$35\ ^{0}_{-0.3}$	

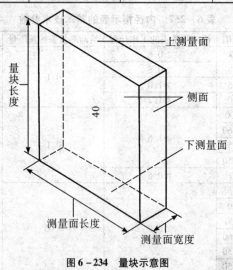

图 6–234　量块示意图

表 6 - 259 量块测量面的平面度误差

标称长度 l_n /mm	平面度公差 t_f/μm, ≤			
	K 级	0 级	1 级	2、3 级
$0.5 \leqslant l_n \leqslant 150$	0.05	0.10	0.15	
$150 \leqslant l_n \leqslant 500$	0.10	0.15	0.18	0.25
$500 \leqslant l_n \leqslant 1\ 000$	0.15	0.18	0.20	

注：①距离测量面边缘 0.8mm 范围内不计。
②距离测量面边缘 0.8mm 范围表面不得高于测量面的平面。

表 6 - 260 量块侧面相对于测量面的垂直度误差

标称长度 l_n/mm	垂直度公差/μm, ≤
$10 \leqslant l_n \leqslant 25$	50
$25 \leqslant l_n \leqslant 60$	70
$60 \leqslant l_n \leqslant 150$	100
$150 \leqslant l_n \leqslant 400$	140
$400 \leqslant l_n \leqslant 1\ 000$	180

表 6-261 量块长度相对于量块标称长度的极限偏差和量块长度变动量偏差

标称长度 l_n /mm	K 级		0 级		1 级		2 级		3 级	
	量块测量面上任意点长度相对于标称长度的极限偏差 $\pm t_e$	量块长度变动量最大允许值 t_v	量块测量面上任意点长度相对于标称长度的极限偏差 $\pm t_e$	量块长度变动量最大允许值 t_v	量块测量面上任意点长度相对于标称长度的极限偏差 $\pm t_e$	量块长度变动量最大允许值 t_v	量块测量面上任意点长度相对于标称长度的极限偏差 $\pm t_e$	量块长度变动量最大允许值 t_v	量块测量面上任意点长度相对于标称长度的极限偏差 $\pm t_e$	量块长度变动量最大允许值 t_v
					(μm)					
$l_n \leqslant 10$	0.20	0.05	0.12	0.10	0.20	0.16	0.45	0.30	1.00	0.50
$10 < l_n \leqslant 25$	0.30	0.05	0.14	0.10	0.30	0.16	0.60	0.30	1.20	0.50
$25 < l_n \leqslant 50$	0.40	0.06	0.20	0.10	0.40	0.18	0.80	0.30	1.60	0.55
$50 < l_n \leqslant 75$	0.50	0.06	0.25	0.12	0.50	0.18	1.00	0.35	2.00	0.55
$75 < l_n \leqslant 100$	0.60	0.07	0.30	0.12	0.60	0.20	1.20	0.35	2.50	0.60
$100 < l_n \leqslant 150$	0.80	0.08	0.40	0.14	0.80	0.20	1.60	0.40	3.00	0.65
$150 < l_n \leqslant 200$	1.00	0.09	0.50	0.16	1.00	0.25	2.00	0.40	4.00	0.70
$200 < l_n \leqslant 250$	1.20	0.10	0.60	0.16	1.20	0.25	2.40	0.45	5.00	0.75
$250 < l_n \leqslant 300$	1.40	0.10	0.70	0.18	1.40	0.25	2.80	0.50	6.00	0.80
$300 < l_n \leqslant 400$	1.80	0.12	0.90	0.20	1.80	0.30	3.60	0.50	7.00	0.90
$400 < l_n \leqslant 500$	2.20	0.14	1.10	0.25	2.20	0.35	4.40	0.60	9.00	1.00
$500 < l_n \leqslant 600$	2.60	0.16	1.30	0.25	2.60	0.40	5.00	0.60	11.00	1.10
$600 < l_n \leqslant 700$	3.00	0.18	1.50	0.30	3.00	0.40	6.00	0.70	12.00	1.20
$700 < l_n \leqslant 800$	3.40	0.20	1.70	0.30	3.40	0.45	6.50	0.70	14.00	1.30
$800 < l_n \leqslant 900$	3.80	0.20	1.90	0.35	3.80	0.50	7.50	0.80	15.00	1.40
$900 < l_n \leqslant 1000$	4.20	0.25	2.00	0.40	4.20	0.60	8.00	1.00	17.00	1.50

注:距离测量面面边缘 0.8mm 范围内不计。

6.5.9 螺纹测量用三针

螺纹测量用三针（GB/T 22522—2008）的型式见图 6－235～图 6－236 和图 6－237 所示，其基本参数见表 6－262，公称直称的偏差值以及量针的选用见表 6－263 和表 6－264。

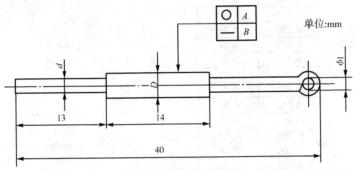

图 6－235 Ⅰ型量针（公称直径 *D* 为 0.118～0.572mm）

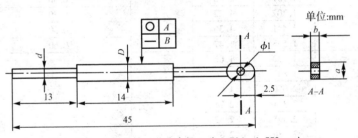

图 6－236 Ⅱ型量针（公称直径 *D* 为 0.724～1.553mm）

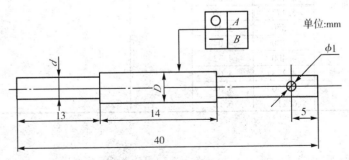

图 6－237 Ⅲ型量针（公称直径 *D* 为 1.732～6.212mm）

表 6 – 262　量针的基本参数　　　　　　　　　单位：mm

量针型式	公称直径 D	基本尺寸		
		d	a	b
I 型	0. 118	0. 10	—	—
	0. 142	0. 12		
	0. 185	0. 165		
	0. 250	0. 23		
	0. 291	0. 26		
	0. 343	0. 31		
	0. 433	0. 38		
	0. 511	0. 46		
	0. 572	0. 51		
II 型	0. 724	0. 65	2. 0	0. 2
	0. 796	0. 72		
	0. 866	0. 79		0. 25
	1. 008	0. 93		
	1. 157	1. 08		0. 30
	1. 302	1. 22	2. 5	0. 40
	1. 441	1. 36		0. 50
	1. 553	1. 47		0. 60
III 型	1. 732	1. 66	—	—
	1. 833	1. 76		
	2. 050	1. 98		
	2. 311	2. 24		
	2. 595	2. 52		
	2. 886	2. 81		
	3. 106	3. 03		
	3. 177	3. 10		
	3. 550	3. 47		
	4. 120	4. 04		
	4. 400	4. 32		
	4. 773	4. 69		
	5. 150	5. 07		
	6. 212	6. 12		

表6-263 量针公称直径的偏差值

准确度等级	公称直径 D 的尺寸偏差[a] /μm	圆度公差 A[b]	锥度公差	母线直线度公差 B[b]
0	±0.25	0.25	在公称直径 D 的尺寸偏差范围内	在8mm长度上不应大于1μm
1	±0.50	0.50		

[a] 公称直径 D 的尺寸偏差还需满足尺寸最大值与最小值之差不大于0.25μm（0级）和 0.5μm（1级）的要求。

[b] 距测量面边缘1mm范围内，圆度公差、母线直线度公差不计。

量针的选用：测量螺纹中径时，建议根据被测螺纹的螺距选用相应公称直径的量针。

表6-264 量针的选用

被测螺纹的螺距				量针公称直径 D/mm	量针型式
公制螺纹（螺距）/mm	英制螺纹（每英吋上的牙数）		梯形螺纹（导程）/mm		
	55°	60°			
0.2 (0.225)				0.118	
0.25				0.142	
0.3				0.185	
—		80			
0.35		72			
0.4		64		0.250	
0.45		56			
0.5		48		0.291	
0.6		—		0.343	Ⅰ型量针
—		44			
—	40	40	—		
0.7		—		0.433	
0.75		36			
0.8	32	32			
—	28	28		0.511	
1.0		27			
—	26	26		0.572	
—	24	24			
1.25	22，20，19	20		0.724	
—	18	18		0.796	
1.5	16	16		0.866	
1.75	14	14		1.008	Ⅱ型量针
—	—	—	2		
2.0	12	13		1.157	
—		12			
—	11	11½	2*	1.302	
—		11			

被测螺纹的螺距离				量针公称	量针型式
公制螺纹	英制螺纹（每英吋上的牙数）		梯形螺纹	直径 D/mm	
（螺距）/mm	55°	60°	（导程）/mm		
2.5	10	10	—	1.441	Ⅱ型量针
—	9	9	3	1.553	
3.0	—	—	3*	1.732	
—	8	8	—	1.833	
3.5	7	7½	4	2.050	
—	—	7	—		
4.0	6	6	4*	2.311	
4.5	—	5½	5	2.595	
5.0	5	5	5*	2.886	
—	—	—	6	3.106	Ⅲ型量针
5.5	4½	4½	6*	3.177	
6.0	4	4	—	3.550	
—	3½	—	8	4.120	
—	3¼	—	8*	4.400	
—	3	—	—	4.773	
—	2⅞、2¾	—	10	5.150	
—	2⅝、2½	—	12	6.212	

注：①选择量针的公称直径测量单头螺纹中径时，除标有"＊"符号的螺距外，由于螺纹牙形半角偏差而产生的测量误差甚小可忽略不计。

②当用量针测量梯形螺纹中径出现量针表面低于螺纹外径和测量通端梯形螺纹塞规中径时，按带"＊"号的相应螺距来选择量针；此时应计入牙形半角偏差对测量结果的影响。

6.5.10 塞尺

单片塞尺（GB/T 22523—2008）的型式见图 6-238 所示。

成组塞尺（GB/T 22523—2008）的型式见图 6-239 所示。塞尺的厚度尺寸系列见表 6-265。

成组塞尺的片数、塞尺长度及组装顺序见表 6-266。

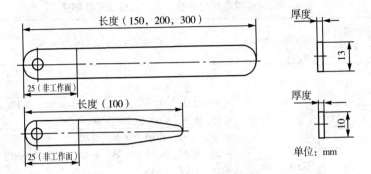

图 6 – 238　单片塞尺

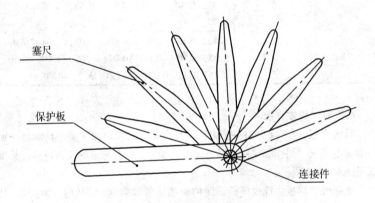

图 6 – 239　成组塞尺

表 6 – 265　塞尺的厚度

厚度尺寸系列/mm	间隔/mm	数量
0.02，0.03，0.04，……，0.10	0.01	9
0.15，0.20，0.25，……，1.00	0.05	18

表 6 – 266　成组塞尺的片数、塞尺长度及组装顺序

成组塞尺的 片数	塞尺的长度/mm	塞尺厚度尺寸及组装顺序/mm
13		0.10，0.02，0.02，0.03，0.03，0.04，0.04， 0.05，0.05，0.06，0.07，0.08，0.09
14		1.00，0.05，0.06，0.07，0.08，0.09，0.10， 0.15，0.20，0.25，0.30，0.40，0.50，0.75
17	100，150， 200，300	0.50，0.02，0.03，0.04，0.05，0.06，0.07， 0.08，0.09，0.10，0.15，0.20，0.25，0.30， 0.35，0.40，0.45
20		1.00，0.05，0.10，0.15，0.20，0.25，0.30， 0.35，0.40，0.45，0.50，0.55，0.60，0.65， 0.70，0.75，0.80，0.85，0.90，0.95
21		0.50，0.02，0.03，0.03，0.04，0.04， 0.05，0.05，0.06，0.07，0.08，0.09，0.10， 0.15，0.20，0.25，0.30，0.35，0.40，0.45

6.5.11　螺纹样板

螺纹样板（GB/T 7981—2010）是具有确定的螺距和牙型，且满足一定的准确度要求，用作螺纹标准对类同的螺纹螺距进行测量的实物量具。其型式见图 6 – 240 所示。

成组螺纹样板由螺纹样板、保护板和锁紧螺钉（或铆钉）等组成，其型式见图 6 – 241。成组螺纹样板的螺距系列尺寸、厚度尺寸及组装顺序见表 6 – 267。

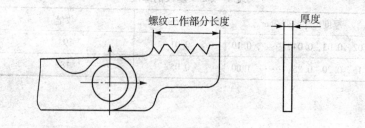

图 6 – 240　螺纹样板

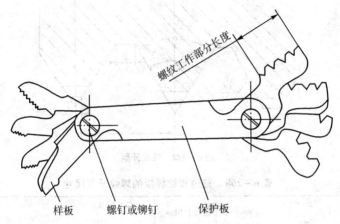

样板   螺钉或铆钉   保护板

图 6 - 241　成组螺纹样板

表 6 - 267　成组螺纹样板的螺距系列尺寸、厚度尺寸及组装顺序

普通螺纹样板的螺距系列尺寸及组装顺序/mm	统一螺纹样板的螺距系列尺寸及组装顺序　螺纹牙数/in	螺纹样板的厚度尺寸/mm
0.40、　0.45、　0.50、　0.60、 0.70、　0.75、　0.80、　1.00、 1.25、　1.50、　1.75、　2.00、 2.50、　3.00、　3.50、　4.00、 4.50、5.00、5.50、6.00	28、24、20、18、16、14、13、 12、11、10、9、8、7、6、5、 4.5、4	0.5

螺纹样板的螺纹牙型见图 6 - 242。

普通螺纹样板的螺纹牙型尺寸见表 6 - 268。

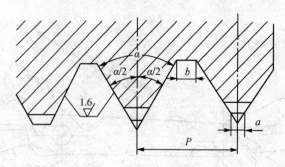

图 6-242 螺纹牙型

表 6-268 普通螺纹样板的螺纹牙型尺寸

螺距 P /mm		基本牙型角 α	牙型半角 α/2 的极限偏差	牙顶和牙底宽度 /mm			螺纹工作部分长度 /mm
基本尺寸	极限偏差			a_{min}	a_{max}	b_{max}	
0.40	±0.010	60°	±60′	0.10	0.16	0.05	5
0.45				0.11	0.17	0.06	
0.50			±50′	0.13	0.21	0.06	
0.60				0.15	0.23	0.08	
0.70	±0.015			0.18	0.26	0.09	10
0.75			±40′	0.19	0.27	0.09	
0.80				0.20	0.28	0.10	
1.00				0.25	0.33	0.13	
1.25			±35′	0.31	0.43	0.16	
1.50				0.38	0.50	0.19	
1.75	±0.020		±30′	0.44	0.56	0.22	16
2.00				0.50	0.62	0.25	
2.50				0.63	0.75	0.31	
3.00			±25′	0.75	0.87	0.38	
3.50				0.88	1.03	0.44	
4.00				1.00	1.15	0.50	
4.50				1.13	1.28	0.56	
5.00			±20′	1.25	1.40	0h63	
5.50				1.38	1.53	0.69	
6.00				1.50	1.65	0.75	

统一螺纹样板的螺纹牙型尺寸见表6-269。

表6-269 统一螺纹样板的螺纹牙型尺寸

螺纹牙数 n/in	螺距 P/mm		基本牙型角 α	牙型半角 $\alpha/2$ 的极限偏差	牙顶和牙底宽度/mm			螺纹工作部分长度/mm
	基本尺寸	极限偏差			a_{min}	a_{max}	b_{max}	
28	0.9071			±40′	0.22	0.30	0.15	
24	1.0583				0.27	0.39	0.18	
20	1.2700	±0.015		±35′	0.29	0.41	0.19	10
18	1.4111				0.31	0.43	0.21	
16	1.5875				0.33	0.45	0.22	
14	1.8143			±30′	0.35	0.47	0.24	
13	1.9539				0.39	0.51	0.27	
12	2.1167				0.45	0.57	0.30	
11	2.3091		55°		0.52	0.64	0.35	
10	2.5400				0.57	0.69	0.38	
9	2.8222	±0.020		±25′	0.62	0.74	0.42	16
8	3.1750				0.69	0.81	0.47	
7	3.6286				0.77	0.92	0.53	
6	4.2333				0.89	1.04	0.60	
5	5.0800				1.04	1.19	0.70	
4½	5.6444			±20′	1.24	1.39	0.85	
4	6.3500				1.38	1.53	0.94	

6.5.12 游标、带表和数显万能角度尺

数显万能角度尺（GB/T 6315—2008）是利用电子数字显示原理对两测量面相对转动所分隔的角度进行读数的角度测量器具。万能角度尺的型式见图6-243~图6-245所示。基本参数和尺寸见表6-270的规定。

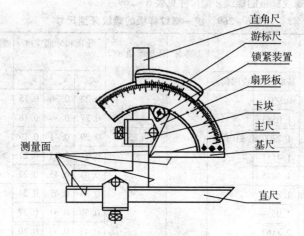

直角尺
游标尺
锁紧装置
扇形板
卡块
主尺
基尺

测量面

直尺

Ⅰ型游标万能角度尺

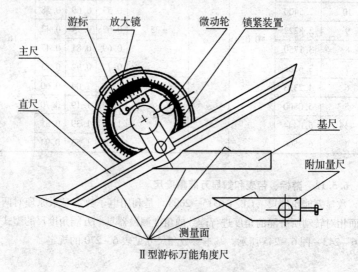

游标　放大镜　　微动轮　锁紧装置

主尺

直尺

基尺

附加量尺

测量面

Ⅱ型游标万能角度尺

图 6－243　游标万能角度尺

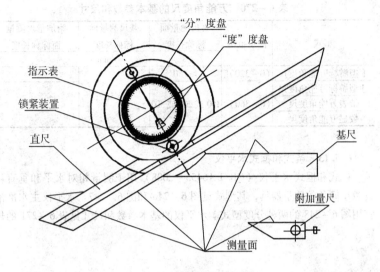

图 6 - 244　带表万能角度尺

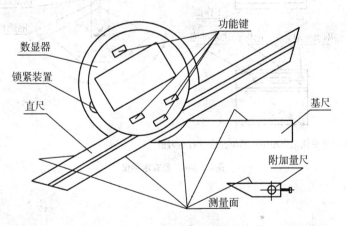

图 6 - 245　数显万能角度尺

表 6 - 270　万能角度尺的基本参数和尺寸

型式	测量范围	直尺测量面标称长度	基尺测量面标称长度	附加量尺测量面标称长度
			/mm	
Ⅰ型游标万能角度尺	(0～320)°	≥150		—
Ⅱ型游标万能角度尺			≥50	
带表万能角度尺	(0～360)°	150或200或300		≥70
数显万能角度尺				

6.5.13　条式和框式水平仪

条式和框式水平仪（GB/T 16455—2008）用于测量相对水平和垂直位置微小倾角的测量器具，其型式见图 6 - 246 和图 6 - 247。水平仪主水准泡宜用图 6 - 248 的两种分度型式。水平仪的基本参数和尺寸见表 6 - 271 的规定。

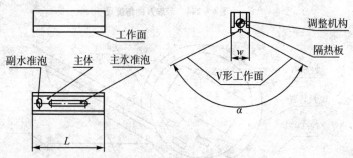

注：水平仪工作面中间部位允许带有空刀槽。

图 6 - 246　条式水平仪

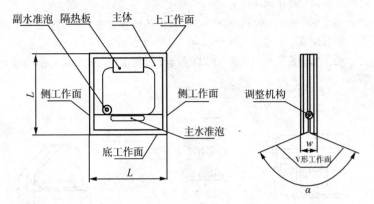

注：①水平仪工作面中间部位允许带有空刀槽。
②水平仪至少在底工作面与一侧工作面上附有V形工作面。

图 6 – 247　框式水平仪

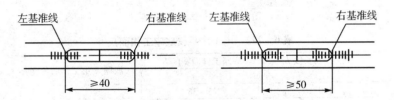

图 6 – 248　水平仪主水准泡

表 6 – 271　水平仪的基本参数和尺寸

规格/mm	分度值/（mm/m）	工作面长度 L /mm	工作面宽度 w /mm	V 形工作面夹角 α
100		100	≥30	
150		150	≥35	
200	0.02, 0.05, 0.10	200		120° ~140°
250		250	≥40	
300		300		

6.5.14 电子水平仪

电子水平仪（GB/T 20920—2007）由传感器、指示器（显示器）和底座三部分组成，其型式见图6-249、图6-250所示。

电子水平仪的底座见图6-251所示。底座工作面尺寸见表6-272的规定。

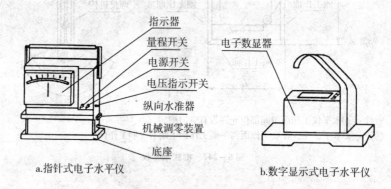

a.指针式电子水平仪　　　　　　　　b.数字显示式电子水平仪

图6-249　一体型电子水平仪

表6-272　电子水平仪底座工作面尺寸

底座工作面长度 L	底座工作面宽度 B	底座V形工作面角度 α
/mm		
100	25 ~ 35	
150		
200	35 ~ 50	120° ~ 150°
250		
300		

6.5.15 方形角尺

方形角尺（JB/T 10027—2010）的结构型式分为Ⅰ型和Ⅱ型，其型式示意见图6-252~图6-253，方形角尺的基本参数见表6-273。方形角尺的准确度等级分为：00级、0级和1级，其技术指标见表6-274。方形角尺各工作面、侧面及其他表面的表面粗糙度 Ra 值不应大于表6-275的规定。

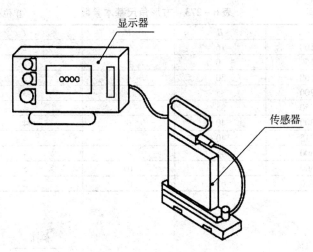

图 6 – 250　分体型电子水平仪

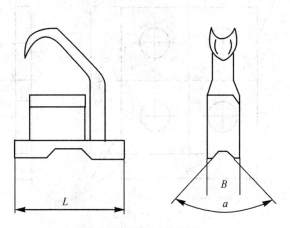

图 6 – 251　电子水平仪底座

表 6 – 273　方形角尺基本参数　　　　单位：mm

H	B	R	t
100	16	3	2
150	30	4	2
160	30	4	2
200	35	5	3
250	35	6	4
300	40	6	4
315	40	6	4
400	45	8	4
500	55	10	5
630	65	10	5

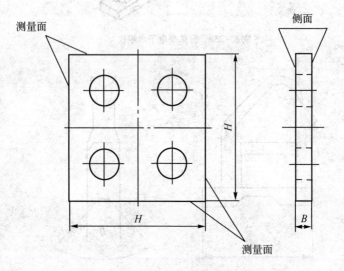

图 6 – 252　Ⅰ型方形角尺

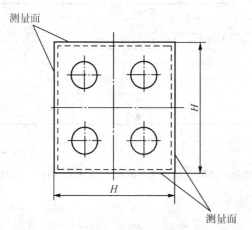

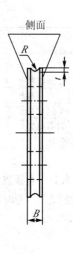

图6－253　Ⅱ型方形角尺

表6－274　方形角尺技术指标

H /mm	准确度等级												两侧面间的平行度/μm	
	00	0	1	00	0	1	00	0	1	00	0	1		
	相邻两测量面的垂直度/μm			测量面的平面度或直线度/μm			相对测量面间的平行度/μm			两侧面对测量面的垂直度/μm			00级	0级、1级
100	1.5	3.0	6.0				1.5	3.0	6.0	15	30	60	18	70
150				0.9	1.8	3.6								
160	2.0	4.0	8.0				2.0	4.0	8.0	20	40	80	24	100
200														
250	2.2	4.5	9.0	1.0	2.0	4.0	2.2	4.5	9.0	22	45	90	27	120
300														
315	2.6	5.2	10.0	1.1	2.3	4.5	2.6	5.2	10.0	26	50	100	31	130
400	3.0	6.0	12.0	1.3	2.6	5.2	3.0	6.0	12.0	30	60	120	36	150
500	3.5	7.0	14.0	1.5	3.0	6.0	3.5	7.0	14.0	35	70	140	42	170
630	4.0	8.0	16.0	2.0	4.0	7.0	4.0	8.0	16.0	42	80	160	50	200

注①各测量面只允许凹形，不允许凸，在各测量面相交处3mm范围内的平面度或直
　线度不检测。

②表中垂直度公差值、平面度公差值、平行度公差值为温度在20℃时的规定值。

表 6 – 275　方形角尺表面粗糙度　　　　　　　单位：mm

受检测表面		准确度等级					
		00		0		1	
		$H \leqslant 315mm$	$H > 315mm$	$H \leqslant 315mm$	$H > 315mm$	$H \leqslant 315mm$	$H > 315mm$
测量面	金属材料	0.05	0.1	0.1		0.2	
	岩石材料	0.63					
侧面	金属材料	0.4				0.8	
	岩石材料	0.8					
其他面		6.3					

6.5.16　金属直尺

金属直尺（QB/T 9056—2004）的型式见图 6 – 254 所示。其基本参数见表 6 – 276 的规定。

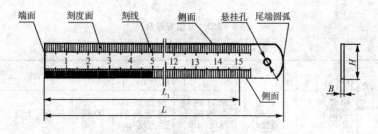

图 6 – 254　金属直尺

表 6 – 276　金属直尺基本参数　　　　　　　单位：mm

标称长度 l	全长 L		厚度 B		宽度 H		孔径 φ
	尺寸	偏差	尺寸	偏差	尺寸	偏差	
150	175		0.5	±0.05	15 或 20	±0.3 或 0.4	
300	335		1.0	±0.10	25	±0.5	
500	540		1.2	±0.12	30	±0.6	5
600	640	±5	1.2	±0.12	30	±0.6	
1000	1050		1.5	±0.15	35	±0.7	
1500	1565		2.0	±0.20	40	±0.8	7
2000	2065		2.0	±0.20	40	±0.8	

6.5.17 钢卷尺

钢卷尺（QB/T 2443—2011）按结构和用途分为 A、B、C、D、E、F 六种型式，如图 6 – 255 ~ 图 6 – 260 所示。钢卷尺允许带有附属装置，但附属装置不应改变钢卷尺的使用性能和影响其测量精度。钢卷尺的尺带规格和尺带截面见表 6 – 277。

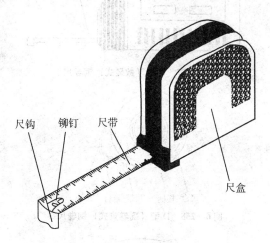

图 6 – 255　A 型（自卷式）钢卷尺

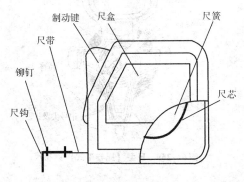

图 6 – 256　B 型（自卷制动式）钢卷尺

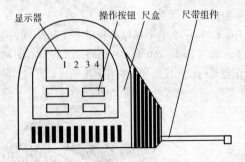

图 6 - 257　C 型（数显式）钢卷尺

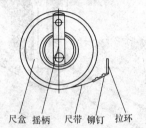

图 6 - 258　D 型（摇卷盒式）钢卷尺

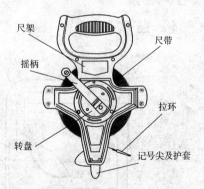

图 6 - 259　E 型（摇卷架式）钢卷尺

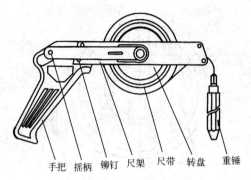

手把 摇柄 铆钉 尺架 尺带 转盘 重锤

图 6 – 260　F 型（量油尺）钢卷尺

表 6 – 277　钢卷尺的尺带规格和尺带截面　　　　单位：mm

型式	尺带规格/m	尺带截面				形状
		宽度/mm		厚度/mm		
		基本尺寸	允许偏差	基本尺寸	允许偏差	
A、B、C 型	0.5 的整数倍	4~40	0 −0.02	0.11~0.16	0 −0.02	弧面或平面
D、E、F 型	5 的整数倍	10~16		0.14~0.28		平面

注①有特殊要求的尺带不受本表限制。

②尺带的宽度和厚度系指金属材料的宽度和厚度。

6.5.18　纤维卷尺

纤维卷尺（QB/T 1519—2011）按不同结构分为 Z 型、H 型、J 型三种型式，如图 6 – 261、图 6 – 262 和图 6 – 263 所示。纤维卷尺的尺带规格和尺带的截面尺寸见表 6 – 278。

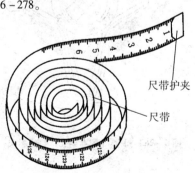

尺带护夹

尺带

图 6 – 261　Z 型（折卷式）纤维卷尺

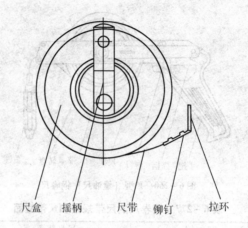

尺盒　　摇柄　　尺带　　铆钉　　拉环

图 6 - 262　H 型（摇卷盒式）纤维卷尺

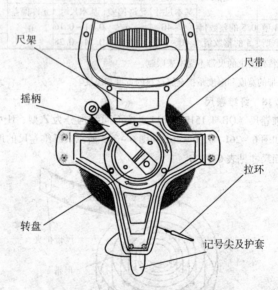

尺架

摇柄

转盘

尺带

拉环

记号尖及护套

图 6 - 263　J 型（摇卷架式）纤维卷尺

表 6 – 278　纤维卷尺尺带规格和尺带的截面尺寸　单位：mm

型式	尺带规格 g/m	尺带截面尺寸/mm			
		宽度 k		厚度 h	
		基本尺寸	允许偏差	基本尺寸	允许偏差
Z 型	0.5 的整数倍（5m 以下）				
H 型					
Z 型	5 的整数倍	4 ~ 40	±4%	0.45	± 0. 18
H 型					
J 型					

注：有特殊要求的尺带不受本表限制。

6.6　电动工具

6.6.1　电动工具的分类及型号

电动工具（GB/T 9088—2008）一般按用途分为：金属切削电动工具、砂磨电动工具、装配电动工具、林木类电动工具、农牧类电动工具、园艺类电动工具、建筑道路类电动工具、矿山类电动工具等。

按使用电源种类分为：单相交流电动工具、三相交流电动工具、交直流两用电动工具、永磁式直流电动工具。

按电气保护的方式分为三类。

Ⅰ类：普通型，额定电压超过 50V，有保护接地措施。

Ⅱ类：双重绝缘型，额定电压超过 50V，不设接地装置。

Ⅲ类：安全电压工具，额定电压不超过 50V。

6.6.2　金属切削类电动工具

1. 电钻

电钻（GB/T 5580—2007）是应用最广泛的一种电动工具，主要用于对金属件钻孔。若配用麻花钻，也适用于对木材、塑料制品等钻孔，若配用金属孔锯，其加工孔径可相应扩大。

基本系列电钻型号应符合 GB/T 9088 的有关规定，其含义如下：

电钻的型式、基本参数和技术参数等列于表 6 – 279、表 6 – 280。

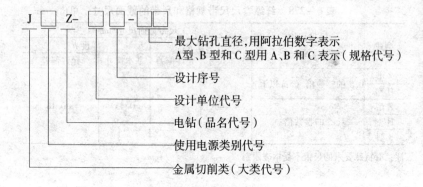

最大钻孔直径,用阿拉伯数字表示

A型、B型和C型用A,B和C表示(规格代号)

设计序号

设计单位代号

电钻(品名代号)

使用电源类别代号

金属切削类(大类代号)

表6-279　电钻的型式

分类方式	种类	用途
按电源种类分	(1) 单相交流电钻	
	(2) 直流电钻	
	(3) 交直流两用电钻	
按电钻的基本参数和用途分	(1) A型(普通型)电钻	主要用于普通钢材的钻孔,也可用于塑料和其他材料的钻孔,具有较高的钻削生产率,通用性强
	(2) B型(重型)电钻	主要用于优质钢材及各钢材的钻孔,具有很高的钻削生产率,B型电钻结构可靠、可施加较大的轴向力
	(3) C型(轻型)电钻	主要用于有色金属、铸铁和塑料的钻孔,尚能用于普通钢材的钻削,C型电钻轻便,结构简单,不可施以强力

表 6-280　电钻的基本参数

电钻规格 /mm		额定输出功率（≥） /W	额定转矩（≥） / （N·m）
4	A	80	0.35
	C	90	0.50
6	A	120	0.85
	B	160	1.20
	C	120	1.00
8	A	160	1.60
	B	200	2.20
	C	140	1.50
10	A	180	2.20
	B	230	3.00
	C	200	2.50
13	A	230	4.00
	B	320	6.00
16	A	320	7.00
	B	400	9.00
19	A	400	12.00
23	A	400	16.00
32	A	500	32.00

注：电钻规格指电钻钻削抗拉强度为 390MPa 钢材时所允许使用的最大钻头直径。

2. 磁座钻

磁座钻（JB/T 9609—1999）主要由电钻、机架、电磁吸盘、进给装置和回转机构等组成。使用时借助直流电磁铁吸附于钢铁等磁性材料工件上，运用电钻进行切削加工，可减轻劳动强度，提高钻孔精度，适用于大型工件和高空作业。

磁座钻的基本参数列于表 6-281。

磁座钻的型号应符合 GB/T 9088—2008 的规定，其含义如下：

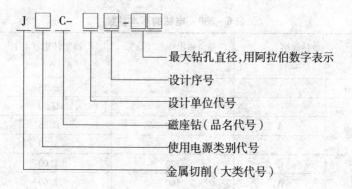

最大钻孔直径，用阿拉伯数字表示

设计序号

设计单位代号

磁座钻（品名代号）

使用电源类别代号

金属切削（大类代号）

表6－281 磁座钻技术数据

规格 /mm	额定电压 /V	钻孔 直径 /mm	电钻		磁座钻架		导板架		断电保护器		
			主轴额定 输出功率 /W	主轴额 定转矩/ (N·m)	回转角度 /(°)	水平位移 /mm	最大 行程 /mm	允许 偏差 /mm	保护 吸力 /kN	保护 时间 /min	电磁铁 吸 力 /kN
13	220	12	≥320	≥6.00	≥300	≥20	140	1	7	10	≥8.5
19	220	19	≥400	≥12.00	≥300	≥20	180	1.2	8	8	≥10
	380		400								
23	220	23	≥400	≥16.00	≥60	≥20	180	1.2	8	8	≥11
	380		≥500								
32	220	32	≥1 000	≥25.00	≥60	≥20	200	1.5	9	6	≥13.5
	380		≥1 250								

注：①表中电磁铁吸力值，系在厚度为20mm、Q235—A、Ra0.8的标准块上测得。
②保护时间为维持保护吸力的最短时间。
③表中380V为三相线电压。

3. 电剪刀

电剪刀（GB/T 22681—2008）主要用于剪裁金属板材，修剪工件边角及切边平整等。电剪刀的技术数据列于表6－282。

电剪刀型号应符合 GB/T 9088—2008 的规定，其含义如下：

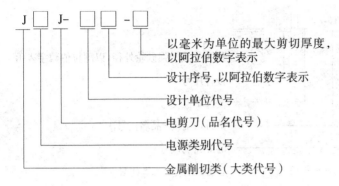

以毫米为单位的最大剪切厚度，以阿拉伯数字表示

设计序号，以阿拉伯数字表示

设计单位代号

电剪刀（品名代号）

电源类别代号

金属削切类（大类代号）

表6-282　电剪刀的技术数据

型号	规格/mm	额定输出功率/W	刀杆额定每分钟往复次数	剪切进给速度/（m/min）	剪切余料宽度/mm	每次剪切长度/mm
J1J-1.6	1.6	≥120	≥2 000	2~2.5	45±3	560±10
J1J-2	2	≥140	≥1 100	2~2.5		
J1J-2.5	2.5	≥180	≥800	1~1.5	35±3	500±10
J1J-3.2	3.2	≥250	≥650	1.5~2	40±3	470±10
J1J-4.5	4.5	≥540	≥400	0.5~1	30±3	400±10

注：①规格是指电剪刀剪切抗拉强度390MPa热轧钢板的最大厚度。

②额定输出功率是指电动机的输出功率。

4. 型材切割机

型材切割机（JB/T 9608—1999）主要利用砂轮对圆形或异型钢管、圆钢、槽钢、扁钢、角钢等进行切割，转切角度为45°。切割机的技术参数列于表6-283。

切割机的型号应符合GB/T 9088—2008的规定，其含义如下：

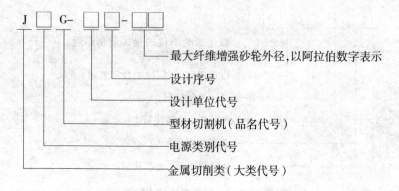

最大纤维增强砂轮外径,以阿拉伯数字表示

设计序号

设计单位代号

型材切割机(品名代号)

电源类别代号

金属切削类(大类代号)

表6-283　型材切割机的技术参数

规格 /mm	额定输出功率 /W	额定转矩 /(N·m)≥	最大切割直径 /mm	说明
200	600	2.3	20	
250	700	3.0	25	
300	800	3.5	30	
350	900	4.2	35	
400	1 100	5.5	50	单相切割机
	2 000	6.7	50	三相切割机

注:①切割机的最大切割直径是指抗拉强度为390MPa（390N/mm²）圆钢的直
径。

②交流额定电压:三相380V;单相220,42V。交流额定频率:50Hz。

5. 电动刀锯

电动刀锯（GB/T 22678—2008）主要用于锯割金属板、管、棒等材料
和合成材料及木料等。其技术数据列于表6-284。

电动刀锯型号应符合GB/T 9088—2008的规定,其含义如下:

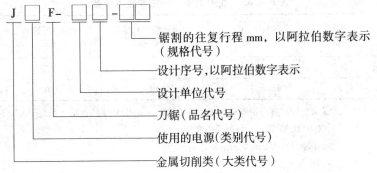

锯割的往复行程 mm，以阿拉伯数字表示
（规格代号）

设计序号，以阿拉伯数字表示

设计单位代号

刀锯（品名代号）

使用的电源（类别代号）

金属切削类（大类代号）

表 6-284　电动刀锯的技术数据

规格 /mm	额定输出功率 /W	额定转矩 /（N·m）	空载往复次数 /（次/min）
24	≥430	≥2.3	≥2400
26			
28	≥570	≥2.6	≥2700
30			

注：①额定输出功率指刀锯拆除往复机构后的额定输出功率。

②电子调速刀锯的基本参数基于电子装置调节到最大值时的参数。

6. 双刃电剪刀

双刃电剪刀（JB/T 6208—1999）的主要技术参数列于表 6-285，双刃电剪刀的型号应符合 GB/T 9088—2008 的有关规定，其含义如下：

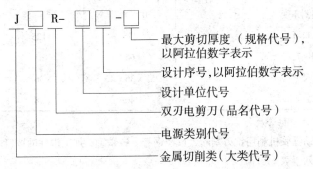

最大剪切厚度（规格代号），
以阿拉伯数字表示

设计序号，以阿拉伯数字表示

设计单位代号

双刃电剪刀（品名代号）

电源类别代号

金属切削类（大类代号）

表 6 - 285　双刃电剪刀的主要技术参数

规格 /mm	最大剪切厚度 /mm	额定输出功率 /W，≥	额定往复次数 /（次/min），≥
1.5	1.5	130	1 850
2	2	180	150

注：①最大剪切厚度是指双刃剪剪切抗拉强度 $\sigma = 390$MPa 的金属（相当于 GB/T
700 中 Q235 热轧）板材最大厚度。

②额定输出功率是指电机的额定输出功率。

7. 自动切割机

自动切割机主要是利用电机自重自动进给切割，用于切割金属管材、角
钢、圆钢等。其技术数据列于表 6 - 286。

表 6 - 286　自动切割机技术数据表

型号	J3G93 - 400	J1G93 - 400
工作电流/A	10	20
电动机功率/kW	2.2	2.2
额定电压/V	380	220
频率/Hz	50	50
电机转速/（r/min）	2 880	2 900
砂轮片线速度/（m/s）	60	60
可转切割角度	0°~45°	0°~45°
最大钳口开口/mm	125	125
切割圆钢直径/mm	65	65
外包装尺寸/cm	52×36×43	52×36×43
质量/kg	46	48

8. 电动锯管机

电动锯管机利用铣刀割断大口径钢管、铸铁管，加工焊件的坡口。其技
术数据列于表 6 - 287。

表 6-287　电动锯管机技术数据

型　号	适用管径 /mm	切割深度 /mm	输出功率 /W	铣刀轴转速 /(r/min)	爬行进给速度 /(mm/min)	质量 /kg	电源
J3UP-35	133~1 000	≤35	1 500	35	40	80	380V
J3UP-70	200~1 000	≤20	1 000	70	85	60	50Hz

9. 斜切割机

斜切割机又名转台式斜断锯、金属切割机。配用合金锯片或木工圆锯片，切割铝合金型材、塑料、木材。可进行左右两个方向各45°范围内的多种角度切割，切割角度及垂直度比较精确。其技术数据列于表6-288。

表 6-288　斜切割机技术数据

规格（锯片直径）/mm	最大锯深 高×宽 /mm		转速 /(r/min)	输入功率 /W	外形尺寸 /mm			质量 /kg
	90°角	45°角			长	宽	高	
210	55×130	55×95	5 000	800	390	270	385	5.6
255	70×122	70×90	4 100	1 380	496	470	475	18.5
355	122×152	122×115	3 200	1 380	530	596	435	34
380	122×185	122×137	3 200	1 380	678	590	720	23

注：单相串激电机驱动，电源电压为220V，频率为50Hz，软电缆长度为2.5m。

10. 电动焊缝坡口机

电动焊缝坡口机主要用于各种金属构件在气（电）焊之前开各种形状各种角度的坡口。其技术数据列于表6-289。

表 6-289　电动焊缝坡口机技术数据

型　号	切口斜边最大宽度 /mm	输入功率 /W	每分钟冲击频率 /Hz	加工速度 /(m/min)	加工材料厚度 /mm	质量 /kg	电源
J1P1-10	10	2 000	480	≤2.4	4~25	14	220V 50Hz

·1403·

6.6.3 研磨类电动工具

1. 角向磨光机

角向磨光机（GB/T 7442—2007）又称角磨机、手砂轮机。主要用于金属件的修磨及型材的切割，焊接前开坡口以及清理工件的飞边、毛刺。配用金刚石切割片，可切割非金属材料，如砖、石等。配用钢丝刷可除锈，配用圆形砂纸可进行砂光作业。其技术数据列于表 6 - 290。

角向磨光机的型号按 GB/T 9088—2008 规定，其含义如下：

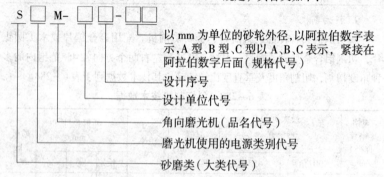

表 6 - 290　角向磨光机的技术数据

规格		额定输出功率 /W	额定转矩 / (N·m)
砂轮直径（外径×内径） /mm	类　型	≥	
100×16	A	200	0.30
	B	250	0.38
115×22	A	250	0.38
	B	320	0.50
125×22	A	320	0.50
	B	400	0.63
150×22	A	500	0.80
	C	710	1.25
180×22	A	1 000	2.00
	B	1 250	2.50
230×22	A	1 000	2.80
	B	1 250	3.55

2. 直向砂轮机

直向砂轮机（GB/T 22682—2008）配用平形砂轮，对大型钢铁件、铸件进行磨削加工，清理飞边毛刺以及割口，换上抛轮可清理金属结构件的锈层及抛光金属表面。

砂轮机的技术数据列于表 6 - 291 和表 6 - 292。

砂轮机的型号应符合 GB/T 9088—2008 的规定，其含义如下：

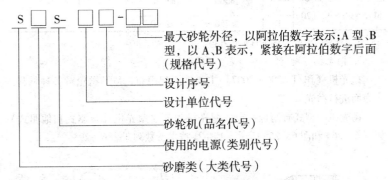

表 6 - 291　单相串励和三相中频砂轮机的技术数据

规格 /mm		额定输出功率 /W	额定转矩 / （N·m）	空载转速 / （r/min）	许用砂轮安全线速度/（m/s）
φ80 × 20 × 20 （13）	A	≥200	≥0.36	≤11 900	≥50
	B	≥280	≥0.40		
φ100 × 20 × 20 （16）	A	≥300	≥0.50	≤9 500	
	B	≥350	≥0.60		
φ125 × 20 × 20 （16）	A	≥380	≥0.80	≤7 600	
	B	≥500	≥1.10		
φ150 × 20 × 32 （16）	A	≥520	1.35	≤6 300	
	B	≥750	≥2.00		
φ175 × 20 × 32 （20）	A	≥800	≥2.40	≤5 400	
	B	≥1000	≥3.15		

注：括号内数值为 ISO603 的内孔值。

表 6 – 292　三相工频砂轮机的技术数据

规格 /mm		额定输入功率 /W	额定转矩 / (N·m)	空载转速 / (r/min)	许用砂轮安全线速度/ (m/s)
φ125×20×20 (16)	A	≥250	≥0.85		
	B	≥350	≥1.20		
φ150×20×32 (16)	A			<3 000	≥35
	B	≥500	≥1.70		
φ175×20×32 (20)	A				
	B	≥750	≥2.40		

注：括号内数值为 ISO603 的内孔值。

3. 抛光机

抛光机（JB/T 6090—2007）主要是用配用布、毡等抛轮对各种材料工作表面进行抛光。

抛光机的型式有两种：台式抛光机和落地抛光机（自驱式和他驱式），如图 6 – 264 和图 6 – 265 所示。其主要技术参数列于表 6 – 293。

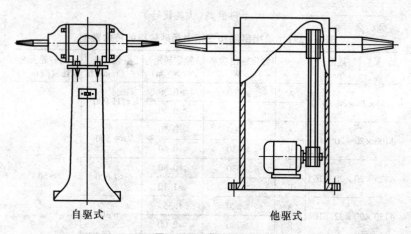

自驱式　　　　　　　　　他驱式

图 6 – 264　落地抛光机

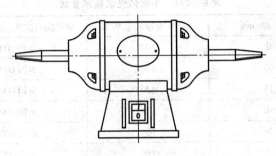

图 6 - 265　台式抛光机

表 6 - 293　抛光机的技术数据

最大抛轮直径/mm	200	300	400
额定功率/kW	0.75	1.5	3
电动机同步转速/（r/min）	3 000		1 500
额定电压/V	380		
额定频率/Hz	50		

4. 平板砂光机

平板砂光机（GB/T 22675—2008）主要用于金属构件和木制品表面的砂磨和抛光，也可用于除锈等，其技术参数列于表 6 - 294。

砂光机的型号应符合 GB/T 9088 的规定，其含义如下：

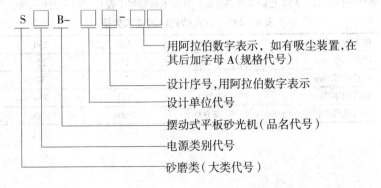

表6-294 平板砂光机技术参数

规　格/mm	最小额定输入功率/W	空载摆动次数/（次/min）
90	100	≥10 000
100	100	≥10 000
125	120	≥10 000
140	140	≥10 000
150	160	≥10 000
180	180	≥10 000
200	200	≥10 000
250	250	≥10 000
300	300	≥10 000
350	350	≥10 000

注：①制造厂应在每一档砂光机的规格上增出所对应的平板尺寸，其值为多边形的一条长边或圆形的直径。

②空载摆动次数是指砂光机空载时平板摆动的次数（摆动1周为1次），其值等于偏心轴的空载转速。

③电子调速砂光机是以电子装置调节到最大值时测得的参数。

5. 台式砂轮机

台式砂轮机（JB/T 4143—1999）主要用于修磨刀具、刃具，也可用于对小零件进行磨削，去除毛刺及清理表面。其技术数据列于表6-295～表6-296。

表6-295 台式砂轮机的技术数据

最大砂轮直径/mm	150	200	250
砂轮厚度/mm	20	25	25
砂轮孔径/mm	32	32	32
输出功率/W	250	500	750
电动机同步转速/（r/min）	3 000	3 000	3 000

表 6 - 296　台式砂轮机的技术数据

最大砂轮直径/mm	150，200，250	150，200，250
使用电动机的种类	单相感应电动机	三相感应电动机
额定电压/V	220	380
额定频率/Hz	50	50

6. 落地式砂轮机

落地式砂轮机（JB/T 3770—2000）有自驱式和他驱式两种，它们分别由除尘型和多能型组成。多能型砂轮机备有多功能的工件托架，能修磨刀具、刃具并能磨削多种几何角度。

砂轮机的型式见图 6 - 266，其技术数据列于表 6 - 297。

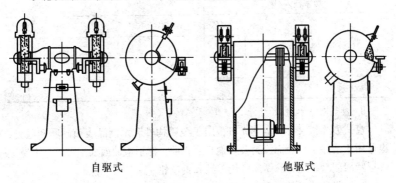

自驱式　　　　　　　　　　他驱式

图 6 - 266　落地式砂轮机示意图

表 6 - 297　落地式砂轮机的技术数据

最大砂轮直径	/mm	200	250	300	350	400	500	600
砂轮厚度		25			40		50	65
砂轮孔径		32		75		127	203	305
额定功率[a]/kW		0.5	0.75	1.5	1.75	3.0 2.2[b]	4.0	5.5
同步转速/（r/min）		3 000	1 500 3 000		1 500		1 000	
额定电压/V		380						
额定频率/Hz		50						

[a] 额定功率指额定输出功率。

[b] 此额定功率为自驱式砂轮机的额定功率。

7. DG 角向磨光机

DG 角向磨光机为进口产品，主要用于去除铸品毛刺、飞边等物及抛光各种型号的钢、青铜、铝及铸造品；研磨焊接部分或研磨用焊接切割的部分；研磨人造树脂胶、砖块、大理石等；研磨和切割混凝土、石头、瓦片（用金刚石轮）。其主要技术数据列于表 6-298。

表 6-298　DG 进口角向磨光机主要技术数据

型式		DG-100H
电源		60Hz/50Hz，110V/220V
无负荷速度/（r/min）		12 000
功率输入/W		620
砂轮尺寸/mm	外径	100
	厚度	6
	内径	150
质量（不含线缆）/kg		2.0

8. 盘式砂光机

盘式砂光机又称圆盘磨光机，用于金属构件和木制品表面砂磨和抛光，也可用于清除工件表面涂料及其他打磨作业。能适应曲面加工需要，不受工件形状限制。抛光、除锈须配用羊绒和钢丝轮。

砂光机的技术数据列于表 6-299。

表 6-299　盘式砂光机技术数据

型　号	砂纸直径/mm	输入功率/W	转速/（r/min）	质　量/kg	电源
SIA-180	180	570	4 000	2.3	220V
进口产品	150	180	12 000	1.3	50Hz
进口产品	125	180	12 000	1.1	

9. 带式砂光机

带式砂光机用于砂磨木板、地板，也可用于清除涂料、磨斧头以及金属表面除锈等。其技术数据列于表 6-300。

表 6 – 300 带式砂光机技术数据

型式	规格 /mm	砂带尺寸 宽×长 /mm	砂带速度 （双速） /（m/min）	输入 功率 /W	质量 /kg
手持式（进口产品）	76	76×533	450/360	950	4.4
手持式（进口产品）	110	110×620	350/300	950	7.3
台式（上海产品）	150	150×1 200	640	750	60

注：①规格指砂带宽度。

②台式砂带机（2M5415 型）以三相异步电机驱动，电源电压为 380V；其余
两种砂带机以单相串激电机驱动，电源电压为 220V；频率均为 50Hz。

10. 轴形磨光机

轴形磨光机在其两端长轴伸出处制有锥形螺纹，可以旋小磨轮、抛轮，
主要用于磨光、抛光各种零件。其主要技术数据列于表 6 – 301。

表 6 – 301 轴形磨光机技术数据

型号	功率 /W	电压 /V	电流 /A	工作 定额 /%	转速 /（r/min）	质量 /kg	电源
JP2 – 31 – 2	3 000	380/220	6.2/10.7		2 900	48	AC 380V 50Hz
JP2 – 32 – 2	4 000	380/220	8.2/14.2	60	2 900	55	
JP2 – 41 – 2	5 500	380/220	10.2/17.6		2 900	75	

11. 软轴砂轮机

软轴砂轮机用于对大型笨重及不易搬动的机件进行磨削。去毛刺，清理
飞边，操作灵活，适应受空间限制部位的加工。其主要技术参数列于表 6 –
302。

表 6 – 302 软轴砂轮机技术数据

新型号	旧型号	砂轮外径× 厚度×孔径 /mm	功率 /W	转速/ （r/min）	软轴 /mm 直径	软轴 /mm 长度	软管 /mm 内径	软管 /mm 长度	质量 /kg
M3415	S3SR – 150	150×20×32	1 000	2 820	13	2 500	20	2 400	45
M3420	S3SR – 200	200×25×32	1 500	2 850	16	3 000	25	3 000	50

注：①砂轮安全线速度≥35m/s。

②三相异步电动机驱动，电源电压 380V，频率为 50Hz。

12. 多功能抛磨机

多功能抛磨机用于对金属进行修磨、清理，还可用于小型零部件的抛光、除锈以及木雕刻等。其技术数据见表 6-303。

表 6-303　多功能抛磨机技术数据

型号	规格 /mm	调速范围 /（r/min）	输出功率 /W	质量 /kg	电源
MPR3208	75×20×10	0~12 000	120	3.4	AC 220V 50Hz

注：75×20×10：75mm 为砂轮直径，20mm 为厚度，10mm 为孔径。

6.6.4　建筑道路类电动工具

1. 电锤

电锤（GB/T 7443—2007）主要用于混凝土、岩石、砖石砌体等脆性材料上钻孔。如装上附件，也可用于金属、木材、塑料等材料上钻孔，速度快，精度高。其技术数据列于表 6-304。

电锤的型号应符合 GB/T 9088 的规定，其含义如下：

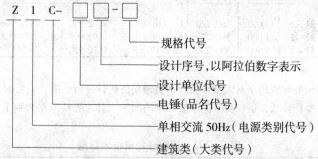

表 6-304　电锤的技术数据

（1）基本参数

电锤规格/mm	16	18	20	22	26	32	38	50
钻削率/(cm³/min) ≥	15	18	21	24	30	40	50	70

注：电锤规格指在 C30 号混凝土（抗压强度 30~35MPa）上作业时的最大钻孔直径（mm）。

（2）脱扣力矩

电锤规格/mm	16	18	20	22	26	32	38	50
脱扣力矩/（N·m）≤	35			45			50	60

（3）噪声限值

质量 M/kg	$M \leqslant 3.5$	$3.5 < M \leqslant 5$	$5 < M \leqslant 7$	$7 < M \leqslant 10$	$M > 10$
A 计权声功率 L_{WA}/dB	102	104	107	109	$100 + 11\lg M$

（4）连续骚扰电压限值

频率范围/MHz	限值/dB（μV）准峰值		
	电动机额定功率 ≤700W	700W < 电动机额定功率≤1000W	电动机额定功率 >1000W
0.15～0.35	（随频率的对数线性）		
	66～59	70～63	76～69
0.35～5.0	59	63	69
5～30	64	68	74

（5）连续骚扰功率限值

频率范围/MHz	限值/dB（μW）准峰值		
	电动机额定功率≤700W	700W < 电动机额定功率≤1000W	电动机额定功率 >1000W
30～300	随频率的对数线性增大		
	45～55	49～59	55～65

（6）稳态谐波电流限值

	谐波次数 n	最大允许谐波电流/A
奇次谐波	3	3.45
	5	1.71
	7	1.155
	9	0.60
	11	0.495
	13	0.315
	$15 \leqslant n \leqslant 39$	$0.0225 \times 15/n$
偶次谐波	2	1.62
	4	0.645
	6	0.45
	$8 \leqslant n \leqslant 40$	$0.345 \times 8/n$

2. 电动套丝机

电动套丝机（JB/T 5334—1999）主要用于对金属管套制螺纹，并可切管及管内倒角。其技术数据列于表6-305。

电动套丝机型号应符合 GB/T 9088—2008 的规定，其含义如下：

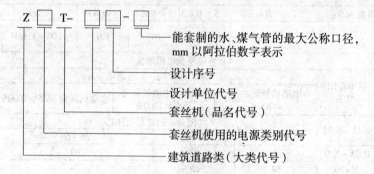

表6-305　电动套丝机技术数据

型号	规格/mm	套制圆锥管螺纹范围（尺寸代号）	电源电压/V	电机额定功率/W	主轴额定转速/（r/min）	质量/kg
Z1T-50 Z3T-50	50	$\frac{1}{2} \sim 2$	220 380	≥600	≥16	71
Z1T-80 Z3T-80	80	$\frac{1}{2} \sim 3$	220 380	≥750	≥10	105
Z1T-100 Z3T-100	100	$\frac{1}{2} \sim 4$	220 380	≥750	≥8	153
Z1T-150 Z3T-150	150	$2\frac{1}{2} \sim 6$	220 380	≥750	≥5	260

注：①规格指能套制的符合 GB/T 3091 规定的水、煤气管的最大公称口径。

②电源有单相交流和三相交流两种。

3. 电动石材切割机

电动石材切割机（GB/T 22664—2008）用于切割花岗石、大理石、筑砖等脆性材料，也可用于切割钢和铸铁件以及混凝土等。切割机的技术数据列于表6－306。

电动石材切割机型号应符合 GB 9088—2008 的规定，其含义如下：

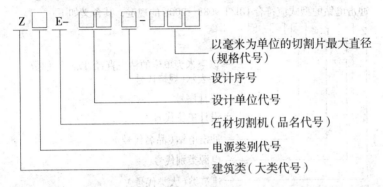

表 6－306　电动石材切割机技术数据

规格	切割尺寸/mm 外径×内径	额定输出功率 /W，≥	额定转矩 /（N·m），≥	最大切割深度 /mm，≥
110C	110×20	200	0.3	20
110	110×20	450	0.5	30
125	125×20	450	0.7	40
150	150×20	550	1.0	50
180	180×25	550	1.6	60
200	200×25	650	2.0	70

4. 冲击电钻

冲击电钻（GB/T 22676—2008）又称冲击钻，具有两种运动形式，当调节至第一旋转状态时，配用麻花钻头，与电钻一样，适用于对金属、木材、塑料件钻孔。当调节至旋转带冲击状态时，配用硬质合金冲击钻头后，可对砖、轻质混凝土、陶瓷等材料钻孔。其技术数据列于表 6-307。

冲击电钻的型式应符合 GB/T 9088—2008 的规定，其含义如下：

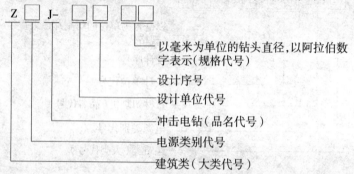

表 6-307　冲击电钻的技术参数

规格/mm	额定输出功率/W	额定转矩 / (N·m)	额定冲击次数 / (次/mm)
10	≥220	≥1.2	≥46 400
13	≥280	≥1.7	≥43 200
16	≥350	≥2.1	≥41 600
20	≥430	≥2.8	≥38 400

注：①冲击电钻规格指加工砖石、轻质混凝土等材料时的最大钻孔直径。

　　②对双速冲击电钻表中的基本参数系指高速挡时的参数；对电子调速冲击电钻是以电子装置调节至给定转速最高值时的参数。

5. 电动湿式磨光机

电动湿式磨光机（JB/T 5333—1999）主要用于对水磨石板、混凝土等注水磨削，磨削工具为碗形砂轮。磨光机的主要技术参数列于表 6-308。

湿磨机的型号应符合 GB/T 9088—2008 的规定，其含义如下：

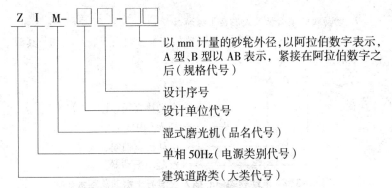

以 mm 计量的砂轮外径,以阿拉伯数字表示,
A 型、B 型以 AB 表示,紧接在阿拉伯数字之
后(规格代号)

设计序号

设计单位代号

湿式磨光机(品名代号)

单相 50Hz(电源类别代号)

建筑道路类(大类代号)

表 6-308　电动湿式磨光机的主要技术参数

规格 (砂轮外径) /mm		额定输出 功率 /W	额定 转矩 /(N·m)	最高空载转速 /(r/min)		砂轮厚度 /mm	砂轮的 螺纹孔径
				陶瓷结合剂	树脂结合剂		
80	A	≥200	≥0.4	≤7 150	≤8 350	40	M10
	B	≥250	≥1.1	≤7 150	≤8 350		
100	A	≥340	≥1	≤5 700	≤6 600	40	M14
	B	≥500	≥2.4	≤5 700	≤6 600		
125	A	≥450	≥1.5	≤4 500	≤5 300	50	M14
	B	≥500	≥2.5	≤4 500	≤5 300		
150	A	≥850	≥5.2	≤3 800	≤4 400	50	M14
	B	≥1 000	≥6.1	≤3 800	≤4 400		

6. **砖墙铣沟机**

砖墙铣沟机配用硬质合金专用铣刀后,对砖墙、泥夹墙、石膏和木材等
表面进行铣切沟槽作业,其技术数据列于表 6-309。

表 6-309　砖墙铣沟机技术数据

型　号	输入功率 /W	负载转速 /(r/min)	额定转矩 /(N·m)	铣沟能力 /mm,≤	质量/kg
Z1R-16	400	800	2	20×16	3.1

注:单相串激电机驱动,电源电压为 220V,频率为 50Hz,软电缆长度为 2.5m。

7. 电动软轴偏心插入式混凝土振动器

电动软轴偏心插入式混凝土振动器的基本参数列于表 6 - 310。其型号说明如下：

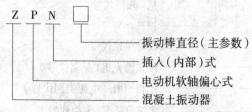

ZPN□

振动棒直径(主参数)
插入(内部)式
电动机软轴偏心式
混凝土振动器

表 6 - 310   电动软轴偏心插入式混凝土振动器基本参数

项目	型号				
	ZPN25	ZPN30	ZPN35	ZPN42	ZPN50
	数值				
振动棒直径/mm	25	30	35	42	50
空载振动频率标称值/Hz	270	250	230	200	200
振动棒空载最大振幅/mm≥	0.5	0.75	0.8	0.9	1.0
电机输出功率/W	370	370	370	370	370
混凝土坍落度为 3~4cm 时生产率/（m³/h）	1.0	1.7	2.5	3.5	5.0
振动棒质量/kg	1.0	1.4	1.8	2.4	3.0
软轴直径/mm	8.0	8.0	10	10	10
软管外径/mm	24	24	30	30	30
电机与软管接头连接螺纹尺寸	M42×1.5	M42×1.5	M42×1.5	M42×1.5	M42×1.5
电机轴与软轴接头连接尺寸	M10×1.5	M10×1.5	M10×1.5	M10×1.5	M10×1.5

注：①振动棒质量不包括软轴、软管接头的质量。
　　②振幅为全振幅一半。

8. 电动锤钻

电动锤钻配用电锤钻头对混凝土、岩石、砖墙等进行钻孔、开槽、凿毛等；如配用麻花钻头或机用木工钻头可对金属、塑料、木材进行钻孔。其主要技术数据列于表 6 - 311。

表 6 - 311　电动锤钻技术数据

规格/mm	钻孔能力/mm			转速/(r/min)	每分钟冲击次数	输入功率/W	输出功率/W	质量/kg	电源
	混凝土	钢	木材						
20 *	20	13	30	0 ~ 900	0 ~ 4 000	520	260	2.6	
26 *	26	13	—	0 ~ 550	0 ~ 3 050	600	300	3.5	
38	38	13	—	0 ~ 380	0 ~ 3 000	800	480	5.5	AC220V 50Hz
16	16	10	—	0 ~ 900	0 ~ 3 500	420	—	3	
20 *	20	13	—	0 ~ 900	0 ~ 3 500	460	—	3.1	
22 *	22	13	—	0 ~ 1 000	0 ~ 4 200	500	—	2.6	
25 *	25	13	—	0 ~ 800	0 ~ 3 150	520	—	4.4	

注：带 * 的规格，带有电子调速开关。

9. 电钻锤

SB 系列电钻锤属进口产品，主要用于混凝土、砖石建筑结构打孔，配用木钻头后，可对木材、塑料进行钻孔。其技术数据列于表 6 - 312。

表 6 - 312　进口电钻锤技术数据

型号		SBE 500R	SB2 - 500	SBE 400R	SB2 - 400N
输入功率/W		500	500	400	400
输出功率/W		250	250	200	200
无负载转速 第一齿转数/(r/min)		2 800	2 300	2 600	2 300
第二齿锤动率/(次/min)		42 000	2 900 43 500	39 000	2 900 43 500
钻动能力	混凝土/mm	16	16	13	13
	石块/mm	18	18	16	16
	铜铁/mm	10	10	10	10
	木/mm	25	25	20	20
齿轮颈部直径/mm		43	43	43	43
夹头伸张/mm		1.5 ~ 13	1.5 ~ 13	1.5 ~ 10	1.5 ~ 10
钻轮芯		1/2″ × 20	1/2″ × 20	1/2″ × 20	1/2″ × 20
重量/kg		1.3	1.3	1.3	1.3
电源		AC 220V　50/60Hz			

6.6.5 林木加工类电动工具

1. 电刨

电刨（JB/T 7843—1999）主要用于刨削木材或木质结构件，其技术数据列于表6 – 313。

电刨型号应符合GB/T 9088—2008的规定，其含义如下：

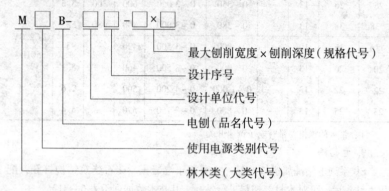

表 6 – 313　电刨的主要技术数据

刨削宽度 /mm	刨削深度 /mm	额定输出功率 /W	额定转矩 /（N·m）
60	1	180	0.16
80（82）	1	250	0.22
80	2	320	0.30
80	2	370	0.35
90	2	370	0.35
90	3	420	0.42
100	2	420	0.42

2. 电圆锯

电圆锯（GB/T 22761—2008）主要用于对木材、纤维板、塑料锯割加工，其技术数据列于表 6 - 314。

电圆锯型号应符合 GB/T 9088—2008 的规定，其含义如下：

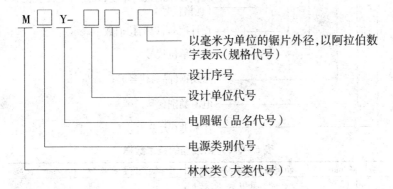

表 6 - 314　电圆锯的技术数据

规格 /mm	额定输出功率 /W，≥	额定转矩 /（N·m），≥	最大锯割深度 /mm，≥	最大调节角度 ≥
160 × 30	550	1.70	55	45°
180 × 30	600	1.90	60	45°
200 × 30	700	2.30	65	45°
235 × 30	850	3.00	84	45°
270 × 30	1000	4.20	98	45°

注：表中的规格是指可使用的最大锯片外径×孔径。

3. 曲线锯

曲线锯（GB/T 22680—2008）主要用于对金属、塑料、橡胶、板材进行直线和曲线锯割，换刀片后还可裁切皮革、橡胶、泡塑、纸板等。其技术数据列于表 6 - 315。

电动曲线型号应符合 GB/T 9088—2008 的规定，其含义如下：

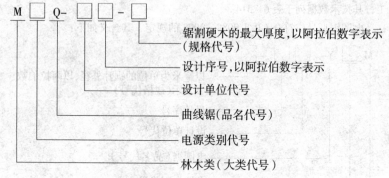

M□Q-□□-□   锯割硬木的最大厚度,以阿拉伯数字表示(规格代号)

设计序号,以阿拉伯数字表示

设计单位代号

曲线锯(品名代号)

电源类别代号

林木类(大类代号)

表6-315　曲线锯的技术数据

规格/mm	额定输出功率/W, ≥	工作轴额定往复次数/（次/min）, ≥
40（3）	140	1 600
55（6）	200	1 500
65（8）	270	1 400
80（10）	420	1 200

注：①额定输出功率是指电动机的输出功率（指拆除往复机构后的输出功率）。

②曲线锯规格指垂直锯割一般硬木的最大厚度。

③括号内数值为锯割抗拉强度为390MPa（N/mm²）钢板的最大厚度。

4. 电链锯

电链锯（LY/T 1121—2010）主要用其回转的链状锯条锯截木料、伐木造材。其主要技术参数列于表6-316。

表6-316　电链锯的主要技术参数

规格/mm	额定输出功率/W	额定转矩/（N·m）	链条线速度/（m/s）	净重（不含导板链条）/kg	噪声值（A计权）/dB
305（12″）	≥420	≥1.5	6~10	≤3.5	90（101）
355（14″）	≥650	≥1.8	8~14	≤4.5	98（109）
405（16″）	≥850	≥2.5	10~15	≤5	102（113）

注：当在混响室内测量电链锯的噪声时，其声功率级（A计权）不大于表内括号内的限值。

电链锯型号应符合 GB/T 90880 规定，其表示方法如下：

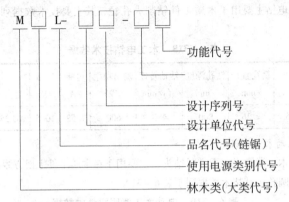

5. 台式木工多用机床

台式木工多用机床（TB/T 6555.1—2010）的主要技术数据列于表 6 - 317。

表 6 - 317　台式木工多用机床的主要技术数据

最大平刨压刨加工宽度 B/mm	125	150[a]	160	180[a]	200	250
刨刀体长度（JB 4172）/mm	135	160[a]	170	190[a]	210	260
平刨最大加工深度/mm	3					
压刨工件的 厚度/mm　最大尺寸（加工前）	≥120					
最小尺寸（加工后）	≤6					
圆锯片直径/mm	250，315					
最大锯削高度/mm	≥60					
锯轴装锯片处直径/mm	25，30					
最大榫槽宽度/mm	16					
最大榫槽深度/mm	≥60					
最大钻孔直径/mm	13					
最大钻孔深度/mm	≥60					
刨床切削速度/（m/s）	≥12					
锯机切削速度/（m/s）	≥36					
电机功率[b]/kW	1.1[c]，1.5[c]，2.2[c]					

[a] 新设计时不应采用。

[b] 无锯削的机床电机功率不受此限制。

[c] 当圆锯片直径 250mm 时，选用电机功率为 1.1kW、1.5kW；当圆锯片直径
315mm 时，选用电机功率为 2.2kW。

6. 木工电钻

木工电钻主要用于木质工件钻削大孔径，其主要技术数据列于表6-318。

表6-318　木工电钻技术数据

型号	钻孔直径 /mm	钻孔深度 /mm	钻轴转速 /（r/min）	输出功率 /W	电流 /A	质量 /kg	电源
M3Z-26	≤26	800	480	600	1.52	10.5	AC 380V 50Hz

7. 电动木工凿眼机

电动木工凿眼机配用方眼钻头，主要用于在木质工件上凿方眼，去掉方钻头可钻圆孔。其技术数据列于表6-319。

表6-319　电动木工凿眼机技术数据

型号	凿眼宽度 /mm	凿孔深度 /mm	夹持工件尺寸 /mm≤	电机功率 /W	质量 /kg
ZMK-16	8~16	≤100	100×100	550	74

注：①本机有两种款式：一种为单相异步电机驱动，电源电压为220V；另一种为三相异步电机驱动，电源电压为380V；频率均为50Hz。

②每机附4号钻夹头一只，方眼钻头一套（包括8、9.5、11、12.5、14、16mm六个规格），钩形扳手1件，方壳锥套3件。

8. 电动雕刻机

电动雕刻机配用各种铣刀，可在木料上铣出各种不同形状的沟槽，可雕刻各种花纹图案等。其技术数据列于表6-320。

表6-320　电动雕刻机技术数据

铣刀直径 /mm	主轴转速 /（r/min）	输入功率 /W	套爪夹头 /mm	整机高度 /mm	电缆长度 /m	质量 /kg	电源
8	10 000~25 000	800	8	255	2.5	2.8	
12	22 000	1 600	12	280	2.5	5.2	220V
12	8 000~20 000	1 850	12	300	2.5	5.3	50Hz

6.6.6 装配作业类电动工具

1. 电动冲击扳手

电动冲击扳手（GB/T 22677—2008）主要用于装拆螺栓、螺母等，其主要技术参数列于表 6-321。

电动冲击扳手的型号应符合 GB/T 9088—2008 的规定，其含义如下：

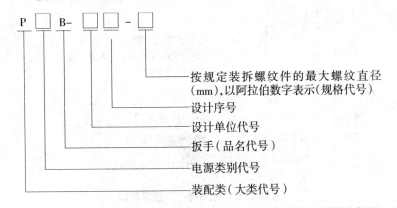

表6-321 电动冲击扳手技术数据

规格	适用范围	力矩范围 /（N·m）	方头公称尺寸 /mm	边心距 /mm
8	M6～M8	4～15	10×10	≤26
12	M10～M12	15～60	12.5×12.5	≤36
16	M14～M16	50～150	12.5×12.5	≤45
20	M18～M20	120～220	20×20	≤50
24	M22～M24	220～400	20×20	≤50
30	M27～M30	380～800	20×20	≤56
42	M36～M42	750～2 000	25×25	≤66

注：①力矩范围的上限值（M_{max}）是对适用范围中大规格的上述螺栓联接系统最长连续冲击时间（t_{max}）后，系统所得到的力矩。t_{max}对规格 42 为 10s；对规格 30 为 7s；对其余规格为 5s。

②力矩范围的下限值（M_{min}）是对适用范围中小规格的上述螺栓联接系统最短连续冲击时间（t_{min}）后，系统所得到的力矩。t_{max}对各规格为 0.5s。

③电扳手的规格是指在刚性衬垫系统上，装配精制的、强度级别为 6.8（GB/T 3098）内外螺纹公差配合为 6H/6g（GB/T 197）的普通粗牙螺纹（GB/T 193）

的螺栓所允许使用的最大螺纹直径 d，mm。

2. 电动螺丝刀

电动螺丝刀（GB/T 22679—2008）又称电动改锥，主要用于装拆机器螺钉、木螺钉和自攻螺钉，其技术数据列于表 6 - 322。

电动螺丝刀型号应符合 GB/T 9088—2008 的规定，其含义如下：

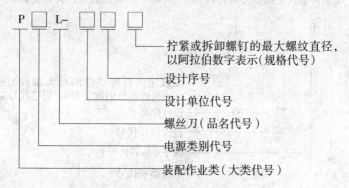

表 6 - 322　电动螺丝刀技术数据

规格 /mm	适用范围 /mm	额定输出功率 /W	拧紧力矩 /（N·m）
M6	机器螺钉 M4 ~ M6 木螺钉≤4 自攻螺钉 ST8.9 ~ ST4.8	≥85	2.45 ~ 8.0

注：木螺钉 4 是指在拧入一般木材中的木螺钉规格。

3. 自攻电动螺丝刀

自攻电动螺丝刀（JB/T 5343—1999）用于拆装十字自攻螺钉，它可以到预定深度自动脱扣，自动定位。其技术数据列于表 6 - 323。

自攻电动螺丝刀型号应符合 GB/T 9088 的规定，其含义如下：

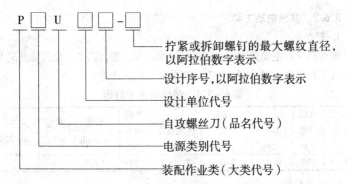

P □ U □ □ — □

拧紧或拆卸螺钉的最大螺纹直径，以阿拉伯数字表示

设计序号，以阿拉伯数字表示

设计单位代号

自攻螺丝刀（品名代号）

电源类别代号

装配作业类（大类代号）

表 6 - 323　自攻电动螺丝刀技术数据

型号	规格 /mm	适用自攻 螺钉范围	输出功率 /W	负载转速 / (r/min)	质量 /kg
P1U - 5	5	ST3 ~ ST5	≥140	≥1 600	1. 8
P1U - 6	6	ST4 ~ ST6	≥200	≥1 500	

注：单相串激电机驱动，电源电压为220V，频率为50Hz，软电缆长度为2.5m。

4. 电动胀管机

电动胀管机用于扩大金属管端部的直径，使其管与管连接部位紧密胀合，使之不漏水，不漏气，并可承受一定的压力，能自动控制胀度，在锅炉、石化、制冷、机车制造等行业得到广泛应用。其技术数据列于表6－324。

表 6 - 324　电动胀管机技术数据

型号	胀管 直径 /mm	输入 功率 /W	额定 转矩/ (N·m)	额定 转速 / (r/min)	主轴方 头尺寸 /mm	工作 定额 /%	质量 /kg
P3Z - 13	8 ~ 13	510	5. 6	500	8		13
P3Z - 19	13 ~ 19	510	9. 0	310	12		13
P3Z - 25	19 ~ 25	700	17. 0	240	12		13
P3Z - 38	25 ~ 38	800	39. 0	—	16	60	13
P3Z - 51	38 ~ 51	1 000	45. 0	90	16		14. 5
P3Z - 76	51 ~ 76	1 000	200. 0	—	20		14. 5

注：三相异步电机驱动，电源电压为380V，频率为50Hz。

6.6.7 其他电动工具

1. 塑焊机

塑焊机又称电动焊塑枪，用于焊接聚乙烯、聚丙乙烯、聚丙烯及尼龙等热塑性工程塑料板材或制品。其主要技术数据列于表6-325。

表6-325 塑焊机技术数据

| 型号 | 电机功率/W | 风泵 | | | 整机功率/W | 转速/ (r/min) | 质量/kg | 电源 AC 220V 50Hz |
		压力/MPa	流量/ (L/min)	热风温度/℃				
DH-3	250	0.1	140	40~550	1 250	2 800	9	

2. 电吹风机

电吹风机主要用于铸造、仪表、金属切削、汽车及棉纺织等行业。其技术数据列于表6-326。

表6-326 电吹风机技术数据

额定输入功率/W	风压/MPa	风量/(L/min)	转速/(r/min)	长度/mm	质量/kg	备注
310	≥0.04	2 300	12 500	390	2.2	进口产品
600	≥0.08	2 000	16 000	430	1.75	

注：①单相串激电机驱动，电源电压为220V，频率为50Hz，软电缆长度为2.5m。
　　②带有集尘袋。

3. 电动管道清理机

电动管道清理机配用各种切削刀，用于清理管道污垢、疏通管道淤塞，其主要技术数据列于表6-327。

表6-327 电动管道清理机技术数据

清理管道直径/mm	额定转速/(r/min)	额定电流/A	输入功率/W	软轴伸出最大长度/mm	质量/kg
19~76	0~500	1.9	390	8 000	6.75

注：①单相串激电机驱动，电源电压为220V，频率为50Hz，软电缆长度为3m；采用电子调速正反转开关，易于调整；采用软轴传动。
　　②配用油脂切削刀、C形切削刀、鼓形、梯形、直形弹簧头，以用于各种清理工作。

6.7 气动工具

6.7.1 金属切削气动工具

1. 气钻

气钻（JB/T 9847—2010）用于对金属、木材、塑料等材质的工件钻孔。基本参数见表 6 – 328。

表 6 – 328　气钻的基本参数

基本参数	产品系列								
	6	8	10	13	16	22	32	50	80
功率/kW	≥0.200		≥0.290		≥0.660	≥1.07	≥1.24	≥2.87	
空转转速/(r/min)	≥900	≥700	≥600	≥400	≥360	≥260	≥180	≥110	≥70
单位功率耗气量/[L/(s·kW)]	≤44.0		≤36.0		≤35.0	33.0	≤27.0	≤26.0	
噪声（声功率级）/dB(A)	≤100			≤105			≤120		
机重/kg	≤0.9	≤1.3	≤1.7	≤2.6	≤6.0	≤9.0	≤13.0	≤23.0	≤35.0
气管内径/mm	10		12.5		16			20	

注：①验收气压为 0.63MPa。

　　②噪声在空运转下测量。

　　③机重不包括外号卡；角式气钻重量可增加 25%。

2. 气剪刀

气剪刀用于机械、电器等各行业剪切金属薄板，可以剪裁直线或曲线零件。

基本参数见表 6 – 329。

表 6 – 329　气剪刀的基本参数

型号	工作气压/MPa	剪切厚度/mm	剪切频率/Hz	气管内径/mm	质量/kg
JD2	0.63	≤2.0	30	10	1.6
JD3	0.63	≤2.5	30	10	1.5

注：剪切厚度指标系指剪切退火低碳钢板。

3. 气动攻丝机

气动攻丝机用于在工件上攻内螺纹孔。适用于汽车、车辆、船舶、飞机等大型机械制造及维修业。

基本参数见表 6 – 330。

表 6 – 330　气动攻丝机的基本参数

型号	攻螺纹直径/mm，≤		空载转速/(r/min)		功率/W	质量/kg	结构型式
	铝	钢	正转	反转			
2G8 – 2	M8	—	300	300	—	1.5	枪柄
GS6Z10	M6	M5	1000	1000	170	1.1	直柄
GS6Q10	M6	M5	1000	1000	170	1.2	枪柄
GS8Z09	M8	M6	900	1800	190	1.55	直柄
GS8Q09	M8	M6	900	1800	190	1.7	枪柄
GS10Z06	M10	M8	550	1100	190	1.55	直柄
GS10Q06	M10	M8	550	1100	190	1.7	枪柄

6.7.2　装配作业气动工具

1. 冲击式气扳机

冲击式气扳机（JB/T 8411—2006）的基本参数见表 6 – 331。

表6-331 冲击式气扳机的基本参数

基本参数	产品系列											
	6	10	14	16	20	24	30	36	42	56	76	100
拧紧螺纹范围/mm	5~6	8~10	12~14	14~16	18~20	22~24	24~30	32~36	38~42	45~56	58~76	78~100
最小拧紧力矩/(N·m)	20	70	150	196	490	735	882	1350	1960	6370	14700	34300
最大拧紧时间/s	2				3		5		10	20	30	
负荷耗气量/(L/s)(max)	10	16		18	30		40	25	50	60	75	90
最小空转转速/(r/min)	8000	6500	6000	5000	5000	4800	4800	—	2800		—	
	3000	2500	1500	1400	1000		800					
噪声(声功率级)/dB(A)(max)	113				118				123			
机重/kg (max)	1.0	2.0	2.5	3.0	5.0	6.0	9.5	12	16.0	30.0	36.0	76.0
	1.5	2.2	3.0	3.5	8.0	9.5	13.0	12.7	20.0	40.0	56.0	96.0
气管内径/mm	8	13			16		13		19		25	
传动四方系列	6.3,10,12.5,16				20		25		40	40(63)	63	

注:①验收气压为0.63MPa。

②产品的空转转速和机重栏上下两行分别适用于无减速器和有减速器型产品。

③机重不包括机动套筒扳手、进气接头、辅助手柄、吊环等。

④括号内数字尽可能不用。

2. 纯扭式气功螺钉旋具

纯扭式气功螺钉旋具(JB/T 5129—2004)的基本参数见表6-332。

表6-332 纯扭式气动螺钉旋具的基本参数

产品系列	拧紧螺纹规格/mm	扭矩范围/(N·m)	空转耗气量/(L/s)≤	空转转速(r/min)≥	空转噪声(声功率级)/dB(A)≤	气管内径/mm	机重/kg≤ 直柄式	机重/kg≤ 枪柄式
2	M1.6~M2	0.128~0.264	4.00		93		0.50	0.55
3	M2~M3	0.264~0.935	5.00	1000			0.70	0.77
4	M3~M4	0.935~2.300	7.00		98	6.3	0.80	0.88
5	M4~M5	2.300~4.200	8.50	800	103		1.00	1.10
6	M5~M6	4.200~7.220	10.50	600	105			

注:验收气压为0.63MPa。

6.7.3 砂磨气动工具

1. 直柄式气动砂轮机

直柄式气动砂轮机(JB/T 7172—2006)的基本参数见表6-333。

表6-333 直柄式气动砂轮机的基本参数

产品系列		40	50	60	80	100	150
空转转速/(r/min)		≥17500	≤16000	≤12000	≤9500		≤6600
负荷性能	主轴功率/kW	—		≥0.36	≥0.44	≥0.73	1.14
	单位功率耗气量/[L/(s·kW)]	—		≤36.27		≤36.95	≤32.87
噪声(声功率级)/dB(A)		≤108		≤110		≤112	114
机重(不包括砂轮重量)/kg		≤1.0	≤1.2	≤2.1	≤3.0	≤4.2	≤6.0
气管内径/mm		6	10	13		16	
清洁度/mg(max)		128	147	240	420	623	832

注:验收气压为0.63MPa。

2. 端面气动砂轮机

端面气动砂轮机(JB/T 5128—2010)配用纤维增强钹形砂轮,用于修磨焊接坡口、焊缝及其他金属表面,切割金属薄板及小型钢。如配用钢丝轮,可进行除锈及清除旧漆层;配用布轮,可进行金属表面抛光;配用砂布轮,可进行金属表面砂光。

基本参数见表6-334。

表 6-334　端面气动砂轮机的基本参数

产品系列	配装砂轮直径/mm		空转转速/(r/min)	功率/kW	单位功率耗气量/[L/(s·kW)]	空转噪声(声功率级)/dB(A)	气管内径/mm	机重/kg	清洁度/mg
	钹形	碗形							
100	100	—	≤13000	≥0.5	≤50	≤102	13	≤2.0	≤600
125	125	100	≤11000	≥0.6	≤48			≤2.5	≤750
150	150		≤10000	≥0.7		≤106		≤3.5	
180	180	150	≤7500	≥1.0	≤46	≤113	16	≤4.5	≤850
200	205		≤7000	≥1.5	≤44				

注:①配装砂轮的允许线速度,钹形砂轮应不低于80m/s;碗形砂轮应不低于60m/s。

②验收气压为0.63MPa。

③机重不包括砂轮。

6.7.4　铲锤气动工具

1. 气铲

气铲(JB/T 8412—2006)按手柄型式分为直柄式气铲、弯柄式气铲、环柄式气铲。

基本参数列于表 6-335。

表 6-335　气铲的基本参数

产品规格	机重^a/kg	验收气压0.63MPa				气管内径/mm	气铲尾柄/mm
		冲击能量/J≥	耗气量/(L/s)≤	冲击频率/Hz≥	噪声(声功率级)/dB(A)≤		
2	2	2	7	50	103	10	φ10×41
		0.7	7	65			□12.7
3	3	5	9	50		13	φ17×48
5	5	8	19	35	116		φ17×60
6	6	14	15	20			
		15	21	32	120		
7	7	17	16	13	116		

^a 机重应在指标值的 ±10% 之内。

2. 气镐

气镐(JB/T 9848—1999)用于软岩石开凿、煤炭开采、混凝土破碎、冻土与冰层破碎、机械设备中销钉的装卸等。

基本参数见表 6-336。

表 6-336 气镐的基本参数

规格	质量/kg	冲击能/J	工作气压/MPa	耗气量/(L/s)≤	冲击频率/Hz	缸径/mm	气管内径/mm	镐钎尾柄/mm
8	8	30	0.63	20	18	34	16	25×75
10	10	43		26	16	38		

3. 气动捣固机

气动捣固机(JB/T 9849—1999)用于捣固铸件砂型、混凝土、砖坯及修补炉衬等。

基本参数见表 6-337。

表 6-337 气动捣固机的基本参数

规格	质量/kg,≤	耗气量/(L/s),≥	冲击频率/Hz≥	噪声(声功率级)dB(A)	气管内径/mm	清洁度/mg
2	3	7	18	≤105	10	≤250
		9.5	16			
4	5	10	15	≤109	13	≤300
6	7	13	14			≤450
9	10	15	10	≤110		≤530
18	19	19	8			≤800

注:验收气压为 0.63MPa。

4. 气动铆钉机

气动铆钉机(JB/T 9850—2010)用于在建筑、航空、车辆、造船和电信器材等行业的金属结构件上铆接钢铆钉(如 20 钢)或硬铝铆钉(如 2A10 硬铝)。

基本参数见和表 6-338。

表 6-338 气动铆钉机的基本参数

产品规格	铆钉直径/mm		冲击能/J ≥	冲击频率/Hz ≥	耗气量/(L/s) ≤	窝头尾柄规格/mm	气管内径/mm	机重/kg ≤	清洁度/mg ≤
	冷铆硬铝 LY10	热铆钢 2C							
4	4		2.9	35	6.0	10×32	10	1.2	105
5	5		4.3	24	7.0			1.5	
			4.3	28	7.0			1.8	
6	6		9.0	13	9.0	12×45	12.5	2.3	200
			9.0	20	10			2.5	
12	8	12	16	15	12	17×60		4.5	260
16		16	22	20	18			7.5	340
19		19	26	18	18			8.5	
22		22	32	15	19	31×70	16	9.5	400
28		28	40	14	19			10.5	
36		36	60	10	22			13.0	500

注:验收气压为 0.63MPa。

5. 气动拉铆枪

气动拉铆枪用于抽芯铆钉,对结构件进行拉铆作业。

基本参数见表 6-339。

表 6-339 气动拉铆枪的基本参数

型号	铆钉直径/mm	产生拉力/N	工作气压/MPa	质量/kg
MLQ-1	3~5.5	7200	0.49	2.25

6. 气动压铆机

气动压铆机用于压铆接宽度较小的工件成大型工件的边缘部位。

基本参数见表 6-340。

表 6-340 气动压铆机的基本参数

型号	铆钉直径/mm	最大压铆力/kN	工作气压/MPa	机重/kg
MY5	5	40	0.49	3.3

7. 手持式凿岩机

手持式凿岩机(JB/T 7301—2006)按功能特性分为手持式凿岩机、手持式湿式凿岩机、手持式集尘凿岩机和手持式水下凿岩机四种型式。其主要技术数据列于表 6-342。

表 6 – 342　手持式凿岩机主要技术数据

产品系列	空转转速/(r/min)	冲击能量/J	冲击频率/Hz	凿岩耗气量/(L/s)	噪声(声功率级)/dB(A)	每米岩孔耗气量/(L/m)	凿孔深度/m	气管内径/mm	水管内径/mm	钎尾规格/mm
					验收气压 0.4MPa					
轻		2.5~15	45~60	≤20	≤114		1	8 或 13	—	生产厂自定
中	≥200	15~35	25~45	≤40	≤120	≤18.8×10³	3	16 或 20 (19)	8 或 13	H22×108 或 H19×108
重		30~50	22~40	≤55	≤124		5	20(19)	13	H22×108 或 H25×108

注：(19) 也可选用。

第七章 泵、阀、管及管路附件

7.1 泵

7.1.1 小型潜水电泵

小型潜水电泵（JB/T8092—2006）适用于流量为 $1.5 \sim 1000 m^3/h$，扬程为 $3 \sim 130m$，功率为 $0.12 \sim 22kW$ 单相或三相的单级或多级的小型潜水电泵。

小型潜水电泵可分为以下三种型式。

①电泵为立式，泵与电动机同轴或非同轴。

②电泵的外壳防护等级为 GB/T4942.1 中规定的 IPX8，充水式结构除外。

③电泵的定额是以连续工作制 CSID 为基准的连续定额。

型号表示方法：电泵的型号由大写拉丁字母和阿拉伯数字等组成，其含义如下。

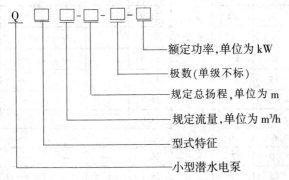

额定功率,单位为 kW

极数(单级不标)

规定总扬程,单位为 m

规定流量,单位为 m³/h

型式特征

小型潜水电泵

Y—充油式电动机

S—充水式电动机（干式电动机不注）

P—屏蔽式电动机

L—流道式叶轮

K—开式叶轮（闭式叶轮不注）

N—内装式电泵（外装式电泵不注）

B—半内装式电泵

电泵的基本参数列于表7-1~表7-3。

表7-1 单级电泵的基本参数

序号	流量 /(m³/h)	扬程 /m	功率 /kW	电泵效率 /%				
				QDX	QX	Q	QY	QS
1	1.5	7		13.9	—	—	—	—
2	3	5.5	0.12	22.1	—	—	—	—
3	6	3.5		27.1	—	—	—	—
4	1.5	9		12.7	—	—	—	—
5	3	8	0.18	21.4	—	—	—	—
6	6	5		28.3	—	—	—	—
7	10	3.5		30.8	—	—	—	—
8	1.5	11		12.6	—	—	—	—
9	3	10		21.9	—	—	—	—
10	6	7	0.25	30.4	—	—	—	—
11	10	4.5		33.5	—	—	—	—
12	15	3		33.5	—	—	—	—
13	1.5	1.5		11.7	—	—	—	—
14	3	14		21.6	—	—	—	—
15	6	10		32.0	—	—	—	—
16	10	7	0.37	36.8	—	—	—	—
17	15	5		38.7	—	—	—	—
18	25	3		37.8	—	—	—	—

序号	流量 /(m³/h)	扬程 /m	功率 /kW	电泵效率 /%				
				QDX	QX	Q	QY	QS
19	1.5	20		10.3	11.0	—	—	—
20	3	18		21.0	22.5	—	—	—
21	6	14	0.55	31.7	33.9	—	—	—
22	10	10		38.2	40.8	—	—	—
23	15	7		40.8	43.5	—	—	—
24	25	4.5		41.3	44.1	—	—	—
25	3	24		20.0	21.0	—	—	—
26	6	18		31.9	33.5	31.1	29.2	28.7
27	10	13	0.75	39.6	41.5	38.8	36.5	35.9
28	15	10		43.5	45.6	42.9	40.3	39.6
29	25	6		45.6	47.7	44.7	42.0	41.3
30	40	3.5		44.3	46.4	43.4	40.7	40.1

序号	流量 /(m³/h)	扬程 /m	功率 /kW	电泵效率 /%			
				QX	Q	QY	QS
31	3	30		20.2	—	—	—
32	6	24		32.2	28.4	27.9	27.5
33	10	18		41.3	36.9	36.3	35.7
34	15	14	1.1	46.8	42.0	41.4	40.7
35	25	9		50.2	45.0	44.3	43.6
36	40	5.5		49.3	44.1	43.5	42.8
37	65	3.5		—	—	—	43.1

序号	流量 /(m³/h)	扬程 /m	功率 /kW	电泵效率 /%			
				QX	Q	QY	QS
38	6	32	1.5	31.0	—	—	—
39	10	24		40.7	37.8	35.7	35.1
40	15	18		49.0	46.1	43.5	42.9
41	25	12		52.4	49.1	46.4	45.7
42	40	8		53.9	50.7	47.9	47.1
43	65	4.5		52.0	48.5	45.8	45.1
44	100	3		—	49.9	47.2	46.5
45	6	40	2.2	29.2	—	—	—
46	10	32		31.5	36.1	34.1	33.6
47	15	26		46.2	43.2	40.8	40.2
48	25	17		53.6	50.3	47.5	46.9
49	40	12		55.8	52.5	49.6	48.9
50	65	7		53.8	50.4	47.7	47.0
51	100	4.5		—	51.3	48.5	47.8
52	160	3		—	52.2	49.4	48.7
53	10	44	3	37.0	—	—	—
54	15	34		45.1	41.9	39.4	38.9
55	25	24		53.5	50.0	47.0	46.4
56	40	16		57.7	54.2	51.0	50.3
57	65	10		58.2	54.7	51.5	50.8
58	100	6		56.4	53.1	49.9	49.2
59	160	4		—	54.0	50.8	50.1

序号	流量 /(m³/h)	扬程 /m	功率 /kW	电泵效率 /%			
				QX	Q	QY	QS
60	10	56		34.7	—	—	—
61	15	45		42.7	—	—	—
62	25	30		52.1	48.6	45.8	45.1
63	40	21	4	57.9	54.4	51.2	50.5
64	65	13		60.0	56.5	53.2	51.9
65	100	9		57.2	53.6	50.5	49.8
66	160	5.5		—	54.7	51.5	50.8
67	250	3.5		—	55.1	51.9	51.2
68	15	55		41.7	—	—	—
69	25	40		51.6	48.1	44.7	44.1
70	40	28		58.7	55.1	51.3	50.6
71	65	18	5.5	61.5	57.9	53.9	53.2
72	100	12		60.9	57.3	53.3	52.6
73	160	8		59.6	56.1	52.2	51.5
74	250	5		—	56.5	52.6	51.9
75	25	50		50.0	—	—	—
76	40	38		57.4	53.8	50.1	49.4
77	65	25		62.3	58.6	54.6	53.9
78	100	17	7.5	63.4	59.7	55.6	54.9
79	160	11		60.4	56.8	52.9	52.2
80	250	6.5		—	57.2	53.3	52.6

序号	流量/(m³/h)	扬程/m	功率/kW	电泵效率/%			
				QX	Q	QY	QS
81	25	60		48.1	—	—	—
82	40	45		56.4	52.8	49.2	48.5
83	65	31	9.2	62.5	58.8	54.8	54.1
84	100	21		63.9	60.2	56.1	55.3
85	160	12.5		60.9	57.3	53.4	52.7
86	250	8		61.5	57.6	53.7	53.0
87	40	53		54.9	51.3	48.1	47.5
88	65	37		61.7	58.0	54.4	53.7
89	100	25	11	63.9	60.2	56.5	55.7
90	160	15		62.2	58.7	55.1	54.3
91	250	9.5		61.5	57.6	54.0	53.3
92	250	13	15	—	62.2	—	57.2
93 *	400	10	18.5	—	64.3	—	58.9
94 *	1000	5	22	—	65.2	—	59.0

注：表中序号带"*"的转速为同步转速 1500r/min；其余的转速均为同步转速 3000r/min

表 7 - 2 多级电泵的基本参数

序号	流量/(m³/h)	扬程/m	级数	功率/kW	电泵效率/%				
					QD	QX	Q	QY	QS
1	3	22	2		26.5	—	—	—	—
2		30			23.8	—	—	—	—
3	6	21	3	0.75	—	39.4	37.0	34.7	32.5
4		20	2		—	37.8	35.4	33.3	31.1
5	10	14			—	43.4	40.7	38.2	35.8

序号	流量 / (m³/h)	扬程 /m	级数	功率 /kW	电泵效率 /%				
					QD	QX	Q	QY	QS
6	3	45	3	25.3	—	—	—	—	—
7		32	4		—	39.8	37.3	35.1	33.0
8	6	30	3		—	39.5	37.1	34.9	32.7
9		28	2	1.1	—	37.1	34.6	32.5	30.5
10	10	21	3		—	45.4	42.6	40.1	37.6
11		20	2		—	44.8	42.0	39.6	37.1
12	15	15			—	47.7	44.9	42.3	39.6
13	3	55	4		39.8	—	—	—	—
14		42	4		—	40.8	38.2	36.0	33.3
15	6	39	3		—	39.3	36.7	34.6	32.0
16		34	2		—	36.8	34.2	32.3	29.9
17		28	4	1.5	—	47.3	44.5	42.0	38.9
18	10	27	3		—	47.1	44.2	41.8	38.7
19		26	2		—	45.2	42.4	40.0	37.0
20	15	21	3		—	49.8	46.8	44.2	40.9
21		20	2						
22		56	4		—	39.8	37.1	35.1	32.5
23	6	51	3		—	37.9	35.2	33.3	30.9
24		46	2	2.2	—	34.9	32.2	30.5	28.2
25		40	4		—	48.1	45.1	42.6	39.6
26	10	39	3		—	46.5	43.6	41.2	38.2
27		36	2		—	44.3	41.3	39.0	36.2

序号	流量 / (m³/h)	扬程 /m	级数	功率 /kW	电泵效率 /%				
					QD	QX	Q	QY	QS
28	15	30	4	2.2	—	51.2	48.1	45.5	42.3
29			3						
30		28	2			50.3	47.2	44.7	41.4
31	20	21	3		—	52.8	49.6	46.9	43.5
32		20	2						
33	6	66	3	3	—	42.4	39.2	36.9	34.3
34		58	2		—	33.4	30.6	28.8	26.7
35	10	54	4		—	48.0	44.9	42.2	39.3
36		51	3		—	46.1	43.1	40.5	37.7
37		48	2		—	43.2	40.2	37.8	35.1
38	15	40	4		—	52.9	49.8	46.8	43.6
39		39	3		—	52.4	49.2	46.3	43.1
40		38	2		—	50.2	47.0	44.2	41.1
41	20	30	4		—	54.5	51.3	48.2	44.9
42			3						
43			2			54.2	50.9	47.9	44.6
44	25	26	3		—	55.6	52.2	49.1	45.7
45									
46	30	20	2		—	56.5	53.1	50.0	46.5
47	40	16			—	57.2	53.8	50.6	47.1
48	6	80	4	4	—	38.2	35.4	33.3	31.9
49		72	3		—	36.2	33.4	31.4	30.1
50	10	68	4		—	46.8	43.7	41.1	39.4

序号	流量 / (m³/h)	扬程 /m	级数	功率 /kW	电泵效率 /%				
					QD	QX	Q	QY	QS
51	10	60	3		—	45.6	42.5	40.0	38.3
52		56	2		—	42.4	39.3	37.0	35.4
53		52	4		—	53.0	49.9	47.0	45.0
54	15	51	3		—	51.5	48.3	45.5	43.6
55		48	2		—	48.7	45.5	42.8	41.1
56		40	4		—	55.2	51.8	48.8	46.8
57	20	40.5	3	4					
58		36	2		—	54.1	50.7	47.8	45.8
59		34	4		—	56.4	52.9	49.8	47.7
60	25	33	3						
61		32	2		—	56.3	52.8	49.7	47.7
62	30	27	3		—	57.3	53.8	50.7	48.6
63		26	2						
64		115	5		—	37.5	34.7	32.2	31.4
65	6	110	4		—	35.5	32.6	30.3	29.5
66		102	3		—	33.2	30.4	28.2	27.4
67		90	5		—	47.6	44.4	41.3	40.2
68	10	80	4	5.5	—	46.7	43.6	40.5	39.4
69		78	3		—	44.1	41.0	38.1	37.1
70		72	5		—	53.8	50.5	47.0	45.7
71	15	70	4		—	52.7	49.4	46.0	44.8
72		66	3		—	50.9	47.6	44.3	43.1
73		60	2		—	48.1	44.9	41.7	40.6

序号	流量 / (m³/h)	扬程 /m	级数	功率 /kW	电泵效率 /%				
					QD	QX	Q	QY	QS
74		55	5		—	56.6	53.2	49.5	48.2
75	20	54	4						
76			3		—	55.5	52.0	48.4	47.1
77		48	2		—	53.4	50.0	46.5	45.3
78		47	5						
79		46	4		—	57.8	54.2	50.5	49.1
80	25	45	3	5.5					
81		44	2		—	56.2	52.6	49.0	47.6
82			4						
83	30	36	3		—	58.7	55.2	51.4	50.0
84			2						
85			4		—	59.1	55.5	51.6	50.2
86	40	30	3		—	60.0	56.4	52.5	51.0
87			2		—	60.0	56.4	52.5	51.0
88		115	5		—	46.1	42.9	39.9	39.1
89		110	4			44.2	41.0	38.2	37.4
90	10	102	3		—	41.8	38.6	35.9	35.2
91		96	2			37.9	34.7	32.3	31.6
92		95	5	7.5	—	52.8	49.5	46.1	45.2
93		92	4			51.3	48.0	44.7	43.8
94	15	84	3		—	49.7	46.4	43.2	42.3
95		76	2			46.4	43.1	40.1	39.3
96	20	75	5		—	57.1	53.6	49.9	48.9

序号	流量/(m³/h)	扬程/m	级数	功率/kW	电泵效率/%				
					QD	QX	Q	QY	QS
97	20	72	4		—	56.2	52.7	49.1	48.1
98			3		—	54.1	50.6	47.2	46.2
99		66	2		—	51.5	48.0	44.7	43.8
100	25	64	5		—	58.6	54.9	51.2	50.1
101		62	4		—	58.1	54.5	50.8	49.8
102		60	3		—	57.6	53.9	50.2	49.2
103		58	2		—	55.0	51.4	47.9	46.9
104	30	50	5	7.5					
105		48	4		—	59.5	55.9	52.1	51.0
106			3						
107			2		—	58.0	54.4	50.7	49.7
108	40	40	4						
109			3		—	60.7	57.1	53.2	52.1
110			2						
111	50	36	3		—	60.7	57.1	53.2	52.1
112	80	22	2		—	61.4	57.8	53.9	52.8
113	15	110	5		—	51.9	48.5	45.2	44.6
114		104	4		—	50.5	47.2	44.0	43.4
115		102	3		—	47.7	44.4	41.4	40.8
116		98	2	9.2	—	43.6	40.2	37.5	37.0
117	20	90	5		—	56.5	53.0	49.4	48.8
118		88	4		—	55.0	51.5	48.0	47.4
119		84	3		—	53.2	49.7	46.3	45.7

序号	流量 /(m³/h)	扬程 /m	级数	功率 /kW	电泵效率 /%				
					QD	QX	Q	QY	QS
120	20	80	2		—	49.9	46.4	43.2	42.6
121		75	5		—	58.9	55.3	51.5	50.8
122	25	72	4		—	58.4	54.8	51.0	50.4
123			3		—	56.6	53.1	49.5	48.8
124		70	2		—	53.7	50.0	46.6	46.0
125		65	5	9.2	—	59.8	56.3	52.4	51.7
126	30	64	4						
127		63	3		—	59.2	55.6	51.8	51.1
128		60	2		—	55.5	52.0	48.4	47.8
129	40	50	5		—	61.1	57.4	53.5	52.8
130		48	4						
131	40	48	3		—	61.1	57.4	53.9	53.2
132			2		—	60.8	57.1	53.6	52.9
133		130	5		—	50.5	47.2	44.3	43.7
134	15	128	4		—	48.4	45.1	42.3	41.7
135		114	3		—	46.3	43.0	40.3	39.8
136		110	5		—	55.2	50.9	47.7	47.1
137	20	104	4	11	—	53.8	50.3	47.2	46.5
138		99	3		—	51.7	48.2	45.2	44.6
139		92	2		—	48.1	44.6	41.8	41.2
140		90	5		—	58.3	54.7	51.3	50.6
141	25	88	4		—	57.1	53.4	50.1	49.5
142		87	3		—	55.4	51.7	48.5	47.9
143		80	2		—	52.7	49.0	46.0	45.4

序号	流量 /(m³/h)	扬程 /m	级数	功率 /kW	电泵效率 /%				
					QD	QX	Q	QY	QS
144		80	5		—	59.8	56.3	52.8	52.1
145	30	72	4		—	59.8	56.2	52.7	52.0
146			3		—	58.3	54.8	51.4	50.7
147		70	2		—	55.5	52.0	48.7	48.1
148			5			—			
149	40	60	4	11	—	61.1	57.4	—	—
150			3			—			
151		68	2		—	58.6	54.9	—	—
152	50	50	4		—	61.9	58.3	—	—
153			3		—	61.9	58.3	—	—
154	80	33	3		—	61.8	58.2	—	—

注：表中转速均为同步转速 3000r/min。

表 7-3　QXL 和 QXR 型电泵的基本参数

序号	流量 /(m³/h)	扬程 /m		功率 /kW		电泵效率/%			
						同步转速 n=1500r/min		同步转速 n=3000r/min	
		QXL	QXR	QXL	QXR	QXL	QXR	QXL	QXR
1	6	10	12	0.55	0.75	—	—	25.5	21.9
2	10	7	8			—	—	29.1	24.5
3	6	13	17	0.75	1.1	—	—	26.4	22.5
4	10	9	11			—	—	30.4	27.7
5	15	7	8					33.0	27.8

序号	流量/(m³/h)	扬程/m		功率/kW		电泵效率/%			
						同步转速 n=1500r/min		同步转速 n=3000r/min	
		QXL	QXR	QXL	QXR	QXL	QXR	QXL	QXR
6	6	19	22	1.1	1.5	—	—	27.2	22.8
7	10	13	15			—	—	31.7	26.6
8	15	10	11	1.1	1.5	—	—	34.5	29.0
9	25	6	7			—	—	31.7	31.4
10	10	18	21	1.5	2.2	—	—	32.8	27.0
11	15	13	16			—	—	35.9	29.7
12	25	8	11			—	—	38.8	32.4
13	40	5.5	7			—	—	40.8	34.8
14	10	26	30	2.2	3	—	—	33.1	27.2
15	15	19	22			—	—	36.7	30.3
16	25	12	15			38.9	31.9	39.8	33.5
17	40	8	10			41.9	35.1	42.4	36.0
18	65	5.5	6			44.1	37.4	43.3	37.0
19	10	34	38	3	4	—	—	33.8	27.4
20	15	26	30			—	—	37.5	30.2
21	25	17	20			39.2	31.8	41.1	33.9
22	40	11	13			42.7	35.4	44.0	36.6
23	65	7	8			45.0	37.9	45.4	38.5
24	15	34	38	4	5.5	—	—	37.6	30.7
25	25	23	27			—	—	41.6	34.7
26	40	15	18			43.0	36.7	44.5	37.5
27	65	10	12			45.6	39.6	46.7	39.9
28	100	6	8			47.2	42.0	46.8	41.1

序号	流量 /(m³/h)	扬程 /m		功率/kW		电泵效率/%			
						同步转速 n=1500r/min		同步转速 n=3000r/min	
		QXL	QXR	QXL	QXR	QXL	QXR	QXL	QXR
29	15	45	52			—	—	38. 2	30. 4
30	25	31	36			—	—	42. 3	35. 3
31	40	21	25	5. 5	7. 5	44. 6	36. 6	45. 7	38. 0
32	65	13	16			47. 7	40. 1	48. 1	40. 5
33	100	9	11			49. 5	42. 5	48. 9	42. 6
34	25	40	42			—	—	42. 5	34. 4
35	40	29	30			126. 6	36. 9	46. 1	38. 1
36	65	18	20	7. 5	9. 2	48. 2	40. 2	48. 7	40. 7
37	100	12	14			50. 2	42. 8	50. 3	43. 0
38	160	8	9			51. 7	44. 8	50. 2	43. 4
39	25	48	50			39. 9	31. 7	42. 4	34. 2
40	40	35	36			44. 6	36. 3	46. 3	38. 0
41	65	23	24	9. 2	11	48. 1	39. 9	49. 0	40. 7
42	100	15	16			50. 5	42. 8	50. 7	43. 0
43	160	9. 5	10. 5			52. 1	44. 8	50. 9	43. 5
44	40	42	—			44. 0	—	46. 4	—
45	65	27	—	11	—	47. 8	—	49. 0	—
46	100	18	—			50. 4	—	50. 8	—
47	100	12	—			50. 5	—	50. 6	—

注：①当电泵为内装式或半内装式时，允许电泵效率下降0.02，总规定扬程允许
下降为 [1 - (0.02/电泵效率)] 倍的规定扬程。

②当电泵为屏蔽式时，允许电泵效率下降0.03。

标记示例：

规定流量为 25m³/h，规定总扬程为 24m，额定功率为 3kW，三相充水式 2 级上泵式小型潜水电泵，其标记为：

QS25 - 24/2 - 3

规定流量为 15m³/h，规定扬程为 10m，额定功率为 0.75kW，单相干式单级下泵式小型潜水电泵，其标记为：

QDX15 - 10 - 0.75

规定流量为 40m³/h，规定扬程为 45m，额定功率为 9.2kW，三相干式单级上泵内装式小型潜水电泵，其标记为：

QN40 - 45 - 9.2

7.1.2 中小型轴流泵

中小型轴流泵（GT/T9481 - 2006）用于输送清水或物理及化学性质类似于水的其他液体或含有少量固体颗粒的液体。

型号表示方法：

泵的型号由汉语拼音大写字母和阿拉伯数字等组成，具体如下：

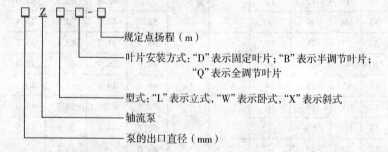

其规格型号见表 7 - 4。

表 7 - 4　中小型轴流泵规格型号

序号	型号	扬程 /m	流量/ (m³/h)	流量/ (L/s)	转速/ (r/min)	轴功率/ kW	效率/ %	必需汽蚀余量 NPSHP /m	比较数	名义叶轮直径 /mm
1	150ZLD - 5.5	3.45	209	58	2 880	4.1	75.9	6.1	700	130
2	150ZLD - 4.5	4.50	182	51	2 880	2.9	76.9	5.6	850	130
3	150ZLD - 3.1	3.12	187	52	2 880	2.1	77.2	5.8	1 000	130
4	150ZLD - 2.3	2.33	180	50	2 880	1.5	75.9	5.5	1 250	130
5	200ZLD - 6	6.00	288	80	2 920	5.9	79.2	7.7	800	170
6	200ZLD - 4	4.00	270	75	1 420	3.9	74.5	2.8	500	170
7	200ZLD - 2.3	2.27	230	64	1 420	1.9	75.5	2.6	700	170
8	200ZLD - 1.3	1.29	212	59	1 420	1.0	76.7	2.4	1 000	170
9	250ZLD - 5.7	5.67	439	122	1 440	8.8	76.7	4.0	500	215
10	250ZLD3.7	3.73	475	132	1 440	6.2	77.9	4.2	700	215
11	250ZLD - 3	3.01	472	131	1 440	4.9	78.5	4.2	850	215
12	250ZLD - 2.1	2.13	434	121	1 440	3.5	79.1	4.0	1 000	215
13	250ZLD - 1.6	1.59	405	113	1 440	2.3	76.7	3.8	1 250	215
14	300ZLD - 8.5	8.53	791	220	1 460	23.4	78.7	6.0	500	260
15	300ZLD - 6	6.00	612	170	1 460	12.6	79.3	5.1	600	260
16	300ZLD - 5.0	5.60	850	236	1 450	16.2	79.8	6.3	700	260
17	300ZLD - 4.3	4.35	729	202	1 460	10.7	80.3	5.7	800	260
18	300ZLD - 3.2	3.21	779	216	1 460	8.4	80.8	6.0	1 000	260
19	300ZLD - 2.5	2.50	720	200	1 460	6.2	79.4	5.7	1 200	260
20	350ZLD - 11.5	11.51	1 223	340	1 470	48.0	80.0	8.1	500	300
21	350ZLB - 10	10.00	972	270	1 470	33.2	79.8	7.0	500	300
22	350ZLD - 7.6	7.56	1 314	365	1 470	33.4	81.0	8.5	700	300

序号	型号	扬程 /m	流量/ (m³/h)	流量/ (L/s)	转速 / (r/min)	轴功率 / kW	效率/ %	必需汽蚀余量 NPSHP /m	比较数	名义叶轮直径 /mm
23	350ZLB – 6.1 350ZWB – 6.1	6.11	1 310	364	1 470	26.7	81.6	8.5	850	300
24	350ZLB – 4.3 350ZWB – 4.3	4.33	1 206	335	1 470	17.3	82.1	8.0	1 000	300
25	350ZLB – 1.6 350ZWB – 1.6	1.60	612	170	960	3.3	80.2	2.9	1 000	300
26	400ZLB – 10.4	10.44	1 585	440	1 200	55.9	80.6	7.4	500	350
27	400ZLB — 6.7	6.86	1 702	473	1 200	38.8	81.6	7.7	700	350
28	400ZLB – 5.5 400ZWB – 5.5	5.34	1 696	471	1 200	31.2	82.1	7.7	850	350
29	400ZLB – 3.9 400ZWB – 3.9	3.92	1 561	434	1 200	20.1	82.6	7.3	1 000	350
30	400ZLB – 2.5 400ZWB – 2.5	2.50	1 080	300	1 200	9.2	80.3	5.7	1 250	350
31	400ZLB – 1.6 400ZWB – 1.6	1.60	900	250	960	4.9	80.4	3.8	1 250	350
32	500ZLB – 10.5	10.51	2 400	667	980	84.2	81.6	7.4	500	430
33	500ZLB – 6.9	6.91	2 577	716	980	58.4	82.5	7.8	700	430
34	500ZLB – 5.6 500ZWB – 5.5	5.57	2 570	714	980	47.0	83.0	7.8	850	430
35	500ZLB – 3.6 500ZWB – 3.6	3.56	1 600	657	980	30.6	83.4	7.3	1 000	430

序号	型号	扬程/m	流量/(m³/h)	流量/(L/s)	转速/(r/min)	轴功率/kW	效率/%	必需汽蚀余量NPSHP/m	比较数	名义叶轮直径/mm
36	500ZLB－2.2 500ZWB－2.2	2.19	1 760	489	730	12.7	82.4	4.1	1 000	430
37	500ZLB－1.6 500ZWB－1.6	1.60	1 260	350	730	6.7	81.7	3.3	1 100	430
38	600ZLB－11.2	11.20	3 060	850	980	113.1	82.5	8.7	500	510
39	600ZLB－8.2	8.20	2 894	829	730	81.4	81.9	5.8	500	510
40	600ZLB－5.4 600ZWB－5.4	5.39	3 204	890	730	56.7	82.9	6.1	700	510
41	600ZL8－3.1 600ZWB－3.1	3.08	2 938	816	730	29.3	83.7	5.7	1 000	510
42	600ZLB－2.5 600ZWB－2.5	2.50	2 268	630	730	18.6	83.2	4.8	1 100	510
43	600ZLB－1.5 600ZWB－1.5	1.45	2 178	605	580	10.6	81.1	3.51	1 250	510
44	700ZLQ－11.4	11.36	4 857	1 349	730	180.1	83.4	8.0	500	600
45	700ZLQ－7.5	7.46	5 220	1 450	730	126.2	84.2	8.4	700	600
46	700ZLQ－6 700ZWQ－6	6.02	5 202	1 445	730	100.9	84.5	8.4	850	600
47	700ZLQ－4.3 700ZWQ－4.3	4.27	4 784	1 329	730	65.5	84.9	7.9	1 000	600
48	700ZLQ－3.2 700ZWQ－3.2	3.18	4 464	1 240	730	46.5	83.2	7.6	1 250	600

序号	型号	扬程/m	流量/		转速/(r/min)	轴功率/kW	效率/%	必需汽蚀余量NPSHP/m	比较数	名义叶轮直径/mm
			(m³/h)	(L/s)						
49	700ZLQ－2 700ZWQ－2	2.00	3 060	850	730	20.4	81.9	5.9	1 500	600
50	800ZLQ－9.5	9.48	5 868	1 630	580	181.4	83.5	6.7	500	690
51	800ZLQ－6.2 800ZWQ－6.2	6.23	6 300	1 750	580	126.8	84.3	7.0	700	690
52	800ZLQ－5 800ZWQ－5	5.03	6 286	1 746	580	101.7	84.7	7.0	850	690
53	800ZLQ－3.6 800ZWQ－3.6	3.56	5 782	1 606	580	65.9	85.1	6.6	1 000	690
54	800ZLQ－1.9 800ZWQ－1.9	1.90	4 558	1 266	490	28.4	82.9	4.5	1 250	690
55	900ZLQ－11.2	11.20	7 538	2 094	580	273.4	84.1	7.9	500	750
56	900ZLQ－7.4	7.36	8 100	2 250	580	191.0	84.9	8.3	700	750
57	900ZLQ－5.9 900ZWQ－5.9	5.94	8 073	2 243	580	153.1	85.3	8.3	850	750
58	900ZLQ－2.1 900ZWQ－2.1	2.11	5 672	1 576	490	39.1	83.3	5.3	1 250	750
59	1000ZLQ－10.7	10.75	9 937	2 760	490	343.8	84.6	7.6	500	870
60	1000ZLQ－6.9	6.90	10 317	2 866	490	228.1	85.3	8.0	700	870
61	1000ZLQ－5.7 1000ZWQ－5.7	5.70	10 643	2 957	490	192.6	85.8	7.9	850	870
62	1000ZLQ－4 1000ZWQ－4	4.04	9 791	2 720	490	125.1	86.1	7.5	1 000	870

序号	型号	扬程/m	流量/ (m³/h)	流量/ (L/s)	转速/ (r/min)	轴功率/ kW	效率/ %	必需汽蚀余量 NPSHP /m	比较数	名义叶轮直径/mm
63	1000ZLQ – 3 / 1000ZWQ – 3	3.01	9 130	2536	490	88.0	84.6	7.2	1 250	870
64	1000ZLQ – 2.5 / 1000ZWQ – 2.5	2.50	7 920	2 200	490	64.0	84.3	6.5	1 300	870
65	1000ZLQ – 1.6 / 1000ZWQ – 1.6	1.60	6 120	1 700	490	32.2	82.7	5.5	1 600	870

注：①表中所列数值为规定点的数值。

②出口直径250mm、300mm 和 700～1 000mm 的轴流泵，叶片也可做成半调节，表中未列出。

③如果规定流量时的泵出口流速不超过 4m/s，允许叶轮直径加大，但泵的性能仍应符合表中基本参数的要求。

④表中所列基本参数也适用于斜式轴流泵。

7.1.3 离心油泵

离心油泵（JB/T 8095—1999）的型式为卧式，壳体采用径向剖分、支承形式为中心支承，吸入口和排出口法兰方向垂直向上。具体可分为下列三种型式。

①单级单吸、单级双吸和两级单吸悬臂式。

②单级双吸、两级单吸和两级双吸两端支承式。

③多级单吸和多级双吸节段式。

单级离心油泵型号表示方法：

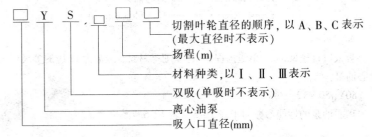

标记示例：

吸入口直径 100mm、单级扬程 60m、第Ⅰ类材料、叶轮直径经 A 次（第 1 次）切割的单级单吸离心油泵：

100Y_Ⅰ60A

两级离心油泵型号表示方法：

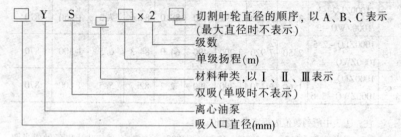

标记示例：

吸入口直径 250mm、单级扬程 150m、第Ⅱ类材料、叶轮直径经 B 次（第 2 次）切割的两级双吸离心油泵：

250YS_Ⅱ150×2B

多级离心油泵型号表示方法：

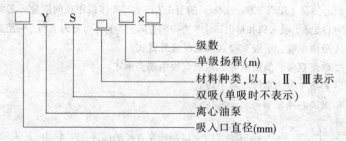

标记示例：

吸入口直径 80mm、单级扬程 50m、第Ⅲ类材料、级数为 12 级的多级单吸离心油泵：

80Y_Ⅲ50×12

离心油泵的性能参数列于表 7－5～表 7－6。

表7-5 单级、两级离心油泵基本参数

型号	流量 $Q/$		扬程 H /m	转速 n / (r/min)	比转速 n_S
基本参数	(m^3/h)	(L/S)			
40Y40×2	6.25	1.74	80		28
50Y60	12.5	3.47	60		29
50Y60×2			120		
65Y60	25	6.94	60		42
65Y100			100		28
65Y100×2			200		
80Y60	50	13.9	60		59
80Y100			100		40
80Y100×2			200		
100Y60	100	27.8	60	2 950	83
100Y120			120		49
100Y120×2			240		
150Y75	180	50	75		94
150Y150			150		56
150Y150×2			300		
200Y75	300	83.3	75		122
200Y150			150		73
200Y150×2			300		
250YS75	500	138.9	75		111
250YS150			150		66
250YS150×2			300		

注：①150Y150×2、200Y150×2、250YS150 和 250YS150×2 为两端支承式，其余型号为悬臂式。

②油泵从驱动端看，为逆时针方向旋转。

③油泵的效率应符合 GB/T 13007 的规定。

④汽蚀余量应符合 GB/T 13006 的规定。

⑤表中所列性能参数为输送常温清水时设计点的数值。

⑥性能参数的检验和偏差应符合 GB/T 3216 的规定。

表7-6 多级离心油泵基本参数

基本参数 型号	流量 Q/		扬程 H /m	转速 n / (r/min)	比转速 n_S
	(m³/h)	(L/S)			
40Y25×4			100		
40Y25×5			125		
40Y25×6			150		
40Y25×7			175		
40Y25×8			200		40
40Y25×9			225		
40Y25×10			250		
40Y25×11			275		
40Y25×12	6.25	1.74	300		
40Y35×4			140		
40Y35×5			175		
40Y35×6			210		
40Y35×7			245		
40Y35×8			280	2 950	31
40Y35×9			315		
40Y35×10			350		
40Y35×11			385		
40Y35×12			420		
50Y25×4			100		
50Y25×5			125		
50Y25×6			150		
50Y25×7			175		
50Y25×8	12.5	3.47	200		57
50Y25×9			225		
50Y25×10			250		
50Y25×11			275		
50Y25×12			300		

基本参数 型号	流量 Q/		扬程 H	转速 n	比转速
	(m³/h)	(L/S)	/m	/(r/min)	n_S
50Y35×4			140		
50Y35×5			175		
50Y35×6			210		
50Y35×7			245		
50Y35×8			280		44
50Y35×9			315		
50Y35×10			350		
50Y35×11			385		
50Y35×12	12.5	3.47	420		
50Y50×5			250		
50Y50×6			300		
50Y50×7			350		
50Y50×8			400		34
50Y50×9			450		
50Y50×10			500		
50Y50×11			550		
50Y50×12			600	2 950	
65Y50×5			250		
65Y50×6			300		
65Y50×7			350		
65Y50×8			400		48
65Y50×9	25	6.94	450		
65Y50×10			500		
65Y50×11			550		
65Y50×12			600		
80Y50×5			250		
80Y50×6			300		
80Y50×7			350		
80Y50×8	45	12.5	400		64
80Y50×9			450		
80Y50×10			500		
80Y50×11			550		
80Y50×12			600		

基本参数 型号	流量 Q/ (m^3/h)	(L/S)	扬程 H /m	转速 n / (r/min)	比转速 n_S
100Y67×5			335		
100Y67×6			402		
100Y67×7	80	22.2	469		69
100Y67×8			536		
100Y67×9			603		
150Y67×5			335		
150Y67×6			402		
150Y67×7	150	41.7	469	2 950	94
150Y67×8			536		
150Y67×9			603		
200Y100×4			400		
200Y100×5	280	77.8	500		95
200Y100×6			600		
205YS100×4			400		
205YS100×5	450	125	500		双吸 85
205YS100×6			600		单吸 120

注：①油泵从驱动端看，为逆时针方向旋转。
②油泵的效率应符合 GB/T 13007 的规定。
③汽蚀余量应符合 GB/T 13006 的规定。
④表中所列性能参数为输送常温清水时设计点的数值。
⑤性能参数的检验和偏差应符合 GB/T 3216 的规定。

7.1.4 单螺杆泵

单螺杆泵（JB/T8644—2007）分为标准卧式、直联式、立式三种。

适用于输送清洁的或含有固体颗粒及纤维的水状、糊状直至高黏度腐蚀性和非腐蚀性介质的单螺杆泵。

型号表示方法：

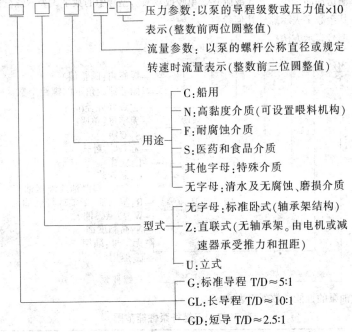

压力参数:以泵的导程级数或压力值×10
表示(整数前两位圆整值)

流量参数:以泵的螺杆公称直径或规定
转速时流量表示(整数前三位圆整值)

C:船用

N:高黏度介质(可设置喂料机构)

F:耐腐蚀介质

用途 —— S:医药和食品介质

其他字母:特殊介质

无字母:清水及无腐蚀、磨损介质

无字母:标准卧式(轴承架结构)

型式 —— Z:直联式(无轴承架。由电机或减
速器承受推力和扭距)

U:立式

G:标准导程 T/D≈5:1

GL:长导程 T/D≈10:1

GD:短导 T/D≈2.5:1

7.1.5 三螺杆泵

三螺杆泵(GB/T 10886—2002)适用于输送不含固体颗粒,温度为 0～150℃、黏度为 3～760mm²/s 的润滑油、液压油、柴油、重油(燃料油)或性质类似润滑油的三螺杆泵。

①三螺杆泵按规定可以制成下列几种型式:

a. 单吸卧底座式。

b. 单吸卧端盘式。

c. 单吸立悬挂式。

d. 单吸立柱脚式。

e. 单吸立壁挂式。

f. 双吸卧底座式。

g. 双吸立柱脚式。

②三螺杆泵的型号:型号中的大写汉语拼音字母分别表示螺杆泵、用

途、输送油品种类、立式或卧式、单吸或双吸。型号中的数字3表示螺杆根数,其余数字表示螺杆几何参数。

型号表示方法:

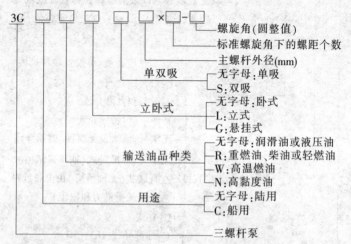

油泵的性能参数列于表7-7。

表7-7 三螺杆泵性能范围

泵吸入方式	流量 $Q/(\text{m}^3/\text{h})$	压力 p/MPa	轴功率 P/kW	必需汽蚀余量 NPSHR/m
单吸	0.5~380	0.6~16	0.25~602	3~10
双吸	69~760	0.6~2.5	16.3	3~10

型号标记示例:

螺杆螺旋角为46°、螺距个数为4、主螺杆外径为25mm、输送油品为润滑油或液压油、单吸卧式陆用三螺杆泵,标记为:

3G25×4-46

螺杆螺旋角为38°、螺距个数为2、主螺杆外径为100mm、输送油品为润滑油或液压油、双吸立式船用三螺杆泵,标记为:

3GCLS100×2-38

7.1.6 离心式渣浆泵

离心式渣浆泵(JB/T 8096—1998)适用于输送含有悬浮固体颗粒(如

精矿、尾矿、灰渣、煤泥、泥沙、砂砾等）的液体。离心式渣浆泵为单级、单吸、轴向吸入，按壳体结构和泵轴方向分为以下三种结构：双壳体（同时具有内壳和外壳）卧式；单壳体立式或卧式。其型号代号见表6-9。

型号标记示例：

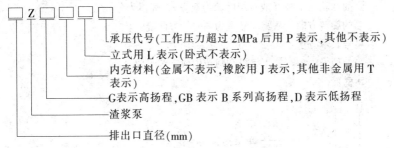

承压代号(工作压力超过2MPa后用P表示,其他不表示)

立式用L表示(卧式不表示)

内壳材料(金属不表示,橡胶用J表示,其他非金属用T表示)

G表示高扬程,GB表示B系列高扬程,D表示低扬程

渣浆泵

排出口直径(mm)

排出口直径为40mm、高扬程、卧式，用于串联第二级的金属内壳离心式渣浆泵，标记为：

40ZGS2

排出口直径为80mm、低扬程、立式、离心渣浆泵，标记为：

80ZDL

表7-8　离心式渣浆泵型号代号

25ZD，25ZDJ，25ZDT，25ZDL	150ZG，150ZGJ，150ZGT
40ZD，40ZDJ，40ZDT，40ZDL	200ZD，200ZD，200ZDJ，200ZDT，200ZDL
40ZG，40ZGJ，40ZGT	200ZG，200ZGJ，200ZGT
50ZD，50ZDJ，50ZDT，50ZDL	250ZD，250ZDJ，250ZDT
50ZG，50ZGJ，50ZGT	250ZG，250ZGJ，250ZGT
80ZD，80ZDJ，80ZDT，80ZDL	300ZDJ，300ZDT
80ZG，80ZGJ，80ZDT	300ZGJ，300ZGT
100ZD，100ZDJ，100ZDT，100ZDL	65ZGB，80ZGB，100ZGB
150ZG，100ZGJ，100ZGT	150ZGB，200ZGB，250ZGB
150ZD，150ZDJ，150ZDT，150ZDL	300ZGB

7.1.7　多级离心泵

多级离心泵（JB/T1051—2006）适用于输送清水或物理及化学性质类

似于水、或含少量半悬浮固相的其他液体的多级离心泵。被输送液体的温度一般不高于80℃，输送锅炉给水的温度不高于120℃。

型式：

泵为多级卧式。

泵的叶轮为单吸（或首级叶轮为双吸），壳体为分段式。

泵的旋转方向：从驱动端看为顺时针方向旋转。

型号表示方法：

泵的型号由大写拉丁字母和阿拉伯数字等组成。

D 型泵：

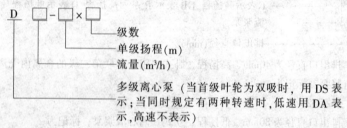

标记示例：

流量 46m³/h、单级扬程 30m、级数为 10 级的多级离心泵，其标记为：

DG46 – 30 × 10

DG 型泵：

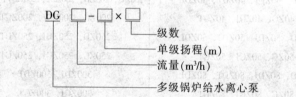

标记示例：

流量 46m³/h、单级扬程 50m、级数为 12 段的多级锅炉给水离心泵，其标记为：

DG46 – 50 × 12

基本参数：泵的基本参数应符合表 7 – 9 的规定，表 7 – 9 中基本参数为常温清水时规定点的性能值。

表7-9 多级离心泵基本参数

序号	泵型号	流量 Q/		扬程 H/m	转速 n/(r/min)	比转速 n_s
		(m³/h)	(L/s)			
1	D6-25×2 DG6-25×2			50		
2	D6-25×3 DG6-25×3			75		
3	D6-25×4 DG6-25×4			100		
4	D6-25×5 DG6-25×5			125		
5	D6-25×6 DG6-25×6			150		
6	D6-25×7 DG6-25×7	6.3	1.75	175	2950	40
7	D6-25×8 DG6-25×8			200		
8	D6-25×9 DG6-25×9			225		
9	D6-25×10 DG6-25×10			250		
10	D6-25×11 DG6-25×11			275		
11	D6-25×12 DG6-25×12			300		
12	D10-40×2 DG10-40×2			80		
13	D10-40×3 DG10-40×3			120		
14	D10-40×4 DG10-40×4	10	2.78	160	2950	35
15	D10-40×5 DG10-40×5			200		
16	D10-40×6 DG10-40×6			240		

序号	泵型号	流量 Q/		扬程 H /m	转速 n/ (r/min)	比转速 n_s
		(m³/h)	(L/s)			
17	D10 – 40 × 7 DG10 – 40 × 7			280		
18	D10 – 40 × 8 DG10 – 40 × 8			320		
19	D10 – 40 × 9 DG10 – 40 × 9	10	2. 78	360	2950	35
20	D10 – 40 × 10 DG10 – 40 × 10			400		
21	D12 – 25 × 2 DG12 – 25 × 2			50		
22	D12 – 25 × 3 DG12 – 25 × 3			75		
23	D12 – 25 × 4 DG12 – 25 × 4			100		
24	D12 – 25 × 5 DG12 – 25 × 5			125		
25	D12 – 25 × 6 DG12 – 25 × 6			150		
26	D12 – 25 × 7 DG12 – 25 × 7			175		57
27	D12 – 25 × 8 DG12 – 25 × 8	12. 5	3. 47	200	2950	
28	D12 – 25 × 9 DG12 – 25 × 9			225		
29	D12 – 25 × 10 DG12 – 25 × 10			250		
30	D12 – 25 × 11 DG12 – 25 × 11			275		
31	D12 – 25 × 12 DG12 – 25 × 12			300		
32	D12 – 50 × 4 DG12 – 50 × 4			200		34
33	D12 – 50 × 5 DG12 – 50 × 5			250		

序号	泵型号	流量 Q/		扬程 H /m	转速 n/ (r/min)	比转速 n_s
		(m³/h)	(L/s)			
34	D12 - 50 × 6 DG12 - 50 × 6			300		
35	D12 - 50 × 7 DG12 - 50 × 7			350		
36	D12 - 50 × 8 DG12 - 50 × 8			400		
37	D12 - 50 × 9 DG12 - 50 × 9	12. 5	3. 47	450	2950	34
38	D12 - 50 × 10 DG12 - 50 × 10			500		
39	D12 - 50 × 11 DG12 - 50 × 11			550		
40	D12 - 50 × 12 DG12 - 50 × 12			600		
41	D18 - 8 × 2 DA18 - 8 × 2			16		
42	D18 - 8 × 3 DA18 - 8 × 3			24		
43	D18 - 8 × 4 DA18 - 8 × 4			32		
44	D18 - 8 × 5 DA18 - 8 × 5	18	5	40	2950 (D 型) 1450 (DA 型)	160 79
45	D18 - 8 × 6 DA18 - 8 × 6			48		
46	D18 - 8 × 7 DA18 - 8 × 7			56		
47	D18 - 8 × 8 DA18 - 8 × 8			64		
48	D18 - 8 × 9 DA18 - 8 × 9			72		
49	D25 - 30 × 4 DG25 - 30 × 4	25	6. 95	120	2950	70
50	D25 - 30 × 5 DG25 - 30 × 5			150		

序号	泵型号	流量 Q/		扬程 H /m	转速 n/ (r/min)	比转速 n_s
		(m³/h)	(L/s)			
51	D25 - 30 × 6 DG25 - 30 × 6			180		
52	D25 - 30 × 7 DG25 - 30 × 7			210		
53	D25 - 30 × 8 DG25 - 30 × 8			240		70
54	D25 - 30 × 9 DG25 - 30 × 9			270		
55	D25 - 30 × 10 DG25 - 30 × 10			300		
56	D25 - 50 × 4 DG25 - 50 × 4			200		
57	D25 - 50 × 5 DG25 - 50 × 5			250		
58	D25 - 50 × 6 DG25 - 50 × 6	25	6.95	300	2950	
59	D25 - 50 × 7 DG25 - 50 × 7			350		
60	D25 - 50 × 8 DG25 - 50 × 8			400		48
61	D25 - 50 × 9 DG25 - 50 × 9			450		
62	D25 - 50 × 10 DG25 - 50 × 10			500		
63	D25 - 50 × 11 DG25 - 50 × 11			550		
64	D25 - 50 × 12 DG25 - 50 × 12			600		
65	D33 - 12 × 2 DA33 - 12 × 2			24	2950 (D 型) 1450 (DA 型)	160 79
66	D33 - 12 × 3 DA33 - 12 × 3	33	9.15	36		
67	D33 - 12 × 4 DA33 - 12 × 4			48		

序号	泵型号	流量 Q/		扬程 H /m	转速 n/ (r/min)	比转速 n_s
		(m³/h)	(L/s)			
68	D33 – 12 × 5 DA33 – 12 × 5			60		
69	D33 – 12 × 6 DA33 – 12 × 6			72	2950 (D 型) 1450 (DA 型)	160 79
70	D33 – 12 × 7 DA33 – 12 × 7	33	9. 15	84		
71	D33 – 12 × 8 DA33 – 12 × 8			96		
72	D33 – 12 × 9 DA33 – 12 × 9			106		
73	D46 – 30 × 4 DG46 – 30 × 4			120		
74	D46 – 30 × 5 DG46 – 30 × 5			150		
75	D46 – 30 × 6 DG46 – 30 × 6			180		
76	D46 – 30 × 7 DG46 – 30 × 7			210		95
77	D46 – 30 × 8 DG46 – 30 × 8			240		
78	D46 – 30 × 9 DG46 – 30 × 9	46	12. 8	270	2950	
79	D46 – 30 × 10 DG46 – 30 × 10			300		
80	D46 – 50 × 4 DG46 – 50 × 4			200		
81	D46 – 50 × 5 DG46 – 50 × 5			250		
82	D46 – 50 × 6 DG46 – 50 × 6			300		65
83	D46 – 50 × 7 DG46 – 50 × 7			350		
84	D46 – 50 × 8 DG46 – 50 × 8			400		

序号	泵型号	流量 Q/		扬程 H/m	转速 n/(r/min)	比转速 n_s
		(m³/h)	(L/s)			
85	D46 - 50 × 9 DG46 - 50 × 9			450		
86	D46 - 50 × 10 DG46 - 50 × 10			500		
87	D46 - 50 × 11 DG46 - 50 × 11	46	12.8	550	2950	65
88	D46 - 50 × 12 DG46 - 50 × 12			600		
89	D54 - 16 × 2 DA54 - 16 × 2			32		
90	D54 - 16 × 3 DA54 - 16 × 3			48		
91	D54 - 16 × 4 DA54 - 16 × 4			64		
92	D54 - 16 × 5 DA54 - 16 × 5			80	2950 （D 型）	165
93	D54 - 16 × 6 DA54 - 16 × 6	54	15	96	1450 （DA 型）	81
94	D54 - 16 × 7 DA54 - 16 × 7			112		
95	D54 - 16 × 8 DA54 - 16 × 8			128		
96	D54 - 16 × 9 DA54 - 16 × 9			144		
97	D85 - 45 × 2			90		
98	D85 - 45 × 3			135		
99	D85 - 45 × 4			180		
100	D85 - 45 × 5			225		
101	D85 - 45 × 6	85	23.6	270	2950	95
102	D85 - 45 × 7			315		
103	D85 - 45 × 8			360		
104	D85 - 45 × 9			405		

序号	泵型号	流量 Q/		扬程 H /m	转速 n/ (r/min)	比转速 n_s
		(m³/h)	(L/s)			
105	D85 - 67 × 4 DG85 - 67 × 4			268		
106	D85 - 67 × 5 DG85 - 67 × 5			335		
107	D85 - 67 × 6 DG85 - 67 × 6	85	23.6	402	2950	70
108	D85 - 67 × 7 DG85 - 67 × 7			469		
109	D85 - 67 × 8 DG85 - 67 × 8			536		
110	D85 - 67 × 9 DG85 - 67 × 9			603		
111	D100 - 20 × 2 DA100 - 20 × 2			40		
112	D100 - 20 × 3 DA100 - 20 × 3			60		
113	D100 - 20 × 4 DA100 - 20 × 4			80		
114	D100 - 20 × 5 DA100 - 20 × 5	100	27.8	100	2950 (D型) 1450 (DA型)	190 93
115	D100 - 20 × 6 DA100 - 20 × 6			120		
116	D100 - 20 × 7 DA100 - 20 × 7			140		
117	D100 - 20 × 8 DA100 - 20 × 8			160		
118	D100 - 20 × 9 DA100 - 20 × 9			180		
119	D155 - 30 × 2			60		
120	D155 - 30 × 3	155	43	90	1480	87
121	D155 - 30 × 4			120		
122	D155 - 30 × 5			150		

序号	泵型号	流量 Q/		扬程 H /m	转速 n/ (r/min)	比转速 n_s
		(m³/h)	(L/s)			
123	D155 − 30 × 6			180		
124	D155 − 30 × 7			210		
125	D155 − 30 × 8			240	1480	87
126	D155 − 30 × 9			270		
127	D155 − 30 × 10			300		
128	D155 − 67 × 4 DG155 − 67 × 4			268		
129	D155 − 67 × 5 DG155 − 67 × 5	155	43	335		
130	D155 − 67 × 6 DG155 − 67 × 6			402		
131	D155 − 67 × 7 DG155 − 67 × 7			469	2950	95
132	D155 − 67 × 8 DG155 − 67 × 8			536		
133	D155 − 67 × 9 DG155 − 67 × 9			603		
134	D280 − 43 × 2			86		
135	D280 − 43 × 3			129		
136	D280 − 43 × 4			172		
137	D280 − 43 × 5			215		
138	D280 − 43 × 6			258		90
139	D280 − 43 × 7			301		
140	D280 − 43 × 8	280	78	344	1480	
141	D280 − 43 × 9			387		
142	D280 − 65 × 5			325		
143	D280 − 65 × 6			390		65
144	D280 − 65 × 7			455		
145	D280 − 65 × 8			520		

序号	泵型号	流量 Q/		扬程 H /m	转速 n/ (r/min)	比转速 n_s
		（m³/h）	（L/s）			
146	D280－65×9	280	78	585		65
147	D280－65×10			650		
148	D450－60×3			180		
149	D450－60×4			240		
150	D450－60×5			300		
151	D450－60×6	450	125	360		89
152	D450－60×7			420		
153	D450－60×8			480	1480	
154	D450－60×9			540		
155	D450－60×10			600		
156	DS720－80×3			230		
157	DS720－80×4			310		
158	DS720－80×5	720	200	390		70（双吸）
159	DS720－80×6			470		90（单吸）
160	DS720－80×7			550		
161	DS720－80×8			630		

7.1.8 单级双吸离心泵

单级双吸离心泵（JB/T1050—2006）适用于输送温度不高于80℃的清水或物理及化学性质类似于水的、或有腐蚀性及固体颗粒含量较少的其他液体的单级双吸离心泵（以下简称泵）。

型式：

泵按结构型式分为：

①单级双吸卧式，壳体为水平中开；

②单级双吸立式，壳体为中开。

型号表示方法：

泵的型号由大写拉丁字母和阿拉伯数字等组成。

S型泵：

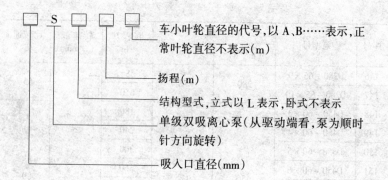

车小叶轮直径的代号,以 A、B……表示,正常叶轮直径不表示(m)

扬程(m)

结构型式,立式以 L 表示,卧式不表示

单级双吸离心泵(从驱动端看,泵为顺时针方向旋转)

吸入口直径(mm)

标记示例:

吸入口直径 300mm、扬程 32m、卧式、正常叶轮直径的单级双吸离心泵,其标记为:

300S32

吸入口直径 500mm、扬程 22m、立式、正常叶轮直径的单级双吸离心泵,其标记为:

500SL22

Sh 型泵:

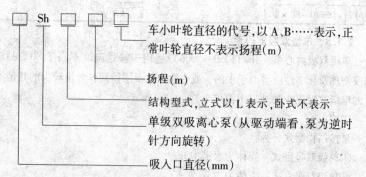

车小叶轮直径的代号,以 A、B……表示,正常叶轮直径不表示扬程(m)

扬程(m)

结构型式,立式以 L 表示,卧式不表示

单级双吸离心泵(从驱动端看,泵为逆时针方向旋转)

吸入口直径(mm)

基本参数:应符合表 7－10 的规定,表 7－10 中基本参数为常温清水时规定点的性能值。

表 7-10 单级双吸离心泵基本参数

序号	泵型号	流量 Q/		扬程 H /m	转速 n /(r/min)	比转速 n_s
		(m^3/h)	(L/s)			
1	150S50 150Sh50	160	44.5	50		84
2	150S78 150Sh78			78		60
3	200S42 200Sh42			42	2900	127
4	200S63 200Sh63	280	78	63		93
5	200S95 200Sh95			95		69
6	250S14 250Sh14			14		190
7	250S24 250Sh24	485	134.5	24	1450	127
8	250S39 250Sh39			39		88
9	250S65 250Sh65			65		60
10	300S12 300Sh12			12		272
11	300S19 300Sh19			19		192
12	300S32 300Sh32	790	219	32		130
13	300S58 300Sh58			58	1450	84
14	300S90 300Sh90			90		60
15	300S16 300Sh16	1260	351	16		278
16	300S26 300Sh26			26		192

序号	泵型号	流量 Q/		扬程 H/m	转速 n/(r/min)	比转速 n_s
		(m³/h)	(L/s)			
17	350S44 350Sh44			44		130
18	350S75 350Sh75	1260	351	75	1450	87
19	350S125 350Sh125			125		59
20	500S13 500Sh13			13		274
21	500S22 500Sh22			22		184
22	500S35 500Sh35	2020	561	35		130
23	500S59 500Sh59			59		88
24	500S98 500Sh98			98	970	60
25	600S22 600Sh22			22		230
26	600S32 600Sh32			32		175
27	600S47 600Sh47	3170	880	47		130
28	600S75 600Sh75			75		92
29	600S100			100		75
30	800S22			22		228
31	800S32 800Sh32	5500	1525	32	730	175
32	800S47			47		129
33	800S76			76		90
34	1000S22			22		224
35	1000S31	8250	2290	31	585	175
36	1000S46			46		130

序号	泵型号	流量 Q/		扬程 H /m	转速 n /(r/min)	比转速 n_s
		（m³/h）	（L/s）			
37	1200S24 1200Sh24	12500	3472	23.5	485	220
38	1200S35			35		160
39	1400S15	18000	5000	14.8	360	276
40	1400S22			22		204
41	1400S30			30	485	220

7.1.9 离心式潜污泵

离心式潜污泵（JB/T8857—2011）适用于输送液体中含有非磨蚀性固体颗粒、纤维、污染物（如城市生活污水、化学工业废水等）的泵。

这种型式的泵分为单级、单吸、立式，泵与电动机共轴，泵组可长期潜入液下工作，也可在干式安装条件下工作。

泵按所输送的介质的排出方式，分为三种基本形式。

①外装式：所输送液体直接从泵体外接排出管排出，出口中心线与泵轴线呈90°，如图 7-1 所示。

②内装式：所输送液体由与机组外壳和电动机外壳之间环形流道排出，出口中心线与轴线平行，如图 7-2 所示。

③半内装式：所输送液体由与电动机外壳连接的管路中排出，出口中心线与轴线平行，如图 7-3 所示。

三种形式泵对液体排出方式示意图如下所示：

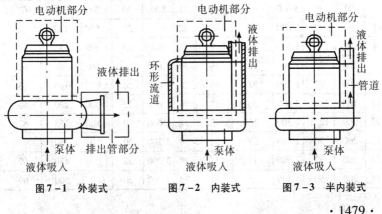

图 7-1　外装式　　　　图 7-2　内装式　　　　图 7-3　半内装式

离心式潜污泵型号的表示方法:

泵型号的标记用汉语拼音字母和阿拉伯数字表示。

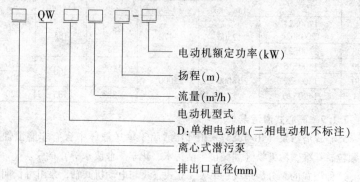

表7-11 离心式潜污泵基本参数

序号	流量Q/(m³/h)	扬程H/m	同步转速n/(r/min)	电动机额定功率/kW	机组效率η_{gr}/%	序号	流量Q/(m³/h)	扬程H/m	同步转速n/(r/min)	电动机额定功率/kW	机组效率η_{gr}/%
1	25	8	3 000	1.1	36	16	400	12.5	1 000	30	57
2	25	12.5	3 000	2.2	39	17	400	20	1 500	45	58
3	25	20	3 000	4	40	18	400	32	1 500	75	59
4	50	8	1 500	3	43	19	400	50	1 500	110	59
5	50	12.5	1 500	4	44	20	800	12.5	1 000	55	59
6	50	20	3 000	7.5	45	21	800	20	1 000	75	62
7	50	32	3 000	11	45	22	800	32	1 500	110	62
8	100	12.5	1 500	7.5	48	23	800	50	1 500	185	62
9	100	20	1 500	15	49	24	1 600	12.5	750	90	62
10	100	32	1 500	22	46	25	1 600	20	1 000	160	63
11	100	50	3 000	30	51	26	1 600	32	1 000	220	66
12	200	12.5	1 500	15	53	27	1 600	50	1 500	355	67
13	200	20	1 500	22	54	28	3 200	20	750	280	68
14	200	32	1 500	37	54	29	3 200	32	1 000	450	69
15	200	50	1 500	55	51	30	5 800	20	600	500	69

标记示例：

排出口径为200mm，设计点流量为400m³/h，扬程为20m。三相电动机额定功率为45kW的离心式潜污泵，标记为：

200QW400 - 20 - 45

7.1.10 长轴离心深井泵

长轴离心深井泵（JB/T3564—2006）适用于从水井中提水的长轴离心深井泵（以下简称"泵"）。泵的井下部分最大外径不大于700mm，最大井深度不大于200m。

其型号及参数见表7-12。

表7-12　长轴离心深井泵的型号及参数

序号	型号	流量 Q/		单级扬程 H_1 /m	级数 l	转速 n / (r/min)	井下部分最大外径 /mm	扬水管外径 /mm	比转速 n_s
		(m³/m)	(L/s)						
1	100JC5 - 4.2	5	1.39	4.20	10~50	2940	92	76	136
2	100JC5 - 7.14			7.14		2850			89
3	100JC10 - 3.8	10	2.78	3.80	10~40	2940			207
4	100JC10 - 7.14			7.14		2850			126
5	150JC10 - 9			9.0	5~26	2940	142	89	110
6	150JC18 - 10.5	18	5.00	10.50	3~22				130
7	150JC30 - 9.5	30	8.33	9.50	3~21			144	180
8	150JC50 - 8.5	50	13.88	8.50	3~11				254
9	200JC30 - 18	30	8.33	18.0	2~12				110
10	200JC50 - 18	50	13.88		2~8			127	145
11	200JC63 - 18	63	17.50	12.0	2~12	2850	182		213
12	200JC80 - 16	80	22.22	16.0	2~6	2940		159	200
13	200JC40 - 4	40	11.11	4.0	5~20			114	
14	250JC80 - 8	80	22.22	8.0	3~15	1460	232	159	167
15	250JC130 - 8	130	36.11		4~12			194	212
16	300JC130 - 12	130	36.11	12.0	2~13			194	157
17	300JC180 - 10	180	50.00	10.0	3~13	1460	285		212
18	300JC30 - 10.5	210	58.33	10.50	2~10			219	220

序号	型号	流量 Q/		单级扬程 H₁ /m	级数 l	转速 n / (r/min)	井下部分最大外径 /mm	扬水管外径 /mm	比转速 n_s
		(m³/m)	(L/s)						
19	300JC300 – 12	300	83.33	12.0	2~10		335	245	226
20	300JC340 – 14	340	94.94	14.0	2~6	1460			226
21	400JC450 – 17.5	450	125.00	17.50	2~7		382	273	220
22	400JC550 – 17	550	152.77	17.0	2~5				250
23	500JC750 – 20	750	208.33	20.0	1~4		460	377	257
24	500JC900 – 23	900	250.00	23.0	1~4	1460	460	377	253
25	750JC1000 – 15	1000	277.78	15.0		980	600		247
26	750JC1200 – 20	1200	333.33	20.0			700	478	218
27	750JC1300 – 45	1300	361.11	45.0	1~3	1485	600		187
28	750JC1500 – 24	1500	416.00	24.0		980	700		213

注：①表中的流量、单级扬程为泵工作部件的数值，它不包括扬水管内的损失。

②表中的级数为推荐范围值，也可根据需要确定。

标记示例：

最小井径为 200mm，流量为 80m³/h，单级扬程为 16m 的长轴离心深井泵，其标记为：200JC80 – 16。

最小井径为 200mm，流量为 80m³/h，单级扬程为 16m，4 级的长轴离心深井泵，其标记为：200JC80 – 16×4。

7.1.11 微型离心泵

微型离心泵（JB/T 5415—2000）适用于轴向吸入卧式与电动机共轴的微型离心泵。泵配套电动机功率不大于 1 500W，最高工作压力 0.6MPa，最高工作温度 60℃，输送工农业用水、饮用水或物理、化学性能与之类似的介质。

微型离心泵的型式如图 7-4、图 7-5 所示。泵的吸入、排出口可以是法兰型式，符合 GB/T 2555 的规定（图 7-4）；也可以是内螺纹连接型式，符合 GB/T 1415 的规定（图 7-5）；还可以采用其他连接方式，如软管连接等。

泵可以是单级叶轮，也可以是多级叶轮构成。多级叶轮级数不应超过 3 级。泵的旋转方向从驱动端看为顺时针方向。除特殊需要外，泵不另设底座。

泵的基本参数列于表 7-13 ~ 表 7-16。

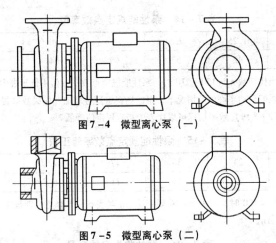

图7-4 微型离心泵（一）

图7-5 微型离心泵（二）

表7-13 单级叶轮泵的基本参数（性能规定点）

尺寸标记			转速 n/ (r/min)	流量 Q/ (m³/h)	扬程 H /m
吸入口直径 /mm	排出口直径 /mm	叶轮名义直径 /mm			
25	25	71		1.25	4.0
		85			6.3
		100			10.0
		118			16.0
		140			25.0
32	32	71		2.5	4.0
		85			6.3
		100			10.0
		118			16.0
		140			25.0
40	40	71	2 900	5.0	4.0
		85			6.3
		100			10.0
		118			16.3
50	50	71		10.0	4.0
		85			6.3
		100			10.0
		118			16.0
65	65	71		20.0	4
		85			6.3
		100			10.0

表 7 – 14　泵性能规定点效率值

$Q/(m^3/h)$	1.25	2.5	5	10	20
$\eta/\%$	42	52	60	64	66

注：①当比转数 $n_s = 120 \sim 210$ 时，泵性能规定点效率 η 值不低于表中规定。

　　②在配套功率许可的情况下，泵的扬程可通过增加叶轮级数来提高。多级泵（2～3级）效率指标可以比表中相应规定值降低2%。

表 7 – 15　泵性能规定点效率修正值

n_s	23	33	47	66	93
$\Delta\eta/\%$	23	17	11	6	2

注：当 $n_s < 120$ 时，用表 6 – 16 规定值 $\Delta\eta$ 对表 6 – 15 修正，即规定点效率 $\eta' \geq \eta - \Delta\eta$。

表 7 – 16　泵的临界汽蚀余量

$Q/(m^3/h)$	≤4	>4～15	>15～30
$(NPSH)_C/m$	2.0	2.5	3.0

注：泵性能规定点的临界汽蚀余量 $(NPSH)_C$ 应不大于表中的规定。

7.1.12　蒸汽往复泵

蒸汽往复泵（GB/T 14794—2002）适用于输送温度不高于110℃、运动黏度不超过850mm²/s的清水和石油化学性质类似的其他液体的一般蒸汽往复泵；同时适用于输送温度不高于400℃的石油制品的蒸汽往复热油泵。输送温度不低于 –40℃的液化气泵可参照使用。

其型式为卧式、立式。往复泵的基本参数列于表 7 – 17 ~ 表 7 – 18。

表 7 – 17　蒸汽往复泵基本参数

流量/ (m^3/h)	进气压力范围 /MPa	排出压力范围 /MPa	流量/ (m^3/h)	进气压力范围 /MPa	排出压力范围 /MPa	流量/ (m^3/h)	进气压力范围 /MPa	排出压力范围 /MPa
3	0.4~0.7	0.6~1.3	3.0 5.0	0.7~1.6	0.9~2.2	3.0 5.0	1.6~2.5	2.2~3.6
9		0.7~1.5	9.0 14.0		1.0~2.5	9.0 14.0		2.5~3.9

流量/(m³/h)	进气压力范围/MPa	排出压力范围/MPa	流量/(m³/h)	进气压力范围/MPa	排出压力范围/MPa	流量/(m³/h)	进气压力范围/MPa	排出压力范围/MPa
20	0.5~1.0	0.7~1.7	20.0	1.0~1.6	1.3~2.1	20.0		2.1~3.3
29			25.0			25.0		
35.5			35.0			35.5		
53	0.7~1.3	0.9~1.8	42.5	1.3~1.6	1.6~2.0	42.5	1.6~2.5	2.0~3.1
63			63.0			63.0		
130			80.0			80.0		
170								

表7-18 蒸汽往复热油泵基本参数

流量范围/(m³/h)	进气压力/MPa	排出压力/MPa	流量范围/(m³/h)	进气压力/MPa	排出压力/MPa	流量范围/(m³/h)	进气压力/MPa	排出压力/MPa
11~22		3.5	1.2~2.8		6.4	3~7.5		4.0
13~26		1.2	5~10	1.0	4	21~70	1.2	1.2
15~30	0.85	3.0	16~44		6	28~56		2.5
14~35		3.0				28~60		2.0
30~60		2.0				56~112		2.5

7.1.13 大、中型立式混流泵

大、中型立式混流泵（JB/T 6433—2006）用于输送清水或物理性质类似于水的其他液体或含有少量固体颗粒的液体。

其型式按检拆型式分为可抽出式和不可抽出式；按压水室型式分为导叶式和蜗壳式；按叶片调节型式分为固定式、半调节式和全调节式。其型号表示方法如下：

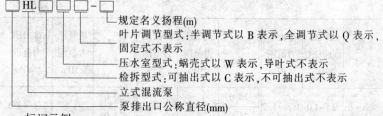

规定名义扬程(m)

叶片调节型式:半调节式以 B 表示,全调节式以 Q 表示,固定式不表示

压水室型式:蜗壳式以 W 表示,导叶式不表示

检拆型式:可抽出式以 C 表示,不可抽出式不表示

立式混流泵

泵排出口公称直径(mm)

标记示例:

排出口公称直径为 1 800mm,不可抽出式、蜗壳式、全调节式、规定点扬程为 16.8m 的立式混流泵,其标记为:1800HLWQ-16.8

泵的型号见表 7-19。

表 7-19 泵的型号

600HL-10 (12, 16, 24)	1200HL-10 (12, 16, 24)	1800HL-10 (12, 16, 24)
700HL-10 (12, 16, 24)	1400HL-10 (12, 16, 24)	2000HL-10 (12, 16, 24)
900HL-10 (12, 16, 24)	1600HL-10 (12, 16, 24)	2200HL-10 (12, 24)

7.1.14 小型多级离心泵

小型多级离心泵(JB/T 6435.1—2006)用于输送介质温度为℃~120℃的清水或热水或轻度腐蚀性液体,泵的结构型式分为多级卧式泵,多级立式泵,多级管道泵;按泵的材料不同又分为普通型和全不锈钢型。其型号表示方法如下:

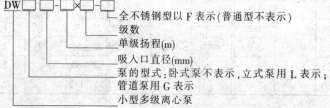

全不锈钢型以 F 表示(普通型不表示)

级数

单级扬程(m)

吸入口直径(mm)

泵的型式:卧式泵不表示,立式泵用 L 表示;管道泵用 G 表示

小型多级离心泵

标记示例:

吸入口直径为 40mm,扬程 16m,全不锈钢型多级卧式泵表示为:

DW 40-8×2-F

吸入口直径为 40mm、扬为 16m、普通小型多级立式泵表示为:

DWL 40-8×2

吸入口直径为 40mm、扬程为 16m、全不锈钢小型多级管道泵表示为:

DWG40-8×2-F

型号标记见表 7 - 20。

表 7 - 20　泵的型号标记

25 - 8 ×2（3，4，5，6，7，8，9，10，11，12，13，14，15，16，17，18）
32 - 8 ×2（3，4，5，6，7，8，9，10，11，12，13，14，15，16，17，18）
40 - 8 ×2（3，4，5，6，7，8，9，10，11，12，13，14，15，16，17，18）
50 - 12 ×2（3，4，5，6，7，8，9，10，11，12）
65 - 12 ×2（3，4，5，6，7，8，9，10，11，12）

7. 1. 15　管道式离心泵

管道式离心泵（JB/T 6537—2006）用以输送不含固体颗粒（磨料）的石油及其产品。其型号见表 7 - 21。型式按结构为立式，单级单吸，吸入口径与吐出口径相同。

其型号表示方法如下：

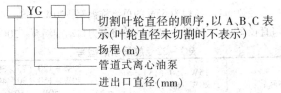

标记示例：

吸入口直径为 100mm、扬程为 60m、叶轮直径未切割的管道式离心油泵，其标记为：100YG60。

吸入口直径为 100mm、扬程为 60m、叶轮直径经第一次切割的管道式离心油泵，其标记为：100YG60A。

吸入口直径为 100mm、扬程为 60m、叶轮直径经第二次切割的管道式离心油泵，其标记为：100YG60B。

表 7 - 21　泵的型号

40YG24（38，60）	100YG24（38，60，100，150）
50YG24（38，60，100）	150YG24（38，75，150）
65YG24（38，60，100）	200YG24（38，60，100）
80YG24（38，60，100，150）	250YG24（38，60，100）

7. 1. 16　旋涡泵

旋涡泵（JB/T773—2011）是用于输送不含固体颗粒、运动黏度不大于

37.4mm²/s 液体的机械密封泵和输送易燃、易爆、易发挥、有毒、有腐蚀性以及贵重液体的磁力传动泵。被输送液体的温度：机械密封泵为 -20℃ ~ 120℃，磁力传动泵为 -20℃ ~250℃。泵分为两种型式：单级旋涡式（单级悬臂式）；两级旋涡式（两级两端支承式）。

其型号见表 7 - 22。型号表示方法如下：

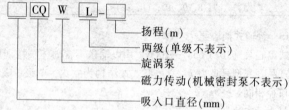

标记示例：

吸入口直径 20mm，扬程为 65m 的单级旋涡泵：20W - 65；

吸入口直径 20mm，扬程为 65m 的单级磁力传动旋涡泵：20CQW - 65。

表 7 - 22 旋涡泵的型号

单级旋涡泵	15W - 50 (15) 20W - 65 (20) 25W - 70 (25)	32W - 120 (75, 30) 40W - 150 (90, 40) 50W - 150 65 - 150
两级旋涡泵	20WL - 130 25WL - 140	32WL - 150 40WL - 180
磁力传动旋涡泵	15CQW - 15 15CQW - 30 15CQW - 50 15CQW - 85 20CQW - 20 20CQW - 40 20CQW - 65 20CQW - 85 20CQW - 105 25CQW - 25 25CQW - 50 25CQW - 70 25CQW - 95 25CQW - 120 32CQW - 30 32CQW - 50	32CQW - 75 32CQW - 110 32CQW - 120 40CQW - 40 40CQW - 60 40CQW - 90 40CQW - 105 40CQW - 120 40CQW - 150 50CQW - 45 50CQW - 75 50CQW - 105 50CQW - 120 50CQW - 150 50CQW - 180 65CQW - 150

7.2 管道元件的公称尺寸

管道元件公称尺寸（GB/T1047—2005）通常用 D_N 表示。优先选用的公称尺寸见表 7 – 23。

表 7 – 23 优先选用的公称尺寸

D_N6	D_N100	D_N700	D_N2200
D_N8	D_N125	D_N800	D_N2400
D_N10	D_N150	D_N900	D_N2600
D_N15	D_N200	D_N1000	D_N2800
D_N20	D_N250	D_N1100	D_N3000
D_N25	D_N300	D_N1200	D_N3200
D_N32	D_N350	D_N1400	D_N3400
D_N40	D_N400	D_N1500	D_N3600
D_N50	D_N450	D_N1600	D_N3800
D_N65	D_N500	D_N1800	D_N4000
D_N80	D_N600	D_N2000	

7.3 管路附件

7.3.1 可锻铸铁管路连接件

可锻铸铁管路连接件（GB/T3287—2011）品种繁多，可适用于公称尺寸（D_N）6～150 输送水、油、空气、煤气、蒸汽用的一般管路上连接的管件。

配合螺纹符合 GB/T7306 的螺纹。

紧固螺纹符合 GB/T7306 的螺纹。

管件出口端螺纹尺寸代号符号 GB/T7306 管螺纹的标记。

公称尺寸应符合 GB/T1047 规定。公称尺寸的标记由字母"D_N"后跟一个以 mm 表示的数值组成。

管件规格（即螺纹尺寸代号）与公称尺寸（D_N）之间的关系列于表 7 - 24。

管件分类列于表 7 - 25，表 7 - 26。

表 7 - 24 管件规格与公称尺寸关系表

管件规格	1/8	1/4	3/8	1/2	3/4	1	1¼	1½	2	2½	3	4	5	6
公称尺寸 D_N	6	8	10	15	20	25	32	40	50	65	80	100	125	150

表 7 - 25 管件按表面状态分类

名称	符号
黑品管件	Fe
热镀锌管件	Zn

标记示例：

示例 1：等径弯头，管件规格 2，黑色表面，设计符号 A，标记为

弯头 GB/T3287 A1 - 2 - Fe - A

示例 2：异径三通，主管管件规格 2，支管管件规格 1，热镀锌表面，设计符号 C，标记为

三通 GB/T 3287 B1 - 2 × 1 - Zn - C

示例 3：异径三通，主管管件规格 1 和规格 3/4，支管管件规格 1/2，黑色表面，设计符号分别为 B 和 D，分别标记为：

三通 GB/T3287 BⅠ - 1 × 1/2 × 3/4 - Fe - B

三通 GB/T3287 BⅠ - 1 × 1/2 × 3/4 - Fe - D

1. 弯头、三通和四通

弯头、三通、四通型式尺寸应符合图 7 - 6 和表 7 - 27 的规定。

表 7 – 26　管件型式和符号

型式	符号（代号）				
A 弯头	A1（90）	A1/45°（120）	B1（130）	A4（92）	A4/45°（121）
B 三通					
C 四通	C1（180）				
D 短月弯	D1（2a）			D4（1a）	

· 1491 ·

型式	符号(代号)				
E 单弯三通及双弯弯头	E1(131)				E2(132)
G 长月弯	G 1(2)	G 1/45°(41)	G 4(1)	G 4/45°(40)	G 8(3)
M 外接头	M 2(270) M2R-L(271)	M 2(240)	M 2(529a)	M 4(246)	

型式	符号（代号）				
N 内外螺丝 内接头	N4（241）			N8（280）　N8（245） N8R–L	
P 锁紧螺母	P4（310）				
T 管帽 管堵	T1（300）	T8（291）	T9（290）	T11（596）	

型式	符号(代号)			
U 活接头	U1(330)	U2(331)	U11(340)	U12(341)
UA 活接弯头	UA1(95)	UA2(97)	UA11(96)	UA12(98)
Za 侧孔弯头 侧孔三通	Za1(221)	Za2(223)		

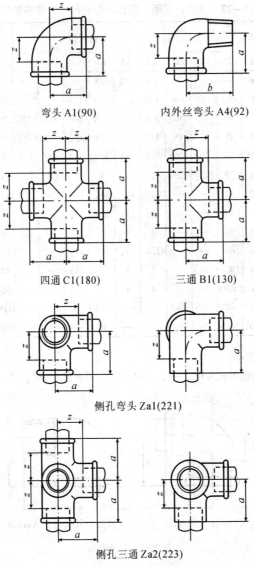

弯头 A1(90)　　　　　内外丝弯头 A4(92)

四通 C1(180)　　　　　三通 B1(130)

侧孔弯头 Za1(221)

侧孔三通 Za2(223)

图 7 - 6　弯头、三通、四通

表 7 – 27　弯头、三通、四通的公称尺寸、规格和尺寸

公称尺寸 D_N						管件规格						尺寸/mm		安装长度
A1	A4	B1	C1	Za1	Za2	A1	A4	B1	C1	Za1	Za2	a	b	z/mm
6	6	6	—		—	1/8	1/8	1/8	—		—	19	25	12
8	8	8	(8)	—	—	1/4	1/4	1/4	(1/4)	—	—	21	28	11
10	10	10	10	(10)	(10)	3/8	3/8	3/8	3/8	(3/8)	(3/8)	25	32	15
15	15	15	15	15	(15)	1/2	1/2	1/2	1/2	1/2	(1/2)	28	37	15
20	20	20	20	20	(20)	3/4	3/4	3/4	3/4	3/4	(3/4)	33	43	18
25	25	25	25	(25)	(25)	1	1	1	1	(1)	(1)	38	52	21
32	32	32	32	—	—	1¼	1¼	1¼	1¼	—	—	45	60	26
40	40	40	40	—	—	1½	1½	1½	1½	—	—	50	65	31
50	50	50	50	—	—	2	2	2	2	—	—	58	74	34
65	65	(65)	(65)	—	—	2½	2½	2½	(2½)	—	—	69	88	42
80	80	80	(80)	—	—	3	3	3	(3)	—	—	78	98	48
100	100	100	(100)	—	—	4	4	4	(4)	—	—	96	118	60
(125)	—	(125)	—	—	—	(5)	—	(5)	—	—	—	115	—	75
(150)	—	(150)	—	—	—	(6)	—	(6)	—	—	—	131	—	91

2. 异径弯头

异径弯头的型式见图 7 – 7；其尺寸规格列于表 7 – 28。

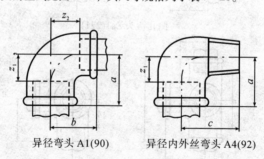

异径弯头 A1(90)　　　　异径内外丝弯头 A4(92)

图 7 – 7　异径弯头

表 7 - 28　异径弯头尺寸规格

公称尺寸 D_N		管件规格		尺寸/mm			安装长度/mm	
A1	A4	A1	A4	a	b	c	z_1	z_2
(10×8)	—	(3/8×1/4)	—	23	23	—	13	13
15×10	15×10	1/2×3/8	1/2×3/8	26	26	33	13	16
(20×10)	—	(3/4×3/8)	—	28	28	—	13	18
20×15	20×15	3/4×1/2	3/4×1/2	30	31	40	15	18
25×15	—	1×1/2	—	32	34	—	15	21
25×20	25×20	1×3/4	1×3/4	35	36	46	18	21
32×20	—	1¼×3/4	—	36	41	—	17	26
32×25	32×25	1¼×1	1¼×1	40	42	56	21	25
(40×25)		1½×1		42	46	—	23	29
40×32	—	1½×1¼	—	46	48	—	27	29
50×40	—	2×1½	—	52	56	—	28	36
(65×50)	—	(2½×2)	—	61	66	—	34	42

3. 45°弯头

45°弯头型式见图 7 - 8；弯头尺寸规格列于表 7 - 29。

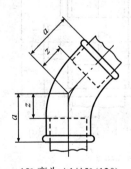
45° 弯头 A1/45°(120)

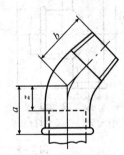
45°内外丝弯头 A4/45°(121)

图 7 - 8　45°弯头

表 7 – 29　45°弯头尺寸规格

公称尺寸 D_N		管件规格		尺寸/mm		安装长度 z /mm
A1/45°	A4/45°	A1/45°	A4/45°	a	b	
10	10	3/8	3/8	20	25	10
15	15	1/2	1/2	22	28	9
20	20	3/4	3/4	25	32	10
25	25	1	1	28	37	11
32	32	1¼	1¼	33	43	14
40	40	1½	1½	36	46	17
50	50	2	2	43	55	19

4. 中大、中小异径三通

中大、中小异径三通的型式见图 7 – 9；其规格尺寸见表 7 – 30。

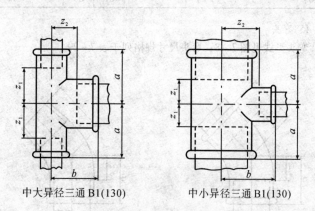

中大异径三通 B1(130)　　　中小异径三通 B1(130)

图 7 – 9　中大、中小异径三通

表7-30 中大、中小异径三通的规格尺寸

公称尺寸 D_N	管件规格	尺寸/mm		安装长度/mm	
		a	b	z_1	z_2
(1) 中大异径三通					
10 × 15	3/8 × 1/2	26	26	16	13
15 × 20	1/2 × 3/4	31	30	18	15
(15 × 25)	(1/2 × 1)	34	32	21	15
20 × 25	3/4 × 1	36	35	21	18
(20 × 32)	(3/4 × 1¼)	41	36	26	17
25 × 32	1 × 1¼	42	40	25	21
(25 × 40)	(1 × 1½)	46	42	29	23
32 × 40	1¼ × 1½	48	46	29	27
(32 × 50)	(1¼ × 2)	54	48	35	24
40 × 50	1½ × 2	55	52	36	28
(2) 中小异径三通					
10 × 8	3/8 × 1/4	23	23	13	13
15 × 8	1/2 × 1/4	24	24	11	14
15 × 10	1/2 × 3/8	26	26	13	16
(20 × 8)	(3/4 × 1/4)	26	27	11	17
20 × 10	3/4 × 3/8	28	28	13	18
20 × 15	3/4 × 1/2	30	31	15	18
(25 × 8)	(1 × 1/4)	28	31	11	21
25 × 10	1 × 3/8	30	32	13	22
25 × 15	1 × 1/2	32	34	15	21
25 × 20	1 × 3/4	35	36	18	21

公称尺寸 D_N	管件规格	尺寸/mm		安装长度/mm	
		a	b	z_1	z_2
(32×10)	$(1\frac{1}{4} \times 3/8)$	32	36	13	26
32×15	$1\frac{1}{4} \times 1/2$	34	38	15	25
32×20	$1\frac{1}{4} \times 3/4$	36	41	17	26
32×25	$1\frac{1}{4} \times 1$	40	42	21	25
40×15	$1\frac{1}{2} \times 1/2$	36	42	17	29
40×20	$1\frac{1}{2} \times 3/4$	38	44	19	29
40×25	$1\frac{1}{2} \times 1$	42	46	23	29
40×32	$1\frac{1}{2} \times 1\frac{1}{4}$	46	48	27	29
50×15	$2 \times 1/2$	38	48	14	35
50×20	$2 \times 3/4$	40	50	16	35
50×25	2×1	44	52	20	35
50×32	$2 \times 1\frac{1}{4}$	48	54	24	35
50×40	$2 \times 1\frac{1}{2}$	52	55	28	36
65×25	$2\frac{1}{2} \times 1$	47	60	20	43
65×32	$2\frac{1}{2} \times 1\frac{1}{4}$	52	62	25	43
65×40	$2\frac{1}{2} \times 1\frac{1}{2}$	55	63	28	44
65×50	$2\frac{1}{2} \times 2$	61	66	34	42
80×25	3×1	51	67	21	50
(80×32)	$(3 \times 1\frac{1}{4})$	55	70	25	51
80×40	$3 \times 1\frac{1}{2}$	58	71	28	52
80×50	3×2	64	73	34	49
80×65	$3 \times 1\frac{1}{2}$	72	76	42	49
100×50	4×2	70	86	34	62
100×80	4×3	84	92	48	62

5. 异径三通

异径三通见图7-10；其规格尺寸列于表7-31。

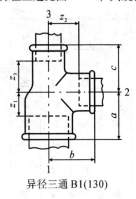

异径三通B1(130)

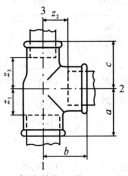

侧小异径三通B1(130)

图7-10 异径三通

表7-31 异径三通的规格尺寸

公称尺寸 D_N	管件规格	尺寸 /mm			安装长度 /mm		
标记方法 1　2　3	标记方法 1　2　3	a	b	c	z_1	z_2	z_3
(1)异径三通							
$15 \times 10 \times 10$	$1/2 \times 3/8 \times 3/8$	26	26	25	13	16	15
$20 \times 10 \times 15$	$3/4 \times 3/8 \times 1/2$	28	28	26	13	18	13
$20 \times 15 \times 10$	$3/4 \times 1/2 \times 3/8$	30	31	26	15	18	16
$20 \times 15 \times 15$	$3/4 \times 1/2 \times 1/2$	30	31	28	15	18	15
$25 \times 15 \times 15$	$1 \times 1/2 \times 1/2$	32	34	28	15	21	15
$25 \times 15 \times 20$	$1 \times 1/2 \times 3/4$	32	34	30	15	21	15
$25 \times 20 \times 15$	$1 \times 3/4 \times 1/2$	35	36	31	18	21	18
$25 \times 20 \times 20$	$1 \times 3/4 \times 3/4$	35	36	33	18	21	18
$32 \times 15 \times 25$	$1\frac{1}{4} \times 1/2 \times 1$	34	38	32	15	25	15

公称尺寸 D_N	管件规格	尺寸 /mm			安装长度 /mm		
标记方法 1 2 3	标记方法 1 2 3	a	b	c	z_1	z_2	z_3
(1)异径三通							
32×20×20	1¼×3/4×3/4	36	41	33	17	26	18
32×20×25	1¼×3/4×1	36	41	35	17	26	18
32×25×20	1¼×1×3/4	40	42	36	21	25	21
32×25×25	1¼×1×1	40	42	38	21	25	21
40×15×32	1½×1/2×1¼	36	42	34	17	29	15
40×20×32	1½×3/4×1¼	38	44	36	19	29	17
40×25×25	1½×1×1	42	46	38	23	29	21
40×25×32	1½×1×1¼	42	46	40	23	29	21
(40×32×25)	(1½×1¼×1)	46	48	42	27	29	25
40×32×32	1½×1¼×1¼	46	48	45	27	29	26
50×20×40	2×3/4×1½	40	50	39	16	35	19
50×25×40	2×1×1½	44	52	42	20	35	23
50×32×32	2×1¼×1¼	48	54	45	24	35	26
50×32×40	2×1¼×1½	48	54	46	24	35	27
(50×40×32)	(2×1½×1¼)	52	55	48	28	36	29
50×40×40	2×1½×1½	52	55	50	28	36	31
(2)侧小异径三通							
15×15×10	1/2×1/2×3/8	28	28	26	15	15	16
20×20×10	3/4×3/4×3/8	33	33	28	18	18	18
20×20×15	3/4×3/4×1/2	33	33	31	18	18	18

公称尺寸 D_N 标记方法 1 2 3	管件规格 标记方法 1 2 3	尺寸 /mm			安装长度 /mm		
		a	b	c	z_1	z_2	z_3
(2)侧小异径三通							
(25×25×10)	(1×1×3/8)	38	38	32	21	21	22
25×25×15	1×1×1/2	38	38	34	21	21	21
25×25×20	1×1×3/4	38	38	36	21	21	21
32×32×15	1¼×1¼×1/2	45	45	38	26	26	25
32×32×20	1¼×1¼×3/4	45	45	41	26	26	26
32×32×25	1¼×1¼×1	45	45	42	26	26	25
40×40×15	1½×1½×1/2	50	50	42	31	31	29
40×40×20	1½×1½×3/4	50	50	44	31	31	29
40×40×25	1½×1½×1	50	50	46	31	31	29
40×40×32	1½×1½×1¼	50	50	48	31	31	29
50×50×20	2×2×3/4	58	58	50	34	34	35
50×50×25	2×2×1	58	58	52	34	34	35
50×50×32	2×2×1¼	58	58	54	34	34	35
50×50×40	2×2×1½	58	58	55	34	34	36

6. 异径四通

异径四通的型式尺寸规格应符合图 7-11 和表 7-32 的规定。

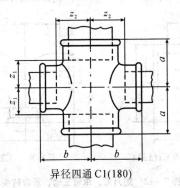

异径四通 C1(180)

图 7-11 异径四通

公称尺寸 D_N	管件规格	尺寸/mm		安装长度/mm	
		a	b	z_1	z_2
（15×10）	（1/2×3/8）	26	26	13	16
20×15	3/4×1/2	30	31	15	18
25×15	1×1/2	32	34	15	21
25×20	1×3/4	35	36	18	21
（32×20）	（1¼×3/4）	36	41	17	26
32×25	1¼×1	40	42	21	25
（40×25）	（1½×1）	42	46	23	29

7. 短月弯、单弯三通和双弯弯头

短月弯、单弯三通、双弯弯头的型式尺寸规格应符合图7－12和表7－33的规定。

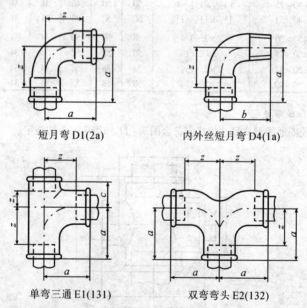

短月弯 D1(2a)　　　　　内外丝短月弯 D4(1a)

单弯三通 E1(131)　　　　双弯弯头 E2(132)

图7－12　短月弯、单弯三通、双弯弯头

表7-33 短月弯、单弯三通、双弯弯头的尺寸规格

公称尺寸 D_N				管件规格				尺寸/mm		安装长度/mm	
D1	D4	E1	E2	D1	D4	E1	E2	$a=b$	c	z	z_3
8	8	—	—	1/4	1/4	—	—	30	—	20	—
10	10	10	10	3/8	3/8	3/8	3/8	36	19	26	9
15	15	15	15	1/2	1/2	1/2	1/2	45	24	32	11
20	20	20	20	3/4	3/4	3/4	3/4	50	28	35	13
25	25	25	25	1	1	1	1	63	33	46	16
32	32	32	32	1¼	1¼	1¼	1¼	76	40	57	21
40	40	40	40	1½	1½	1½	1½	85	43	66	24
50	50	50	50	2	2	2	2	102	53	78	29

8. 异径单弯三通

异径单弯三通见图7-13，其规格尺寸列于表7-34。

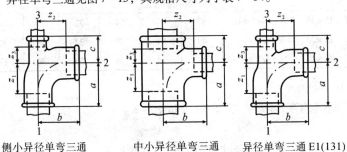

侧小异径单弯三通　　　　中小异径单弯三通　　　异径单弯三通 E1(131)
E1(131)　　　　　　　　　　E1(131)

图7-13 异径单弯三通

表7-34 异径单弯三通的尺寸规格

公称尺寸 D_N	管件规格	尺寸/mm			安装长度/mm		
		a	b	c	z_1	z_2	z_3
(1) 中小异径单弯三通							
20×15	3/4×1/2	47	48	25	32	35	10
25×15	1×1/2	49	51	28	32	38	11
25×20	1×3/4	53	54	30	36	39	13
32×15	1¼×1/2	51	56	30	32	43	11
32×20	1¼×3/4	55	58	33	36	43	14
32×25	1¼×1	66	68	36	47	51	17
(40×20)	(1½×3/4)	55	61	33	36	46	14

公称尺寸 D_N	管件规格	尺寸/mm			安装长度/mm		
		a	b	c	z_1	z_2	z_3
(1) 中小异径单弯三通							
(40×25)	(1½×1)	66	71	36	47	54	17
(40×32)	(1½×1¼)	77	79	41	58	60	22
(50×25)	(2×1)	70	77	40	46	60	16
(50×32)	(2×1¼)	80	85	45	56	66	21
(50×40)	(2×1½)	91	94	48	57	75	24
(2) 侧小异径单弯三通							
20×20×15	3/4×3/4×1/2	50	50	27	35	35	14
(3) 异径单弯三通							
20×15×15	3/4×1/2×1/2	47	48	24	32	35	11
25×15×20	1×1/2×3/4	49	51	25	32	38	10
25×20×20	1×3/4×3/4	53	54	28	36	39	13

9. 异径双弯弯头

异径双弯弯头型式尺寸见图 7-14 和表 7-35。

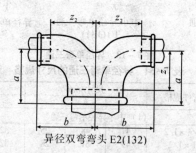

异径双弯弯头 E2(132)

图 7-14 异径双弯弯头

表 7 - 35　异径双弯弯头规格尺寸

公称尺寸 D_N	管件规格	尺寸/mm		安装长度/mm	
		a	b	z_1	z_2
(20×15)	(3/4×1/2)	47	48	32	35
(25×20)	(1×3/4)	53	54	36	39
(32×25)	(1¼×1)	66	68	47	51
(40×32)	(1½×1¼)	77	79	58	60
(50×40)	(2×1½)	91	94	67	75

10. 长月弯

长月弯的型式尺寸见图 7 - 15 和表 7 - 36。

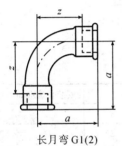
长月弯 G1(2)

内外丝月弯 G4(1)

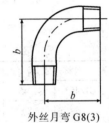
外丝月弯 G8(3)

图 7 - 15　长月弯

表 7 - 36　长月弯的规格尺寸

公称尺寸 D_N			管件规格			尺寸/mm		安装长度/mm
G1	G4	G8	G1	G4	G8	a	b	z
—	(6)	—	—	(1/8)	—	35	32	28
8	8	—	1/4	1/4	—	40	36	30
10	10	(10)	3/8	3/8	(3/8)	48	42	38
15	15	15	1/2	1/2	1/2	55	48	42
20	20	20	3/4	3/4	3/4	69	60	54
25	25	25	1	1	1	85	75	68
32	32	(32)	1¼	1¼	(1¼)	105	95	86
40	40	(40)	1½	1½	(1½)	116	105	97
50	50	(50)	2	2	(2)	140	130	116
65	(65)	—	2½	(2½)	—	176	165	149
80	(80)	—	3	(3)	—	205	190	175
100	(100)	—	4	(4)	—	260	245	224

11. 45°月弯

45°月弯型式尺寸应符合图 7-16 和表 7-37 的规定。

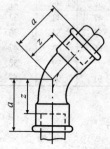 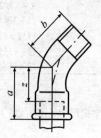

45° 月弯 G1/45° (41)　　　　45° 内外丝月弯 G4/45° (40)

图 7-16　45°月弯

表 7-37　45°月弯规格尺寸

公称尺寸 D_N		管件规格		尺寸/mm		安装长度/mm
G1/45°	G4/45°	G1/45°	G4/45°	a	b	z
—	(8)	—	(1/4)	26	21	16
(10)	10	(3/8)	3/8	30	24	20
15	15	1/2	1/2	36	30	23
20	20	3/4	3/4	43	36	28
25	25	1	1	51	42	34
32	32	1¼	1¼	64	54	45
40	40	1½	1½	68	58	49
50	50	2	2	81	70	57
(65)	(65)	(2½)	(2½)	99	86	72
(80)	(80)	(3)	(3)	113	100	83

12. 外接头

外接头型式尺寸应符合图 7-17 和表 7-38 的规定。

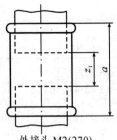
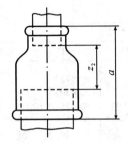

外接头 M2(270)
左右旋外接头 M2R－L(271)　　　异径外接头 M2(240)

图 7－17　外接头

表 7－38　外接头的规格尺寸

公称尺寸 D_N			管件规格			尺寸/mm	安装长度/mm	
M2	M2R－L	异径 M2	M2	M2R－L	异径 M2	a	z_1	z_2
6	—	—	1/8	—	—	25	11	—
8	—	8×6	1/4	—	1/4×1/8	27	7	10
10	10	(10×6) 10×8	3/8	3/8	(3/8×1/8) 3/8×1/4	30	10	13 10
15	15	15×8 15×10	1/2	1/2	1/2×1/4 1/2×3/8	36	10	13 13
20	20	(20×8) 20×10 20×15	3/4	3/4	(3/4×1/4) 3/4×3/8 3/4×1/2	39	9	14 14 11
25	25	25×10 25×15 25×20	1	1	1×3/8 1×1/2 1×3/4	45	11	18 15 13
32	32	32×15 32×20 32×25	1¼	1¼	1¼×1/2 1¼×3/4 1¼×1	50	12	18 16 14
40	40	(40×15) 40×20 40×25 40×32	1½	1½	(1½×1/2) 1½×3/4 1½×1 1½×1¼	55	17	23 21 19 17

公称尺寸 D_N			管件规格			尺寸/mm	安装长度/mm	
M2	M2R-L	异径 M2	M2	M2R-L	异径 M2	a	z_1	z_2
(50)	(50)	(50×15)	(2)	(2)	(2×1/2)	65	17	28
		(50×20)			(2×3/4)			26
		50×25			2×1			24
		50×32			2×1¼			22
		50×40			2×1½			22
(65)	—	(65×32)	(2½)	—	(2½×1¼)	74	20	28
		(65×40)			(2½×1½)			28
		(65×50)			(2½×2)			23
(80)	—	(80×40)	(3)	—	(3×1½)	80	20	31
		(80×50)			(3×2)			26
		(80×65)			(3×2½)			23
(100)	—	(100×50)	(4)	—	(4×2)	94	22	34
		(100×65)			(4×2½)			31
		(100×80)			(4×3)			28
(125)	—	—	(5)	—	—	109	29	—
(150)	—	—	(6)	—	—	120	40	—

13. 内外丝接头

内外丝接头型式尺寸应符合图 7 – 18 和表 7 – 39 的规定。

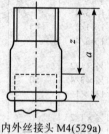 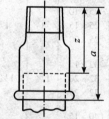

内外丝接头 M4(529a)　　　异径内外丝接头 M4(246)

图 7 – 18　内外丝接头

表 7 - 39　内外丝接头的规格尺寸

公称尺寸 D_N		管件规格		尺寸/mm	安装长度/mm
M4	异径 M4	M4	异径 M4	a	z
10	10 × 8	3/8	3/8 × 1/4	35	25
15	15 × 8	1/2	1/2 × 1/4	43	30
	15 × 10		1/2 × 3/8		
20	(20 × 10)	3/4	(3/4 × 3/8)	48	33
	20 × 15		3/4 × 1/2		
25	25 × 15	1	1 × 1/2	55	38
	25 × 20		1 × 3/4		
32	32 × 20	1¼	1¼ × 3/4	60	41
	32 × 25		1¼ × 1		
—	40 × 25		1½ × 1	63	44
	40 × 32		1½ × 1¼		
—	(50 × 32)	—	(2 × 1¼)	70	46
	(50 × 40)		(2 × 1½)		

14. 内外螺丝

内外螺丝型式尺寸应符合图 7 - 20 和表 7 - 40 的规定。

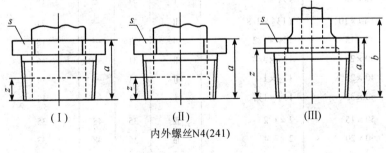

（Ⅰ）　　　　　（Ⅱ）　　　　　（Ⅲ）

内外螺丝N4(241)

图 7 - 20　内外螺丝

表7-40 内外螺丝尺寸规格

公称尺寸 D_N	管件规格	型式	尺寸/mm a	b	安装长度/mm z
8×6	1/4×1/8	Ⅰ	20	—	13
10×6	3/8×1/8	Ⅱ	20	—	13
10×8	3/8×1/4	Ⅰ	20	—	10
15×6	1/2×1/8	Ⅱ	24	—	17
15×8	1/2×1/4	Ⅱ	24	—	14
15×10	1/2×3/8	Ⅰ	24	—	14
20×8	3/4×1/4	Ⅱ	26	—	16
20×10	3/4×3/8	Ⅱ	26	—	16
20×15	3/4×1/2	Ⅰ	26	—	13
25×8	1×1/4	Ⅱ	29	—	19
25×10	1×3/8	Ⅱ	29	—	19
25×15	1×1/2	Ⅱ	29	—	16
25×20	1×3/4	Ⅰ	29	—	14
32×10	1¼×3/8	Ⅱ	31	—	21
32×15	1¼×1/2	Ⅱ	31	—	18
32×20	1¼×3/4	Ⅱ	31	—	16
32×25	1¼×1	Ⅰ	31	—	14
(40×10)	(1½×3/8)	Ⅱ	31	—	21
40×15	1½×1/2	Ⅱ	31	—	18
40×20	1½×3/4	Ⅱ	31	—	16
40×25	1½×1	Ⅱ	31	—	14
40×32	1½×1¼	Ⅰ	31	—	12
50×15	2×1/2	Ⅲ	35	48	35
50×20	2×3/4	Ⅲ	35	48	33
50×25	2×1	Ⅱ	35	—	18
50×32	2×1¼	Ⅱ	35	—	16

| 公称尺寸 D_N | 管件规格 | 型式 | 尺寸/mm | | 安装长度/mm |
			a	b	z
50×40	$2 \times 1\frac{1}{2}$	II	35	—	16
65×25	$2\frac{1}{2} \times 1$	III	40	54	37
65×32	$2\frac{1}{2} \times 1\frac{1}{4}$	III	40	54	35
65×40	$2\frac{1}{2} \times 1\frac{1}{2}$	II	40	—	21
65×50	$2\frac{1}{2} \times 2$	II	40	—	16
80×25	3×1	III	44	59	42
80×32	$3 \times 1\frac{1}{4}$	III	44	59	40
80×40	$3 \times 1\frac{1}{2}$	III	44	59	40
80×50	3×2	II	44	—	20
80×65	$3 \times 2\frac{1}{2}$	II	44	—	17
100×50	4×2	III	51	69	45
100×65	$4 \times 2\frac{1}{2}$	III	51	69	42
100×80	4×3	III	51	—	21

15. 内接头

内接头型式尺寸应符合图 7-20 和表 7-41 的规定。

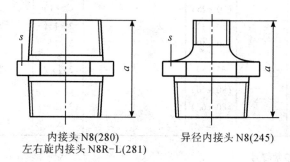

内接头 N8(280)
左右旋内接头 N8R-L(281)

异径内接头 N8(245)

图 7-20　内接头

表 7 – 41　内接头尺寸规格

公称尺寸 D_N			管件规格			尺寸 a
N8	N8R – L	异径 N8	N8	N8R – L	异径 N8	/mm
6	—	—	1/8	—	—	29
8	—	—	1/4	—	—	36
10	—	10 × 8	3 × 8	—	3/8 × 1/4	38
15	15	15 × 8 15 × 10	1/2	1/2	1/2 × 1/4 1/2 × 3/8	44
20	20	20 × 10 20 × 15	3/4	3/4	3/4 × 3/8 3/4 × 1/2	47
25	(25)	25 × 15 25 × 20	1	(1)	1 × 1/2 1 × 3/4	53
—	—	(32 × 15) 32 × 20 32 × 25	1¼	—	(1¼ × 1/2) 1¼ × 3/4 1¼ × 1	57
40	—	(40 × 20) 40 × 25 40 × 32	1½	—	(1½ × 3/4) 1½ × 1 1½ × 1¼	59
50	—	(50 × 25) 50 × 32 50 × 40	2	—	(2 × 1) 2 × 1¼ 2 × 1½	68
65	—	65 × 50	2½	—	(2½ × 2)	75
80	—	(80 × 50) (80 × 65)	3	—	(3 × 2) (3 × 2½)	83
100	—	—	4	—	—	95

16. 锁紧螺母

锁紧螺母型式尺寸应符合图 7 – 21 和表 7 – 42 的规定。

锁紧螺母可以是平的，或凹入式的，允许加工一个表面。

s 尺寸（扳手对边宽度）由制造方自己决定。

螺纹应符合 GB/T 7307 的规定。

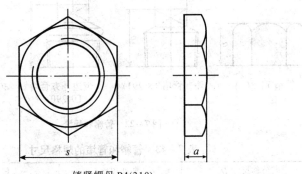

锁紧螺母 P4(310)

图 7 – 21　锁紧螺母

表 7 – 42　锁紧螺母规格尺寸

公称尺寸 D_N	管件规格	尺寸 a_{min} /mm
8	1/4	6
10	3/8	7
15	1/2	8
20	3/4	9
25	1	10
32	1¼	11
40	1½	12
50	2	13
65	2½	16
80	3	19

17. 管帽和管堵

管帽和管堵型式尺寸应符合图 7 – 22、表 7 – 43 的规定。

管帽可以是六边形、圆形或其他形状，由制造方决定。

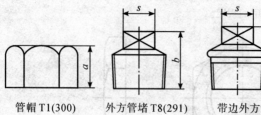
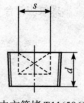

管帽 T1(300)　　外方管堵 T8(291)　　带边外方管堵 T9(290)　　内方管堵 T11(596)

图 7 – 22　管帽和管堵

表 7 – 43　管帽和管堵的规格尺寸

公称尺寸 D_N				管件规格				尺寸/mm			
T1	T8	T9	T11	T1	T8	T9	T11	a_{min}	b_{min}	c_{min}	d_{min}
(6)	6	6	—	(1/8)	1/8	1/8	—	13	11	20	—
8	8	8	—	1/4	1/4	1/4	—	15	14	22	—
10	10	10	(10)	3/8	3/8	3/8	(3/8)	17	15	24	11
15	15	15	(15)	1/2	1/2	1/2	(1/2)	19	18	26	15
20	20	20	(20)	3/4	3/4	3/4	(3/4)	22	20	32	16
25	25	25	(25)	1	1	1	(1)	24	23	36	19
32	32	32	—	1¼	1¼	1¼	—	27	29	39	—
40	40	40	—	1½	1½	1½	—	27	30	41	—
50	50	50	—	2	2	2	—	32	36	48	—
65	65	65	—	2½	2½	2½	—	35	39	54	—
80	80	80	—	3	3	3	—	38	44	60	—
100	100	100	—	4	4	4	—	45	58	70	—

18. 活接头

活接头的型式尺寸应符合图 7 – 23 和表 7 – 44。

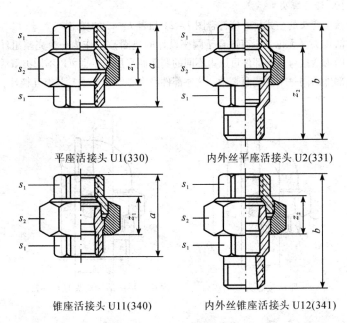

平座活接头 U1(330)　　　内外丝平座活接头 U2(331)

锥座活接头 U11(340)　　　内外丝锥座活接头 U12(341)

图 7 - 23　活接头

表 7 - 44　活接头的规格尺寸

公称尺寸 D_N				管件规格				尺寸/mm		安装长度/mm	
U1	U2	U11	U12	U1	U2	U11	U12	a	b	z_1	z_2
—	—	(6)	—	—	—	(1/8)	—	38	—	24	—
8	8	8	8	1/4	1/4	1/4	1/4	42	55	22	45
10	10	10	10	3/8	3/8	3/8	3/8	45	58	25	48
15	15	15	15	1/2	1/2	1/2	1/2	48	66	22	53
20	20	20	20	3/4	3/4	3/4	3/4	52	72	22	57
25	25	25	25	1	1	1	1	58	80	24	63
32	32	32	32	1¼	1¼	1¼	1¼	65	90	27	71
40	40	40	40	1½	1½	1½	1½	70	95	32	76
50	50	50	50	2	2	2	2	78	106	30	82
65	—	65	65	2½	—	2½	2½	85	118	31	91
80	—	80	80	3	—	3	3	95	130	35	100
—	—	100	—	—	—	4	—	100	—	38	—

19. 活接弯头

活接弯头的型式尺寸应符合图7-24和表7-45的规定。

活接头（无论是否有适合于阀座设计的垫圈）应作为一个完整组件使用，因为活接弯头的部件可以由不同的制造商来加工，也可以不同类型活接头的部件由同一个制造商来做，这些部件没有必要（要求）具有互换性。

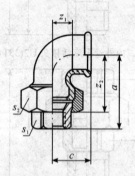

平座活接弯头 UA1(95)

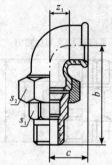

内外丝平座活接弯头 UA2(97)

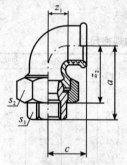

锥座活接弯头 UA11(96)

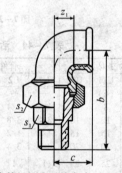

内外丝锥座活接弯头 UA12(98)

图7-24 活接弯头

表 7 - 45　活接弯头的尺寸规格

公称尺寸 D_N				管件规格				尺寸/mm			安装长度/mm	
UA1	UA2	UA11	UA12	UA1	UA2	UA11	UA12	a	b	c	z_1	z_2
—	—	8	8	—	—	1/4	1/4	48	61	21	11	38
10	10	10	10	3/8	3/8	3/8	3/8	52	65	25	15	42
15	15	15	15	1/2	1/2	1/2	1/2	58	76	28	15	45
20	20	20	20	3/4	3/4	3/4	3/4	62	82	33	18	47
25	25	25	25	1	1	1	1	72	94	38	21	55
32	32	32	32	1¼	1¼	1¼	1¼	82	107	45	26	63
40	40	40	40	1½	1½	1½	1½	90	115	50	31	71
50	50	50	50	2	2	2	2	100	128	58	34	76

20. 垫圈

垫圈的型式尺寸应符合图 7 - 25 和表 7 - 46。

垫片材料和厚度依照用途订货时双方协定。

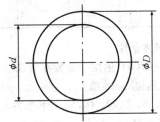

平座活接头和活接弯头垫圈
U1(330)、U2(331)、UA1(95)和UA2(97)

图 7 - 25　垫圈

表 7 - 46　垫圈的尺寸规格

活接头和活接弯头		垫圈尺寸/mm		活接头螺母的螺纹尺寸代号
公称尺寸 D_N	管件规格	d	D	（仅作参考）
6	1/8	—	—	G1/2
8	1/4	13	20	G5/8
		17	24	G3/4
10	3/8	17	24	G3/4
		19	27	G7/8

活接头和活接弯头		垫圈尺寸/mm		活接头螺母的螺纹尺寸代号
公称尺寸 D_N	管件规格	d	D	(仅作参考)
15	1/2	21	30	G1
		24	34	G1⅛
20	3/4	27	38	G1¼
25	1	32	44	G1½
32	1¼	42	55	G2
40	1½	46	62	G2¾
50	2	60	78	G2¾
65	2½	75	97	G3½
80	3	88	110	G4
100	4	—	—	G5 G5½

7.3.2 水嘴通用技术条件

水嘴（QB/T 1334—2004）适用于安装在盥洗室（洗手间、浴室等）、厨房和化验室等卫生设施使用的水嘴。

适用公称通径为 D_N15，D_N20，D_N25；公称压力为 1.0MPa；介质温度不大于 90℃ 条件下使用的水嘴。

水嘴的分类：其分类列于表 7-47~表 7-52。

表 7-47　水嘴按控制方式分

控制方式	单柄控制	双柄控制	肘控制	脚踏控制	感应控制	手揿控制	电子控制	其他
代号	1	2	3	4	5	6	7	8

表 7-48　水嘴按密封件材料（密封副或运动件）分

材料名称	橡胶	工程塑料	陶瓷	铜合金	不锈钢	其他
代号	J	S	C	T	B	Q

表7-49 水嘴按启闭结构分

启闭结构	螺旋升降式	柱塞式	弹簧式	平面式	圆球式	铰链式	其他
代号	L	S	T	P	Y	J	Q

表7-50 水嘴按阀体安装型式分

阀体安装型式	台式明装	台式暗装	壁式明装	壁式暗装	其他
代号	1	2	3	4	5

表7-51 水嘴按阀体材料分

材料名称	铜合金	不锈钢	塑料	其他
代号	T	B	S	Q

表7-52 水嘴按适用设施（或场合）分

适用设施（或场合）	产品名称	代号
普通水池（或槽）	普通水嘴	P
洗面器	洗面器水嘴	M
浴缸	浴缸水嘴	Y
洗涤池（或槽）	洗涤水嘴	D
便池	便池水嘴	B
净身盆（或池）	净身水嘴	C
沐浴间（或房）	沐浴水嘴	L
化验水池（或室）	化验水嘴	H
草坪（或洒水）	接管水嘴	J
洗衣机	放水嘴	F
其他	—	Q

型号表示方法：

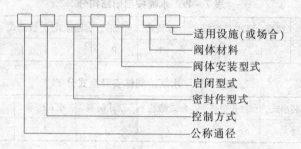

适用设施(或场合)

阀体材料

阀体安装型式

启闭型式

密封件型式

控制方式

公称通径

标记示例:

DN15 单手把控制,陶瓷平面式密封,台式明装铜洗面器混合水嘴。

洗面器水嘴　152CP1TM　QB/T 1334—2004

技术要求:水嘴的技术要求列于表 7-53 ~ 表 7-57。

表 7-53　镀层、喷涂层耐腐蚀性能

镀(涂)层种类	基体材料	试验时间/h	评定结果
电镀	铜合金	20	不允许出现蚀点
	锌合金	16	
喷涂	—	48	1 级

表 7-54　水嘴阀体的强度

项目	检测部位	压力/MPa	保压时间/s	技术要求
强度试验	进水部位(阀座下方)	2.5 ± 0.05(静水压)	60 ± 5	阀体无变形、无渗漏
	出水部位(阀座上方)	0.4 ± 0.02(静水压)		

表 7-55　水嘴的流束直径

压力/MPa	启闭状态	出水口高度/mm	流束直径/mm
0.3	全开	300	≤100

表 7 - 56　水嘴寿命（启闭次数）

水嘴结构型式		寿命/次
单柄单控水嘴	螺旋升降式	6×10^4
双柄双控水嘴	其他	3×10^5
单柄双控水嘴		7×10^4

表 7 - 57　水嘴的密封气压或水压试验

检测部位		压力/MPa	时间/s	要求
阀体密封面		1.6 ± 0.05（静水压）	60 ± 5	阀体密封面无渗漏
		0.6 ± 0.02（气压）	20 ± 2	
冷、热水隔墙		0.4 ± 0.02（静水压）	60 ± 5	另一进水孔无渗漏
		0.2 ± 0.01（气压）	20 ± 2	
上密封		0.3 ± 0.02（动水压）	60 ± 5	各连接部位无渗漏
手动式转换开关	转换开关处于浴缸放水位置	0.4 ± 0.02（静水压）	60 ± 5	淋浴出水口无渗漏
		0.1 ± 0.01（气压）	20 ± 2	
	转换开关处于淋浴放水位置	0.4 ± 0.02（静水压）	60 ± 5	浴缸出水口无渗漏
		0.1 ± 0.01（气压）	20 ± 2	
自动复位式转换开关	转换开关处于浴缸放水位置	0.4 ± 0.02（动水压）	60 ± 5	淋浴出水口无渗漏
	转换开关处于淋浴放水位置	0.4 ± 0.02（动水压）	60 ± 5	浴缸出水口无渗漏
	转换开关处于淋浴放水位置	0.05 ± 0.01（动水压）	60 ± 5	浴缸出水口无渗漏
	转换开关处于浴缸放水位置	0.05 ± 0.01（动水压）	60 ± 5	淋浴出水口无渗漏
低压密封试验		0.05（静水压）	60 ± 5	各密封连接处无渗漏

1. 普通水嘴

普通水嘴结构尺寸应符合图 7 - 26 和表 7 - 58 的规定。

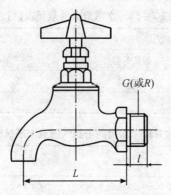

图 7 – 26　壁式明装单控普通水嘴示意图

表 7 – 58　壁式明装单控普通水嘴规格尺寸

公称尺寸 D_N	螺纹尺寸代号	螺纹有效长度 $l_{min}/mm \geqslant$		$L_{min}/mm \geqslant$
		圆柱管螺纹	圆锥管螺纹	
15	G1/2	10	11.4	55
20	G3/4	12	12.7	70
25	G1	14	14.5	80

2. 台式明装洗面器水嘴

明装洗面器水嘴的结构尺寸应符合图 7 – 27、图 7 – 28、图 7 – 29、图 7 – 30 和表 7 – 59 的规定。

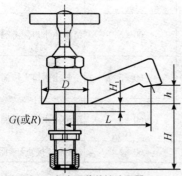

图 7 – 27　台式明装单控洗面器
水嘴示意图

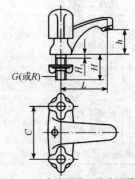

图 7 – 28　台式明装双控洗面器
水嘴示意图

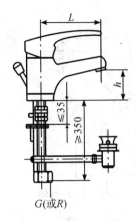

图 7 - 29 台式明装单控
洗面器水嘴示
意图

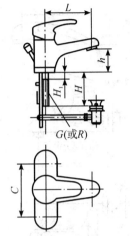

图 7 - 30 台式明装单控洗面器水
嘴示意图

表 7 - 59 台式明装洗面器水嘴的尺寸规格 单位：mm

公称尺寸 D_N	螺纹尺寸代号	H	H_1	h	D	L	C
15	G1/2	≥48	≤8	≥25	≥40	≥65	102 ± 1 152 ± 1 204 ± 1

3. 浴缸水嘴

浴缸水嘴结构尺寸应符合图
7 - 31 ~ 图 7 - 35 和表 7 - 60 的规
定。

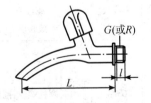

图 7 - 31 壁式明装单控浴缸水嘴示意图

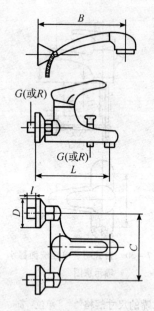

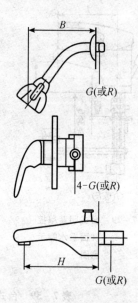

图7-32 壁式明装单控浴缸水
嘴示意图

图7-33 壁式暗装单控浴缸
水嘴示意图

7-60 浴缸水嘴的尺寸规格

单位：mm

公称尺寸 D_N	螺纹尺寸代号	螺纹有效长度 l			D	C	B		L
							明装	暗装	
15	G1/2	≥10			≥45				
20	G3/4	混合	非混合		≥50	150±30	≥120	≥150	≥110
			圆柱螺纹	圆锥螺纹					
		≥15	≥12	≥12.7					

注：淋浴喷头软管长度不小于1 350mm。

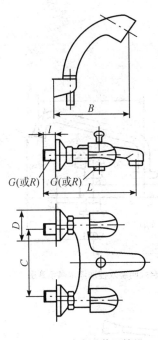

图7-34 壁式明装双控浴
缸水嘴示意图

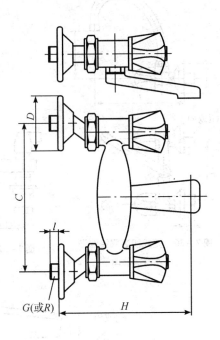

图7-35 壁式明装双控浴缸水嘴示意图

4. 洗涤水嘴

洗涤水嘴结构尺寸应符合图7-36~图7-40和表7-61的规定。

表7-61 洗涤水嘴的规格尺寸 单位：mm

| 公称尺寸 D_N | 螺纹尺寸代号 | C | | l | L | D | H | H_1 | E |
		台式	壁式						
15	G1/2	102±1 152±1 204±1	150±30	≥13	≥170	≥45	≥48	≤8	≥25

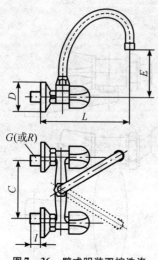

图 7 – 36 壁式明装双控洗涤
水嘴示意图

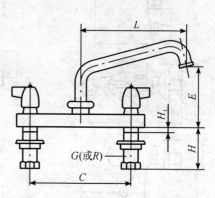

图 7 – 37 台式明装双控洗涤水嘴示意图

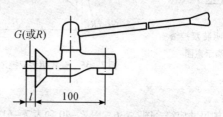

图 7 – 38 壁式明装单控洗涤水嘴示意图

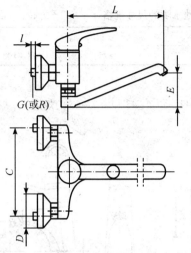

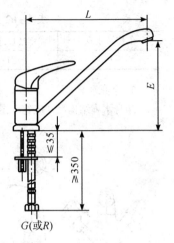

图 7-39 壁式明装单控洗涤水嘴示意图

图 7-40 台式明装单控洗涤水嘴示意图

5. 便池水嘴

便池水嘴结构尺寸应符合图 7-41 和表 7-62 的规定。

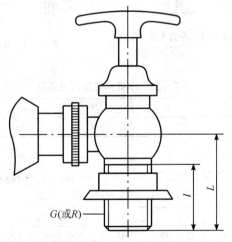

图 7-41 台式明装单控便池水嘴示意图

表 7 – 62　便池水嘴的尺寸规格　　　单位：mm

公称尺寸 D_N	螺纹尺寸代号	螺纹有效长度 l_{min}	L
15	G1/2	≥25	48～108

6. 净身水嘴

净身水嘴结构尺寸应符合图 7 – 42、图 7 – 43 和表 7 – 63 的规定。

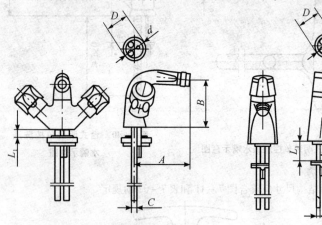

图 7 – 42　台式明装双控净身水嘴示意图

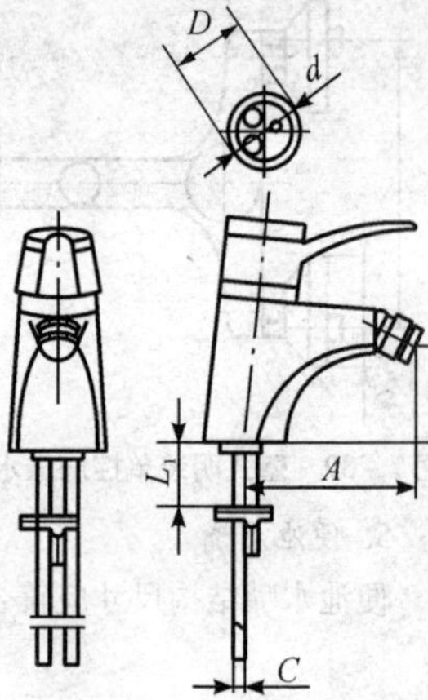

图 7 – 43　台式明装单控净身
水嘴示意图

表 7 – 63　净身水嘴的尺寸规格　　　单位：mm

A	B	D	d	L_1
≥105	≥70	≥40	≤33	≥35

7. 淋浴水嘴

淋浴水嘴结构尺寸如图 7 – 44～图 7 – 46 和表 7 – 64 所示。

表 7 – 64　淋浴水嘴的尺寸规格　　　单位：mm

A	B	C	D	螺纹有效长度 l	E
≥300	≥1000	150±30	≥45	按表 7 – 60 中 l 尺寸	≥95

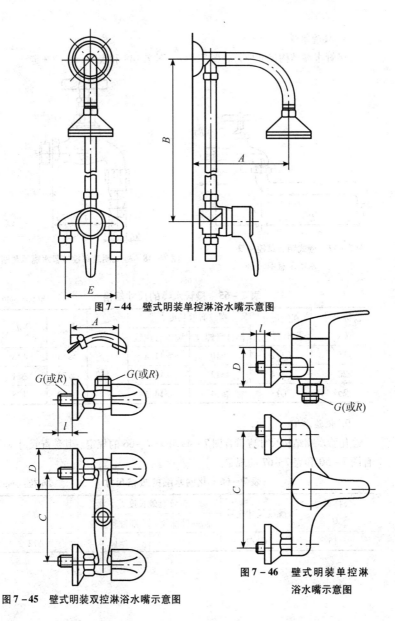

图 7 - 44　壁式明装单控淋浴水嘴示意图

图 7 - 45　壁式明装双控淋浴水嘴示意图

图 7 - 46　壁式明装单控淋
浴水嘴示意图

8. 接管水嘴

接管水嘴结构尺寸应符合图7-47、图7-48和表7-65的规定。

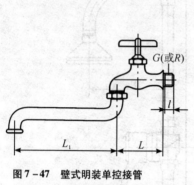

图7-47　壁式明装单控接管
水嘴示意图

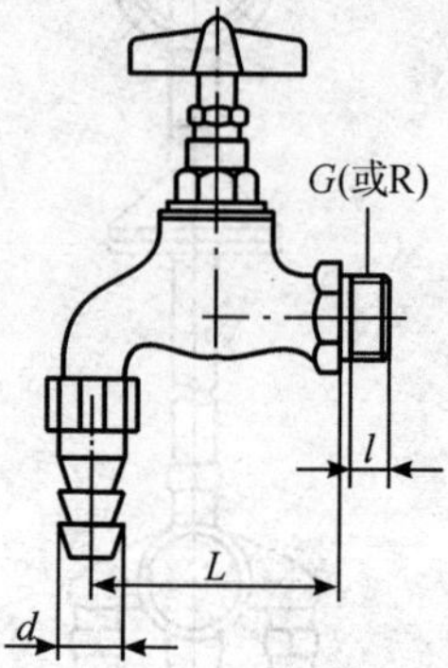

图7-48　壁式明装单控接管水嘴示意图

表7-65　接管水嘴的尺寸规格　　单位：mm

公称尺寸 D_N	螺纹尺寸 代号	螺纹有效长度 l_{min}		L_{1min}	L_{min}	d
		圆柱管螺纹	圆锥管螺纹			
15	G1/2	≥10	≥11.4		≥55	φ15
20	G3/4	≥12	≥12.7	≥170	≥70	φ21
25	G1	≥14	≥14.5		≥80	φ28

9. 化验水嘴

化验水嘴结构尺寸应符合图7-49和表7-66的规定。其装配尺寸应符合图7-50和表7-67的规定。

表7-66　化验水嘴的规格尺寸　　单位：mm

公称尺寸 D_N	螺纹尺寸代号	螺纹有效长度 l_{min}		d
		圆柱管螺纹	圆锥管螺纹	
15	G1/2	≥10	≥11.4	φ12

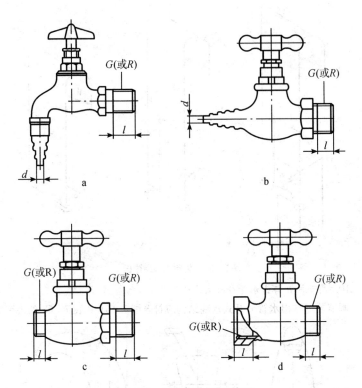

图 7 – 49 单控化验水嘴示意图

表 7 – 67 化验水嘴装配尺寸 单位: mm

名　　　称	H_{min}	R	h_1	h_2	C
单式化验水嘴	≥450	140	—	—	—
复式化验水嘴	≥650		110 ~ 120	150 ~ 155	115 ~ 120

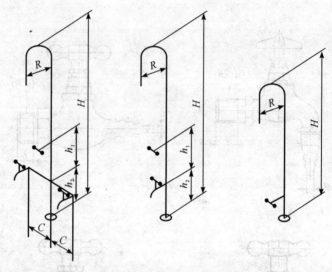

图 7 – 50　化验水嘴装配图

10. 调节装置与出水管分开式水嘴

调节装置与出水管分开式水嘴结构应符合图 7 – 51 和表 7 – 68 的规定。

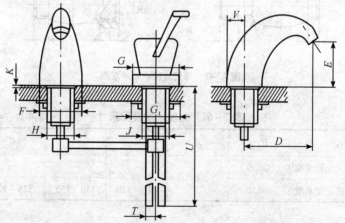

图 7 – 51　调节装置与出水管分开式水嘴装配图

表 7-68　调节装置与出水管分开式水嘴

尺寸	数值/mm	内容
D	≥90	轴径中心线到出水孔中心的水平距离
E	≥25 ≤125	出水孔的最低点到安装平面的垂直距离 用于高式喷管形
F	≥42	间接式喷管底面的最小尺寸
G	≥45	水嘴底面的最小尺寸
G_1	≥50	装夹垫板或支承螺帽的外缘直径
H	≤29	喷管固定架的直径
J	≤33.5	进水管支架的直径或围绕进水管和固定螺栓的外接直径
K	≤5	当安装平面的厚度小于 5mm 时，可使用一隔板
T	8，10 或 12mm 铜管； 金属软管	普通螺纹或 G1/2B 的管螺纹 G1/2B 的管螺纹
U	≥350	用户同意可减至 220mm
V	浴缸最大 35 其余 32	从尺寸 J 轴线量起到后面的最大投影距离

7.3.3　陶瓷片密封水嘴

陶瓷片密封水嘴（GB 18145—2003）适用于安装在建筑物内的冷、热水供水管路上，公称压力不大于 1.0MPa，介质温度不大于 90℃ 条件下的各种水嘴。

（1）术语定义

a. 单柄、双柄：是指水嘴启闭控制手柄（手轮）的数量。单柄是指由一个手柄（手轮）控制冷、热水流量和温度；双柄是指由二个手柄（手轮）控制冷、热水流量及温度。

b. 单控、双控：是指水嘴控制供水管路的数量。单控是指控制一路供水；双控是指控制二路（冷、热）供水。

（2）分类及代号　水嘴的分类及代号列于表 7-69 ~ 表 7-71。

表 7-69　单柄、双柄阀门代号

启闭控制部件数量	单柄	双柄
代号	D	S

表 7 – 70　单控、双控阀门代号

供水管路数量	单控	双控
代号	D	S

表 7 – 71　陶瓷片密封阀门分类代号

用途	普通	面盆	浴盆	洗涤	净身	淋浴	洗衣机
代号	P	M	Y	X	J	L	XY

标记表示方法：

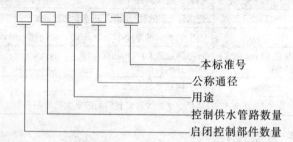

标记示例：

公称通径为 15mm 的单柄双控面盆阀门，

其标记为：

DSM15

1. 陶瓷片密封水嘴

（1）单柄单控水嘴　单柄单控陶瓷片密封普通水嘴示意图见图 7 – 52；其尺寸规格见表 7 – 72。

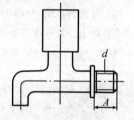

图 7 – 52　单柄单控陶瓷片密封
水嘴示意图

表 7 – 72　单柄单控陶瓷片密封普通水嘴尺寸规格

D_N	d/inch	A/mm
15	G1/2″	≥14
20	G3/4″	≥15
25	G1″	≥18

单柄单控陶瓷片密封面盆水嘴示意图见图 7 - 53；其规格尺寸见表 7 - 73。

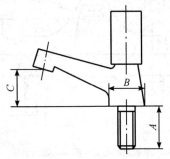

图 7 - 53　单柄单控陶瓷片密封面盆水嘴示意图

表 7 - 73　单柄单控陶瓷片密封面盆水嘴尺寸规格　单位：mm

$D_N 15$	A	B	C
G1/2″	≥48	≥30	≥25

（2）单柄双控陶瓷片面盆水嘴　单柄双控陶瓷片面盆水嘴示意图见图 7 - 54、图 7 - 55；其尺寸规格列于表 7 - 74 和表 7 - 75。

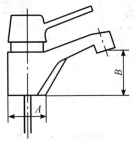

图 7 - 54　单柄双控陶瓷片面盆水嘴示意图

表 7 - 74　单柄双控陶瓷片面盆水嘴的尺寸规格　单位：mm

A	B
≥40	≥25

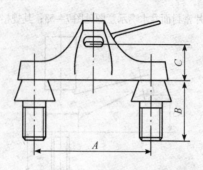

图 7 –55　单柄双控陶瓷片面盆水嘴示意图

表 7 –75　单柄双控陶瓷片面盆水嘴尺寸规格　单位：mm

A	B	C
102	≥48	≥25

（3）单柄双控陶瓷片密封浴盆水嘴　单柄双控陶瓷片密封浴盆水嘴示意图见图 7 –56；其尺寸规格列于表 7 –76。

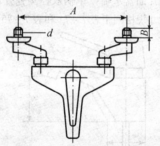

图 7 –56　单柄双控陶瓷片密封浴盆水嘴示意图

表 7 –76　单柄双控陶瓷片密封浴盆水嘴尺寸规格　单位：mm

D_N	d	A/mm	B/mm
15	G1/2″	150	≥16
		偏心管调节尺寸范围：	
20	G3/4″	120 ~ 180	≥20

（4）陶瓷片密封洗涤水嘴　陶瓷片密封洗涤水嘴示意图见图7-57；其尺寸规格见表7-77。

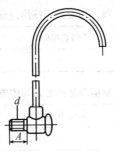

图7-57　陶瓷片密封洗涤水嘴示意图

表7-77　陶瓷片密封洗涤水嘴尺寸规格

D_N	d/inch	A/mm
15	G1/2″	≥14
20	G3/4″	≥15

（5）陶瓷片密封净身器水嘴　陶瓷片密封净身器水嘴示意图见图7-58；其尺寸规格列于表7-78。

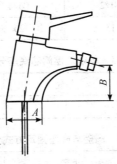

图7-58　陶瓷片密封净身器水嘴示意图

表7-78　陶瓷片密封净身器水嘴尺寸规格　　单位：mm

A	B
≥40	≥25

2. 陶瓷片密封水嘴陶瓷阀芯

（1）分类及代号　阀芯的分类及代号列于表7-79~表7-84。

表7-79　陶瓷阀芯按用途分类代号

分类	单柄双控阀芯	双柄阀芯
代号	D	S

表7-80　双柄阀芯按装入阀体方式分类代号

分类	螺旋升降式	插入式
代号	L	C

表7-81　双柄阀芯阀体材料分类代号

材料	铜合金	塑料
代号	T	S

表7-82　双柄阀芯按连接螺纹分类代号

连接螺纹	与水嘴阀体连接螺纹		装饰盖连接螺纹
	G1/2	G3/4	M24×1
代号	15	20	A

表7-83　单柄双控阀芯底座分类代号

分类	平底	高脚
代号	P	G

表7-84　阀盖与底座固定方式分类代号

分类	上定位	下定位
代号	S	X

（2）标记

a. 双柄阀芯标记：

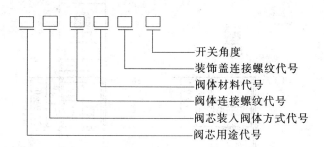

标记示例：

带装饰盖连接螺纹双柄90°开关铜阀芯，与水嘴阀体连接螺纹为 G3/4。其标记为：

SL 20 TA90

b. 单柄双控阀芯标记：

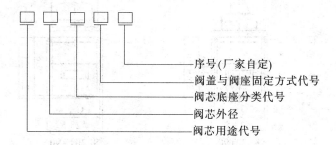

标记示例：

外径35mm上定位平底单柄阀芯，其标记为：

D35PS

（3）规格尺寸　陶瓷片密封水嘴陶瓷阀芯的尺寸规格（mm）见图7-59。

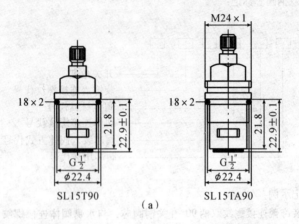

SL15T90   SL15TA90

（a）

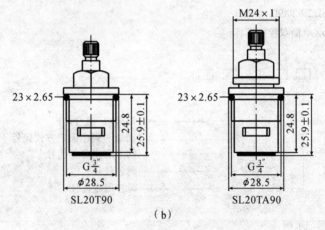

SL20T90   SL20TA90

（b）

图 7 - 59　陶瓷片密封水嘴陶瓷阀芯规格尺寸示意图

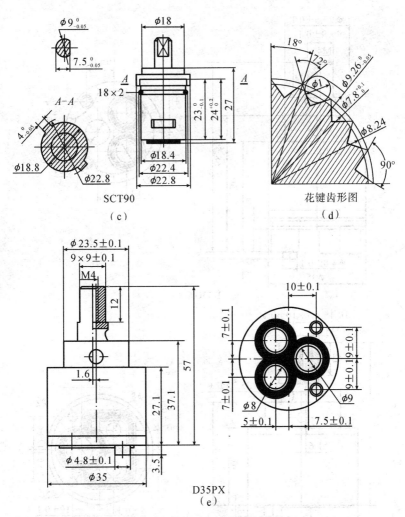

SCT90

（c）

花键齿形图

（d）

D35PX

（e）

图 7-59　陶瓷片密封水嘴陶瓷阀芯规格尺寸示意图（续）

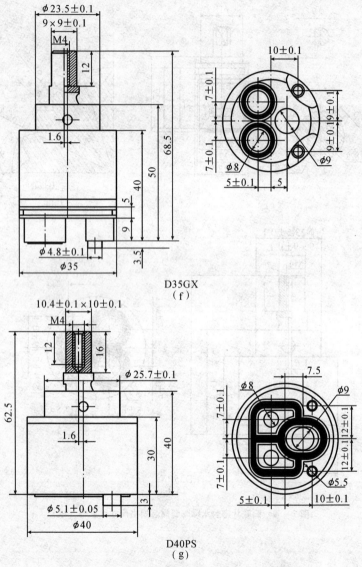

D35GX
（f）

D40PS
（g）

图 7-59 陶瓷片密封水嘴陶瓷阀芯规格尺寸示意图（续）

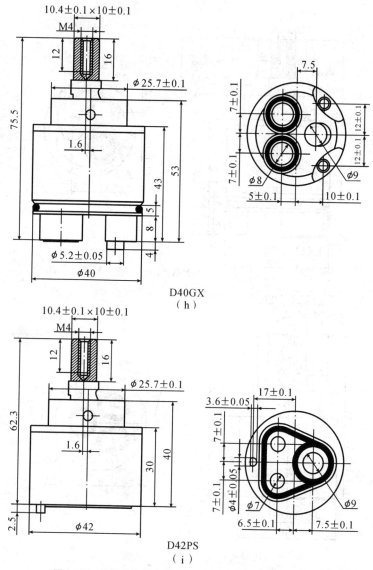

图 7－59　陶瓷片密封水嘴陶瓷阀芯规格尺寸示意图（续）

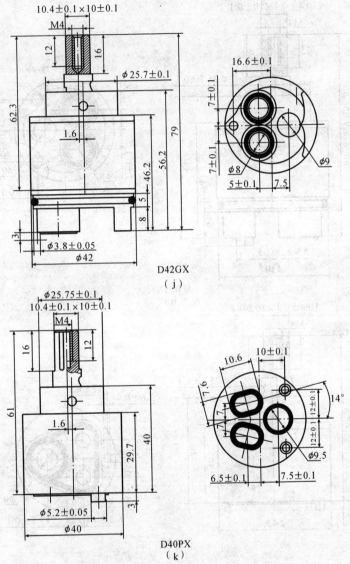

D42GX
（j）

D40PX
（k）

图7-59 陶瓷片密封水嘴陶瓷阀芯规格尺寸示意图（续）

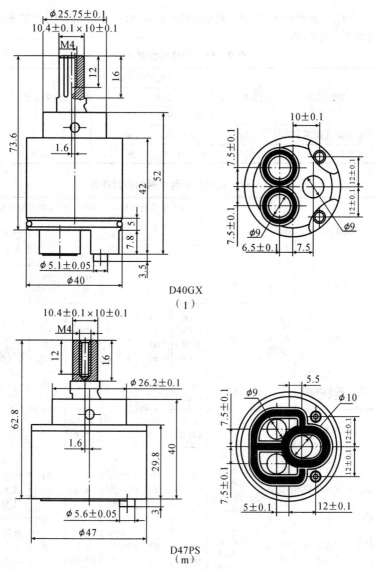

D40GX
(1)

D47PS
(m)

图7-59　陶瓷片密封水嘴陶瓷阀芯规格尺寸示意图（续）

陶瓷片密封水嘴的阀体性能试验列于表 7－85；陶瓷片密封水嘴的密封性能列于表 7－86。

表 7－85　阀体性能试验

| 检测部位 | 出水口状态 | 用冷水进行试验 | | 技术要求 |
| | | 试验条件 | | |
		压力/MPa	时间/s	
进水部位（阀座下方）	打开	2.5 ± 0.05	60 ± 5	无变形、无渗漏
出水部位（阀座上方）	关闭	0.4 ± 0.02	60 ± 5	无渗漏

表 7－87　陶瓷片密封水嘴的密封性能

| 检测部位 | | 阀芯及转换开关位置 | 出水口状态 | 用冷水进行试验 | | 技术要求 | 用空气在水中进行试验 | | 技术要求 |
| | | | | 试验条件 | | | 试验条件 | | |
				压力/MPa	时间/s		压力/MPa	时间/s	
连接件		用 1.5 N·m 关闭	开	1.6 ± 0.05	60 ± 5	无渗漏	0.6 ± 0.02	20 ± 2	无气泡
阀芯			开	1.6 ± 0.05 0.05 ± 0.01	60 ± 5 60 ± 5		0.6 ± 0.02 0.02 ± 0.001	20 ± 2 20 ± 2	
冷、热水隔墙			开	0.4 ± 0.02	60 ± 5		0.2 ± 0.01	20 ± 2	
上密封		开	闭	0.4 ± 0.02	60 ± 5		0.2 ± 0.01	20 ± 2	
手动转换开关	转换开关在淋浴位	浴盆位关闭	人工堵住淋浴出水口打开浴盆出水口	0.4 ± 0.02	60 ± 5	浴盆出水口无渗漏	0.2 ± 0.01	20 ± 2	浴盆出水口无气泡
	转换开关在浴盆位	淋浴位关闭	人工堵住浴盆出水口打开淋浴出水口	0.4 ± 0.02	60 ± 5	淋浴出水口无渗漏	0.2 ± 0.01	20 ± 2	淋浴出水口无气泡

检测部位		阀芯及转换开关位置	出水口状态	用冷水进行试验			用空气在水中进行试验		
				试验条件		技术要求	试验条件		技术要求
				压力/MPa	时间/s		压力/MPa	时间/s	
自动复位转换开关	转换开关在浴盆位1	淋浴位关闭	两出水口打开	0.4（动压）±0.02	60±5	淋浴出水口无渗漏	—	—	—
	转换开关在淋浴位2	浴盆位关闭			60±5	浴盆出水口无渗漏	—	—	—
	转换开关在淋浴位3	浴盆位关闭		0.05（动压）±0.01	60±5	浴盆出水口无渗漏	—	—	—
	转换开关在浴盆位4	淋浴位关闭			60±5	淋浴出水口无渗漏	—	—	—

7.3.4 铁制和铜制螺纹连接阀门

铁制和铜制螺纹连接阀门（GB/T 8464—2008）适用于：

螺纹连接的闸阀、截止阀、球阀、止回阀（以下简称阀门）。

公称压力不大于 PN16、公称尺寸不大于 DN100 的灰铸铁、可锻铸铁材料的阀门。

公称压力不大于 PN25、公称尺寸不大于 DN100 的球墨铸铁材料的阀门。

公称压力不大于 PN40、工作温度不高于 180℃ 的铜合金阀门。

工作介质为水、非腐蚀性液体、空气、饱和蒸汽等。

内螺纹连接阀门的公称通径按 GB/T 1047 的规定；内螺纹连接阀门的压力按 GB 1048 规定。

阀门的技术要求列于表 7-87 ~ 表 7-91。

表 7 -87 扳口的对边最小尺寸 单位：mm

公称尺寸 D_N	铜合金材料	可锻铸铁材料、球墨铸铁材料	灰铸铁材料
8	17.5	—	—
10	21	—	—
15	25	27	30
20	31	33	36
25	38	41	46
32	47	51	55
40	54	58	62
50	66	71	75
65	83	88	92
80	96	102	105
100	124	128	131

表 7 -88 阀体通道最小直径 单位：mm

公称尺寸 D_N	阀体通道最小直径
8	6
10	
15	9
20	12.5
25	17
32	23
40	28
50	36
65	49
80	57
100	75

表7-89 铁制阀门阀体最小壁厚　　　　　单位：mm

公称尺寸 D_N	灰铸铁	可锻铸铁		球墨铸铁	
	PN10	PN10	PN16	PN16	PN25
15	4	3	3	3	4
20	4.5	3	3.5	3.5	4.5
25	5	3.5	4	4	5
32	5.5	4	4.5	4.5	5.5
40	6	4.5	5	5	6
50	6	5	5.5	5.5	6.5
65	6.5	6	6	6	7
80	7	6.5	6.5	6.5	7.5
100	7.5	6.5	7.5	7	8

表7-90 铜合金制阀门阀体最小壁厚　　　　　单位：mm

公称尺寸 D_N	PN10	PN16	PN20	PN25	PN40
6	1.4	1.6	1.6	1.7	2.0
8	1.4	1.6	1.6	1.7	2.0
10	1.4	1.6	1.7	1.8	2.1
15	1.6	1.8	1.8	1.9	2.4
20	1.6	1.8	2.0	2.1	2.6
25	1.7	1.9	2.1	2.4	3.0
32	1.7	1.9	2.4	2.6	3.4
40	1.8	2.0	2.5	2.8	3.7
50	2.0	2.2	2.8	3.2	4.3
65	2.8	3.0	3.0	3.5	5.1
80	3.0	3.4	3.5	4.1	5.7
100	3.6	4.0	4.0	4.5	6.4

表 7 - 91　阀杆最小直径　　　　　　　　　单位：mm

公称尺寸 D_N	PN10、PN16	PN20		PN25		PN40	
	闸阀和截止阀	闸阀	截止阀	闸阀	截止阀	闸阀	截止阀
8	5.5	5.5	6.0	6.0	6.0	6.5	6.5
10	5.5	5.5	6.0	6.0	6.0	6.5	6.5
15	6.0	6.0	6.5	6.5	6.5	7.5	7.5
20	6.5	6.5	7.0	7.0	7.0	8.0	8.0
25	7.5	7.5	8.0	8.0	8.0	9.5	9.5
32	8.5	8.5	9.5	9.5	9.5	11.0	11.0
40	9.5	9.5	10.5	10.5	10.5	12.0	12.0
50	10.5	10.5	11.0	11.0	12.0	12.5	14.0
65	12.0	12.0	12.5	12.5	13.5	14.0	15.5
80	13.5	13.5	14.0	14.0	15.0	16.0	17.5
100	15.0	15.0	15.5	15.5	16.5	17.5	19.0

注：表中阀杆的最小直径系指与填料配合段的直径。

1. 螺纹连接闸阀

螺纹连接闸阀示意图见图 7 - 60。

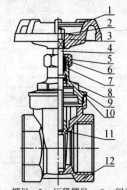

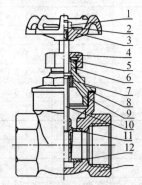

1—螺母；　5—压紧螺母；　9—阀盖；
2—铭牌；　6—压圈；　10—垫片；
3—手轮；　7—填料；　11—闸板；
4—阀杆；　8—紧圈；　12—阀体

1—螺母；　4—压紧螺母；　7—定位套；　10—阀杆；
2—铭牌；　5—压圈；　8—垫片；　11—闸板；
3—手轮；　6—填料；　9—阀盖；　12—阀座；
　　　　　　　　　　　　　　　　　　　13—阀体

图 7 - 60　螺纹连接闸阀

2. 螺纹连接截止阀

螺纹连接截止阀示意图见图 7 - 61。

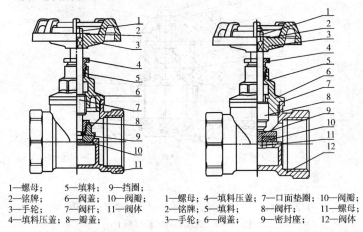

1—螺母；	5—填料；	9—挡圈；
2—铭牌；	6—阀盖；	10—阀瓣；
3—手轮；	7—阀杆；	11—阀体；
4—填料压盖；	8—瓣盖；	

1—螺母；	4—填料压盖；	7—口面垫圈；	10—阀瓣；
2—铭牌；	5—填料；	8—阀杆；	11—螺母；
3—手轮；	6—阀盖；	9—密封座；	12—阀体

图 7 - 61　螺纹连接截止阀

3. 螺纹连接球阀

螺纹连接球阀的示意图见图 7 - 62。

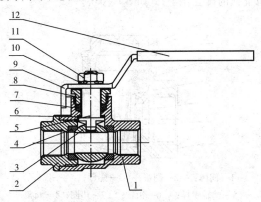

图 7 - 62　螺纹连接球阀

1—阀体；　2—阀盖；　3—球；　4—阀座；　5—阀杆　6—阀杆垫圈；

7—填料；8—填料压盖；　9—手柄；　10—垫圈；　11—螺母　12—手柄套

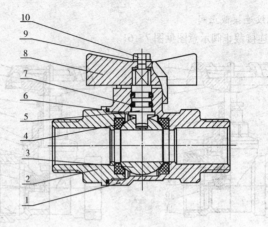

1—阀体； 2—阀盖； 3—球； 4—阀座； 5—阀杆

6—口面垫圈； 7—O形圈；8—手柄； 9—垫圈； 10—螺栓

图 7 - 62　螺纹连接球阀（续）

4. 螺纹连接止回阀

螺纹连接止阀的典型结构形式如图 7 - 63。

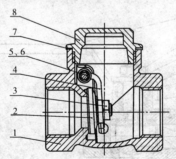

1—阀体； 2—阀盖； 3—螺母； 4—摇杆；

5—销轴螺母； 6—销轴； 7—垫圈；8—阀盖

（a）旋启式

图 7 - 63　螺纹连接止阀

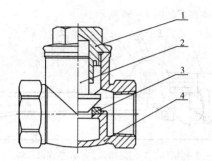

1—阀盖；　2—阀瓣；　3—阀座；　4—阀体

（b）升降式

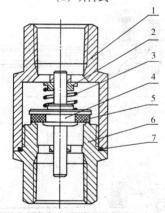

1—阀体；　2—弹簧挡圈；　3—弹簧；　4—阀瓣架；

5—阀瓣；　6—阀体；　7—口面垫圈

（c）升降立式

图7-63　螺纹连接止阀（续）

7.4　水暖工具

7.4.1　管子钳

管子钳（QB/T 2508—2001）用于夹持和旋转钢管类工件。

管子钳的基本型式如图 7 - 64 所示。

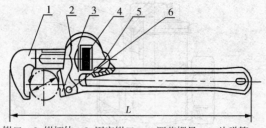

1-活动钳口；2-钳柄体；3-固定钳口；4-调节螺母；5-片弹簧；6-铆钉
（a）Ⅰ型管子钳

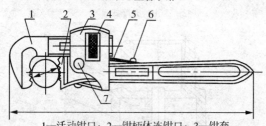

1—活动钳口；2—钳柄体连钳口；3—钳套
4—调节螺母；5—片弹簧；6—铆钉；7—铆钉
（b）Ⅱ型管子钳

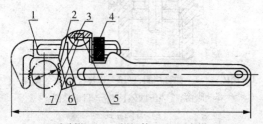

1—活动钳口；2—钳柄体；3—固定钳口
4—调节螺母；5—片弹簧；6—铆钉；7—弹簧
（c）Ⅲ型管子钳

图 7 - 64　管子钳

管子钳按其承载能力分为重级（用 Z 表示）、普通级（用 P 表示）两个
等级。

尺寸及试验扭矩见表 7 - 92。

表 7-92 管子钳的尺寸及试验扭矩

基本尺寸/mm

规格	全长 L		最大夹持管径 D
	基本尺寸	偏差	
150	150		20
200	200	±2.5%	25
250	250		30
300	300		40
350	350	±3.5%	50
450	450		60
600	600		75
900	900	±5.0%	85
1 200	1 200		110

试验扭短/（N·m）

规格	普通级 P	重级 Z
150	105	165
200	203	330
250	340	550
300	540	830
350	650	990
450	920	1440
600	1300	1980
900	2260	3300
1200	3200	4400

7.4.2 铝合金管子钳

铝合金管子钳用于紧固或拆卸各种管子、管路附件或圆柱形零件，为管路安装和修理工作常用工具。钳体柄用铝合金铸造；重量比普通管子钳轻；不易生锈；使用轻便。

外形和尺寸及试验扭矩见图 7-65 和表 7-93。

图 7-65　铝合金管子钳

表 7-93　铝合金管子钳的尺寸及试验扭矩

规格尺寸（全长）/mm	夹持管子外径/mm	试验扭矩/（N·m）
150	20	98
200	25	196
250	30	324
300	40	490
350	50	588
450	60	833
600	75	1176
900	85	1960
1200	110	2646

7.4.3 水泵钳

水泵钳（QB/T 2440.4—2007）用以夹持扁形或圆柱形金属附件。其特点是钳口的开口宽度有多挡（3~4 挡）调节位置，以适应夹持不同尺寸零件的需要，为汽车、内燃机、农业机械及室内管路等安装、维修工作中的常用工具。

公称长度（mm）的规格有：100±10，125±15，160±15，200±15，250±15，315±20，350±20，400±30，500±30。

外形见图 7-66~7-69。

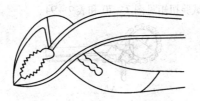

图7-66 A型水泵钳（滑动销轴式）

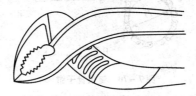

图7-67 B型水泵钳（榫槽叠置式）

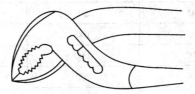

图7-68 C型水泵钳（钳腮套入式）

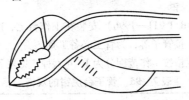

图7-69 D型水泵钳（其他型式）

7.4.4 链条管子钳

链条管子钳（QB/T 1200—1991）用于紧固和拆卸较大金属管和圆柱形零件。

外形、尺寸及试验扭矩见图7-70和表7-94。

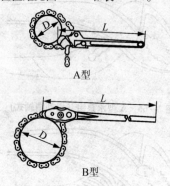

A型

B型

图7-70　链条管子钳

表7-94　链条管子钳的尺寸及试验扭矩

型号	公称尺寸 L	夹持管子外径 D/mm	试验扭钜/（N·m）
A 型	300	50	300
	900	100	830
B 型	1000	150	1230
	1200	200	1480
	1300	250	1670

7.4.5　管子台虎钳

管子台虎钳（QB/T 211—1996）安装在工作台上，用于夹紧管子进行铰制螺纹或切断及连接管子等，为管工必备工具。

管子台虎钳的规格按工作范围分为1～6六种，见表7-95。

表7-95　管子台虎钳的规格

规格	1	2	3	4	5	6
工作范围/mm	φ10～60	φ10～90	φ15～115	φ15～165	φ30～220	φ30～300

管子台虎钳的标记由产品名称、规格代号和标准编号组成。

以下按号数简称：1、2……

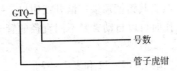

标记示例: 2 号管子台虎钳标记为:

管子台虎钳 GTQ2 QB/T 2211

型式与结构如图 7 – 71 所示。

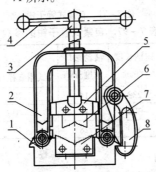

图 7 – 71 管子台虎钳

1—底座; 2—支架; 3—丝杠; 4—扳杠; 5—导板; 6—上牙板; 7—下压板; 8—钩子

管子台虎钳加于扳杠和试棒的力矩见表 7 – 96。

表 7 – 96 管子台虎钳加于扳杠和试棒的力矩

单位: N·m

产品规格	加于扳杠力矩	加于试棒力矩
1	58.8	88.2
2	78.4	117.6
3	88.2	127.4
4	98	137.2
5	127.4	166.6
6	147	196

7.4.6 自紧式管子钳

自紧式管子钳用于紧固或拆卸各种管子、管路附件或圆柱形零件,是管路安装和修理的常用工具。其钳柄顶端有渐开线钳口，钳口工作面为锯齿形，以利夹紧管子，工作时可以自动夹紧不同直径的管子，夹管时三点受力，不做任何调节。

外形和尺寸及试验扭矩见图7－72和表7－97。

图7－72　自紧式管子钳

表7－97　自紧式管子钳的参数

公称尺寸	可夹持管子外径/mm	钳柄长度/mm	活动钳口宽度/mm	试验扭矩	
				试棒直径/mm	承受扭矩/（N·m）
300	20～34	233	14	28	450
400	34～48	305	16	40	750
500	48～66	400	18	48	1050

7.4.7　手动弯管机

手动弯管机用于手动冷弯金属管。

其外形和参数见图7－73和表7－98。

图7－73　手动弯管机

表7－98　手动弯管机的参数

钢管规格尺寸/mm		冷弯角度	弯曲半径/mm，≥
外径	壁厚		
8			40
10			50
12	2.25		60
14		180°	70
16			80
19	2.75		90
22			110

7.4.8 液压弯管机

液压弯管机用于把管子弯出一定弧度，多用于水、蒸气、油等管路的安装和维修。

三脚架式的零部件可以拆开，携带方便；小车式移动方便。外形和参数见图 7 -74 和表 7 -99。

LWG$_1$ -10B型
（三脚架式）

LWG$_2$ -10B型
（小车式）

图 7 -74　液压弯管机

表 7 -98　手动弯管机的参数

型号	最大推力 /kN	弯管直径 /mm	弯曲角度 /（°）	弯曲半径 /mm	质量 /kg
YW2A	90	12 ~ 50	90 ~ 180	65 ~ 295	
LWG$_1$ -10B	100	10 ~ 50	90	60 ~ 300	75
LWG$_2$ -10B	100	12 ~ 38	120	36 ~ 120	75

7.4.9 扩管器

扩管器是以轧制方式扩张管端的工具，用来扩大管子端的内、外径，以便与其他管子及管路连接部位紧密联合。

有直通式和翻边式两种。外形和尺寸见图 7 -75 和表 7 -100。

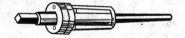

图 7 -75　扩管器

表 7 – 100 （a） 01 型直通扩管器尺寸 单位：mm

公称尺寸	全长	试用管子范围		膨胀长度
		内径		
		最小	最大	
10	114	9	10	20
13	195	11.5	13	20
14	122	12.5	14	20
16	150	14	16	20
18	133	16.2	18	20

表 7 – 100 （b） 02 型直通扩管器尺寸 单位：mm

公称尺寸	全长	试用管子范围		膨胀长度
		内径		
		最小	最大	
19	128	17	19	20
22	145	19.5	22	20
25	161	22.5	25	25
28	177	25	28	20
32	194	28	32	20
35	210	30.5	35	25
38	226	33.5	38	25
40	240	35	40	25
44	257	39	44	25
48	265	43	48	27
51	274	45	51	28
57	292	51	57	30
64	309	57	64	32

公称尺寸	全长	试用管子范围		膨胀长度
		内径		
		最小	最大	
70	326	63	70	32
76	345	68.5	76	36
82	379	74.5	82.5	38
88	413	80	88.5	40
102	477	91	102	44

表 7 – 100 （c）　03 型特长直通扩管器尺寸　　单位：mm

公称尺寸	全长	试用管子范围		膨胀长度
		内径		
		最小	最大	
25	170	20	23	38
28	180	22	25	50
32	194	27	31	48
38	201	33	36	52

表 7 – 100 （d）　04 型翻边扩管器尺寸　　单位：mm

公称尺寸	全长	试用管子范围		膨胀长度
		内径		
		最小	最大	
38	240	33.5	38	40
51	290	42.5	48	54
57	380	48.5	55	50
64	360	54	61	55
70	380	61	69	50
76	340	65	72	61

7.4.10 管螺纹铰板及板牙

·管螺纹铰板牙（QB/T 2509—2001）适用于手工铰制管子外径为 21.3 ~ 114mm 的低压流体输送用钢管。

管铰板按其结构分为普通型和万用型（用 W 表示）两种型式，如图 7 - 76、图 7 - 77 所示。板牙的型式及牙形如图 7 - 78、图 7 - 79 表示。

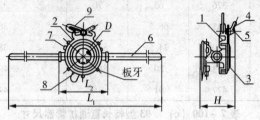

图 7 - 76　普通型管铰板

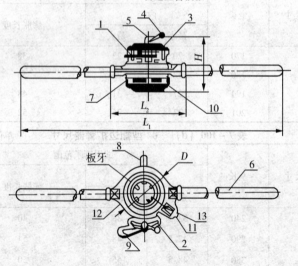

图 7 - 77　万能型管铰板

以下为图 7 - 76、7 - 77 的注。

1—主体　2—凸轮盘　3—压丝　4—锁紧手柄　5—固定螺杆　6—扳杆　7—卡爪
8—盘丝　9—偏心扳手　10—卡爪体　11—止动销　12—间歇套　13—换向环

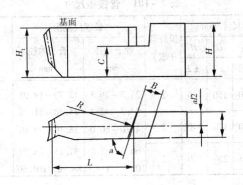

图 7 – 78　板牙型式

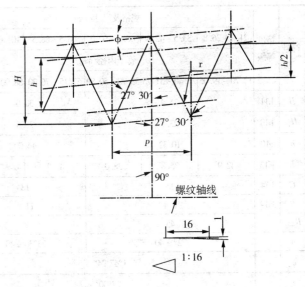

图 7 – 79　牙形

管铰板和板牙的基本尺寸分别按表 7 – 101 和表 7 – 102 的规定。

表7-101 管铰板尺寸

规格	外形尺寸/mm				扳杆数（根）	铰螺纹范围		机构特征
	L_1	L_2	D	H		管子外径/mm	管子内径/mm	
	最小	最小	±2	±2				
60	1290	190	150	110	2	21.3~26.8 33.5~42.3	12.70~19.05 25.40~31.75	无间歇机构
60W	1350	250	170	140	2	48.0~60.0	38.10~50.80	有间歇机构，其使用具有万能性
114W	1650	335	250	170	2	66.5~88.5 101.0~114.0	57.15~76.20 88.90~101.60	

表7-102 板牙尺寸

项目	符号	精度等级	规格及尺寸/mm				
			21.3~26.8	33.5~42.3	48.0~60.0	66.5~88.5	101.0~114.0
			管子内径/mm				
			12.70~19.05	25.40~31.75	38.70~50.80	57.15~76.20	88.90~101.60
后高	H	h11	25.4			30.0	
前高	H_1	h10	23.8			28.5	
厚度	a	e10	10.32			14.00	
前长	L	js13	42.9	35.8	28.0	48.7	33.5
槽底高	C	h14	15			18	
槽宽	B	H14	8.4			11.2	
弧面半径	R_{min}		45			50	
槽斜角	a		72°±40′			73°30′±40′	
斜角	φ		1°47′24″				
牙型半角	ε_2		27°30′				
螺距	ρ		7.814		2.309		
牙形高度	l_1		1.162		1.479		
圆弧半径	r		0.249		0.317		

标记示例：

产品的标记由产品名称、规格、型式代号和采用标准号组成。

60mm 的万能型管铰板标记示例：

管螺纹铰板 60W QB/T 2509—2001

7.4.11　轻、小型管螺纹铰板及板牙

轻、小型管螺纹铰板及板牙是手工铰制水管、煤气管等管子外螺纹用的手动工具，主要用在维修或安装工程中。

外形和参数见图 7-80 和表 7-103。

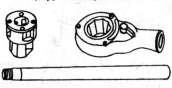

图 7-80　轻、小型管螺纹铰板及板牙

表 7-103　轻、小型管螺纹铰板及板牙的参数

型号	每套铰板附板牙规格（管螺纹尺寸代号）	适用管子外径/mm
Q74-1	1/4，3/8，1/2，3/4，1	13.5～33.5
SH-76 SH-48	1/2，3/4，1，1¼，1½	21.3～38.1

SH-76 型能铰制 55°圆柱和圆锥两种管螺纹，其余型号仅能铰制 55°圆锥管螺纹。市场产品型号为 114 和 117 型，适用管螺纹铰尺寸代号为 ½～2 和 2¼～4。

7.4.12　管子割刀

管子割刀（QB/T 2350—1997）型式按其切割管子的材料不同，分为"通用型""轻型"两种。

通用型适用于切割普通碳素钢管，代号为"GT"（如图 7-81）。

轻型适用于切割塑料管、紫铜管，代号为"GQ"（如图 7-82）。

割刀规格按能切断管子的最大外径和壁厚分为四种，其代号为 1 号、2

号、3 号、4 号。

割刀的基本参数见表 7 - 104。

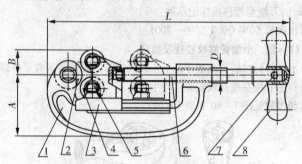

1—割刀体；2—刀片；3—滑块；4—滚轮；
5—轴销；6—螺杆；7—手柄销；8—手柄

图 7 - 81　通用型割刀

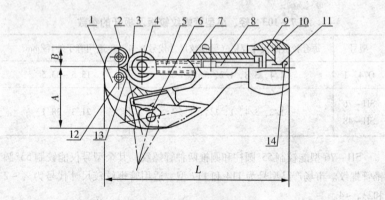

1—割刀体；2—刮刀片；3—刀片；4—刀片螺钉；5—刀杆；
6—撑簧；7—刮刀销；8—螺杆；9—螺帽；10—手轮；
11—垫圈；12—滚轮轴；13—滚轮；14—半圆头螺钉

图 7 - 82　轻型割刀

表7-104　管子割刀的参数　　　　单位：mm

型式	规格代号	基本尺寸				可切断管子的最大外径和壁厚
		A	B	L	D	
GQ	1	41	12.7	124	左 M8×1	25×1
GT	1	60	22	260	M12×17.5	33.50×3.25
	2	76	31	375	M16×2	60×3.50
	3	111	41	540	M20×2.5	88.50×4
	4	143	63	665	M20×2.5	114×4

7.4.13　快速管子扳手

快速管子扳手用于紧固或拆卸小型金属和其他圆柱形零件，也可作扳手使用。

外形和参数见图7-79和表7-104。

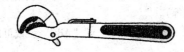

图7-79　快速管子扳手

表7-105　快速管子扳手的参数

规格（长度）/mm	夹持管子外径/mm	适用螺栓规格/mm	试验扭矩/（N·mm）
200	12~25	M6~M14	196
250	14~30	M8~M18	323
300	16~40	M10~M24	490

第八章　消防器材

8.1　灭火器

8.1.1　手提式灭火器

1. 手提式灭火器分类

手提式灭火器（GB4351.5—2005）按充装的灭火剂分为4类

①水基型灭火器（水型包括清洁水或带添加剂的水，如湿润剂、增稠剂、阻燃剂或发泡剂等）。

②干粉型灭火器（干粉有"BC"或"ABC"型或可以为D类火特别配制的）。

③二氧化碳灭火器。

④洁净气体灭火器。

按驱动灭火器的压力型式分为贮气瓶式灭火器、贮压式灭火器。

2. 规格与型号

充装的灭火剂量如下：

①水基型灭火器为2L、3L、6L、9L。

②干粉灭火器为1kg、2kg、3kg、4kg、5kg、6kg、8kg、9kg、12kg。

③二氧化碳灭火器为2kg、3kg、5kg、7kg。

④洁净气体灭火器为1kg、2kg、4kg、6kg。

灭火器的型号编制方法如下：

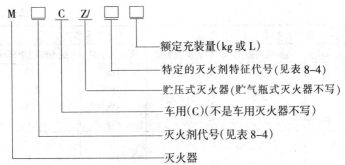

M □ C Z/ □ □

- 额定充装量(kg 或 L)
- 特定的灭火剂特征代号(见表 8-4)
- 贮压式灭火器(贮气瓶式灭火器不写)
- 车用(C)(不是车用灭火器不写)
- 灭火剂代号(见表 8-4)
- 灭火器

注：如产品结构有改变时，其改进代号可加在原型号的尾部，以示区别。

3. 技术要求

见表 8-1~表 8-4。

表 8-1　最小有效喷射时间（灭火器在 20℃时）

	灭火剂量/L	灭火级别	最小有效喷射时间/s
水基型灭火器	2~3		15
	>3~6		30
	>6		40
其他 A 类灭火器		1A	8
		≥2A	13
其他 B 类灭火器		21B~34B	8
		55B~89B	9
		(113B)	12
		≥114B	15

注：其他是指除水基型灭火器外的灭火器。

表 8-2　有效喷射距离（灭火器在 20℃时）

A 类灭火器		B 类灭火器		
灭火级别	最小喷射距离/m	灭火器类型	灭火器剂量	最小喷射距离/m
1A~2A	3.0	水基型	2L	3.0
			3L	3.0
			6L	3.5
			9L	4.0

A类灭火器		B类灭火器		
灭火级别	最小喷射距离/m	灭火器类型	灭火器剂量	最小喷射距离/m
3A	3.5	洁净气体	1kg	2.0
			2kg	2.0
			4kg	2.5
			6kg	3.0
4A	4.5	二氧化碳	2kg	2.0
			3kg	2.0
			5kg	2.5
			7kg	3.5
6A	5.0	干粉	1kg	3.0
			2kg	3.0
			3kg	3.5
			4kg	3.5
			5kg	3.5
			6kg	4.0
			8kg	4.5
			≥9kg	5.0

表 8-3 灭火的性能

	级别代号	干粉/kg	水基型/L	洁净气体/kg	二氧化碳/kg
灭A类火	1A	≤2	≤6	≥6	
	2A	3~4	>6~≤9		
	3A	5~6	>9		
	4A	>6~≤9			
	6A	>9			
灭B类火	21B	1~2		1~2	2~3
	34B	3		4	5
	55B	4	≤6	6	7
	89B	5~6	>6~9	>6	
	144B	>6	>9		

注：①灭火类火的性能不应小于表中规定。

②灭火器20℃灭B类火的性能不应小于表中规定。灭火器在最低使用温度时灭B类火的性能可比20℃时的性能降低两个级别。

表8-4　灭火剂代号和特定的灭火剂特征代号

分类	灭火剂代号	灭火剂代号含义	特定的灭火剂特征代号	特征代号含义
水基型灭火器	S	清水或带添加剂的水，但不具有发泡倍数和25%析液时间要求	AR（不具有此性能不写）	具有扑灭水溶性液体燃料火灾的能力
	P	泡沫灭火剂，具有发泡倍数和25%析液时间要求。包括：P、FP、S、AR、AFFF和FFFP等灭火剂	AR（不具有此性能不写）	具有扑灭水溶性液体燃料火灾的能力
干粉灭火器	F	干粉灭火器。包括：BC型和ABC型干粉灭火剂	ABC（BC干粉灭火剂不写）	具有扑灭A类火灾的能力
二氧化碳灭火器	T	二氧化碳灭火剂	—	—
洁净气体灭火器	J	洁净气体灭火剂。包括：卤代烷烃类气体灭火剂、惰性气体灭火剂和混合体灭火剂等	—	—

示例：

型号：MPZAR6　含义：6L手提贮压式抗溶性泡沫灭火器。

型号：MFABC5　含义：5kg手提贮气瓶式ABC干粉灭火器。

型号：MFZBC8　含义：8kg手提贮压式BC干粉灭火器。

8.1.2 推车式灭火器

1. 分类

推车式灭火器（GB 8109—2005）按充装的灭火剂分为 4 类：

①推车式水基型灭火器（水型包括清水或带添加剂的水，如润湿剂、增稠剂、阻燃剂或发泡剂等）。

②推车式干粉灭火器（干粉可以是 BC 型或 ABC 型）。

③推车式二氧化碳灭火器。

④推车式洁净气体灭火器（洁净气体灭火剂的生产和使用受蒙特利尔协定或国家法律和法规的控制）。

按驱动灭火剂的型式分为推车贮气瓶式灭火器、推车贮压式灭火器。

2. 规格与型号

按额定充装量如下：

①推车式水基型灭火器：20L、45L、60L 和 125L。

②推车式干粉灭火器：20kg、50kg、100kg 和 125kg。

③推车式二氧化碳灭火器和推车式洁净气体灭火器：10kg、20kg、30kg 和 50kg。

推车式灭火器的型号编制方法如下：

如产品结构有改变时，其改进代号可加在原型号的尾部，以示区别。

3. 性能要求

（1）使用温度范围

推车式灭火器的使用温度应取下列规定的某一温度范围：

+5℃ ~ +55℃；

$-5℃ \sim +55℃$；

$-10℃ \sim +55℃$；

$-20℃ \sim +55℃$；

$-30℃ \sim +55℃$；

$-40℃ \sim +55℃$；

$-55℃ \sim +55℃$。

（2）有效喷射时间

推车式水基型灭火器的有效喷射时间不应小于40 s；且不应大于210 s。

除水基型外的具有扑灭 A 类火能力的推车式灭火器的有效喷射时间不应小于30 s。

除水基型外的不具有扑灭 A 类火能力的推车式灭火器的有效喷射时间不应小于20 s。

（3）喷射距离

具有灭 A 类火能力的推车式灭火器，其喷射距离不应小于6 m。对于配有喷雾喷嘴的水基型推车式灭火器，其喷射距离不应小于3 m。

4. 灭火剂代号和特定的灭火剂特征代号

各种推车式灭火器的灭火剂代号和特定的灭火剂特征代号见表8-5。

表8-5　各种推车式灭火器的灭火剂代号和特定的灭火剂特征代号

分类	灭火剂代号	代号含义	特定的灭火剂特征代号	特征代号含义
推车式水基型灭火器	S	清水或带添加剂的水，但不具有发泡倍数和25%析液时间要求	AR（不具有此性能不写）	具有扑灭水溶性液体燃料火灾的能力
	P	泡沫灭火剂，具有发泡倍数和25%析液时间要求。包括：P、FP、S、AR、AFFF 和 FFFP 等灭火剂	AR（不具有此性能不写）	具有扑灭水溶性液体燃料火灾的能力

分类	灭火剂代号	代号含义	特定的灭火剂特征代号	特征代号含义
推车式干粉灭火器	F	干粉灭火剂。包括：BC 型和 ABC型干粉灭火剂	ABC（BC 干粉灭火剂不写）	具有扑灭 A 类火灾的能力
推车式二氧化碳灭火器	T	二氧化碳灭火剂	—	
推车式洁净气体灭火器	J	洁净气体灭火剂包括：卤代烷烃类气体灭火剂、惰性气体灭火剂和混合体灭火剂等	—	

示例：

型号：MPTZ/AR45 含义：45L 推车贮压式抗溶性泡沫灭火器。

型号：MFT/ABC20 含义：20kg 推车贮气瓶式 ABC 干粉灭火器。

8.2 其他消防器材

8.2.1 室内消火栓

1. 分类

室内消火栓（GB 3445—2005）按不同的方式分类如下：

按出水口型式分为单出口室内消火栓；双出口室内消火栓。

按栓阀数量分为单栓阀（以下称单阀）室内消火栓；双栓阀（以下称双阀）室内消火栓。

按结构型式分为直角出口型室内消火栓；45℃出口型室内消火栓；减压型室内消火栓；旋转型室内消火栓；旋转减压型室内消火栓；减压稳压型室内消火栓；旋转减压稳压型室内消火栓。

2. 型号

室内消火栓型式代号见表8-6，编制方法如下：

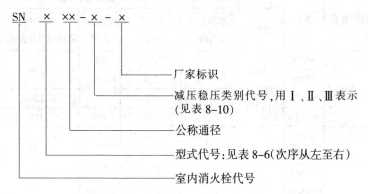

表8-6 室内消火栓型式代号

型式	出口数量		栓阀数量		普通直角出口量	45°出口型	旋转型	减压型	减压稳压型
	单出口	双出口	单阀	双阀					
代号	不标注	S	不标注	S	不标注	A	Z	J	W

3. 基本参数与尺寸

室内消火栓的基本参数与尺寸见表8-7、表8-8。

表8-7 室内消火栓的基本参数

公称通径	公称压力/MPa	适用介质
25、50、65、80	1.6	水，泡沫混合液

表8-8 室内消火栓的基本尺寸

公称通径	型号	进水口		基本尺寸/mm		
		管螺纹	螺纹深度/mm	关闭后高度≤	出水口高度	阀杆中心距接口外沿距离≤
25	SN25	Rp1	18	135	48	82

公称通径	型号	进水口		基本尺寸/mm		
		管螺纹	螺纹深度/mm	关闭后高度≤	出水口高度	阀杆中心距接口外沿距离≤
50	SN50	Rp2	22	185	65	110
	SNZ50			205	65~71	
	SNS50	Rp2½	25	205	71	120
	SNSS50			230	100	112
60	SN65	Rp2⅓	25	205	71	120
	SNZ65					
	SNZJ65 SNZW65			225	71~100	126
	SNZJ65 SNW65					
	SNS65	Rp3			75	
	SNSS65			270	110	
80	SN80	Rp3	25	225	80	126

注：其尺寸公差应符合 GB/T 1804V 级的规定。

4. 手轮直径

手轮直径见表 8 - 9。

表 8 - 9 手轮直径

公称通径	型号	手轮直径/mm
25	SN25	80
50	SN50、SNZ50、SNS50、SNSS50	120
65	SN65、SNZ65、SNJ65、SNZJ65 SNW65、SNZW65、SNSS65	120
	SNS65	140
80	SN80	140

注：手轮的型式和尺寸应符合 JB/T 1692 的规定。其尺寸公差应符合 GB/T 1804V
级规定。手轮轮缘上应明显地铸出表示开关方向的箭头和字样。

5. 减压稳压性能及流量

减压稳压性能及流量见表 8 − 10。

表 8 − 10　减压稳压性能及流量

减压稳压类别	进水口压力 P_1/MPa	出水口压力 P_2/MPa	流量 Q/（L/s）
Ⅰ	0.4 ~ 0.8		
Ⅱ	0.4 ~ 1.2	0.25 ~ 0.35	≥5.0
Ⅲ	0.4 ~ 1.6		

8.2.2　室外消火栓

1. 型式和规格

消火栓（GB 4452—2011）按其安装场合可分为地上式和地下式两种。

消火栓按其进水口连接型式可分为承插式和法兰式两种。

消火栓按其进水口的公称通径可分为 100 mm 和 150 mm 两种。

进水口公称通径为 100 mm 的消火栓，其吸水管出水口应选用规格为
100 mm 消防接口，水带出水口应选用规格为 65 mm 的消防接口。

进水口公称通径为 150 mm 的消火栓，其吸水管出水口应选用规格为
150 mm 消防接口，水带出水口应选用规格为 80 mm 的消防接口。

消火栓的公称压力可分为 1.0MPa 和 1.6MPa 两种。其中承插式的消火
栓为 1.0MPa、法兰式的消火栓为 1.6MPa。

2. 型号编制

（1）地上消火栓型号

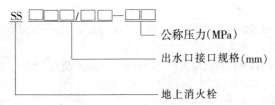

标记示例：

地上消火栓，出水口为 100 mm 和 65 mm、公称压力为 1.0MPa，标记

为：

SS 100/65 - 1.0

（2）地下消火栓型号

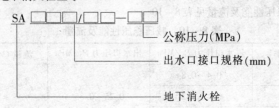

公称压力（MPa）

出水口接口规格（mm）

地下消火栓

标记示例：

示例1：地下消火栓，出水口为100 mm和65 mm、公称压力为1.0MPa，标记为：

SA 100/65 - 1.0

示例2：地下消火栓，出水口为65 mm两个、公称压力为1.6MPa，标记为：

SA 65/65 - 1.6

3. 技术要求

（1）材料

消火栓应用灰铸铁HT200或力学性能不低于灰铸铁HT 200的其他金属材料。其力学性能应符合GB 9439或相应标准的规定。

消火栓的阀座、阀杆螺母应用铸造铜合金，其性能应符合GB 1176规定。

消火栓的阀杆应用低碳钢制成，表面应镀铬，或性能不低于镀铬的其他表面处理方法。并应符合相应标准的规定。

（2）外观质量

消火栓的铸铁件表面应光滑，涂防锈漆后上部外露部分应涂红色漆、漆膜色泽应均匀、无龟裂、无明显的划痕和碰伤。

消火栓的铸铜件表面应无严重的砂眼、气孔、渣孔、缩松、氧化夹渣、裂纹、冷隔和穿透性缺陷。

（3）螺纹

消火栓管螺纹的基本尺寸和公差应符合GB 7307的规定。普通螺纹公差应符合GB 197中内螺纹7H级、外螺纹8g级的要求。螺纹应无缺牙，表面应光洁。

（4）开启高度

进水口公称通径 100 mm 的消火栓其开启高度应大于 50 mm，进水口公称通径 150 mm 的消火栓其开启高度应大于 55 mm。

8.2.3 消防水枪

消防水枪（GB 8081—2005）的分类、型号、基本参数如下。

1. 分类

按水枪的工作压力范围分为：低压水枪（0.20～1.6MPa）；中压水枪（>1.6～2.5MPa）；高压水枪（>2.5～4.0MPa）。

按水枪喷射的灭火水流型式可分为：直流水枪；喷雾水枪；直流喷雾水枪；多用水枪。

喷雾角可调的低压直流喷雾水枪按功能分为以下 4 类：

第 I 类：喷射压力不变，流量随喷雾角的改变而变化；

第 II 类：喷射压力不变，改变喷雾角，流量不变；

第 III 类：喷射压力不变，在每个流量刻度喷射时，喷雾角变化，对应的流量刻度值不变；

第 IV 类：在一定的流量范围内，流量变化时，喷射压力恒定。

2. 型号

水枪的型号由类、组代号、特征代号、额定喷射压力和额定流量等组成。

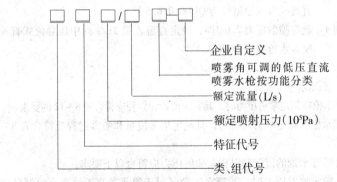

型号中的额定流量除了喷雾水枪为喷雾流量外，其余均为直流流量。对于第 III 类低压直流喷雾水枪，最大流量刻度值示为额定流量；对于第 IV 类低

压直流喷雾水枪，最大直流流量示为额定流量。

水枪代号见表8-11。

表8-11 水枪代号

表8-11 水枪代号

类	组	特征	水枪代号	代号含义
枪Q	直流水枪 Z（直）	—	QZ	直流水枪
		开关G（关）	QZG	直流开关水枪
		开花K（开）	QZK	直流开花水枪
	喷雾水枪 W（雾）	撞击式J（击）	QWJ	撞击式喷雾水枪
		离心式L（离）	QWL	离心式喷雾水枪
		簧片式P（片）	QWP	簧片式喷雾水枪
	直流喷雾水枪 L（直流喷雾）	球阀转换式H（换）	QLH	球阀转换式直流喷雾水枪
		导流式D（导）	QLD	导流式直流喷雾水枪
	多用水枪D（多）	球阀转换式H（换）	QDH	球阀转换式多用水枪

示例1：额定喷射压力0.35MPa，额定直流流量7.5L/s的直流开关水枪型号为QZG3.5/7.5。

示例2：额定喷射压力0.60MPa，额定直流流量6.5L/s的球阀转换式多用水枪型号为QDH6.0/6.5。

示例3：额定喷射压力0.60MPa，额定直流流量6.5L/s的第Ⅰ类导流式直流喷雾水枪型号为QLD6.0/6.5Ⅰ。

示例4：额定喷射压力2.0MPa，额定直流流量3L/s的中压导流式直流喷雾水枪型号为QLD20/3。

3. 参数

（1）低压水枪

直流水枪在额定喷射压力时，其额定流量和射程应符合表8-12的要求。

喷雾水枪在额定喷射压力时，其额定喷雾流量和喷雾射程应符合表8-13的要求。

直流喷雾水枪的流量和射程及喷射压力应符合以下要求：

①在额定喷射压力时，其额定流量（对于第Ⅲ类直流喷雾水枪调整到最大流量刻度值，对于第Ⅳ类直流喷雾水枪调整到最大直流流量）和直流射程应符合表8-14的要求。

②第Ⅰ类直流喷雾水枪在额定喷射压力时，其最大喷雾角时的流量应在表4额定直流流量的100%～150%的范围内，流量允差为±8%。

③第Ⅱ类直流喷雾水枪在额定喷射压力时，其喷雾角在30°、70°及最大喷雾角时的流量均应在表8－14额定直流流量的92%～108%的范围内，流量允差为±8%。

④第Ⅲ类直流喷雾水枪在额定喷射压力时，调整到最大流量刻度，其喷雾角在30°、70°及最大喷雾角时的流量均应在表8－14额定直流流量的92%～108%的范围内；然后依次调整到其余流量刻度，其喷雾角在30°时的流量均符合其标称值，流量允差为±8%。

⑤第Ⅳ类直流喷雾水枪在最小流量和最大流量时，分别在喷雾角为30°、70°及最大喷雾角的喷射压力应符合表8－14额定喷射压力，其允差为±0.1MPa。

多用水枪在额定喷射压力时，其额定直流流量和直流射程应符合表8－14的要求，其额定喷雾流量应在表8－14额定直流流量的92%～108%范围内，流量允差为±8%。

（2）中压水枪

中压水枪在额定喷射压力时，其额定直流流量和直流射程应符合表8－15的要求，其最大喷雾角时的流量应在表8－15额定直流流量的100%～150%的范围内，流量允差为±8%。

（3）高压水枪

高压水枪在额定喷射压力时，其额定直流流量和直流射程应符合表8－16的要求，其最大喷雾角时的流量应在表8－16额定直流流量的100%～150%的范围内，流量允差为±8%。

表8－12　低压直流水枪在额定喷射压力时的额定流量和射程

接口公称通径	当量喷嘴直径/mm	额定喷射压力/MPa	额定流量/（L/s）	流量允差	射程/m
50	13		3.5		≥22
	16	0.35	5	±8%	≥25
65	19		7.5		≥28
	22	0.20	7.5		≥20

表8-13 低压喷雾水枪在额定喷射压力时的额定流量和射程

接口公称通径	额定喷射压力/MPa	额定喷雾流量/ (L/s)	流量允差	喷雾射程/m
50	0.60	2.5	±8%	≥10.5
		4		≥12.5
		5		≥13.5
		6.5		≥15.0
65		8		≥16.0
		10		≥17.0
		13		≥18.5

表8-14 低压水枪在额定喷射压力时的额定流量和射程

接口公称通径	额定喷射压力/mm	额定直流流量/ (L/s)	流量允差	直流射程/m
50	0.60	2.5	±8%	≥21
		4		≥25
		5		≥27
		6.5		≥30
65		8		≥32
		10		≥34
		13		≥37

表8-15 中压水枪在额定喷射压力时的额定直流流量和射程

进口连接（两者取一）		额定喷射压力/MPa	额定直流流量/ (L/s)	流量允差	直流射程/m
接口公称通径/mm	进口外螺纹				
40	M39×2	2.0	3	±8%	≥17

表 8 – 16　高压水枪在额定喷射压力时的额定直流流量和射程

进口外螺纹	额定喷射压力 /MPa	额定直流流量 / (L/s)	流量允差	直流射程/m
M39×2	3.5	3	±8%	≥17

8.2.4　消防水带

1. 型号规格

消防水带（GB 6246—2011）（以下简称水带）的型号规格由设计工作压力、公称内径、长度、编织层经/纬线材质、衬里材质和外覆材料材质组成。

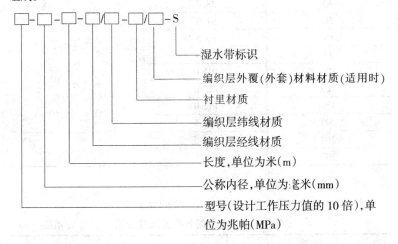

示例1：设计工作压力为1.0MPa、公称内径为65 mm、长度为25 m、编织层经线材质为涤纶纱，纬线材质为涤纶长丝、衬里材质为橡胶的水带，其型号表示为：10 – 65 – 25 – 涤纶纱/涤纶长丝 – 橡胶

示例2：设计工作压力为2.0MPa、公称内径为80 mm、长度为40 m、编织层经线材质为涤纶长丝，纬线材质为涤纶长丝、衬里材质为聚氨酯、外覆材料材质为塑料的水带，其型号表示为：20 – 80 – 40 – 涤纶长丝/涤纶长丝 – 聚氨酯/塑料

2. 技术性能要求

（1）外观质量

水带的织物层应编织均匀，表面整洁，无跳双经、断双经、跳纬及划伤。

水带衬里（或外覆层）的厚度应均匀，表面应光滑平整、无折皱或其他缺陷。

（2）内径

水带内径的公称尺寸及公差应符合表 8 - 17 的规定。

表 8 - 17 水带内径的公称尺寸及公差   单位：mm

规格	公称尺寸	公差
25	25.0	
40	38.0	
50	51.0	
65	63.5	
80	76.0	+2.0
100	102.0	0
125	127.0	
150	152.0	
200	203.5	
250	254.0	+3.0
300	305.0	0

（3）长度

水带的长度及尺寸公差应符合表 8 - 18 的规定。

表 8 - 18 水带的长度及尺寸公差   单位：mm

长度	公差
15	+0.2
20	0
25	+0.3
30	0
40	
60	+0.4
200	0

（4）设计工作压力、试验压力及最小爆破压力

水带的设计工作压力、试验压力应符合表 8-19 的规定，最小爆破压力应不低于表 8-19 的规定，且水带在爆破时，不应出现经线断裂的情况。

表 8-19　水带的压力　　单位：MPa

设计工作压力	试验压力	最小爆破压力
0.8	1.2	2.4
1.0	1.5	3.0
1.3	2.0	3.9
1.6	2.4	4.8
2.0	3.0	6.0
2.5	3.8	7.5

（5）湿水带渗水量

在 0.5MPa 水压下，湿水带表面应渗水均匀、无喷水现象，其 1 min 的渗水量应不大于 20 mL/m·min。

湿水带在设计工作压力下，应无喷水现象，其 1 min 的渗水量应不大于表 8-20 的规定值。

表 8-20　湿水带渗水量　　单位：mL/m·min

规格	渗水量
40	100
50	150
65	200
80	250

（6）单位长度质量

水带的单位长度质量不应超过表 8-21 的规定。

表 8 - 21　湿水带渗水量　　　单位：g/m

规格	单位长度质量
25	180
40	280
50	380
65	480
80	600
100	1 100
125	1 600
150	2 200
200	3 400
250	4 600
300	5 800

8.2.5　消防斧

消防斧（GA138—2010）的分类、型号、尺寸和质量如下：

1. 分类

消防斧分消防平斧、消防尖斧两种。

消防平斧的外形如图 8 - 1 所示。消防尖斧的外形如图 8 - 2 所示。

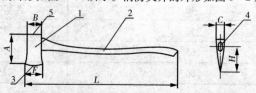

图 8 - 1　消防平斧

1—斧头；2—斧柄；3—斧刃；4—斧孔；5—斧顶；A—斧头长；
B—斧顶宽；C—斧顶厚；F—斧刃宽；H—孔位；L—斧全长

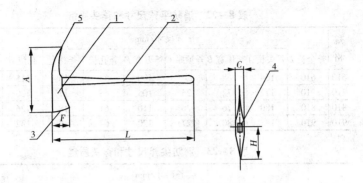

图 8 – 2　消防尖斧

1—斧头；2—斧柄；3—斧刃；4—斧孔；5—斧尖；

A—斧头长；*C*—斧体厚；*F*—斧刃宽；*H*—孔位；*L*—斧全长

2. 型号

消防斧的型号编织方法应符合以下规定：

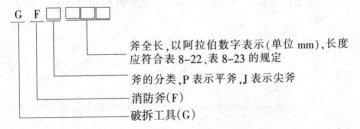

斧全长，以阿拉伯数字表示(单位 mm)，长度
应符合表 8-22、表 8-23 的规定

斧的分类，P 表示平斧，J 表示尖斧

消防斧(F)

破拆工具(G)

示例 1：GFP810 表示全长 810 mm 的消防平斧。

示例 2：GFJ715 表示全长 715 mm 的消防尖斧。

3. 尺寸和质量

消防平斧的尺寸和斧头质量应符合表 8 – 22 的规定。消防尖斧的尺寸和
斧头质量应符合表 8 – 23 的规定。两表所列尺寸的极限偏差按 GB/T 1804—
2000 中最粗 V 级制造。

表 8 – 22　消防平斧尺寸和斧头质量

规格	平斧尺寸/mm							斧头质量/kg
	斧全长 L	斧头长 A	斧顶宽 B	斧顶厚 C	斧刃宽 F	斧孔长	斧孔宽	孔位 H
610	610	164	68	24	100	55	16	115	≤1.8
710	710	172	72	25	105	58	17	120	
810	810	180	76	26	110	61	18	126	≤3.5
910	910	188	80	27	120	64	19	132	

表 8 – 23　消防尖斧尺寸和斧头质量

规格	尖斧尺寸/mm							斧头质量/kg
	斧全长 L	斧头长 A	斧顶厚 C	斧刃宽 F	斧孔长	斧孔宽	孔位 H	
715	175	300	44	102	48	26	140 ~ 150	≤2.0
815	815	330	53	112	53	31	155 ~ 166	≤3.5

8.2.6　消防用防坠落装备

消防用防坠落装备（GA 494—2004）的型号如下：

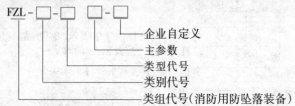

类别代号、类型代号和主参数见表 8 – 24。

表 8 – 24　类别代号、类型代号和主参数

装备名称	类别代号	类型代号	主参数	断裂强度 /kN，≥	设计负荷 /kN，≥
安全绳	S	Q：轻型 T：通用型	直径，mm	20 40	
安全腰带	YD				1.33

装备名称	类别代号	类型代号	主参数	断裂强度/kN，≥	设计负荷/kN，≥
安全吊带	DD	Ⅰ：Ⅰ型 Ⅱ：Ⅱ型 Ⅲ：Ⅲ型			1.33 2.67 2.67
安全钩	G	Q：轻型 T：通用型			1.33 2.67
上升器	SS		使用的安全绳直径或直径范围（用"/"间隔），mm		1.33 2.67
抓绳器	Z	Q：轻型 T：通用型			
滑轮装量	H				
便携式固定装置	B	Q：轻型 T：通用型			1.33 2.67

8.2.7 消防接口

1. 内扣式消防接口

内扣式接口（GB12514.2—2006）的型式和规格见表 8 - 25。

表 8 - 25　内扣式消防接口的型式和规格

接口型式		规格		适用介质
名称	代号	公称通径/mm	公称压力/MPa	
水带接口	KD	25、40、50、65 80、100、125 135、150	1.6 2.5	水、泡沫混合液体
	KND			
管牙接口	KY			
闷盖	KM			
内螺纹固定接口	KN			
外螺纹固定接口	KWS			
	KWA			
异径接口	KJ	两端通径可在通径系列内组合		

注：KD 表示外箍式连接的水带接口。KDN 表示内扩张式连接的水带接口。KWS 表示地上消火栓用外螺纹固定接口。KWA 表示地下消火栓用外螺纹固定接口。接口的结构和基本尺寸见图 8-3 和表 8-26。

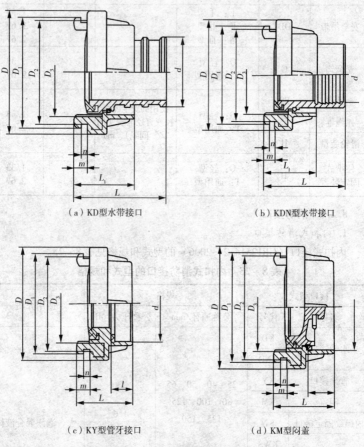

（a）KD型水带接口　　　　　　　（b）KDN型水带接口

（c）KY型管牙接口　　　　　　　（d）KM型闷盖

图 8-3　内扣式接口的结构

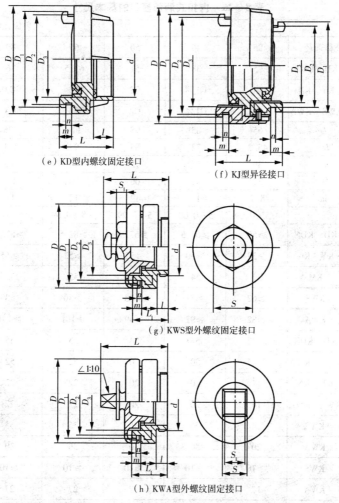

（e）KD型内螺纹固定接口

（f）KJ型异径接口

（g）KWS型外螺纹固定接口

（h）KWA型外螺纹固定接口

图8-3 内扣式接口的结构（续）

表 8 – 26　内扣式消防接口的基本尺寸

单位：mm

公称通径		25	40	50	65	80
d	KD、KDN	25	38	51	63.5	76
	KY、KN	G1	G1½	G2	G2½	G3
	KWS、KWA	G1	G1½	G2	G2½	G3
D		55	83	98	111	126
D_1		45.2	72	85	98	111
D_2		39	65	78	90	103
D_3		31	53	66	76	89
m		8.7	12	12	12	12
n		4.5±0.09	5±0.09	5±0.09	5.5±0.09	5.5±0.09
L	KD、KDN	≥59	≥67.5	≥67.5	≥82.5	≥82.5
	KY、KN	≥39	≥50	≥52	≥52	≥55
	KM	37	54	54	55	55
	KWS	≥62	≥71	≥78	≥80	≥89
	KWA	≥82	≥92	≥99	≥101	≥101
L_1	KD、KDN	36.7	54	54	55	55
	KWS、KWA	35.7	50	50	52	52
l	KY、KN	14	20	20	22	22
	KWS、KWA	14	20	20	22	22
S	KWS	24	36	36	55	55
	KWA	20	30	30	30	30
S_1	KWS	≥10	≥10	≥10	≥10	≥10
	KWA	17	27	27	27	27

公称通径		100	125	135	150
d	KD、KDN	110	122.5	137	150
	KY、KN	G4	G5	G5½	G6

公称通径		100	125	135	150
D		182	196	207	240
D_1		161	176	187	240
D_2		153	165	176	220
D_3		133	148	159	188
m		15.3	15.3	15.3	16.3
n		7 ± 0.11	7.5 ± 0.11	7.5 ± 0.11	8 ± 0.11
L	KD、KDN	≥170	≥205	≥245	≥270
	KY、KN	≥63	≥67	≥67	≥80
	KM	63	70	70	80
L_1	KD、KDN	63	69	69	80
l	KY、KD	26	26	26	34

2. 卡式消防接口

卡式接口（GB 12514.3—2006）的形式和规格见表 8 - 27。

表 8 - 27　卡式消防接口的型式和规格

接口型式		规格		适用介质
名称	代号	公称通径	公称压力/MPa	
水带接口	KDK	40、50、65、80	1.6 2.5	水、水和泡沫混合液
闷盖	KMK			
管牙雌接口	KYK			
管牙雄接口	KYKA			
异径接口	KJK	两端通径可在通径系列内组合		

接口的结构和基本尺寸见图 8 - 4 和表 8 - 28。

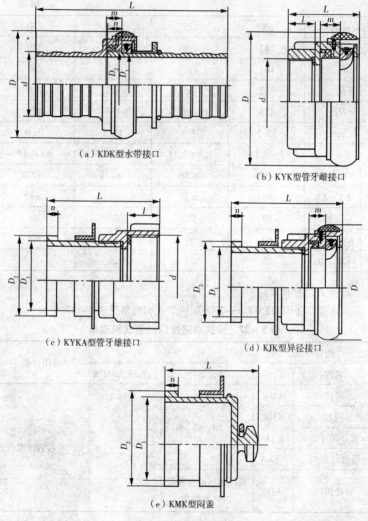

（a）KDK型水带接口

（b）KYK型管牙雌接口

（c）KYKA型管牙雄接口

（d）KJK型异径接口

（e）KMK型闷盖

图8-4 卡式接口的结构

表 8 – 28　卡式消防接口基本尺寸

单位：mm

公称通径		40	50	65	80
d	KDK	38	51	63.5	76
	KYK（KYKA）	G1½	G2	G2½	G3
D		70	94	114	129
D_1		39	51	63.5	76.2
D_2		43.6	55.6	68.5	81.5
m		12.2	15	16	19
n		11.7	14.5	15.5	18
L	KDK	≥126	≥160	≥196	≥227
	KYK	37	41	64	71
	KYKA	74	81	95	102
	KMK	55	65	73.5	83
l	KYK（KYKA）	20	20	20	22

3. 螺纹式消防接口

螺纹式接口（GB 12514.4—2006）的型式和规格见表 8 – 29。

表 8 – 29　螺纹式消防接口的型式和规格

接口型式		规格		适用介质
名称	代号	公称通径	公称压力/MPa	
吸水管接口	KG	90、100、125、130	1.0 1.6	水
闷盖	KA			
同型接口	KT			

接口的结构和基本尺寸见图 8 – 5 和表 8 – 30。

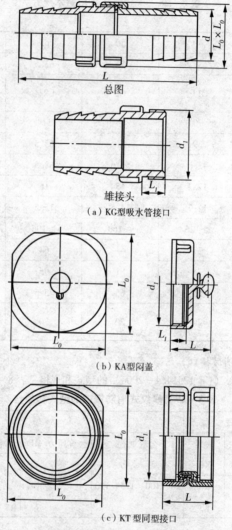

总图

雄接头

（a）KG型吸水管接口

（b）KA型闷盖

（c）KT型同型接口

图 8 – 5　螺纹式接口的型式

表 8-30　螺纹式消防接口基本尺寸

公称通径		90	100	125	150
d	KG	103	113	122.5	163
d_1	KA KG KT	M125×6		M150×6	M170×6
L	KG	≥310	≥315	≥320	≥360
	KA	≥59	≥59	≥59	≥59
	KT	≥113	≥113	≥113	≥113
L_1	KA KG KT	24			
L_0		140×140		166×166	190×190

8.2.8　泡沫枪

泡沫枪（GB 25202—2010）的分类与型号基本参数如下：

1. 分类与型号

（1）分类

按发泡倍数和结构型式不同可分为：低倍数泡沫枪；中倍数泡沫枪；低倍数–中倍数联用泡沫枪。

（2）型号

泡沫枪的型号组成：

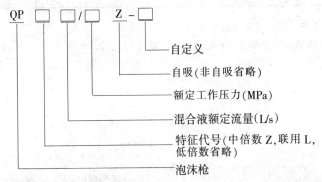

示例：混合液额定流量为 4L/s，额定工作压力为 0.7MPa 的自吸低倍数泡沫枪其型号为：QP4/0.7Z。

2. 基本性能参数

低倍数泡沫枪的基本性能参数应符合表 8 – 31. 中倍数泡沫枪的基本性能参数应符合表 8 – 32 规定。低倍数 – 中倍数联用泡沫枪的基本性能参数应分别符合表 8 – 31 和表 8 – 32 中的规定。

表 8 – 31　低倍数泡沫枪的性能参数

混合液额定流量/（L/s）	额定工作压力上限/MPa	发泡倍数/N（20℃时）	25% 析液时间（20℃时）/min	射程/m	流量允差/%	混合比/%
4				≥18		3～4 或 6～
8	0.8	5≤N＜20	≥2	≥24	±8	7 或制造商
16				≥28		公布值

表 8 – 32　中倍数泡沫枪的性能参数

混合液额定流量/（L/s）	额定工作压力上线/MPa	发泡倍数/N	50% 析液时间/min	射程/m	流量允差/%	混合比/%
4		20≤N＜200		≥3.5		3～4 或 6～
8	0.8	且不低于制造商公布值	≥5	≥4.5	±8	7 或制造商
16				≥5.5		公布值

8.2.9　消防员灭火防护靴

消防员灭火防护靴（GA6—2004）的型号和技术要求如下：

1. 型号编制方法

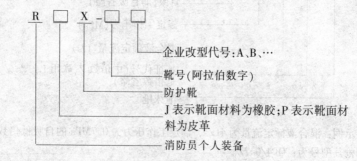

企业改型代号：A、B、…

靴号（阿拉伯数字）

防护靴

J 表示靴面材料为橡胶；P 表示靴面材料为皮革

消防员个人装备

示例：RJX－25A

表示靴号为 25 号的 A 型消防员灭火防护胶靴。

2. 技术要求

（1）物理机械性能

灭火防护靴靴面、围条和外底材料的物理机械性能应符合表 8－33 规定。

（2）耐油性能

灭火防护靴帮面、围条和外底材料试样经耐油性能试验后，体积变化应在 －2% ～ ＋10% 范围内。

表 8－33　灭火防护靴物理机械性能

序号	项目		指标		
			胶面、围条	革面、围条	外底
1	扯断强度/MPa		≥14.7	—	≥10.78
2	靴帮拉伸性能	扯断伸长率/%	≥480	—	≥380
		抗张强度/（N/mm²）	—	≥15	—
3	扯断永久变形/%		≤40	—	—
4	磨耗减量（阿克隆）/（cm³/1.61 km）		—	—	≤0.8
5	硬度（邵尔 A 型）/度		50～65	—	55～70
6	脆性温度/℃		≤－30	—	≤－30
7	热空气老化（100℃×24 h）扯断强度降低/%		≤35	—	≤35
8	阻燃性能（GB/T 13488）/级		FV－1	—	FV－1
9	黏着强度	靴帮与围条	N/mm	—	≥2.0	—
		靴帮与织物		≥0.78	≥0.6	—
10	靴面厚度/mm		≥1.5	≥1.2	—
11	撕裂强度/（N/mm）		—	≥60	—

（3）耐酸碱性能

灭火防护靴试样经化学剂浸渍后物理机械性能测定结果，应符合表 8 - 34 的规定。

表 8 - 33　灭火防护靴耐酸碱性能

序号	项目	指标		
		胶面、围条	革面、围条	外底
1	扯断强度/MPa	≥10.78	≥17	≥9.8
2	扯断伸长率/%	≥350	20 ~ 40	≥300
3	磨耗减量/（cm³/1.61km）	—	—	≤1.2
4	硬度（邵尔 A 型）/度	50 ~ 70	—	55 ~ 75
5	撕裂强度/（N/mm）		≥40	

（4）金属衬垫的耐腐蚀性能

若在灭火防护靴的内底中采用金属防刺穿衬垫，则该种金属衬垫经腐蚀试验后，试样应无腐蚀现象。

（5）防砸性能

灭火防护靴靴头分别经 10.78 kN 静压力试验和冲击锤质量为 23 kg、落下高度为 300 mm 的冲击试验后，其间隙高度均不应小于 15 mm。

（6）抗刺穿性能

灭火防护靴外底的抗刺穿力不应小于 1 100N。

（7）抗切割性能

灭火防护靴削面经抗切割试验后，不应被割穿。

（8）电绝缘性能

灭火防护靴的击穿电压不应小于 5000 V，且泄漏电流应小于 3 mA。

（9）隔热性能

灭火防护靴在隔热性能试验中被加热 30 min 时，靴底内表面的温升应不大于 22℃。

（10）抗辐射热渗透性能

灭火防护靴靴面经辐射热通量为（10 ± 1）kW/m²，辐照 1 min 后，其内表面温升应不大于 22℃。

8.2.10 消防水泵接合器

消防水泵接合器（GB 3446－2013）的型式规格和型号如下：

1. 型式和规格

消防水泵接合器按安装型式可分为地上式、地下式、墙壁式和多用式。

消防水泵按接合器出口的公称通径可分为 100 mm 和 150 mm 两种。

消防水泵按接合器公称压力可分为 1.6MPa、2.5MPa 和 4.0MPa 等多种。

消防水泵按接合器连接方式可分为法兰式和螺纹式。

2. 型号

接合器型号编制方法如下所示：

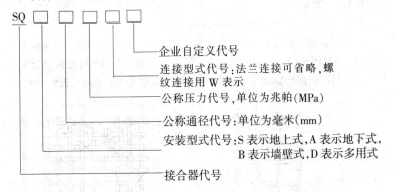

示例1：公称通径为 100 mm、公称压力为 1.6MPa、法兰连接的地上式消防水泵接合器可表示为：SQS100－1.6

示例2：公称通径为 150 mm、公称压力为 2.5MPa、螺纹连接的多用式消防水泵接合器可表示为：SQD150－2.5W

第九章　建筑五金

9.1　金属网、窗纱及玻璃

9.1.1　网类

1. 一般用途镀锌低碳钢丝编织波纹方孔网

一般用途镀锌低碳钢丝编织波纹方孔网（QB/T 1925.3—1993）按编织型式分为 A 型网（图9-1）、B 型网（图9-2）；按材料分为热镀锌低碳钢丝编织网、电镀锌低碳钢丝编织网。其尺寸规格和质量要求如表9-1~表9-8所示。

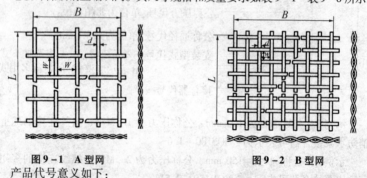

图9-1　A型网　　　　　　　　　　图9-2　B型网

产品代号意义如下：

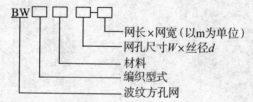

标记示例：

用 A 型编织型式，热镀锌低碳钢丝编织的网孔为 25mm、丝径为

3.50mm、长度为30m、宽度为1m 的波纹方孔网，其标记为：

　　BWA R 25×3.5－30×1　QB/T 1925.3

　　用 B 型编织型式，电镀锌低碳钢丝编织的网孔为 2.5mm、丝径为

0.90mm、长度为50m、宽度为1m 的波纹方孔网，其标记为：

　　BWB D 2.5×0.9—50×1　QB/T 1925.3

表 9－1　网面长度和宽度尺寸　　　　单位：mm

产品分类 网面尺寸	L		B	
	基本尺寸	极限偏差	基本尺寸	极限偏差
片网	<1 000	+10 / 0	900	±6
	1 000~5 000	+50 / 0	1 000	±6
	5 001~10 000	+100 / 0	1 500	±8
卷网	10 000~30 000	≥0	2 000	±18

表 9－2　网孔尺寸规格　　　　单位：mm

丝径 d	网孔尺寸 W							
	A 型				B 型			
	I 系	偏差	II 系	偏差	I 系	偏差	II 系	偏差
0.70					1.5 / 2.0	±0.2		
0.90					2.5	±0.2		
1.20	6	±0.7	8	±0.7				
1.60	8 / 10	±0.8	12	±1.0	3	±0.7	5	±0.8
2.20	12	±1.0	15 / 20	±1.2	4		6	±0.9
2.80	15 / 20	±1.0	25	±1.2		±0.8	10 / 12	±0.8 / ±1.0
3.5	20 / 25	±1.0	30	±1.5	6		8 / 10 / 15	±0.8 / ±1.0 / ±1.5
4.00	20 / 25	±1.0	30	±1.5	8	±0.7 / ±0.8	12 / 16	±1.5

丝径	网孔尺寸 W							
d	A 型				B 型			
	Ⅰ系	偏差	Ⅱ系	偏差	Ⅰ系	偏差	Ⅱ系	偏差
5.00	25	±1.5	28	±2.0	20	±1	22	±1.5
	30		36					
6.00	30	±1.5	28	±2.0	20	±1	18	±1.5
	40	±2.0	35	±3.0	25		22	
	50		45					
8.00	40	±3.0	40	±3.0	30	±1.5	35	±2
	50		50					
10.00	80	±4.0	70	±5.0				
	100	±5.0	90	±7.0				
	125		110					

注：①Ⅰ系为优先选用规格；Ⅱ系为一般规格。

②可根据用户需要生产其他规格尺寸。

表 9 – 3　片网平度偏差表　　　　　单位：mm

分类 等级	A 型网面积			B 型网面积		
	$<1m^2$	$1\sim2m^2$	$>2m^2$	$<1m^2$	$1\sim2m^2$	$>2m^2$
优等品	20	30	40	30	40	50
一级品	25	40	50	40	50	60
合格品	40	50	80	60	80	90

表 9 – 4　网面经线倒条根数表

分类 等级	片网每平方米 经丝总根数	卷网经向 5 米网面 经丝总根数	每根长度/mm
优等品	2	3	<400
一级品	3	4	<500
合格品	5	7	<1 000

表 9 – 5　网边丝径露头数表　　　　　单位：mm

网孔尺寸 W 等级	$1.5\sim10$	$12\sim25$	>25
	≤		
优等品	6	8	10
一级品	8	10	15
合格品	10	15	20

表9-6 10mm以下的网面跳线处数表

网孔 W	片网每平方米网面			卷网经向5米网面		
等级	1.5~3	4~8	10	1.5~5	6~8	10
	≤					
优等品	2	1	0	5	2	0
一级品	3	2	1	6	3	1
合格品	5	3	2	8	4	2

注：网面每处跳线不得超过3个网孔，网孔尺寸 W 在 10mm 以上的网不允许跳线。

表9-7 经线网面搭头数表

网孔 W	片网每平方米网面		卷网经向5米网面	
等级	≤5mm	>5mm	≤5mm	>5mm
	≤			
优等品	0	0	2	1
一级品	1	0	3	2
合格品	2	1	5	3

注：每根搭头长度为3~5个网孔，纬线不允许有搭头。

表9-8 网孔 W 小于等于8mm 的缩纬处数表

分类 等级	片网 每平方米网面≤	卷网 经向5米网面≤
优等品	0	3
一级品	1	5
合格品	2	7

注：每处缩纬不得超过一个网孔；网孔大于8mm 的不得有缩纬。

2. 一般用途镀锌低碳钢丝编织六角网

一般用途镀锌低碳钢丝编织六角网（QB/T 1925.2—1993）的产品分类如下：

按镀锌方式分 {
先编后镀网　代号：B
先电镀锌后织网　代号：D
先热镀锌后织网　代号：R
}

$$\text{按编织型式分}\begin{cases}\text{单向搓捻式} \quad \text{代号: Q (图9-3)}\\\text{双向搓捻式} \quad \text{代号: S (图9-4)}\\\text{双向搓捻式有加强筋} \quad \text{代号: J (图9-5)}\end{cases}$$

钢丝六角网的规格尺寸见表9-9、表9-10、表9-11。其产品代号如下:

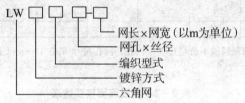

网长×网宽(以m为单位)
网孔×丝径
编织型式
镀锌方式
六角网

标记示例:

先编后镀的编织网网孔为 16mm,丝径为 0.9mm,网面宽为1m,网长为3m单向搓捻的一般用途镀锌低碳钢丝编织六角网,其标记为:

LWBQ 16×0.9-1×3　QB/T 1925.2

先热镀锌后编的编织网网孔为 20mm,丝径为0.80mm,网面宽为1.5m,网长为5m的双向搓捻有加强筋的六角网,其标记为:

LWRJ 20×0.8-1.5×5　QB/T 1925.2

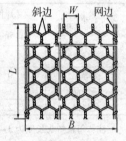

图9-3　单向搓捻式

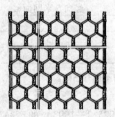

图9-4　双向搓捻式

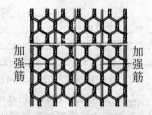

图9-5　双向搓捻式有加强筋

表 9 - 9　产品规格尺寸

网孔尺寸 W/mm		斜边差 C /mm	网面丝径/mm			网面锌层 / (g/m²)
			镀前		镀后	
规格	极限偏差		直径 d	极限偏差	直径 d	
10	±3	≤2.5	0.40	±0.03	≥0.42	≥225
			0.45		≥0.47	≥205
			0.50		≥0.52	≥195
			0.55		≥0.57	≥125
			0.60		≥0.62	≥135
13	±3	≤3	0.40	±0.03	≥0.42	≥225
			0.45		≥0.47	≥205
			0.50		≥0.52	≥195
			0.55		≥0.57	≥125
			0.60		≥0.62	≥135
			0.70	±0.04	≥0.72	≥145
			0.80		≥0.82	≥155
			0.90		≥0.92	≥165
16	±3	≤4	0.40	±0.03	≥0.42	≥50
			0.45		≥0.47	≥60
			0.50		≥0.52	≥70
			0.55		≥0.57	≥80
			0.60		≥0.62	≥90
			0.70	±0.04	≥0.72	≥100
			0.80		≥0.82	≥110
			0.90		≥0.92	≥112
20	±3	≤5	0.40	±0.03	≥0.42	≥20
			0.45		≥0.47	≥30
			0.50		≥0.52	≥40
			0.55		≥0.57	≥50
			0.60		≥0.62	≥60
			0.70	±0.04	≥0.72	≥70
			0.80		≥0.82	≥80
			0.90		≥0.92	≥90
			1.00	±0.05	≥1.02	≥100

网孔尺寸 W/mm		斜边差 C /mm	网面丝径/mm			网面锌层 / (g/m²)
			镀前		镀后	
规格	极限偏差		直径 d	极限偏差	直径 d	
25	±3	≤6.5	0.40	±0.03	≥0.42	≥20
			0.45		≥0.47	≥20
			0.50		≥0.52	≥30
			0.55		≥0.57	≥40
			0.60		≥0.62	≥50
			0.70	±0.04	≥0.72	≥60
			0.80		≥0.82	≥70
			0.90		≥0.92	≥80
			1.00	±0.05	≥1.02	≥90
			1.10		≥1.12	≥100
			1.20		≥1.22	≥110
			1.30		≥1.32	≥120
30	±4	≤7.5	0.45	±0.03	≥0.47	≥30
			0.50		≥0.52	≥35
			0.55		≥0.57	≥40
			0.60		≥0.62	≥45
			0.70	±0.04	≥0.72	≥50
			0.80		≥0.82	≥55
			0.90		≥0.92	≥65
			1.00	±0.05	≥1.02	≥75
			1.10		≥1.12	≥85
			1.20		≥1.22	≥95
			1.30		≥1.32	≥105

网孔尺寸 W/mm		斜 边 差 C /mm	网面丝径/mm			网面锌层 / (g/m²)
			镀前		镀后	
规格	极限偏差		直径 d	极限偏差	直径 d	
40	±5	≤8	0. 50		≥0. 52	≥25
			0. 55	±0. 03	≥0. 57	≥30
			0. 60		≥0. 62	≥35
			0. 70		≥0. 72	≥40
			0. 80	±0. 04	≥0. 82	≥45
			0. 90		≥0. 92	≥55
			1. 00		≥1. 02	≥65
			1. 10	±0. 05	≥1. 12	≥75
			1. 20		≥1. 22	≥85
			1. 30		≥1. 32	≥95
50	±6	≤10	0. 50		≥0. 52	≥20
			0. 55	±0. 03	≥0. 57	≥20
			0. 60		≥0. 62	≥25
			0. 70		≥0. 72	≥30
			0. 80	±0. 04	≥0. 82	≥35
			0. 90		≥0. 92	≥40
			1. 00		≥1. 02	≥45
			1. 10	±0. 05	≥1. 12	≥50
			1. 20		≥1. 22	≥65
			1. 30		≥1. 32	≥70
75	±12	≤12	0. 50		≥0. 52	≥20
			0. 55	±0. 03	≥0. 57	≥20
			0. 60		≥0. 62	≥20
			0. 70		≥0. 72	≥20
			0. 80	±0. 04	≥0. 82	≥20
			0. 90		≥0. 92	≥25
			1. 00		≥1. 02	≥30
			1. 10	±0. 05	≥1. 12	≥35
			1. 20		≥1. 22	≥40
			1. 30		≥1. 32	≥45

注：网孔斜边差就是两根相邻金属丝组成网孔斜边长短之差。

表 9 - 10   网面长度 L 和宽度 B 基本尺寸和偏差   单位：mm

类别	L		B	
	基本尺寸	极限偏差	基本尺寸	极限偏差
B 型	25 000	≥0	500	±2.5%
	30 000		1 000	
	50 000		1 500	
			2 000	
D 型、R 型	25 000	≥0	500	±1.5%
	30 000		1 000	
	50 000		1 500	
			2 000	

表 9 - 11   网面断丝处数和根数表

丝　径/mm	/m²	处数 ≤	根数 ≤
0.50 ~ 0.60	10	1	2
0.70 ~ 0.90	20	1	2
1.00 ~ 1.40	30	1	1

3. 一般用途镀锌低碳钢丝编织方孔网（镀锌低碳钢丝布）

一般用途镀锌低碳钢丝编织方孔网（QB/T 1925.1—1993）按材料可分两类：电镀锌低碳钢丝编织方孔网，代号 D。热镀锌低碳钢丝编织方孔网，代号 R。其型式见图 9 - 6，规格尺寸和质量要求见表 9 - 12 ~ 表 9 - 23。

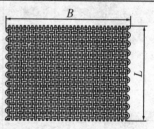

图 9 - 6   镀锌低碳钢丝编织网

表 9 - 12   网面长度和宽度规格   单位：mm

网孔尺寸 W	长度 L		宽度 B	
	基本尺寸	极限偏差	基本尺寸	极限偏差
0.50 ~ 1.40	30 000	≥0	914	±5
1.60 ~ 7.25			1 000	±6
8.46 ~ 12.70			1 200	±8

表 9 - 13　网孔尺寸与网丝直径表

网孔尺寸 W /mm	等级			丝径 d /mm
	优等品	一级品	合格品	
0. 50				
0. 55				
0. 60				0. 20
0. 64	7. 0	7. 5	8. 0	
0. 66				
0. 95				0. 25
1. 05				
1. 15				
1. 30				0. 30
1. 40				
1. 50	6. 5	7. 0	7. 5	
1. 80				0. 35
2. 10				0. 45
2. 55				
2. 80	5. 0	5. 5	6. 0	0. 55
3. 20				

表 9 - 14　网面断丝允许表

网孔尺寸 W /mm	每卷根数≤			断丝孔数
	优等品	一级品	合格品	
0. 50 ~ 0. 80	4	5	6	3
0. 85 ~ 1. 40	2	3	4	2
1. 60 ~ 3. 20	不允许断丝	1	2	1
3. 60 ~ 12. 70	不允许断丝			

表 9 – 15　网面稀密档规定表（≤）

网孔尺寸 W /mm	每卷稀档处数			每卷密档处数	每处条数		经向 1m 内处数			每孔偏差（孔）
	优等品	一级品	合格品		稀档	密档	优等品	一级品	合格品	
0.50~0.80	5	6	8	12			1	1	2	1/3
0.85~1.40	4	5	6	10		3	1	1	2	
1.60~3.20	3	4	5	8	3		1	1	2	1/2
3.60~5.65	2	3	4	6			1	1	2	
6.35~12.70	1	2	4	5		5	1	1	2	

表 9 – 16　边缘波幅高度允许表　　　单位：mm

网孔尺寸 W	边缘波幅高度 ≤		
	优等品	一级品	合格品
0.50~2.10	20	23	25
2.55~12.70	30	35	40

表 9 – 17　不直经纬丝根数允许值

网孔尺寸 W /mm	每卷根数		经向 1m 内根数	每根长度 /mm
	经丝	纬丝		
0.50~0.80	7	12	5	100
0.85~1.40	6	10		120
1.60~3.20	5	8	3	250
3.60~12.70	3	6		300

注：长度大于 50mm，弯曲超过 1/4 的经纬丝为不直网丝。

表 9 – 18　跳丝数值表（≤）

网孔尺寸 W/mm	每卷根数	每根长度跳孔数
0.50~0.80	10	8
0.85~1.40	8	6
1.60~3.20	6	4
3.60~12.70	2	2

表 9 - 19　顶扣回鼻数值表　（≤）

网孔尺寸 W/mm	每卷个数	经向 1m 网面内个数
0.50~0.80	15	2
0.85~1.40	15	2
1.60~3.20	15	2
3.60~12.70	25	3

表 9 - 20　缩纬数值表　（≤）

网孔尺寸 W/mm	每卷处数	每处个数
0.50~0.80	7	20
0.85~1.40	6	15
1.60~3.20		
3.60~12.70	5	15

表 9 - 21　勒边数值表　（≤）

网孔尺寸 W/mm	每卷处数	每处经向长度/mm	勒进孔数	下列勒进孔数不计
0.50~0.80	8	15	4	1
0.85~1.40	7	20	3	1½
1.60~5.65	6	25	2	1
6.35~12.70	4	30	1½	1/2

表 9 - 22　锯齿边数值表　（≤）

网孔尺寸 W/mm	每卷处数	每处经向长度/mm	伸出或凹进孔数	下列伸出或凹进孔数不计
0.50~0.80	8	100	2	1
0.85~1.40	7	200	1½	7/10
1.60~5.65	6	200	1	1/2
6.35~12.70	4	300	1/2	1/4

表 9 – 23　拼段数值表

网孔尺寸 W/mm	每卷拼段数（个）	每段长度/m
0.50 ~ 0.66	≤4	≥3
0.70 ~ 1.05	≤3	≥4
1.15 ~ 4.60	≤2	≥5
5.10 ~ 12.70	不允许拼段	

产品代号意义如下：

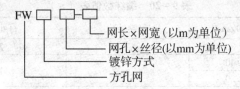

标记示例：

用一般低碳钢丝编织的方孔网，网孔尺寸为 6.5mm，丝径 d 为 0.9mm，长度 L 为 30m、宽度 B 为 0.914m，其标记为：

FWR 6.35 × 0.90 – 30 × 0.914　QB/T 1925.1

4. 铜丝编织方孔网

铜丝编织方孔网（QB/T 2031—1994）按编织型式分平纹编织：代号 P（图 9 – 7）、斜纹编织：代号 E（图 9 – 8）、珠丽纹编织：代号 Z（图 9 – 9）三类。按材料分有铜：代号 T、黄铜：代号 H、锡青铜：代号 Q 三种。其产品规格尺寸和技术要求见表 9 – 24 ~ 表 9 – 27。

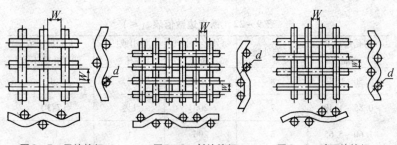

图 9 – 7　平纹编织　　　　图 9 – 8　斜纹编织　　　　图 9 – 9　珠丽纹编织

表9-24 铜丝编织方孔网的规格尺寸

网孔基本尺寸 W 主要尺寸 R10系列	补充尺寸 R20系列	补充尺寸 R40/3系列	金属丝直径基本尺寸 d	网孔算术平均尺寸偏差 优等品	一级品	合格品
			/mm		/±%	
5.00	5.00	—	1.60 1.25 1.12 1.00 0.90			
—	—	4.75	1.60 1.25 1.12 1.00 0.90			
—	4.50	—	1.40 1.12 1.00 0.90 0.80 0.71			
4.00	4.00	4.00	1.40 1.25 1.12 1.00 0.900 0.710			
—	3.55	—	1.25 1.00 0.900 0.800 0.710 0.630 0.560			
—	—	3.55	1.25 0.900 0.800 0.710 0.630 0.560	5	7	9.8
3.15	3.15	—	1.25 1.12 0.800 0.710 0.630 0.560 0.500			
—	2.8	2.8	1.12 0.800 0.710 0.630 0.560			
2.50	2.50	—	1.00 0.710 0.630 0.560 0.500			
—	—	2.36	1.00 0.800 0.630 0.560 0.500 0.450			

网孔基本尺寸 W 主要尺寸 R10系列	补充尺寸 R20系列	补充尺寸 R40/3系列	金属丝直径基本尺寸 d	网孔算术平均尺寸偏差 优等品	一级品	合格品
			/mm		/±%	
—	2.24	—	0.900 0.630 0.560 0.500 0.450			
2.00	2.00	2.00	0.900 0.630 0.560 0.500 0.450 0.400			
—	1.80	—	0.800 0.560 0.500 0.450 0.400			
—	—	1.70	0.800 0.630 0.500 0.450 0.400			
1.60	1.60	—	0.800 0.560 0.500 0.450 0.400			
—	1.40	1.40	0.710 0.560 0.500 0.450 0.400 0.355	5	7	9.8
1.25	1.25	—	0.630 0.560 0.500 0.400 0.355 0.315			
—	—	1.18	0.630 0.500 0.450 0.400 0.355 0.315			
—	1.12	—	0.560 0.450 0.400 0.355 0.315 0.280			
1.00	1.00	1.00	0.560 0.500 0.400 0.355 0.315 0.280 0.250			
—	0.90	—	0.500 0.450 0.355 0.315 0.250 0.224			

左半部分

网孔基本尺寸 W 主要尺寸 R10系列	补充尺寸 R20系列	R40/3系列	金属丝直径基本尺寸 d	网孔算术平均尺寸偏差 优等品	一级品	合格品
/mm				/±%		
—	—	0.850	0.500			
			0.450			
			0.355			
			0.315			
			0.280			
			0.250			
			0.224			
0.800	0.800	—	0.450			
			0.355			
			0.315			
			0.280			
			0.250			
			0.200			
—	0.710	0.710	0.450			
			0.355			
			0.315			
			0.280			
			0.250			
			0.200			
0.630	0.630	—	0.400			
			0.315			
			0.280			
			0.250			
			0.224			
			0.200			
—	—	0.600	0.400			
			0.315			
			0.280			
			0.250			
			0.200	5.6	8	11.2
			0.180			
—	0.560	—	0.315			
			0.280			
			0.250			
			0.224			
			0.180			
0.500	0.500	0.500	0.315			
			0.250			
			0.224			
			0.200			
			0.160			
—	0.450	—	0.280			
			0.250			
			0.200			
			0.180			
			0.160			
			0.140			
—	—	0.425	0.280			
			0.224			
			0.200			
			0.180			
			0.160			
			0.140			
0.400	0.400	—	0.250			
			0.224			
			0.200			
			0.180			
			0.160			
			0.140			

右半部分

网孔基本尺寸 W 主要尺寸 R10系列	补充尺寸 R20系列	R40/3系列	金属丝直径基本尺寸 d	网孔算术平均尺寸偏差 优等品	一级品	合格品
/mm				/±%		
—	0.355	0.355	0.224			
			0.200			
			0.180			
			0.140			
			0.125			
0.315	0.315	—	0.200			
			0.180			
			0.160			
			0.140			
			0.125			
—	—	0.300	0.200			
			0.180			
			0.160			
			0.140			
			0.125			
			0.112			
—	0.280	—	0.180			
			0.160			
			0.140			
			0.112	5.6	8	11.2
0.250	0.250	0.250	0.160			
			0.140			
			0.125			
			0.112			
			0.100			
—	0.224	—	0.160			
			0.125			
			0.100			
			0.090			
—	—	0.212	0.140			
			0.125			
			0.112			
			0.100			
			0.090			
0.200	0.200	—	0.140			
			0.125			
			0.112			
			0.090			
			0.080			
0.200	0.200	—	0.140			
			0.125			
			0.112			
			0.090			
			0.080			
0.180	0.180	—	0.125			
			0.112			
			0.100			
			0.090	6.3	9	12.5
			0.080			
			0.071			
0.160	0.160	—	0.112			
			0.100			
			0.090			
			0.080			
			0.071			
			0.063			
—	—	0.150	0.100			
			0.090			
			0.080	7	10	14
			0.071			
			0.063			

主要尺寸 R10系列	补充尺寸 R20系列	补充尺寸 R40/3系列	金属丝直径基本尺寸 d /mm	优等品 /±%	一级品 /±%	合格品 /±%
—	0.140	—	0.100 / 0.090 / 0.071 / 0.063 / 0.056	7	10	14
0.125	0.125	0.125	0.090 / 0.080 / 0.071 / 0.063 / 0.056 / 0.050	7	10	14
—	—	0.106	0.080 / 0.071 / 0.063 / 0.056 / 0.050	7	10	14
0.100	0.100	—	0.080 / 0.071 / 0.063 / 0.056 / 0.050	7	10	14
—	0.090	0.090	0.071 / 0.063 / 0.056 / 0.050 / 0.045	7	10	14
0.080	0.080	—	0.063 / 0.056 / 0.050 / 0.045 / 0.040	8	11.2	15.7
—	—	0.075	0.063 / 0.056 / 0.050 / 0.045 / 0.040	8	11.2	15.7
—	0.071	—	0.056 / 0.050 / 0.045 / 0.040	8	11.2	15.7
0.063	0.063	0.063	0.050 / 0.045 / 0.040 / 0.036	8	11.2	15.7
—	0.056	—	0.045 / 0.040 / 0.036 / 0.032	8	12.5	17.5
—	—	0.053	0.040 / 0.036 / 0.032	8	12.5	17.5
0.050	0.050	—	0.040 / 0.036 / 0.032 / 0.030	9	12.5	17.5
—	0.045	0.045	0.036 / 0.032 / 0.028	9	12.5	17.5
0.040	0.040	—	0.032 / 0.030 / 0.025	10	14	19.6
—	—	0.038	0.032 / 0.030 / 0.025	10	14	19.6
—	0.036	—	0.030 / 0.028 / 0.022	10	14	19.6

产品代号意义：

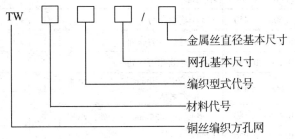

TW □ □ □ / □

- 金属丝直径基本尺寸
- 网孔基本尺寸
- 编织型式代号
- 材料代号
- 铜丝编织方孔网

标记示例：

网孔基本尺寸 0.85mm，铜丝直径 0.280mm 的平纹编织方孔网的标记为：

TWTP 0.85/0.28　QB/T 2031—1994

网孔基本尺寸 0.180mm，黄铜丝直径 0.080mm 的平纹编织方孔网的标记为：

TWHP　0.180/0.080　QB/T 2031—1994

网孔基本尺寸 0.063mm，锡青铜丝直径 0.040mm 的斜纹编织方孔网标记为：

TWQE 0.063/0.040　QB/T 2031—1994

产品用途：

铜丝编织方孔网适用于作筛选、过滤等。

表 9 – 25　方孔网每卷网长、网宽及允许偏差表　单位：mm

网孔基本尺寸 W	网长 L		网宽 B	
	公称尺寸	允许偏差	公称尺寸	允许偏差
0.036 ~ 5.00	30 000	≥0	914	±5
			1 000	

表 9 – 26　网面允许缺陷表

缺陷名称	网孔基本尺寸 W /mm	缺陷程度	每卷不超过处数		
			优等品	一级品	合格品
断丝	5.000 ~ 1.700	不允许	—	—	—
	1.600 ~ 0.450	≤3 个连续孔为一处	1	2	3
	0.425 ~ 0.180	≤4 个连续孔为一处	1	2	3
	0.160 ~ 0.036	≤6 个连续孔为一处	2	5	8
松丝	5.000 ~ 0.450	一根长 20 ~ 50mm 为一处，小于 20mm 不考核	1	2	3
	0.425 ~ 0.180	一根长 10 ~ 25mm 为一处，小于 10mm 不考核	1	2	3
	0.160 ~ 0.036		2	5	8

缺陷名称	网孔基本尺寸 W /mm	缺陷程度		每卷不超过处数		
				优等品	一级品	合格品
顶扣	5.000~0.450	一个为一处		1	2	3
	0.425~0.180			1	3	5
	0.160~0.125			3	7	10
	0.112~0.036			4	10	15
稀密档	5.000~0.450	经向	每根长度不大于3m为一条	0	0	1
	0.425~0.180			0	1	2
	0.160~0.125			0	1	2
	0.112~0.036			1	2	3
	5.000~0.450	纬向	不大于10mm为一处	1	2	4
	0.425~0.180			2	4	8
	0.160~0.125			4	8	10
	0.112~0.036			4	8	12
缩纬	5.000~0.450	经向长度50mm内，6~9个为一处，小于6个不考核		6	14	20
	0.425~0.180	经向长度50mm内，8~12个为一处，小于8个不考核				
	0.160~0.125	经向长度50mm内，12~18个为一处，小于12个不考核				
	0.112~0.036	经向长度50mm内，16~24个为一处，小于16个不考核				

缺陷名称	网孔基本尺寸 W /mm	缺陷程度	每卷不超过处数		
			优等品	一级品	合格品
回鼻	5.000~0.450	不允许	—	—	—
	0.425~0.180	一个为一处	1	3	5
	0.160~0.125		2	6	10
	0.112~0.036		4	12	20
并丝	5.000~0.450	长度 50~100mm 为一处，小于 50mm 不考核	1	2	4
	0.425~0.180		1	4	6
	0.160~0.125		2	5	8
	0.112~0.063		3	7	10
	0.056~0.036		4	9	14
跳丝	5.000~1.700	不允许	—	—	—
	1.600~0.450	≤3 孔为一处	1	2	3
	0.425~0.180	≤4 孔为一处	1	3	5
	0.160~0.036	≤6 孔为一处	3	7	10

注：① 5.000~0.180 大于规定网孔基本尺寸的 50%为稀档，小于规定网孔基本尺寸 50%为密档。

　0.160~0.036 大于规定网孔基本尺寸的 60%为稀档，小于规定网孔基本尺寸 60%为密档。

② 有下列情况之一，均为不合格：

　断丝的连续孔数、松丝长度、稀密档长度、缩纬个数、并丝长度或跳丝孔数超过了表中缺陷程度规定的上限。

③ 网面表面质量应平整、清洁，不得有破洞、机械损伤、锈斑和杂物织入。允许经向接头，但应编织紧密。

表 9 - 27　网段组成规定表

网孔基本尺寸/mm	网段组成数量	最小网段长度/m
5.0 ~ 2.8	1	—
2.5 ~ 0.315	≤2	
0.300 ~ 0.200	≤3	5
0.180 ~ 0.140	≤4	
0.125 ~ 0.080	≤5	2.5
0.075 ~ 0.036	≤6	

注：产品应成卷供应，同一卷内必须是同一规格、同一材料、同一等级的网段组
　　成。

5. 钢板网

钢板网（QB/T 2959—2008）适用于建筑、防护、通风、隔离等工程方面。钢板网的结构见图 9 - 10，其规格尺寸、技术要求等见表 9 - 28 ~ 9 - 34。

产品标记：

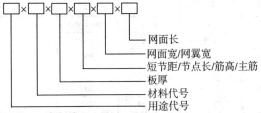

标记示例：

材质为不锈钢，板厚为 1.2mm，短节距为 12mm，网面宽度为 2000mm，网面长度为 4000mm 的普通钢板网标记为：

PB1.2 × 12 × 2000 × 4000

板厚为 0.4mm，筋高为 8mm，网面宽度为 686mm，网面长度为 2440mm 的有筋扩张网标记为：

YD0.4 × 8 × 686 × 2440

板厚为 0.35mm，节点长 4mm，网面宽度为 690mm，网面长度为 2440mm 的批荡网标记为：

DD0. 35 × 4 × 690 × 2440

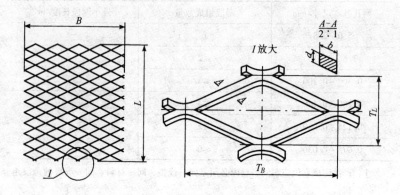

图 9 - 10   钢板网结构

表 9 - 28   钢板网规格   单位：mm

d	网格尺寸			网面尺寸		钢板网理论质量/(kg/m^2)
	T_L	T_B	b	B	L	
0. 3	2	3	0. 3	100 ~ 500	—	0. 71
	3	4. 5	0. 4			0. 63
0. 4	2	3	0. 4	500		1. 26
	3	4. 5	0. 5			1. 05
0. 5	2. 5	4. 5	0. 5	500		1. 57
	5	12. 5	1. 11	1000		1. 74
	10	25	0. 96	2000	600 ~ 4 000	0. 75
0. 8	8	16	0. 8	1000	600 ~ 5 000	1. 26
	10	20	1. 0			1. 26
	10	25	0. 96	2000		1. 21

d	网格尺寸			网面尺寸		钢板网理论质量/(kg/m^2)
	T_L	T_B	b	B	L	
1.0	10	25	1.10			1.73
	15	40	1.68			1.76
1.2	10	25	1.13			2.13
	15	30	1.35			1.7
	15	40	1.68			2.11
1.5	15	40	1.69	4 000 ~ 5 000		2.65
	18	50	2.03			2.66
	24	60	2.47			2.42
2.0	12	25	2			5.23
	18	50	2.03			3.54
	24	60	2.47			3.23
3.0	24	60	3.0		4 800 ~ 5 000	5.89
	40	100	4.05		3000 ~ 3 500	4.77
	46	120	4.95		5 600 ~ 6 000	5.07
	55	150	4.99	2 000	3 300 ~ 3 500	4.27
4.0	24	60	4.5		3 200 ~ 3 500	11.77
	32	80	5.0		3 850 ~ 4 000	9.81
	40	100	6.0		4 000 ~ 4 500	9.42
5.0	24	60	6.0		2 400 ~ 3 000	19.62
	32	80	6.0		3 200 ~ 3 500	14.72
	40	100	6.0		4 000 ~ 4 500	11.78
	56	150	6.0		5 600 ~ 6 000	8.41
6.0	24	60	6.0		2 900 ~ 3 500	23.55
	32	80			3 300 ~ 3 500	20.60
	40	100	7.0		4 150 ~ 4 500	16.49
	56	150			5 800 ~ 6 000	11.77
8.0	40	100	8.0		3 650 ~ 4 000	25.12
			9.0		3 250 ~ 3 500	28.26
	60	150			4 850 ~ 5 000	18.84
10.0	45	100	10.0	1 000	4 000	34.89

注：0.3 ~ 0.5 一般长度为卷网，钢板网长度根据市场可供钢板做调整。

表 9 – 29　网格短节距 T_L 极限偏差　　　单位：mm

T_L	极限偏差	T_L	极限偏差	T_L	极限偏差	T_L	极限偏差
5	+ 0. 40	12	+ 0. 90 – 0. 70	22	+ 1. 30 – 1. 10	44	+ 2. 20 – 2. 00
8	+ 0. 70 – 0. 60	14 15	+ 0. 70 – 1. 10	29	+ 1. 80 – 1. 60	55	+ 2. 70 – 2. 20
10	+ 0. 80 – 0. 60	18	+ 1. 10 – 1. 00	36	+ 2. 00 – 1. 60	65	+ 3. 20 – 2. 70

表 9 – 30　　网面长度 L、宽度 B 的极限偏差　　单位：mm

类别	极限偏差 5	
	L	R
$L > 1\,000$	± 60	± 12. 5
$L \leqslant$	± 10	

注：网面长短差 C 不超过 L 的 1. 3%。$C = L_2 - L_1$（图 9 – 11）。

表 9 – 31　　网面平度值　　　单位：mm

d	T_L	h_d	h_C
0. 5	5	46	70
0. 5 ~ 0. 8	10	40	58
1. 0	1. 4		

注：d 为 0. 5 ~ 1. 0 mm，$L \leqslant 1\,000$ mm 网面平度应不超过表中规定，如图 9 – 11 ~ 图 9 – 15。

表 9 – 32　　整张网面断丝允许值

规格/mm	断丝根
$L > 1\,000$	1
$L \leqslant 1\,000$	3

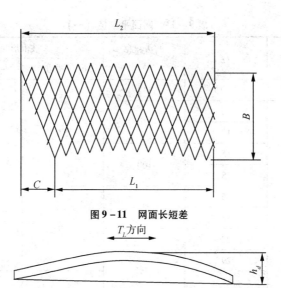

图 9 – 11　网面长短差

图 9 – 12　d 为 0.5 ~ 1.0 mm，$L \leqslant 1\,000$ mm T_L 方向网面平度示意图

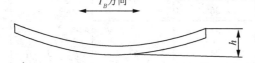

图 9 – 13　d 为 0.5 ~ 3 mm，$L > 1\,000$ mm 网面 T_B 方向网面平度示意图

图 9 – 14　d 为 0.5 ~ 3 mm，$L > 1\,000$ mm 网面 T_B 方向网面平度示意图

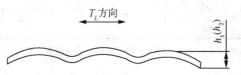

图 9 – 15　d 为 0.5 ~ 3 mm，$L > 1\,000$ mm 网面 T_L 方向网面平度示意图

表 9-33 网面平度值 (一)　　　　　单位：mm

d	T_L	两边翘起 h	波浪形	
			h_1 （两边）	h_2 （中间）
0.5~1.0	5~15	112		
1.2	10	110	57	40
	12			
	15	100		
	18			
1.5	15	80	50	
	18			
	22			
	29	75		
2.0	18		46	30
	22			
	29	63		
	36			
	44	60		
2.5	29	63	35	25
	36			
	44			
3.0	36	57		
	44			
	55	50		
	65			

注：d 为 0.5~3mm，$L>1\,000$mm 网面平度应不超过表中规定（图 9-14、图 9-15）。

表9-34 网面平度值（二）　　　　单位：mm

T_L	T_B	d	两边翘起 h
22	60	4.0	60
24		4.5	
		5.0	50
30	80	4.0	80
		4.5	
32		5.0	60
		6.0	50
38	100	4.0	100
		4.5	
		5.0	80
		6.0	60
40		7.0	50
		8.0	40
56	150	5.0	100
		6.0	80
60		7.0	60
		8.0	50
76	200	5.0	100
		6.0	80
80		7.0	60
		8.0	

注：表中数据系指 d 为 4~8mm 时的网面平度值（图9-14）。

6. 镀锌电焊网

镀锌电焊网（QB/T 3897—1999）适用于建筑、种植、养殖、围栏等用。其型式见图9-16，其尺寸规格和技术要求见表9-35~表9-38。

产品代号：

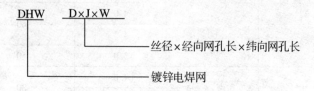

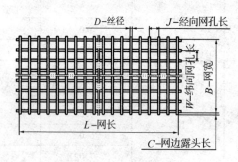

图9-16 镀锌电焊网

标记示例：

丝径 0.70mm，经向网孔长 12.7mm，纬向网孔长 12.7mm 的镀锌电焊网，表示为：

DHW 0.70 × 12.70 × 12.70

表9-35 镀锌电焊网 *L*、*B* 值及极限偏差 单位：mm

L		*B*	
基本尺寸	极限偏差	基本尺寸	极限偏差
30 000 30 480	≥0	914	±5

注：基本尺寸为 30 480mm 的适用于外销，也可以根据用户需要的规格生产。

表 9 - 36　镀锌电焊网尺寸规格　　　　　单位：mm

网号	网孔尺寸 $J \times W$	丝 径 D		网边露头长
		尺寸	极限偏差	
20 × 20	50.80 × 50.80			
10 × 20	25.40 × 50.80	1.80 ~ 2.50	± 0.07	≤2.5
10 × 10	25.40 × 25.40			
04 × 10	12.70 × 25.40	1.00 ~ 1.80	± 0.05	≤2
06 × 06	19.05 × 19.05			
04 × 04	12.70 × 12.70			
03 × 03	9.53 × 9.53	0.50 ~ 0.90	± 0.04	≤1.5
02 × 02	6.35 × 6.35			

表 9 - 37　镀锌电焊网断丝和脱焊允许值

网号	处/卷	处/m	点/处
20 × 20	4	2	2
10 × 20	4	2	2
10 × 10	6	2	3
04 × 10	8	2	3
06 × 06	10	3	4
04 × 04	12	3	4
03 × 03	15	4	5
02 × 02	20	4	5

表 9 - 38　镀锌电焊网焊点抗拉力值

丝径/mm	焊点抗拉力/N	丝径/mm	焊点抗拉力/N
2.50	>500	1.00	>80
2.20	>400	0.90	>65
2.00	>330	0.80	>50
1.80	>270	0.70	>40
1.60	>210	0.60	>30
1.40	>160	0.55	>25
1.20	>120	0.50	>20

7. 铝板网

铝板网按型式分有菱形孔（图9-17）、人字形孔（图9-18）两种，其规格见表9-39。

图9-17 菱形孔　　　　　　　　图9-18 人字形孔

表9-39 铝板网规格

d	网格尺寸			网面尺寸		铝板网理论面质量
	T_L	T_B	b	B	L	
/mm						/（kg/m²）
（1）菱形网孔						
0.4	2.3	6	0.7			0.657
0.5	2.3	6	0.7	200 ~ 500	500 650 1 000	0.822
	3.2	8	0.8			0.675
	5.0	12.5	1.1			0.594
1.0	5.0	12.5	1.1	1 000	2 000	1.188
（2）人字形网孔						
0.4	1.7	6	0.5			0.635
	2.2	8	0.5	200 ~ 500	500 650 1 000	0.491
0.5	1.7	6	0.5			0.794
	2.2	8	0.6			0.736
	3.5	12.5	0.8			0.617
1.0	3.5	12.5	1.1	1 000	2 000	1.697

注：尺寸代号T_L、T_B、b、B、L的意义：T_L为短节距；T_B为长节距；d为板厚；

b 为丝梗宽；B 为网面宽；L 为网面长。

8. 铝合金花格网

铝合金花格网用于门窗、玻璃幕墙等防护网；阳台、跳台、人行天桥、高速公路等安全防护栏；球场、码头、机场和各种设备的隔离防护栏以及建筑物的保护装饰贴面等。常用的产品为上海产的申川牌铝合金花格网。其型式如图 9-19、图 9-20 所示。产品规格见表 9-40、表 9-41。

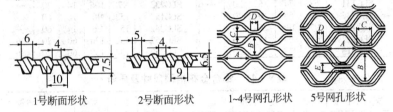

1号断面形状　　2号断面形状　　1~4号网孔形状　　5号网孔形状

图 9-19　花格网拉伸前的型材断面形状示　　**图 9-20　花格网网孔形状示意图**
意图（图中数字为尺寸值，单位
为 mm）

产品代号及标记如下：

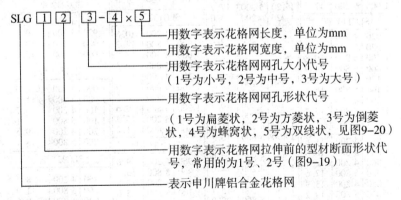

标记示例：

型材断面形状代号为 1 号、网孔形状代号为 2 号、网孔大小为 3 号、宽度为 1 300mm、长度为 5 800mm 的申川牌铝合金花格网，其标记为：

SLG 123 - 1300 × 5800

表 9–40　铝合金花格网网孔尺寸

花格网型号	网孔尺寸/mm					花格网型号	断面尺寸/mm				
	A	B	C	D	E		A	B	C	D	E
SLG112	106	63	16	20	—	SLG221	72	72	14	20	—
SLG113	124	77	16	20	—	SLG222	84	86	14	20	—
SLG121	72	72	16	20	—	SLG223	101	103	14	20	—
SLG122	84	86	16	20	—	SLG231	68	74	14	20	—
SLG123	101	103	16	20	—	SLG232	83	85	14	20	—
SLG131	68	74	16	20	—	SLG233	97	106	14	20	—
SLG132	83	85	16	20	—	SLG142	152	96	16	60	—
SLG133	97	106	16	20	—	SLG242	152	96	14	60	—
SLG212	105	63	14	20	—	SLG152	132	130	60	20	36
SLG213	124	77	14	20	—	SLG252	132	130	60	20	36

表 9–41　铝合金花格网尺寸及质量

宽度	长度	质量	宽度	长度	质量	宽度	长度	质量	宽度	长度	质量
/mm		/kg	/mm		/kg	/mm		/kg	/mm		/kg
SLG112 型			SLG122 型			SLG131 型			SLG133 型		
940	4 200	11.7	1 020	4 200	11.7	1 060	5 800	20.1	1 600	4 200	15.6
940	5 800	16.1	1 020	5 800	16.1	1 160	4 200	15.8	1 600	5 800	21.7
1 000	4 200	12.6	1 120	4 200	12.8	1 160	5 800	21.8	SLG212 型		
1 000	5 800	17.5	1 120	5 800	17.7	SLG132 型			920	4 200	8.7
SLG113 型			1 220	4 200	14.0	900	4 200	10.6	920	5 800	9.4
920	4 200	9.8	1 220	5 800	19.3	900	5 800	14.7	1 000	4 200	12.0
920	5 800	13.6	1 320	4 200	15.2	1 000	4 200	11.8	1 000	5 800	13.0
1 000	4 200	10.8	1 320	5 800	21.0	1 000	5 800	16.3	SLG213 型		
1 000	5 800	14.9	SLG123 型			1 100	4 200	12.9	1 000	4 200	8.0
1 100	4 200	11.8	950	4 200	9.3	1 100	5 800	17.9	1 000	5 800	11.1
1 100	5 800	16.3	950	5 800	12.8	1 200	4 200	14.1	1 100	4 200	8.7
1 200	4 200	12.8	1 070	4 200	10.5	1 200	5 800	19.6	1 100	5 800	12.1
1 200	5 800	17.6	1 070	5 800	14.5	1 300	4 200	15.3	1 200	4 200	9.5
SLG121 型			1 190	4 200	11.6	1 300	5 800	21.2	1 200	5 800	13.1
880	4 200	11.6	1 190	5 800	16.1	SLG133 型			SLG221 型		
880	5 800	16.0	1 300	4 200	12.8	960	4 200	9.6	860	4 200	8.6
960	4 200	12.7	1 300	5 800	17.7	960	5 800	13.3	860	5 800	11.9
960	5 800	17.6	1 420	4 200	14.0	1 100	4 200	10.8	940	4 200	9.5
1 050	4 200	13.9	1 420	5 800	19.3	1 100	5 800	15.0	940	5 800	13.1
1 050	5 800	17.6	1 540	4 200	15.1	1 200	4 200	12.0	1 030	4 200	10.3
1 140	4 200	15.1	1 540	5 800	20.9	1 200	5 800	16.7	1 030	5 800	14.3
1 140	5 800	20.8	SLG131 型			1 300	4 200	13.2	1 120	4 200	11.2
SLG122 型			980	4 200	13.3	1 300	5 800	18.3	1 120	5 800	15.5
910	4200	10.5	980	5 800	18.4	1 450	4 200	14.4			
910	5800	14.5	1 060	4 200	14.5	1 450	5 800	20.0			

宽度	长度	质量	宽度	长度	质量	宽度	长度	质量	宽度	长度	质量
/mm		/kg	/mm		/kg	/mm		/kg	/mm		/kg
SLG222 型			SLG231 型			SLG233 型			SLG242 型		
900	4 200	7.8	980	4 200	9.9	1 300	4 200	9.8	1 300	4 200	9.1
900	5 800	10.8	980	5 800	13.7	1 300	5 800	13.6	1 300	5 800	12.7
1 000	4 200	8.7	1 060	4 200	10.8	1 400	4 200	10.7	1 400	4 200	9.9
1 000	5 800	12.0	1 060	5 800	14.9	1 400	5 800	14.8	1 400	5 800	13.8
1 100	4 200	9.5	1 160	4 200	11.7	1 560	4 200	11.6	SLG152 型		
1 100	5 800	13.2	1 160	5 800	16.2	1 560	5 800	16.1	900	4 200	11.1
1 200	4 200	10.4	SLG232 型			SLG142 型			900	5 800	15.5
1 200	5 800	14.4	900	4 200	7.9	1 000	4 200	9.2	1 000	4 200	12.2
1 300	4 200	11.3	900	5 800	10.9	1 000	5 800	12.7	1 000	5 800	17.1
1 300	5 800	15.6	1 000	4 200	8.7	1 100	4 200	10.2	1 060	4 200	13.4
SLG223 型			1 000	5 800	12.1	1 100	5 800	14.1	1 060	5 800	18.6
930	4 200	6.9	1 100	4 200	9.6	1 200	4 200	11.2	1 200	4 200	14.5
930	5 800	9.5	1 100	5 800	13.3	1 200	5 800	15.6	1 200	5 800	20.2
1 050	4 200	7.8	1 200	4 200	10.5	1 350	4 200	12.2	SLG252 型		
1 050	5 800	10.7	1 200	5 800	14.5	1 350	5 800	17.0	880	4 200	8.3
1 170	4 200	8.6	1 300	4 200	11.4	1 460	4 200	13.3	880	5 800	11.6
1 170	5 800	11.9	1 300	5 800	15.8	1 460	5 800	18.4	960	4 200	9.1
1 280	4 200	9.5	SLG233 型			SLG242 型			960	5 800	12.7
1 280	5 800	13.1	960	4 200	7.1	1 000	4 200	6.9	1 020	4 200	10.0
1 400	4 200	10.4	960	5 800	9.9	1 000	5 800	9.5	1 020	5 800	13.9
1 400	5 800	14.3	1 100	4 200	8.0	1 100	4 200	7.6	1 120	4 200	10.8
1 520	4 200	11.2	1 100	5 800	11.1	1 100	5 800	10.6	1 120	5 800	15.0
1 520	5 800	15.5	1 200	4 200	8.9	1 200	4 200	8.4			
			1 200	5 800	12.4	1 200	5 800	11.7			

注：铝合金牌号为 LD31，供应状态为 RCS 或 CS，表面色彩有银白色、古铜色、金黄色等。

9.1.2 窗纱

窗纱（QB/T 4285—2012）的品种有金属丝编织的窗纱，一般为低碳钢涂（镀）层窗纱和铝窗纱，其形式为Ⅰ型和Ⅱ型两种（图 9 – 21）。纱窗的规格尺寸列于表 9 – 42 和表 9 – 43。

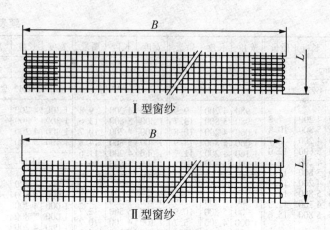

图 9 – 21　窗纱

表 9 – 42　窗纱的长度、宽度尺寸

L		B	
基本尺寸/mm	极限偏差/%	基本尺寸/mm	极限偏差/mm
15 000		1 200	
25 000	+1.5	1 000	
30 000	0		±5
30 480		914	

表 9 – 43　窗纱的基本目数、金属丝直径

目数				金属丝直径/mm			
经　向每 25.4mm目　数	极限偏差/%	纬　向每 25.4mm目　数	极限偏差/%	直　径		极限偏差	
				钢	铝	钢	铝
14		14					
16	±5	16	±3	0.25	0.28	0 −0.03	
18		18					

9.1.3 普通平板玻璃

普通平板玻璃（GB 11614—2009）适应于拉引法生产，用于建筑和其他方面。

普通平板玻璃的分类和技术要求等列于表9－44～表9－51。

表9－44 普通平板玻璃的分类

分类方法	种类
按厚度分/mm	2、3、4、5、6、8、10、12、15、19、22、25
按等级分	合格品、一等品、优等品

表9－45 普通平板玻璃厚度偏差和厚薄差 单位：mm

公称厚度	厚度偏差	厚薄差
2～6	±0.2	0.2
8～12	±0.3	0.3
15	±0.5	0.5
19	±0.7	0.7
22～25	±1.0	1.0

表9－46 无色透明平板玻璃可见光透射比最小值

公称厚度/mm	可见光透色比最小值/%
2	89
3	88
4	87
5	86
6	85
8	83
10	81
12	79
15	76

公称厚度/mm	可见光透色比最小值/%
19	72
22	69
25	67

表9-47　本体着色平板玻璃透射比偏差

种类	偏差/%
可见光（380~780 nm）透射比	2.0
太阳光（300~2 500 nm）直接透射比	3.0
太阳光（300~2 500 nm）总透射比	4.0

表9-48　尺寸偏差　　　　　　　　　　单位：mm

公称厚度	尺寸允许偏差	
	尺寸≤3 000	尺寸>3 000
2~6	±2	±3
8~10	+2，-3	+3，-4
12~15	±3	±4
19~25	±5	±5

表9-49　平板玻璃合格品外观质量

缺陷种类	质量要求	
	尺寸（L）/mm	允许个数限度
点状缺陷[a]	0.5≤L≤1.0	2×S
	1.0<L≤2.0	1×S
	2.0<L≤3.0	0.5×S
	L>3.0	0
点状缺陷密集度	尺寸≥0.5mm 的点状缺陷最小间距不小于 300mm；直径 100mm 圆内尺寸≥0.3mm 的点状缺陷不超过 3 个	

缺陷种类	质量要求	
线道	不允许	
裂纹	不允许	
划伤	允许范围	允许条数限度
	宽≤0.5 mm，长≤60 mm	3×S

光学变形	公称厚度	无色透明平板玻璃	本体着色平板玻璃
	2 mm	≥40°	≥40°
	3 mm	≥45°	≥40°
	≥4 mm	≥50°	≥45°

断面缺陷	公称厚度不超过8 mm时，不超过玻璃板的厚度；8 mm 以上时，不超过8 mm

注：S是以平方米为单位的玻璃板面积数值，按GB/T 8170修约，保留小数点后两位。点状缺陷的允许个数限度及划伤的允许条数限度为各系数与S相乘所得的数值，按GB/T 8170修约至整数。

a 光畸变点视为0.5~1.0 mm的点状缺陷。

表9-50 平板玻璃一等品外观质量

缺陷种类	质量要求	
点状缺陷a	尺寸（L）/mm	允许个数限度
	0.3≤L≤0.5	2×S
	0.5<L≤1.0	0.5×S
	1.0<L≤1.5	0.2×S
	L>1.5	0
点状缺陷密集度	尺寸≥0.3mm的点状缺陷最小间距不小于300mm；直径100mm圆内尺寸≥0.2mm的点状缺陷不超过3个	
线道	不允许	
裂纹	不允许	

缺陷种类	质量要求		
划伤	允许范围		允许条数限度
	宽≤0.2 mm，长≤40 mm		2×S
光学变形	公称厚度	无色透明平板玻璃	本体着色平板玻璃
	2mm	≥50°	≥45°
	3mm	≥55°	≥50°
	4~12mm	≥60°	≥55°
	≥15mm	≥55°	≥50°
断面缺陷	公称厚度不超过8mm时，不超过玻璃板的厚度；8mm以上时，不超过8mm		

注：S是以平方米为单位的玻璃板面积数值，按GB/T 8170修约，保留小数点后两位。点状缺陷的允许个数限度及划伤的允许条数限度为各系数与S相乘所得的数值，GB/T 8170修约至整数。

a 点状缺陷中不允许有光畸变点。

表9-51　平板玻璃优等品外观质量

缺陷种类	质量要求	
点状缺陷	尺寸 (L) /mm	允许个数限度
	0.3≤L≤0.5	1×S
	0.5<L≤1.0	0.2×S
	L>1.0	0
	L>1.5	0
点状缺陷密集度	尺寸≥0.3mm的点状缺陷最小间距不小于300mm；直径100mm圆内尺寸≥0.1mm的点状缺陷不超过3个	
线道	不允许	
裂纹	不允许	
划伤	允许范围	允许条数限度
	宽≤0.1 mm，长≤30 mm	2×S

续表

缺陷种类	质量要求		
	公称厚度	无色透明平板玻璃	本体着色平板玻璃
光学变形	2mm	≥50°	≥50°
	3mm	≥55°	≥50°
	4~12mm	≥60°	≥55°
	≥15mm	≥55°	≥50°
断面缺陷	公称厚度不超过8mm时，不超过玻璃板的厚度；8mm以上时，不超过8mm		

注：S是以平方米为单位的玻璃板面积数值，按GB/T 8170修约，保留小数点后两位。
　　点状缺陷的允许个数限度及划伤的允许条数限度为各系数与S相乘所得的数值，
　　GB/T 8170修约至整数。

a 点状缺陷中不允许有光畸变点。

弯曲度：

平板玻璃弯曲度应不超过0.2%。

对角线差：

平板玻璃对角线应不大于其平均长度的0.2%。

9.2　门窗及家具配件

9.2.1　插销

1. 插销分类、标记

插销（JB/T 214—2007）分为单动插销，联动插销。

单动插销：单侧方向往复运动，实现定位、锁闭门窗扇的插销。

联动插销：能同时完成一组插销往复运动，实现定位、锁闭门窗扇的插销。

标记方法：

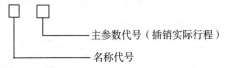

标记示例：

单动插销，行程22mm。标记为：DCX 22

2. 材料要求

插销（JB/T 212—2007）主体材料应为压铸锌合金、挤压铝合金、聚甲醛内部加钢销等。

外表面：产品外露表面应无明显疵点、划痕、气孔、凹坑、飞边、锋棱、毛刺等缺陷。连接处应牢固、圆整、光滑，不应有裂纹。

各类基材常用表面覆盖层的耐腐蚀性、膜厚度及附着力要求见表9-52。

表9-52　常用覆盖层各类基材指标

常用覆盖层		各类基材应达到指标		
		碳素钢基材	铝合金基材	锌合金基材
金属层	镀锌层	中性盐雾（NSS）试验，72h不出现白色腐蚀点（保护等级≥8级），240h不出现红锈点（保护等级≥8级）		中性盐雾（NSS）试验，72h不出现白色腐蚀点（保护等级≥8级）
	Cu+Ni+Cr或Ni+Cr	铜加速乙酸盐雾（NSS）试验16h、腐蚀膏腐蚀（CORR）试验16h、乙酸盐雾（AASS）试验96h试验，外观不允许有针孔、鼓泡以及金属腐蚀等缺陷。		铜加速乙酸盐雾（NSS）试验16h、腐蚀膏腐蚀（CORR）试验16h、乙酸盐雾（AASS）试验96h试验，外观不允许有针孔、鼓泡以及金属腐蚀等缺陷

常用覆盖层		各类基材应达到指标		
		碳素钢基材	铝合金基材	锌合金基材
非金属层	表面阳极氧化膜		平均膜厚度 15μm	
	电泳涂漆		复合膜平均厚度≥21μm，其中漆膜平均膜厚≥12μm	漆膜平均膜厚≥12μm
			干式附着力应达到0级	干式附着力应达到0级
	聚酯粉末喷涂[a]	涂层厚度 45～100μm	涂层厚度 45～100μm	涂层厚度 45～100μm
		干式附着力应达到0级	干式附着力应达到0级	干式附着力应达到0级
	氟碳喷涂[a]	平均膜厚≥30μm	平均膜厚≥30μm	平均膜厚≥30μm
		干式、湿式附着力应达到0级	干式、湿式附着力应达到0级	干式、湿式附着力应达到0级

[a] 碳素钢基材聚酯粉末喷涂、氟碳喷涂表面处理工艺前需对基材进行防腐处理。

9.2.2 合页

1. 合页通用技术条件

合页通用技术条件（GB 7276—1987）如下：

（1）合页的两页管筒间的轴向间隙 ΔL（图 9-22）应符合表 9-53 规定（H 型、双袖型例外）。两页管筒间的径向间隙应符合表 9-54 的规定。

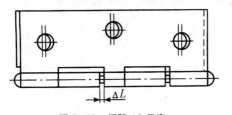

图 9-22　间隙 ΔL 示意

表 9-53　两页管筒间轴向间隙 **ΔL** 值　　　　单位：mm

型式	L	ΔL
		轴向间隙
普通型 抽芯型	25 ~ 51	< 0.30
	64 ~ 102	< 0.40
	127 ~ 152	< 0.50
轻　型	19 ~ 51	< 0.25
	64 ~ 102	< 0.30
T　型	76 ~ 203	< 0.40

表 9-54　两页管筒间的径向间隙值　　　　单位：mm

型式	L	径向间隙
普通型 轻型 抽芯型	19 ~ 51	≤0.3
	64 ~ 102	≤0.4
	127 ~ 152	≤0.5
H　型	80 ~ 140	≤0.6
T　型	76 ~ 203	≤0.4
双袖型	65	
	75 ~ 100	≤0.5
	125 ~ 150	≤0.6

注：合页开闭应转动灵活。

（2）管筒接口间隙 Δd（图 9-23）应符合表 9-55 规定。

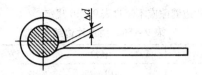

图 9 - 23　间隙 Δd 示意

表 9 - 55　管筒接口间隙 Δd 值　　　　　　单位：mm

接口间隙 型式 L	Δd							
	普通型 抽芯型	轻型	H 型		T 型		双袖型	
			间隙管	过盈管	短页	长页	间隙管	过盈管
19 ~ 51	<0.25	<0.20						
64 ~ 89	<0.30	<0.25						
102 ~ 152	<0.40	<0.30						
80 ~ 95			<0.25	<0.50				
110 ~ 140			<0.35	<0.70				
76						<0.30		
102 ~ 152					<0.25	<0.40		
203						<0.50		
65 ~ 75							<0.25	<0.40
90 ~ 100							<0.35	<0.55
125 ~ 150							<0.45	<0.70

（3）铆头与管筒端面间隙 Δx（图 9 - 24）值应不大于 0.15mm（H 型、双袖型例外）。

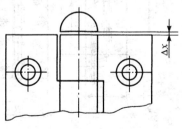

图 9 - 24　间隙 Δx 示意

（4）两页片的边缝隙应不超过表9－56规定。

表9－56　两页片边缝隙值　　　　　　单位：mm

型式	长度	两页边缝隙
普通型 轻　型 抽芯型	19～25	≤0.20
	32～38	≤0.30
	51	≤0.40
	64～102	≤0.50
	127～152	≤0.60
H 型	80	≤0.60
	95	≤0.70
	110～140	≤0.80
双袖型	65～75	≤0.50
	90～100	≤0.70
	125～150	≤0.90

2. 普通型合页

普通型合页（QB/T 3874—1999）主要用作木质门扇、窗扇和箱盖等与门框、窗框和箱体之间的连接件，并使门扇能围绕合页的芯轴转动和启合。

合页材料为低碳钢，表面滚光，或镀锌（铬、黄铜等）；也有采用黄铜、不锈钢、表面滚光。合页的型式如图9－25所示，其规格尺寸见表9－57。

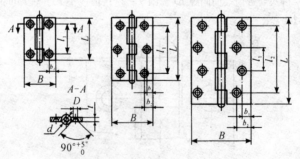

图9－25　普通型合页

表 9 – 57　普通型合页基本尺寸

表 9 – 57　普通型合页基本尺寸　　　　　　　　　　　　单位：mm

		I 组	25	38	50	65	75	90	100	125	150
L	基本尺寸	II 组	25	38	51	64	76	89	102	127	152
	极限偏差						±0.5				
B	基本尺寸		24	31	38	42	50	55	71	82	104
	极限偏差						±1				
t	基本尺寸		1.05	1.20	1.25	1.35	1.60		1.80	2.10	2.50
	极限偏差			–0.09					–0.12		
	d		2.6	2.8	3.2		4	5	5.5	7	7.5
	l_1		15	25	36	46	56	67	26	35	39
	l_2								78	105	117
	b_1		4.5	6.5	7.5	7	8		9		11
	b_2				9	10	11		15	20	28
	D		3.8		4.8	5	6			7	
	木螺钉直径		2.5		3		4			5	
	木螺钉数量		4			6			8		

注：①表中 II 组为出口型尺寸。

　　②表中未注公差按 GB 1800.1—2009《公差与配合》中 ±1/2 IT15 计算（d 例外）。

　　③技术要求按 GB 7276—1987《合页通用技术条件》规定。

3. 轻型合页

轻型合页（QB/T 3875—1999）与普通合页相似，只是页片窄而薄。主要用于轻便门、窗及家具上。其材料可参考普通型合页的材料。轻型合页的型式如图 9 – 26 所示，基本尺寸见表 9 – 58。

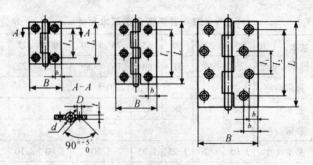

图 9 - 26　轻型合页

表 9 - 58　轻型合页基本尺寸　　　　　单位：mm

	基本	I组	20	25	32	38	50	65	75	90	100
L	尺寸	II组	19	25	32	38	51	64	76	89	102
	极限偏差		±0.5								
B	基本尺寸		16	18	22	26	33		40	48	52
	极限偏差		±1								
t	基本尺寸		0.60	0.70	0.75	0.80	1.00		1.05	1.15	1.25
	极限偏差		-0.05		-0.07				-0.09		
	d		1.6	1.9	2	2.2	2.4	2.6	2.8	3.2	3.5
	l_1		12	18	21	27	36	50	59	68	28
	l_2										84
	b_1		3.2	4	4.2	4.5	6	7	8	10	8
	b_2										13
	D		2.2	3.2	3.4	3.6	4.4		4.8		5.2
	木螺钉直径		1.6	2	2.5		3				
	木螺钉数量		4				6				8

注：①表中 II 组为出口型尺寸。
　　②表中未注公差按 GB 1800.1—2009《公差与配合》中 ±1/2 IT15 计算（d 例外）。
　　③技术要求按 GB 7276—1987《合页通用技术条件》规定。

4. 抽芯型合页

抽芯型合页（QB/T 3876—1999）与普通型合页相似，只是合页的芯轴可以自由抽出，抽出后即使两页片分离，即门扇、窗扇与门框、窗框分离。它主要用于需要经常拆卸的门、窗上。其材料一般为低碳钢，要求表面滚光。其型式如图9－27所示，基本尺寸见表9－59。

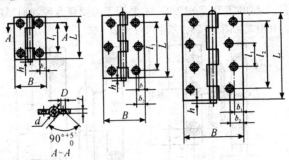

图9－27　抽芯型合页

表9－59　　抽芯型合页基本尺寸　　　　　单位：mm

L	基本尺寸	Ⅰ组	38	50	65	75	90	100
		Ⅱ组	38	51	64	76	89	102
	极限偏差		±0.5					
B	基本尺寸		31	38	42	50	55	71
	极限偏差		±1					
t	基本尺寸		1.20	1.25	1.35	1.60		1.80
	极限偏差		-0.09			-0.12		
d	基本尺寸		2.8		3.2	4	5	5.5
	极限偏差		-0.1					
l_1			25	36	46	56	67	26
l_2								78
b_1			6.5	7.5	7	8		9
b_2					9	10	11	15
D			4.8		5	6		
h			1.5			2		
木螺钉直径			3			4		
木螺钉数量			4		6		8	

注：①表中Ⅱ组为出口型尺寸。
②表中未注公差按 GB 1800—2009《公差与配合》中±1/2 IT15 计算。
③技术要求按 GB 7276《合页通用技术条件》规定。

5. H 形合页

H 形合页（QB/T 3877—1999）主要用于需要经常脱卸而厚度较薄的门、窗上。其型式见图 9 - 28，基本尺寸见表 - 60。

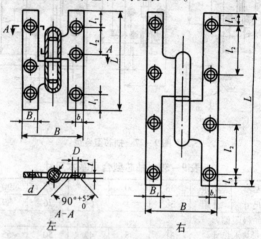

图 9 - 28　H 形合页

表 9 - 60　H 形合页基本尺寸 单位：mm

规格		80	95	110	140
L	基本尺寸	80	95	110	140
	极限偏差	± 0.50			
B	基本尺寸	50	55		60
	极限偏差	± 1			
t	基本尺寸	2			2.5
	极限偏差	- 0.12			
d		6			6.2
l_1		8		9	10
l_2		22	27.5	33	40
b_1		7			7.5
B_1		14		15	
D		5			5.2
木螺钉直径		4			
木螺钉数量		6			8

注：①表中未注公差按 GB 1800.1—2009《公差与配合》中 ± 1/2 IT15 计算（d 例外）。

　　③技术条件按 GB 7276—1987《合页通用技术条件》规定。

6. T 形合页

T 形合页（QB/T 3878—1999）主要用于较大门扇或较重箱盖及遮阳帐篷架等与门框、箱体等之间的连接件，并使门扇、箱盖能围绕合页轴芯转动或启合。其型式和尺寸见图 9 - 29、表 9 - 61。

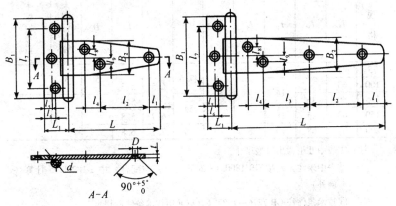

图 9 - 29　T 形合页

表 9 - 61　T 形合页基本尺寸　　　　　单位：mm

L		L₁		B₁		t				
基本尺寸		基本尺寸	极限偏差	基本尺寸	极限偏差	基本尺寸	极限偏差	B₂	d	l₁
I 组	II 组	极限偏差								
75	76	±0.8	20		63.5		1.35	-0.09	26	4.15	9
100	102									
125	127	±1	22	±0.5	70	±0.5	1.52		28	4.5	11
150	152						-0.12			
200	203	±1.2	24		73		1.80		32	5	12

L			L₁		B₁		t		B₂	d	l₁
基本尺寸		极限偏差	基本尺寸	极限偏差	基本尺寸	极限偏差	基本尺寸	极限偏差			
Ⅰ组	Ⅱ组								B_2	d	l_1
规格	l_2	l_3	l_4	l_5	l_6	l_7	l_8	l_9	D	木螺钉直径	木螺钉数量
75	41		12					5	5	3	6
100	63		14	7	9	47.5	6.5	5.3			
125	50	35						5.6	5.2	4	7
150	63	45	18			54	6.7	5.8			
200	87	68	19	8	10	55	7.7	6.8	5.5		

注：①表中Ⅱ组为出口型尺寸。

②表中未注公差按 GB 1800.1—2009《公差与配合》中 ±1/2 IT15 计算（d 例外）。

③技术条件按 GB 7276—1987《合页通用技术条件》规定。

7. 双袖型合页

双袖型合页（QB/T 3879—1999）分三种：双袖Ⅰ型（图9-30），双袖Ⅱ型（图9-31），双袖Ⅲ型（图9-32）。其基本尺寸见表9-62~表9-63。

表9-62　双袖Ⅰ型合页基本尺寸　　单位：mm

	规格	75	100	125	150
L	基本尺寸	75	100	125	150
	极限偏差	±0.50			
B	基本尺寸	60	70	85	95
	极限偏差	±1			
t	基本尺寸	1.5		1.8	2.0
	极限偏差	-0.09		-0.12	
d		6		8	

规格	75	100	125	150
l_1	57	27	33	40
l_2		81	99	120
b_1	8	9		10
b_2	15	17	23	28
B_1	23	28	33	38
D		4.5		5.5
木螺钉直径		3		4
木螺钉数量		6		8

注：表中未注公差按 GB 1800.1—2009《公差与配合》中 ±1/2 IT15 计算（d 例外）。

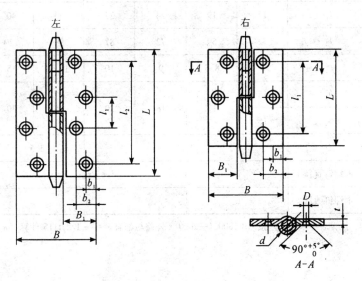

图 9-30　双袖 I 型

表 9 – 63 双袖Ⅱ型合页基本尺寸 单位：mm

	规格	65	75	90	100	125	150
L	基本尺寸	65	75	90	100	125	150
	极限偏差	±0. 50					
B	基本尺寸	55	60	65	70	85	95
	极限偏差	±1					
t	基本尺寸	1. 6		2. 0		2. 2	
	极限偏差	– 0. 09		– 0. 12			
	d	6		7. 5		8. 5	
	l_1	17	19	24	27	33	40
	l_2	52	59	72	81	99	120
	b_1	8	8. 5	9	10	12. 5	15
	b_2	15	17	18	20	25	30
	B_1	16					
	D	4. 5				5. 5	
	木螺钉直径	3				4	
	木螺钉数量	6			8		

注：表中未注公差按 GB 1800. 1—2009《公差与配合》中 ±1/2 IT15 计算（d 例外）。

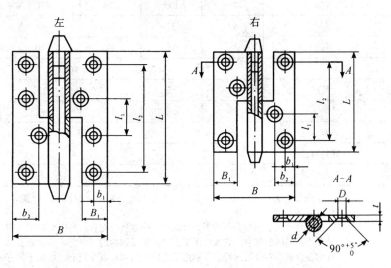

图 9 – 31 双袖 Ⅱ 型

表 9 – 64 双袖 Ⅲ 型合页基本尺寸 单位：mm

规格		75	100	125	150
L	基本尺寸	75	100	125	150
	极限偏差		±0.50		
B	基本尺寸	50	67	83	100
	极限偏差		±1		
t	基本尺寸		1.5	1.8	2.0
	极限偏差		−0.09		−0.12
d			6		7.8

规格	75	100	125	150
l_1	57	27	33	40
l_2		81	99	120
b_1	8		10	
b_2	11	16	22	27
B_1	18	26	33	40
D	4.5		5.5	
木螺钉直径	3		4	
木螺钉数量	6		8	

注：①表中未注公差按 GB 1800.1—2009《公差与配合》中 ±1/2 IT15 计算（d 例外）。

②双袖型合页的芯轴与合页的下管脚轴孔之间是过盈配合，与合页的上管脚轴孔之间是间隙配合。它主要用于需要经常脱卸的门、窗上。双袖合页又分为左合页和右合页两种，分别用于左内开门和右内开门上；如用于外开门上时，则反之。

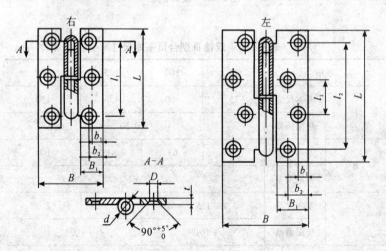

图 9-32　双袖Ⅲ型

8. 尼龙垫圈合页

尼龙垫圈合页与普通型合页相似，但页片一般较宽并厚，两页片管脚之间衬以尼龙垫圈，使门扇转动轻便、灵活，而且无摩擦噪声，合页材料为低碳钢，表面都有镀（涂）层，比较美观，多用于比较高级建筑物的房门上。其型式见图 9 – 33，规格尺寸见表 9 – 65。

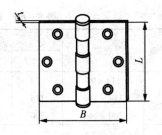

图 9 – 33　尼龙垫圈合页

表 9 – 65　尼龙垫圈合页规格尺寸　　　单位：mm

产地	规格	页片尺寸			配用木螺钉（参考）	
		长度 L	宽度 B	厚度 t	直径 × 长度	数目
上海	102 × 76	102	76	2.0	5 × 25	8
	102 × 102	102	102	2.2	5 × 25	8
扬州	75 × 75	75	75	2.0	5 × 20	6
	89 × 89	89	89	2.5	5 × 25	8
	102 × 75	102	75	2.0	5 × 25	8
	102 × 102	102	102	3.0	5 × 25	8
	114 × 102	114	102	3.0	5 × 30	8

9. 轴承合页

轴承合页与尼龙垫圈合页相似，但两管脚之间衬以滚动轴承，使门扇转动时轻便、灵活，多用于重型门扇上。其型式和规格尺寸见图 9 – 34、表 9 – 66。

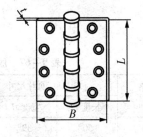

图 9 – 34　轴承合页

产地	规格	页片尺寸			配用木螺钉（参考）	
		长度 L	宽度 B	厚度 t	直径×长度	数目
上海	114×98	114	98	3.5	6×30	8
	114×114	114	114	3.5	6×30	8
	200×140	200	140	4.0	6×30	8
扬州	102×102	102	102	3.2	6×30	8
	114×102	114	102	3.3	6×30	8
	114×114	114	114	3.3	6×30	8
	127×114	127	114	3.7	6×30	8

注：轴承合页材料一般为低碳钢，表面镀黄铜（或古铜、铬）、喷塑、涂漆；也有采用不锈钢材料，其表面滚光。

10. 脱卸合页

脱卸合页与Ⅰ型双袖型合页相似，但页片较窄而薄，并且多为小规格，主要用于需要脱卸轻便的门、窗及家具上。其型式和规格尺寸见图9－35、表9－67。

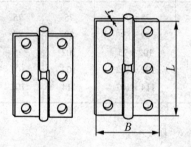

图9－35　脱卸合页

表9－67　脱卸合页规格尺寸　单位：mm

规格 /mm	页片尺寸			配用木螺钉（参考）	
	长度 L	宽度 B	厚度 t	直径×长度	数目
50	50	39	1.2	3×20	4
65	65	44	1.2	3×25	6
75	75	50	1.5	3×30	6

注：合页材料为低碳钢，表面镀锌或黄铜。

11. 自关合页

自关合页使门扇开启后能自动关闭。适用于需要经常关闭的门扇上，但门扇顶部与门框之间应留出一个间隙（大于"升高a"）。有左、右合页之分，分别适用于左内开门和右内开门上，用于外开门上时则反之。其型式和规格尺寸见图9-36、表9-68。

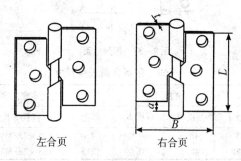

左合页   右合页

图 9-36 自关合页

表 9-68 自关合页规格尺寸   单位：mm

规格	页片尺寸				配用木螺钉（参考）	
	长度 L	宽度 B	厚度 t	升高 a	直径×长度	数目
75	75	70	2.7	12	4.5×30	6
100	100	80	3.0	13	4.5×40	8

注：合页材料为低碳钢，表面滚光，该产品为上海产。

12. 扇形合页

扇形合页与抽芯型合页相似，但两合页片尺寸不同，而且页片较厚，主要用作木质门扇与钢质（或水泥）门框之间的连接件（大页片与门扇连接，小页片与门框连接）。其型式及规格尺寸见图9-37、表9-69。

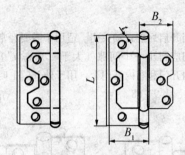

图 9-37　扇形合页

表 9-69　扇形合页规格尺寸　　　　　　　单位：mm

规格	页片尺寸				配用木螺钉/沉头螺钉（参考）	
	长度 L	宽度 B_1	宽度 B_2	厚度 t	直径 × 长度	数目
75	75	48.0	40.0	2.0	4.5 × 25/M5 × 10	3/3
100	100	48.5	40.5	2.5	4.5 × 25/M5 × 10	3/3

注：合页材料一般为低碳钢，表面滚光或镀锌（铬）。

13. 翻窗合页

翻窗合页用作工厂、仓库、住宅、农村养蚕室和公共场所等的中悬式气窗与窗框之间的连接件，使气窗能围绕合页的芯轴旋转和启合。其型式和尺寸规格见图 9-38、表9-70。

图 9-38　翻窗合页

表 9-70　翻窗合页尺寸规格　　　　　　　单位：mm

页片尺寸			芯轴		每副配用木螺钉（参考）	
长度	宽度	厚度	直径	长度	直径 × 长度	数目
50	19.5	2.7	9	12	4 × 18	8
65，75	19.5	2.7	9	12	4 × 20	8
90，100	19.5	3.0	9	12	4 × 25	8

注：合页材料为低碳钢，表面涂漆；每副合页由图示 4 个零件组成。

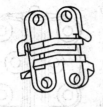

图 9 – 39 暗合页

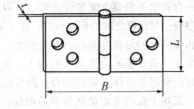

图 9 – 40 台合页

14. 暗合页

暗合页一般用于屏风、橱门上，其特点是在屏风展开、橱门关闭时看不见合页。其型式见图 9 – 39。

暗合页的规格：长度（mm）40、70、90。

15. 台合页

台合页一般装置于能折叠的台板上。其型式和尺寸见图 9 – 40、表 9 – 71。

表 9 – 71 台合页的尺寸   单位：mm

页片规格尺寸			配用木螺钉	
长度 L	宽度 B	厚度 t	直径 × 长度	数量
34	80	1.2	3 × 16	6
38	136	2.0	3.5 × 25	6

注：合页材料为低碳钢，表面镀锌、涂漆或滚光。

16. 蝴蝶合页

与单弹簧合页相似，多用于纱窗以及公共厕所、医院病房等的半截门上。其型式和规格尺寸见图 9 – 41、表 9 – 72。

表 9 – 72 蝴蝶合页规格尺寸   单位：mm

规格	页片尺寸			配用木螺钉	
	长度	宽度	厚度	直径 × 长度	数量
70	70	72	1.2	4 × 30	6

注：页片材料为低碳钢，表面涂漆或镀锌。

17. 自弹杯状暗合页

自弹杯状暗合页主要用作板式家具的橱门与橱壁之间的连接件。其特点是利用弹簧弹力，开启时，橱门立即旋转到 90°位置；并闭时，橱门不会自行开启，合页也不外露。安装合页时，可以很方便地调整橱门与橱壁之间的相对位置，使之端正、整齐。由带底座的合页和基座两部分组成。基座装在橱壁上，带底座的合页装在橱门上。直臂式适用于橱门全部遮盖住橱壁的场合；曲臂式（小曲臂式）适用于橱门半盖遮住橱壁的场合；大曲臂式适用于橱门嵌在橱壁的场合。其型式和规格尺寸见图9－42、表9－73。

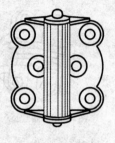

图9－41 蝴蝶合页

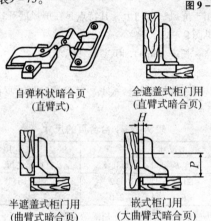

自弹杯状暗合页
（直臂式）

全遮盖式柜门用
（直臂式暗合页）

半遮盖式柜门用
（曲臂式暗合页）

嵌式柜门用
（大曲臂式暗合页）

图9－42 自弹杯状暗合页

表9－73 自弹杯状暗合页规格尺寸 单位：mm

带底座的合页				基座				
型式	底座直径	合页总长	合页总宽	型式	中心距 P	底板厚 H	基座总长	基座总宽
直臂式	35	95	66	V形	28	4	42	45
曲臂式	35	90	66	K形	28	4	42	45
大曲臂式	35	93	66					

注：合页臂材料为低碳钢（表面镀铬）；底座及基座材料有尼龙（白色、棕色）和低碳钢（表面镀铬两种）。

18. 弹簧合页

（1）弹簧合页（铰链 QB/T 1738—1993）的种类和代号

按结构分 { a. 单弹簧合页　代号为 D
b. 双弹簧合页　代号为 S

按页片材料分 { a. 普通碳素钢制　代号为 P
b. 不锈钢制　　代号为 B
c. 铜合金制　　代号为 T

按表面处理分 { a. 涂漆　　代号为 Q
b. 涂塑　　代号为 S
c. 电镀锌　代号为 D
d. 表面不作处理　无代号

（2）弹簧合页的标记

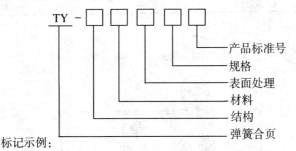

标记示例：

普通碳素钢制造、表面涂漆、规格为150mm 的Ⅱ型双弹簧合页标记为：

弹簧合页 TY－SPQ　150Ⅱ　QB/T 1738

（3）弹簧合页尺寸规格、技术要求（见图9－43、图9－44 和表9－74～表9－75）

表9－74　弹簧合页型式和尺寸　　　　　　　单位：mm

	规　格		75	100	125	150	200	250
L	Ⅰ型	基本尺寸	76	102	127	152	203	254
		极限偏差	±0.95	±1.10	±1.25		±1.45	±1.60
	Ⅱ型	基本尺寸	75	100	125	150	200	250
		极限偏差	±0.95	±1.10	±1.25		±1.45	
B	图9－54	基本尺寸	36	39	45	50	71	—
		极限偏差		±1.95			±2.3	—
	图9－55	基本尺寸	48	56	64		95	
		极限偏差	±1.95	±2.3			±2.7	

规 格		75	100	125	150	200	250
B_1	基本尺寸	13	16	19	20	32	
	极限偏差	±0.55		±0.65		±0.80	
B_2	基本尺寸	8	9		10	14	
	极限偏差	±0.45				±0.55	
B_3	基本尺寸	—	—	—	15	23	
	极限偏差	—	—	—	±0.55	±0.65	
L_1	基本尺寸	58	76	90	120	164	—
	极限偏差	±0.95		±1.10		±1.25	—
L_2	基本尺寸	34	43	44	70	82	—
	极限偏差	±0.80			±0.95	±1.10	

注：推荐生产Ⅱ型。

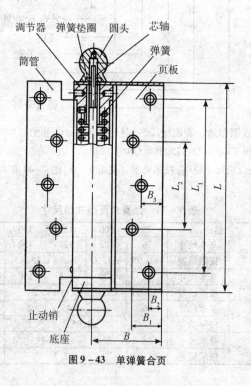

图 9-43　单弹簧合页

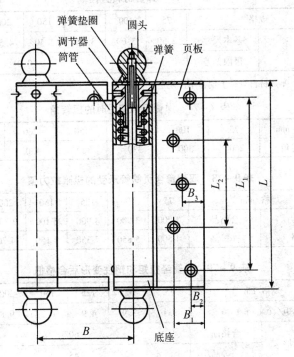

弹簧垫圈　圆头

调节器　弹簧　页板

筒管

图 9 – 44　双弹簧合页

表 9 – 75　**钢制弹簧合页筒管和页片材料厚度**　单位：mm

规格		75	100	125	150	200	250
筒管材厚	基本尺寸	1.00		1.20		2.00	
	极限偏差	– 0.09		– 0.11		– 0.15	
页片料厚	基本尺寸	1.80		2.00		2.40	
	极限偏差	– 0.14		– 0.15		– 0.17	

表 9 – 76　弹簧材料直径偏差　　　　　单位：mm

	规格	75	100	125	150	200	250
直　径	基本尺寸	2.50	3.00	3.20	3.50	4.50	5.00
	极限偏差	-0.03			-0.04		

注：弹簧材料直径上偏差不作规定。

表 9 – 77　弹簧正常使用时的扭转角

规格/mm	75	100	125	150	200	250
扭转角	260°	300°	330°	360°	430°	460°

表 9 – 78　双弹簧合页筒管承受的极限拉力值

	规格/mm	75	100	125	150	200	250
拉力	合格品	3 000	3 900	4 900	6 100	9 800	15 000
/N	一等品	4 500	5 850	7 350	9 150	14 700	22 500

表 9 – 79　弹簧经扭矩和塑性变形后合格值

	规格/mm	75	100	125	150	200	250
扭矩/ (N·m) ≥		3.1	3.9	4.9	6.2	9.8	15.7
塑性变形≤	合格品	60°					
	一等品	45°					

页板、调节器、筒管、底座装配后轴向间隙最大值（max）见图 9 – 45。

表 9 – 80　最大轴向间隙值　单位：mm

规格	75	100	125	150	200	250
轴向间隙 max <	1.0		1.2		1.5	

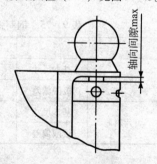

图 9 – 45　轴向间隙最大值示意

9.2.3 拉手

1. 小拉手

小拉手一般装在木质房门或抽屉上，作推、拉房门或抽屉之用，也常用作工具箱、仪表箱上的拎手。

普通式（A型，门拉手，弓形拉物）　　香蕉式（香蕉拉手）

图9-46　小拉手

表9-81　小拉手规格尺寸

拉手品种		普通式				香蕉式		
拉手规格（全长）/mm		75	100	125	150	90	110	130
钉孔中心距（纵向）/mm		65	88	108	131	60	75	90
配用螺钉 （参考）	品　种	沉头木螺钉				盘头螺钉		
	直径/mm	3	3.5	3.5	4	M3.5		
	长度/mm	16	20	20	25	25		
	数　目	4				2		

注：拉手材料一般为低碳钢，表面镀铬或喷漆，香蕉拉手也有用锌合金制造，表面镀铬。

2. 蟹壳拉手

蟹壳拉手装在抽屉上，作拉启抽屉之用。

普通型　　　　　　　　方型

图9-47　蟹壳拉手

表9-82　蟹壳拉手规格　　　　　单位：mm

长度		65（普通）	80（普通）	90（方型）
配用木 螺钉	直径×长度	3×16	3.5×20	3.5×20
	数量	3	3	4

3. 圆柱拉手

圆柱拉手可装在橱门或抽屉上，作拉启之用。

圆柱拉手　　　　　塑料圆柱拉手

图9-48　圆柱拉手

表9-83　圆柱拉手型式和尺寸

品名	材料	表面处理	圆柱拉手尺寸/mm		配用镀锌半圆头螺钉和垫圈
			直　径	高　度	
圆柱拉手	低碳钢	镀铬	35	22.5	M5×25；垫圈5
塑料圆柱拉手	ABS		40	20	M5×30

4. 底板拉手

底板拉手安装在中型门扇上，作推、拉门扇之用。

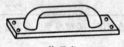 

普通式　　　　　　方柄式

图9-49　底板拉手

表9-84　底板拉手规格　　　　　　单位：mm

规格（底板全长）	普通式				方柄式			每副（2只）拉手附镀锌木螺钉	
	底板宽度	底板厚度	底板高度	手柄长度	底板宽度	底板厚度	手柄长度	直径×长度	数目
150	40	1.0	5.0	90	30	2.5	120	3.5×25	8
200	48	1.2	6.8	120	35	2.5	163	3.5×25	8
250	58	1.2	7.5	150	50	3.0	196	4×25	8
300	66	1.6	8.0	190	55	3.0	240	4×25	8

注：拉手的底板、手柄材料为低碳钢（方柄式手柄也有锌合金），表面镀铬；方柄式手柄的托柄为塑料。

5. 梭子拉手

梭子拉手装在一般房门或大门上，作推、拉门扇之用。

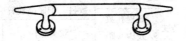

图 9－50　梭子拉手

表 9－85　梭子拉手规格尺寸　　　　　单位：mm

| 规格
（全长） | 主要尺寸 | | | | 每副（2 只）拉手配用镀
锌木螺钉 | |
	管子外径	高　度	桩脚底 座直径	两桩脚 中心距	直径×长度	数　量
200	19	65	51	60	3.5×18	12
350	25	69	51	210	3.5×18	12
450	25	69	51	310	3.5×18	12

注：拉手材料：管子为低碳钢；桩脚、梭头为灰铸铁，表面镀铬。

6. 管子拉手

管子拉手装在一般推、拉比较频繁的大门上，作推、拉门扇之用。

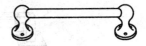

图 9－51　管子拉手

表 9－86　管子拉手规格尺寸　　　　　单位：mm

主 要 尺 寸	管 子	长度（规格）：250，300，350，400，450，500，550，600，650， 700，750，800，850，900，950，1 000
		外径×壁厚：32×1.5
	桩头	底座直径×圆头直径×高度：77×65×95
		拉手总长：管子长度 +40
每副（2 只）拉手配用镀锌木螺钉（直径×长度）：4×25，12 只		

注：拉手材料：管子为低碳钢，桩头为灰铸铁；或全为黄铜；表面镀铬。

7. 推板拉手

推板拉手装在一般房门或大门上，作推、拉门扇之用。

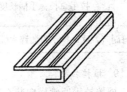

图 9－52　推板拉手

表 9 – 87　推板拉手型号规格　　　　单位：mm

| 型 号 | 拉手主要尺寸 | | | | 每副（2 只）拉手附件的品种、规格和数目，钢制品镀锌 | | |
	规格（长度）	宽度	高度	螺栓孔数及中心距	双头螺柱	盖形螺母	铜垫圈
X – 3	200	100	40	二孔，140	M6×65，2 只	M6，4 只	6，4 只
	250	100	40	二孔，170	M6×65，2 只	M6，4 只	6，4 只
	300	100	40	三孔，110	M6×65，3 只	M6，6 只	6，6 只
228	300	100	40	二孔，270	M6×85，2 只	M6，4 只	6，4 只

注：拉手材料为铝合金，表面为银白色、古铜色或金黄色。

8. 方型大门拉手

方型大门拉手与管子拉手作用相同。

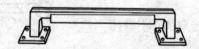

图 9 – 53　大门拉手

表 9 – 88　方型大门拉手规格　　　　单位：mm

主要尺寸/mm	手柄长度（规格）/托柄长度：250/190，300/240，350/290，400/320，450/370，500/420，550/470，600/520，650/550，700/600，750/650，800/680，850/730，900/780，950/830，1 000/880
	手柄断面宽度×高度：12×16
	底板长度×宽度×厚度：80×60×3.5
	拉手总长：手柄长度 +64，拉手总高：54.5
每副（2 只）拉手附镀锌木螺钉：直径×长度　4mm×25mm，16 只	

9. 推挡拉手

推挡拉手通常横向装在进出比较频繁的大门上，作推、拉门扇用，并起保护门上的玻璃作用。

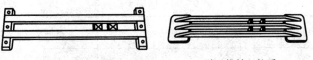

双臂（推挡）拉手   三臂（推挡）拉手

图 9 – 54　推挡拉手

表 9 – 89　推挡拉手的尺寸规格

主要 尺寸 /mm	拉手全长（规格）： 双臂拉手——600，650，700，750，800，850 三臂拉手——600，650，700，750，800，850，900，950，1 000 底板长度×宽度：120×50

每副拉手（2 只）附件的品种、规格（mm）及数量：

双臂拉手——4×25 镀锌木螺钉，12 只；

三臂拉手——6×25 镀锌双头螺栓，4 只；M6 铜六角球螺母，8 只；6 铜垫圈，
8 只

注：拉手材料为铝合金，表面为银白色或古铜色；或为黄铜，表面抛光。

10. 玻璃大门拉手

　　玻璃大门拉手主要装在商场、大厦、俱乐部、酒楼等的玻璃大门上，作
推、拉门扇用。

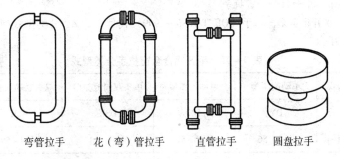

弯管拉手 花（弯）管拉手 直管拉手 圆盘拉手

图 9 – 55　玻璃大门拉手

表9-90　玻璃大门拉手　　　　　　　　　　　单位：mm

品种	代号	规格	材料及表面处理
弯管拉手	MA113	管子全长×外径： 600×51，457×38， 457×32，300×32	不锈钢，表面抛光
花（弯） 管拉手	MA112 MA123	管子全长×外径： 800×51，600×51， 600×32，457×38， 457×32，350×32	不锈钢，表面抛光，环 状花纹表面为金黄色；手 柄部分也有用柚木、彩色 大理石或有机玻璃制造
直管拉手	MA104	600×51，457×38 457×32，300×32	不锈钢，表面抛光，环状 花纹表面为金黄色；手柄部 分也有用彩色大理石、柚木 制造
	MA122	800×54，600×54 600×42，457×42	
圆盘拉手 （太阳拉手）		圆盘直径：160，180，200， 220	不锈钢、黄铜，表面抛 光；铝合金，表面喷塑（白 色、红色等）；有机玻璃

11. 平开铝合金窗执手

平开铝合金窗执手（QB/T 3886—1999）代号为 PLZ，分类型式列于表9-91。

表9-91　平开铝合金窗执手分类型式

型式	单动旋压型	单动扳扣型	单头双向扳扣型	双头联动扳扣型
代号	DY	DK	DSK	SLK
图例	图9-56	图9-57	图9-58	图9-59

产品标记

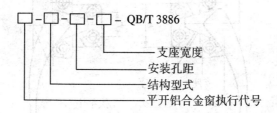

标记示例：

安装孔距为60mm，支座宽度为12mm的双头联动板扣型平开铝合金窗执手，其标记为：

PLZ – SLK – 60 – 12 – QB/T 3886

平开铝合金窗执手的型式见图9–56～图9–59，其规格尺寸见表9–92，技术要求见表9–93～表9–96。

表9–92　平开铝合金窗执手的规格尺寸　单位：mm

型式	执手安装孔距 E		执手支座宽度 H		承座安装孔距 F		执手座底面至锁紧面距离 G		执手柄长度 L
	基本尺寸	极限偏差	基本尺寸	极限偏差	基本尺寸	极限偏差	基本尺寸	极限偏差	
DY 型	35		29		16		—	—	
			24		19				
DK 型	60	±0.5	12	±0.5	23	±0.5	12	±0.5	≥70
	70		13		25				
DSK 型	128		22		—		—	—	
SLK 型	60		12		23		12	±0.5	
	70		13		25				

注：①当安装孔为椭圆可调形时，表中安装孔距偏差不适用。

②联动杆长度S由供需双方协定。

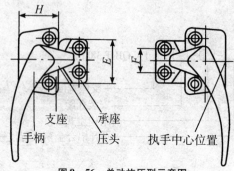

图 9-56 单动旋压型示意图

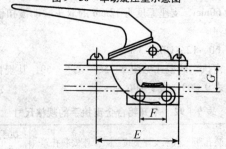

图 9-57 单动扳扣型示意图

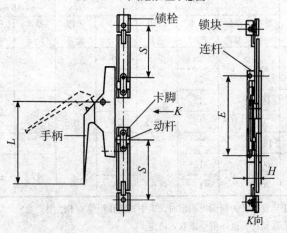

图 9-58 单头双向扳扣示意图

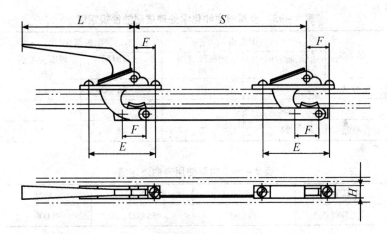

图 9 – 59　双头联动扳扣型示意图

表 9 – 93　执手强度在规定部位承受相应荷载后位移量

型式	受力部位	载荷 /N	位移量 W /mm
DY	压 头 部	315*	
		392	
DK	锁 紧 部	392	≤0.5
	承 座		
DSK	锁 栓	490	
SLK	锁 紧 部	392	
	承 座		

注：①＊适宜于低层、承受风荷较小的窗用。
　　②DY 型、DK 型、SLK 型执手装配后，手柄在承受 490N 时不应断裂。

表 9 – 94　铝合金阳极氧化层厚度规定值　　单位：μm

产品等级	厚度
优等品	25
一级品	20
合格品	15

表 9 – 95　金属镀层和化学处理层耐蚀性规定值

产品等级	铜镍铬		阳极氧化	
	试验时间 /h	耐腐蚀级别 （级）	试验时间 /h	耐腐蚀级别 （级）
优等品	24	10	48	10
一级品	24	8	48	8
合格品	24	7	48	7

表 9 – 96　执手使用寿命规定值

产品等级	优等品	一级品	合格品
启闭数（次）	40 000	35 000	30 000

12. 铝合金门窗拉手

铝合金门窗拉手（QB/T 3889—1999）的产品标记：

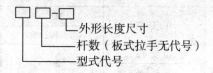

外形长度尺寸

杆数（板式拉手无代号）

型式代号

标记示例：

外形长度尺寸为 850mm 的门用三杆拉手的标记为：

MG 3 – 850　QB/T 3889

外形长度尺寸为 80mm 的板式窗用拉手：

CB – 80　QB/T 3889

铝合金门窗拉手的型式代号、规格尺寸及技术要求列于表 9 – 97 ~ 表 9 – 103。

表 9 – 97　门用拉手型式代号表

型式名称	杆式	板式	其他
代　　号	MG	MB	MQ

表9-98 窗用拉手型式代号表

型式名称	板式	盒式	其他
代　号	CB	CH	CQ

表9-99 门用拉手外形长度尺寸值　　　　单位：mm

名称	外形长度系列					
门 用 拉 手	200	250	300	350	400	450
	500	550	600	650	700	750
	800	850	900	950	1 000	

表9-100 窗用拉手外形长度尺寸值　　　　单位：mm

名称	外形长度			
窗用拉手	50	60	70	80
	90	100	120	150

表9-101 杆式拉手安装平面度值　　　　单位：mm

安装面最大尺寸	≤500	>500
平面度公差值	1	2

表9-102 表面阳极氧化膜厚度值　　　　单位：μm

产 品 等 级	优 等 品	一 级 品	合 格 品
氧化膜厚度	≥25	≥15	≥10

表9-103 金属镀层耐腐蚀等级值

产 品 等 级	试验时间/h		耐腐蚀等级
	铜合金基体	锌合金或其他材料基体	
优等品	30	24	10
一级品	24	18	10
合格品	24	12	9

9.2.4 钉类

1. 鞋钉

鞋钉（QB/T 1559—1992）的外形、尺寸见图 9 - 60 和表 9 - 104、表
9 - 105。

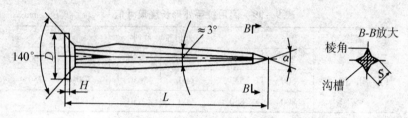

图 9 - 60　鞋钉

表 9 - 104　普通型鞋钉规格尺寸

鞋钉全长 L /mm	基本尺寸	10	13	16	19	22	25
	极限偏差	± 0.50		± 0.60		± 0.70	
钉帽直径 D/mm ≥		3.10	3.40	3.90	4.40	4.70	4.90
钉帽厚度 H/mm ≥		0.24	0.30	0.34	0.40	0.44	
钉杆末端宽度 S/mm ≤		0.74	0.84	0.94	1.04	1.14	1.24
钉帽圆整/mm ≤		0.30	0.36	0.40	0.46	0.50	
钉帽对钉杆偏移 Δ/mm≤		0.30	0.36	0.40	0.46	0.50	
钉尖角度 α ≤		28°			30°		
每百克个数（参考）≥		1 100	660	410	290	230	190

表 9 - 105　重型鞋钉尺寸及偏差值

鞋钉全长 L /mm	基本尺寸	10	13	16	19	22	25
	极限偏差	± 0.50		± 0.60		± 0.70	
钉帽直径 D/mm ≥		4.50	5.20	5.90	6.10	6.60	7.00
钉帽厚度 H/mm ≥		0.30	0.34	0.38	0.40	0.44	
钉杆末端宽度 S/mm ≤		1.04	1.10	1.20	1.30	1.40	1.50
钉帽圆整/mm ≤		0.36	0.40	0.46	0.50	0.56	
钉帽对钉杆偏移 Δ/mm≤		0.36	0.40	0.46	0.50	0.56	
钉尖角度 α ≤		28°			30°		
每百克个数（参考）		640	420	290	210	160	130

鞋钉的产品代号：

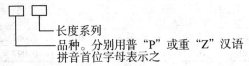

长度系列
品种。分别用普"P"或重"Z"汉语
拼音首位字母表示之

标记示例：

长度为 16mm 普通鞋钉的标记为：

鞋钉 P16　QB/T 1559—1992

长度为 16mm 的重型鞋钉的标记为：

鞋钉 Z16　QB/T 1559—1992

2. 一般用途圆钢钉

一般用途圆钢钉（YB/T 5002—1993）的分类及代号：

按钉杆直径圆钉分为三种，其代号为：

重型　z

标准型　b

轻型　q

按钉帽外观圆钉分为两种，其代号为：

菱形方格帽　g

平帽　p

圆钢钉外形图见图 9 – 61；圆钢钉的尺寸规格、长度允许偏差列于表
9 – 106 ~ 表 9 – 110。

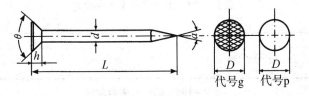

图 9 – 61　一般用途圆钢钉

钉长 /mm	钉杆直径/mm			1 000 个圆钉重/kg		
	重　型	标准型	轻　型	重　型	标准型	轻　型
10	1. 10	1. 00	0. 90	0. 079	0. 062	0. 045
13	1. 20	1. 10	1. 00	0. 120	0. 097	0. 080
16	1. 40	1. 20	1. 10	0. 207	0. 142	0. 119
20	1. 60	1. 40	1. 20	0. 324	0. 242	0. 177
25	1. 80	1. 60	1. 40	0. 511	0. 359	0. 302
30	2. 00	1. 80	1. 60	0. 758	0. 600	0. 473
35	2. 20	2. 00	1. 80	1. 060	0. 86	0. 70
40	2. 50	2. 20	2. 00	1. 560	1. 19	0. 99
45	2. 80	2. 50	2. 20	2. 220	1. 73	1. 34
50	3. 10	2. 80	2. 50	3. 020	2. 42	1. 92
60	3. 40	3. 10	2. 80	4. 350	3. 56	2. 90
70	3. 70	3. 40	3. 10	5. 936	5. 00	4. 15
80	4. 10	3. 70	3. 40	8. 298	6. 75	5. 71
90	4. 50	4. 10	3. 70	11. 30	9. 35	7. 63
100	5. 00	4. 50	4. 10	15. 50	12. 5	10. 4
110	5. 50	5. 00	4. 50	20. 87	17. 0	13. 7
130	6. 00	5. 50	5. 00	29. 07	24. 3	20. 0
150	6. 50	6. 00	5. 50	39. 42	33. 3	28. 0
175	—	6. 50	6. 00	—	45. 7	38. 9
200	—	—	6. 50	—	—	52. 1

注：经供需双方协议也可生产其他尺寸的圆钉。

表 9－107　　圆钢钉长度允许偏差　　　　单位：mm

圆钉长度	允许偏差
10 ~ 20	±0. 8
>20 ~ 50	±1. 2
>50 ~ 200	±1. 5

表 9－108　　圆钉钉尖角度值

圆钉长度/mm	钉尖角度
≤45	≤30°
>45	≤32°

注：钉尖应为菱形截面，不应有显著的歪斜。

表9-109 英制圆钉表

尺寸 英寸×线号	圆钉长度 /mm	公称直径 /mm	1 000 个约重 /kg	每 kg 约数 /个
3/8 × 20	9.52	0.89	0.046	21 730
1/2 × 19	12.7	1.07	0.088	11 360
5/8 × 18	15.87	1.25	0.152	6 580
3/4 × 17	19.05	1.47	0.25	4 000
1 × 16	25.40	1.65	0.42	2 380
1¼ × 15	31.75	1.83	0.65	1 540
1½ × 14	38.10	2.11	1.03	971
1¾ × 13	44.45	2.41	1.57	637
2 × 12	50.80	2.77	2.37	422
2½ × 11	63.5	3.05	3.58	279
3 × 10	76.20	3.40	5.35	187
3½ × 9	88.90	3.76	7.65	131
4 × 8	101.6	4.19	10.82	92.4
4½ × 7	114.3	4.57	14.49	69.0
5 × 6	127.0	5.16	20.53	48.7
6 × 5	152.4	5.59	28.93	34.5
7 × 4	177.8	6.05	40.32	24.8

注：经供需双方协议，可供应表中英制规格圆钉。其直径与长度允许偏差应符合本标准中相邻较大尺寸圆钉的规定。

表9-110 圆钉废钉率

圆钉长度/mm	废钉率/%
10 ~ 20	1.5
>20 ~ 50	1.0
>50 ~ 200	0.5

注：圆钉的次钉和废钉率的总和不得超过8%，其中废钉率不得超过表中的规定。

标记示例：

长度为50mm，直径为3.1mm的菱形方格帽，重型圆钉其标记为：

z–50×3.1–YB/T 5002—1993

长度为45mm，直径为2.5mm的菱形方格帽，标准圆钉其标记为：

45×2.5–YB/T 5002—1993

长度为30mm，直径为1.8mm的平帽，轻型圆钉其标记为：

pq–30×1.8–YB/T 5002—1993

长度为25mm，直径为1.6mm的菱形方格帽、轻型圆钉其标记为：

q–25×1.6–YB/T 5002—1993

3. 扁头圆钢钉

扁头圆钢钉（图9–62）主要用于木模制造、钉家具及地板等需将钉帽埋入木材的场合；规格及质量如表9–111所示。

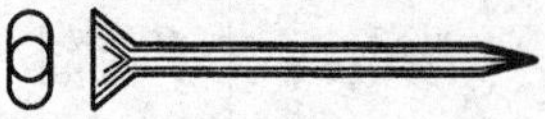

图9–62　扁头圆钢钉

表9–111　扁头圆钢钉规格及质量

钉　长/mm	35	40	50	60	80	90	100
钉杆直径/mm	2	2.2	2.5	2.8	3.2	3.4	3.8
每千只约重/kg	0.95	1.18	1.75	2.9	4.7	6.4	8.5

4. 拼合用圆钢钉

拼合用圆钢钉（图9–63）主要用途是供制造木箱、家具、门扇及其需要拼合木板时作销钉用；规格及质量如表9–112所示。

图9–63　拼合用圆钢钉

表9–112　拼合用圆钢钉规格及质量

钉　长/mm	25	30	35	40	45	50	60
钉杆直径/mm	1.6	1.8	2	2.2	2.5	2.8	2.8
每千只约重/kg	0.36	0.55	0.79	1.08	1.52	2	2.4

5. 木螺钉

木螺钉（图9–64）用在木质器具上紧固金属零件或其他物品，如铰链、门锁、箱扣等；其规格如表9–113和表9–114所示。

表9-113 米制木螺钉规格

直径 d /mm	开槽木螺钉钉长 l/mm			十字槽木螺钉	
	沉头	圆头	半沉头	十字槽号	钉长 l /mm
1.6	6~12	6~12	6~12	—	—
2	6~16	6~14	6~16	1	6~16
2.5	6~25	6~22	6~25	1	6~25
3	8~30	8~25	8~30	2	8~30
3.5	8~40	8~38	8~40	2	8~40
4	12~70	12~65	12~70	2	12~70
(4.5)	16~85	14~80	16~85	2	16~85
5	18~100	16~90	18~100	2	18~100
(5.5)	25~100	22~90	30~100	3	25~100
6	25~120	22~120	30~120	3	25~120
(7)	40~120	38~120	40~120	3	40~120
8	40~120	38~120	40~120	3	40~120
10	75~120	65~120	70~120	4	70~120

注:①钉长系列(mm):6,8,10,12,14,16,18,20,(22),25,30,(32),35,(38),40,
45,50,(55),60,(65),70,(75),80,(85),90,100,120。
②括号内的直径和长度,尽可能不采用。
③根据 GB 99~101、GB950~952—1986 标准。

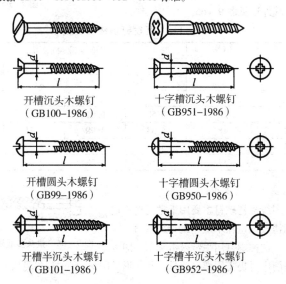

开槽沉头木螺钉
（GB100–1986）

十字槽沉头木螺钉
（GB951–1986）

开槽圆头木螺钉
（GB99–1986）

十字槽圆头木螺钉
（GB950–1986）

开槽半沉头木螺钉
（GB101–1986）

十字槽半沉头木螺钉
（GB952–1986）

图 9-64 木螺钉

表9-114 号码（英）制木螺钉规格

钉杆直径		钉 长	钉杆直径		钉长	钉杆直径		钉长
号码	/mm	/in	号码	/mm	/in	号码	/mm	/in
0	1.52	1/4	6	3.45	1/2 ~ 1¼	14	6.30	1¼ ~ 4
1	1.78	1/4 ~ 3/8	7	3.81	1/2 ~ 2	16	7.01	1½ ~ 4
2	2.08	1/4 ~ 1/2	8	4.17	5/8 ~ 2½	18	7.72	1½ ~ 4
3	2.39	1/4 ~ 3/4	9	4.52	5/8 ~ 2½	20	8.43	2 ~ 4
4	2.74	3/8 ~ 1	10	4.88	1 ~ 3	24	9.86	2 ~ 4
5	3.10	3/8 ~ 1¼	12	5.59	1 ~ 4			

注：英制钉长系列 in：1/4，3/8，1/2，5/8，3/4，7/8，1，1¼，1½，1¾，2，2¼，2½，3，3½，4。

6. 瓦楞钉

瓦楞钉专用于固定屋面上的瓦楞铁皮。其规格见表9-115，其外形见图9-65。

图9-65 瓦楞钉

表9-115 瓦楞钉规格及质量

钉身直径 /mm	钉帽直径 /mm	长度（除帽）/mm			
		38	44.5	50.8	63.5
		每千只约重/kg			
3.73	20	6.30	6.75	7.35	8.35
3.37	20	5.58	6.01	6.44	7.30
3.02	18	4.53	4.90	5.25	6.17
2.74	18	3.74	4.03	4.32	4.90
2.38	14	2.30	2.38	2.46	—

7. 盘头多线瓦楞螺钉

盘头多线瓦楞螺钉主要用于把瓦楞钢皮或石棉瓦楞板固定在木质建筑物如屋顶、隔离壁等上。这种螺钉用手锤敲击头部，即可钉入，但旋出时仍需用螺钉旋具。其外形见图9-66，规格见表9-116。

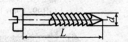

图9-66 盘头多线瓦楞螺钉

表 9 - 116　　盘头多线瓦楞螺钉规格　　　　　　单位：mm

公称直径 d		6		7
钉　长 L	65	75	90	100

注：螺钉表面应全部镀锌钝化。

8. 鱼尾钉

鱼尾钉用于制造沙发、软坐垫、鞋、帐篷、纺织、皮革箱具、面粉筛、玩具、小型农具等，特点是钉尖锋利、连接牢固，以薄型应用较广。其外形及规格见图 9 - 67、表 9 - 117。

图 9 - 67　鱼尾钉

表 9 - 117　　鱼尾钉规格及质量

种类	薄型（A 型）					厚型（B 型）					
全长 /mm	6	8	10	13	16	10	13	16	19	22	25
钉帽直径 /mm，≥	2.2	2.5	2.6	2.7	3.1	3.7	4	4.2	4.5	5	5
钉帽厚度 /mm，≥	0.2	0.25	0.30	0.35	0.40	0.45	0.50	0.55	0.60	0.65	0.65
卡颈尺寸 /mm，≥	0.80	1.0	1.15	1.25	1.35	1.50	1.60	1.70	1.80	2.0	2.0
每千只约重 /g	44	69	83	122	180	132	278	357	480	606	800
每 kg 只数	22 700	14 400	12 000	8 200	5 550	7 600	3 600	2 800	2 100	1 650	1 250

注：卡颈尺寸指近钉头处钉身的椭圆形断面短轴直径尺寸。

9. 磨胎钉

磨胎钉主要用于汽车轮胎翻修，作轮胎粘合面拉毛、抛平用。其规格：钉身长度（不包括帽）×钉身直径（mm）：14.5×2.7；14.5×3.0。

10. 特种钢钉

特种钢钉（WJ 1674—1986）又称水泥钉，见图 9 - 68。可用手锤直接将钉敲入小于 200 号混凝土、矿渣砖块、砖砌体或厚度小于 3mm 薄钢板中，作固定之用。其型号规格见表 9 - 118。

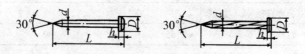

图 9－68　特种钢钉

表 9－118　特种钢钉型号和规格

钢钉型号	钉杆直径 d	钢钉全长 L	钉帽直径 D	钉帽高度 h	钢钉型号	钉杆直径 d	钢钉全长 L	钉帽直径 D	钉帽高度 h
		/mm					/mm		
T20	2	20	4	1.5	T45	4.5	80	9	2
T30	3	20 25 30 35	6	2	T52	5.2	100 120	10.5	2.5
T37	3.7	30 40 50 60	7.5	2	ST40	4	20 30 40 50 60	8	2
T45	4.5	60	9	2	ST48	4.8	60 80	9	2

注：①钢钉规格以型号和全长表示。例：ST48×80 表示直径为 4.8mm、全长为
80mm 丝纹型特种钢钉。
②丝纹型钢钉钉杆上压有丝纹条数：ST40 型为 8 条，ST48 型为 10 条。
③直径不大于 3mm 钢钉适用于厚度小于 2mm 薄钢板。
④钢钉材料为中碳结构钢丝（GB 345）；硬度为 HRC50～58；剪切强度 $\tau \geqslant$
980MPa；弯曲角度 $\geqslant 60°$。
⑤钢钉表面镀锌，镀锌层 $\geqslant 4\mu m$。

9.2.5　窗钩

1. 铝合金窗撑挡

铝合金窗撑挡（QB/T 3887—1999）按型式分平开铝合金窗上悬撑挡、
平开铝合金窗内开撑挡、平开铝合金窗外开撑挡、平开铝合金窗带纱窗上撑挡、平开铝合金窗带纱窗下撑挡五种。其中又分为：

平开铝合金窗撑挡 $\begin{cases} \text{外开启上撑挡（图 9-69）} \\ \text{内开启下撑挡（图 9-70）} \\ \text{外开启下撑挡（图 9-71）} \end{cases}$

平开铝合金带纱窗撑挡 $\begin{cases} \text{带纱窗上撑挡（图 9-69）} \\ \text{带纱窗下撑挡（图 9-72）} \end{cases}$

标记代号意义：

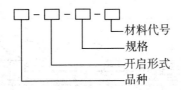

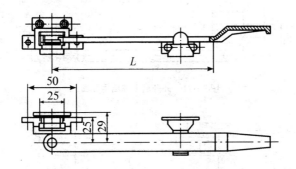

图 9-69　外开启上撑挡示意图

标记示例：

平开铝合金内开窗规格为 240mm 铜质撑挡，其标记为：

PLCN-240-T QB/T 3887

带纱窗铝合金右开窗规格为 280mm 的不锈钢撑挡，其标记为：

ALCY-280-G QB/T 3887

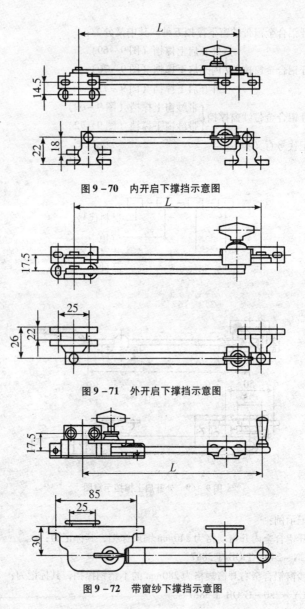

图 9-70　内开启下撑挡示意图

图 9-71　外开启下撑挡示意图

图 9-72　带窗纱下撑挡示意图

表 9 – 119　标记代号表

名称	平开窗			带纱窗			铜	不锈钢
	内开启	外开启	上撑挡	上撑挡	下撑挡			
					左开启	右开启		
代号	N	W	C	SC	Z	Y	T	G

表 9 – 120　铝合金窗撑挡的规格尺寸　　单位：mm

品种		基本尺寸 L						安装孔距	
								壳体	拉搁脚
平开窗	上	—	260	—	300	—	—	50	25
	下	240	260	280	—	310	—	—	
带纱窗	上撑挡	—	260	—	300	—	320	50	
	下撑挡	240	—	280	—	—	320	85	

表 9 – 121　撑挡整体承受规定拉力值　　单位：N

产品等级	整体受拉力	杆中间受压力	锁紧部受力
优　等　品	2 000	600	>600
一　级　品	1 800	500	>400
合　格　品	1 500	400	400

注：①撑挡整体承受表中规定拉力时，其延伸率不大于 0.36%。

②撑挡的撑杆中间在规定承受压力时，其永久变形量不大于长度的 1%。

表 9 – 122　撑挡表面粗糙度值　　单位：μm

产品等级	机加工	抛光
优　等　品	0.8	0.4
一　级　品	1.6	0.8
合　格　品	3.2	1.6

表9-123　撑挡金属镀层耐腐蚀性能表

产品等级	铜+镍+铬	
	试验时间/h	耐腐蚀级别（级）
优　等　品	36	10
一　级　品	30	10
合　格　品	24	10

表9-124　撑挡铝合金氧化膜厚度值　　　　单位：μm

产　品　等　级	铝合金氧化膜厚度
优　等　品	≥25
一　级　品	≥15
合　格　品	≥10

2. 铝合金窗不锈钢滑撑

铝合金窗不锈钢滑撑（QB/T 3888—1999）的代号为 BH，其规格尺寸和技术要求列于表9-125～表9-129，示意图见图9-73。

产品标记：

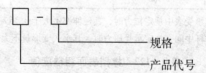

规格

产品代号

标记示例：

规格长度为300mm 的不锈钢滑撑，其标记为：

BH-300　QB/T 3888

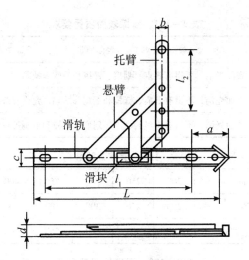

图 9 – 73 铝合金窗不锈钢滑撑示意图

表 9 – 125 产品规格和基本尺寸

规格 /mm	长度 /mm	滑轨安装 孔距 l_1 /mm	托臂安装 孔距 l_2 /mm	滑轨宽度 a /mm	托臂悬臂 材料厚度 δ /mm	高度 h /mm	开启角度
200	200	170	113		≥2	≤135	60° ±2°
250	250	215	147				
300	300	260	156	18 ~ 22	≥2.5	≤15	85° +3°
350	350	300	195			≤165	
400	400	360	205		≥3		
450	450	410	205				

注：规格 200mm 适用于上悬窗。

表 9 – 126 滑撑闭合后包角与剑头之间的横向间隙值 单位：mm

产品等级	间隙要求
优 等 品	≤0.1
一 级 品	≤0.2
合 格 品	≤0.3

表 9 – 127　滑撑表面质量要求

产品等级	表面质量
优　等　品	表面光洁，不得有疵点、划痕、锋棱和毛刺等缺陷
一　级　品	表面光洁，不得有划痕、锋棱和毛刺等缺陷，允许有微量的疵点
合　格　品	表面光洁，不得有明显的疵点、划痕、锋棱和毛刺等缺陷

表 9 – 128　滑撑试验载荷

规格/mm	200	250	300	350	400	450
载荷/N	200	250	300	300	300	300
窗扇最大宽度/mm	500	500	600	650	700	700

表 9 – 129　滑撑使用寿命表

产品等级	启闭次数
优　等　品	30 000
一　级　品	20 000
合　格　品	10 000

注：滑撑在表 9 – 128 中的载荷下，按表中不同等级所规定的次数做循环启闭试验后，其关闭时的永久变形量（下垂量）不得大于 2mm。

3. 窗钩

窗钩（QB/T 1106—1991）分为普通型（P 型）窗钩、粗型（C 型）窗钩两种。窗钩的外形见图 9 – 74、图 9 – 75 和图 9 – 76；其规格尺寸见表 9 – 130、表 9 – 131。

钩子　　　　羊眼

图 9 – 74　窗钩

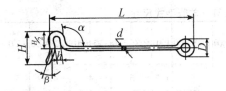

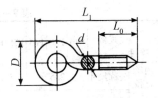

图 9 - 75 钩子   图 9 - 76 羊眼

表 9 - 130 钩子型式尺寸

项目\规格		P40	P50	P65	P75	P100	P125	P150	P200	P250	P300	C75	C100	C125	C150	C200
钢丝直径 d /mm	公称尺寸	2.5			3.2		4		4.5		5		4		4.5	5
	极限偏差	±0.04					±0.05					±0.04		±0.05		
全长 L /mm	公称尺寸	40	50	65	75	100	125	150	200	250	300	75	100	125	150	200
	极限偏差	±0.30	±0.95			±1.10	±1.25		±1.45		±1.60	±0.95	±1.10	±1.25		±1.45
外径 D /mm	公称尺寸	10			12		15		17		18.5		15		17	18.5
	极限偏差	±0.75				±0.90			±1.05			±0.90				±1.05
钩长 H /mm	公称尺寸	18			22		28		32		35		28		32	35
	极限偏差	±0.90				±1.05			±1.25			±1.05			±1.25	
钩上部 h /mm	公称尺寸	9			11		14		16		17.5		14		16	17.5
	极限偏差	±0.45					±0.55									
钩内宽 b /mm	公称尺寸	$d+1$														
	极限偏差	+0.75														
钩杆角 α	公称尺寸	100°														
	极限偏差	±5°														
钩端角 β	公称尺寸	20°														
	极限偏差	±5°														

<table>
<tr><td align="center">表 9 – 131　羊眼型式尺寸</td></tr>
</table>

项目 \ 规格		P40	P50	P65	P75	P100	P125	P150	P200	P250	P300	C75	C100	C125	C150	C200
钢丝直径 d /mm	公称尺寸	2.5		3.2		4		4.5	5			4		4.5		5
	极限偏差	±0.04				±0.05						±0.04		±0.05		
外径 D /mm	公称尺寸	10		12		15		17	18.5			15		17		18.5
	极限偏差	±0.75			±0.90				±1.05			±0.90		±1.05		
全长 L_1 /mm	公称尺寸	22		25	30	35		40	45			35		40		45
	极限偏差	±0.65				±0.80										
螺纹长度 L_0 /mm	公称尺寸	8		9		13		15	17			13		15		17
	极限偏差	±0.9		±1.0				±1.1								
螺纹顶尖角	公称尺寸	60°														
	极限偏差	+15°														
公称尺寸 /mm	公称尺寸	1		1.3		1.6		1.8	2			1.6		1.8		2
螺纹小径 /mm	公称尺寸	1.8		2.3		2.8		3.2	3.5			2.8		3.2		3.5
	极限偏差	0 −0.25		0 −0.30		0 −0.40		0 −0.48	0 −0.48			0 −0.40		0 −0.48		0 −0.48

标记示例：

长度为 65mm 的普通型窗钩，其标记为：

窗钩 P65 QB/T 1106

长度为 125mm 的粗型窗钩，其标记为：

窗钩 C125 QB/T 1106

9.2.6　门锁、家具锁

1. 外装门锁

外装门锁（QB/T 2473—2000）分类为：

产品按锁头结构分为单排弹子和多排弹子结构。

产品按锁体结构分为单锁头和双锁头结构。

产品按锁舌型式分为单舌、双舌和双扣（舌）三种。

产品按锁闭型式分为斜舌和呆舌两种。

产品按使用用途分为 A 级（安全型）和 B 级（普通型）两种。

（1）保密度

钥匙不同牙花数：单排弹子不少于 6 000 种；多排弹子不少于 40 000 种。

互开率应符合表 9 - 132 规定，双锁头以外锁头为准。

表 9 - 132　互开率

锁头结构	单排弹子		多排弹子	
	A 级（安全型）	B 级（普通型）	A 级（安全型）	B 级（普通型）
数值/%	≤0.082	≤0.204	≤0.030	≤0.050

锁舌伸出长度应符合表 9 - 133 的规定。

表 9 - 133　锁舌伸出长度　　　　　　　　　　单位：mm

产品型式	单舌门锁		双舌门锁		双扣门锁	
	斜舌	呆舌	斜舌	呆舌	斜舌	呆舌
数值	≥12	≥14.5	≥12	≥18	≥4.5	≥8

锁头结构应具有防拨措施，A 级不少于 3 项；B 级不少于 1 项。

采用双向锁头时，内外开启的钥匙应相同。

保险装置应使用可靠。

（2）牢固度

锁头两螺孔在承受 1 500 N 静拉力后，仍能正常使用。

弹子孔封片在承受 150 N 静拉力后，不应被弹子顶力顶出。

拉手在承受 300 N 静拉力后，仍能正常使用。

执手在承受 400 N 轴向静拉力后，仍能正常使用。

保险钮在承受 250 N 的静拉力后，仍能正常使用。

安全链在承受 800 N 静拉力后，仍能正常使用。

锁舌在承受表 9 - 134 规定的侧向静载荷后，仍能正常使用。

表 9 – 134　锁舌侧向静载荷　　　　单位：N

级别	单舌门锁	双舌门锁		双扣门锁
		斜舌	呆舌	
A	3 000	1 500	3 000	3 000
B	1 500	1 000	1 500	1 500

锁舌在承受表 9 – 135 规定的端部静载荷后，仍能正常使用。

表 9 – 135　锁舌端部静载荷　　　　单位：N

级别	单舌门锁		双舌门锁	
	斜舌	呆舌	斜舌	呆舌
A	500	1 000	500	1 000
B	—	500	—	500

A 级锁的钥匙在承受 3N·m 扭矩后，仍能正常使用。

A 级锁的锁头传动条在承受 3N·m 扭矩后，仍能正常使用。

A 级锁的锁体拨动件在承受 3N·m 扭矩后，仍能正常使用。

A 级锁的执手在承受 3N·m 扭矩后，仍能正常使用。

锁扣盒在承受 1 500N 的静拉力后，仍能正常使用。

锁扣板在承受 1 500N 的静拉力后，仍能正常使用。

使用寿命：A 级不少于 100 000 次；B 级不少于 60 000 次。

（3）灵活度

斜舌轴向静载荷应符合表 9 – 136 规定。

表 9 – 136　斜舌轴向静载荷　　　　单位：N

锁舌结构	单舌门锁	双舌门锁
数值	6 ~ 14	3 ~ 12

钥匙拔出静拉力应符合表 9 – 137 规定。

表 9 – 137　钥匙拔出静拉力　　　　单位：N

锁头结构	单排弹子	多排弹子
数值	≤8	≤14

斜舌闭合力不大于 50 N。

A 级锁的呆舌在端部承受 7.84N 的轴向静载荷时，仍能正常使用（双扣锁除外）。

锁头传动条在距锁芯连接 13mm 处，垂直和水平摆动量不少于 1mm。

钥匙开启时，应旋转灵活，无阻轧现象。

斜舌应能正、反安装（双扣锁除外）。

锁体内活动部位应加润滑剂。

（4）外观质量

抛光件表面粗糙度 R_a 不大于 0.8μm；砂光件表面粗糙度 R_a 不大于 6.3μm；机加工件表面粗糙度 R_a 不大于 12.5μm。

锁芯台肩与锁头体配合隙不大于 0.3mm，锁舌与舌孔之间间隙不大于 1mm。

呆舌缩回后，舌端面应与舌孔面相平，高出不超过 1mm。

斜舌缩回后，舌端面应与舌孔面相平，高出或低于舌孔面不超过 0.5mm；斜舌伸出后，斜坡平面伸出不大于 2.5mm。

锁头平整光洁，以锁芯槽为基准，与商标歪斜不大于 3°。

钥匙平整光洁，商标清晰、端正。

电镀件外露表面应色泽均匀，不得有起泡、起层和露底。

涂漆件外露表面应色泽均匀，不得有起泡和脱漆。

金属外露表面电沉积层耐腐蚀应符合表 9－138 规定。

表 9－138 金属耐腐蚀性能

序号	基体金属	电沉积层种类	试验时间 /h	评定级别	
				基体耐腐蚀	镀层耐腐蚀
1		镀锌钝彩	24	6	6
2		镀锌钝白	6	4	—
3	钢	镀铜＋镍	8	4	—
4		镀铜＋镍＋铬	24	6	—
5		镀仿金	24	6	—
6		镀古铜	24	6	—

序号	基体金属	电沉积层种类	试验时间 /h	评定级别	
				基体耐腐蚀	镀层耐腐蚀
7	铜	镀镍＋铬	24	6	—
8		镀仿金	24	6	—
9		镀古铜	24	6	—
10	锌合金	镀锌钝彩	24	6	6
11		镀铜＋镍	8	4	—
12		镀铜十镍＋铬	24	6	—
13		镀仿金	24	6	—
14		镀古铜	24	6	—

注：铜基体抛光清漆封闭要求与序号 8 一致。

有机涂层铅笔硬度应达到 2H。

涂漆件的漆膜附着力应达到 3 级。

2. 弹子插芯门锁

弹子插芯门锁（QB/T 2474—2000）分为：

产品按锁头分为：单锁头、双锁头。

产品按锁舌分为：单方舌、单斜舌、双锁舌、钩子锁舌。

（1）保密度

钥匙不同牙花数应符合表 9 – 139 规定。

互开率应符合表 9 – 139 规定。

表 9 – 139　钥匙不同牙花数、互开率

项目名称	单排弹子	多排弹子
钥匙不同牙花数（种），≥	6 000	50 000
互开率,% ≤	0.204	0.051

锁头结构应具有防拨措施。

锁舌伸出长度应符合表 9 – 140 规定。

表 9 – 140　锁舌伸出长度

单位：mm

	双舌	双舌（钢门）	单舌
斜舌，≥	11	9	12
方、钩舌，≥	12.5		

（2）牢固度

方舌在其端面承受 1 000 N 静载荷后，仍能正常使用。

方舌在承受 1 500 N 侧向静载荷后，仍能正常使用。

斜舌在承受 1 000 N 侧向静载荷后，仍能正常使用。

钩舌在承受 800 N 静拉力后，仍能正常使用。

锁头与锁体螺纹配合旋入顺利，当锁头旋入锁体后，在承受 500 N 静拉力时螺纹不滑牙。

执手在承受 5N·m 扭矩后，仍能正常使用。

执手在承受 1 000 N 径向静载荷后，仍能正常使用。

执手在承受 1 000 N 轴向静拉力后，仍能正常使用。

锁的各种铆接件不松动。

方舌、钩舌使用寿命不少于 80 000 次。

斜舌使用寿命不少于 100 000 次。

（3）灵活度

钥匙拔出静拉力应符合表 9 – 141 规定。

表 9 – 141　钥匙拔出静拉力

单位：N

项目名称	单排弹子	多排弹子
钥匙拔出静拉力	≤8	≤14

斜舌开启灵活。

斜舌轴向静载荷为 3 ~ 12 N。

斜舌闭合力不大于 50 N。

用钥匙或旋钮开启锁舌灵活，单锁头在旋进锁体两面应能正常开启。

执手装入锁体后转动灵活。

锁体内活动部位应加润滑剂。

（4）外观质量

抛光件表面粗糙度 R_a 不大于 0.8 μm；砂光件表面粗糙度 R_a 不大于 6.3

μm；机加工件表面粗糙度 R_a 不大于 12.5 μm。

锁头平整光洁，以锁芯槽为基准与商标歪斜不大于3°。

钥匙平整光洁，商标清晰、端正。

面板平整光洁，商标清晰、端正，不得有明显的铆接痕迹。

锁舌缩回后，方舌顶端与面板相平，高出面板不超过 1 mm，斜舌高出或低于面板不超过 0.5 mm。

涂漆件表面色泽均匀，不得有气泡、挂漆和脱漆。

电镀件表面色泽均匀，不得有起壳、气泡和露底。

有机涂层铅笔硬度应达到2H。

涂漆件漆膜附着力应达到3级。

金属外露表面电沉积层耐腐蚀应符合表 9-142 规定。

表 9-142　金属耐腐蚀性能

序号	基体金属	电沉积层种类	试验时间/h	评定级别	
				基体耐腐蚀	镀层耐腐蚀
1	钢	镀锌钝彩	24	6	6
2		镀锌钝白	6	4	—
3		镀铜+镍	8	4	—
4		镀铜+镍+铬	24	6	—
5		镀仿金	24	6	
6		镀古铜	24	6	—
7	铜	镀镍+铬	24	6	
8		镀仿金	24	6	
9		镀古铜	24	6	
10	锌合金	镀锌钝彩	24	6	6
11		镀铜+镍	8	4	
12		镀铜+镍+铬	24	6	
13		镀仿金	24	6	
14		镀古铜	24	6	

注：铜基体抛光清漆封闭要求与序号 8 一致。

3. 叶片插芯门锁

叶片插芯门锁（QB/T 2475—2000）分为：

产品按锁舌分为单锁舌、双锁舌。

（1）保密度

每组锁的钥匙牙花数应不少于72种（含不同槽型）。

互开率不大于0.051%。

产品出厂，每箱无同牙花钥匙。

锁舌伸出长度应符合表9-143规定。

表9-143　锁舌伸出长度　　　　　　　　单位：mm

类型	一挡开启	二挡开启	
方舌	≥12	第一挡　≥8	
		第二挡　≥16	
斜舌	≥10		

（2）牢固度

方舌在其端面承受1 000 N静载荷后，仍能正常使用。

方舌在承受1 500 N侧向静载荷后，仍能正常使用。

斜舌在承受1 000 N侧向静载荷后，仍能正常使用。

执手在承受5N·m扭矩后，仍能正常使用。

执手在承受1 000 N径向静载荷后，仍能正常使用。

执手在承受1 000 N轴向静拉力后，仍能正常使用。

锁的各种铆接件无松动。

方舌使用寿命，单开式不少于30 000次，双开式不少于20 000次。

斜舌使用寿命不少于70 000次。

（3）灵活度

钥匙开启方舌灵活，双开式在正常开启时无超越现象。

斜舌开启灵活。

斜舌轴向静载荷为3~12N。

斜舌闭合力不大于50 N。

执手装入锁体后应转动灵活。

锁体内活动部位应加润滑剂。

（4）外观质量

抛光件表面粗糙度 R_a 不大于 0.8 μm；砂光件表面粗糙度 R_a 不大于 6.3 μm；机加工件表面粗糙度 R_a 不大于 12.5 μm。

钥匙平整光洁，商标清晰、端正。

面板平整光洁，商标清晰、端正，不得有明显的铆接痕接。

锁舌缩回后，方舌顶端与面板相平，高出面板不超过 1 mm，斜舌高出或低于面板不超过 0.5 mm。

涂漆件表面色泽均匀，不得有气泡、挂漆和脱漆。

电镀件表面色泽均匀，不得有起壳、气泡和露底。

有机涂层铅笔硬度应达到 12H。

涂漆件的漆膜附着力应达到 3 级。

金属外露表面电沉积层耐腐蚀应符合表 9－144 规定。

表 9－144　金属耐腐蚀性能

序号	基体金属	电沉积层种类	试验时间/h	评定级别	
				基体耐腐蚀	镀层耐腐蚀
1	钢	镀锌钝彩	24	6	6
2		镀锌钝白	6	4	—
3		镀铜＋镍	8	4	—
4		镀铜＋镍＋铬	24	6	
5		镀仿金	24	6	
6		镀古铜	24	6	
7	铜	镀镍＋铬	24	6	
8		镀仿金	24	6	
9		镀古铜	24	6	

序号	基体金属	电沉积层种类	试验时间 /h	评定级别	
				基体耐腐蚀	镀层耐腐蚀
10	锌合金	镀锌钝彩	24	6	6
11		镀铜＋镍	8	4	—
12		镀铜＋镍＋铬	24	6	—
13		镀仿金	24	6	—
14		镀古铜	24	6	—

注：铜基体抛光清漆封闭要求与序号 8 一致。

4. 球形门锁

球形门锁（QB/T 2476—2000）产品功能及结构特征见表 9 – 145。

表 9 – 145　产品功能及结构特征

序号	功能	结构特征			
		外执手上	内执手上	锁舌	备注
1	房门锁	锁头	按钮、按旋钮或旋钮	有保险柱	
2	浴室锁	有小孔（无齿钥匙）	按钮、按旋钮或旋钮	无保险柱	
3	厕所锁	显示器（无齿钥匙）	旋钮	无保险柱	
4	通道锁	—	—	无保险柱	
5	壁橱锁	锁头	无执手	有保险柱	外执手带锁闭装置
6	阳台或庭院锁	—	按钮、旋钮	有保险柱	
7	固定锁	锁头	锁头或旋钮	方舌或圆柱舌	
8	拉手套锁	锁头	锁头或旋钮	方舌或圆柱舌	固定锁
		按钮	执手	无保险柱	拉手球锁

（1）保密度

钥匙不同牙花数应符合表9-146规定。

表9-146 钥匙不同牙花数

锁头结构	弹子球锁		叶片球锁	
	单排弹子	多排弹子	无级差	有级差
数值	≥6 000	≥100 000	≥500	≥6 000

互开率应符合表9-147规定。

表9-147 互开率　　　　单位:%

级　别	弹子球锁/%		叶片球锁/%	
	单排弹子	多排弹子	无级差	有级差
A	≤0.082	≤0.010	—	≤0.082
B	≤0.204	≤0.020	≤0.326	≤0.204

锁舌伸出长度应符合表9-148规定。

表9-148 锁舌伸出长度　　　　单位: mm

级　别	球形锁	固定锁	拉手套锁	
			方舌	斜舌
A	≥12	≥25	≥25	≥11
B	≥11			

注：锁舌伸出长度可按用户或市场要求进行制造。

弹子球锁头结构应具有防拨措施，固定锁锁舌应具有防锯装置。

按钮、按旋钮或旋转嵌进或做旋转保险后，应起锁闭作用。当锁闭装置处永久保险状态时，外执手必须要用钥匙或应急解除装置解除，永久保险锁闭装置须用手工解除。

带锁闭装置的执手，当钥匙插进旋转，锁闭装置应起作用，不得有失效现象。

带保险柱的锁舌，当锁舌压至锁止位置时，锁舌伸出不小于6.4 mm；保险柱伸出不小于5.6mm。

（2）牢固度

执手扭矩：执手按表 9 – 149（锁闭状态及不锁闭状态）做顺、逆时针试验后，仍能正常使用。

表 9 – 149　执手扭矩　　　　　　单位：N·m

级　　别	锁闭状态		不锁闭状态	
	球形执手	L 形执手	球手执手	L 形执手
A	≥17	≥20	≥14	≥17
B	≥12	≥14	≥10	≥14

执手轴向静拉力：A 级承受 1 400N 后、B 级承受 1 000 N 后，仍能正常使用。

执手径向静载荷：A 级承受 1 150N 后、B 级承受 800 N 后，仍能正常使用。

锁舌侧向静载荷：

球锁：A 级承受 2 700 N 后、B 级承受 1 500 N 后；固定锁：A 级承受 1 900 N 后、B 级承受 1 400 N 后，仍能正常使用。

锁舌保险后，轴向静载荷：

球锁：A 级承受 350 N 后、B 级承受 300 N 后；固定锁：A 级承受 500 N 后、B 级承受 350 N 后，仍能正常使用。

固定锁旋钮在承受 500 N 静拉力后，仍能正常使用。

固定锁两螺孔在承受 1 500N 轴向静拉力后，无损坏现象。

拉手套锁按钮在承受 300 N 静载荷后，仍能正常使用。

锁的各种铆接件无松动，零件包合件应紧配不影响美观。

使用寿命：

球锁：A 级不少于 200 000 次；B 级不少于 100 000 次。固定锁：A 级不少于 100 000 次；B 级不少于 60 000 次。

（3）灵活度

球形执手及固定锁旋钮开锁力矩不大于 1 N·m；L 形执手开锁力矩不大于 3N·m，拉手套锁按钮开锁力不大于 40 N。

钥匙开锁力矩不大于 1 N·m，开启旋转灵活，无阻轧现象。

钥题拔出静拉力应符合表 9 – 150 规定。

表 9 – 150　钥匙拔出静拉力　　　　　　　　　单位：N

锁头结构	弹子		叶片	
	单排	多排	有级差	无级差
数值	≤8	≤14	≤8	≤6

锁舌能正、反安装在锁体上，其闭合不大于 30 N。

锁体内活动部位应加润滑剂。

（3）外观质量

抛光件表面粗糙度 R_a 不大于 0.8μm；砂光件表面粗糙度 R_a 不大于 6.3μm；机加工件表面粗糙度 R_a 不大于 12.5μm。

锁体表面不允许有明显影响质量的缺陷。

钥匙平整光洁，商标清晰、端正。

金属外露表面电沉积层耐腐蚀应符合表 9 – 151 规定。

表 9 – 151　金属耐腐蚀性能

序号	基体金属	电沉积层种类	试验时间 /h	评定级别	
				基体耐腐蚀	镀层耐腐蚀
1	钢	镀锌钝彩	24	6	6
2		镀锌钝白	6	4	—
3		镀铜＋镍	8	6	—
4		镀铜＋镍＋铬	24	6	—
5		镀仿金	24	6	—
6		镀古铜	24	6	—
7	铜	镀镍＋铬	24	6	—
8		镀仿金	24	6	—
9		镀古铜	24	6	—

序号	基体金属	电沉积层种类	试验时间 /h	评定级别	
				基体耐腐蚀	镀层耐腐蚀
10	锌合金	镀锌钝彩	24	6	6
11		镀铜＋镍	8	4	—
12		镀铜＋镍＋铬	24	6	—
13		镀仿金	24	6	—
14		镀古铜	24	6	—

注：铜基体抛光清漆封闭要求与序号8一致。

有机涂层铅笔硬度应达到2H。

5. 铝合金窗锁

铝合金窗锁（QB/T 3890—1999）的型式有两种：

无锁头的窗锁有单面锁（图9-77）、双面锁（图9-78）。

有锁头的窗锁有单开锁、双开锁（图9-79）。

产品标记：

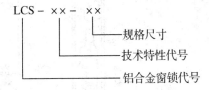

LCS - ×× - ××
规格尺寸
技术特性代号
铝合金窗锁代号

标记示例：

规格为12mm无锁头单面铝合金窗锁，其标记为：

　　LCS - WD - 12　QB/T 3890

其特性代号、规格尺寸、技术要求见表9-152~表9-157。

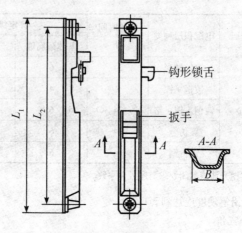

图 9 - 77 单面锁

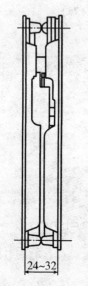

图 9 - 78 双面锁

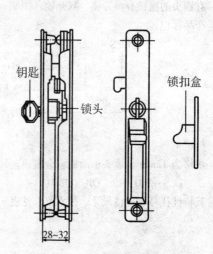

图 9 - 79 单开锁、双开锁

表9-152　铝合金窗锁技术特性代号

型式	无锁头	有锁头	单面（开）	双面（开）
代号	W	Y	D	S

表9-153　铝合金窗锁规格尺寸

单位：mm

规格尺寸	B	12	15	17	19
安装尺寸	L_1	87	77	125	180
	L_2	80	87	112	168

表9-154　窗锁使用寿命规定值

产品等级	无锁头窗锁寿命 （次）	有锁头窗锁寿命 （次）
一　级　品	30 000	3 000
合　格　品	20 000	2 000

表9-155　钩形锁舌牢固度数值

产品等级	规　格/mm	承受拉力/N
一　级　品	12	700
	15	
	17	1 000
	19	
合　格　品	12	400
	15	
	17	500
	19	

　　注：①要求钩形锁舌在承受拉力维持30s后，应符合表中规定值。

　　　②钩形锁舌应紧固在扳手上，不得有松动现象，扳手上下扳动的静拉力应符合大于5N小于20N。

　　　③钥匙拔出静拉力应小于7N。

表9-156　锌合金镀层耐腐蚀性能规定

镀层种类	试验时间/h	镀层耐腐蚀等级
钢+镍+铬	12	10
铜+镍	6	10

表9-157　喷涂产品附着力规定值

产品等级	涂层附着力级别（级）
一 级 品	4
合 格 品	5

6. 铝合金门锁

铝合金门锁（QB/T 3891—1999）的型式尺寸、技术要求等列于表9-158～表9-164。其产品标记如下：

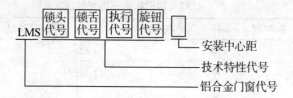

标记示例：

安装中心距为22.4mm，双锁头、单方舌、无执手、无旋钮的铝合金门锁，其标记为：

LMS · 2300 - 22.4

安装中心距为35.5mm，单锁头、双舌、有执手、有旋钮的铝合金门锁，其标记为：

LMS · 1689 - 35.5

表 9 – 158　铝合金门锁型式尺寸　　　　单位：mm

安装中心距	基本尺寸				
	13.5	18	22.4	29	35.5
锁舌伸出长度	≥8			≥10	

表 9 – 159　铝合金门锁技术特性代号

锁头代号		锁舌代号					执手代号		旋钮代号	
单锁头	双锁头	单方舌	单钩舌	单斜舌	双舌	双钩舌	有	无	有	无
1	2	3	4	5	6	7	8	0	9	0

表 9 – 160　安装中心距偏差及锁舌伸出长度值　　　单位：mm

安装中心距	基本尺寸					极限偏差
	13.5	18	22.4	29	35.5	±0.65
锁舌伸出长度	≥8			≥10		

表 9 – 161　钥匙牙花数值

弹子孔数	每批牙花数（把）		
	优等品	一级品	合格品
4	—	—	500
5	6 000	6 000	3 000

表 9 – 162　互开率值

产品等级	互开率/%	
优等品	一级品	合格品
0.204	0.204	0.286

表 9 – 163　铝合金门锁牢固度检测规定值

产品等级	钥匙扭矩 /（N·m）	锁舌垂直 静压力	钩形锁舌 静拉力	锁舌侧向 静压力	使用寿命 /万次
		/N			
优等品	2	1 470	1 470	3 000	10
一级品	1.5	980	1 225	1 470	6
合格品	1	588	980	980	4

表 9 - 164　钥匙拔出静拉力和开启锁舌钥匙扭矩值

产品　等级	钥匙拔出静拉力/N	开启锁舌的钥匙扭矩/(N·m)
优等品	≤3.92	≤0.5
一级品	≤5.88	≤0.7
合格品	≤7.84	≤0.9

表 9 - 165　外露金属表面处理耐腐蚀性能表

序号	基体金属	镀层种类	试验时间/h	镀层耐蚀等级
1	锌合金	铜 + 镍 + 铬	12	10
2	钢		24	10
3	铜	镍 + 铬	24	10
4	钢	锌钝化	12	8

7. 弹子门锁

弹子门锁如图 9 - 80 所示，其适用范围列于表 9 - 166。

表 9 - 166　弹子门锁的安装使用范围　　　单位：mm

安装中心距	适应门厚	锁头直径
60 ± 0.95	35 ~ 55	28 ± 0.5

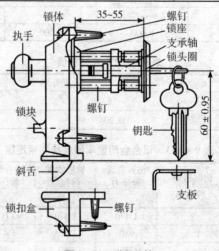

图 9 - 80　弹子门锁

9.2.7 闭门器

闭门器（QB/T 2698—2005）适用于安装在平开门扇上部。

（1）产品标记

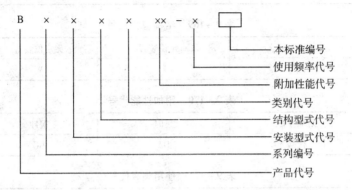

标记示例：

系列编号为 1 号、平行式安装、有定位装置、B 类别、有延时关闭性能、低使用频率的闭门器标记为：

B1PDBDA – D QB/T 2698—2005

表 9 – 167 产品系列规格

系列编号	最大开启力矩/（N·m）≤		最小关闭力矩/（N·m）≥		效率/% ≥		适用门质量/kg	门扇最大宽度/mm
	A 类	B 类	A 类	B 类	A 类	B 类		
1	20	16	9	5	45	30	15～30	800
2	26	33	13	10	50	30	25～45	900
3	32	42	18	15	55	35	40～65	950
4	43	62	26	25	60	40	60～85	1 050
5	61	77	37	35	60	45	80～120	1 200
6	69	100	54	45	65	45	100～150	1 500

表 9 – 168　安装型式代号

安装型式	平行式	垂直式	隐藏式	滑轨式	门框式
代号	P	C	Y	H	K

表 9 – 169　结构型式代号

结构型式	有定位装置	无定位装置
代号	D	W

表 9 – 170　附加性能代号

附加性能	延时	缓冲
代号	DA	BC

表 9 – 171　使用频率代号

使用频率	高	中	低
代号	G	Z	D

（2）负载性能

产品经负载测试后，外形和配件应无断裂、变形现象。

（3）定位性能

有定位装置的闭门器，门应能在规定的位置或区域停门并易于脱开。

（4）关闭时间

全关闭调速阀时，关闭时间不小于 40 s；全打开调速阀时，关闭时间不大于 3 s。开启力矩、关闭力矩、效率、适用门质量应符合表 9 – 167 规定。

（5）渗、漏现象

贮油部件不应有渗、漏现象。

（6）运转性能

产品使用时应运转平稳、灵活。

（7）开门缓冲性能

有开门缓冲性能的产品，门开启至 65°之后应有明显减速现象。

（8）延时关闭性能

有延时关闭性能的产品，从开门角度 90°至延时末端 60°～75°开门角度经过时间应大于 10 s，延时区域延伸的角度不能小于 60°开门角度。

（9）温度变化对关闭时间的影响

当温度为 -15℃和 40℃时，关闭时间应符合表 9 - 172 规定。

表 9 - 172　温度变化对关闭时间的影响

温度/℃	关闭时间/s
-5	≤25
40	≥3

（10）寿命

寿命按表 9 - 173 规定。

表 9 - 173　使用频率对寿命的影响　　单位：万次

使用频率	高	中	低
寿命	≥100	≥50	≥20

寿命按等级要求进行测试，在循环进行规定次数后，应符合表 9 - 174 规定。

表 9 - 174　循环测试要求

项目	要求
关闭时间	全关闭调速阀时，关闭时间不小于 20 s 全打开调速阀时，关闭时间不大于 3 s
开启力矩、关闭力矩、效率	应符合表 9 - 167 的规定。
渗、漏现象	应符合（5）的规定
开门缓冲性能	应符合（7）的规定
延时关闭性能	应符合（8）的规定
温度变化对关闭时间的影响	应符合（9）的规定

（11）外观

产品外观应平整、光洁，字迹及图案完整、清晰。

涂层均匀、牢固，不应有流挂、堆漆、露底、起泡等缺陷，有机涂层附着力不低于 3 级。

镀层应致密、均匀，表面无明显色差，不应有露底、泛黄、烧焦等缺陷。

金属镀层耐腐蚀等级应符合表 9 - 175 规定。

表 9 - 175　金属耐腐蚀性能

试验时间/h	耐腐蚀等级
24	10 级

防火门闭门器应符合 GA 93—2004 的规定。

特殊产品的要求由供需双方协商决定。

9.2.8　推拉铝合金门窗用滑轮

推拉铝合金门窗用滑轮（QB/T 3892—1999）适用于推拉铝合金门窗上。

（1）产品分类

1）按用途分为：

推拉铝合金门滑轮　代号 TML

推拉铝合金窗滑轮　代号 TCL

2）按结构型式分为：

可调型　代号 K（图 9 - 81）

固定型　代号 G（图 9 - 82）

（2）标记代号

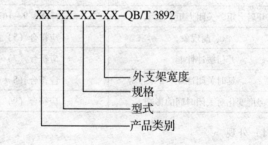

标记示例：

规格为20mm，外支架宽度为16mm，可调整型的推拉窗滑轮标记为：

TCL－K－20－16－QB/T 3892

规格为42mm，外支架宽度为24mm，固定型的推拉门滑轮标记为：

TML－G－42－24－QB/T 3892

滑轮的规格尺寸、技术性能等列于表9－176～表9－178。可调型、固定型滑轮示意图见图9－81和图9－82。

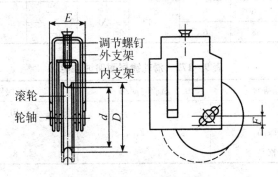

图9－81　可调型滑轮示意图

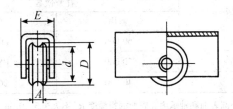

图9－82　固定型滑轮示意图

表 9-176　滑轮的规格尺寸　　　单位：mm

规格 D	底径 d	滚轮槽宽 A		外支架宽度 E		调节高度 F
		一系列	二系列	一系列	二系列	
20	16	8	—	16	6~16	—
24	20	6.5		—	12~16	
30	26	4	3~9	13	12~20	≥5
36	31	7		17	—	
42	36	6	6~13	20	—	≥5
45	38	6			—	

表 9-177　滑轮镀层耐腐蚀性能

产品等级	试验时间/h	耐蚀级别
优等品		10
一级品	12	9
合格品		8

表 9-178　滑轮使用寿命

产品等级	往复次数	
	窗用	门用
优等品	60 000	110 000
一级品	50 000	100 000
合格品	40 000	90 000

注：①轮轴外圆表面和轴承内孔表面的粗糙度 R_a 不大于 3.20μm。

②滑轮受压后，滚轮槽面不应产生大于 0.15mm 的残留压痕，滚轮受压点到支承面的总体残留位移量 W 不应大于 1.50mm。

9.2.9　地弹簧

地弹簧（QB/T 2697—2005）适用于安装在关闭速度可调的平开门扇下。

系列规格、类别代号按表 9-179 规定。

表 9 – 179   产品系列规格

系列编号	最大开启力矩/（N·m）≤		最小关闭力矩/（N·m）≥		效率/% ≥		适用门质量/kg	门扇最大宽度/mm
	A 类	B 类	A 类	B 类	A 类	B 类		
1	20	16	9	5	45	30	15 ~ 30	800
2	26	33	13	10	50	30	25 ~ 45	900
3	32	42	18	15	55	35	40 ~ 65	950
4	43	62	26	25	60	40	60 ~ 85	1 050
5	61	77	37	35	60	45	80 ~ 120	1 200
6	69	100	54	45	65	45	100 ~ 150	1 500

附加性能代号按表 9 – 180 规定。

表 9 – 180   附加性能代号

附加性能	延时	缓冲
代号	DA	BC

使用频率代号按表 9 – 181 规定。

表 9 – 181   使用频率代号

使用频率	高	中	低
代号	G	Z	D

（1）产品标记

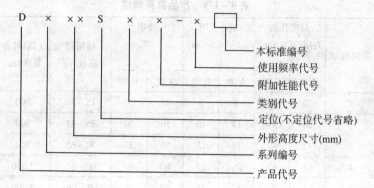

標記示例:

系列编号为 1 号、外形高度尺寸 41 mm、有定位装置、A 类别、有开门缓冲性能、低使用频率的地弹簧。

D141SABC – D QB/T 2697—2005

（2）使用性能

定位性能:有定位装置的产品,应能在规定的位置或区域停门并易于脱开。

闭门中心复位偏差:不大于 ±0.3°。

关闭时间:全关闭调速阀时,关闭时间不小于 40 s,全打开调速阀时,关闭时间不大于 3 s。

开启力矩、关闭力矩、效率、适用门质量:应符合表 9 – 179 规定。

渗、漏现象:贮油部件不应有渗、漏现象。

运转性能:产品使用时应运转平稳、灵活。

开门缓冲性能:有开门缓冲性能的产品,门开启至 65° 之后应有明显减速现象。

延时关闭性能:有延时关闭性能的产品,从开门角度 40° 至延时末端 60°~75° 开门角度,经过时间应大于 10s。延时区域延伸的角度不能小于 60° 开门角度。

温度变化对关闭时间的影响:当温度变为 –15℃ 和 40℃ 时,关闭时间应符合表 9 – 182 规定。

表 9 – 182　温度影响

温度/℃	关闭时间/s
– 15	≤25
40	≥3

（3）寿命

寿命应符合表 9 – 183 规定。

表 9 – 183　寿命　　　　　　　　单位：万次

使用频率	高	中	低
寿命	≥100	≥50	≥20

寿命按等级要求进行测试，在循环进行规定次数后，应符合表 9 – 184 规定。

表 9 – 184　循环测试要求

项目	要求
闭门中心复位偏差	不大于 ± 0. 60°
关闭时间	全关闭调速阀时，关闭时间不小于 20 s 全打开调速阀时，关闭时间不大于 3 s
开启力矩、关闭力矩、效率	应符合表 9 – 179 的规定
渗、漏现象	应符合（2）的规定
开门缓冲性能	应符合（2）的规定
延时关闭性能	应符合（2）的规定
温度变化对关闭时间的影响	应符合（2）的规定

（4）外观

产品面板应平整、光洁，字迹及图案完整、清晰。

埋设地下部分的外表必须有防锈保护层，不得露底。

产品外观不应有影响其性能及寿命的缺陷。

（5）特殊产品的要求

由供需双方协商决定。

9.3　实腹钢门窗五金配件

实腹钢门窗五金配件（GB/T 8376—1987）包括执手类、撑挡类、合页类、插销类等。以下介绍其基本尺寸和相关孔位。

9.3.1　执手类基本尺寸和相关孔位

执手类基本尺寸和相关孔位见图 9 - 83 ~ 图 9 - 91 和表 9 - 185。

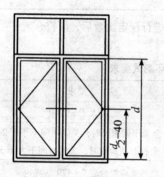
图 9 - 83　普通执手安装位置示意图

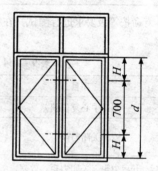
图 9 - 84　联动执手安装位置示意图

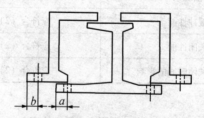
图 9 - 85　外开执手孔位示意图

表 9-185　执手类基本尺寸和相关孔位　　单位：mm

配件名称	型	开启扇高度	窗扇种类及开启形式	配用轧头	孔距 l	极限偏差	孔径 D	配合尺寸 e	f	g	安装高度 H	a(框)	b(扇)
普通执手	32	≤1500	平开窗(外开)	斜形轧头	35	±0.25			7		$\frac{1}{2}d-40$	5.5	5
			平开窗(内开)	槽形轧头								10	12.5
			平开窗(单扇内开)							16			9.5
换气窗执手	25 / 32		换气窗	钩形轧头	25		5.5(沉孔)	16	5		$\frac{1}{2}$换气窗高	6	6
联动执手	32	>1500	平开窗(外开)	斜形轧头	35	±0.25			7		$\frac{d-700}{2}$	5.5	5
			平开窗(内开)	槽形轧头								10	10.5
			平开窗(单扇内开)	钩形轧头						16			7.5
纱窗执手	25	≤1500	带纱扇窗(外开)	纱窗执手轧头	70		5.5	9	11.5		$\frac{1}{2}d-40$	10.5	14
	32												13
纱窗联动执手	32	>1500									$\frac{d-700}{2}$		
	40												12
斜形轧头					20	±0.15	5.2※				$\frac{1}{2}d-40$	5.5	
槽形轧头					35	±0.25	5.5					10	
纱窗执手轧头					30								13
											$\frac{1}{2}$换气窗高	6	
钩形轧头	25 / 32				25	±0.15	M5				$\frac{1}{2}d-40$	10	

注：①配合尺寸 f、g 要求与对应的轧头、凸台相吻合。

②25 料、40 料配合尺寸由各企业自行规定。

③执手底板采用三孔时，孔距为 17.5。

④※为斜形轧头定位销直径。

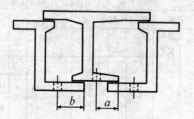

图9-86 内开执手孔位示意图

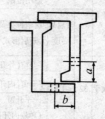

图9-87 单扇内开执手孔位示
意图

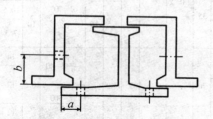

图9-88 纱窗执手孔位示意图

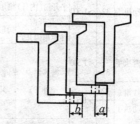

图9-89 气窗内开执手孔位示
意图

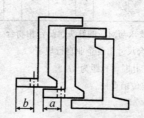

图9-90 气窗外开执手孔位示
意图

9.3.2 撑挡类基本尺寸和相关孔位

撑挡类基本尺寸和相关孔位见表9-186和图9-91～图9-99。

表9-186　撑挡类基本尺寸和相关孔位　　　　单位：mm

配件名称	适用范围			基本尺寸						相关孔位			
	料型	窗扇种类及开启形式	配用合页	规格	孔距1				孔径	a(框)		b(扇)	
				L	l_1	极限偏差	l_2	极限偏差	D	a_1	a_2	b_1	b_2
臂撑挡	25	平开窗（外开）	平合页	210						168		89	6
	32			235						200		91.5	4.5
			角形合页	255						(231)		(72.5)	
	25		长合页	250						195	9	91	6
	32			250						195		87.5	
臂撑挡	25	平开窗（外开）	平合页	240	25		85			130.5		100.5	
	32		平合页	240						124.5		91.5	4.5
	25		角形合页	280						130.5		100.5	
	32		角形合页	280						124.5		91.5	
		平开窗（内开）	平合页	240						143	5	110	11
窗下撑挡	25	平开窗（外开）	平合页	200		±0.25		±0.25	5.5 或 5.5×7.5 长孔	140	11	97	4.5
	32		平合页	200						137		91.5	
	25		角形合页	240						140		97	
			角形合页	240						137		91.5	
纱窗板撑	32	双层窗（外层带纱窗）	平合页	230	90		250			140	10	100	18
			角形合页	230			355			195		55	
上撑挡		上悬窗	平合页	255						40	8		4.5
纱窗上撑挡		上悬窗（带纱扇）	平合页	260			50				12		
动撑挡	25	换气窗	气窗合页	170			120			170.5	9	68	6
	32			170						173.5		63.5	
	25	平开窗（外开）	平合页	190	25		150			168	8	89	
				210			170			185		104	
	32		平合页	190			150			168		84.5	
	25		长合页	230			190			195		91	
				250			210			205		109	
	32		长合页	230			190			195		80.5	

注：①括号内尺寸用于宽为873mm的双层平开窗。

②根据使用实际情况安装孔径可以选用 φ5.5mm 圆孔或 5.5mm×7.5mm 长孔。

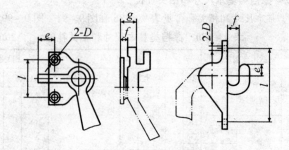

图 9 – 91　执手类孔距孔位及配合尺寸示意图

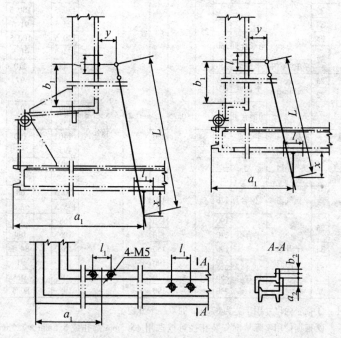

图 9 – 92　单臂撑挡安装位置示意图

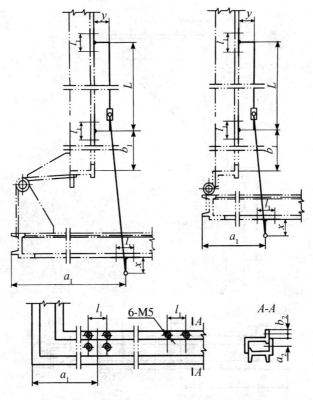

图 9 – 93　双臂撑挡（外开）安装位置示意图

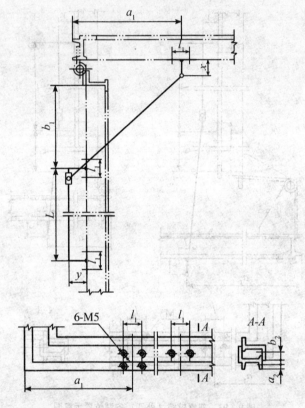

图 9 - 94　双臂撑挡平开（内开）窗安装位置示意图

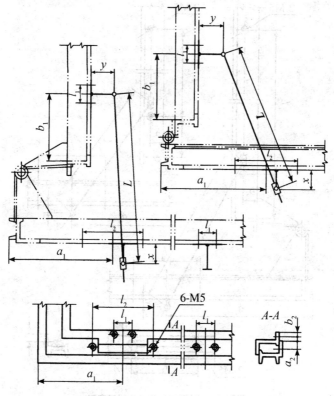

图 9-95 纱窗下撑挡安装位置示意图

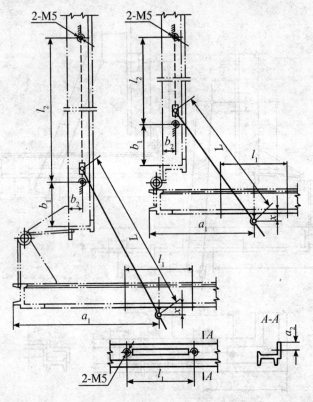

图 9-96 纱窗板撑安装位置示意图

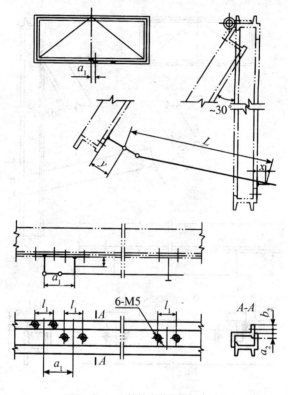

图 9 - 97　上撑挡安装位置示意图

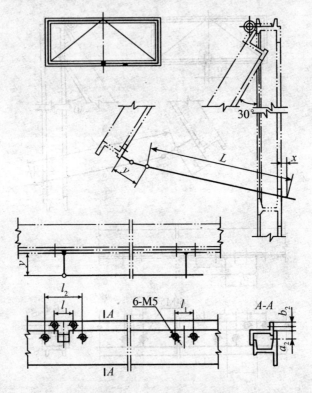

图 9 -98 纱窗上撑挡安装位置示意图

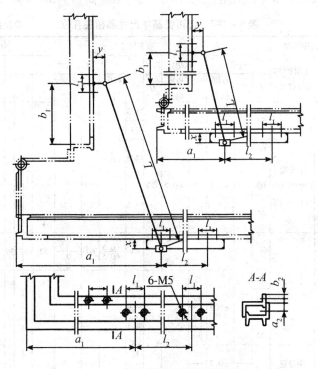

图9－99 滑动撑挡安装位置示意图

9.3.3 合页类基本尺寸和相关孔位

合页类基本尺寸和相关孔位见表 9 – 187 ~ 表 9 – 188 和图 9 – 100 ~ 图 9 – 103。

表 9 – 187　合页类基本尺寸和相关孔位　　单位：mm

件名称	适用范围		基本尺寸														相关孔位	
	型	门、窗扇种类及开启形式	规格			孔距		孔径	配合尺寸								a（框）	b（扇）
			L	D₁	极限偏差	l	极限偏差	D	e	极限偏差	f	极限偏差	g	h	i	j		
平合页	32	平开门（内、外开）	80			26			18.5	+0.3 / 0	14.5						14	10
	40								23		17						14	10
	25	平开窗（内、外开）与上、下悬窗	60		±0.5	22	±0.2	5.3	14.5		11①						11	10①
			65								13							8
	32		60						18.5		13①						14	10.5①
			65								13.5							10
											10.5		1					
角型合页	25								64	0 / −0.5	60	+0.5 / 0	22	45	22	39		
	32									+0.5 / 0		0 / −0.5						
长合页	25	平开窗（内、外开）	60		±0.5	22			79.5		65						11	10①
			80			30												
	32		60			22	±0.25	5.3	88.5								14	10.5①
			80			30												
圆心合页	25	中悬窗		40	±0.2	18			15								11	
	32			46					11.5								14	
气窗合页	25	换气窗（内、外开）	28		±0.3	15					12	4±0.5						11
	32											5±0.5						②

注：①为安装换气窗时所采用的尺寸。

　　②为 32 料安装换气窗时，允许在框页上焊接。

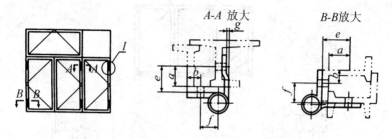

图 9 – 100　（窗）平合页安装位置示意图

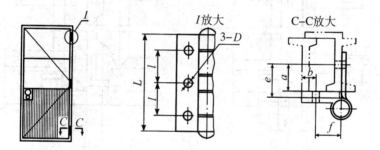

图 9 – 101　（门）平合页安装位置示意图

表 9 – 188　角形合页安装位置尺寸　　　单位：mm

钢窗用料规格	窗框		
	B	b	h_1
25	26	6. 5	14
32	26.5	7	11. 5

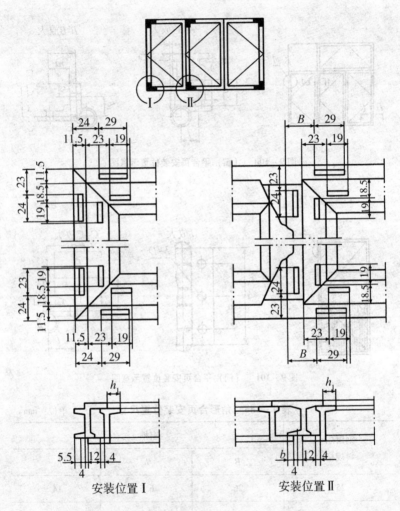

图 9 – 102 角形合页在窗料上安装位置尺寸示意图

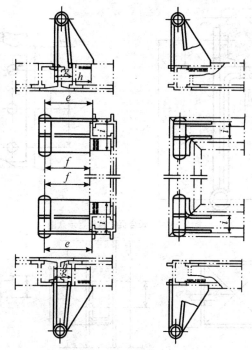

图 9 - 103   角形合页安装位置示意图

9.3.4   插销类基本尺寸和相关孔位

插销类基本尺寸和相关孔位见表 9 - 189 和图 9 - 104 ~ 图 9 - 109。

表 9 - 189   插销类基本尺寸和相关孔位   单位：mm

配件名称	适用范围		基本尺寸				配合尺寸	相关孔位	
	料型	门、窗扇种类及开启形式	规格	孔　距		孔径	e	a	b
			L	l	极限偏差	D		（框）	（扇）
暗插销	32	平开门（内、外开）	375	250	±0.5	5.5			45
	40								47
暗插销附件	32		28	40	±0.25	6.5		16	
			35					20.5	
中悬窗插销中悬窗插销附件	40	中悬窗与下悬窗		35		M5		14	8
插销拉手	32	平开门（内、外开）	136	120	±0.5	6.5	14.5		20
	40		146						

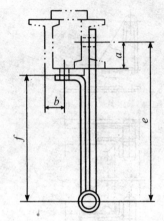
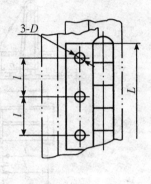

图 9 – 104　长合页安装位置示意图

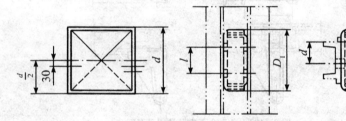

图 9 – 105　圆芯合页安装位置示意图

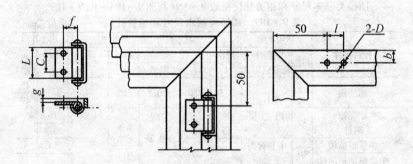

图 9 – 106　气窗合页安装位置示意图

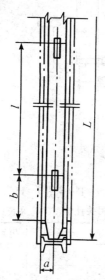

暗插销安装位置

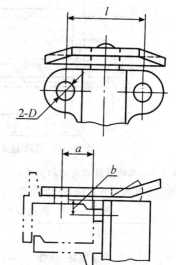

中悬窗插销安装位置

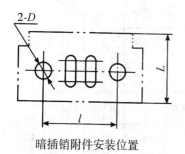

暗插销附件安装位置

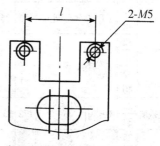

中悬窗插销附件安装位置

图9－107　暗插销安装位置示意图

图9－108　中悬窗插销安装位置示意图

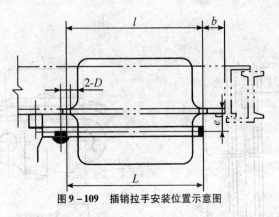

图 9 – 109 插销拉手安装位置示意图

9.3.5 其他类基本尺寸和相关孔位

其他类基本尺寸和相关孔位见表 9 – 190 和图 9 – 110 ~ 图 9 – 115。

表 9 – 190 其他类基本尺寸和相关孔位 单位：mm

配件名称	料型	适用范围		基　本　尺　寸								相关孔位	
		门、窗扇种类及开启形式	规格 L	孔距		孔径		配合尺寸			a（框）	b（扇）
				l	极限偏差	D	M	e	f	g		
纱门拉手	32	带纱扇门	150	100		5.5						4.5
门风钩	32	平开门（内、外开）	175	35	±0.25	6.5						
	40											
固定铁脚	32	门、窗	70					15	6		14	
	40										18	
调整铁脚	32		30				6				14	
	40										18	
连接铁脚	25	双层窗（内层内开/外层外开）	172	156	±0.5	6.5		14	7	15	11	
	32										14	
玻璃销	25	门、窗	35			4.5					11	11
	32											12
	40					5					14	13
窗纱压脚	32	带纱扇窗（用于固定纱窗）				5.5		10	14		11	

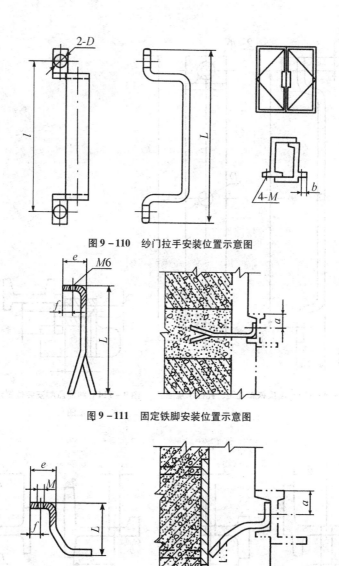

图 9 – 110　纱门拉手安装位置示意图

图 9 – 111　固定铁脚安装位置示意图

图 9 – 112　调整铁脚安装位置示意图

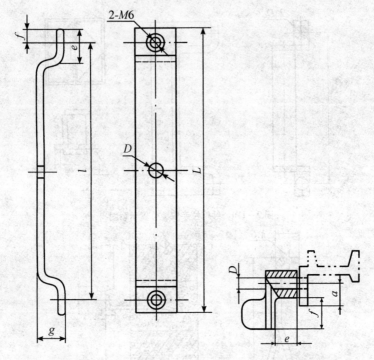

图 9 – 113　连接铁脚孔距、孔径示意图　图 9 – 114　纱窗压脚安装位置示
意图

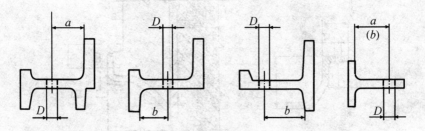

图 9 – 115　玻璃销安装位置示意图